复合材料手册 2

CMH-17协调委员会 编著

汪 海　沈 真 等译

共 6 卷

聚合物基复合材料

—— 材料性能

Polymer Matrix Composites

Material Properties

上海交通大学出版社
SHANGHAI JIAO TONG UNIVERSITY PRESS

内容提要

　　本书包含了以统计为基础的聚合物基复合材料数据,它们满足 CMH-17 特定的母体取样要求与数据文件要求,涵盖了普遍感兴趣的材料体系。由于 G 修订版的出版,书中发布的数据归数据审查工作组管辖,并且由总的 CMH-17 协调组批准。随着数据成熟并得到批准,新的材料体系和现有材料体系的附加材料数据也将会被收录进去。本卷仍收入一些从原版本中选出,且工业界仍感兴趣的数据,尽管不符合当前的数据取样、试验方法或文件的要求。

　　Originally published in the English language by SAE International, Warrendale, Pennsylvania, USA, as *Composite Materials Handbook*, *Volume 2*: *Polymer Matrix Composites*: *Material Properties*. Copyright 2012 Wichita State University/National Institute for Aviation.

上海市版权局著作权合同登记号:09-2013-910

图书在版编目(CIP)数据

复合材料手册:聚合物基复合材料.第 2 卷.材料性能/美国 CMH-17 协调委员会编著:汪海等译. —上海:上海交通大学出版社,2016(2024 重印)
ISBN 978-7-313-14497-3

Ⅰ.①复⋯　Ⅱ.①美⋯②汪⋯　Ⅲ.①聚合物-复合材料-指南
Ⅳ.①TB33-62

中国版本图书馆 CIP 数据核字(2016)第 022771 号

复合材料手册　第 2 卷

聚合物基复合材料
——材料性能

编　　著:【美】CMH-17 协调委员会	译　者:汪　海　沈　真　等
出版发行:上海交通大学出版社	地　址:上海市番禺路 951 号
邮政编码:200030	电　话:021-64071208
印　　制:苏州市越洋印刷有限公司	经　销:全国新华书店
开　　本:787mm×1092mm　1/16	印　张:57.75
字　　数:1158 千字	
版　　次:2016 年 3 月第 1 版	印　次:2024 年 1 月第 3 次印刷
书　　号:ISBN 978-7-313-14497-3	
定　　价:398.00 元	

《复合材料手册》第 2 卷
译校人员

第 1 章　总论

　　翻译　**李玉亮**　　　　校对　**沈　真**

第 2 章　碳纤维复合材料

　　翻译　**金　浩**　　　　校对　**吕　军**

　　　　　孔敏敏　　　　　　　**方宜武**

　　　　　胡　娇　　　　　　　**沈　真**

　　　　　吕　军

　　　　　殷伟琴

第 3 章　硼纤维复合材料

　　翻译　**方宜武**　　　　校对　**沈　真**

第 4 章　基体表征

　　翻译　**方宜武**　　　　校对　**沈　真**

第 5 章　预浸材料表征

　　翻译　**方宜武**　　　　校对　**沈　真**

附录 a1　CMH－17A 数据

　　翻译　**方宜武**　　　　校对　**沈　真**

译　者　序

1971 年 1 月,《美国军用手册》第 17 分册(MIL‐HDBK‐17)第一版 MIL‐HDBK‐17A《航空飞行器用塑料》(*Plastics for Air Vehicles*)正式颁布。当时,手册中几乎没有关于复合材料的内容。随着先进复合材料在美国军用飞机上的用量迅速增大,美国于 1978 年在国防部内成立了《美国军用手册》第 17 分册协调委员会。1988 年,该委员会颁布了 MIL‐HDBK‐17B,并把手册名称改为《复合材料手册》(*Composite Materials Handbook*)。近年来,先进复合材料在结构上的应用重心开始从最初的军用为主向民用领域转变,用量也迅速增加。为了适应这种变化,该委员会的归口管理机构于 2006 年从美国国防部改为美国联邦航空局,并退出军用手册系列,改为 CMH‐17(Composite Materials Handbook‐17),但协调委员会的组成保持不变,继续不断地将新的材料性能和相关研究成果纳入手册。2012 年 3 月起,该委员会陆续颁布了最新的 CMH‐17G 版,用以替代 2002 年 6 月颁布的 MIL‐HDBK‐17F。

在过去的四十多年里,大量来自工业界、学术界和其他政府机构的专家参与了该手册的编制和维护工作。他们在手册中建立和规范化了复合材料性能表征标准,总结了复合材料和结构在设计、制造和使用维护方面的工程实践经验。这些持续的改进最终都体现在了 MIL‐HDBK‐17(或 CMH‐17)的多次改版和维护上,并极大地推动了先进复合材料(特别是碳纤维增强树脂基复合材料)在美国和欧洲航空航天及相关工业领域的广泛应用。

由于手册中收录的数据在测试、处理和使用等各个环节上完全符合相关规范和标准,收录的设计、分析、试验、制造和取证等方法均经过严格验证,因此,该手册在权威性和实用性方面超越了其他所有手册,成为美国联邦航空局(Federal Aviation Administration,FAA)适航审查部门认可的具有重要指导意义的文件,在国际航空航天和复合材料工业界得到广泛应用,甚至被誉为"复合材料界的圣经"。

最新版 CMH - 17G 共分为 6 卷。名称如下:

第 1 卷 《聚合物基复合材料——结构材料表征指南》

第 2 卷 《聚合物基复合材料——材料性能》

第 3 卷 《聚合物基复合材料——材料应用、设计和分析》

第 4 卷 《金属基复合材料》

第 5 卷 《陶瓷基复合材料》

第 6 卷 《复合材料夹层结构》

相比 MIL - HDBK - 17F 版,CMH - 17G 无论在内容完整性还是在对工程设计的具体指导方面,都有较大变化。特别是在聚合物基复合材料性能表征、结构设计与应用等方面,增加了大量最新研究成果,还特别对原来的 MIL - HDBK - 23(复合材料夹层结构)进行了更新,并纳入为 CMH - 17G 版的第六卷。

CMH - 17G 是对美国和欧洲过去四十多年复合材料及其结构设计与应用研究经验的全面总结,也是美国陆海空三军、NASA(美国国家航空航天局)、FAA 及工业部门应用复合材料及其结构最具权威性的手册。虽然手册中多数信息和内容来自航空航天领域研究成果,但其他所有使用复合材料及其结构的工业领域,无论是军用还是民用,都会发现本手册是非常有价值的。

鉴于本手册对我国研发和广泛应用先进复合材料结构具有重要意义,在上海市科学技术委员会的支持下,上海航空材料与结构检测中心与上海交通大学航空航天学院民机结构强度综合实验室联合组织国内长期从事先进复合材料研究和应用的专家翻译了本手册。

本手册经原著版权持有者——美国 Wichita 州立大学国家航空研究院(NIAR, National Institute of Aviation Research)授权,经与 SAE International 签订手册中文版版权转让协议后,在其 2012 年 3 月陆续出版的 CMH - 17G 英文版基础上翻译完成。

本手册的翻译出版得到了上海交通大学出版社和江苏恒神纤维材料有限公司的大力支持,在此一并表示感谢。同时,也对南京航空航天大学乔新教授为本手册做出的贡献表示感谢。

译校工作委员会

2014 年 4 月

序

《复合材料手册》(CMH-17)为复合材料结构件的设计和制造提供了必要的资讯和指南。其主要作用是:①规范与现在和未来复合材料性能测试、数据处理和数据发布相关的工程数据生成方法,并使之标准化。②指导用户正确使用本手册中提供的材料数据,并为材料和工艺规范的编制提供指南。③提供复合材料结构设计、分析、取证、制造和售后技术支持的通用方法。为实现上述目标,手册中还特别收录了一些满足某些特殊要求的复合材料性能数据。总之,手册是对快速发展变化的复合材料技术和工程领域最新研究进展的总结。随着有关章节的增补或修改,相关文件也将处于不断修订之中。

CMH-17 组织机构

《复合材料手册》协调委员会通过深入总结技术成果,创建、颁布并维护经过验证的、可靠的工程资料和标准,支撑复合材料和结构的发展与应用。

CMH-17 的愿景

《复合材料手册》成为世界复合材料和结构技术资料的权威宝典。

CMH-17 组织机构工作目标

● 定期约见相关领域专家,讨论复合材料结构应用方面的重要技术条款,尤其关注那些可在总体上提升生产效率、质量和安全性的条款。

● 提供已被证明是可靠的复合材料和结构设计、制造、表征、测试和维护综合操作工程指南。

● 提供与工艺控制和原材料相关的可靠数据,进而建立一个可被工业部门使用的完整的材料性能基础值和设计信息的来源库。

● 为复合材料和结构教育提供一个包含大量案例、应用和具体工程工作参考方案的来源库。

- 建立手册资料使用指南,明确数据和方法使用限制。

- 为如何参考使用那些经过验证的标准和工程实践提供指南。

- 提供定期更新服务,以维持手册资料的完整性。

- 提供最适合使用者需要的手册资料格式。

- 通过会议和工业界成员交流方式,为国际复合材料团体的各类需求提供服务。
与此同时,也可以使用这些团队和单个工业界成员的工程技能为手册提供资讯。

注释

(1) 已尽最大努力反映聚合物(有机)、金属和陶瓷基复合材料的最新资讯,并将不断对手册进行审查和修改,以确保手册完整反映最新内容。

(2) CMH‒17为聚合物(有机)、金属和陶瓷基复合材料提供了指导原则和材料性能数据。手册的前三卷目前关注(但不限于)的主要是用于飞机和航天飞行器的聚合物基复合材料,第4,5和6卷则相应覆盖了金属基复合材料(MMC)、包括碳‒碳复合材料(C‒C)在内的陶瓷基复合材料(CMC)及复合材料夹层结构。

(3) 本手册中所包含的资讯来自材料制造商、工业公司和专家、政府资助的研究报告、公开发表的文献,以及参加CMH‒17协调委员会活动的成员与研究实验室签订的合同。手册中的资讯已经经过充分的技术审查,并在发布前通过了全体委员会成员的表决。

(4) 任何可能推动本手册使用的有益的建议(推荐、增补、删除)和相关的数据可通过信函邮寄到:

CMH ‒ 17 Secretariat, MaterialsSciences Corporation, 135 Rock Road, Horsham, PA 19044,

或通过电子邮件发送到:handbook@materials‒sciences.com.

致谢

来自政府、工业界和学术团体的自愿者委员会成员帮助完成了本手册中全部资讯的协调和审查工作。正是由于这些志愿者花费了大量时间和不懈的努力,以及他们所在的部门、公司和大学的鼎力支持,才确保了本手册能够准确、完整地体现当前复合材料界的最高水平。

《复合材料手册》的发展和维护还得到了材料科学公司手册秘书处的大力支持,美国联邦航空局为该秘书处提供了主要资金。

目　　录

第 1 章 总 论

1.1 手册介绍

以统计为基础的标准化材料性能数据是进行复合材料结构研制的基础;材料供应商、设计工程师、制造部门和结构最终用户,都需要这样的数据。此外,复合材料结构的高效研制和应用,必须要有可靠且经验证过的设计与分析方法。本手册的目的是要在下列领域提供全面的标准化做法:

(1) 用于研制、分析和颁布复合材料性能数据的方法。

(2) 基于统计基础的复合材料性能数据组。

(3) 对采用本手册颁布的性能数据的复合材料结构,进行设计、分析、试验和支持的通用程序。

在很多情况下,这种标准化做法的目的是阐明管理机构的要求,同时为研制满足客户需求的结构提供有效的工程实践经验。

复合材料研究是一个正在成长和发展的领域,随着其变得成熟并经验证可行,手册协调委员会正在不断地将新的信息和新的材料性能纳入手册。虽然多数信息的来源和内容来自航宇应用,但所有使用复合材料及其结构的工业领域,不管是军用还是民用,都会发现本手册是有用的。本手册的最新修订版包括了更多与非航宇领域应用有关的信息,随着本手册的进一步修订,将会增加非航宇领域使用的数据。

Composite Materials Handbook - 17(CMH - 17)一直是由国防部和 FAA 共同编制和维护的,有大量来自工业界、学术界和其他政府机构的参与者。虽然最初复合材料的结构应用主要是军用的,但最近的发展趋势表明这些材料在民用领域的应用越来越多。部分是由于这种原因,本手册的正式管理机构在 2006 年已从国防部改为 FAA,手册的名称也由 Military Handbook - 17 改为 Composite Materials Handbook - 17,但手册的协调委员会和目的保持不变。

1.2 手册内容概述

Composite Materials Handbook - 17 由 6 卷本的系列丛书构成。

第 1 卷　聚合物基复合材料——结构材料表征指南（Volume 1：Polymer Matrix Composites-Guidelines for Characterization of Structural Materials）

第 1 卷包括用于确定聚合物基复合材料体系及其组分以及一般结构元件性能的指南，包括试验计划、试验矩阵、取样、浸润处理、选取试验方法、数据报告、数据处理、统计分析以及其他相关的专题。对数据的统计处理和分析给予了特别的关注。第 1 卷包括了产生材料表征数据的一般指南，和将材料数据在 CMH - 17 中发布的特殊要求。

第 2 卷　聚合物基复合材料——材料性能（Volume 2：Polymer Matrix Composites-Material Properties）

第 2 卷中包含以统计为基础的聚合物基复合材料数据，它们满足 CMH - 17 特定的母体取样要求与数据文件要求，涵盖了普遍感兴趣的材料体系。由于 G 修订版的出版，在第 2 卷中发布的数据归数据审查工作组管辖，并且由总的 CMH - 17 协调组批准。随着数据成熟并得到批准，新的材料体系和现有材料体系的附加材料数据也将会被收录进去。尽管不符合当前的数据取样、试验方法或文件的要求，本卷仍收录一些从原版本中选出，且工业界仍感兴趣的数据。

第 3 卷　聚合物基复合材料——材料应用、设计和分析（Volume 3：Polymer Matrix Composites-Material Usage，Design，and Analysis）

第 3 卷提供了用于纤维增强聚合物基复合材料结构设计、分析、制造和外场支持的方法与得到的经验教训，还给出了有关材料与工艺规范以及如何使用第 2 卷中列出数据的指南。所提供的信息与第 1 卷中给出的指南一致，并详尽地汇总了活跃在复合材料领域，来自工业界、政府机构和学术界的工程师与科学家的最新知识与经验。

第 4 卷　金属基复合材料（Volume 4：Metal Matrix Composites）

第 4 卷公布了一些金属基复合材料体系的性能，这些数据满足本手册的要求，并能获取。还给出了挑选出的与这类复合材料有关的其他技术专题的指南，包括典型金属基复合材料的材料选择、材料规范、工艺、表征试验、数据处理、设计、分析、质量控制和修理。

第 5 卷　陶瓷基复合材料（Volume 5：Ceramic Matrix Composites）

第 5 卷公布了有关陶瓷基复合材料体系的性能，这些数据满足本手册的要求，并能获取。还给出了挑选出的与这类复合材料有关的其他技术专题的指南，包括典型陶瓷基复合材料的材料选择、材料规范、工艺、表征试验、数据处理、设计、分析、质量控制和修理。

第 6 卷　复合材料夹层结构（Volume 6：Structural Sandwich Composites）

第 6 卷是对已撤销的 Military Handbook 23 的更新，它的编撰目的是用于结构夹层聚合物基复合材料的设计，这种材料主要用于飞行器。给出的信息包括军用和民用飞行器中夹层结构的试验方法、材料性能、设计和分析技术、制造方法、质量控制和检测方法以及修理技术。

1.3　第 2 卷的目的和范围

　　手册本卷对现有和新出现的聚合物基复合材料,提供了以统计为基础的力学性能数据的标准来源。适用时,还提供了复合材料各组分——纤维、基体材料和预浸料——的物理、化学和力学性能值。随后的各章包括了不同复合材料体系的数据汇总,各章专注于特定类型的增强纤维。强度和破坏应变性能按平均值和 A 基准值和/或 B 基准值给出。A 和 B 统计许用值是按第 1 卷中的方法确定的,对弹性性能只给出平均值,对所有的数据项都给出了最大和最小数据值,并给出了变异系数。

　　确认是否能达到与所需风险水平(概率与置信度)相当的统计性能,是使用者的责任。应按第 1 卷第 2 章所述方法确认制造商是否有能力达到同样的统计性能。第 1 卷 2.3.7 节描述了验证本卷数据等同性的具体程序。

　　历史上,本手册中的多数数据组的源头和内容来自航宇飞行关键结构的经验,然而,无论军用或民用以及其他的应用,包括交通运输业(航空航天、地面、轨道与海运)和通用工业产品都将发现本手册是有用的。加入更多与更广泛应用情况有关信息的工作仍在进行中,前期的输入信息主要是预浸带和织物的单层力学性能,材料的范围已经扩展到包含树脂转移模塑、修理用材料和多向层压板性能。

　　可以把以统计为基础的强度性能用作为建立结构设计值的起点。有些结构设计值必须要在更高试验级别(元件、组合件、全尺寸件)上通过经验确定,因为它们可能与设计的几何形状及具体制造工艺有关,这取决于具体的结构应用。当有更多的信息和性能被证明满足本手册的标准后,将增补到本手册。

　　这里所包括的所有统计数据都基于试件,除非另外说明,试件的尺寸符合所用具体试验方法的规定。在第 2 卷中,仅限于用第 1 卷所推荐试验方法得出的那些数据,本卷中的数据可能由多个来源提供。若所列出的性能取自多个来源时,已经按照第 1 卷第 2 章和第 8 章的方法对各个来源之间的变异性进行了统计评估。若变异性足够小,并可以把数据视为来自同一母体,则将这些数据组合并,按一个数据组处理。当数据组之间的差异合理时,则将两个数据组都提供出来(如第 2 卷 2.3.1.7节)。

　　在第 2 章到第 5 章每节的开头,给出了对材料与使用指南的概述、数据统计和技术分析的详述。1.5 节详细介绍了每个数据组中所有信息的格式。可在第 3 卷第 2 章中找到有关纤维和/或基体材料的更详细说明。

　　设计师、制造商和所有的用户有责任将这里包含的数据任意变换到其他生产地点、试件尺寸、温度、湿度和本文件没有专门说明的其他环境条件。本文件中没有说明的问题是尺寸效应和所选试验方法对性能的影响。一般来说,对具体结构应用或设计决定要用哪些性能是使用者的责任,这超出了本手册的范围。CMH - 17 第 3卷陈述了设计使用有关本卷数据的相关内容。满足终端用户、顾客和规章要求是手册使用者的责任。

1.4　第2卷中的数据架构

第2卷中的数据按碳、硼、玻璃和石英纤维增强复合材料性能分章,并加上取自 20 世纪 60 年代 MIL - HDBK - 17A 数据的一个附录,每一章又由包含下列两部分数据组的小节构成:即①按第1卷 2.5.6 节按 CMH - 17 数据提交数据指南,包含完整谱系文件 2002 年后产生的数据组,和②传承自 MIL - HDBK - 17F,谱系信息较少,在 20 世纪 80 年代中期至 2002 年期间产生的数据组。每章中的每一节又进一步按树脂/工艺/形式类别区分:如环氧预浸料单向带和织物、环氧湿铺贴织物、环氧 RTM 织物、BMI 预浸料单向带和织物、BMI RTM 织物、聚酰亚胺预浸料织物、热塑性预浸料单向带和氰酸酯预浸料单向带。

1.5　数据的描述

本节提供本卷中如何描述数据的有关信息,一方面帮助正确理解所描述的数据,一方面保证数据描述的一致性。被括在{}中的信息,表示应当包括在给定域内的数据,而省略掉不适用或还没有的数据。

根据以下信息确定每节的标题:

{纤维商业名称}{丝束数}/{基体商业名称}{单向带/机织类型/机织形式}{关键工艺信息}

单向带/机织类型的例子包括单向带、平纹织物以及五综锻织物。织物形式是玻璃纤维织物最常使用的说明性编码,例如 7781。当有必要区别不同数据组时,就给出更多的信息,包括像玻璃纤维表面处理剂这样的材料信息,或像吸胶或零吸胶这样的关键工艺信息。若数据组中包括了有关数据文件的警告信息,则在该节标题后带一个星号。

每节包含 3 类信息(见图 1.5)。数据组描述用于识别具体的材料体系,提供所选供应商信息,并讨论在数据处理时出现的任何异常。数据汇总表给出该节收录的性能类型和数据类别概述。单个数据表则提供数据分析的细节,对该数据组的每种试验类型、加载方向和铺层,包括在单独的数据表中。下面说明了每一子节的内容与格式。

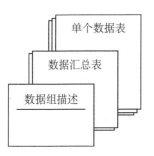

图 1.5　各节数据的信息类型

1.5.1　文档齐全的数据

包括在本卷文档齐全数据类别中的所有数据组均满足第1卷 2.5 节的要求,要提交所有的数据文件,这些材料要按材料规范制造和按工艺规范生产,材料规范要有对关键物理和力学性能的要求,工艺规范要恰当地控制关键的工艺参数。材料规范和工艺规范的复制件(电子文件或是硬拷贝格式),要与本手册第2卷中的数据一起在秘书处存档。第 1 卷 2.5.6 节给出了更多的数据文件要求。

提交的材料要按过程控制文件（PCD）进行生产。

要按 FAA AC23‐20"聚合物基复合材料体系材料采购验收指南和工艺规范"或等效文件，对材料规范、工艺规范与 PCD 进行编制和维护。

1.5.1.1　数据组的描述

每节的首页提供总的信息。

材料描述：

材料——所试验材料的｛纤维商业名称｝｛丝束数｝/｛基体商业名称｝。

形式——所试验材料的说明，包括单向带或机织类型、名义纤维面积质量、典型的固化后树脂含量、典型的固化后单层厚度、上浆剂、增黏剂或黏接剂（类型、形式、制造商及通用名称）和/或细纱布纤维种类和相应细纱布织物形式。这个信息是其随后的数据组特有的。

工艺——工艺的说明，包括在第 1 卷表 2.5.6 中工艺描述栏下所列的信息。

一般供应商的信息：这部分给出通常由材料供应商提供的信息，不要求查实。

纤维：通常包括原丝、表面处理、加捻、丝束数、典型的拉伸模量或模量族以及典型的拉伸强度。

基体：通常包括树脂类型、固化温度族、特征描述。

最高使用温度：干态和湿态条件的最高使用温度。

典型应用：对应用的简要描述。可以是像"通常的结构应用"的一般说明，或根据其关键特性更具体的说明。

数据分析汇总：这部分包括由数据统计分析得到的有关信息。若在这部分没有包括其他信息，则无数据分析。

试验：通常包括用文件形式给出，与标准试验方法有差异的信息。

异常值：通常包括观察到的异常值信息（特别在将多批数据汇集后）及其处置（见第 1 卷 2.5.8 节和 2.4.4 节）。

批次定义：通常包括复合材料批次中纤维和基体批组独立性的信息。

批间变异性和数据组汇集：通常包括根据批间变异性是否进行汇集作出决定的有关信息，还可以包括有关批次特性的信息，例如某批一贯给出不同于其他批次结果。

补充说明：有关秘书处或数据审查工作组在分析和审查该数据时对特别关注的其他问题的注释或注解。

工艺路线：可能时给出工艺路线，包括基于规范的工艺历程，即施加各种工艺参数的斜坡速率和相关时间。

铺层示意图：可能时给出铺贴过程的草图，包括装袋、安放挡块和吸胶材料等。

每一数据节的其余各页展示经秘书处分析，数据审查工作组评估，并经协调组批准的数据，它们更详细的描述用如下表格给出。每节中表格的顺序与汇总表中性能的排序相同。

1.5.1.2 汇总表

汇总信息第 1 页的格式如表 1.5.1.2(a)所示。图中不同部分都有编号,在正文带圆圈编号的条目中有其详细情况说明。

① 数据部分的头一组信息是汇总表,包含了材料和工艺等信息。用右上角处的粗黑边方框标识第一个汇总表。*

〈纤维类型〉/〈基体类型〉〈名义 FAW〉-〈带/机织类型〉

〈纤维〉/〈基体〉

汇总

这个方框包含了材料的纤维/基体种类(如碳/环氧树脂),用 1.6.1 节中的材料体系编码加以识别。和纤维/基体种类一起的是名义纤维面积质量以及缩写的带/机织类型。带和织物的缩写包括 UT(单向带)、PW(平纹)或 nHS(n-综缎),由纤维和基体名称的结合进行材料的识别。

② 按复合材料、预压实形式、纤维和基体给出材料的信息。(由材料窗口给出的)复合材料标识与标题部分相同。

对预压实形式的描述取决于其形成类型。对于预浸料,其形成描述包括:

〈制造厂商〉〈商业名称〉〈机织样式〉〈带/机织类型〉预浸料

对于预浸织物,若有经向和纬向纤维的间隔,将被包括。对于 RTM 和湿织物铺贴情况,形式描述为

〈机织厂商〉〈织物形式(若为玻璃纤维)〉〈机织样式〉〈单位丝束数 × 单位丝束数〉〈织物的上浆剂标识〉〈织物的上浆剂含量〉,〈增黏剂〉增黏剂 + 〈液态/薄膜〉树脂

若使用了定型剂,则用定型剂的信息取代增黏剂的信息。

纤维的标识为

〈制造厂商〉〈商业名称〉〈丝束数〉〈上浆剂〉〈上浆剂含量〉〈加捻〉

〈[无]表面处理/表面处理类型〉

树脂的标识为

〈制造厂商〉〈商业名称〉

③ 按表 1.5.1.2(b),用增强体应用过程(如何把纤维/预成形件放在一起),和随后的固化工艺类型(零件如何固化/模压成形),给出全部工艺信息。对一个或多个工艺步骤,提供基本的工艺信息,包括工艺步骤的类型(见表 1.5.1.2(b))、温度、压力、持续时间以及其他任何关键参数。可以用图形作为汇总信息的一部分,提供更完整的描述(见 1.5.1.1 节)。

---

* 文中描述细节按原文格式,译稿表格形式与原文不同——译者注。

④ 给出干态和湿态的玻璃化转变温度,以及得到这些数据所用的方法(见第 1 卷第 6.6.3 节)。这些数据可能是从基体供应商处得到的名义值。

⑤ 对有限数据文件的任何警告在数据描述的各页给出。在数据部分首页,警告显示在材料标识框下方。

⑥ 在材料标识框下方的方框内,介绍与材料制造与试验有关的各种日期。数据提交的日期决定了这个数据组使用的数据文件要求(见第 1 卷 2.5.6 节);而分析的日期则决定了所使用的统计分析技术(见第 1 卷 8.3 节)。适当时,例如持续数月的试验,给出日期的范围。

⑦ 单层的性能是按每个性能所提供的数据类型加以汇总的。单层性能汇总表的各列定义了环境条件。第 1 列包含室温干态或大气环境的数据,干态数据只在用了烘干方法时使用,大气环境是指制造后随即置于实验室大气环境下。其他列按照吸湿量从低到高排列,而在给定的吸湿量内则按温度从低到高排列。若有足够空间,则用空列将室温大气/干态列和其他列隔开,并把每种湿度条件彼此隔开。

单层性能汇总表的各行则标识试验的类型与方向。每个汇总表包含了基本的力学性能。若有数据,按照以下顺序增添额外的性能:

SB 强度,31 面	G_{IC}	CTE 1 - 轴
SB 强度,23 面	G_{IIC}	CTE 2 - 轴
		CTE 3 - 轴

⑧ 对每种试验类型和方向,依次给出了强度、模量、泊松比和破坏应变各类数据的符号。这些符号如表 1.5.1.2(c)所示。例如,若在 RTA 和拉伸 1 轴条目下的符号是 BI - S,则有室温大气下的纵向拉伸强度、模量和破坏应变的数据。其中的破折号表示没有泊松比的数据。其强度数据为 B30(充分取样),模量数据为临时值,而破坏应变是筛选值。在第 1 卷 2.5.1 节定义了数据的种类,并汇总在表 1.5.1.2(c)中。某些试验方法,例如短梁强度,只有筛选值数据。

表 1.5.1.2(a)　汇总表的格式,首页

材料:{纤维}{丝束数}/{基体}{织物样式}{带/织物}　　②		①
形式:{输入取决于预压实形式的类型与工艺}		
纤维:{制造商}{商业名}{丝束数}{上浆剂}{加捻}　　基体:{制造商}{商业名称}		
工艺:{增强体安放},{模压类型}{工艺步骤类型}:{温度},{持续时间},{压力}　③		
T_g(干态):XXX℃　　T_g(湿态):XXX℃　　T_g 测量方法:{方法}　④		

*{警告}　⑤

纤维制造日期	MM/YY	试验日期	MM/YY
树脂制造日期	MM/YY	数据提交日期	MM/YY
预浸料制造日期	MM/YY	分析日期	MM/YY
复合材料制造日期	MM/YY		⑥

单层性能汇总⑦

	〔RTA〕		〔大气/干态,最冷到最热〕				〔湿态,最冷到最热〕	
拉伸,1轴								
拉伸,2轴								
拉伸,3轴								
压缩,1轴								
压缩,2轴			数据类型按每种试验类型/方向/环境条件组合来注明					
压缩,3轴								
剪切,12面								
剪切,23面								
剪切,31面								
〔其他类型试验/方向〕								

注:数据的分类按强度/模量/泊松比/破坏应变的顺序:⑧
A—A75,a—A55,B—B30,b—B18,M—平均值,I—临时值,S—筛选值,—无数据(见表 1.5.1.2(c)),
A—AP10,a—AP5,B—BP5,b—BP3。

表 1.5.1.2(b)　　复合材料的增强体安放、固化工艺类型和工艺步骤的描述

增强体安放工艺	固化工艺类型	工艺步骤的类型
自动纤维铺放—带	压缩模塑	老化致硬
自动纤维铺放—预浸丝束	扩散胶接	退火
自动纤维铺放—湿	注射模塑	压实[预固化]
自动铺贴—预浸料	注射模塑—真空辅助	冷却
自动铺贴—湿	注射模塑—反应	固化—吸胶
手工铺贴—预浸料	注射模塑—液体	固化—零吸胶
手工铺贴—湿	烘箱	压实
预成形—编织	热压罐	压实致密
预成形—机织	水压	注射
喷涂	膨胀橡胶	等温驻留
缠绕—干	拉挤成型	局部插入
缠绕—湿	树脂传递模塑	局部移动
缠绕—预浸料	VARTM[真空辅助树脂传递模塑]	后固化
	真空渗透	预成形件插入
	气相沉积	预热
	电子束	
	感应	

表 1.5.1.2(c)　　CMH-17 数据种类与最低取样要求

名称	符号	说明	最低要求	
			批数	试件数
A75	A	A-基准-充分取样	10	75
A55	a	A-基准-减量取样	5	55

（续表）

名称	符号	说明	最低要求 批数	最低要求 试件数
AP10	A̲	A-基准-汇总充分取样	10*	60*
AP5	a̲	A-基准-汇总减量取样	5*	40*
B30	B	B-基准-充分取样	5	30
B18	b	B-基准-减量取样	3	18
BP5	B̲	B-基准-汇总充分取样	5*	25*
BP3	b̲	B-基准-汇总减量取样	3*	15*
M	M	平均值	3	18
I	I	临时值	3	15
S	S	筛选值	1	5

注：* 每种环境条件下。

关于汇总信息第 2 页(见表 1.5.1.2(d))的说明：

① 任何警告都放在此页的顶部。

② 汇总信息第二页顶部的方框，给出了该数据组的基本物理参数。第一个数据列包含了名义值，通常是规范信息。该信息可能与该数据组中直接使用的信息不匹配，例如预浸料制造商所提供的名义纤维体积含量可能是某个值，而在本手册内，将按照第 1 卷 2.5.7 节把该值正则化为一个不同的值以满足一致性要求。若不能够得到名义值，可以由其他信息计算出一个或多个名义值。例如若没有名义的复合材料密度值，则可由名义的纤维密度、基体密度和纤维体积来计算得出。在该情况下，用注来说明该计算。若数据源没有提供名义纤维体积含量，则假定空隙含量为 0，并根据树脂含量、纤维密度和复合材料密度来计算该值。

③ 第二列数据给出了所提供数据组的数值范围。这些数据可能彼此并不直接相关。例如，纤维体积含量和纤维面积质量可能是批次的平均值测量值，而固化后的单层厚度则通常是以各单独试件的测量值为基础的。

④ 最后一列给出获得这些数据所使用的试验方法，在早期版本的数据文件要求中没有包括该信息。

⑤ 层压板的性能数据汇总在下方的方框内，采用与前页单层性能数据汇总相同的方式。在每个层压板族的下面列出各层压板族的性能。采用按 1.7.1 节定义，以方括号包围，用斜线隔开的一列铺层取向来标识层压板族。只在需要区别各个铺层情况时，才在层压板汇总表内包括更明细的铺层信息，具体的铺层信息在其随后的一些详表中。只在拥有数据时，才按表 1.5.1.2(e)包括试验类型与方向的信息。

除非另外说明，x 轴相应于层压板铺层的 +0°方向。这个材料所包括的数据采用以脚注识别的数据类别符号给出。

表 1.5.1.2(d)　汇总表格式,第 2 页

{警告}①

	名义值②	提交值③	试验方法④
纤维密度/(g/cm³)	X. XX	{最小}—{最大}	{方法}
树脂密度/(g/cm³)	X. XX	{最小}—{最大}	{方法}
复合材料密度/(g/cm³)	X. XX	{最小}—{最大}	{方法}
纤维面积质量/(g/m²)	XXX	{最小}—{最大}	{方法}
纤维体积含量/%	XX	{最小}—{最大}	{方法}
单层厚度/mm	0.0XXX	{最小}—{最大}	{方法}

层压板性能汇总⑤				
	{RTA}	{大气/干态,最冷到最热}		{湿态,最冷到最热}
{层压板族} {试验类型/方向} ． ． {层压板族} {试验类型/方向} ． ．		数据分类按每种试验类型/方向/环境条件组合来注明		

注:数据的分类按强度/模量/泊松比/破坏应变的顺序:
A—A75, a—A55, B—B30, b—B18, M—平均值, I—临时值, S—筛选值, —无数据(参见表 1.5.1.2(c)),
A—AP10, a—AP5, B—BP5, b—BP3。

表 1.5.1.2(e)　层压板试验类型与方向

试验类型(按顺序)		方　向	
拉伸	充填孔拉伸(FHT)	x 轴	xy-平面
压缩	充填孔压缩(FHC)	y 轴	yz-平面
剪切	冲击后压缩(CAI)	z 轴	zx-平面
开孔拉伸(OHT)	挤压		
开孔压缩(OHC)	挤压/旁路		
	CTE		

1.5.1.3　单独的数据表——正则化数据

表 1.5.1.3(a)给出了包含正则化材料性能信息的数据表格式,正则化的要求和方法见第 1 卷 2.5.7 和 2.4.3 节。

① 对不满足数据文件要求的数据组在每页上加以警告,很多数据组是在建立数据文件要求以前提交的。对 B 或 A 数据种类,不考虑不满足第 1 版数据文件要求,或提交时数据文件要求正在草拟之中的数据组。

② 在每页的右上角是一个带黑边的方框。这个方框包含了识别该数据组的信

息、所显示结果的试验类型、试件的取向、试验条件和数据类别。带/机织类型的缩写用于汇总表首页右上角带黑边方框(①)的描述;试件的取向则用作为铺层码,以载荷方向作为参照轴。例如,单向试件,对 1 轴性能描述为$[0]_n$,对 2 轴性能则描述为$[90]_n$。铺层码的描述见 1.7 节。

表 1.5.1.3(a)　正则化性能表的格式

{警告}①

材料:{纤维}{丝束数}/{基体}{带/机织类型}　　　　③

树脂含量:XX.X%~XX.X%(质量)　　复合材料密度:X.XX~X.XX g/cm³　　②

纤维体积:XX.X%~XX.X%　　　　　　空隙含量:0.X%~X.X%

单层厚度:0.0XXX~0.0XXXin

试验方法:④　　　　　　　　　　　模量计算:⑤

{机构}{编号}{日期}　　　　　　　{方法},XXXX~XXXX$_{\mu\varepsilon}$

正则化手段:{方法}　　　　　　　　⑥

温度/℃(℉)		正则化值	测量值	正则化值	测量值	正则化值	测量值
吸湿量(%)		⑦					
吸湿平衡条件 (T/℃(℉),RH/%)							
		正则化值	测量值	正则化值	测量值	正则化值	测量值
F_1^{tu}⑧/ MPa(ksi)	平均值 最小值 最大值 CV/% B 基准值 分布 C_1 C_2 试样数量 批数 数据种类	⑨					
E_1^t/ GPa(Msi)	平均值 最小值 最大值 CV/% 试样数量 批数 数据种类						
ν_{12}^t	平均值 试样数量 批数 数据种类						

(续表)

		正则化值	测量值	正则化值	测量值	正则化值	测量值
$\varepsilon_1^{tu}/\mu\varepsilon$	平均值 最小值 最大值 $CV/\%$ B 基准值 分布 C_1 C_2 试样数量 批数 数据种类						

注意,所提供的应变值是"实测值",可能不等于应力除以模量值(线性分析)。

⑩

﹛表号﹜ ﹛纤维类别﹜/﹛基体类别﹜﹛FAW﹜－﹛带/机织类型﹜ ﹛纤维名称﹜/﹛基体名称﹜ ﹛试验类型﹜,﹛方向﹜ ﹛铺层﹜ ﹛试验温度﹜/﹛吸湿量﹜ ﹛数据类别﹜

—FAW,纤维面积质量

—对每个数据列重复
—包括本页中所有数据种类的符号,
　按照降序排列(从 A75 到 S)。

③ 对复合材料提供的材料标识为

﹛纤维﹜﹛丝束数﹜/﹛基体﹜﹛带/机织类型﹜﹛关键工艺参数﹜

该信息应和此部分的标题以及汇总表首页的材料标识相同。对该特定页的数据要给出固化后材料的物理参数、树脂含量、纤维体积含量、单层厚度、复合材料密度和空隙含量的范围。这些范围的终点可能不直接对应,因为纤维体积含量、树脂含量等通常是以批次或板的平均值得到,而固化后的单层厚度值则通常以单独试件的测量值为基础。

④ 试验方法用机构、编号和日期来标识。对冲击后压缩,因为常常使用不同的能量水平,在试验方法后附上试验所用的冲击能量水平名义值。描述带缺口层压板、挤压和挤压/旁路试验参数的更多信息,如表 1.5.1.5~表 1.5.1.7 所示。

⑤ 对力学性能数据,给出计算模量的方法。这包括计算方法以及为计算所用的测量位置或范围。除非(用脚注)另外说明,对泊松比采用同样的方法和范围。

⑥ 对已经正则化的数据给出正则化的方法(见第 1 卷 2.4.3 节),还包括数据进行正则化时用的纤维体积含量。对碳纤维增强的单向材料(带),该体积含量通常为

60%,而对碳纤维增强的织物,该体积含量通常为 57%。对所有的玻璃纤维增强材料,该正则化的纤维体积含量为 50%。所登录的正则化类型是

- 按纤维体积含量正则化到 XX%(*CPT* 0.0XXXin)。
- 按试件厚度和批次纤维体积含量正则化到 XX%(*CPT* 0.0XXXin)。
- 按试件厚度和批次纤维面积质量,正则化到纤维体积含量 XX%(*CPT* 0.0XXXin)。

作为参考,每个方法中包括了相应于名义纤维面积质量的 *CPT*(固化后单层厚度)。

⑦ 在每个数据列的顶部是试验条件。在受控条件下制造和存储的材料要注为名义干态。没有吸湿到平衡状态的湿态也要注明。来源编码提供了识别同一来源数据组的手段。没有提供其他别的来源标识。

⑧ 在表中,用符号来标识具体的性能。这些符号是词首字母和适当增加的下标与上标的组合。性能符号的组成如表 1.5.1.3(b)所示。

将试验类型上标放在性能描述符上标前面,把这些组合起来建立各种性能符号。这样,沿 1 方向拉伸极限强度的符号就是 F_1^{tu}。性能描述符上标只用于强度和应变。该规则的例外是应变能释放率(例如,G_{IC})和挤压/旁路数据(其中,"byp"被用作为旁路强度的下标)。

表 1.5.1.3(b) 构成性能符号的成分

词首字母	试验类型的上标	性能描述符上标	试验方向下标
F:强度 ε:应变 E:模量 G:剪切模量,应变能释放率 ν:泊松比 CTE:热膨胀系数	t:拉伸 c:压缩 s:剪切 sbs:短梁强度 oht:开孔拉伸 ohc:开孔压缩 fht:充填孔拉伸 cai:冲击后压缩 br:挤压 byp:旁路	u:极限 y:屈服	1, 2, 3 12, 23, 31 $x, y, z,$ xy, yz, zx

⑨ 在本手册中提供了强度数据和破坏应变数据,以及全套的统计参数。对正则化的强度数据和实测数据给出了所有统计参数。对实测的破坏应变数据,提供了所有统计参数。注意,给出的应变值是"实测值",因而可能不等于应力除以模量(线性分析)。先给出正则化的数据列,然后是实测数据列。对每个性能/条件组合,采用表 1.5.1.2(c)的规定来命名其数据种类。只对 B 和 A 类数据给出 B 基准值,只对 A 类数据给出 A-基准值,并给出统计分布或统计分析方法。在表 1.5.1.3(c)中列出了与该分布对应的常数 C_1 和 C_2。

Weibull 分布的 C_1 和正态分布的 C_1 与 C_2,和性能有相同的单位(例如,强度为

MPa(ksi),应变为 $\mu\varepsilon$)。Weibull 分布的 C_2 和非参数分布的 C_1 与 C_2 是无因次的。对于对数正态分布,C_1 与 C_2 的单位是 lg(性能单位)。对于 ANOVA 方法,C_1 与 C_2 取为性能单位的平方。

表 1.5.1.3(c)　分布及相关的常数

	C_1	C_2
Weibull	尺度参数	形状参量
正态	平均值	标准偏差
对数正态	数据自然对数的平均值	数据自然对数的标准偏差
非参数	秩	数据点(秩)
ANOVA	容限系数	母体标准偏差的估计值
汇总环境条件	汇总数据的 CV	对特定环境的容限

　　对模量数据只给出平均值、最小值、最大值、变异系数、批次数、样本数以及数据种类,同时给出正则化的数据和实测数据。在可能之处,将和批次数、样本数以及数据种类一起,给出泊松比数据。

　　⑩ 在涉及更多信息的所有地方给出脚注。常常在脚注中给出的信息包括浸润调节参数、不提供 B 基准值的原因以及与标准试验方法的偏差。

1.5.1.4　单个的数据表——未正则化数据

　　表 1.5.1.4 给出了未正则化的材料性能表。该表的基本格式和信息,与正则化数据表的格式及信息是一样的,在每列信息中只给出实测的数据。统计参数的提供与正则化数据相同。

1.5.1.5　单个的数据表——带缺口层压板数据

　　表 1.5.1.5 给出了带缺口层压板数据(包括由开孔试验和充填孔试验所得数据)的格式,其带圆圈的编号见表 1.5.1.3(a)的注释,但还有以下附加的信息。其(右上角的)索引框中有缩写 OHT(开孔拉伸)、OHC(开孔压缩)、FHT(充填孔拉伸)和 FHC(充填孔压缩)。关于紧固件类型、扭矩、孔间隙及沉头角度与深度的表头和数据,只在充填孔试验时才出现。表中的数据是按照第 1 卷 2.5.7 节以及在表 1.5.1.3(a)中的说明进行正则化处理的,在表 1.5.1.3(b)中说明了符号。作为举例,给出了沿 x 轴的开孔拉伸情况。

1.5.1.6　单个的数据表——挤压数据

　　表 1.5.1.6 给出了挤压数据的格式。带圆圈的编号参见表 1.5.1.3(a)的注释,但还有以下附加的信息。其(右上角的)索引框中的性能为挤压。数据按第 1 卷 2.5.7 节进行正则化,符号的说明见表 1.5.1.3(b)。作为例子,给出了沿 x 轴的挤压情况。若适用和可能,把孔间隙和沉头角度及深度的数据作为脚注给出。

1.5.1.7　单个的数据表——挤压/旁路数据

　　表 1.5.1.7 给出了挤压/旁路数据的格式。带圆圈的编号参见表 15.1.3(a)的

注释,但还有以下附加的信息。其(右上角的)索引框中的性能为挤压/旁路。表中的数据按第 1 卷 2.5.7 节进行正则化处理。若有多个挤压/旁路比的数据,则按环境条件把各数据列从比值最低到最高依次给出。符号的说明如表 1.5.1.3(b)所示。若适用和可能,则用脚注给出孔的间隙以及埋头孔角度与深度的数据。

1.5.2 继承 MIL‐HDBK‐17F 的数据

本卷还包括了原发表在 MIL‐HDBK‐17F 中的数据组,这些数据满足提交和原来发表时(20 世纪 80 年代中期～2002 年)的谱系文件要求,注意这些数据没有同时提交目前要求的材料和工艺规范,这些数据的描述遵循与文档齐全数据组相同的格式(见 1.5.1.1～1.5.1.7 节)。

1.5.3 附加的 MIL‐HDBK‐17A 数据

在该附录中给出了 1971 年 1 月颁布的 MIL‐HDBK‐17A 中介绍的有关聚合物基复合材料数据,MIL‐HDBK‐17A 已被替代,故将这些数据在此处给出,供目前的出版物参考。但要指出,这些数据不满足第 1 卷的数据要求。

表 1.5.1.4 实测性能表的格式

{警告}①

材料:{纤维}{丝束数}/{基体}{带/机织类型} ③		②
树脂含量:XX.X%～XX.X%(质量) 复合材料密度:X.XX～X.XX g/cm³		
纤维体积:XX.X%～XX.X% 空隙含量:0.X%～X.X%		
单层厚度:0.0XXX～0.0XXX in		
试验方法:④ 模量计算:⑤		
{机构}{编号}{日期} {方法},XXXX～XXXX $\mu\varepsilon$		
正则化手段:未正则化 ⑥		

温度/℃(℉)						
吸湿量(%)	⑦					
吸湿平衡条件 (T/℃(℉),RH/%)						
F_2^{tu}⑧/ MPa(ksi)	平均值 最小值 最大值 CV/% B 基准值 分布 C_1 C_2 试样数量 批数 数据种类	⑨				

(续表)

E_2^t/GPa (Msi)	平均值 最小值 最大值 $CV/\%$ 试样数量 批数 数据种类				
ν_{21}^t	平均值 试样数量 批数 数据种类				
$\varepsilon_2^{tu}/\mu\varepsilon$	平均值 最小值 最大值 $CV/\%$ B 基准值 分布 C_1 C_2 试样数量 批数 数据种类	注意,所提供的应变值是"实测值",可能不等于应力除以模量值(线性分析)。			

⑩

表 1.5.1.5　带缺口层压板强度性能表的格式

{警告}①

材料:{纤维}{丝束数}/{基体}{带/机织类型}　　　　③

树脂含量:XX.X%～XX.X%(质量)　　复合材料密度:0.0XX～0.0XX lb/in³

纤维体积:XX.X%～XX.X%　　　　　空隙含量:0.X%～X.X%

单层厚度:0.0XXX～0.0XXXin

试验方法:{机构.方法—日期}　　④

试件几何尺寸:$t=${厚度}in, $w=${宽度}in, $d=${直径}in

紧固件类型:{　}　　　　　　　孔间隙:{若适用}

拧紧力矩:{　}　　　　　　　　沉头角度和深度:{若适用}

正则化手段:{方法}　　　　⑥

②

温度/℃(℉)	⑦	
吸湿量(%)		
吸湿平衡条件 (T/℃(℉), RH/%)		

（续表）

		正则化值	测量的	正则化值	测量值	正则化值	测量值
⑧ $F_x^{oht}/$ MPa(ksi)	平均值 最小值 最大值 $CV/\%$ B 基准值 分布 C_1 C_2 试样数量 批数 数据种类	⑨					
$F_x^{ohc}/$MPa (ksi)	平均值 最小值 最大值 $CV/\%$ B 基准值 分布 C_1 C_2 试样数量 批数 数据种类						

⑩

表 1.5.1.6　挤压强度性能表的格式

{警告}①

材料:{纤维}{丝束数}/{基体}{带/机织类型}　　　③

树脂含量:XX.X%～XX.X%(质量)　　复合材料密度:0.0XX～0.0XX lb/in³　　②

纤维体积:XX.X%～XX.X%　　　　　空隙含量:0.X%～X.X%

单层厚度:0.0XXX～0.0XXXin

试验方法:{机构.方法—日期}　　　④

挤压试验类型:{单剪或双剪}

接头构型

元件 1(t, w 和铺层):{厚度,宽度和铺层}

元件 2(t, w 和铺层):{厚度,宽度和铺层}

紧固件类型:{　}　　　　　　　厚度/直径:{　}

拧紧力矩:{　}　　　　　　　　边距比:{　}

　　　　　　　　　　　　　　间距比:{　}

正则化手段:　　　　　　　　　⑥

聚合物基复合材料——材料性能

（续表）

温度/℃(℉)		⑦		
吸湿量(%)				
吸湿平衡条件 (T/℃(℉), RH/%)				
⑧ F_x^{bru} （屈服应变偏移）/MPa(ksi)	平均值 最小值 最大值 $CV/\%$ B 基准值 分布 C_1 C_2 试样数量 批次数 数据种类	⑨		
F_x^{bry} 极限强度 /MPa(ksi)	平均值 最小值 最大值 $CV/\%$ B 基准值 分布 C_1 C_2 试样数量 批次数 数据种类			

⑩

表 1.5.1.7　挤压/旁路性能表的格式

{警告}①

材料:{纤维}{丝束数}/{基体}{带/机织类型}　　　③　　　　　　②

树脂含量:XX. X%~XX. X%(质量)　复合材料密度:0. 0XX~0. 0XX lb/in³

纤维体积:XX. X%~XX. X%　　　空隙含量:0. X%~X. X%

单层厚度:0. 0XXX~0. 0XXX in

试验方法:{机构. 方法—日期}　　　④

接头构型

元件 1(t, w 和铺层):{厚度,宽度和铺层}

元件 2(t, w 和铺层):{厚度,宽度和铺层}

紧固件类型:{　}　　　　　　厚度/直径:{　}

拧紧力矩:{　}　　　　　　　边距比:{　}

　　　　　　⑥　　　　　　间距比:{　}

正则化手段:　　　未正则化

(续表)

温度/℃(℉)		⑦	
吸湿量(%)			
吸湿平衡条件 (T/℃(℉)，RH/%)			
挤压/旁路比			
⑧ $F_x^{\text{brry-tu}}$ /MPa(ksi)	平均值 最小值 最大值 CV/%	⑨	
F_x^{br}/MPa (ksi)	平均值 最小值 最大值 CV/% B 基准值 分布 C_1 C_2 试样数量 批次数 数据种类		

⑩

1.6 材料体系

1.6.1 材料体系编码

本手册所用的材料体系编码由纤维体系编码和基体材料编码组成，用短斜线（/）隔开，纤维和基体材料的编码如表 1.6.1(a)和(b)所示。

表 1.6.1(a)　纤维体系编码

AlO	氧化铝	PAN	聚丙烯腈
Ar	芳纶	PBT	聚苯并噻唑
B	硼	Q	石英
C	碳	Si	硅
DGI	D-玻璃	SiC	碳化硅
EGI	E-玻璃	SGI	S-玻璃
GI	玻璃	Ti	钛
Gr	石墨	W	钨
Li	锂		

表 1.6.1(b)   基体材料编码

BMI	双马来酰亚胺	PEI	聚醚醚亚胺
CE	氰酸酯	PES	聚醚砜
EP	环氧树脂	PI	聚酰亚胺
FC	碳氟化合物	PPS	聚苯硫醚
P	酚醛树脂	PSU	聚砜
PAI	聚酰胺酰亚胺	SI	硅
PBI	聚苯并咪唑	TPES	热塑性聚酯
PEEK	聚醚醚酮		

1.6.2 材料索引

本节留待今后使用。

1.7 材料取向编码

1.7.1 层压板取向编码

层压板取向编码的目的是提供简单明了的方法来描述层压板的铺层情况。下面的段落描述了在书面文件中常用的两种不同的取向编码。

1.7.1.1 铺层顺序记号

图 1.7.1.1 给出了最常用的记号,这里用的方法以 ASTM 操作规程 D6507(见参考文献 1.7.1.1(a))为基础,该层压板取向编码主要基于《Advanced Composites

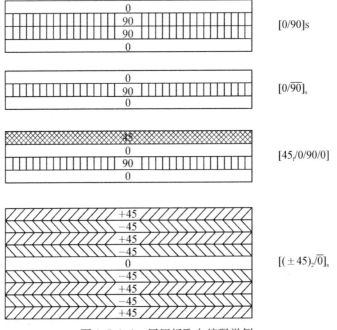

图 1.7.1.1 层压板取向编码举例

Design Guide》(见参考文献 1.7.1.1(b))中的编码。

说明：

（1）用纤维方向和 x 轴之间的夹角，来说明每个单层相对于 x 轴的取向。面向铺层面时将从 x 轴逆时针测量的角度定义为正角（右手准则）。

（2）当描述织物铺层时，测量经向与 x 轴之间的角度。

（3）具有不同绝对值的相继单层取向之间，用斜线（/）隔开。

（4）具有相同取向的两个或多个单层，在其第一层的角度后用附加的下标来表示，该下标等于在这个取向下重复的单层数。

（5）各单层按照贴的先后列出，从第 1 层到最后一层，用括号来表示编码的起止。

（6）若描述了铺层的前一半，而后一半与前一半对称，则用下标"s"加以说明；若该铺层的单层数为奇数，则在未重复单层的角度上面加一横线予以说明。

（7）将一组重复的单层用括号标出，将重复的层数用下标注明。

（8）描述材料所用的约定是，对单向带的单层没有下标，对织物则用下标"f"。

（9）混杂层压板，其层压板编码用单层的下标来标明其中不同的材料。

（10）由于大多数计算机程序不允许使用上标和下标，推荐进行以下修改：

● 在下标信息前面用冒号（:），例如，$[90/0{:}2/45]{:}\mathrm{s}$。

● 用单层后面的反斜线符号（\），来代替单层上面的横线（表示对称层压板中的未重复单层），例如，$[0/45/90\backslash]{:}\mathrm{s}$。

1.7.1.2 铺层百分比记号

在各种复合材料结构中通常只使用 0°、±45°和 90°铺层方向，因为用这些铺层角能构建出大多数感兴趣的结构特性，从而产生了第二种在工业界广泛使用的铺层方位编码：

$$(A/B/C)$$

式中：A，B，C 分别是 0°、±45°和 90°铺层方向的百分比。

说明：

（1）这种记号通常用于区分不同的层压板铺层，有时用曲线或毯式曲线来绘制层压板强度数据与纤维含量百分比的图。

（2）这种记号并不能识别铺层的编号或铺贴的顺序，但对给出层压板的总厚度是很好的做法，因为它已提供给用户足够的信息来进行最常用的分析（平板屈曲、层压板分析等）。

（3）把+45°和−45°方向的纤维百分数加在一起来得到"B"值。在读编码时，由于没有任何信息来区分两个方向的百分比，通常假设+45°纤维的百分数等于−45°纤维的百分数。

（4）假设织物铺层等同于这样的层：即该层的一半纤维在一个方向，而另一半纤维垂直于第一个方向。

（5）这种记号不适用于含不同材料或厚度的铺层。

1.7.2　编织物取向编码

编织物取向编码的目的是给出简单、易于理解的描述二维编织预成形件的方法，这种方法来自 ASTM 操作规程 D 6507（见参考文献 1.7.1.1(a)），编织取向编码主要基于文献 1.7.2。

用编织取向编码来描述纤维方向、纱束大小和层数：

$$[0_{m_1} / \pm \theta_{m_2} \cdots]_n N \text{ 注}$$

式中：θ 为编织角；m_1 为轴向纱束中的纤维数量（k 表示 1000）；m_2 为编织向纱束中的纤维数量（k 表示 1000）；n 为层压板中编织层的数量；N 为预成形件中轴向纱的体积百分数。

表 1.7.2 中的例子说明了编织取向编码的应用，文献 1.7.1.1(a)给出了更多的信息。

表 1.7.2　编织取向编码的例子

编织编码	轴向纱的大小	编织角/(°)	编织纱的大小	层数	轴向纱的含量/%
$[0_{30k} / \pm 70_{6k}]_3 63\%$	30 k	±70	6 k	3	63
$[0_{12k} / \pm 60_{6k}]_5 33\%$	12 k	±60	6 k	5	33

1.8　符号、缩写及单位制

本节定义了 CMH-17 中采用的符号和缩写，并说明了所沿用的单位制，都尽可能保留了通常的用法。这些信息主要来源于文献 1.8(a)—(c)。

1.8.1　符号及缩写

本节定义了本手册中采用（除了统计学的符号以外）的所有符号和缩写；关于统计学的符号在第 8 章进行定义。单层/层压板的坐标轴适用于所有的性能；力学性能的符号则汇总在图 1.8.1 中。

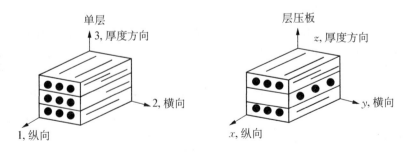

符号　　H_i^{jk}

式中：

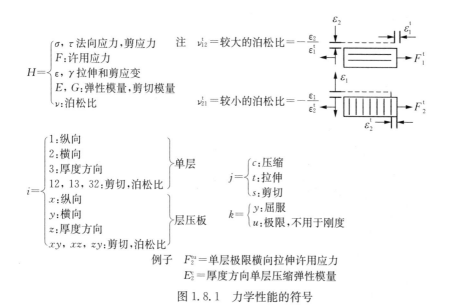

图 1.8.1　力学性能的符号

● 当用作为上标或下标时,符号 f 和 m 分别表示纤维和基体。

● 表示应力类型的符号(如 cy——压缩屈服)总在上标位置。

● 方向标示符(如 x, y, z, 1, 2, 3 等)总在下标位置。

● 铺层序号的顺序标示符(如 1, 2, 3 等)用于上标位置,且必须用括号括起来,以区别于数学的幂指数。

● 其他标示符,只要明确清楚,可用于下标位置,也可用于上标位置。

● 由上述规则导出的复合符号(即基本符号加标示符),以下列的特定形式表示。

在使用 CMH-17 时,将下列通用符号和缩写作为标准。当有例外时,将在正文或表格中予以注明。

A 　　(1) 面积(m^2, in^2)

　　　　(2) 交变应力与平均值应力之比

　　　　(3) 力学性能的 A-基准

a 　　(1) 长度(mm, in)

　　　　(2) 加速度(m/s^2, ft/s^2)

　　　　(3) 振幅

　　　　(4) 裂纹或缺陷的尺寸(mm, in)

B 　　(1) 力学性能的 B-基准值

　　　　(2) 双轴比率

Btu 　　英制热单位

b 　　宽度(mm, in),例如与垂直载荷的挤压面或受压板宽度,或梁截面宽度

C	比热$(kJ/kg℃，Btu/lb℉)$
℃	摄氏度
CF	地心引力$(N，lbf)$
CPF	正交铺层系数
CPT	固化后单层厚度$(mm，in)$
CG	(1) 质心;"重心"
	(2) 面积或体积质心
ε	中心线
c	柱屈曲的根部固定系数
$\bar{c}$	蜂窝夹芯高度$(mm，in)$
cpm	每分钟周数
D	(1) 直径$(mm，in)$
	(2) 孔或紧固件的直径$(mm，in)$
	(3) 板的刚度$(N·m，in·lbf)$
d	表示微分的算子
E	拉伸弹性模量,应力低于比例极限时应力与应变的平均值比值$(GPa，Msi)$
E'	储能模量$(GPa，Msi)$
E''	损耗模量$(GPa，Msi)$
E_c	压缩弹性模量,应力低于比例极限时应力与应变的平均值比值$(GPa，Msi)$
E'_c	垂直于夹层平面的蜂窝芯弹性模量$(GPa，Msi)$
E^{sec}	割线模量$(GPa，Msi)$
E^{tan}	切线模量$(GPa，Msi)$
e	端距,从孔中心到板边的最小距离$(mm，in)$
e/D	端距与孔直径之比(挤压强度)
F	应力$(MPa，ksi)$
℉	华氏度
F^b	弯曲应力$(MPa，ksi)$
F^{ccr}	压损应力或折损应力(破坏时柱应力的上限)$(MPa，ksi)$
F^{su}	纯剪极限应力(此值表示该横截面的平均值剪应力)$(MPa，ksi)$
FAW	纤维面积质量$(g/m^2，lb/in^2)$
FV	纤维体积含量(%)
f	(1) 内(或计算)应力$(MPa，ksi)$
	(2) 在有裂纹毛截面上作用的应力$(MPa，ksi)$
	(3) 蠕变应力$(MPa，ksi)$

f^{c}	压缩内应力（或计算压缩应力）(MPa，ksi)
f_{c}	（1）断裂时的最大应力(MPa，ksi)
	（2）毛应力限（筛选值弹性断裂数据用）(MPa，ksi)
ft	英尺
G	刚性模量（剪切模量）(MPa，Msi)
GPa	千兆帕斯卡(gigapascal)
g	克
g	重力加速度$(\mathrm{m/s^2}，\mathrm{ft/s^2})$
H/C	蜂窝（夹芯）
h	高度(mm，in)，如梁截面高度。
hr	小时
I	面积惯性矩$(\mathrm{mm^4}，\mathrm{in^4})$
i	梁的中性面（由于弯曲）斜度，弧度
in	英寸
J	扭转常数（$=I_{\mathrm{p}}$ 对圆管）$(\mathrm{m^4}，\mathrm{in^4})$
J	焦耳
K	绝对温标，开氏温标
K	（1）应力强度因子(MPa$\sqrt{\mathrm{m}}$，ksi$\sqrt{\mathrm{in}}$)
	（2）导热系数$(\mathrm{W/m℃}，\mathrm{Btu/ft^2/hr/in/℉})$
	（3）修正系数
	（4）介电常数，电容率
K_{app}	表观平面应变断裂韧度或剩余强度(MPa$\sqrt{\mathrm{m}}$，ksi$\sqrt{\mathrm{in}}$)
K_{c}	平面应变断裂韧度，对裂纹扩展失稳点断裂韧度的度量(MPa$\sqrt{\mathrm{m}}$，ksi$\sqrt{\mathrm{in}}$)
K_{Ic}	平面应变断裂韧度(MPa$\sqrt{\mathrm{m}}$，ksi$\sqrt{\mathrm{in}}$)
K_{N}	按经验计算的疲劳缺口因子
K_{s}	板或圆筒的剪切屈曲系数
K_{t}	（1）理论弹性应力集中因子
	（2）蜂窝夹芯板的 t_{w}/c 比
K_{v}	电介质强度，绝缘强度(kV/mm，V/mil)
K_{x}，K_{y}	板或圆筒的压缩屈曲系数
k	单位应力的应变
L	圆筒、梁或柱的长度(mm，in)
L'	柱的有效长度(mm，in)
lb	磅

M	外力矩或力偶(N・m，in・lbf)
Mg	百万克(兆克)
MPa	兆帕斯卡(s)
MS	军用标准
M. S.	安全裕度
MW	分子量
MWD	分子量分布
m	(1) 质量(kg，lb)
	(2) 半波数
	(3) 斜率
m	米
N	(1) 破坏时的疲劳循环数
	(2) 层压板的层数
	(3) 板的面内分布力(lbf/in)
N	(1) 牛顿
	(2) 正则化
NA	中性轴
n	(1) 在一个集内的次数
	(2) 半波数或全波数
	(3) 经受的疲劳循环数
P	(1) 作用的载荷(N，lbf)
	(2) 曝露参数
	(3) 概率
	(4) 比电阻、电阻系数(Ω)
P^u	试验的极限载荷(N，lb/每个紧固件)
P^y	试验屈服限载荷(N，lb/每个紧固件)
p	法向压力(Pa，psi)
psi	磅/平方英寸
Q	横截面的静面积矩(mm^3，in^3)
q	剪流(N/m，lbf/in)
R	(1) 循环载荷中最小与最大载荷的代数比
	(2) 减缩比
RA	面积的减缩
R. H.	相对湿度
RMS	均方根
RT	室温

r	(1) 半径(mm，in)
	(2) 根部半径(mm，in)
	(3) 减缩比(回归分析)
S	(1) 剪力(N，lbf)
	(2) 疲劳中的名义应力(MPa，ksi)
	(3) 力学性能的 S-基准值
S_a	疲劳中的应力幅值(MPa，ksi)
S_e	疲劳极限(MPa，ksi)
S_m	疲劳中的平均值应力(MPa，ksi)
S_{max}	应力循环中应力的最大代数值(MPa，ksi)
S_{min}	应力循环中应力的最小代数值(MPa，ksi)
S_R	应力循环中最小与最大应力的代数差值(MPa，ksi)
S.F.	安全系数
s	(1) 弧长(mm，in)
	(2) 蜂窝夹层芯格尺寸(mm，in)
T	(1) 温度(℃，℉)
	(2) 作用的扭矩(N·m，in·lbf)
T_d	热解温度(℃，℉)
T_F	曝露的温度(℃，℉)
T_g	玻璃化转变温度(℃，℉)
T_m	熔融温度(℃，℉)
t	(1) 厚度(mm，in)
	(2) 曝露时间(s)
	(3) 持续时间(s)
V	(1) 体积(mm^3，in^3)
	(2) 剪力(N，lbf)
W	(1) 质量(N，lbf)
	(2) 宽度(mm，in)
W	瓦特
x	沿坐标轴的距离
Y	关联构件几何尺寸与裂纹尺寸的无因次系数
y	(1) 受弯梁弹性变形曲线的挠度(mm，in)
	(2) 由中性轴到给定点的距离
	(3) 沿坐标轴的距离
Z	截面模量，I/y(mm^3，in^3)
α	热膨胀系数(m/m/℃，in/in/℉)

γ	剪应变(m/m, in/in)
Δ	差分(用于数量符号之前)
δ	伸长率或挠度(mm, in)
ε	应变(m/m, in/in)
ε^{e}	弹性应变(m/m, in/in)
ε^{p}	塑性应变(m/m, in/in)
μ	渗透性因子
η	塑性折减因子
$[\eta]$	本征黏度
η^{*}	动态复黏度
ν	泊松比
ρ	(1) 密度(kg/m³, lb/in³)
	(2) 回转半径(mm, in)
ρ_{c}'	蜂窝夹芯密度(kg/m³, lb/in³)
Σ	总计、总和
σ	标准差
σ_{ij}, τ_{ij}	外法线朝 i 的平面上沿 j 方向的应力($i, j = 1, 2, 3$ 或 x, y, z)(MPa, ksi)
T	作用剪应力(MPa, ksi)
ω	角速度(rad/s)
$\propto$	无限大

1.8.1.1 组分的性能

下列符号专用于典型复合材料组分的性能:

E^{f}	纤维材料弹性模量(MPa, ksi)
E^{m}	基体材料弹性模量(MPa, ksi)
E_{x}^{g}	预浸玻璃细纱布沿纤维方向或沿织物经向的弹性模量(MPa, ksi)
E_{y}^{g}	预浸玻璃细纱布在垂直于纤维方向或织物纬向的弹性模量(MPa, ksi)
G^{f}	纤维材料剪切模量(MPa, ksi)
G^{m}	基体材料剪切模量(MPa, ksi)
G_{xy}^{g}	预浸玻璃细纱布剪切模量(MPa, ksi)
G_{cx}'	夹芯沿 x 轴的剪切模量(MPa, ksi)
G_{cy}'	夹芯沿 y 轴的剪切模量(MPa, ksi)
l	纤维长度(mm, in)
α^{f}	纤维材料热膨胀系数(m/m℃, in/in/℉)
α^{m}	基体材料热膨胀系数(m/m/℃, in/in/℉)

α_x^g 预浸玻璃细纱布沿纤维方向或织物经向的热膨胀系数（m/m℃，in/in/℉）

α_y^g 预浸玻璃细纱布垂直纤维方向或织物纬向的热膨胀系数（m/m℃，in/in/℉）

ν^f 纤维材料泊松比

ν^m 基体材料泊松比

ν_{xy}^g 由纵向（经向）伸长引起横向（纬向）收缩的玻璃细纱布泊松比

ν_{yx}^g 由横向（纬向）伸长引起纵向（经向）收缩的玻璃细纱布泊松比

σ 作用于某点的轴向应力，用于细观力学分析（MPa，ksi）

τ 作用于某点的剪切应力，用于细观力学分析（MPa，ksi）

1.8.1.2 单层与层压板

下列符号、缩写及记号适用于复合材料单层及层压板。目前，CMH‐17的重点放在单层性能上，但这里给出了适用于单层及层压板的常用符号表，以避免可能的混淆。

$A_{ij}\,(i,\,j=1,\,2,\,6)$ （面内）拉伸刚度（N/m，lbf/in）

$B_{ij}\,(i,\,j=1,\,2,\,6)$ 耦合矩阵（N，lbf）

$C_{ij}\,(i,\,j=1,\,2,\,6)$ 刚度矩阵元素（Pa，psi）

$D_x,\,D_y$ 弯曲刚度（N·m，in·lbf）

D_{xy} 扭转刚度（N·m，in·lbf）

$D_{ij}\,(i,\,j=1,\,2,\,6)$ 弯曲刚度（N·m，in·lbf）

E_1 平行于纤维或经向的单层弹性模量（MPa，Msi）

E_2 垂直于纤维或纬向的单层弹性模量（MPa，Msi）

E_x 沿参考轴 x 的层压板弹性模量（MPa，Msi）

E_y 沿参考轴 y 的层压板弹性模量（MPa，Msi）

G_{12} 在 12 平面内的单层剪切模量（MPa，Msi）

G_{xy} 在参考平面 xy 内的层压板剪切模量（MPa，Msi）

h_i 第 i 铺层或单层的厚度（mm，in）

$M_x,\,M_y,\,M_{xy}$ （板壳分析中的）弯矩及扭矩分量（N·m/m，in·lbf/in）

n_f 每个单层在单位长度上的纤维数

$Q_x,\,Q_y$ 分别垂直于 x 及 y 轴的板截面上，与 z 平行的剪力（N/m，lbf/in）

$Q_{ij}\,(i,\,j=1,\,2,\,6)$ 折算刚度矩阵（Pa，psi）

$u_x,\,u_v,\,u_z$ 位移向量的分量（mm，in）

$u_x^0,\,u_y^0,\,u_z^0$ 层压板中面的位移向量分量（mm，in）

V_V 空隙含量（用体积分数表示）

V_f	纤维含量或纤维体积含量(用体积分数表示)
V_g	玻璃细纱布含量(用体积分数表示)
V_m	基体含量(用体积分数表示)
V_x, V_y	边缘剪力或支承剪力(N/m, lbf/in)
W_f	纤维含量(用质量分数表示)
W_g	玻璃细纱布含量(用质量分数表示)
W_m	基体含量(用质量分数表示)
W_s	单位表面积的层压板质量(N/m², lbf/in²)
α_1	沿 1 轴的单层热膨胀系数(m/m℃, in/in/℉)
α_2	沿 2 轴的单层热膨胀系数(m/m℃, in/in/℉)
α_x	层压板沿广义参考轴 x 的热膨胀系数(m/m℃, in/in/℉)
α_y	层压板沿广义参考轴 y 的热膨胀系数(m/m℃, in/in/℉)
α_{xy}	层压板的热膨胀剪切畸变系数(m/m℃, in/in/℉)
θ	单层在层压板中的方位角,即 1 轴与 x 轴间的夹角(°)
λ_{xy}	等于 ν_{xy} 与 ν_{yx} 之积
ν_{12}	由 1 方向伸长引起 2 方向收缩的泊松比*
ν_{21}	由 2 方向伸长引起 1 方向收缩的泊松比*
ν_{xy}	由 x 方向伸长引起 y 方向收缩的泊松比*
ν_{yx}	由 y 方向伸长引起 x 方向收缩的泊松比*
ρ_c	单层的密度(kg/m³, lbf/in³)
$\bar{\rho}_c$	层压板的密度(kg/m³, lbf/in³)
ϕ	(1) 广义角坐标(°)
	(2) 偏轴加载中,x 轴与载荷方向之间的夹角(°)

1.8.1.3　下标

认为下列下标记号是 CMH-17 的标准记号:

1,2,3	单层的自然直角坐标(1 是纤维方向或经向)
A	轴
a	(1) 胶黏的
	(2) 交变的
app	表观的
byp	旁路的
c	(1) 复合材料体系,特定的纤维/基体组合

---

* 因为使用了不同的定义,在对比不同来源的泊松比以前,应当检查其定义。

(2) 复合材料作为一个整体,区别于单一的组分

(3) 当与上标撇号($'$)连用时,指夹层芯子

(4) 临界的

cf	离心力
e	疲劳或耐久性
eff	有效的
eq	等同的
f	纤维
g	玻璃细纱布
H	圈
i	顺序中的第 i 位置
L	横向
m	(1) 基体
	(2) 平均值
max	最大
min	最小
n	序列中的第 n 个(最后)位置
n	法向的
p	极的、极性的
s	对称
st	加筋条
T	横向
t	在 t 时刻的参量值
x，y，z	广义坐标系
Σ	总和,或求和
o	初始点数据或参考数据
(　)	表示括号内的项相应于特定温度的格式。RT——室温(21℃,70℉);除非另有说明,所有温度以华氏度(℉)表示[*]。

1.8.1.4　上标

在 CMH-17 中,将下列上标记号作为标准。

b	弯曲
br	挤压
c	(1) 压缩

---

[*] 原文采用英制单位,翻译稿中所有含单位的数字均已转换成国际单位制,括号内的数字为原文的数字——译者注。

(2)蠕变

cc	压损
cr	压缩屈曲
e	弹性
f	纤维
g	玻璃细纱布
is	层间剪切
(i)	第 i 铺层或单层
lim	限制,指限制载荷
m	基体
ohc	开孔压缩
oht	开孔拉伸
P	塑性
pl	比例极限
rup	破断
s	剪切
scr	剪切屈曲
sec	割线(模量)
so	偏轴剪切
T	温度或热
t	拉伸
tan	切线(模量)
u	极限的
y	屈服
'	二次(模量),与下标 c 连用时指蜂窝夹芯的性能。
CAI	冲击后压缩

1.8.1.5　缩写词

在 CMH‐17 中,使用下列缩写词。

AA	atomic absorption(原子吸收)
AES	Auger electron spectroscopy(Auger 电子能谱术)
AIA	Aerospace Industries Association(航宇工业协会)
AlO	氧化铝
ANOVA	analysis of variance(变异分析)
Ar	芳纶
ARL	US Army Research Laboratory(美国陆军研究所)
ASTM	American Society for Testing and Materials(美国材料与试验协

会)

B	硼
BMI	bismaleimide(双马来酰亚胺)
BVID	barely visible impact damage(目视勉强可见冲击损伤)
C	碳
CAI	compression after impact(冲击后压缩)
CCA	composite cylinder assemblage(复合材料圆柱组合)
CE	氰酸酯
CFRP	carbon fiber reinforced plastic(碳纤维增强塑料)
CLS	crack lap shear(裂纹搭接剪切)
CMCS	Composite Motorcase Subcommittee (JANNAF)(复合材料发动机箱小组委员会(JANNAF))
CPT	cured ply thickness(固化后单层厚度)
CTA	cold temperature ambient(低温环境)
CTD	cold temperature dry(低温干态)
CTE	coefficient of thermal expansion(热膨胀系数)
CV	coefficient of variation(变异系数)
CVD	chemical vapor deposition(化学气相沉积)
DCB	double cantilever beam(双悬臂梁)
DDA	dynamic dielectric analysis(动态电介质分析)
DGI	D-玻璃
DLL	design limit load(设计限制载荷)
DMA	dynamic mechanical analysis(动态力学分析)
DOD	Department of Defense(国防部)
DSC	differential scanning calorimetry(差示扫描量热法)
DTA	differential thermal analysis(示差热分析)
DTRC	David Taylor Research Center(David Taylor 研究中心)
EGI	E-玻璃
ENF	end notched flexure(端部缺口弯曲)
EOL	end-of-life(寿命结束)
ESCA	electron spectroscopy for chemical analysis(化学分析的电子能谱术)
ESR	electron spin resonance(顺磁共振、电子自旋共振)
ETW	elevated temperature wet(高温湿态)
FAA	Federal Aviation Administration(联邦航空管理局)
FFF	field flow fractionation(场溢分馏法)

FGRP	fiberglass reinforced plastic(玻璃纤维增强塑料)
FMECA	Failure Modes Effects Criticality Analysis(失效模式影响的危险度分析)
FOD	foreign object damage(外来物损伤)
FTIR	Fourier transform infrared spectroscopy(福里哀变换红外光谱法)
FWC	finite width correction factor(有限宽修正系数)
GC	gas chromatography(气相色谱分析)
GI	玻璃
Gr	石墨
GSCS	Generalized Self Consistent Scheme(广义自相容方案)
HDT	heat distortion temperature(热扭变温度)
HPLC	high performance liquid chromatography(高精度液相色层分离法)
ICAP	inductively coupled plasma emission(感应耦合等离子体发射)
IITRI	Illinois Institute of Technology Research Institute(伊利诺斯理工学院)
IR	infrared spectroscopy(红外光谱学)
ISS	ion scattering spectroscopy(离子散射光谱学)
JANNAF	Joint Army, Navy, NASA and Air Force(陆、海军、NASA 及空军联合体)
LC	liquid chromatography(液相色层分离法)
Li	锂
LPT	laminate plate theory(层压板理论)
LSS	laminate stacking sequence(层压板铺层顺序)
MMB	mixed mode bending(混合型弯曲)
MOL	material operational limit(材料工作极限)
MS	mass spectroscopy(质谱(分析)法)
MSDS	material safety data sheet(材料安全数据单)
MTBF	Mean Time Between Failure(破坏间的平均值时间)
NAS	National Aerospace Standard(国家航宇标准)
NASA	National Aeronautics and Space Administration(国家航空航天局)
NDI	nondestructive inspection(无损检测)
NMR	nuclear magnetic resonance(核磁共振)
P	酚醛树脂
PAI	聚酰胺酰亚胺
PAN	聚丙烯腈
PBI	聚苯并咪唑

PBT	聚苯并噻唑
PEEK	聚醚醚酮
PEI	聚醚醚亚胺
PES	聚醚砜
PI	聚酰亚胺
PPS	聚苯硫醚
PSU	聚砜
Q	石英
RDS	rheological dynamic spectroscopy(流变动态波谱学)
RH	relative humidity(相对湿度)
RT	room temperature(室温)
RTA	room temperature ambient(室温大气环境)
RTD	room temperature dry(室温干态)
RTM	resin transfer molding(树脂转移模塑)
SACMA	Suppliers of Advanced Composite Materials Association(先进复合材料供应商协会)
SAE	Society of Automotive Engineers(汽车工程师协会)
SANS	small-angle neutron scattering spectroscopy(小角度中子散射光谱学)
SEC	size-exclusion chromatography(尺度筛析色谱法)
SEM	scanning electron microscopy(扫描电子显微镜)
SFC	supercritical fluid chromatography(超临界流体色谱法)
Si	硅
SI	International System of Units(国际单位制)
SiC	碳化硅
SIMS	secondary ion mass spectroscopy(次级离子质谱(法))
TBA	torsional braid analysis(扭转编织分析)
TEM	transmission electron microscopy(发射电子显微镜)
TGA	thermogravimetric analysis(热解质量分析)
Ti	钛
TLC	thin-layer chromatography(薄层色谱法)
TMA	thermal mechanical analysis(热量力学分析)
TOS	thermal oxidative stability(热氧化稳定性)
TPES	热塑性聚酯
TVM	transverse microcrack(横向微裂纹)
UDC	unidirectional fiber composite(单向纤维复合材料)

VNB   V-notched beam(V 缺口梁)

W   钨

XPS   X-ray photoelectron spectroscopy(X 射线光电光谱学)

1.8.2　单位制

遵照 1991 年 2 月 23 日的国防部指示 5 000.2，Part 6，Section M"公制体系的使用"的规定，通常 CMH-17 中的数据同时使用国际单位制(SI 制)和美国习惯单位制(英制)。IEEE/ASTM SI 10《采用国际单位制(SI)的美国标准：现代的公制》则对准备作为世界标准度量单位的 SI 制(见文献 1.8.2(a))提供了应用的指南。下列出版物(见文献 1.8.2(b)-(e))提供了使用 SI 制及换算因子的进一步指南：

(1) DARCOM P 706 - 470. Engineering Design Handbook：Metric Conversion Guide [M]. July 1976.

(2) NBS Special Publication 330. The International System of Units(SI) [S]. National Bureau of Standards，1986 edition.

(3) NBS Letter Circular LC 1035. Units and Systems of Weights and Measures，Their Origin，Development，and Present Status [S]. National Bureau of Standards，November 1985.

(4) NASA Special Publication 7012. The International System of Units Physical Constants and Conversion Factors [M]. 1964.

表 1.8.2 列出了与 CMH-17 数据有关、由英制向 SI 制换算的因子。

表 1.8.2　英制与 SI 制换算因子

由	换算为	乘以
Btu(热化学)/(in² · s)	W/m²	1.634246×10^6
Btu · in/(s · ft² · ℉)	W/(m · K)	5.192204×10^2
华氏度(℉)	摄氏度(℃)	$T_c = (T_F - 32)/1.8$
华氏度(℉)	开氏度(K)	$T_K = (T_F + 459.67)/1.8$
ft	m	3.048000×10^{-1}
ft²	m²	9.290304×10^{-2}
ft/sec	m/s	3.048000×10^{-1}
ft/s²	m/s²	3.048000×10^{-1}
in	m	2.540000×10^{-2}
in²	m²	6.451600×10^{-4}
in³	m³	1.638706×10^{-5}
kgf	牛顿(N)	9.806650×10^0
kgf/m²	帕斯卡(Pa)	9.806650×10^0
kip(1 000 lbf)	牛顿(N)	4.448222×10^3
ksi(kip/in²)	MPa	6.894757×10^0

（续表）

由	换算为	乘以
in・lbf	N・m	$1.129\,848\times10^{-1}$
lbf・ft	N・m	$1.355\,818\times10^{0}$
lbf/in^2(psi)	帕斯卡(Pa)	$6.894\,757\times10^{3}$
lb/in^3	kg/m^3	$2.767\,990\times10^{4}$
Msi(10^6 psi)	GPa	$6.894\,757\times10^{0}$
磅力(lbf)	牛顿(N)	$4.482\,22\times10^{0}$
磅质量(lb)	千克(kg)	$4.535\,924\times10^{-1}$
Torr	帕斯卡(Pa)	$1.333\,22\times10^{2}$

1.9　定义

在 CMH-17 中使用下列的定义。这个术语表还不很完备，但它给出了几乎所有的常用术语。当术语有其他意义时，将在正文和表格中予以说明。为了便于查找，这些定义按照英文术语的字母顺序排列。

A 基准值（A-basis）或 A 值（A-Value）——建立在统计基础上的材料性能。指定测量值母体的第一个分位数上的 95％置信下限，也是对指定母体中 99％较高值的 95％容许下限。

A 阶段（A-Stage）——热固性树脂反应的早期阶段，在该阶段中，树脂仍可溶于一定液体，并可能为液态，或受热时能变成液态。（有时也称之为**甲阶段 resol**）。

吸收（Absorption）——某种材料（吸收剂）吸收另一种材料（被吸收物质）的过程。

促进剂（Accelerator）——一种材料，当其与某种催化的树脂混合时，将加速催化剂与树脂之间的化学反应。

验收（Acceptance）（见材料验收 **Material Acceptance**）。

准确度（Accuracy）——指测量值或计算值与已被认可的一些标准或规定值之间的吻合程度。准确度中包括了操作的系统误差。

加成聚合反应（Addition Polymerization）——用重复添加的方法，使单体链接起来形成聚合物的聚合反应；反应中不脱除水分子或其他简单分子。

黏合（Adhesion）——通过加力或联锁作用，或者通过二者同时作用，使得两个表面在界面处结合在一起的状态。

胶黏剂（Adhesive）——能通过表面粘合，把两种材料结合在一起的一种物质。本手册专指所生成的连接部位能传递大结构载荷的那些结构胶黏剂。

ADK——表示 k 样本 Anderson-Darling 统计量，用于检验 k 批数据具有相同分布的假设。

代表性样本（Aliquot）——较大样本中一个小的代表性样本。

老化（Aging）——在大气环境下曝露一段时间对材料产生的影响；将材料在某个环境下曝露一段时间间隔的处理过程。

大气环境（Ambient）——周围的环境情况，例如压力与温度。

滞弹性（Anelasticity）——某些材料所显示的一种特性，其应变是应力与时间两者的函数。虽然没有永久变形存在，在载荷增加以及载荷减少的过程中，都需要有一定的时间，才达到应力与应变的平衡。

角铺层（Angleply）——任何由正、负 θ 铺层构成的均衡层压板，其中 θ 与某个参考方向成锐角。

各向异性（Anisotropic）——非各向同性；即随着（相对于材料固有自然参考轴系）取向的变化，材料的力学及/或物理性能不同。

芳纶（Aramid）——一种人造纤维，其纤维的构成物质是一种长链的合成芳族聚酰胺，其中至少有 85% 的酰胺基（—CONH—）是直接与两个芳基环链接的。

纤维面积质量（Areal Weight of Fiber）——单位面积预浸料的纤维质量，常用 g/m^2 表示，换算因子如表 1.8.2 所示。

人工老化（Artificial Weathering）——指曝露在某些实验室条件下；这些条件可能是循环改变的，包括在各种地理区域内的温度、相对湿度、辐照能的变化，及大气环境中其他任何因素导致的变化。

纵横比、长径比（Aspect Ratio）——对基本上为二维矩形形状的结构（如壁板），指其长向尺寸与短向尺寸之比。但在压缩加载下，有时是指其沿载荷方向的尺寸与横向尺寸之比。另外，在纤维的细观力学里，则指纤维长度与其直径之比。

热压罐（Autoclave）——一种封闭的容器，用于给在容器内进行化学反应或其他作业的物体，提供一个加热的或不加热的流体压力环境。

热压罐模压（Autoclave Molding）——一种类似袋压成形的工艺技术。将压力袋覆盖在铺贴件上，然后把整个组合放入一个可提供热量和压力以进行零件固化的热压罐中。这个压力袋通常与外界相通。

编织轴（Axis of Braiding）——编织的构型伸展的方向。

B 基准值（B-basis）或 B 值（B-Value）——建立在统计基础上的材料性能。指定测量值母体的第十百分位数上的 95% 置信下限，也是指定母体中 90% 较高值的 95% 容许下限（见第 1 卷 8.1.4 节）。

B 阶段（B-Stage）——热固性树脂反应过程的一个中间阶段；在该阶段，当材料受热时变软，同时，当与某些液体接触时，材料会出现溶胀但并不完全熔化或溶解。在最后固化前，为了操作和处理方便，通常将材料预固化至这一阶段。（有时，也称为乙阶段（resitol））。

袋压成形（Bag Molding）——一种模压或层压成形的方法；该法通过对一种柔性材料施加流体压力，将压力传到被模压或胶接的材料上。通常使用空气、蒸汽、水，或者用抽真空的手段，来提供流体压力。

均衡层压板（**Balanced Laminate**）——一种复合材料层压板，其所有非 0°和非 90°的其他相同角度单层，均只正负成对出现（但未必相邻）。

批次（**Batch**）**或批组**（**Lot**）——取自定义明晰的原材料集合体中，在相同条件下基本上同时生产的一些材料。

讨论：批次/批组的具体定义取决于材料预期的用途。更多与纤维、织物、树脂、预浸材料和与生产应用的混合工艺有关的特定定义在第 3 卷 5.5.3 节中进行了讨论。在第 1 卷 2.5.3.1 节中描述了对欲将数据提交本手册第 2 卷收录的预浸料批次的专门的要求。

挤压面积（**Bearing Area**）——销子直径与试件厚度的积。

挤压载荷（**Bearing Load**）——作用于接触表面上的压缩载荷。

挤压屈服强度（**Bearing Yield Strength**）——指当材料的挤压应力与挤压应变的比例关系出现偏离并到某一规定限值时，其所对应的挤压应力值。

弯曲试验（**Bend Test**）——用弯曲或折叠来测量材料延性的一种试验方法；通常是用持续加力的办法。在某些情况下，试验中可能包括对试件进行敲击；这个试件的截面沿一定长度是基本均匀的，而该长度则是截面最大尺寸的几倍。

定型剂（**Binder**）——在制造模压制件过程中，为使毡子或预成形件中的纱束能粘在一起而使用的一种胶接树脂。

二项随机变量（**Binomial Random Variable**）——指一些独立试验中的成功次数，其中每次试验的成功概率是相同的。

双折射率（**Birefringence**）——指（纤维的）两个主折射率之差，或指在材料给定点上其光程差与厚度之比。

吸胶布（**Bleeder Cloth**）——一层非结构性的材料，以便能在复合材料零件制造时，排出固化过程中的多余气体和树脂。吸胶布在完成固化后被除去，因而并不构成复合材料制件的一部分。

线筒（**Bobbin**）——一种圆筒状或略带锥形的桶体，带突缘或无突缘，用于缠绕无捻纱、粗纱或有捻纱。

胶接（**Bond**）——用胶作黏结剂或不用胶，把一个表面粘着到另一个表面上。

编织物（**Braid**）——由三根或多根纱线所构成的体系，其中的纱彼此交织，但没有任何两根纱线是相互缠绕的。

编织角（**Braid Angle**）——与编织轴之间的形成的锐角。

双轴编织（**Braid，Biaxial**）——具有两个纱线系统的编织织物，其中一个纱线系统沿着+θ方向，而另一个纱线系统沿着−θ方向，角度由编织轴开始计量。

编织数（**Braid Count**）——沿编织织物轴线计算，每英寸上的编织纱数量。

菱形编织物（**Braid，Diamond**）——织物图案为一上一下（1×1）的编织织物。

窄幅织物（**Braid，Flat**）——一种窄的斜纹机织带；其每根纱线都是连续的，并与这个机织带的其他纱相互交织，但自身无交织。

Hercules 编织物（**Braid，Hercules**）——图案为三上三下（3×3）的编织织物。

提花编织物（**Braid，Jacquard**）——借助于提花织机进行编织图案设计；提花织机是个脱落机构,可用它独立地控制大量纱束,产生复杂的图案。

规则编织物(Braid,Regular)——织物图案为二上二下(2×2)的编织织物。

正方形编织物(Braid,Square)——其纱线构成正方形图案的编织织物。

两维编织物(Braid,Two-Dimensional)——沿厚度方向没有编织纱的编织织物。

三维编织物(Braid,Three-Dimensional)——沿厚度方向有一或多根编织纱的编织织物。

三轴编织物(Braid,Triaxial)——在编织轴方向上设置有衬垫纱的双轴编织织物。

编织(Braiding)——一种纺织的工艺方法;它将两个或多个纱束、有捻纱或带子沿斜向缠绕,形成一个整体的结构。

宽幅(Broadgoods)——一个不太严格的术语,指宽度大于 305 mm(12 in)的预浸料,它们通常由供货商以连续卷提供。这个术语通常用于指经校准的单向带预浸料及织物预浸料。

(复合材料)屈曲(Buckling(Composite))——一种结构响应模式,其特征是,由于对结构元件的压缩作用,导致材料的面外挠曲变形。在先进复合材料里,屈曲不仅可能是常规的总体或局部失稳形式,同时也可能是单独纤维的细观失稳。

纤维束(Bundle)——普通术语,指一束基本平行的长丝或纤维。

C 阶段(C-Stage)——热固性树脂固化反应的最后阶段,在该阶段,材料成为几乎既不可溶解又不可熔化的固态。(通常认为已充分固化,有时称为**丙阶段(resite)**)

绞盘(Capstan)——一种摩擦型提取装置,用以将编织物由折缝移开,其移动速度决定了编织角。

碳纤维(Carbon Fibers)——将有机原丝纤维(如人造纤维、聚丙烯腈(PAN))进行高温分解,再置于一种惰性气体内,从而生产出的纤维。这个术语通常可与"石墨"纤维(graphite)互相通用;然而,碳纤维与石墨纤维的差别在于,其纤维制造和热处理的温度不同,以及所形成纤维的碳含量不同。典型情况是,碳纤维在大约 1300℃(2400℉)时进行碳化,经检验含有 93%～95%的碳;而石墨纤维则在 1900～3000℃(3450～5450℉)进行石墨化,经检验含有 99%以上的元素碳。

载体(Carrier)——通过编织物的编织动作来输送有捻纱的机械装置,典型的载体包括筒子架纺锤、迹径跟随器和拉紧装置。

均压板(Caul Plates)——一种无表面缺陷的平滑金属板,与复合材料铺层具有相同尺寸和形状。在固化过程中,均压板与铺贴层直接接触,以传递垂直压力,并使层压板制件的表面平滑。

检查(Censoring)——若当观测值≤M(≥M)时,记录其实际观测值,则称数据在 M 处是右(左)检查的。若观测值>(<)M,则观测值记为 M。

链增长聚合反应(Chain-Growth Polymerization)——两种主要聚合反应机制之一。在这种链锁聚合反应中,这些反应基在增长过程中不断地重建。一旦反应开始,通过由某个特殊反应引发源(可以是游离基、阳离子或阴离子)所开始的反应链,使聚合物的分子迅速增长。

层析图(Chromatogram)——混合物溶液体系中的洗出溶液(洗出液)经色谱仪分离后,各组分峰值的色谱仪响应图。

缠绕循环(Circuit)——缠绕机中纤维给进机构的一个完整往返运动。缠绕段的完整往返运动,是从任意一点开始,到通过该起点并与轴相垂直的平面上的另外一点为止。

共固化(Cocuring)——指在同一固化周期中,在将一个复合材料层压板固化的同时,将其胶接到其他已经制备好的表面。(见**二次胶接 Secondary Bonding**)。

线性热膨胀系数(Coefficient of Linear Thermal Expansion)——温度升高一度,每单位长度所产生的长度改变。

变异系数(Coefficient of Variation)——母体(或样本)标准差与母体(或样本)平均值之比。

准直(Collimated)——使平行。

相容(Compatible)——指不同树脂体系能够彼此在一起处理,且不致使终端产品性能下降的能力。

复合材料分类(Composite Class)——手册中,指复合材料的一种主要分类方式,其分类按纤维体系和基体类型定义,如有机基纤维复合材料层压板。

复合材料(Composite Material)——复合材料是由成分或形式在宏观尺度都不同的材料构成的复合物。各组分在复合材料中保持原有的特性,即各组分尽管变形一致,但它们彼此完全不溶解或者说相互不合并。通常,各组分能够从物理上区别,并且相互间存在界面。

混合料(Compound)——一种或多种聚合物与所有用于最终成品的材料的紧密混合物。

缩聚反应(Condensation Polymerization)——一种特殊形式的逐步聚合反应,其特点是,在反应基的逐级加成过程中,有水或其他简单分子的生成。

置信系数(Confidence Coefficient)——见置信区间 Confidence Interval。

置信区间(Confidence Interval)——置信区间按下列三者之一进行定义:

$$P(a < \theta) \leqslant 1-\alpha \qquad\qquad 式(1)$$
$$P(\theta < b) \leqslant 1-\alpha \qquad\qquad 式(2)$$
$$P(a < \theta < b) \leqslant 1-\alpha \qquad\qquad 式(3)$$

式中 $1-\alpha$ 称为置信系数。称式(1)或式(2)的描述为单侧置信区间,而称式(3)的描述为双侧置信区间。对式(1),a 为置信下限;对式(2),b 为置信上限。置信区间内包含参数 θ 的概率,至少为 $1-\alpha$。

组分(Constituent)——通常指大组合的一个元素。在先进复合材料中,主要的组分是纤维和基体。

连续长丝（Continuous Filament）——指纱线与纱束的长度基本相同的纱束。

耦合剂（Coupling Agent）——一种与复合材料的增强体或基体发生作用的化学物质，用以形成或提供较强的界面胶接。耦合剂通过水溶液或有机溶液，或由气体相加到增强体中，或作为添加剂加到基体中。

覆盖率（Coverage）——表面上被编织物所覆盖部分的量度。

龟裂（Crazing）——在有机基体表面或表面下的可见细裂纹。

筒子架（Creel）——一个用来支持无捻纱、粗纱或纱线的构架，以便能平稳而均匀地拉动很多丝束，而不会搞乱。

蠕变（Creep）——在外加应力所引起应变中与时间有关的那部分应变。

蠕变率（Creep，Ratio of）——蠕变（应变）-时间曲线上，在给定时刻处的曲线斜率。

卷曲（Crimp）——编织过程中在编织织物内产生的波纹。

卷曲角（Crimp Angle）——从丝束的平均值轴量起、单个编织纱的最大锐角。

卷曲转换（Crimp Exchange）——使编织纱体系在受拉或压时达到平衡的工艺。

临界值（Critical Values）——当检验单侧统计假设时，其临界值是指，若该检验的统计值大于（小于）此临界值时，这个假设将被拒绝。当检验双侧统计假设时，要决定两个临界值，若该检验的统计小于较小的临界值时，或大于较大的临界值时，这个假设将被拒绝。在以上这两种情况下，所选取的临界值取决于所希望的风险，即当此假设为真实但却被拒绝的风险（通常取 0.05）。

正交铺层（Crossply）——指任何非单向的长纤维层压板，与角铺层的意义相同。在某些文献中，术语"正交铺层"只是指各铺层间彼此成直角的层压板，而"角铺层"则用指除此之外的所有其他铺层方式。在本手册中，这两个术语被作为同义词使用。由于使用了层压板铺层取向代码，因而没有必要只为其中某一种基本铺层方向情况保留单独的术语。

累积分布函数（Cumulative Distribution Function）——见第 1 卷 8.1.4 节。

固化（Cure）——指通过化学反应，即缩合反应、闭环反应或加成反应等，使热固性树脂的性能发生不可逆的变化。可以在添加或不加催化剂、在加热或者不加热的情况下，通过添加固化（交联）剂来实现固化。同时也可通过加成反应实现固化，如环氧树脂体系的酐固化过程。

固化周期（Cure Cycle）——指为了达到规定的性能，将反应的热固性材料置于规定的条件下进行处理的时间进程。

固化应力（Cure Stress）——复合材料结构在固化过程中所产生的残余内应力。一般情况下，当不同的铺层具有不同的热膨胀系数时，会产生固化应力。

脱胶（Debond）——指有意将胶接接头或胶接界面剥离[*]，通常用于修理或重新

---

[*] 原文为 A deliberate separation of a bonded joint or interface——译者注。

加工的情况。(见**脱胶 Disbond，未粘住 Unbond**)。

编辑脚注：

在广大的复合材料界对此定义有争议和不同意见,有些人严格坚持本手册给出的定义,而另一些则认为是可以互换的(如 FAA AC 20 - 107)。读者要注意,在其他文件中该定义可能是其中之一。

变形(Deformation)——由于施加载荷或外力所引起的试件形状变化。

退化(Degradation)——指在化学结构、物理特性或外观等方面出现的有害变化。

分层(Delamination)——指层压板中在铺层之间的材料分离。分层可能出现在层压板中的局部区域,也可能覆盖很大的区域。在层压板固化过程或在随后使用过程的任何时刻中,都可能由于各种原因而出现分层。

旦(Denier)——一种表示线密度的直接计量体系,等于 9000m 长的纱、长丝、纤维或其他纺织纱线所具有的质量(克)。

密度(Density)——单位体积的质量。

解吸(Desorption)——指从另一种材料中释放出所吸收或所吸附材料的过程。解吸是吸收、吸附,或者这两者之和的逆过程。

偏差(Deviation)——相对于规定尺度或要求的差异,通常规定其上限或下限。

介电常数(Dielectric Constant)——板极之间具有某一介电常数的电容器,以真空取代电解质时,两者电容之比即其介电常数,这是单位电压下每单位体积所储存电荷的一个度量。

介电强度、抗电强度、绝缘强度(Dielectric strength)——当电解质材料破坏时,单位厚度的平均值电压。

脱胶(Disbond)——在两个被胶接体间的胶接界面内出现胶接破坏或分离情况的区域。在结构寿命的任何时间,都可能由于各种原因发生脱胶。另外,用通俗的话来说,脱胶还指在层压板制品两个铺层间的分离区域(这时,通常更多使用“分层”一词)(见**脱胶 Debond，未粘住 Unbond，分层 Delamination**)。

编辑脚注：

在广大的复合材料界对此定义有争议和不同意见,有些人严格坚持本手册给出的定义,而另一些则认为是可以互换的(如 FAA AC 20 - 107)。读者要注意,在其他文件中该定义可能是其中之一。

分布(Distribution)——给出某个数值落入指定范围内概率的公式(见**正态分布,韦伯(Weibull)分布和对数正态分布**)。

干态(Dry)——在相对湿度为 5% 或更低的周围环境下,材料达到吸湿平衡的一种状态。

干纤维区(Dry Fiber Area)——指纤维未完全被树脂包覆的纤维区域。

延展性(Ductility)——材料在出现断裂之前的塑性变形能力。

弹性(Elasticity)——在卸除引起变形的作用力之后,材料能立即恢复到其初始尺寸及形状的特性。

伸长［率］（Elongation）——在拉伸试验中，试件标距长度的增加或伸长，通常用初始标距的百分数来表示。

洗出液（Eluate）——（液相层析分析中）由分离塔析出的液体。

洗提剂（洗脱剂）（Eluent）——对进入、通过以及流出分离塔的标本（溶质）成分，进行净化或洗提所使用的液体（流动相）。

丝束（End）——指正被织入或已被织入到产品中的单根纤维、纱束、无捻纱或有捻纱，丝束可以是机织织物中的一支经纱或细线。对芳纶和玻璃纤维，丝束通常是未加捻的连续长丝纱束。

环氧当量（Epoxy Equivalent Weight）——含有一个化学当量环氧基树脂所相应的质量，用克数表示。

环氧基

环氧树脂（Epoxy Resin）——指具有如左图所示环氧基特征的一些树脂，但其结构形式可能是多样的。（环氧基或环氧化物基通常表现为环氧丙基醚、环氧丙基胺，或作为脂环族系的一部分。通常复合材料应用芳族型环氧树脂）。

引伸计（Extensometer）——用于测量线性应变的一种装置。

F-分布（F-Distribution）——见第1卷8.1.4节。

织物（非机织）（Fabric，Nonwoven）——通过机械、化学、加热或溶解的手段以及这些手段的组合，实现纤维的胶接、联锁或胶接加联锁，从而形成的一种纺织结构。

织物（机织）（Fabric，Woven）——由交织的纱或纤维所构成的一种普通材料结构，通常为平面结构。在本手册中，专指用先进纤维纱按规定的编织花纹所织成的布，用作为先进复合材料单层中的纤维组分。在这个织物单层中，其经向被取为纵向，类似于长丝单层中的长丝纤维方向。

折缝（Fell）——在编织形式中的某种点，其定义为编织体系的纱线终止彼此相对运动的点。

纤维（Fiber）——称谓长丝材料的一般术语。通常把纤维用作为长丝的同义词，表示有限长度的长丝。天然或人造材料的一个单元，它构成了织物或其他纺织结构的基本要素。

纤维含量（Fiber Content）——复合材料中含有的纤维数量。通常，用复合材料的体积分数或质量分数来表示。

纤维支数（Fiber Count）——复合材料的规定截面上，单位铺层宽度上的纤维数目。

纤维方向（Fiber Direction）——纤维纵轴在给定参考轴系中的取向或排列方向。

纤维体系（Fiber System）——构成先进复合材料的纤维组分中，纤维材料的类型及排列方式。纤维体系的例子有,准直的长纤维或纤维纱、机织织物、随机取向的短纤维带、随机纤维毡、晶须等。

纤维体积含量(Fiber Volume(Fraction))——见**纤维含量(Fiber Content)**。

单丝、长丝(Filament)——纤维材料的最小单元。这是在抽丝过程中形成的基本单元,把它们聚集构成纤维束(以用于复合材料)。通常长丝的长度很长直径很小,长丝一般不单独使用。当某些纺织长丝具有足够的强度和柔性时,可以用作为纱线。

长丝复合材料(Filamentary Composites)——用连续纤维增强的复合材料。

纤维缠绕(Filament Winding)——见**缠绕(Winding)**

纤维缠绕的(Filament Wound)——指与用纤维缠绕加工方法所制成的产品有关的。

纬纱(Fill)——机织织物中与经纱成直角、从布的织边到织边布置的纱线。

填料(Filler)——添加到材料中的一种相对惰性的物质,用以改变材料的物理、力学、热力学、电学性能以及其他的性能,或用以降低材料的成本。有时,这个术语专指颗粒状添加物。

表面处理剂(Finish)或上浆材料(Size System)——用于处理纤维(表面)的材料,其中含有耦合剂,以改善复合材料中纤维表面与树脂基体之间的结合。此外,在表面处理剂中还经常含有一些成分,它们可对纤维表面提供润滑,防止操作过程中的纤维表面擦伤;同时,还含有黏合剂,以增进纱束的整体性,及便于纤维的包装。

确定性影响(Fixed Effect)——由于特定级别处置或状态的改变引起的测量值的系统漂移。(见第 1 卷 8.1.4 节。)

溢料(Flash)——指从模具或模子分离面溢出,或从封闭模具中挤出的多余材料。

仿型样板(Former Plate)——附着在编织机上,用于帮助进行折缝定位的一种硬模。

断裂延性(Fracture Ductility)——断裂时的真实塑性应变。

标距(Gage Length)——在试件上需要确定应变或长度变化的某一段初始长度。

凝胶(Gel)——树脂固化过程中,由液态逐步发展成的初始胶冻状固态。另外,也指由含有液体的固体聚集物所组成的半固态体系。

凝胶涂层(Gel Coat)——一种快速固化的树脂,用于模压成形过程中改善复合材料的表面状态,它是在脱模剂之后,最先涂在模具上的树脂。

凝胶点(Gel Point)——指液体开始呈现准弹性性能的阶段。(可由黏度-时间曲线上的拐点发现这个凝胶点。)

凝胶时间(Gel Time)——指从预定的起始点到凝胶开始(凝胶点)的时间周期,由具体的试验方法确定。

玻璃(Glass)——一种熔融物的无机产品,它在冷却成固体状态时没有产生结晶。在本手册中,凡说到玻璃,均指其(用作为长丝、机织织物、纱、毡以及短切纤维等情况的)纤维形态。

玻纤布(Glass Cloth)——常规机织的玻璃纤维材料(见**细纱布 Scrim**)。

玻璃纤维(Glass Fibers)——一种由熔融物抽丝、冷却后成为非晶刚性体的无机纤维。

玻璃化转变(Glass Transition)——指非晶态聚合物或处于无定形阶段部分晶态聚合物的可逆变化过程:或由其黏性状态或橡胶状态转变成硬而相对脆性的状态,或由其硬而相对脆性的状态转变为黏性状态或橡胶状态。

玻璃化转变温度(Glass Transition Temperature)——在发生玻璃化转变的温度范围内,其近似的中点温度值。

石墨纤维(Graphite Fibers)——见**碳纤维(Carbon Fibers)**。

坯布(Greige)——指未经表面处理的织物。

手工铺贴(Hand Lay-up)——一种工艺过程,即把构件放到模具上或工作台面上,然后用手工将随后的铺层铺叠起来。

硬度(Hardness)——抵抗变形的能力;通常用压痕来测定。标准试验形式有布氏(Brinell)、洛氏(Rockwell)、努普(Knoop)以及维克(Vickers)试验。

热清洁(Heat Cleaned)——指将玻璃纤维或其他纤维曝露在高温中,以除去其表面上与所用树脂体系不相容的上浆剂或黏接剂。

多相性(Heterogeneous)——表示由各自单独可辨的多种不相似成分组成的材料的说明性术语;也可用于说明内部边界分开且性能不同的区域所组成的介质。(注意,非均质材料不一定是多相的。)

均质性(Homogeneous)——说明性术语,指其成分处处均匀的材料;也指无内部物理边界的介质;还指其性能在内部每一点处均相同的材料,即材料性能相对于空间坐标为常数(但是,对方向坐标则不一定)。

水平剪切(Horizontal Shear)——有时用于指层间剪切。在本手册中这是未经认可的术语。

相对湿度(Humidity,Relative)——指当前水蒸气压与相同温度下标准水蒸气压之比。

混杂(Hybrid)——指由两种或两种以上复合材料体系的单层所构成的复合材料层压板,或指由两种或两种以上不同的纤维(如碳纤维与玻璃纤维,或碳纤维与芳纶纤维)相组合而构成的结构(单向带、织物及其他可能组合成的结构形式)。

吸湿的(Hygroscopic)——指能够吸纳并保存大气湿气。

滞后(Hysteresis)——指在一个完整的加载及卸载循环中所吸收的能量。

夹杂(Inclusion)——在材料或零件内部中出现的物理或机械的不连续体,一般由固态的、有夹带的外来材料构成。夹杂物通常可以传递一些结构应力和能量场,但其传递方式却明显不同于母体材料。

整体复合材料结构（**Integral Composite Structure**）——铺贴和固化成单个复杂连续的复合材料结构，而该结构的常规制造方法是将几个结构元件分别制造后，用胶接或机械紧固件将其装配起来，例如，把机翼盒段的梁、肋以及加筋蒙皮制造成一个整体的零件。有时，也不太严格地用该术语泛指任何不用机械紧固件进行装配的复合材料结构。

界面（**Interface**）——指复合材料中其物理上可区别的不同组分之间的边界。

层间的（**Interlaminar**）——指在层压板单层之间的。

讨论：用于描述物体（如空隙）、事件（如断裂）或势场（如应力）。

层间剪切（**Interlaminar Shear**）——使层压板中两个铺层沿其界面产生相对位移的剪切力。

中间挤压应力（**Intermediate Bearing Stress**）——指挤压的载荷-变形曲线某点所对应的挤压应力，在该点处的切线斜率等于挤压应力除以初始孔径的某个给定百分数（通常为 4%）。

层内的（**Intralaminar**）——指在层压板的单层之内的。

讨论：用于描述存在或出现的物体（如空隙）、事件（如断裂）或势场（如应力）。

各向同性（**Isotropic**）——指所有方向均具有一致的性能。各向同性材料中，性能的测量与测试轴的方向无关。

挤卡状态（**Jammed State**）——编织织物在受拉伸或压缩时的状态，此时，织物的变形情况取决于纱的变形性能。

针织（**Knitting**）——将单根或多根纱的一系列线圈相互联锁以形成织物的一种方法。

转折区域（**Knuckle Area**）——在纤维缠绕部件不同几何形状截面之间的过渡区域。

k* 样本数据**（k*-Sample Data**）——从 k 批样本中取样时，由这些观测值所构成的数据集。

衬垫纱（**Laid-In Yarns**）——在三轴编织物中，夹在斜纱之间的一个纵向纱体系。

单层（**Lamina**）——指层压板中单一的铺层或层片。

讨论：在缠绕时，一个单层就是一个层片。

单层（**laminae**）——**单层**（**Lamina**）的复数形式。

层压板（**Laminate**）——对纤维增强的复合材料，指经过压实的一组单层（铺层），这些单层关于某一参考轴取同一方向角或多个方向角。

层压板取向（**Laminate Orientation**）——复合材料交叉铺设层压板的结构形态，包括交叉铺层的角度、每个角度的单层数目以及准确的单层铺设顺序。

格子花纹（**Lattice Pattern**）——纤维缠绕的一种花纹，具有固定的开孔排列方式。

    铺贴（Lay-up）（动词）——按照规定的顺序和取向，将材料的单层加以逐层叠合。

    铺层（Lay-up）（名词）——①在固化或压实前，按照规定的顺序和取向铺层后的叠合件。②在固化或压实前，包括铺层叠合件、装袋材料、透气材料等的完整叠合体。③对层压板组分材料、几何特性等情况的描述。

    对数正态分布（Lognormal Distribution）——一种概率分布。在该分布中，从母体中随机选取的观测值落入 a 和 b（$0 < a < b < B$）之间的概率，由正态分布曲线下面在 $\lg a$ 和 $\lg b$ 之间的面积给出。可以采用常用对数（底数 10）或自然对数（底数 e）（见第 1 卷 8.1.4 节）。

    批（Lot）——见批次（Batch）。

    置信下限（Lower Confidence Bound）——见置信区间（Confidence Interval）。

    宏观[性能]（Macro）——当涉及复合材料时，表示复合材料作为结构元件的总体特性，但不考虑组分的特性或特征。

    宏观应变（Macrostrain）——指任何有限测量标距范围内的平均值应变；与材料的原子间距相比，这个标距是个大值。

    芯模（Mandrel）——在用铺贴、纤维缠绕或编织方法生产零件过程中，用作基准的成形装置或阳模。

    毡子（Mat）——用黏接剂把随机取向的短切纤维或卷曲纤维松散地黏合在一起，而构成的纤维材料。

    材料验收（Material Acceptance）——对特定批次的材料，通过试验和/或检测确定其是否满足适用采购规范要求的过程（"材料验收"在符合美国 DOD MIL‐STD‐490/961 操作规程的规范中，也称为"质量符合性"）。

    讨论：通常选择一组材料验收试验，并命名为"验收试验"（或"质量符合性"试验）。这些试验理论上应代表关键的材料/工艺特征，使得试验结果出现的重大变化能指示材料的变化。材料规范给出了这些验收试验的抽样要求和限制值，用鉴定数据和随后的产品批次数据，通过统计方法来确定材料规范要求。验收试验的抽样要求通常因工艺的成熟度和信任度而变——当变化的可能性较大时，抽样就越多且更频繁；反之，当工艺更成熟且性能的稳定性已被证实，则抽样就可少一些且频率可低一些。现代的生产实践强调用验收试验数据作为统计质量控制的工具来监控产品的趋势，和进行实时（或近实时）工艺修正。

    材料等同性（Material Equivalency）——确定两种材料或工艺在它们的特性与性能方面是否足够相似，从而在使用时可以不必区分并无需进行附加的评估。（见材料互换性）。

    讨论：用统计检验确定来自两种材料，或来自同一种材料用两种不同方式加工得到的数据是否有重大差别。等同性仅限于评估材料组分有微小差别或该材料所用制造工艺（如固化）变更的情况满足同一材料规范最低要求，但平均值性能统计上不同的两种材料不认为是"等同"的。第 1 卷 8.4.1 节"确定同一材料现有数据库与新数据组之间等同性的检验"，给出了可用于确定来自两种材料或制造工艺的数据是否等同的统计检验程序。对真正等同的两种材料，每一个重要性能的母体和分布必须基本上是相同的,但实际上几乎无法实现,所以当必须确定等同性时,要求进行工程上的判断。CMH‑17将只发布特殊材料和工艺的性能,等同性的结论则留待材料的终端用户去确定和判断。

材料互换性(**Material interchangeability**)——确定替代材料或工艺是否被特定结构接受的过程(见材料等同性)。

讨论:例如,通过验证两种材料的性能与许用值能满足所有的形式、配合与功能要求,就能确定两种非等同的材料或制造工艺均能被接受用于特定结构,则认为在特定结构中这两种材料或工艺是可互换的。

材料鉴定(**Material Qualification**)——用一系列规定的试验评估按基准制造工艺生产的材料,来建立其特征值的过程。与此同时,要将评估的结果与原有的材料规范要求进行比较,或建立新材料规范的要求。

讨论:材料鉴定最初是对新材料进行的,当需要对制造工艺进行重新评估,或材料规范要求发生变化时,要部分或全部重复进行材料鉴定。当现有的结构需要增加对性能的要求,或要将该材料用于新结构应用时,还可能需要扩大原有鉴定的范围。对从未鉴定过的材料性能,通常需要包含"目标"值以代替要求,在这种情况下,基于评估结果的要求,鉴定后需要更新目标值。此外评估结果需说明,材料满足和/或超过了所有的规范要求(因此,该材料可以认为已由关注的机构按该规范通过了"鉴定"),或不满足规范要求。

材料体系(**Material System**)——指一种特定的复合材料,它由特定组分按规定几何比例和排列方式的构成,并具有用数值定义的材料性能。

材料体系类别(**Material System Class**)——用于本手册时,指材料组分具有相同类型、但其具体组分并无唯一定义的一组材料体系;如石墨/环氧类材料。

材料变异性(**Material Variability**)——由于材料本身在空间与一致性方面的变化及其制造工艺上的差异,而产生的一种变异源(见第1卷8.1.4节)。

基体(**Matrix**)——基本上是均质的材料;复合材料的纤维体系被嵌入其中。

基体含量(**Matrix Content**)——复合材料中的基体数量,用质量分数或体积分数来表示。

讨论:对聚合物基复合材料称为树脂含量,通常用质量分数表示。

平均值(**Mean**)——见**样本平均值**(**Sample Mean**)和**母体平均值**(**Population Mean**)。

力学性能(**Mechanical Properties**)——材料在受力作用时与其弹性和非弹性反应相关的材料性能,或者涉及应力与应变之间关系的性能。

中位数(**Median**)——见**样本中位数**(**Sample Median**)和**母体中位数**(**Population Median**)。

细观(**Micro**)——当涉及复合材料时,仅指组分(即基体与增强材料)和界面的性能,以及这些性能对复合材料性能的影响。

微应变(**Microstrain**)——在标距长度内,与材料原子间距同量级的应变。

弦线模量(**Modulus，Chord**)——应力应变曲线任意两点之间所引弦线的斜率。

初始模量（Modulus，Initial）——应力应变曲线初始直线段的斜率。

割线模量（Modulus，Secant）——从原点到应力应变曲线任何特定点所引割线的斜率。

切线模量（Modulus，Tangent）——由应力应变曲线上任一点切线所导出的应力差与应变差之比。

弹性模量（杨氏模量）（Modulus，Young's）——在材料弹性极限以内其应力差与应变差之比（适用于拉伸与压缩情况）。

刚性模量（Modulus of Rigidity），**剪切模量或扭转模量**（Shear Modulus or Torsional Modulus）——剪切应力或扭转应力低于比例极限时，其应力与应变之比。

弯曲破断模量（Modulus of Rupture，in Bending）——指梁受载到弯曲破坏时，该梁最外层纤维最大（导致破坏的）拉伸或压缩应力值。该值由弯曲公式计算：

$$F^{\mathrm{b}} = \frac{Mc}{I} \qquad\qquad 1.9(\mathrm{a})$$

式中：M 为由最大载荷与初始力臂计算得到的最大弯矩；c 为从中性轴到破坏的最外层纤维之间的初始距离；I 为梁截面关于其中性轴的初始惯性矩。

扭转破断模量（Modulus of Rupture，in Torsion）——圆形截面构件受扭转载荷到达破坏时，其最外层纤维的最大剪切应力；最大剪切应力由下列公式计算：

$$F^{\mathrm{s}} = \frac{Tr}{J} \qquad\qquad 1.9(\mathrm{b})$$

式中：T 为最大扭矩；r 为初始外径；J 为初始截面的极惯性矩。

吸湿量（Moisture Content）——在规定条件下测定的材料含水量，用潮湿试件质量（即干物件质量加水分质量）的百分数来表示。

吸湿平衡（Moisture Equilibrium）——当试件不再从周围环境吸收水分，或向周围环境释放水分时，试件所达到的状态。

脱模剂（Mold Release Agent）——涂在模具表面上、有助于从模具中取出模制件的润滑剂。

模制边（Molded Edge）——模压后物理性能上不再改变而用于最终成形工件的边沿，特别是沿其伸长向没有纤维丝束的边沿。

模压（Molding）——通过加压和加热，使聚合物或复合材料成形为具有规定形状和尺寸的实体。

单层（Monolayer）——构成交叉铺设或其他形式层压板的基本层压板单元。

单体（Monomer）——一种由分子组成的化合物，其中每个分子能提供一个或更多构成单元。

NDE（Nondestructive Evaluation）——无损评定，一般认为是 NDI（无损检测）的同义词。

NDI（**Nondestructive Inspection**）——无损检测。用以确定材料、零件或组合件的质量和特性，而又不致永久改变对象或其性能的一种技术或方法。

NDT（**Nondestructive Testing**）——无损试验，一般当作 NDI（无损检测）的同义词。

颈缩（**Necking**）——一种局部的横截面面积减缩，这现象可能出现在材料受拉伸应力作用的情况下。

负向偏斜（**Negatively Skewed**）——若一个分布不对称且其最长的尾端位于左侧，则称该分布是负向偏斜的。

试件名义厚度（**Nominal Specimen Thickness**）——名义的单层厚度乘以铺层数所得的厚度。

名义值（**Nominal Value**）——为方便设计而规定的值，名义值仅在名义上存在。

正态分布（**Normal Distribution**）——一种双参数（μ，σ）的概率分布族，观测值落入 a 和 b 之间的概率，由下列分布曲线在 a 和 b 之间所围面积给出（见第 1 卷 8.1.4 节）：

$$f(x) = \frac{1}{\sigma\sqrt{2\pi}}e^{-(x-\mu)^2/2\sigma^2} \hspace{3em} 1.9(c)$$

正则化（**Normalization**）——将纤维主导性能的原始测试值，按单一（特定）的纤维体积含量进行修正的数学方法。

正则化应力（**Normalized Stress**）——把测量的应力值乘以试件纤维体积与特定纤维体积之比，修正后得到的相对特定纤维体积含量的应力值；可以用实验测量纤维体积，也可以用试件厚度与纤维面积质量间接计算得到这个比值。

观测显著性水平（**OSL，Observed Significance Level**）——当零假设（null hypotheses）成立时，观测到一个较极端的试验统计量的概率。

偏移剪切强度（**Offset Shear Strength**）——（由有效实施的材料性能剪切响应试验得到），弦线剪切弹性模量的平行线与剪切应力/应变曲线交点处对应的剪切应力值，在该点，这个平行线已经从原点沿剪切应变轴偏移了一个特定的应变偏置值。

低聚物（**Oligomer**）——只由几种单体单元构成的聚合物，如二聚物、三聚物等，或者是它们的混合物。

单侧容限系数（**One-Side Tolerance Limit Factor**）——见**容限系数**（**Tolerance Limit Factor**）。

正交各向异性（**Orthotropic**）——具有三个相互垂直的弹性对称面（的材料）。

烘干（**Oven Dry**）——材料在规定的温度和湿度条件下加热，直到其质量不再有明显变化时的状态。

PAN 纤维（**PAN Fibers**）——由聚丙烯腈纤维经过受控高温分解而得到的增强纤维。

平行层压板（**Parallel Laminate**）——由机织织物制成的层压板，其铺层均沿织物卷中原先排向的位置铺设。

平行缠绕(Parallel Wound)——描述将纱或其他材料绕到带突缘绕轴上的术语。

剥离层(Peel Ply)——一种不含可迁移化学脱模剂的布材,并设计得与层压板表面层共固化。它通常用于保护胶接表面,胶接操作前用剥离的方法将其从层压板上完全揭掉。揭掉可能很难,但可得到清洁且具有清晰织纹的断裂表面。它可以经过处理(如机械压光),但不得含脱模剂成分。

pH 值(pH)——对溶液酸碱度的度量,中性时数值为 7,其值随酸度增加而逐渐减小,随碱度增加而逐渐提高。

纬纱密度(Pick Count)——机织织物每英寸或每厘米长度的纬纱数目。

沥青纤维(Pitch Fibers)——由石油沥青或煤焦油沥青所制成的增强纤维。

塑料(Plastic)——一种含有一种或多种高分子量有机聚合物的材料,其成品为固态,但在其生产或加工为成品的某阶段,可以流动成形。

增塑剂(Plasticizer)——一种低分子量材料,加到聚合物中以使分子链分离,其结果是,降低了玻璃化转变温度,减小了刚度和脆性,同时改善工艺性(注意,许多聚合物材料不需要使用增塑剂)。

合股纱(Plied Yarn)——由两股或两股以上的单支纱经一次操作加捻而成的纱。

层数(Ply Count)——在层压复合材料中,指用于该复合材料的铺层数或单层数。

泊松比(Poisson's Ratio)——在材料的比例极限以内,均布轴向应力所引起的横向应变与轴向应变的比值(绝对值)。

聚合物(Polymer)——一种有机材料,其分子的构成特征是,重复一种或多种类型的单体单元。

聚合反应(Polymerization)——通过两个主要的反应机制,使单体分子链接一起而构成聚合物的化学反应。增聚合是通过链增进行,而大多数缩聚合则通过跃增来实现。

母体(Population)——指要对其进行推论的一组测量值,或指在规定的试验条件下有可能得到的测量值全体。例如,"在相对湿度 95% 和室温条件下,碳/环氧树脂体系 A 所有可能的极限拉伸强度测量值"。为了对母体进行推论,通常有必要对其分布形式作假设,所假设的分布形式也可称为母体(见第 1 卷,8.1.4 节)。

母体平均值(Population Mean)——在按母体内出现的相对频率对测量值进行加权后,给定母体内所有可能测量值的平均值。

母体中位数(Population Median)——指母体中测量值大于和小于它的概率均为 0.5 的值(见第 1 卷 8.1.4 节)。

母体方差(Population Variance)——母体离散度的一种度量。

孔隙率（**Porosity**）——指实体材料中截留多团空气、气体或空腔的一种状态，通常，用单位材料中全部空洞体积所占总体积（实体加空洞）的百分比来表示。

正向偏斜（**Positively Skewed**）——若是不对称分布，且最长的尾端位于右侧，则称该分布是正向偏斜。

后固化（**Postcure**）——补充的高温固化，通常不再加压，用以提高玻璃化温度、改善最终性能或完善固化过程。

适用期（**Pot Life**）——在与反应引发剂混合以后，起反应的热固性合成物仍然适合预期工艺处理的时间阶段。

精度（**Precision**）——所得的一组观测值或试验结果相一致的程度，精度包括了重复性和再现性。

（碳或石墨纤维的）原丝（**Precursor**）——用以制备碳纤维和石墨纤维的 PAN（聚丙烯腈）纤维或沥青纤维。

预成形件（**Preform**）——干织物与纤维的组合体，为多种不同湿树脂注入工艺过程的预备件。可以对预成形件缝合，或者用其他方法加以稳定，以保持其形状。混合的预成形件可以包含热塑性纤维，并可用高温和加压来压实，而无需注入树脂。

预铺层（**Preply**）——已按客户规定的铺层顺序进行铺贴的预浸材料铺层。

预浸料（**Prepreg**）——准备好可供模压或固化的片材，它可能是用树脂浸渍过的丝束、单向带、布或毡子，在使用前可以存放。

压力（**Pressure**）——单位面积上的力或载荷。

概率密度函数（**Probability Density Function**）——见第 1 卷 8.1.4 节。

比例极限（**Proportional Limit**）——与应力应变的比例关系不存在任何偏离的情况（所谓胡克定律）下，材料所能承受的最大应力。

鉴定（**Qualification**）——见材料鉴定（**Material Qualification**）。

准各向同性层压板（**Quasi-Isotropic Laminate**）——均衡而对称的层压板，在这层压板的某个给定点上，所关心的本构关系特性，在层压板平面内呈现各向同性。

讨论：通常的准各向同性层压板为 $[0/\pm 60]_s$ 及 $[0/\pm 45/90]_s$。

随机影响（**Random Effect**）——由通常无法控制的外部因素特定状态的改变引起的测量值漂移（见第 1 卷 8.1.4 节）。

随机误差（**Random Error**）——由未知或不可控因素引起，且独立而不可预见地影响着每次观察值的那部分数据变异（见第 1 卷 8.1.4 节）。

断面收缩[率]（**Reduction of Area**）——拉伸试验试件的初始截面积与其最小横截面积之差，通常表示为初始面积的百分数。

折射率（**Refractive Index**）——空气中的光速（具有确定波长）与在被检物质中的光速之比，也可定义成，当光线由空气穿入该物质时其入射角正弦与反射角正弦之比。

增强塑料（**Reinforced Plastic**）——其中埋置了较高刚度或很高强度纤维的塑

料,这样,改善了基本树脂的某些力学性能。

脱模剂(Release Agent)——见**脱模剂(Mold Release Agent)**

脱模织物(Release Fabric)——一种含可迁移化学脱模剂的布材,设计用来与层压板表面层共固化,通常用于使层压板更易从模具上取出的目的。打算通过剥离来更易于完整地从层压板上取下,它在层压板上留下无织纹、比较光滑的表面效果和一种化学残留物。

隔离膜(Release Film)——设计用来与层压板表面层共固化的片状薄膜。目的通常是使层压板更易于从模具上取出。薄膜材料通常是聚四氟乙烯,PTFE(Teflon)的衍生物,打算通过剥离来更易于完整地从层压板上取下,它在层压板上留下只带少量印迹的光滑表面效果和一种化学残留物。

回弹(Resilience)——从变形状态恢复的过程中,材料抵抗约束力而做功的性能。

树脂(Resin)——有机聚合物或有机预聚合物,在复合材料中用作基体以包容纤维增强物,或用作胶黏剂。这种有机基体可以是热固性或热塑性的,同时,可能含有多种成分或添加剂,以影响其可操作性、工艺性能和最终的性能。

树脂含量(Resin Content)——见**基体含量(Matrix content)**。

贫脂区(Resin Starve Area)——指复合材料构件中树脂未能连续平滑包覆住纤维的区域。

树脂体系(Resin System)——指树脂与一些成分的混合物,这些成分用于满足预定工艺和最终成品的要求,例如催化剂、引发剂、稀释剂等成分。

室温大气环境(Room Temperature Ambient(RTA))——①实验室大气相对湿度、$23\pm3℃(73\pm5℉)$的环境条件;②在压实/固化后,立即储存在$23\pm3℃(73\pm5℉)$和最大相对湿度60%条件下的一种材料状态。

粗纱(Roving)——由略微加捻或不经加捻的若干原丝、丝束或纱束所汇成的平行纤维束。在细纱生产中,指处于梳条和纱之间的一种中间状态。

S基准值(S-Basis)或S值(S-Value)——力学性能值,通常为有关的政府规范或SAE(美国汽车工程师学会)航宇材料规范中对此材料所规定的最小力学性能值。

样本(Sample)——准备用来代表所有全部材料或产品的一小部分材料或产品。从统计学上讲,样本就是取自指定母体的一组测量值。(见第1卷8.1.4节)。

样本平均值(Sample Mean)——样本中所有测量值的算术平均值。样本平均值是对母体均值的估计量(见第1卷8.1.4节)。

样本中位数(Sample Median)——将观测值从小到大排序,当样本大小为奇数时,居中的观测值为样本中位数;当样本大小n为偶数时,中间两个观测值的平均值为样本中位数。若母体关于其平均值是对称的,则样本中位数也就是母体平均值的估计量(见第1卷8.1.4节)。

样本标准差(Sample Standard Deviation)——即样本方差的平方根(见第1卷

8.1.4 节)。

样本方差(Sample Variance)——等于样本中观测值与样本平均值之差的平方和除以 $n-1$(见第 1 卷 8.1.4 节)。

夹层结构(Sandwich Construction)——一种结构壁板的概念,其最简单的形式是,在两块较薄而且相互平行的结构板材中间,胶接一块较厚的轻型芯子。

饱和[状态](Saturation)——一种平衡状态,此时,在所指定条件下的吸收率基本上降为零。

细纱布(Scrim),亦称玻纤布(Glass Cloth)、载体(Carrier)——一种低成本、织成网状结构的机织织物,用于单向带或其他 B 阶段材料的加工处理,以便操作。

二次胶接(Secondary Bonding)——通过胶黏剂胶接工艺,将两件或多件已固化的复合材料零件结合在一起,这个过程中唯一发生的化学反应或热反应,是胶黏剂自身的固化。

织边(Selvage 或 Selvedge)——织物中与经纱平行的织物边缘部分。

残留应变(Set)——产生变形的作用力完全卸除后,仍然保留的应变。

剪切断裂(Shear Fracture)(对结晶类材料)——沿滑移面平移所导致的断裂模式,滑移面的取向主要沿剪切应力的方向。

贮存期(Shelf Life)——材料、物质、产品或试剂在规定的环境条件下贮存,并能够继续满足全部有关的规范要求和/或保持其适用性的情况下,能够存放的时间长度。

短梁强度(Short Beam Strength(SBS))——正确执行 ASTM 试验方法 D2344 所得的试验结果。

显著性(Significant)——若某检验统计值的概率最大值小于或等于某个被称为检验显著性水平的预定值,则从统计意义上讲该检验统计值是显著的。

有效位数(Significant Digit)——定义一个数值或数量所必需的位数。

浸润材料(Size System)——见**表面处理剂(Finish)**。

上浆剂(sizing)——一个专业术语,指用于处理纱的一些化合物,使得纤维能黏结在一起,并使纱变硬,防止其在机织过程被磨损。浆粉、凝胶、油脂、腊以及一些人造聚合物如聚乙烯醇、聚苯乙烯、聚丙烯酸和多醋酸盐等都被用作为上浆剂。

偏斜(Skewness)——见**正向偏斜(Positively Skewed)、负向偏斜(Negatively Skewed)**。

管状织物(sleeving)——管状编织织物的一般名称。

长细比(Slenderness Ratio)——均匀柱的有效自由长度与柱截面最小回旋半径之比。

梳条(Sliver)——由松散纤维组合而成的连续纱束,其截面近似均匀、未经过加捻。

溶质(Solute)——被溶解的材料。

比重（Specific Gravity）——在一个恒温或给定的温度下，任何体积某种物质的质量，与同样体积的另一种物质的质量之比。固体与流体通常是与 4℃（39℉）时的水进行比较。

比热（Specific Heat）——在规定条件下，单位质量的某种物质升高温度 1 度所需要的热量。

试件（Specimen）——从待测试的样品或其他材料上取下的一片或一部分。试件通常按有关的试验方法要求进行制备。

纺锤（Spindle）——纺纱机、三道粗纺机、缠绕机或相似机器上的一种细长而垂直转动的杆件。

标准差（Standard Deviation）——见**样本标准差（Sample Standard Deviation）**。

短切纤维（Staple）——指自然形成的纤维，或指由长纤维上剪切成的短纤维段。

逐步聚合（Step-Growth Polymerization）——两种主要聚合机制之一。在逐步聚合中，通过单体、低聚物或聚合物分子的联合，由消耗反应基而进行反应。因为平均值分子量随着单体的消耗而增大，只有在高度转化时，才会形成高分子量的聚合物。

应变（Strain）——由于力的作用，物体尺寸或形状相对其初始尺寸或形状每单位尺寸的变化量，应变是无量纲量，但经常用 in/in，m/m 或百分数来表示。

股（Strand）——一般指作为单位使用的单束未加捻连续长纤维，包括梳条、丝束、纱束、纱等。有时，也称单根纤维或长丝为股。

强度（Strength）——材料能够承受的最大应力。

应力（Stress）——物体内某点处，在通过该点的给定平面上作用的内力或内力分量的烈度。应力用单位面积上的力（lbf/in^2，MPa 等）来表示。

应力松弛（Stress Relaxation）——指在规定约束条件下固体中应力随时间的衰减。

应力-应变曲线（Stress-Strain Curve（Diagram））——一种图形表示方法，表示应力作用方向上试件的尺寸变化与作用应力幅值的相互关系。一般取应力值作为纵坐标（垂直方向），而取应变值为横坐标（水平方向）。

结构元件（Structural Element）——一个专业术语，用于较复杂的结构成分（如蒙皮、长桁、剪力板、夹层板、连接件或接头）。

结构型数据（Structured Data）——见第 1 卷 8.1.4 节。

覆面毡片（Surfacing Mat）——由细纤维制成的薄毡，主要用于在有机基复合材料上形成光滑表面。

对称层压板（Symmetrical Laminate）——一种复合材料层压板，其在中面下部的铺层顺序与中面上部者呈镜面对称。

加强片（Tab）——用于在试验夹头或夹具中抓住层压板试件的一片材料，以免层压板受损坏，并使其得到适当的支承。

黏性（Tack）——预浸料的黏附性。

[单向]带（**Tape**）——指制成的预浸料，对碳纤维可宽达 305 mm（12 in），对硼纤维宽达 76 mm（3 in）。在某些场合，也有宽达 1524 mm（60 in）的横向缝合碳纤维带的商品。

韧度（**Tenacity**）——用无应变试件上单位线密度的力来表示的拉伸应力，即克（力）/旦，或克（力）/特克斯。

特克斯（**Tex**）——表示线密度的单位，等于每 1000 m 长丝、纤维、纱或其他纺织纱的质量（用克表示）。

导热性（**Thermal Conductivity**）——材料传导热的能力，物理常数，表示当物体两个表面的温度差为 1 度时，在单位时间内通过单位立方体积物质的热量。

热塑性（**Thermoplastic**）——一种塑料，在该材料特定的温度范围内，可以将其重复加温软化、冷却固化；而在其软化阶段，可通过将其流入物体并通过模压或挤压而成形。

热固性（**Thermoset**）——一种聚合物，经过加热、化学或其他的方式进行固化以后，就变成基本不熔和不溶的材料。

容限（**Tolerance**）——允许参量变化的总量。

容许限（**Tolerance Limit**）——对某一分布所规定百分位的置信下（上）限。例如，B 基准值是对分布的第 10 个百分位数取 95% 的下置信限。

容限系数（**Tolerance Limit Factor**）——指在计算容许限时，与变异性估计量相乘的系数值。

韧度（**Toughness**）——对材料吸功能力的度量，或对单位体积或单位质量的材料，使其断裂实际需要做的功。韧度正比于原点到断裂点间载荷-伸长量曲线下所包围的面积。

丝束（**Tow**）——未经加捻的连续长纤维束。在复合材料行业，通常指人造纤维，特别是碳纤维和石墨纤维。

变换（**Transformation**）——数值变换，是对所有数值用数学函数实现的计量单位变换。例如，给定数据 x，则 $y = x + 1$，x^2，$1/x$，$\lg x$ 以及 $\cos x$ 都是 x 的变换。

一级转变（**Transition，First Order**）——聚合物中与结晶或熔融有关的状态变化。

横观各向同性（**Transversely Isotropic**）——说明性术语，指一种呈现特殊正交各向异性的材料，其中在两个正交维里，性能是相同的，而在第三个维里性能就不相同；在两个横向具有相同的性能，而在纵向则非如此。

伴随件（**Traveller**）——一小片与试件相同的产品（板、管等），用于例如测量浸润调节效果的吸湿量。

捻度（**Twist**）——纱或其他纺织丝线单位长度沿其轴线扭转的圈数，可表示为每英寸的圈数（tpi），或每厘米的圈数（tpcm）。

加捻方向（**Twist，Direction of**）——对纱或其他纺织丝线加捻的方向，用大写字母 S 和 Z 表示。把纱吊置起来,若纱围绕其中心轴的可见螺旋纹与字母 S 中段的偏斜方向一致,则称其为 S 加捻,若方向相反,则之为 Z 加捻。

加捻增量(**Twist multiplier**)——每英寸的加捻圈数与纱线支数平方根之比值。

典型基准值(**Typical Basis**)——典型性能值是样本平均值,注意,典型值定义为简单的算术平均值,其统计含义是,在 50% 置信水平下可靠性为 50%。

未黏住(**Unbond**)——指两个被胶接件的界面间准备胶接而未被胶接的区域。也用来指一些为模拟胶接缺陷,而有意防止其胶接的区域,例如在质量标准试件制备中的未胶接区(参见**脱黏 Disbond**、**脱胶 Debond**)。

单向纤维增强复合材料(**Unidirectional Fiber-Reinforced Composite**)——其所有纤维均沿相同方向排列的任何纤维增强复合材料。

单胞(**Unit Cell**)——这个术语用于编织织物的纱线轨迹,表示其重复几何图案的一个格子单元。

非结构型数据(**Unstructured Data**)——见第 1 卷 8.1.4 节。

置信上限(**Upper Confidence Limit**)——见**置信区间**(**Confidence Interval**)。

真空袋模压(**Vacuum Bag Molding**)——对铺贴层进行加压固化的一种工艺,产生压力的方法是,用柔性布盖在铺贴层上且沿四周密封,然后在铺贴层与软布之间抽真空。

均方差(**Variance**)——见**样本方差**(**Sample Variance**)。

黏度(**Viscosity**)——材料体内抵抗流动的一种性能。

空隙(**Void**)——复合材料内部所裹挟的气泡或接近真空的空穴。

空隙含量(**Void Content**)——复合材料内部所含空隙的体积百分比。

经纱(**Warp**)——机织织物中,沿纵向的纱(见**纬纱**(**Fill**)),本身很长并近似平行。

经纱面(**Warp Surface**)——经纱面积大于纬纱面积的表面层。

讨论:对经纱与纬纱表面均相等的织物,不存在经纱面。

[**双参数**]**Weibull 分布**(**Weibull Distribution**(**Two-Parameter**))——一种概率分布,随机取自该母体的一个观测值,落入值 a 和 $b(0 < a < b < \infty)$ 之间的概率由式 1.9(d)给出,式中:α 称为尺度参数;β 称为形状参数(见第 1 卷 8.1.4 节)。

$$\exp\left[-\left(\frac{a}{\alpha}\right)^{\beta}\right] - \exp\left[-\left(\frac{b}{a}\right)^{\beta}\right] \qquad 1.9(d)$$

湿铺贴(**Wet Lay-up**)——在把增强材料铺放就位的同时或之后,加入液态树脂体系的增强制品制造方法。

湿态强度(**Wet Strength**)——在其基体树脂吸湿饱和时有机基复合材料的强度(见**饱和**(**Saturation**))。

湿法缠绕(**Wet Winding**)——一种纤维缠绕方法,这种方法是,在将纤维增强材料缠到芯模上的同时用液体树脂对其浸渍。

晶须（Whisker）——一种短的单晶纤维或细丝。晶须的直径范围是 $1 \sim 25\,\mu m$，其长径比在 $100 \sim 15\,000$ 之间。

缠绕（Winding）——一种工艺过程，指在受控的张力下，把连续材料绕到有预定几何关系的外形上，以制作结构。

讨论：可以在缠绕之前、在缠绕过程中以及在缠绕之后，加上黏结纤维用的树脂材料。纤维缠绕是最普通的一种形式。

使用寿命（Work Life）——在与催化剂、溶剂或其他组合成分混合以后，化合物仍然适合于其预期用途的时间阶段。

机织织物复合材料（Woven Fabric Composite）——先进复合材料的一种主要形式，其纤维组分由机织织物构成。机织织物复合材料一般是由若干单层组成的层压板，而每个单层则由埋置于所选基体材料中的一层织物构成。单个的织物单层是有方向取向性的，由其组合成特定的多向层压板，以满足规定的强度和刚度要求包线。

纱（Yarn）——表示连续长丝束或纤维束的专业术语；它们通常是加捻的，因而适于制成纺织物。

合股纱（Yarn，Plied）——由两股或多股有捻纱合成的纱束。通常，将这几股纱加捻合到一起，有时也不加捻。

屈服强度（Yield Strength）——指当某材料偏离应力-应变比例关系达到某规定限值时，其所对应的应力值。（这个偏移用应变表示，如在偏量法中为 0.2%，在受载总伸长法中为 0.5%）。

x 轴（x-Axis）——复合材料层压板中，选取在层压板面内某轴作为 $0°$ 基准，用以标明铺层角度的轴。

x-y 平面（x-y Plane）——复合材料层压板中，与层压板平面相平行的基准面。

y 轴（y-Axis）——复合材料层压板中，位于层压板平面内与 x 轴相垂直的轴。

z 轴（z-Axis）——复合材料层压板中，与层压板平面相垂直的基准轴。

参 考 文 献

1.7.1.1(a)　ASTM Practice D6507 - 00（2005）. Standard Practice for Fiber Reinforcement Orientation Codes for Composite Materials [S]. Annual Book of ASTM Standards, Vol. 15.03, American Society for Testing and Materials, West Conshohocken, PA.

1.7.1.1(b)　DOD/NASA Advanced Composites Design Guide [M]. Vol. 4, Section 4.0.5, Air Force Wright Aeronautical Laboratories, Dayton, OH, prepared by Rockwell International Corporation, 1983(distribution limited).

1.7.2　　　Maters J E, Portannova M A. Standard Test Methods for Textile Composites [G]. NASA Langley Research Center, NASA CR - 4751, 1996.

1.8(a)　　　Metallic Materials Properties & Development Standardization (MMPDS) - 04 [S]. Formerly MIL - HDBK - 5F, 2008.

1.8(b)   DOD/NASA Advanced Composites Design Guide [M]. Air Force Wright Aeronautical Laboratories, Dayton, OH, prepared by Rockwell International Corporation, 1983 (distribution limited).

1.8(c)   ASTM E206. Definitions of Terms Relating to Fatigue Testing and the Statistical Analysis of Fatigue Data [S]. 1984 Annual Book of ASTM Standards, Vol. 3. 01, ASTM, Philadelphia, PA, 1984. [Note: Withdrawn, replaced by ASTM E1150.]

1.8.2(a)   ASTM E380. Standard for Metric Practice [S]. 1984 Annual Book of ASTM Standards, Vol. 14. 01, ASTM, Philadelphia, PA, 1984. [Note: Replaced by ASTM E43.]

1.8.2(b)   Engineering Design Handbook: Metric Conversion Guide [M]. DARCOM P 706 - 470, July 1976.

1.8.2(c)   The International System of Units (SI). NBS Special Publication 330[S]. National Bureau of Standards, 1986 edition.

1.8.2(d)   Units and Systems of Weights and Measures, Their Origin, Development, and Present Status [S]. NBS Letter Circular LC 1035, National Bureau of Standards, November 1985.

1.8.2(e)   The International System of Units. Physical Constants and Conversion Factors [S]. NASA Special Publication 7012, 1964.

第2章 碳纤维复合材料

2.1 引言

本章中所包含的碳纤维复合材料数据分为文档齐全的数据文件和 MIL-HDBK-17F 数据(见 1.5 节)。碳纤维环氧复合材料数据包含预浸带、织物预浸料、湿法铺放织物和 RTM 织物材料的数据。碳纤维双马复合材料数据包含预浸带、织物预浸料和 RTM 织物的数据。此外,书中还提供了碳纤维聚酰亚胺织物预浸料、碳纤维热塑性预浸带和碳纤维氰酸酯预浸带的数据。

2.2 文档齐全的数据

此节留待以后补充。

2.2.1 碳纤维-环氧预浸带

2.2.1.1 T700GC 12k/2510 单向带

材料描述:

材料　　　T700GC 12k/2510。

　　　　　按 AMS 3960(Toray 复合材料规范 TCSPF-T-UD07)。

形式　　　单向预浸带,纤维面积质量为 150 g/m²,固化后树脂含量为 32%～38%,典型的固化后单层厚度为 0.147～0.157 mm(0.005 8～0.006 2 in)。

固化工艺　烘箱固化;132℃(270℉),0.075 MPa(22 in 汞柱)真空压力,120 min。按 Toray 复合材料工艺规范 TCSPF-T-UD06。

供应商提供的数据:

纤维　　　Toray T700GC 纤维是由 PAN 基原丝制造的连续无捻碳纤维,纤维经表面处理(上浆剂 31E,0.5%)以改善操作性和结构性能。每一丝束包含有 12 000 根碳丝。典型的拉伸模量为 234 GPa(34×10⁶ psi),典型的拉伸强度为 4 826 MPa(700 000 psi)。

基体　　　2510 是由 Toray Composites (America) Inc. 生产的一款环氧

树脂。

最高使用温度 　82℃(180℉)。

典型应用 　通用结构材料。

数据分析概述：

取样要求 　用于第二批与第三批预浸料的单层纤维批次的独立性不完全满足 CMH‑17 要求。

吸湿处理 　吸湿处理的方法与 ASTM D 5229 指南有所偏差。当 7 天内吸湿量连续两次读数变化小于 0.05% 时，就认为试样处于湿态平衡。需要注意的是这个差异并不被 CMH‑17 所接受，然而在这里可以作为个例。

试验 　面内剪切强度是所能达到的最大应力，剪切模量是 $2\,500\sim6\,500\,\mu\varepsilon$ 范围内的弦向模量——不同于现行的 ASTM D 5379。吸湿处理按 ASTM D 5229 指南，不同的是 7 天内连续两次称重的吸湿量变化小于 0.05%。

在 −54℃ 大气环境(−65℉/A)下的 0°拉伸强度与其他环境下的数据相比有明显的下降，但失效模式均为爆炸。

层压板拉伸和压缩试验依照修订过的 ASTM D 5766‑02a 和 D 6484‑99。修订这些方法以忽略孔的影响。这些修改并不被 CMH‑17 测试工作组接受，但是在这里作为个例被接受。

异常值 　单层，下列情况均有一个较低的异常值：①82℃大气环境(180℉/A)下的 90°拉伸强度；②82℃湿态环境(180℉/W)下的 0°压缩实测强度；③24℃大气环境(75℉/A)下的面内剪切模量。下列情况均有一个较高异常值：①82℃大气环境(180℉/A)下的压缩试验模量(剔除)；②82℃大气环境(180℉/A)下的 0°压缩正则化模量(剔除)；③24℃大气环境(75℉/A)下的 90°压缩模量；④82℃湿态环境(180℉/W)下的面内剪切模量(剔除)。剔除的部分(1，2 和 4)超出了材料性能范围。

层压板，较低异常值存在于：①82℃湿态环境(180℉/W)下的无缺口拉伸正则化强度(25/50/25)；②24℃大气环境(75℉/A)下的双剪挤压强度(50/40/10)——剔除；③24℃湿态环境(75℉/A)下的双剪挤压强度(25/50/25)。较高异常值存在于：①−54℃大气环境(−65℉/A)下充填孔拉伸强度(50/40/10)；②24℃大气环境(75℉/A)下的开孔拉伸强度(50/40/10；$w/D=3$)；③24℃大气环境(75℉/A)下的开孔拉伸强度(50/40/10；$w/D=8$)。剔除的异常值是由于试样不合理的扭转所致。

批间变异性和数据集合并：

单层　　　82℃湿态环境（180℉/W）下 0°拉伸正则化数据，24℃大气环境
（75℉/A）下的 90°伸强度，82℃湿态环境（180℉/W）下 90°拉伸
强度，82℃湿态环境（180℉/W）下面内剪切强度和 24℃大气环境
（75℉/A）下的短梁强度数据显示了显著性水平为 0.05 的批间
变异性，只有 82℃湿态环境（180℉/W）下 0°拉伸的正则化数据以
0.025 的显著性水平通过了 k 样本 Anderson-Darling（ADK）检
验。然而根据下文所列的工程判定，各种环境下的所有批次均可
用于做 AGATE 合并，除了：①－54℃大气环境（－65℉/A）下
90°拉伸强度；②－54℃大气环境（－65℉/A）下 0°压缩强度；
③－54℃大气环境（－65℉/A）下 90°压缩强度；④－54℃大气环
境（－65℉/A）下面内剪切强度。所有这些都是－54℃大气环境
（－65℉/A）下测得的一批数据。

忽略 90°拉伸强度和面内剪切强度的 ADK 检验结果的原因——
24℃大气环境（75℉/A）和 82℃湿态环境（180℉/W）下 90°拉伸
数据显示在批间和批次平均值之间有足够的重叠，而且除了第 2
批 24℃（75℉）大气环境中测试的数据之外，标准差（SD）都有同
样的规律。82℃（180℉/W）湿态环境下面内剪切数据显示其中
一批的变异系数 CV 值和平均值都比较低，但是这种趋势在其他
环境的测试数据中并没有出现（24℃（75℉/A）大气环境和 82℃
（180℉/A）大气环境）。

注意：经修正的 CV 转换用于相关的层压板数据（单层数据要在
采用 CV 值修改处理之前进行提交和分析）。

层压板，批间变异性　　没有通过批间变异性（ADK）检验（如果合适，采用修改
后的 CV 转换）的数据集。

- 拉伸（25/50/25）——－54℃大气环境（－65℉/A）实测值。
- 开孔拉伸（25/50/25）——82℃湿态环境（180℉/W）正则化值。

合并　　　至少有两种环境（包括 24℃大气环境（75℉/A））没有通过 ADK、
正态或者方差等同性检验的数据集。

- 压缩（25/50/25）——－54℃大气环境（－65℉/A）实测值（数
据不包含在合并数据中）。
- 开孔拉伸（25/50/25）——－54℃大气环境（－65℉/A）正则化
数据不能通过正态分布检验，但是由于测试的数据是可以合并
的，因此采用工程判定将数据合并。
- 充填孔拉伸（50/40/10）——24℃大气环境（75℉/A）实测数据
不能通过正态分布检验。

- 双剪挤压(25/50/25)——24℃大气环境(75℉/A)出现较大的变异性(不能通过 Levene 检验)。
- 单剪挤压(25/50/25)——24℃大气环境(75℉/A),合并的数据不满足正态分布。

正态分布　　一些环境下的正态分布 Anderson-Darling 检验的观测显著性水平(OSL)小于 0.05,但是通过图解法可以接受。

工艺路线：　(1) 向真空袋组件施加 0.075 MPa(22 in 汞柱)压力。

(2) 以 2℃/min(3℉/min)的速度从室温加热至 132℃(270℉)。

(3) 在 132℃(270℉)固化 120~130 min。

(4) 以 3℃/min(5.4℉/min)的速度冷却至 77℃(170℉)或以下,去除真空压力。

(5) 取出袋装层压板。

铺层示意：　模具,脱模布(可选用脱模剂),层压板,玻璃纤维纱线,脱模布,均压板,表层透气材料,真空袋。

表 2.2.1.1　T700GC 12k/2510 单向带

材料	T700GC 12k/2510 单向带		
形式	Toray Composites(America),Inc,P707AG-15 单向带预浸料		
纤维	Toray T700GC 12k,31E,0.5%表面处理,无捻	基体	Toray Composites (America),Inc. 2510
T_g(干态)	147℃(297℉)	T_g(湿态) 128℃(262℉)	T_g 测量方法	DMA E,SACMA SRM 18R-94
固化工艺	烘箱固化,120 min,132±1.7℃(270℉±3℉),至少 0.075 MPa(22 in 汞柱)真空压力		

纤维制造日期:2/99,9/99,3/01,9/01	试验日期:11/99—7/00,5/02—9/02(单层),2/04—6/04(层压板)
树脂制造日期:10/99,9/01,2/02,4/02	数据提交日期:8/03(单层),11/08(层压板)
预浸料制造日期:10/99,9/01,2/02,4/02,5/02	分析日期:9/03(单层),1/09(层压板)
复合材料制造日期:10/99—7/00,5/02	

单层性能汇总

	24℃ (75℉)/A	82℃ (180℉)/A	82℃ (180℉)/W	−54℃ (−65℉)/A			
1 轴拉伸	bSS-	bSS-	bSS-	bII-			
2 轴拉伸	bS-	bS-	bS-	S---			
3 轴拉伸							
1 轴压缩	bS-	bS-	bS-	S---			
2 轴压缩	bS-	bS-	bS-	S---			
3 轴压缩							
12 面剪切	bS-	bS-	bS-	S---			
23 面剪切							
31 面剪切	S---						
31 面短梁强度							

注:强度/模量/泊松比/破坏应变的数据种类为:A—A75,a—A55,$\underline{A}$—AP10,$\underline{a}$—AP5,B=B30,b=B18,$\underline{B}$—BP5,$\underline{b}$—BP3,M—平均值,I—临时值,S—筛选值,——无数据(见表 1.5.1.2(c))。
数据还包括除水之外的三种液体条件下的 12 -面内剪切。

物理性能汇总

	名义值	提交值	试验方法
纤维密度/(g/cm³)	1.79	1.79~1.80	Toray TY - 030B - 02,与①类似
树脂密度/(g/cm³)	1.267	1.266~1.267	ASTM D 792 - 91
复合材料密度/(g/cm³)	1.55	1.46~1.63	ASTM D 792 - 91
纤维面积质量/(g/m²)	150	144~156	SACMA SRM 23R94
纤维体积含量/(%)	55.1	48.7~61.2	ASTM D 3171 - 99
单层厚度/mm	0.006 0	0.005 8~0.006 2	

注:①SACMA SRM - 15。

层压板性能汇总

	24℃ (75℉)/A	−54℃ (−65℉)/A	82℃ (180℉)/W		
[45/0/−45/90/0/0/45/0/−45/0]s①					
x 轴拉伸	bM--				
x 轴压缩	bM--				
x 轴开孔拉伸	b--②	b---	b---		
x 轴开孔压缩	b---				
x 轴充填孔拉伸	b---				
双剪挤压	b---				
单剪挤压	b---				

（续表）

	24℃ (75℉)/A	−54℃ (−65℉)/A	82℃ (180℉)/W		
[(45/0/−45/90)₃]s③					
x 轴拉伸	b̲M--	b̲M--	b̲M--		
x 轴压缩	b̲M--	b̲M--	b̲M--		
x 轴开孔拉伸	b---	b---	b---		
x 轴开孔压缩	b---	b---	b---		
双剪挤压	b---	b---	b---		
单剪挤压	b---	b---	b---		
[45/−45/90/45/−45/45/−45/0/45/−45]s④					
x 轴拉伸	bM--				
x 轴压缩	bM--				
x 轴开孔拉伸	b---				
x 轴开孔压缩	b---				

注：①铺层比例(0°/45°/90°)＝50/40/10；② $W/D=3$，$W/D=4$，$W/D=8$；③铺层比例(0°/45°/90°)＝25/50/25；④铺层比例(0°/45°/90°)＝10/80/10。

强度/模量/泊松比/破坏应变的数据种类为：A—A75，a—A55，A̲—AP10，a̲—AP5，B—B30，b—B18，B̲—BP5，b̲—BP3，M—平均值，I—临时值，S—筛选值，—无数据(见表 1.5.1.2(c))。

表 2.2.1.1(a)　1 轴拉伸性能([0]₈)

材料	T700GC 12k/2510 单向带		
树脂含量	32%～38%(质量)	复合材料密度	1.51～1.57 g/cm³
纤维体积含量	53%～60%	空隙含量	0～3.4%
单层厚度	0.150～0.160 mm(0.005 9 in～0.006 3 in)		
试验方法	ASTM D 3039‐95	模量计算	1000～3 000 $\mu\varepsilon$ 之间的弦向模量
正则化	试件厚度和批次纤维面积质量正则化到纤维体积含量 55.1%(单层厚度 0.152 mm(0.006 0 in))		

温度/℃(℉)	24(75)	82(180)	82(180)
吸湿量(%)			1.4
吸湿平衡条件 (T/℃(℉)，RH/%)	大气环境	大气环境	63(145)，85②
来源编码			

（续表）

		正则化值	实测值	正则化值	实测值	正则化值	实测值
$F_1^{tu}/$ MPa (ksi)	平均值	2 200(319)	2 165(314)	2 255(327)	2 200(319)	2 317(336)	2 248(326)
	最小值	1 759(255)	1 738(252)	2 034(295)	1 979(287)	1 966(285)	1 786(259)
	最大值	2 441(354)	2 393(347)	2 496(362)	2 434(353)	2 517(365)	2 448(355)
	CV/%	7.69	7.56	5.42	5.79	6.69	8.23
	B 基准值	1 931(280)	1 889(274)	1 986(288)	1 917(278)	2 034(295)	1 958(284)
	分布	正态①	正态①	正态①	正态①	正态①	正态①
	C_1	47.7(6.92)	51.0(7.40)	47.7(6.92)	51.0(7.40)	47.7(6.92)	51.0(7.40)
	C_2	11.9(1.73)	11.9(1.73)	11.9(1.73)	11.9(1.73)	11.9(1.73)	11.9(1.73)
	试样数量	18		18		18	
	批数	3		3		3	
	数据种类	BP3		BP3		BP3	
$E_1^t/$ GPa (Msi)	平均值	127(18.4)	125(18.1)	126(18.2)	122(17.7)	126(18.2)	122(17.6)
	最小值	124(17.9)	122(17.7)	122(17.6)	120(17.3)	121(17.5)	118(17.1)
	最大值	132(19.1)	128(18.6)	130(18.8)	126(18.2)	129(18.7)	125(18.1)
	CV/%	1.69	1.64	1.99	1.89	1.79	1.91
	试样数量	12		12		12	
	批数	3		3		3	
	数据种类	筛选值		筛选值		筛选值	
ν_{12}^t	平均值	0.309		0.309		0.323	
	试样数量	12		12		12	
	批数	3		3		3	
	数据种类	筛选值		筛选值		筛选值	

注：①通过各自的方法合并四种环境进行数据正则化（见第 1 卷 8.3 节）；②ASTM D 5229 指南，差别：两个连续的吸湿量读数在 7 天之内改变小于 0.05%；③第二批和第三批预浸料中的纤维批次不是很明确。

表 2.2.1.1(b)　1 轴拉伸性能([0]₈)

材料	T700GC 12k/2510 单向带		
树脂含量	32%～38%(质量)	复合材料密度	1.51～1.57 g/cm³
纤维体积含量	53%～60%	空隙含量	0.0～3.4%
单层厚度	0.150～0.160 mm(0.005 9～0.006 3 in)		

（续表）

试验方法	ASTM D 3039 - 95	模量计算	$1000\sim3\,000\,\mu\varepsilon$ 之间的弦向模量
正则化	试件厚度和批次纤维面积质量正则化到纤维体积含量 55.1%（单层厚度 0.152 mm（0.006 0 in））		

温度/℃(℉)	−54(−65)		
吸湿量(%)			
吸湿平衡条件 (T/℃(℉), RH/%)	大气环境		
来源编码			

		正则化值	实测值	正则化值	实测值	正则化值	实测值
F_1^{tu}/ MPa (ksi)	平均值	1703(247)	1669(242)				
	最小值	1476(214)	1448(210)				
	最大值	1917(278)	1896(275)				
	CV/%	7.57	8.02				
	B 基准值	1510(219) ②	1469(213) ②				
	分布	正态①	正态①				
	C_1	47.7(6.92)	51.0(7.40)				
	C_2	11.4(1.66)	11.4(1.66)				
	试样数量	29					
	批数	3					
	数据种类	BP3					
E_1^t/ GPa (Msi)	平均值	129(18.7)	127(18.4)				
	最小值	126(18.3)	125(18.1)				
	最大值	132(19.1)	130(18.8)				
	CV/%	1.05	1.02				
	试样数量	16					
	批数	3					
	数据种类	中间值					

（续表）

		正则化值	实测值	正则化值	实测值	正则化值	实测值
ν_{12}^t	平均值	0.350					
	试样数量	16					
	批数	3					
	数据种类	中间值					

注：①通过各自的方法合并四种环境进行数据正则化（见第 1 卷 8.3 节）；②相比于比其他环境，−54℃（−65℉）大气环境强度值较低，尽管所报道的失效模式一致；③第二批和第三批预浸料中的纤维批次不是很明确。

表 2.2.1.1(c)　2 轴拉伸性能（$[90]_{18}$）

材料	T700GC 12k/2510 单向带			
树脂含量	32%～38%（质量）		复合材料密度	1.48～1.52 g/cm³
纤维体积含量	50%～55%		空隙含量	2.0%～4.0%
单层厚度	0.147～0.157 mm（0.0058～0.0062 in）			
试验方法	ASTM D 3039-95		模量计算	$1000～3000\ \mu\varepsilon$ 之间的弦向模量
正则化	未正则化			

温度/℃（℉）		24(75)	82(180)	82(180)	−54(−65)	
吸湿量（%）				2.0		
吸湿平衡条件（T/℃（℉），RH/%）		大气环境	大气环境	63(145)，85%③	大气环境	
来源编码						
F_2^{tu}/MPa (ksi)	平均值	48.9(7.09)	44.3(6.42)	25.9(3.76)	53.0(7.68)	
	最小值	38.3(5.55)	33.2(4.81)	21.2(3.08)	39.8(5.77)	
	最大值	59.7(8.66)	50.8(7.37)	32.3(4.68)	63.4(9.19)	
	CV/%	8.39	8.88	8.25	15.14	
	B 基准值	43.0(6.23)	38.0(5.51)	22.8(3.31)	④	
	分布	正态①②	正态①	正态①	正态	
	C_1	57.8(8.38)	57.8(8.38)	57.8(8.38)	53.0(7.68)	
	C_2	10.0(1.45)	11.6(1.68)	10.0(1.45)	8.0(1.16)	
	试样数量	146	18	145	6	

（续表）

		7②	3	7②	1
	数据种类	BP3	BP3	BP3	筛选值
$E_2^t/$ GPa (Msi)	平均值	8.41(1.22)	7.45(1.08)	6.34(0.92)	
	最小值	8.00(1.16)	7.24(1.05)	6.07(0.88)	
	最大值	8.62(1.25)	7.65(1.11)	6.55(0.95)	
	CV/%	2.39	1.92	2.43	
	试样数量	12	12	12	
	批数	3	3	3	
	数据种类	筛选值	筛选值	筛选值	

注：①通过各自的方法合并 24℃（75℉）大气环境，82℃（180℉）大气环境，82℃（180℉）湿态环境（75℉/A，180℉/A 和 180℉/W）三种环境进行数据正则化（见第 1 卷 8.3 节）；②最大批次和最小批次试样数量比大于 1.5；③ASTM D 5229 指南；差别：两个连续的吸湿量读数在 7 天之内改变小于 0.05%；④只对 A 类和 B 类数据给出基准值；⑤第二批和第三批预浸料中的纤维批次不是很明确。

表 2.2.1.1（d）　1 轴压缩性能（$[0]_8$）

材料	T700GC 12k/2510 单向带				
树脂含量	32%～38%（质量）		复合材料密度	1.46～1.54 g/cm³	
纤维体积含量	49%～59%		空隙含量	0.5%～5.5%	
单层厚度	0.145～0.155 mm(0.005 7～0.006 1 in)				
试验方法	SACMA SRM 1-94		模量计算	1000～3 000 $\mu\varepsilon$ 之间的弦向模量	
正则化	试件厚度和批次纤维面积质量正则化到纤维体积含量 55.1%（单层厚度 0.152mm(0.006 0 in)）				

温度/℃（℉）		24(75)		82(180)		82(180)	
吸湿量（%）						1.5	
吸湿平衡条件 (T/℃(℉)，RH/%)		大气环境		大气环境		63(145),85②	
来源编码							
		正则化值	实测值	正则化值	实测值	正则化值	实测值
$F_1^{cu}/$ MPa (ksi)	平均值	1469(213)	1448(210)	1448(210)	1407(204)	1214(176)	1220(177)
	最小值	1331(193)	1303(189)	1234(179)	1200(174)	945(137)	831(135)
	最大值	1648(239)	1634(237)	1586(230)	1544(224)	1345(195)	1358(197)

（续表）

		正则化值	实测值	正则化值	实测值	正则化值	实测值
	$CV/\%$	5.97	6.15	6.34	6.32	7.91	8.27
	B 基准值	1289(187)	1269(184)	1269(184)	1234(179)	1069(155)	1076(156)
	分布	正态①	正态①	正态①	正态①	正态①	正态①
	C_1	47.0(6.82)	48.5(7.03)	47.0(6.82)	48.5(7.03)	47.0(6.82)	48.5(7.03)
	C_2	12.1(1.76)	12.1(1.76)	12.1(1.76)	12.1(1.76)	11.7(1.70)	11.7(1.70)
	试样数量	18		18		25	
	批数	3		3		3	
	数据种类	BP3		BP3		BP3	
$E_1^c/$ GPa (Msi)	平均值	114(16.5)	112(16.3)	119(17.2)	115(16.7)	120(17.4)	117(17.0)
	最小值	113(16.4)	112(16.3)	117(16.9)	113(16.4)	114(16.5)	110(16.0)
	最大值	115(16.6)	114(16.5)	121(17.5)	117(17.0)	128(18.6)	127(18.4)
	$CV/\%$	0.44	1.64	1.73	1.54	4.34	4.92
	试样数量	6		5		6	
	批数	3		3		3	
	数据种类	筛选值		筛选值		筛选值	

注：①通过各自的方法合并三种环境进行数据正则化（见第 1 卷 8.3 节）；②ASTM D 5229 指南；差别：两个连续的吸湿量读数在 7 天之内改变小于 0.05%；③第二批和第三批预浸料中的纤维批次不是很明确。

表 2.2.1.1(e)　1 轴压缩性能（$[0]_8$）

材料	T700GC 12k/2510 单向带		
树脂含量	32%～38%（质量）	复合材料密度	1.46～1.54 g/cm³
纤维体积含量	49%～59%	空隙含量	0.5%～5.5%
单层厚度	0.145～0.155 mm（0.005 7～0.006 1 in）		
试验方法	SACMA SRM 1-94	模量计算	1000～3 000 $\mu\varepsilon$ 之间的弦向模量
正则化	试件厚度和批次纤维面积质量正则化到纤维体积含量 55.1%（固化后单层厚度 0.152 mm（0.006 0 in））		
温度/℃(℉)	−54(−65)		
吸湿量(%)	大气环境		
吸湿平衡条件 (T/℃(℉)，RH/%)			
来源编码			

（续表）

		正则化值	实测值			
F_1^{cu}/ MPa (ksi)	平均值	1441(209)	1400(203)			
	最小值	1351(196)	1310(190)			
	最大值	1517(220)	1476(214)			
	CV/%	4.84	4.84			
	B基准值	①	①			
	分布	正态	正态			
	C_1	1441(209)	1400(203)			
	C_2	69.6(10.1)	67.6(9.81)			
	试样数量	6				
	批数	1				
	数据种类	筛选值				

注：① 只对 A 类和 B 类数据给出基准值。

表 2.2.1.1(f)　2 轴压缩性能（$[90]_{18}$）

材料	T700GC 12k/2510 单向带		
树脂含量	32%～38%（质量）	复合材料密度	1.52～1.58 g/cm³
纤维体积含量	52%～58%	空隙含量	0.0～2.5%
单层厚度	0.152～0.157 mm（0.005 9～0.006 2 in）		
试验方法	SACMA SRM 1-94④	模量计算	1000～3000 $\mu\varepsilon$ 之间的弦向模量
正则化	未正则化		

温度/℃(℉)	24(75)	82(180)	82(180)	-54(-65)	
吸湿量(%)			1.3		
吸湿平衡条件 (T/℃(℉)，RH/%)	大气环境	大气环境	63(145)，85②	大气环境	
来源编码					
F_2^{cu}/ MPa (ksi) ⑤ 平均值	199(28.8)	148(21.4)	117(16.9)	283(41.0)	
最小值	183(26.6)	131(19.0)	105(15.2)	173(25.1)	
最大值	214(31.1)	162(23.5)	128(18.5)	303(44.0)	
CV/%	4.73	5.05	5.05	8.78	

(续表)

	B 基准值	181(26.3)	135(19.6)	106(15.4)	③	
	分布	正态①	正态①	正态①	正态	
	C_1	33.4(4.85)	33.4(4.85)	33.4(4.85)	283(41.0)	
	C_2	12.2(1.77)	12.2(1.77)	12.2(1.77)	24.8(3.60)	
	试样数量	18	18	18	6	
	批数	3	3	3	1	
	数据种类	BP3	BP3	BP3	筛选值	
$E_2^c/$ GPa (Msi)	平均值	10.13(1.47)	8.48(1.23)	7.93(1.15)		
	最小值	9.86(1.43)	8.27(1.20)	7.45(1.08)		
	最大值	10.96(1.59)	8.62(1.25)	8.34(1.21)		
	CV/%	4.29	1.83	4.24		
	试样数量	6	6	6		
	批数	3	3	3		
	数据种类	筛选值	筛选值	筛选值		

注:①通过各自的方法合并 24℃(75℉)大气环境,82℃(180℉)大气环境以及 82℃(180℉)湿态环境(75℉/A,180℉/A 和 180℉/W)三种环境进行数据正则化(见第 1 卷 8.3 节);②ASTM D 5229 标准:差别:两个连续的吸湿量读数在 7 天之内改变小于 0.05%;③只对 A 类和 B 类数据给出基准值;④手册中未推荐单向带材料的 90°压缩标准;⑤第二批和第三批预浸料中的纤维批次不是很明确。

表 2.2.1.1(g) 12 面剪切性能($[0/90]_{6S}$)

材料	T700GC 12k/2510 单向带		
树脂含量	32%～38%(质量)	复合材料密度	1.51～1.54 g/cm³
纤维体积含量	54%～59%	空隙含量	1.8%～3.9%
单层厚度	0.147～0.152 mm(0.005 8～0.006 0 in)		
试验方法	ASTM D 5379-93	模量计算	2 500～6 500 $\mu\varepsilon$ 之间的弦向模量①
正则化	未正则化		

温度/℃(℉)	24(75)	82(180)	82(180)	−54(−65)		
吸湿量(%)			1.3			
吸湿平衡条件 (T/℃(℉), RH/%)	大气环境	大气环境	63(145), 85③	大气环境		
来源编码						

（续表）

F_{12}^{su}/MPa (ksi) ⑥	平均值	154(22.4)	128(18.6)	95(13.8)	160(23.2)
	最小值	145(21.0)	123(17.8)	88(12.8)	157(22.8)
	最大值	161(23.4)	134(19.4)	101(14.7)	162(23.5)
	CV/%	2.82④	17.5④	4.31	1.19④
	B基准值	146(21.1)④	135(19.6)	89.6(13.0)④	⑤
	分布	正态②	正态②	正态②	正态
	C_1	23.2(3.36)④	23.2(3.36)④	23.2(3.36)④	160(23.2)
	C_2	12.2(1.77)	12.2(1.77)	12.2(1.77)	1.9(0.28)
	试样数量	18	18	18	6
	批数	3	3	3	1
	数据种类	BP3	BP3	BP3	筛选值
$F_{12}^{s(5\%)}$/MPa (ksi)	平均值	101(14.7)	78(11.3)		
	最小值	98(14.2)	75(10.8)		
	最大值	103(15.0)	81(11.7)		
	CV/%	1.54④	2.35④		
	B基准值	⑤	⑤		
	分布				
	C_1				
	C_2				
	试样数量	12	12		
	批数	3	3		
	数据种类	筛选值	筛选值		
G_{12}^{s}/GPa (Msi)	平均值	4.21(0.61)	3.52(0.51)	3.10(0.45)	
	最小值	3.65(0.53)	3.38(0.49)	2.96(0.43)	
	最大值	4.62(0.67)	3.72(0.54)	3.24(0.47)	
	CV/%	5.77	3.30	2.56	
	试样数量	12	12	11	
	批数	3	3	3	
	数据种类	筛选值	筛选值	筛选值	

注：①ASTM D 5379 标准的一个例外；②通过各自的方法合并 24℃(75℉)大气环境，82℃(180℉)大气环境以及 82℃(180℉)湿态环境(75℉/A，180℉/A 和 180℉/W)三种环境数据进行正则化(见第 1 卷 8.3 节)；③ASTM D 5229 指南；差别：两个连续的吸湿量读数在 7 天之内改变小于 0.05%；④离散系数 CV(单个环境及合并后数据)不能代表整个样本，真实的基准值可能更低；⑤只对 A 类和 B 类数据给出基准值；⑥强度为所能达到的最大应力，这是 ASTM D 5379-98 的(在 4/99 之前按 D 5379-93 计划的试验)例外。以下是在 5% 应变时的应力筛选值数据。

表 2.2.1.1(h)　12 面剪切性能([0/90]$_{6S}$)

材料	T700GC 12k/2510 单向带					
树脂含量	32%～38%(质量)		复合材料密度	1.51～1.53 g/cm³		
纤维体积含量	54%		空隙含量	3.7%～3.9%		
单层厚度	0.150～0.152 mm(0.005 9～0.006 0 in)					
试验方法	ASTM D 5379 - 93		模量计算			
正则化	未正则化					
温度/℃(℉)	24(75)	82(180)	82(180)			
吸湿量(%)						
吸湿平衡条件 (T/℃(℉), RH/%)	③	①	②			
来源编码						
F_{12}^{su}/ MPa (ksi) ⑤ — 平均值	155(22.5)	126(18.2)	125(18.1)			
最小值	153(22.2)	123(17.8)	122(17.7)			
最大值	153(22.8)	129(18.7)	128(18.6)			
CV/%	1.11⑥	1.84⑥	1.90⑥			
B 基准值	④	④	④			
分布	正态	正态	正态			
C_1	155(22.5)	126(18.2)	125(18.1)			
C_2	1.72(0.25)	2.34(0.34)	2.34(0.34)			
试样数量	5	5	5			
批数	1	1	1			
数据种类	筛选值	筛选值	筛选值			

注:①在室温条件下浸在飞机发动机燃油中 500 h;②在室温条件下浸在液压油中 60～90 min;③在室温条件下浸在丁酮中 60～90 min;④只对 A 类和 B 类数据给出基准值;⑤强度为所能达到的最大应力,这是现行 ASTM D 5379 的例外;⑥CV 不能代表整个样本。

表 2.2.1.1(i)　31 面短梁强度性能([0]$_{18}$)

材料	T700GC 12k/2510 单向带		
树脂含量	32%～38%(质量)	复合材料密度	1.52～1.55 g/cm³
纤维体积含量	54%～58%	空隙含量	1.7%～2.8%
单层厚度	0.147～0.160 mm(0.005 8～0.006 3 in)		

（续表）

试验方法	ASTM D 2344 - 89		模量计算				
正则化	未正则化						
温度/℃(℉)	24(75)						
吸湿量(%)							
吸湿平衡条件 (T/℃(℉)，RH/%)	大气环境						
来源编码							
F_{31}^{sbs} / MPa (ksi)	平均值	86(12.5)					
	最小值	70(10.2)					
	最大值	103(15.0)					
	CV/%	7.37					
	B 基准值	③					
	分布	ANOVA①					
	C_1	107(2.26)					
	C_2	45.5(0.957)					
	试样数量	170					
	批数	7②					
	数据种类	筛选值					

注：①用单点法对数据进行分析（见第 1 卷 8.3 节）；②最大批次和最小批次试样数量比大于 1.5；③只对 A 类和 B 类数据给出基准值。

表 2.2.1.1(j)　x 轴拉伸性能（[45/0/−45/90/0/0/45/0/−45/0]s）

材料	T700GC 12k/2510 单向带		
树脂含量	33.3%～37.7%(质量)	复合材料密度	1.51～1.63 g/cm³
纤维体积含量	53.3%～59.2%	空隙含量	0.0～0.29%
单层厚度	0.145～0.157 mm(0.005 7～0.006 2 in)		
试验方法	ASTM D 5766 - 02a(修正版)①	模量计算	1000～6 000 $\mu\varepsilon$ 之间的线性拟合
正则化	固化后单层名义厚度 0.152 mm(0.006 0 in)		
温度/℃(℉)	24(75)		

（续表）

		正则化值	实测值		
吸湿量（%）		大气环境			
吸湿平衡条件 (T/℃(℉)，RH/%)					
来源编码		26			
		正则化值	实测值		
$F_x^{tu}/$ MPa (ksi)	平均值	1 103(160)	1 103(160)		
	最小值	1 007(146)	993(144)		
	最大值	1 207(175)	1 234(179)		
	CV/%	5.16[6.58]	5.60[6.80]		
	B 基准值	958(139)②	958(139)②		
	分布	正态	正态		
	C_1	1 103(160)	1 103(160)		
	C_2	60.6(8.79)	60.6(8.79)		
	试样数量	19			
	批数	3			
	数据种类	B18			
$E_x^t/$ GPa (Msi)	平均值	72.4(10.5)	72.4(10.5)		
	最小值	70.3(10.2)	69.6(10.1)		
	最大值	76.5(11.1)	77.2(11.2)		
	CV/%	1.83	2.79		
	试样数量	19			
	批数	3			
	数据种类	平均值			

注：①ASTM D 5766 - 02a 测试标准忽略孔。注意这种改进的测试标准一般不被 CMH - 17 测试工作组接受，但是它可以作为个例被接受；②由于计算的 CV 太小，因此采用修正的 CV 转换计算 B 基准值，如第 1 卷第 8 章 8.4.4 节所示（修正的 CV 在方括号内）。

表 2.2.1.1(k)　　x 轴拉伸性能（[45/0/—45/90]s）

材料	T700GC 12k/2510 单向带		
树脂含量	33.3%～37.7%（质量）	复合材料密度	1.51～1.63 g/cm³
纤维体积含量	53.3%～59.2%	空隙含量	0.0～0.40%
单层厚度	0.145～0.157 mm（0.005 7～0.006 2 in）		

（续表）

试验方法	ASTM D 5766 - 02a(修正版)①		模量计算		1000~6 000 $\mu\varepsilon$ 之间的线性拟合	
正则化	固化后单层名义厚度 0.152 mm(0.0060 in)					
温度/℃(℉)	24(75)		−54(−65)		82(180)	
吸湿量(%)						
吸湿平衡条件 (T/℃(℉), RH/%)	大气环境		大气环境		63(145), 85②	
来源编码	26					

		正则化值	实测值	正则化值	实测值	正则化值	实测值
F_x^{tu}/ MPa (ksi)	平均值	656(95.2)	654(94.9)	607(88.0)	608(88.2)	683(99.0)	684(99.2)
	最小值	611(88.6)	609(88.3)	572(82.95)	559(81.0)	620(89.9)	634(92.8)
	最大值	696(101)	696(101)	634(91.9)	639(92.6)	703(102)	731(106)
	CV/%	3.02[6.00]	3.53[6.00]	2.71[6.00]	3.25[6.00]	3.29[6.00]	3.45[6.00]
	B 基准值	587(85.2) ③、④	585(84.9) ③、④	538(78.0) ③、④	539(78.2) ③、④	614(89.0) ③、④、⑤	615(89.2) ③、④
	分布	正态	正态	正态	正态	正态	正态
	C_1	20.4(2.96)	23.1(3.35)	20.4(2.96)	23.1(3.35)	20.4(2.96)	23.1(3.35)
	C_2	12.2(1.77)	12.2(1.77)	12.2(1.77)	12.2(1.77)	12.2(1.77)	12.2(1.77)
	试样数量	18		18		18	
	批数	3		3		3	
	数据种类	BP3		BP3		BP3	
E_x^t/ GPa (Msi)	平均值	46.4(6.73)	46.2(6.70)	46.6(6.76)	46.7(6.78)	45.9(6.66)	46.2(6.68)
	最小值	45.7(6.63)	45.2(6.56)	45.4(6.59)	45.5(6.59)	43.4(6.29)	42.8(6.21)
	最大值	47.7(6.92)	47.7(6.92)	47.6(6.90)	48.3(7.01)	48.9(7.09)	48.3(7.01)
	CV/%	1.11	1.55	1.13	1.65	3.11	3.16
	试样数量	18		18		19	
	批数	3		3		3	
	数据种类	平均值		平均值		平均值	

注：①ASTM D 5766 - 02a 测试标准忽略孔。注意这种改进的测试标准一般不被 CMH - 17 测试工作组接受，但是它可以作为个例被接受；②ASTM D 5229 指南；差别：两个连续的吸湿量读数在 7 天之内改变小于 0.05%；③由于计算的 CV 太小，因此采用修正的 CV 转换计算 B 基准值，如第 1 卷第 8 章 8.4.4 节所示(修正的 CV 在方括号内)；④−54℃(−65℉)大气环境和 24℃(75℉)大气环境两种环境由于存在批间变异性未通过 ADK 检验。但是在修正的 CV 转换下，合并数据通过正态和 ADK 检验。给出了修正的 CV 基准值；⑤合并正则化 82℃(180℉)湿态(180℉/W)数据后删除两个低异常数据留用分析。

表 2.2.1.1(1)　x 轴拉伸性能（[45/−45/90/45/−45/45/−45/0/45/−45]s）

材料	T700GC 12k/2510 单向带		
树脂含量	33.3%～37.7%（质量）	复合材料密度	1.51～1.63 g/cm³
纤维体积含量	53.3%～59.2%	空隙含量	0.0～0.40%
单层厚度	0.145～0.157 mm（0.005 7～0.006 2 in)		
试验方法	ASTM D 5766-02a(修正版)①	模量计算	1000～6 000 $\mu\varepsilon$ 之间的线性拟合
正则化	固化后单层名义厚度 0.152 mm(0.006 0 in)		

温度/℃(℉)		24(75)			
吸湿量(%)		大气环境			
吸湿平衡条件 (T/℃(℉)，RH/%)					
来源编码					
		正则化值	实测值		
F_x^{tu}/ MPa (ksi)	平均值	366(53.1)	365(53.0)		
	最小值	329(47.7)	325(47.1)		
	最大值	400(58.0)	406(58.9)		
	CV/%	5.85[6.93]	6.85[7.42]		
	B 基准值	316(45.8)②	312(45.2)②		
	分布	正态	正态		
	C_1	366(53.1)	365(53.0)		
	C_2	21.4(3.11)	25.0(3.63)		
	试样数量	18			
	批数	3			
	数据种类	B18			
E_x^t/ GPa (Msi)	平均值	30.1(4.36)	30.0(4.35)		
	最小值	29.3(4.25)	29.1(4.22)		
	最大值	30.7(4.45)	30.9(4.48)		
	CV/%	1.40	1.86		
	试样数量	18			
	批数	3			
	数据种类	平均值			

注：①ASTM D 5766-02a 测试标准忽略孔。注意这种改进的测试标准一般不被 CMH-17 测试工作组接受，但是它可以作为个例被接受；②由于计算的 CV 太小，因此采用修正的 CV 转换计算 B 基准值，如第 1 卷第 8 章 8.4.4 节所示（修正的 CV 在方括号内）。

表 2.2.1.1(m)　x 轴压缩性能([45/0/−45/90/0/0/45/0/−45/0]s)

材料	T700GC 12k/2510 单向带		
树脂含量	29.5%～31.1%(质量)	复合材料密度	1.54～1.57 g/cm³
纤维体积含量	52.2%～61.2%	空隙含量	0.0～0.29%
单层厚度	0.147～0.157 mm(0.005 8～0.006 2 in)		
试验方法	ASTM D 6484‐99(修正版)①	模量计算	1000～6 000 $\mu\varepsilon$ 之间的线性拟合
正则化	固化后单层名义厚度 0.152 mm(0.006 0 in)		

温度/℃(℉)	24(75)		
吸湿量(%)	大气环境		
吸湿平衡条件(T/℃(℉), RH/%)			
来源编码			

		正则化值	实测值		
F_x^{cu}/ MPa (ksi)	平均值	800(116)	807(117)		
	最小值	752(109)	758(110)		
	最大值	855(124)	869(126)		
	CV/%	3.24[6.00]	3.40[6.00]		
	B 基准值	710(103)②	717(104)②		
	分布	正态	正态		
	C_1	800(116)	807(117)		
	C_2	26.0(3.77)	27.4(3.98)		
	试样数量	19			
	批数	3			
	数据种类	B18			
E_x^c/ GPa (Msi)	平均值	67.3(9.76)	67.8(9.83)		
	最小值	64.7(9.39)	63.8(9.25)		
	最大值	72.4(10.5)	72.4(10.5)		
	CV/%	2.70	1.86		
	试样数量	18			
	批数	3			
	数据种类	平均值			

注:①ASTM D 6484‐99 测试标准忽略孔。注意这种改进的测试标准一般不被 CMH‐17 测试工作组接受,但是它可以作为个例被接受;②由于计算的 CV 太小,因此采用修正的 CV 转换计算 B 基准值,如第 1 卷第 8 章 8.4.4 节所示(修正的 CV 在方括号内)。

表 2.2.1.1(n)　x 轴压缩性能([45/0/—45/90]s)

材料	T700GC 12k/2510 单向带		
树脂含量	29.5%～38.5%(质量)	复合材料密度	1.53～1.57 g/cm³
纤维体积含量	53.0%～60.8%	空隙含量	0.0～0.40%
单层厚度	0.147～0.157 mm(0.005 8～0.006 2 in)		
试验方法	ASTM D 6484-99(修正版)①	模量计算	1000～6000 $\mu\varepsilon$ 之间的线性拟合
正则化	固化后单层名义厚度 0.152 mm(0.006 0 in)		

温度/℃(℉)	24(75)		—54(—65)		82(180)	
吸湿量(%)						
吸湿平衡条件 (T/℃(℉), RH/%)	大气环境		大气环境		63(145), 85②	
来源编码						

		正则化值	实测值	正则化值	实测值	正则化值	实测值
F_x^{cu}/ MPa (ksi)	平均值	559(81.1)	563(81.7)	643(93.3)	647(93.9)	454(65.9)	453(66.3)
	最小值	507(73.5)	497(72.1)	603(87.4)	599(86.9)	426(61.8)	427(61.9)
	最大值	609(88.3)	625(90.7)	703(102)	724(105)	482(69.9)	490(71.0)
	CV/%	5.15[6.58]	6.27[7.13]	4.51[6.25]	5.79	3.01[6.00]	3.37[6.00]
	B基准值	72.1③,④	72.6③,⑤	84.3③,④	⑤,⑥	56.9③,④	57.2③,⑤
	分布	正态	正态	正态	ANOVA	正态	正态
	C_1	29.2(4.24)	34.2(4.96)	29.2(4.24)	251(5.28)	29.2(4.24)	34.2(4.96)
	C_2	12.2(1.77)	12.5(1.82)	12.2(1.77)	291(6.13)	12.2(1.77)	12.5(1.82)
	试样数量	18		18		18	
	批数	3		3		3	
	数据种类	BP3		BP3/B18		BP3	
E_x^c/ GPa (Msi)	平均值	44.3(6.42)	44.5(6.46)	44.3(6.43)	44.6(6.47)	42.1(6.11)	42.4(6.15)
	最小值	42.2(6.12)	42.4(6.15)	43.6(6.32)	44.2(6.26)	39.2(5.68)	44.3(5.69)
	最大值	46.2(6.69)	47.6(6.91)	45.1(6.54)	46.9(6.80)	44.3(6.43)	44.8(6.50)
	CV/%	2.17	3.18	1.07	2.49	3.06	3.43
	试样数量	18		21		18	
	批数	3		3		3	
	数据种类	平均值		平均值		平均值	

注：①ASTM D 6484-99测试标准忽略孔。注意这种改进的测试标准一般不被 CMH-17 测试工作组接受，但是它可以作为个例被接受；②ASTM D 5229 指南：差别：两个连续的吸湿量读数在 7 天之内改变小于 0.05%；③由于计算的 CV 太小，因此采用修正的 CV 计算 B 基准值，如第 1 卷第 8 章 8.4.4 节所示(修正的 CV 在方括号内)；④—54℃(—65℉)大气环境(—65℉/A)未通过批间变异性 ADK 检验。但是在修正的 CV 转换下，正则化数据满足正态分布和 ADK 检验。修改后的 CV 基准值仅给出正则化数据；⑤实测值—54℃(—65℉)大气环境(—65℉/A)数据无法合并。采用单点法分析—54℃(—65℉)大气环境(—65℉/A)下的数据。24℃(75℉)大气环境和82℃(180℉)湿态(75℉/A 和 180℉/W)测试数据被合并；⑥没有列出用 ANOVA 方法从少于 5 组数据计算出来的 B 基准值。

表 2.2.1.1(o) *x* 轴压缩性能([45/−45/90/45/−45/45/−45/0/45/−45]s)

材料	T700GC 12k/2510 单向带		
树脂含量	32.8%~36.9%(质量)	复合材料密度	1.53~1.56 g/cm³
纤维体积含量	54.1%~58.1%	空隙含量	0.0~0.40%
单层厚度	0.147~0.157 mm(0.005 8~0.006 2 in)		
试验方法	ASTM D 6484-99(修正版)①	模量计算	1000~6 000 $\mu\varepsilon$ 之间的线性拟合
正则化	固化后单层名义厚度 0.152 mm(0.006 0 in)		

温度/℃(℉)	24(75)				
吸湿量(%)	大气环境				
吸湿平衡条件 (T/℃(℉), RH/%)					
来源编码					

		正则化值	实测值			
F_x^{cu}/ MPa (ksi)	平均值	361(52.4)	361(52.4)			
	最小值	330(47.9)	332(48.1)			
	最大值	388(56.2)	390(56.5)			
	CV/%	4.31[6.15]	4.67[6.33]			
	B 基准值	317(46.0)②	317(45.9)②			
	分布	正态	正态			
	C_1	361(52.4)	361(52.4)			
	C_2	15.6(2.26)	16.9(2.45)			
	试样数量	18				
	批数	3				
	数据种类	B18				
E_x^c/ GPa (Msi)	平均值	29.4(4.26)	29.4(4.26)			
	最小值	28.4(4.12)	28.4(4.12)			
	最大值	30.4(4.41)	30.6(4.44)			
	CV/%	1.63	2.01			
	试样数量	18				
	批数	3				
	数据种类	平均值				

注:①ASTM D 6484-99 测试标准忽略孔。注意这种改进的测试标准一般不被 CMH-17 测试工作组接受,但是它可以作为个例被接受;②由于计算的 CV 太小,因此采用修正的 CV 转换计算 B 基准值,如第 1 卷第 8 章 8.4.4 所示(修正的 CV 在方括号内)。

表 2.2.1.1(p)　x 轴开孔拉伸性能([45/0/−45/90/0/0/45/0/−45/0]s)

材料	T700GC 12k/2510 单向带					
树脂含量	31.6%～36.2%(质量)			复合材料密度	1.52～1.55 g/cm³	
纤维体积含量	54.2%～59.0%			空隙含量	0.0～0.29%	
单层厚度	0.147～0.160 mm(0.005 8～0.006 3 in)					
试验方法	ASTM D 5766-02a			模量计算		
试样尺寸	$t=3.048$ mm(0.12 in)，$w=19.05$ mm(0.75 in)，25.4 mm(1.00 in)，50.8 mm(2.00 in)，$d=6.35$ mm(0.250 in)					
正则化	固化后单层名义厚度 0.152 mm(0.006 0 in)					
温度/℃(℉)	24(75)①		24(75)②		24(75)③	
吸湿量(%)						
吸湿平衡条件 (T/℃(℉)，RH/%)	大气环境		大气环境		大气环境	
来源编码						

		正则化值	实测值	正则化值	实测值	正则化值	实测值
	平均值	484(70.2)	485(70.3)	520(75.4)	519(75.2)	554(80.4)	556(80.7)
	最小值	450(65.3)	443(64.3)	467(67.7)	477(69.2)	503(72.9)	514(74.6)
	最大值	531(77.0)	541(78.5)	567(82.3)	565(81.9)	590(85.5)	596(86.5)
	CV/%	4.59[6.29]	5.35[6.68]	5.64[6.82]	4.97[6.48]	3.67[6.00]	4.05[6.02]
F_x^{oht} / MPa (ksi)	B 基准值	424(61.5) ④	423(61.4) ④	450(65.3) ④	452(65.6) ④	490(71.0) ④	491(71.2) ④
	分布	正态	正态	正态	正态	正态	正态
	C_1	484(70.2)	485(70.3)	520(75.4)	519(75.2)	554(80.4)	556(80.7)
	C_2	22.2(3.22)	25.9(3.76)	29.4(4.26)	25.8(3.74)	20.3(2.95)	22.5(3.27)
	试样数量	18		18		19	
	批数	3		3		3	
	数据种类	B18		B18		B18	

注：① $w=19.05$ mm(0.75 in)($W/D=3$)；② $w=25.4$ mm(1.00 in)($W/D=4$)；③ $w=50.8$ mm(2.00 in)($W/D=8$)；④由于计算的 CV 太小，因此采用修正的 CV 转换计算 B 基准值，如第 1 卷第 8 章 8.44 节所示(修正的 CV 在方括号内)。

表 2.2.1.1(q)　*x* 轴开孔拉伸性能([45/0/−45/90]s)

材料	T700GC 12k/2510 单向带					
树脂含量	33.0%～41.9%(质量)			复合材料密度	1.54～1.57 g/cm³	
纤维体积含量	49.7%～57.8%			空隙含量	0.0～0.40%	
单层厚度	0.145～0.188 mm(0.005 7～0.007 4 in)					
试验方法	ASTM D 5766-02a			模量计算		
试样尺寸	$t=3.556$ mm(0.14 in)，$w=3.81$ mm(1.50 in)，$d=6.35$ mm(0.250 in)					
正则化	固化后单层名义厚度 0.152 mm(0.006 0 in)					

温度/℃(℉)	24(75)		−54(−65)		82(180)	
吸湿量(%)						
吸湿平衡条件 (T/℃(℉)，RH/%)	大气环境		大气环境		63(145)，85%①	
来源编码						

		正则化值	实测值	正则化值	实测值	正则化值	实测值
F_x^{oht}/ MPa (ksi)	平均值	341(49.5)	343(49.7)	305(44.2)	305(44.3)	423(61.4)	425(61.7)
	最小值	322(46.7)	321(46.5)	296(42.9)	285(41.4)	387(56.1)	391(56.8)
	最大值	370(53.7)	374(54.2)	321(46.6)	325(47.2)	456(66.2)	457(66.3)
	CV/%	4.23[6.11]	4.12[6.06]	2.60[6.00]	3.44[6.00]	3.92[6.00]	3.76[6.00]
	B基准值	303(43.9) ②，③	304(44.1) ③	265(38.5) ②，③	267(38.7) ③	385(55.9) ②，③，④	388(56.2) ③，④
	分布	正态(合并)	正态(合并)	正态(合并)	正态(合并)	正态(合并)	正态(合并)
	C_1	24.8(3.60)	25.6(3.71)	24.8(3.60)	25.6(3.71)	24.8(3.60)	25.6(3.71)
	C_2	12.1(1.76)	12.1(1.76)	12.1(1.76)	12.1(1.76)	12.0(1.74)	12.0(1.74)
	试样数量	18		18		21	
	批数	3		3		3	
	数据种类	BP3		BP3		BP3	

注：①ASTM D 5229 指南；差别：两个连续的吸湿量读数在 7 天之内改变小于 0.05%；②82℃湿态(180℉/W)正则化数据没有通过 ADK 检验，−54℃(−65℉)大气环境(−65℉/A)正则化数据不能通过正态检验；但是由于实测值数据是可合并的，因此可采用工程判定合并数据；③由于计算的 CV 太小，因此采用修正的 CV 转换计算 B 基准值，如第 1 卷第 8 章 8.44 节所示(修正的 CV 在方括号内)；④82℃(180℉)湿态(180℉/W)环境数据比预想的要高很多。

表 2.2.1.1(r)　**x 轴开孔拉伸性能**([45/−45/90/45/−45/45/−45/0/45/−45]s)

材料	T700GC 12k/2510 单向带				
树脂含量	33.0%～41.9%(质量)		复合材料密度	1.54～1.57 g/cm³	
纤维体积含量	49.7%～57.8%		空隙含量	0.0～0.40%	
单层厚度	0.145～0.188 mm(0.0057～0.0074 in)				
试验方法	ASTM D 5766-02a		模量计算		
试样尺寸	t=3.048 mm(0.12 in)，w=38 mm(1.5 in)，d=6.35 mm(0.250 in)				
正则化	固化后单层名义厚度 0.152 mm(0.0060 in)				
温度/℃(℉)	24(75)				
吸湿量(%)	大气环境				
吸湿平衡条件 (T/℃(℉)，RH/%)					
来源编码					
		正则化值	实测值			
F_x^{oht}/ MPa (ksi)	平均值	283(41.0)	285(41.3)			
	最小值	271(39.3)	272(39.4)			
	最大值	291(42.2)	293(42.5)			
	CV/%	1.72[6.00]	1.93[6.00]			
	B 基准值	250(36.2) ①	251(36.4) ①			
	分布	正态	正态			
	C_1	283(41.0)	285(41.3)			
	C_2	4.8(0.70)	5.5(0.80)			
	试样数量	18				
	批数	3				
	数据种类	B18				

注：① 由于计算的 CV 太小，因此采用修正的 CV 转换计算 B 基准值，如第 1 卷第 8 章 8.44 节所示(修正的 CV 在方括号内)。

表 2.2.1.1(s)　x 轴开孔压缩性能（[45/0/−45/90/0/0/45/0/−45/0]s)

材料	T700GC 12k/2510 单向带			
树脂含量	35.7%～38.1%（质量）		复合材料密度	1.53～1.55 g/cm³
纤维体积含量	53.6%～55.1%		空隙含量	0.0～0.29%
单层厚度	0.147～0.157 mm（0.0058～0.0062 in)			
试验方法	ASTM D 6484-99		模量计算	
试样尺寸	$t=3.048$ mm(0.12 in)，$w=38.10$ mm(1.50 in)，$d=6.35$ mm(0.250 in)			
正则化	固化后单层名义厚度 0.152 mm（0.0060 in)			

	温度/℃（℉）	24(75)			
	吸湿量（%）				
	吸湿平衡条件 (T/℃(℉)，RH/%)	大气环境			
	来源编码				
		正则化值	实测值		
	平均值	386(56.0)	388(56.3)		
	最小值	346(50.2)	348(50.4)		
	最大值	423(61.3)	429(62.2)		
	CV/%	5.08[6.54]	5.33[6.67]		
F_x^{ohc}/ MPa (ksi)	B 基准值	338(49.0) ①	339(49.2) ①		
	分布	正态	正态		
	C_1	386(56.0)	388(56.3)		
	C_2	19.7(2.85)	20.7(3.00)		
	试样数量	21			
	批数	3			
	数据种类	B18			

注：① 由于计算的 CV 很小，用修正的 CV 转换计算 B 基准值，如第 1 卷第 8 章 8.44 节所示（修正的 CV 在方括号内）

表 2.2.1.1(t)　x 轴开孔压缩性能（[(45/0/−45/90)₃]s）

材料	T700GC 12k/2510 单向带					
树脂含量	35.7%～38.1%（质量）		复合材料密度		1.53～1.55 g/cm³	
纤维体积含量	53.6%～55.1%		空隙含量		0.0～0.40%	
单层厚度	0.147～0.157 mm（0.0058～0.0062 in）					
试验方法	ASTM D 6484-99		模量计算			
试样尺寸	$t=3.556$ mm（0.14 in），$w=38.10$ mm（1.50 in），$d=6.35$ mm（0.250 in）					
正则化	固化后单层名义厚度 0.152 mm（0.0060 in）					
温度/℃（℉）	24(75)		−54(−65)		82(180)	
吸湿量（%）						
吸湿平衡条件 (T/℃(℉)，RH/%)	大气环境		大气环境		63(145)，85	
来源编码						

		正则化值	实测值	正则化值	实测值	正则化值	实测值
F_x^{ohc} / MPa (ksi)	平均值	288(41.7)	290(42.0)	326(47.3)	327(47.4)	231(33.5)	232(33.7)
	最小值	272(39.5)	273(39.6)	307(44.5)	308(44.6)	208(30.1)	208(30.1)
	最大值	309(44.8)	320(46.4)	343(49.7)	352(51.1)	250(36.3)	257(37.3)
	CV/%	3.74[6.00]	5.09[6.54]	2.86[6.00]	4.01[6.01]	5.48[6.74]	5.44[6.72]
	B 基准值	256(37.2) ②、③	258(37.4) ②、③	296(42.9) ②、③	296(42.9) ②、③	201(29.2) ②、③	201(29.2) ②、③
	分布	正态(合并)	正态(合并)	正态(合并)	正态(合并)	正态(合并)	正态(合并)
	C_1	28.6(4.15)	33.1(4.80)	28.6(4.15)	33.1(4.80)	28.6(4.15)	33.1(4.80)
	C_2	12.1(1.76)	12.1(1.76)	11.9(1.73)	11.9(1.73)	11.9(1.72)	11.9(1.72)
	试样数量	18		21		22	
	批数	3		3		3	
	数据种类	BP3		BP3		BP3	

注：①ASTM D 5229 指南；差别：两个连续的吸湿量读数在 7 天之内改变小于 0.05%；②24℃（75℉）大气环境（仅正则化值）和−54℃（−65℉）大气环境不能通过批间变异性的 k 样本 Anderson-Darling（ADK）测试。在修正的 CV 转换下，数据通过了 ADK 和正则化检验；③由于计算的 CV 很小，用修正的 CV 转换计算 B 基准值，如第 1 卷第 8 章 8.44 节所示（修正的 CV 在方括号内）。

表 2.2.1.1(u)　x 轴开孔压缩性能（$[45/-45/90/45/-45/45/-45/0/45/-45]s$）

材料	T700GC 12k/2510 单向带				
树脂含量	35.7%～38.1%（质量）		复合材料密度	1.53～1.55 g/cm³	
纤维体积含量	53.6%～55.1%		空隙含量	0.0～0.40%	
单层厚度	0.147～0.157 mm（0.0058～0.0062 in）				
试验方法	ASTM D 6484-99		模量计算		
试样尺寸	$t=3.048\,mm(0.12\,in)$，$w=38.10\,mm(1.50\,in)$，$d=6.35\,mm(0.250\,in)$				
正则化	固化后单层名义厚度 0.152 mm（0.0060 in）				
温度/℃(℉)		24(75)			
吸湿量(%)		大气环境			
吸湿平衡条件 (T/℃(℉)，RH/%)					
来源编码					
		正则化值	实测值		
F_x^{ohc}/ MPa (ksi)	平均值	244(35.4)	245(35.6)		
	最小值	230(33.3)	230(33.3)		
	最大值	255(37.0)	257(37.3)		
	CV/%	2.88[6.00]	3.26[6.00]		
	B 基准值	215(31.2) ①	216(31.4) ①		
	分布	正态	正态		
	C_1	244(35.4)	245(35.6)		
	C_2	7.03(1.02)	8.00(1.16)		
	试样数量	18			
	批数	3			
	数据种类	B18			

注：① 由于计算的 CV 很小，用修正的 CV 转换计算 B 基准值，如第 1 卷第 8 章 8.44 节所示（修正的 CV 在方括号内）。

表 2.2.1.1(v)　 x 轴充填孔拉伸性能($[45/0/-45/90/0/0/45/0/-45/0]_s$)

材料	T700GC 12k/2510 单向带		
树脂含量	33.9%～34.3%(质量)	复合材料密度	1.52～1.54 g/cm³
纤维体积含量	54.4%～56.9%	空隙含量	0.0～0.40%
单层厚度	0.147～0.160 mm(0.0058～0.0063 in)		
试验方法	ASTM D 6742-02	模量计算	
试样尺寸	$t=3.556$ mm(0.120 in)， $w=38.10$ mm(1.50 in)， $d=6.35$ mm(0.250 in)		
紧固件类型	NAS6604-2	孔公差	6.401＋0.025/－0.051 mm (0.252＋0.001/－0.002 in)
扭矩	7.91±0.57 N·m(70±5 in·lbf)	沉头角和深度	不适用
正则化	固化后单层名义厚度 0.152 mm(0.0060 in)		

温度/℃(℉)	24(75)		−54(−65)		82(180)	
吸湿量(%)						
吸湿平衡条件 (T/℃(℉)，RH/%)	大气环境		大气环境		63(145)，85	
来源编码						
	正则化值	实测值	正则化值	实测值	正则化值	实测值

		正则化值	实测值	正则化值	实测值	正则化值	实测值
F_x^{fht} / MPa (ksi)	平均值	496(72.0)	499(72.4)	461(66.8)	465(67.5)	587(85.1)	589(85.4)
	最小值	450(65.3)	456(66.2)	433(62.8)	446(64.7)	535(77.6)	548(79.5)
	最大值	555(80.5)	575(83.4)	485(70.4)	498(72.2)	647(93.9)	632(91.7)
	CV/%	5.37[6.69]	6.00	3.25[6.00]	3.38[6.00]	5.01[6.51]	3.92[6.00]
	B 基准值	437(63.4) ②、③、④	447(64.8) ②、③	402(58.3) ③、④	410(59.5) ③、④	527(76.5) ③、④	520(75.4) ③、④
	分布	正态(合并)	非参数	正态(合并)	正态	正态(合并)	正态
	C_1	31.4(4.56)	9.00	31.4(4.56)	465(67.5)	31.4(4.56)	589(85.4)
	C_2	12.2(1.77)	1.35	12.2(1.77)	15.7(2.28)	12.1(1.76)	23.1(3.35)
	试样数量	18		18		19	
	批数	3		3		3	
	数据种类	BP3/B18		BP3/B18		BP3/B18	

注：①ASTM D 5229 指南；差别：两个连续的吸湿量读数在 7 天之内改变小于 0.05%；②保留较高的异常值(仅在合并−54℃(−65℉)大气环境的批次之前)；③24℃(75℉)大气环境和 82℃(180℉)湿态环境不能通过批间变异性的 k 样本 Anderson-Darling(ADK)检验。然而在修正的 CV 转换下，正则化数据通过了正态分布和 ADK 检验。合并仅适用于正则化数据(单点分析以测试数据方式呈现)；④由于计算的 CV 很小，用修正的 CV 转换计算 B 基准值，如第 1 卷第 8 章 8.44 节所示(修正的 CV 在括号内)。

表 2.2.1.1(w) *x* 轴双剪挤压性能（[45/0/−45/90/0/0/45/0/−45/0]s）

材料	T700GC 12k/2510 单向带			
树脂含量	33.7%～37.7%（质量）		复合材料密度	1.51～1.55 g/cm³
纤维体积含量	52.8%～57.8%		空隙含量	0.0～0.29%
单层厚度	0.147～0.157 mm（0.005 8～0.006 2 in）			
试验方法	ASTM D 5961-01 Procedure A		承载类型	双剪挤压拉伸
连接构型（t, w,铺层）	t=3.048 mm（0.120 in），w=38.10 mm（1.50 in），[45/0/−45/90/0/0/45/0/−45/0]s			
紧固件类型	NAS6604-34		厚度/直径	0.48
扭矩	3.95±0.56 N·m（35±5 in·lbf）		边距/直径	3
正则化	固化后单层名义厚度 0.152 mm（0.006 in）		间距/直径	6

温度/℃（℉)	24(75)			
吸湿量(%)	大气环境			
吸湿平衡条件 (T/℃(℉), RH/%)				
来源编码				

		正则化值	实测值		
F^{bro} 2%/ MPa (ksi)	平均值	1020(148)	1034(150)		
	最小值	972(141)	986(143)		
	最大值	1076(156)	1103(160)		
	CV/%	2.14[6.00]	3.09[6.00]		
	B 基准值	903(131) ①	910(132) ①		
	分布	正态②	正态②		
	C_1	1020(148)	1034(150)		
	C_2	24.5(3.56)	31.9(4.62)		
	试样数量	20			
	批数	3			
	数据种类	B18			

（续表）

F^{bru}极限强度/MPa(ksi)		正则化值	实测值			
	平均值	1041(151)	1055(153)			
	最小值	1014(147)	1014(147)			
	最大值	1083(157)	1110(161)			
	$CV/\%$	1.46[6.00]	1.97[6.00]			
	B 基准值	924(134)①	931(135)①			
	分布	正态②	正态②			
	C_1	1041(151)	1055(153)			
	C_2	15.2(2.20)	20.8(3.01)			
	试样数量	20				
	批数	3				
	数据种类	B18				

注：①由于计算的 CV 很小，用修正的 CV 转换计算 B 基准值，如第 1 卷第 8 章 8.44 节所示（修正的 CV 在方括号内）；②数据统计计算时舍弃较低的异常值——试件的扭矩施加不当。

表 2.2.1.1(x)　　x 轴双剪挤压性能（$[(45/0/-45/90)_3]s$）

材料	T700GC 12k/2510 单向带		
树脂含量	33.7%～37.7%（质量）	复合材料密度	1.51～1.55 g/cm³
纤维体积含量	52.8%～57.8%	空隙含量	0.0～0.40%
单层厚度	0.147～0.157 mm（0.005 8～0.006 2 in）		
试验方法	ASTM D 5961-01 Procedure A	挤压类型	双剪挤压拉伸
连接构型（t，w，铺层）	$t=3.658$ mm(0.144 in)，$w=38.10$ mm(1.50 in)，$[(45/0/-45/90)_3]s$		
紧固件类型	NAS6604-34	厚度/直径	0.58
扭矩	3.95±0.56 N·m（35±5 in·lbf）	边距/直径	3
正则化	固化后单层名义厚度 0.152 mm（0.006 0 in）	间距/直径	6
温度/℃（℉）	24(75)	-54(-65)	82(180)
吸湿量（%）			
吸湿平衡条件 (T/℃(℉)，RH/%)	大气环境	大气环境	63(145)，85%

（续表）

来源编码		正则化值	实测值	正则化值	实测值	正则化值	实测值
F^{bro} 2%/ MPa (ksi)	平均值	931(135)	938(136)	1089(158)	1103(160)	834(121)	841(122)
	最小值	629(91.2)	626(90.8)	993(144)	1020(148)	779(113)	786(114)
	最大值	1076(156)	1083(157)	1158(168)	1179(171)	869(126)	896(130)
	CV/%	13.4	13.4	4.03[6.02]	3.81[6.00]	2.78[6.00]	3.45[6.00]
	B基准值	685(99.4) ②	710(103) ②	965(140) ②,③	979(142) ②,③	738(107) ②,③	745(108) ②,③
	分布	正态	Weibull	正态	正态	正态	正态
	C_1	931(135)	986(143)	1089(158)	1103(160)	834(121)	841(122)
	C_2	124(18.0)	73.8(10.7)	41.6(6.03)	41.9(6.08)	23.2(3.36)	29.1(4.22)
	试样数量	19		23		18	
	批数	3		3		3	
	数据种类	B18		B18		B18	
F^{bru}极 限强度 /MPa (ksi)	平均值	958(139)	965(140)	1131(164)	1138(165)	841(122)	848(123)
	最小值	745(108)	745(108)	1062(154)	1096(159)	807(117)	800(116)
	最大值	1103(160)	1110(161)	1172(170)	1207(175)	876(127)	903(131)
	CV/%	11.5	11.3	2.65[6.00]	2.68[6.00]	2.38[6.00]	3.16[6.00]
	B基准值	731(106) ②	752(109) ②	1000(145) ②,③	1014(147) ③	745(108) ②,③	752(109) ②,③
	分布	Weibull	正态	正态	正态	正态	正态
	C_1	1007(146)	965(140)	1131(164)	1138(165)	841(122)	848(123)
	C_2	11.1	109(15.8)	29.9(4.34)	30.5(4.43)	20.1(2.91)	26.9(3.90)
	试样数量	19		23		18	
	批数	3		3		3	
	数据种类	B18		B18		B18	

注：①ASTM D 5229 指南；差别：两个连续的吸湿量读数在 7 天之内改变小于 0.05%；②24℃(75℉)大气环境 (75℉/A)下的数据出现很大的差异，导致无法通过方差等同性 Levene 检验（数据不能合并）；③由于计算的 CV 很小，用修正的 CV 转换计算 B 基准值，如第 1 卷第 8 章 8.44 节所示（修正的 CV 在方括号内）。

表 2.2.1.1(y)　x 轴单剪挤压性能([45/0/−45/90/0/0/45/0/−45/0]s)

材料	T700GC 12k/2510 单向带		
树脂含量	34.4%～39.2%(质量)	复合材料密度	1.51～1.55 g/cm³
纤维体积含量	52.2%～56.7%	空隙含量	0.0～0.29%
单层厚度	0.147～0.157 mm(0.005 8～0.006 2 in)		
试验方法	ASTM D 5961 - 01 Procedure B	承载类型	单剪挤压拉伸
连接构型	元件 1(t, w,铺层):t=3.048 mm(0.120 in)，w=38.10 mm(1.50 in)，[45/0/−45/90/0/0/45/0/−45/0]s 元件 2(t, w,铺层):t=3.048 mm(0.120 in)，w=38.10 mm(1.50 in)，[45/0/−45/90/0/0/45/0/−45/0]s		
紧固件类型	NAS6604	厚度/直径	0.48
扭矩	3.95±0.56 N·m(35±5 in·lbf)	边距/直径	3
正则化	固化后单层名义厚度 0.152 mm (0.0060 in)	间距/直径	6

温度/℃(℉)	24(75)			
吸湿量(%)	大气环境			
吸湿平衡条件 (T/℃(℉)，RH/%)				
来源编码				

		正则化值	实测值		
F^{bro} 2%/ MPa (ksi)	平均值	648(94.0)	652(94.6)		
	最小值	621(90.0)	609(88.3)		
	最大值	674(97.7)	690(100)		
	CV/%	2.17[6.00]	3.56[6.00]		
	B 基准值	572(83.0) ①	576(83.6) ①		
	分布	正态	正态		
	C_1	648(94.0)	652(94.6)		
	C_2	14.3(2.08)	23.2(3.37)		
	试样数量	19			
	批数	3			
	数据种类	B18			

（续表）

		正则化值	实测值				
F^{bru}极限强度/MPa(ksi)	平均值	703(102)	703(102)				
	最小值	670(97.1)	653(94.7)				
	最大值	731(106)	752(109)				
	$CV/\%$	2.42[6.00]	3.73[6.00]				
	B 基准值	619(89.8)①	623(90.4)①				
	分布	正态	正态				
	C_1	703(102)	703(102)				
	C_2	17.0(2.46)	26.3(3.82)				
	试样数量	19					
	批数	3					
	数据种类	B18					

注:① 由于计算的 CV 很小,用修正的 CV 转换计算 B 基准值,如第1卷第8章8.44节所示(修正的 CV 在方括号内)。

表 2.2.1.1(z)　x 轴单剪挤压性能([(45/0/−45/90)₃]s)

材料	T700GC 12k/2510 单向带		
树脂含量	34.4%～39.2%(质量)	复合材料密度	1.51～1.55g/cm³
纤维体积含量	52.2%～56.7%	空隙含量	0～0.40%
单层厚度	0.147～0.157mm(0.0058～0.0062in)		
试验方法	ASTM D 5961-01 Procedure B	承载类型	单剪挤压拉伸
连接构型	元件 1(t, w,铺层):t=3.658mm(0.144in), w=38.10mm(1.50in), [(45/0/−45/90)₃]s 元件 2(t, w,铺层):t=3.658mm(0.144in), w=38.10mm(1.50in), [(45/0/−45/90)₃]s		
紧固件类型	NAS6604	厚度/直径	0.58
扭矩	3.95±0.56N·m(35±5in·lbf)	边距/直径	3
正则化	固化后单层名义厚度 0.152mm(0.0060in)	间距/直径	6
温度/℃(℉)	24(75)	−54(−65)	82(180)

（续表）

吸湿量(%) 吸湿平衡条件 (T/℃(℉)，RH/%) 来源编码		大气环境		大气环境		63(145)，85①	
		正则化值	实测值	正则化值	实测值	正则化值	实测值
F^{bro} 2% 偏移 /MPa (ksi)	平均值	598(86.75)	601(87.2)	676(98)	686(99.5)	545(79.1)	547(79.4)
	最小值	543(78.7)	548(79.5)	650(94.3)	665(96.5)	490(71.1)	492(71.3)
	最大值	681(98.75)	683(99)	724(105)	738(107)	594(86.2)	601(87.1)
	CV/%	6.50	6.26	2.77[6.00]	5.85[6.00]	5.85[6.92]	5.80[6.90]
	B 基准值	527(76.5)②	534(77.4)②	595(86.35)②，③	605(87.7)②，③	471(68.3)②，③	473(68.6)②，③
	分布	非参数	非参数	正态	正态	正态	正态
	C_1	9.00	9.00	676(98)	686(99.5)	545(79.1)	547(79.4)
	C_2	1.35	1.35	18.7(2.71)	17.7(2.57)	31.9(4.63)	31.9(4.60)
	试样数量	18		18		18	
	批数	3		3		3	
	数据种类	B18		B18		B18	
F^{bru} 极限强度 /MPa (ksi)	平均值	642(93.1)	645(93.6)	752(109)	765(111)	611(88.6)	613(88.9)
	最小值	580(84.1)	585(84.9)	690(100)	710(103)	563(81.7)	574(83.3)
	最大值	724(105)	717(104)	807(117)	827(120)	681(98.8)	672(97.5)
	CV/%	5.83[6.92]	5.38[6.69]	4.49[6.24]	4.24[6.12]	5.43[6.72]	4.80[6.40]
	B 基准值	564(81.8)③	569(82.5)③	673(97.6)③	687(99.6)③	533(77.3)③	536(77.8)③
	分布	正态(合并)	正态(合并)	正态(合并)	正态(合并)	正态(合并)	正态(合并)
	C_1	35.7(5.18)	32.7(4.74)	35.7(5.18)	32.7(4.74)	35.7(5.18)	32.7(4.74)
	C_2	12.2(1.77)	12.2(1.77)	12.2(1.77)	12.2(1.77)	12.2(1.77)	12.2(1.77)
	试样数量	18		18		18	
	批数	3		3		3	
	数据种类	B18		B18		B18	

注：①ASTM D 5229 指南；差别：两个连续的吸湿量读数在 7 天之内改变小于 0.05%；②24℃大气环境(75℉/A)下和合并的数据集不满足正态分布，因此合并不适用。用单点分析代替；③由于计算的 CV 很小，用修正的 CV 转换计算 B 基准值，如第 1 卷第 8 章 8.44 节所示(修正的 CV 在方括号内)。

2.2.1.2　T700 24k/E765 单向带

材料描述：

材料　　　T700 24k/E765
　　　　　按 Nelcote(FibreCote)文件编号 E765 MS 1000,材料规范:碳纤维
　　　　　增强环氧树脂,版本 N/A。

形式　　　单向带预浸料,纤维面积质量为 150 g/m²,典型的固化后树脂含量
　　　　　为 30%～38%,典型的固化后单层厚度为 0.142～0.155 mm
　　　　　(0.0056～0.0061 in)。

固化工艺　烘箱固化;132～137℃(270～280℉), 0.067～0.095 MPa(20～28
　　　　　in 汞柱)真空压力,110～130 min。
　　　　　按 Nelcote(FibreCote)工艺规范 E765 PS 1000。

供应商提供的数据：

纤维　　　每一丝束含 24 000 根碳丝。典型的拉伸模量为 234 GPa(34×
　　　　　10^6 psi)。典型的拉伸强度为 4.83 GPa($7×10^5$ psi)。

基体　　　E‐765 是由 Park Electrochemical Corporation 生产的一款环氧树
　　　　　脂,其商品名为"Nelcote"。

最高短期使用温度　82℃(180℉)。

典型应用　通用结构材料。

数据分析概述：

取样要求　单层和层压板数据中的批次数不像 CMH‐17 中要求的那么明确。

吸湿处理　吸湿处理的方法与 ASTM D 5229 指南有所偏差。当 7 天内吸湿
　　　　　量连续两次读数变化小于 0.05% 时,就认为试样处于湿态平衡。
　　　　　需要注意的是这个差异并不被 CMH‐17 所接受,然而在这里可
　　　　　以作为个例。

试验　　　单层:面内剪切强度是所能达到的最大应力——与现行的 ASTM
　　　　　D 5379 不同。
　　　　　层压板:层压板拉伸和压缩试验依照修订过的 ASTM D 5766 和 D
　　　　　6484。修订这些方法以忽略孔的影响。这些修改并不被 CMH‐
　　　　　17 测试工作组接受,但是在这里作为个例被接受。

异常值　　单层,下列情况均存在一个较低的异常值:①24℃大气环境(75℉/
　　　　　A)下 13 轴剪切强度;②82℃湿态环境(180℉/W)下 13 轴剪切强
　　　　　度。下列情况均存在一个较高异常值:①24℃大气环境(75℉/A)
　　　　　下压缩强度(剔除);②82℃大气环境(180℉/A)下 13 轴剪切
　　　　　强度。
　　　　　层压板,下列情况均存在一个较低异常值:①24℃大气环境(75℉/
　　　　　A)下的无缺口拉伸强度(25/50/25)——两个异常值;②82℃湿态

环境(180℉/W)下的无缺口压缩强度(25/50/25)。下列情况均存在一个较高异常值:①24℃大气环境(75℉/A)下无缺口压缩强度(25/50/25);②24℃大气环境(75℉/A)下的开孔拉伸强度(50/40/10; $w/D=4$);③24℃大气环境(75℉/A)下的开孔拉伸强度(50/40/10; $w/D=3$)——剔除;④−54℃大气环境(−65℉/A)下的双剪挤压2%偏移强度(25/50/25)——剔除。剔除的异常值无论是在合并前还是合并后都偏高。

批间变异性和数据集合并:

单层,批间变异性　没有通过批间变异性(ADK)检验(如果合适,采用修改后的 CV 转换)的数据集。

- 0°拉伸——82℃湿态环境(180℉/W)。
- 90°拉伸——24℃大气环境(75℉/A)。
- 0°压缩——82℃湿态环境(180℉/W)(仅实测值)。
- 90°压缩——24℃大气环境(75℉/A)。
- 90°压缩——82℃湿态环境(180℉/W)。
- 面内剪切——82℃湿态环境(180℉/W)。
- 短梁剪切——82℃湿态环境(180℉/W)。

合并　　至少有两种环境(包括24℃大气环境(75℉/A))没有通过ADK、正态或者方差等同性检验的数据集。

- 0°拉伸:24℃大气环境(75℉/A),82℃大气环境(180℉/A),82℃湿态环境(180℉/W)没有通过正态分布检验;82℃湿态环境(180℉/W)没有通过ADK检验。
- 90°拉伸:24℃大气环境(75℉/A)没有通过ADK检验, CV 不满足方差等同性检验。
- 0°压缩: CV 不满足方差等同性检验。
- 90°压缩:82℃大气环境(180℉/A)没有通过正态分布检验;24℃大气环境(75℉/A),82℃湿态环境(180℉/W)没有通过ADK检验, CV 不满足方差等同性检验。
- 面内剪切:82℃湿态环境(180℉/W)没有通过ADK检验。
- 短梁剪切:24℃大气环境(75℉/A),82℃大气环境(180℉/A)没有通过正态分布检验;82℃湿态环境(180℉/W)没有通过ADK检验。

层压板,批间变异性　没有通过批间变异性(ADK)检验(如果合适,采用修正后的 CV 转换)的数据集。

- 拉伸,24℃大气环境(75℉/A)(50/40/10)。
- 拉伸,−54℃大气环境(−65℉/A)(25/50/25)。

- 压缩,24℃大气环境(75℉/A)(50/40/10)。
- 压缩,82℃湿态环境(180℉/W)(25/50/25)。
- 充填孔拉伸,82℃湿态环境(180℉/W)(50/40/10)。
- 双剪挤压,2%的偏移强度,24℃大气环境(75℉/A)(50/40/10)。
- 双剪挤压,2%的偏移强度,82℃湿态环境(180℉/W)(25/50/25)。
- 单剪挤压,2%的偏移强度,−54℃大气环境(−65℉/A)(25/50/25)。

合并　　　至少有两种环境(包括24℃大气环境(75℉/A))没有通过ADK、正态或者方差等同性检验的数据集。

- 双剪挤压,极限强度(25/50/25)——−54℃大气环境(−65℉/A)和82℃湿态环境(180℉/W)没有通过ADK检验。
- 单剪挤压,极限强度(25/50/25)——24℃大气环境(75℉/A),−54℃大气环境(−65℉/A),82℃湿态环境(180℉/W)没有通过ADK检验。

工艺路线:　(1) 向真空袋组件施加0.067~0.095 MPa(20~28 in 汞柱)压力。
　　　　　(2) 以0.56~3.33℃/min(1~6℉/min)的速度从室温加热至132~138℃(270~280℉)。
　　　　　(3) 在132~138℃(270~280℉)固化110~130 min。
　　　　　(4) 以1.67~5.56℃/min(3~10℉/min)的速度冷却至77℃(170℉)或以下,去除真空压力。
　　　　　(5) 取出袋装层压板。

铺层示意:　模具,预浸料,多孔隔离膜,透气织物,尼龙薄膜袋

表 2.2.1.2　T700 24k/E765 单向带

材料	T700 24k/E765 单向带				
形式	Nelcote E-765 T700 单向预浸带				
纤维	Toray T700 24k			基体	Nelcote Industries,E765
T_g(干态)	151℃(304℉)	T_g(湿态)	98℃(208℉)①	T_g 测量方法	DMA E,SACMA SRM 18R-94
固化工艺	烘箱固化,110~130 min;132~138℃(270~280℉);0.067~0.095 MPa(20~28 in 汞柱)真空压力				

注:① 需要注意的是该材料的湿态 T_g 是98℃(208℉),如果该材料在82℃(180℉)下使用,不符合一般使用温度与湿态 T_g 有28℃(50℉)差距的指导意见(见CMH-17第1卷2.2.8节)。

纤维制造日期:2/1997	试验日期:12/1998—1/1999(单层),12/2004—2/2006(层压板)
树脂制造日期:12/1997	数据提交日期:3/2010(单层),11/2008(层压板)
预浸料制造日期:12/1997	分析日期:4/2010(单层),12/2009—2/2009(层压板)
复合材料制造日期:6/1998—7/1998	

单层性能汇总

	24℃ (75℉) /A	−53℃ (−65℉) /A	82℃ (180℉) /A	82℃ (180℉) /W				
1 轴拉伸	ISS-	S---	ISS-	ISS-				
2 轴拉伸	bS—	S—	bS—	bS—				
3 轴拉伸								
1 轴压缩	bS—	S—	bS—	bS—				
2 轴压缩	bS—	S—	bS—	bS—				
3 轴压缩								
12 面剪切	bS—	S—	bS—	bS—				
23 面剪切								
31 面剪切								
31 面短梁强度	b---	S—	b---	bS—				

注:①筛选值的数据适用于液体浸渍的试样(航空发动机燃油、液压油和溶剂)。
强度/模量/泊松比/破坏应变的数据种类为:A—A75,a—A55,A—AP10,a—AP5,B—B30,b—B18,B—BP5,b—BP3,M—平均值,I—临时值,S—筛选值,—无数据(见表 1.5.1.2(c))。

物理性能汇总

	名义值	提交值	试验方法
纤维密度/(g/cm³)	1.80	1.80	ASTM D 3171-90
树脂密度/(g/cm³)	1.23	1.23	ASTM D 792-91
复合材料密度/(g/cm³)	1.55	1.46~1.60	ASTM D 792-91
纤维面积质量/(g/m²)	150	149~151	SACMA SRM 23R-94
纤维体积含量/%	58.6	49~62	ASTM D 3171-90
单层厚度/mm	0.142	0.132~0.157	SACMA SRM 10R-94

层压板性能汇总

	24℃ (75℉)/A	−54℃ (−65℉)/A	82℃ (180℉)/W		
[45/0/−45/90/0/0/45/0/−45/0]s①					
x 轴拉伸	b—				
x 轴压缩	b—				
x 轴开孔拉伸	b—②				
x 轴开孔压缩	b—				
x 轴充填孔拉伸	b—	<u>b</u>—	<u>b</u>—		
双剪挤压	b—				
单剪挤压	b—				
[(45/0/−45/90)₃]s③					
x 轴拉伸	<u>b</u>—	<u>b</u>—	<u>b</u>—		
x 轴压缩	<u>b</u>—	<u>b</u>—	<u>b</u>—		
x 轴开孔拉伸	<u>b</u>—	<u>b</u>—	<u>b</u>—		
x 轴开孔压缩	<u>b</u>—	<u>b</u>—	<u>b</u>—		
双剪挤压		<u>b</u>—			
单剪挤压	b—	b—	b—		
[45/−45/90/45/−45/45/−45/0/ 45/−45]s④					
x 轴拉伸	I—				
x 轴压缩	b—				
x 轴开孔拉伸	b—				
x 轴开孔压缩	b—				

注:①铺层比例(0°/45°/90°)=50/40/10;②$W/D=3$,$W/D=4$,$W/D=8$;③铺层比例(0°/45°/90°)=25/50/25;④铺层比例(0°/45°/90°)=10/80/10。
强度/模量/泊松比/破坏应变的数据种类为:A—A75,a—A55,<u>A</u>—AP10,<u>a</u>—AP5,B—B30,b—B18,<u>B</u>—BP5,<u>b</u>—BP3,M—平均值,I—临时值,S—筛选值,——无数据(见表1.5.1.2(c))。

表 2.2.1.2(a)　1 轴拉伸性能([0]₈)

材料	T700 24k/E765 单向带		
树脂含量	31%~36%(质量)	复合材料密度	1.53~1.59 g/cm³
纤维体积含量	54%~59%	空隙含量	0.0~1.9%
单层厚度	0.132~0.160 mm(0.005 2~0.006 0 in)		
试验方法	ASTM D 3039-95	模量计算	1000~3000 $\mu\varepsilon$ 之间的弦向模量

（续表）

正则化	固化后单层名义厚度 0.142 mm(0.005 6 in)					
温度/℃(℉)	24(75)		−54(−65)		82(180)	
吸湿量(%)						
吸湿平衡条件 (T/℃(℉)，RH/%)	大气环境		大气环境		大气环境	
来源编码						

		正则化值	实测值	正则化值	实测值	正则化值	实测值
$E_1^t/$ MPa (ksi) ①	平均值	2 648(384)	2 620(380)	2 620(380)	2 551(370)	2 551(370)	2 510(364)
	最小值	2 503(363)	2 455(356)	2 537(368)	2 489(361)	2 406(349)	2 331(338)
	最大值	2 813(408)	2 786(404)	2 717(394)	2 620(380)	2 772(402)	2 648(384)
	CV/%	3.26[6.00]	3.58[6.00]	2.48[6.00]	2.19[6.00]	4.54[6.27]	4.64[6.32]
	B 基准值	②，③，④	②，③，④	②，③	②，③	②，③，④	②，③，④
	分布	正态	正态	正态	正态	正态	正态
	C_1	2 648(384)	2 620(380)	2 620(380)	2 551(370)	2 551(370)	2 510(364)
	C_2	86.2(12.5)	93.8(13.6)	65.0(9.43)	55.7(8.08)	116(16.8)	117(16.9)
	试样数量	15		6		15	
	批数	3		1		3	
	数据种类	临时值		筛选值		临时值	
$E_1^t/$ GPa (Msi)	平均值	131(19.0)	1 290(18.7)			127(18.4)	125(18.1)
	最小值	123(17.9)	126(18.3)			119(17.3)	117(16.9)
	最大值	134(19.5)	137(19.9)			132(19.2)	130(18.9)
	CV/%	3.30	3.12			3.79	4.78
	试样数量	6				6	
	批数	3				3	
	数据种类	筛选值				筛选值	
ν_{12}^t	平均值	0.319				0.286	
	试样数量	6				6	
	批数	3				3	
	数据种类	筛选值				筛选值	

注：①第一批和第二批预浸料中的纤维批次不是很明确；②由于计算的 CV 很小，用修正的 CV 转换计算 B 基准值；参考第 1 卷，第 8 章 8.4.4 节（修正的 CV 在方括号内）；③只对 A 类和 B 类数据给出基准值；④由于在固化周期中可能出现的错误，来自批次 2 试样的数据点被舍弃。

表 2.2.1.2(b)　1 轴拉伸性能($[0]_8$)

材料	T700 24k/E765 单向带			
树脂含量	31%~36%(质量)		复合材料密度	1.53~1.59 g/cm^3
纤维体积含量	54%~59%		空隙含量	0.0~1.9%
单层厚度	0.132~0.160 mm(0.005 2~0.006 0 in)			
试验方法	ASTM D 3039-95		模量计算	1000~3 000 $\mu\varepsilon$ 之间的弦向模量
正则化	固化后单层名义厚度 0.142 mm(0.005 6 in)			

	温度/℃(℉)	82(180)			
	吸湿量(%)				
	吸湿平衡条件 (T/℃(℉),RH/%)	63(145),85①			
	来源编码				
		正则化值	实测值		
E_1^t/ MPa (ksi) ②	平均值	2 399(348)	2 386(346)		
	最小值	2 220(322)	2 241(325)		
	最大值	2 579(374)	2 517(365)		
	CV/%	3.26[6.00]	3.58[6.00]		
	B 基准值	③,④,⑤	③,④,⑤		
	分布	正态	正态		
	C_1	2 399(348)	2 386(346)		
	C_2	83.4(12.1)	72.4(10.5)		
	试样数量	25			
	批数	3			
	数据种类	临时值			
E_1^t/ GPa (Msi)	平均值	129(18.7)	128(18.6)		
	最小值	121(17.5)	125(18.1)		
	最大值	134(19.5)	130(18.8)		
	CV/%	1.66	1.64		
	试样数量	6			
	批数	3			
	数据种类	筛选值			

（续表）

		正则化值	实测值				
ν_{12}^t	平均值	0.314					
	试样数量	6					
	批数	3					
	数据种类	筛选值					

注：①ASTM D 5229 指南；差别：两个连续的吸湿量读数在 7 天之内改变小于 0.05%；②第一批和第二批预浸料中的纤维批次不是很明确；③由于计算的 CV 很小，用修正的 CV 转换计算 B 基准值；参考第 1 卷，第 8 章 8.4.4 节（修正的 CV 在方括号内）；④只对 A 类和 B 类数据给出基准值；⑤由于在固化周期中可能出现的错误，来自批次 2 试样的数据点被舍弃。

表 2.2.1.2(c)　2 轴拉伸性能（$[90]_{18}$）

材料	T700 24k/E765 单向带				
树脂含量	27%~37%（质量）		树脂含量	1.52~1.57 g/cm³	
纤维体积含量	54%~62%		空隙含量	0.0~1.7%	
单层厚度	0.137~0.160 mm（0.005 4~0.006 0 in）				
试验方法	ASTM D 3039-95		模量计算	1000~3 000 $\mu\varepsilon$ 之间的弦向模量	
正则化	未正则化				

		温度/℃(℉)	24(75)	−54(−65)	82(180)	82(180)		
		吸湿量(%)						
		吸湿平衡条件 (T/℃(℉), RH/%)	大气环境	大气环境	大气环境	63(145), 85 ①		
		来源编码						
$F_{12}^{su}/$ MPa (ksi) ②	平均值		41.4(6.00)	47.0(6.82)	35.6(5.16)	16.5(2.39)		
	最小值		32.8(4.76)	41.0(5.94)	28.6(4.15)	12.8(1.86)		
	最大值		54.1(7.84)	52.8(7.66)	46.3(6.72)	19.9(2.89)		
	CV/%		16.9	9.50	16.5	11.0		
	B 基准值		32.7(4.74)	③	26.7(3.87)	8.00(1.16)		
	分布		正态（合并）	正态	正态（合并）	正态（合并）		
	C_1		99.3(14.4)	47.0(6.82)	99.3(14.4)	99.3(14.4)		
	C_2		11.7(1.70)	4.47(0.648)	12.1(1.75)	11.5(1.67)		

（续表）

	试样数量	23	6	18	30	
	批数	3	1	3	3	
	数据种类	BP3	筛选值	BP3	BP3	
G^s_{12}/ GPa (Msi)	平均值	9.38(1.36)		7.45(1.08)	6.76(0.98)	
	最小值	9.10(1.32)		7.03(1.02)	5.72(0.83)	
	最大值	9.86(1.43)		8.00(1.16)	7.52(1.09)	
	CV/%	2.78		4.78	8.74	
	试样数量	6		6	6	
	批数	3		3	3	
	数据种类	筛选值		筛选值	筛选值	

注：①ASTM D 5229 指南；差别：两个连续的吸湿量读数在 7 天之内改变小于 0.05%；②第一批和第二批预浸料中的纤维批次不是很明确；③只对 A 类和 B 类数据给出基准值。

表 2.2.1.2(d)　1 轴压缩性能（[0]₇）

材料	T700 24k/E765 单向带		
树脂含量	32%～37%（质量）	复合材料密度	1.51～1.60 g/cm³
纤维体积含量	54%～59%	空隙含量	0.0～2.4%
单层厚度	0.130～0.160 mm(0.005 1～0.006 0 in)		
试验方法	SACMA SRM 1-94	模量计算	1000～3000 $\mu\varepsilon$ 之间的弦向模量
正则化	固化后单层名义厚度 0.142 mm(0.005 6 in)		

温度/℃(℉)		24(75)		82(180)		82(180)	
吸湿量(%)		大气环境		大气环境			
吸湿平衡条件 (T/℃(℉)，RH/%)						63(145)85①	
来源编码							
		正则化值	实测值	正则化值	实测值	正则化值	实测值
F^{tu}_1/ MPa (ksi) ②	平均值	1227(178)	1241(180)	1227(178)	1220(177)	731(106)	738(107)
	最小值	986(143)	952(138)	1062(154)	1020(148)	556(80.7)	583(84.5)
	最大值	1503(218)	1565(227)	1434(208)	1400(203)	869(126)	903(131)
	CV/%	10.7	12.8	7.72[7.86]	8.38	10.3	11.4

（续表）

		正则化值	实测值	正则化值	实测值	正则化值	实测值
	B 基准值	1055(153)③	1041(151)③	1048(152)④	1014(147)	561(81.4)	541(78.4)
	分布	正态(合并)	正态(合并)	正态(合并)	正态(合并)	正态(合并)	正态(合并)
	C_1	66.9(9.70)	76.5(11.1)	66.9(9.70)	76.5(11.1)	66.9(9.70)	76.5(11.1)
	C_2	11.7(1.70)	11.7(1.70)	12.1(1.75)	12.1(1.75)	11.5(1.67)	11.5(1.67)
	试样数量	24		18		29	
	批数	3		1		3	
	数据种类	BP3		BP3		BP3	
E_1^t/ GPa (Msi)	平均值	125(18.2)	124(18.05)	127(18.4)	127(18.4)	122(17.7)	124(18)
	最小值	116(16.8)	118(17.1)	120(17.4)	117(17)	115(16.7)	119(17.25)
	最大值	143(20.7)	137(19.85)	147(21.3)	148(21.4)	125(18.2)	135(19.6)
	CV/%	7.78	5.97	7.99	8.66	2.96	5.24
	试样数量	6		6		6	
	批数	3		3		3	
	数据种类	筛选值		筛选值		筛选值	

注:①ASTM D 5229 指南;差别:两个连续的吸湿量读数在 7 天之内改变小于 0.05%;②第一批和第二批预浸料中的纤维批次不是很明确;③按第 1 卷 2.4.4 节,剔除较高的异常值(合并前后);④由于计算的 CV 很小,用修正的 CV 转换计算 B 基准值;参考第 1 卷第 8 章 8.4.4 节(修正的 CV 在方括号内)。

表 2.2.1.2(e)　1 轴压缩性能([0]₇)

材料	T700 24k/E765 单向带		
树脂含量	32%～37%(质量)	复合材料密度	1.51～1.60 g/cm³
纤维体积含量	54%～59%	空隙含量	0.0～2.4%
单层厚度	0.130～0.160 mm(0.005 1～0.006 0 in)		
试验方法	SACMA SRM 1-94	模量计算	1000～3 000 $\mu\varepsilon$ 之间的弦向模量
正则化	固化后单层名义厚度 0.142 mm(0.005 6 in)		
温度/℃(℉)	-54(-65)		
吸湿量(%)	大气环境		
吸湿平衡条件 (T/℃(℉), RH/%)			

（续表）

来源编码					
		正则化值	实测值		
F_1^{tu}/ MPa (ksi)	平均值	1462(212)	1455(211)		
	最小值	1393(202)	1379(200)		
	最大值	1551(225)	1544(224)		
	CV/%	4.57[6.28]	4.57[6.28]		
	B基准值	①，②	①，②		
	分布	正态	正态		
	C_1	1462(212)	1455(211)		
	C_2	66.7(9.68)	66.4(9.63)		
	试样数量	6			
	批数	1			
	数据种类	筛选值			

注：①只对 A 类和 B 类数据给出基准值；②由于计算的 CV 很小，用修正的 CV 转换计算 B 基准值；参考第 1 卷第 8 章 8.4.4 节（修正的 CV 在方括号内）。

表 2.2.1.2(f)　2 轴压缩性能($[90]_7$)

材料	T700 24k/E765 单向带		
树脂含量	34%～37%(质量)	树脂含量	1.52～1.55 g/cm³
纤维体积含量	52%～57%	空隙含量	0.0～1.2%
单层厚度	0.135～0.155 mm(0.0053～ 0.0061 in)		
试验方法	SACMA SRM 1-94①	模量计算	1000～3000 $\mu\varepsilon$ 之间的弦向模量
正则化	未正则化		
温度/℃(℉)	24(75)	−54(−65)	82(180)	82(180)		
吸湿量(%)						
吸湿平衡条件 (T/℃(℉)，RH/%)	大气环境	大气环境	大气环境	63(145)， 85②		
来源编码						

（续表）

F_{12}^{su}/MPa(ksi)③	平均值	199(28.9)	281(40.8)	162(23.5)	91(13.2)
	最小值	159(23.1)	234(33.9)	137(19.9)	73(10.6)
	最大值	230(33.4)	347(50.3)	183(26.6)	107(15.5)
	CV/%	11.5	16.7	8.56	10.4
	B 基准值	172(25.0)	④	135(19.6)	65.1(9.44)
	分布	正态(合并)	正态	正态(合并)	正态(合并)
	C_1	69.6(10.1)	281(40.8)	69.6(10.1)	69.6(10.1)
	C_2	12.1(1.75)	47.0(6.82)	12.1(1.75)	11.6(1.68)
	试样数量	18	6	18	29
	批数	3	1	3	3
	数据种类	BP3	筛选值	BP3	BP3
G_{12}^s/GPa(Msi)	平均值	11.6(1.68)		9.58(1.39)	8.62(1.25)
	最小值	10.6(1.54)		8.34(1.21)	8.00(1.16)
	最大值	12.3(1.79)		10.8(1.57)	9.10(1.32)
	CV/%	6.90		9.46	4.76
	试样数量	5		6	6
	批数	3		3	3
	数据种类	筛选值		筛选值	筛选值

注：①手册没有推荐单向带材料 90°压缩的标准；②ASTM D 5229 指南；差别：两个连续的吸湿量读数在 7 天之内改变小于 0.05%；③第一批和第二批预浸料中的纤维批次不是很明确；④只对 A 类和 B 类数据给出基准值。

表 2.2.1.2(g)　12 面剪切性能（$[0/90]_{6s}$）

材料	T700 24k/E765 单向带		
树脂含量	34%～36%（质量）	树脂含量	1.54～1.57 g/cm³
纤维体积含量	55%～57%	空隙含量	0.0～1.1%
单层厚度	0.140～0.150 mm(0.005 5～0.005 9 in)		
试验方法	ASTM D 5379-93	模量计算	1000～6 000 $\mu\varepsilon$ 之间的弦向模量
正则化	未正则化		
温度/℃(℉)	24(75)	−54(−65)	82(180)	82(180)		

（续表）

吸湿量(%)						
吸湿平衡条件 (T/℃(℉)，RH/%)	大气环境	大气环境	大气环境	63(145)，85 ①		
来源编码						
$F_{12}^{su}/$ MPa (ksi) ②，③	平均值	137(20)	177(25.6)	108(15.7)	73(10.6)	
	最小值	124(18)	158(22.9)	95(13.8)	56(8.18)	
	最大值	150(21.7)	190(27.6)	119(17.2)	88(12.7)	
	CV/%	4.24[6.12]	6.10[7.05]	6.13[7.07]	12.6	
	B基准值	123(17.8) ④	⑤，⑥	93.8(13.6) ④	58.6(8.50) ④	
	分布	正态(合并)	正态	正态(合并)	正态(合并)	
	C_1	60.1(8.72)	177(25.6)	60.1(8.72)	60.1(8.72)	
	C_2	12.1(1.76)	10.8(1.56)	12.1(1.76)	12.1(1.76)	
	试样数量	18	6	18	23	
	批数	3	1	3	3	
	数据种类	BP3	筛选值	BP3	BP3	
$G_{12}^{s}/$ GPa (Msi)	平均值	4.47(0.649)		3.74(0.543)	2.61(0.378)	
	最小值	4.21(0.61)		3.33(0.483)	1.76(0.255)	
	最大值	4.83(0.701)		4.21(0.61)	3.40(0.493)	
	CV/%	6.09		8.46	29.3	
	试样数量	6		6	5	
	批数	3		3	3	
	数据种类	筛选值		筛选值	筛选值	

注：①ASTM D 5229 指南；差别：两个连续的吸湿量读数在 7 天之内改变小于 0.05%；②第一批和第二批预浸料中的纤维批次不是很明确；③强度为所能达到的最大应力，这是 ASTM D 5379-98(在 4/99 之前按 D 5379-93 计划的试验)中的例外；④由于计算的 CV 很小，用修正的 CV 转换计算 B 基准值；参考第 1 卷第 8 章 8.4.4 节(修正的 CV 在方括号内)；⑤只对 A 类和 B 类数据给出基准值；⑥由于计算的 CV 很小，用于计算 B 基准值的修正的 CV 放在方括号内；参考第 1 卷第 8 章 8.4.4 节。

表 2.2.1.2(h)　12 面内剪切性能([0/90]₆)

材料	T700 24k/E765 单向带					
树脂含量	34%~36%(质量)		树脂含量		1.54~1.57 g/cm³	
纤维体积含量	55%~57%		空隙含量		0.0~1.1%	
单层厚度	0.140~0.150 mm(0.0055~0.0059 in)					
试验方法	ASTM D 5379-93		模量计算			
正则化	未正则化					

	温度/℃(℉)	24(75)	82(180)	82(180)			
	吸湿量(%)						
	吸湿平衡条件(T/℃(℉),RH/%)	①	②	③			
	来源编码						
$F_{12}^{su}/$ MPa (ksi) ⑤	平均值	149(21.6)	105(15.2)	107(15.5)			
	最小值	145(21)	100(14.5)	103(14.9)			
	最大值	153(22.2)	108(15.6)	112(16.2)			
	CV/%	2.14	3.19	3.00			
	B 基准值	④	④	④			
	分布	正态	正态	正态			
	C_1	149(21.6)	105(15.2)	107(15.5)			
	C_2	3.18(0.461)	3.35(0.486)	3.21(0.465)			
	试样数量	5	5	5			
	批数	2	1	1			
	数据种类	筛选值	筛选值	筛选值			

注:①在室温下浸在 MEK 里 60~90 min;②在室温下浸在液压液体里 60~90 min;③在室温下浸在航空煤油里 500 h;④只对 A 类和 B 类数据给出基准值;⑤强度为所能达到的最大应力,不同于现行的 ASTM D 5379。

表 2.2.1.2(i)　31 面内短梁强度性能([0]₁₈)

材料	T700 24k/E765 单向带			
树脂含量	33%~35%(质量)		树脂含量	1.54~1.57 g/cm³
纤维体积含量	56%~59%		空隙含量	0.0~0.4%
单层厚度	0.137~0.147 mm(0.0054~0.0058 in)			

(续表)

试验方法	ASTM D 2344 - 89		模量计算		
正则化	未正则化				
温度/℃(℉)	24(75)	—54(—65)	82(180)	82(180)	
吸湿量(%)					
吸湿平衡条件 (T/℃(℉), RH/%)	大气环境	大气环境	大气环境	63(145),85①	
来源编码					
F_{12}^{su}/ MPa (ksi) ②,③	平均值	94(13.7)	128(18.5)	69(10)	42(6.05)
	最小值	84(12.2)	126(18.3)	65(9.49)	37(5.34)
	最大值	99(14.3)	130(18.9)	73(10.6)	44(6.41)
	CV/%	3.83[6.00]	1.29[6.00]	3.03[6.00]	4.49[6.00]
	B基准值	86.9(12.6)④	⑤,⑥	61.8(8.96)④	34.7(5.03)④
	分布	正态(合并)	正态	正态(合并)	正态(合并)
	C_1	26.5(3.85)	128(18.5)	26.5(3.85)	26.5(3.85)
	C_2	11.9(1.72)	1.64(0.238)	11.9(1.73)	11.6(1.68)
	试样数量	21	7	20	27
	批数	3	1	3	3
	数据种类	BP3	筛选值	BP3	BP3

注:①ASTM D 5229 指南;差别:两个连续的吸湿量读数在 7 天之内改变小于 0.05%;②第一批和第二批预浸料中的纤维批次不是很明确;③这些值表明了明显的层间剪切特性且仅用于控制质量的目的。不能将这些值用于层间剪切强度设计值;④由于计算的 CV 很小,用修正的 CV 转换计算 B 基准值;参考第 1 卷第 8 章 8.4.4 节(修正的 CV 在括号内);⑤只对 A 类和 B 类数据给出基准值;⑥由于计算的 CV 很小,用于计算 B 基准值的修正的 CV 放在方括号内;参考第 1 卷第 8 章 8.4.4 节。

表 2.2.1.2(j)　x 轴拉伸性能([45/0/—45/90/0/0/45/0/—45/0]s)

材料	T700 24k/E765 单向带		
树脂含量	29.5%～39.1%(质量)	复合材料密度	1.54～1.57 g/cm³
纤维体积含量	52.2%～61.2%	空隙含量	0.0～1.85%
单层厚度	0.135～0.157 mm(0.005 3～ 0.006 2 in)		
试验方法	ASTM D 5766 - 02a(修正版)①	模量计算	
正则化	固化后单层名义厚度 0.142 mm(0.005 6 in)		
温度/℃(℉)	24(75)		

（续表）

		正则化值	实测值	正则化值	实测值	正则化值	实测值
	吸湿量(%)	大气环境					
	吸湿平衡条件 (T/℃(℉),RH/%)						
	来源编码						
F_x^{tu}/ MPa (ksi)	平均值	1317(191)	1241(180)				
	最小值	889(129)	841(122)				
	最大值	1489(216)	1441(209)				
	CV/%	15.3	15.4				
	B基准值	②	②				
	分布	ANOVA	ANOVA				
	C_1	167(3.52)	186(3.92)				
	C_2	1445(30.4)	1393(29.3)				
	试样数量	20					
	批数	3					
	数据种类	B18					

注:①修订后的测试方法 ASTM D 5766 忽略孔。要注意到的是这种改进的测试标准通常不被 CMH-17 测试工作组所采纳,但在这里视为个例被接受;②没有列出用 ANOVA 方法从少于 5 组数据计算出来的 B 基准值。

表 2.2.1.2(k)　　*x* 轴拉伸性能(〔(45/0/—45/90)3〕s)

材料	T700 24k/E765 单向带		
树脂含量	29.5%~38.5%(质量)	复合材料密度	1.53~1.57 g/cm³
纤维体积含量	53.0%~60.8%	空隙含量	0.0~2.03%
单层厚度	0.135~0.157 mm(0.0053~ 0.0062 in)		
试验方法	ASTM D 5766-02a(修正版)①	模量计算	
正则化	固化后单层名义厚度 0.142 mm(0.0056 in)		
温度/℃(℉)	24(75)	—54(—65)	82(180)
吸湿量(%)	大气环境	大气环境	
吸湿平衡条件 (T/℃(℉),RH/%)			63(145),85①
来源编码	26		

（续表）

		正则化值	实测值	正则化值	实测值	正则化值	实测值
F_x^{tu}/ MPa (ksi)	平均值	924(134)	876(127)	903(131)	855(124)	896(130)	855(124)
	最小值	724(105)	703(102)	800(116)	738(107)	793(115)	745(108)
	最大值	1055(153)	1014(147)	1083(157)	1034(150)	945(137)	910(132)
	CV/%	8.05	8.28	9.07	10.3	4.69[6.34]	5.86[6.93]
	B基准值	793(115)	745(108)	772(112)	717(104)	772(112)②	724(105)②
	分布	正态(合并)	正态(合并)	正态(合并)	正态(合并)	正态(合并)	正态(合并)
	C_1	50.7(7.36)	56.7(8.23)	50.7(7.36)	56.7(8.23)	50.7(7.36)	56.7(8.23)
	C_2	12.5(1.81)	12.5(1.81)	12.2(1.77)	12.2(1.77)	12.2(1.77)	12.2(1.77)
	试样数量	15		19		18	
	批数	3		3		3	
	数据种类	BP3		BP3		BP3	

注：①修订后的测试方法 ASTM D 5766 忽略孔。要注意到的是这种改进的测试标准通常不被 CMH-17 测试工作组所采纳，但在这里视为个例被接受；②由于计算的 CV 很小，用修正的 CV 转换计算 B 基准值；参考第 1卷第 8 章 8.4.4 节(修正的 CV 在方括号内)。

表 2.2.1.2(1)　x 轴拉伸性能（[45/−45/90/45/−45/45/−45/0/45/−45]s）

材料	T700 24k/E765 单向带		
树脂含量	32.8%~36.9%(质量)	复合材料密度	1.53~1.56 g/cm³
纤维体积含量	54.1%~58.2%	空隙含量	0.0~1.60%
单层厚度	0.135~0.157 mm(0.005 3~0.006 2 in)		
试验方法	ASTM D 5766-02a(修正版)①	模量计算	
正则化	固化后单层名义厚度 0.142 mm(0.005 6 in)		

温度/℃(℉)	24(75)	
吸湿量(%)		
吸湿平衡条件 (T/℃(℉)，RH/%)	大气环境	
来源编码		

		正则化值	实测值	正则化值	实测值	正则化值	实测值
F_x^{tu}/ MPa (ksi)	平均值	466(67.6)	442(64.1)				
	最小值	441(63.9)	416(60.3)				

（续表）

		正则化值	实测值	正则化值	实测值	正则化值	实测值
$F_x^{tu}/$ MPa (ksi)	最大值	498(72.2)	470(68.1)				
	$CV/\%$	2.98[6.00]	3.21[6.00]				
	B 基准值	②，③	②，③				
	分布	正态	正态				
	C_1	466(67.6)	442(64.1)				
	C_2	13.9(2.02)	14.2(2.06)				
	试样数量	15					
	批数	3					
	数据种类	临时值					

注：①修订后的测试方法 ASTM D 5766 忽略孔。要注意到的是这种改进的测试标准通常不被 CMH-17 测试工作组所采纳，但在这里视为个例被接受；②由于计算的 CV 很小，用于计算 B 基准值的修正的 CV 放在方括号内；参考第 1 卷第 8 章 8.4.4 节；③没有为临时数据提供 B 基准值。

表 2.2.1.2(m) x 轴压缩性能（$[45/0/-45/90/0/0/45/0/-45/0]s$）

材料	T700 24k/E765 单向带		
树脂含量	29.5%～39.1%（质量）	复合材料密度	1.54～1.57 g/cm³
纤维体积含量	52.2%～61.2%	空隙含量	0.0～1.85%
单层厚度	0.135～0.157 mm（0.005 3～ 0.006 2 in）		
试验方法	ASTM D 6484-99(修正版)①	模量计算	
正则化	固化后单层名义厚度 0.142 mm(0.005 6 in)		

温度/℃(℉)	24(75)		
吸湿量(%)			
吸湿平衡条件 (T/℃(℉)，RH/%)	大气环境		
来源编码			

		正则化值	实测值	正则化值	实测值	正则化值	实测值
$F_x^{cu}/$ MPa (ksi)	平均值	841(122)	807(117)				
	最小值	643(93.2)	612(88.7)				
	最大值	965(140)	924(134)				
	$CV/\%$	11.5	11.7				

（续表）

	B 基准值	②	②		
$F_x^{cu}/$ MPa (ksi)	分布	ANOVA	ANOVA		
	C_1	133(2.79)	254(5.34)		
	C_2	111(2.33)	737(15.5)		
	试样数量	18			
	批数	3			
	数据种类	B18			

注：①修订后的测试方法 ASTM D 6484 忽略孔。要注意到的是这种改进的测试标准通常不被 CMH‐17 测试工作组所采纳,但在这里视为个例被接受;②没有列出用 ANOVA 方法从少于 5 组数据计算出来的 B 基准值。

表 2.2.1.2(n)　x 轴压缩性能($[(45/0/-45/90)3]s$)

材料	T700 24k/E765 单向带		
树脂含量	29.5%～38.5%(质量)	复合材料密度	1.53～1.57 g/cm³
纤维体积含量	53.0%～60.8%	空隙含量	0.0～2.03%
单层厚度	0.135～0.157 mm(0.0053～0.0062 in)		
试验方法	ASTM D 6484‐99(修订)①	模量计算	
正则化	固化后单层名义厚度 0.142 mm(0.0056 in)		

温度/℃(℉)	24(75)		-54(-65)		82(180)	
吸湿量(%)						
吸湿平衡条件 (T/℃(℉), RH/%)	大气环境		大气环境		63(145), 85②	
来源编码	—		—		—	
	正则化值	实测值	正则化值	实测值	正则化值	实测值
$F_x^{cu}/$ MPa (ksi) — 平均值	657(95.3)	624(90.5)	752(109)	703(102)	436(63.2)	411(59.6)
最小值	605(87.7)	580(84.1)	677(98.2)	620(89.9)	330(47.9)	321(46.5)
最大值	752(109)	717(104)	883(128)	814(118)	480(69.6)	463(67.2)
CV/%	5.54[6.77]	5.63[6.81]	7.04[7.52]	7.50[7.75]	11.1	11.3
B 基准值	568(82.4)③	538(78.1)③	662(96.0)③	621(90.1)③	348(50.4)	326(47.3)
分布	正态(合并)	正态(合并)	正态(合并)	正态(合并)	正态(合并)	正态(合并)
C_1	55.6(8.07)	57.2(8.30)	55.6(8.07)	57.2(8.30)	55.6(8.07)	57.2(8.30)

(续表)

		正则化值	实测值	正则化值	实测值	正则化值	实测值
	C_2	12.2(1.77)	12.2(1.77)	12.2(1.77)	12.2(1.77)	12.2(1.77)	12.2(1.77)
	试样数量	18		18		18	
	批数	3		3		3	
	数据种类	BP3		BP3		BP3	

注:①修订后的测试方法 ASTM D 6484 忽略孔。要注意到的是这种改进的测试标准通常不被 CMH-17 测试工作组所采纳,但在这里视为个例被接受;②ASTM D 5229 指南;差别:两个连续的吸湿量读数在 7 天之内改变小于 0.05%;③由于计算的 CV 很小,用修正的 CV 转换计算 B 基准值;参考第 1 卷第 8 章 8.4.4 节(修正的 CV 在方括号内)。

表 2.2.1.2(o)　x 轴压缩性能($[45/-45/90/45/-45/45/-45/0/45/-45]$s)

材料	T700 24k/E765 单向带			
树脂含量	32.8%~36.9%(质量)		复合材料密度	1.53~1.56 g/cm³
纤维体积含量	54.1%~58.2%		空隙含量	0.0~1.60%
单层厚度	0.135~0.157 mm(0.005 3~0.006 2 in)			
试验方法	ASTM D 6484-99(修订)①		模量计算	
正则化	固化后单层名义厚度 0.142 mm(0.005 6 in)			

温度/℃(℉)	24(75)			
吸湿量(%)	大气环境			
吸湿平衡条件 (T/℃(℉), RH/%)				
来源编码	—			

		正则化值	实测值	正则化值	实测值	正则化值	实测值
$F_x^{cu}/$ MPa (ksi)	平均值	422(61.2)	402(58.3)				
	最小值	383(55.5)	381(55.3)				
	最大值	443(64.3)	419(60.8)				
	CV/%	4.25[6.13]	2.71[6.00]				
	B 基准值	371(53.8)②	354(51.4)②				
	分布	正态(合并)	正态(合并)				
	C_1	422(61.2)	402(58.3)				
	C_2	17.9(2.60)	10.9(1.58)				

（续表）

		正则化值	实测值	正则化值	实测值	正则化值	实测值
	试样数量	18					
	批数	3					
	数据种类	B18					

注：①修订后的测试方法 ASTM D 6484 忽略孔。要注意到的是这种改进的测试标准通常不被 CMH-17 测试工作组所采纳，但在这里视为个例被接受；②由于计算的 CV 很小，用修正的 CV 转换计算 B 基准值；参考第 1 卷第 8 章 8.4.4 节（修正的 CV 在方括号内）。

表 2.2.1.2（p）　x 轴开孔拉伸性能（[45/0/−45/90/0/0/45/0/−45/0]s）

材料	T700 24k/E765 单向带		
树脂含量	34.5%～35.9%（质量）	复合材料密度	1.54～1.56 g/cm³
纤维体积含量	54.8%～56.4%	空隙含量	0.0～1.51%
单层厚度	0.140～0.157 mm（0.0055～0.0062 in）	试样尺寸	$t=2.794$ mm（0.11 in）；$w=$ 19.05 mm（0.75 in），25.4 mm（1.00 in），50.8 mm（2.00 in）；$d=6.35$ mm（0.25 in）
试验方法	ASTM D 5766-02a	模量计算	
正则化	固化后单层名义厚度 0.142 mm（0.0056 in）		

温度/℃（℉）	24(75)①		24(75)②		24(75)③	
吸湿量（%）						
吸湿平衡条件（T/℃（℉），RH/%）	大气环境		大气环境		大气环境	
来源编码						

		正则化值	实测值	正则化值	实测值	正则化值	实测值
F_x^{oht} / MPa (ksi)	平均值	738(107)	703(102)	772(112)	731(106)	855(124)	814(118)
	最小值	696(101)	641(92.9)	752(109)	687(99.7)	793(115)	752(109)
	最大值	786(114)	758(110)	800(116)	779(113)	931(135)	862(125)
	CV/%	3.38[6.00]	4.81[6.41]	1.58[6.00]	3.97[6.00]	4.37[6.19]	3.53[6.00]
	B 基准值	653(94.7)④	616(89.4)①	⑤，⑥，⑦	⑤，⑥，⑦	745(108)④	717(104)④
	分布	正态	正态	正态	正态	正态	正态
	C_1	738(107)	703(102)	772(112)	731(106)	855(124)	814(118)

（续表）

		正则化值	实测值	正则化值	实测值	正则化值	实测值
C_2		25.0(3.62)	33.9(4.92)	12.2(1.77)	28.9(4.19)	37.2(5.40)	28.7(4.16)
试样数量		18		18		18	
批数		3		3		3	
数据种类		B18		临时值		B18	

注：① $w=19.05$ mm($W/D=3$)；② $w=25.4$ mm($W/D=4$)；③ $w=50.8$ mm($W/D=8$)；④由于计算的 CV 很小，用修正的 CV 转换计算 B 基准值；参考第 1 卷第 8 章 8.4.4 节（修正的 CV 在方括号内）；⑤ ($W/D=4$) 数据中去除两个较高的异常数据（实测值和正则化值）；⑥对临时值数据没有提供 B 基准值；⑦由于计算的 CV 很小，用于计算 B 基准值的修正的 CV 放在方括号内；参考第 1 卷第 8 章 8.4.4 节。

表 2.2.1.2(q)　x 轴开孔拉伸性能([(45/0/−45/90)3]s)

材料	T700 24k/E765 单向带		
树脂含量	32.5%～37.5%(质量)	复合材料密度	1.54～1.57 g/cm³
纤维体积含量	53.7%～58.1%	空隙含量	0.0～1.83%
单层厚度	0.145～0.157 mm(0.005 7～0.006 2 in)	试样尺寸	$t=3.302$ mm(0.13 in)；$w=38.1$ mm(1.50 in)；$d=6.35$ mm (0.25 in)
试验方法	ASTM D 5766-02a	模量计算	
正则化	固化后单层名义厚度 0.142 mm(0.005 6 in)		

温度/℃(℉)		24(75)		−54(−65)		82(180)	
吸湿量(%)							
吸湿平衡条件 (T/℃(℉)，RH/%)		大气环境		大气环境		63(145)，85①	
来源编码							
		正则化值	实测值	正则化值	实测值	正则化值	实测值
F_x^{oht} / MPa (ksi)	平均值	517(75.0)	488(70.8)	485(70.4)	458(66.4)	573(83.1)	543(78.7)
	最小值	498(72.2)	461(66.9)	463(67.2)	425(61.7)	546(79.2)	516(74.8)
	最大值	540(78.3)	516(74.9)	525(76.1)	501(72.6)	598(86.8)	568(82.4)
	CV/%	2.43[6.00]	3.26[6.00]	3.53[6.00]	4.41[6.20]	2.44[6.00]	2.92[6.00]
	B基准值	461(66.9)②	435(63.1)②	430(62.3)②	405(58.7)②	517(75.0)②	490(71.0)②
	分布	正态	正态	正态	正态	正态	正态
	C_1	19.2(2.79)	24.3(3.52)	19.2(2.79)	24.3(3.52)	19.2(2.79)	24.3(3.52)

（续表）

		正则化值	实测值	正则化值	实测值	正则化值	实测值
	C_2	12.2(1.77)	12.2(1.77)	12.2(1.77)	12.2(1.77)	12.2(1.77)	12.2(1.77)
	试样数量	18		18		18	
	批数	3		3		3	
	数据种类	BP3		BP3		BP3	

注：①ASTM D 5229 指南；差别：两个连续的吸湿量读数在 7 天之内改变小于 0.05%；②由于计算的 CV 很小，用修正的 CV 转换计算 B 基准值；参考第 1 卷第 8 章 8.4.4 节（修正的 CV 在方括号内）。

表 2.2.1.2(r) x 轴开孔拉伸性能（$[45/-45/90/45/-45/45/-45/0/45/-45]s$）

材料	T700 24k/E765 单向带		
树脂含量	32.8%～35.3%（质量）	复合材料密度	1.55～1.56 g/cm³
纤维体积含量	55.8%～58.2%	空隙含量	0.0～1.45%
单层厚度	0.135～0.155 mm（0.0053～0.0061 in）	试样尺寸	$t=2.794$ mm(0.11 in)；$w=38.1$ mm(1.50 in)；$d=6.35$ mm(0.25 in)
试验方法	ASTM D 5766 - 02a	模量计算	
正则化值	固化后单层名义厚度 0.142 mm(0.0056 in)		

温度/℃(℉)	24(75)	
吸湿量(%)		
吸湿平衡条件 (T/℃(℉), RH/%)	大气环境	
来源编码		

		正则化值	实测值	正则化值	实测值	正则化值	实测值
F_x^{oht} / MPa (ksi)	平均值	331(48.0)	318(46.1)				
	最小值	303(43.9)	300(43.5)				
	最大值	346(50.2)	330(47.8)				
	CV/%	3.57[6.00]	2.62[6.00]				
	B基准值	292(42.3)①	280(40.6)①				
	分布	正态	正态				
	C_1	331(48.0)	318(46.1)				
	C_2	11.8(1.71)	8.34(1.21)				

（续表）

F_x^{oht}/ MPa (ksi)	试样数量	18		
	批数	3		
	数据种类	BP3		

注:① 由于计算的 CV 很小,用修正的 CV 转换计算 B 基准值;参考第 1 卷第 8 章 8.4.4 节(修正的 CV 在方括号内)。

表 2.2.1.2(s)　　*x* 轴开孔压缩性能(**[45/0/－45/90/0/0/45/0/－45/0]s**)

材料	T700 24k/E765 单向带		
树脂含量	35.6%～36.2%(质量)	复合材料密度	1.53～1.55 g/cm³
纤维体积含量	54.9%～55.0%	空隙含量	0.0～1.98%
单层厚度	0.142～0.155 mm(0.0056～0.0061 in)	试样尺寸	t=2.794 mm(0.11 in);w=38.1 mm(1.50 in);d=6.35 mm(0.25 in)
试验方法	ASTM D 6484-99	模量计算	
正则化	固化后单层名义厚度 0.142 mm(0.0056 in)		

	温度/℃(℉)	24(75)					
	吸湿量(%)						
	吸湿平衡条件 (T/℃(℉),RH/%)	大气环境					
	来源编码						
		正则化值	实测值	正则化值	实测值	正则化值	实测值
F_x^{oht}/ MPa (ksi)	平均值	450(65.2)	427(61.9)				
	最小值	415(60.2)	300(43.5)				
	最大值	499(72.4)	482(69.9)				
	CV/%	6.07[7.04]	6.80				
	B 基准值	388(56.3)①	386(56.0)				
	分布	正态	非参数				
	C_1	450(65.2)	10.0				
	C_2	27.3(3.96)	1.25				
	试样数量	20					
	批数	3					
	数据种类	B18					

注:① 由于计算的 CV 很小,用修正的 CV 转换计算 B 基准值;参考第 1 卷第 8 章 8.4.4 节(修正的 CV 在方括号内)。

表 2.2.1.2(t)　　**x 轴开孔压缩性能**([（45/0/－45/90)3]s)

材料	T700 24k/E765 单向带		
树脂含量	29.5%～38.5%(质量)	复合材料密度	1.53～1.57 g/cm³
纤维体积含量	53.0%～60.8%	空隙含量	0.0～2.0%
单层厚度	0.145～0.157 mm(0.005 7～0.006 2 in)	试样尺寸	$t=3.302$ mm(0.13 in)；$w=$ 38.1 mm(1.50 in)；$d=$ 6.35 mm(0.25 in)
试验方法	ASTM D 6484-99	模量计算	
正则化	固化后单层名义厚度 0.142 mm(0.005 6 in)		

温度/℃(℉)	24(75)		－54(－65)		82(180)	
吸湿量(%)	大气环境		大气环境		63(145)，85①	
吸湿平衡条件 (T/℃(℉)，RH/%)						
来源编码						

		正则化值	实测值	正则化值	实测值	正则化值	实测值
F_x^{ohc}/ MPa (ksi)	平均值	341(49.5)	323(46.8)	386(56.0)	365(53.0)	232(33.7)	220(31.9)
	最小值	328(47.6)	302(43.8)	323(46.9)	312(45.2)	201(29.1)	188(27.3)
	最大值	355(51.5)	341(49.5)	413(59.9)	398(57.7)	274(39.8)	254(36.9)
	CV/%	2.38[6.00]	3.83[6.00]	6.06[7.03]	5.95[6.97]	9.31	9.01
	B 基准值	300(43.5)②	285(41.2)②	345(50.1)②	328(47.5)②	192(27.8)	182(26.4)
	分布	正态(合并)	正态(合并)	正态(合并)	正态(合并)	正态(合并)	正态(合并)
	C_1	45.1(6.54)	45.2(6.56)	45.1(6.54)	45.2(6.56)	45.1(6.54)	45.2(6.56)
	C_2	12.1(1.76)	12.1(1.76)	12.0(1.74)	12.0(1.74)	12.0(1.74)	12.0(1.74)
	试样数量	18		21		20	
	批数	3		3		3	
	数据种类	BP3		BP3		BP3	

注：①ASTM D 5229 指南；差别：两个连续的吸湿量读数在 7 天之内改变小于 0.05%；②由于计算的 CV 很小，用修正的 CV 转换计算 B 基准值；参考第 1 卷第 8 章 8.4.4 节(修正的 CV 在方括号内)。

表 2.2.1.2(u)　x 轴开孔压缩性能([45/−45/90/45/−45/45/−45/0/45/−45]s)

材料	T700 24k/E765 单向带			
树脂含量	32.8%~36.9%(质量)		复合材料密度	1.53~1.56 g/cm³
纤维体积含量	54.1%~58.2%		空隙含量	0.0~1.6%
单层厚度	0.137~0.155 mm(0.005 4~0.006 1 in)		试样尺寸	$t=2.794$ mm(0.11 in)，$w=38.1$ mm(1.50 in)，$d=6.35$ mm(0.25 in)
试验方法	ASTM D 6484-99		模量计算	
正则化	固化后单层名义厚度 0.142 mm(0.005 6 in)			

	温度/℃(℉)	24(75)					
	吸湿量(%)	大气环境					
	吸湿平衡条件 (T/℃(℉)，RH/%)						
	来源编码						
		正则化值	实测值	正则化值	实测值	正则化值	实测值
F_x^{ohc} / MPa (ksi)	平均值	263(38.2)	251(36.4)				
	最小值	244(35.4)	237(34.4)				
	最大值	279(40.5)	264(38.3)				
	$CV/\%$	4.11[6.06]	2.33[6.00]				
	B 基准值	232(33.7) ①	222(32.2) ①				
	分布	正态	正态				
	C_1	263(38.2)	251(36.4)				
	C_2	10.8(1.57)	5.9(0.85)				
	试样数量	20					
	批数	3					
	数据种类	B18					

注：① 由于计算的 CV 很小，用修改的 CV 转换计算 B 基准值；参考第 1 卷第 8 章 8.4.4 节(修改的 CV 在方括号内)。

表 2.2.1.2(v)　x 轴充填孔拉伸性能([45/0/−45/90/0/0/45/0/−45/0]s)

材料	T700 24k/E765 单向带		
树脂含量	29.5%～35.6%(质量)	复合材料密度	1.53～1.56 g/cm³
纤维体积含量	54.9%～61.2%	空隙含量	0.0～2.04%
单层厚度	0.142～0.152 mm(0.0056～0.0060 in)	试样尺寸	$t=2.794$ mm(0.11 in)，$w=38.1$ mm(1.50 in)，$d=6.35$ mm(0.25 in)
试验方法	ASTM D 6742-02	模量计算	
紧固件类型	NAS 6604-2	孔公差	
扭矩	7.9±0.56N·m(70±5 in·lbf)	沉头角度和深度	
正则化	固化后单层名义厚度 0.142 mm(0.0056 in)		

温度/℃(℉)	24(75)		−54(−65)		82(180)	
吸湿量(%)						
吸湿平衡条件 (T/℃(℉), RH/%)	大气环境		大气环境		63(145)，85①	
来源编码						
	正则化值	实测值	正则化值	实测值	正则化值	实测值

F_x^{fht}/ MPa (ksi)		正则化值	实测值	正则化值	实测值	正则化值	实测值
	平均值	827(120)	793(115)	786(114)	758(110)	896(130)	848(123)
	最小值	772(112)	738(107)	724(105)	703(102)	779(113)	738(107)
	最大值	889(129)	841(122)	827(120)	800(116)	972(141)	938(136)
	CV/%	3.64[6.00]	4.00[6.00]	3.78[6.00]	3.79[6.00]	6.34	7.22
	B基准值	737.7(107)②	710.2(103)②	703.3(102)②	670.9(97.3)②	③	③
	分布	正态(合并)	正态(合并)	正态(合并)	正态(合并)	ANOVA	ANOVA
	C_1	25.2(3.66)	26.5(3.84)	25.2(3.66)	26.5(3.84)	35.2(5.10)	37.3(5.41)
	C_2	12.5(1.82)	12.5(1.82)	12.5(1.82)	12.5(1.82)	63.4(9.19)	69.6(10.1)
	试样数量	18		18		18	
	批数	3		3		3	
	数据种类	BP3		BP3		B18	

注：①ASTM D 5229 指南；例外：两个连续的水蒸气含量读数在 7 天之内改变小于 0.05%；②由于计算的 CV 很小，用修改的 CV 转换计算 B 基准值；参考第 1 卷第 8 章 8.4.4 节(修改的 CV 在方括号内)；③没有列出用 ANOVA 方法从少于 5 组数据计算出来的 B 基准值。

表 2. 2. 1. 2(w)　x 轴双剪挤压性能（[45/0/－45/90/0/0/45/0/－45/0]s）

材料	T700 24k/E765 单向带		
树脂含量	34.0%～39.1%（质量）	复合材料密度	1.54～1.56 g/cm³
纤维体积含量	52.2%～56.6%	空隙含量	0.0～2.20%
单层厚度	0.145～0.152 mm（0.005 7～0.0060 in)		
试验方法	ASTM D 5961-01	挤压试验类型	双剪挤压拉伸
连接构型	元件 1(t, w, 铺层)：t=2.845 mm，w=38.1 mm，[45/0/－45/90/0/0/45/0/－45/0]s		
紧固件类型	NAS 6604-34	厚度/直径	0.45
扭矩	3.95±0.56 N·m(35±5 in·lbf)	边距/直径	3
		间距/直径	6
正则化	固化后单层名义厚度 0.142 mm(0.005 6 in)		

温度/℃(℉)	24(75)
吸湿量(%)	
吸湿平衡条件 (T/℃(℉)，RH/%)	大气环境
来源编码	

		正则化值	实测值		
$F^{bro}2\%$ 偏移/ MPa (ksi)	平均值	896(130)	910(132)		
	最小值	765(111)	779(113)		
	最大值	1000(145)	1027(149)		
	CV/%	7.70	8.08		
	B 基准值	①	①		
	分布	ANOVA	ANOVA		
	C_1	249(5.24)	251(5.28)		
	C_2	542(11.4)	575(12.1)		
	试样数量	21			
	批数	3			
	数据种类	B18			

（续表）

		正则化值	实测值			
F^{bru}极限强度/GPa(Msi)	平均值	1034(150)	1048(152)			
	最小值	972(141)	979(142)			
	最大值	1096(159)	1110(161)			
	$CV/\%$	3.06[6.00]	3.25[6.00]			
	B基准值	910(132)②	931(135)②			
	分布	正态	正态			
	C_1	1034(150)	1048(152)			
	C_2	31.5(4.57)	34.1(4.95)			
	试样数量	21				
	批数	3				
	数据种类	B18				

注:①没有列用 ANOVA 方法从少于 5 组数据计算出来的 B 基准值;②由于计算的 CV 很小,用修改的 CV 转换计算 B 基准值;参考第 1 卷第 8 章 8.4.4 节(修改的 CV 在方括号内)。

表 2.2.1.2(x)　　x 轴双剪挤压性能([(45/0/−45/90)$_3$]s)

材料	T700 24k/E765 单向带		
树脂含量	33.6%~36.6%(质量)	复合材料密度	1.53~1.56 g/cm³
纤维体积含量	53.9%~57.4%	空隙含量	0.0~1.89%
单层厚度	0.142~0.155 mm(0.005 6~0.006 1 in)		
试验方法	ASTM D 5961-01 方法 A	挤压试验类型	双剪挤压拉伸
连接构型	元件 1(t, w,铺层):t=3.404 mm(0.134 in), w=38.1 mm(1.50 in), [(45/0/−45/90]$_3$)s		
紧固件类型	NAS 6604-34	厚度/直径	0.54
扭矩	3.95±0.56 N·m(35±5 in·lbf)	边距/直径	3
		间距/直径	6
正则化	固化后单层名义厚度 0.142 mm(0.005 6 in)		
温度/℃(℉)	24(75)	−54(−65)	82(180)
吸湿量(%)	大气环境	大气环境	
吸湿平衡条件(T/℃(℉), RH/%)			63(145), 85①

（续表）

来源编码		正则化值	实测值	正则化值	实测值	正则化值	实测值
$F^{bro}2\%$ 偏移/ MPa (ksi)	平均值	1020(148)	1034(158)	1089(158)	1103(160)	779(113)	786(114)
	最小值	876(127)	876(127)	979(142)	965(140)	590(85.5)	611(88.6)
	最大值	1096(159)	1124(163)	1179(171)	1207(175)	910(132)	90(13.1)
	$CV/\%$	5.95[6.97]	6.41[7.21]	5.03[6.51]	5.59[6.79]	14.0	13.1
	B基准值	889(129)②	903(131)②	958(139)②,③	965(140)②,③	④	④
	分布	正态(合并)	正态(合并)	正态(合并)	正态(合并)	ANOVA	ANOVA
	C_1	37.4(5.43)	40.9(5.93)	37.4(5.43)	40.9(5.93)	285(6.00)	283(5.95)
	C_2	12.5(1.82)	12.5(1.82)	12.5(1.82)	12.5(1.82)	889(18.7)	841(17.7)
	试样数量	18		18		21	
	批数	3		3		3	
	数据种类	BP3		BP3		B18	
F^{bru} 极 限强度 /GPa (Msi)	平均值	1103(160)	1117(162)	1248(181)	1262(183)	869(126)	882(128)
	最小值	1055(153)	1082(157)	1179(171)	1172(170)	807(117)	820(119)
	最大值	1172(170)	1186(172)	1324(192)	1365(198)	910(132)	917(133)
	$CV/\%$	2.54[6.00]	2.77[6.00]	3.49	4.22	3.26	2.85[6.00]
	B基准值	972 (141)②	986 (143)②	④	④	④	779 (113)②
	分布	正态	正态	ANOVA	ANOVA	ANOVA	正态
	C_1	1103(160)	1117(162)	205(4.31)	225(4.74)	247(5.20)	882(128)
	C_2	28.1(4.07)	31.0(4.50)	323(6.80)	418(8.8)	219(4.60)	25.1(3.64)
	试样数量	18		19		21	
	批数	3		3		3	
	数据种类	B18		B18		B18	

注：①ASTM D 5229 指南；例外：连续的两个水蒸气含量读数在 7 天之内改变小于 0.05%；②由于计算的 CV 很小，用修改的 CV 转换计算 B 基准值；参考第 1 卷第 8 章 8.4.4 节（修改的 CV 在方括号内）；③较高的异常数据被剔除（合并前及合并后）；④没有列出用 ANOVA 方法从少于 5 组数据计算出来的 B 基准值。

表 2.2.1.2(y)　x 轴单剪挤压性能([45/0/−45/90/0/0/45/0/−45/0]s)

材料	T700 24k/E765 单向带		
树脂含量	33.3%～36.9%(质量)	复合材料密度	1.54～1.55 g/cm³
纤维体积含量	53.8%～57.0%	空隙含量	0.36～2.55%
单层厚度	0.145～0.155 mm(0.005 7～0.006 1 in)		
试验方法	ASTM D 5961‑01 方法 B	挤压测试类型	单剪挤压拉伸
连接构型	元件 1:(t, w, 铺层):2.845 mm(0.112 in), 38.1 mm(1.50 in), [45/0/−45/90/0/0/45/0/−45/0]s 元件 2:(t, w, 铺层):2.845 mm(0.112 in), 38.1 mm(1.50 in), [45/0/−45/90/0/0/45/0/−45/0]s		
紧固件类型	NAS 6604	厚度/直径	0.45
扭矩	3.95±0.56 N·m(35±5 in·lbf)	边距/直径	3
模量计算		间距/直径	6
正则化	固化后单层名义厚度 0.142 mm(0.005 6 in)		

温度/℃(℉)	24(75)		
吸湿量(%)			
吸湿平衡条件 (T/℃(℉), RH/%)	大气环境		
来源编码			

		正则化值	实测值		
F^{bro} 2% 偏移/MPa (ksi)	平均值	633(91.8)	644(93.4)		
	最小值	576(83.5)	601(87.1)		
	最大值	674(97.7)	689(100)		
	CV/%	3.74[6.00]	3.93		
	B 基准值	558(80.9) ①	②		
	分布	正态	ANOVA		
	C_1	633(91.8)	227(4.78)		
	C_2	23.6(3.43)	192(4.03)		
	试样数量	18			
	批数	3			
	数据种类	B18			

(续表)

		正则化值	实测值				
F^{bru}极限强度/MPa(ksi)	平均值	765(111)	779(113)				
	最小值	703(102)	689(100)				
	最大值	855(124)	869(126)				
	$CV/\%$	6.34[7.17]	7.50				
	B基准值	659(95.6)①	426(61.8)②				
	分布	正态	ANOVA				
	C_1	765(111)	255(5.36)				
	C_2	48.7(7.07)	458(9.63)				
	试样数量	18					
	批数	3					
	数据种类	B18					

注:①由于计算的 CV 很小,用修正的 CV 转换计算 B 基准值;参考第 1 卷第 8 章 8.4.4 节(修正的 CV 在方括号内);②没有列出用 ANOVA 方法从少于 5 组数据计算出来的 B 基准值。

表 2.2.1.2(z) x 轴单剪挤压性能($[(45/0/-45/90)_3]s$)

材料	T700 24k/E765 单向带		
树脂含量	32.2%~37.1%(质量)	复合材料密度	1.53~1.56 g/cm³
纤维体积含量	53.6%~58.9%	空隙含量	0.0~2.17%
单层厚度	0.145~0.155 mm(0.005 7~0.006 1 in)		
试验方法	ASTM D 5961-01 方法 B	承载测试类型	单剪挤压拉伸
连接构型	元件 1(t, w,铺层):复合材料 3.404 mm(0.134 in), 38.1 mm(1.50 in), $[(45/0/-45/90)_3]s$ 元件 2(t, w,铺层):复合材料 3.404 mm(0.134 in), 38.1 mm(1.50 in), $[(45/0/-45/90)_3]s$		
紧固件类型	NAS 6604	厚度/直径	0.54
扭矩	3.95±0.56 N·m(35±5 in·lbf)	边距/直径	3
模量计算		间距/直径	6
正则化	固化后单层名义厚度 0.142 mm(0.005 6 in)		
温度/℃(℉)	24(75)	-54(-65)	82(180)

（续表）

吸湿量（%）						
吸湿平衡条件 (T/℃(℉), RH/%)		大气环境		大气环境		63(145), 85①
来源编码						
		正则化值	实测值	正则化值	实测值	正则化值	实测值

		正则化值	实测值	正则化值	实测值	正则化值	实测值
F^{bro} 2%偏移/MPa(ksi)	平均值	546(79.2)	553(80.25)	681(98.7)	696(101)	436(63.2)	446(64.7)
	最小值	501(72.6)	505(73.3)	601(87.1)	599(86.9)	401(58.2)	412(59.8)
	最大值	585(84.9)	604(87.6)	765(111)	779(113)	465(67.5)	482(69.9)
	CV/%	3.93[6.00]	5.56	7.19	8.14	3.90[6.00]	4.08[6.04]
	B基准值	493(71.5)②	③	③	③	383(55.5)②	394(57.2)③
	分布	正态(合并)	ANOVA	ANOVA	ANOVA	正态(合并)	正态
	C_1	26.6(3.86)	267(5.61)	277(5.82)	279(5.87)	26.6(3.86)	239(34.7)
	C_2	12.5(1.81)	243(5.12)	393(8.26)	454(9.56)	12.4(1.80)	18.2(2.64)
	试样数量	18		18		20	
	批数	3		3		3	
	数据种类	BP3/B18		B18		BP3/B18	
F^{bru} 极限强度/MPa(ksi)	平均值	779(113)	786(114)	889(129)	903(131)	619(89.8)	634(91.9)
	最小值	681(98.8)	680(98.6)	820(119)	820(119)	572(83.0)	596(86.4)
	最大值	855(124)	883(128)	972(141)	1000(145)	710(103)	710(103)
	CV/%	7.91	8.89	4.97	6.27	6.44	5.07[6.54]
	B基准值	③	③	③	③	③	554(80.4)②
	分布	ANOVA	ANOVA	ANOVA	ANOVA	ANOVA	正态
	C_1	270(5.68)	278(5.84)	271(5.70)	278(5.84)	255(5.36)	634(91.9)
	C_2	490(10.3)	561(11.8)	351(7.39)	456(9.59)	313(6.58)	32.1(4.66)
	试样数量	18		18		20	
	批数	3		3		3	
	数据种类	B18		B18		B18	

注：①ASTM D 5229 指南；差别：连续的两个吸湿量读数在 7 天之内改变小于 0.05%；②由于计算的 CV 很小，用修改后的 CV 转换计算 B 基准值，如第 1 卷第 8 章 8.4.4 节所示（修改后的 CV 在方括号内）；③没有列出用 ANOVA 方法从少于 5 组数据计算出来的 B 基准值。

2.2.2　碳纤维-环氧织物预浸料

2.2.2.1　T700GC 12k/2510 平纹织物

材料描述：

材料	T700GC 12k/2510 平纹织物。按 Toray 复合材料规范 TCSPF－T－FC06。
形式	平纹织物预浸料，织物面积质量为 193 g/m²，固化后树脂含量为 39%～45%，典型的固化后单层厚度为 0.211～0.226 mm(0.0083～0.0089 in)。
固化工艺	烘箱固化；132℃(270℉)，0.067 MPa(22 in 汞柱)真空(最低)，120 min。按 Toray Composites 固化工艺规范 TCSPF－T－FC05。

供应商提供的数据：

纤维	Toray T-700GC 纤维是由 PAN 基原丝制造的连续无捻碳丝，纤维经表面处理(上浆剂 50C，1%)以改善操作性和结构性能。每一丝束包含有 12 000 根碳丝。典型的拉伸模量为 234 GPa(34×10⁶psi)，典型的拉伸强度为 4 826 MPa(700 000 psi)。
基体	2510 是由 Toray Composites(America) Inc. 生产的一款环氧树脂。

最高使用温度　82℃(180℉)。

典型应用　通用结构材料。

数据分析概述：

取样要求	用于第二批与第三批预浸料的织物批次不像 CMH-17 所要求的那么明确。
吸湿处理	吸湿处理的方法与 ASTM D 5229 指南有所偏差。当 7 天内吸湿量连续两次读数变化小于 0.05% 时，就认为试样处于湿态平衡。需要注意的是这个差异并不被 CMH-17 所接受，然而在这里可以作为个例。
试验	面内剪切强度是所能达到的最大应力(包括部分剪切应变为 5% 时的应力筛选值数据)，剪切模量是 2 500～6 500 $\mu\varepsilon$ 之间的弦向模量——不同于现行的 ASTM D 5379。吸湿处理按 ASTM D 5229 指南，不同的是 7 天内连续两次称重的吸湿量变化小于 0.05%。 24℃大气环境(75℉/A)及 82℃大气环境(180℉/A)下的 0°拉伸和 90°压缩在夹持/加强片处或附近出现破坏的比例很高。 层压板拉伸和压缩试验依照修订过的 ASTM D 5766 和 D 6484。修订这些方法以忽略孔的影响。这些修改并不被 CMH-17 测试工作组接受，但是在这里作为个例被接受。
异常值	单层，下列情况均有一个较低的异常值：①24℃大气环境(75℉/

A)下的 0°压缩实测模量;②24℃大气环境(75℉/A)下的面内剪切强度;③82℃湿态环境(180℉/W)的面内剪切强度。下列情况均有一个较高的异常值:①24℃大气环境(75℉/A)下的 0°拉伸实测模量;②82℃大气环境(180℉/A)下的 0°拉伸实测模量;③82℃大气环境(180℉/A)下的 0°拉伸正则化模量;④24℃大气环境(75℉/A)0°拉伸泊松比;⑤−55℃大气环境(−65℉/A)0°压缩测试强度;⑥−55℃大气环境(−65℉/A)0°压缩正则化强度;⑦82℃大气环境(180℉/A)下 0°压缩测试模量;⑧82℃大气环境(180℉/A)下 90°压缩测试模量;⑨82℃大气环境(180℉/A)下面内剪切模量;⑩82℃湿态环境(180℉/W)面内剪切模量。剔除了(1~7,9,10)列出的高异常值(超出了材料的性能),其余被保留。

层压板,下列情况均有较低的异常值:①82℃湿态环境(180℉/W)下的无缺口压缩强度(25/50/25);②24℃大气环境(75℉/A)下开孔拉伸强度(40/20/40;$w/D = 6$);③24℃大气环境(75℉/A)下的开孔拉伸强度(10/80/10);④24℃大气环境(75℉/A)下的开孔压缩强度(10/80/10);⑤24℃大气环境(75℉/A)下双剪挤压极限强度(40/20/40);⑥82℃湿态环境(180℉/W)双剪挤压 2%偏移强度(25/50/25);⑦24℃大气环境(75℉/A)下单剪挤压极限强度(25/50/25)。下列情况均有较高的异常值:①24℃大气环境(75℉/A)下无缺口拉伸强度(25/50/25);②24℃大气环境(75℉/A)下的双剪挤压 2%偏移强度(25/50/25);③24℃大气环境(75℉/A)下的双剪挤压极限强度(25/50/25);④24℃大气环境(75℉/A)下的单剪挤压极限强度(40/20/40)。所有异常值被保留。

批间变异性和数据集合并:

单层　　　82℃大气环境(180℉/A)下实测,82℃湿态环境(180℉/W)下实测和正则化 90°拉伸强度数据,82℃湿态环境(180℉/W)下正则化 0°压缩强度及 24℃大气环境(75℉/A)短梁强度数据显示了显著性水平为 0.025 的批间变异性。但是,除了短梁强度之外,所有批次及环境下数据,基于下文列出的工程判定进行合并。一批−55℃大气环境(−65℉/A)下的数据采用单点法处理。

忽略 82℃大气环境(180℉/A)及 82℃湿态环境(180℉/W)下 90°拉伸和 0°压缩数据的 ADK 检验结果的原因——三种环境中两种环境的正则化数据是可合并的。与其他两种环境相比,82℃湿态环境(180℉/W)下的 CV 的趋势很相似——即所有环境中的没有某个批次处于较低或者较高的情况。

注意：经修正的 CV 转换用于相关的层压板数据（单层数据要在采用 CV 值修改处理之前进行提交和分析）。

层压板，批间变异性　没有通过批间变异性（ADK）检验（如果适用，采用修正后的 CV 转换）的数据集。

- 开孔拉伸（40/20/40）——24℃大气环境（75℉/A）实测及正则化值。

合并　至少有两种环境（包括 24℃大气环境（75℉/A））没有通过 ADK、正态或者方差等同性检验的数据集。

- 双剪挤压 2％偏移强度（25/50/25）——合并数据显示出了很大的变异（没有通过 Levene 检验）。
- 双剪挤压极限强度（25/50/25）——24℃大气环境（75℉/A）实测数据没有通过正态检验。
- 单剪挤压 2％偏移强度（25/50/25）——24℃大气环境（75℉/A）没有通过 ADK 检验。

正态分布　82℃大气环境（180℉/A）下 0°拉伸实测数据没有通过正态分布 Anderson-Darling 检验（ $OSL = 0.026$ ），但是通过图解法可以接受。

工艺路线： （1）向真空袋组件施加 0.075 MPa（22 in 汞柱）压力（最小值）。

（2）以 2℃/min（3℉/min）的速度从室温加热至 132℃（270℉）。

（3）在 132℃（270℉）固化 120～130 min。

（4）以 3℃/min（4.5℉/min）的速度冷却至 77℃（170℉）或以下，去除真空压力。

（5）取出袋装层压板。

铺层示意： 均压板，脱模布（可选用脱模剂），层压板，导气玻璃纤维纱线，固化聚全氟乙丙烯（可选），加压板，表层透气材料，真空袋。

表 2.2.2.1 　T700SC 12k/2510 平纹机织物

材料	T700 12k/2510 平纹机织物				
形式	Toray Composites（America），Inc，P700 SC - 12K - 50C 平纹机织物预浸料				
纤维	Toray T700SC 12k，50C，1％，表面处理，无捻			基体	Toray Composites（America），Inc. 2510
T_g（干态）	146℃（294℉）	T_g（湿态）	131℃（267℉）	T_g 测量方法	DMA E，SACMA SRM 18R - 94
固化工艺	烘箱固化；132±2℃（270±3℉），0.075 MPa（22 in 汞柱）真空，120 min				

纤维制造日期:	1/98—2/02	试验日期:	12/99—6/02
树脂制造日期:	10/99—4/02	数据提交日期:	1/04,11/08—5/09
预浸料制造日期:	10/99—5/02	分析日期:	4/04,11/08—8/09
复合材料制造日期:	10/99—5/02		

单层性能汇总

	21℃ (70℉)/A	82℃ (180℉)/A	82℃ (180℉)/A	—54℃ (—65℉)/A			
1 轴拉伸	bss-	bss-	bss-	s---			
2 轴拉伸	bs--	bs--		s---			
3 轴拉伸							
1 轴压缩	bs--	bs--	bs--	s---			
2 轴压缩	bs--	bs--	bs--	s---			
3 轴压缩							
12 面剪切	bs--	bs--	bs--	s---			
23 面剪切							
31 面剪切	S--						
31 面 SB 强度							

注:强度/模量/泊松比/破坏应变的数据种类为:A—A75,a—A55,A—AP10,a—AP5,B—B30,b—B18,
B—BP5,b—BP3,M—平均值,I—临时值,S—筛选值,——无数据(见表 1.5.1.2(c))。
数据还包括除水之外的三种液体条件下的 12 -面内剪切。

物理性能汇总

	名义值	提交值	试验方法
纤维密度/(g/cm³)	1.78	1.78～1.80	Toray TY - 030B - 02,与①类似
树脂密度/(g/cm³)	1.267	1.266～1.27	ASTM D 792 - 91
复合材料密度/(g/cm³)	1.52	1.46～1.54	ASTM D 792 - 91
纤维面积质量/(g/m²)	193	190～194	SACMA SRM 23R94
纤维体积含量/%	49.6	46.8～54.5	ASTM D 3171
单层厚度/mm	0.218	0.198～0.226	

注:①SACMA SRM 15,不同的是未去除纤维上浆剂。

层压板性能汇总

	24℃ (75°F)/ A	−54℃ (−65°F)/ A	82℃ (180°F)/ W			
$[45/0/-45/90/0/0/45/0/-45/0]s$①						
拉伸,x轴	bM–					
压缩,x轴	bM–					
开孔拉伸,x轴	b––②					
开孔压缩,x轴	b––					
充填孔拉伸,x轴	b̲M–	b––	b̲–			
双剪挤压拉伸	b––					
单剪挤压拉伸	b––					
$[(45/0/-45/90)2]s$③						
拉伸,x轴	b̲M–	b̲M–	b̲M–			
压缩,x轴	b̲M–	b̲M–	b̲M–			
开孔拉伸,x轴	b̲–	b̲–	b̲–			
开孔压缩,x轴	b̲–	b̲–	b̲–			
双剪挤压拉伸	b––	b––	b––			
单剪挤压拉伸	b––	b––	b––			
$[45/-45/90/45/-45/45/-45/0/45/-45]s$④						
拉伸,x轴	bM–					
压缩,x轴	bM–					
开孔拉伸,x轴	b––					
开孔压缩,x轴	b––					

注:①铺层比例$(0°/45°/90°)=40/20/40$;② $W/D=3,W/D=4,W/D=6,W/D=8$;③铺层比例$(0°/45°/90°)=25/50/25$;④铺层比例$(0°/45°/90°)=10/80/10$。
强度/模量/泊松比/破坏应变的数据种类为:A—A75,a—A55,$\underline{A}$—AP10,$\underline{a}$—AP5,B—B30,b—B18,$\underline{B}$—BP5,$\underline{b}$—BP3,M—平均值,I—临时值,S—筛选值,——无数据(见表1.5.1.2(c))。

表 2.2.2.1(a)　1 轴拉伸性能($[0_f]_{12}$)

材料	T700SC 12k/2510 平纹机织物					
树脂含量	39%~45%(质量)		复合材料密度	1.48~1.52 g/cm³		
纤维体积含量	47%~55%		空隙含量	1.0%~3.0%		
单层厚度	0.211~0.224 mm(0.0083~0.0088 in)					
试验方法	ASTM D 3039-95		模量计算	在 1000~3000 $\mu\varepsilon$ 之间的弦向模量		
正则化	试样厚度和批内纤维面积质量正则化到纤维体积含量 49.6%(单层厚度 0.218 mm(0.0086 in))					

温度/℃(℉)		24(75)		−54(−65)		82(180)	
吸湿量(%)		大气环境		大气环境		1.4~2.0	
吸湿平衡条件 (T/℃(℉), RH/%)						63(145), 85③	
来源编码							

		正则化值	实测值	正则化值	实测值	正则化值	实测值
F^{tu}_1/ MPa (ksi) ②,⑤	平均值	917(133)	917(133)	965(140)	972(141)	1055(153)	1055(153)
	最小值	841(122)	841(122)	862(125)	883(128)	1000(145)	1000(145)
	最大值	986(143)	1000(145)	1020(148)	1013(147)	1103(160)	1103(160)
	CV/%	4.51	4.60	4.59	4.24	2.94④	4.69
	B 基准值	848(123)	855(124)	896(130)	903(131)	979(142)	979(142)
	分布	正态①	正态①	正态①	正态①	正态①	正态①
	C_1	27.6(4.01)	27.0(3.91)	27.6(4.01)	27.0(3.91)	27.6(4.01)	27.0(3.91)
	C_2	12.2(1.77)	12.2(1.77)	12.2(1.77)	12.2(1.77)	12.2(1.77)	12.2(1.77)
	试样数量	18		18		18	
	批数	3		3		3	
	数据种类	BP3		BP3		BP3	
E^t_1/ GPa (Msi)	平均值	55.5(8.05)	55.8(8.09)	55.4(8.03)	55.7(8.08)	58.1(8.42)	58.1(8.43)
	最小值	53.7(7.79)	54.0(7.83)	52.7(7.64)	53.2(7.72)	53.5(7.76)	54.1(7.85)
	最大值	57.8(8.38)	57.2(8.30)	58.6(8.50)	57.7(8.37)	62.9(9.12)	62.8(9.11)
	CV/%	2.65	2.06	3.26	2.81	4.61	4.29
	试样数量	11		11		12	
	批数	3		3		3	
	数据种类	筛选值		筛选值		筛选值	

（续表）

		正则化值	实测值	正则化值	实测值	正则化值	实测值
ν_{12}^t	平均值	0.033		0.037		0.029	
	试样数量	11		12		12	
	批数	3		3		3	
	数据种类	筛选值		筛选值		筛选值	

注：①通过各自的方法合并 3 种环境进行数据正则化（见第 1 卷 8.3 节）；②在 24℃及 82℃大气环境（75°F/A，180°F/A）下在夹持/加强片处或附近出现破坏的比例比较高；③ASTM D 5229 指南，差别：连续的两个吸湿量读数在 7 天之内改变小于 0.05%；④CV 不代表整个样本母体，但合并后的 CV 为 4%；⑤第二和第三批次中的织物批次不是很明确。

表 2.2.2.1(b)　1 轴拉伸性能（$[0_f]_{12}$）

材料	T700SC 12k/2510 平纹机织物		
树脂含量	39%～45%（质量）	复合材料密度	1.48～1.52 g/cm³
纤维体积含量	47%～55%	空隙含量	1.0%～3.0%
单层厚度	0.211～0.224 mm（0.008 3～0.008 8 in）		
试验方法	ASTM D 3039-95	模量计算	在 1000～3000 $\mu\varepsilon$ 之间的弦向模量
正则化	试样厚度和批内纤维面积质量正则化到纤维体积含量 49.6%（单层厚度 0.218 mm（0.008 6 in））		

温度/℃（°F）		−54（−65）					
吸湿量（%）							
吸湿平衡条件（T/℃（°F），RH/%）		大气环境					
来源编码							
		正则化值	实测值	正则化值	实测值	正则化值	实测值
F_1^{tu}/MPa（ksi）	平均值	800(116)	800(116)				
	最小值	752(109)	752(109)				
	最大值	841(122)	841(122)				
	CV/%	4.69	4.72				
	B 基准值	①	①				
	分布	正态	正态				

（续表）

		正则化值	实测值	正则化值	实测值	正则化值	实测值
	C_1	800(116)	800(116)				
	C_2	37.4(5.43)	37.9(5.50)				
	试样数量	6					
	批数	1					
	数据种类	筛选值					

注：①只对 A 类和 B 类数据给出基准值。

表 2.2.2.1(c)　　2 轴拉伸性能（$[90_f]_{12}$）

材料	T700SC 12k/2510 平纹机织物		
树脂含量	39%～45%（质量）	复合材料密度	1.49～1.52 g/cm³
纤维体积含量	47%～54%	空隙含量	1.3%～3.7%
单层厚度	0.213～0.221 mm（0.0084～0.0087 in）		
试验方法	ASTM D 3039 - 95	模量计算	在 1000～3000 $\mu\varepsilon$ 之间的弦向模量
正则化	试样厚度和批内纤维面积质量正则化到纤维体积含量 49.6%（单层厚度 0.218 mm（0.0086 in））		

温度/℃(℉)	24(75)		82(180)		82(180)	
吸湿量(%)					1.4～2.0	
吸湿平衡条件 (T/℃(℉)，RH/%)	大气环境		大气环境		63(145)，85②	
来源编码						

		正则化值	实测值	正则化值	实测值	正则化值	实测值
F_2^{tu}/ MPa (ksi) ③	平均值	772(112)	772(112)	834(121)	841(122)	896(130)	896(130)
	最小值	696(101)	687(99.7)	731(106)	731(106)	752(109)	758(110)
	最大值	855(124)	855(124)	938(136)	945(137)	1000(145)	1007(146)
	$CV/\%$	6.97	7.51	7.46	7.79	8.16	7.68
	B 基准值	673(97.6)	672(97.5)	724(105)	724(105)	779(113)	772(112)
	分布	正态①	正态①	正态①	正态①	正态①	正态①
	C_1	51.0(7.40)	51.8(7.52)	51.0(7.40)	51.8(7.52)	51.0(7.40)	51.8(7.52)

（续表）

		正则化值	实测值	正则化值	实测值	正则化值	实测值
	C_2	12.2(1.77)	12.2(1.77)	12.2(1.77)	12.2(1.77)	12.2(1.77)	12.2(1.77)
	试样数量	18		18		18	
	批数	3		3		3	
	数据种类	BP3		BP3		BP3	
$E_{\frac{1}{2}}/$ GPa (Msi)	平均值	54.7(7.94)	54.9(7.96)	54.6(7.92)	54.8(7.95)	54.4(7.89)	54.4(7.89)
	最小值	53.3(7.73)	53.2(7.71)	52.7(7.65)	52.3(7.59)	50.9(7.38)	51.8(7.52)
	最大值	55.8(8.09)	56.0(8.12)	56.5(8.19)	57.0(8.26)	57.4(8.32)	57.2(8.29)
	$CV/\%$	1.36	1.58	2.18	2.25	3.03	2.50
	试样数量	12		12		12	
	批数	3		3		3	
	数据种类	筛选值		筛选值		筛选值	

注：①通过各自的方法合并 3 种环境进行数据正则化（见第 1 卷 8.3 节）；②ASTM D 5229 指南；差别：连续的两个吸湿量读数在 7 天之内改变小于 0.05%；③第二和第三批次中的织物批次不是很明确。

表 2.2.2.1(d)　2 轴拉伸性能（$[90_f]_{12}$）

材料	T700SC 12k/2510 平纹机织物		
树脂含量	39%～45%（质量）	复合材料密度	1.49～1.52 g/cm³
纤维体积含量	47%～54%	空隙含量	1.3%～3.7%
单层厚度	0.213～0.221 mm(0.0084～0.0087 in)		
试验方法	ASTM D 3039	模量计算	在 1000～3000 $\mu\varepsilon$ 之间的弦向模量
正则化	试样厚度和批内纤维面积质量正则化到纤维体积含量 49.6%（单层厚度 0.218 mm(0.0086 in)）		
温度/℃(℉)	−54(−65)		
吸湿量(%)	大气环境		
吸湿平衡条件 (T/℃(℉), RH/%)			
来源编码			

（续表）

		正则化值	实测值	正则化值	实测值	正则化值	实测值
$F_2^{tu}/$ MPa (ksi)	平均值	717(104)	717(104)				
	最小值	689(100)	688(99.8)				
	最大值	745(108)	745(108)				
	CV/%	2.78②	2.72②				
	B基准值	①	①				
	分布	正态	正态				
	C_1	717(104)	717(104)				
	C_2	13.1(1.90)	19.6(2.84)				
	试样数量	6					
	批数	1					
	数据种类	筛选值					

注：①只对A类和B类数据给出基准值；②认为CV不能代表整个样本母体。

表 2.2.2.1(e)　1轴压缩性能（$[0_f]_{12}$，$[0_f]_{14}$）

材料	T700SC 12k/2510 平纹机织物		
树脂含量	39%～45%（质量）	复合材料密度	1.49～1.51 g/cm³
纤维体积含量	46%～54%	空隙含量	1.1%～3.1%
单层厚度	0.213～0.221 mm(0.008 4～0.0087 in)		
试验方法	SACMA SRM 1 - 94	模量计算	在 1000～3000 με 之间的弦向模量
正则化	试样厚度和批内纤维面积质量正则化到纤维体积含量 49.6%（单层厚度 0.218mm(0.0086 in)）		
温度/℃(℉)	24(75)	82(180)	82(180)
吸湿量(%)			1.4～2.0
吸湿平衡条件 (T/℃(℉)，RH/%)	大气环境	大气环境	63(145)，85②
来源编码			

（续表）

		正则化值	实测值	正则化值	实测值	正则化值	实测值
$F_1^{cu}/$ MPa （ksi） ③	平均值	710(103)	710(103)	666(96.6)	669(97.0)	476(69.1)	473(68.6)
	最小值	598(86.8)	594(86.1)	579(84.0)	581(84.2)	394(57.1)	532(57.2)
	最大值	786(114)	758(110)	779(113)	772(112)	540(78.3)	765(77.2)
	CV/%	8.12	7.97	9.13	8.76	9.51	9.13
	B 基准值	601(87.1)	603(87.4)	563(81.6)	568(82.4)	403(58.4)	402(58.3)
	分布	正态①	正态①	正态①	正态①	正态①	正态①
	C_1	60.5(8.77)	58.4(8.47)	60.5(8.77)	58.4(8.47)	60.5(8.77)	58.4(8.47)
	C_2	12.2(1.77)	12.2(1.77)	12.2(1.77)	12.2(1.77)	12.2(1.77)	12.2(1.77)
	试样数量	18		18		18	
	批数	3		3		3	
	数据种类	BP3		BP3		BP3	
$E_1^c/$ GPa （Msi）	平均值	55.1(7.99)	55.8(8.09)	54.7(7.94)	55.0(7.98)	55.0(7.97)	55.2(8.00)
	最小值	51.4(7.45)	51.5(7.47)	53.3(7.73)	54.0(7.83)	51.4(7.45)	51.2(7.42)
	最大值	56.9(8.25)	57.8(8.38)	57.2(8.30)	56.7(8.23)	62.7(9.09)	62.7(9.10)
	CV/%	3.61	3.93	2.75	2.02	7.81	7.86
	试样数量	6		5		6	
	批数	3		3		3	
	数据种类	筛选值		筛选值		筛选值	

注：①通过各自的方法合并 3 种环境进行数据正则化（见第 1 卷 8.3 节）；②ASTM D 5229 指南；差别：连续的两个吸湿量读数在 7 天之内改变小于 0.05%；③第二和第三批次中的织物批次不是很明确。

表 2.2.2.1(f) 1 轴压缩性能（$[0_f]_{12}$，$[0_f]_{14}$）

材料	T700SC 12k/2510 平纹机织物		
树脂含量	39%～45%（质量）	复合材料密度	1.48～1.51 g/cm³
纤维体积含量	46%～54%	空隙含量	1.1%～3.1%
单层厚度	0.213～0.221 mm(0.0084～0.0087 in)		
试验方法	SACMA SRM 1-94	模量计算	在 1000～3000 $\mu\varepsilon$ 之间的弦向模量
正则化	试样厚度和批内纤维面积质量正则化到纤维体积含量 49.6%（单层厚度 0.218 mm(0.0086 in)）		
温度/℃（℉）	−54(−65)		

（续表）

		正则化值	实测值	正则化值	实测值	正则化值	实测值
	吸湿量(%)	大气环境					
	吸湿平衡条件 (T/℃(℉)，RH/%)						
	来源编码						
$F_1^{cu}/$ MPa (ksi)	平均值	724(105)	731(106)				
	最小值	703(102)	703(102)				
	最大值	758(110)	758(110)				
	CV/%	2.81②	2.81				
	B 基准值	①	①	①	①	①	①
	分布	正态	正态				
	C_1	724(105)	731(106)				
	C_2	20.4(2.96)	20.5(2.97)				
	试样数量	5					
	批数	1					
	数据种类	筛选值					

注：①只对 A 类和 B 类数据给出基准值；②认为 CV 不能代表整个样本母体。

表 2.2.2.1(g)　2 轴压缩性能($[90_f]_{12}$，$[90_f]_{14}$)

材料	T700SC 12k/2510 平纹机织物		
树脂含量	39%～45%(质量)	复合材料密度	1.48～1.51 g/cm³
纤维体积含量	47%～51%	空隙含量	1.3%～3.1%
单层厚度	0.213～0.221 mm(0.0084～0.0087 in)		
试验方法	SACMA SRM 1-94	模量计算	在 1000～3000 $\mu\varepsilon$ 之间的弦向模量
正则化	试样厚度和批内纤维面积质量正则化到纤维体积含量 49.6%(单层厚度 0.218 mm(0.0086 in))		
温度/℃(℉)	24(75)	82(180)	82(180)
吸湿量(%)	大气环境	大气环境	1.4～2.0
吸湿平衡条件 (T/℃(℉)，RH/%)			63(145)，85④
来源编码	12	12	12

(续表)

		正则化值	实测值	正则化值	实测值	正则化值	实测值
F_2^{cu}/MPa（ksi）②，③	平均值	703(102)	703(102)	647(93.9)	649(94.2)	481(69.7)	480(69.6)
	最小值	638(92.6)	639(92.7)	552(80.0)	556(80.7)	431(62.5)	435(63.1)
	最大值	758(110)	772(112)	710(103)	710(103)	527(76.5)	523(75.9)
	CV/%	5.56	5.26	6.40	6.17	5.67	5.25
	B基准值	629(91.2)	635(92.1)	581(84.3)	587(85.1)	431(62.5)	434(62.9)
	分布	正态①	正态①	正态①	正态①	正态①	正态①
	C_1	39.9(5.78)	37.7(5.47)	39.9(5.78)	37.7(5.47)	39.9(5.78)	37.7(5.47)
	C_2	12.2(1.77)	12.2(1.77)	12.2(1.77)	12.2(1.77)	12.2(1.77)	12.2(1.77)
	试样数量	18		18		18	
	批数	3		3		3	
	数据种类	BP3		BP3		BP3	
E_2^c/GPa（Msi）	平均值	53.5(7.76)	53.6(7.77)	53.1(7.70)	53.1(7.70)	54.9(7.96)	54.5(7.91)
	最小值	50.5(7.32)	51.2(7.42)	51.4(7.46)	53.1(7.53)	48.8(7.08)	49.3(7.15)
	最大值	56.3(8.16)	57.0(8.26)	56.5(8.19)	56.2(8.15)	59.2(8.59)	59.0(8.56)
	CV/%	4.02	3.91	3.44	2.98	6.21	5.80
	试样数量	6		6		6	
	批数	3		3		3	
	数据种类	筛选值		筛选值		筛选值	

注：①通过各自的方法合并3种环境进行数据正则化（见第1卷8.3节）；②在24℃及82℃大气环境（75℉/A，180℉/A）条件下出现在夹持/加强片处或附近出现破坏的比例比较高；③第二和第三批次中的织物批次不是很明确；④ASTM D 5229 指南；差别：连续的两个吸湿量读数在7天之内改变小于0.05%。

表 2.2.2.1(h)　2 轴压缩性能（$[90_f]_{12}$，$[90_f]_{14}$）

材料	T700SC 12k/2510 平纹机织物		
树脂含量	39%～45%（质量）	复合材料密度	1.48～1.51 g/cm³
纤维体积含量	47%～51%	空隙含量	1.3%～3.1%
单层厚度	0.216～0.221(0.0084～0.0087)		
试验方法	SACMA SRM 1-94	模量计算	在 1000～3000 $\mu\varepsilon$ 之间的弦向模量
正则化	试样厚度和批内纤维面积质量正则化到纤维体积含量 49.6%（单层厚度 0.218 mm(0.0086 in)）		
温度/℃（℉）	−54(−65)		

（续表）

		正则化值	实测值	正则化值	实测值	正则化值	实测值
吸湿量(%)							
吸湿平衡条件 (T/℃(℉)，RH/%)							
来源编码							
F_2^{cu}/ MPa (ksi)	平均值	738(107)	745(108)				
	最小值	631(91.5)	637(92.4)				
	最大值	821(119)	834(121)				
	CV/%	9.89	9.89				
	B 基准值	①	①				
	分布	正态(合并)	正态(合并)				
	C_1	738(107)	745(108)				
	C_2	73.1(10.6)	73.8(10.7)				
	试样数量	6					
	批数	1					
	数据种类	筛选值					

注:① 只对 A 类和 B 类数据给出基准值。

表 2.2.2.1(i)　12 面剪切性能($[0_f/90_f]_{4s}$)

* 警告——所有的破坏模式信息未提供

材料	T700SC 12k/2510 平纹机织物		
树脂含量	39%～45%(质量)	复合材料密度	1.48～1.51 g/cm³
纤维体积含量	47%～51%	空隙含量	1.7%～2.9%
单层厚度	0.213～0.221 mm(0.008 4～0.008 7 in)		
试验方法	ASTM D 5379-93	模量计算	在 2 500～6 500 $\mu\varepsilon$ 之间的弦向模量④
正则化	未正则化		

温度/℃(℉)	24(75)	82(180)	82(180)	−54(−65)		
吸湿量(%)	大气环境	大气环境	1.4～2.0	大气环境		
吸湿平衡条件 (T/℃(℉)，RH/%)			63(145)，85 ②			
来源编码						

（续表）

F_{12}^{su}/ MPa （ksi） ③	平均值	132(19.2)	106(15.4)	75(10.8)	155(22.5)	
	最小值	119(17.3)	99(14.4)	68(9.88)	140(20.3)	
	最大值	139(20.2)	111(16.1)	78(11.3)	165(23.9)	
	CV/%	3.68⑥	2.73⑥	2.86⑥	5.81⑥	
	B 基准值	125(18.2) ⑥	101(14.6) ⑥	70.3(10.2)⑥	⑤	
	分布	正态①	正态①	正态①	正态	
	C_1	21.1(3.06) ⑥	21.1(3.06) ⑥	21.1(3.06)⑥	155(22.5)	
	C_2	12.2(1.77)	12.2(1.77)	12.2(1.77)	9.0(1.30)	
	试样数量	18	18	18	6	
	批数	3	3	3	1	
	数据种类	BP3	BP3	BP3	筛选值	
$F_{12}^{s(5\%)}$	平均值	103(14.9)	82.0(11.9)	57.8(8.39)		
	最小值	98.6(14.3)	78.6(11.4)	51.0(7.39)		
	最大值	108(15.6)	85.5(12.4)	73.8(10.7)		
	CV/%	3.22⑥	2.74⑥	9.87		
	B 基准值	⑤	⑤	⑤		
	分布					
	C_1					
	C_2					
	试样数量	12	12	12		
	批数	3	3	3		
	数据种类	筛选值	筛选值	筛选值		
G_{12}^{s}/ GPa （Msi）	平均值	4.21(0.61)	3.52(0.51)	3.10(0.45)		
	最小值	3.93(0.57)	3.38(0.49)	2.90(0.42)		
	最大值	4.69(0.68)	3.72(0.54)	3.38(0.49)		
	CV/%	5.27	3.08	4.68		
	试样数量	12	11	11		
	批数	3	3	3		
	数据种类	筛选值	筛选值	筛选值		

注：①通过各自的方法合并 24℃，82℃大气环境,82℃湿态环境(75℉/A，180℉/A，180℉/W)进行数据正则化；②ASTM D 5229 指南；差别：连续的两个吸湿量读数在 7 天之内改变小于 0.05%；③强度为所能达到的最大应力，这是与 ASTM D 5379-98(在 4/99 之前按 ASTM D 5379-93 计划的试验)的差别。5%应变时的平均值强度(筛选值数据)列在下面；④与 ASTM D 5379-98 不同；⑤只对 A 类和 B 类数据给出基准值；⑥认为 CV 不能代表整个样本母体，真实的基准值可能会低一些。

表 2.2.2.1(j) 12 面剪切性能($[0_f/90_f]_{4s}$)

材料	T700SC 12k/2510 平纹机织物				
树脂含量	39%～45%(质量)		复合材料密度	1.50～1.51 g/cm³	
纤维体积含量	49.3%～49.6%		空隙含量	1.70%～2.18%	
单层厚度	0.216～0.221 mm(0.0085～0.0087 in)				
试验方法	ASTM D 5379-93		模量计算		
正则化	未正则化				

温度/℃(℉)		24(75)	82(180)	82(180)		
吸湿量(%)						
吸湿平衡条件 (T/℃(℉), RH/%)		①	②	③		
来源编码						
F_{12}^{su}/ MPa (ksi) ⑤	平均值	129(18.7)	99.3(14.4)	106(15.4)		
	最小值	126(18.3)	97.9(14.2)	105(15.2)		
	最大值	131(19.0)	101(14.7)	107(15.5)		
	CV/%	1.86⑥	1.60⑥	0.85⑥		
	B 基准值	④	④	④		
	分布	正态	正态	正态		
	C_1	129(18.7)	99.3(14.4)	106(15.4)		
	C_2	2.4(0.35)	1.6(0.23)	0.9(0.13)		
	试样数量	5	5	5		
	批数	1	1	1		
	数据种类	筛选值	筛选值	筛选值		

注:①在室温条件下浸渍在 MEK(丁酮)中 60～90 min;②在室温条件下浸渍在飞机发动机燃油中 500 h;③在室温条件下浸渍在液压油中 60～90 min;④只对 A 类和 B 类数据给出基准值;⑤强度值为所能达到的最大应力,这与 ASTM D 5379 标准的差别;⑥认为 CV 不能代表整个样本母体。

表 2.2.2.1(k) 31 面短梁强度性能($[0_f]_{12}$)

材料	T700SC 12k/2510 平纹机织物			
树脂含量	39%～45%(质量)		复合材料密度	1.45～1.55 g/cm³
纤维体积含量	47%～54%		空隙含量	0.4%～3.0%
单层厚度	0.198～0.221 mm(0.0078～0.0087 in)			

（续表）

试验方法	ASTM D 2344 - 89		模量计算			
正则化	未正则化					
温度/℃(℉)	24(75)					
吸湿量(%)						
吸湿平衡条件 (T/℃(℉)，RH/%)	大气环境					
来源编号	21					
F_{31}^{sbs} / MPa (ksi)	平均值	59.9(8.69)				
	最小值	52.4(7.60)				
	最大值	68.7(9.97)				
	CV/%	5.21				
	B 基准值	③				
	分布	ANOVA①				
	C_1	83.2(1.75)				
	C_2	21.8(0.458)				
	试样数量	149				
	批数	7②				
	数据种类	筛选值				

注：①采用单点法分析数据(见第 8 章 8.3 节)；②最大批次及最小批次间样本数量比例大于 1.5；③只对 A 类和 B 类数据给出基准值。

表 2.2.2.1(1)　　x 轴拉伸性能([0/90/0/90/45/−45/90/0/90/0]s)

材料	T700SC 12k/2510 平纹机织物		
树脂含量	40.1%～48.7%(质量)	复合材料密度	1.5～1.53 g/cm³
纤维体积含量	43.6%～51.0%	空隙含量	0.0～2.78%
单层厚度	0.208～0.218 mm(0.008 2～0.008 6 in)		
试验方法	ASTM D 5766 - 02a(修订)①	模量计算	在 1 000～6 000 $\mu\varepsilon$ 之间的线性拟合
正则化	固化后单层名义厚度 0.218 mm(0.008 6 in)		
温度/℃(℉)	24(75)		

(续表)

		正则化值	实测值		
吸湿量(%)		大气环境			
吸湿平衡条件 (T/℃(℉)，RH/%)					
来源编码					
F_x^{tu}/ MPa (ksi)	平均值	862(125)	883(128)		
	最小值	793(115)	807(117)		
	最大值	903(131)	945(137)		
	CV/%	3.94[6.00]	4.51[6.25]		
	B 基准值	758(110)②	772(112)②		
	分布	正态	正态		
	C_1	862(125)	883(128)		
	C_2	33.9(4.91)	39.8(5.77)		
	试样数量	18			
	批数	3			
	数据种类	B18			
E_x^t/ GPa (Msi)	平均值	50.7(7.35)	52.0(7.54)		
	最小值	49.0(7.11)	50.1(7.26)		
	最大值	52.2(7.57)	54.0(7.83)		
	CV/%	1.66	2.40		
	试样数量	18			
	批数	3			
	数据种类	平均值			

注：①ASTM D 5766 测试标准忽略孔。注意这种改进的测试标准一般不被 CMH-17 测试工作组接受，但是它可以作为个例被接受；②由于计算的 CV 太小，因此采用修正的 CV 转换计算 B 基准值；如第 1 卷第 8 章 8.4.4 节所示（修正的 CV 在方括号内）。

表 2.2.2.1(m)　x 轴拉伸性能([(45/0/−45/90)₂]s)

材料	T700SC 12k/2510 平纹机织物		
树脂含量	36.0%～49.5%(质量)	复合材料密度	1.46～1.51 g/cm³
纤维体积含量	42.2%～53.8%	空隙含量	0.0～3.02%
单层厚度	0.201～0.208 mm(0.007 9～0.008 2 in)		

(续表)

试验方法	ASTM D 5766 - 02a(修订)①		模量计算		在 $1000\sim6000\,\mu\varepsilon$ 之间的线性拟合	
正则化	固化后单层名义厚度 $0.218\,\mathrm{mm}(0.0086\,\mathrm{in})$					
温度/℃(℉)	24(75)		−54(−65)		82(180)	
吸湿量(%)						
吸湿平衡条件 (T/℃(℉),RH/%)	大气环境		大气环境		63(145),85②	
来源编码						
	正则化值	实测值	正则化值	实测值	正则化值	实测值
$F_x^{tu}/$ MPa (ksi)	平均值 665(96.5)	683(99.0)	647(93.9)	661(95.9)	646(93.7)	657(95.3)
	最小值 637(92.4)	648(94.0)	614(89.0)	624(90.5)	617(89.5)	622(90.2)
	最大值 703(102)	731(106)	669(97.1)	685(99.4)	687(99.7)	696(101)
	CV/% 3.10[6.00]	3.52[6.00]	2.30[6.00]	2.48[6.00]	3.26[6.00]	3.57[6.00]
	B 基准值 596(86.4)③	612(88.7)③	578(83.9)③	590(85.6)③	576(83.6)③	587(85.1)③
	分布 正态(合并)	正态(合并)	正态(合并)	正态(合并)	正态(合并)	正态(合并)
	C_1 19.7(2.86)	21.9(3.17)	19.7(2.86)	21.9(3.17)	19.7(2.86)	21.9(3.17)
	C_2 12.2(1.77)	12.2(1.77)	12.2(1.77)	12.2(1.77)	12.2(1.77)	12.2(1.77)
	试样数量 18		18		18	
	批数 3		3		3	
	数据种类 BP3		BP3		BP3	
$E_x^{t}/$ GPa (Msi)	平均值 39.7(5.76)	40.7(5.91)	40.7(5.90)	41.6(6.03)	39.4(5.71)	40.1(5.81)
	最小值 38.4(5.57)	39.5(5.73)	39.5(5.73)	40.2(5.83)	37.1(5.38)	37.8(5.48)
	最大值 41.0(5.94)	42.2(6.12)	41.7(6.05)	42.7(6.20)	41.2(5.98)	43.3(6.28)
	CV/% 1.91	2.12	1.60	1.89	2.90	3.35
	试样数量 18		18		18	
	批数 3		3		3	
	数据种类 平均值		平均值		平均值	

注:①ASTM D 5766 测试标准忽略孔。注意这种改进的测试标准一般不被 CMH-17 测试工作组接受,但是它可以作为个例被接受;②ASTM D 5229 指南;差别:连续的两个吸湿量读数在 7 天之内改变小于 0.05%;③由于计算的 CV 太小,因此采用修正的 CV 转换计算 B 基准值;如第 1 卷第 8 章 8.4.4 节所示(修正的 CV 在方括号内)。

表 2.2.2.1(n)　x 轴拉伸性能（[45/－45/90/45/－45/45/－45/0/45/－45]s）

材料	T700SC 12k/2510 平纹机织物		
树脂含量	37.6%~46.5%（质量）	复合材料密度	1.46~1.51 g/cm³
纤维体积含量	45.4%~53.6%	空隙含量	0.0~2.55%
单层厚度	0.211~0.216 mm（0.0083~0.0085 in）		
试验方法	ASTM D 6484-99（修订）①	模量计算	在 1000~6000 $\mu\varepsilon$ 之间的线性拟合
正则化	固化后单层名义厚度 0.218 mm（0.0086 in）		

温度/℃（℉）		24(75)				
吸湿量(%)						
吸湿平衡条件 (T/℃(℉)，RH/%)		大气环境				
来源编码						
		正则化值	实测值	正则化值	实测值	正则化值	实测值

		正则化值	实测值	正则化值	实测值	正则化值	实测值
F_x^{tu}/ MPa (ksi)	平均值	392(56.9)	399(57.8)				
	最小值	381(55.2)	388(56.3)				
	最大值	405(58.8)	414(60.1)				
	CV/%	2.22[6.00]	1.96[6.00]				
	B 基准值	346(50.2)②	352(51.1)②				
	分布	正态	正态				
	C_1	392(56.9)	399(57.8)				
	C_2	8.7(1.26)	7.8(1.13)				
	试样数量	19					
	批数	3					
	数据种类	B18					
E_x^t/ GPa (Msi)	平均值	26.0(3.77)	26.5(3.84)				
	最小值	25.2(3.66)	25.6(3.71)				
	最大值	26.5(3.85)	27.1(3.93)				
	CV/%	1.44	1.63				
	试样数量	19					
	批数	3					
	数据种类	平均值					

注：①ASTM D 5766 测试标准忽略孔。注意这种改进的测试标准一般不被 CMH-17 测试工作组接受，但是它可以作为个例被接受；②由于计算的 CV 太小，因此采用修正的 CV 转换计算 B 基准值；如第 1 卷第 8 章 8.4.4 节所示（修正的 CV 在方括号内）。

表 2.2.2.1(o)　x 轴压缩性能（$[0/90/0/90/45/-45/90/0/90/0]_s$）

材料	T700SC 12k/2510 平纹机织物			
树脂含量	34.1%～46.6%（质量）	复合材料密度	1.47～1.53 g/cm³	
纤维体积含量	45.0%～56.3%	空隙含量	0.0～2.78%	
单层厚度	0.211～0.218 mm（0.0083～0.0086 in）			
试验方法	ASTM D 6484-99（修订）①	模量计算	在 1000～6000 $\mu\varepsilon$ 之间的线性拟合	
正则化	固化后单层名义厚度 0.218 mm（0.0086 in）			

		正则化值	实测值	正则化值	实测值	正则化值	实测值
温度/℃（℉）		24(75)					
吸湿量（%）							
吸湿平衡条件 (T/℃（℉），RH/%)		大气环境					
来源编码							
F_x^{cu}/ MPa (ksi)	平均值	533(77.3)	544(78.9)				
	最小值	477(69.2)	491(71.2)				
	最大值	584(84.7)	601(87.2)				
	CV/%	5.73[6.86]	5.84[6.92]				
	B 基准值	461(66.9)②	470(68.1)②				
	分布	正态	正态				
	C_1	533(77.3)	544(78.9)				
	C_2	30.5(4.43)	31.8(4.61)				
	试样数量	18					
	批数	3					
	数据种类	B18					
E_x^c/ GPa (Msi)	平均值	47.0(6.81)	47.9(69.5)				
	最小值	45.6(6.61)	46.1(6.69)				
	最大值	48.3(7.00)	49.3(7.15)				
	CV/%	1.38	2.02				
	试样数量	18					
	批数	3					
	数据种类	平均值					

注：①ASTM D 6484 测试标准忽略孔。注意这种改进的测试标准一般不被 CMH-17 测试工作组接受，但是它可以作为一个例被接受；②由于计算的 CV 太小，因此采用修正的 CV 转换计算 B 基准值；如第 1 卷第 8 章 8.4.4 节所示（修正的 CV 在方括号内）。

表 2.2.2.1(p)　x 轴压缩性能([(45/0/−45/90)$_2$]s)

材料	T700SC 12k/2510 平纹机织物		
树脂含量	36.0%～49.5%(质量)	复合材料密度	1.46～1.51 g/cm³
纤维体积含量	42.2%～53.8%	空隙含量	0.0～3.02%
单层厚度	0.201～0.208 mm(0.0079～0.0082 in)		
试验方法	ASTM D 6484 - 99(修订)①	模量计算	在 1000～6000 $\mu\varepsilon$ 之间的线性拟合
正则化	固化后单层名义厚度 0.218 mm(0.0086 in)		

温度/℃(℉)	24(75)		−54(−65)		82(180)	
吸湿量(%)						
吸湿平衡条件 (T/℃(℉),RH/%)	大气环境				63(145),85②	
来源编码						

		正则化值	实测值	正则化值	实测值	正则化值	实测值
F_x^{cu}/ MPa (ksi)	平均值	513(74.4)	523(75.9)	596(86.4)	606(87.9)	328(47.5)	334(48.5)
	最小值	463(67.1)	475(68.9)	558(81.0)	567(82.3)	284(41.2)	292(42.3)
	最大值	551(79.9)	569(82.5)	638(92.5)	655(95.0)	352(51.1)	359(52.0)
	CV/%	4.32[6.16]	4.45[6.23]	3.86[6.00]	4.46[6.23]	4.91[6.46]	4.89[6.44]
	B 基准值	460(66.7) ③	468(67.9) ③	543(78.7) ③	551(79.9) ③	275(39.9) ③	279(40.5) ③
	分布	正态(合并)	正态(合并)	正态(合并)	正态(合并)	正态(合并)	正态(合并)
	C_1	29.7(4.31)	31.2(4.52)	29.7(4.31)	31.2(4.52)	29.7(4.31)	31.2(4.52)
	C_2	12.2(1.77)	12.1(1.76)	12.2(1.77)	12.1(1.76)	12.2(1.77)	12.1(1.76)
	试样数量	18		18		18	
	批数	3		3		3	
	数据种类	BP3		BP3		BP3	
E_x^c/ GPa (Msi)	平均值	38.0(5.51)	38.7(5.62)	38.6(5.60)	39.3(5.70)	37.2(5.39)	37.9(5.49)
	最小值	37.1(5.38)	37.4(5.42)	37.0(5.36)	37.9(5.50)	36.1(5.24)	36.7(5.33)
	最大值	39.0(5.66)	40.0(5.80)	39.4(5.72)	40.4(5.86)	38.5(5.59)	39.6(5.74)
	CV/%	1.51	1.85	1.76	1.90	1.56	1.93
	试样数量	18		18		18	
	批数	3		3		3	
	数据种类	平均值		平均值		平均值	

注:①ASTM D 6484 测试标准忽略孔。注意这种改进的测试标准一般不被 CMH - 17 测试工作组接受,但是它可以作为个例被接受;②ASTM D 5229 指南;差别:连续的两个吸湿量读数在 7 天之内改变小于 0.05%;③由于计算的 CV 太小,因此采用修正的 CV 转换计算 B 基准值;如第 1 卷第 8 章 8.4.4 节所示(修正的 CV 在方括号内)。

表 2.2.2.1(q) *x* 轴压缩性能([45/0/−45/90/0/0/45/0/−45/0]s)

材料	T700SC 12k/2510 平纹机织物			
树脂含量	37.6%～46.5%(质量)	复合材料密度	1.46～1.51 g/cm³	
纤维体积含量	45.4%～53.6%	空隙含量	0.0～2.55%	
单层厚度	0.211～0.218 mm(0.008 3～0.008 6 in)			
试验方法	ASTM D 6484-99(修订)①	模量计算	在 1000～6 000 $\mu\varepsilon$ 之间的线性拟合	
正则化	固化后单层名义厚度 0.218 mm(0.008 6 in)			

		温度/℃(℉)	24(75)					
		吸湿量(%)						
		吸湿平衡条件(T/℃(℉),RH/%)	大气环境					
		来源编码						
			正则化值	实测值	正则化值	实测值	正则化值	实测值
F_x^{cu}/MPa (ksi)	平均值		341(49.4)	347(50.3)				
	最小值		320(46.4)	328(47.5)				
	最大值		354(51.4)	367(53.2)				
	CV/%		3.29[6.00]	3.42[6.00]				
	B 基准值		300(43.5)②	306(44.4)②				
	分布		正态	正态				
	C_1		341(49.4)	347(50.3)				
	C_2		11.2(1.62)	11.9(1.72)				
	试样数量		18					
	批数		3					
	数据种类		BP3					
E_x^c/GPa (Msi)	平均值		25.5(3.70)	26.1(3.78)				
	最小值		24.7(3.58)	25.1(3.64)				
	最大值		26.3(3.81)	26.7(3.87)				
	CV/%		1.64	1.77				
	试样数量		18					
	批数		3					
	数据种类		平均值					

注:①ASTM D 6484 测试标准忽略孔。注意这种改进的测试标准一般不被 CMH-17 测试工作组接受,但是它可以作为个例被接受;②由于计算的 CV 太小,因此采用修正的 CV 转换计算 B 基准值;如第 1 卷第 8 章 8.4.4 节所示(修正的 CV 在方括号内)。

表 2.2.2.1(r) *x* 轴开孔拉伸性能([0/90/0/90/45/−45/90/0/90/0]s)

材料	T700SC 12k/2510 平纹机织物			
树脂含量	40.0%～43.1%(质量)	复合材料密度	1.50～1.52 g/cm³	
纤维体积含量	48.6%～50.0%	空隙含量	0.0～2.78%	
单层厚度	0.208～0.218 mm(0.008 2～0.008 6 in)	模量计算		
试验方法	ASTM D 5766-02a	试样尺寸	$t=4.318$ mm(0.17 in);$w=$19.05 mm(0.75 in);$d=$6.35 mm(0.25 in)	
正则化	固化后单层名义厚度 0.218 mm(0.008 6 in)			

	温度/℃(℉)	24(75)					
	吸湿量(%)	大气环境					
	吸湿平衡条件(T/℃(℉), RH/%)						
	来源编码						
		正则化值	实测值	正则化值	实测值	正则化值	实测值
F_x^{oht}/MPa (ksi)	平均值	411(59.6)	421(61.0)				
	最小值	374(54.3)	376(54.6)				
	最大值	457(66.3)	476(69.1)				
	CV/%	5.90	6.66				
	B 基准值	②	②				
	分布	ANOVA	ANOVA				
	C_1	232(4.89)	243(5.12)				
	C_2	184(3.88)	216(4.54)				
	试样数量	18					
	批数	3					
	数据种类	B18					

注:①$w=19.05$ mm (0.75 in);($W/D=3$);②没有列出用 ANOVA 方法从少于 5 组数据计算出来的 B 基准值。

表 2.2.2.1(s)　x 轴开孔拉伸性能([0/90/0/90/45/-45/90/0/90/0]s)

材料	T700SC 12k/2510 平纹机织物					
树脂含量	39.9%～44.3%(质量)		复合材料密度	1.50～1.54 g/cm³		
纤维体积含量	47.3%～51.3%		空隙含量	0.0～2.78%		
单层厚度	0.208～0.218 mm(0.008 2～0.008 6 in)		模量计算			
试验方法	ASTM D 5766 - 02a		试样尺寸	$t=4.318$ mm(0.17 in)；$w=25.4$ mm(1.00 in)，38.1 mm(1.50 in)，50.8 mm(2.00 in)；$d=6.35$ mm(0.25 in)		
正则化	固化后单层名义厚度 0.218 mm(0.008 6 in)					

温度/℃(℉)	24(75)①		24(75)②		24(75)③	
吸湿量(%)						
吸湿平衡条件 (T/℃(℉)，RH/%)	大气环境		大气环境		大气环境	
来源编码						

		正则化值	实测值	正则化值	实测值	正则化值	实测值
F_x^{oht} / MPa (ksi)	平均值	436(63.2)	446(64.7)	459(66.5)	470(68.1)	478(69.3)	487(70.6)
	最小值	405(58.7)	409(59.3)	426(61.8)⑤	437(63.4)⑤	445(64.5)	452(65.6)
	最大值	470(68.1)	481(69.7)	496(71.9)	503(73.0)	525(76.2)	534(77.4)
	CV/%	4.41[6.21]	4.71[6.35]	4.52[6.26]	4.44[6.22]	4.39[6.19]	4.60[6.30]
	B 基准值	383(55.5)④	390(56.5)④	403(58.5)④	414(60.0)④	419(60.8)④	426(61.8)④
	分布	正态	正态	正态	正态	正态	正态
	C_1	436(63.2)	446(64.7)	459(66.5)	470(68.1)	478(69.3)	487(70.6)
	C_2	19.2(2.79)	21.0(3.04)	20.8(3.01)	20.8(3.02)	21.0(3.04)	22.4(3.25)
	试样数量	18		20		20	
	批数	3		3		3	
	数据种类	B18		B18		B18	

注：①$w=25.4$ mm (1.00 in)；($W/D=4$)；②$w=38.1$ mm (1.5 in)；($W/D=6$)；③$w=50.8$ mm (2.00 in)；($W/D=8$)；④由于计算的 CV 太小，因此采用修正的 CV 转换计算 B 基准值；如第 1 卷第 8 章 8.4.4 节所示(修正的 CV 在方括号内)；⑤在批次合并前的一个低异常数据。

表 2.2.2.1(t)　x 轴开孔拉伸性能([(45/0/－45/90)2]s)

材料	T700SC 12k/2510 平纹机织物					
树脂含量	40.5%～44.3%(质量)		复合材料密度	1.50～1.54 g/cm³		
纤维体积含量	47.3%～51.0%		空隙含量	0.0～3.02%		
单层厚度	0.206～0.218 mm(0.0081～0.0086 in)		模量计算			
试验方法	ASTM D 5766-02a		试样尺寸	t＝3.556 mm(0.14 in)；w＝38.1 mm(1.50 in)；d＝6.35 mm(0.25 in)		
正则化	固化后单层名义厚度 0.218 mm(0.0086 in)					

温度/℃(℉)		24(75)		－54(－65)		82(180)	
吸湿量(%)							
吸湿平衡条件(T/℃(℉), RH/%)		大气环境		大气环境		63(145), 85①	
来源编码							
		正则化值	实测值	正则化值	实测值	正则化值	实测值
F_x^{oht} / MPa (ksi)	平均值	376(54.5)	383(55.6)	350(50.8)	359(52.1)	421(61.1)	429(62.2)
	最小值	345(50.1)	356(51.7)	332(48.2)	339(49.2)	383(55.6)	387(56.2)
	最大值	397(57.6)	407(59.0)	379(54.9)	500(58.0)	461(66.8)	468(67.9)
	CV/%	3.42[6.00]	3.44[6.00]	3.45[6.00]	4.14[6.07]	4.78[6.39]	4.68[6.34]
	B基准值	334(48.4)②	341(49.4)②	308(44.7)②	316(45.8)②	380(55.1)②	386(56.0)②
	分布	正态(合并)	正态(合并)	正态(合并)	正态(合并)	正态(合并)	正态(合并)
	C_1	27.0(3.92)	28.1(4.08)	27.0(3.92)	28.1(4.08)	27.0(3.92)	28.1(4.08)
	C_2	12.1(1.76)	12.1(1.76)	12.1(1.76)	12.1(1.76)	12.0(1.74)	12.0(1.74)
	试样数量	18		18		21	
	批数	3		3		3	
	数据种类	BP3		BP3		BP3	

注：①ASTM D 5229 指南；差别：连续的两个吸湿量读数在 7 天之内改变小于 0.05%；②由于计算的 CV 太小，因此采用修正的 CV 转换计算 B 基准值；如第 1 卷第 8 章 8.4.4 节所示(修正的 CV 在方括号内)。

表 2.2.2.1(u)　x 轴开孔拉伸性能（[45/－45/90/45/－45/45/－45/0/45/－45]s）

材料	T700SC 12k/2510 平纹机织物					
树脂含量	40.5%～44.3%（质量）		复合材料密度	1.50～1.54 g/cm³		
纤维体积含量	47.3%～51.0%		空隙含量	0.0～2.55%		
单层厚度	0.208～0.218 mm（0.0082～0.0086 in）		模量计算			
试验方法	ASTM D 5766-02a		试样尺寸	t=4.318 mm(0.17 in)；w=38.1 mm(1.50 in)；d=6.35 mm(0.25 in)		
正则化	固化后单层名义厚度 0.218 mm(0.0086 in)					

温度/℃(℉)		24(75)					
吸湿量(%)		大气环境					
吸湿平衡条件 (T/℃(℉),RH/%)							
来源编码							
		正则化值	实测值	正则化值	实测值	正则化值	实测值
F_x^{oht} / MPa (ksi)	平均值	283(41.1)	290(42.0)				
	最小值	267(38.7)	266(38.6)				
	最大值	293(42.5)	301(43.6)				
	CV/%	2.28[6.00]	2.98[6.00]				
	B 基准值	250(36.2)①	255(37.0)①				
	分布	正态	正态				
	C_1	283(41.1)	290(42.0)				
	C_2	6.5(0.94)	8.6(1.25)				
	试样数量	18					
	批数	3					
	数据种类	B18					

注:①由于计算的 CV 太小,因此采用修正的 CV 转换计算 B 基准值;如第 1 卷第 8 章 8.4.4 节所示(修正的 CV 在方括号内)。

表 2.2.2.1(v)　x 轴开孔压缩性能([0/90/0/90/45/—45/90/0/90/0]s)

材料	T700SC 12k/2510 平纹机织物			
树脂含量	40.1%～48.7%(质量)	复合材料密度	1.50～1.53 g/cm³	
纤维体积含量	43.6%～51.0%	空隙含量	0.0～2.78%	
单层厚度	0.208～0.218 mm(0.008 2～0.008 6 in)	模量计算		
试验方法	ASTM D 6484-99	试样尺寸	$t=4.318\,mm(0.17\,in)$；$w=38.1\,mm(1.50\,in)$；$d=6.35\,mm(0.25\,in)$	
正则化	固化后单层名义厚度 0.218 mm(0.008 6 in)			

温度/℃(℉)		24(75)						
吸湿量(%)		大气环境						
吸湿平衡条件(T/℃(℉), RH/%)								
来源编码								
		正则化值	实测值	正则化值	实测值	正则化值	实测值	
F_x^{ohc} /MPa (ksi)	平均值	299(43.4)	305(44.3)					
	最小值	281(40.8)	285(41.3)					
	最大值	321(46.5)	334(48.4)					
	CV/%	4.08[6.04]	5.30[6.65]					
	B 基准值	264(38.3)①	266(38.6)①					
	分布	正态	正态					
	C_1	299(43.4)	305(44.3)					
	C_2	12.2(1.77)	16.2(2.35)					
	试样数量	19						
	批数	3						
	数据种类	B18						

注：①由于计算的 CV 太小，因此采用修正的 CV 转换计算 B 基准值；如第 1 卷第 8 章 8.4.4 节所示(修正的 CV 在方括号内)。

表 2.2.2.1(w) *x* 轴开孔压缩性能([(45/0/—45/90)₂]s)

材料	T700SC 12k/2510 平纹机织物			
树脂含量	36.0%~49.5%(质量)		复合材料密度	1.46~1.51 g/cm³
纤维体积含量	42.2%~53.8%		空隙含量	0.0~3.02%
单层厚度	0.201~0.208 mm(0.0079~0.0082 in)		模量计算	
试验方法	ASTM D 6484-99		试样尺寸	t=3.556 mm(0.14 in);w=38.1 mm(1.50 in);d=6.35 mm(0.25 in)
正则化	固化后单层名义厚度 0.218 mm(0.0086 in)			

温度/℃(℉)	24(75)		—54(—65)		82(180)	
吸湿量(%)						
吸湿平衡条件 (T/℃(℉), RH/%)	大气环境		大气环境		63(145), 85①	
来源编码						

		正则化值	实测值	正则化值	实测值	正则化值	实测值
F_x^{ohc} / MPa (ksi)	平均值	279(40.4)	284(41.2)	337(48.9)	342(49.6)	193(28.0)	197(28.5)
	最小值	270(39.1)	271(39.3)	310(44.9)	310(45.0)	183(26.5)	183(26.5)
	最大值	298(43.2)	302(43.8)	350(50.8)	356(51.7)	205(29.8)	209(30.3)
	CV/%③	2.79[6.00]	3.30[6.00]	3.43[6.00]	3.92[6.00]	3.72[6.00]	3.84[6.00]
	B 基准值	250(36.2)②	254(36.9)②	308(44.7)②	313(45.4)②	164(23.8)②	168(24.3)②
	分布	正态(合并)	正态(合并)	正态(合并)	正态(合并)	正态(合并)	正态(合并)
	C_1	22.8(3.30)	25.2(3.65)	22.8(3.30)	25.2(3.65)	22.8(3.30)	25.2(3.65)
	C_2	12.1(1.76)	12.1(1.76)	12.1(1.75)	12.1(1.75)	12.0(1.74)	12.0(1.74)
	试样数量	18		19		21	
	批数	3		3		3	
	数据种类	BP3		BP3		BP3	

注:①ASTM D 5229 指南;差别:两个连续的吸湿量读数在 7 天之内改变小于 0.05%;②由于计算的 CV 太小,因此采用修正的 CV 转换计算 B 基准值;如第 1 卷第 8 章 8.4.4 节所示(修正的 CV 在方括号内)。

表 2.2.2.1(x)　x 轴开孔压缩性能（$[45/-45/90/45/-45/45/-45/0/45/-45]s$）

材料	T700SC 12k/2510 平纹机织物			
树脂含量	37.6%～46.5%（质量）	复合材料密度	1.46～1.51 g/cm³	
纤维体积含量	45.4%～53.6%	空隙含量	0.0～2.55%	
单层厚度	0.206～0.218 mm(0.008 1～0.008 6 in)	模量计算		
试验方法	ASTM D 6484-99	试样尺寸	$t=4.318\,mm(0.17\,in)$；$w=38.1\,mm(1.50\,in)$；$d=6.35\,mm(0.25\,in)$	
正则化	固化后单层名义厚度 0.218 mm(0.008 6 in)			

温度/℃(℉)	24(75)					
吸湿量(%)						
吸湿平衡条件(T/℃(℉), RH/%)	大气环境					
来源编码						

F_x^{ohc}/MPa (ksi)		正则化值	实测值	正则化值	实测值	正则化值	实测值
	平均值	237(34.4)	240(34.8)				
	最小值	223(32.4)	227(32.9)				
	最大值	243(35.3)	248(35.9)				
	CV/%③	2.32[6.00]	2.23[6.00]				
	B 基准值	209(30.3)②	212(30.7)②				
	分布	正态	正态				
	C_1	237(34.4)	240(34.8)				
	C_2	5.5(0.80)	5.4(0.78)				
	试样数量	18					
	批数	3					
	数据种类	B18					

注：①由于计算的 CV 太小，因此采用修正的 CV 转换计算 B 基准值；如第 1 卷第 8 章 8.4.4 节所示（修正的 CV 在方括号内）。

表 2.2.2.1(y)　*x* 轴充填孔拉伸性能([0/90/0/90/45/−45/90/0/90/0]s)

材料	T700SC 12k/2510 平纹机织物		
树脂含量	40.0%~48.1%(质量)	复合材料密度	1.50~1.53 g/cm³
纤维体积含量	44.5%~51.4%	空隙含量	0.0~2.78%
单层厚度	0.208~0.218 mm(0.0082~0.0086 in)	试样尺寸	$t=4.318$ mm(0.17 in)；$w=38.1$ mm(1.50 in)；$d=6.35$ mm(0.25 in)
试验方法	ASTM D 6742-02	模量计算	
紧固件类型	NAS6604-2	孔公差	6.40+0.03/−0.05 mm (0.252+0.001/−0.002 in)
扭矩	7.9±0.6 N·m(70±5 in·lbf)	沉头孔角度和深度	
正则化	固化后单层名义厚度 0.218 mm(0.0086 in)		

温度/℃(℉)	24(75)		−54(65)		82(180)	
吸湿量(%)						
吸湿平衡条件 (T/℃(℉)，RH/%)	大气环境		大气环境		63(145)，85①	
来源编码						
	正则化值	实测值	正则化值	实测值	正则化值	实测值
平均值	434(62.9)	443(64.2)	411(59.6)	418(60.6)	518(75.2)	527(76.4)
最小值	387(56.1)	398(57.7)	376(54.5)	381(55.3)	478(69.3)	489(70.9)
最大值	468(67.9)	483(70.1)	432(62.7)	443(643)	563(81.7)	574(83.2)
CV/%	5.87[6.94]	5.95[6.97]	3.98[6.00]	4.38[6.19]	4.71[6.35]	4.31[6.15]
B基准值	382(55.4)②	390(56.6)②	359(52.1)②	365(53.0)②	467(67.7)②	474(68.8)②
分布	正态(合并)	正态(合并)	正态(合并)	正态(合并)	正态(合并)	正态(合并)
C_1	33.3(4.83)	33.4(4.85)	33.3(4.83)	33.4(4.85)	33.3(4.83)	33.4(4.85)
C_2	12.1(1.76)	12.1(1.76)	12.1(1.76)	12.1(1.76)	12.1(1.76)	12.1(1.76)
试样数量	19		19		19	
批数	3		3		3	
数据种类	BP3		BP3		B18	

（表中第一列标注：F_x^{fht}/MPa(ksi)）

（续表）

		正则化值	实测值	正则化值	实测值	正则化值	实测值
E_x^{fht}/ GPa (Msi)	平均值	49.8(7.23)	50.9(7.38)				
	最小值	48.7(7.06)	49.1(7.12)				
	最大值	51.4(7.46)	52.4(7.60)				
	CV/%	1.58	1.83				
	试样数量	18					
	批数	3					
	数据种类	平均值					

注：①ASTM D 5229 指南；差别：两个连续的吸湿量读数在 7 天之内改变小于 0.05%；②由于计算的 CV 太小，因此采用修正的 CV 转换计算 B 基准值，如第 1 卷第 8 章 8.4.4 节所示（修正的 CV 在方括号内）。

表 2.2.2.1(z)　x 轴双剪挤压性能（[0/90/0/90/45/−45/90/0/90/0]s）

材料	T700SC 12k/2510 平纹机织物		
树脂含量	40.7%～44.4%（质量）	复合材料密度	1.50～1.56 g/cm³
纤维体积含量	49.9%～50.5%	空隙含量	0.0～2.78%
单层厚度	0.206～0.218 mm(0.0081～0.0086 in.)		
试验方法	ASTM D 5961-01 A		
挤压测试类型	双剪挤压拉伸		
连接构型	元件 1(t, w, 铺层)：4.27 mm (0.168 in)，38.1 mm(1.50 in)[0/90/0/90/45/−45/90/0/90/0]s		
紧固件类型	NAS 6604-34	厚度/直径	0.69
扭矩	3.96±0.56 N·m(35±5 in·lbf)	边距/直径	3
		间距/直径	6
正则化	正则化单层厚度 0.218 mm(0.0086 in)	模量计算	
温度/℃(℉)	24(75)		
吸湿量(%)			
吸湿平衡条件 (T/℃(℉)，RH/%)	大气环境		
来源编码			

（续表）

		正则化	测量值				
F^{bro} 2% 偏移/ MPa (ksi)	平均值	718(104)	738(107)				
	最小值	686(99.4)	697(101)				
	最大值	766(111)	800(116)				
	$CV/\%$	2.67[6.00]	3.15[6.00]				
	B 基准值	638(92.5)①	654(94.9)①				
	分布	正态	正态				
	C_1	718(104)	738(107)				
	C_2	19.2(2.78)	23.2(3.37)				
	试样数量	30					
	批数	3					
	数据种类	B18					
F^{bru} 极限强度/ MPa (ksi)	平均值	759(110)	738(113)				
	最小值	718(104)	731(106)				
	最大值	800(116)	814(118)				
	$CV/\%$	2.50[6.00]	2.65[6.00]				
	B 基准值	671(97.2)①	688(99.7)①				
	分布	正态	正态				
	C_1	759(110)	738(113)				
	C_2	19.0(2.75)	20.6(2.99)				
	试样数量	30					
	批数	3					
	数据种类	B18					

注：①由于计算的 CV 太小，因此采用修正的 CV 转换计算 B 基准值，如第 1 卷第 8 章 8.4.4 节所示（修正的 CV 在方括号内）。

表 2.2.2.1(aa)　x 轴双剪挤压性能($[45/0/-45/90)_2]$s)

材料	T700SC 12k/2510 平纹机织物		
树脂含量	40.7%~44.4%(质量)	复合材料密度	1.50~1.56 g/cm³
纤维体积含量	49.9%~50.5%	空隙含量	0.0~3.02%
单层厚度	0.211~0.218 mm(0.0083~0.0086 in.)		
试验方法	ASTM D 5961-01 A		
挤压测试类型	双剪挤压拉伸		
连接构型	元件 1(t, w, 铺层):3.43 mm(0.135 in), 38.1 mm(1.5 in)$[45/0/-45/90_2]$s		
紧固件类型	NAS 6604-34	厚度/直径	0.55
扭矩	3.96±0.56 N·m(35±5 in·lbf)	边距/直径	3
		间距/直径	6
正则化	固化后单层名义厚度 0.218 mm (0.0086 in)	模量计算	

温度/℃(℉)	24(75)		-54(-65)		82(180)	
吸湿量(%)						
吸湿平衡条件 (T/℃(℉), RH/%)	大气环境		大气环境		63(145), 85①	
来源编码						

		正则化	测量值	正则化	测量值	正则化	测量值
F^{bro} 2% 偏移/ MPa (ksi)	平均值	959(139)	987(143)	1118(162)	1139(165)	794(115)	814(118)
	最小值	911(132)	938(136)	1035(150)	1048(152)	752(109)	766(111)
	最大值	1021(148)	1056(153)	1208(175)	1256(182)	835(121)	863(125)
	CV/%	2.58[6.00]	3.03[6.00]	5.01[6.51]	5.80[6.90]	3.50[6.00]	3.65[6.00]
	B基准值	842(122) (2, 3)	890(129) ③	973(141) (2, 3)	987(143) ③	697(101) (2, 3)	718(104) ③
	分布	正态	正态(合并)	正态	正态	正态	正态(合并)
	C_1	959(139)	22.8(3.31)	1118(162)	1139(165)	794(115)	22.8(3.31)
	C_2	24.7(3.58)	12.5(1.82)	55.8(8.10)	66.1(9.59)	27.8(4.03)	12.5(1.82)
	试样数量	18		18		18	
	批数	3		3		3	
	数据种类	B18/BP3		B18		B18/BP3	

（续表）

		正则化	测量值	正则化	测量值	正则化	测量值
F^{bru} 极限强度/MPa (ksi)	平均值	973(141)	1001(145)	1152(167)	1180(171)	814(118)	828(120)
	最小值	932(135)	959(139)	1076(156)	1083(157)	766(111)	766(111)
	最大值	1056(153)	1090(158)	1214(176)	1263(183)	863(125)	876(127)
	CV/%	2.80[6.00]	3.07	3.46[6.00]	4.21[6.11]	3.11[6.00]	3.70[6.00]
	B 基准值	869(126)③	952(138)	1049(152)③	1035(150)③	711(103)③	731(106)③
	分布	正态(合并)	非参数	正态(合并)	正态	正态(合并)	正态
	C_1	21.2(3.08)	9.00	21.2(3.08)	1180(171)	21.2(3.08)	828(120)
	C_2	12.2(1.77)	1.35	12.2(1.77)	49.6(7.19)	12.2(1.77)	30.8(4.46)
	试样数量	18		18		18	
	批数	3		3		3	
	数据种类	B18/BP3		B18/BP3		B18/BP3	

注：①ASTM D 5229 指南；差别：7 天内，两个连续的吸湿量读数改变小于 0.08%；②合并的数据没有通过 Levene 检验，采用单点法进行分析；③由于计算的 CV 太小，因此采用修正的 CV 转换计算 B 基准值，如第 1 卷第 8 章 8.4.4 节所示（修正的 CV 在方括号内）。

表 2.2.2.1(ab)　x 轴单剪挤压性能（[0/90/0/90/45/−45/90/0/90/0]s）

材料	T700SC 12k/2510 平纹机织物		
树脂含量	38.9%~46.3%（质量）	复合材料密度	1.49~1.53 g/cm³
纤维体积含量	45.0%~52.2%	空隙含量	0.0~2.78%
单层厚度	0.211~0.218 mm（0.0083~0.0086 in）		
试验方法	ASTM D 5961-01 B		
挤压测试类型	单剪挤压拉伸		
连结构型	元件 1（t, w, 铺层）：4.29 mm（0.169 in），38.1 mm（1.5 in）[0/90/0/90/45/−45/90/0/90/0]s 元件 2（t, w, 铺层）：4.29 mm（0.169 in），38.1 mm（1.5 in）[0/90/0/90/45/−45/90/0/90/0]s		
紧固件类型	NAS 6604	厚度/直径	0.69
扭矩	3.96±0.56 N·m（35±5 in·lbf）	边距/直径	3
		间距/直径	6
正则化	固化后单层名义厚度 0.218 mm（0.0086 in）	模量计算	

（续表）

		正则化	测量值			
温度/℃(℉)		24(75)				
吸湿量(%)						
吸湿平衡条件 (T/℃(℉)，RH/%)		大气环境				
来源编码						
		正则化	测量值			
$F^{bro}2\%$ 偏移/ MPa (ksi)	平均值	499(72.3)	510(73.9)			
	最小值	476(69.0)	484(70.1)			
	最大值	524(76.0)	533(77.3)			
	CV/%	2.59[6.00]	2.86[6.00]			
	B基准值	440(63.8) ①	449(65.1) ①			
	分布	正态	正态			
	C_1	499(72.3)	510(73.9)			
	C_2	12.9(1.87)	14.6(2.12)			
	试样数量	18				
	批数	3				
	数据种类	B18				
F^{bru}极 限强 度/ MPa (ksi)	平均值	589(85.4)	602(87.2)			
	最小值	564(81.8)	575(83.3)			
	最大值	616(89.3)	639(92.6)			
	CV/%	2.47[6.00]	2.92[6.00]			
	B基准值	519(75.3) ①	530(76.9) ①			
	分布	正态	正态			
	C_1	589(85.4)	602(87.2)			
	C_2	14.5(2.11)	17.5(2.54)			
	试样数量	18				
	批数	3				
	数据种类	B18				

注：①由于计算的CV太小，因此采用修正的CV转换计算B基准值，如第1卷第8章8.4.4节所示(修正的CV在方括号内)。

表 2.2.2.1（ac）　x 轴单剪挤压性能（[(45/0/−45/90)₂]s）

材料	T700SC 12k/2510 平纹机织物		
树脂含量	38.9%～46.3%（质量）	复合材料密度	1.49～1.53 g/cm³
纤维体积含量	45.0%～52.5%	空隙含量	0.0～3.02%
单层厚度	0.208～0.218 mm（0.0082～0.0086 in）		
试验方法	ASTM D 5961-01 B		
挤压测试类型	单剪挤压拉伸		
连结构型	元件 1（t, w, 铺层）：3.61 mm（0.142 in），38.1 mm（1.5 in）[45/0/−45/90₂]s 元件 2（t, w, 铺层）：3.61 mm（0.142 in），38.1 mm（1.5 in）[45/0/−45/90₂]s		
紧固件类型	NAS 6604	厚度/直径	0.55
扭矩	3.96±0.56 N·m（35＋5 in·lbf）	边距/直径	3
		间距/直径	6
正则化	固化后单层名义厚度 0.218 mm（0.0086 in）	模量计算	

温度/℃（℉）	24（75）		−54（−65）		82（180）	
吸湿量（%）						
吸湿平衡条件（T/℃（℉），RH/%）	大气环境		大气环境		63（145），85①	
来源编码						
	正则化	测量值	正则化	测量值	正则化	测量值

		正则化	测量值	正则化	测量值	正则化	测量值
Fᵇʳᵒ 2%偏移/MPa（ksi）	平均值	580（84.0）	594（86.1）	738（107）	752（109）	482（69.8）	491（71.1）
	最小值	509（73.8）	510（73.9）	688（99.7）	690（100）	449（65.0）	452（65.5）
	最大值	629（91.1）	658（95.4）	787（114）	807（117）	500（72.5）	513（74.4）
	CV/%	6.51	7.26	4.15[6.07]	4.66[6.33]	3.52	3.71
	B 基准值	②	②	649（94.0）③	660（95.6）③	436（63.2）	455（65.9）
	分布	ANOVA	ANOVA	正态	正态	非参数	威布尔
	C₁	274（5.77）	273（5.75）	738（107）	752（109）	9.00	268（38.9）
	C₂	302（6.35）	344（7.24）	17.5（4.43）	35.2（5.10）	1.35	72.2
	试样数量	18		18		18	
	批数	3		3		3	
	数据种类	B18		B18		B18	

（续表）

		正则化	测量值	正则化	测量值	正则化	测量值
F^{bru}极限强度/MPa (ksi)	平均值	711(103)	725(105)	856(124)	869(126)	591(85.6)	602(87.2)
	最小值	673(97.5)	674(97.7)	800(116)	807(117)	527(76.4)	544(78.8)
	最大值	738(107)	759(110)	918(133)	938(136)	635(92.0)	647(93.7)
	CV/%	2.55[6.00]	3.25[6.00]	3.76[6.00]	4.02[6.01]	5.27[6.64]	4.83[6.42]
	B基准值	631(91.4)③	647(93.7)③	773(112)③	794(115)③	511(74.1)③	522(75.6)③
	分布	正态(合并)	正态(合并)	正态(合并)	正态(合并)	正态(合并)	正态(合并)
	C_1	711(103)	725(105)	856(124)	869(126)	591(85.6)	602(87.2)
	C_2	18.1(2.62)	23.6(3.42)	32.1(4.65)	35.0(5.08)	31.1(4.51)	29.0(4.21)
	试样数量	18		18		18	
	批数	3		3		3	
	数据种类	BP3		BP3		BP3	

注：①ASTM D 5229指南；差别：7天内，两个连续的吸湿量读数变化小于0.05%；②只对超过5批次的ANOVA法提供B基准值；③由于计算的CV太小，因此采用修正的CV转换计算B基准值，如第1卷第8章8.4.4节所示（修正的CV在方括号内）。

2.2.2.2　T300 3k/E765 平纹机织物

材料描述：

材料　　　T300 3k/E765。

　　　　　按 Nelcote 材料规范 E765 MS1001。

形式　　　平纹织物预浸料，织物面积质量为 193 g/m²，典型的固化后树脂含量为 36%～46%，典型的固化后单层厚度为 0.213～0.239 mm (0.0084～0.0094 in)。

固化工艺　烘箱固化，132～138℃ (270～280°F)，559～711 mm (22～28 in) 汞柱压力，110～130 min。

　　　　　按 Nelcote 工艺规范 E765 PSI1000。

供应商提供的数据：

纤维　　　Amoro T300 NT 纤维是由 PAN 基原丝制造的连续碳纤维，每一丝束包含有 3 000 根碳丝。典型的拉伸模量为 234 GPa (34×10⁶ psi)，典型的拉伸强度为 3 650 MPa (530 000 psi)。

基体　　　E-765 是由 Park Electrochemcial Corporation 制造的一种环氧树脂，商业名称为"Nelcote"。

最高使用温度　82℃ (180°F)。

典型应用　　　通用结构。

数据分析概述：

批次定义　　　3 个批次中经向纤维批次完全相同,第一批次和第三批次的纬向纤维批次相同。

试验　　　　　面内剪切强度是所能达到的最大应力,剪切模量是 2 500～6 500 之间的弦向模量——不同于现行的 ASTM D 5379。对 5% 应变时的剪切应力仅有有限的数据。吸湿处理按 ASTM D 5229 指南,不同的是 7 天内连续两次称重的吸湿量变化小于 0.05%。

　　　　　　　层压板拉伸和压缩试验依照修订过的 ASTM D 5766 和 D 6484。修订这些方法以忽略孔的影响。这些修改并不被 CMH-17 测试工作组接受,但是在这里作为个例被接受。

异常值　　　　单层,82℃大气环境(180℉/A)下的 0°拉伸泊松比有一个较低的异常值。较低的异常值存在于:①24℃大气环境(75℉/A)下的 90°压缩实测强度;②24℃大气环境(75℉/A)下的 90°压缩正则化强度;③82℃湿态环境(180℉/W)下的面内剪切强度;④82℃大气环境(180℉/A)下在液压油中浸泡后的面内剪切强度;以及两个在⑤82℃大气环境(180℉/A)下的面内剪切强度。所有的异常值均被保留,因为没有发现不一致的情况。

　　　　　　　层压板,下列情况均有一个较低的异常值:①24℃湿态环境(75℉/W)下的无缺口拉伸强度(25/50/25);②-55℃大气环境(-65℉/A)下的无缺口拉伸强度(25/50/25);③82℃湿态环境(180℉/W)下的无缺口拉伸强度;④24℃大气环境(75℉/A)下的开孔压缩强度(10/80/10);⑤82℃大气环境(180℉/A)下的 2%双剪挤压强度;⑥-55℃大气环境(-65℉/A)下的双剪挤压极限强度(25/50/25);⑦24℃大气环境(75℉/A)单剪挤压 2%偏移强度(25/50/25)。下列情况均有一个较高的异常值:①-55℃大气环境(-65℉/A)下开孔压缩强度(25/50/25);②24℃大气环境(75℉/A)下的开孔压缩强度(25/50/25);③-55℃大气环境(-65℉/A)下的单剪挤压 2%偏移强度(25/50/25);④82℃湿态环境(180℉/W)下双剪切挤压极限强度(25/50/25)。所有的异常值均被保留,因为没有发现不一致的情况。

批间变异性和数据集合并：

单层　　　　　-54℃大气环境(-65℉/A)下 0°拉伸实测值和正则化值显示出了批间变异性,但是批次间存在重叠区间。所有 4 种环境下都采用以判定为基础的 ASAP 合并,忽略这些差异。82℃大气环境(180℉/A)及 82℃湿态环境(180℉/W)下 90°拉伸实测值及正则化值出现了变异性,因此采用单点法处理该性能。82℃大气环境(180℉/A)及82℃湿态环境(180℉/W)由于少于5个批次无法计算基准值。24℃大气环境(75℉/A)下90°拉伸测量值同样出现了变异性,但是这些基于判定(批间数据存在重叠区间)可以被忽略,该情况可以被合并。

24℃大气环境(75℉/A)下实测值及82℃湿态环境(180℉/W)下0°压缩正则化值存在批间变异性,但是这些可以被忽略,因为数据存在重叠区间。24℃大气环境(75℉/A),82℃大气环境(180℉/A)及82℃湿态环境(180℉/W)采用ASAP合并。正则化数据满足在 $\alpha = 0.025$ 时的方差等同性检验。

对于90°压缩,仅在在82℃湿态环境(180℉/W)(实测值)出现变异性,但是由于批间存在重叠区间所以可以忽略。24℃大气环境(75℉/A)实测值及实测合并值不能通过 Anderson-Darling 检验,但是通过图解法可以被接受。24℃大气环境(75℉/A),82℃大气环境(180℉/A),82℃湿态环境(180℉/W)满足方差等同性检验,采用ASAP合并进行数据处理。

对于0/90面内剪切(所能达到的最大应力),未发现批间变异性,但24℃大气环境(75℉/A)以及82℃大气环境(180℉/A)数据不正常。采用单点法分析每个环境。

注意:将经修正的 CV 转换用于相关的层压板数据(单层数据要在采用 CV 值修正处理之前进行提交和分析)。

层压板,批间变异性　没有通过批间变异性(ADK)检验(如果适用,采用修正的 CV 转换)的数据集:

- 无缺口压缩强度,82℃湿态环境(180℉/W)(25/50/25)。
- 开孔压缩,82℃湿态环境(180℉/W)(25/50/15)。
- 双剪挤压,极限强度,−55℃大气环境(−65℉/A)(25/50/25)。

合并　至少有两种环境(包括24℃大气环境(75℉/A))没有通过 ADK、正态或者方差等同性检验的数据集:

- 单剪挤压2%偏移强度(25/50/25)——24℃大气环境(75℉/A)未通过正态检验,−55℃大气环境(−65℉/A)及82℃湿态环境(180℉/W)未通过 ADK 检验。
- 单剪挤压极限强度(25/50/25)——24℃大气环境(75℉/A)及82℃湿态环境(180℉/W)未通过 ADK 检验。

工艺路线:　(1)施加 0.075～0.095 MPa(22～28 in)汞柱压力。

(2)以 1～4℃/min(1～6℉/min)的升温速率从室温升至132～138℃(270～280℉)。

（3）在 132～138℃（270～280℉）固化 110～130 min。

（4）以 1.7～5.6℃/min（3～10℉/min）速度降温。

铺层示意：　模具，预浸料，脱模织物，吸胶布，无孔脱模膜，透气织物，尼龙薄膜袋。

表 2.2.2.2　T700SC 3k/E765 平纹机织物

材料	T300 3k/E765 平纹机织物			
形式	Necote 公司 T300 3k 平纹机织物预浸料，12×12 束/in			
纤维	T300 3k，表面处理 309-1.1%，无捻		基体	Nelcote 公司 E765
T_g（干态）	145℃（293℉）	T_g（湿态）　107℃（225℉）	T_g 测量方法	DMA E，SACMA SRM 18R-94
固化工艺	烘箱固化；132～138℃（270℉～280℉），0.067～0.095 MPa（20～28 in 汞柱）压力，110～130 min			

纤维制造日期：	10/97（单层），9/99—5/00（层压板）	试验日期：	10/98—1/99（单层），6/04—2/06（层压板）
树脂制造日期：	11/97（单层），12/99—9/00（层压板）	数据提交日期：	1/04（单层），12/08（层压板）
预浸料制造日期：	12/97（单层），12/99—10/00（层压板）	分析日期：	11/08—2/09
复合材料制造日期：	6/98（单层）		

单层性能汇总

	21℃（70℉）/A	−54℃（−65℉）/A	82℃（180℉）/A	82℃（180℉）/W			
1 轴拉伸	b̲ss-	b̲ss-	b̲ss-	b̲ss-			
2 轴拉伸	b̲s--	b̲s--	b̲s--	b̲s--			
3 轴拉伸							
1 轴压缩	b̲s--	s--	b̲s--	b̲s--			
2 轴压缩	b̲s--	s--	b̲s--	b̲s--			
3 轴压缩							
12 面剪切	bs--	s--	b̲s--	bs---			
23 面剪切							
31 面剪切							
31 面 SB 强度	s---						

注：强度/模量/泊松比/破坏应变的数据种类为：A—A75，a—A55，A̲—AP10，a̲—AP5，B—B30，b—B18，B̲—BP5，b̲—BP3，M—平均值，I—临时值，S—筛选值，——无数据（见表 1.5.1.2(c)）。

数据还包括除水之外的三种液体条件下的 F_{12}^{su} 结果。

物理性能汇总

	名义值	提交值	试验方法
纤维密度/(g/cm³)	1.76	1.76	Toray TY-030B-02①
树脂密度/(g/cm³)	1.3	—	ASTM D 792-91
复合材料密度/(g/cm³)	1.49	1.45~1.50	ASTM D 792-91
纤维面积质量/(g/m²)	193	196~200	SACMA SRM 23R-94
纤维体积含量/%	48.5	45~54	ASTM D 3171-9
单层厚度/mm	0.226	0.191~0.249	SACMA SRM 10R-94

注：①与 SACMA SRM 15 类似，未去除纤维上浆剂。

层压板性能汇总

	24℃ (75℉) /A	−55℃ (−65℉) /A	82℃ (180℉) /W			
$[45/0/-45/90/0/0/45/0/-45/0]s$①						
拉伸,x 轴	S—					
压缩,x 轴	S—					
$[(45/0/-45/90)_2]s$						
拉伸,x 轴	b̲—	b̲—	b̲—			
压缩,x 轴	b̲—	b̲—	b̲—			
开孔拉伸,x 轴	b̲—	b̲—	b̲—			
开孔压缩,x 轴	b̲—	b̲—	b̲—			
双剪切挤压	b̲—	b̲—	b̲—			
单剪切挤压	b̲—	b̲—	b̲—			
$[45/-45/90/45/-45/45/-45/0/45/$ $-45]s$③						
拉伸,x 轴	b—					
压缩,x 轴	b̲—					
开孔拉伸,x 轴	b—					
开孔压缩,x 轴	b̲—					

注：①铺层比例(0°/45°/90°)=40/20/40；②铺层比例(0°/45°/90°)=25/50/25；③铺层比例(0°/45°/90°)=10/80/10。

强度/模量/泊松比/破坏应变的数据种类为：A—A75，a—A55，A̲—AP10，a̲—AP5，B—B30，b—B18，B̲—BP5，b̲—BP3，M—平均值，I—临时值，S—筛选值，——无数据(见表 1.5.1.2(c))。

表 2.2.2.2(a)　1 轴拉伸性能($[0_f]_{12}$)

材料	T300 3k/E765 平纹织物					
树脂含量	39%~43%(质量)			复合材料密度	1.46~1.48 g/cm³	
纤维体积含量	48%~51%			空隙含量	1.0%~2.7%	
单层厚度	0.208~0.229 mm(0.0082~0.0090 in)					
试验方法	ASTM D 3039-95			模量计算	在 1000~3000 $\mu\varepsilon$ 之间的弦向模量	
正则化	试样厚度和批内纤维面积含量正则化到纤维体积含量 48.5%(单层厚度 0.226 mm(0.0089 in))					

温度/℃(℉)	24(75)		−54(−65)		82(180)	
吸湿量(%)						
吸湿平衡条件 (T/℃(℉), RH/%)	大气环境		大气环境		大气环境	
来源编码						

		正则化值	实测值	正则化值	实测值	正则化值	实测值
F_1^{tu}/ MPa (ksi) ④	平均值	599(86.8)	624(90.5)	556(80.6)	575(83.4)	622(90.2)	647(93.7)
	最小值	511(74.0)	535(77.5)	494(71.6)	529(76.7)	540(78.2)	564(81.8)
	最大值	669(96.9)	681(98.7)	612(88.7)	646(93.6)	711(103)	725(105)
	CV/%	6.38	6.17	5.88	5.57	7.99	7.37
	B 基准值	535(77.5)①	561(81.3)①	497(72.0)①③	517(74.9)①③	556(80.6)①	581(84.2)①
	分布	正态(合并)	正态(合并)	正态(合并)	正态(合并)	正态(合并)	正态(合并)
	C_1	42.3(6.13)	40.1(5.81)	42.3(6.13)	40.1(5.81)	42.3(6.13)	40.1(5.81)
	C_2	12.0(1.74)	12.0(1.74)	12.0(1.74)	12.0(1.74)	12.0(1.74)	12.0(1.74)
	试样数量	18		18		18	
	批数	3		3		3	
	数据种类	BP3②		BP3②		BP3②	
E_1^t/ GPa (Msi)	平均值	54.4(7.89)	56.6(8.20)	57.0(8.26)	59.0(8.55)	52.7(7.64)	54.8(7.94)
	最小值	52.3(7.58)	55.2(8.00)	53.2(7.71)	56.1(8.13)	51.4(7.45)	53.7(7.78)
	最大值	56.0(8.11)	58.9(8.53)	60.3(8.74)	63.6(9.22)	54.4(7.89)	57.0(8.26)
	CV/%	2.31	2.29	4.93	4.80	2.31	2.45

（续表）

		正则化值	实测值	正则化值	实测值	正则化值	实测值
	试样数量	6		6		6	
	批数	3		3		3	
	数据种类	筛选值		筛选值		筛选值	
ν_{12}^t	平均值	0.059		0.065		0.045	
	试样数量	6		6		6	
	批数	3		3		3	
	数据种类	筛选值		筛选值		筛选值	

注：①采用 ASAP 分析数据，通过各自的方法将 4 种环境数据正则化满足正态分布；②每批次的纤维批次不是很明确；③ $ADK > ADC$，在 $\alpha = 0.025$ 时，批次不是来自同一母体，但是被合并（批次间存在重叠区间）；④一些破坏发生在靠近夹持/加强片处，还有一些在加强片内，但后一种情况的强度也不低。

表 2.2.2.2(b)　　1 轴拉伸性能（$[0_f]_{12}$）

材料	T300 3k/E765 平纹织物		
树脂含量	39%～43%（质量）	复合材料密度	1.46～1.48 g/cm³
纤维体积含量	48%～51%	空隙含量	1.0%～2.7%
单层厚度	0.208～0.229 mm（0.008 2～0.009 0 in）		
试验方法	ASTM D 3039-95	模量计算	在 1 000～3 000 $\mu\varepsilon$ 之间的弦向模量
正则化	试样厚度和批内纤维面积含量正则化到纤维体积含量 48.5%（单层厚度 0.226 mm（0.008 9 in））		

温度/℃(℉)	82(180)	
吸湿量(%)	1.3	
吸湿平衡条件 (T/℃(℉), RH/%)	63(145), 85 ③	
来源编码		

		正则化值	实测值	正则化值	实测值	正则化值	实测值
F_1^{tu} / MPa (ksi) ④	平均值	648(93.9)	667(96.7)				
	最小值	584(84.7)	607(88.0)				
	最大值	688(99.7)	704(102)				
	CV/%	4.20	4.18				

（续表）

		正则化值	实测值	正则化值	实测值	正则化值	实测值
	B 基准值	579(83.9)①	600(86.9)①				
	分布	正态(合并)	正态(合并)				
	C_1	4.3(6.13)	40.1(5.81)				
	C_2	12.0(1.74)	12.0(1.74)				
	试样数量	18					
	批数	3					
	数据种类	BP3②					
$E_1^t/$ GPa (Msi)	平均值	53.7(7.78)	55.3(8.02)				
	最小值	52.2(7.57)	54.4(7.89)				
	最大值	54.8(7.94)	57.2(8.29)				
	$CV/\%$	1.65	1.81				
	试样数量	6					
	批数	3					
	数据种类	筛选值					
ν_{12}^t	平均值	0.043					
	试样数量	6					
	批数	3					
	数据种类	筛选值					

注：①采用 ASAP 分析数据，通过各自的方法将 4 种环境数据正则化满足正态分布；②每批次的纤维批次不是很明确；③ASTM D 5229 指南：差别：7 天内，两个连续的吸湿量读数变化小于 0.05%；④一些破坏发生在靠近夹持/加强片处，还有一些在加强片内，但后一种情况的强度并不低。

表 2.2.2.2(c) 2 轴拉伸性能（$[90_f]_{12}$）

材料	T300 3k/E765 平纹织物		
树脂含量	36%～44%(质量)	复合材料密度	1.47～1.48 g/cm³
纤维体积含量	47%～54%	空隙含量	0.1%～3.8%
单层厚度	0.213～0.234 mm(0.008 4～0.009 2 in)		
试验方法	ASTM D 3039 - 95	模量计算	在 1000～3 000 $\mu\varepsilon$ 之间的弦向模量

（续表）

正则化	试样厚度和批内纤维面积含量正则化到纤维体积含量 48.5%（单层厚度 0.226 mm（0.008 9 in））					
温度/℃（℉）	24(75)		−54(−65)		82(180)	
吸湿量(%)						
吸湿平衡条件 (T/℃(℉)，RH/%)	大气环境		大气环境		大气环境	
来源编码						
	正则化值	实测值	正则化值	实测值	正则化值	实测值

		正则化值	实测值	正则化值	实测值	正则化值	实测值
$F_2^{tu}/$ MPa (ksi) ③	平均值	522(75.7)	536(77.8)	496(71.9)	513(74.4)	552(80.0)	568(82.4)
	最小值	461(66.8)	473(68.6)	421(61.1)	427(62.0)	453(65.7)	477(69.2)
	最大值	597(86.6)	612(88.7)	585(84.8)	595(86.3)	667(96.7)	674(97.8)
	CV/%	6.57	7.15	9.21	9.57	9.16	7.90
	B 基准值	443(64.2) ①	456(66.2) ①②	421(61.0) ①	435(63.1) ①	468(67.9) ①	483(70.1) ①
	分布	正态(合并)	正态(合并)	正态(合并)	正态(合并)	正态(合并)	正态(合并)
	C_1	59.7(8.66)	59.0(8.55)	59.7(8.66)	59.0(8.55)	59.7(8.66)	59.0(8.55)
	C_2	12.0(1.74)	12.0(1.74)	12.0(1.74)	12.0(1.74)	12.0(1.74)	12.0(1.74)
	试样数量	18		18		18	
	批数	3		3		3	
	数据种类	BP3④		BP3④		BP3④	
$E_2^{t}/$ GPa (Msi)	平均值	53.6(7.78)	55.2(8.01)	55.5(8.05)	57.2(8.29)	52.3(7.59)	53.8(7.80)
	最小值	51.0(7.40)	52.3(7.59)	54.7(7.94)	55.5(8.05)	51.2(7.42)	51.8(7.52)
	最大值	56.0(8.12)	59.2(8.58)	56.3(8.17)	59.7(8.66)	54.4(7.89)	57.3(8.31)
	CV/%	3.31	5.06	1.17	2.90	2.77	4.69
	试样数量	6		6		6	
	批数	3		3		3	
	数据种类	筛选值		筛选值		筛选值	

注：①采用 ASAP 分析数据，通过各自的方法将 4 种环境数据正则化满足正态分布；②在 $\alpha = 0.025$ 时 $ADK > ADC$，但由于正则化数据通过检验并且批间存在重叠区间，因此在该环境内基于判定合并这些数据；③一些破坏发生在靠近夹持/加强片处（可接受的破坏模式），但是没有发生在加强片内部的；④每批次的纤维批次不是很明确。

表 2. 2. 2. 2(d)　2 轴拉伸性能($[90_f]_{12}$)

材料	T300 3k/E765 平纹织物		
树脂含量	36%～44%(质量)	复合材料密度	1.47～1.48 g/cm³
纤维体积含量	47%～54%	空隙含量	0.1%～3.8%
单层厚度	0.213～0.234 mm(0.008 4～0.009 2 in)		
试验方法	ASTM D 3039	模量计算	在 1 000～3 000 $\mu\varepsilon$ 之间的弦向模量
正则化	试样厚度和批内纤维面积含量正则化到纤维体积含量 48.5%(单层厚度 0.226 mm(0.0089 in))		

温度/℃(℉)	82(180)
吸湿量(%)	1.3
吸湿平衡条件 (T/℃(℉),RH/%)	63(145),85②
来源编码	

		正则化值	实测值	正则化值	实测值	正则化值	实测值
$F_2^{tu}/$ MPa (ksi) ③	平均值	553(80.2)	566(82.2)				
	最小值	472(68.5)	490(71.1)				
	最大值	654(94.9)	681(98.8)				
	CV/%	10.1	10.0				
	B 基准值	469(68.1)①	482(70.0)①				
	分布	正态(合并)	正态(合并)				
	C_1	59.7(8.66)	59.0(8.55)				
	C_2	12.0(1.74)	12.0(1.74)				
	试样数量	30					
	批数	3					
	数据种类	BP3④					
$E_2^t/$ GPa (Msi)	平均值	52.6(7.64)	53.9(7.82)				
	最小值	50.1(7.27)	51.3(7.45)				
	最大值	54.1(7.85)	57.4(8.33)				
	CV/%	2.72	4.09				

（续表）

		正则化值	实测值	正则化值	实测值	正则化值	实测值
试样数量		6					
批数		3					
数据种类		筛选值					

注:①采用 ASAP 分析数据,通过各自的方法将 4 种环境数据正则化满足正态分布;②ASTM D 5229 指南;差别:7 天内,两个连续的吸湿量读数变化小于 0.05%;③一些破坏发生在靠近夹持/加强片处(可接受的破坏模式),但是没有发生在加强片内部的;④每批次的纤维批次不是很明确。

表 2.2.2.2(e)　1 轴压缩性能($[0_f]_{14}$)

材料	T300 3k/E765 平纹织物		
树脂含量	35%~45%(质量)	复合材料密度	1.45~1.48 g/cm³
纤维体积含量	45%~54%	空隙含量	0.9%~3.1%
单层厚度	0.211~0.241 mm(0.0083~0.0095 in)		
试验方法	SACMA SRM 1-94	模量计算	在 1000~3000 $\mu\varepsilon$ 之间的弦向模量
正则化	试样厚度和批内纤维面积含量正则化到纤维体积含量 48.5%(单层厚度 0.226 mm(0.0089 in))		

温度/℃(℉)		24(75)		−54(−65)		82(180)	
吸湿量(%)							
吸湿平衡条件(T/℃(℉),RH/%)		大气环境		大气环境		大气环境	
来源编码							
		正则化值	实测值	正则化值	实测值	正则化值	实测值
F_1^{cu}/MPa(ksi)	平均值	660(95.8)	664(96.3)	710(103)	758(110)	530(76.9)	536(77.8)
	最小值	617(89.6)	617(89.5)	683(99.2)	723(105)	433(62.8)	425(60.2)
	最大值	710(103)	723(105)	744(108)	792(115)	623(90.4)	601(87.3)
	CV/%	3.81⑤	5.18	3.74	3.97⑤	8.76	8.68
	B 基准值	575(83.5)①	586(85.0)①③	④	④	462(67.0)①	473(68.7)①
	分布	正态(合并)	正态(合并)	正态	正态	正态(合并)	正态(合并)
	C_1	50.7(7.35)	46.3(6.72)	710(103)	758(110)	50.7(7.35)	46.3(6.72)
	C_2	12.1(1.75)	12.1(1.75)	26.6(3.86)	30.1(4.37)	12.1(1.75)	12.1(1.75)

（续表）

		正则化值	实测值	正则化值	实测值	正则化值	实测值
	试样数量	18		6		18	
	批数	3		1		3	
	数据种类	BP3②		筛选值		BP3②	
$E_1^c/$ GPa (Msi)	平均值	49.5(7.19)	50.1(7.27)			51.0(7.40)	51.8(7.52)
	最小值	46.9(6.81)	45.1(6.54)			44.2(6.41)	48.2(6.99)
	最大值	52.6(7.63)	54.2(7.87)			54.4(7.90)	55.0(7.98)
	CV/%	4.40	6.87			8.36	5.30
	试样数量	6				6	
	批数	3				3	
	数据种类	筛选值				筛选值	

注:①采用 ASAP 分析数据,24℃大气环境(75℉/A),82℃大气环境(180℉/A),82℃湿态(180℉/W)各自进行正则化后满足正态分布。$\alpha = 0.025$ 时满足方差等同,但 $\alpha = 0.05$ 时不满足;②每批次的纤维批次不是很明确;③ $\alpha = 0.025$ 时,$ADK > ADC$,批次不是来自同一个母体,但是由于批间存在重叠区间,所以合并;④仅为 A 和 B 数据种类提供基准值;⑤认为 CV 不能代表母体,真实的基准值可能要低一些。

表 2.2.2.2(f)　1 轴压缩性能($[0_f]_{14}$)

材料	T300 3k/E765 平纹织物		
树脂含量	35%~45%(质量)	复合材料密度	1.45~1.48 g/cm³
纤维体积含量	45%~54%	空隙含量	0.9%~3.1%
单层厚度	0.211~0.241 mm(0.008 3~0.009 5 in)		
试验方法	SACMA SRM 1-94	模量计算	在 $1\,000 \sim 3\,000\,\mu\varepsilon$ 之间的弦向模量
正则化	试样厚度和批内纤维面积含量正则化到纤维体积含量 48.5%(单层厚度 0.226 mm(0.008 9 in))		
温度/℃(℉)	82(180)		
吸湿量(%)	1.3		
吸湿平衡条件 (T/℃(℉), RH/%)	63(145),85④		
来源编码			

（续表）

		正则化值	实测值				
F_1^{cu}/ MPa (ksi)	平均值	395(57.3)	398(57.7)				
	最小值	331(48.1)	346(50.2)				
	最大值	460(66.7)	447(64.9)				
	$CV/\%$	8.22	6.43				
	B 基准值	347(50.3) ①②	353(51.2) ①				
	分布	正态(合并)	正态(合并)				
	C_1	50.7(7.35)	46.3(6.72)				
	C_2	11.5(1.67)	11.5(1.67)				
	试样数量	30					
	批数	3					
	数据种类	BP3②					
E_1^c/ GPa (Msi)	平均值	50.4(7.32)	51.4(7.46)				
	最小值	48.5(7.04)	46.2(6.71)				
	最大值	54.0(7.84)	55.3(8.03)				
	$CV/\%$	4.05	6.19				
	试样数量	6					
	批数	3					
	数据种类	筛选值					

注：①采用 ASAP 分析数据，24℃大气环境(75℉/A)，82℃大气环境(180℉/A)，82℃湿态(180℉/W)各自进行正则化后满足正态分布。$\alpha=0.025$ 时满足方差等同，但 $\alpha=0.05$ 时不满足；②每批次的纤维批次不是很明确；③ $\alpha=0.025$ 时，$ADK>ADC$，批次不是来自同一个母体，但是由于批次间存在重叠区间，所以合并；④ASTM D 5229 指南：差别：7 天内，两次连续的吸湿量读数变化<0.05%。

表 2.2.2.2(g)　2 轴压缩性能($[90_f]_{14}$)

材料	T300 3k/E765 平纹织物		
树脂含量	38%～44%(质量)	复合材料密度	1.46～1.50 g/cm³
纤维体积含量	47%～53%	空隙含量	0.8%～1.6%
单层厚度	0.213～0.244 mm(0.0084～0.0096 in)		
试验方法	SACMA SRM 1-94	模量计算	在 1000～3000 $\mu\varepsilon$ 之间的弦向模量

（续表）

正则化	试样厚度和批内纤维面积含量正则化到纤维体积含量 48.5%（单层厚度 0.226 mm（0.0089 in））					
温度/℃（℉）	24（75）		−54（−65）		82（180）	
吸湿量（%）						
吸湿平衡条件 (T/℃（℉），RH/%)	大气环境		大气环境		大气环境	
来源编码						
	正则化值	实测值	正则化值	实测值	正则化值	实测值

		正则化值	实测值	正则化值	实测值	正则化值	实测值
$F_2^{cu}/$ MPa (ksi)	平均值	597（86.7）	603（87.5）	644（93.5）	675（98.0）	482（69.9）	486（70.6）
	最小值	502（72.8）③	509（73.9）③	603（87.6）	642（93.3）	420（61.0）	403（58.5）
	最大值	647（93.9）	682（99.0）	677（98.3）	709（103）	542（78.7）	565（82.0）
	CV/%	5.72	5.85	4.71	4.24	6.65	8.0
	B 基准值	523（75.9）①	517（75.0）①	④	④	422（61.3）①	417（60.5）①
	分布	正态（合并）	正态（合并）	正态	正态	正态（合并）	正态（合并）
	C_1	49.0（7.10）	56.5（8.20）	644（93.5）	675（98.0）	49.0（7.10）	56.5（8.20）
	C_2	12.1（1.75）	12.1（1.75）	30.3（4.40）	28.7（4.16）	12.1（1.75）	12.1（1.75）
	试样数量	18		6		18	
	批数	3		1		3	
	数据种类	BP3②		筛选值		BP3②	
$E_2^c/$ GPa (Msi)	平均值	49.5（7.19）	50.8（7.37）			51.3（7.45）	52.2（7.58）
	最小值	47.3（6.87）	45.7（6.64）			47.3（6.86）	48.1（6.98）
	最大值	53.8（7.81）	59.2（8.59）			57.1（8.29）	58.1（8.43）
	CV/%	5.62	10.5			7.31	8.14
	试样数量	6				6	
	批数	3				3	
	数据种类	筛选值				筛选值	

注：①采用 ASAP 分析数据，3 种环境通过各自正则化，数据满足正态分布。24℃大气环境（75℉/A）及合并的测量数据未通过 Anderson-Darling 检验，但通过图解法显示正态分布；②每批次的纤维批次不是很明确；③异常值；④仅为 A 和 B 数据种类提供基准值。

表 2.2.2.2(h)　2 轴压缩性能([90_f]$_{14}$)

材料	T300 3k/E765 平纹织物		
树脂含量	38%～44%(质量)	复合材料密度	1.46～1.50 g/cm³
纤维体积含量	47%～53%	空隙含量	0.8%～1.6%
单层厚度	0.213～0.249 mm(0.0084～0.0098 in)		
试验方法	SACMA SRM 1-94	模量计算	在 1000～3000 $\mu\varepsilon$ 之间的弦向模量
正则化	试样厚度和批内纤维面积含量正则化到纤维体积含量 48.5%(单层厚度 0.226 mm(0.0089 in))		

温度/℃(℉)	82(180)
吸湿量(%)	1.4
吸湿平衡条件 (T/℃(℉), RH/%)	63(145), 85④
来源编码	

		正则化值	实测值	正则化值	实测值	正则化值	实测值
F_2^{cu}/ MPa (ksi)	平均值	368(53.4)	374(54.3)				
	最小值	313(45.5)	300(43.6)				
	最大值	438(63.5)	469(68.0)				
	CV/%	8.23	9.65				
	B 基准值	324(47.1)①	322(46.8)①③				
	分布	正态(合并)	正态(合并)				
	C_1	49.0(7.10)	56.5(8.20)				
	C_2	11.5(1.67)	11.5(1.67)				
	试样数量	30					
	批数	3					
	数据种类	BP3②					
E_2^c/ GPa (Msi)	平均值	50.7(7.36)	51.5(7.48)				
	最小值	48.0(6.97)	46.2(6.70)				
	最大值	55.4(8.04)	58.5(8.49)				

（续表）

		正则化值	实测值	正则化值	实测值	正则化值	实测值
	$CV/\%$	5.66	9.16				
	试样数量	6					
	批数	3					
	数据种类	筛选值					

注：①采用 ASAP 分析数据，3 种环境通过各自正则化，数据满足正态分布；②每批次的纤维批次不是很明确；③$\alpha = 0.025$ 时，$ADK > ADC$，批次不是来自同一个母体，但是由于批次间存在重叠区间，所以合并；④ASTM D 5229 指南；差别：7 天内，连续两次吸湿量读数变化小于 0.05%。

表 2.2.2.2(i)　12 -面内剪切性能($[0_f/90_f]_{4s}$)

材料	T300 3k/E765 平纹织物		
树脂含量	41%～46%（质量）	复合材料密度	1.45～1.48 g/cm³
纤维体积含量	44%～49%	空隙含量	0.9%～1.2%
单层厚度	0.213～0.221 mm(0.008 4～0.009 5 in)		
试验方法	ASTM D 5379 - 93⑤	模量计算	在 $1000～6000\ \mu\varepsilon$ 之间的弦向模量
正则化	未正则化		

温度/℃(℉)	24(75)	-54(-65)	82(180)	82(180)	
吸湿量(%)				1.4	
吸湿平衡条件 (T/℃(℉), RH/%)	大气环境	大气环境	大气环境	63(145), 85 ②	
来源编码					

$F_{12}^{su}/$ MPa (ksi) ④	平均值	130(18.9)	152(22.1)	98.5(14.3)	84.1(12.2)
	最小值	117(17.0)	145(21.0)	84.1(12.2) ③	73.0(10.6) ③
	最大值	144(20.9)	158(23.0)	106(15.4)	90.3(13.1)
	$CV/\%$	4.58	3.41	5.34	4.60
	B 基准值	117(17.0)	②	79.9(11.6)	76.5(11.1)
	分布	非参数①	正态	非参数	威布尔①
	C_1	1	152(22.1)	9	85.5(12.4)

（续表）

	C_2	—	5.2(0.75)	1.31	29.1	
	试样数量	29	6	19	22	
	批数	3	1	3	3	
	数据种类	B18⑦	筛选值	B18⑦	B18⑦	
$G^s_{12}/$ GPa (Msi)	平均值	3.86(0.56)		3.45(0.50)	2.82(0.41)	
	最小值	3.45(0.50)		2.76(0.40)	2.27(0.33)	
	最大值	4.34(0.63)		4.00(0.58)	3.79(0.55)	
	CV/%	7.46		13.0	20.7	
	试样数量	6		7	5	
	批数	3		3	3	
	数据种类	筛选值		筛选值	筛选值	
$F^{s(5\%)}_{12}$ MPa (ksi) ⑥	平均值	86.1(12.5)		61.8(8.97)	47.3(6.87)	
	最小值	82.7(12.0)		57.5(8.34)	44.1(6.40)	
	最大值	90.9(13.2)		66.7(9.68)	54.6(7.92)	
	CV/%	3.75		5.11	8.14	
	B基准值	②		②	②	
	分布					
	C_1					
	C_2					
	试样数量	6		7	6	
	批数	3		3	3	
	数据种类	筛选值		筛选值	筛选值	

注:①由于合并的数据不满足正态分布,所以采用单点法分析数据;②仅为 A 和 B 数据种类提供基准值;③异常值;④强度是所达到的最大应力,与 ASTM D 5379-98(测试按照 D 5379-93)不同。在第三排是 5% 应变时的应力数据;⑤ASTM D 5229 指南;差别:7 天内,连续两次吸湿量读数变化小于 0.05%;⑥5% 应变时的应力;⑦每批次的纤维批次不是很明确。

表 2.2.2.2(j)　12-面内剪切性能([$0_f/90_f$]$_{4s}$)

材料	T300 3k/E765 平纹织物		
树脂含量	41%~46%(质量)	复合材料密度	1.45~1.48 g/cm³
纤维体积含量	44%~49%	空隙含量	0.9%~1.2%
单层厚度	0.213~0.241 mm(0.0084~0.0095 in)		

（续表）

试验方法	ASTM D 5379 - 93		模量计算			
正则化	未正则化					
温度/℃(℉)	24(75)	82(180)	82(180)			
吸湿量(%)						
吸湿平衡条件 (T/℃(℉)，RH/%)	①	②	③			
来源编码						

F_{12}^{su}/MPa（ksi）⑤	平均值	112(16.3)	95.1(13.8)	97.1(14.1)			
	最小值	98.5(14.3)	93.7(13.6)	93.7(13.6)⑥			
	最大值	130(18.9)	97.1(14.1)	98.5(14.3)			
	CV/%	13.4	1.31⑦	1.96⑦			
	B 基准值	④	④	④			
	分布	正态	正态	正态			
	C_1	112(16.3)	95.1(13.8)	97.1(14.1)			
	C_2	15.1(2.19)	1.24(0.18)	1.93(0.28)			
	试样数量	5	5	5			
	批数	1	1	1			
	数据种类	筛选值	筛选值	筛选值			

注：①在室温条件下浸渍在甲基乙基酮中 60～90 min；②在室温条件下浸渍在航空煤油中 500 h；③在室温条件下浸渍在液压油中 60～90 min；④仅为 A 和 B 数据种类提供基准值；⑤强度是所达到的最大应力，这是现行 ASTM D 5379(5%应变)的例外；⑥异常值；⑦认为 CV 不能代表母体。

表 2.2.2.2(k)　31 -面内剪切性能（$[0_f]_{12}$）

材料	T300 3k/E765 平纹机织物		
树脂含量	41%～43%(质量)	复合材料密度	1.47～1.49 g/cm³
纤维体积含量	45%～50%	空隙含量	0.2%～0.4%
单层厚度	0.208～0.229 mm(0.008 2～0.009 0 in)		
试验方法	ASTM D 2344 - 89	模量计算	
正则化	未正则化		

（续表）

温度/℃(℉)		24(75)					
吸湿量(%)		大气环境					
吸湿平衡条件 (T/℃(℉)，RH/%)							
来源编码							
F_{31}^{sbs} / MPa (ksi)	平均值	71.7(10.4)					
	最小值	68.9(10.0)					
	最大值	73.7(10.7)					
	CV/%	2.13②					
	B基准值	68.6(9.96) ①					
	分布	正态					
	C_1	71.7(10.4)					
	C_2	1.52(0.221)					
	试样数量	21					
	批数	3					
	数据种类	筛选值					

注：①短梁剪切测试性能不提交基准值；②认为 CV 不能代表母体。

表 2.2.2.2(1) *x* 轴拉伸性能（[45/0/－45/90/0/0/45/0/－45/0]s）

材料	T300 3k/E765 平纹机织物		
树脂含量	37.4%～41.4%(质量)	复合材料密度	1.47～1.50 g/cm³
纤维体积含量	50.3%～52.2%	空隙含量	0.0～2.78%
单层厚度	0.198～0.216 mm(0.007 8～ 0.0085 in)		
试验方法	ASTM D 5766-02a(修订)①	模量计算	
正则化	固化后单层名义厚度 0.226 mm(0.008 9 in)		
温度/℃(℉)	24(75)		
吸湿量(%)	大气环境		
吸湿平衡条件 (T/℃(℉)，RH/%)			
来源编码			

（续表）

$F_x^{tu}/$ MPa (ksi)		正则化值	实测值		
	平均值	626(90.9)	675(97.9)		
	最小值	582(84.4)	621(90.2)		
	最大值	659(95.6)	717(104)		
	$CV/\%$	4.23[6.12]	3.79[6.00]		
	B 基准值	②,③	②,③		
	分布	正态	正态		
	C_1	626(90.9)	675(97.9)		
	C_2	26.5(3.85)	25.6(3.71)		
	试样数量	13			
	批数	2			
	数据种类	筛选值			

注：①ASTM D 6484 测试标准被改进以忽略孔的影响。注意这种改进的测试标准一般不被 CMH-17 测试工作组接受，但是在这作为个例被接受；②由于计算出来的 CV 较小，因此通过修正的 CV 转换计算 B 基准值，如第 1 卷第 8 章 8.4.4 节所示(修正的 CV 在方括号内)；③没有为筛选值的数据计算 B 基准值。

表 2.2.2.2(m)　x 轴拉伸性能（$[(45/0/-45/90)_2]s$）

材料	T300 3k/E765 平纹机织物		
树脂含量	36.0%～49.5%(质量)	复合材料密度	1.46～1.51g/cm³
纤维体积含量	42.2%～53.8%	空隙含量	0.0～2.87%
单层厚度	0.191～0.249 mm(0.0075～0.0098 in)		
试验方法	ASTM D 5766-02a(修订)①	模量计算	
正则化	固化后单层名义厚度 0.226mm(0.0089 in)		

温度/℃(℉)	24(75)	-54(-65)	82(180)
吸湿量(%)			
吸湿平衡条件 (T/℃(℉)，RH/%)	大气环境	大气环境	63(145),85②
来源编码			

（续表）

		正则化值	实测值	正则化值	实测值	正则化值	实测值
$F_x^{tu}/$ MPa (ksi)	平均值	526(76.4)	566(82.2)	501(72.7)	539(78.3)	512(74.3)	553(80.2)
	最小值	490(71.1)	493(71.6)	472(68.5)	497(72.1)	478(69.4)	497(74.5)
	最大值	550(79.8)	605(87.8)	520(75.5)	582(84.5)	528(76.7)	582(84.1)
	CV/%	2.71[6.00]	4.48	2.66[6.00]	3.29[6.00]	2.79[6.00]	2.91[6.00]
	B基准值	472(68.5)③	515(74.7)	447(64.9)③	475(69.0)③	458(66.5)③	489(71.0)
	分布	正态(合并)	威布尔	正态(合并)	正态	正态(合并)	正态
	C_1	18.5(2.68)	577(83.7)	18.5(2.68)	539(78.3)	18.5(2.68)	553(80.2)
	C_2	12.1(1.76)	31.1	12.1(1.76)	17.8(2.58)	12.0(1.74)	16.1(2.33)
	试样数量	18		18		21	
	批数	3		3		3	
	数据种类	BP3/B18		BP3/B18		BP3/B18	

注：①ASTM D 6484 测试标准被改进以忽略孔的影响。注意这种改进的测试标准一般不被 CMH-17 测试工作组接受，但是在这作为一个例被接受；②ASTM D 5229 指南，差别：7 天内，连续两次吸湿量读数变化小于 0.05%；③由于计算出来的 CV 较小，因此通过修正的 CV 转换计算 B 基准值，如第 1 卷第 8 章 8.4.4 节所示（修正的 CV 在方括号内）。

表 2.2.2.2(n)　x 轴拉伸性能（[45/−45/90/45/−45/45/−45/0/45/−45]s）

材料	T300 3k/E765 平纹机织物		
树脂含量	37.6%～46.5%(质量)	复合材料密度	1.46～1.51 g/cm³
纤维体积含量	45.4%～53.6%	空隙含量	0.0～2.55%
单层厚度	0.191～0.249 mm(0.007 5～0.009 8 in)		
试验方法	ASTM D 5766-02a(修订)①	模量计算	
正则化	固化后单层名义厚度 0.226 mm(0.008 9 in)		
温度/℃(℉)	24(75)		
吸湿量(%)	大气环境		
吸湿平衡条件 (T/℃(℉)，RH/%)			
来源编码			

（续表）

		正则化值	实测值	正则化值	实测值	正则化值	实测值
$F_x^{tu}/$ MPa (ksi)	平均值	337(48.9)	358(52.0)				
	最小值	319(46.3)	346(50.2)				
	最大值	350(50.8)	388(56.3)				
	CV/%	2.68[6.00]	3.96[6.00]				
	B 基准值	297(43.1) ②	316(45.9) ②				
	分布	正态	正态				
	C_1	337(48.9)	358(52.0)				
	C_2	9.03(1.31)	14.2(2.06)				
	试样数量	18					
	批数	3					
	数据种类	B18					

注：①ASTM D 6484 测试标准被改进以忽略孔的影响。注意这种改进的测试标准一般不被 CMH‐17 测试工作组接受，但是在这作为个例被接受；②ASTM D 5229 指南；差别：7 天内，连续两次吸湿量读数变化小于 0.05%。

表 2.2.2.2(o)　x 轴压缩性能（[45/0/−45/90/0/0/45/0/−45/0]s）

材料	T300 3k/E765 平纹机织物		
树脂含量	37.4%～42.9%（质量）	复合材料密度	1.47～1.51 g/cm³
纤维体积含量	48.2%～53.1%	空隙含量	0.0～2.72%
单层厚度	0.106～0.213 mm（0.008 1～0.008 4 in）		
试验方法	ASTM D 6484‐99（修订）①	模量计算	
正则化	固化后单层名义厚度 0.226 mm（0.008 9 in）		
温度/℃（℉）	24(75)		
吸湿量(%)			
吸湿平衡条件 (T/℃(℉)，RH/%)	大气环境		
来源编码			

（续表）

		正则化值	实测值	正则化值	实测值	正则化值	实测值
F_x^{cu}/ MPa (ksi)	平均值	458(66.5)	491(71.3)				
	最小值	426(61.8)	451(65.4)				
	最大值	489(70.9)	528(76.7)				
	CV/%	4.99[6.49]	5.61[6.80]				
	B基准值	(2, 3)	(2, 3)				
	分布	正态	正态				
	C_1	458(66.5)	491(71.3)				
	C_2	22.9(3.32)	27.6(4.00)				
	试样数量	13					
	批数	2					
	数据种类	筛选值					

注：①ASTM D 6484测试标准被改进以忽略孔的影响。注意这种改进的测试标准一般不被 CMH-17 测试工作组接受，但是在这作为个例被接受；②由于计算出来的 CV 较小，因此通过修正的 CV 转换计算 B 基准值，如第1卷第8章8.4.4节所示（修正的 CV 在方括号内）；③没有为筛选值的数据计算 B 基准值。

表 2.2.2.2(p) **x 轴压缩性能**（[(45/0/−45/90)$_2$]s)

材料	T300 3k/E765 平纹机织物		
树脂含量	36.0%～49.5%（质量）	复合材料密度	1.46～1.51 g/cm³
纤维体积含量	42.2%～53.8%	空隙含量	0.0～2.87%
单层厚度	0.191～0.249 mm（0.0075～0.0098 in）		
试验方法	ASTM D 6484-99（修订）①	模量计算	
正则化	固化后单层名义厚度 0.226 mm（0.0089 in）		
温度/℃(℉)	24(75)	−54(−65)	82(180)
吸湿量(%)	大气环境	大气环境	
吸湿平衡条件 (T/℃(℉)，RH/%)			63(145)，85②
来源编码			

（续表）

		正则化值	实测值	正则化值	实测值	正则化值	实测值
$F_x^{cu}/$ MPa (ksi)	平均值	453(65.8)	480(69.6)	487(70.7)	520(75.4)	287(41.7)	311(45.1)
	最小值	430(62.4)	449(65.2)	439(63.7)	494(71.7)	262(38.0)	277(40.3)
	最大值	477(69.2)	528(76.7)	529(76.8)	554(80.4)	317(46.0)	350(50.8)
	$CV/\%$	3.63[6.00]	4.33[6.17]	4.47[6.23]	3.66[6.00]	6.03[7.02]	7.71[7.86]
	B 基准值	407(59.0) ③	428(62.1) ③	441(64.0) ③	469(68.1) ③	241(35.0) ③	260(37.7) ③
	分布	正态(合并)	正态(合并)	正态(合并)	正态(合并)	正态(合并)	正态(合并)
	C_1	33.0(4.78)	33.0(4.78)	33.0(4.78)	37.8(5.48)	33.0(4.78)	37.8(5.48)
	C_2	12.5(1.81)	12.5(1.81)	12.3(1.78)	12.3(1.78)	12.3(1.78)	12.3(1.78)
	试样数量	15		18		18	
	批数	3		3		3	
	数据种类	BP3		BP3		BP3	

注：①ASTM D 6484 测试标准被改进以忽略孔的影响。注意这种改进的测试标准一般不被 CMH-17 测试工作组接受，但是在这作为个例被接受；②ASTM D 5229 指南；差别：7 天内，连续两次吸湿量读数变化小于 0.05%；③由于计算出来的 CV 较小，因此通过修正的 CV 转换计算 B 基准值，如第 1 卷第 8 章 8.4.4 节所示（修正的 CV 在方括号内）。

表 2.2.2.2(q)　x 轴压缩性能（[45/−45/90/45/−45/45/−45/0/45/−45]s）

材料	T300 3k/E765 平纹机织物		
树脂含量	37.6%～46.5%(质量)	复合材料密度	1.46～1.51 g/cm³
纤维体积含量	45.4%～53.6%	空隙含量	0.0～2.55%
单层厚度	0.191～0.249 mm(0.007 5～0.009 8 in)		
试验方法	ASTM D 6484-99(修订)①	模量计算	
正则化	固化后单层名义厚度 0.226 mm(0.008 9 in)		
温度/℃(℉)	24(75)		
吸湿量(%)			
吸湿平衡条件 (T/℃(℉), RH/%)	大气环境		
来源编码			

（续表）

		正则化值	实测值	正则化值	实测值	正则化值	实测值
F_x^{cu} / MPa (ksi)	平均值	325(47.2)	346(50.2)				
	最小值	310(45.0)	318(46.2)				
	最大值	347(50.3)	384(55.7)				
	CV/%	2.96[6.00]	4.54[6.27]				
	B 基准值	287(41.6) ②	303(44.0) ②				
	分布	正态	正态				
	C_1	325(47.2)	346(50.2)				
	C_2	9.65(1.40)	15.7(2.28)				
	试样数量	18					
	批数	3					
	数据种类	BP3					

注：①ASTM D 6484 测试标准被改进以忽略孔的影响。注意这种改进的测试标准一般不被 CMH-17 测试工作组接受，但是在这作为个例被接受；②由于计算出来的 CV 较小，因此通过修正的 CV 转换计算 B 基准值，如第 1 卷第 8 章 8.4.4 节所示（修正的 CV 在方括号内）。

表 2.2.2.2(r)　x 轴开孔拉伸性能（[(45/0/−45/90)$_2$]s）

材料	T300 3k/E765 平纹织物		
树脂含量	39.1%～49.5%（质量）	复合材料密度	1.47～1.51 g/cm³
纤维体积含量	42.2%～51.6%（体积）	空隙含量	0.0～2.10%
单层厚度	0.191～0.231 mm(0.007 5～0.009 1 in)	试样尺寸	$t=3.56$ mm(0.14 in)，$w=$ 28.1 mm(1.50 in)，$d=$ 6.35 mm(0.25 in)
试验方法	ASTM D 5766-02a	模量计算	
正则化	固化后单层名义厚度 0.226 mm(0.008 9 in)		
温度/℃(℉)	24(75)	−54(−65)	82(180)
吸湿量(%)			
吸湿平衡条件 (T/℃(℉)，RH/%)	大气环境	大气环境	63(145)，85①
来源编码			

(续表)

		正则化值	实测值	正则化值	实测值	正则化值	实测值
F_x^{oht} / MPa (ksi)	平均值	266(38.6)	284(41.2)	254(36.9)	269(39.1)	281(40.8)	302(43.9)
	最小值	231(33.5)	267(38.7)	225(32.6)	249(36.1)	247(35.9)	277(40.2)
	最大值	295(42.8)	303(44.0)	280(40.7)	296(43.0)	298(43.3)	323(46.9)
	CV/%	6.32[7.16]	4.20[6.10]	6.15[7.08]	4.55[6.28]	4.96[6.48]	5.17[6.58]
	B 基准值	234(33.9) ②	251(36.5) ②	221(32.1) ②	237(34.4) ②	248(36.0) ②	271(39.3) ②
	分布	正态(合并)	正态(合并)	正态(合并)	正态(合并)	正态(合并)	正态(合并)
	C_1	39.5(5.73)	3.15(4.57)	39.5(5.73)	3.15(4.57)	39.5(5.73)	3.15(4.57)
	C_2	12.1(1.77)	12.2(1.77)	12.1(1.77)	12.2(1.77)	12.1(1.77)	12.2(1.77)
	试样数量	18		18		18	
	批数	3		3		3	
	数据种类	BP3		BP3		BP3	

注:①ASTM D 5229 指南;差别:7 天内,连续两次吸湿量读数变化小于 0.05%;②由于计算出来的 CV 较小,因此通过修正的 CV 转换计算 B 基准值,如第 1 卷第 8 章 8.4.4 节所示(修正的 CV 在方括号内)。

表 2.2.2.2(s)　x 轴开孔拉伸性能([45/−45/90/45/−45/45/−45/0/45/−45]s)

材料	T300 3k/E765 平纹织物		
树脂含量	38.5%～46.5%(质量)	复合材料密度	1.47～1.49 g/cm³
纤维体积含量	45.4%～53.6%	空隙含量	0.0～2.55%
单层厚度	0.198～0.221 mm(0.0078～0.0087 in)	试样尺寸	t=4.57 mm(0.18 in),w= 38.1 mm(1.50 in),d= 6.35 mm(0.25 in)
试验方法	ASTM D 5766 - 02a	模量计算	
正则化	固化后单层名义厚度 0.226 mm(0.0089 in)		

温度/℃(℉)	24(75)	−54(−65)	82(180)
吸湿量(%)			
吸湿平衡条件 (T/℃(℉),RH/%)	大气环境	大气环境	63(145),85①
来源编码			

(续表)

		正则化值	实测值	正则化值	实测值	正则化值	实测值
F_x^{oht} / MPa (ksi)	平均值	253(36.7)	274(39.8)				
	最小值	235(34.1)	260(37.8)				
	最大值	271(39.3)	298(43.2)				
	$CV/\%$	4.44[6.22]	4.65[6.32]				
	B基准值	222(32.2) ①	240(34.8) ①				
	分布	正态	正态				
	C_1	253(36.7)	274(39.8)				
	C_2	11.2(1.63)	12.8(1.85)				
	试样数量	18					
	批数	3					
	数据种类	B18					

注:①由于计算出来的CV较小,因此通过修正的CV转换计算B基准值,如第1卷第8章8.4.4节所示(修正的CV在方括号内)。

表 2.2.2.2(t)　x 轴开孔压缩性能($[(45/0/-45/90)_2]$s)

材料	T300 3k/E765 平纹织物		
树脂含量	29.5%～38.5%(质量)	复合材料密度	1.53～1.57 g/cm³
纤维体积含量	52.1%～60.8%	空隙含量	0.0～2.03%
单层厚度	0.196～0.229 mm(0.007 7～0.009 0 in)	试样尺寸	$t=3.56$ mm(0.14 in),$w=28.1$ mm(1.50 in),$d=6.35$ mm(0.25 in)
试验方法	ASTM D 6484-99	模量计算	
正则化	固化后单层名义厚度 0.226 mm(0.008 9 in)		
温度/℃(℉)	24(75)	-54(-65)	82(180)
吸湿量(%)			
吸湿平衡条件 (T/℃(℉),RH/%)	大气环境	大气环境	63(145),85①
来源编码			

（续表）

		正则化值	实测值	正则化值	实测值	正则化值	实测值
F_x^{ohc}/MPa(ksi)	平均值	256(37.2)	274(39.8)	296(43.0)	310(45.0)	183(26.6)	197(28.6)
	最小值	236(34.2)	260(37.8)	260(39.4)	270(39.2)	156(22.7)	169(24.6)
	最大值	285(41.3)	297(43.1)	362(52.5)⑤	399(57.9)⑤	217(31.5)	240(34.8)
	CV/%	4.78[6.39]	4.23	7.20[7.60]	10.1	10.3	11.6
	B基准值	220(32.0)②	257(37.3)	260(37.8)②	121(17.6)③	55.4(8.04)③	36.9(5.36)③
	分布	正态(合并)	非参数	正态(合并)	ANOVA	ANOVA	ANOVA
	C_1	41.6(6.03)	9.00	41.6(6.03)	254(5.34)	277(5.82)	282(5.94)
	C_2	12.5(1.82)	1.35	12.5(1.82)	244(5.13)	152(3.19)	186(3.91)
	试样数量	18		18		20	
	批数	3		3		3	
	数据种类	B18		BP3/B18		B18	

注：①ASTM D 5229 指南；差别：7 天内，连续两次吸湿量读数变化小于 0.05%；②由于计算出来的 CV 较小，因此通过修正的 CV 转换计算 B 基准值，如第 1 卷第 8 章 8.4.4 节所示(修正的 CV 在方括号内)；③没有列出用 ANOVA 方法从少于 5 组数据计算出来的 B 基准值。

表 2.2.2.2(u)　x 轴开孔压缩性能([45/－45/90/45/－45/45/－45/0/45/－45]s)

材料	T300 3k/E765 平纹织物		
树脂含量	32.8%～36.9%(质量)	复合材料密度	1.53～1.56 g/cm³
纤维体积含量	54.1%～58.2%	空隙含量	0.0～1.60%
单层厚度	0.196～0.221 mm(0.007 7～0.008 7 in)	试样尺寸	t＝4.32 mm(0.17 in)，w＝38.1 mm(1.50 in)，d＝6.35 mm(0.25 in)
试验方法	ASTM D 6484-99	模量计算	
正则化	固化后单层名义厚度 0.226 mm(0.0089 in)		
温度/℃(℉)	24(75)		
吸湿量(%)	大气环境		
吸湿平衡条件 (T/℃(℉)，RH/%)			
来源编码			

(续表)

		正则化值	实测值	正则化值	实测值	正则化值	实测值
$F_x^{ohc}/$ MPa (ksi)	平均值	233(33.8)	251(36.4)				
	最小值	216(31.4)	237(34.4)				
	最大值	241(35.0)	267(38.7)				
	$CV/\%$	2.98[6.00]	3.05[6.00]				
	B 基准值	205(29.8) ①	221(32.1) ①				
	分布	正态	正态				
	C_1	233(33.8)	251(36.4)				
	C_2	6.96(1.01)	7.65(1.11)				
	试样数量	18					
	批数	3					
	数据种类	B18					

注:①由于计算出来的 CV 较小,因此通过修正的 CV 转换计算 B 基准值,如第 1 卷第 8 章 8.4.4 节所示(修正的 CV 在方括号内)。

表 2.2.2.2(v)　x 轴挤压性能($[(45/0/-45/90)_2]s$)

材料	T300 3k/E765 平纹织物		
树脂含量	36.6%～46.7%(质量)	复合材料密度	1.47～1.50 g/cm³
纤维体积含量	44.9%～53.0%	空隙含量	0.0～3.60%
单层厚度	0.201～0.231 mm(0.0079～0.0091 in)		
试验方法	ASTM D 5961-01 A		
挤压测试类型	双剪挤压拉伸		
连结构型	元件 1(t, w, 铺层):3.61 mm(0.142 in), 38.1 mm(1.50 in)$[(45/0/-45/90)_2]s$		
紧固件类型	Pin=NAS 6604-34	厚度/直径	0.57
扭矩	3.9±0.6 N·m(35±5 in·lbf)	边距/直径	3
		间距/直径	6
正则化	固化后单层名义厚度 0.218 mm (0.0086 in)	模量计算	
温度/℃(℉)	24(75)	-54(-65)	82(180)

(续表)

吸湿量(%)		大气环境		大气环境			
吸湿平衡条件 (T/℃(℉), RH/%)						63(145), 85①	
来源编码							
		正则化值	实测值	正则化值	实测值	正则化值	实测值
F^{bro}2% 偏移/ MPa (ksi)	平均值	834(121)	882(128)	903(131)	958(139)	679(98.5)	723(105)
	最小值	737(107)	799(116)	813(118)	882(128)	598(86.8)	620(90.0)
	最大值	875(127)	958(139)	985(143)	1013(147)	737(107)	772(112)
	$CV/\%$	4.35[6.18]	4.96[6.48]	5.17[6.59]	3.64[6.00]	5.48[6.74]	5.71[6.85]
	B 基准值	737(107)②	785(114)②	806(117)②	861(125)②	586(85.1)②	627(91.0)②
	分布	正态(合并)	正态(合并)	正态(合并)	正态(合并)	正态(合并)	正态(合并)
	C_1	34.0(4.93)	32.5(4.72)	34.0(4.93)	32.5(4.72)	34.0(4.93)	32.5(4.72)
	C_2	12.0(1.74)	12.0(1.74)	12.0(1.74)	12.0(1.74)	12.1(1.75)	12.1(1.75)
	试样数量	20		20		20	
	批数	3		3		3	
	数据种类	BP3		BP3		BP3	
F^{bru}极 限强度 /MPa (ksi)	平均值	861(125)	916(133)	930(135)	992(144)	689(100)	737(107)
	最小值	806(117)	834(121)	813(118)	882(128)	641(93.1)	661(95.9)
	最大值	903(131)	985(143)	999(145)	1068(155)	737(107)	799(116)
	$CV/\%$	3.08[6.00]	4.17[6.09]	6.10[7.05]	4.85[6.42]	4.20[6.10]	4.95[6.47]
	B 基准值	765(111)②	813(118)②	834(121)②	889(129)②	595(86.4)②	637(92.5)②
	分布	正态(合并)	正态(合并)	正态(合并)	正态(合并)	正态(合并)	正态(合并)
	C_1	31.4(4.56)	31.6(4.58)	31.4(4.56)	31.6(4.58)	31.4(4.56)	31.6(4.58)
	C_2	12.0(1.74)	12.0(1.74)	12.0(1.74)	12.0(1.74)	12.1(1.75)	12.1(1.75)
	试样数量	20		20		20	
	批数	3		3		3	
	数据种类	BP3		BP3		BP3	

注:①ASTM D 5229 指南;差别:7天内,连续两次吸湿量读数变化小于 0.05%;②由于计算出来的 CV 较小,因此通过修正的 CV 转换计算 B 基准值,如第 1 卷第 8 章 8.4.4 节所示(修正的 CV 在方括号内)。

表 2.2.2.2(w)　x 轴单剪挤压性能([(45/0/－45/90)₂]s)

材料	T300 3k/E765 平纹织物			
树脂含量	35.8%～44.9%(质量)		复合材料密度	1.46～1.51 g/cm³
纤维体积含量	46.3%～53.8%		空隙含量	0.0～4.08%
单层厚度	0.206～0.23 mm(0.0081～0.0090 in)			
试验方法	ASTM D 5961 - 01 B			
挤压测试类型	单剪挤压拉伸			
连结构型	元件 1(t, w, 铺层):3.61 mm(0.142 in), 38.1 mm(1.50 in)[(45/0/－45/90)₂]s			
	元件 2(t, w, 铺层):3.61 mm(0.142 in), 38.1 mm(1.50 in)[(45/0/－45/90)₂]s			
紧固件类型	Pin＝NAS 6604		厚度/直径	0.57
扭矩	3.9±0.6N・m(35±5in・lbf)		边距/直径	3
			间距/直径	6
正则化	固化后单层名义厚度 0.218 mm (0.0086 in)		模量计算	

温度/℃(℉)	24(75)		－54(－65)		82(180)	
吸湿量(%)						
吸湿平衡条件 (T/℃(℉), RH/%)	大气环境		大气环境		63(145), 85①	
来源编码						
	正则化值	实测值	正则化值	实测值	正则化值	实测值

F^{bro}2% 偏移/ MPa (ksi)		正则化值	实测值	正则化值	实测值	正则化值	实测值
	平均值	541(78.5)	575(83.4)	696(101)	737(107)	457(66.3)	486(70.5)
	最小值	495(71.8)	504(73.2)	597(86.6)	644(93.4)	399(57.9)	435(63.1)
	最大值	599(86.9)	628(91.1)	868(126)	875(127)	502(72.8)	529(76.8)
	CV/%	5.46[6.73]	5.54[6.77]	10.1	8.70	6.01[7.01]	5.61[6.81]
	B 基准值	454(65.9) ②	491(71.3) ②	606(88.0)	652(94.6)	369(53.6) ②	402(58.3) ②
	分布	正态(合并)	正态(合并)	正态(合并)	正态(合并)	正态(合并)	正态(合并)
	C_1	50.7(7.36)	45.9(6.65)	50.7(7.36)	45.9(6.65)	50.7(7.36)	45.9(6.65)
	C_2	12.2(1.77)	12.2(1.77)	12.2(1.77)	12.2(1.77)	12.2(1.77)	12.2(1.77)
	试样数量	18		18		18	
	批数	3		3		3	
	数据种类	BP3		BP3		BP3	

（续表）

		正则化	测量值	正则化	测量值	正则化	测量值
F^{bru} 极限强度/MPa(ksi)	平均值	666(96.7)	710(103)	772(112)	820(119)	568(82.4)	603(87.5)
	最小值	559(81.1)	601(87.3)	737(107)	758(110)	491(71.3)	535(77.7)
	最大值	792(115)	868(126)	820(119)	889(129)	630(91.5)	680(98.7)
	CV/%	10.8	12.7	3.05[6.00]	4.19[6.10]	9.50	7.91[7.95]
	B基准值	562(81.6)	593(86.0)	672(97.5)②	710(103)②	464(67.4)	487(70.7)②
	分布	正态(合并)	正态(合并)	正态(合并)	正态(合并)	正态(合并)	正态(合并)
	C_1	57.4(8.33)	60.7(8.80)	57.4(8.33)	60.7(8.80)	57.4(8.33)	60.7(8.80)
	C_2	12.2(1.77)	12.2(1.77)	12.2(1.77)	12.2(1.77)	12.2(1.77)	12.2(1.77)
	试样数量	18		18		18	
	批数	3		3		3	
	数据种类	BP3		BP3		BP3	

注：①ASTM D 5229 指南；差别：7 天内，连续两次吸湿量读数变化小于 0.05%；②由于计算出来的 CV 较小，因此通过修正的 CV 转换计算 B 基准值，如第 1 卷第 8 章 8.4.4 节所示(修正的 CV 在方括号内)。

2.2.2.3　T300 6k/E765 5 综缎纹织物

材料描述：

材料　　　T300 6k/E765。

　　　　　按 FibreCote 材料规范 E765 MS 1001。

形式　　　5 综缎织物预浸料，纤维面积质量为 $370\,g/m^2$，典型的固化后树脂含量为 32%～40%，典型的固化后单层厚度为 0.371～0.404 mm(0.0146～0.0159 in)。

固化工艺　热压罐固化，121～138℃(250℉～280℉)，0.276～0.345 MPa(40～50 psi)，110～130 min。

　　　　　按 FibreCote 工艺规范 E765 PSI 1000。

供应商提供的数据：

纤维　　　BP Amoco 和 TorayT300 纤维是由 PAN 基原丝制造的连续、无捻碳纤维，每一丝束包含有 6 000 根碳丝。典型的拉伸模量为 234 GPa(34×10^6 psi)，典型的拉伸强度为 3 650 MPa(530 000 psi)。

基体　　　E765 是由 FiberCote Industries 制造的一种环氧树脂。

最高使用温度　82℃(180℉)。

典型应用　通用结构。

数据分析概述：

取样要求　　　第二批和第三批预浸料中织物批次的纬向纤维批次不是非常明确。

试验　　　　　面内剪切强度是所达到的最大应力，剪切模量是应变在 2500～6500 $\mu\varepsilon$ 之间的弦向模量——不同于现行的 ASTM D 5379。吸湿处理按 ASTM D 5229 指南，不同的是 7 天内连续两次称重的吸湿量变化小于 0.05%。

异常值　　　　一个较低的异常值存在于 24℃大气环境（75℉/A）下的 90°拉伸模量实测值。这些异常值有些低，但是依然保留，因为它们出现的原因是由于相对较厚的尺寸。该试样的正则化值并不是异常值，且与正则化值的平均值非常接近。

批间变异性及数据集合并　　单层级强度数据除了一批在－55℃和 82℃（筛选值）大气环境（－65℉/A 和 180℉/A）下的短梁强度，在 24℃大气环境（75℉/A）及 82℃湿态环境（180℉/W）的 3 批数据是可靠的。因此采用单点法来分析这些数据。在 0°拉伸数据（24℃大气环境（75℉/A）的实测值和正则化值，82℃湿态环境（180℉/W）实测值）存在批间变异性。24℃大气环境（75℉/A）下实测值的变异性不能被忽略，且无法计算基准值，但是另外两种情况（24℃大气环境（75℉/A）下的正则化值及 82℃湿态环境（180℉/W）下的实测值）可以基于工程判定进行合并（24℃大气环境（75℉/A）下的正则化值的 ADK 非常接近于 ADC 并且82℃湿态环境（180℉/W）下的实测值 CV 很小）。对于 90°拉伸，在 82℃湿态环境（180℉/W）下的实测值和正则化值存在变异性，因为基于工程判定无法忽略这些变异性，因此无法计算基准值。24℃大气环境（75℉/A）下的 0°压缩测量值存在的批间变异性不能被忽略，无法计算基准值。24℃大气环境（75℉/A）下的 90°压缩及 82℃湿态环境（180℉/W）下 0/90 的面内剪切的测量值也存在批间变异性，但这些数据可基于工程判定（ADK 非常接近 ADC）进行合并。

工艺路线　　　（1）施加 0.276～0.345 MPa（40～50 psi）的压力。

　　　　　　　（2）以 0.5～3℃/min（1～6℉/min）的升温速率从室温升至 121～138℃（250～280℉）。

　　　　　　　（3）在 121～138℃（250～280℉）固化 110～130 min。

　　　　　　　（4）以 1～5℃/min（3～10℉/min）速度降温冷却。

铺层示意　　　模具，预浸料，脱模织物，吸胶布，无孔脱模膜，透气织物，尼龙薄膜袋。

表 2. 2. 2. 3　T－300 6k/E765 5 综缎机织物

材料	T－300 6k/E765 5 综缎机织物			
形式	FiberCote Industries T－300 6k/E765 5 综缎机织物预浸带,12×12tows/in.			
纤维	BP Amoco T300/BGF 94100, 309－0.7%,表面处理 Toray T300B/BGF 94100, "5"－1.2%,表面处理,不加捻		基体	FiberCote Industries E765
T_g(干态)	133℃(271℉)	T_g(湿态)　103℃(218℉)	T_g 测量方法	DMA E, SACMA SRM 18R－94
固化工艺	热压罐固化;0.276～0.345 MPa(40～50 psi),121～138℃(250～280℉),110～130 min			

纤维制造日期:	12/99—8/01	试验日期:	7/2001—10/2001
树脂制造日期:	3/00—4/01	数据提交日期:	4/04
预浸料制造日期:	3/00—4/01	分析日期:	5/04
复合材料制造日期:	4/2001		

单层性能汇总

	24℃ (75℉)/A	－54℃ (－65℉)/A	82℃ (180℉)/A	82℃ (180℉)/A			
1 轴拉伸	bSS－	S－－	S－－	bSS－			
2 轴拉伸	bS－	S－－	S－－	IS－			
3 轴拉伸							
1 轴压缩	bS－	SS－	S－－	bS－			
2 轴压缩	bS－	S－－	S－－	bS－			
3 轴压缩							
12 面剪切	bS－	S－－	S－－	bS－			
23 面剪切							
31 面剪切							
31 面 SB 强度	S－－						

注:强度/模量/泊松比/破坏应变的数据种类为:A—A75, a—A55, B—B30, b—B18,M—平均值,I—临时值, S—筛选值,——无数据(见表 1.5.1.2(c)), <u>A</u>—AP10, <u>a</u>—AP5, <u>B</u>—BP5, <u>b</u>—BP3。
数据还包括除水之外三种流体条件下的 12 面剪切性能。

物理性能汇总

	名义值	提交值	试验方法
纤维密度/(g/cm³)	1.76	1.75	Toray TY-030B-02①
树脂密度/(g/cm³)	1.23	—	ASTM D 792-91
复合材料密度/(g/cm³)	1.52	1.49～1.53	ASTM D 792-91
纤维面积质量/(g/m²)	370	369～393	SACMA SRM 23R-94
纤维体积含量/%	54.5	51～59	ASTM D 3731-90
单层厚度/mm	0.0152	0.0145～0.0164	SACMA SRM 10R-94

层压板性能汇总

注:强度/模量/泊松比/破坏应变的数据种类为:A—A75,a—A55,B—B30,b—B18,M—平均值,I—临时值,S—筛选值,—无数据(见表1.5.1.2(c)),A̲—AP10,a̲—AP5,B̲—BP5,b̲—BP3。

① 与 SACMA SRM 15 类似,未去除纤维上浆剂。

表 2.2.2.3(a)　1 轴拉伸性能($[0_f]_8$)

材料	T-300 6k/E765 5 综缎机织物		
树脂含量	35%～38%(质量)	复合材料密度	1.51～1.53 g/cm³
纤维体积含量	54%～56%	空隙含量	0.0～0.9%
单层厚度	0.371～0.399 mm(0.0146～0.0157 in)		
试验方法	ASTM D 3039-95	模量计算	1000～3000 $\mu\varepsilon$ 之间的弦线模量
正则化	试样厚度和批内纤维面密度正则化到纤维体积含量为54.5%(单层厚度0.386 mm(0.0152 in))		

温度/℃(℉)	24(75)	−54(−65)	82(180)
吸湿量(%)			
吸湿平衡条件(T/℃(℉),RH/%)	大气环境	大气环境	大气环境
来源编码			

(续表)

		正则化值	实测值	正则化值	实测值	正则化值	实测值
$F_1^{tu}/$ MPa (ksi) ④⑥	平均值	582(84.4)	594(86.1)	581(84.2)	634(91.9)	638(92.6)	689(99.9)
	最小值	483(70.0)	465(67.5)	496(71.9)	546(79.2)	604(87.6)	657(95.3)
	最大值	661(95.9)	717(104)	661(95.9)	724(105)	671(97.3)	724(105)
	$CV/\%$	7.93	10.9	10.3	10.2	3.57⑤	3.38⑤
	B 基准值	496(71.9)	③	②	②	②	②
	分布	正态①	ANOVA ①③	正态①	正态①	正态①	正态①
	C_1	582(84.4)	222(4.66)	581(84.2)	634(91.9)	638(92.6)	689(99.9)
	C_2	46.2(6.70)	504(10.6)	60.0(8.69)	64.3(9.33)	22.8(3.30)	23.3(3.38)
	试样数量	23		7		7	
	批数	3		1		1	
	数据种类	B18		筛选值		筛选值	
$E_1^t/$ GPa (Msi)	平均值	62.8(9.11)	64.4(9.34)				
	最小值	59.8(8.67)	62.0(8.99)				
	最大值	66.3(9.62)	66.7(9.67)				
	$CV/\%$	3.77	2.32				
	试样数量	7					
	批数	3					
	数据种类	筛选值					
ν_{12}^t	平均值	0.047					
	试样数量	7					
	批数	3					
	数据种类	筛选值					

注：①采用单点法分析；②只对 A 类和 B 类数据给出基准值；③ $ADK = 4.59 > ADC = 2.25(\alpha = 0.025)$ —— 无法计算并列出少于 5 批数据的基准值；④在夹持/加强片处或附近出现破坏的比例比较高；⑤CV不能代表母体，真实基准值可能低一些；⑥第二批和第三批预浸料中的纬向纤维批次不是很明确。

表 2.2.2.3(b) 1 轴拉伸性能($[0_f]_6$)

材料	T - 300 6k/E765 5 综缎机织物		
树脂含量	35%～38%(质量)	复合材料密度	1.51～1.53 g/cm³
纤维体积含量	54%～56%	空隙含量	0.0～0.9%

（续表）

单层厚度	0.371～0.399 mm（0.0146～0.0157 in）		
试验方法	ASTM D 3039-95	模量计算	1000～3000 $\mu\varepsilon$ 之间的弦线模量
正则化	试样厚度和批内纤维面密度正则化到纤维体积含量为54.5%（单层厚度0.386 mm（0.0152 in））		
温度/℃（℉）	82(180)		
吸湿量（%）	1.18～1.34		
吸湿平衡条件（T/℃（℉），RH/%）	63(145)，85②		
来源编码			

		正则化值	实测值	正则化值	实测值	正则化值	实测值
F_1^{tu} /MPa (ksi) ③④	平均值	574(83.3)	590(85.6)				
	最小值	522(75.7)	549(79.6)				
	最大值	620(89.9)	633(91.8)				
	CV/%	3.96	4.12				
	B基准值	532(77.2)	546(79.2)				
	分布	正态①	正态①				
	C_1	574(83.3)	590(85.6)				
	C_2	22.8(3.30)	24.3(3.53)				
	试样数量	26					
	批数	3					
	数据种类	B18					
E_1^t /GPa (Msi)	平均值	60.5(8.78)	61.6(8.93)				
	最小值	56.7(8.23)	58.6(8.50)				
	最大值	65.8(9.54)	64.5(9.36)				
	CV/%	4.63	3.27				
	试样数量	10					
	批数	3					
	数据种类	筛选值					

（续表）

		正则化值	实测值	正则化值	实测值	正则化值	实测值
ν_{12}	平均值	0.043					
	试样数量	6					
	批数	3					
	数据种类	筛选值					

注：①采用单点法分析；②ASTM D 5229 指南；差别：7 天内，连续两次吸湿量读数变化小于 0.05%；③在夹持/加强片处或附近出现破坏的比例比较高；④第二批和第三批预浸料中的纬向纤维批次不是很明确。

表 2.2.2.3（c） 2 轴拉伸性能（[90$_f$]$_6$）

材料	T－300 6k/E765 5 综缎机织物		
树脂含量	32%～39%（质量）	复合材料密度	1.50～1.52 g/cm³
纤维体积含量	53%～59%	空隙含量	0.0～1.5%
单层厚度	0.371～0.399 mm（0.014 6～0.015 7 in）		
试验方法	ASTM D 3039－95	模量计算	1000～3 000 $\mu\varepsilon$ 之间的弦线模量
正则化	试样厚度和批内纤维面密度正则化到纤维体积含量为 54.5%（单层厚度 0.386 mm（0.015 2 in））		

温度/℃（℉）	24(75)		−54(−65)		82(180)	
吸湿量(%)						
吸湿平衡条件 (T/℃(℉)，RH/%)	大气环境		大气环境		大气环境	
来源编码						

		正则化值	实测值	正则化值	实测值	正则化值	实测值
F_1^{tu}/ MPa (ksi) ③，⑤	平均值	556(80.6)	570(82.6)	478(69.4)	520(75.4)	565(81.9)	616(89.3)
	最小值	500(72.5)	521(75.6)	416(60.3)	451(65.4)	549(79.6)	600(87.0)
	最大值	636(92.2)	640(92.8)	527(76.4)	571(82.8)	580(84.1)	638(92.5)
	CV/%	6.06	6.67	8.01	8.20	2.07④	2.53④
	B 基准值	490(71.0)	514(74.5)	②	②	②	②
	分布	正态①	非参数①	正态①	正态①	正态①	正态①
	C_1	556(80.6)	9	478(69.4)	520(75.4)	565(81.9)	616(89.3)
	C_2	33.7(4.89)	1.31	38.3(5.55)	42.6(6.18)	11.7(1.69)	15.6(2.26)

（续表）

		正则化值	实测值	正则化值	实测值	正则化值	实测值
	试样数量	19		7		6	
	批数	3		1		1	
	数据种类	B18		筛选值		筛选值	
E_1^t/ GPa (Msi)	平均值	61.1(8.86)	62.7(9.09)				
	最小值	58.3(8.45)	58.7(8.51)				
	最大值	63.3(9.18)	64.2(9.31)				
	CV/%	3.41	2.28				
	试样数量	6					
	批数	3					
	数据种类	筛选值					

注：①采用单点法分析；②只对 A 类和 B 类数据给出基准值；③在夹持/加强片处或附近出现破坏的比例比较高；④CV 不能代表母体，真实基准值可能低一些；⑤第二批和第三批预浸料中的纬向纤维批次不是很明确。

表 2.2.2.3(d)　2 轴拉伸性能（$[90_f]_6$）

材料	T-300 6k/E7655 综缎机织物		
树脂含量	32%～39%(质量)	复合材料密度	1.50～1.52 g/cm³
纤维体积含量	53%～59%	空隙含量	0.0～1.5%
单层厚度	0.371～0.399 mm(0.0146～ 0.0157 in)		
试验方法	ASTM D 3039-95	模量计算	1000～3000 $\mu\varepsilon$ 之间的弦线模量
正则化	试样厚度和批内纤维面密度正则化到纤维体积含量为 54.5%(单层厚度 0.386 mm(0.0152 in))		
温度/℃(℉)	82(180)		
吸湿量(%)	1.15～1.43		
吸湿平衡条件 (T/℃(℉), RH/%)	63℃(145℉), 85②		
来源编码			

（续表）

		正则化值	实测值	正则化值	实测值	正则化值	实测值
F_1^{tu}/ MPa (ksi) ④,⑤	平均值	492(71.3)	503(73.0)				
	最小值	447(64.8)	438(63.5)				
	最大值	538(78.1)	567(82.2)				
	CV/%	6.40	8.73				
	B 基准值	②	②				
	分布	ANOVA ①②	ANOVA ①②				
	C_1	246(5.17)	152(5.31)				
	C_2	153(5.33)	358(7.54)				
	试样数量	26					
	批数	3					
	数据种类	B18					
E_1^t/ GPa (Msi)	平均值	59.3(8.60)	61.3(8.89)				
	最小值	56.5(8.20)	58.1(8.43)				
	最大值	61.5(8.92)	62.6(9.08)				
	CV/%	3.47	2.89				
	试样数量	6					
	批数	3					
	数据种类	筛选值					

注:①采用单点法分析;② $ADK = 5.5 > ADC = 2.27(\alpha = 0.025)$——无法计算并列出少于5批数据的基准值;③ASTM D 5229 指南;差别:7 天内,连续两次吸湿量读数变化小于 0.05%;④一些破坏发生在夹持/加强片处或附近;⑤第二批和第三批预浸料中的纬向纤维批次不是很明确。

表 2.2.2.3(e)　1 轴压缩性能($[0_f]_6$)

材料	T-300 6k/E765 5 综缎机织物		
树脂含量	35%~38%(质量)	复合材料密度	1.50~1.52 g/cm³
纤维体积含量	53%~57%	空隙含量	0.0~0.9%
单层厚度	0.371~0.401 mm(0.0146~0.0158 in)		
试验方法	SACMA SRM 1-94	模量计算	1000~3000 $\mu\varepsilon$ 之间的弦线模量

（续表）

正则化	试样厚度和批内纤维面密度正则化到纤维体积含量为 54.5%（单层厚度 0.386mm(0.0152in)）					
温度/℃(℉)	24(75)		−54(−65)		82(180)	
吸湿量(%)						
吸湿平衡条件 (T/℃(℉)，RH/%)	大气环境		大气环境		大气环境	
来源编码						
	正则化值	实测值	正则化值	实测值	正则化值	实测值
F_1^{cu}/ MPa (ksi) ④　平均值	772(112)	793(115)	883(128)	862(125)	576(83.6)	562(81.5)
最小值	724(105)	703(102)	834(121)	807(117)	528(76.6)	516(74.8)
最大值	841(122)	876(127)	945(137)	931(135)	610(88.5)	594(86.2)
CV/%	4.74	6.25	4.37	5.14	5.04	5.34
B基准值	703(102)	②	③	③	③	③
分布	正态①	ANOVA ①②	正态①	正态①	正态①	正态①
C_1	772(112)	195(4.10)	883(128)	862(125)	576(83.6)	562(81.5)
C_2	36.5(5.30)	371(7.81)	38.6(5.60)	44.1(6.40)	29.0(4.21)	30.0(4.35)
试样数量	22		6		8	
批数	3		1		1	
数据种类	B18		筛选值		筛选值	
E_1^{c}/ GPa (Msi)　平均值	59.6(8.65)	61.6(8.94)	71.7(10.4)	69.6(10.1)		
最小值	56.8(8.24)	59.6(8.65)	65.0(9.43)	63.6(9.23)		
最大值	61.2(8.88)	66.3(9.62)	77.2(11.2)	75.2(10.9)		
CV/%	2.72	4.11	8.34	8.04		
试样数量	6		5			
批数	3		1			
数据种类	筛选值		筛选值			

注：①采用单点法分析；② $ADK = 2.94 > ADC = 2.25(\alpha = 0.025)$——无法计算并列出少于5批数据的基准值③只对A类和B类数据给出基准值；④第二批和第三批预浸料中的纬向纤维批次不是很明确；⑤强度似乎略低。

表 2.2.2.3(f) 1 轴压缩性能([0f]6)

材料	T-300 6k/E765 5 综缎机织物		
树脂含量	35%～38%(质量)	复合材料密度	1.50～1.52 g/cm³
纤维体积含量	53%～57%	空隙含量	0.0～0.9%
单层厚度	0.371～0.401 mm(0.0146～0.0158 in)		
试验方法	SACMA SRM 1-94	模量计算	1000～3000 με 之间的弦线模量
正则化	试样厚度和批内纤维面密度正则化到纤维体积含量为 54.5%(单层厚度 0.386 mm(0.0152 in))		

温度/℃(℉)	82(180)		
吸湿量(%)	1.20～1.42④		
吸湿平衡条件 (T/℃(℉),RH/%)	63(145),85②		
来源编码			

		正则化值	实测值		
$F_1^{cu}/$ MPa (ksi) ③	平均值	304(44.1)	314(45.5)		
	最小值	239(34.6)	239(34.7)		
	最大值	359(52.1)	370(53.7)		
	CV/%	9.10	8.83		
	B 基准值	254(36.9)	265(38.4)		
	分布	正态①	正态①		
	C_1	304(44.1)	314(45.5)		
	C_2	27.6(4.01)	27.7(4.02)		
	试样数量	30			
	批数	3			
	数据种类	B18			
$E_1^c/$ GPa (Msi)	平均值	56.3(8.17)	58.4(8.47)		
	最小值	53.6(7.77)	53.7(7.79)		
	最大值	59.2(8.58)	62.7(9.09)		
	CV/%	2.96	4.07		

（续表）

		正则化值	实测值				
	试样数量	13		.			
	批数	3					
	数据种类	筛选值					

注：①采用单点法分析；②ASTM D 5229 指南；差别：7 天内，连续两次吸湿量读数变化小于 0.05%；③只对 A 类和 B 类数据给出基准值；④第二批和第三批预浸料中的纬向纤维批次不是很明确；⑤强度似乎略低。

表 2.2.2.3(g)　2 轴压缩性能（$[90_f]_6$）

材料	T - 300 6k/E765 5 综缎机织物		
树脂含量	34%～38%（质量）	复合材料密度	1.50～1.52 g/cm³
纤维体积含量	53%～58%	空隙含量	0.0～1.3%
单层厚度	0.371～0.404 mm（0.014 6～0.015 9 in）		
试验方法	SACMA SRM 1 - 94	模量计算	1000～3 000 $\mu\varepsilon$ 之间的弦线模量
正则化	试样厚度和批内纤维面密度正则化到纤维体积含量为 54.5%（单层厚度 0.386 mm（0.015 2 in））		

温度/℃(℉)	24(75)		—54(—65)		82(180)④	
吸湿量(%)						
吸湿平衡条件 (T/℃(℉)，RH/%)	大气环境		大气环境		大气环境	
来源编码						

		正则化值	实测值	正则化值	实测值	正则化值	实测值
F_2^{cu}/ MPa （ksi） ③	平均值	676(98.1)	696(101)	793(115)	772(112)	521(75.6)	562(81.5)
	最小值	609(88.4)	604(87.6)	724(105)	710(103)	470(68.2)	507(73.6)
	最大值	779(113)	793(115)	841(122)	814(118)	561(81.4)	605(87.8)
	CV/%	6.65	7.79	5.42	5.31	6.49	6.28
	B基准值	591(85.7)	592(85.9)	②	②	②	②
	分布	正态①	正态①	正态①	正态①	正态①	正态①
	C_1	676(98.1)	696(101)	793(115)	772(112)	521(75.6)	562(81.5)
	C_2	45.0(6.53)	54.2(7.86)	43.1(6.25)	41.1(5.96)	33.8(4.90)	35.3(5.12)
	试样数量	21		6		8	
	批数	3		1		1	
	数据种类	B18		筛选值		筛选值	

（续表）

		正则化值	实测值	正则化值	实测值	正则化值	实测值
E_2^t/ GPa (Msi)	平均值	58.7(8.51)	59.9(8.69)				
	最小值	56.6(8.21)	58.1(8.42)				
	最大值	60.6(8.79)	62.8(9.11)				
	CV/%	2.77	3.09				
	试样数量	7					
	批数	3					
	数据种类	筛选值					

注：①采用单点法分析；②只对 A 类和 B 类数据给出基准值；③第二批和第三批预浸料中的纬向纤维批次不是很明确；④强度似乎略低。

表 2.2.2.3(h)　2 轴压缩性能（$[90_f]_6$）

材料	T-300 6k/E765 5 综缎机织物		
树脂含量	34%～38%（质量）	复合材料密度	1.50～1.52 g/cm³
纤维体积含量	53～58%	空隙含量	0.0～1.3%
单层厚度	0.371～0.404 mm(0.0146～0.0159 in)		
试验方法	SACMA SRM 1-94	模量计算	1000～3000 $\mu\varepsilon$ 之间的弦线模量
正则化	试样厚度和批内纤维面密度正则化到纤维体积含量为 54.5%（单层厚度 0.386 mm(0.0152 in)）		
温度/℃(℉)	82(180)④		
吸湿量(%)	1.77～1.44		
吸湿平衡条件 (T/℃(℉), RH/%)	63(145), 85②		
来源编码			

		正则化值	实测值	正则化值	实测值	正则化值	实测值
F_2^{cu}/ MPa (ksi) ③	平均值	290(42.0)	297(43.1)				
	最小值	241(35.0)	250(36.3)				
	最大值	325(47.1)	344(49.9)				
	CV/%	7.48	8.26				
	B 基准值	251(36.4)	253(36.7)				

（续表）

		正则化值	实测值	正则化值	实测值	正则化值	实测值
	分布	正态①	正态①				
	C_1	290(42.0)	297(43.1)				
	C_2	21.6(3.14)	24.5(3.56)				
	试样数量	29					
	批数	3					
	数据种类	B18					
$E_2^s/$ GPa (Msi)	平均值	55.2(8.00)	56.9(8.25)				
	最小值	48.9(7.09)	49.8(7.22)				
	最大值	60.1(8.72)	62.0(8.99)				
	$CV/\%$	33.4(4.84)	43.8(6.35)				
	试样数量	13					
	批数	3					
	数据种类	筛选值					

注:①采用单点法分析;②ASTM D5229 指南;差别:7 天内,连续两次吸湿读数变化小于 0.05%;③第二批和第三批预浸料中的纬向纤维批次不是很明确;④强度似乎略低。

表 2.2.2.3(i)　12 面剪切性能($[[0_r/90_r]_2/0_r]s$)

材料	T - 300 6k/E765 5 综缎机织物		
树脂含量	35%～40%(质量)	复合材料密度	1.49～1.51 g/cm³
纤维体积含量	51%～56%(体积)	空隙含量	0.2%～1.2%
单层厚度	0.389～0.417 mm(0.015 3～0.016 4 in)		
试验方法	ASTM D5379 - 93	模量计算	在 1 000～6 000 $\mu\varepsilon$ 之间的弦线
正则化	未正则化		

温度/℃(℉)	24(75)	−54(−65)	82(180)	82(180)		
吸湿量(%)	大气环境	大气环境	大气环境⑥	1.27～1.43⑥		
吸湿平衡条件 (T/℃(℉),RH/%)				63(145),85④		
来源编码						

（续表）

F_{12}^{su} / MPa （ksi）③	平均值	125(18.1)	143(20.7)	103(14.9)	71.7(10.4)	
	最小值	114(16.6)	135(19.6)	101(14.7)	60.8(8.82)	
	最大值	137(19.8)	150(21.8)	104(15.1)	77.9(11.3)	
	CV/%	4.98	4.26	1.08⑤	6.21	
	B基准值	113(16.4)	②	②	63.4(9.20)	
	分布	正态①	正态①	正态①	正态①	
	C_1	125(18.1)	143(20.7)	103(14.9)	71.7(10.4)	
	C_2	6.21(0.901)	6.08(0.882)	1.10(0.16)	4.45(0.645)	
	试样数量	24	6	6	25	
	批数	3	1	1	3	
	数据种类	B18	筛选值	筛选值	B18	
$F_{12}^{su(5\%)}$ / MPa （ksi）	平均值	98.6(14.3)			46.5(6.74)	
	最小值	91.7(13.3)			41.9(6.07)	
	最大值	109(15.8)			55.2(8.01)	
	CV/%	4.62			11.4	
	B基准值	②			②	
	分布					
	C_1					
	C_2					
	试样数量	12			6	
	批数	3			3	
	数据种类	筛选值			筛选值	
G_{12}^{s} / GPa （Msi）	平均值	3.79(0.55)			2.62(0.38)	
	最小值	2.69(0.39)			1.93(0.28)	
	最大值	4.96(0.72)			3.24(0.47)	
	CV/%	19.7			16.4	
	试样数量	12			6	
	批数	3			3	
	数据种类	筛选值			筛选值	

注:①采用单点法分析;②只对 A 类和 B 类数据给出基准值;③最大应力对应的强度,与 D5379-98 标准(在 4/99 之前按 D5379-93 计划的试验)不同。在下面给出了 5%应变对应的应力筛选值数据;④ASTM D5229 指南;差别:7 天内,连续两次吸湿量读数变化小于 0.05%;⑤认为 CV 不能代表母体,真实基准值可能低一些;⑥强度可能略低。

表 2.2.2.3(j)　12 面剪切性能($[[0_f/90_f]_2/0_f]s$)

材料	T-300 6k/E765 5 综缎机织物					
树脂含量	34%～38%(质量)		复合材料密度	1.50～1.52 g/cm³		
纤维体积含量	53%～58%		空隙含量	0.0～1.3%		
单层厚度	0.371～0.404 mm(0.0146～0.0159 in)					
试验方法	ASTM D5379-93		模量计算			
正则化	未正则化					
	温度/℃(℉)	22(75)	82(180)	82(180)		
	吸湿量(%)	①	②	③		
	吸湿平衡条件 (T/℃(℉),RH/%)					
	来源编码					
F_{12}^{su}/ MPa (ksi) ⑤	平均值	115(16.7)	107(15.5)	101(14.6)		
	最小值	111(16.1)	105(15.2)	98.6(14.3)		
	最大值	123(17.8)	110(16.0)	103(14.9)		
	CV/%	4.25	2.10⑥	1.61⑥		
	B 基准值	④	④	④		
	分布	正态	正态	正态		
	C_1	115(16.7)	107(15.5)	101(14.6)		
	C_2	4.90(0.71)	2.28(0.33)	1.65(0.24)		
	试样数量	5	7	5		
	批数	1	1	1		
	数据种类	筛选值	筛选值	筛选值		

注:①室温下,浸泡于甲基乙基酮中 60 至 90 min;②室温下,浸泡于飞机燃油(JP-A)中 500 h;③室温下,浸泡于液压油(磷酸三丁酯)中 60 至 90 min;④只对 A 类和 B 类数据给出基准值;⑤最大应力对应的强度,不遵循当前 ASTM D5379-98 标准;⑥认为 CV 不能代表母体,真实基准值可能要低一些。

表 2.2.2.3(k)　31 面剪切性能($[0_f]_6$)

材料	T-300 6k/E765 5 综缎机织物		
树脂含量	35%～37%(质量)	复合材料密度	1.51～1.52 g/cm³
纤维体积含量	55%～56%	空隙含量	0.0～0.6%
单层厚度	0.368～0.399 mm(0.0145～0.0157 in)		

（续表）

试验方法	ASTM D2344 - 89		模量计算				
正则化	未正则化						
温度/℃（℉）	22(75)						
吸湿量(%)							
吸湿平衡条件 (T/℃（℉），RH/%)	大气环境						
来源编码							
F_{31}^{sbs}/ MPa (ksi)	平均值	77.2(11.2)					
	最小值	68.9(10.0)					
	最大值	86.9(12.6)					
	$CV/\%$	4.79					
	B 基准值	①					
	分布	正态					
	C_1	77.2(11.2)					
	C_2	3.72(0.54)					
	试样数量	47					
	批数	3					
	数据种类	筛选值					

注:①只对 A 类和 B 类数据给出基准值。

2.2.2.4　AS4C 3k/HTM45 8 综缎机织物

材料描述：

材料　　　　AS4C 3k/HTM45。

　　　　　　按 ACGM 1003 - 01。

形式　　　　8 综缎机织物预浸料,纤维面积质量为 364 g/m²,固化后树脂含量为 30%～37%,典型的固化后单层厚度为 0.351～0.363 mm (0.0138～0.0143 in),典型的单层名义厚度 0.368 mm(0.0145 in)。

固化工艺　　热压罐固化;177℃（350℉）, 0.586 MPa（85 psi）,抽真空,120 min。

　　　　　　按 ACGP 1003。

供应商提供的数据：

纤维　　　　HexcelAS4C(规格 4000)纤维是一种用 PAN 基原丝制造的航空级连续不加捻纤维,纤维经表面处理(主上浆剂 G 1%)以改善操作和结构性能。每一丝束包含有 3 000 根碳丝。典型的拉伸模量为 231 GPa(33. 5×10⁶ psi),典型的拉伸强度为 4 344 MPa(630 000 psi)。

基体　　　　　HTM45 是一种在 177℃(350℉)下固化的增韧环氧树脂体系,设计用于制造机体和其他结构件。

商品名称　　　HTM45/CF 1812 37% RW。

最高使用温度　130℃(266℉)。

典型应用　　　机体和其他结构件。

数据分析概述:

取样要求　　　三个不同批次试样是由两个不同批次的纤维和一个批次树脂形成。

试验　　　　　面内剪切强度为所达到的最大应力,这不同于现行的 ASTM D3518。

压缩试样与 ASTM D3410(IITRI)相似,但是做了修改。*

挤压试样是非标准的。钢制夹具取代试样对中的一个。试样尺寸也被修改**。图 2.2.2.4 展示层压板试样的简图。

吸湿处理按 ASTM D5229 指南;差别:吸湿平衡用 7 天之内连续两次吸湿量读数变化小于 0.05% 来定义。

25% 的试样的拉伸破坏发生在夹持/加强片处,但破坏载荷不一定低。另外,所有 4 种环境下的破坏似乎都相似。

异常值　　　　在下列情况中都有一个较高的异常值:①130℃湿态环境(266℉/W)正则化值,E_1^t 74. 5 MPa(10. 8 Msi);②24℃大气环境(75℉/A)正则化值,E_2^t 67. 8 MPa(9. 84 Msi);③130℃湿态环境(266℉/W)正则化值和实测值,E_1^t 65. 5 和 65. 4 MPa(9. 50 和 9. 48 Msi);④82℃湿态环境(180℉/W)正则化值,E_2^t 68. 7 MPa(9. 97 Msi);⑤180℉/W,G_{12}^s 4. 14 MPa(0. 60 Msi)均被保留,因为没有明显的丢弃这些数据的理由。在 75℉/A 下,批次 3 中 F_2^{cu} 实测值存在异常值,但是合并 3 批数据后没有异常值。

批间变异性,正态性和数据集合并

(1) 24℃大气环境(75℉/A)0°拉伸实测和正则化强度值的 k 样本 Anderson-Darling 检验统计量(ADK)为 4. 25 和 3. 81,都比 $ADC(\alpha=0. 025)=2. 22$ 高。但是,批间存在重叠区间,且没有一致的趋势表明一个批次是高或低。所以,24℃大气环境(75℉/A),−55℃大气环境(−65/A),82℃湿态环境

---

* Wyoming——修改的 IITRI(www. wyomingtestfixtures. com/productions/b4. htm)。

* Ref. Advanced Composites Group, Tulsa, OK, Technical Report No. AI/TR/1368,2002 年 6 月 6 日。

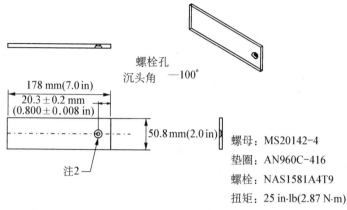

螺栓孔
沉头角 —100°

178 mm(7.0 in)

20.3 ± 0.2 mm
(0.800 ± 0.008 in)

50.8 mm(2.0 in)

注2

螺母：MS20142-4

垫圈：AN960C-416

螺栓：NAS1581A4T9

扭矩：25 in·lb(2.87 N·m)

1/螺栓直径和孔公差范围

	名义值	公差范围为最小值～最大值
螺栓	6.32 mm(0.249 in)	6.32～6.34 mm(0.249～0.2495 in)
孔直径—1类	6.35 mm(0.250 in)	6.35～6.41 mm(0.2495～0.2525 in)
孔直径—2类	6.53 mm(0.257 in)	6.50～6.60 mm(0.256～0.260 in)
锥孔角	100°	±1°

图 2.2.2.4　层压板螺栓挤压试验试样

（180 检验/W）和 130℃湿态环境（266 检验/W）数据可进行环境间的合并。合并后数据的 CV 检验正态性和等同性检验是可接受的。

(2) 在 $\alpha = 0.05$ 下，90°拉伸强度实测值和正则化值（合并不同环境下的测试数据）不能满足 CV 等同性检验。除 130℃湿态环境（266℉/W）下数据之外（高 CV——采用单点法分析）合并剩余数据（−65℉/A，75℉/A，180℉/W）可满足 CV 等同性检验。24℃大气环境（75℉/A）下实测数据（$ADK = 2.73$，$ADC = 2.22$）未通过组/批间变异性检验（正则化数据通过），但是基于工程判定被合并到一起，因为 3 批次的数据出现重叠区间。RTD 数据产生正常的 $OSL < 0.05$（实测和正则化数据 $OSL = 0.035$ 和 0.047），但通过图解法可满足正态分布。

(3) 在 −54℃大气环境（−65℉/A）下，0°压缩强度实测值未通过组/批间变异性检验（$ADK = 2.96 > ADC = 2.26$），但是正则化值能通过。但是，3 批次的数据存在部分重叠，基于工程判定可将它们与 24℃大气环境（75℉/A），82℃湿态环境（180℉/W）和 130℃湿态环境（266℉/W）下的数据合并到一起。另外，82℃湿态环境（180℉/W）下的正则化值的正常 $OSL = 0.045$，但通过图解法可满足正态分布，且 CV 等同性能满足要求。

(4) 在 24℃大气环境（75℉/A）下，90°压缩强度实测值未通过组/批间变异性检验（实测值和正则化值数据的 $ADK = 3.19$ 和 $2.56 > ADC = 2.26$）。另外，24℃大气环境（75℉/A）下的正则化值似乎存在问题。130℃湿态环境

(266℉/W)下实测值出现变异性($ADK = 2.74 > ADC = 2.26$)。正则化值通过检验。合并后数据的CV等同性能满足要求。75℉/A和266℉/W环境下的数据与-65℉/A和180℉/W下的数据合并到一起,因为批间出现重叠,且没有某一批表现出明显高或低的趋势。

(5) 24℃大气环境(75℉/A)和82℃湿态环境(180℉/W)的面内剪切强度数据表现出组/批间的差异($ADK = 3.12$和$2.69 > ADC = 2.23$),但可将其与24℃大气环境(75℉/A)和130℃湿态环境(266℉/W)下的数据合并到一起,因为批间出现重叠,且没有某一批表现出明显高或低的趋势。

(6) 不同环境下的短梁剪切强度数据不能合并,因为它们有3个批次、每批仅4个试样。

工艺路线: (1) 将用真空袋封装的组件放入热压罐,检查是否漏气。

(2) 施加0.586 MPa(85 psi)压力。在0.103 MPa(15 psi)压力时抽真空。

(3) 以1~4℃/min(2~7℉/min)加热到177℃(350℉)。

(4) 在177℃±5.6℃(350℉±10℉)的温度下至少保持120 min。

(5) 以2~3℃/min(3~5℉/min)冷却到66℃(150℉)。

(6) 在66℃(150℉)时热压罐泄压。

铺层示意: 层压板,玻璃纤维纱线,固化聚全氟乙丙烯(可选),加压板,表层透气材料,真空袋。

表2.2.2.4　AS4C 3k/HTM45 8综缎机织物

材料	AS4C 3k/HTM45 8综缎机织物			
形式	Advanced Composites Group AS4C/3k　8综缎机织物预浸带,23×23tows/in			
纤维	Hexcel AS4C 3k,1%G主上浆剂		基体:	ACG HTM45
T_g(干态)	196℃(385℉)	T_g(湿态)　149℃(300℉)	T_g测量方法	DMA E(tanδ峰值)
固化工艺	177℃(350℉),2小时,0.586 MPa(85 psi)			

纤维制造日期:	8/00—9/00	试验日期:	8/01—12/01
树脂制造日期:	10/00—11/00	数据提交日期:	5/02
预浸料制造日期:	10/00—11/00	分析日期:	7/05
复合材料制造日期:	1/01—8/01		

单层性能汇总

	24℃(75℉)/A	−54℃ (−65℉)/A	82℃ (180℉)/W	130℃ (266℉)/W			
1 轴拉伸	bSS-	bSS-	bSS-	bSS-			
2 轴拉伸	bSS-	bSS-	bSS-	bSS-			
1 轴压缩	bSS-	bSS-	bSS-	bSS-			
2 轴压缩	bSS-	bSS-	bSS-	bSS-			
12 面剪切	bS-	bS-	bS-	bS-			
31 面剪切	S---	S---	S---	S---			

注:强度/模量/泊松比/破坏应变的数据种类为:A—A75,a—A55,B—B30,b—B18,M—平均值,I—临时值,S—筛选值,——无数据(见表 1.5.1.2(c)),A̲—AP10,a̲—AP5,B̲—BP5,b̲—BP3。
数据还包括除水之外三种液体条件下的 12 面剪切性能。

物理性能汇总

	名义值	提交值	试验方法
纤维密度/(g/cm³)	1.78	1.75~1.81	Supplier①
树脂密度/(g/cm³)	1.31	—	ASTM D792-91
复合材料密度/(g/cm³)	1.57	1.567~1.599	ASTM D792-91
纤维面积质量/(g/m²)	364	360~370	ASTM D3529
纤维体积含量/%			
单层厚度/mm	0.3683	0.3276~0.3835	SACMA SRM 10R-94

层压板性能汇总

	24℃ (75℉)/A	−54℃ (−65℉)/A	82℃ (180℉)/W	130℃ (266℉)/W			
准各向同性							
螺栓挤压-1 类 沉头孔,单剪	S---	S---	S---	S---			
螺栓挤压-1 类 沉头孔,单-	S---	S---	S---	S---			

注:强度/模量/泊松比/破坏应变的数据种类为:A—A75,a—A55,B—B30,b—B18,M—平均值,I—临时值,S—筛选值,——无数据(见表 1.5.1.2(c)),A̲—AP10,a̲—AP5,B̲—BP5,b̲—BP3。
①与 SACMA SRM-15 类似。

表 2.2.2.4(a)　1 轴拉伸性能([0$_\mathrm{f}$]$_8$)

材料	AS4C 3k/HTM45 8 综缎机织物			
树脂含量	33.4%～34.3%(质量)		复合材料密度	1.583～1.584 g/cm^3
纤维体积含量	58.3%～59.2%		空隙含量	0.23%～0.46%
单层厚度	0.368 mm(0.0145 in. 名义单层厚度); 0.351～0.363(0.0138～0.0143 in)			
试验方法	ASTM D 3039-95		模量计算	1000～3000 $\mu\varepsilon$ 之间的弦线模量
正则化	试样厚度和批内纤维面密度正则化到纤维体积含量为 57%(单层厚度 0.358 mm (0.0141 in))			

温度/℃(℉)		24(75)		-54(-65)		82(180)	
吸湿量(%)						0.68～1.02	
吸湿平衡条件 (T/℃(℉), RH/%)		大气环境		大气环境		75(167), 95②	
来源编码							
		正则化值	实测值	正则化值	实测值	正则化值	实测值
F_1^tu/ MPa (ksi) ④	平均值	910(132)	903(131)	765(111)	779(113)	903(131)	896(130)
	最小值	841(122)	841(122)	703(102)	696(101)	841(122)	834(121)
	最大值	993(144)	1000(145)	841(122)	869(126)	965(140)	965(140)
	CV/%	5.09	5.58	5.69	6.14	4.43	4.51
	B 基准值	827(120)	820(119)	696(101)	710(103)	827(120)	814(118)
	分布	正态①③a	正态①③b	正态①	正态①	正态①	正态①
	C_1	33.4(4.85)	35.9(5.20)	33.4(4.85)	35.9(5.20)	33.4(4.85)	35.9(5.20)
	C_2	12.0(1.74)	12.0(1.74)	12.0(1.74)	12.0(1.74)	12.0(1.74)	12.0(1.74)
	试样数量	18		18		18	
	批数	3		3		3	
	数据种类	BP3①		BP3①		BP3①	
E_1^t/ GPa (Msi)	平均值	66.1(9.58)	65.6(9.51)	66.8(9.69)	67.2(9.74)	69.8(10.12)	68.6(9.95)
	最小值	64.1(9.30)	63.4(9.19)	65.5(9.50)	64.9(9.41)	67.4(9.78)	67.2(9.74)
	最大值	67.4(9.78)	67.6(9.80)	68.2(9.89)	68.9(10.0)	72.2(10.47)	70.3(10.2)
	CV/%	2.09	2.22	1.48	2.17	2.25	1.72
	试样数量	6		6		6	
	批数	3		3		3	
	数据种类	筛选值		筛选值		筛选值	

（续表）

		正则化值	实测值	正则化值	实测值	正则化值	实测值
ν_{12}^t	平均值	0.044		0.055		0.049	
	试样数量	6		6		6	
	批数	3		3		3	
	数据种类	筛选值		筛选值		筛选值	

注:①通过各自的方法将4种环境数据正则化合并在一起(见第1卷8.3节);②ASTM D5229指南;差别——7天内,连续两次吸湿量读数变化小于0.05%;③a $ADK=3.81$,③b $ADK=4.25>ADC(\alpha=0.025)=2.217$,但可与其他环境下的数据合并,因为批间有重叠区间,且没有明显的趋势表明某一批数据高或低;④3个不同批次试样是由两个不同批次的纤维和一个批次的树脂形成。

表 2.2.2.4(b)　1 轴拉伸性能([0_f]_8)

材料	AS4C 3k/HTM45 8 综缎机织物		
树脂含量	33.4%~34.3%(质量)	复合材料密度	1.583~1.584 g/cm³
纤维体积含量	58.3%~59.2%	空隙含量	0.23%~0.46%
单层厚度	0.368 mm(0.0145 in)名义单层厚度;0.351~0.363(0.0138~0.0143 in)典型值		
试验方法	ASTM D 3039-95	模量计算	1000~3000 $\mu\varepsilon$ 之间的弦线模量
正则化	试样厚度和批内纤维面密度正则化到纤维体积含量为57%(单层厚度 0.358 mm(0.0141 in))		
温度/℃(℉)	130(266)		
吸湿量(%)	0.68~1.02		
吸湿平衡条件(T/℃(℉),RH/%)	75(167),95③		
来源编码			

		正则化值	实测值	正则化值	实测值	正则化值	实测值
F_1^{tu}/MPa(ksi)④	平均值	896(130)	883(128)				
	最小值	800(116)	772(112)				
	最大值	945(137)	945(137)				
	$CV/\%$	4.50	4.85				
	B基准值	820(119)	800(116)				
	分布	正态①	正态①				

（续表）

		正则化值	实测值	正则化值	实测值	正则化值	实测值
	C_1	33.4(4.85)	35.9(5.20)				
	C_2	12.0(1.74)	12.0(1.74)				
	试样数量	18					
	批数	3					
	数据种类	BP3①					
$E_1^t/$ GPa (Msi)	平均值	68.8(9.98)	68.1(9.87)				
	最小值	66.3(9.61)	65.4(9.49)				
	最大值	74.5(10.8) ②	72.4(10.5)				
	CV/%	4.37	3.84				
	试样数量	6					
	批数	3					
	数据种类	筛选值					
ν_{12}^t	平均值	0.037					
	试样数量	6					
	批数	3					
	数据种类	筛选值					

注:①通过各自的方法将四种环境数据正则化合并在一起(见第 1 卷 8.3 节);②异常值——保留;③ASTM D5229 指南;差别——7 天内,连续两次吸湿量读数变化小于 0.05%;④3 个不同批次试样是由两个不同批次的纤维和一个批次的树脂形成。

表 2.2.2.4(c)　2 轴拉伸性能($[90_f]_8$)

材料	AS4C 3k/HTM45 8 综缎机织物		
树脂含量	32.9%～33.6%(质量)	复合材料密度	1.582～1.588 g/cm³
纤维体积含量	59.1%～59.8%	空隙含量	0.26%～0.43%
单层厚度	0.368 mm(0.0145 in)名义值; 0.351～0.361 mm(0.0138～0.0142 in) 典型值		
试验方法	ASTM D 3039-95	模量计算	1000～3000 $\mu\varepsilon$ 之间的弦线模量
正则化	试样厚度和批内纤维面密度正则化到纤维体积含量为 57%(单层厚度 0.358 mm (0.0141 in))		

（续表）

温度/℃(℉)		24(75)		−54(−65)		82(180)	
吸湿量(%)						0.94～0.99	
吸湿平衡条件 (T/℃(℉)，RH/%)		大气环境		大气环境		75(167)，95⑤	
来源编码							
		正则化值	实测值	正则化值	实测值	正则化值	实测值
F_2^{tu}/ MPa (ksi) ⑥	平均值	793(115)	800(116)	686(99.5)	703(102)	820(119)	820(119)
	最小值	731(106)	710(103)	570(82.7)	597(86.6)	786(114)	779(113)
	最大值	855(124)	862(125)	745(108)	779(113)	862(125)	869(126)
	CV/%	4.12	5.18	6.77	7.00	2.90	3.51
	B基准值	731(106)	724(105)	628(91.1)	638(92.6)	752(109)	745(108)
	分布	正态①③	正态①② ③	正态①	正态①	正态①	正态①
	C_1	33.0(4.78)	36.7(5.32)	33.0(4.78)	36.7(5.32)	33.0(4.78)	36.7(5.32)
	C_2	12.2(1.77)	12.2(1.77)	12.2(1.77)	12.2(1.77)	12.2(1.77)	12.2(1.77)
	试样数量	18		18		18	
	批数	3		3		3	
	数据种类	BP3①		BP3①		BP3①	
E_2^t/ GPa (Msi)	平均值	65.8(9.55)	66.1(9.59)	64.7(9.38)	65.8(9.55)	66.7(9.68)	66.5(9.65)
	最小值	65.0(9.43)	63.9(9.27)	62.8(9.11)	62.1(9.00)	65.7(9.53)	65.7(9.53)
	最大值	67.8(9.84) ④	68.4(9.92)	66.0(9.57)	67.7(9.82)	67.6(9.80)	67.5(9.79)
	CV/%	1.57	2.37	1.97	3.17	1.18	1.03
	试样数量	6		6		6	
	批数	3		3		3	
	数据种类	筛选值		筛选值		筛选值	
ν_{21}^t	平均值	0.052		0.045		0.040	
	试样数量	6		6		6	
	批数	3		3		3	
	数据种类	筛选值		筛选值		筛选值	

注：①24℃大气环境(75/A)，−54℃大气环境(−65/A)和82℃湿态(180℉/W)环境下，通过各自方法将数据正则化合并在一起(见第1卷8.3节)；②$ADK = 2.73 > ADC(\alpha = 0.025) = 2.22$，通过判定合并3种环境下的数据；③正常的$OSL < 0.05$，通过图解法可接受；④异常值——保留；⑤ASTM D5229指南；差别——7天内，连续两次吸湿读数变化小于0.05%；⑥3个不同批次试样是由两个不同批次的纤维和一个批次的树脂形成。

表 2.2.2.4(d)　2 轴拉伸性能($[90_f]_8$)

材料	AS4C 3k/HTM45 8 综缎机织物				
树脂含量	32.9%～33.6(质量)		复合材料密度	1.582～1.588 g/cm³	
纤维体积含量	59.1%～59.8%		空隙含量	0.26%～0.43%	
单层厚度	0.368 mm(0.0145 in)名义值；0.348～0.353(0.0137～0.0139 in)典型值				
试验方法	ASTM D 3039-95		模量计算	1000～3000 $\mu\varepsilon$ 之间的弦线模量	
正则化	试样厚度和批内纤维面密度正则化到纤维体积含量为57%(单层厚度 0.358 mm (0.0141 in))				

温度/℃(℉)		130(167)					
吸湿量(%)		0.94～0.99					
吸湿平衡条件 (T/℃(℉), RH/%)		75(167), 95②					
来源编码							
		正则化值	实测值	正则化值	实测值	正则化值	实测值
F_2^{tu}/MPa (ksi)③	平均值	731(106)	731(106)				
	最小值	627(90.9)	632(91.7)				
	最大值	834(121)	834(121)				
	CV/%	8.86	8.47				
	B 基准值	605(87.8)	610(88.5)				
	分布	正态①	正态①				
	C_1	731(106)	731(106)				
	C_2	65.0(9.43)	62.1(9.00)				
	试样数量	18					
	批数	3					
	数据种类	B18					
E_2^t/GPa (Msi)	平均值	65.6(9.51)	65.6(9.52)				
	最小值	63.5(9.21)	64.2(9.31)				
	最大值	67.2(9.74)	68.4(9.92)				
	CV/%	2.09	2048				
	试样数量	6					
	批数	3					
	数据种类	筛选值					

（续表）

		正则化值	实测值	正则化值	实测值	正则化值	实测值
ν_{21}^t	平均值	0.028					
	试样数量	6					
	批数	3					
	数据种类	筛选值					

注：①采用单点法分析以满足合并数据 24℃大气环境（75℉/A），－54℃大气环境（－65℉/A），82℃湿态（180℉/W）CV 等同；②ASTM D5229 指南；差别——7 天内，连续两次吸湿量读数变化小于 0.05%；③3 个不同批次试样是由两个不同批次的纤维和一个批次的树脂形成。

表 2.2.2.4(e)　1 轴压缩性能（$[0_f]_8$）

材料	AS4C 3k/HTM45 8 综缎机织物		
树脂含量	33.4%～34.4%（质量）	复合材料密度	1.574～1.584 g/cm^3
纤维体积含量	58.8%～59.2%	空隙含量	0.19%～0.69%
单层厚度	0.368 mm（0.014 5 in）名义值；0.348～0.353（0.013 7～0.013 9 in）典型值		
试验方法	ASTM D 3410-95④	模量计算	1000～3000 $\mu\varepsilon$ 之间的弦线模量
正则化	试样厚度和批内纤维面密度正则化到纤维体积含量为 57%（单层厚度 0.358 mm（0.014 1 in））		

温度/℃（℉）	24(75)		－54(－65)		82(180)	
吸湿量(%)					0.79～0.91	
吸湿平衡条件（T/℃(℉)，RH/%）	大气环境		大气环境		75(167)，95③	
来源编码						

		正则化值	实测值	正则化值	实测值	正则化值	实测值
F_1^{cu} / MPa (ksi) ⑤	平均值	689(99.9)	710(103)	752(109)	772(112)	501(72.7)	514(74.6)
	最小值	594(86.1)	623(90.3)	665(96.5)	703(102)	412(59.8)	432(62.6)
	最大值	752(109)	772(112)	855(124)	903(131)	546(79.2)	566(82.1)
	CV/%	6.20	5.39	6.96	6.51	7.44	7.70
	B 基准值	616(89.3)	638(92.6)	672(97.5)	696(101)	448(65.0)	462(67.0)
	分布	正态①	正态①	正态①	正态①②	正态①	正态①
	C_1	43.6(6.33)	42.2(6.12)	43.6(6.33)	42.2(6.12)	43.6(6.33)	42.2(6.12)

（续表）

		正则化值	实测值	正则化值	实测值	正则化值	实测值
	C_2	11.6(1.68)	11.6(1.68)	11.6(1.68)	11.6(1.68)	11.6(1.68)	11.6(1.68)
	试样数量	24		24		24	
	批数	3		3		3	
	数据种类	BP3①		BP3①		BP3①	
E_1^c/ GPa (Msi)	平均值	60.3(8.75)	62.3(9.03)	60.0(8.70)	62.0(8.99)	60.6(8.79)	61.9(8.98)
	最小值	58.0(8.41)	59.6(8.65)	57.4(8.33)	56.7(8.23)	58.4(8.47)	60.3(8.74)
	最大值	62.4(9.05)	64.6(9.37)	62.7(9.09)	65.1(9.44)	62.2(9.02)	63.8(9.25)
	CV/%	2.46	3.26	3.23	5.12	2.22	2.06
	试样数量	6		6		6	
	批数	3		3		3	
	数据种类	筛选值		筛选值		筛选值	
ν_{12}^c	平均值	0.061		0.052		0.053	
	试样数量	6		6		6	
	批数	3		3		3	
	数据种类	筛选值		筛选值		筛选值	

注：①通过各自的方法将4种环境数据正则化合并在一起（见第1卷8.3节）；② $ADK = 2.96 > ADC(\alpha = 0.025) = 2.26$，通过判定合并数据；③ASTM D5229 指南；差别——7天内，连续两次吸湿量读数变化小于0.05%；④Wyoming——修改的 IITRI；⑤3个不同批次试样是由两个不同批次的纤维和一个批次的树脂形成的。

表 2.2.2.4(f)　1 轴压缩性能（$[0_f]_8$）

材料	AS4C 3k/HTM45 8 综缎机织物		
树脂含量	33.4%～34.4%（质量）	复合材料密度	1.574～1.584 g/cm³
纤维体积含量	58.2%～59.2%	空隙含量	0.19%～0.69%
单层厚度	0.368 mm(0.0145 in)名义值；0.330～0.358(0.0130～0.0141 in)典型值		
试验方法	ASTM D 3410 - 95④	模量计算	1000～3000 $\mu\varepsilon$ 之间的弦线模量
正则化	试样厚度和批内纤维面密度正则化到纤维体积含量为57%（单层厚度0.358 mm(0.0141 in)）		
温度/℃(℉)	130(266)		

(续表)

吸湿量(%)		0.79～0.91					
吸湿平衡条件 (T/℃(℉), RH/%)		75(167), 95③					
来源编码							
		正则化值	实测值	正则化值	实测值	正则化值	实测值
F_1^{tu}/ MPa (ksi) ⑤	平均值	390(56.6)	396(57.4)				
	最小值	354(51.4)	357(51.8)				
	最大值	433(62.8)	439(63.7)				
	CV/%	4.84	4.90				
	B 基准值	349(50.6)	356(51.6)				
	分布	正态①	正态①				
	C_1	43.6(6.33)	42.2(6.12)				
	C_2	11.6(1.68)	11.6(1.68)				
	试样数量	24					
	批数	3					
	数据种类	BP3①					
E_1^{c}/ GPa (Msi)	平均值	60.1(8.71)	60.7(8.80)				
	最小值	57.4(8.33)	58.1(8.42)				
	最大值	65.5(9.50)①	65.4(9.48)①				
	CV/%	4.70	4.01				
	试样数量	6					
	批数	3					
	数据种类	筛选值					
ν_{12}^{c}	平均值	0.034					
	试样数量	6					
	批数	3					
	数据种类	筛选值					

注:①通过各自的方法将 4 种环境数据正则化合并在一起(见第 1 卷 8.3 节);②异常值——保留;③ASTM D5229 指南;差别——7 天内,连续两次吸湿量读数变化小于 0.05%;④Wyoming——修改的 IITRI;⑤3 个不同批次试样是由两个不同批次的纤维和一个批次的树脂形成。

表 2.2.2.4(g)　2 轴压缩性能($[90_f]_8$)

材料	AS4C 3k/HTM45 8 综缎机织物			
树脂含量	32.13%~37.21%(质量)		复合材料密度	1.574~1.584 g/cm³
纤维体积含量	55.49%~60.04%		空隙含量	0.0~1.35%
单层厚度	0.368 mm(0.0145 in)名义值；0.330~0.358 mm(0.0130~0.0141 in)典型值			
试验方法	ASTM D 3410-95⑤		模量计算	1000~3000 $\mu\varepsilon$ 之间的弦线模量
正则化	试样厚度和批内纤维面密度正则化到纤维体积含量为 57%(单层厚度 0.358 mm (0.0141 in))			

温度/℃(℉)	24(75)		−54(−65)		82(180)	
吸湿量(%)					0.80~1.86	
吸湿平衡条件(T/℃(℉), RH/%)	大气环境		大气环境		75(167), 95④	
来源编码						

		正则化值	实测值	正则化值	实测值	正则化值	实测值
F_2^{cu}/ MPa (ksi) ⑥	平均值	667(96.7)	684(99.2)	738(107)	765(111)	501(72.7)	507(73.5)
	最小值	602(87.3)	600(87.0)	665(96.4)	696(101)	435(63.1)	445(64.6)
	最大值	758(110)	793(115)	827(120)	848(123)	572(83.0)	590(85.6)
	CV/%	6.29	6.75	6.76	5.86	6.96	6.73
	B 基准值	590(85.5)	604(87.6)	654(94.9)	674(97.7)	443(64.2)	448(65.0)
	分布	正态①②a	正态①②b	正态①	正态①	正态①	正态①
	C_1	48.1(6.97)	47.8(6.94)	48.1(6.97)	47.8(6.94)	48.1(6.97)	47.8(6.94)
	C_2	11.6(1.68)	11.6(1.68)	11.6(1.68)	11.6(1.68)	11.6(1.68)	11.6(1.68)
	试样数量	24		24		24	
	批数	3		3		3	
	数据种类	BP3①		BP3①		BP3①	
E_2^c/ GPa (Msi)	平均值	60.1(8.71)	61.2(8.88)	59.1(8.57)	60.9(8.84)	63.4(9.19)	63.9(9.27)
	最小值	57.3(8.31)	55.6(8.06)	53.0(7.68)	54.8(7.95)	55.7(8.08)	59.8(8.68)
	最大值	62.3(9.04)	64.8(9.40)	62.2(9.02)	62.4(9.05)	68.7(9.97)③	69.6(10.1)

（续表）

		正则化值	实测值	正则化值	实测值	正则化值	实测值
	$CV/\%$	2.67	5.12	5.84	6.51	4.49	5.07
	试样数量	6		6		6	
	批数	3		3		3	
	数据种类	筛选值		筛选值		筛选值	
ν_{21}^{ε}	平均值	0.053		0.049		0.054	
	试样数量	6		6		6	
	批数	3		3		3	
	数据种类	筛选值		筛选值		筛选值	

注：①通过各自的方法将 4 种环境数据正则化合并在一起（见第 1 卷 8.3 节）。②a $ADK=2.56>ADC=$ 2.26（$\alpha=0.025$）；②b 正常的 $OSL=0.01$，图解法有问题，尽管 $ADK=3.19>ADC=2.26$，但是由于批间存在重叠区间，被合并在一起，且没有明显的趋势表明某一批数据高或低；③异常值-保留；④ASTM D5229 指南，差别——7 天内，连续两次吸湿量读数变化小于 0.05%；⑤Wyoming——修改的 IITRI；⑥3 个不同批次试样是由两个不同批次的纤维和一个批次的树脂形成的。

表 2.2.2.4(h)　2 轴压缩性能（$[90_f]_8$）

材料	AS4C 3k/HTM45 8 综缎机织物		
树脂含量	32.1%～37.2%（质量）	复合材料密度	1.574～1.584 g/cm³
纤维体积含量	55.49%～60.04%	空隙含量	0.0～1.35%
单层厚度	0.368 mm(0.0145 in)名义值；0.330～0.358 mm(0.0130～0.0141 in)典型值		
试验方法	ASTM D 3410-95④	模量计算	1000～3000 $\mu\varepsilon$ 之间的弦线模量
正则化	试样厚度和批内纤维面密度正则化到纤维体积含量为 57%（单层厚度 0.358 mm(0.0141 in)）		
温度/℃(℉)	82(180)		
吸湿量(%)	0.80～1.86		
吸湿平衡条件 (T/℃(℉), RH/%)	75(167), 95④		
来源编码			

(续表)

		正则化值	实测值	正则化值	实测值	正则化值	实测值
F_2^{cu}/ MPa (ksi) ⑤	平均值	388(56.3)	390(56.5)				
	最小值	327(47.4)	330(47.8)				
	最大值	454(65.9)	459(66.5)				
	CV/%	8.17	8.60				
	B 基准值	343(49.8)	344(49.9)				
	分布	正态①	正态①②				
	C_1	48.1(6.97)	47.8(6.94)				
	C_2	11.6(1.68)	11.6(1.68)				
	试样数量	24					
	批数	3					
	数据种类	BP3①					
E_2^c/ GPa (Msi)	平均值	61.7(8.95)	61.8(8.96)				
	最小值	58.5(8.49)	59.1(8.57)				
	最大值	64.1(9.30)	64.5(9.36)				
	CV/%	3.31					
	试样数量	6					
	批数	3					
	数据种类	筛选值					
ν_{21}^c	平均值	0.044					
	试样数量	6					
	批数	3					
	数据种类	筛选值					

注:①通过各自的方法将 4 种环境数据正则化合并在一起(见第 1 卷 8.3 节);② $ADK = 2.74 > ADC = 2.26(\alpha = 0.025)$,数据被合并到一起,因为批间的数据出现重叠区间,且没有明显的趋势表明某一批数据高或低;③ASTM D5229 指南;差别——7 天内,连续两次吸湿量读数变化小于 0.05%;④Wyoming——修改的 IITRI;⑤3 个不同批次试样是由两个不同批次的纤维和一个批次的树脂形成。

表 2.2.2.4(i)　12 轴剪切性能([45_f]_8)

材料	AS4C 3k/HTM45 8 综缎机织物		
树脂含量	34.73%～35.87%(质量)	复合材料密度	1.569～1.575 g/cm³
纤维体积含量	56.55%～57.73%	空隙含量	0.37%～0.51%

（续表）

单层厚度	0.368 mm(0.014 5 in 名义单层厚度)； 0.358～0.381 mm(0.014 1～0.015 0 in)				
试验方法	ASTM D3518-94(修改的)①	模量计算	$2\,000～6\,000\,\mu\varepsilon$ 之间的弦线模量		
正则化	未正则化				
温度/℃(℉)	24(75)	-54(-65)	82(180)	130(266)	
吸湿量(%)	大气环境	大气环境	0.89～0.92	0.89～0.92	
吸湿平衡条件(T/℃(℉)，RH/%)			75(167)，95⑥	75(167)，95⑥	
来源编码					
F_{12}^{su}/MPa(ksi)	平均值	114(16.6)	116(16.8)	91.7(13.3)	69.6(10.1)	
	最小值	112(16.2)	112(16.2)	86.9(12.6)	64.6(9.37)	
	最大值	122(17.7)	121(17.6)	102(14.8)	76.5(11.1)	
	CV/%	2.89	2.60	4.14	4.44	
	B基准值	108(15.6)	109(15.8)	86.2(12.5)	65.2(9.45)	
	分布	正态③④	正态②a③	正态②b③	正态③	
	C_1	24.3(3.53)	24.3(3.53)	86.2(12.5)	65.2(9.45)	
	C_2	12.0(1.74)	12.0(1.74)	12.0(1.73)	12.0(1.74)	
	试样数量	18	18	19	18	
	批数	3	3	3	3	
	数据种类	BP3③	BP3③	BP3③	BP3③	
G_{12}^s/GPa(Msi)	平均值	4.81(0.697)	5.82(0.844)	3.68(0.534)	2.51(0.364)	
	最小值	4.60(0.667)	5.74(0.833)	3.50(0.508)	2.35(0.341)	
	最大值	4.96(0.719)	5.98(0.867)	4.14(0.601)⑤	2.78(0.403)	
	CV/%	3.11	1.61	6.52	6.62	
	试样数量	6	5	6	6	
	批数	3	3	3	3	
	数据种类	筛选值	筛选值	筛选值	筛选值	

注：①最大应力下取得的强度不遵循当前 ASTM 标准。②a $ADK=3.12$；②b $ADK=2.69>ADC=2.23$，把它们与 24℃(75℉)/A，130℃(266℉)/W 环境下的数据合并到一起，因为批间数据出现重叠区间，且没有明显的趋势表明某一批数据高或低；③通过各自的方法将 4 种环境数据正则化合并在一起(见第 1 卷 8.3 节)；④24℃(75℉/A)大气环境下的数据似乎异常，但是通过图解法合并后的数据看起来正常；⑤异常值——保留；⑥ASTM D5229 指南；差别——7 天内，连续两次吸湿量读数变化小于 0.05%。

表 2.2.2.4(j)　12 轴面内剪切性能（$[45_f]_8$）

材料	AS4C 3k/HTM45 8 综缎机织物					
树脂含量	34.73%～35.87%（质量）		复合材料密度	1.569～1.575 g/cm³		
纤维体积含量	56.55%～57.73%		空隙含量	0.37%～0.51%		
单层厚度	0.368 mm(0.014 5 in)名义值；0.371～0.384 mm(0.014 6～0.015 1 in)典型值					
试验方法	ASTM D3518-94(修订的)④		模量计算			
正则化	未正则化					
	温度/℃(℉)	82(180)	82(180)	24(75)		
	吸湿量(%)	⑥	⑥	⑥		
	吸湿平衡条件(T/℃(℉)，RH/%)	①	②	③		
	来源编码					
F_{12}^{su}/ MPa (ksi)	平均值	103(14.9)	101(14.6)	108(15.7)		
	最小值	103(14.9)	98.6(14.3)	108(15.6)		
	最大值	103(14.9)	103(14.9)	109(15.8)		
	CV/%	0.231	1.79	0.557		
	B基准值	⑤	⑤	⑤		
	分布	正态	正态	正态		
	C_1	103(14.9)	101(14.6)	108(15.7)		
	C_2	0.234(0.034)	1.80(0.261)	0.606(0.088)		
	试样数量	5	5	5		
	批数	1	1	1		
	数据种类	筛选值	筛选值	筛选值		

注：①21℃(70℉)下，浸泡于飞机燃油 A 中 500±50 h；②21℃(70℉)下，浸泡于液压油中 500±50 h；③21℃(70℉)下，浸泡于实验级甲基乙基酮(MEK)中 60 至 90 min；④最大应力下取得的强度不遵循当前标准；⑤只对 A 类和 B 类数据给出基准值；⑥不适用。

表 2.2.2.4(k)　31 轴剪切性能（$[0_f]_8$）

材料	AS4C 3k/HTM45 8 综缎机织物			
树脂含量	29.45%～30.54%（质量）		复合材料密度	1.593～1.599 g/cm³
纤维体积含量	62.12%～63.36%		空隙含量	0.71%～0.75%

（续表）

单层厚度	0.368 mm(0.0145 in)名义值；0.328～0.333 mm(0.0129～0.0131 in)典型值				
试验方法	ASTM D2344-89		模量计算		
正则化	未正则化				

	温度/℃(℉)	24(75)	−54(−65)	82(180)	130(266)	
	吸湿量(%)	大气环境	大气环境	0.69～0.79	0.69～0.79	
	吸湿平衡条件 (T/℃(℉)，RH/%)			75(167)，95③	75(167)，95③	
	来源编码					
F_{31}^{sbs} / MPa (ksi)	平均值	77.9(11.3)	93.1(13.5)	51.8(7.51)	39.2(5.69)	
	最小值	74.5(10.8)	75.2(10.9)	47.3(6.86)	36.3(5.26)	
	最大值	82.0(11.9)	109(15.8)	55.1(7.99)	41.2(5.98)	
	CV/%	3.18	12.6④	4.44	3.40	
	B 基准值	②	②	②	②	
	分布	正态①	正态①	正态①	正态①	
	C_1	77.9(11.3)	93.1(13.5)	51.8(7.51)	39.2(5.69)	
	C_2	2.48(0.36)	11.7(1.69)	2.27(0.33)	1.31(0.19)	
	试样数量	12	12	12	12	
	批数	3	3	3	3	
	数据种类	筛选值	筛选值	筛选值	筛选值	

注：①不允许合并不同环境下的数据。采用单点法分析；②只对 A 类和 B 类数据给出基准值；③ASTM D5229 指南；差别——7 天内，连续两次吸湿量读数变化小于 0.05%；④本环境下，由于批次内和批间变异性，CV 通常较高。

表 2.2.2.4(1)　x 轴螺栓挤压性能——1 类沉头孔（$[0_f/45_f/90_f/-45_f]s$）

材料	AS4C 3k/HTM45 8 综缎机织物		
树脂含量	35.23%～36.53%(质量)	复合材料密度	1.567～1.572 g/cm³
纤维体积含量	55.88%～57.16%	空隙含量	0.42%～0.73%
单层厚度	0.368 mm(0.0145 in)名义值；0.358～0.368 mm(0.0141～0.0145 in)典型值		
试验方法	①		

（续表）

挤压试验类型	单剪					
连接构型	元件1(t, w, d, e)	$t=2.946\,\text{mm}(0.116\,\text{in})$，$w=50.8\,\text{mm}(2.00\,\text{in})$，$d=6.325\,\text{mm}(0.249\,\text{in})$，$e=20.32\,\text{mm}(0.8\,\text{in})$（$e/d=3.0$）				
	元件2(t, w, d, e)	钢厚度102 mm(0.4 in)				
紧固件类型	NAS 1581 A4T9　6.325 mm(0.249 in)		孔公差	0.0~0.089 mm(0.0~0.0035 in)		
拧紧力矩	2.82 N·m(25 inch pounds)		沉头角	100°	屈服应变偏移	4%
正则化	未正则化					

	温度/℃(℉)	24(75)	−54(−65)	82(180)	130(266)		
	吸湿量(%)	大气环境	大气环境	0.73~0.99	0.73~0.99		
	吸湿平衡条件(T/℃(℉)，RH/%)			75(167)，95③	75(167)，95③		
	来源编码						
F^{bur}/MPa(ksi)④⑤	平均值	703(102)	793(115)	601(87.2)	472(68.5)		
	最小值	632(91.6)	738(107)	532(77.2)	410(59.5)		
	最大值	745(108)	876(127)	634(91.9)	507(73.5)		
	$CV/\%$	4.38	4.83	4.83	6.08		
	B基准值	②	②	②	②		
	分布	正态	正态	正态	正态		
	C_1	703(102)	793(115)	601(87.2)	472(68.5)		
	C_2	30.8(4.47)	38.3(5.55)	29.0(4.21)	28.8(4.17)		
	试样数量	12	12	12	12		
	批数	3	3	3	3		
	数据种类	筛选值	筛选值	筛选值	筛选值		
F^{bro}/MPa(ksi)	平均值	681(98.7)	745(108)	588(85.3)	436(63.2)		
	最小值	624(90.5)	696(101)	515(74.7)	396(57.4)		
	最大值	710(103)	814(118)	634(91.9)	494(71.7)		
	$CV/\%$	3.72	4.41	5.51	6.84		
	B基准值	②	②	②	②		
	分布	正态	正态	正态	正态		
	C_1	681(98.7)	745(108)	588(85.3)	436(63.2)		
	C_2	25.3(3.67)	32.8(4.76)	32.4(4.70)	29.8(4.32)		

（续表）

试样数量	12	12	12	12		
批数	3	3	3	3		
数据种类	筛选值	筛选值	筛选值	筛选值		

注：①本试验方法不是按照标准，测试试样是 177.8×50.8 mm(7 in 长×2 in 宽)，详见 AI/TR/1368，2002 年 6 月 6 日；②只对 A 类和 B 类数据给出基准值；③ASTM D5229 指南；差别——7 天内，连续两次吸湿量读数变化小于 0.05%；④3 个不同批次试样是由两个不同批次的纤维和一个批次的树脂形成的；⑤所有的破坏模式均为孔边挤压破坏；⑥4 种环境下层压板平均值厚度分别为 3.023，2.921，3.073，3.023 mm(0.119，0.115，0.121，0.119 in)。

表 2.2.2.4(m)　x 轴螺栓挤压性能——2 类沉头孔（$[0_f/45_f/90_f/-45_f]s$）

材料	AS4C 3k/HTM45 8 综缎机织物			
树脂含量	35.23%～36.53%(质量)		复合材料密度	1.567～1.572 g/cm³
纤维体积含量	55.88%～57.16%		空隙含量	0.42%～0.73%
单层厚度	0.368 mm(0.014 5 in 名义单层厚度)； 0.358～0.368 mm(0.014 1～0.014 5 in)			
试验方法	①			
挤压试验	单剪切			
连接构型	元件 1(t, w, d, e)	$t=2.946$ mm(0.116 in)，$w=50.8$ mm(2.00 in)， $d=6.325$ mm(0.249 in)，$e=20.32$ mm(0.8 in) ($e/d=3.0$)		
	元件 2(t, w, d, e)	钢厚度 10.2 mm(0.4 in)		
紧固件类型	NAS1581A4T9　6.325 mm(0.249 in)		孔公差	0.165～0.279 mm(0.006 5～0.011 in)
拧紧力矩	2.82 N·m(25 in·lbf)		沉头角	100°	屈服应变偏移	4%
正则化	未正则化			

温度/℃(℉)	24(75)	−54(−65)	82(180)	130(266)		
吸湿量(%)	大气环境	大气环境	0.73～0.99	0.73～0.99		
吸湿平衡条件 (T/℃(℉)，RH/%)			75(167)，95⑥	75(167)，95⑥		
来源编码						

F^{bur}/ MPa (ksi) ⑤⑦	平均值	696(101)	807(117)	588(85.3)	456(66.1)		
	最小值	641(93)	710(103)	570(82.6)	430(62.3)		
	最大值	779(113)	903(131)	624(90.5)	480(69.6)		
	CV/%	5.42	6.45	3.09	3.62		

（续表）

B 基准值	②	②	②③	②		
分布	正态	正态	正态	正态		
C_1	696(101)	807(117)	588(85.3)	456(66.1)		
C_2	37.7(5.47)	52.0(7.54)	18.2(2.64)	16.5(2.39)		
试样数量	12	12	12	12		
批数	3	3	3	3		
数据种类	筛选值	筛选值	筛选值	筛选值		

	平均值	672(97.4)	758(110)	572(82.9)	423(61.3)		
	最小值	617(89.5)	666(96.6)	532(77.1)	406(58.9)		
	最大值	745(108)	820(119)	621(90.1)	447(64.9)		
	CV/%	5.99	6.84	3.97	3.24		
$F^{\text{bro}}/$	B 基准值	②	②	②	②		
MPa	分布	正态	正态	ANOVA④	正态		
(ksi)	C_1	672(97.4)	758(110)	232(4.89)	423(61.3)		
	C_2	40.2(5.83)	52.0(7.54)	171(3.60)	13.7(1.98)		
	试样数量	12	12	12	12		
	批数	3	3	3	3		
	数据种类	筛选值	筛选值	筛选值	筛选值		

注：①本试验方法不是按照标准，测试样品是 177.8×50.8 mm(7 in 长×2 in 宽)，详见 AI/TR/1368，2002 年 6 月 6 日；②只对 A 类和 B 类数据给出基准值；③正常的 $OSL < 0.05$，通过图解法可接受；④ $ADK = 2.54 > ADC(\alpha = 0.025) = 2.14$；⑤所有的破坏模式均为孔边挤压破坏；⑥ASTM D5229 指南，差别——7 天内，连续两次吸湿量读数变化小于 0.05%；⑦3 个不同批次试样是由两个不同批次的纤维和一个批次的树脂形成；⑧4 种环境下层压板平均值厚度分别为 3.023, 2.921, 3.073, 3.023 mm(0.119, 0.115, 0.121, 0.119 in)。

2.2.2.5　AS4C 3k/HTM45 平纹机织物

材料描述：

材　　料　　AS4C 3k/HTM45。
按 ACGM1003 - 02。

形　　式　　平纹机织物预浸料，纤维面积质量为 193 g/m², 典型的固化后树脂含量为 31%～37%，典型的固化后单层厚度为 0.188～0.191 mm(0.0074～0.0075 in)，名义单层厚度为 0.196 mm (0.0077 in)。

固化工艺　　热压罐固化；177℃(350℉)，0.586 MPa(85 psi)，抽真空 2 h
按 ACGP1003。

供应商提供的数据：

纤　　维　　Hexcel AS4C(规格 4000)纤维是一种以 PAN 基原丝制造的航

　　　　　　空级连续不加捻纤维,纤维经表面处理(主上浆剂 G 1%)以改
　　　　　　善使用和结构性能。每一个丝束包含有 3 000 根碳丝。典型的
　　　　　　拉伸模量为 231 GPa(33. 5×10⁶ psi),典型的拉伸强度为
　　　　　　4 344 MPa(630 000 psi)。

基　体　　HTM45 是一种在 177℃(350℉)下固化的增韧环氧树脂,可用
　　　　　　于制造机体和其他结构件。

商品名称　HTM45/CF0512 37% RW。

最高使用温度　130℃(266℉)。

典型应用　机体和其他结构件。

数据分析概述:

取样要求　3 个不同批次试样是由两个不同批次的纤维和一个批次树脂形成。

试验　　　面内剪切强度为所达到的最大应力,这不同于现行的
　　　　　　ASTM D3518。

　　　　　　压缩试样与 ASTM D3410(IITRI)相似,但是试样宽度改为
　　　　　　12.7mm(0.5 in)*。

　　　　　　挤压试样是非标准的。用类似于层压板试验件的钢制夹具取
　　　　　　代一对试验件中的一个,如图 2.2.2.5 所示。试样尺寸也被修
　　　　　　改**。吸湿处理按 ASTM D5229 指南。差别是,吸湿度平衡定
　　　　　　义为 7 天之内,吸湿量变化小于 0.05%。低温下的拉伸破坏
　　　　　　10%~30%发生在在夹持/加强片区域,湿热环境这一比例为
　　　　　　40%或更多,但是破坏载荷未必低[②]。另外,所有的 4 种环境
　　　　　　下破坏似乎都是相似的。

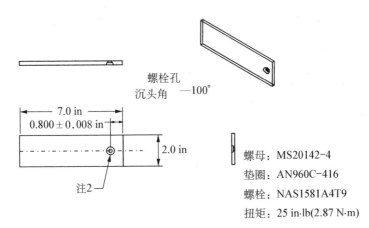

螺栓孔
沉头角　—100°

7.0 in
0.800±0.008 in
2.0 in
注2

螺母：MS20142-4
垫圈：AN960C-416
螺栓：NAS1581A4T9
扭矩：25 in·lb(2.87 N·m)

---

* Wyoming 修改过的 IITRI(www. wyomingtestfixtures. com/productions/b4. htm)。

* 参考 Advanced Composites Group, Tulsa, OK, Tech mcal Peport NO. AI/TR/1368,2002 年 6 月。

1/螺栓直径和孔公差范围

	名义值	公差范围:最小值/最大值
螺栓	6.32 mm(0.249 in)	6.32~6.34 mm(0.249~0.2495 in)
孔直径—1类	6.35 mm(0.250 in)	6.34~6.41 mm(0.2495~0.2525 in)
孔直径—2类	6.53 mm(0.257 in)	6.50~6.60 mm(0.256~0.260 in)
锥孔角	100°	±1°

图 2.2.2.5　层压板螺栓挤压试验试样

异常值　　　　　在下列情况中都有一个较低的异常值:①82℃湿态环境(180℉/W),第3批次 F_2^{tu} 实测值和正则化值(738 和 758 MPa(107 和 110 ksi));②130℃湿态环境(266℉/W),第2批次 F_2^{tu} 实测值和正则化值(591 和 594 MPa(85.7 和 86.1 ksi));③130℃湿态环境(266℉/W),第2批次的种类2开孔 F_x^{bru}(495 MPa(71.8 ksi));④130℃湿态环境(266℉/W),第3批次的种类2开孔 F_x^{bro}(494 MPa(71.7 ksi))。在下列情况中都有一个较高的异常值:①−54℃大气环境(−65/A),第2批次 F_2^{cu} 实测值(834 MPa(121 ksi));②130℃湿态环境(266℉/W),第3批次 F_x^{cu} 实测值(399 MPa(57.8 ksi));③130℃湿态环境(266℉/W),第3批次的种类2开孔 F_x^{bro} 505 MPa(73.3 ksi)。没理由丢弃这些数据。数据合并之后,一个较低的异常值存在于−54℃大气环境(−65℉/A) F_1^{tu} 正则化值(589(85.4 ksi)),一个较低的异常值存在于130℃湿态环境(266℉/W) G_{12}^s(2.08 GPa(0.301 Msi)),一个较高的异常值存在于24℃大气环境(75℉/A) F_2^{cu} 正则化值(752 MPa(109 ksi))。这些数据也都被保留下来。130℃湿态环境(266℉/W) E_1^t 的一个较高的异常值(实测值82.7 GPa(12.0 Msi),正则化值83.2 GPa(12.06 Msi))被删除,因为它似乎已经超出了材料性能。

批间变异性,正态性和数据集集合　除以下情况,均能满足 k 样本 Anderson-Darling,正态性和 C.O.V. 等同性三种检测。

(1)130℃环境湿态(266℉/W)0°拉伸正则化强度数据产生正常的 $OSL = 0.049 < 0.05$,但通过图解法可接受。合并4种环境下的数据。

(2)82℃湿态环境(180℉/W)90°拉伸实测值和正则化值表现出组/批间变异性($ADK = 2.32$ 和 $3.54 > ADC(\alpha = 0.0025) = 2.22$),但仍将其与−54℃,24℃大气环境及130℃湿态环境(−65℉/A,75℉/A 和 266℉/W)合并,因为批间出现一些重叠区间,且没有一致的趋势表明一个批次是高或低。82℃湿态环境（180°F/W）实测值，130℃湿态环境（266°F/W）正则化值和合并数据（实测值和正则化值）都产生正常的 $OSL < 0.05$，但通过图解法可接受。

（3）4 种环境下的 0°压缩数据被合并。

（4）82℃湿态环境（180°F/W），90°压缩实测值产生正常的 $OSL = 0.012 < 0.05$，但通过图解法可接受。所有环境下的数据被合并。

（5）−54℃，24℃大气环境及 82℃湿态（−65°F/A，75°F/A 和 180°F/W）的剪切强度数据表现出组/批间变异性（$ADK = 3.12$，2.59，$2.38 > ADC(\alpha = 0.0025) = 2.22$）。采用单点法分析所有数据。

（6）不能合并不同环境间的短梁剪切强度数据，因为它们有 3 个批次、每批仅 4 个试样。

工艺路线　（1）将用真空袋封装的组件放入热压罐，检查是否漏气。

（2）施加 0.586 MPa（85 psi）压力。在 0.103 MPa（14.9 psi）压力时抽气。

（3）以 1.7 ± 0.6℃/min（3 ± 1°F/min）加热到 177℃（350°F）。

（4）在 177℃± 5.6℃（350± 10°F）的温度下至少保持 120 min。

（5）以 $1.7 \sim 2.8$℃/min（$3 \sim 5$°F/min）冷却到 65.6℃（150°F）。

（6）不高于 65.6℃（150°F）的条件下泄压。

铺层示意　层压板，玻璃纤维纱线，固体聚全氟乙丙烯（可选），加压板，表层透气材料，真空袋。

表 2.2.2.5　AS4C 3k/HTM45 平纹机织物

材 料	AS4C 3k/HTM45 平纹机织物				
形 式	Advanced Composites Group AS4C 3k/HTM45 平纹机织预浸料，12×12 tows/in				
纤 维	Hexcel AS4C 3 k，1% G 主上浆剂			基 体	ACG HTM 45
T_g（干态）	196℃（385°F）	T_g（湿态）	149℃（300°F）	T_g测量方法	DMA 起点（$\tan\delta$ 峰值）
固化工艺	177℃（350°F），0.586 MPa（85 psi），120 min				

纤维制造日期：	9/00—11/00	试验日期：	8/01—12/01
树脂制造日期：	1/01	数据提交日期：	5/02
预浸料制造日期：	1/01	分析日期：	8/05
复合材料制造日期：	1/01—8/01		

单层性能汇总

	24℃ (75℉)/A	−54℃ (−65℉)/A	82℃ (180℉)/W	130℃ (266℉)/W	
1 轴拉伸	bSS-	bSS-	bSS-	bSS-	
2 轴拉伸	bSS-	bSS-	bSS-	bSS-	
1 轴压缩	bSS-	bSS-	bSS-	bSS-	
2 轴压缩	bSS-	bSS-	bSS-	bSS-	
12 面剪切	bS-	bS-	bS-	bS-	
31 面剪切	S---	S---	S---	S---	

注:强度/模量/泊松比/破坏应变的数据种类为:A—A75, a—A55, B—B30, b—B18, M—平均值,I—临时值,S—筛选值,——无数据(见表 1.5.1.2(c));A—AP10, a—AP5, B—BP5, b—BP3。
数据还包括除水之外的另外三种液体条件下的 12 面内剪切数据。

物理性能汇总

	名义值	提交值	试验方法
纤维密度/(g/cm³)	1.78	1.75～1.81	供应商供①
树脂密度/(g/cm³)	1.31	-	ASTM D792-91
复合材料密度/(g/cm³)	1.57	1.560～1.583	ASTM D792-91
纤维面积质量/(g/m²)	193	189～195	ASTM D3529
纤维体积含量/%			
单层厚度/mm	0.196	0.183～0.196	SACMA SRM-10R-94

层压板性能汇总

	24℃ (75℉)/A	−54℃ (−65℉)/A	82℃ (180℉)/W	130℃ (266℉)/W	
准各向同性					
螺栓挤压-1 类	S---	S---	S---	S---	
沉头孔,单剪					
螺栓挤压-2 类	S---	S---	S---	S---	
沉头孔,单剪					

注:强度/模量/泊松比/破坏应变的数据种类为:A—A75, a—A55, B—B30, b—B18, M—平均值,I—临时值,S—筛选值,——无数据(见表 1.5.1.2(c));A—AP10, a—AP5, B—BP5, b—BP3。
①与 SACMA SRM-15 类似。

表 2.2.2.5(a) 1 轴拉伸性能([0f]14)

材　料	AS4C 3k/HTM45 平纹机织物		
树脂含量	33.5%～35.0%(质量)	复合材料密度	1.57～1.58 g/cm³
纤维体积含量	57.4%～59.2%	空隙含量	0.31%～0.69%
单层厚度	名义值:0.196 mm(0.007 7 in);典型值:0.188～0.191 mm(0.007 4～0.007 5 in)		
试验方法	ASTM D3039 - 95	模量计算	1000～3000 με 之间的弦向模量
正则化	试样厚度和批内纤维面积含量正则化到纤维体积含量57%(单层厚度 0.190 mm (0.007 49 in))		

温度/℃(℉)	24(75)		−54(−65)		82(180)	
吸湿量(%)					0.98～1.1	
吸湿平衡条件(T/℃(℉), RH/%)	大气环境		大气环境		75(167), 95②	
来源编码						

		正则化值	实测值	正则化值	实测值	正则化值	实测值
F_1^{tu}/MPa(ksi)④	平均值	821(119)	814(118)	710(103)	710(103)	834(121)	828(120)
	最小值	738(107)	738(107)	589(85.4)③	610(88.5)	759(110)	752(109)
	最大值	855(124)	862(125)	772(112)	779(113)	883(128)	876(127)
	CV/%	3.95	4.01	6.28	5.86	4.72	4.14
	B基准值	752(109)	752(109)	648(94.0)	652(94.6)	759(110)	759(110)
	分布	正态①	正态①	正态①	正态①	正态①	正态①
	C_1	33.9(4.91)	32.8(4.76)	33.9(4.91)	32.8(4.76)	33.9(4.91)	32.8(4.76)
	C_2	12.0(1.74)	12.0(1.74)	12.0(1.74)	12.0(1.74)	12.0(1.74)	12.0(1.74)
	试样数量	18		18		18	
	批数	3		3		3	
	数据种类	BP3①		BP3①		BP3①	
E_1^t/GPa(Msi)	平均值	65.9(9.55)	65.5(9.50)	67.3(9.76)	67.2(9.75)	69.0(10.0)	69.0(10.0)
	最小值	63.9(9.26)	62.0(8.99)	65.5(9.50)	64.9(9.41)	66.7(9.67)	65.9(9.55)
	最大值	67.6(9.80)	67.6(9.80)	69.7(10.1)	69.0(10.0)	71.7(10.4)	71.7(10.4)
	CV/%	2.19	3.07	2.30	2.13	2.75	2.78
	试样数量	6		6		6	
	批数	3		3		3	
	数据种类	筛选值		筛选值		筛选值	

（续表）

		正则化值	实测值	正则化值	实测值	正则化值	实测值
ν_{12}^t	平均值	0.053		0.052		0.048	
	试样数量	6		6		6	
	批数	3		3		3	
	数据种类	筛选值		筛选值		筛选值	

注：①通过各自的方法将四种环境数据正则化合并在一起（见第1卷8.3节）；②ASTM D5229指南；差别——7天后，连续两次吸湿量读数变化小于0.05%；③异常值——保留；④3个不同批次试样是由两个不同批次的纤维和一个批次的树脂形成。

表 2.2.2.5(b)　1 轴拉伸性能（$[0_f]_{14}$）

材　料	AS4C 3k/HTM45 平纹机织物		
树脂含量	33.5%～35.0%（质量）	复合材料密度	1.57～1.58 g/cm³
纤维体积含量	57.4%～59.2%	空隙含量	0.31%～0.69%
单层厚度	名义值：0.196 mm(0.0077 in)；典型值：0.188～0.191 mm(0.0074～0.0075 in)		
试验方法	ASTM D3039 - 95	模量计算	1000～3000 $\mu\varepsilon$ 之间的弦向模量
正则化	试样厚度和批内纤维面积含量正则化到纤维体积含量57%（单层厚度0.190 mm (0.00749 in)）		

温度/℃(℉)	130(266)		
吸湿量(%)	0.98～1.1		
吸湿平衡条件(T/℃(℉)，RH/%)	75(167)，95②		
来源编码			

		正则化值	实测值	正则化值	实测值	正则化值	实测值
$F_1^{tu}/$ MPa (ksi) ⑤	平均值	821(119)	821(119)				
	最小值	752(109)	752(109)				
	最大值	869(126)	890(129)				
	CV/%	4.81	5.20				
	B基准值	752(109)	752(109)				
	分布	正态①③	正态①				
	C_1	33.9(4.91)	32.8(4.76)				
	C_2	12.0(1.74)	12.0(1.74)				

（续表）

		正则化值	实测值	正则化值	实测值	正则化值	实测值
	试样数量	18					
	批数	3					
	数据种类	BP3①					
$E_1^t/$ GPa (Msi)	平均值	67.6(9.81)	67.8(9.84)				
	最小值	65.0(9.43)	65.7(9.53)				
	最大值	72.4(10.5)	71.7(10.4)				
	CV/%	4.32	3.67				
	试样数量	5④					
	批数	3					
	数据种类	筛选值					
ν_{12}^t	平均值	0.039					
	试样数量	6					
	批数	3					
	数据种类	筛选值					

注:①通过各自的方法将四种环境数据正则化合并在一起(见第1卷8.3节);②ASTM D5229 指南;差别——7天后,连续两次吸湿量读数变化小于0.05%;③正常的 $OSL=0.049$,但通过图解法可接受;④批次2中一个较高的异常值(实测值82.7GPa(12.0Msi);正则化值83.2GPa(12.06Msi)被忽略,因为超出材料性能;⑤3个不同批次试样是由两个不同批次的纤维和一个批次的树脂形成。

表 2.2.2.5(c) 2 轴拉伸性能([90$_f$]$_{14}$)

材 料	AS4C 3k/HTM45 平纹机织物		
树脂含量	33.6%~35.5%(质量)	复合材料密度	1.57~1.58g/cm³
纤维体积含量	56.9%~59.0%	空隙含量	0.42%~0.70%
单层厚度	名义值:0.196mm(0.0077in);典型值:0.188~0.191mm(0.0074~0.0075in)		
试验方法	ASTM D3039-95	模量计算	1000~3000 $\mu\varepsilon$ 之间的弦向模量
正则化	试样厚度和批内纤维面积含量正则化到纤维体积含量57%(单层厚度0.190mm(0.00749in))		
温度/℃(℉)	24(75)	−54(−65)	82(180)
吸湿量(%)			0.99~1.07
吸湿平衡条件 (T/℃(℉),RH/%)	大气环境	大气环境	75(167),95③

（续表）

来源编码		正则化值	实测值	正则化值	实测值	正则化值	实测值
$F_2^{tu}/$ MPa (ksi) ④	平均值	772(112)	772(112)	643(93.3)	644(93.4)	814(118)	807(117)
	最小值	679(98.5)	690(100)	557(80.7)	546(79.2)	697(101)	703(102)
	最大值	828(120)	834(121)	717(104)	724(105)	883(128)	869(126)
	CV/%	5.50	4.91	6.57	7.34	6.19	5.38
	B基准值	686(99.4)	684(99.2)	569(82.5)	572(83.0)	717(104)	717(104)
	分布	正态①	正态①	正态①	正态①	正态①②ⓐ	正态①②ⓑ
	C_1	45.7(6.62)	44.3(6.42)	45.7(6.62)	44.3(6.42)	45.7(6.62)	44.3(6.42)
	C_2	12.0(1.74)	12.0(1.74)	12.0(1.74)	12.0(1.74)	12.0(1.74)	12.0(1.74)
	试样数量	18		18		18	
	批数	3		3		3	
	数据种类	BP3①		BP3①		BP3①	
$E_2^t/$ GPa (Msi)	平均值	65.8(9.54)	65.1(9.44)	65.7(9.52)	65.6(9.51)	66.6(9.65)	66.1(9.59)
	最小值	64.5(9.35)	62.6(9.08)	61.2(8.88)	62.3(9.04)	64.3(9.32)	64.3(9.32)
	最大值	67.5(9.79)	67.0(9.71)	69.7(10.1)	69.7(10.1)	69.0(10.0)	67.1(9.73)
	CV/%	1.64	2.31	4.04	3.63	2.78	1.69
	试样数量	6		6		6	
	批数	3		3		3	
	数据种类	筛选值		筛选值		筛选值	
ν_{21}^t	平均值	0.048		0.054		0.047	
	试样数量	6		6		6	
	批数	3		3		3	
	数据种类	筛选值		筛选值		筛选值	

注:①通过各自的方法将四种环境数据正则化合并在一起(见第1卷8.3节)。合并数据的正常 OSL < 0.05, 但通过图解法可接受。②ⓐ ADK = 3.55,②ⓑ ADK = 2.32 > ADC(0.025) = 2.22,但是仍与其他环境下的数据合并在一起,因为批间有一些重叠区间,并且没有一个一致的趋势表明某个批次是高是低;③ASTM D5229 指南;差别——7天后,连续两次吸湿量读数变化小于 0.05%;④3 个不同批次试样是由两个不同批次的纤维和一个批次的树脂形成的。

表 2.2.2.5(d)　2 轴拉伸性能($[90_f]_{14}$)

材　　料	AS4C 3k/HTM45 平纹机织物		
树脂含量	33.6～35.5%(质量)	复合材料密度	1.57～1.58 g/cm³
纤维体积含量	56.9%～59.0%	空隙含量	0.42%～0.70%
单层厚度	名义值:0.196 mm(0.0077 in);典型值:0.188～0.191 mm(0.0074～0.0075 in)		
试验方法	ASTM D3039-95	模量计算	1000～3000 $\mu\varepsilon$ 之间的弦向模量
正则化	试样厚度和批内纤维面积含量正则化到纤维体积含量 57%(单层厚度 0.190 mm (0.00749 in))		

温度/℃(℉)	130(266)		
吸湿量(%)	0.99～1.07		
吸湿平衡条件 (T/℃(℉), RH/%)	75(167),95②		
来源编码			

		正则化值	实测值	正则化值	实测值	正则化值	实测值
$F_2^{tu}/$ MPa (ksi) ④	平均值	731(106)	731(106)				
	最小值	594(86.1)	591(85.7)				
	最大值	821(119)	814(118)				
	CV/%	8.37	7.99				
	B 基准值	650(94.2)	647(93.8)				
	分布	正态①	正态①③				
	C_1	45.6(6.62)	44.3(6.42)				
	C_2	11.9(1.73)	11.9(1.73)				
	试样数量	19					
	批数	3					
	数据种类	BP3①					
$E_2^t/$ GPa (Msi)	平均值	65.8(9.54)	65.1(9.44)				
	最小值	63.2(9.16)	62.9(9.12)				
	最大值	67.8(9.83)	67.7(9.82)				
	CV/%	2.28	2.76				
	试样数量	6					
	批数	3					
	数据种类	筛选值					

（续表）

		正则化值	实测值	正则化值	实测值	正则化值	实测值
ν_{21}^{t}	平均值	0.039					
	试样数量	6					
	批数	3					
	数据种类	筛选值					

注：①通过各自的方法将4种环境数据正则化合并在一起（见第1卷8.3节）。合并数据正常的 $OSL < 0.05$，但通过图解法可接受；②ASTM D5229 指南，差别——7天后，连续两次吸湿量读数变化小于0.05%；③正常的 $OSL = 0.024 < 0.05$，但通过图解法可接受；④3个不同批次试样是由两个不同批次的纤维和一个批次的树脂形成。

表 2.2.2.5(e)　1 轴压缩性能（$[0_f]_{14}$）

材　　料	AS4C 3k/HTM45 平纹机织物		
树脂含量	30.9%～35.7%（质量）	复合材料密度	1.57 g/cm³
纤维体积含量	56.8%～61.1%	空隙含量	0.45%～1.79%
单层厚度	名义值：0.196 mm（0.0077 in）；典型值：0.188 mm（0.0074 in）		
试验方法	ASTM D3410-95③	模量计算	1000～3000 $\mu\varepsilon$ 之间的弦向模量
正则化	试样厚度和批内纤维面积含量正则化到纤维体积含量57%（单层厚度 0.190 mm（0.00749 in））		

温度/℃（℉）	24（75）		−54（−65）		82（180）	
吸湿量（%）					0.82～0.98	
吸湿平衡条件（T/℃（℉），RH/%）	大气环境		大气环境		75（167），95②	
来源编码						

		正则化值	实测值	正则化值	实测值	正则化值	实测值
F_1^{cu}/ MPa (ksi) ④	平均值	710（103）	717（104）	696（101）	703（102）	533（77.3）	536（77.7）
	最小值	597（86.6）	603（87.4）	612（88.8）	624（90.5）	458（66.4）	454（65.9）
	最大值	793（115）	807（117）	772（112）	779（113）	607（88.1）	617（89.5）
	CV/%	8.01	8.08	5.16	5.12	7.83	8.37
	B基准值	631（91.5）	631（91.5）	618（89.7）	621（90.1）	473（68.6）	472（68.5）
	分布	正态①	正态①	正态①	正态①	正态①	正态①
	C_1	46.4（6.73）	48.3（7.01）	46.4（6.73）	48.3（7.01）	46.4（6.73）	48.3（7.01）
	C_2	11.6（1.68）	11.6（1.68）	11.6（1.68）	11.6（1.68）	11.6（1.68）	11.6（1.68）

（续表）

		正则化值	实测值	正则化值	实测值	正则化值	实测值
	试样数量	24		24		24	
	批数	3		3		3	
	数据种类	BP3①		BP3①		BP3①	
E_1^c/ GPa (Msi)	平均值	60.5(8.77)	60.8(8.82)	60.9(8.83)	61.4(8.90)	62.7(9.10)	63.0(9.14)
	最小值	58.1(8.42)	58.6(8.50)	59.4(8.61)	59.4(8.61)	60.0(8.71)	61.0(8.84)
	最大值	64.6(9.37)	64.0(9.28)	64.1(9.30)	64.7(9.39)	67.0(9.72)	67.0(9.71)
	CV/%	4.16	3.32	2.84	2.93	3.71	3.39
	试样数量	6		6		6	
	批数	3		3		3	
	数据种类	筛选值		筛选值		筛选值	
ν_{12}^c	平均值	0.052		0.071		0.061	
	试样数量	6		6		6	
	批数	3		3		3	
	数据种类	筛选值		筛选值		筛选值	

注：①通过各自的方法将四种环境数据正则化合并在一起（见第 1 卷 8.3 节）；②ASTM D5229 指南，差别——7 天后，连续两次吸湿量读数变化小于 0.05%；③Wyoming 修改的 IITRI，宽度为 12.7mm(0.5in)；④3 个不同批次试样是由两个不同批次的纤维和一个批次的树脂形成。

表 2.2.2.5(f)　1 轴压缩性能（$[0_f]_{14}$）

材　　料	AS4C 3k/HTM45 平纹机织物		
树脂含量	30.9%～35.7%（质量）	复合材料密度	1.57 g/cm³
纤维体积含量	56.8%～61.1%	空隙含量	0.45%～1.79%
单层厚度	名义值：0.196mm(0.0077in)；典型值：0.188mm(0.0074in)		
试验方法	ASTM D3410 - 95③	模量计算	1000～3000 $\mu\varepsilon$ 之间的弦向模量
正则化	试样厚度和批内纤维面积含量正则化到纤维体积含量 57%（单层厚度 0.190mm (0.00749in)）		
温度/℃(℉)	130(266)		
吸湿量(%)	0.82～0.98		
吸湿平衡条件 (T/℃(℉)，RH/%)	75(167)，95②		

（续表）

来源编码		正则化值	实测值	正则化值	实测值	正则化值	实测值
F_1^{cu}/ MPa (ksi) ④	平均值	389(56.4)	391(56.7)				
	最小值	355(51.5)	353(51.2)				
	最大值	429(62.2)	434(62.9)				
	CV/%	5.92	6.46				
	B基准值	345(50.0)	345(50.0)				
	分布	正态①	正态①				
	C_1	46.4(6.73)	48.3(7.01)				
	C_2	11.6(1.68)	11.6(1.68)				
	试样数量	24					
	批数	3					
	数据种类	BP3①					
E_1^c/ GPa (Msi)	平均值	61.8(8.97)	62.1(9.01)				
	最小值	59.5(8.63)	60.0(8.70)				
	最大值	64.1(9.29)	64.1(9.29)				
	CV/%	2.80	2.23				
	试样数量	6					
	批数	3					
	数据种类	筛选值					
ν_{12}^c	平均值	0.036					
	试样数量	6					
	批数	3					
	数据种类	筛选值					

注:①通过各自的方法将四种环境数据正则化合并在一起(见第1卷8.3节);②ASTM D5229指南;差别——7天后,连续两次吸湿量读数变化小于0.05%;③Wyoming修改的IITRI,宽度为12.7mm(0.5in);④3个不同批次试样是由两个不同批次的纤维和一个批次的树脂形成的。

表 2.2.2.5(g)　2 轴压缩性能($[90_f]_{14}$)

材　　料	AS4C 3k/HTM45 平纹机织物		
树脂含量	34.0%～35.7%(质量)	复合材料密度	1.57～1.58g/cm³
纤维体积含量	56.8%～58.7%	空隙含量	0.31%～0.69%

（续表）

单层厚度	名义值：0.196 mm(0.0077 in)；典型值：0.183~0.188 mm(0.0072~0.0074 in)					
试验方法	ASTM D3410-95⑤		模量计算	1000~3000 $\mu\varepsilon$ 之间的弦向模量		
正则化	试样厚度和批内纤维面积含量正则化到纤维体积含量57%（单层厚度0.190 mm(0.00749 in)）					

温度/℃(℉)	24(75)		−54(−65)		82(180)	
吸湿量(%)	大气环境		大气环境		0.85~1.05	
吸湿平衡条件 (T/℃(℉)，RH/%)					75(167)，95②	
来源编码						

		正则化值	实测值	正则化值	实测值	正则化值	实测值
$F_2^{cu}/$ MPa (ksi) ⑥	平均值	633(91.8)	643(93.3)	710(103)	724(105)	494(71.6)	498(72.2)
	最小值	560(81.2)	556(80.7)	592(85.9)	616(89.4)	434(62.9)	443(64.3)
	最大值	752(109)③	752(109)	848(123)	876(127)	559(81.1)	550(79.7)
	CV/%	6.42	6.32	8.38	8.47	7.10	5.97
	B基准值	558(81.0)	571(82.8)	624(90.5)	643(93.3)	436(63.2)	441(64.0)
	分布	正态①	正态①	正态①	正态①	正态①	正态①
	C_1	48.4(7.02)	46.7(6.77)	48.4(7.02)	46.7(6.77)	48.4(7.02)	46.7(6.77)
	C_2	11.5(1.67)	11.5(1.67)	11.5(1.67)	11.5(1.67)	11.5(1.67)	11.5(1.67)
	试样数量	25		24		24	
	批数	3		3		3	
	数据种类	BP3①		BP3①		BP3①	
$E_2^c/$ GPa (Msi)	平均值	59.7(8.66)	60.6(8.79)	60.4(8.76)	61.9(8.98)	61.0(8.84)	61.4(8.90)
	最小值	56.4(8.18)	58.5(8.49)	55.8(8.09)	56.1(8.13)	58.3(8.46)	57.8(8.38)
	最大值	62.0(8.99)	63.1(9.15)	68.6(9.95)	69.0(10.0)	63.4(9.19)	64.8(9.40)
	CV/%	3.42	2.86	7.70	7.40	3.59	5.05
	试样数量	6		6		6	
	批数	3		3		3	
	数据种类	筛选值		筛选值		筛选值	

（续表）

		正则化值	实测值	正则化值	实测值	正则化值	实测值
ν_{21}^c	平均值	0.053		0.061		0.049	
	试样数量	6		6		6	
	批数	3		3		3	
	数据种类	筛选值		筛选值		筛选值	

注：①通过各自的方法将四种环境数据正则化合并在一起（卷1,8.3节）；②ASTM D5229指南；差别——7天后，吸湿量变化<0.05%；③异常值——保留；④正常的 $OSL=0.012$，但通过图解法可接受；⑤Wyoming修改的IITRI,宽度为12.7mm(0.5in)；⑥3个不同批次试样是由两个不同批次的纤维和一个批次的树脂形成。

表 2.2.2.5(h)　2轴压缩性能（$[90_f]_{14}$）

材　　料	AS4C 3k/HTM45 平纹机织物		
树脂含量	34.0%~35.7%(质量)	复合材料密度	1.57~1.58g/cm³
纤维体积含量	56.8%~58.7%	空隙含量	0.31%~0.69%
单层厚度	名义值:0.196mm(0.0077in)；典型值:0.183~0.188mm(0.0072~0.0074in)		
试验方法	ASTM D3410-95③	模量计算	1000~3000 $\mu\varepsilon$ 之间的弦向模量
正则化	试样厚度和批内纤维面积含量正则化到纤维体积含量57%（单层厚度0.190mm(0.00749in)）		
温度/℃(℉)	130(266)		
吸湿量(%)	0.85~1.05		
吸湿平衡条件(T/℃(℉),RH/%)	75(167),95②		
来源编码			

		正则化值	实测值	正则化值	实测值	正则化值	实测值
F_2^{cu}/MPa(ksi)④	平均值	365(52.9)	368(53.4)				
	最小值	327(47.4)	327(47.4)				
	最大值	399(57.8)	402(58.3)				
	CV/%	6.48	6.51				
	B基准值	322(46.7)	327(47.4)				
	分布	正态①	正态①				
	C_1	48.4(7.02)	46.7(6.77)				
	C_2	11.5(1.67)	11.5(1.67)				

(续表)

		正则化值	实测值	正则化值	实测值	正则化值	实测值
	试样数量	24					
	批数	3					
	数据种类	BP3①					
$E_2^c/$ GPa (Msi)	平均值	60.5(8.78)	61.2(8.88)				
	最小值	58.7(8.52)	59.8(8.67)				
	最大值	62.8(9.11)	63.3(9.18)				
	CV/%	2.54	1.93				
	试样数量	6					
	批数	3					
	数据种类	筛选值					
ν_{21}^c	平均值	0.041					
	试样数量	6					
	批数	3					
	数据种类	筛选值					

注:①通过各自的方法将 4 种环境数据正则化合并在一起(见卷 1,8.3 节);②ASTM D5229 指南;差别——7 天后,连续两次吸湿量读数变化小于 0.05%;③Wyoming 修改的 IITRI,宽度为 12.7mm;④3 个不同批次试样是由两个不同批次的纤维和一个批次的树脂形成。

表 2.2.2.5(i)   12 面剪切性能($[45_f]_{14}$)

材 料	AS4C 3k/HTM45 平纹机织物		
树脂含量	34.4%～36.9%(质量)	复合材料密度	1.57～1.58g/cm³
纤维体积含量	55.5%～58.2%	空隙含量	0.37%～0.51%
单层厚度	名义值:0.196mm(0.0077in);典型值: 0.191～0.193mm(0.0075～0.0076in)		
试验方法	ASTM D 3518 - 94④	模量计算	1000～3000 $\mu\varepsilon$ 之间的弦向模量
正则化	未正则化		
温度/℃(℉)	24(75)	-54(-65)	82(180)	130(266)
吸湿量(%)			0.85～1.05	0.85～1.05
吸湿平衡条件 (T/℃(℉), RH/%)	大气环境	大气环境	75(167),95	75(167),95②
来源编码				

（续表）

F_{12}^{su}/ MPa (ksi)	平均值	125(18.1)	138(20.0)	95.8(13.9)	73.1(10.6)	
	最小值	117(17.0)	131(19.0)	88.9(12.9)	67.6(9.80)	
	最大值	132(19.2)	146(21.2)	103(14.9)	77.9(11.3)	
	CV/%	3.69	3.41	3.41	3.55	
	B基准值	103(15.0)③	115(16.7)③	82.0(11.9)③	68.2(9.89)	
	分布	ANOVA ⓐ	ANOVA ⓑ	ANOVA ⓒ	正态	
	C_1	202(4.25)	211(4.44)	190(4.00)	73.1(10.6)	
	C_2	34.6(0.728)	35.8(0.753)	24.3(0.512)	2.61(0.378)	
	试样数量	18	18	18	18	
	批数	3	3	3	3	
	数据种类	B18	B18	B18	B18	
G_{12}^{s}/ GPa (Msi)	平均值	4.77(0.692)	5.67(0.823)	3.79(0.549)	2.65(0.384)	
	最小值	4.61(0.668)	5.40(0.783)	3.73(0.541)	2.08(0.301)⑤	
	最大值	4.88(0.708)	5.85(0.849)	3.83(0.556)	2.85(0.413)	
	CV/%	2.63	3.40	0.96	11.0⑤	
	试样数量	6	6	6	6	
	批数	3	3	3	3	
	数据种类	筛选值	筛选值	筛选值	筛选值	

注：ⓐ $ADK=2.59$，ⓑ $ADK=3.12$，ⓒ $ADK=2.38 > ADC(0.025)=2.22$；4 种环境均采用单点法；②ASTM D5229 指南；差别——7 天后，连续两次吸湿量读数变化小于 0.05%；③对少于 5 个批次的试样，其 ANOVA 基准值未被列出；④强度值(所达到的最大应力)不同于当前标准；⑤异常值——保留。这也是 CV 高的原因。

表 2.2.2.5(j)　12 面剪切性能($[45_f]_{14}$)

材　　　料	AS4C 3k/HTM45 平纹机织物		
树脂含量	34.4%～36.9%(质量)	复合材料密度	1.57～1.58g/cm³
纤维体积含量	55.5%～58.2%	空隙含量	0.40%～0.76%
单层厚度	名义值：0.196mm(0.0077in)；典型值：0.188～0.191mm(0.0074～0.0075in)		
试验方法	ASTM D 3518-94⑤	模量计算	
正则化	未正则化		
温度/℃(℉)	82(180)	82(180)	24(75)

（续表）

吸湿量(%)	⑥		⑥		⑥	
吸湿平衡条件 (T/℃(℉)，RH/%)	①		②		③	
来源编码						

$F_{12}^{su}/$ MPa (ksi)	平均值	110(16.0)	110(15.9)	121(17.6)		
	最小值	109(15.8)	105(15.2)	115(16.7)		
	最大值	111(16.1)	112(16.3)	125(18.1)		
	$CV/\%$	0.782	3.26	3.03		
	B 基准值	④	④	④		
	分布	正态	正态	正态		
	C_1	110(16.0)	110(15.9)	121(17.6)		
	C_2	0.862(0.125)	3.56(0.517)	3.66(0.533)		
	试样数量	5	5	5		
	批数	1	1	1		
	数据种类	筛选值	筛选值	筛选值		

注：①21℃下，浸泡于飞机燃油 A 中 500±50 h；②21℃下，浸泡于液压油中 500±50 h；③21℃下，浸泡于甲基乙基酮中 60 至 90 min；④只对 A 类和 B 类数据给出基准值；⑤强度为所达到的最大应力，不遵循当前标准；⑥不适用。

表 2.2.2.5(k)　31 面剪切性能($[0_f]_{14}$)

材　　　料	AS4C 3k/HTM45 平纹机织物				
树脂含量	34.0%～34.8%(质量)		复合材料密度	1.58 g/cm³	
纤维体积含量	57.8%～58.5%		空隙含量	0.31%～0.54%	
单层厚度	名义值：0.196 mm(0.0077 in)；典型值：0.183 mm(0.0072 in)				
试验方法	ASTM D2344 - 89		模量计算		
正则化	未正则化				
温度/℃(℉)	24(75)	-54(-65)	82(180)	130(266)	
吸湿量(%)	大气环境	大气环境	0.83～0.95	0.83～0.95	
吸湿平衡条件 (T/℃(℉)，RH/%)			75(167)，95	75(167)，95①	
来源编码					

（续表）

F_{13}^{sbs} / MPa (ksi)	平均值	89.6(13.0)	107(15.5)	57.9(8.40)	39.4(5.71)
	最小值	82.7(12.0)	103(14.9)	55.0(7.98)	37.6(5.46)
	最大值	93.8(13.6)	114(16.6)	61.6(8.93)	42.1(6.10)
	CV/%	4.32	3.54	3.94	3.78
	B 基准值	②	②	②	②
	分布	正态	正态	正态	正态
	C_1	89.6(13.0)	107(15.5)	57.9(8.40)	39.4(5.71)
	C_2	3.86(0.560)	3.78(0.548)	2.28(0.331)	1.49(0.216)
	试样数量	12	12	12	12
	批数	3	3	3	3
	数据种类	筛选值	筛选值	筛选值	筛选值

注：①ASTM D5229 指南；差别——7 天后，连续两次吸湿量读数变化小于 0.05%；②只对 A 类和 B 类数据给出基准值。

表 2.2.2.5(Ⅰ)　1 类沉头孔螺栓挤压性能（$[0_f/45_f/90_f/-45_f]_{3s}$）

材　　料	AS4C 3k/HTM45 平纹机织物		
树脂含量	35.8%~37.4%（质量）	复合材料密度	1.56~1.57 g/cm³
纤维体积含量	54.9%~56.6%	空隙含量	0.42%~0.77%
单层厚度	名义值：0.196 mm(0.007 7 in)；典型值：0.191~0.196 mm(0.007 5~0.007 7 in)⑧		
试验方法	⑥		
挤压试验类型	单剪		
连接构型	元件 1(t, w, d, e)	t=4.70 mm(0.185 in)，w=50.8 mm(2.00 in)，d=6.32 mm(0.249 in)，e=20.3 mm(0.8 in)	
	元件 2(t, w, d, e)	（钢厚 10.2 mm(0.4 in)）	
紧固件类型	NAS1581A4T9 6.325 mm (0.249 in)dia	孔公差	0.0~0.088 9 mm
拧紧力矩	2.83 N·m	沉头角度	100°
		屈服应变偏移	4%
正则化	未正则化		
温度/℃(℉)	24(75)	-54(-65)	82(180)	130(266)

（续表）

				0.85～1.05	0.85～1.05	
吸湿量(%)		大气环境	大气环境			
吸湿平衡条件 (T/℃(℉),RH/%)				75(167),95①	75(167),95①	
来源编码						
F^{bru}/MPa (ksi) ⑦	平均值	678(98.4)	731(106)	595(86.3)	533(77.3)	
	最小值	641(93.0)	703(102)	562(81.5)	502(72.8)	
	最大值	717(104)	758(110)	618(89.7)	550(79.8)	
	CV/%	2.93	2.27	2.90	3.02	
	B 基准值	④	④	④	④	
	分布	正态②	正态②	ANOVA②③	正态②	
	C_1	678(98.4)	731(106)	247(5.19)	533(77.3)	
	C_2	19.9(2.89)	16.5(2.40)	132(2.78)	16.1(2.34)	
	试样数量	12	12	12	12	
	批数	3	3	3	3	
	数据种类	筛选值	筛选值	筛选值	筛选值	
F^{bro}/MPa (ksi)	平均值	646(93.7)	703(102)	556(80.6)	514(74.6)	
	最小值	625(90.6)	661(95.9)	517(75.0)	499(72.4)	
	最大值	673(97.7)	738(107)	576(83.5)	527(76.5)	
	CV/%	2.59	3.16	3.08	1.89	
	B 基准值	④	④	④	④	
	分布	正态②	正态②	ANOVA②⑤	正态②	
	C_1	646(93.7)	703(102)	246(5.17)	514(74.6)	
	C_2	16.8(2.43)	22.3(3.23)	131(2.75)	9.72(1.41)	
	试样数量	12	12	12	12	
	批数	3	3	3	3	
	数据种类	筛选值	筛选值	筛选值	筛选值	

注：①ASTM D5229 指南；差别——7 天后，连续两次吸湿量读数变化小于 0.05%；②不允许合并不同环境下的数据，采用单点法分析；③ ADK = 2.58＞ADC(0.025) = 2.14；④只对 A 类和 B 类数据给出基准值；⑤ ADK = 2.43＞ADC(0.025) = 2.14；⑥该测试方法不是标准，试样尺寸长 177.8×50.8mm(7in×2in)；具体细节参考 AI/TR/1368,2002 年 6 月 6 日；⑦所有的破坏模式均为孔边挤压破坏；⑧4 种环境下层压板平均值厚度为——4.65mm,4.60mm,4.67mm,4.65mm(0.183in,0.181in,0.184in,0.183in)。

表 2.2.2.5(m)　2 类沉头孔螺栓挤压性能($[0_f/45_f/90_f/-45_f]_{3s}$)

材　料	AS4C 3k/HTM45 平纹机织物				
树脂含量	35.8%～37.4%(质量)		复合材料密度	1.56～1.57 g/cm³	
纤维体积含量	54.9%～56.6%		空隙含量	0.42%～0.77%	
单层厚度	名义值:0.196 mm(0.0077 in);典型值:0.193 mm(0.0076 in)⑨				
试验方法	⑥				
挤压试验类型	单剪				
连接构型	元件 1(t, w, d, e)		$t=4.70$ mm(0.185 in),$w=50.8$ mm(2.00 in),$d=6.32$ mm(0.249 in),$e=20.3$ mm(0.8 in)		
	元件 2(t, w, d, e)		(钢厚 10.2 mm(0.4 in))		
紧固件类型	NAS1581A4T9 6.325 mm(0.249 in) dia		孔公差	0.165～0.279 mm	
拧紧力矩	2.83 N·m		沉头角度	100°	
			屈服应变偏移	4%	
正则化	未正则化				

温度/℃(℉)	24(75)	-54(-65)	82(180)	130(266)	
吸湿量(%)			0.85～1.05	0.85～1.05	
吸湿平衡条件(T/℃(℉), RH/%)	大气环境	大气环境	75(167), 95	75(167), 95①	
来源编码					

$F^{bru}/$MPa(ksi)⑦	平均值	665(96.4)	724(105)	594(86.2)	522(75.7)	
	最小值	632(91.7)	703(102)	572(82.9)	495(71.8)	
	最大值	696(101)	758(110)	618(89.7)	547(79.4)	
	CV/%	2.96	2.02	2.56	3.81	
	B 基准值	④	④	④	④	
	分布	正态②	正态②	正态②	ANOVA②③	
	C_1	665(96.4)	724(105)	594(86.2)	258(5.79)	
	C_2	19.7(2.86)	14.6(2.12)	15.2(2.20)	157(3.30)	

（续表）

	试样数量	12	12	12	12	
	批数	3	3	3	3	
	数据种类	筛选值	筛选值	筛选值	筛选值	
$F^{bro}/$ MPa (ksi)	平均值	636(92.2)	690(100)	556(80.7)	504(73.1)	
	最小值	617(89.5)	661(95.9)	516(74.8)	471(68.3)	
	最大值	667(96.8)	731(106)	576(83.6)	541(78.4)	
	$CV/\%$	2.27	3.20	3.40	3.81	
	B 基准值	④	④	④	④	
	分布	正态②	正态②	非参数 ②⑧	ANOVA ②⑤	
	C_1	636(92.2)	692(100.3)	7	264(5.56)	
	C_2	14.4(2.09)	22.1(3.20)	1.81	150(3.15)	
	试样数量	12	12	12	12	
	批数	3	3	3	3	
	数据种类	筛选值	筛选值	筛选值	筛选值	

注：①ASTM D5229 指南；差别——7 天后，连续两次吸湿量读数变化小于 0.05%；②不允许合并不同环境下的数据，采用单点法分析；③ $ADK=3.42>ADC(0.025)=2.14$；④只对 A 类和 B 类数据给出基准值；⑤ $ADK=3.42>ADC(0.025)=2.14$；⑥该测试方法不是标准，试样尺寸长 177.8×50.8mm(7in×2in)；具体细节参考 AI/TR/1368，2002 年 6 月 6 日；⑦所有的破坏模式均为孔边挤压破坏；⑧没有分布拟合数据；⑨4 种环境下层压板平均层厚度为——4.67mm，4.65mm，4.72mm，4.70mm(0.184in，0.183in，0.186in，0.185in)。

2.2.2.6 HTA 5131 3k/M20 平纹机织物

材料描述：

材　料　HTA 5131 3k/M20 平纹机织物

预浸料采购按 SAE AMS 3970/3A（或者 Goodrich RMS 167）。其他要求，如供应商批量验收和买方进货检验按"PRI QPL AMS 3970 的附录"。

形　式　平纹机织物预浸料，纤维面积质量为 197 g/m²，典型的固化后树脂含量为 43%，典型的固化后单层厚度为 0.211 mm (0.0083 in)。

固化工艺　烘箱固化 3～8 h；121±5.5℃(250±10°F)，真空（不低于 0.075 MPa(22 in 汞柱)压力）。固化制度按照 AMS 3970/6。其他固化说明按照"PRI QPL AMS 3970 的附录"。

供应商提供的数据：

纤　维	Tenax HTA 5131 纤维是一种用 PAN 基原丝制造的连续不加捻碳纤维。每一丝束包含有 3000 根碳丝。典型的拉伸模量为 234 GPa(34×10^6 psi)，典型的拉伸强度为 3 930 MPa(570 000 psi)。
基　体	M20 是由 Hexcel 公司生产的一种改性环氧树脂，其在室温和高温下都具有良好的性能。
典型应用	航空复合材料的修复和其他通用部件。

数据分析概述：

取样要求　　　用于第一批与第三批预浸料的织物批次不像 CMH-17 中所要求的那么明确。

试验　　　　面内剪切测试 SACMA SRM 7R-94 标准中的 8 层标准铺层试样被 10 铺层试样取代。短梁强度测试中的跨厚比为 4∶1。无缺口层压板压缩与采用开孔压缩试验方法(SACMA SRM 3R-94)的标准方法有差别。

异常值　　　21℃大气环境(70℉/A)下 E_1^t 中的 3 个较高异常值被剔除。21℃大气环境(70℉/A)下层压板 E_x^t 中的 1 个较高异常值被剔除。21℃湿态环境(70℉/W)下 F_{12}^{su} 的一个较高异常值被剔除。这些异常值都超出了材料性能。

批间变异性和数据集合并

采用单点法进行统计分析。当观察到变异性(由 k 样本 Anderson-Darling 检验决定，$\alpha = 0.025$)时，在一种环境条件内不能合并数据(这样的数据被指定为 ANOVA 分布)。

注意这种数据集不满足 CMH-17 对 3 个独立批次的定义，但是，数据提交先于政策实施，且高的 CV 表明能在这些 B-许用值报告的性能中获得足够的批间变异性。

工艺路线：　　(1) 施加全真空(不低于 0.075 MPa(22 in 汞柱)压力)。
(2) 以 0.6～2.8℃/min(1～5℉/min)加热到 116℃(240℉)。
(3) 以 0.2～2.8℃/min 加热到 121℃(250℉)。
(4) 在 121～127℃(250～260℉)条件下固化 120～135 min。
(5) 脱模前在真空下冷却到 65.6℃(150℉)以下(推荐最大降温速率 5.5℃/min(10℉/min))。

表 2.2.2.6　HTA 5131 3k/M20 平纹机织物

材料	HTA 5131 3k/M20 平纹机织物			
形式	Hexcel M20/40%/G904 平纹机织物,11×11 tows/in			
纤维	Tenax HTA 3K,表面处理 5131,3%		基体	Hexcel Composites Ltd. M20
T_g(干态)	168℃(334℉)	T_g(湿态) 139℃(283℉)	T_g测量方法	DMA③
固化工艺	烘箱固化 3～8 小时;121±5.5℃(250±10℉),真空(不低于 0.075 MPa(22 in 汞柱)压力)			

纤维制造日期:	②	试验日期:	5/96—1/97
树脂制造日期:	5/95—7/95	数据提交日期:	9/01
预浸料制造日期:	10/95	分析日期:	10/01
复合材料制造日期:	1996	重分析:	8/08

单层性能汇总

	21℃ (70℉)/ A	−54℃ (−65℉)/ A	82℃ (180℉)/ A	121℃ (250℉)/ A	21℃ (70℉)/ W	54℃ (130℉)/ W	82℃ (180℉)/ W	121℃ (250℉)/ W
1 轴拉伸	bIMb							
2 轴拉伸	bM-b	bM-b	bM-b	bM-b	bM-b	bM-b	bM-b	bM-b
3 轴拉伸								
1 轴压缩	bM--		bM--				bM--	
2 轴压缩	bM--	bM--	bM--	SS--	SS--	SS--	bM--	bM--
3 轴压缩								
12 面剪切	bM--	bM--	bM--	SS--	SS--	SS--	bM--	bM--
23 面剪切								
31 面剪切								
31 面 SB 强度	S--	S--	S--				S--	

注:强度/模量/泊松比/破坏应变的数据种类为:A—A75,a—A55,B—B30,b—B18,M—平均值,I—临时值,S—筛选值,——无数据(见表 1.5.1.2(c));P—BEP(1),Q—AEP(1)。
①新种类 P=BEP 和 Q=AEP;合并各种环境下的数据被指定为 A 类和 B 类,是基于 CV 等同性或者工程判定;②先于 8/22/95,织物制造日期为 8/95—9/95;③T_g 起始点是以水平起始线与模量下降坡的切线交叉点为准。
数据还包括 5 种不同化学试剂浸润后的原始和正则化的 2 轴压缩数据。

物理性能汇总

	名义值	提交值	试验方法
纤维密度/(g/cm³)	1.76	1.76	DIN 29 965②
树脂密度/(g/cm³)	1.27	—	ISO1183A⑦
复合材料密度/(g/cm³)	1.55④	1.51～1.53⑤	ISO1183A⑦
纤维面积质量/(g/m²)	197	193～201	EN 2559③
纤维体积含量/(%vol.)	57	50～55	Hexcel IS793⑥
单层厚度/mm	0.211⑧	0.213～0.218	

层压板性能汇总

	21℃ (70℉)/ A	−55℃ (−67℉)/ A	82℃ (180℉)/ A	121℃ (250℉)/ A	21℃ (70℉)/ W	54℃ (130℉)/ W	82℃ (180℉)/ W	121℃ (250℉)/ W
[0f, 45f]								
拉伸	bI-b							
压缩	b---							
短梁强度	S---	S---	S---				S---	
开孔拉伸	b---	b---					I---	
开孔压缩	b---					I---	b---	I---

注:强度/模量/泊松比/破坏应变的数据种类为:A—A75,a—A55,B—B30,b—B18,M—平均值,I—临时值,S—筛选值,—无数据(见表1.5.2.2(c));P—BEP(1),Q—AEP(1)。
①新种类 P=BEP 和 Q=AEP;合并各种环境下的数据被指定为 A 类与 B 类,是基于 CV 等同性或者工程判定;②类似于 SACMA SRM 15R-94;③类似于 SACMA SRM 23R-94;④基于名义纤维体积含量和无空隙含量计算;⑤按第 1 批次和第 2 批次中的 5 个平板测量;⑥类似于 ASTM D3171B;⑦类似于 ASTM D792;⑧用 Goodrich 电子表格计算固化后单层名义厚度。
数据还包括 5 种不同化学试剂浸润后的[0f, 45f]系列层压板的层间剪切结果。

表 2.2.2.6(a)　1 轴拉伸性能([0f]₁₀)

材料	HTA 5131 3k/M20 平纹机织物		
树脂含量	38.7%～40.2%(质量)	复合材料密度	1.51～1.53 g/cm³
纤维体积含量	50.5%～54.1%	空隙含量	0.66%～1.70%
单层厚度	0.213～0.218 mm(0.0084～0.0086 in)		

（续表）

试验方法	SACMA SRM 4R - 94		模量计算		$1000\sim3000\,\mu\varepsilon$ 之间的弦向模量	
正则化	按试样厚度和单层厚度 0.211 mm(0.0083 in)					
温度/℃(℉)	21(70)					
吸湿量(%)	大气环境					
吸湿平衡条件 (T/℃(℉)，RH/%)						
来源编码	21					
	正则化值	实测值	正则化值	实测值	正则化值	实测值
$F_1^{tu}/$ MPa (ksi)	平均值	869(126)	848(123)				
	最小值	814(118)	772(112)				
	最大值	945(137)	945(137)				
	CV/%	3.88	4.42				
	B 基准值	807(117)	772(112)				
	分布	正态	正态				
	C_1	869(126)	848(123)				
	C_2	33.9(4.91)	37.3(5.41)				
	试样数量	18					
	批数	3					
	数据种类	B18					
$E_1^t/$ GPa (Msi)	平均值	61.9(8.98)	59.6(8.64)				
	最小值	58.1(8.42)	56.0(8.12)				
	最大值	63.7(9.24)	61.1(8.86)				
	CV/%	2.46	2.22				
	试样数量	15					
	批数	3					
	数据种类	临时值					
ν_{12}^t	平均值	0.059					
	试样数量	18					
	批数	3					
	数据种类	平均值					

（续表）

		正则化值	实测值	正则化值	实测值	正则化值	实测值
$\varepsilon_1^{tu}/\mu\varepsilon$	平均值		13 600				
	最小值		11 000				
	最大值		15 000				
	CV/%		8.23				
	B 基准值		11 600				
	分布		Weibull				
	C_1		14 100				
	C_2		18.2				
	试样数量		18				
	批数		3				
	数据种类		B18				

表 2.2.2.6(b)　2 轴拉伸性能($[90_f]_{10}$)

材料	HTA 5131 3k/M20 平纹机织物		
树脂含量	38.7%～40.2%(质量)	复合材料密度	1.51～1.53 g/cm³
纤维体积含量	50.3%～55.5%	空隙含量	0.66%～2.53%
单层厚度	0.213～0.218 mm(0.0084～0.0086 in)		
试验方法	SACMA SRM 4R-94	模量计算	1000～3000 $\mu\varepsilon$ 之间的弦向模量
正则化	按试样厚度和单层厚度 0.211 mm(0.0083 in)		

温度/℃(℉)	21(70)		—55(—67)		82(180)	
吸湿量(%)						
吸湿平衡条件 (T/℃(℉)，RH/%)	大气环境		大气环境		大气环境	
来源编码	21		21		21	
	正则化值	实测值	正则化值	实测值	正则化值	实测值
平均值	772(112)	758(110)	765(111)	745(108)	710(103)	690(100)
最小值	664(96.3)	634(91.9)	672(97.4)	656(95.1)	600(87)	585(84.9)
最大值	883(128)	869(126)	848(123)	821(119)	855(124)	821(119)
CV/%	7.92	8.06	7.25	7.32	10.0	9.47

注：F_2^{tu}/MPa(ksi)

(续表)

		正则化值	实测值	正则化值	实测值	正则化值	实测值
	B 基准值	651(94.4)	636(92.3)	655(95.0)	636(92.2)	570(82.6)	561(81.3)
	分布	正态	正态	正态	正态	正态	正态
	C_1	772(112)	758(110)	765(111)	745(108)	710(103)	690(100)
	C_2	61.1(8.86)	61.0(8.85)	55.4(8.04)	54.4(7.89)	71.7(10.4)	65.3(9.47)
	试样数量	18		18		18	
	批数	3		3		3	
	数据种类	B18		B18		B18	
E_2^t/ GPa (Msi)	平均值	59.1(8.57)	58.0(8.41)	58.0(8.41)	56.4(8.18)	60.2(8.73)	58.3(8.46)
	最小值	54.1(7.84)	52.2(7.57)	52.5(7.62)	50.3(7.30)	55.5(8.05)	54.9(7.96)
	最大值	63.6(9.23)	62.9(9.12)	63.8(9.25)	63.0(9.14)	63.4(9.20)	61.4(8.91)
	CV/%	4.90	5.05	5.45	5.85	3.58	3.33
	试样数量	18		18		18	
	批数	3		3		3	
	数据种类	平均值		平均值		平均值	
$\varepsilon_2^{tu}/\mu\varepsilon$	平均值		12 500		13 100		11 700
	最小值		9 570		10 800		9 740
	最大值		15 200		15 600		14 000
	CV/%		11.4		11.0		9.51
	B 基准值		9 690		10 300		9 530
	分布		正态		正态		正态
	C_1		12 500		13 100		11 700
	C_2		1 430		1 440		1 120
	试样数量		18		18		18
	批数		3		3		3
	数据种类		B18		B18		B18

注:①没有列出用 ANOVA 方法从少于 5 组数据计算出来的 B 基准值。

表 2.2.2.6(c)　2 轴拉伸性能($[90_f]_{10}$)

材料	HTA 5131 3k/M20 平纹机织物			
树脂含量	38.7%～40.2%（质量）		复合材料密度	1.51～1.53 g/cm³
纤维体积含量	50.3%～55.5%		空隙含量	0.66%～2.53%
单层厚度	0.213～0.221 mm(0.0084～0.0087 in)			
试验方法	SACMA SRM 4R-94		模量计算	1000～3000 $\mu\varepsilon$ 之间的弦向模量
正则化	按试样厚度和单层厚度 0.211 mm(0.0083 in)			

温度/℃(℉)		121(250)		21(70)		54(130)	
吸湿量(%)				2.60～2.66		2.60～2.66	
吸湿平衡条件 (T/℃(℉)，RH/%)		大气环境		68(155)，85		68(155)，85	
来源编码		21		21		21	
		正则化值	实测值	正则化值	实测值	正则化值	实测值
$F_2^{tu}/$ MPa (ksi)	平均值	690(100)	672(97.4)	786(114)	772(112)	765(111)	752(109)
	最小值	595(86.3)	570(82.7)	673(97.6)	657(95.3)	630(91.4)	616(89.3)
	最大值	821(119)	814(118)	855(124)	855(124)	862(125)	848(123)
	CV/%	9.07	9.54	5.78	6.25	8.56	8.78
	B 基准值	①	①	655(101)	674(97.8)	①	①
	分布	ANOVA	ANOVA	正态	正态	ANOVA	ANOVA
	C_1	249(5.25)	245(5.16)	786(114)	772(112)	247(5.19)	249(5.25)
	C_2	485(10.2)	494(10.4)	45.6(6.61)	48.1(6.98)	508(10.7)	508(10.7)
	试样数量	18		18		18	
	批数	3		3		3	
	数据种类	B18		B18		B18	
$E_2^t/$ GPa (Msi)	平均值	55.2(8.00)	53.5(7.76)	55.6(8.06)	54.2(7.86)	56.0(8.12)	54.7(7.94)
	最小值	49.3(7.17)	49.3(7.17)	52.1(7.56)	49.8(7.22)	52.3(7.59)	50.5(7.32)
	最大值	60.5(8.78)	58.4(8.47)	59.6(8.64)	57.9(8.40)	60.1(8.71)	59.2(8.59)
	CV/%	5.35	5.18	3.29	3.94	4.46	4.72
	试样数量	18		18		18	
	批数	3		3		3	
	数据种类	平均值		平均值		平均值	

（续表）

		正则化值	实测值	正则化值	实测值	正则化值	实测值
$\varepsilon_2^{tu}/\mu\varepsilon$	平均值		12 300		14 000		13 800
	最小值		10 100		12 600		10 400
	最大值		14 700		15 300		15 900
	CV/%		9.51		5.57		10.9
	B 基准值		9 960		12 500		①
	分布		正态		正态		ANOVA
	C_1		12 300		14 000		4.28
	C_2		1 170		780		1 610
	试样数量		18		18		18
	批数		3		3		3
	数据种类		B18		B18		B18

注:①没有列出用 ANOVA 方法从少于 5 组数据计算出来的 B 基准值。

表 2.2.2.6(d)　2 轴拉伸性能([90_f]$_{10}$)

材料	HTA 5131 3k/M20 平纹机织物			
树脂含量	38.7%～40.2%(质量)		复合材料密度	1.51～1.53 g/cm³
纤维体积含量	50.5%～55.0%		空隙含量	0.67%～1.70%
单层厚度	0.213～0.218 mm(0.008 4～0.008 6 in)			
试验方法	SACMA SRM 4R-94		模量计算	1000～3 000 $\mu\varepsilon$ 之间的弦向模量
正则化	按试样厚度和单层厚度 0.211 mm(0.008 3 in)			
温度/℃(℉)	82(180)		121(250)	
吸湿量(%)	2.60～2.66		2.60～2.66	
吸湿平衡条件 (T/℃(℉), RH/%)	68(155), 85		68(155), 85	
来源编码	21		21	

$F_2^{tu}/$ MPa (ksi)	平均值	758(110)	738(107)	689(99.9)	669(97.0)		
	最小值	656(95.1)	641(92.9)	630(91.3)	601(87.1)		
	最大值	841(122)	834(121)	758(110)	745(108)		
	CV/%	7.14	7.74	5.32	5.48		

（续表）

		正则化值	实测值	正则化值	实测值	正则化值	实测值
	B 基准值	649(94.1)	626(90.8)	616(89.4)	596(86.5)		
	分布	正态	正态	正态	正态		
	C_1	758(110)	738(107)	689(99.9)	669(97.0)		
	C_2	53.9(7.82)	57.2(8.30)	36.6(5.31)	36.7(5.32)		
	试样数量	18		18			
	批数	3		3			
	数据种类	B18		B18			
$E_2^{t}/$ GPa (Msi)	平均值	57.3(8.31)	56.1(8.13)	53.0(7.68)	51.4(7.46)		
	最小值	53.8(7.80)	51.9(7.52)	43.6(6.33)	43.2(6.26)		
	最大值	62.7(9.09)	61.4(8.90)	57.6(8.35)	55.4(8.03)		
	$CV/\%$	4.68	5.28	7.90	6.95		
	试样数量	18		18			
	批数	3		3			
	数据种类	平均值		平均值			
$\varepsilon_2^{tu}/\mu\varepsilon$	平均值		13 300		13 000		
	最小值		11 100		11 100		
	最大值		14 300		14 900		
	$CV/\%$		7.24		8.55		
	B 基准值		10 400		10 800		
	分布		非参数		正态		
	C_1		9.00		13 000		
	C_2		1.35		1110		
	试样数量		18		18		
	批数		3		3		
	数据种类		B18		B18		

注：①没有列出用 ANOVA 方法从少于 5 组数据计算出来的 B 基准值。

表 2.2.2.6(e)　1 轴压缩性能($[0_f]_{14}$)

材料	HTA 5131 3k/M20 平纹机织物			
树脂含量	38.7%～40.2%(质量)		复合材料密度	1.51～1.53 g/cm³
纤维体积含量	51.0%～54.5%		空隙含量	0.11%～2.140%
单层厚度	0.213～0.221 mm(0.0084～0.0087 in)			
试验方法	SACMA SRM 1R-94		模量计算	1000～3000 $\mu\varepsilon$ 之间的弦向模量
正则化	按试样厚度和单层厚度 0.211 mm(0.0083 in)			

温度/℃(℉)	21(70)		82(180)		82(180)	
吸湿量(%)					2.55～2.69	
吸湿平衡条件 (T/℃(℉)，RH/%)	大气环境		大气环境		68(155)，85	
来源编码	21		21		21	

		正则化值	实测值	正则化值	实测值	正则化值	实测值
F_1^{cu}/ MPa (ksi)	平均值	827(120)	800(116)	663(96.1)	642(93.1)	475(68.9)	459(66.6)
	最小值	772(112)	752(109)	443(64.3)	426(61.8)	445(64.6)	431(62.5)
	最大值	910(132)	869(126)	710(103)	690(100)	542(78.6)	512(74.2)
	CV/%	4.63	4.09	9.38	9.42	5.67	5.21
	B 基准值	752(109)	738(107)	570(82.7)	554(80.3)	422(61.2)	①
	分布	正态	正态	Weibull	Weibull	正态	ANOVA
	C_1	827(120)	800(116)	684(99.2)	662(96.0)	475(68.9)	182(3.84)
	C_2	38.3(5.56)	32.7(4.74)	19.7	20.0	27.0(3.91)	174(3.66)
	试样数量	18		18		18	
	批数	3		3		3	
	数据种类	B18		B18		B18	
E_1^c/ GPa (Msi)	平均值	57.2(8.29)	55.7(8.08)	54.4(7.89)	53.6(7.78)	53.4(7.74)	52.3(7.58)
	最小值	54.5(7.90)	53.6(7.78)	50.5(7.32)	50.1(7.27)	51.6(7.49)	50.4(7.31)
	最大值	59.8(8.68)	58.5(8.48)	58.9(8.54)	57.5(8.34)	56.0(8.12)	55.6(8.06)
	CV/%	2.30	2.08	4.27	3.81	2.14	2.81
	试样数量	18		18		18	
	批数	3		3		3	
	数据种类	平均值		平均值		平均值	

注：①没有列出用 ANOVA 方法从少于 5 组数据计算出来的 B 基准值。

表 2.2.2.6(f) 2 轴压缩性能($[90_f]_{14}$)

材料	HTA 5131 3k/M20 平纹机织物					
树脂含量	38.7%～40.2%(质量)			复合材料密度	1.51～1.53 g/cm³	
纤维体积含量	50.6%～53.4%			空隙含量	0.33%～1.97%	
单层厚度	0.213～0.221 mm(0.0084～0.0087 in)					
试验方法	SACMA SRM 1R-94			模量计算	1000～3000 $\mu\varepsilon$ 之间的弦向模量	
正则化	按试样厚度和单层厚度 0.211 mm(0.0083 in)					

温度/℃(℉)	21(70)		−55(−67)		82(180)	
吸湿量(%)	大气环境		大气环境		大气环境	
吸湿平衡条件 (T/℃(℉)), RH/%						
来源编码	21		21		21	
	正则化值	实测值	正则化值	实测值	正则化值	实测值
F_2^{cu}/ MPa (ksi) — 平均值	752(109)	724(105)	834(121)	807(117)	601(87.2)	581(84.3)
最小值	624(90.5)	599(86.9)	731(106)	696(101)	523(75.9)	511(74.1)
最大值	882(128)	848(123)	931(135)	903(131)	724(105)	703(102)
CV/%	9.39	9.18	7.26	7.39	8.30	8.09
B基准值	①	①	710(103)	690(100)	503(72.9)	488(70.8)
分布	ANOVA	ANOVA	正态	正态	正态	正态
C_1	271(5.71)	269(5.66)	834(121)	807(117)	601(87.2)	581(84.3)
C_2	565(11.9)	527(11.1)	60.4(8.76)	60.0(8.67)	49.9(7.24)	47.0(6.82)
试样数量	18		18		18	
批数	3		3		3	
数据种类	B18		B18		B18	
E_2^c/ GPa (Msi) — 平均值	56.8(8.24)	55.2(8.01)	59.0(8.55)	57.4(8.33)	57.2(8.30)	56.0(8.12)
最小值	51.6(7.49)	50.0(7.25)	55.8(8.09)	53.4(7.74)	53.3(7.73)	51.2(7.42)
最大值	60.0(8.70)	58.6(8.50)	62.6(9.08)	61.6(8.94)	60.5(8.78)	60.7(8.80)
CV/%	3.92	4.07	3.50	4.33	4.16	5.28
试样数量	18		18		18	
批数	3		3		3	
数据种类	平均值		平均值		平均值	

注:①没有列出用 ANOVA 方法从少于 5 组数据计算出来的 B 基准值。

表 2.2.2.6(g)　2 轴压缩性能($[90_f]_{14}$)

材料	HTA5131 3k/M20 平纹机织物					
树脂含量	38.7%～40.2%(质量)		复合材料密度		1.51～1.53 g/cm³	
纤维体积含量	50.6%～53.4%		空隙含量		0.33%～1.94%	
单层厚度	0.211～0.218 mm(0.0083～0.0086 in)					
试验方法	SACMA SRM 1R-94		模量计算		1000～3000 $\mu\varepsilon$ 之间的弦向模量	
正则化	按试样厚度和单层厚度 0.211 mm(0.0083 in)					
温度/℃(℉)	121(250)		21(70)		54(130)	
吸湿量(%)			2.55～2.69		2.55～2.69	
吸湿平衡条件 (T/℃(℉), RH/%)	大气环境		68(155), 85		68(155), 85	
来源编码	21		21		21	
		正则化值	实测值	正则化值	实测值	正则化值	实测值
F_2^{cu}/ MPa (ksi)	平均值	490(71.1)	476(69.1)	615(89.2)	596(86.5)	556(80.7)	543(78.7)
	最小值	402(58.3)	396(57.4)	477(69.2)	459(66.5)	430(62.3)	412(59.8)
	最大值	562(81.5)	549(79.6)	738(107)	710(103)	620(89.9)	596(86.4)
	CV/%	11.4	11.1	12.1	12.3	10.2	10.2
	B 基准值	①	①	①	①	①	①
	分布	ANOVA	ANOVA	正态	正态	正态	正态
	C_1	275(5.79)	273(5.74)	615(89.2)	596(86.5)	556(80.7)	543(78.7)
	C_2	436(9.17)	411(8.66)	74.5(10.8)	73.8(10.7)	57.0(8.26)	55.1(7.99)
	试样数量	9		9		9	
	批数	3		3		3	
	数据种类	筛选值		筛选值		筛选值	
E_2^c/ GPa (Msi)	平均值	55.6(8.07)	54.3(7.87)	59.8(8.67)	58.1(8.43)	64.7(9.38)	62.9(9.12)
	最小值	51.0(7.39)	50.5(7.33)	57.1(8.28)	54.8(7.95)	63.2(9.16)	61.2(8.87)
	最大值	62.2(9.02)	59.7(8.66)	61.5(8.92)	60.5(8.77)	67.0(9.71)	65.3(9.47)
	CV/%	7.87	7.07	3.15	3.90	1.77	2.66
	试样数量	9		9		9	
	批数	3		3		3	
	数据种类	筛选值		筛选值		筛选值	

注:①只对 A 类和 B 类数据给出基准值。

表 2.2.2.6(h)　2 轴压缩性能($[90_f]_{14}$)

材料	HTA5131 3k/M20 平纹机织物			
树脂含量	38.7%～40.2%(质量)		复合材料密度	1.51～1.53 g/cm³
纤维体积含量	50.6%～53.4%		空隙含量	0.33%～1.97%
单层厚度	0.213～0.221 mm(0.0084～0.0087 in)			
试验方法	SACMA SRM 1R-94		模量计算	1000～3000 $\mu\varepsilon$ 之间的弦向模量
正则化	按试样厚度和单层厚度 0.211 mm(0.0083 in)			

温度/℃(℉)		82(180)		121(250)		
吸湿量(%)		2.55～2.69		2.55～2.69		
吸湿平衡条件 (T/℃(℉), RH/%)		68(155), 85		68(155), 85		
来源编码		21		21		

		正则化值	实测值	正则化值	实测值	正则化值	实测值
$F_2^{cu}/$ MPa (ksi)	平均值	459(66.5)	443(64.3)	280(40.6)	271(39.3)		
	最小值	416(60.4)	410(59.5)	222(32.2)	219(31.8)		
	最大值	492(71.3)	476(69.1)	332(48.1)	319(46.2)		
	CV/%	4.77	4.85	10.3	9.71		
	B基准值	415(60.2)	401(58.2)	①	219(31.8)		
	分布	正态	正态	ANOVA	正态		
	C_1	459(66.5)	443(64.3)	213(4.48)	271(39.3)		
	C_2	21.9(3.17)	21.5(3.12)	215(4.52)	26.3(3.82)		
	试样数量	18		18			
	批数	3		3			
	数据种类	B18		B18			
$E_2^c/$ GPa (Msi)	平均值	60.4(8.76)	58.5(8.49)	56.9(8.25)	55.0(7.98)		
	最小值	54.2(7.86)	53.0(7.69)	51.2(7.42)	50.0(7.25)		
	最大值	65.6(9.51)	63.5(9.21)	58.8(8.53)	57.0(8.27)		
	CV/%	6.83	5.86	3.25	3.20		
	试样数量	18		18			
	批数	3		3			
	数据种类	平均值		平均值			

注:①没有列出用 ANOVA 方法从少于 5 组数据计算出来的 B 基准值。

表 2.2.2.6(i)　2 轴压缩性能([90_f]_14)

材料	HTA5131 3k/M20 平纹机织物					
树脂含量	38.7%～40.2%(质量)		复合材料密度	1.51～1.53 g/cm³		
纤维体积含量	51.3%		空隙含量	0.26%		
单层厚度	0.213～0.218 mm(0.0084～0.0086 in)					
试验方法	SACMA SRM 1R-94		模量计算			
正则化	按试样厚度和单层厚度 0.211 mm(0.0083 in)					
温度/℃(℉)	121(250)		121(250)		121(250)	
吸湿量(%)	0.13		0.06		0.10	
吸湿平衡条件 (T/℃(℉),RH/%)	①		②		③	
米源编码	21		21		21	

F_2^{cu}/MPa(ksi)		正则化值	实测值	正则化值	实测值	正则化值	实测值
	平均值	530(76.8)	518(75.1)	621(90.1)	603(87.5)	561(81.4)	553(80.2)
	最小值	506(73.4)	492(71.4)	592(85.9)	573(83.1)	525(76.2)	517(75.0)
	最大值	546(79.2)	533(77.3)	655(95.0)	634(91.9)	587(85.2)	578(83.9)
	CV/%	3.30	3.40	4.26	4.01	3.72	3.72
	B 基准值	④	④	④	④	④	④
	分布	正态	正态	正态	正态	正态	正态
	C_1	530(76.8)	518(75.1)	621(90.1)	603(87.5)	561(81.4)	553(80.2)
	C_2	17.5(2.54)	17.6(2.55)	26.5(3.84)	24.2(3.51)	21.0(3.03)	20.5(2.98)
	试样数量	6		6		6	
	批数	1		1		1	
	数据种类	筛选值		筛选值		筛选值	

注:①18～24℃(65～75℉)下,浸泡于飞机燃油 A(ASTM D 1655)中 30±1 天;②68～74℃(155～165℉)下,浸泡于磷酸酯液压油(Skydrol 500B4)中 30±1 天;③18～24℃(65～75℉)下,浸泡于润滑油(MIL-L-23699)中 30±1 天;④只对 A 类和 B 类数据给出基准值。

表 2.2.2.6(j)　2 轴压缩性能([90_f]_14)

材料	HTA5131 3k/M20 平纹机织物		
树脂含量	38.7%～40.2%(质量)	复合材料密度	1.51～1.53 g/cm³
纤维体积含量	51.3%	空隙含量	0.26%
单层厚度	0.216 mm(0.0085 in)		

（续表）

试验方法	SACMA SRM 1R - 94		模量计算			
正则化	按试样厚度和单层厚度 0.211 mm(0.0083 in)					
温度/℃(℉)	121(250)		121(250)			
吸湿量(%)	0.17		0.29			
吸湿平衡条件 (T/℃(℉)，RH/%)	①		②			
来源编码	21		21			
		正则化值	实测值	正则化值	实测值	
F_2^{cu}/ MPa (ksi)	平均值	528(76.6)	519(75.2)	516(74.8)	507(73.5)	
	最小值	498(72.2)	486(70.5)	483(70.1)	476(69.1)	
	最大值	551(79.9)	538(78.0)	561(81.4)	552(80.1)	
	CV/%	4.14	4.30	6.02	6.16	
	B 基准值	③	③	③	③	
	分布	正态	正态	正态	正态	
	C_1	528(76.6)	519(75.2)	516(74.8)	507(73.5)	
	C_2	21.9(3.17)	23.6(3.42)	31.0(4.50)	31.2(4.53)	
	试样数量	6		6		
	批数	1		1		
	数据种类	筛选值		筛选值		

注：①18～24℃(65～75℉)下，浸泡于有机溶剂(1017 溶剂：质量分数 60±2 MIBK，质量分数 40±2)中 168±8 小时(源自 ASTM F483)；②18～24℃(65～75℉)下，浸泡于 SAE Ⅱ 防冰液体(AMS 1428)中 168±8 h(源自 ASTM F483)；③只对 A 类和 B 类数据给出基准值。

表 2.2.2.6(k)　12 面剪切性能($[\pm 45_f]_s$)

材料	HTA 5131 3k/M20 平纹机织物				
树脂含量	38.7%～40.2%(质量)		复合材料密度	1.51～1.53 g/cm³	
纤维体积含量	50.3%～53.4%		空隙含量	0.44%～1.37%	
单层厚度	0.211～0.224 mm(0.0083～0.0088 in)				
试验方法	SACMA SRM 7R - 94①		模量计算		
正则化	未正则化				
温度/℃(℉)	21(70)	-55(-67)	82(180)	121(250)	

(续表)

吸湿量(%)		大气环境	大气环境	大气环境	大气环境		
吸湿平衡条件 (T/℃(℉)), RH/%		大气环境	大气环境	大气环境	大气环境		
来源编码		21	21	21	21		
F_{12}^{su}/ MPa (ksi)	平均值	119(17.3)	104(15.1)	84.1(12.2)	61.6(8.94)		
	最小值	109(15.8)	87.6(12.7)	77.9(11.3)	49.4(7.17)		
	最大值	126(18.3)	143(20.8)	89.6(13.0)	67.3(9.76)		
	CV/%	4.89	17.4	3.51	9.29		
	B 基准值	②	②	②	③		
	分布	ANOVA	ANOVA	ANOVA	正态		
	C_1	275(5.78)	159(3.35)	241(5.08)	61.6(8.94)		
	C_2	46.6(0.980)	129(2.72)	22.7(0.477)	5.72(0.830)		
	试样数量	18	18	18	9		
	批数	3	3	3	3		
	数据种类	B18	B18	B18	筛选值		
G_{12}^{S}/ GPa (Msi)	平均值	4.92(0.713)	5.10(0.739)	3.50(0.507)	1.92(0.278)		
	最小值	4.48(0.649)	4.41(0.639)	3.08(0.447)	1.15(0.166)		
	最大值	5.27(0.764)	5.54(0.804)	3.77(0.547)	3.05(0.442)		
	CV/%	4.07	6.31	6.89	35.5④		
	试样数量	18	18	18	9		
	批数	3	3	3	3		
	数据种类	平均值	平均值	平均值	筛选值		

注:①每种测试方法中用 10 层试样取代 8 层标准试样;②没有列出用 ANOVA 方法从少于 5 组数据计算出来的 B 基准值;③只对 A 类和 B 类数据给出基准值;④121℃(250℉)数据 CV 值比较大,因为测试温度接近材料 T_g。

表 2.2.2.6(1)　12 面剪切性能($[\pm 45_f]_s$)

材料	HTA 5131 3k/M20 平纹机织物		
树脂含量	38.7%~40.2%(质量)	复合材料密度	1.51~1.53 g/cm³
纤维体积含量	50.3%~53.4%	空隙含量	0.44%~1.37%
单层厚度	0.211~0.221 mm(0.0083~0.0087 in)		

（续表）

试验方法	SACMA SRM 7R - 94②		模量计算	介于 $500\sim3000\mu\varepsilon$ 之间的弦向模量		
正则化	未正则化					
温度/℃(℉)	21(70)	54(130)	82(180)	121(250)		
吸湿量(%)	2.52~2.58	2.52~2.58	2.52~2.58	2.52~2.58		
吸湿平衡条件 (T/℃(℉), RH/%)	68(155), 85	68(155), 85	68(155), 85	68(155), 85		
来源编码	21	21	21	21		

F_{12}^{su}/ MPa (ksi)	平均值	80.7(11.7)	62.0(8.99)	46.0(6.67)	44.5(6.46)		
	最小值	73.1(10.6)	56.3(8.17)	41.0(5.94)	43.0(6.23)		
	最大值	88.9(12.9)	66.7(9.68)	51.6(7.49)	46.0(6.67)		
	CV/%	7.66	5.06	6.28	2.27		
	B基准值	③	③	④	④		
	分布	ANOVA	正态	ANOVA	ANOVA		
	C_1	287(6.05)	62.0(8.99)	315(6.64)	276(5.80)		
	C_2	49.0(1.03)	3.14(0.455)	22.9(0.482)	8.12(0.171)		
	试样数量	8	9	18	18		
	批数	3	3	3	3		
	数据种类	筛选值	筛选值	B18	B18		
G_{12}^{S}/ GPa (Msi)	平均值	4.57(0.662)	4.15(0.602)	3.70(0.537)	2.10(0.304)		
	最小值	4.11(0.596)	3.75(0.544)	2.50(0.363)	1.12(0.163)		
	最大值	4.89(0.709)	4.33(0.628)	4.41(0.639)	3.27(0.474)		
	CV/%	5.11	4.91	13.0	29.3①		
	试样数量	9	9	18	18		
	批数	3	3	3	3		
	数据种类	筛选值	筛选值	平均值	平均值		

注：①121℃(250℉)数据 CV 值比较大,因为测试温度接近材料 T_g;②每种测试方法中用 10 层试样取代 8 层标准试样;③只对 A 类和 B 类数据给出基准值;④没有列出用 ANOVA 方法从少于 5 组数据计算出来的 B 基准值。

表 2.2.2.6(m)　31 面短梁强度性能($[0_f]_{14}$)

材料	HTA 5131 3k/M20 平纹机织物					
树脂含量	38.7%～40.2%(质量)			复合材料密度	1.51～1.53g/cm³	
纤维体积含量	51.0%～54.5%			空隙含量	0.11%～2.14%	
单层厚度	0.211～0.218mm(0.0083～0.0086 in)					
试验方法	SACMA SRM 8R-94①			模量计算		
正则化	未正则化					

	温度/℃(℉)	21(70)	−55(−67)	82(180)	82(180)	
	吸湿量(%)				2.55～2.69	
	吸湿平衡条件 (T/℃(℉),RH/%)	大气环境	大气环境	大气环境	68(155),85	
	来源编码	21	21	21	21	
F_{31}^{sbs}/ MPa (ksi)	平均值	77.9(11.3)	84.1(12.2)	62.1(9.00)	42.0(6.09)	
	最小值	71.0(10.3)	73.8(10.7)	58.7(8.51)	41.0(5.94)	
	最大值	82.7(12.0)	95.2(13.8)	65.9(9.56)	43.2(6.26)	
	CV/%	5.14	8.63	3.53	1.30	
	B 基准值	②	②	②	②	
	分布	正态	ANOVA	ANOVA	正态	
	C_1	77.9(11.3)	204(4.29)	275(5.78)	42.0(6.09)	
	C_2	4.00(0.580)	53.7(1.13)	17.5 (0.368)	0.544 (0.0789)	
	试样数量	18	18	18	18	
	批数	3	3	3	3	
	数据种类	筛选值	筛选值	筛选值	筛选值	

注:①跨厚比为 4:1;②只对 A 类和 B 类数据给出基准值。

表 2.2.2.6(n)　x 轴拉伸性能($[0_f/45_f]_{2s}$)

材料	HTA 5131 3k/M20 平纹机织物		
树脂含量	38.7%～40.2%(质量)	复合材料密度	1.51～1.53g/cm³
纤维体积含量	49.5%～52.8%	空隙含量	0.89%～1.22%
单层厚度	0.213～0.218mm(0.0084～0.0086 in)		
试验方法	SACMA SRM 4R-94	模量计算	1000～3000 $\mu\varepsilon$ 之间的弦向模量

（续表）

正则化	按试样厚度和单层厚度 0.211 mm(0.0083 in)					
温度/℃(℉)	21(70)					
吸湿量(%)						
吸湿平衡条件 (T/℃(℉)，RH/%)	大气环境					
来源编码	21					
	正则化值	实测值	正则化值	实测值	正则化值	实测值
F_x^{tu}/MPa (ksi) 平均值	579(84.0)	563(81.7)				
最小值	490(71.0)	485(70.4)				
最大值	633(91.8)	611(88.6)				
CV/%	6.62	6.34				
B基准值	504(73.1)	493(71.5)				
分布	正态	正态				
C_1	579(84.0)	563(81.7)				
C_2	38.3(5.56)	35.7(5.18)				
试样数量	18					
批数	3					
数据种类	B18					
E_x^t/GPa (Msi) 平均值	44.2(6.41)	43.0(6.23)				
最小值	38.1(5.53)	36.1(5.24)				
最大值	52.0(7.54)	51.6(7.48)				
CV/%	7.75	9.30				
试样数量	17					
批数	3					
数据种类	临时值					
ε_x^{tu}/μɛ 平均值		13000				
最小值		9840				
最大值		14900				
CV/%		12.5				
B基准值		①				

(续表)

		正则化值	实测值	正则化值	实测值	正则化值	实测值
$\varepsilon_x^{tu}/\mu\varepsilon$	分布		ANOVA				
	C_1						
	C_2						
	试样数量		18				
	批数		3				
	数据种类		B18				

表 2.2.2.6(o)　x 轴压缩性能($[0_f/45_f]_{3s}$)

材料	HTA 5131 3k/M20 平纹机织物			
树脂含量	38.7%～40.2%(质量)		复合材料密度	1.51～1.53 g/cm³
纤维体积含量	50.3%～51.4%		空隙含量	0.51%～1.71%
单层厚度	0.216～0.225 mm(0.0085～0.0088 in)			
试验方法	SACMA SRM 3R-94①		模量计算	
正则化	按试样厚度和单层厚度 0.211 mm(0.0083 in)			

温度/℃(℉)		21(70)		82(180)	
吸湿量(%)				2.49～2.61	
吸湿平衡条件 (T/℃(℉),RH/%)		大气环境		68(155),85	
来源编码		21		21	
$F_x^{cu}/$ MPa (ksi)	平均值	404(58.6)	388(56.3)	247(35.8)	237(34.4)
	最小值	354(51.4)	339(49.2)	165(24.0)	155(22.5)
	最大值	467(67.8)	447(64.9)	334(48.5)	320(46.4)
	CV/%	7.95	8.27	19.5	20.0
	B 基准值	341(49.4)	325(47.1)	②	②
	分布	正态	正态	ANOVA	ANOVA
	C_1	404(58.6)	388(56.3)	264(5.56)	265(5.57)
	C_2	32.1(4.66)	32.1(4.66)	379(7.98)	373(7.86)
	试样数量	18		15	
	批数	3		3	
	数据种类	B18		临时值	

注:①该测试与对用开孔压缩的测试方法来测试无缺口压缩的标准方法有差异;②没有列出用 ANOVA 方法从少于 5 组数据计算出来的 B 基准值。

表 2.2.2.6(p)　*zx* 面短梁强度性能($[0_f/45_f]_{3s}$)

材料	HTA 5131 3k/M20 平纹机织物				
树脂含量	38.7%～40.2%(质量)		复合材料密度	1.51～1.53 g/cm³	
纤维体积含量	50.3%～51.4%		空隙含量	0.51%～1.71%	
单层厚度	0.216～0.225 mm(0.0085～0.0088 in)				
试验方法	SACMA SRM 8R-94①		模量计算		
正则化	未正则化				
温度/℃(℉)	21(70)	−55(−67)	82(180)	82(180)	
吸湿量(%)				2.49～2.61	
吸湿平衡条件 (T/℃(℉),RH/%)	大气环境	大气环境	大气环境	68(155),85	
来源编码	21	21	21	21	
F_{zx}^{sbs}/MPa (ksi)	平均值	70.3(10.2)	75.8(10.9)	54.5(7.91)	44.5(6.45)
	最小值	64.7(9.39)	67.3(9.76)	48.5(7.04)	42.7(6.19)
	最大值	74.5(10.8)	86.9(12.6)	59.2(8.59)	47.0(6.81)
	CV/%	3.88	8.57	5.36	2.51
	B 基准值	②③	②③	②③	②③
	分布	正态	ANOVA	ANOVA	ANOVA
	C_1	70.3(10.2)	263(5.53)	260(5.48)	250(5.27)
	C_2	2.72(0.395)	50.8(1.07)	23.0(0.484)	8.65(0.182)
	试样数量	18	18	18	18
	批数	3	3	3	3
	数据种类	筛选值	筛选值	筛选值	筛选值

注:①跨厚比为 4∶1;②短梁强度测试数据经批准仅用于筛选值数据种类;③F_{zx}^{sbs}只是耐液性的对比测试,不能直接用于结构设计。

表 2.2.2.6(q)　*zx* 面短梁强度性能($[0_f/45_f]_{3s}$)

材料	HTA 5131 3k/M20 平纹机织物			
树脂含量	38.7%～40.2%(质量)		复合材料密度	1.51～1.53 g/cm³
纤维体积含量	51.1%		空隙含量	0.75%
单层厚度	0.218～0.221 mm(0.0086～0.0087 in)			
试验方法	SACMA SRM 8R-94①		模量计算	
正则化	未正则化			

（续表）

		21(70)	21(70)			
温度/℃(℉)		21(70)	21(70)			
吸湿量(%)		0.13	0.01			
吸湿平衡条件 (T/℃(℉)，RH/%)		②	③			
来源编码		21	21			
F_{zr}^{sbs}/ MPa (ksi)	平均值	73.8(10.7)	75.2(10.9)			
	最小值	70.3(10.2)	71.7(10.4)			
	最大值	75.2(10.9)	80.0(11.6)			
	CV/%	2.52	4.27			
	B 基准值	④⑤	④⑤			
	分布	正态	正态			
	C_1	73.8(10.7)	75.2(10.9)			
	C_2	1.85(0.269)	3.22(0.467)			
	试样数量	6	6			
	批数	1	1			
	数据种类	筛选值	筛选值			

注：①跨厚比为 4:1；②18～24℃(65～75℉)下，浸泡于飞机燃油 A(ASTM D 1655)中 30±1 天；③68～74℃ (155～165℉)下，浸泡于磷酸酯液压油(Skydrol 500B4)中 30±1 天；④短梁强度测试数据经批准仅用于筛选值数据种类；⑤F_{zr}^{sbs}只是耐液性的对比测试，不能直接用于结构设计。

表 2.2.2.6(r)　开孔拉伸/压缩性能($[0_f/45_f]_{3s}$)

材料	HTA 5131 3k/M20 平纹机织物		
树脂含量	38.7%～40.2%(质量)	复合材料密度	1.51～1.53 g/cm³
纤维体积含量	50.6%～56.1%	空隙含量	0.75%～2.67%
单层厚度	0.216～0.221 mm(0.0085～0.0087 in)		
试验方法	SACMA SRM 5R-94 和 SRM 3R-94		
试样尺寸	$t=2.62$ mm(0.103 in)，$w=38.1$ mm(1.5 in)，$d=6.35$ mm(0.25 in)		
紧固件类型		孔公差	
拧紧力矩		沉头角和深度	
正则化	按试样厚度和单层厚度 0.211 mm(0.0083 in)		
温度/℃(℉)	21(70)	−55(−67)	54(130)

（续表）

		正则化值	实测值	正则化值	实测值	正则化值	实测值
吸湿量(%)		大气环境		大气环境		2.49～2.61	
吸湿平衡条件 $(T/℃(℉)$, RH/%)						68(155)，85	
来源编码		21		21		21	
F_x^{oht}/ MPa (ksi)	平均值	354(51.3)	341(49.5)	348(50.5)	336(48.8)		
	最小值	340(49.3)	325(47.2)	335(48.6)	329(47.7)		
	最大值	367(53.2)	354(51.3)	360(52.2)	345(50.0)		
	$CV/\%$	2.47③	2.77③	1.89③	1.54③		
	B基准值	336(48.8)	323(46.8)	335(48.6)	326(47.3)		
	分布	正态	正态	正态	正态		
	C_1	354(51.3)	341(49.5)	348(50.5)	336(48.8)		
	C_2	8.76(1.27)	9.45(1.37)	6.58(0.955)	5.17(0.750)		
	试样数量	18		18			
	批数	3		3			
	数据种类	B18		B18			
F_x^{ohc}/ MPa (ksi)	平均值	284(41.2)	275(39.9)			241(35.0)	234(33.9)
	最小值	252(36.6)	244(35.4)			226(32.8)	219(31.7)
	最大值	321(46.6)	311(45.1)			255(37.0)	250(36.2)
	$CV/\%$	5.04	5.01			3.29	3.49
	B基准值	①	①			②	②
	分布	ANOVA	ANOVA			正态	正态
	C_1	230(4.84)	215(4.53)			241(35.0)	234(33.9)
	C_2	108(2.28)	103(2.17)			7.93(1.15)	8.14(1.18)
	试样数量	18				15	
	批数	3				3	
	数据种类	B18				临时值	

注：①没有列出用 ANOVA 方法从少于 5 组数据计算出来的 B 基准值；②只对 A 类和 B 类数据给出基准值；③认为该 CV 不能代表该母体，真实基准值可能要低一些。

表 2.2.2.6(s) 开孔拉伸/压缩性能($[0_f/45_f]_{3s}$)

材料	HTA 5131 3k/M20 平纹机织物				
树脂含量	38.7%～40.2%(质量)		复合材料密度	1.51～1.53 g/cm³	
纤维体积含量	50.6%～56.1%		空隙含量	0.75%～2.67%	
单层厚度	0.216～0.221 mm(0.0085～0.0087 in)				
试验方法	SACMA SRM 5R-94 和 SRM 3R-94				
试样尺寸	$t=2.62\,mm(0.103\,in)$, $w=38.1\,mm(1.5\,in)$, $d=6.35\,mm(0.25\,in)$				
紧固件类型			孔公差		
拧紧力矩			沉头角和深度		
正则化	按试样厚度和单层厚度 0.211 mm(0.0083 in)				

温度/℃(℉)		82(180)		121(250)			
吸湿量(%)		2.49～2.61		2.49～2.61			
吸湿平衡条件 (T/℃(℉), RH/%)		68(155), 85		68(155), 85			
来源编码		21		21			
		正则化值	实测值	正则化值	实测值	正则化值	实测值
F_x^{oht}/ MPa (ksi)	平均值	343(49.7)	331(48.0)				
	最小值	334(48.5)	316(45.9)				
	最大值	363(52.6)	348(50.5)				
	CV/%	2.29③	2.44③				
	B 基准值	①	①				
	分布	正态	正态				
	C_1	343(49.7)	331(48.0)				
	C_2	7.86(1.14)	8.07(1.17)				
	试样数量	15					
	批数	3					
	数据种类	临时值					
F_x^{ohc}/ MPa (ksi)	平均值	210(30.4)	203(29.5)	137(19.8)	132(19.1)		
	最小值	194(28.2)	190(27.5)	110(15.9)	105(15.3)		
	最大值	225(32.6)	223(32.4)	159(23.0)	155(22.5)		
	CV/%	3.88	4.13	9.02	9.25		
	B 基准值	②	②	①	①		

（续表）

	正则化值	实测值	正则化值	实测值	正则化值	实测值
分布	ANOVA	ANOVA	正态	正态		
C_1	190(3.99)	155(3.26)	137(19.8)	132(19.1)		
C_2	59.4(1.25)	60.0(1.26)	12.3(1.78)	12.1(1.76)		
试样数量	18		15			
批数	3		3			
数据种类	B18		临时值			

注:①只对 A 类和 B 类数据给出基准值;②没有列出用 ANOVA 方法从少于 5 组数据计算出来的 B 基准值;③认为该 CV 不能代表该母体,真实基准值可能要低一些。

2.2.3　碳纤维/环氧湿法铺放织物

2.2.3.1　HTA 5131 3k/Epocast A/B 平纹机织物

材料描述:

材料　　　　　HTA 5131 3k/Epocast 52 A/B,按 AMS 2980。

形式　　　　　湿法手工铺放的平纹机织物,名义纤维面积质量为 193 g/m^2,典型的固化后树脂含量为 44%~60%,典型的固化后单层厚度为 0.200 mm(0.007 87 in)。

固化工艺　　　真空袋固化,93℃(200℉),0.075 MPa(22 in 汞柱),120 min。按 AMS 2980。

供应商提供的数据:

纤维　　　　　Tenax HTA 5131 纤维是用 PAN 基原丝制造的连续的碳纤维丝束,纤维经表面处理以改善操作和结构性能。每一丝束含有 3 000 根碳丝。典型的拉伸模量 238 GPa(34.5×10^6 psi),典型的拉伸强度为 3 723 MPa(540 000 psi)。

基体　　　　　Epocast A/B 是一款由 Huntsman(前 Vantico)生产的环氧-层压成型树脂。

最高短期使用温度　当固化温度为 93℃(200℉)时,该产品制造的复合材料使用温度高达 130℃(270℉)。当采用更高的后固化温度时,使用温度可能达到 150℃(300℉)。

典型应用　　　玻璃纤维和碳纤维复合材料修理应用。

数据分析概述:

取样要求　　　用于第一批与第三批预浸料的织物批次不像 CMH-17 所要求的那样是独立的。所以,所有数据均被记录为筛选值类。

试　　验　　　121℃湿态环境(250℉/W)下面内剪切试验是在两个独立的

试验室进行的。两组数据集有相同的平均值和离散系数,因此将两者合并成单个数据集。

力学性能试验主要根据 CEN 规范进行。相应的 ASTM 测试方法也附在数据汇总表格中。CEN 和 ASTM 测试方法的详细对比在文献 2.2.3.1(a)—(c)中给出。

批间变异性和数据集合并　不适用。

正态性　　　　　　　　不适用。

工艺概述：　　　　　(1) 将组件装入真空袋,施加全真空(最低 0.075 MPa(22 in 汞柱))。

(2) 用光滑的抹子挤压层压板。加热温度不超过 37℃ (98℉)/15 min可能有助于树脂的流动。

(3) 以 1.1~2.8℃(2~5℉)/min 的速度升温至 93.3± 5.5℃(200±10℉)。

(4) 在 93.3℃(200℉)条件下固化 120±1 min。

(5) 以 1.1~2.8℃(2~5℉)/min 降温速率进行冷却,然后卸压。

(6) 取出袋装层压板。

铺层示意：　　　　　模具,隔离膜,剥离层,层压板,聚酯透气材料,剥离层,真空袋。

表 2.2.3.1　**HTA 5131 3k/Epocast 52 A/B 平纹机织物**

材料	HTA 5131 3k/Epocast 52 A/B 平纹机织物		
形式	HexcelS. A. G0904 D 1070TCT 平纹机织物		
纤维	Tenax HTA 5131 3K,表面处理	基体	Vantico Epocast 52 A/B
T_g(干态)	117℃(243℉)	T_g测量方法	DMA①
固化工艺	真空袋固化,93℃(200℉),真空(不低于 0.075 MPa(22 in 汞柱)),120 min		

纤维制造日期：	11/96 开始	试验日期：	5/2/01—10/9/01
树脂制造日期：	11/96 开始	数据提交日期：	5/02
预浸料制造日期：	—	分析日期：	5/08
复合材料制造日期：	3/01~8/01		

单层性能汇总

	21℃ (70℉)/ A	−55℃ (−67℉)/ A	82℃ (180℉)/ A	121℃ (250℉)/ A	21℃ (70℉)/ W	60℃ (140℉)/ W	82℃ (180℉)/ W	121℃ (250℉)/ W
1 轴拉伸	SS—	SS—					SS—	SS—
2 轴拉伸								

（续表）

	21℃ (70℉)/ A	−55℃ (−67℉)/ A	82℃ (180℉)/ A	121℃ (250℉)/ A	21℃ (70℉)/ W	60℃ (140℉)/ W	82℃ (180℉)/ W	121℃ (250℉)/ W
3 轴拉伸								
1 轴压缩	SS—		SS—			SS—	SS—	SS—
2 轴压缩								
3 轴压缩								
12 面剪切	SS—	SS—	SS—			SS—	SS—	SS—
23 面剪切								
31 面剪切								

注:强度/模量/泊松比/破坏应变的数据种类为:A—A75,a—A55,B—B30,b—B18,M—平均值,I—临时值,S—筛选值,——无数据(见表 1.5.1.2(c));A—AP10,a—AP5,B—BP5,b—BP3。
数据还包括 3 种不同的化学试剂浸润后的 F 型原始和正则化数据。
① T_g 起始点是以水平起始线与模量下降坡的切线交叉点为准。

物理性能汇总

	名义值	提交值	试验方法
纤维密度/(g/cm³)	1.75	1.75～1.79	ISO10119/A
树脂密度/(g/cm³)	1.10	-	ASTM D 1875
复合材料密度/(g/cm³)	1.46①	1.41～1.48	ASTM D 792 或 ISO1183
纤维面积质量/(g/m²)	194	185～201	AIMS 08-04-000 § 4.3.2.4
纤维体积含量/%	55	44～60	ASTM D 2734
单层厚度/mm	0.200	0.198～0.237	

层压板性能汇总

	21℃ (70℉)/ A	−55℃ (−67℉)/ A	82℃ (180℉)/ A	121℃ (250℉)/ A	21℃ (70℉)/ W	60℃ (140℉)/ W	82℃ (180℉)/ W	121℃ (250℉)/ W
准各项同性								
开孔拉伸	S—	S—					S—	
开孔压缩	S—	S—					S—	S—
填孔拉伸	S—							
填孔压缩	S—						S—	

（续表）

	21℃ （70℉）/ A	−55℃ （−67℉）/ A	82℃ （180℉）/ A	121℃ （250℉）/ A	21℃ （70℉）/ W	60℃ （140℉）/ W	82℃ （180℉）/ W	121℃ （250℉）/ W
挤压	S---						S---	

注：强度/模量/泊松比/破坏应变的数据种类为：A—A75，a—A55，B—B30，b—B18，M—平均值，I—临时值，S—筛选值，—无数据（见表 1.5.1.2(c)）；<u>A</u>—AP10，<u>a</u>—AP5，<u>B</u>—BP5，<u>b</u>—BP3。
① 基于名义纤维体积含量和无空隙含量计算。

表 2.2.3.1(a)　1 轴拉伸性能（$[90/0]_{4s}$）

材料	HTA 5131 3k/Epocast 52 A/B 平纹机织物		
树脂含量	39.0%～56.1%	复合材料密度	1.41～1.48 g/cm³
纤维体积含量	44%～60%	空隙含量	2.9%～3.9%
单层厚度	0.201～0.226 mm（0.007 92～0.008 88 in）		
试验方法	EN 2561①	模量计算	1 000～3 000 $\mu\varepsilon$ 之间的弦向模量
正则化	试样厚度和名义纤维体积含量 55%		

温度/℃（℉）	21(70)		−55(−67)		82(180)	
吸湿量（%）					湿态	
吸湿平衡条件 （T/℃（℉），RH/%）	大气环境		大气环境		③	
来源编码	②		②		②	
	正则化值	实测值	正则化值	实测值	正则化值	实测值
平均值	582(84.4)	547(79.3)	571(82.8)	539(78.2)	563(81.6)	521(75.6)
最小值	370(53.6)	365(52.9)	480(69.6)	459(66.6)	447(64.9)	424(61.5)
最大值	724(105)	668(96.9)	642(93.1)	602(87.3)	676(98.1)	618(89.6)
CV/%	20.6	18.7⑤	9.26	7.99	11.6⑤	11.4⑤
B 基准值	④	④	④	④	④	④
分布	ANOVA	ANOVA	ANOVA	ANOVA	ANOVA	ANOVA
C_1	283(5.96)	283(5.95)	258(5.44)	235(4.94)	247(5.21)	244(5.14)
C_2	969(20.4)	827(17.4)	414(8.71)	329(6.92)	508(10.7)	458(9.65)
试样数量	18		18		20	
批数	3		3		3	
数据种类	筛选值		筛选值		筛选值	

F_1^{tu}/MPa(ksi)

（续表）

		正则化值	实测值	正则化值	实测值	正则化值	实测值
$E_1^t/$ GPa (Msi)	平均值	62.1(9.00)	58.5(8.49)	63.4(9.19)	60.0(8.70)	60.7(8.81)	56.1(8.14)
	最小值	55.7(8.08)	54.5(7.91)	52.1(7.55)	50.8(7.37)	58.1(8.42)	53.4(7.75)
	最大值	65.2(9.46)	61.5(8.92)	66.9(9.70)	64.7(9.39)	62.9(9.12)	57.8(8.39)
	CV/%	4.63	3.08	5.83	5.25	3.55	3.24
	试样数量	18		18		18	
	批数	3		3		3	
	数据种类	筛选值		筛选值		筛选值	

注：①与 ASTM D3039 类似；②见参考文献 2.2.3.1(b)；③试样在 70±2℃(158±4℉)水中浸泡 336±16 小时；④只对 A 类和 B 类数据给出基准值；⑤由于批间变异性较大，导致 CV 较高。

表 2.2.3.1(b)　1 轴拉伸性能([90/0]4s)

材料	HTA 5131 3k/Epocast 52 A/B 平纹机织物		
树脂含量	39.0%～56.1%	复合材料密度	1.41～1.48g/cm³
纤维体积含量	44%～60%	空隙含量	2.9%～3.9%
单层厚度	0.201～0.226 mm(0.00792～0.00888 in)		
试验方法	EN 2561①	模量计算	1000～3000με 之间的弦向模量
正则化	试样厚度和名义纤维体积含量 55%		

温度/℃(℉)	121(250)
吸湿量(%)	湿态
吸湿平衡条件 (T/℃(℉)，RH/%)	③
来源编码	②

		正则化值	实测值		
$F_1^{tu}/$ MPa (ksi)	平均值	519(75.2)	476(69.0)		
	最小值	380(55.1)	361(52.3)		
	最大值	588(85.3)	541(78.5)		
	CV/%	10.8⑤	9.36⑤		
	B 基准值	④	④		
	分布	ANOVA	ANOVA		
	C_1	243(5.11)	223(4.69)		

（续表）

		正则化值	实测值				
	C_2	429(9.03)	335(7.06)				
	试样数量	18					
	批数	3					
	数据种类	筛选值					

注：①与 ASTM D3039 类似；②见参考文献 2.2.3.1(b)；③试样在 70±2℃(158±4℉)水中浸泡 336±16 h；④只对 A 类和 B 类数据给出基准值；⑤由于批间变异性较大，导致 CV 较高。

表 2.2.3.1(c)　1 轴压缩性能($[90/0]_{6s}$)

材料	HTA 5131 3k/Epocast 52 A/B 平纹机织物			
树脂含量	39.0%～56.1%	复合材料密度	1.41～1.48 g/cm³	
纤维体积含量	44%～60%	空隙含量	2.9%～3.9%	
单层厚度	0.198～0.225 mm(0.007 79～0.008 87 in)			
试验方法	EN 2850B①	模量计算	1000～3 000 $\mu\varepsilon$ 之间的弦向模量	
正则化	试样厚度和名义纤维体积含量 55%			

	温度/℃(℉)	21(70)		82(180)		60(140)	
	吸湿量(%)					湿态	
	吸湿平衡条件 (T/℃(℉), RH/%)	大气环境		大气环境		③	
	来源编号	②		②		②	
		正则化值	实测值	正则化值	实测值	正则化值	实测值
F_1^{cu}/ MPa (ksi)	平均值	703(102)	674(97.7)	550(79.7)	522(75.7)	522(75.7)	490(71.1)
	最小值	550(79.7)	526(76.3)	483(70.1)	460(66.7)	436(63.2)	429(62.2)
	最大值	821(119)	807(117)	614(89.0)	587(85.1)	609(88.3)	560(81.2)
	CV/%	9.81	9.72	6.43	7.00	9.20	7.89
	B 基准值	④	④	④	④	④	④
	分布	ANOVA	ANOVA	ANOVA	ANOVA	ANOVA	ANOVA
	C_1	226(4.76)	220(4.63)	202(4.25)	212(4.46)	234(4.93)	186(3.91)
	C_2	523(11.0)	494(10.4)	261(5.49)	272(5.73)	366(7.71)	282(5.93)
	试样数量	19		18		19	
	批数	3		3		3	
	数据种类	筛选值		筛选值		筛选值	

（续表）

		正则化值	实测值	正则化值	实测值	正则化值	实测值
E_1^t/ GPa (Msi)	平均值	57.7(8.37)	54.2(7.86)	56.3(8.17)	53.6(7.78)	60.1(8.71)	57.3(8.31)
	最小值	55.4(8.04)	52.4(7.60)	50.3(7.30)	47.4(6.88)	48.9(7.09)	47.1(6.83)
	最大值	60.2(8.74)	56.3(8.17)	61.3(8.90)	59.5(8.63)	74.5(10.8)	71.7(10.4)
	CV/%	2.75	2.58	4.80	5.96	10.1	10.1
	试样数量	18		18		18	
	批数	3		3		3	
	数据种类	筛选值		筛选值		筛选值	

注：①与 SACMA SRM 1R-94 类似；②见参考文献 2.2.3.1(b)；③试样在 70±2℃(158±4℉)水中浸泡 336±16 h(相比于已接受的方法，该非标准的吸湿处理方法是保守的)；④只对 A 类和 B 类数据给出基准值。

表 2.2.3.1(d)　1 轴压缩性能（[90/0]$_{6s}$）

材料	HTA 5131 3k/Epocast 52 A/B 平纹机织物		
树脂含量	39.0%～56.1%	复合材料密度	1.41～1.48 g/cm³
纤维体积含量	44%～60%	空隙含量	2.9%～3.9%
单层厚度	0.198～0.225 mm(0.007 79～0.008 87 in)		
试验方法	EN 2850B①	模量计算	1000～3000 $\mu\varepsilon$ 之间的弦向模量
正则化	试样厚度和名义纤维体积含量 55%		
温度/℃(℉)	82(180)	121(250)	
吸湿量(%)	湿态	湿态	
吸湿平衡条件 (T/℃(℉)，RH/%)	③	③	
来源编码	②	②	

		正则化值	实测值	正则化值	实测值		
F_1^{cu}/ MPa (ksi)	平均值	523(75.8)	490(71.1)	403(58.4)	376(54.6)		
	最小值	467(67.8)	444(64.4)	359(52.1)	328(47.5)		
	最大值	588(85.3)	543(78.8)	445(64.6)	419(60.8)		
	CV/%	5.63	5.03	5.38	6.26		
	B 基准值	④	④	④	④		
	分布	ANOVA	ANOVA	正态	ANOVA		
	C_1	228(4.79)	178(3.74)	403(58.4)	193(4.06)		

（续表）

		正则化值	实测值	正则化值	实测值		
	C_2	223(4.70)	179(3.76)	21.7(3.14)	173(3.64)		
	试样数量	19		19			
	批数	3		3			
	数据种类	筛选值		筛选值			
$E_1^t/$ GPa (Msi)	平均值	53.4(7.74)	52.5(7.62)	53.8(7.80)	51.4(7.45)		
	最小值	41.2(5.97)	39.2(5.68)	34.0(4.93)	31.7(4.60)		
	最大值	61.4(8.91)	56.7(8.23)	67.6(9.81)	64.2(9.31)		
	CV/%	9.62	9.09	19.2⑤	19.7⑤		
	试样数量	18		19			
	批数	3		3			
	数据种类	筛选值		筛选值			

注：①与 SACMA SRM 1R-94 类似；②见参考文献 2.2.3.1(b)；③试样在 70±2℃(158±4℉)水中浸泡 336±16 小时（相比于已接受的方法,该非标准的吸湿处理方法是保守的）；④只对 A 类和 B 类数据给出基准值；⑤由于第 3 批内有较大的变异性,所以 CV 较高。

表 2.2.3.1(e)　12 面剪切性能（$[(45/-45)(-45/45)]_{2s}$）

材料	HTA 5131 3k/Epocast 52 A/B 平纹机织物		
树脂含量	39.0%～56.1%	复合材料密度	1.41～1.48 g/cm³
纤维体积含量	44%～60%	空隙含量	2.9%～3.9%
单层厚度	0.198～0.228 mm(0.00781～0.00896 in)		
试验方法	EN 6031①	模量计算	介于 2000～6000 $\mu\varepsilon$ 之间的弦向模量
正则化	试样厚度和名义纤维体积含量 55%		
温度/℃(℉)	21(70)	-55(-67)	82(180)
吸湿量(%)			
吸湿平衡条件 (T/℃(℉), RH/%)	大气环境	大气环境	大气环境
来源编码	②	②	②

（续表）

		正则化值	实测值	正则化值	实测值	正则化值	实测值
F_{12}^{su}/ MPa (ksi)	平均值	83.4(12.1)	77.9(11.3)	105(15.2)	97.9(14.2)	57.8(8.38)	55.1(7.99)
	最小值	71.0(10.3)	67.7(9.82)	91.7(13.3)	84.8(12.3)	54.7(7.93)	50.4(7.31)
	最大值	99.3(14.4)	92.4(13.4)	114(16.5)	105(15.2)	62.2(9.02)	62.3(9.04)
	$CV/\%$	10.3④	8.88④	5.99	5.83	4.28	6.01
	B基准值	③	③	③	③	③	③
	分布	ANOVA	ANOVA	ANOVA	ANOVA	正态	ANOVA
	C_1	282(5.93)	267(5.63)	273(5.74)	267(5.62)	57.8(8.38)	219(4.62)
	C_2	69.3(1.46)	54.6(1.15)	50.0(1.05)	45.3(0.953)	17.0(0.358)	24.9(0.524)
	试样数量	18		18		18	
	批数	3		3		3	
	数据种类	筛选值		筛选值		筛选值	
G_{12}^{s}/ GPa (Msi)	平均值	4.65(0.674)	4.34(0.630)	5.74(0.833)	5.40(0.783)	3.51(0.509)	3.35(0.486)
	最小值	4.30(0.624)	3.90(0.566)	5.40(0.783)	5.00(0.725)	3.20(0.464)	3.00(0.435)
	最大值	5.05(0.732)	4.85(0.703)	6.34(0.920)	5.91(0.857)	3.93(0.570)	3.75(0.544)
	$CV/\%$	4.97	5.19	4.83	5.10	5.74	5.05
	试样数量	18		17		18	
	批数	3		3		3	
	数据种类	筛选值		筛选值		筛选值	

注：①与ASTM D3518类似；②见参考文献2.2.3.1(b)；③只对A类和B类数据给出基准值；④由于批间变异性较大，所以CV较高。

表2.2.3.1(f)　12面剪切性能（$[(45/-45)(-45/45)]_{2s}$）

材料	HTA 5131 3k/Epocast 52 A/B平纹机织物		
树脂含量	39.0%～56.1%	复合材料密度	1.41～1.48 g/cm³
纤维体积含量	44%～60%	空隙含量	2.9%～3.9%
单层厚度	0.198～0.228 mm(0.00781～0.00896 in)		
试验方法	EN 6031①	模量计算	介于2000～6000 $\mu\varepsilon$ 之间的弦向模量
正则化	试样厚度和名义纤维体积含量55%		
温度/℃(℉)	60(140)	82(180)	121(250)

（续表）

吸湿量（%）		湿态		湿态		湿态	
吸湿平衡条件 (T/℃（℉），RH/%)		③		③		③	
来源编码		②		②		②	
		正则化值	实测值	正则化值	实测值	正则化值	实测值
F_{12}^{su}/ MPa (ksi)	平均值	63.4(9.19)	60.1(8.71)	58.5(8.48)	54.8(7.95)	42.1(6.10)	39.9(5.79)
	最小值	58.1(8.42)	54.7(7.93)	53.2(7.71)	50.1(7.27)	35.3(5.12)	34.4(4.99)
	最大值	74.5(10.8)	70.3(10.2)	67.4(9.78)	60.6(8.79)	49.2(7.14)	46.9(6.80)
	CV/%	6.95	7.11	5.42	5.30	8.25	7.29
	B 基准值	④	④	④	④	④	④
	分布	正态	正态	正态	正态	ANOVA	ANOVA
	C_1	63.4(9.19)	60.1(8.71)	58.5(8.48)	54.8(7.95)	221(4.65)	210(4.43)
	C_2	4.41(0.639)	4.27(0.620)	3.17(0.460)	2.90(0.421)	26.3(0.553)	21.8(0.459)
	试样数量	18		18		33	
	批数	3		3		3	
	数据种类	筛选值		筛选值		筛选值	
G_{12}^{s}/ GPa (Msi)	平均值	3.99(0.578)	3.78(0.548)	3.80(0.551)	3.56(0.517)	2.40(0.348)	2.26(0.328)
	最小值	3.74(0.542)	3.47(0.503)	3.09(0.448)	2.91(0.422)	1.30(0.189)	1.20(0.174)
	最大值	4.28(0.621)	4.09(0.593)	5.59(0.811)	5.29(0.767)	5.61(0.814)	5.25(0.761)
	CV/%	4.21	5.17	16.3⑥	15.1⑥	55.0⑥	55.1⑥
	试样数量	18		17⑤		26	
	批数	3		3		3	
	数据种类	筛选值		筛选值		筛选值	

注：①与 ASTM D3518 类似；②见参考文献 2.2.3.1(b)；③试样在 70±2℃(158±4℉)水中浸泡 336±16 小时（相比于已接受的方法，该非标准的吸湿处理方法是保守的）；④只对 A 类和 B 类数据给出基准值；⑤1 个较高的异常值被剔除，正则化值为 10.8GPa(1.57Msi)，测量值为 11.3GPa(1.64Msi)；⑥由于第 2 批内有较大的变异性，所以 CV 较高。

表 2.2.3.1(g)　12 面剪切性能（[(45/−45)(−45/45)]₂ₛ）

材料	HTA 5131 3k/Epocast 52 A/B 平纹机织物		
树脂含量	39.0%～56.1%	复合材料密度	1.41～1.48 g/cm³
纤维体积含量	44%～60%	空隙含量	2.9%～3.9%
单层厚度	0.198～0.228 mm(0.00781～0.00896 in)		

（续表）

试验方法	EN 6031①		模量计算		介于 2 000～6 000 $\mu\varepsilon$ 之间的弦向模量	
正则化	试样厚度和名义纤维体积含量 55%					
温度/℃(℉)	21(70)		82(180)		82(180)	
吸湿量(%)	③		④		⑤	
吸湿平衡条件 (T/℃(℉)，RH/%)						
来源编码	②		②		②	
	正则化值	实测值	正则化值	实测值	正则化值	实测值
平均值	79.3(11.5)	75.8(11.0)	54.8(7.95)	53.0(7.68)	61.8(8.96)	60.0(8.67)
最小值	74.5(10.8)	70.3(10.2)	52.3(7.58)	50.2(7.28)	60.7(8.80)	58.5(8.48)
最大值	89.6(13.0)	86.9(12.6)	55.9(8.11)	55.1(7.99)	63.2(9.16)	61.9(8.98)
CV/%	7.18	8.29	2.40	3.18	1.52	2.08
B基准值	⑥	⑥	⑥	⑥	⑥	⑥
分布	正态	正态	正态	正态	正态	正态
C_1	79.3(11.5)	75.8(11.0)	54.8(7.95)	53.0(7.68)	61.8(8.96)	60.0(8.67)
C_2	5.71 (0.828)	6.25 (0.907)	1.32 (0.191)	1.68 (0.244)	0.938 (0.136)	1.24 (0.180)
试样数量	6		6		6	
批数	1		1		1	
数据种类	筛选值		筛选值		筛选值	

行标题: F_{12}^{su}/MPa (ksi)

注：①与 ASTM D3518 类似；②见参考文献 2.2.3.1(b)；③试样在 70±2℃(158±4℉)MEK 中浸泡 336±16 小时；④试样在 70±2℃(158±4℉)飞机燃油中浸泡 336±16 h；⑤试样在 70±2℃(158±4℉)液压油中浸泡 336±16 h；⑥只对 A 类和 B 类数据给出基准值。

表 2.2.3.1(h)　开孔拉伸/压缩性能([(0/90)(±45)]₃ₛ)

材料	HTA 5131 3k/Epocast 52 A/B 平纹机织物		
树脂含量	39.0%～56.1%	复合材料密度	1.41～1.48 g/cm³
纤维体积含量	44%～60%	空隙含量	2.9%～3.9%
单层厚度	0.217～0.237 mm(0.008 56～0.009 32 in)		
试验方法	EN 6035① 和 SACMA SRM3 - 94②		
试样尺寸	$t=(5)$，$w=30.0$ mm(1.18 in)，$d=6.35$ mm(0.25 in)(OHT)；$t=(5)$，$w=31.8$ mm(1.25 in)，$d=6.35$ mm(0.25 in)(OHC)		

（续表）

紧固件类型		孔公差			
拧紧力矩		沉头角和深度			
正则化	试样厚度和名义纤维体积含量 55%				

温度/℃(℉)	21(70)		−55(−67)			
吸湿量(%)						
吸湿平衡条件 (T/℃(℉)，RH/%)	大气环境		大气环境			
来源编码	③		③			
	正则化值	实测值	正则化值	实测值	正则化值	实测值
F_x^{oht}/ MPa (ksi) 平均值	370(53.6)	324(47.0)	336(48.8)	300(43.5)		
最小值	359(52.1)	310(44.9)	314(45.5)	285(41.3)		
最大值	383(55.5)	341(49.4)	363(52.6)	324(47.0)		
CV/%	1.82	2.47	4.03	3.80		
B 基准值	④	④	④	④		
分布	正态	ANOVA	正态	正态		
C_1	370(53.6)	228(4.80)	336(48.8)	300(43.5)		
C_2	6.74(0.977)	60.8(1.28)	13.6(1.97)	11.4(1.66)		
试样数量	18		18			
批数	3		3			
数据种类	筛选值		筛选值			
F_x^{ohc}/ MPa (ksi) 平均值	308(44.6)	273(39.6)	359(52.1)	319(46.3)		
最小值	288(41.8)	259(37.6)	330(47.8)	295(42.8)		
最大值	350(50.7)	296(42.9)	401(58.2)	358(51.9)		
CV/%	5.53	3.70	5.24	5.22		
B 基准值	④	④	④	④		
分布	ANOVA	正态	正态	正态		
C_1	222(4.67)	273(39.6)	359(52.1)	319(46.3)		
C_2	128(2.69)	10.1(1.47)	18.8(2.73)	16.6(2.41)		
试样数量	18		18			
批数	3		3			
数据种类	筛选值		筛选值			

注:①与 ASTM D5766 类似;②与 ASTM D6484 类似;③见参考文献 2.2.3.1(b);④只对 A 类和 B 类数据给出基准值;⑤试样厚度＝12×标准单层厚度±0.2mm(±0.008in)。

表 2.2.3.1(i) 开孔拉伸/压缩性能($[(0/90)(\pm45)]_{3s}$)

材料	HTA 5131 3k/Epocast 52 A/B 平纹机织物				
树脂含量	39.0%~56.1%		复合材料密度		1.41~1.48 g/cm³
纤维体积含量	44%~60%		空隙含量		2.9%~3.9%
单层厚度	0.217~0.237 mm(0.008 56~0.009 32 in)				
试验方法	EN 6035① 和 SACMA SRM3 - 94②				
试样尺寸	$t=(6)$，$w=30.0$ mm(1.18 in)，$d=6.35$ mm(OHT)(0.25 in)；$t=(6)$，$w=31.8$ mm(1.25 in)，$d=6.35$ mm(0.25 in)(OHC)				
紧固件类型			孔公差		
拧紧力矩			沉头角度和深度		
正则化	试样厚度和名义纤维体积含量 55%				

温度/℃(℉)		82(180)		121(250)			
吸湿量(%)		湿态		湿态			
吸湿平衡条件 (T/℃(℉)，RH/%)		③		③			
来源编码		④		④			
		正则化值	实测值	正则化值	实测值	正则化值	实测值
$F_x^{oht}/$ MPa (ksi)	平均值	368(53.4)	328(47.5)				
	最小值	350(50.8)	309(44.8)				
	最大值	391(56.7)	348(50.5)				
	$CV/\%$	2.87	2.98				
	B 基准值	⑤	⑤				
	分布	正态	正态				
	C_1	368(53.4)	328(47.5)				
	C_2	10.5(1.53)	9.79(1.42)				
	试样数量	18					
	批数	3					
	数据种类	筛选值					

(续表)

		正则化值	实测值	正则化值	实测值	正则化值	实测值
F_x^{ohc} / MPa (ksi)	平均值	250(36.3)	223(32.3)	186(27.0)	165(23.9)		
	最小值	243(35.2)	210(30.4)	172(24.9)	152(22.1)		
	最大值	563(38.2)	237(34.4)	198(28.7)	176(25.5)		
	CV/%	2.51	3.56	5.10	5.30		
	B 基准值	⑤	⑤	⑤	⑤		
	分布	正态	ANOVA	正态	正态		
	C_1	250(36.3)	204(4.29)	186(27.0)	165(23.9)		
	C_2	6.28(0.911)	58.4(1.23)	9.52(1.38)	8.69(1.26)		
	试样数量	18		6			
	批数	3		1			
	数据种类	筛选值		筛选值			

注：①与 ASTM D5766 类似；②与 ASTM D6484 类似；③试样在 70 ± 2℃(158 ± 4℉)水中浸泡 336 ± 16 小时（相比于已接受的方法，该非标准的吸湿处理方法是保守的）；④见参考文献 2.2.3.1(b)；⑤只对 A 类和 B 类数据给出基准值；⑥试样厚度＝12×标准单层厚度±0.2mm(±0.008in)。

表 2.2.3.1(j)　充填孔拉伸/压缩性能($[(0/90)(\pm45)]_{3s}$)

材料	HTA 5131 3k/Epocast 52 A/B 平纹机织物		
树脂含量	39.0%～56.1%	复合材料密度	1.41～1.48g/cm³
纤维体积含量	44%～60%	空隙含量	2.9%～3.9%
单层厚度	0.215～0.228mm(0.00845～0.00899in)		
试验方法	EN 6035① 和 SACMA SRM3 - 94②	模量计算	1000～3000 $\mu\varepsilon$ 之间的弦向模量
试样尺寸	$t=(6)$, $w=30.0$mm(1.18in), $d=6.35$mm(0.25in)(CHT)；$t=(6)$, $w=31.8$mm(1.25in), $d=6.35$mm(0.25in)(CHC)		
紧固件类型		孔公差	
拧紧力矩		沉头角和深度	
正则化	试样厚度和名义纤维体积含量55%		
温度/℃(℉)	21(70)	82(180)	

（续表）

吸湿量(%)	大气环境		湿态		
吸湿平衡条件 (T/℃(℉)，RH/%)			④		
来源编码	③		③		
	正则化值	实测值			
F_x^{cht}/ MPa (ksi)					
平均值	547(79.3)	488(70.8)			
最小值	527(76.4)	459(66.5)			
最大值	570(82.7)	526(76.3)			
CV/%	2.25	3.36			
B 基准值	⑤	⑤			
分布	正态	正态			
C_1	547(79.3)	488(70.8)			
C_2	12.3(1.78)	16.4(2.38)			
试样数量	18				
批数	3				
数据种类	筛选值				
F_x^{chc}/ MPa (ksi)					
平均值	389(56.4)	350(50.8)	310(45.0)	278(40.3)	
最小值	343(49.7)	314(45.5)	275(39.9)	244(35.4)	
最大值	411(59.6)	376(54.6)	334(48.5)	306(44.4)	
CV/%	4.15	4.09	5.71	6.31	
B 基准值	⑤	⑤	⑤	⑤	
分布	正态	正态	正态	正态	
C_1	389(56.4)	350(50.8)	310(45.0)	278(40.3)	
C_2	16.1(2.34)	14.3(2.08)	17.7(2.57)	17.5(2.54)	
试样数量	18		18		
批数	3		3		
数据种类	筛选值		筛选值		

注：①与 ASTM D5766 类似；②与 ASTM D6484 类似；③试样在 70±2℃(158±4℉)水中浸泡 336±16 小时（相比于已接受的方法，该非标准的吸湿处理方法是保守的）；④见参考文献 2.2.3.1(b)；⑤只对 A 类和 B 类数据给出基准值；⑥试样厚度＝12×标准单层厚度±0.2mm(±0.008in)。

表 2.2.3.1(k)　挤压性能($[(0/90)(\pm 45)]_{3s}$)

材料	HTA 5131 3k/Epocast 52 A/B 平纹机织物			
树脂含量	39.0%～56.1%		复合材料密度	1.41～1.48 g/cm^3
纤维体积含量	44%～60%		空隙含量	2.9%～3.9%
单层厚度	0.211～0.234 mm(0.008 32～0.009 23 in)			
试验方法	EN 6037①			
挤压测试类型	双剪			
试样尺寸	$t=(5)$，$W=35.1$ mm(1.38 in)，$L=150$ mm(5.90 in)		厚度/直径	6.35 mm(0.25 in)直径
紧固件类型	钢螺栓		边距比	3.15
拧紧力矩	2.83±0.23 N·m(25±2 in·lbf)		间距/直径	2.76
			屈服应变偏移	
正则化	试样厚度和名义纤维体积含量 55%			

温度/℃(℉)		21(70)		82(180)			
吸湿量(%)				湿态			
吸湿平衡条件 (T/℃(℉)，RH/%)		大气环境		③			
来源编码		②		②			
		正则化值	实测值	正则化值	实测值		
$F_x^{bru}/$ MPa (ksi)	平均值	1000(145)	903(131)	765(111)	681(98.7)		
	最小值	765(111)	685(99.4)	615(89.2)	561(81.4)		
	最大值	1227(178)	1048(152)	889(129)	786(114)		
	CV/%	8.15	8.13	11.1	9.98		
	B 基准值	④	④	④	④		
	分布	非参数	Weibull	正态	正态		
	C_1	9.00	931(135)	765(111)	681(98.7)		
	C_2	1.31	14.8	84.8(12.3)	68.0(9.86)		
	试样数量	19		20			
	批数	3		3			
	数据种类	筛选值		筛选值			

注：①与 ASTM D5961 步骤 A 类似；②见参考文献 2.2.3.1(b)；③试样在 70±2℃(158±4℉)水中浸泡 336±16 h(相比于已接受的方法，该非标准的吸湿处理方法是保守的)；④只对 A 类和 B 类数据给出基准值；⑤试样厚度＝12×标准单层厚度±0.2 mm(±0.008 in)。

2.3　继承自 MIL - HDBK - 17 F 的旧数据

2.3.1　碳纤维-环氧预浸带

2.3.1.1　T - 500 12k/976 单向带

材料描述：

材料	T - 500 12k/976。
形式	单向带,纤维面积质量为 $142\,g/m^2$,典型的固化后树脂含量为 $28\%\sim34\%$,典型的固化后单层厚度为 $0.135\,mm$ $(0.0053\,in)$。
固化工艺	热压罐固化;$116\,℃\,(240\,℉)$,$0.586\,MPa\,(85\,psi)$,$1\,h$;$177\,℃\,(350\,℉)$,$0.690\,MPa\,(100\,psi)$,$2\,h$。

供应商提供的数据：

纤维	T - 500 纤维是由 PAN 基原丝制造的连续碳纤维,纤维经表面处理以改善操作性和结构性能。每一丝束包含有 12 000 根碳丝。典型的拉伸模量为 $245\,GPa\,(35.5\times10^6\,psi)$,典型的拉伸强度为 $3\,965\,MPa\,(575\,000\,psi)$。
基体	976 是为了满足 NASA 真空排气要求而研制的具有高流动性的改性环氧树脂,在 $22\,℃\,(72\,℉)$ 环境下存放 10 天。
最高短期使用温度	$177\,℃\,(350\,℉)$(干态),$121\,℃\,(250\,℉)$(湿态)。
典型应用	商业和军用结构,具有良好的湿热性能。

表 2.3.1.1　T - 500 12k/976 单向带

材料	T - 500 12k/976 单向带			
形式	Fiberite Hy - E 3076P 单向预浸带			
纤维	Union Carbide Thornel T - 500 12k		基体	Fiberite 976
T_g(干态)	183℃(361℉)	T_g(湿态)	T_g测量方法	
固化工艺	116℃(240℉),0.586 MPa(85 psi),1 h;177℃(350℉),0.690 MPa(100 psi),2 h			

注:该数据是在数据文档要求建立(1989 年 6 月)以前提供的,对于该材料,目前所要求的文档均未提供。

纤维制造日期:		试验日期:	
树脂制造日期:		数据提交日期:	6/88
预浸料制造日期:	12/83	分析日期:	1/93
复合材料制造日期:			

单层性能汇总

	24℃ (75℉)/A	−54℃ (−65℉)/A	121℃ (250℉)/A		
1 轴拉伸	II-I	II-I	II-I		
2 轴拉伸	II-I	II-I	II-I		

注:强度/模量/泊松比/破坏应变的数据种类为:A——A75,a——A55,B——B30,b——B18,M——平均值,I——临时值,S——筛选值,——无数据(见表 1.5.1.2(c))。
该数据是在数据文档要求建立(1989 年 6 月)以前提供的,对于该材料,目前所要求的文档均未提供。

	名义值	提交值	试验方法
纤维密度/(g/cm³)	1.79		
树脂密度/(g/cm³)	1.28		
复合材料密度/(g/cm³)	1.59	1.57~1.61	
纤维面积质量/(g/m²)	142	142~146	
纤维体积含量/%			
单层厚度/mm	0.135	0.127~0.145	

层压板性能汇总

注:强度/模量/泊松比/破坏应变的数据种类为:A——A75,a——A55,B——B30,b——B18,M——平均值,I——临时值,S——筛选值,——无数据(见表 1.5.1.2(c))。

表 2.3.1.1(a)　1 轴拉伸性能($[0]_8$)

材料	T-500 12k/976 单向带		
树脂含量	28%~34%(质量)	复合材料密度	1.57~1.61 g/cm³
纤维体积含量	59%~64%	空隙含量	0.3%~1.7%
单层厚度	0.127~0.145 mm(0.0050~0.0057 in)		
试验方法	ASTM D 3039-76	模量计算	弦向模量,20%~40%极限载荷
正则化	试样厚度和批内纤维体积含量正则化到 60%(固化后单层厚度 0.132 mm(0.0052 in))		
温度/℃(℉)	24(75)	−54(−65)	121(250)
吸湿量(%)	大气环境	大气环境	大气环境
吸湿平衡条件 (T/℃(℉),RH/%)			

（续表）

来源编码		13		13		13	
		正则化值	实测值	正则化值	实测值	正则化值	实测值
F_1^{tu}/ MPa (ksi)	平均值	2034(295)	2055(298)	1469(213)	1469(213)	1883(273)	1903(276)
	最小值	1772(257)	1862(270)	1124(163)	1352(196)	1628(236)	1779(258)
	最大值	2268(329)	2262(328)	1676(243)	1621(235)	2083(302)	2138(310)
	CV/%	6.41	5.74	9.78	5.02	7.39	6.05
	B基准值	①	①	①	①	①	①
	分布	ANOVA	ANOVA	Weibull	Weibull	Weibull	Weibull
	C_1	975(20.5)		1524(221)		1944(282)	
	C_2	221(4.64)		13.1		15.7	
	试样数量	15		15		15	
	批数	3		3		3	
	数据种类	临时值		临时值		临时值	
E_1^t/ GPa (Msi)	平均值	151(21.9)	152(22.0)	131(19.0)	132(19.1)	153(22.2)	154(22.4)
	最小值	144(20.9)	141(20.5)	110(15.9)	122(17.7)	128(18.6)	145(21.0)
	最大值	170(24.7)	166(24.0)	148(21.5)	148(21.5)	173(25.1)	164(23.8)
	CV/%	4.42	4.15	8.11	5.76	6.91	4.17
	试样数量	15		15		15	
	批数	3		3		3	
	数据种类	临时值		临时值		临时值	
ε_1^{tu}/$\mu\varepsilon$	平均值		13000		10700		11800
	最小值		11700		9300		10800
	最大值		13900		12000		12900
	CV/%		4.98		5.98		5.32
	B基准值		①		①		①
	分布		ANOVA		Weibull		Weibull
	C_1		706		11000		12100
	C_2		4.75		18.8		21.6
	试样数量	15		15		15	
	批数	3		3		3	
	数据种类	临时值		临时值		临时值	

注：①只对 A 类和 B 类数据给出基准值；②该数据是在数据文档要求建立(1989 年 6 月)以前提供的，对于该材料，目前所要求的文档均未提供。

表 2.3.1.1(b)　2 轴拉伸性能($[\mathbf{90}]_8$)

材料	T-500 12k/976 单向带		
树脂含量	28%～34%(质量)	复合材料密度	1.57～1.61 g/cm³
纤维体积含量	59%～64%	空隙含量	0.3%～1.7%
单层厚度	0.127～0.145 mm(0.0050～0.0057 in)		
试验方法	ASTM D 3039-76	模量计算	弦向模量,20%～40%极限载荷
正则化	未正则化		

温度/℃(℉)	24(75)	−54(−65)	121(250)			
吸湿量(%)						
吸湿平衡条件 (T/℃(℉),RH/%)	大气环境	大气环境	大气环境			
来源编码	13	13	13			

		24(75)	−54(−65)	121(250)			
F_2^{tu}/ MPa (ksi)	平均值	70.3(10.2)	71.0(10.3)	54.5(7.90)			
	最小值	64.8(9.40)	64.8(9.40)	48.3(7.00)			
	最大值	77.9(11.3)	83.4(12.1)	60.7(8.80)			
	CV/%	5.59	6.61	5.35			
	B 基准值	①	①	①			
	分布	ANOVA	对数正态	Weibull			
	C_1	28.2(0.594)	4.26(2.33)	55.8(8.09)			
	C_2	165(3.48)	1.99(0.0636)	19.7			
	试样数量	15	15	15			
	批数	3	3	3			
	数据种类	临时值	临时值	临时值			
E_2^t/ GPa (Msi)	平均值	9.0(1.3)	10.3(1.5)	8.3(1.2)			
	最小值	9.0(1.3)	9.7(1.4)	7.6(1.1)			
	最大值	11.7(1.7)	11.0(1.6)	9.0(1.3)			
	CV/%	7.8	4.8	7.0			
	试样数量	15	15	15			
	批数	3	3	3			
	数据种类	临时值	临时值	临时值			

（续表）

	平均值	7 750	7 110	6 930		
	最小值	5 800	6 200	5 900		
	最大值	8 900	8 600	8 000		
	$CV/\%$	10.3	8.28	8.32		
	B 基准值	①	①	①		
$\varepsilon_2^{tu}/\mu\varepsilon$	分布	Weibull	Weibull	Weibull		
	C_1	8 080	7 390	7 180		
	C_2	12.4	11.5	13.7		
	试样数量	15	15	15		
	批数	3	3	3		
	数据种类	临时值	临时值	临时值		

注：①只对 A 类和 B 类数据给出基准值；②该数据是在数据文档要求建立（1989 年 6 月）以前提供的，对于该材料，目前所要求的文档均未提供。

2.3.1.2　HITEX 336k/E7K8 单向带

材料描述：

材料　　　　　　　HITEX 336k/E7K8。

形式　　　　　　　单向带，纤维面积质量为 145 g/m²，固化后树脂含量为 34%，固化后单层厚度为 0.145 mm（0.005 7 in）。

固化工艺　　　　　热压罐固化；149～154℃（300～310℉），0.379 MPa（55 psi），2 h；对厚零件的固化采用低放热曲线。

供应商提供的数据：

纤维　　　　　　　HITEX 33 纤维是由 PAN 基原丝制造的连续碳纤维，每一丝束包含有 6 000 根碳丝。典型的拉伸模量为 228 GPa（33×10⁶ psi），典型的拉伸强度为 3 862 MPa（560 000 psi）。有好的铺覆性。

基体　　　　　　　E7K8 是具有中等流动性、低放热的环氧树脂，有良好的黏性，在大气环境温度下存放 20 天。

最高短期使用温度　149℃（300℉）（干态），88℃（190℉）（湿态）。

典型应用　　　　　商业和军用飞机的主承力和次承力结构及喷气式发动机，如固定翼面和反推力装置的阻流门。

表 2.3.1.2　HITEX 336k/E7K8 单向带

材料	HITEX 336k/E7K8 单向带			
形式	U. S. Polymeric HITEX 336k/E7K8 单向带,145 级预浸带			
纤维	Hitco HITEX 336k,不加捻		基体	U. S. Polymeric E7K8
T_g(干态)		T_g(湿态)	T_g测量方法	
固化工艺	热压罐固化;149~154℃(300~310℉), 0.379 MPa(55 psi), 120~130 min			

注:该数据是在数据文档要求建立(1989 年 6 月)以前提供的,对于该材料,目前所要求的文档均未提供。

纤维制造日期:		试验日期:	
树脂制造日期:		数据提交日期:	1/83
预浸料制造日期:		分析日期:	1/93
复合材料制造日期:			

单层性能汇总

	24℃ (75℉)/A	−54℃ (−65℉)/A	82℃ (180℉)/A	24℃ (75℉)/W	82℃ (180℉)/W
1 轴拉伸	SSSS	SS-S		SSS-	SSS-
2 轴拉伸	SS—				
3 轴拉伸					
1 轴压缩	SS-S	SS-S		SS—	SS—
2 轴压缩					
3 轴压缩					
12 面剪切	S—		S—	S—	S—

注:强度/模量/泊松比/破坏应变的数据种类为:A—A75, a—A55, B—B30, b—B18, M—平均值,I—临时值,
S—筛选值,——无数据(见表 1.5.1.2(c))。
该数据是在数据文档要求建立(1989 年 6 月)以前提供的,对于该材料,目前所要求的文档均未提供。

	名义值	提交值	试验方法
纤维密度/(g/cm³)	1.80		
树脂密度/(g/cm³)	1.27		
复合材料密度/(g/cm³)	1.59	1.56~1.61	
纤维面积质量/(g/m²)	145		
纤维体积含量/%	58.0	57~64	
单层厚度/mm	0.145	0.135~0.147	

层压板性能汇总

注:强度/模量/泊松比/破坏应变的数据种类为:A—A75,a—A55,B—B30,b—B18,M—平均值,I—临时值,S—筛选值,——无数据(见表 1.5.1.2(c))。

表 2.3.1.2(a)   1 轴拉伸性能($[0]_{10}$)

材料	HITEX 336k/E7K8 单向带				
树脂含量	34%(质量)		复合材料密度	1.58 g/cm³	
纤维体积含量	58%		空隙含量	0.0%	
单层厚度	0.145 mm(0.0057 in)				
试验方法	ASTM D 3039 - 76		模量计算		
正则化	纤维体积含量正则化到 60%(固化后单层厚度 0.145 mm(0.0057 in))				

温度/℃(℉)	24(75)		−54(−65)		24(75)	
吸湿量(%)					1.5	
吸湿平衡条件 (T/℃(℉), RH/%)	大气环境		大气环境		①	
来源编码	20		20		20	

		正则化值	实测值	正则化值	实测值	正则化值	实测值
F_1^{tu}/ MPa (ksi)	平均值	2159(313)	2096(304)	2041(296)	1986(288)	2193(318)	2138(310)
	最小值	2014(292)	1952(283)	1841(267)	1786(259)	1931(280)	1876(272)
	最大值	2338(339)	2276(330)	2055(327)	2200(319)	2379(345)	2310(335)
	CV/%	4.80	4.84	9.19	9.20	7.63	7.65
	B基准值	②	②	②	②	②	②
	分布	Weibull	Weibull	正态	正态	正态	正态
	C_1	2206(320)	2144(311)	2041(296)	1986(288)	2193(318)	2138(310)
	C_2	22.2	21.9	188(27.2)	183(26.5)	168(24.3)	163(23.7)
	试样数量	20		5		5	
	批数	1		1		1	
	数据种类	筛选值		筛选值		筛选值	
E_1^t/ GPa (Msi)	平均值	126(18.2)	122(17.7)	128(18.5)	124(18.0)	128(18.5)	124(18.0)
	最小值	121(17.5)	117(17.0)	125(18.1)	122(17.7)	126(18.3)	123(17.8)
	最大值	131(19.0)	128(18.5)	128(18.6)	125(18.1)	129(18.7)	126(18.2)

（续表）

		正则化值	实测值	正则化值	实测值	正则化值	实测值
	$CV/\%$	2.58	2.60	1.06	1.07	0.79	0.79
	试样数量	18		5		5	
	批数	1		1		1	
	数据种类	筛选值		筛选值		筛选值	
ν_{12}^i	平均值		0.310				0.310
	试样数量	5				5	
	批数	1				1	
	数据种类	筛选值				筛选值	
$\varepsilon_1^{tu}/\mu\varepsilon$	平均值		15900		16100		
	最小值		15200		15500		
	最大值		17100		17000		
	$CV/\%$		4.81		3.61		
	B 基准值		②		②		
	分布		正态		正态		
	C_1		15900		16200		
	C_2		765		582		
	试样数量	5		5			
	批数	1		1			
	数据种类	筛选值		筛选值			

注：①在 71℃（160℉），85％RH 环境中放置 14 天；②只对 A 类和 B 类数据给出基准值；③该数据是在数据文档要求建立（1989 年 6 月）以前提供的，对于该材料，目前所要求的文档均未提供。

表 2.3.1.2（b）　1 轴拉伸性能（$[0]_{10}$）

材料	HITEX 336k/E7K8 单向带		
树脂含量	34％（质量）	复合材料密度	1.58 g/cm³
纤维体积含量	58％	空隙含量	0.0
单层厚度	0.145 mm（0.005 7 in）		
试验方法	ASTM D 3039 - 76	模量计算	
正则化	纤维体积含量正则化到 60％（固化后单层厚度 0.145 mm（0.005 7 in））		
温度/℃（℉）	82（180）		

（续表）

吸湿量（%）	1.5					
吸湿平衡条件 (T/℃(℉)，RH/%)	①					
来源编码	20					

		正则化值	实测值	正则化值	实测值	正则化值	实测值
$F_1^{tu}/$ MPa (ksi)	平均值	2 124(308)	2 069(300)				
	最小值	2 041(296)	1 986(288)				
	最大值	2 193(318)	2 131(309)				
	CV/%	2.65	2.65				
	B 基准值	②	②				
	分布	正态	正态				
	C_1	2 124(308)	2 068(300)				
	C_2	56.3(8.17)	54.8(7.95)				
	试样数量	5					
	批数	1					
	数据种类	筛选值					
$E_1^t/$ GPa (Msi)	平均值	129(18.7)	126(18.2)				
	最小值	123(17.8)	119(17.3)				
	最大值	134(19.5)	131(19.0)				
	CV/%	3.64	3.65				
	试样数量	5					
	批数	1					
	数据种类	筛选值					
ν_{12}^t	平均值		0.300				
	试样数量	5					
	批数	1					
	数据种类	筛选值					

注：①在 71℃(160℉)，85%RH 环境中放置 14 天；②只对 A 类和 B 类数据给出基准值；③该数据是在数据文档要求建立(1989 年 6 月)以前提供的，对于该材料，目前所要求的文档均未提供。

表 2.3.1.2(c)　2 轴拉伸性能（$[90]_{20}$）

材料	HITEX 336k/E7K8 单向带			
树脂含量	34%（质量）	复合材料密度	1.58 g/cm³	
纤维体积含量	58%	空隙含量	0.39%	
单层厚度	0.147 mm(0.005 8 in)			
试验方法	ASTM D 3039 - 76	模量计算		
正则化	未正则化			

温度/℃(℉)		24(75)						
吸湿量(%)		大气环境						
吸湿平衡条件 (T/℃(℉)，RH/%)								
米源编码		20						
F_2^{tu}/ MPa (ksi)	平均值	47.6(6.90)						
	最小值	38.5(5.58)						
	最大值	55.7(8.07)						
	CV/%	11.2						
	B 基准值	①						
	分布	Weibull						
	C_1	49.8(7.23)						
	C_2	10.9						
	试样数量	20						
	批数	1						
	数据种类	筛选值						
E_2^t/ GPa (Msi)	平均值	8.62(1.25)						
	最小值	8.48(1.23)						
	最大值	8.76(1.27)						
	CV/%	0.977						
	试样数量	20						
	批数	1						
	数据种类	筛选值						

注：①只对 A 类和 B 类数据给出基准值；②该数据是在数据文档要求建立（1989 年 6 月）以前提供的，对于该材料，目前所要求的文档均未提供。

表 2.3.1.2(d)　1 轴压缩性能（$[0]_{10}$）

材料	HITEX 336k/E7K8 单向带			
树脂含量	34%～35%（质量）		复合材料密度	1.57～1.58 g/cm³
纤维体积含量	57%～58%		空隙含量	0.0
单层厚度	0.145 mm（0.0057 in）			
试验方法	SACMA SRM 1-88		模量计算	
正则化	纤维体积含量正则化到 60%（固化后单层厚度 0.145 mm（0.0057 in））			

温度/℃（℉）	24（75）		−54（−65）		24（75）	
吸湿量（%）					1.5	
吸湿平衡条件 (T/℃（℉），RH/%)	大气环境		大气环境		①	
来源编码	20		20		20	
	正则化值	实测值	正则化值	实测值	正则化值	实测值
F_1^{cu}/ MPa (ksi) 平均值	1441（209）	1407（204）	1586（230）	1545（224）	1365（198）	1331（193）
最小值	1159（168）	1131（164）	1441（209）	1407（204）	1228（178）	1200（174）
最大值	1614（234）	1572（228）	1752（254）	1710（248）	1496（217）	1455（211）
CV/%	9.41	9.41	7.98	8.04	8.13	8.03
B 基准值	②	②	②	②	②	②
分布	Weibull	Weibull	正态	正态	正态	正态
C_1	1503（218）	1462（212）	1586（230）	1545（224）	1365（198）	1331（193）
C_2	13.7	13.7	126（18.3）	123（17.9）	111（16.1）	108（15.7）
试样数量	20		5		5	
批数	1		1		1	
数据种类	筛选值		筛选值		筛选值	
E_1^c/ GPa (Msi) 平均值	118（17.1）	112（16.2）	123（17.9）	117（16.9）	124（18.0）	117（17.0）
最小值	111（16.1）	105（15.2）	121（17.5）	114（16.5）	121（17.5）	114（16.6）
最大值	123（17.8）	116（16.8）	125（18.1）	118（17.1）	130（18.8）	123（17.8）
CV/%	2.89	2.94	1.23	1.35	3.04	5.59
试样数量	20		5		5	
批数	1		1		1	
数据种类	筛选值		筛选值		筛选值	

（续表）

		正则化值	实测值	正则化值	实测值	正则化值	实测值
$\varepsilon_1^{cu}/\mu\varepsilon$	平均值		12 600		13 600		
	最小值		12 000		13 600		
	最大值		13 400		13 700		
	$CV/\%$		2.92		0.48		
	B 基准值		②		②		
	分布		Weibull		正态		
	C_1		12 800		13 600		
	C_2		35.7		65.7		
	试样数量	20		5			
	批数	1		1			
	数据种类	筛选值		筛选值			

注：①在 71℃（160℉），85％RH 环境中放置 14 天；②只对 A 类和 B 类数据给出基准值；③该数据是在数据文档要求建立（1989 年 6 月）以前提供的，对于该材料，目前所要求的文档均未提供。

表 2.3.1.2(e)　　1 轴压缩性能（$[0]_{10}$）

材料	HITEX 336k/E7K8 单向带		
树脂含量	34％～35％（质量）	复合材料密度	1.57～1.58 g/cm³
纤维体积含量	57％～58％	空隙含量	0.0
单层厚度	0.145 mm（0.005 7 in）		
试验方法	SACMA SRM 1－88	模量计算	
正则化	纤维体积含量正则化到 60％（固化后单层厚度 0.145 mm（0.005 7 in））		
温度/℃（℉）	82（180）		
吸湿量（％）	1.5		
吸湿平衡条件（T/℃（℉），RH/％）	①		
来源编码	20		

		正则化值	实测值	正则化值	实测值	正则化值	实测值
$F_1^{cu}/$ MPa (ksi)	平均值	938（136）	910（132）				
	最小值	765（111）	745（108）				
	最大值	1110（161）	1082（157）				
	$CV/\%$	13.4	13.6				

（续表）

		正则化值	实测值	正则化值	实测值	正则化值	实测值
	B 基准值	②	②				
	分布	正态	正态				
	C_1	938(136)	910(132)				
	C_2	126(18.3)	123(17.8)				
	试样数量	5					
	批数	1					
	数据种类	筛选值					
E_1^t/ GPa (Msi)	平均值	121(17.6)	114(16.6)				
	最小值	117(17.0)	111(16.1)				
	最大值	124(18.0)	117(17.0)				
	$CV/\%$	2.47	2.47				
	试样数量	5					
	批数	1					
	数据种类	筛选值					

注：①在 71℃(160℉),85%RH 环境中放置 14 天;②只对 A 类和 B 类数据给出基准值;③该数据是在数据文档要求建立(1989 年 6 月)以前提供的,对于该材料,目前所要求的文档均未提供。

表 2.3.1.2(f)　12 面剪切性能($[(\pm45)_2/45]s$)

材料	HITEX 336k/E7K8 单向带			
树脂含量	29%～30%(质量)		复合材料密度	1.59～1.61 g/cm³
纤维体积含量	62%～64%		空隙含量	0.05%～0.91%
单层厚度	0.135 mm(0.005 3 in)			
试验方法	ASTM D 3518 - 76		模量计算	
正则化	未正则化			
温度/℃(℉)	24(75)	82(180)	24(75)	82(180)
吸湿量(%)			1.5	1.5
吸湿平衡条件 (T/℃(℉)，RH/%)	大气环境	大气环境	①	①
来源编码	20	20	20	20

（续表）

$F_{12}^{su}/$ MPa (ksi)	平均值	103(15.0)	91.0(13.2)	112(16.3)	80.7(11.7)	
	最小值	93.1(13.5)	90.3(13.1)	109(15.8)	79.3(11.5)	
	最大值	109(15.8)	91.7(13.3)	115(16.7)	82.1(11.9)	
	$CV/\%$	3.52	0.655	2.20	1.27	
	B 基准值	②	②	②	②	
	分布	Weibull	正态	正态	正态	
	C_1	105(15.2)	91.0(13.2)	112(16.3)	80.7(11.7)	
	C_2	34.8	0.596 (0.0865)	2.46(0.357)	1.02(0.148)	
	试样数量	20	5	5	5	
	批数	1	1	1	1	
	数据种类	筛选值	筛选值	筛选值	筛选值	

注:①在 71℃(160℉),85%RH 环境中放置 14 天;②只对 A 类和 B 类数据给出基准值;③该数据是在数据文档要求建立(1989 年 6 月)以前提供的,对于该材料,目前所要求的文档均未提供。

2.3.1.3　AS4 12k/E7K8 单向带

材料描述：

材料　　　　　AS4-12k/E7K8

形式　　　　　单向带,纤维面积质量为 $145\,g/m^2$,典型的固化后树脂含量为 $32\%\sim37\%$,典型的固化后单层厚度为 $0.137\,mm$（$0.0054\,in$）

固化工艺　　　热压罐固化;$149\sim154$℃（$300\sim310$℉）,$0.379\,MPa$（$55\,psi$）,$2h$;对厚部件的固化采用低放热曲线。

供应商提供的数据：

纤维　　　　　AS4 纤维是由 PAN 的原丝制造的连续碳纤维,纤维表面经过处理以改善操作性和结构性能。每一个丝束包含有 12 000 根碳丝。典型的拉伸模量为 $228\,GPa$（$34\times10^6\,psi$）,典型的拉伸强度为 $3\,862\,MPa$（$550\,000\,psi$）。有好的铺覆性。

基体　　　　　E7K8 是具有中等流动性、低放热的环氧树脂,有良好的黏性,在大气环境温度下存放 20 天。

最高短期使用温度　149℃（300℉）（干态）,88℃（190℉）（湿态）

典型应用　　　商业和军用飞机的主承力和次承力结构及喷气式发动机,如固定翼面和反推力装置的阻流门。

材料	AS4 12k/E7K8 单向带		
形式	U. S. Polymeric AS4 12k/E7K8 单向预浸带		
纤维	Hercules AS4 12k	基体	U. S. Polymeric E7K8
T_g(干态)		T_g(湿态)　　　　T_g测量方法	
固化工艺	热压罐固化；149～154℃(300～310℉)，0.379 MPa(55 psi)，120～130 min		

注：该数据是在数据文档要求建立(1989年6月)以前提供的，对于该材料，目前所要求的文档均未提供。

纤维制造日期：	试验日期：	
树脂制造日期：	数据提交日期：	1/88
预浸料制造日期：	分析日期：	1/93
复合材料制造日期：		

单层性能汇总

	24℃ (75℉)/A	−54℃ (−65℉)/A	82℃ (180℉)/A	24℃ (75℉)/W	82℃ (180℉)/W
1 轴拉伸	SSSS	SS-S		SSSS	SSSS
2 轴拉伸	SS—				
3 轴拉伸					
1 轴压缩	SS-S	SS-S		SS—	SS—
2 轴压缩					
3 轴压缩					
12 面剪切	S—		S—	S—	S—
23 面剪切					
31 面剪切					

注：强度/模量/泊松比/破坏应变的数据种类为：A—A75，a—A55，B—B30，b—B18，M—平均值，I—临时值，S—筛选值，——无数据(见表 1.5.1.2(c))。

	名义值	提交值	试验方法
纤维密度/(g/cm³)	1.80		
树脂密度/(g/cm³)	1.28		
复合材料密度/(g/cm³)	1.59	1.52～1.59	
纤维面积质量/(g/m²)	145		
纤维体积含量/%	59.6	53～60	
单层厚度/mm	0.137	0.137～0.145	

注：该数据是在数据文档要求建立(1989年6月)以前提供的，对于该材料，目前所要求的文档均未提供。

层压板性能汇总

注:强度/模量/泊松比/破坏应变的数据种类为:A—A75,a—A55,B—B30,b—B18,M—平均值,I—临时值,S—筛选值,——无数据(见表 1.5.1.2(c))。

表 2.3.1.3(a)　1 轴拉伸性能($[0]_{10}$)

材料	AS4 12k/E7K8 单向带			
树脂含量	32%~37%(质量)		复合材料密度	1.53~1.59 g/cm³
纤维体积含量	53%~60%		空隙含量	0.64%~2.2%
单层厚度	0.137 mm(0.005 4 in)			
试验方法	ASTM D 3039 - 76		模量计算	载荷-位移曲线初始线性段的斜率
正则化	纤维体积含量正则化到 60%(固化后单层厚度 0.137 mm(0.005 4 in))			

温度/℃(℉)	24(75)		−54(−65)		24(75)	
吸湿量(%)					0.77	
吸湿平衡条件 (T/℃(℉),RH/%)	大气环境		大气环境		①	
来源编码	20		20		20	

		正则化值	实测值	正则化值	实测值	正则化值	实测值
F_1^{tu}/ MPa (ksi)	平均值	2 090(303)	2 021(293)	2 007(291)	1 883(273)	2 096(304)	2 028(294)
	最小值	1 745(253)	1 738(252)	1 759(255)	1 648(239)	1 972(286)	1 903(276)
	最大值	2 379(345)	2 393(347)	2 255(327)	2 110(306)	2 186(317)	2 110(306)
	CV/%	8.26	8.94	8.93	8.90	4.16	4.22
	B 基准值	②	②	②	②	②	②
	分布	ANOVA	ANOVA	正态	正态	正态	正态
	C_1	1 269(26.7)	1 540(32.4)	2 007(291)	1 883(273)	2 096(304)	2 028(294)
	C_2	209(4.40)	356(7.49)	179(26.0)	168(24.4)	87.6(12.7)	84.1(12.2)
	试样数量	20		5		5	
	批数	2		1		1	
	数据种类	筛选值		筛选值		筛选值	

（续表）

		正则化值	实测值	正则化值	实测值	正则化值	实测值
E_1^t / GPa (Msi)	平均值	133(19.3)	129(18.7)	139(20.1)	130(18.8)	135(19.6)	130(18.9)
	最小值	128(18.5)	120(17.4)	136(19.7)	127(18.4)	131(19.0)	127(18.4)
	最大值	147(21.3)	148(21.4)	142(20.6)	133(19.3)	139(20.1)	134(19.4)
	CV/%	3.79	6.10	1.67	1.79	2.04	1.96
	试样数量	20		5		5	
	批数	2		1		1	
	数据种类	筛选值		筛选值		筛选值	
ν_{12}^t	平均值		0.320				0.288
	试样数量	5				5	
	批数	1				1	
	数据种类	筛选值				筛选值	
ε_1^{tu} / $\mu\varepsilon$	平均值		13 900		13 500		14 600
	最小值		12 500		12 000		13 700
	最大值		16 000		14 800		15 000
	CV/%		11.0		8.24		3.83
	B 基准值		②		②		②
	分布		正态		正态		正态
	C_1		13 900		13 500		14 600
	C_2		1 530		1 110		561
	试样数量	5		5		5	
	批数	1		1		1	
	数据种类	筛选值		筛选值		筛选值	

注：①在 71℃(160°F)，85%RH 环境中放置 14 天；②只对 A 类和 B 类数据给出基准值；③该数据是在数据文档要求建立(1989 年 6 月)以前提供的，对于该材料，目前所要求的文档均未提供。

表 2.3.1.3(b)　1 轴拉伸性能（$[0]_{10}$）

材料	AS4 12k/E7K8 单向带		
树脂含量	32%～37%（质量）	复合材料密度	1.53～1.59 g/cm³
纤维体积含量	53%～60%	空隙含量	0.64%～2.2%
单层厚度	0.137 mm(0.005 4 in)		

（续表）

试验方法	ASTM D 3039－76		模量计算		载荷-位移曲线初始线性段的斜率	
正则化	纤维体积含量正则化到 60%（固化后单层厚度 0.137 mm（0.005 4 in））					
温度/℃（℉）	82（180）					
吸湿量（%）	0.77					
吸湿平衡条件（T/℃（℉），RH/%）	①					
来源编码	20					
		正则化值	实测值	正则化值	实测值	正则化值	实测值

		正则化值	实测值	正则化值	实测值	正则化值	实测值
F_1^{tu}/MPa(ksi)	平均值	2 138（310）	2 041（296）				
	最小值	1 959（284）	1 890（274）				
	最大值	2 248（326）	2 110（306）				
	CV/%	5.87	4.76				
	B 基准值	②	②				
	分布	正态	正态				
	C_1	2 138（310）	2 041（296）				
	C_2	126（18.2）	95.8（13.9）				
	试样数量	5					
	批数	1					
	数据种类	筛选值					
E_1^t/GPa(Msi)	平均值	139（20.1）	132（19.2）				
	最小值	132（19.1）	128（18.5）				
	最大值	150（21.8）	141（20.4）				
	CV/%	5.65	4.01				
	试样数量	5					
	批数	1					
	数据种类	筛选值					
ν_{12}^t	平均值		0.288				
	试样数量	5					
	批数	1					
	数据种类	筛选值					

（续表）

		正则化值	实测值	正则化值	实测值	正则化值	实测值
$\varepsilon_1^{tu}/\mu\varepsilon$	平均值		14 600				
	最小值		13 900				
	最大值		15 400				
	CV/%		4.21				
	B 基准值		②				
	分布		正态				
	C_1		14 600				
	C_2		616				
	试样数量	5					
	批数	1					
	数据种类	筛选值					

注：①在 71℃(160°F)，85%RH 环境中放置 14 天；②只对 A 类和 B 类数据给出基准值；③该数据是在数据文档要求建立(1989 年 6 月)以前提供的，对于该材料，目前所要求的文档均未提供。

表 2.3.1.3(c)　2 轴拉伸性能($[90]_{20}$)

材料	AS4 12k/E7K8 单向带		
树脂含量	32%～38%(质量)	复合材料密度	1.54～1.59 g/cm³
纤维体积含量	53%～60%	空隙含量	0.64%～0.75%
单层厚度	0.145 mm(0.005 7 in)		
试验方法	ASTM D 3039-76	模量计算	载荷-位移曲线初始线性段的斜率
正则化	未正则化		

温度/℃(°F)	24(75)						
吸湿量(%)	大气环境						
吸湿平衡条件 (T/℃(°F)，RH/%)							
来源编码	20						
$F_2^{tu}/$ MPa (ksi)	平均值	37.7(5.47)					
	最小值	28.3(4.10)					
	最大值	48.4(7.01)					

（续表）

	$CV/\%$	13.2			
	B 基准值	①			
	分布	Weibull			
	C_1	39.9(5.79)			
	C_2	8.04			
	试样数量	20			
	批数	1			
	数据种类	筛选值			
$E_2^t/$ GPa (Msi)	平均值	8.48(1.23)			
	最小值	8.00(1.16)			
	最大值	9.10(1.32)			
	$CV/\%$	3.76			
	试样数量	20			
	批数	1			
	数据种类	筛选值			

注:①只对 A 类和 B 类数据给出基准值;②该数据是在数据文档要求建立(1989 年 6 月)以前提供的,对于该材料,目前所要求的文档均未提供。

表 2.3.1.3(d)　1 轴压缩性能($[0]_{10}$)

材料	AS4 12k/E7K8 单向带		
树脂含量	35%～40%(质量)	复合材料密度	1.52～1.58 g/cm³
纤维体积含量	51%～57%	空隙含量	1.4%～2.3%
单层厚度	0.137 mm(0.005 4 in)		
试验方法	SACMA SRM 1-88	模量计算	载荷-位移曲线初始线性段的斜率
正则化	纤维体积含量正则化到 60%(固化后单层厚度 0.137 mm(0.005 4 in))		
温度/℃(℉)	24(75)	-54(-65)	24(75)
吸湿量(%)			0.77
吸湿平衡条件 (T/℃(℉),RH/%)	大气环境	大气环境	①
来源编码	20	20	20

（续表）

		正则化值	实测值	正则化值	实测值	正则化值	实测值
F_1^{cu} / MPa (ksi)	平均值	1690(245)	1441(209)	1903(276)	1621(235)	1483(215)	1255(182)
	最小值	1428(207)	1214(176)	1731(251)	1469(213)	1352(196)	1145(166)
	最大值	1855(269)	1579(229)	2062(299)	1752(254)	1641(238)	1393(202)
	CV/%	8.00	7.80	6.57	6.60	7.78	7.75
	B基准值	②	②	②	②	②	②
	分布	Weibull	Weibull	正态	正态	正态	正态
	C_1	1752(254)	1490(216)	1903(276)	1621(235)	1483(215)	1262(183)
	C_2	16.3	16.3	125(18.1)	106(15.4)	115(16.7)	98(14.2)
	试样数量	20		5		5	
	批数	1		1		1	
	数据种类	筛选值		筛选值		筛选值	
E_1^{i} / GPa (Msi)	平均值	131(19.0)	123(17.9)	121(17.6)	114(16.5)	128(18.5)	120(17.4)
	最小值	119(17.3)	112(16.3)	114(16.6)	108(15.7)	122(17.7)	115(16.7)
	最大值	141(20.4)	132(19.2)	124(18.0)	117(17.0)	131(19.0)	123(17.9)
	CV/%	4.58	4.54	3.16	3.14	2.95	2.86
	试样数量	20		5		5	
	批数	1		1		1	
	数据种类	筛选值		筛选值		筛选值	
ε_1^{cu} / $\mu\varepsilon$	平均值		11700		14400		
	最小值		10800		13900		
	最大值		13100		15100		
	CV/%		4.81		3.89		
	B基准值		②		②		
	分布		正态		正态		
	C_1		11700		14400		
	C_2		564		559		
	试样数量	20		5			
	批数	1		1			
	数据种类	筛选值		筛选值			

注：①在71℃(160℉)，85%RH环境中放置14天；②只对A类和B类数据给出基准值；③该数据是在数据文档要求建立(1989年6月)以前提供的，对于该材料，目前所要求的文档均未提供。

表 2.3.1.3(e)　1 轴压缩性能($[0]_{10}$)

材料	AS4 12k/E7K8 单向带			
树脂含量	35%～40%(质量)		复合材料密度	1.52～1.58 g/cm³
纤维体积含量	51%～57%		空隙含量	1.4%～2.3%
单层厚度	0.137 mm(0.005 4 in)			
试验方法	SACMA SRM 1-88		模量计算	载荷-位移曲线初始线性段的斜率
正则化	纤维体积含量正则化到 60%(固化后单层厚度 0.137 mm(0.005 4 in))			

温度/℃(℉)	82(180)					
吸湿量(%)	0.77					
吸湿平衡条件 (T/℃(℉), RH/%)	①					
来源编码	20					

		正则化值	实测值	正则化值	实测值	正则化值	实测值
F_1^{cu}/ MPa (ksi)	平均值	1034(150)	876(127)				
	最小值	862(125)	731(106)				
	最大值	1214(176)	1034(150)				
	CV/%	14.8	15.0				
	B 基准值	②	②				
	分布	正态(合并)	正态(合并)				
	C_1	1034(150)	876(127)				
	C_2	153(22.2)	130(18.9)				
	试样数量	5					
	批数	1					
	数据种类	筛选值					
E_1^c/ GPa (Msi)	平均值	124(18.0)	117(17.0)				
	最小值	120(17.4)	113(16.4)				
	最大值	127(18.4)	119(17.3)				
	CV/%	2.46	2.41				
	试样数量	5					
	批数	1					
	数据种类	筛选值					

注:①在 71℃(160℉),85%RH 环境中放置 14 天;②只对 A 类和 B 类数据给出基准值;③该数据是在数据文档要求建立(1989 年 6 月)以前提供的,对于该材料,目前所要求的文档均未提供。

表 2.3.1.3(f) 12 面剪切性能($[(\pm45)_2/45]s$)

材料	AS4 12k/E7K8 单向带				
树脂含量	33%～36%(质量)		复合材料密度	1.54～1.55 g/cm³	
纤维体积含量	55%～57%		空隙含量	1.9%～2.3%	
单层厚度	0.140 mm(0.0055 in)				
试验方法	ASTM D 3518-76		模量计算		
正则化	未正则化				

温度/℃(℉)		24(75)	82(180)	24(75)	82(180)	
吸湿量(%)				0.77	0.77	
吸湿平衡条件 (T/℃(℉)),RH/%		大气环境	大气环境	①	①	
来源编码		20	20	20	20	
F_{12}^{su}/ MPa (ksi)	平均值	114(16.5)	101(14.6)	104(15.1)	92.4(13.4)	
	最小值	95.2(13.8)	97.9(14.2)	93.1(13.5)	89.7(13.0)	
	最大值	117(17.0)	103(14.9)	109(15.8)	95.2(13.8)	
	CV/%	6.41	1.90	6.04	2.44	
	B 基准值	②	②	②	②	
	分布	ANOVA	正态	正态	正态	
	C_1	117(2.46)	101(14.6)	104(15.1)	92.4(13.4)	
	C_2	360(7.58)	1.91(0.277)	6.24(0.905)	2.26(0.328)	
	试样数量	20	5	5	5	
	批数	2	1	1	1	
	数据种类	筛选值	筛选值	筛选值	筛选值	

注:①在 71℃(160℉),85%RH 环境中放置 14 天;②只对 A 类和 B 类数据给出基准值;③该数据是在数据文档要求建立(1989 年 6 月)以前提供的,对于该材料,目前所要求的文档均未提供。

2.3.1.4　Celion 12k/E7K8 单向带

材料描述:

材料　　　　　Celion 12k/E7K8。

形式　　　　　单向带,纤维面积质量为 280 g/m²,典型的固化后树脂含量为 29%～33%,典型的固化后单层厚度为 0.279 mm(0.011 in)

固化工艺　　　热压罐固化;149～154℃(300～310℉),0.379 MPa (55 psi),2 h;对厚部件的固化采用低放热曲线。

供应商提供的数据:

纤维　　　　　Celion 纤维是由 PAN 的原丝制造的连续碳纤维,纤维表面经过处理以改善操作性和结构性能。每一个丝束包含有 12 000 根碳丝。典型的拉伸模量为 234 GPa（34 × 10^6 psi），典型的拉伸强度为 3 552 MPa（515 000 psi）。有好的铺覆性。

基体 E7K8 是具有中等流动性、低放热的环氧树脂，有良好的黏性，在大气环境温度下存放 20 天。

最高短期使用温度 149℃（300℉）（干态），88℃（190℉）（湿态）。

典型应用 商业和军用飞机的主承力和次承力结构。

表 2.3.1.4 Celion 12k/E7K8 单向带

材料	Celion 12k/E7K8 单向带		
形式	U. S. Polymeric Celion 12k/E7K8 单向带，280 级预浸带		
纤维	Celanese Celion 12k，不加捻	基体	U. S. Polymeric E7K8
T_g（干态）		T_g（湿态）	T_g测量方法
固化工艺	热压罐固化；149～154℃，0.379 MPa（55 psi），120～130 min		

注：该数据是在数据文档要求建立（1989 年 6 月）以前提供的，对于该材料，目前所要求的文档均未提供。

纤维制造日期：	试验日期：	
树脂制造日期：	数据提交日期：	1/88
预浸料制造日期：	分析日期：	1/93
复合材料制造日期：		

单层性能汇总

	24℃ （75℉）/A	−54℃ （−65℉）/A	82℃ （180℉）/A	24℃ （75℉）/W	82℃ （180℉）/W
1 轴拉伸	SSSS	SS-S		SSS-	SSSS
2 轴拉伸	SS—				
3 轴拉伸					
1 轴压缩	SS-S	SS-S		SS—	SS—
2 轴压缩					
3 轴压缩					
12 面剪切	S—		S—	S—	S—
23 面剪切					
31 面剪切					

注：强度/模量/泊松比/破坏应变的数据种类为：A—A75，a—A55，B—B30，b—B18，M—平均值，I—临时值，S—筛选值，——无数据（见表 1.5.1.2(c)）。

	名义值	提交值	试验方法
纤维密度/(g/cm³)	1.80		
树脂密度/(g/cm³)	1.28		
复合材料密度/(g/cm³)	1.59	1.59～1.61	
纤维面积质量/(g/m²)	280		
纤维体积含量/%	59.6	59～64	
单层厚度/mm	0.279	0.254～0.279	

注:该数据是在数据文档要求建立(1989 年 6 月)以前提供的,对于该材料,目前所要求的文档均未提供。

层压板性能汇总

注:强度/模量/泊松比/破坏应变的数据种类为:A—A75,a—A55,B—B30,b—B18,M—平均值,I—临时值,S—筛选值,—无数据(见表 1.5.1.2(c))。

表 2.3.1.4(a)　1 轴拉伸性能([0]ₛ)

材料	Celion 12k/E7K8 单向带			
树脂含量	29%(质量)		复合材料密度	1.61 g/cm³
纤维体积含量	63%～64%		空隙含量	0.53%～1.0%
单层厚度	0.279 mm(0.011 in)			
试验方法	ASTM D 3039-76		模量计算	
正则化	纤维体积含量正则化到 60%(固化后单层厚度 0.279 mm(0.011 in))			

温度/℃(℉)		24(75)		-54(-65)		24(75)	
吸湿量(%)						0.77	
吸湿平衡条件 (T/℃(℉),RH/%)		大气环境		大气环境		①	
来源编码		20		20		20	
		正则化值	实测值	正则化值	实测值	正则化值	实测值
F_1^{tu}/ MPa (ksi)	平均值	2021(293)	2131(309)	1938(281)	2083(302)	2069(300)	2165(314)
	最小值	1828(265)	1965(285)	1848(268)	1979(287)	2014(292)	2110(306)
	最大值	2186(317)	2290(332)	2117(307)	2276(330)	2172(315)	2276(330)
	CV/%	4.52	4.52	5.44	5.44	3.22	3.60
	B 基准值	②	②	②	②	②	②
	分布	Weibull	Weibull	正态	正态	正态	正态

(续表)

		正则化值	实测值	正则化值	实测值	正则化值	实测值
$F_1^{tu}/$ MPa (ksi)	C_1	2 062(299)	2 179(316)	1 938(281)	2 083(302)	2 069(300)	2 165(314)
	C_2	25.6	25.9	106(15.3)	113(16.4)	66.7(9.67)	69.7(10.1)
	试样数量	20		5		5	
	批数	1		1		1	
	数据种类	筛选值		筛选值		筛选值	
$E_1^t/$ GPa (Msi)	平均值	138(20.0)	146(21.1)	132(19.2)	142(20.6)	131(19.0)	137(19.9)
	最小值	129(18.7)	139(20.1)	128(18.6)	138(20.0)	128(18.5)	134(19.4)
	最大值	151(21.9)	159(23.0)	140(20.3)	150(21.8)	138(20.0)	145(21.0)
	CV/%	4.48	4.25	3.40	3.80	3.22	3.60
	试样数量	20		5		5	
	批数	1		1		1	
	数据种类	筛选值		筛选值		筛选值	
ν_{12}^t	平均值		0.286				0.292
	试样数量	5				5	
	批数	1				1	
	数据种类	筛选值				筛选值	
$\varepsilon_1^{tu}/\mu\varepsilon$	平均值		14 300		14 800		
	最小值		13 500		14 200		
	最大值		14 700		15 800		
	CV/%		3.34		3.87		
	B 基准值		②		②		
	分布		正态		正态		
	C_1		14 300		14 800		
	C_2		478		573		
	试样数量	5		5			
	批数	1		1			
	数据种类	筛选值		筛选值			

注:①在 71℃(160°F),85%RH 环境中放置 14 天;②只对 A 类和 B 类数据给出基准值;③该数据是在数据文档要求建立(1989 年 6 月)以前提供的,对于该材料,目前所要求的文档均未提供。

表 2.3.1.4(b)　1 轴拉伸性能([0]$_s$)

材料	Celion 12k/E7K8 单向带			
树脂含量	29%(质量)		复合材料密度	1.61g/cm³
纤维体积含量	63%~64%		空隙含量	0.53%~1.0%
单层厚度	0.279mm(0.011in)			
试验方法	ASTM D 3039-76		模量计算	
正则化	纤维体积含量正则化到 60%(固化后单层厚度 0.279mm(0.011in))			

温度/℃(℉)		82(180)					
吸湿量(%)		0.77					
吸湿平衡条件 (T/℃(℉), RH/%)		①					
来源编码		20					
		正则化值	实测值	正则化值	实测值	正则化值	实测值
F_1^{tu}/ MPa (ksi)	平均值	2021(293)	2145(311)				
	最小值	1855(269)	1972(286)				
	最大值	2179(316)	2310(335)				
	CV/%	6.43	7.19				
	B 基准值	②	②				
	分布	正态	正态				
	C_1	2021(293)	2145(311)				
	C_2	130(18.9)	138(20.0)				
	试样数量	5					
	批数	1					
	数据种类	筛选值					
E_1^t/ GPa (Msi)	平均值	136(19.8)	145(21.0)				
	最小值	134(19.4)	142(20.6)				
	最大值	139(20.1)	148(21.4)				
	CV/%	1.61	1.81				
	试样数量	5					
	批数	1					
	数据种类	筛选值					

（续表）

		正则化值	实测值	正则化值	实测值	正则化值	实测值
ν_{12}^t	平均值		0.322				
	试样数量	5					
	批数	1					
	数据种类	筛选值					
$\varepsilon_1^{tu}/\mu\varepsilon$	平均值		13 800				
	最小值		12 300				
	最大值		15 400				
	$CV/\%$		10.4				
	B 基准值		②				
	分布	正态					
	C_1		13 800				
	C_2		1 440				
	试样数量	5					
	批数	1					
	数据种类	筛选值					

注:①在 71℃(160℉),85%RH 环境中放置 14 天;②只对 A 类和 B 类数据给出基准值;③该数据是在数据文档要求建立(1989 年 6 月)以前提供的,对于该材料,目前所要求的文档均未提供。

表 2.3.1.4(c)　2 轴拉伸性能($[90]_{12}$)

材料	Celion 12k/E7K8 单向带		
树脂含量	31%～33%(质量)	复合材料密度	1.59～1.60 g/cm³
纤维体积含量	59%～61%	空隙含量	0.68%～0.74%
单层厚度	0.279 mm(0.011 in)		
试验方法	ASTM D 3039 - 76	模量计算	
正则化	未正则化		
温度/℃(℉)	24(75)		
吸湿量(%)	大气环境		
吸湿平衡条件 (T/℃(℉), RH/%)			
来源编号	20		

（续表）

$F_2^{tu}/$ MPa (ksi)	平均值	41.4(6.00)				
	最小值	35.9(5.21)				
	最大值	47.5(6.89)				
	$CV/\%$	8.79				
	B基准值	①				
	分布	Weibull				
	C_1	43.0(6.24)				
	C_2	12.6				
	试样数量	20				
	批数	1				
	数据种类	筛选值				
$E_2^t/$ GPa (Msi)	平均值	8.83(1.28)				
	最小值	8.21(1.19)				
	最大值	9.38(1.36)				
	$CV/\%$	4.52				
	试样数量	20				
	批数	1				
	数据种类	筛选值				

注：①只对 A 类和 B 类数据给出基准值；②该数据是在数据文档要求建立（1989 年 6 月）以前提供的，对于该材料，目前所要求的文档均未提供。

表 2.3.1.4(d)　1 轴压缩性能（$[0]_s$）

材料	Celion 12k/E7K8 单向带			
树脂含量	29%～30%（质量）	复合材料密度	1.60～1.61 g/cm³	
纤维体积含量	62%～64%	空隙含量	0.78%～0.79%	
单层厚度	0.254 mm(0.010 in)			
试验方法	SACMA SRM 1-88	模量计算		
正则化	纤维体积含量正则化到 60%（固化后单层厚度 0.279 mm(0.011 in)）			
温度/℃(℉)	24(75)	−54(−65)	24(75)	
吸湿量(%)			0.77	
吸湿平衡条件 (T/℃(℉), RH/%)	大气环境	大气环境	①	

（续表）

来源编码		20		20		20	
		正则化值	实测值	正则化值	实测值	正则化值	实测值
F_1^{cu}/ MPa (ksi)	平均值	1421(206)	1469(213)	1524(221)	1579(229)	1428(207)	1476(214)
	最小值	1179(171)	1221(177)	1365(198)	1414(205)	1365(198)	1414(205)
	最大值	1703(247)	1759(255)	1841(267)	1903(276)	1510(219)	1565(227)
	CV/%	8.62	8.62	12.2	12.2	5.06	5.06
	B 基准值	②	②	②	②	②	②
	分布	Weibull	Weibull	正态	正态	正态	正态
	C_1	1476(214)	1524(221)	1524(221)	1572(228)	1428(207)	1476(214)
	C_2	12.1	12.1	186(27.0)	193(28.0)	72.4(10.5)	74.5(10.8)
	试样数量	20		5		5	
	批数	1		1		1	
	数据种类	筛选值		筛选值		筛选值	
E_1^{t}/ GPa (Msi)	平均值	137(19.9)	146(21.1)	158(22.9)	168(24.3)	149(21.6)	154(22.3)
	最小值	125(18.1)	132(19.2)	143(20.8)	152(22.0)	139(20.2)	145(21.0)
	最大值	150(21.7)	154(22.3)	164(23.8)	173(25.1)	157(22.8)	163(23.6)
	CV/%	4.95	5.08	5.28	5.90	5.25	5.86
	试样数量	20		5		5	
	批数	1		1		1	
	数据种类	筛选值		筛选值		筛选值	
ε_1^{cu}/$\mu\varepsilon$	平均值	11200		9870			
	最小值	10800		9210			
	最大值	11800		10600			
	CV/%	3.59		5.32			
	B 基准值	②		②			
	分布	正态		正态			
	C_1	11200		9870			
	C_2	401		526			
	试样数量	5		5			
	批数	1		1			
	数据种类	筛选值		筛选值			

注：①在 71℃(160℉)，85%RH 环境中放置 14 天；②只对 A 类和 B 类数据给出基准值；③该数据是在数据文档要求建立(1989 年 6 月)以前提供的，对于该材料，目前所要求的文档均未提供。

表 2.3.1.4(e) 1 轴压缩性能($[0]_s$)

材料	Celion 12k/E7K8 单向带			
树脂含量	29%～30%(质量)	复合材料密度	1.60～1.61 g/cm³	
纤维体积含量	62%～64%	空隙含量	0.78%～0.79%	
单层厚度	0.254 mm(0.010 in)			
试验方法	SACMA SRM 1-88	模量计算		
正则化	纤维体积含量正则化到 60%(固化后单层厚度 0.279 mm(0.011 in))			

温度/℃(℉)	82(180)					
吸湿量(%)	0.77					
吸湿平衡条件 (T/℃(℉),RH/%)	①					
来源编码	20					

		正则化值	实测值	正则化值	实测值	正则化值	实测值
F_1^{cu}/ MPa (ksi)	平均值	1276(185)	1324(192)				
	最小值	1090(158)	1131(164)				
	最大值	1517(220)	1572(228)				
	CV/%	12.9	12.9				
	B 基准值	②	②				
	分布	正态	正态				
	C_1	1276(185)	1324(192)				
	C_2	166(24.0)	171(24.8)				
	试样数量	5					
	批数	1					
	数据种类	筛选值					
E_1^c/ GPa (Msi)	平均值	146(21.1)	154(22.3)				
	最小值	134(19.5)	142(20.6)				
	最大值	159(23.1)	169(24.5)				
	CV/%	6.80	7.63				
	试样数量	5					
	批数	1					
	数据种类	筛选值					

注:①在 71℃(160℉),85%RH 环境中放置 14 天;②只对 A 类和 B 类数据给出基准值;③该数据是在数据文档要求建立(1989 年 6 月)以前提供的,对于该材料,目前所要求的文档均未提供。

表 2.3.1.4(f)　12 面剪切性能([±45/45]s)

材料	Celion 12k/E7K8 单向带			
树脂含量	30%～31%(质量)		复合材料密度	1.60 g/cm³
纤维体积含量	61%～62%		空隙含量	0.41%～0.61%
单层厚度	0.279 mm(0.011 in)			
试验方法	ASTM D 3518-76		模量计算	
正则化	未正则化			

温度/℃(℉)	24(75)	82(180)	24(75)	82(180)	
吸湿量(%)			0.77	0.77	
吸湿平衡条件 (T/℃(℉),RH/%)	大气环境	大气环境	①	①	
来源编码	20	20	20	20	
F_{12}^{su}/ MPa (ksi) 平均值	68.3(9.9)	69.0(10.0)	82.8(12.0)	69.0(10.0)	
最小值	64.1(9.3)	55.9(8.1)	77.9(11.3)	56.5(8.2)	
最大值	76.5(11.1)	76.5(11.1)	84.8(12.3)	78.6(11.4)	
CV/%	4.16	11.7	3.41	11.7	
B 基准值	②	②	②	②	
分布	非参数	正态	正态	正态	
C_1	10	69.0(10.0)	82.8(12.0)	69.0(10.0)	
C_2	1.25	8.07(1.17)	2.81(0.407)	8.07(1.17)	
试样数量	20	5	5	5	
批数	1	1	1	1	
数据种类	筛选值	筛选值	筛选值	筛选值	

注:①在 71℃(160℉),85%RH 环境中放置 14 天;②只对 A 类和 B 类数据给出基准值;③该数据是在数据文档要求建立(1989 年 6 月)以前提供的,对于该材料,目前所要求的文档均未提供。

2.3.1.5　AS4 12k/938 单向带

材料描述:

材料	AS4-12k/938。
形式	单向带,纤维面积质量为 145 g/m²,典型的固化后树脂含量为 35%～49%,典型的固化后单层厚度为 0.140 mm(0.0055 in)。
固化工艺	热压罐固化;177℃(350℉),0.586 MPa(85 psi),2 h。

供应商提供的数据:

| 纤维 | AS4 纤维是由 PAN 基原丝制造的连续碳纤维,纤维经表 |

面处理以改善操作性和结构性能。每一丝束包含有 12000 根碳丝。典型的拉伸模量为 234 GPa(34×10^6 psi)，典型的拉伸强度为 3793 MPa(550000 psi)。

基体　　　　　　　938 是一种环氧树脂,在 22℃(72℉)环境下存放 10 天。

最高短期使用温度　177℃(350℉)(干态),93.3℃(200℉)(湿态)。

典型应用　　　　　商业和军用结构。

表 2.3.1.5　AS4 12k/938 单向带

材料	AS-4 12k/938 单向带			
形式	Fiberite Hy-E 1338H 单向带,145 级预浸带			
纤维	Hercules AS4 12k,不加捻		基体	Fiberite 938
T_g(干态)		T_g(湿态)	127℃(260℉)	T_g测量方法
固化工艺	热压罐固化;171~182℃(340~360℉), 0.586~0.793 MPa(100±15 psi), 120~135 min			

注:该数据是在数据文档要求建立(1989 年 6 月)以前提供的,对于该材料,目前所要求的文档均未提供。

纤维制造日期:		试验日期:	8/85
树脂制造日期:		数据提交日期:	4/89
预浸料制造日期:	7/85	分析日期:	1/93
复合材料制造日期:			

单层性能汇总

	24℃ (75℉)/A		−54℃ (−65℉)/A	93℃ (200℉)/A		93℃ (200℉)/W	
1 轴拉伸	II–		II–	II–			
2 轴拉伸	II–			II–			
3 轴拉伸							
1 轴压缩	II–					II–	
2 轴压缩	S––						
3 轴压缩							
12 面剪切	S––		I–––				
23 面剪切							
31 面剪切							

注:强度/模量/泊松比/破坏应变的数据种类为:A—A75, a—A55, B—B30, b—B18, M—平均值,I—临时值, S—筛选值,——无数据(见表 1.5.1.2(c))。

	名义值	提交值	试验方法
纤维密度/(g/cm³)	1.80	1.77~1.79	
树脂密度/(g/cm³)	1.30	1.30	
复合材料密度/(g/cm³)	1.60	1.55~1.58	
纤维面积质量/(g/m²)	145	144~146	
纤维体积含量/%	60	52~60	
单层厚度/mm	0.140	0.122~0.165	

注:该数据是在数据文档要求建立(1989 年 6 月)以前提供的,对于该材料,目前所要求的文档均未提供。

层压板性能汇总

注:强度/模量/泊松比/破坏应变的数据种类为:A—A75,a—A55,B—B30,b—B18,M—平均值,I—临时值,S—筛选值,——无数据(见表 1.5.1.2(c))。

表 2.3.1.5(a)　1 轴拉伸性能($[0]_8$)

材料	AS4 12k/938 单向带		
树脂含量	35%~41%(质量)	复合材料密度	1.55~1.57 g/cm³
纤维体积含量	52%~57%	空隙含量	<1.0%
单层厚度	0.107~0.132 mm(0.004 2~0.005 2 in)		
试验方法	ASTM D 3039-76①	模量计算	
正则化	试样厚度和批内纤维体积含量正则化到 60%(固化后单层厚度 0.135 mm (0.005 3 in))		

温度/℃(℉)	24(75)		−54(−65)		93(200)	
吸湿量(%)						
吸湿平衡条件 (T/℃(℉),RH/%)	大气环境		大气环境		大气环境	
来源编码	12		12		12	
	正则化值	实测值	正则化值	实测值	正则化值	实测值
F_1^{tu}/ MPa (ksi) 平均值	2165(314)	1876(272)	2041(296)	1641(238)	2214(321)	1890(274)
最小值	1862(270)	1586(230)	1365(198)	1200(174)	1814(263)	1579(229)
最大值	2421(351)	2276(330)	2503(363)	1979(287)	2455(356)	2221(322)

(续表)

		正则化值	实测值	正则化值	实测值	正则化值	实测值
$F_1^{tu}/$ MPa (ksi)	CV/%	7.45	8.79	14.4	11.0	7.79	8.10
	B 基准值	②	②	②	②	②	②
	分布	Weibull	ANOVA	ANOVA	ANOVA	ANOVA	Weibull
	C_1	2 234(324)	1 250(26.3)	2 334(49.1)	11 837(249)	1 279(26.9)	1 958(284)
	C_2	16.5	196(4.12)	221(4.64)	528(11.1)	180(3.78)	13.3
	试样数量	22		22		20	
	批数	3		3		3	
	数据种类	临时值		临时值		临时值	
$E_1^t/$ GPa (Msi)	平均值	154(22.4)	134(19.4)	134(19.5)	131(19.0)	141(20.4)	143(20.8)
	最小值	130(18.8)	118(17.1)	128(18.5)	117(16.9)	127(18.4)	127(18.4)
	最大值	186(26.9)	145(21.0)	148(21.5)	152(22.0)	166(24.0)	154(22.4)
	CV/%	9.88	4.66	4.07	5.13	7.23	6.06
	试样数量	22		22		20	
	批数	3		3		3	
	数据种类	临时值		临时值		临时值	

注：①工作段长度为 50.8 mm(2 in)；②只对 A 类和 B 类数据给出基准值；③该数据是在数据文档要求建立 (1989 年 6 月)以前提供的，对于该材料，目前所要求的文档均未提供。

表 2.3.1.5(b)　2 轴拉伸性能($[90]_{16}$)

材料	AS4 12k/938 单向带			
树脂含量	35%～40%(质量)		复合材料密度	1.56～1.58 g/cm³
纤维体积含量	52%～58%		空隙含量	<1.0%
单层厚度	0.135～0.160 mm(0.005 3～0.006 3 in)			
试验方法	ASTM D 3039-76①		模量计算	
正则化	未正则化			
温度/℃(℉)	24(75)	93(200)		
吸湿量(%)				
吸湿平衡条件 (T/℃(℉),RH/%)	大气环境	大气环境		

（续表）

	来源编码	12	12			
F_2^{tu}/ MPa (ksi)	平均值	61.8(8.96)	61.0(8.84)			
	最小值	44.8(6.50)	47.2(6.85)			
	最大值	82.8(12.0)	71.0(10.3)			
	CV/%	15.2	12.2			
	B 基准值	①	②			
	分布	Weibull	ANOVA			
	C_1	65.8(9.54)	56.1(1.18)			
	C_2	7.10	188(3.96)			
	试样数量	19	17			
	批数	3	3			
	数据种类	临时值	临时值			
E_2^t/ GPa (Msi)	平均值	8.90(1.29)	8.48(1.23)			
	最小值	6.69(0.97)	7.24(1.05)			
	最大值	11.9(1.72)	9.65(1.40)			
	CV/%	7.89	7.81			
	试样数量	19	17			
	批数	3	3			
	数据种类	临时值	临时值			

注：①工作段长度为 50.8mm(2in)；②只对 A 类和 B 类数据给出基准值；③该数据是在数据文档要求建立（1989 年 6 月）以前提供的，对于该材料，目前所要求的文档均未提供。

表 2.3.1.5(c)　1 轴压缩性能（[0]₈）

材料	AS4 12k/938 单向带		
树脂含量	33%～38%(质量)	复合材料密度	1.55～1.58g/cm³
纤维体积含量	54%～60%	空隙含量	<1.0%
单层厚度	0.122～0.152mm(0.0048～0.0060in)		
试验方法	SACMA SRM 1-88	模量计算	
正则化	试样厚度和批内纤维体积含量正则化到 60%(固化后单层厚度 0.135mm(0.0053in))		
温度/℃(℉)	24(75)	93(200)	

（续表）

		正则化值	实测值	正则化值	实测值	正则化值	实测值
吸湿量(%)		大气环境		①			
吸湿平衡条件 (T/℃(℉)，RH/%)				60(140)，95			
来源编码		12		12			
F_1^{cu}/ MPa (ksi)	平均值	1572(228)	1455(211)	1310(190)	1159(168)		
	最小值	1283(186)	1186(172)	1090(158)	952(138)		
	最大值	1828(265)	1731(251)	1538(223)	1338(194)		
	CV/%	9.31	10.2	8.96	9.29		
	B基准值	②	②	②	②		
	分布	Weibull	ANOVA	ANOVA	ANOVA		
	C_1	1544(224)	1065(22.4)	903(19.0)	837(17.6)		
	C_2	12.5	157(3.31)	209(4.40)	217(4.57)		
	试样数量	25		24			
	批数	3		3			
	数据种类	临时值		临时值			
E_1^c/ GPa (Msi)	平均值	126(18.2)	127(18.4)	132(19.1)	127(18.4)		
	最小值	108(15.7)	110(15.9)	117(16.9)	114(16.6)		
	最大值	145(21.0)	155(22.5)	166(24.0)	145(21.0)		
	CV/%	9.13	12.4	12.8	9.10		
	试样数量	15		13			
	批数	2		2			
	数据种类	临时值		筛选值			

注：①试样在该环境条件下放置一个月；②只对 A 类和 B 类数据给出基准值；③该数据是在数据文档要求建立 (1989 年 6 月)以前提供的，对于该材料，目前所要求的文档均未提供。

表 2.3.1.5(d)　2 轴压缩性能($[90]_8$)

材料	AS4 12k/938 单向带		
树脂含量	36%(质量)	复合材料密度	1.56 g/cm³
纤维体积含量	56%	空隙含量	0.0
单层厚度	0.147 mm(0.0058 in)		

（续表）

试验方法	SACMA SRM 1-88		模量计算				
正则化	未正则化						
温度/℃(℉)	24(75)						
吸湿量(%)	大气环境						
吸湿平衡条件 (T/℃(℉)，RH/%)							
来源编码	12						
F_2^{cu}/ MPa (ksi)	平均值	209(30.4)					
	最小值	181(26.2)					
	最大值	274(39.7)					
	CV/%	16.4					
	B基准值	①					
	分布	非参数					
	C_1	6					
	C_2	2.14					
	试样数量	10					
	批数	1					
	数据种类	筛选值					

注：①只对 A 类和 B 类数据给出基准值；②该数据是在数据文档要求建立（1989 年 6 月）以前提供的，对于该材料，目前所要求的文档尚未提供。

表 2.3.1.5(e)　12 面剪切性能（$[\pm 45]_{2s}$）

材料	AS4 12k/938 单向带		
树脂含量	35%～37%（质量）	复合材料密度	1.56～1.58 g/cm³
纤维体积含量	54%～57%	空隙含量	<1.0%
单层厚度	0.130～0.160 mm(0.005 1～0.006 3 in)		
试验方法	ASTM D 3518-76	模量计算	
正则化	未正则化		
温度/℃(℉)	24(75)	93(200)	
吸湿量(%)	大气环境	大气环境	
吸湿平衡条件 (T/℃(℉)，RH/%)			

（续表）

		12	12				
来源编码		12	12				
$F_{12}^{su}/$ MPa (ksi)	平均值	89.7(13.0)	95.9(13.9)				
	最小值	74.5(10.8)	82.1(11.9)				
	最大值	95.9(13.9)	110(16.0)				
	CV/%	6.36	7.63				
	B基准值	①	①				
	分布	Weibull	ANOVA				
	C_1	92.4(13.4)	59.9(1.26)				
	C_2	25.4	236(4.96)				
	试样数量	13	18				
	批数	3	3				
	数据种类	筛选值	筛选值				

注：①只对 A 类和 B 类数据给出基准值；②该数据是在数据文档要求建立(1989 年 6 月)以前提供的,对于该材料,目前所要求的文档均未提供。

2.3.1.6　Celion 12k/938 单向带

材料描述：

材料　　　　　Celion 12k/938。

形式　　　　　单向带,纤维面积质量为 $145\,g/m^2$,典型的固化后树脂含量为 $28\% \sim 40\%$,典型的固化后单层厚度为 $0.102 \sim 0.185\,mm(0.0040 \sim 0.0073\,in)$。

固化工艺　　　热压罐固化；$179℃(355℉)$,$0.586 \sim 0.690\,MPa(85 \sim 100\,psi)$,$2\,h$。

供应商提供的数据：

纤维　　　　　Celion 纤维是由 PAN 基原丝制造的连续碳纤维,每一丝束包含有 12 000 根碳丝。典型的拉伸模量为 $234\,GPa(34 \times 10^6\,psi)$,典型的拉伸强度为 $3552\,MPa(515\,000\,psi)$。

基体　　　　　938 是一种环氧树脂,在 $22℃(72℉)$ 环境下存放 10 天。

最高短期使用温度　$177℃(350℉)$（干态）,$93℃(200℉)$（湿态）。

典型应用　　　民用和军用结构。

表 2.3.1.6　Celion 12k/938 单向带

材料	Celion 12k/938 单向带
形式	Fiberite Hy - E 1638N 单向预浸带

（续表）

纤维	Celanese Celion 12k，EP06，不加捻		基体	Fiberite 938
T_g（干态）		T_g（湿态）	T_g 测量方法	
固化工艺	热压罐固化；174～185℃，0.586～0.690 MPa（85～100 psi），120～130 min			

纤维制造日期：	5/85	试验日期：	7/85
树脂制造日期：		数据提交日期：	6/88
预浸料制造日期：		分析日期：	1/93
复合材料制造日期：			

注：该数据是在数据文档要求建立（1989 年 6 月）以前提供的，对于该材料，目前所要求的文档均未提供。

单层性能汇总

	24℃ (75℉)/A	−55℃ (−67℉)/A	121℃ (250℉)/A	82℃ (180℉)/W		
1 轴拉伸	IIII	SSSS	IISI	IISI		
2 轴拉伸	II-I	II-I	SS-S	II-I		
3 轴拉伸						
1 轴压缩	II--	II--	II--	II--		
2 轴压缩	II--	II--	SI--	I---		
3 轴压缩						
12 面剪切	I---	S---	S---	I---		
23 面剪切						
31 面 SB 强度	I---					

注：强度/模量/泊松比/破坏应变的数据种类为：A—A75，a—A55，B—B30，b—B18，M—平均值，I—临时值，S—筛选值，——无数据（见表 1.5.1.2(c)）。

	名义值	提交值	试验方法
纤维密度/(g/cm³)	1.78		
树脂密度/(g/cm³)	1.30		
复合材料密度/(g/cm³)		1.54～1.61	
纤维面积质量/(g/m²)	145	144～147	
纤维体积含量/%		52～65	
单层厚度/mm		0.102～0.185	

注：该数据是在数据文档要求建立（1989 年 6 月）以前提供的，对于该材料，目前所要求的文档均未提供。

层压板性能汇总

注:强度/模量/泊松比/破坏应变的数据种类为:A—A75,a—A55,B—B30,b—B18,M—平均值,I—临时值,S—筛选值,——无数据(见表1.5.1.2(c))。

表 2.3.1.6(a)　1 轴拉伸性能($[0]_7$)

材料	Celion 12k/938 单向带				
树脂含量	28%～36%(质量)		复合材料密度	1.55～1.61 g/cm³	
纤维体积含量	56%～65%		空隙含量	<1.1%	
单层厚度	0.102～0.160 mm(0.004 0～0.006 3 in)				
试验方法	ASTM D 3039-76		模量计算	25%极限载荷处的割线	
正则化	纤维体积含量正则化到 60%(固化后单层厚度 0.135 mm(0.005 3 in))				

温度/℃(℉)		24(75)		−55(−67)		121(250)	
吸湿量(%)							
吸湿平衡条件(T/℃(℉),RH/%)		大气环境		大气环境		大气环境	
来源编码		12		12		12	
		正则化值	实测值	正则化值	实测值	正则化值	实测值
F_1^{tu}/MPa(ksi)	平均值	1883(273)	1869(271)	1807(262)	1917(278)	2131(309)	2200(319)
	最小值	1538(223)	1428(207)	1621(235)	1752(254)	2034(295)	2110(306)
	最大值	2234(324)	2200(319)	2000(290)	2090(303)	2262(328)	2324(337)
	CV/%	7.56	9.76	7.67	6.25	3.00	2.82
	B基准值	①	①	①	①	①	①
	分布	ANOVA	ANOVA	ANOVA	ANOVA	Weibull	Weibull
	C_1	998(21.0)	1393(29.3)	1193(25.1)	994(20.9)	2165(314)	2227(323)
	C_2	115(2.42)	207(4.36)	856(18.0)	770(16.2)	34.5	36.1
	试样数量	102		10		15	
	批数	3		2		3	
	数据种类	临时值		筛选值		临时值	

（续表）

		正则化值	实测值	正则化值	实测值	正则化值	实测值
E_1^t/ GPa (Msi)	平均值	136(19.7)	134(19.5)	131(19.0)	139(20.2)	139(20.1)	143(20.7)
	最小值	117(16.9)	114(16.5)	119(17.3)	125(18.1)	117(16.9)	123(17.9)
	最大值	159(23.1)	150(21.8)	140(20.3)	152(22.0)	161(23.4)	161(23.4)
	CV/%	5.22	5.59	4.94	5.94	9.12	7.49
	试样数量	102		10		15	
	批数	3		2		3	
	数据种类	临时值		筛选值		临时值	
ν_{12}^t②	平均值		0.317		0.279		0.280
	试样数量	102		10		10	
	批数	3		2		2	
	数据种类	临时值		筛选值		临时值	
ε_1^{tu}/$\mu\varepsilon$	平均值		13 100		12 800		14 800
	最小值		10 600		11 500		12 900
	最大值		14 800		14 000		16 100
	CV/%		6.95		6.72		5.81
	B 基准值		①		①		①
	分布		ANOVA		ANOVA		Weibull
	C_1		946		1 060		15 100
	C_2		3.14		17.2		21.4
	试样数量	102		10		15	
	批数	3		2		3	
	数据种类	临时值		筛选值		临时值	

注：①只对 A 类和 B 类数据给出基准值；②在 25% 极限载荷下测量泊松比；③该数据是在数据文档要求建立（1989 年 6 月）以前提供的，对于该材料，目前所要求的文档均未提供。

表 2.3.1.6(b)　1 轴拉伸性能（$[0]_7$）

材料	Celion 12k/938 单向带		
树脂含量	28%～36%（质量）	复合材料密度	1.55～1.59 g/cm³
纤维体积含量	56%～64%	空隙含量	<1.4%
单层厚度	0.112～0.160 mm(0.004 4～0.006 3 in)		

（续表）

试验方法	ASTM D 3039 - 76		模量计算	25％极限载荷处的割线			
正则化	纤维体积含量正则化到 60％（固化后单层厚度 0.135 mm（0.005 3 in））						
温度/℃（℉）	82(180)						
吸湿量（％）	1.1						
吸湿平衡条件 (T/℃（℉），RH/％)	①						
来源编码	12						
		正则化值	实测值	正则化值	实测值	正则化值	实测值
F_1^{tu}/ MPa (ksi)	平均值	1910(277)	1945(282)				
	最小值	1628(236)	1510(219)				
	最大值	2117(307)	2262(328)				
	CV/％	8.89	14.3				
	B 基准值	③	③				
	分布	ANOVA	ANOVA				
	C_1	1317(27.7)	2221(46.7)				
	C_2	255(5.36)	281(5.89)				
	试样数量	15					
	批数	3					
	数据种类	临时值					
E_1^t/ GPa (Msi)	平均值	130(18.9)	132(19.2)				
	最小值	122(17.7)	113(16.4)				
	最大值	141(20.5)	151(21.9)				
	CV/％	4.81	9.74				
	试样数量	15					
	批数	3					
	数据种类	临时值					
ν_{12}^t②	平均值		0.345				
	试样数量	14					
	批数	3					
	数据种类	筛选值					

（续表）

		正则化值	实测值	正则化值	实测值	正则化值	实测值
$\varepsilon_1^{tu}/\mu\varepsilon$	平均值		14 000				
	最小值		11 800				
	最大值		15 700				
	$CV/\%$		8. 13				
	B 基准值		③				
	分布		ANOVA				
	C_1		1 180				
	C_2		3. 36				
	试样数量	15					
	批数	3					
	数据种类	临时值					

注：①放置于 71℃(160℉)，88%RH 环境中直到质量的增加在 1.0%～1.2%之间；②在 25%极限载荷下测量泊松比；③只对 A 类和 B 类数据给出基准值；④该数据是在数据文档要求建立（1989 年 6 月）以前提供的，对于该材料，目前所要求的文档均未提供。

表 2.3.1.6(c)　2 轴拉伸性能（$[90]_{20}$）

材料	Celion 12k/938 单向带			
树脂含量	32%～37%（质量）	复合材料密度	1.55～1.58g/cm³	
纤维体积含量	55%～60%	空隙含量	＜1.3%	
单层厚度	0. 135～0. 163 mm(0. 005 3～0. 006 4 in)			
试验方法	ASTM D 3039 - 76	模量计算	25%极限载荷处的割线	
正则化	未正则化			

	温度/℃(℉)	24(75)	−55(−67)	121(250)	82(180)		
	吸湿量(%)				1.1		
	吸湿平衡条件 (T/℃(℉)，RH/%)	大气环境	大气环境	大气环境	①		
	来源编码	12	12	12	12		
$F_2^{tu}/$ MPa (ksi)	平均值	66.2(9.6)	65.5(9.5)	60.7(8.8)	40.0(5.8)		
	最小值	51.7(7.5)	58.6(8.5)	49.0(7.1)	34.5(5.0)		
	最大值	95.9(13.9)	71.7(10.4)	73.8(10.7)	45.5(6.6)		

（续表）

	$CV/\%$	13	6.6	11	8.4	
	B 基准值	②	②	②	②	
	分布	ANOVA	Weibull	Weibull	ANOVA	
	C_1	61.8(1.3)	67.6(9.8)	63.4(9.2)	25.7(0.54)	
	C_2	128(2.7)	18	10	242(5.1)	
	试样数量	101	15	10	15	
	批数	3	3	2	3	
	数据种类	临时值	临时值	筛选值	临时值	
$E_2^t/$ GPa (Msi)	平均值	9.31(1.35)	9.31(1.35)	8.41(1.22)	8.21(1.19)	
	最小值	7.86(1.14)	8.62(1.25)	6.48(0.94)	7.10(1.03)	
	最大值	12.6(1.82)	10.4(1.51)	10.5(1.52)	9.38(1.36)	
	$CV/\%$	9.29	4.96	12.5	8.65	
	试样数量	101	15	10	15	
	批数	3	3	2	3	
	数据种类	临时值	临时值	筛选值	临时值	
$\varepsilon_2^{tu}/\mu\varepsilon$	平均值	7200	6700	7600	4900	
	最小值	1300	5500	6900	4200	
	最大值	9500	7900	9300	5800	
	$CV/\%$	15	9.2	9.5	8.6	
	B 基准值	②	②	②	②	
	分布	非参数	Weibull	正态	Weibull	
	C_1	5	7000	7600	5100	
	C_2		12	720	12	
	试样数量	97	15	10	15	
	批数	3	3	2	3	
	数据种类	临时值	临时值	筛选值	临时值	

注：①放置于71℃(160℉)，88%RH 环境中直到质量的增加在1.0%～1.2%之间；②只对 A 类和 B 类数据给出基准值；③该数据是在数据文档要求建立(1989 年 6 月)以前提供的，对于该材料，目前所要求的文档均未提供。

表 2.3.1.6(d)　1 轴压缩性能([0]$_7$)

材料	Celion 12k/938 单向带			
树脂含量	26%～35%(质量)		复合材料密度	1.56～1.61 g/cm³
纤维体积含量	57%～67%		空隙含量	<1.5%
单层厚度	0.117～0.185 mm(0.0046～0.0073 in)			
试验方法	SACMA SRM 1-88		模量计算	20%～40%极限载荷之间的弦线模量
正则化	纤维体积含量正则化到 60%(固化后单层厚度 0.135 mm(0.0053 in))			

温度/℃(℉)	24(75)		−55(−67)		121(250)	
吸湿量(%)						
吸湿平衡条件 (T/℃(℉),RH/%)	大气环境		大气环境		大气环境	
来源编码	12		12		12	
F_1^{cu}/ MPa (ksi)	平均值	1386(201)	1365(198)	1655(240)	1655(240)	1345(195)	1386(201)
	最小值	1145(166)	1186(172)	1407(204)	1490(216)	1241(180)	1234(179)
	最大值	1759(255)	1696(246)	1972(286)	1903(276)	1476(214)	1579(229)
	CV/%	9.88	8.99	11.3	8.25	5.48	7.26
	B 基准值	①	①	①	①	①	①
	分布	ANOVA	ANOVA	ANOVA	ANOVA	ANOVA	ANOVA
	C_1	1018(21.4)	889(18.7)	1479(31.1)	1041(21.9)	566(11.9)	794(16.7)
	C_2	187(3.93)	159(3.35)	266(5.59)	236(4.97)	241(5.07)	266(5.59)
	试样数量	102		15		15	
	批数	3		3		3	
	数据种类	临时值		临时值		临时值	
E_1^c/ GPa (Msi)	平均值	119(17.2)	126(18.2)	130(18.8)	132(19.1)	125(18.1)	125(18.1)
	最小值	101(14.7)	103(15.0)	114(16.6)	114(16.6)	118(17.1)	112(16.3)
	最大值	145(21.0)	148(21.5)	150(21.7)	155(22.5)	132(19.1)	140(20.3)
	CV/%	6.87	7.64	7.14	9.74	3.73	7.07
	试样数量	97		15		15	
	批数	3		3		3	
	数据种类	临时值		临时值		临时值	

注:①只对 A 类和 B 类数据给出基准值;②该数据是在数据文档要求建立(1989 年 6 月)以前提供的,对于该材料,目前所要求的文档均未提供。

表 2.3.1.6(e)　1 轴压缩性能($[0]_7$)

材料	Celion 12k/938 单向带		
树脂含量	28%～34%(质量)	复合材料密度	1.58～1.60 g/cm³
纤维体积含量	58%～65%	空隙含量	<1.0%
单层厚度	0.112～0.185 mm(0.0044～0.0073 in)		
试验方法	SACMA SRM 1-88	模量计算	20%～40%极限载荷之间的弦线模量
正则化	纤维体积含量正则化到 60%(固化后单层厚度 0.135 mm(0.0053 in))		

温度/℃(℉)	82(180)					
吸湿量(%)	1.1					
吸湿平衡条件 (T/℃(℉), RH/%)	①					
来源编码	12					

		正则化值	实测值	正则化值	实测值	正则化值	实测值
F_1^{cu}/ MPa (ksi)	平均值	1276(185)	1296(188)				
	最小值	1083(157)	1103(160)				
	最大值	1421(206)	1496(217)				
	CV/%	7.40	7.55				
	B 基准值	②	②				
	分布	Weibull	Weibull				
	C_1	1317(191)	1338(194)				
	C_2	16.3	14.4				
	试样数量	15					
	批数	3					
	数据种类	临时值					
E_1^c/ GPa (Msi)	平均值	126(18.2)	132(19.2)				
	最小值	108(15.7)	109(15.8)				
	最大值	154(22.3)	163(23.7)				
	CV/%	8.88	10.5				
	试样数量	15					
	批数	3					
	数据种类	临时值					

注:①放置于 71℃(160℉),88%RH 环境中直到质量的增加在 1.0%～1.2%之间;②只对 A 类和 B 类数据给出基准值;③该数据是在数据文档要求建立(1989 年 6 月)以前提供的,对于该材料,目前所要求的文档均未提供。

表 2.3.1.6(f)　12 面剪切性能($[\pm 45]_{2S}$)

材料	Celion 12k/938 单向带					
树脂含量	28%～34%(质量)			复合材料密度	1.57～1.61 g/cm³	
纤维体积含量	58%～65%			空隙含量	<1.4%	
单层厚度	0.112～0.163 mm(0.0044～0.0064 in)					
试验方法	ASTM D 3518-76			模量计算		
正则化	未正则化					

	温度/℃(℉)	24(75)	−55(−67)	121(250)	82(180)		
	吸湿量(%)				1.1		
	吸湿平衡条件 (T/℃(℉), RH/%)	大气环境	大气环境	大气环境	①		
	来源编码	12	12	12	12		
$F_{12}^{su}/$ MPa (ksi)	平均值	96.5(14)	110(16)	96.5(14)	96.5(14)		
	最小值	75.9(11)	96.5(14)	89.7(13)	89.7(13)		
	最大值	110(16)	124(18)	103(15)	96.5(14)		
	CV/%	7.3	10.0	6.1	3.6		
	B 基准值	②	②	②	②		
	分布	ANOVA	ANOVA	ANOVA	ANOVA		
	C_1	52.3(1.1)	85.6(1.8)	666(14)	25.2(0.53)		
	C_2	209(4.4)	276(5.8)	904(19)	219(4.6)		
	试样数量	102	14	14	15		
	批数	3	3	3	3		
	数据种类	临时值	筛选值	筛选值	临时值		

注:①放置于 71℃(160℉),88%RH 环境中直到质量的增加在 1.0%～1.2% 之间;②只对 A 类和 B 类数据给出基准值;③该数据是在数据文档要求建立(1989 年 6 月)以前提供的,对于该材料,目前所要求的文档均未提供。

表 2.3.1.6(g)　31 面剪切性能($[0]_{14}$)

材料	Celion 12k/938 单向带		
树脂含量	31%～40%(质量)	复合材料密度	1.54～1.59 g/cm³
纤维体积含量	52%～62%	空隙含量	<1.0%
单层厚度	0.130～0.163 mm(0.0051～0.0064 in)		

（续表）

试验方法	ASTM D 2344 - 67		模量计算				
正则化	未正则化						
温度/℃(℉)	24(75)						
吸湿量(%)	大气环境						
吸湿平衡条件 (T/℃(℉)，RH/%)							
来源编码	12						
$F_{31}^{sbs}/$ MPa (ksi)	平均值	126(18.3)					
	最小值	114(16.6)					
	最大值	136(19.7)					
	CV/%	3.29					
	B 基准值	①					
	分布	ANOVA					
	C_1	29.4(0.619)					
	C_2	131(2.76)					
	试样数量	102					
	批数	3					
	数据种类	筛选值					

注：①只批准了用于筛选值数据种类的短梁强度试验数据；②该数据是在数据文档要求建立(1989 年 6 月)以前提供的，对于该材料，目前所要求的文档均未提供。

2.3.1.7 AS4 12k/3502 单向带

材料描述：

材料　　　AS4 12k/3502。

形式　　　单向带，纤维面积质量为 $150\,g/m^2$，典型的固化后树脂含量为 $32\%\sim45\%$，典型的固化后单层厚度为 $0.132\,mm(0.0052\,in)$。

固化工艺　热压罐固化；$135\,℃(275\,℉)$，$0.586\,MPa(85\,psi)$，$45\,min$；$177\,℃(350\,℉)$，$0.586\,MPa(85\,psi)$，$2h$。在 $204\,℃(400\,℉)$ 下进行后固化处理以得到 $177\,℃(350\,℉)$ 的最佳性能。

供应商提供的数据：

纤维　　　AS4 纤维是由 PAN 基原丝制造的具有高强度、高应变、标准模量的连续碳丝，纤维经表面处理以改善操作性和结构性能，有好的铺覆性。每一丝束包含有 $12\,000$ 根碳丝。典型的拉伸模量为 $234\,GPa(34\times10^6\,psi)$，典型的拉伸强度为

3 793 MPa(550 000 psi)。

基体　　　　　　　　3502 是一种环氧树脂,在大气环境温度下存放 10 天。

最高短期使用温度　177℃(350℉)(干态),82℃(180℉)(湿态)。

典型应用　　　　　　商业和军用飞机的主承力和次承力结构。

数据分析概述:

(1) 没有特别说明处,只用正则化数据进行分析。

表 2.3.1.7　AS4 12k/3502 单向带

材料	AS4 12k/3502 单向带				
形式	Hercules AS4/3502 单向预浸带				
纤维	Hercules AS4 12k,表面处理,不加捻		基体		Hercules 3502
T_g(干态)	208℃(407℉)	T_g(湿态)		T_g测量方法	TMA
固化工艺	热压罐固化;135～141℃(280±5℉),0.586 MPa(85 psi),90 min;177℃(350℉),120 min				

纤维制造日期:	4/83～6/83	试验日期:	11/83～7/84
树脂制造日期:	6/83	数据提交日期:	12/93,5/94
预浸料制造日期:	6/83～7/83	分析日期:	8/94
复合材料制造日期:	8/83～5/84		

单层性能汇总

	24℃ (75℉)/A	−54℃ (−65℉)/A	82℃ (180℉)/W	121℃ (250℉)/W	
1 轴拉伸	BM–	BM–	BM–	BM–	
2 轴拉伸	BM–	BM–	BM–	BM–	
3 轴拉伸					
1 轴压缩	BM–	II–	BM–	BM–	
2 轴压缩	BM–	II–	BM–	BM–	
3 轴压缩					
12 面剪切	BM–	bM–	BM–	II–	
23 面剪切					
31 面剪切					

注:强度/模量/泊松比/破坏应变的数据种类为:A—A75,a—A55,B—B30,b—B18,M—平均值,I—临时值,S—筛选值,—无数据(见表 1.5.1.2(c))。

	名义值	提交值	试验方法
纤维密度/(g/cm³)	1.79	1.77～1.80	
树脂密度/(g/cm³)	1.26	1.24～1.29	
复合材料密度/(g/cm³)	1.57	1.56～1.59	
纤维面积质量/(g/m²)	147	146～150	
纤维体积含量/%	58	55～60	
单层厚度/mm	0.140	0.124～0.155	

层压板性能汇总

注:强度/模量/泊松比/破坏应变的数据种类为:A—A75,a—A55,B—B30,b—B18,M—平均值,I—临时值,S—筛选值,——无数据(见表1.5.2.2(c))。

表 2.3.1.7(a)　　1 轴拉伸性能([0]₈)

材料	AS4 12k/3502 单向带		
树脂含量	30%～33%(质量)	复合材料密度	1.56～1.59 g/cm³
纤维体积含量	59%～61%	空隙含量	0.0～1.0%
单层厚度	0.124～0.155 mm(0.0049～0.0061 in)		
试验方法	ASTM D 3039-76	模量计算	曲线的线性段
正则化	试样厚度和批内纤维体积含量正则化到 60%(固化后单层厚度 0.140 mm (0.0055 in))		

温度/℃(℉)	24(75)		−54(−65)		82(180)	
吸湿量(%)					1.1～1.3	
吸湿平衡条件 (T/℃(℉),RH/%)	大气环境		大气环境		①	
来源编码	49		49		49	
	正则化值	实测值	正则化值	实测值	正则化值	实测值
F_1^{tu} / MPa (ksi) 平均值	1779(258)		1593(231)		1800(261)	
最小值	1317(191)		1117(162)		965(140)	
最大值	2186(317)		1965(285)		2186(317)	
CV/%	9.83		13.4		14.8	

（续表）

		正则化值	实测值	正则化值	实测值	正则化值	实测值
F_1^{tu} /MPa (ksi)	B 基准值	1414(205)		1193(173)		1379(200)	
	分布	Weibull	②	Weibull	②	Weibull	②
	C_1	1855(269)		1683(244)		1903(276)	
	C_2	11.2		8.82		9.39	
	试样数量	36		38		40	
	批数	5		5		5	
	数据种类	B30		B30		B30	
E_1^t /GPa (Msi)	平均值	133(19.3)	②	132(19.2)	②	136(19.7)	②
	最小值	108(15.6)		116(16.8)		104(15.1)	
	最大值	145(21.0)		160(23.2)		161(23.3)	
	CV/%	5.74		6.31		6.87	
	试样数量	36		38		40	
	批数	5		5		5	
	数据种类	平均值		平均值		平均值	

注：①放置于 71℃(160°F)，95%～100%RH 的环境中直到吸湿量达到 1.1%～1.3% 之间；②只用正则化数据进行分析。

表 2.3.1.7(b)　1 轴拉伸性能（[0]₈）

材料	AS4 12k/3502 单向带		
树脂含量	30%～33%(质量)	复合材料密度	1.56～1.59 g/cm³
纤维体积含量	59%～61%	空隙含量	0.0～1.0%
单层厚度	0.140～0.150 mm(0.0055～0.0059 in)		
试验方法	ASTM D 3039-76	模量计算	曲线的线性段
正则化	试样厚度和批内纤维体积含量正则化到 60%(固化后单层厚度 0.140 mm (0.0055 in))		
温度/℃(°F)	121(250)		
吸湿量(%)	1.1～1.3		
吸湿平衡条件 (T/℃(°F), RH/%)	①		
来源编码	49		

（续表）

		正则化值	实测值	正则化值	实测值	正则化值	实测值
F_1^{tu} / MPa (ksi)	平均值	1765(256)					
	最小值	1379(200)					
	最大值	2076(301)					
	$CV/\%$	9.39					
	B 基准值	1317(191)	②				
	分布	ANOVA					
	C_1	1189(25.0)					
	C_2	124(2.61)					
	试样数量	30					
	批数	5					
	数据种类	B30					
E_1^t / GPa (Msi)	平均值	139(20.1)					
	最小值	123(17.8)	②				
	最大值	165(23.9)					
	$CV/\%$	7.32					
	试样数量	30					
	批数	5					
	数据种类	平均值					

注：①放置于 71℃(160℉),95%～100%RH 的环境中直到吸湿量达到 1.1%～1.3%之间；②只用正则化数据进行分析。

表 2.3.1.7(c)　2 轴拉伸性能($[90]_{24}$)

材料	AS4 12k/3502 单向带		
树脂含量	31%～33%(质量)	复合材料密度	$1.56～1.59\,g/cm^3$
纤维体积含量	59%～60%	空隙含量	0.0～1.0%
单层厚度	0.132～0.150 mm(0.005 2～0.005 9 in)		
试验方法	ASTM D 3039－76	模量计算	曲线的线性段
正则化	未正则化		
温度/℃(℉)	24(75)	−54(−65)	82(180)	121(250)

（续表）

吸湿量（%）			1.1～1.3	1.1～1.3	
吸湿平衡条件 （T/℃(℉)，RH/%）	大气环境	大气环境	①	①	
来源编码	49	49	49	49	
F_2^1/ MPa (ksi)	平均值	53.5(7.76)	45.9(6.65)	30.3(4.39)	18.5(2.68)
	最小值	43.2(6.26)	17.1(2.48)	24.3(3.52)	14.7(2.13)
	最大值	70.3(10.2)	61.6(8.93)	35.9(5.20)	23.4(3.40)
	CV/%	10.7	18.0	8.44	12.3
	B基准值	43.3(6.28)	31.5(4.57)	23.9(3.46)	11.4(1.65)
	分布	正态	Weibull	ANOVA	ANOVA
	C_1	53.5(7.76)	48.9(7.09)	18.1(0.380)	16.6(0.348)
	C_2	5.74(0.832)	7.20	116(2.43)	140(2.94)
	试样数量	30	30	30	30
	批数	5	5	5	5
	数据种类	B30	B30	B30	B30
E_2^1/ GPa (Msi)	平均值	9.31(1.35)	9.93(1.44)	8.34(1.21)	6.61(0.958)
	最小值	8.83(1.28)	9.10(1.32)	7.86(1.14)	6.29(0.912)
	最大值	10.3(1.49)	10.9(1.58)	9.31(1.35)	7.31(1.06)
	CV/%	4.26	4.16	4.02	3.61
	试样数量	30	30	30	30
	批数	5	5	5	5
	数据种类	平均值	平均值	平均值	平均值

注：①放置于71℃(160℉)，95%～100%RH 的环境中直到吸湿量达到1.1%～1.3%之间。

表 2.3.1.7(d)　1 轴压缩性能（$[0]_{19}$）

材料	AS4 12k/3502 单向带		
树脂含量	33%～37%（质量）	复合材料密度	1.56～1.59 g/cm³
纤维体积含量	55%～59%	空隙含量	0.0
单层厚度	0.137～0.152 mm（0.005 4～0.006 0 in）		
试验方法	ASTM D 3410A-75	模量计算	曲线的线性段

（续表）

正则化	试样厚度和批内纤维体积含量正则化到 60%（固化后单层厚度 0.140 mm（0.0055 in））					
温度/℃（℉）	24（75）		−54（−65）		82（180）	
吸湿量（%）	大气环境		大气环境		1.1～1.3	
吸湿平衡条件（T/℃（℉），RH/%）					①	
来源编码	49		49		49	
	正则化值	实测值	正则化值	实测值	正则化值	实测值
F_1^{cu}/MPa（ksi）	平均值					

		正则化值	实测值	正则化值	实测值	正则化值	实测值
F_1^{cu}/MPa（ksi）	平均值	1407（204）		1607（233）		1214（176）	
	最小值	1159（168）		1428（207）		1007（146）	
	最大值	1559（226）		1738（252）		1379（200）	
	CV/%	6.45		5.63		6.31	
	B基准值	1179（171）		②		1000（145）	
	分布	ANOVA	③	Weibull	③	ANOVA	③
	C_1	642（13.5）		1641（238）		547（11.5）	
	C_2	116（2.44）		23.0		126（2.65）	
	试样数量	30		15		30	
	批数	5		5		5	
	数据种类	B30		临时值		B30	
E_1^c/GPa（Msi）	平均值	124（18.0）		130（18.8）		128（18.6）	
	最小值	117（16.9）	③	118（17.1）	③	121（17.5）	③
	最大值	134（19.4）		141（20.5）		138（20.0）	
	CV/%	3.19		5.43		3.36	
	试样数量	30		16		30	
	批数	5		5		5	
	数据种类	平均值		临时值		平均值	

注：①放置于71℃（160℉），95%～100%RH 的环境中直到吸湿量达到 1.1%～1.3%之间；②只对 A 类和 B 类数据给出基准值；③只用正则化数据进行分析。

表 2.3.1.7(e)　1 轴压缩性能($[0]_{19}$)

材料	AS4 12k/3502 单向带			
树脂含量	33％～37％(质量)	复合材料密度	1.56～1.57 g/cm³	
纤维体积含量	55％～59％	空隙含量	0.0	
单层厚度	0.137～0.152 mm(0.0054～0.0060 in)			
试验方法	ASTM D 3410A-75	模量计算	曲线的线性段	
正则化	试样厚度和批内纤维体积含量正则化到 60％(固化后单层厚度 0.140 mm (0.0055 in))			

温度/℃(℉)	121(250)		
吸湿量(％)	1.1～1.3		
吸湿平衡条件 (T/℃(℉)，RH/％)	①		
来源编码	49		

		正则化值	实测值	正则化值	实测值	正则化值	实测值
F_1^{cu} / MPa (ksi)	平均值	1014(147)					
	最小值	814(118)					
	最大值	1172(170)					
	CV/％	9.42					
	B 基准值	821(119)					
	分布	Weibull	②				
	C_1	1055(153)					
	C_2	12.5					
	试样数量	30					
	批数	5					
	数据种类	B30					
E_1^c / GPa (Msi)	平均值	129(18.7)					
	最小值	119(17.3)	②				
	最大值	142(20.6)					
	CV/％	3.99					
	试样数量	30					
	批数	5					
	数据种类	平均值					

注：①放置于 71℃(160℉)，95％～100％RH 的环境中直到吸湿量达到 1.1％～1.3％之间；②只用正则化数据进行分析。

表 2.3.1.7(f)　2 轴压缩性能($[90]_{24}$)

材料	AS4 12k/3502 单向带		
树脂含量	31%～33%(质量)	复合材料密度	1.56～1.59 g/cm³
纤维体积含量	59%～60%	空隙含量	0.0～1.0%
单层厚度	0.137～0.147 mm(0.0054～0.0058 in)		
试验方法	ASTM D 695M①④	模量计算	曲线的线性段
正则化	未正则化		

	温度/℃(℉)	24(75)	−54(−65)	82(180)	121(250)		
	吸湿量(%)	大气环境	大气环境	1.1～1.3	1.1～1.3		
	吸湿平衡条件 (T/℃(℉)，RH/%)			②	②		
	来源编码	49	49	49	49		
F_2^{cu}/ MPa (ksi)	平均值	239(34.6)	343(49.8)	170(24.7)	127(18.4)		
	最小值	190(27.5)	293(42.5)	159(23.0)	117(17.0)		
	最大值	279(40.4)	394(57.2)	184(26.7)	137(19.9)		
	CV/%	9.53	10.4	3.23	4.99		
	B 基准值	183(26.6)	③	154(22.3)	106(15.3)		
	分布	ANOVA	Weibull	ANOVA	ANOVA		
	C_1	160(3.37)	359(52.1)	39.8(0.836)	47.1(0.990)		
	C_2	113(2.38)	11.3	133(2.80)	151(3.18)		
	试样数量	30	15	30	30		
	批数	5	5	5	5		
	数据种类	B30	临时值	B30	B30		
E_2^c/ GPa (Msi)	平均值	9.72(1.41)	11.6(1.68)	8.55(1.24)	7.52(1.09)		
	最小值	8.90(1.29)	10.8(1.57)	7.86(1.14)	6.71(0.973)		
	最大值	11.0(1.60)	13.4(1.95)	9.72(1.41)	9.72(1.41)		
	CV/%	4.86	6.07	4.90	9.44		
	试样数量	30	15	30	30		
	批数	5	5	5	5		
	数据种类	平均值	临时值	平均值	平均值		

注:①加强片长度 79.3 mm(3.12 in)，宽度 12.7 mm(0.50 in)，工作段长度 12.7 mm(0.50 in);②放置于 71℃ (160℉)，95%～100%RH 的环境中直到吸湿量达到 1.1%～1.3%之间;③只对 A 类和 B 类数据给出基准值; ④试验标准 ASTM D 695M-96 于 1996 年 7 月 10 日取消。

表 2.3.1.7(g)　12 面剪切性能([±45]₄ₛ)

材料	AS4 12k/3502 单向带			
树脂含量	31%～33%(质量)		复合材料密度	1.56～1.59 g/cm³
纤维体积含量	59%～60%		空隙含量	0.0～1.0%
单层厚度	0.135～0.150 mm(0.0053～0.0059 in)			
试验方法	ASTM D 3518-76		模量计算	曲线的线性段
正则化	未正则化			

温度/℃(℉)		24(75)	−54(−65)	82(180)	121(250)	
吸湿量(%)				1.1～1.3	1.1～1.3	
吸湿平衡条件 (T/℃(℉),RH/%)		大气环境	大气环境	①	①	
来源编码		49	49	49	49	
F_{12}^{su}/ MPa (ksi)	平均值	102(14.8)	106(15.3)	93.1(13.5)	79.3(11.5)	
	最小值	94.5(13.7)	91.7(13.3)	86.2(12.5)	72.4(10.5)	
	最大值	109(15.8)	112(16.2)	97.2(14.1)	85.5(12.4)	
	CV/%	3.18	4.58	3.39	4.27	
	B基准值	92.4(13.4)	95.9(13.9)	81.4(11.8)	71.0(10.3)	
	分布	ANOVA	ANOVA	ANOVA	ANOVA	
	C_1	23.9(0.503)	33.6(0.706)	23.9(0.502)	23.9(0.503)	
	C_2	138(2.91)	97.0(2.04)	154(3.24)	110(2.32)	
	试样数量	36	23	37	42	
	批数	5	5	5	5	
	数据种类	B30	B18	B30	B30	
G_{12}^{s}/ GPa (Msi)	平均值	3.74(0.543)	5.30(0.769)	1.50(0.217)	0.97(0.141)	
	最小值	3.42(0.496)	5.09(0.738)	1.17(0.169)	0.71(0.103)	
	最大值	4.09(0.593)	5.95(0.863)	1.79(0.260)	1.41(0.205)	
	CV/%	5.16	3.69	9.25	17.9	
	试样数量	33	23	33	41	
	批数	5	5	5	5	
	数据种类	平均值	平均值	平均值	平均值	

注:①放置于 71℃(160℉),95%～100%RH 的环境中直到吸湿量达到 1.1%～1.3%之间。

材料	AS4 12k/3502 单向带*				
形式	Hercules AS4/3502 单向预浸带				
纤维	Hercules AS4 12k,表面处理		**基体**		Hercules 3502
T_g(干态)	238℃(460℉)	T_g(湿态)		T_g测量方法	TMA
固化工艺	热压罐固化:135℃(275℉),45 分钟;177℃(350℉),0.586 MPa(85 psi),2 小时;后固化处理:204℃(400℉),4 小时				

注:* 对于该材料,目前所要求的文档均未提供。

纤维制造日期:	12/80~2/82	试验日期:	
树脂制造日期:		数据提交日期:	6/90
预浸料制造日期:	12/80~2/82	分析日期:	1/93
复合材料制造日期:			

单层性能汇总

	24℃ (75℉)/A	−54℃ (−65℉)/A	129℃ (265℉)/A	24℃ (75℉)/W	129℃ (265℉)/W	
1 轴拉伸	IIII		IIII		IIII	
2 轴拉伸	II-I			II-I	II-I	
3 轴拉伸						
1 轴压缩		II-I	II-I		II-I	

注:强度/模量/泊松比/破坏应变的数据种类为:A—A75,a—A55,B—B30,b—B18,M—平均值,I—临时值,S—筛选值,—无数据(见表 1.5.1.2(c))。

	名义值	提交值	试验方法
纤维密度/(g/cm³)	1.79	1.78~1.81	
树脂密度/(g/cm³)	1.26		
复合材料密度/(g/cm³)	1.58		
纤维面积质量/(g/m²)			
纤维体积含量/%	60	63~68	
单层厚度/mm		0.119~0.157	

注:对于该材料,目前所要求的文档均未提供。

层压板性能汇总

注:强度/模量/泊松比/破坏应变的数据种类为:A—A75,a—A55,B—B30,b—B18,M—平均值,I—临时值,S—筛选值,—无数据(见表 1.5.1.2(c))。

表 2.3.1.7(h)　1 轴拉伸性能($[0]_6$)

材料	AS4 12k/3502 单向带		
树脂含量	25%～29%(质量)	复合材料密度	1.59～1.62 g/cm³
纤维体积含量	63%～68%	空隙含量	
单层厚度	0.140～0.147 mm(0.0055～0.0058 in)		
试验方法	ASTM D 3039-76	模量计算	
正则化	试样厚度和批内纤维体积含量正则化到 60%(固化后单层厚度 0.142 mm(0.0056 in))		

温度/℃(℉)	24(75)		129(265)		129(265)	
吸湿量(%)	大气环境		大气环境		湿态	
吸湿平衡条件(T/℃(℉),RH/%)	①		①		②	
来源编码	26		26		26	
	正则化值	实测值	正则化值	实测值	正则化值	实测值
F_1^{tu}/MPa(ksi) — 平均值	1745(253)	1896(275)	1855(269)	2014(292)	1731(251)	1883(273)
最小值	1462(212)	1559(226)	1021(148)	1138(165)	1262(183)	1352(196)
最大值	2028(294)	2227(323)	2165(314)	2469(358)	1979(287)	2172(315)
CV/%	8.35	9.49	15.2	16.5	9.09	10.4
B 基准值	③	③	③	③	③	③
分布	ANOVA	ANOVA	ANOVA	ANOVA	ANOVA	ANOVA
C_1	1023(21.5)	1294(27.2)	1141(24.0)	1436(30.2)	1141(24.0)	1436(30.2)
C_2	105(2.20)	124(2.60)	135(2.83)	143(3.01)	135(2.83)	143(3.01)
试样数量	30		20		25	
批数	5		4		5	
数据种类	临时值		临时值		临时值	

（续表）

		正则化值	实测值	正则化值	实测值	正则化值	实测值
E_1^t/ GPa (Msi)	平均值	129(18.7)	141(20.4)	127(18.4)	138(20.0)	131(19.0)	142(20.6)
	最小值	119(17.3)	130(18.9)	120(17.4)	132(19.1)	124(18.0)	132(19.2)
	最大值	139(20.2)	153(22.2)	136(19.7)	143(20.8)	136(19.7)	152(22.1)
	CV/%	3.88	3.37	3.52	2.59	3.53	3.22
	试样数量	29		20		25	
	批数	5		4		5	
	数据种类	临时值		临时值		临时值	
ν_{12}^t	平均值		0.340		0.356		0.280
	试样数量	30		20		25	
	批数	5		4		5	
	数据种类	临时值		临时值		临时值	
$\varepsilon_1^{tu}/\mu\varepsilon$	平均值		12 400		13 900		12 400
	最小值		10 200		10 400		9 220
	最大值		14 400		15 700		13 900
	CV/%		8.65		12.0		8.95
	B基准值		③		③		③
	分布		ANOVA		ANOVA		ANOVA
	C_1		1 120		1 850		1 170
	C_2		2.62		3.92		2.87
	试样数量	30		20		25	
	批数	5		4		5	
	数据种类	临时值		临时值		临时值	

注：①在82℃（180℉），大气环境相对湿度中放置2天；②在82℃（180℉），75％RH环境中放置10天；③只对A类和B类数据给出基准值；④对于该材料，目前所要求的文档均未提供。

表 2.3.1.7(i)　2 轴拉伸性能（$[\mathbf{90}]_{15}$）

材料	AS4 12k/3502 单向带		
树脂含量	25％～29％(质量)	复合材料密度	1.59～1.62 g/cm³
纤维体积含量	63％～68％	空隙含量	
单层厚度	0.140～0.150 mm（0.005 5～0.005 9 in）		

（续表）

试验方法	ASTM D 3039 - 76		模量计算				
正则化	未正则化						
温度/℃(℉)	24(75)	24(75)	129(265)			
吸湿量(%)	大气环境	湿态	湿态			
吸湿平衡条件 (T/℃(℉)，RH/%)	①	②	②			
来源编码	26	26	26			

F_2^{tu}/ MPa (ksi)	平均值	55.4(8.04)	22.6(3.27)	22.7(3.29)			
	最小值	40.9(5.93)	17.5(2.54)	18.1(2.62)			
	最大值	73.1(10.6)	28.6(4.15)	28.6(4.15)			
	CV/%	13.5	16.3	13.0			
	B 基准值	③	③	③			
	分布	ANOVA	ANOVA	ANOVA			
	C_1	52.8(1.11)	26.6(0.560)	21.5(0.452)			
	C_2	112(2.36)	180(3.79)	150(3.16)			
	试样数量	30	15	20			
	批数	5	3	4			
	数据种类	临时值	临时值	临时值			
E_2^t/ GPa (Msi)	平均值	10.3(1.50)	7.17(1.04)	7.17(1.04)			
	最小值	9.86(1.43)	6.55(0.95)	6.55(0.95)			
	最大值	10.9(1.58)	7.59(1.10)	7.59(1.10)			
	CV/%	2.76	5.1	4.3			
	试样数量	30	15	20			
	批数	5	3	4			
	数据种类	临时值	临时值	临时值			
ε_2^{tu}/$\mu\varepsilon$	平均值	5 500	3 320	3 440			
	最小值	4 000	2 750	2 840			
	最大值	7 390	4 200	4 200			
	CV/%	13.7	13.3	12.1			
	B 基准值	③	③	③			

（续表）

分布	Weibull	ANOVA	ANOVA			
C_1	5 820	506	456			
C_2	7.67	5.66	3.79			
试样数量	30	15	20			
批数	5	3	4			
数据种类	临时值	临时值	临时值			

注：①在82℃（180℉），大气环境相对湿度中放置2天；②在82℃（180℉），75%RH环境中放置63天；③只对A类和B类数据给出基准值；④对于该材料，目前所要求的文档均未提供。

表 2.3.1.7(j)　1轴压缩性能（$[0]_6$）

材料	AS4 12k/3502 单向带			
树脂含量	25%～29%（质量）		复合材料密度	1.59～1.62 g/cm³
纤维体积含量	63%～68%		空隙含量	
单层厚度	0.119～0.157 mm（0.004 7～0.006 2 in）			
试验方法	ASTM D 3410C		模量计算	
正则化	试样厚度和批内纤维体积含量正则化到60%（固化后单层厚度0.140 mm（0.005 5 in））			

温度/℃（℉）		−54（−65）		129（265）		129（265）	
吸湿量（%）		大气环境		大气环境		湿态	
吸湿平衡条件（T/℃（℉），RH/%）		①		①		②	
来源编码		26		26		26	
		正则化值	实测值	正则化值	实测值	正则化值	实测值
F_1^{cu}/MPa(ksi)	平均值	1559(226)	1775(253)	1572(228)	1717(249)	1214(176)	1324(192)
	最小值	1193(173)	1421(206)	979(142)	1034(150)	959(139)	1007(146)
	最大值	2117(307)	2241(325)	1896(275)	2014(292)	1434(208)	1572(228)
	CV/%	16.8	14.1	15.0	15.1	11.5	13.3
	B基准值	③	③	③	③	③	③
	分布	Weibull	Weibull	Weibull	Weibull	Weibull	Weibull
	C_1	1669(242)	1855(269)	1662(241)	1821(264)	1269(184)	1400(203)
	C_2	6.23	7.45	8.66	9.19	10.6	9.32

（续表）

		正则化值	实测值	正则化值	实测值	正则化值	实测值
	试样数量	15		15		15	
	批数	3		3		3	
	数据种类	临时值		临时值		临时值	
E_1^t/ GPa (Msi)	平均值	133(19.3)	146(21.1)	146(21.2)	160(23.2)	135(19.6)	148(21.4)
	最小值	118(17.1)	133(19.3)	118(17.1)	133(19.3)	128(18.5)	141(20.5)
	最大值	150(21.8)	163(23.7)	159(23.1)	181(26.3)	142(20.6)	155(22.5)
	CV/%	6.63	7.30	9.53	9.70	3.85	3.70
	试样数量	15		15		15	
	批数	3		3		3	
	数据种类	临时值		临时值		临时值	
ε_1^{cu}/$\mu\varepsilon$	平均值	16 200		13 400		10 500	
	最小值	11 100		7 370		7 770	
	最大值	21 200		16 000		12 800	
	CV/%	17.4		16.2		14.1	
	B 基准值	③		③		③	
	分布	Weibull		Weibull		Weibull	
	C_1	17 400		14 200		11 100	
	C_2	6.39		8.53		8.71	
	试样数量	15		15		15	
	批数	3		3		3	
	数据种类	临时值		临时值		临时值	

注：①在 82℃(180℉)，大气环境相对湿度中放置 2 天；②在 66℃(150℉)，98%RH 环境中放置 14 天；③只对 A 类和 B 类数据给出基准值；④对于该材料，目前所要求的文档均未提供。

2.3.1.8　AS4/3501 - 6（吸胶）单向带

材料描述：

材料　　　　AS4/3501 - 6。

形式　　　　单向带，纤维面积质量为 145 g/m²，典型的固化后树脂含量为 28%～34%，典型的固化后单层厚度为 0.104～0.157 mm(0.004 1～0.006 2 in)。

固化工艺　　热压罐固化；116℃(240℉)，0.586 MPa(85 psi)，1 h；177℃(350℉)，0.690 MPa(100 psi)，2 h，吸胶。

供应商提供的数据：

纤维	AS4 纤维是由 PAN 基原丝制造的连续碳纤维，纤维经表面处理以改善操作性和结构性能。典型的拉伸模量为 $234\,GPa(34\times10^6\,psi)$，典型的拉伸强度为 $3\,793\,MPa$ $(550\,000\,psi)$。
基体	3501－6 是一种胺固化的环氧树脂，在大气环境温度下存放最少 10 天还能保持轻微的黏性。
最高短期使用温度	149℃(300℉)(干态)，82℃(180℉)(湿态)。
典型应用	应用于普通用途的结构。

表 2.3.1.8　AS4/3501－6(吸胶)单向带

材料	AS4/3501－6 单向带			
形式	Hercules AS4/3501－6 单向预浸带			
纤维	Hercules AS4		基体	Hercules 3501－6
T_g(干态)	199℃(390℉)	T_g(湿态)	T_g 测量方法	TMA
固化工艺	热压罐固化；110～121℃(240±10℉)，0.586 MPa(85 psi)，60 min；171～182 (350±10℉)，0.621～0.759 MPa(100±10 psi)，120±10 min；吸胶			

纤维制造日期：		试验日期：	
树脂制造日期：		数据提交日期：	6/90
预浸料制造日期：		分析日期：	1/93
复合材料制造日期：			

注：对于该材料，目前所要求的文档均未提供。

单层性能汇总

	24℃ (75℉)/A	93℃ (200℉)/A	24℃ (75℉)/W	93℃ (200℉)/W		
1 轴拉伸	II—					
2 轴拉伸	SS—					
3 轴拉伸						
1 轴压缩	IS—	II—	SS—	SS—		
31 面 SB 强度	S—	S—	S—	S—		

注：强度/模量/泊松比/破坏应变的数据种类为：A—A75，a—A55，B—B30，b—B18，M—平均值，I—临时值，S—筛选值，——无数据(见表 1.5.1.2(c))。

	名义值	提交值	试验方法
纤维密度/(g/cm³)	1.80		
树脂密度/(g/cm³)	1.27		
复合材料密度/(g/cm³)	1.59		
纤维面积质量/(g/m²)	145		
纤维体积含量/%	60	58～65	
单层厚度/mm		0.104～0.150	

注:对于该材料,目前所要求的文档均未提供。

层压板性能汇总

注:强度/模量/泊松比/破坏应变的数据种类为:A—A75,a—A55,B—B30,b—B18,M—平均值,I—临时值,S—筛选值,—无数据(见表1.5.1.2(c))。

表 2.3.1.8(a)　1 轴拉伸性能([0]₈)

材料	AS4/3501-6(吸胶)单向带		
树脂含量	34%～38%(质量)	复合材料密度	1.56 g/cm³
纤维体积含量	58%～65%	空隙含量	
单层厚度	0.122～0.145 mm(0.0048～0.0057 in)		
试验方法	ASTM D 3039-76	模量计算	
正则化	纤维体积含量正则化到60%(固化后单层厚度0.135 mm(0.0053 in))		

温度/℃(℉)	24(75)		
吸湿量(%)			
吸湿平衡条件(T/℃(℉),RH/%)	大气环境		
来源编码	26		

		正则化值	实测值		
$F_1^{tu}/$ MPa (ksi)	平均值	2007(291)	2034(295)		
	最小值	1814(263)	1869(271)		
	最大值	2248(326)	2248(326)		
	CV/%	6.09	5.05		

（续表）

		正则化值	实测值				
	B 基准值	①	①				
	分布	Weibull	Weibull				
	C_1	2 069(300)	2 083(302)				
	C_2	18.4	20.3				
	试样数量	21					
	批数	7					
	数据种类	临时值					
E_1 / GPa (Msi)	平均值	135(19.6)	137(19.9)				
	最小值	124(18.0)	126(18.3)				
	最大值	146(21.1)	156(22.6)				
	CV/%	3.73	6.48				
	试样数量	21					
	批数	7					
	数据种类	临时值					

注:①只对 A 类和 B 类数据给出基准值;②对于该材料,目前所要求的文档均未提供。

表 2.3.1.8(b)　2 轴拉伸性能([90]₈)

材料	AS4/3501-6(吸胶)单向带		
树脂含量	28%～29%(质量)	复合材料密度	1.60～1.61 g/cm³
纤维体积含量	63%～64%	空隙含量	
单层厚度	0.122～0.145 mm(0.004 8～0.005 7 in)		
试验方法	ASTM D 3039-76	模量计算	
正则化	未正则化		
温度/℃(℉)	24(75)		
吸湿量(%)			
吸湿平衡条件 (T/℃(℉), RH/%)	大气环境		
来源编码	26		

(续表)

$F_2^{tu}/$ MPa (ksi)	平均值	53.7(7.78)					
	最小值	48.3(7.00)					
	最大值	65.5(9.50)					
	$CV/\%$	12.1					
	B 基准值	①					
	分布	正态					
	C_1	53.7(7.78)					
	C_2	6.49(0.941)					
	试样数量	6					
	批数	2					
	数据种类	筛选值					
$E_2^t/$ GPa (Msi)	平均值	10.2(1.48)					
	最小值	9.65(1.40)					
	最大值	10.3(1.50)					
	$CV/\%$	2.75					
	试样数量	6					
	批数	2					
	数据种类	筛选值					

注:①只对 A 类和 B 类数据给出基准值;②对于该材料,目前所要求的文档均未提供。

表 2.3.1.8(c)　1 轴压缩性能([0]₈)

材料	AS4/3501-6(吸胶)单向带		
树脂含量	28%~34%(质量)	复合材料密度	1.58~1.61 g/cm³
纤维体积含量	58%~65%	空隙含量	
单层厚度	0.104~0.140 mm(0.0041~0.0055 in)		
试验方法	SACMA SRM 1-88	模量计算	
正则化	纤维体积含量正则化到 60%(固化后单层厚度 0.135 mm(0.0053 in))		
温度/℃(℉)	24(75)	93(200)	24(75)
吸湿量(%)			湿态
吸湿平衡条件 (T/℃(℉),RH/%)	大气环境	大气环境	①

（续表）

来源编码		26		26		26	
		正则化值	实测值	正则化值	实测值	正则化值	实测值
F_1^{cu}/ MPa (ksi)	平均值	1448(210)	1476(214)	1352(196)	1386(201)	1393(202)	1469(213)
	最小值	993(144)	1110(161)	1021(148)	1138(165)	1138(165)	1234(179)
	最大值	1855(269)	1793(260)	1669(242)	1634(237)	1890(274)	1834(266)
	CV/%	16.0	13.5	13.6	10.7	18.0	14.1
	B基准值	②	②	②	②	②	②
	分布	ANOVA	ANOVA	ANOVA	ANOVA	Weibull	Weibull
	C_1	1650(34.7)	1317(27.7)	1317(27.7)	1061(22.3)	1496(217)	1559(226)
	C_2	114(2.39)	120(2.52)	120(2.52)	112(2.35)	5.89	7.82
	试样数量	26		27		10	
	批数	7		7		2	
	数据种类	临时值		临时值		筛选值	
E_1^c/ GPa (Msi)	平均值	123(17.8)	130(18.8)	112(16.3)	120(17.4)	120(17.4)	128(18.5)
	最小值	104(15.1)	113(16.4)	89.7(13.0)	98.6(14.3)	108(15.6)	118(17.1)
	最大值	140(20.3)	138(20.0)	129(18.7)	135(19.6)	140(20.3)	142(20.6)
	CV/%	7.50	7.18	10.7	10.1	9.14	5.84
	试样数量	14		15		10	
	批数	3		3		2	
	数据种类	筛选值		临时值		筛选值	

注：①在60℃(140℉)，95%RH环境中放置30天；②只对A类和B类数据给出基准值；③对于该材料，目前所要求的文档均未提供。

表2.3.1.8(d)　　1轴压缩性能（[0]₈）

材料	AS4/3501-6(吸胶)单向带		
树脂含量	28%～34%(质量)	复合材料密度	1.58～1.61g/cm³
纤维体积含量	58%～65%	空隙含量	
单层厚度	0.104～0.140mm(0.0041～0.0055in)		
试验方法	SACMA SRM 1-88	模量计算	
正则化	纤维体积含量正则化到60%(固化后单层厚度0.135mm(0.0053in))		
温度/℃(℉)	93(200)		

（续表）

		正则化值	实测值		
	吸湿量(%)	湿态			
	吸湿平衡条件 (T/℃(℉)，RH/%)				
	来源编码	26			
F_1^{cu} / MPa (ksi)	平均值	1165(169)	1234(179)		
	最小值	690(100)	738(107)		
	最大值	1462(212)	1559(226)		
	CV/%	22.2	22.9		
	B 基准值	①	①		
	分布	ANOVA	ANOVA		
	C_1	1983(41.7)	2216(46.6)		
	C_2	251(5.28)	272(5.72)		
	试样数量	10			
	批数	3			
	数据种类	筛选值			
E_1^t / GPa (Msi)	平均值	122(17.7)	129(18.7)		
	最小值	83.4(12.1)	92.4(13.4)		
	最大值	188(27.2)	176(25.5)		
	CV/%	21.6	15.8		
	试样数量	10			
	批数	3			
	数据种类	筛选值			

注：①只对 A 类和 B 类数据给出基准值；②对于该材料，目前所要求的文档均未提供。

表 2.3.1.8(e)　31 面短梁强度性能($[0]_8$)

材料	AS4/3501-6(吸胶)单向带		
树脂含量	30%～34%(质量)	复合材料密度	1.58～1.60 g/cm³
纤维体积含量	58%～62%	空隙含量	
单层厚度	0.119～0.140 mm (0.047～0.0055 in)		

（续表）

试验方法	ASTM D 2344			模量计算		
正则化	未正则化					
温度/℃(℉)	24(75)	93(200)		24(75)		93(200)
吸湿量(%)	大气环境	大气环境	湿态	湿态		
吸湿平衡条件 (T/℃(℉)，RH/%)			①	①		
来源编码	26	26	26			26

$F_{31}^{sbs}/$ MPa (ksi)	平均值	119(17.3)	89.7(13.0)	95.9(13.9)	62.1(9.0)
	最小值	97.2(14.1)	76.5(11.1)	90.3(13.1)	57.2(8.3)
	最大值	134(19.4)	103(14.9)	107(15.5)	69.7(10.1)
	CV/%	7.63	11.6	6.13	6.4
	B 基准值	②	②	②	②
	分布	ANOVA	ANOVA	正态	正态
	C_1	65.6(1.38)	75.6(1.59)	95.9(13.9)	62.1(9.0)
	C_2	125(2.62)	132(2.77)	5.88(0.852)	4.00(0.580)
	试样数量	21	21	6	9
	批数	7	7	2	3
	数据种类	筛选值	筛选值	筛选值	筛选值

注：①在 60℃(140℉)，95%RH 环境中放置 30 天；②只对 A 类和 B 类数据给出基准值；③对于该材料，目前所要求的文档均未提供。

表 2.3.1.8(f)　x 轴拉伸性能（[0/45/90/−45]ₛ）

材料	AS4/3501-6(吸胶)单向带		
树脂含量	29%～32%(质量)	复合材料密度	1.59～1.60 g/cm³
纤维体积含量	60%～63%	空隙含量	
单层厚度	0.140～0.157 mm(0.0055～0.0062 in)		
试验方法	ASTM D 3039-76	模量计算	曲线的线性段
正则化	纤维体积含量正则化到 60%(固化后单层厚度 0.150 mm(0.0059 in))		
温度/℃(℉)	24(75)		
吸湿量(%)	大气环境		
吸湿平衡条件 (T/℃(℉)，RH/%)			

（续表）

来源编码		26				
		正则化值	实测值			
$F_x^{tu}/$ MPa (ksi)	平均值	738(107)	661(95.8)			
	最小值	697(101)	625(90.6)			
	最大值	814(118)	731(106)			
	$CV/\%$	6.03	5.95			
	B 基准值	①	①			
	分布	ANOVA	ANOVA			
	C_1	357(7.51)	1422(29.9)			
	C_2	737(15.5)	690(14.5)			
	试样数量	6				
	批数	2				
	数据种类	筛选值				
$E_x^t/$ GPa (Msi)	平均值	55.7(8.08)	49.8(7.22)			
	最小值	51.0(7.39)	45.5(6.60)			
	最大值	64.9(9.41)	57.9(8.40)			
	$CV/\%$	9.75	9.74			
	试样数量	6				
	批数	2				
	数据种类	筛选值				

注：①只对 A 类和 B 类数据给出基准值。

表 2.3.1.8(g)　x 轴开孔拉伸性能（$[0/45/90/-45]_s$）

材料	AS4/3501-6(吸胶)单向带		
树脂含量	29%~32%(质量)	复合材料密度	1.59~1.60 g/cm³
纤维体积含量	60%~63%	空隙含量	
单层厚度	0.140~0.145 mm(0.005 5~ 0.005 7 in)		
试验方法	SACMA SRM 5-88①	模量计算	
正则化	纤维体积含量正则化到 60%(固化后单层厚度 0.142 mm(0.005 6 in))		
温度/℃(℉)	24(75)		

（续表）

		正则化值	实测值			
吸湿量（%）		大气环境				
吸湿平衡条件 (T/℃(℉)，RH/%)						
来源编码		26				
F_x^{oht} / MPa (ksi)	平均值	452(65.6)	428(62.0)			
	最小值	429(62.2)	408(59.2)			
	最大值	476(69.0)	449(65.1)			
	CV/%	3.42	3.13			
	B 基准值	②	②			
	分布	ANOVA	正态			
	C_1	119(2.50)	428(62.0)			
	C_2	609(12.8)	13.4(1.94)			
	试样数量	6				
	批数	2				
	数据种类	筛选值				

注：①SACMA SRM 5-88 采用的铺层形式为 $[45/0/-45/90]_{2S}$；②只对 A 类和 B 类数据给出基准值。

2.3.1.9 AS4/3501-6(零吸胶)单向带

材料描述：

材料　　　　　AS4/3501-6。

形式　　　　　单向带，纤维面积质量为 $145\,g/m^2$，典型的固化后树脂含量为 36%～39%，典型的固化后单层厚度为 0.140～0.160 mm(0.0055～0.0063 in)。

固化工艺　　　热压罐固化；116℃(240℉)，0.586 MPa(85 psi)，1 h；177℃(350℉)，0.690 MPa(100 psi)，2 h，零吸胶。

供应商提供的数据：

纤维　　　　　AS4 纤维是由 PAN 基原丝制造的连续碳纤维，纤维经表面处理以改善操作性和结构性能。每一丝束包含有 12000 根碳丝。典型的拉伸模量为 234 GPa($34×10^6$ psi)，典型的拉伸强度为 3793 MPa(550000 psi)。

基体　　　　　3501-6 是一种胺固化的环氧树脂，在大气环境温度下存放最少 10 天还能保持轻微的黏性。

最高短期使用温度　149℃(300℉)(干态)，82℃(180℉)(湿态)。

典型应用　　　　　普通用途的结构。

表 2.3.1.9 AS4/3501-6(零吸胶)单向带

材料	AS4/3501-6 单向带			
形式	Hercules AS4/3501-6 单向预浸带			
纤维	Hercules AS4,无上浆剂(胶)		基体	Hercules 3501-6
T_g(干态)	199℃(390℉)	T_g(湿态)	T_g测量方法	TMA
固化工艺	热压罐固化;110～121(240±10℉),0.586 MPa(85 psi),60 min;171～182(350±10℉),0.621～0.759 MPa(100±10 psi),110～130 min;零吸胶			

注:对于该材料,目前所要求的文档均未提供。

纤维制造日期:	约 12/82—8/89	试验日期:	约 6/83—约 4/91
树脂制造日期:		数据提交日期:	6/90
预浸料制造日期:	1/83—11/89	分析日期:	1/93
复合材料制造日期:			

单层性能汇总

	24℃ (75℉)/A	−54℃ (−65℉)/A	93℃ (200℉)/A	93℃ (200℉)/W	
1 轴拉伸	II—	SS—	SS—		
2 轴拉伸	SS—				
3 轴拉伸					
1 轴压缩	II—		I—	II—	
31 面 SB 强度	S—		S—		

注:强度/模量/泊松比/破坏应变的数据种类为:A—A75,a—A55,B—B30,b—B18,M—平均值,I—临时值,S—筛选值,——无数据(见表 1.5.1.2(c))。

	名义值	提交值	试验方法
纤维密度/(g/cm³)	1.80		
树脂密度/(g/cm³)	1.27		
复合材料密度/(g/cm³)	1.59		
纤维面积质量/(g/m²)	145	142～149	
纤维体积含量/%	60	52～60	
单层厚度/mm		0.140～0.160	

注:对于该材料,目前所要求的文档均未提供。

层压板性能汇总

[0/45/90/−45]	24℃(75℉)/A					
X 轴拉伸	S—					
X 轴开孔拉伸	S—					

注:强度/模量/泊松比/破坏应变的数据种类为:A—A75,a—A55,B—B30,b—B18,M—平均值,I—临时值,S—筛选值,—无数据(见表1.5.1.2(c))。

表 2.3.1.9(a)　1 轴拉伸性能([0]₈)

材料	AS4/3501-6(零吸胶)单向带		
树脂含量	36%～39%(质量)	复合材料密度	1.55～1.57 g/cm³
纤维体积含量	52%～56%	空隙含量	
单层厚度	0.140～0.152 mm(0.0055～0.0060 in)		
试验方法	ASTM D 3039-76	模量计算	初始切线
正则化	纤维体积含量正则化到60%(固化后单层厚度0.135 mm(0.0053 in))		

温度/℃(℉)	24(75)		−54(−65)		93(200)	
吸湿量(%)						
吸湿平衡条件 (T/℃(℉),RH/%)	大气环境		大气环境		大气环境	
来源编码	26		26		26	

		正则化值	实测值	正则化值	实测值	正则化值	实测值
F_1^{tu}/ MPa (ksi)	平均值	2000(290)	1807(262)	1800(261)	1634(237)	2172(315)	1972(286)
	最小值	1807(262)	1621(235)	1428(207)	1290(187)	1917(278)	1703(247)
	最大值	2221(322)	1972(286)	2069(300)	1890(274)	2276(330)	2048(297)
	CV/%	5.62	5.38	12.4	12.8	4.89	5.59
	B基准值	①	①	①	①	①	①
	分布	ANOVA	ANOVA	ANOVA	ANOVA	非参数	非参数
	C_1	785(16.5)	680(14.3)	1660(34.9)	1574(33.1)	6	6
	C_2	97.5(2.05)	95.6(2.01)	223(4.69)	240(5.05)	2.25	2.25
	试样数量	30		9		9	
	批数	10		3		3	
	数据种类	临时值		筛选值		筛选值	

（续表）

		正则化值	实测值	正则化值	实测值	正则化值	实测值
E_1^t / GPa (Msi)	平均值	130(18.9)	118(17.1)	146(21.1)	132(19.2)	143(20.8)	130(18.9)
	最小值	117(17.0)	107(15.5)	136(19.7)	122(17.7)	134(19.4)	120(17.4)
	最大值	140(20.3)	123(17.9)	154(22.3)	148(21.4)	152(22.0)	139(20.2)
	$CV/\%$	4.0	3.20	4.60	5.78	4.72	4.70
	试样数量	30		9		9	
	批数	10		3		3	
	数据种类	临时值		筛选值		筛选值	

注：①只对 A 类和 B 类数据给出基准值；②对于该材料，目前所要求的文档均未提供。

表 2.3.1.9(b)　2 轴拉伸性能（[90]₈）

材料	AS4/3501-6(零吸胶)单向带		
树脂含量	37%(质量)	复合材料密度	1.56g/cm³
纤维体积含量	54%～55%	空隙含量	
单层厚度	0.152～0.157 mm(0.0060～0.0062 in)		
试验方法	ASTM D 3039-76	模量计算	初始切线
正则化	未正则化		

温度/℃(℉)	24(75)					
吸湿量(%)						
吸湿平衡条件 (T/℃(℉)，RH/%)	大气环境					
来源编码	26					
F_2^{tu} / MPa (ksi)	平均值	55.2(8.0)				
	最小值	46.9(6.8)				
	最大值	64.1(9.3)				
	$CV/\%$	10				
	B 基准值	①				
	分布	正态				
	C_1	55.2(8.0)				
	C_2	5.59(0.81)				

（续表）

	试样数量	9					
	批数	3					
	数据种类	筛选值					
E_2^t/ GPa (Msi)	平均值	8.28(1.2)					
	最小值	7.59(1.1)					
	最大值	9.65(1.4)					
	$CV/\%$	8.9					
	试样数量	9					
	批数	3					
	数据种类	筛选值					

注:①只对 A 类和 B 类数据给出基准值;②对于该材料,目前所要求的文档均未提供。

表 2.3.1.9(c)　1 轴压缩性能($[0]_8$)

材料	AS4/3501-6(零吸胶)单向带				
树脂含量	36%~39%(质量)		复合材料密度	1.55~1.57 g/cm³	
纤维体积含量	52%~56%		空隙含量		
单层厚度	0.142~0.152 mm(0.005 6~0.006 0 in)				
试验方法	SACMA SRM 1-88		模量计算	初始切线	
正则化	纤维体积含量正则化到 60%(固化后单层厚度 0.135 mm(0.005 3 in))				
温度/℃(℉)	24(75)		93(200)		93(200)
吸湿量(%)					湿态
吸湿平衡条件 (T/℃(℉),RH/%)	大气环境		大气环境		①
来源编码	26		26		26

		正则化值	实测值	正则化值	实测值	正则化值	实测值
F_1^{cu}/ MPa (ksi)	平均值	1607(233)	1455(211)	1469(213)	1331(193)	1317(191)	1193(173)
	最小值	1379(200)	1283(186)	1200(174)	1083(157)	979(142)	883(128)
	最大值	1793(260)	1614(234)	1841(267)	1676(243)	1517(220)	1386(201)
	$CV/\%$	6.39	6.16	9.74	10.0	11.0	11.4
	B 基准值	②	②	②	②	②	②

（续表）

		正则化值	实测值	正则化值	实测值	正则化值	实测值
	分布	ANOVA	ANOVA	ANOVA	ANOVA	ANOVA	ANOVA
	C_1	723(15.2)	637(13.4)	999(21.0)	932(19.6)	1 065(22.4)	1 003(21.1)
	C_2	105(2.21)	106(2.23)	95.1(2.00)	96.5(2.03)	198(4.17)	202(4.25)
	试样数量	30		30		15	
	批数	8		10		3	
	数据种类	临时值		临时值		临时值	
$E_1^{①}$/ GPa (Msi)	平均值	130(18.8)	117(17.0)			126(18.3)	114(16.6)
	最小值	123(17.9)	112(16.2)			121(17.5)	108(15.7)
	最大值	136(19.7)	123(17.8)			132(19.1)	119(17.3)
	$CV/\%$	3.21	3.53			2.62	3.16
	试样数量	15				15	
	批数	3				3	
	数据种类	临时值				临时值	

注：①在 60℃(140℉)，95%RH 环境中放置 30 天；②只对 A 类和 B 类数据给出基准值；③对于该材料，目前所要求的文档均未提供。

表 2.3.1.9(d)　31 面剪切性能($[0]_8$)

材料	AS4/3501-6(零吸胶)单向带		
树脂含量	36%～39%(质量)	复合材料密度	1.55～1.57 g/cm³
纤维体积含量	52%～56%	空隙含量	
单层厚度	0.145～0.160 mm(0.005 7～0.006 3 in)		
试验方法	ASTM D 2344-76	模量计算	初始切线
正则化	未正则化		
温度/℃(℉)	24(75)	93(200)	
吸湿量(%)			
吸湿平衡条件 (T/℃(℉)，RH/%)	大气环境	大气环境	
来源编号	26	26	

（续表）

$F_{31}^{sbs}/$ MPa (ksi)	平均值	123(17.9)	96.5(14.0)				
	最小值	114(16.5)	89.0(12.9)				
	最大值	131(19.0)	106(15.4)				
	CV/%	4.46	4.73				
	B 基准值	①	①				
	分布	ANOVA	ANOVA				
	C_1	39.2(0.824)	32.5(0.683)				
	C_2	112(2.36)	111(2.34)				
	试样数量	30	30				
	批数	8	10				
	数据种类	筛选值	筛选值				

注：①短梁强度试验数据只批准用于筛选数据种类；②对于该材料，目前所要求的文档均未提供。

表 2.3.1.9(e)　x 轴拉伸性能（[0/45/90/－45]s）

材料	AS4/3501－6(零吸胶)单向带		
树脂含量	36%～37%(质量)	复合材料密度	1.56～1.57 g/cm³
纤维体积含量	54%～56%	空隙含量	
单层厚度	0.145～0.157 mm(0.0057～0.0062 in)		
试验方法	ASTM D 3039－76	模量计算	
正则化	未正则化		

温度/℃(℉)	24(75)						
吸湿量(%)	大气环境						
吸湿平衡条件 (T/℃(℉)，RH/%)							
来源编码	26						
$F_x^{tu}/$ MPa (ksi)	平均值	603(87.4)					
	最小值	574(83.2)					
	最大值	640(92.8)					
	CV/%	3.43					
	B 基准值	①					

（续表）

分布	正态					
C_1	603(87.4)					
C_2	20.7(3.00)					
试样数量	9					
批数	3					
数据种类	筛选值					

注：①只对 A 类和 B 类数据给出基准值。

表 2.3.1.9(f)　x 轴开孔拉伸性能（$[0/45/90/-45]_s$）

材料	AS4/3501 - 6(零吸胶)单向带		
树脂含量	36%～37%(质量)	复合材料密度	1.56～1.57 g/cm³
纤维体积含量	54%～56%	空隙含量	
单层厚度	0.152～0.163 mm(0.006 0～0.0064 in)		
试验方法	SACMA SRM 5 - 88①	模量计算	
正则化	未正则化		

	温度/℃(℉)	24(75)					
	吸湿量(%)						
	吸湿平衡条件 (T/℃(℉)，RH/%)	大气环境					
	来源编码	26					
F_x^{oht} / MPa (ksi)	平均值	392(56.8)					
	最小值	375(54.4)					
	最大值	419(60.8)					
	CV/%	3.75					
	B 基准值	②					
	分布	正态					
	C_1	392(56.8)					
	C_2	14.7(2.13)					
	试样数量	9					
	批数	3					
	数据种类	筛选值					

注：①SACMA SRM 5 - 88 采用的铺层形式为$[45/0/-45/90]_{2s}$；②只对 A 类和 B 类数据给出基准值。

2.3.1.10 T300 15k/976 单向带

材料描述:

材料	T300 15k/976
形式	单向带,纤维面积质量为 $152\,g/m^2$,典型的固化后树脂含量为 $25\%\sim35\%$,典型的固化后单层厚度为 $0.130\,mm$ $(0.005\,1\,in)$
固化工艺	热压罐固化;$121℃(250℉)$, $0.690\,MPa(100\,psi)$, $45\,min$; $177℃(350℉)$, $2\,h$

供应商提供的数据:

纤维	T300 纤维是由 PAN 基原丝制造的连续碳纤维,纤维经表面处理以改善操作性和结构性能。每一丝束包含有 $15\,000$ 根碳丝。典型的拉伸模量为 $227\,GPa(33×10^6\,psi)$,典型的拉伸强度为 $3\,655\,MPa(530\,000\,psi)$。
基体	976 是满足 NASA 真空排气要求的高流动性改性环氧树脂,在 $22℃(72℉)$ 环境下存放 10 天。
最高短期使用温度	$177℃(350℉)$(干态),$121℃(250℉)$(湿态)
典型应用	商业和军用结构,具有良好的湿热性能。

表 2.3.1.10 T300 15k/976 单向带

材料	T300 15k/976 单向带				
形式	Fiberite T300/976 单向预浸带				
纤维	Union Carbide T300 15k			基体	Fiberite 976
T_g(干态)	$270℃(518℉)$	T_g(湿态)	$256℃(493℉)$	T_g测量方法	DMA
固化工艺	热压罐固化;$121℃(250℉)$, $0.690\,MPa(100\,psi)$, $45\,min$; $177℃(350℉)$, $2\,h$				

注:该数据是在数据文档要求建立(1989 年 6 月)以前提供的,对于该材料,目前所要求的文档均未提供。

纤维制造日期:		试验日期:	
树脂制造日期:		数据提交日期:	2/82
预浸料制造日期:	7/80	分析日期:	9/94
复合材料制造日期:			

单层性能汇总

	24℃ (75℉)/A		−55℃ (−67℉)/A	127℃ (260℉)/A	177℃ (350℉)/A			
1 轴拉伸	SSSS		SSSS	SSSS	SSSS			
2 轴拉伸	SS-S		SS-S	SS-S	SS-S			
3 轴拉伸								
1 轴压缩	SS-S		SS-S	SS-S	SS-S			
2 轴压缩	SS-S		SS-S	SS-S	SS-S			
3 轴压缩								
12 面剪切	SS--		SS--	SS--	SS--			
23 面剪切								
31 面剪切								
31 面 SB 强度	S---		S---	S---	S---			

注:强度/模量/泊松比/破坏应变的数据种类为:A—A75,a—A55,B—B30,b—B18,M—平均值,I—临时值,
S—筛选值,—无数据(见表 1.5.1.2(c))。

	名义值	提交值	试验方法
纤维密度/(g/cm³)	1.78		
树脂密度/(g/cm³)	1.28		
复合材料密度/(g/cm³)	1.62	1.58~1.65	
纤维面积质量/(g/m²)	152		
纤维体积含量/%	68	60~70	
单层厚度/mm		0.124~0.135	

注:该数据是在数据文档要求建立(1989 年 6 月)以前提供的,对于该材料,目前所要求的文档均未提供。

层压板性能汇总

注:强度/模量/泊松比/破坏应变的数据种类为:A—A75,a—A55,B—B30,b—B18,M—平均值,I—临时值,
S—筛选值,—无数据(见表 1.5.1.2(c))。

表 2.3.1.10(a)　1 轴拉伸性能（$[0]_6$）

材料	T300 15k/976 单向带					
树脂含量	35%（质量）			复合材料密度	1.60 g/cm³	
纤维体积含量	59%			空隙含量	约 0.0	
单层厚度	0.135 mm(0.005 3 in)					
试验方法	ASTM D 3039-76			模量计算	曲线的线性段	
正则化	纤维体积含量正则化到 60%（固化后单层厚度 0.135 mm(0.005 3 in)）					
温度/℃(℉)	22(72)		-55(-67)		127(260)	
吸湿量(%)						
吸湿平衡条件 (T/℃(℉)，RH/%)	大气环境		大气环境		大气环境	
来源编码	48		48		48	
	正则化值	实测值	正则化值	实测值	正则化值	实测值
F_1^{tu} / MPa (ksi) — 平均值	1455(211)	1428(207)	1372(199)	1359(197)	1628(236)	1600(232)
最小值	1276(185)	1317(191)	1290(187)	1193(173)	1414(205)	1462(212)
最大值	1621(235)	1510(219)	1517(220)	1476(214)	1765(256)	1759(255)
CV/%	11.2	6.47	6.83	7.67	9.88	6.84
B 基准值	①	①	①	①	①	①
分布	正态（合并）	正态（合并）	正态（合并）	正态（合并）	正态（合并）	正态（合并）
C_1	1455(211)	1428(207)	1372(199)	1359(197)	1628(236)	1600(232)
C_2	163(23.6)	92.4(13.4)	93.8(13.6)	104(15.1)	161(23.3)	110(15.9)
试样数量	5		5		5	
批数	1		1		1	
数据种类	筛选值		筛选值		筛选值	
E_1^t / GPa (Msi) — 平均值	135(19.6)	133(19.3)	143(20.8)	141(20.4)	156(22.6)	154(22.4)
最小值	123(17.8)	126(18.2)	134(19.5)	135(19.6)	141(20.5)	146(21.2)
最大值	146(21.2)	141(20.4)	156(22.6)	145(21.0)	172(24.9)	158(22.9)
CV/%	6.09	5.18	5.88	2.74	8.97	2.19
试样数量	5		5		5	
批数	1		1		1	
数据种类	筛选值		筛选值		筛选值	

（续表）

		正则化值	实测值	正则化值	实测值	正则化值	实测值
ν_{12}^t	平均值		0.318		0.318		0.312
	试样数量	5		5		5	
	批数	1		1		1	
	数据种类	筛选值		筛选值		筛选值	
$\varepsilon_1^{tu}/\mu\varepsilon$	平均值		10 400		8 600		9 900
	最小值		10 000		8 000		9 500
	最大值		10 800		9 000		10 500
	$CV/\%$		3.42		5.29		4.46
	B 基准值		①		①		①
	分布		正态		正态		正态
	C_1		10 400		8 600		9 900
	C_2		356		454		442
	试样数量	5		4		5	
	批数	1		1		1	
	数据种类	筛选值		筛选值		筛选值	

注：①只对 A 类和 B 类数据给出基准值；②该数据是在数据文档要求建立（1989 年 6 月）以前提供的，对于该材料，目前所要求的文档均未提供。

表 2.3.1.10(b)　1 轴拉伸性能（$[0]_6$）

材料	T300 15k/976 单向带		
树脂含量	35%（质量）	复合材料密度	1.60 g/cm³
纤维体积含量	59%	空隙含量	约 0.0
单层厚度	0.135 mm(0.005 3 in)		
试验方法	ASTM D 3039 - 76	模量计算	曲线的线性段
正则化	纤维体积含量正则化到 60%（固化后单层厚度 0.135 mm(0.005 3 in)）		
温度/℃(℉)	177(350)		
吸湿量(%)	大气环境		
吸湿平衡条件 (T/℃(℉)，RH/%)			
来源编码	48		

（续表）

		正则化值	实测值				
F_1^{tu} / MPa (ksi)	平均值	1600(232)	1572(228)				
	最小值	1462(212)	1510(219)				
	最大值	1710(248)	1669(242)				
	CV/%	7.11	3.77				
	B 基准值	①	①				
	分布	正态(合并)	正态(合并)				
	C_1	1600(232)	1572(228)				
	C_2	114(16.5)	59.5(8.63)				
	试样数量	5					
	批数	1					
	数据种类	筛选值					
E_1^t / GPa (Msi)	平均值	154(22.4)	152(22.1)				
	最小值	145(21.0)	139(20.2)				
	最大值	167(24.2)	165(23.9)				
	CV/%	5.59	6.19				
	试样数量	5					
	批数	1					
	数据种类	筛选值					
ν_{12}^t	平均值		0.348				
	试样数量	5					
	批数	1					
	数据种类	筛选值					
ε_1^{tu} / $\mu\varepsilon$	平均值		9930				
	最小值		9600				
	最大值		10700				
	CV/%		5.29				
	B 基准值		②				
	分布		正态				
	C_1		9930				

（续表）

		正则化值	实测值				
$\varepsilon_1^{tu}/\mu\varepsilon$	C_2		525				
	试样数量	4					
	批数	1					
	数据种类	筛选值					

注:①只对 A 类和 B 类数据给出基准值;②该数据是在数据文档要求建立(1989 年 6 月)以前提供的,对于该材料,目前所要求的文档均未提供。

表 2.3.1.10(c)　2 轴拉伸性能([90]$_{15}$)

材料	T300 15k/976 单向带		
树脂含量	25%(质量)	复合材料密度	1.64 g/cm³
纤维体积含量	69%	空隙含量	约 0.0
单层厚度	0.124 mm(0.0049 in)		
试验方法	ASTM D 3039 - 76	模量计算	曲线的线性段
正则化	未正则化		

	温度/℃(℉)	22(72)	−55(−67)	127(260)	177(350)	
	吸湿量(%)					
	吸湿平衡条件 (T/℃(℉), RH/%)	大气环境	大气环境	大气环境	大气环境	
	来源编码	48	48	48	48	
$F_2^{tu}/$ MPa (ksi)	平均值	39.0(5.66)	32.6(4.73)	26.3(3.81)	23.9(3.47)	
	最小值	31.2(4.53)	22.3(3.23)	19.8(2.87)	18.4(2.67)	
	最大值	45.0(6.52)	43.4(6.29)	32.3(4.68)	26.4(3.83)	
	CV/%	15.4	25.1	17.4	13.2	
	B 基准值	①	①	①	①	
	分布	正态	正态	正态	正态	
	C_1	39.0(5.66)	32.6(4.73)	26.3(3.81)	23.9(3.47)	
	C_2	6.00(0.870)	8.21(1.19)	4.58(0.664)	3.16(0.458)	
	试样数量	5	5	5	5	
	批数	1	1	1	1	
	数据种类	筛选值	筛选值	筛选值	筛选值	

（续表）

$E_2^t/$ GPa (Msi)	平均值	9.24(1.34)	11.7(1.69)	9.45(1.37)	8.97(1.30)	
	最小值	8.83(1.28)	10.3(1.49)	8.00(1.16)	8.62(1.25)	
	最大值	9.59(1.39)	13.0(1.88)	10.7(1.55)	9.85(1.43)	
	CV/%	3.13	9.01	10.1	5.83	
	试样数量	5	5	5	5	
	批数	1	1	1	1	
	数据种类	筛选值	筛选值	筛选值	筛选值	
$\varepsilon_2^{tu}/\mu\varepsilon$	平均值	3900	2760	2640	2620	
	最小值	3200	1900	2100	2200	
	最大值	4600	3300	3400	3000	
	CV/%	14.6	20.4	19.1	13.3	
	B基准值	①	①	①	①	
	分布	正态	正态	正态	正态	
	C_1	3900	2760	2640	2620	
	C_2	570	564	503	349	
	试样数量	5	5	5	5	
	批数	1	1	1	1	
	数据种类	筛选值	筛选值	筛选值	筛选值	

注:①只对 A 类和 B 类数据给出基准值;②该数据是在数据文档要求建立(1989 年 6 月)以前提供的,对于该材料,目前所要求的文档均未提供。

表 2.3.1.10(d)　1 轴压缩性能($[0]_{20}$)

材料	T300 15k/976 单向带		
树脂含量	24%(质量)	复合材料密度	1.63 g/cm³
纤维体积含量	70%	空隙含量	约 0.0
单层厚度	0.127 mm(0.005 0 in)		
试验方法	ASTM D 3410A-75	模量计算	曲线的线性段
正则化	纤维体积含量正则化到 60%(固化后单层厚度 0.135 mm(0.005 3 in))		
温度/℃(℉)	22(72)	−55(−67)	127(260)
吸湿量(%)			
吸湿平衡条件 (T/℃(℉),RH/%)	大气环境	大气环境	大气环境

（续表）

	来源编码	48		48		48	
		正则化值	实测值	正则化值	实测值	正则化值	实测值
F_1^{cu}/ MPa (ksi)	平均值	1296(188)	1503(218)	1324(192)	1538(223)	1014(147)	1179(171)
	最小值	959(139)	1117(162)	1165(169)	1352(196)	659(95.6)	765(111)
	最大值	1476(214)	1710(248)	1503(218)	1752(254)	1221(177)	1414(205)
	CV/%	15.9	15.9	9.76	9.76	21.7	21.7
	B 基准值	①	①	①	①	①	①
	分布	正态(合并)	正态(合并)	正态(合并)	正态(合并)	正态(合并)	正态(合并)
	C_1	1296(188)	1503(218)	1324(192)	1538(223)	1014(147)	1179(171)
	C_2	206(29.9)	239(34.7)	130(18.8)	150(21.8)	220(31.9)	256(37.1)
	试样数量	5		5		5	
	批数	1		1		1	
	数据种类	筛选值		筛选值		筛选值	
E_1^t/ GPa (Msi)	平均值	129(18.7)	150(21.8)	130(18.8)	151(21.9)	127(18.4)	148(21.4)
	最小值	103(14.9)	119(17.3)	112(16.2)	130(18.8)	74.5(10.8)	86.9(12.6)
	最大值	151(21.9)	176(25.5)	176(25.5)	204(29.6)	156(22.6)	181(26.2)
	CV/%	13.4	13.4	20.1	20.1	26.5	26.5
	试样数量	5		5		5	
	批数	1		1		1	
	数据种类	筛选值		筛选值		筛选值	
ε_1^{cu}/$\mu\varepsilon$	平均值		12500		14500		8860
	最小值		9500		9900		6300
	最大值		19600		20000		12600
	CV/%		32.2		31.5		30.2
	B 基准值		①		①		①
	分布		正态		正态		正态
	C_1		12500		14500		8860
	C_2		404		4560		2670
	试样数量		5		5		5
	批数		1		1		1
	数据种类	筛选值		筛选值		筛选值	

注:①只对 A 类和 B 类数据给出基准值;②该数据是在数据文档要求建立(1989 年 6 月)以前提供的,对于该材料,目前所要求的文档均未提供。

表 2.3.1.10(e)　1 轴压缩性能（[0]$_{20}$）

材料	T300 15k/976 单向带		
树脂含量	24%（质量）	复合材料密度	1.63 g/cm³
纤维体积含量	70%	空隙含量	约 1.0%
单层厚度	0.127 mm(0.0050 in)		
试验方法	ASTM D 3410A-75	模量计算	曲线的线性段
正则化	纤维体积含量正则化到 60%（固化后单层厚度 0.135 mm(0.0053 in)）		

温度/℃(℉)	177(350)						
吸湿量(%)							
吸湿平衡条件 (T/℃(℉)，RH/%)	大气环境						
来源编码	48						
		正则化值	实测值				
F_1^{cu}/ MPa (ksi)	平均值	938(136)	1097(159)				
	最小值	738(107)	855(124)				
	最大值	1103(160)	1283(186)				
	CV/%	18.5	18.5				
	B 基准值	①	①				
	分布	正态（合并）	正态（合并）				
	C_1	938(136)	1097(159)				
	C_2	174(25.2)	202(29.3)				
	试样数量	5					
	批数	1					
	数据种类	筛选值					
E_1^t/ GPa (Msi)	平均值	136(19.7)	158(22.9)				
	最小值	114(16.5)	132(19.1)				
	最大值	159(23.0)	184(26.7)				
	CV/%	13.2	13.2				
	试样数量	5					
	批数	1					
	数据种类	筛选值					

（续表）

$\varepsilon_1^{cu}/\mu\varepsilon$	平均值	9 400			
	最小值	5 000			
	最大值	14 000			
	CV/%	39.7			
	B 基准值	②			
	分布	正态			
	C_1	9 400			
	C_2	3 730			
	试样数量	5			
	批数	1			
	数据种类	筛选值			

注：①只对 A 类和 B 类数据给出基准值；②该数据是在数据文档要求建立（1989 年 6 月）以前提供的，对于该材料，目前所要求的文档均未提供。

表 2.3.1.10(f)　2 轴压缩性能（[90]₂₀）

材料	T300 15k/976 单向带		
树脂含量	24%（质量）	复合材料密度	1.63 g/cm³
纤维体积含量	70%	空隙含量	约 0.0
单层厚度	0.127 mm(0.005 0 in)		
试验方法	ASTM D 3410A - 75	模量计算	曲线的线性段
正则化	纤维体积含量正则化到 60%（固化后单层厚度 0.145 mm(0.005 7 in)）		

	温度/℃(℉)	22(72)	−55(−67)	127(260)	177(350)	
	吸湿量(%)					
	吸湿平衡条件 (T/℃(℉), RH/%)	大气环境	大气环境	大气环境	大气环境	
	来源编码	48	48	48	48	
$F_2^{cu}/$ MPa (ksi)	平均值	207(30.0)	242(35.1)	156(22.6)	132(19.1)	
	最小值	184(26.7)	184(26.7)	134(19.4)	119(17.3)	
	最大值	220(31.9)	310(44.9)	177(25.7)	157(22.8)	
	CV/%	7.10	18.9	10.7	11.7	
	B 基准值	①	①	①	①	
	分布	正态	正态	正态	正态	

（续表）

F_2^{cu}/ MPa (ksi)	C_1	207(30.0)	242(35.1)	156(22.6)	132(19.1)		
	C_2	14.7(2.13)	45.7(6.62)	16.7(2.42)	15.4(2.24)		
	试样数量	5	5	5	5		
	批数	1	1	1	1		
	数据种类	筛选值	筛选值	筛选值	筛选值		
E_2^c/ GPa (Msi)	平均值	10.1(1.46)	12.7(1.84)	12.7(1.84)	11.3(1.64)		
	最小值	9.10(1.32)	10.1(1.46)	9.45(1.37)	8.62(1.25)		
	最大值	11.9(1.73)	15.0(2.18)	20.9(3.03)	13.9(2.02)		
	CV/%	11.1	17.0	36.7	19.6		
	试样数量	5	5	5	5		
	批数	1	1	1	1		
	数据种类	筛选值	筛选值	筛选值	筛选值		
ε_2^{cu}/$\mu\varepsilon$	平均值	32300	22100	14900	14200		
	最小值	7900	13000	9600	6900		
	最大值	46300	27700	21400	21300		
	CV/%	44.7	31.1	40.1	47.2		
	B基准值	①	①	②	①		
	分布	正态	正态		正态		
	C_1	32300	22100		14200		
	C_2	14400	6880		6720		
	试样数量	5	5	3	5		
	批数	1	1	1	1		
	数据种类	筛选值	筛选值	筛选值	筛选值		

注：①只对 A 类和 B 类数据给出基准值；②少于 4 个试样，无法进行统计分析；③该数据是在数据文档要求建立(1989 年 6 月)以前提供的，对于该材料，目前所要求的文档均未提供。

表 2.3.1.10(g)　12 面剪切性能（[±45]₂ₛ）

材料	T300 15k/976 单向带		
树脂含量	25%(质量)	复合材料密度	1.63 g/cm³
纤维体积含量	69%	空隙含量	约 0.1%
单层厚度	0.132 mm(0.0052 in)		
试验方法	ASTM D 3518-76	模量计算	曲线的线性段

（续表）

正则化	未正则化					
温度/℃(℉)	22(72)	−55(−67)	127(260)	177(350)		
吸湿量(%)						
吸湿平衡条件 (T/℃(℉)，RH/%)	大气环境	大气环境	大气环境	大气环境		
来源编码	48	48	48	48		

F_{12}^{su}/ MPa (ksi)	平均值	76.5(11.1)	94.5(13.7)	56.9(8.25)	57.2(8.30)		
	最小值	75.9(11.0)	91.0(13.2)	53.7(7.78)	52.9(7.67)		
	最大值	78.6(11.4)	107(15.5)	60.1(8.72)	64.5(9.36)		
	CV/%	1.23	6.99	4.78	7.80		
	B 基准值	①	①	①	①		
	分布	正态	非参数	正态	正态		
	C_1	76.5(11.1)	4	56.9(8.25)	57.2(8.30)		
	C_2	0.94(0.137)	4.10	2.72(0.394)	4.46(0.647)		
	试样数量	5	5	5	5		
	批数	1	1	1	1		
	数据种类	筛选值	筛选值	筛选值	筛选值		
G_{12}^{s}/ GPa (Msi)	平均值	6.28(0.91)	6.90(1.00)	6.14(0.89)	5.31(0.77)		
	最小值	5.79(0.84)	6.14(0.89)	5.65(0.82)	4.83(0.70)		
	最大值	6.62(0.96)	7.45(1.08)	6.48(0.94)	5.65(0.82)		
	CV/%	5.1	7.1	5.3	7.4		
	试样数量	5	5	5	5		
	批数	1	1	1	1		
	数据种类	筛选值	筛选值	筛选值	筛选值		

注：①只对 A 类和 B 类数据给出基准值；②该数据是在数据文档要求建立(1989 年 6 月)以前提供的，对于该材料，目前所要求的文档均未提供。

表 2.3.1.10(h) 31 面剪切性能([0]₁₅)

材料	T300 15k/976 单向带		
树脂含量	25%(质量)	复合材料密度	1.63 g/cm³
纤维体积含量	69%	空隙含量	约 0.1%
单层厚度	0.132 mm(0.005 2 in)		

（续表）

试验方法	ASTM D 2344－76		模量计算	曲线的线性段	
正则化	未正则化				

	温度/℃(℉)	22(72)	－55(－67)	127(260)	177(350)		
	吸湿量(%)						
	吸湿平衡条件 (T/℃(℉)，RH/%)	大气环境	大气环境	大气环境	大气环境		
	来源编码	48	48	48	48		
F_{31}^{sbs}/ MPa (ksi)	平均值	89.0(12.9)	114(16.6)	64.5(9.36)	59.3(8.60)		
	最小值	65.0(9.42)	97.9(14.2)	59.2(8.59)	53.2(7.71)		
	最大值	118(17.1)	135(19.6)	74.5(10.8)	65.9(9.56)		
	$CV/\%$	18.4	12.8	10.1	8.06		
	B 基准值	①	①	①	①		
	分布	Weibull	正态	正态	正态		
	C_1	95.2(13.8)	114(16.6)	64.5(9.36)	59.3(8.60)		
	C_2	6.17	14.6(2.12)	6.54(0.949)	4.78(0.693)		
	试样数量	10	5	5	5		
	批数	1	1	1	1		
	数据种类	筛选值	筛选值	筛选值	筛选值		

注：①只对 A 类和 B 类数据给出基准值；②该数据是在数据文档要求建立(1989 年 6 月)以前提供的，对于该材料，目前所要求的文档均未提供。

2.3.1.11　IM7 12k/8551－7A 单向带

材料描述：

材料　　　　　IM7 12k/8551－7A

形式　　　　　单向带，纤维面积质量为 $145\,g/m^2$，典型的固化后树脂含量为 $30\%\sim38\%$，典型的固化后单层厚度为 $0.135\,mm$($0.0053\,in$)

固化工艺　　　热压罐固化；$121℃(250℉)$，$0.586\,MPa(85\,psi)$，$1\,h$

供应商提供的数据：

纤维　　　　　IM7 纤维是由 PAN 基原丝制造的连续的，中模量碳纤维，纤维经表面处理以改善操作性和结构性能。每一丝束包含有 $12\,000$ 根碳丝。典型的拉伸模量为 $289\,GPa(42\times 10^6\,psi)$，典型的拉伸强度为 $5\,309\,MPa(770\,000\,psi)$。

基体　　　　　8551－7A 是一种胺类固化，改良过的环氧树脂，具有高的

韧性和损伤容限。该树脂和 8551 - 7 相似但是经过改良
增加了存放时间。

最高短期使用温度　　93.3℃(200℉)(干态)

典型应用　　　　　　普通用途的商业和军事结构件,符合高强度、刚度、损伤容限的要求。

表 2.3.1.11　IM7 12k/8551 - 7A 单向带

材料	IM7 12k/8551 - 7A 单向带				
形式	IM7 12k/8551 - 7A 预浸料				
纤维	IM7 12k G,不加捻		基体		8551 - 7A
T_g(干态)		T_g(湿态)		T_g测量方法	
固化工艺	热压罐固化;121℃(250℉), 60 min, 0.586 MPa(85 psi)				

纤维制造日期:	11/88—11/89	试验日期:	
树脂制造日期:		数据提交日期:	6/90
预浸料制造日期:	1/89—2/90	分析日期:	2/95
复合材料制造日期:			

注:对于该材料,目前所要求的文档均未提供。

单层性能汇总

	25℃ (77℉)/A	88℃ (190℉)/A					
1 轴拉伸	II-I						
2 轴拉伸							
3 轴拉伸							
1 轴压缩	II--	II--					
31 面 SB 强度	S--	S--					

注:强度/模量/泊松比/破坏应变的数据种类为:A—A75,a—A55,B—B30,b—B18,M—平均值,I—临时值,S—筛选值,——无数据(见表 1.5.1.2(c))。

	名义值	提交值	试验方法
纤维密度/(g/cm³)	1.78	1.77~1.79	
树脂密度/(g/cm³)	1.27		
复合材料密度/(g/cm³)		1.55~1.59	
纤维面积质量/(g/m²)	145	149~155	

（续表）

	名义值	提交值	试验方法
纤维体积含量/%		55～62	
单层厚度/mm	0.135	0.137～0.150	

注：对于该材料，目前所要求的文档均未提供。

层压板性能汇总

注：强度/模量/泊松比/破坏应变的数据种类为：A—A75，a—A55，B—B30，b—B18，M—平均值，I—临时值，S—筛选值，—无数据（见表 1.5.1.2(c)）。

表 2.3.1.11(a)　1 轴拉伸性能（$[0]_8$）

材料	IM7 12k/8551-7A 单向带		
树脂含量	30%～35%（质量）	复合材料密度	1.57～1.59 g/cm³
纤维体积含量	58%～62%	空隙含量	
单层厚度	0.140～0.147 mm（0.0055～0.0058 in）		
试验方法	ASTM D 3039-76	模量计算	初始斜率
正则化	试样厚度和批内纤维体积含量正则化到 60%（固化后单层厚度 0.135 mm（0.0053 in））		

温度/℃(℉)	25(77)				
吸湿量(%)	大气环境				
吸湿平衡条件（T/℃(℉)，RH/%）					
来源编码	43				

		正则化值	实测值	正则化值	实测值	正则化值	实测值
F_1^{tu}/MPa(ksi)	平均值	2592(376)	2599(377)				
	最小值	2392(347)	2392(347)				
	最大值	2764(401)	2764(401)				
	CV/%	4.10	4.05				
	B基准值	①	①				
	分布	Weibull	Weibull				
	C_1	2641(383)	2648(384)				

（续表）

		正则化值	实测值	正则化值	实测值	正则化值	实测值
	C_2	28.3	28.6				
	试样数量	30					
	批数	6					
	数据种类	临时值					
$E_1^t/$ GPa (Msi)	平均值	170(24.6)	170(24.6)				
	最小值	163(23.6)	161(23.4)				
	最大值	179(25.9)	176(25.5)				
	$CV/\%$	2.69	1.97				
	试样数量	30					
	批数	6					
	数据种类	临时值					
$\varepsilon_1^{tu}/\mu\varepsilon$	平均值		14 500				
	最小值		13 300				
	最大值		15 300				
	$CV/\%$		3.08				
	B 基准值		①				
	分布		Weibull				
	C_1		14 700				
	C_2		39.7				
	试样数量	30					
	批数	6					
	数据种类	临时值					

注：①只对 A 类和 B 类数据给出基准值；②对于该材料，目前所要求的文档均未提供。

表 2.3.1.11（b）　1 轴压缩性能（$[0]_8$）

材料	IM7 12k/8551 - 7A 单向带		
树脂含量	30%～33%（质量）	复合材料密度	1.58～1.59 g/cm³
纤维体积含量	60%～62%	空隙含量	
单层厚度	0.137～0.142 mm（0.005 4～0.005 6 in）		

（续表）

试验方法	SACMA SRM 1 - 88		模量计算		弦向模量，1000～3000 $\mu\varepsilon$	
正则化	试样厚度和批内纤维体积含量正则化到 60%（固化后单层厚度 0.135 mm（0.0053 in））					

温度/℃(℉)		25(77)		88(190)			
吸湿量(%)							
吸湿平衡条件 (T/℃(℉)，RH/%)		大气环境		大气环境			
来源编码		43		43			
		正则化值	实测值	正则化值	实测值	正则化值	实测值
F_1^{cu}/ MPa (ksi)	平均值	1744(253)	1765(256)	1641(238)	1661(241)		
	最小值	1482(215)	1537(223)	1441(209)	1454(211)		
	最大值	2013(292)	1999(290)	1882(273)	1916(278)		
	CV/%	6.95	6.05	8.31	8.44		
	B 基准值	①	①	①	①		
	分布	ANOVA	ANOVA	ANOVA	ANOVA		
	C_1	879(18.5)	770(16.2)	999(20.8)	1017(21.4)		
	C_2	131(2.76)	126(2.65)	128(2.70)	129(2.72)		
	试样数量	30		30			
	批数	6		6			
	数据种类	临时值		临时值			
E_1^c/ GPa (Msi)	平均值	151(21.9)	153(22.2)	152(22.0)	154(22.3)		
	最小值	141(20.4)	142(20.6)	145(21.0)	148(21.5)		
	最大值	160(23.3)	166(24.1)	161(23.4)	163(23.7)		
	CV/%	3.54	4.05	2.62	2.68		
	试样数量	30		30			
	批数	6		6			
	数据种类	临时值		临时值			

注：①只对 A 类和 B 类数据给出基准值；②对于该材料，目前所要求的文档均未提供。

表 2.3.1.11(c)　31 面剪切性能（$[0]_{20}$）

材料	IM7 12k/8551-7A 单向带			
树脂含量	36%～38%（质量）		复合材料密度	1.55～1.56 g/cm³
纤维体积含量	55%～57%		空隙含量	
单层厚度	0.137～0.15 mm（0.0054～0.0059 in）			
试验方法	ASTM D-2344-84		模量计算	初始斜率
正则化	未正则化			
温度/℃（℉）		25(77)	88(190)	
吸湿量(%)				
吸湿平衡条件 (T/℃(℉)，RH/%)		大气环境	大气环境	
来源编码		43	43	
F_{31}^{sbs}/ MPa (ksi)	平均值	103(14.9)	76.5(11.1)	
	最小值	86.2(12.5)	74.5(10.8)	
	最大值	116(16.9)	80.7(11.7)	
	CV/%	5.70	2.45	
	B 基准值	①	①	
	分布	ANOVA	ANOVA	
	C_1	42.4(0.892)	13.7(0.288)	
	C_2	125(2.67)	132(2.77)	
	试样数量	30	30	
	批数	6	6	
	数据种类	筛选值	筛选值	

注：①只对 A 类和 B 类数据给出基准值；②对于该材料，目前所要求的文档均未提供。

2.3.1.12　IM6 12k/3501-6 单向带

材料描述：

材料　　　　IM6 12k/3501-6

形式　　　　单向带，纤维面积质量为 145 g/m² 和 190 g/m²，典型的固化后树脂含量为 31%～38%，典型的固化后单层厚度为 0.135～0.193 mm（0.0053～0.0076 in）

固化工艺　　热压罐固化；116℃（240℉），0.586 MPa（85 psi），1 h；177℃（350℉），0.689 MPa（100 psi），2 h，零吸胶。

供应商提供的数据：

纤维	IM6 纤维是由 PAN 基原丝制造的连续的、高性能的中模量碳纤维。纤维密度比 AS 型纤维低 5%，硬度比 AS 型纤维高 20%。纤维经表面处理以改善操作性和结构性能。每一丝束包含有 12 000 根碳丝。典型的拉伸模量为 276 GPa（40×10^6 psi），典型的拉伸强度为 4 378 MPa（635 000 psi）。
基体	3501 - 6 是一种胺类固化环氧树脂。在室温下存放至少 10 天，还能保持轻微的黏性。
最高短期使用温度	149℃（300℉）（干态），82℃（180℉）（湿态）
典型应用	普通用途的结构件。

表 2.3.1.12　IM6 12k/3501 - 6(145 和 190 级别)单向带

材料	IM6 12k/3501 - 6(145 和 190 级别)单向带			
形式	HexcelIM6 /3501 - 6 预浸料			
纤维	HexcelIM6 12k G,不加捻		基体	Hexcel3501 - 6
T_g(干态)	197℃(387℉)	T_g(湿态)	T_g测量方法	TMA
固化工艺	热压罐固化；116℃（240℉），0.586 MPa（85 psi），20 min；177℃（350℉），0.689 MPa(100 psi),2 h			

纤维制造日期：	2/87—3/89	试验日期：	
树脂制造日期：	11/89	数据提交日期：	6/90
预浸料制造日期：	1/90	分析日期：	3/95
复合材料制造日期：			

注:对于该材料,目前所要求的文档均未提供。

单层性能汇总

	24℃ (75℉)/A	121℃ (250℉)/A					
1 轴拉伸	II-I						
2 轴拉伸							
3 轴拉伸							
1 轴压缩	I---	I---					
31 面 SB 强度	S---						

注:强度/模量/泊松比/破坏应变的数据种类为:A—A75, a—A55, B—B30, b—B18, M—平均值,I—临时值,S—筛选值,——无数据(见表 1.5.1.2(c))。

	名义值	提交值	试验方法
纤维密度/(g/cm³)		1.72～1.74	
树脂密度/(g/cm³)	1.26		
复合材料密度/(g/cm³)		1.52～1.55	
纤维面积质量/(g/m²)	145,190		
纤维体积含量/%		51～64	
单层厚度/mm		0.135～0.193	

注:对于该材料,目前所要求的文档均未提供。

层压板性能汇总

注:强度/模量/泊松比/破坏应变的数据种类为:A—A75,a—A55,B—B30,b—B18,M—平均值,I—临时值,S—筛选值,——无数据(见表1.5.1.2(c))。

表 2.3.1.12(a)　1 轴拉伸性能($[0]_6$ 和 $[0]_8$)

材料	IM6 12k/3501-6(145 和 190 级别)单向带		
树脂含量	32%～37%(质量)	复合材料密度	1.52～1.55 g/cm³
纤维体积含量	55%～61%(体积)	空隙含量	
单层厚度	0.135～0.193 mm(0.0053～0.0076 in)		
试验方法	ASTM D 3039-76	模量计算	弦向模量,1000～6000 $\mu\varepsilon$
正则化	名义厚度和批内纤维体积含量 60%(固化后单层厚度 0.140 mm(0.0055 in),0.183 mm(0.0072 in))		

温度/℃(℉)	24(75)				
吸湿量(%)					
吸湿平衡条件(T/℃(℉),RH/%)	大气环境				
来源编码	43				
	正则化值	实测值	正则化值	实测值	正则化值	实测值

F_1^{tu}/MPa (ksi)	平均值	2482(360)	2379(345)				
	最小值	2137(310)	2068(300)				
	最大值	2882(418)	2668(387)				

（续表）

		正则化值	实测值	正则化值	实测值	正则化值	实测值
$F_1^{tu}/$ MPa (ksi)	$CV/\%$	6.30	5.29				
	B 基准值	①	①				
	分布	ANOVA	ANOVA				
	C_1	1112(23.4)	889(18.7)				
	C_2	94.6(1.99)	92.2(1.94)				
	试样数量	75					
	批数	11					
	数据种类	临时值					
$E_1^t/$ GPa (Msi)	平均值	168(24.3)	161(23.3)				
	最小值	150(21.8)	150(21.7)				
	最大值	181(26.3)	169(24.5)				
	$CV/\%$	4.20	2.41				
	试样数量	75					
	批数	11					
	数据种类	临时值					
$\varepsilon_1^{tu}/\mu\varepsilon$	平均值		14 100				
	最小值		12 600				
	最大值		15 400				
	$CV/\%$		4.26				
	B 基准值		①				
	分布		ANOVA				
	C_1		611				
	C_2		1.85				
	试样数量	75					
	批数	11					
	数据种类	临时值					

注：①只对 A 类和 B 类数据给出基准值；②对于该材料，目前所要求的文档均未提供。

表 2. 3. 1. 12(b)　**1 轴压缩性能**($[0]_6$ 和 $[0]_8$)

材料	IM6 12k/3501 - 6(145 和 190 级别)单向带				
树脂含量	32%～36%(质量)		复合材料密度	1.52～1.55 g/cm³	
纤维体积含量	56%～61%		空隙含量		
单层厚度	0.135～0.193 mm(0.005 3～0.007 6 in)				
试验方法	SACMA SRM 1 - 88		模量计算	弦向模量,1 000～3 000 $\mu\varepsilon$	
正则化	名义厚度和批内纤维体积含量 60%(固化后单层厚度 0.140 mm(0.005 5 in),0.183 mm(0.007 2 in))				

温度/℃(℉)	24(75)		121(250)			
吸湿量(%)						
吸湿平衡条件 (T/℃(℉), RH/%)	大气环境		大气环境			
来源编码	43		43			

		正则化值	实测值	正则化值	实测值	正则化值	实测值
F_1^{cu} / MPa (ksi)	平均值	1834(266)	1751(254)	1634(237)	1551(225)		
	最小值	1413(205)	1393(202)	1158(168)	1076(156)		
	最大值	2255(327)	2055(298)	1972(286)	1862(270)		
	CV/%	9.47	8.07	10.3	10.1		
	B 基准值	①	①	①	①		
	分布	ANOVA	ANOVA	ANOVA	ANOVA		
	C_1	1255(26.4)	1013(21.3)	1184(24.9)	1103(23.2)		
	C_2	102(2.14)	99.4(2.09)	91.3(1.92)	90.8(1.91)		
	试样数量	75		75			
	批数	11		11			
	数据种类	临时值		临时值			

注:①只对 A 类和 B 类数据给出基准值;②对于该材料,目前所要求的文档均未提供。

表 2.3.1.12(c)　31 面剪切性能([0]₆ 和 [0]₈)

材料	IM7 12k/8551 - 7A 单向带		
树脂含量	31%～38%(质量)	复合材料密度	1.52～1.55 g/cm³
纤维体积含量	54%～62%	空隙含量	
单层厚度	0.135～0.193 mm(0.005 3～0.007 6 in)		
试验方法	ASTM D - 2344 - 84	模量计算	
正则化	未正则化		

	温度/℃(℉)	24(75)				
	吸湿量(%)					
	吸湿平衡条件 (T/℃(℉), RH/%)	大气环境				
	来源编码	43				
$F_{31}^{sbs}/$ MPa (ksi)	平均值	103(15.0)				
	最小值	95.1(13.8)				
	最大值	110(16.0)				
	CV/%	3.48				
	B 基准值	①				
	分布	ANOVA				
	C_1	25.7(0.541)				
	C_2	98.4(2.07)				
	试样数量	75				
	批数	11				
	数据种类	筛选值				

注:①短梁强度测试数据仅批准用于筛选的数据;②对于该材料,目前所要求的文档均未提供。

2.3.1.12′　IM6 12k/3501 - 6 单向带 *

材料描述:

材料　　　　　　　IM6 12k/3501 - 6。

形式　　　　　　　单向带预浸料,纤维面密度为 190 g/m²,典型的固化后树脂含量为 36%～37%,典型的固化后单层厚度为 0.188～

----

* 虽然与 2.3.1.12 节的材料名称相同,但两种材料不同,因为有不同的性能表格——编辑注。

0.196 mm(0.0074~0.0077 in)。

固化工艺　　　　热压罐固化；177℃(350°F)，升温速率 1.67℃(3°F)/min，0.586 MPa(85 psi)，5 h。

供应商提供的数据：

纤维　　　　　　IM6 纤维是由 PAN 基原丝制造的连续的、中模量的不加捻碳纤维，纤维经表面处理以改善操作性和结构性能。每一丝束包含有 12 000 根碳丝。典型的拉伸模量为 276 GPa(40×10⁶ psi)，典型的拉伸强度为 4 378 MPa(635 000 psi)。

基体　　　　　　3501-6 是一种胺类固化环氧树脂。在室温下存放至少10 天，还能保持轻度的黏性。

最高短期使用温度　177℃(350°F)(干态)，107℃(225°F)(湿态)。

典型应用　　　　普通用途的结构件。

数据分析汇总　　无。

表 2.3.1.12′　IM6 12k/3501-6 单向带

材料	IM6 12k/3501-6 单向带			
形式	HexcelIM6 /3501 预浸料			
纤维	HexcelIM6 12k G，不加捻		基体	Hexcel3501-6
T_g(干态)	180℃(356°F)	T_g(湿态)	T_g测量方法	ASTM E1545(TMA)
固化工艺	热压罐固化：177℃(350°F)，升温速率 1.67℃(3°F)/min，0.586 MPa(85 psi)，5 h			

纤维制造日期：	3/97	试验日期：	4/99—7/99
树脂制造日期：	3/97	数据提交日期：	12/99
预浸料制造日期：	3/97	分析日期：	1/00
复合材料制造日期：	9/98		

单层性能汇总

	24℃ (75°F)/A	−55℃ (−67°F)/A	82℃ (180°F)/W			
1 轴拉伸						
2 轴拉伸						
3 轴拉伸						
1 轴压缩						
2 轴压缩						

（续表）

	24℃ (75℉)/A		−55℃ (−65℉)/A		82℃ (180℉)/W	
3 轴压缩						
12 面剪切						
23 面剪切	SS--		SS--		SS--	
13 面剪切	SS--		SS--		SS--	
31 面 SB 强度	S--		S--		S--	

注:强度/模量/泊松比/破坏应变的数据种类为:A—A75,a—A55,B—B30,b—B18,M—平均值,I—临时值,S—筛选值,——无数据(见表 1.5.1.2(c))。

物理性能汇总

	名义值	提交值	试验方法
纤维密度/(g/cm³)	1.77	1.77	ASTM D3800
树脂密度/(g/cm³)	1.26		ASTM D891
复合材料密度/(g/cm³)	1.55	1.53	
纤维面积质量/(g/m²)	190	188.6	ASTM D5300
纤维体积含量/%	57.4	55.8~56.7	ASTM D3171
单层厚度/mm	0.188	0.188~0.196	

层压板性能汇总

注:强度/模量/泊松比/破坏应变的数据种类为:A—A75,a—A55,B—B30,b—B18,M—平均值,I—临时值,S—筛选值,——无数据(见表 1.5.2.2(c))。

表 2.3.1.12(d) 31 面剪切性能([0]₃₃)

材料	IM6 12k/3501-6 单向带		
树脂含量	36.7%(质量)	复合材料密度	1.53 g/cm³
纤维体积含量	57%	空隙含量	0.0
单层厚度	0.188~0.196 mm(0.0074~ 0.0077 in)		
试验方法	ASTM D 2344-84	模量计算	

（续表）

正则化	未正则化					
温度/℃(℉)	24(75)	−55(−67)	82(180)			
吸湿量(%)			1.0			
吸湿平衡条件 (T/℃(℉)，RH/%)	大气环境	大气环境	①			
来源编码	90	90	90			

F_{31}^{abs}/ MPa (ksi)	平均值	105(15.3)	136(19.7)	69.6(10.1)			
	最小值	101(14.7)	134(19.5)	67.7(9.82)			
	最大值	111(16.1)	138(20.0)	74.5(10.8)			
	CV/%	3.10	1.05	3.70			
	B 基准值	②	②	②			
	分布	正态	正态	非参数			
	C_1	105(15.3)	136(19.7)	5.00			
	C_2	3.31(0.48)	1.45(0.21)	3.06			
	试样数量	6	6	6			
	批数	1	1	1			
	数据种类	筛选值	筛选值	筛选值			

注：①在湿度(95±2)%RH，温度 71.1℃(160℉)环境下吸湿，至吸湿量为 1.0%；②短梁强度测试数据仅批准用作筛选的数据。

表 2.3.1.12(e)　13 面剪切性能($[0]_{95}$)

材料	IM6 12k/3501‑6 单向带		
树脂含量	37.2%(质量)	复合材料密度	1.56 g/cm³
纤维体积含量	54.6%	空隙含量	0.0
单层厚度	0.188 mm(0.0074 in)		
试验方法	ASTM D 5379‑93	模量计算	弦向模量，1000～3000 με
正则化	未正则化		

温度/℃(℉)	24(75)	−55(−67)	82(180)			
吸湿量(%)			1.0			
吸湿平衡条件 (T/℃(℉)，RH/%)	大气环境	大气环境	①			
来源编码	90	90	90			

（续表）

F_{13}^{su} / MPa (ksi)	平均值	110(15.9)	154(22.3)	68.9(10.0)		
	最小值	107(15.5)	145(21.1)	66.9(9.70)		
	最大值	113(16.4)	158(22.9)	71.7(10.4)		
	CV/%	2.44	3.01	2.42		
	B 基准值	②	②	②		
	分布	正态	正态	正态		
	C_1	110(15.9)	154(22.3)	68.9(10.0)		
	C_2	2.69(0.39)	2.55(0.37)	1.65(0.24)		
	试样数量	6	6	6		
	批数	1	1	1		
	数据种类	筛选值	筛选值	筛选值		
E_1^s / GPa (Msi)	平均值	4.96(0.72)	5.72(0.83)	3.86(0.56)		
	最小值	4.83(0.70)	5.65(0.82)	3.86(0.56)		
	最大值	5.03(0.73)	5.79(0.84)	3.93(0.57)		
	CV/%	1.46	1.08	0.94		
	试样数量	6	6	6		
	批数	1	1	1		
	数据种类	筛选值	筛选值	筛选值		

注:①在湿度(95±2)%RH,温度 71.1℃(160℉)环境下吸湿,至吸湿量为 1.0%;②只对 A 类和 B 类数据给出基准值。

表 2.3.1.12(f)　23 面剪切性能($[0]_{95}$)

材料	IM6 12k/3501-6 单向带		
树脂含量	37.2%(质量)	复合材料密度	1.53 g/cm³
纤维体积含量	54.6%	空隙含量	0.0
单层厚度	0.188 mm(0.0074 in)		
试验方法	ASTM D 5379-93	模量计算	弦向模量,1 000~3 000 με
正则化	未正则化		

温度/℃(℉)	24(75)	−55(−67)	82(180)		
吸湿量(%)			1.0		
吸湿平衡条件 (T/℃(℉),RH/%)	大气环境	大气环境	①		

（续表）

	来源编码	90	90	90			
F_{23}^{su}/ MPa (ksi)	平均值	31.5(4.57)	34.5(5.01)	16.5(2.39)			
	最小值	26.3(3.81)	29.4(4.27)	13.4(1.95)			
	最大值	37.9(5.50)	44.2(6.41)	20.7(3.00)			
	$CV/\%$	14.0	15.6	16.1			
	B 基准值	②	②	②			
	分布	正态	正态	正态			
	C_1	31.5(4.57)	34.5(5.01)	16.5(2.39)			
	C_2	4.41(0.64)	5.38(0.78)	2.62(0.38)			
	试样数量	6	6	5			
	批数	1	1	1			
	数据种类	筛选值	筛选值	筛选值			
G_{23}^{s}/ GPa (Msi)	平均值	2.62(0.38)	2.90(0.42)	2.34(0.34)			
	最小值	2.48(0.36)	2.83(0.41)	2.28(0.33)			
	最大值	2.76(0.40)	2.96(0.43)	2.41(0.35)			
	$CV/\%$	3.86	2.25	2.10			
	试样数量	6	6	5			
	批数	1	1	1			
	数据种类	筛选值	筛选值	筛选值			

注：①在湿度(95±2)％RH,温度 71.1℃(160℉)环境下吸湿,至吸湿量为 1.0％;②只对 A 类和 B 类数据给出基准值。

2.3.1.13　IM7 12k/8552 单向带

材料描述:

材料　　　　　IM7 12k/8552

形式　　　　　单向带,纤维面积质量为 160 g/m²,典型的固化后树脂含量为 33％～37％,典型的固化后单层厚度为 0.150～0.163 mm(0.005 9～0.006 4 in)

固化工艺　　　热压罐固化;177℃(350℉), 0.586 MPa(85 psi),2 h

供应商提供的数据:

纤维　　　　　IM7 纤维是由 PAN 基原丝制造的连续的、中模量的不加捻碳纤维,纤维经表面处理以改善操作性和结构性能。每一丝束包含有 12000 根碳丝。典型的拉伸模量为 289 GPa

基体	$(42\times10^6\,\mathrm{psi})$，典型的拉伸强度为 $5\,309\,\mathrm{MPa}(770\,000\,\mathrm{psi})$。8552 是一种低流动性、胺固化的、改性的环氧树脂,具有高的韧性和损伤容限。该树脂通常在 $177^{\circ}\mathrm{C}(350^{\circ}\mathrm{F})$ 经过 13 分钟后凝胶。在 $21^{\circ}\mathrm{C}(70^{\circ}\mathrm{F})$ 存放时间约为 20 天。
最高短期使用温度	$177^{\circ}\mathrm{C}(350^{\circ}\mathrm{F})$（干态）；$121^{\circ}\mathrm{C}(250^{\circ}\mathrm{F})$（湿态）
典型应用	普通用途的商业和军事结构件,航空结构件,和其他需要高强度、刚度、损伤容限以及高温性能保持率的结构。
数据分析汇总	仅层压板 1 轴拉伸和 x-轴压缩有正则化数据。

表 2.3.1.13　IM7 12k/8552 单向带

材料	IM7 12k/8552 单向带			
形式	HexcelIM7 12k/8552 预浸料			
纤维	HexcelIM7 12k G,不加捻		基体	Hexcel8552
T_g（干态）	$201^{\circ}\mathrm{C}(393^{\circ}\mathrm{F})$	T_g（湿态）　$154^{\circ}\mathrm{C}(309^{\circ}\mathrm{F})$	T_g 测量方法	DMS
固化工艺	热压罐固化；$177^{\circ}\mathrm{C}(350^{\circ}\mathrm{F})$, $0.586\,\mathrm{MPa}(85\,\mathrm{psi})$, $120\,\mathrm{min}$			

纤维制造日期：	3/89—7/92	试验日期：	3/89—2/94
树脂制造日期：	4/90—1/94	数据提交日期：	1/95
预浸料制造日期：	4/90—1/94	分析日期：	3/95
复合材料制造日期：	5/90—2/94		

注:对于该材料,目前所要求的文档均未提供。

单层性能汇总

	$24^{\circ}\mathrm{C}$ $(75^{\circ}\mathrm{F})/\mathrm{A}$	$-54^{\circ}\mathrm{C}$ $(-65^{\circ}\mathrm{F})/\mathrm{A}$	$104^{\circ}\mathrm{C}$ $(220^{\circ}\mathrm{F})/\mathrm{A}$	$24^{\circ}\mathrm{C}$ $(75^{\circ}\mathrm{F})/\mathrm{A}$	$82^{\circ}\mathrm{C}$ $(180^{\circ}\mathrm{F})/\mathrm{A}$	$104^{\circ}\mathrm{C}$ $(220^{\circ}\mathrm{F})/\mathrm{A}$
1 轴拉伸	III-	III-	SSS-	SS—	IIS-	SS—
12 面剪切	II—	SS—	SS—	SS—	II—	SS—
31 面 SB 强度	S—		S—	S—	S—	

注:强度/模量/泊松比/破坏应变的数据种类为:A—A75, a—A55, B—B30, b—B18, M—平均值,I—临时值,S—筛选值,—无数据(见表 1.5.1.2(c))。

	名义值	提交值	试验方法
纤维密度/$(\mathrm{g/cm^3})$		1.78	SRM 15
树脂密度/$(\mathrm{g/cm^3})$	1.30		ASTM D792

(续表)

	名义值	提交值	试验方法
复合材料密度/(g/cm³)	1.58	1.58~1.60	
纤维面积质量/(g/m²)	160	157~161	SRM 23
纤维体积含量/%	60.3	57~61	
单层厚度/mm		0.132~0.163	

注:对于该材料,目前所要求的文档均未提供。

层压板性能汇总

	24℃ (75℉)/A	−54℃ (−65℉)/A	104℃ (220℉)/A	24℃ (75℉)/W	82℃ (180℉)/W	104℃ (220℉)/W
0/90 系列						
x 轴拉伸	I---	S---	S---	S---	I---	
45/0/−45 /90 系列						
开孔拉伸	II--	II--				
开孔压缩	II--				II--	SS--
冲击后压缩	I---				I---	

注:强度/模量/泊松比/破坏应变的数据种类为:A—A75,a—A55,B—B30,b—B18,M—平均值,I—临时值,S—筛选值,—无数据(见表 1.5.2.2(c))。

表 2.3.1.13(a)　1 轴拉伸性能($[0]_6$)

材料	IM7 12k/8552 单向带		
树脂含量	32%~35%(质量)	复合材料密度	1.58~1.60 g/cm³
纤维体积含量	57%~61%	空隙含量	<0.5%
单层厚度	0.132~0.163 mm(0.005 2~0.006 4 in)		
试验方法	SACMA SRM 4-88	模量计算	弦向模量,1 000~6 000 $\mu\varepsilon$
正则化	试样厚度和批内纤维体积含量正则化到 60%(固化后单层厚度 0.150 mm,CPT)		
温度/℃(℉)	24(75)	−54(−65)	104(220)
吸湿量(%)			
吸湿平衡条件 (T/℃(℉),RH/%)	大气环境	大气环境	大气环境

（续表）

		正则化值	实测值	正则化值	实测值	正则化值	实测值
来源编码		43		43		43	
F_1^{tu}/ MPa (ksi)	平均值	2 648(384)		2 544(369)		2 461(357)	
	最小值	2 358(342)		2 317(336)		2 199(319)	
	最大值	2 841(412)		2 717(394)		2 785(404)	
	CV/%	4.09		3.85		6.53	
	B 基准值	①	②	①	②	①	②
	分布	Weibull		Weibull		ANOVA	
	C_1	2 703(392)		2 592(376)		1 212(25.5)	
	C_2	27.3		29.4		216(4.55)	
	试样数量	84		24		12	
	批数	6		5		3	
	数据种类	临时值		临时值		筛选值	
E_1^t/ GPa (Msi)	平均值	162(23.5)		161(23.4)		159(23.0)	
	最小值	154(22.3)		151(21.9)		149(21.6)	
	最大值	184(26.7)	②	171(24.8)	②	165(23.9)	②
	CV/%	4.00		3.01		2.98	
	试样数量	24		24		12	
	批数	5		5		3	
	数据种类	临时值		临时值		筛选值	
ν_{12}^t	平均值		0.311		0.303		0.319
	试样数量	18		18		12	
	批数	3		3		3	
	数据种类	临时值		临时值		筛选值	

注：①只对 A 类和 B 类数据给出基准值；②分析仅有正则化数据；③对于该材料，目前所要求的文档均未提供。

表 2.3.1.13（b） 1 轴压缩性能（$[0]_6$）

材料	IM7 12k/8552 单向带		
树脂含量	32%～35%（质量）	复合材料密度	1.58～1.60 g/cm³
纤维体积含量	57%～61%	空隙含量	<0.5%
单层厚度	0.132～0.163 mm(0.005 2～0.006 4 in)		

（续表）

试验方法	SACMA SRM 4-88		模量计算		弦向模量,1000~6000 $\mu\varepsilon$	
正则化	试样厚度和批内纤维体积含量正则化到 60%（固化后单层厚度 0.150 mm,CPT）					
温度/℃(℉)	24(75)		82(180)		104(220)	
吸湿量(%)	湿态		湿态		湿态	
吸湿平衡条件 (T/℃(℉), RH/%)	①		①		①	
来源编码	43		43		43	
		正则化值	实测值	正则化值	实测值	正则化值	实测值

		正则化值	实测值	正则化值	实测值	正则化值	实测值
F_1^{tu}/ MPa (ksi)	平均值	2503(363)		2344(340)		2330(338)	
	最小值	2275(330)		2158(313)		2068(300)	
	最大值	2675(388)		2503(363)		2496(362)	
	CV/%	6.52		4.85		5.16	
	B 基准值	②	③	②	③	②	③
	分布	ANOVA		Weibull		正态	
	C_1	1265(26.6)		2393(347)		2330(338)	
	C_2	271(5.70)		25.9		120(17.4)	
	试样数量	9		18		9	
	批数	3		3		3	
	数据种类	筛选值		临时值		筛选值	
E_1^t/ GPa (Msi)	平均值	161(23.3)		159(23.1)		162(23.5)	
	最小值	157(22.8)		150(21.7)		159(23.0)	
	最大值	165(23.9)	③	163(23.6)	③	168(24.3)	③
	CV/%	1.24		2.11		1.62	
	试样数量	9		18		9	
	批数	3		3		3	
	数据种类	筛选值		临时值		筛选值	
ν_{12}^t	平均值			0.319			
	试样数量			12			
	批数			3			
	数据种类			筛选值			

注:①放置在(85±2.78)℃(185℉±5℉),87%RH 环境中吸湿到平衡(45~127 天);②只对 A 类和 B 类数据给出基准值;③分析仅有正则化数据;④对于该材料,目前所要求的文档均未提供。

表 2.3.1.13(c) 面内剪切性能($[\pm45]_4$)

材料	IM7 12k/8552 单向带					
树脂含量	32%～35%(质量)			复合材料密度	1.58～1.60 g/cm³	
纤维体积含量	57%～61%			空隙含量	<0.5%	
单层厚度	0.150～0.160 mm(0.0059～0.0063 in)					
试验方法	SACMA SRM 7-88			模量计算	割线模量,0～3000 $\mu\varepsilon$	
正则化	未正则化					

	温度/℃(℉)	24(75)	−54(−65)	104(220)	24(75)	82(180)	
	吸湿量(%)	大气环境	大气环境	大气环境	湿态	湿态	
	吸湿平衡条件 (T/℃(℉), RH/%)				①	①	
	来源编码	43	43	43	43	43	
F_{12}^{su}/ MPa (ksi)	平均值	120(17.4)	122(17.7)	106(15.4)	120(17.5)	102(14.8)	
	最小值	108(15.7)	113(16.4)	96.5(14.0)	111(16.2)	97.2(14.1)	
	最大值	133(19.4)	127(18.4)	114(16.6)	128(18.5)	107(15.5)	
	CV/%	5.54	4.32	5.51	4.86	3.32	
	B基准值	②	②	②	②	②	
	分布	ANOVA	ANOVA	正态	正态	ANOVA	
	C_1	48.5(1.02)	40.8(0.859)	106(15.4)	121(17.5)	25.4(0.534)	
	C_2	133(2.80)	270(5.67)	5.84(0.847)	5.85(0.849)	202(4.24)	
	试样数量	24	9	9	9	18	
	批数	5	3	3	3	3	
	数据种类	临时值	筛选值	筛选值	筛选值	临时值	
G_{12}^S/ GPa (Msi)	平均值	5.03(0.73)	6.55(0.95)	4.48(0.65)	5.24(0.76)	4.21(0.61)	
	最小值	4.34(0.63)	5.93(0.86)	4.27(0.62)	5.03(0.73)	3.79(0.55)	
	最大值	5.58(0.81)	7.72(1.12)	4.69(0.68)	5.52(0.80)	4.62(0.67)	
	CV/%	7.8	9.7	2.8	3.3	6.8	
	试样数量	27	9	9	9	18	
	批数	5	3	3	3	3	
	数据种类	临时值	筛选值	筛选值	筛选值	临时值	

注:①放置在(85±2.78)℃(185℉±5℉),87%RH 环境中吸湿到平衡(45～127 天);②只对 A 类和 B 类数据给出基准值;③对于该材料,目前所要求的文档均未提供。

表 2.3.1.13(d)　面内剪切性能（[±45]₄）

材料	IM7 12k/8552 单向带							
树脂含量	32%～35%（质量）			复合材料密度		1.58～1.60 g/cm³		
纤维体积含量	57%～61%			空隙含量		<0.5%		
单层厚度	0.150～0.160 mm（0.0059～0.0063 in）							
试验方法	SACMA SRM 7 - 88			模量计算		割线模量，0～3000 $\mu\varepsilon$		
正则化	未正则化							
温度/℃（℉）	104(220)							
吸湿量(%)	湿态							
吸湿平衡条件 (T/℃（℉），RH/%)	①							
来源编码	43							
F_{12}^{su}/ MPa (ksi)	平均值	90.3(13.1)						
	最小值	85.5(12.4)						
	最大值	93.8(13.6)						
	CV/%	3.15						
	B 基准值	②						
	分布	正态						
	C_1	90.3(13.1)						
	C_2	2.85(0.413)						
	试样数量	6						
	批数	2						
	数据种类	筛选值						
G_{12}^{S}/ GPa (Msi)	平均值	2.83(0.41)						
	最小值	2.55(0.37)						
	最大值	3.03(0.44)						
	CV/%	6.4						
	试样数量	6						
	批数	2						
	数据种类	筛选值						

注：①放置在(85±2.78)℃(185℉±5℉)，87%RH 环境中吸湿到平衡(45～127 天)；②只对 A 类和 B 类数据给出基准值；③对于该材料，目前所要求的文档均未提供。

表 2.3.1.13(e)　31 面短梁强度性能（$[0]_{16}$）

材料	IM7 12k/8552 单向带				
树脂含量	32%～36%（质量）		复合材料密度	1.58～1.60 g/cm³	
纤维体积含量	57%～61%		空隙含量	＜0.5%	
单层厚度	0.145～0.157 mm（0.0057～0.0062 in）				
试验方法	ASTM D 2344-84		模量计算		
正则化	未正则化				

	温度/℃（℉）	24(75)	104(220)	24(75)	82(180)	
	吸湿量(%)			湿态	湿态	
	吸湿平衡条件 (T/℃(℉)，RH/%)	大气环境	大气环境	①	①	
	来源编码	43	43	43	43	
F_{31}^{sbs} / MPa (ksi)	平均值	139(20.1)	93.8(13.6)	115(16.7)	80.0(11.6)	
	最小值	127(18.4)	87.6(12.7)	111(16.1)	74.5(10.8)	
	最大值	150(21.8)	105(15.3)	117(16.9)	84.8(12.3)	
	CV/%	4.45	7.28	1.44	2.90	
	B 基准值	②	②	②	②	
	分布	ANOVA	非参数	非参数	正态	
	C_1	44.6(0.939)	7	6	80.0(11.6)	
	C_2	108(2.28)	1.81	2.25	2.32(0.336)	
	试样数量	122	12	9	18	
	批数	10	3	3	3	
	数据种类	筛选值	筛选值	筛选值	筛选值	

注：①放置在(85±2.78)℃(185℉±5℉)，87%RH 环境中吸湿到平衡(45～127 天)；②短梁强度测试数据仅批准用作筛选的数据；③对于该材料，目前所要求的文档均未提供。

表 2.3.1.13(f)　x 轴压缩性能（$[0/90]_{4s}$）

材料	IM7 12k/8552 单向带				
树脂含量	32%～35%（质量）		复合材料密度	1.58～1.60 g/cm³	
纤维体积含量	57%～61%		空隙含量	＜0.5%	
单层厚度	0.132～0.157 mm（0.0052～0.0062 in）				

（续表）

试验方法	SACMA SRM 1-88		模量计算	弦向模量,1000～3000 $\mu\varepsilon$	
正则化	纤维体积含量正则化到 60%(固化后单层厚度 0.150 mm(0.0059 in))				
温度/℃(℉)	24(75)		−54(−65)		104(220)
吸湿量(%)	干态		干态		干态
吸湿平衡条件 (T/℃(℉),RH/%)	②		②		②
来源编码	43		43		43

		正则化值	实测值	正则化值	实测值	正则化值	实测值
F_X^{cu}/ MPa (ksi)	平均值	1007(146)		1041(151)		924(134)	
	最小值	917(133)		841(122)		793(115)	
	最大值	1089(158)		1138(165)		1014(147)	
	CV/%	5.33		9.25		6.79	
	B 基准值	③	④	③	④	③	④
	分布	Weibull		正态		非参数	
	C_1	1034(150)		1041(151)		6	
	C_2	21.9		96.5(14.0)		2.25	
	试样数量	18		9		9	
	批数	3		3		3	
	数据种类	临时值		筛选值		筛选值	

注:①使用 0/90 铺层的层压板;②放置在(104±2.78)℃(220℉±5℉)环境中 6～7 天;③只对 A 类和 B 类数据给出基准值;④分析仅有正则化数据;⑤对于该材料,目前所要求的文档均未提供。

表 2.3.1.13(g)　x 轴压缩性能([0/90]$_{4s}$)

材料	IM7 12k/8552 单向带		
树脂含量	32%～35%(质量)	复合材料密度	1.58～1.60 g/cm³
纤维体积含量	57%～61%	空隙含量	<0.5%
单层厚度	0.132～0.157 mm(0.0052～0.0062 in)		
试验方法	SACMA SRM 4-88①	模量计算	弦向模量,1000～3000 $\mu\varepsilon$
正则化	纤维体积含量正则化到 60%(固化后单层厚度 0.150 mm(0.0059 in))		
温度/℃(℉)	24(75)	82(180)	

（续表）

吸湿量(%)		湿态		湿态		
吸湿平衡条件 (T/℃(℉), RH/%)		②		②		
来源编码		43		43		
		正则化值	实测值	正则化值	实测值	
$F_{\bar{x}}^{tu}$/ MPa (ksi)	平均值	820(119)		793(115)		
	最小值	703(102)		681(98.7)		
	最大值	1007(146)		945(137)		
	CV/%	14.9		9.21		
	B 基准值	③	④	③	④	
	分布	ANOVA		ANOVA		
	C_1	970(20.4)		575(12.1)		
	C_2	285(6.00)		237(4.98)		
	试样数量	9		18		
	批数	3		3		
	数据种类	筛选值		临时值		

注：①使用 0/90 铺层的层压板；②放置在(85±2.78)℃(185℉±5℉)，87%环境中吸湿平衡(45～127 天)；③仅对 A 类和 B 类数据给出基准值；④分析仅有正则化数据；⑤对于该材料，目前所要求的文档均未提供。

表 2.3.1.13(h)　x 轴开孔拉伸性能([45/0/−45/90]$_{2s}$)

材料	IM7 12k/8552 单向带		
树脂含量	32%～35%(质量)	复合材料密度	1.58～1.60 g/cm³
纤维体积含量	57%～61%	空隙含量	<0.5%
单层厚度	0.147～0.157 mm(0.005 8～0.006 2 in)		
试验方法	SACMA SRM 5‑88	模量计算	弦向模量，1 000～3 000 $\mu\varepsilon$
正则化	纤维体积含量正则化到 60%(固化后单层厚度 0.150 mm(0.005 9 in))		
温度/℃(℉)	24(75)	−54(−65)	
吸湿量(%)	干态	干态	
吸湿平衡条件 (T/℃(℉), RH/%)	①	①	
来源编码	43	43	

（续表）

		正则化值	实测值	正则化值	实测值		
F_X^{oht} / MPa (ksi)	平均值	417(60.5)	416(60.3)	414(60.1)	407(59.1)		
	最小值	383(55.5)	370(53.7)	376(54.6)	376(54.5)		
	最大值	456(66.1)	456(66.2)	450(65.3)	445(64.5)		
	CV/%	3.54	4.75	3.58	3.84		
	B 基准值	②	②	②	②		
	分布	ANOVA	ANOVA	ANOVA	ANOVA		
	C_1	105(2.20)	142(2.99)	105(2.21)	114(2.40)		
	C_2	109(2.29)	105(2.49)	90.3(1.90)	117(2.47)		
	试样数量	30		82			
	批数	7		5			
	数据种类	临时值		临时值			
E_X^{oht} / GPa (Msi)	平均值	60.4(8.76)	60.2(8.73)	63.0(9.14)	62.0(8.99)		
	最小值	56.5(8.20)	54.5(7.90)	55.8(8.10)	54.2(7.86)		
	最大值	64.8(9.40)	65.0(9.43)	70.3(10.2)	70.3(10.2)		
	CV/%	2.85	3.46	3.76	4.06		
	试样数量	30		82			
	批数	7		5			
	数据种类	临时值		临时值			

注：①放置在(104±2.78)℃(220℉±5℉)环境中 6～7 天；②仅对 A 类和 B 类数据给出基准值；③对于该材料，目前所要求的文档均未提供。

表 2.3.1.13(i)　x 轴开孔压缩性能（[45/0/−45/90]$_{2s}$）

材料	IM7 12k/8552 单向带		
树脂含量	32%～35%(质量)	复合材料密度	1.58～1.60 g/cm³
纤维体积含量	57%～61%	空隙含量	<0.5%
单层厚度	0.147～0.160 mm(0.005 8～0.006 3 in)		
试验方法	SACMA SRM 3 - 88	模量计算	弦向模量,1 000～3 000 $\mu\varepsilon$
正则化	纤维体积含量正则化到 60%(固化后单层厚度 0.150 mm(0.005 9 in))		
温度/℃(℉)	24(75)	82(180)	104(220)

（续表）

吸湿量(%)		干态		湿态		湿态	
吸湿平衡条件 (T/℃(℉)，RH/%)		①		②		②	
来源编码		43		43		43	
		正则化值	实测值	正则化值	实测值	正则化值	实测值
F_X^{ohc}/ MPa (ksi)	平均值	336(48.7)	332(48.2)	299(43.3)	293(42.5)	280(40.6)	272(39.5)
	最小值	304(44.1)	309(44.8)	270(39.2)	264(38.3)	263(38.2)	256(37.2)
	最大值	372(54.0)	367(53.2)	340(49.3)	325(47.1)	308(44.6)	301(43.7)
	CV/%	5.38	5.10	6.30	5.96	3.78	3.88
	B 基准值	③	③	③	③	③	③
	分布	ANOVA	ANOVA	对数正态	正态	正态	ANOVA
	C_1	129(2.72)	121(2.54)	5.70(3.77)	293(42.5)	280(40.6)	77.5(1.63)
	C_2	114(2.40)	111(2.33)	1.99(0.062)	17.4(2.53)	10.6(1.54)	238(5.00)
	试样数量	30		50		32	
	批数	7		5		2	
	数据种类	临时值		临时值		筛选值	
E_X^{ohc}/ GPa (Msi)	平均值	55.0(7.97)	54.4(7.89)	56.1(8.14)	55.1(7.99)	56.0(8.15)	54.5(7.91)
	最小值	50.3(7.30)	48.0(6.97)	53.8(7.80)	51.6(7.48)	52.4(7.60)	49.9(7.24)
	最大值	59.3(8.60)	58.6(8.50)	60.0(8.70)	60.1(8.72)	60.0(8.70)	58.8(8.53)
	CV/%	3.79	5.15	2.56	3.33	3.88	3.77
	试样数量	30		50		31	
	批数	7		5		2	
	数据种类	临时值		临时值		筛选值	

注：①放置在(104±2.78)℃(220℉±5℉)环境中 6～7 天；②放置在(85±2.78)℃(185℉±5℉)，87%环境中吸湿平衡(45～127 天)；③仅对 A 类和 B 类数据给出基准值；④对于该材料，目前所要求的文档均未提供。

表 2.3.1.13(j) *x* 轴冲击后压缩性能($[45/0/-45/90]_{4s}$)

材料	IM7 12k/8552 单向带		
树脂含量	32%～34%(质量)	复合材料密度	1.58～1.60g/cm³
纤维体积含量	59%～61%	空隙含量	<0.5%
单层厚度	0.150～0.155 mm(0.005 9～0.006 1 in)		

(续表)

试验方法	SACMA SRM 2 - 88		模量计算				
正则化	未正则化④						
温度/℃(℉)	24(75)	82(180)					
吸湿量(%)	干态	湿态					
吸湿平衡条件 (T/℃(℉), RH/%)	①	②					
来源编码	43	43					
$F_{\bar{X}}^{cai}$/ MPa (ksi)	平均值	214(31.0)	199(28.8)				
	最小值	193(28.0)	178(25.8)				
	最大值	235(34.1)	239(34.6)				
	CV/%	5.96	8.40				
	B 基准值	③	③				
	分布	ANOVA	对数正态				
	C_1	93.6(1.97)	5.29(3.36)				
	C_2	183(3.86)	2.01(0.0816)				
	试样数量	18	18				
	批数	3	3				
	数据种类	临时值	临时值				

注:①放置在(104±2.78)℃(220℉±5℉)环境中 6~7 天;②放置在(85±2.78)℃(185℉±5℉),87%环境中吸湿平衡(45~127 天);③仅对 A 类和 B 类数据给出基准值;④未提供试件厚度;⑤对于该材料,目前所要求的文档均未提供。

2.3.1.13′　IM7 12k/8552 单向带*

材料描述:

材料　　　　IM7 12k/8552。

形式　　　　单向带预浸料,纤维面积质量为 190 g/m²,典型的固化后树脂含量为 38%,典型的固化后单层厚度为 0.180~0.188 mm(0.0071~0.0074 in)。

固化工艺　　热压罐固化;177℃(350℉),0.586 MPa(85 psi),升温速率1.67℃/min(3℉/min),5 h。

供应商提供的数据:

纤维　　　　IM7 纤维是由 PAN 基原丝制造的连续、中模不加捻碳纤维,纤

---

* 虽然与 2.3.1.13 节的材料名称相同,但两种材料不同,因为有不同的性能表格——编辑注。

维经表面处理以改善操作性和结构性能。每一丝束包含有
12 000 根碳丝。典型的拉伸模量为 289 GPa(42×10^6 psi),典型
的拉伸强度为 5 309 MPa(770 000 psi)。

基体 8552 是一种低流动性、胺固化的、改性的环氧树脂,具有高的
韧性和损伤容限。该树脂通常在 177℃(350℉)经过 13 分钟后
凝胶。在 21℃(70℉)存放时间约为 20 天。

最高短期使用温度 177℃(350℉)(干态),121℃(250℉)(湿态)。

典型应用 普通用途的商业和军事结构件,航空结构件,和需要高强度、刚
度、损伤容限以及高温性能保持率的其他结构。

数据分析概述 (1) 在 -55℃(-67℉)环境下,删除 13 面内剪切强度和模量
(F_{13} 和 G_{13})中较高的异常值。

(2) 23 面剪切的失效模式不遵循 ASTM 标准(到加载夹具的
缺口)。失效模式为横向拉伸。报告的强度值提供了剪切强度
的下限。

(3) 虽然与 2.3.1.13 节描述的材料名称相同,接下来的数据
具有不同的数据表格,所以,给出了一个新的数据描述和数据
汇总表。

表 2.3.1.13′ IM7 12k/8552 单向带

材料	IM7 12k/8552 单向带				
形式	Hexcel IM7 12k/8552 预浸料				
纤维	Hexcel IM7 12k G,表面经过处理,不加捻			基体	Hexcel 8552
T_g(干态)	177℃(350℉)	T_g(湿态)	143℃(290℉)	T_g测量方法	ASTM E1545 (TMA)
固化工艺	热压罐固化;177℃(350℉),0.586 MPa(85 psi),升温速率 1.67℃/min(3℉/min),5 h				

注:对于该材料,目前所要求的文档均未提供。

纤维制造日期:	4/98—10/98	试验日期:	10/98—1/99
树脂制造日期:	7/98—1/99	数据提交日期:	11/99
预浸料制造日期:	7/98—2/99	分析日期:	12/99
复合材料制造日期:	9/98—5/99		

单层性能汇总

	24℃ (75℉) /A		−55℃ (−67℉) /A	82℃ (180℉) /A			
1 轴拉伸							
2 轴拉伸							
3 轴拉伸	SSS–		SSS–	SSS–			
1 轴压缩							
2 轴压缩							
3 轴压缩							
12 面剪切	SS–		SS–	SS–			
23 面剪切	SS–		SS–	SS–			
13 面剪切							
31 面 SB 强度	S–––		S–––	S–––			

注:强度/模量/泊松比/破坏应变的数据种类为:A—A75,a—A55,B—B30,b—B18,M—平均值,I—临时值,S—筛选值,——无数据(见表 1.5.1.2(c))。

	名义值	提交值	试验方法
纤维密度/(g/cm³)	1.78	1.78	ASTM D 3171
树脂密度/(g/cm³)	1.30		ASTM D 891
复合材料密度/(g/cm³)		1.58	ASTM D 792
纤维面积质量/(g/m²)	190	191.1	ASTM D 5300
纤维体积含量/%		57.3~57.4	ASTM D 3171
单层厚度/mm	0.0073	0.0071~0.0074	

注:对于该材料,目前所要求的文档均未提供。

层压板性能汇总

注:强度/模量/泊松比/破坏应变的数据种类为:A—A75,a—A55,B—B30,b—B18,M—平均值,I—临时值,S—筛选值,——无数据(见表 1.5.1.2(c))。

表 2.3.1.13(k) 3 轴拉伸性能($[0]_{103}$)

材料	IM7 12k/8552 单向带			
树脂含量	38%(质量)		复合材料密度	1.58 g/cm³
纤维体积含量	57.3%~57.4%		空隙含量	0.0
单层厚度	0.185~0.188 mm(0.007 3~0.007 4 in)			
试验方法	ASTM①		模量计算	弦向模量,1 000~3 000 $\mu\varepsilon$
正则化	未正则化			

温度/℃(℉)		24(75)	−55(−67)	82(180)		
吸湿量(%)				1.0		
吸湿平衡条件(T/℃(℉),RH/%)		大气环境	大气环境	②		
来源编码		90	90	90		
F_3^{tu}/MPa(ksi)	平均值	56.3(8.16)	55.8(8.10)	33.2(4.82)		
	最小值	47.7(6.92)	54.4(7.89)	23.2(3.37)		
	最大值	62.5(9.06)	58.3(8.46)	39.1(5.67)		
	CV/%	8.98	3.16	20.2		
	B 基准值	③	③	③		
	分布	正态	正态	正态		
	C_1	56.3(8.16)	55.8(8.10)	33.2(4.82)		
	C_2	5.05(0.733)	1.77(0.256)	6.69(0.971)		
	试样数量	6	5	6		
	批数	1	1	1		
	数据种类	筛选值	筛选值	筛选值		
E_3^t/GPa(Msi)	平均值	9.31(1.35)	10.0(1.45)			
	最小值	9.17(1.33)	9.86(1.43)			
	最大值	9.51(1.38)	10.1(1.47)			
	CV/%	1.45	1.10			
	试样数量	6	6			
	批数	1	1			
	数据种类	筛选值	筛选值			

（续表）

ν_{31}^{t}	平均值	0.020	0.024				
	试样数量	6	6				
	批数	1	1				
	数据种类	筛选值	筛选值				
ν_{32}^{t}	平均值	0.475	0.463				
	试样数量	6	6				
	批数	1	1				
	数据种类	筛选值	筛选值				

注：①ASTM D30 标准草案拷贝自 No. Z7254Z；②放置在 71℃（160°F），（95±2）%RH 环境中吸湿至吸湿量 1.0%；③仅对 A 类和 B 类数据给出基准值；④对于该材料，目前所要求的文档均未提供。

表 2.3.1.13（1）　13 面剪切性能（$[0]_{35}$）

材料	IM7G 12k/8552 单向带		
树脂含量	38.4%（质量）	复合材料密度	1.58 g/cm³
纤维体积含量	57.3%～57.4%	空隙含量	0.0
单层厚度	0.180 mm（0.0071 in）		
试验方法	ASTM D5379-93	模量计算	弦向模量，1 000～3 000 $\mu\varepsilon$
正则化	未正则化		

温度/℃（°F）		24（75）	−55（−67）	82（180）			
吸湿量（%）				1.0			
吸湿平衡条件（T/℃（°F），RH/%）		大气环境	大气环境	①			
来源编码		90	90	90			
F_{13}^{su}/MPa（ksi）	平均值	102（14.8）	146（21.2）	67.8（9.83）			
	最小值	99.3（14.4）	139（20.1）	66.9（9.7）			
	最大值	105（15.3）	154（22.3）	68.9（10.0）			
	CV/%	2.07	3.61	1.39			
	B 基准值	②	②	②			
	分布	正态	正态	正态			
	C_1	102（14.8）	146（21.2）	67.8（9.83）			
	C_2	2.11（0.306）	5.26（0.763）	0.945（0.137）			
	试样数量	6	6	6			

（续表）

	批数	1	1	1			
	数据种类	筛选值	筛选值	筛选值			
$G_{13}^s/$ GPa (Msi)	平均值	4.41(0.64)	9.65(1.40)	4.21(0.61)			
	最小值	4.14(0.60)	9.24(1.34)	4.00(0.58)			
	最大值	4.90(0.71)	10.1(1.46)	4.55(0.66)			
	CV/%	7.45	2.92	6.05			
	试样数量	6	6	6			
	批数	1	1	1			
	数据种类	筛选值	筛选值	筛选值			

注：①放置在 71℃(160℉)，(95±2)%RH 环境中吸湿至吸湿量 1.5%；②仅对 A 类和 B 类数据给出基准值；③对于该材料，目前所要求的文档均未提供。

表 2.3.1.13(m)　23 面剪切性能($[0]_{35}$)

材料	IM7G 12k/8552 单向带			
树脂含量	38.4%(质量)		复合材料密度	1.58 g/cm³
纤维体积含量	57.3%～57.4%		空隙含量	0.0
单层厚度	0.180～0.183(0.0071～0.0072 in)			
试验方法	ASTM D5379-93③		模量计算	弦向模量，1000～3000 $\mu\varepsilon$
正则化	未正则化			

	温度/℃(℉)	24(75)	−55(−67)	82(180)			
	吸湿量(%)			1.0			
	吸湿平衡条件 (T/℃(℉)，RH/%)	大气环境	大气环境	①			
	来源编码	90	90	90			
$F_{23}^{su}/$ MPa (ksi)	平均值	36.7(5.32)	50.5(7.32)	26.2(3.80)			
	最小值	29.2(4.24)	41.4(6.01)	24.0(3.48)			
	最大值	42.6(6.18)	60.7(8.81)	27.4(3.97)			
	CV/%	17.3	15.4	4.91			
	B 基准值	②	②	②			
	分布	正态	正态	正态			
	C_1	36.7(5.32)	50.5(7.32)	26.2(3.80)			

（续表）

	C_2	6.34(0.920)	7.79(1.13)	1.28(0.186)		
	试样数量	5	6	6		
	批数	1	1	1		
	数据种类	筛选值	筛选值	筛选值		
G_{23}^s/ GPa (Msi)	平均值	2.28(0.33)	4.96(0.72)	4.96(0.72)		
	最小值	1.86(0.27)	4.76(0.69)	4.76(0.69)		
	最大值	2.69(0.39)	5.10(0.74)	5.10(0.74)		
	$CV/\%$	13.4	2.60	6.96		
	试样数量	5	6	6		
	批数	1	1	1		
	数据种类	筛选值	筛选值	筛选值		

注：①放置在 71℃(160℉)，(95±2)%RH 环境中吸湿至吸湿量 1.0%；②仅对 A 类和 B 类数据给出基准值；③失效模式不符合 ASTM 标准；④对于该材料，目前所要求的文档均未提供。

表 2.3.1.13(n)　31 面短梁强度性能（[0]₃₅）

材料	IM7G 12k/8552 单向带					
树脂含量	38.4%(质量)		复合材料密度	1.58 g/cm³		
纤维体积含量	54.6%		空隙含量	0.0		
单层厚度	0.180 mm(0.0071 in)					
试验方法	ASTM D2344-84		模量计算			
正则化	未正则化					
温度/℃(℉)		24(75)	−55(−67)	82(180)		
吸湿量(%)				1.0		
吸湿平衡条件 (T/℃(℉)，RH/%)		大气环境	大气环境	①		
来源编码		90	90	90		
F_{31}^{sbs}/ MPa (ksi)	平均值	101(14.6)	139(20.1)	73.8(10.7)		
	最小值	95.1(13.8)	132(19.2)	72.4(10.5)		
	最大值	105(15.3)	144(20.9)	74.5(10.8)		
	$CV/\%$	4.44	3.18	0.92		
	B 基准值	②	②	②		
	分布	正态	正态	正态		

（续表）

C_1	101(14.6)	139(20.1)	73.8(10.7)			
C_2	4.46(0.647)	4.41(0.639)	0.676(0.098)			
试样数量	6	6	6			
批数	1	1	1			
数据种类	筛选值	筛选值	筛选值			

注：①放置在 71℃(160℉)，(95±2)%RH 环境中吸湿至吸湿量 1.0%；②仅对 A 类和 B 类数据给出基准值；③短梁强度测试数据仅批准用作筛选的数据；④对于该材料，目前所要求的文档均未提供。

2.3.1.14　IM7 12k/977-2 单向带

供应商提供的数据：

材料　　　　　IM7 12k/977-2。

形式　　　　　单向带，每一丝束含有 12000 根碳丝，纤维面积质量为 145 g/m²，典型的固化后树脂含量为 30%～32%，典型的固化后单层厚度为 0.130～0.135 mm(0.0051～0.0053 in)。

固化工艺　　　热压罐固化，177℃(350℉)，0.690 MPa(100 psi)，3 h。

供应商提供的数据：

纤维　　　　　IM7 纤维是由 PAN 基原丝制造的高性能中等模量连续碳纤维，模量为 296 GPa(43×10⁶ psi)。未经过上浆处理且没加捻。

基体　　　　　997-2 是一种 177℃(350℉)固化的韧性环氧树脂。在 21℃(70℉)条件下能保持轻度黏性至少 10 天。

典型使用温度　149℃(300℉)(干态)，93℃(200℉)(湿态)。

典型应用　　　包括飞机主和次结构件，空间结构，低温储罐或者任何需要耐冲击性和低质量的地方。

数据分析汇总：

23℃(73℉)大气环境纵向拉伸强度，有一个批次比其他 4 个批次的强度低很多。而对其他环境，这个批次与其他 4 个批次显示出一致的强度。该数据被保留在数据集中，因为未发现明确的原因。

合并批次后 5 种性能含有异常数据：

23℃(73℉)大气环境(低值)纵向拉伸应变。

70℃(-94℉)大气环境(高值)纵向拉伸模量。

82℃(180℉)湿态(低值和高值)纵向拉伸强度和模量。

23℃(73℉)大气环境(高值)横向拉伸模量。

由于未发现明确的原因异常数据保留。

表 2.3.1.14　IM7 12k/977 - 2 单向带

材料	IM7 12k/977 - 2 单向带			
形式	HyE 5377 - 2A 预浸带			
纤维	Hercules IM7 12k,无上浆剂,不加捻		基体	ICI Fiberite 977 - 2
T_g(干态)	205℃(401℉)	T_g(湿态)　154℃(309℉)	T_g测量方法	DMA
固化工艺	热压罐固化;177℃,0.690 MPa,3 h			

纤维制造日期:	12/91—2/94	试验日期:	6/94—12/94
树脂制造日期:	5/94	数据提交日期:	7/95
预浸料制造日期:	5/94	分析日期:	7/95
复合材料制造日期:	6/94—8/94		

单层性能汇总

	23℃ (73℉) /A	−70℃ (−94℉) /A	82℃ (180℉) /A		
1 轴拉伸	BM-B	BM-B	BM-B		
2 轴拉伸	BI-I	BI-I	BI-I		
3 轴拉伸					
1 轴压缩	BI--	BI--	BI--		
2 轴压缩	BI--	BI--	BI--		
3 轴压缩					
12 面剪切	BM--	BM--	BM--		
23 面剪切					
31 面 SB 强度	S--	S--	S--		

注:强度/模量/泊松比/破坏应变的数据种类为:A—A75,a—A55,B—B30,b—B18,M—平均值,I—临时值,
S—筛选值,——无数据(见表 1.5.1.2(c))。

	名义值	提交值	试验方法
纤维密度/(g/cm³)	1.78	1.76~1.79	SACMA SRM - 15
树脂密度/(g/cm³)	1.30		ASTM D 792

（续表）

	名义值	提交值	试验方法
复合材料密度/(g/cm³)		1.58~1.63	ASTM D 792
纤维面积质量/(g/m²)	145	146~148	ASTM 3529
纤维体积含量/%		59~66	
单层厚度/mm		0.124~0.142	

层压板性能汇总

[45/0/−45/90]	23℃ (73℉) /A		−70℃ (−94℉) /A		82℃ (180℉) /A
x-轴开孔拉伸	SS-S		SS-S		SS-S
x-轴开孔压缩	SS-S		SS-S		SS-S
x-轴 CAI	SS-S		SS-S		SS-S

注:强度/模量/泊松比/破坏应变的数据种类为:A—A75,a—A55,B—B30,b—B18,M—平均值,I—临时值,S—筛选值,——无数据(见表 1.5.1.2(c))。

表 2.3.1.14(a)　1 轴拉伸性能($[0]_8$)

材料	IM7 12k/977−2 单向带		
树脂含量	24%~32%(质量)	复合材料密度	1.60~1.63 g/cm³
纤维体积含量	58%~64%	空隙含量	0.14%~0.67%
单层厚度	0.127~0.147 mm(0.005 0~0.005 6 in)		
试验方法	SACMA SRM 4−88	模量计算	1000~6 000 $\mu\varepsilon$ 的弦向模量
正则化	试样厚度和纤维面积质量正则化到 60%体积含量(固化后单层厚度 0.135 mm (0.005 3 in))		

温度/℃(℉)	23(73)	−70(−94)	82(180)
吸湿量(%)			0.72
吸湿平衡条件 (T/℃(℉),RH/%)	大气环境	大气环境	74(165),85
来源编码	54	54	54

（续表）

		正则化值	实测值	正则化值	实测值	正则化值	实测值
F_1^{tu}/ MPa (ksi)	平均值	2 606(378)	2 586(375)	2 648(384)	2 627(381)	2 434(353)	2 427(352)
	最小值	2 255(327)	2 199(319)	2 441(354)	2 448(355)	1 979(287)	2 048(297)
	最大值	2 827(410)	2 834(411)	2 792(405)	2 758(400)	2 661(386)	2 675(388)
	$CV/\%$	5.52	6.40	3.77	3.25	5.53	4.81
	B 基准值	2 096(304)	2 013(292)	2 351(341)	2 434(353)	2 006(291)	2 117(307)
	分布	ANOVA	ANOVA	ANOVA	Weibull	ANOVA	ANOVA
	C_1	1 074(22.6)	1 231(25.9)	723(15.2)	2 666(386.6)	984(20.7)	837(17.6)
	C_2	155(3.26)	152(3.19)	134(2.81)	35.0	142(2.99)	124(2.60)
	试样数量	30		30		30	
	批数	5		5		5	
	数据种类	B30		B30		B30	
E_1^t/ GPa (Msi)	平均值	169(24.5)	168(24.3)	166(24.1)	165(24.0)	170(24.7)	170(24.7)
	最小值	165(24.0)	161(23.3)	159(23.1)	159(23.0)	163(23.7)	165(23.9)
	最大值	172(25.0)	174(25.3)	194(28.1)	201(29.2)	181(26.2)	179(26.0)
	$CV/\%$	0.84	2.25	3.50	4.68	2.02	1.94
	试样数量	30		30		30	
	批数	5		5		5	
	数据种类	平均值		平均值		平均值	
$\varepsilon_1^{tu}/\mu\varepsilon$	平均值		14 100		14 700		12 200
	最小值		10 300		10 100		7 810
	最大值		15 900		20 000		14 000
	$CV/\%$		8.48		14.4		12.6
	B 基准值		11 600		10 200		7 810
	分布		ANOVA		Weibull		非参数
	C_1		1 211		15 550		1.00
	C_2		2.06		7.57		—
	试样数量	30		30		30	
	批数	5		5		5	
	数据种类	B30		B30		B30	

表 2.3.1.14(b)　2 轴拉伸性能($[90]_{16}$)

材料	IM7 12k/977-2 单向带		
树脂含量	26%～30%(质量)	复合材料密度	1.61～1.63 g/cm³
纤维体积含量	61%～66%	空隙含量	0.0
单层厚度	0.124～0.135 mm(0.0049～0.0053 in)		
试验方法	SACMA SRM 4-88	模量计算	1000～6000 $\mu\varepsilon$ 间的弦向模量
正则化	未正则化		

	温度/℃(℉)	23(73)	−70(−94)	82(180)		
	吸湿量(%)			0.66		
	吸湿平衡条件 (T/℃(℉)，RH/%)	大气环境	大气环境	74(165)，85		
	来源编码	54	54	54		
F_2^{tu}/ MPa (ksi)	平均值	72.4(10.5)	83.4(12.1)	42.7(6.2)		
	最小值	59.2(8.6)	64.8(9.4)	37.2(5.4)		
	最大值	96.5(14.0)	108(15.6)	54.5(7.9)		
	CV/%	11.7	11.0	12		
	B 基准值	50.7(7.35)	54.4(7.89)	25.6(3.71)		
	分布	ANOVA	ANOVA	ANOVA		
	C_1	60.4(1.27)	67.0(1.41)	36.6(0.77)		
	C_2	118(2.49)	141(2.97)	152(3.20)		
	试样数量	30	30	30		
	批数	5	5	5		
	数据种类	B30	B30	B30		
E_2^t/ GPa (Msi)	平均值	8.69(1.26)	10.6(1.54)	7.45(1.08)		
	最小值	8.48(1.23)	10.1(1.46)	7.10(1.03)		
	最大值	9.31(1.35)	11.0(1.60)	7.79(1.13)		
	CV/%	2.57	2.29	2.48		
	试样数量	15	15	15		
	批数	5	5	5		
	数据种类	临时值	临时值	临时值		

（续表）

$\varepsilon_2^{tu}/\mu\varepsilon$	平均值	8510	7970	6290		
	最小值	7020	6370	5460		
	最大值	10100	9060	7850		
	CV/%	9.32	8.42	11.4		
	B 基准值	①	①	①		
	分布	ANOVA	ANOVA	ANOVA		
	C_1	834	697	763		
	C_2	3.03	2.84	3.17		
	试样数量	15	15	15		
	批数	5	5	5		
	数据种类	临时值	临时值	临时值		

注：①仅对 A 和 B 类数据给出 B 基准值。

表 2.3.1.14(c)　1 轴压缩性能（$[0]_8$）

材料	IM7 12k/977-2 单向带		
树脂含量	24%~32%(质量)	复合材料密度	1.60~1.63 g/cm³
纤维体积含量	58%~64%	空隙含量	0.14%~0.67%
单层厚度	0.127~0.142 mm（0.0050~0.0056 in）		
试验方法	SACMA SRM 1-88	模量计算	1000~3000 $\mu\varepsilon$ 间的弦向模量
正则化	试样厚度和纤维面积质量正则化到 60% 体积含量（固化后单层厚度 0.135 mm（0.0053 in））		

温度/℃(℉)	23(73)		-70(-94)		82(180)	
吸湿量(%)					0.70	
吸湿平衡条件 (T/℃(℉)，RH/%)	大气环境		大气环境		74(165)，85	
来源编码	54		54		54	
	正则化值	实测值	正则化值	实测值	正则化值	实测值
$F_1^{cu}/$ MPa (ksi) 平均值	1682(244)	1744(253)	1889(274)	1958(284)	1372(199)	1413(205)
最小值	1462(212)	1531(222)	1669(242)	1751(254)	1020(148)	1069(155)
最大值	1882(273)	1937(281)	2062(299)	2117(307)	1675(243)	1703(247)
CV/%	7.44	7.04	5.51	4.79	13.3	12.9

（续表）

		正则化值	实测值	正则化值	实测值	正则化值	实测值
	B基准值	1338(194)	1420(206)	1593(231)	1724(250)	758(110)	807(117)
	分布	ANOVA	ANOVA	ANOVA	ANOVA	ANOVA	ANOVA
	C_1	898(18.9)	870(18.3)	751(15.8)	666(14.0)	1355(28.5)	1341(28.2)
	C_2	126(2.66)	120(2.53)	131(2.75)	116(2.43)	149(3.13)	147(3.10)
	试样数量	30		30		30	
	批数	5		5		5	
	数据种类	B30		B30		B30	
$E_1^c /$ GPa (Msi)	平均值	148(21.4)	154(22.4)				
	最小值	142(20.6)	148(21.4)				
	最大值	157(22.7)	161(23.4)				
	$CV/\%$	2.35	2.07				
	试样数量	15					
	批数	5					
	数据种类	临时值					

表 2.3.1.14(d)　2 轴压缩性能($[90]_{16}$)

材料	IM7 12k/977-2 单向带		
树脂含量	26%～30%(质量)	复合材料密度	1.61～1.63 g/cm³
纤维体积含量	61%～66%	空隙含量	0.0
单层厚度	0.124～0.135 mm(0.0049～0.0053 in)		
试验方法	SACMA SRM 1-88	模量计算	1000～3000 $\mu\varepsilon$ 间的弦向模量
正则化	未正则化		

温度/℃(℉)	23(73)	−70(−94)	82(180)		
吸湿量(%)			0.70		
吸湿平衡条件 (T/℃(℉), RH/%)	大气环境	大气环境	74(165), 85		
来源编码	54	54	54		

(续表)

F_2^{cu} / MPa (ksi)	平均值	299(43.3)	418(60.6)	181(26.3)			
	最小值	248(36.0)	310(45.0)	154(22.4)			
	最大值	343(49.7)	544(78.9)	209(30.3)			
	CV/%	10.4	17.1	10.4			
	B 基准值	190(27.6)	166(24.1)	112(16.3)			
	分布	ANOVA	ANOVA	ANOVA			
	C_1	232(4.88)	532(11.2)	142(2.99)			
	C_2	153(3.22)	154(3.25)	158(3.33)			
	试样数量	30	30	30			
	批数	5	5	5			
	数据种类	B30	B30	B30			
E_2^c / GPa (Msi)	平均值	10.1(1.46)					
	最小值	8.76(1.27)					
	最大值	11.7(1.69)					
	CV/%	8.61					
	试样数量	15					
	批数	5					
	数据种类	临时值					

表 2.3.1.14(e)　12 面剪切性能（[±45]₂ₛ）

材料	IM7 12k/977-2 单向带		
树脂含量	27%～33%(质量)	复合材料密度	1.60～1.62 g/cm³
纤维体积含量	59%～65%	空隙含量	0.0～0.07%
单层厚度	0.127～0.140 mm(0.0050～ 0.0055 in)		
试验方法	SACMA SRM 7-88	模量计算	1000～3000 $\mu\varepsilon$ 间的弦向模量
正则化	未正则化		
温度/℃(℉)	23(73)	-70(-94)	82(180)		
吸湿量(%)			0.70		
吸湿平衡条件 (T/℃(℉), RH/%)	大气环境	大气环境	74(165), 85		

（续表）

来源编码		54	54	54		
$F_{12}^{su}/$ MPa (ksi)	平均值	116(16.8)	116(16.8)	95.1(13.8)		
	最小值	103(15.0)	110(15.9)	88.9(12.9)		
	最大值	125(18.2)	123(17.9)	101(14.6)		
	CV/%	3.83	2.96	3.18		
	B基准值	106(15.4)	105(15.2)	85.5(12.4)		
	分布	ANOVA	ANOVA	ANOVA		
	C_1	31.1(0.655)	25.3(0.533)	22.1(0.465)		
	C_2	106(2.23)	147(3.10)	142(2.996)		
	试样数量	30	30	30		
	批数	5	5	5		
	数据种类	B30	B30	B30		
$G_{12}^{s}/$ GPa (Msi)	平均值	4.76(0.69)	6.07(0.88)	3.31(0.48)		
	最小值	4.41(0.64)	5.79(0.84)	2.96(0.43)		
	最大值	5.10(0.74)	6.41(0.93)	3.79(0.55)		
	CV/%	3.5	2.4	5.4		
	试样数量	30	30	30		
	批数	5	5	5		
	数据种类	平均值	平均值	平均值		

表 2.3.1.14（f） 31 面短梁强度性能（$[0]_{16}$）

材料	IM7 12k/977-2 单向带				
树脂含量	27%～33%（质量）		复合材料密度	1.61～1.63 g/cm³	
纤维体积含量	60%～66%		空隙含量	0.0～0.95%	
单层厚度	0.124～0.137 mm（0.0049～0.0054 in）				
试验方法	SACMA SRM 8-88		模量计算		
正则化	未正则化				
温度/℃(℉)	23(73)	-70(-94)	82(180)		
吸湿量(%)			0.76		
吸湿平衡条件 (T/℃(℉), RH/%)	大气环境	大气环境	74(165), 85		

（续表）

		来源编码	54	54	54			
F_{31}^{sbs} / MPa (ksi)		平均值	112(16.3)	157(22.8)	73.1(10.6)			
		最小值	107(15.5)	144(20.9)	68.6(9.95)			
		最大值	119(17.3)	169(24.5)	76.5(11.1)			
		CV/%	2.66	4.21	2.72			
		B 基准值	①	①	①			
		分布	ANOVA	ANOVA	Weibull			
		C_1	21.6(0.454)	48.0(1.01)	509(10.7)			
		C_2	130(2.73)	137(2.89)	1992(41.9)			
		试样数量	30	28	30			
		批数	5	5	5			
		数据种类	筛选值	筛选值	筛选值			

注：①短梁强度测试数据仅批准用于筛选数据。

表 2.3.1.14(g)　x 轴开孔拉伸性能（[45/0/−45/90]$_{2S}$）

材料	IM7 12k/977−2 单向带		
树脂含量	26%～28%（质量）	复合材料密度	1.60～1.62 g/cm³
纤维体积含量	59%～63%	空隙含量	0.03%～1.27%
单层厚度	0.132～0.140 mm(0.005 2～0.005 5 in)		
试验方法	SACMA SRM 5−88	模量计算	1000～3000 $\mu\varepsilon$ 间的弦向模量
正则化	试样厚度和纤维面积质量正则化到 60%体积含量（固化后单层厚度 0.135 mm (0.005 3 in)）		
温度/℃(℉)	24(75)	−70(−94)	82(180)
吸湿量(%)			0.70
吸湿平衡条件 (T/℃(℉)，RH/%)	大气环境	大气环境	74(165)，85%
来源编码	54	54	54

（续表）

		正则化值	实测值	正则化值	实测值	正则化值	实测值
$F_x^{oht}/$ MPa (ksi)	平均值	434(63.0)	432(62.7)	451(65.4)	459(66.5)	409(59.3)	412(59.8)
	最小值	427(61.9)	425(61.6)	439(63.6)	442(64.1)	388(56.3)	389(56.4)
	最大值	439(63.6)	443(64.2)	467(67.8)	476(69.1)	437(63.4)	449(65.1)
	$CV/\%$	1.08	1.51	2.13	3.05	4.35	5.08
	B 基准值	①	①	①	①	①	①
	分布	正态	正态	正态	正态	正态	正态
	C_1	434(63.0)	432(62.7)	451(65.4)	459(66.5)	409(59.3)	412(59.8)
	C_2	4.70(0.682)	6.52(0.946)	9.65(1.40)	14.0(2.031)	17.8(2.58)	21.0(3.04)
	试样数量	6		6		6	
	批数	1		1		1	
	数据种类	筛选值		筛选值		筛选值	
$E_x^{oht}/$ GPa (Msi)	平均值	61.6(8.94)	61.4(8.90)	65.3(9.47)	66.3(9.62)	60.1(8.72)	60.6(8.79)
	最小值	60.9(8.83)	60.5(8.78)	63.5(9.21)	64.5(9.36)	59.6(8.65)	59.5(8.63)
	最大值	62.6(9.08)	62.4(9.05)	66.9(9.71)	68.9(10.0)	60.5(8.77)	62.9(9.13)
	$CV/\%$	1.13	1.29	1.69	2.35	0.505	2.38
	试样数量	6		6		6	
	批数	1		1		1	
	数据种类	筛选值		筛选值		筛选值	
$\varepsilon_x^{oht}/\mu\varepsilon$	平均值		6 940		6 810		6 730
	最小值		6 880		6 540		6 420
	最大值		7 060		7 060		7 190
	$CV/\%$		0.942		2.70		4.23
	B 基准值		②		②		②
	分布		正态		正态		正态
	C_1		6 940		6 810		6 730
	C_2		65.4		184		285
	试样数量	6		6		6	
	批数	1		1		1	
	数据种类	筛选值		筛选值		筛选值	

注：①仅对 A 和 B 类数据给出 B 基准值。

表 2.3.1.14(h)　*x* 轴开孔压缩性能([45/0/－45/90]$_{2s}$)

材料	IM7 12k/977－2 单向带			
树脂含量	26%～28%(质量)		复合材料密度	1.60～1.62 g/cm^3
纤维体积含量	59%～63%		空隙含量	0.03%～1.27%
单层厚度	0.132～0.140 mm(0.0052～0.0055 in)			
试验方法	SACMA SRM 3－88		模量计算	1000～3000 $\mu\varepsilon$ 间的弦向模量
正则化	试样厚度和纤维面积质量正则化到 60%体积含量(固化后单层厚度 0.135 mm (0.0053 in))			

温度/℃(℉)	24(75)		－70(－94)		82(180)	
吸湿量(%)					0.70	
吸湿平衡条件 (T/℃(℉)，RH/%)	大气环境		大气环境		74(165)，85	
来源编码	54		54		54	

		正则化值	实测值	正则化值	实测值	正则化值	实测值
F_x^{oht}/ MPa (ksi)	平均值	296(43.0)	312(45.2)	355(51.5)	352(51.0)	241(34.9)	259(37.5)
	最小值	292(42.3)	305(44.3)	349(50.6)	339(49.1)	231(33.5)	256(37.1)
	最大值	303(43.9)	325(47.2)	362(52.5)	362(52.5)	244(35.4)	263(38.1)
	CV/%	1.78	2.34	1.25	2.15	2.07	0.935
	B 基准值	①	①	①	①	①	①
	分布	正态	正态	正态	正态	正态	正态
	C_1	296(43.0)	312(45.2)	355(51.5)	352(51.0)	241(34.9)	259(37.5)
	C_2	0.696(0.101)	7.31(1.06)	4.45(0.645)	7.58(1.10)	4.98(0.722)	2.42(0.351)
	试样数量	6		6		6	
	批数	1		1		1	
	数据种类	筛选值		筛选值		筛选值	
E_x^{oht}/ GPa (Msi)	平均值	56.3(8.16)	59.0(8.56)	57.8(8.38)	57.2(8.29)	55.8(8.09)	60.1(8.71)
	最小值	53.2(7.72)	57.1(8.27)	56.0(8.13)	54.4(7.89)	54.7(7.94)	57.8(8.38)
	最大值	59.0(8.55)	60.8(8.82)	59.2(8.59)	59.1(8.57)	58.1(8.420)	62.3(9.03)
	CV/%	3.63	2.44	2.13	3.37	2.09	3.19
	试样数量	6		6		6	
	批数	1		1		1	
	数据种类	筛选值		筛选值		筛选值	

(续表)

		正则化值	实测值	正则化值	实测值	正则化值	实测值
$\varepsilon_x^{oht}/\mu\varepsilon$	平均值		5 350		6 270		4 390
	最小值		5 020		6 100		4 250
	最大值		5 520		6 410		4 530
	CV/%		3.33		2.14		2.41
	B 基准值		②		②		②
	分布		正态		正态		正态
	C_1		5 350		6 270		4 390
	C_2		65.4		134		106
	试样数量	6		6		6	
	批数	1		1		1	
	数据种类	筛选值		筛选值		筛选值	

注:①仅对 A 和 B 类数据给出 B 基准值。

表 2.3.1.14(i)　x 轴冲击后压缩性能([45/0/−45/90]₄ₛ)

表 2.3.1.14(i)　x 轴冲击后压缩性能($[45/0/-45/90]_{4S}$)

材料	IM7 12k/977 - 2 单向带		
树脂含量	26%～33%(质量)	复合材料密度	1.62 g/cm³
纤维体积含量	59%～60%	空隙含量	0.04%～1.44%
单层厚度	0.137～0.140 mm(0.005 4～0.005 5 in)		
试验方法	SACMA SRM 2 - 88 冲击能量 6.67 J/mm(1 500 in・lbf/in)	模量计算	1 000～3 000 $\mu\varepsilon$ 间的弦向模量
正则化	试样厚度和纤维面积质量正则化到 60%体积含量(固化后单层厚度 0.135 mm (0.005 3 in))		

温度/℃(℉)	23(73)		−70(−94)		82(180)	
吸湿量(%)					0.84	
吸湿平衡条件 (T/℃(℉), RH/%)	大气环境		大气环境		74(165), 85	
来源编码	54		54		54	

		正则化值	实测值	正则化值	实测值	正则化值	实测值
$F_X^{cai}/$ MPa (ksi)	平均值	254(36.9)	259(37.5)	270(39.1)	275(39.9)	212(30.8)	216(31.4)
	最小值	236(34.3)	243(35.2)	257(37.3)	265(38.5)	208(30.1)	212(30.8)
	最大值	265(38.5)	269(39.0)	283(41.1)	284(41.2)	218(31.6)	222(32.2)

（续表）

		正则化值	实测值	正则化值	实测值	正则化值	实测值
	$CV/\%$	4.39	3.64	3.40	2.37	1.66	1.81
	B 基准值	①	①	①	①	①	①
	分布	正态	正态	正态	正态	正态	正态
	C_1	254(36.9)	259(37.5)	270(39.1)	275(39.9)	212(30.8)	216(31.4)
	C_2	11.1(1.62)	9.45(1.37)	9.10(1.32)	6.52(0.945)	3.52(0.510)	3.92(0.569)
	试样数量	6		6		6	
	批数	1		1		1	
	数据种类	筛选值		筛选值		筛选值	
$E_X^{cai}/$ GPa (Msi)	平均值	55.8(8.10)	56.8(8.24)	56.0(8.12)	57.1(8.28)	55.6(8.06)	56.8(8.24)
	最小值	55.5(8.05)	55.5(8.05)	55.2(8.00)	56.1(8.14)	55.1(7.99)	55.2(8.01)
	最大值	56.4(8.18)	57.6(8.36)	56.7(8.22)	58.3(8.45)	55.7(8.08)	58.1(8.42)
	$CV/\%$	0.527	1.56	1.01	1.41	0.433	1.73
	试样数量	6		6		6	
	批数	1		1		1	
	数据种类	筛选值		筛选值		筛选值	
$\varepsilon_X^{cai}/\mu\varepsilon$	平均值		4 520		4 740		3 780
	最小值		4 190		4 550		3 730
	最大值		4 700		4 950		3 860
	$CV/\%$		4.41		3.17		1.25
	B 基准值		②		②		②
	分布		正态		正态		正态
	C_1		4 520		4 740		3 780
	C_2		199		150		47.2
	试样数量		6		6		6
	批数		1		1		1
	数据种类		筛选值		筛选值		筛选值

注:①仅对 A 和 B 类数据给出 B 基准值。

2.3.1.15 AS4 12k/997 单向带

材料描述:

材料 AS4/997。

形式 单向带,每一丝束含有 12 000 根碳丝,纤维面积质量为 145 g/m²,

典型的固化后树脂含量为 35%，典型的固化后单层厚度为 0.142 mm(0.005 6 in)。

固化工艺　　　热压罐固化；177℃(350℉)，0.586 MPa(85 psi)，2 h。

供应商提供的数据：

纤维　　　　　AS4 纤维是由 PAN 基原丝制造的连续碳纤维，纤维经表面处理以改善操作性和结构性能。每一丝束包含有 12 000 根碳丝。典型的拉伸模量为 234 GPa($34×10^6$ psi)，典型的拉伸强度为 3 792 MPa(550 000 psi)。

基体　　　　　997 是一种 177℃(350℉)固化的环氧树脂。

最高短期使用温度　177℃(350℉)(干态)，121℃(250℉)(湿态)。

典型应用　　　飞机主承力和次承力结构，高温使用。

表 2.3.1.15　AS4 12k/997 单向带

材料	AS4 12k/997 单向带				
形式	Fiberite HyE 997/AS4 不上浆 12k 预浸带				
纤维	Hercules AS4 12k，不加捻			基体	Fiberite 997
T_g(干态)	210℃(410℉)	T_g(湿态)	160℃(320℉)	T_g测量方法	DMA E'
固化工艺	热压罐固化；177℃(350℉)，0.586 MPa(85 psi)，2 h				

纤维制造日期：	7/96—3/97	试验日期：	5/97—10/97
树脂制造日期：	4/97	数据提交日期：	7/97
预浸料制造日期：	4/97	分析日期：	2/99
复合材料制造日期：	4/97		

单层性能汇总

	23℃ (73℉) /A		−54℃ (−65℉) /A		82℃ (180℉) /A		
1 轴拉伸	BM-B		BM-B		BM-B		
2 轴拉伸	BM-B		BM-B		BM-B		
3 轴拉伸							
1 轴压缩	BM-B		BM-B		BM-B		
2 轴压缩	BM-B		BM-B		BM-B		
31 面 SB 强度	S—		S—		S—		

注：强度/模量/泊松比/破坏应变的数据种类为：A—A75，a—A55，B—B30，b—B18，M—平均值，I—临时值，S—筛选值，—无数据(见表 1.5.1.2(c))。

	名义值	提交值	试验方法
纤维密度/(g/cm³)	1.79	1.77~1.80	SACMA SRM-15
树脂密度/(g/cm³)	1.30		ASTM D 792
复合材料密度/(g/cm³)	1.60	1.58~1.60	
纤维面积质量/(g/m²)	145		改进的 ASTM 3529-90
纤维体积含量/%	57	54.4~62.6	
单层厚度/mm	0.142	0.135~1.50	

层压板性能汇总

[0/±45/90]₃ₛ Family	23℃ (73℉) /A		−54℃ (−65℉) /A		82℃ (180℉) /W			
挤压	SS—		SS—		SS—			
开孔拉伸	S—		S—		S—			
开孔压缩	S—		S—		S—			

注:强度/模量/泊松比/破坏应变的数据种类为:A—A75, a—A55, B—B30, b—B18, M—平均值, I—临时值, S—筛选值, ——无数据(见表 1.5.1.2(c))。

表 2.3.1.15(a)　1 轴拉伸性能([0]₈)

材料	AS4 12k/997 单向带			
树脂含量	27.4%~31.1%(质量)		复合材料密度	1.58~1.59 g/cm³
纤维体积含量	55.5%~64.8%		空隙含量	0.0~0.32%
单层厚度	0.140~0.147 mm(0.005 5~0.005 8 in)			
试验方法	ASTM D 3039-76		模量计算	线性区的弦向模量
正则化	试样厚度和纤维面积质量正则化到 60%体积含量(固化后单层厚度 0.142 mm (0.005 6 in))			

温度/℃(℉)	23(73)	−54(−65)	82(180)
吸湿量(%)			1.10
吸湿平衡条件 (T/℃(℉), RH/%)	大气环境	大气环境	①
来源编码	85	85	85

（续表）

		正则化值	实测值	正则化值	实测值	正则化值	实测值
F_1^{tu} / MPa (ksi)	平均值	2 255(327)	2 241(325)	2 110(306)	2 090(303)	2 255(327)	2 221(322)
	最小值	1 965(285)	1 869(271)	1 228(178)	1 186(172)	2 076(301)	2 055(298)
	最大值	2 476(359)	2 496(362)	2 372(344)	2 303(334)	2 421(351)	2 372(344)
	CV/%	4.52	5.93	9.59	9.80	3.79	3.98
	B基准值	2 014(292)	2 007(291)	1 814(263)	1 807(262)	2 055(298)	2 055(298)
	分布	Weibull	正态	Weibull	Weibull	Weibull	非参数
	C_1	2 303(334)	2 241(325)	2 186(317)	2 158(313)	2 290(332)	
	C_2	24.1	133(19.3)	17.0	17.6	29.4	
	试样数量	30		30		30	
	批数	5		5		5	
	数据种类	B30		B30		B30	
E_1^t / GPa (Msi)	平均值	137(19.9)	137(19.8)	138(20.0)	137(19.8)	139(20.1)	137(19.8)
	最小值	127(18.4)	131(19.0)	133(19.3)	128(18.6)	127(18.4)	129(18.7)
	最大值	146(21.1)	141(20.5)	143(20.8)	143(20.8)	150(21.8)	153(22.2)
	CV/%	3.30	2.19	2.23	2.44	3.78	3.55
	试样数量	30		30		30	
	批数	5		5		5	
	数据种类	平均值		平均值		平均值	
ε_1^{tu} /$\mu\varepsilon$	平均值		15 300		14 300		15 000
	最小值		13 500		8 330		13 700
	最大值		16 500		15 500		16 100
	CV/%		4.23		9.09		3.78
	B基准值		13 700		12 600		13 800
	分布		ANOVA		Weibull		Weibull
	C_1		666		14 700		15 290
	C_2		2.45		20.5		29.9
	试样数量	30		30		30	
	批数	5		5		5	
	数据种类	B30		B30		B30	

注：①放置于 71℃(160°F)，85%RH 条件下。

表 2.3.1.15(b) 2 轴拉伸性能（$[90]_{24}$）

材料	AS4 12k/997 单向带					
树脂含量	29.4%～32.7%(质量)		复合材料密度	1.58～1.59 g/cm³		
纤维体积含量	55.5%～64.8%		空隙含量	0.0～1.24%		
单层厚度	0.142～0.150 mm(0.0056～0.0059 in)					
试验方法	ASTM D 3039-76		模量计算	线性区的弦向模量		
正则化	未正则化					

温度/℃(℉)		23(73)	-54(-65)	82(180)			
吸湿量(%)				1.10			
吸湿平衡条件 (T/℃(℉)，RH/%)		大气环境	大气环境	①			
来源编码		85	85	85			
F_2^{tu}/ MPa (ksi)	平均值	77.9(11.3)	87.6(12.7)	38.9(5.64)			
	最小值	66.9(9.70)	77.2(11.2)	29.7(4.30)			
	最大值	91.7(13.3)	99.3(14.4)	45.5(6.60)			
	CV/%	6.06	6.58	8.64			
	B 基准值	69.7(10.1)	74.5(10.8)	28.6(4.15)			
	分布	正态	Weibull	ANOVA			
	C_1	77.9(11.3)	90.3(13.1)	24.5(0.515)			
	C_2	4.71(0.683)	16.3	138(2.90)			
	试样数量	30	30	30			
	批数	5	5	5			
	数据种类	B30	B30	B30			
E_2^t/ GPa (Msi)	平均值	9.38(1.36)	10.6(1.53)	8.34(1.21)			
	最小值	8.76(1.27)	9.86(1.43)	8.00(1.16)			
	最大值	10.3(1.50)	11.1(1.61)	9.10(1.32)			
	CV/%	3.19	2.63	3.38			
	试样数量	30	30	30			
	批数	5	5	5			
	数据种类	平均值	平均值	平均值			

（续表）

	平均值	8 820	8 700	4 940		
	最小值	7 390	7 470	3 710		
	最大值	11 200	10 100	5 980		
	$CV/\%$	8.07	7.25	9.17		
	B 基准值	7 640	7 390	3 650		
$\varepsilon_2^{tu}/\mu\varepsilon$	分布	对数正态	ANOVA	ANOVA		
	C_1	9.08	637	472		
	C_2	0.079	2.06	2.72		
	试样数量	30	30	30		
	批数	5	5	5		
	数据种类	B30	B30	B30		

注：①放置于 71℃(160℉)，85%RH 条件下。

表 2.3.1.15(c)　1 轴压缩性能($[0]_{19}$)

材料	AS4 12k/997 单向带		
树脂含量	30.6%～32.5%(质量)	复合材料密度	1.58～1.59 g/cm³
纤维体含量	54.4%～62.6%	空隙含量	0.34%～0.74%
单层厚度	0.140～0.145 mm(0.005 5～0.005 7 in)		
试验方法	ASTM D 3410A - 94	模量计算	
正则化	试样厚度和纤维面积质量正则化到 60%体积含量(固化后单层厚度 0.142 mm(0.005 6 in))		

温度/℃(℉)	23(73)		−54(−65)		82(180)	
吸湿量(%)					1.10	
吸湿平衡条件 (T/℃(℉)，RH/%)	大气环境		大气环境		①	
来源编码	85		85		85	
	正则化值	实测值	正则化值	实测值	正则化值	实测值
F_1^{cu}/ MPa (ksi) 平均值	1 579(229)	1 524(221)	1 607(233)	1 565(227)	1 097(159)	1 048(152)
最小值	1 165(169)	1 200(174)	1 255(182)	1 255(182)	910(132)	897(130)
最大值	1 814(263)	1 731(251)	1 883(273)	1 800(261)	1 234(179)	1 228(178)

（续表）

		正则化值	实测值	正则化值	实测值	正则化值	实测值
$F_1^{cu}/$ MPa (ksi)	CV/%	7.88	7.14	8.76	8.89	6.43	6.71
	B 基准值	1345(195)	1283(186)	1317(191)	1283(186)	931(135)	862(125)
	分布	Weibull	ANOVA	Weibull	Weibull	ANOVA	ANOVA
	C_1	1628(236)	761(16.0)	1669(242)	1628(236)	495(10.4)	504(10.6)
	C_2	16.5	104(2.19)	13.3	13.2	109(2.29)	123(2.58)
	试样数量	30		30		30	
	批数	5		5		5	
	数据种类	B30		B30		B30	
$E_1^c/$ GPa (Msi)	平均值	123(17.8)	119(17.2)	125(18.1)	121(17.6)	128(18.6)	123(17.8)
	最小值	114(16.6)	114(16.5)	118(17.1)	116(16.8)	119(17.2)	118(17.1)
	最大值	129(18.7)	124(18.0)	139(20.1)	134(19.5)	141(20.5)	132(19.2)
	CV/%	2.86	1.96	4.11	3.26	4.23	2.50
	试样数量	30		30		30	
	批数	5		5		5	
	数据种类	平均值		平均值		平均值	
$\varepsilon_1^{cu}/\mu\varepsilon$	平均值		15400		15600		9550
	最小值		10700		11300		7830
	最大值		17900		19200		11500
	CV/%		9.82		12.9		10.1
	B 基准值		11900		11500		6900
	分布		ANOVA		Weibull		ANOVA
	C_1		1544		16500		998
	C_2		2.26		8.72		2.66
	试样数量	30		30		30	
	批数	5		5		5	
	数据种类	B30		B30		B30	

注：①放置于 71℃(160°F)，85%RH 条件下。

表 2.3.1.15(d)　2 轴压缩性能($[90]_{24}$)

材料	AS4 12k/997 单向带		
树脂含量	29.4%～32.7%(质量)	复合材料密度	1.58～1.59 g/cm³
纤维体积含量	54.4%～62.6%	空隙含量	0.0～1.24%
单层厚度	0.142～0.150 mm(0.0056～0.0059 in)		
试验方法	SRM 1-94	模量计算	在 1000～3000 $\mu\varepsilon$ 之间的弦向模量
正则化	未正则化		

	温度/℃(℉)	23(73)	−54(−65)	82(180)		
	吸湿量(%)			1.10		
	吸湿平衡条件 (T/℃(℉), RH/%)	大气环境	大气环境	①		
	来源编码	85	85	85		
F_2^{cu}/ MPa (ksi)	平均值	255(37.0)	269(39.0)	175(25.4)		
	最小值	203(29.5)	143(20.7)	166(24.0)		
	最大值	281(40.8)	372(53.9)	192(27.9)		
	CV/%	8.43	24.3	3.26		
	B 基准值	199(28.9)	46.8(6.79)	161(23.4)		
	分布	ANOVA	ANOVA	ANOVA		
	C_1	153(3.22)	485(10.2)	40.3(0.848)		
	C_2	120(2.52)	150(3.16)	113(2.37)		
	试样数量	30	30	30		
	批数	5	5	5		
	数据种类	B30	B30	B30		
E_2^c/ GPa (Msi)	平均值	10.0(1.45)	10.7(1.55)	9.24(1.34)		
	最小值	7.72(1.12)	9.17(1.33)	8.28(1.20)		
	最大值	11.7(1.70)	13.2(1.92)	10.3(1.50)		
	CV/%	9.93	7.63	5.93		
	试样数量	30	30	30		
	批数	5	5	5		
	数据种类	平均值	平均值	平均值		

（续表）

$\varepsilon_2^{cu}/\mu\varepsilon$	平均值	30 600	24 700	34 800			
	最小值	24 200	12 200	28 900			
	最大值	37 900	41 400	39 500			
	CV/%	11.9	26.7	6.97			
	B 基准值	22 700	2 670	29 100			
	分布	Weibull	ANOVA	ANOVA			
	C_1	32 200	7 371	2 473			
	C_2	9.05	3.13	2.30			
	试样数量	30	30	30			
	批数	5	5	5			
	数据种类	B30	B30	B30			

注：①放置于 71℃(160℉)，85%RH 条件下。

表 2.3.1.15(e)　12 面剪切性能（$[\pm45]_{4s}$）

材料	AS4 12k/997 单向带					
树脂含量	28.2%～32%(质量)			复合材料密度	1.58～1.60 g/cm³	
纤维体积含量	54.4%～62.6%			空隙含量	0.0～0.95%	
单层厚度	0.135～0.147 mm(0.005 3～0.005 8 in)					
试验方法	ASTM D 3518-94			模量计算		
正则化	未正则化					
温度/℃(℉)		23(73)	−54(−65)	82(180)		
吸湿量(%)				湿态		
吸湿平衡条件(T/℃(℉)，RH/%)		大气环境	大气环境	①		
来源编码		85	85	85		
$F_{12}^{su}/$ MPa (ksi)	平均值					
	最小值					
	最大值					
	CV/%					
	B 基准值					

(续表)

	分布	此表待提交必需的文件后予以补充					
	C_1						
	C_2						
	试样数量						
	批数						
	数据种类						
$\gamma_{12}^{su}/\mu\varepsilon$	平均值						
	最小值						
	最大值						
	$CV/\%$						
	B 基准值						
	分布						
	C_1						
	C_2						
	试样数量						
	批数						
	数据种类						
$G_{12}^{s}/$ GPa (Msi)	平均值						
	最小值						
	最大值						
	$CV/\%$						
	试样数量						
	批数						
	数据种类						

注：①放置于 71℃(160℉)，85%RH 条件下。

表 2.3.1.15(f)　31 面短梁强度性能($[0]_{16}$)

材料	AS4 12k/997 单向带		
树脂含量	28.9%～33.8%(质量)	复合材料密度	1.58～1.60 g/cm³
纤维体积含量	54.4%～62.6%	空隙含量	0.0～0.95%
单层厚度	0.135～0.147 mm(0.005 3～0.005 8 in)		

（续表）

试验方法	ASTM D 2344 - 84		模量计算				
正则化	未正则化						
温度/℃(℉)	23(73)	−54(−65)	82(180)				
吸湿量(%)			1.10				
吸湿平衡条件 (T/℃(℉)，RH/%)	大气环境	大气环境	①				
来源编码	85	85	85				
F_{31}^{sbs}/ MPa (ksi) — 平均值	126(18.3)	159(23.1)	78.6(11.4)				
最小值	121(17.6)	146(21.1)	64.3(9.33)				
最大值	135(19.6)	174(25.3)	82.8(12.0)				
CV/%	2.35	4.91	7.44				
B 基准值	②	②	②				
分布	ANOVA	ANOVA	ANOVA				
C_1	20.8(0.438)	56.1(1.18)	43.5(0.914)				
C_2	107(2.25)	125(2.62)	160(3.37)				
试样数量	30	28	30				
批数	5	5	5				
数据种类	筛选值	筛选值	筛选值				

注：①放置在71℃(160℉)，85%RH下；②短梁强度试验数据只批准用于筛选数据种类。

表 2.3.1.15(g) *x* 轴挤压性能（[0/±45/90]₃ₛ）

材料	AS4 12k/997 单向带			
树脂含量	34.6%(质量)		复合材料密度	1.57 g/cm³
纤维体积含量	57.7%		空隙含量	0.54%
单层厚度	0.147 mm(0.0058 in)			
试验方法	ASTM D 953 - 93			
挤压试验	双搭接剪切			
接头构型	连接元件 1	$t=64.5$ mm(0.25 in)，$w=23.4$ mm(0.92 in)，$d=6.35$ mm(0.25 in)，$e=19.1$ mm(0.75 in)($e/d=3.0$)		
	连接元件 2			
紧固件类型	6.35 mm(0.25 in)淬火钢		孔公差	0.025 mm(0.001 in)
拧紧力矩	无		沉头角度和深度	无

（续表）

正则化	未正则化					
温度/℃(℉)	23(73)	−54(−65)	82(180)			
吸湿量(%)			1.10			
吸湿平衡条件 (T/℃(℉)，RH/%)	大气环境	大气环境	①			
来源编码	85	85	85			
F^{bu}/ MPa (ksi)	平均值	639(92.7)	634(92.0)	485(70.3)		
	最小值	606(87.9)	572(82.9)	463(67.2)		
	最大值	697(101)	731(106)	522(75.7)		
	CV/%	4.78	8.44	5.18		
	B 基准值	③	③	③		
	分布	正态	正态	正态		
	C_1	639(92.7)	634(92.0)	485(70.3)		
	C_2	30.6(4.43)	53.6(7.77)	25.2(3.65)		
	试样数量	6	6	6		
	批数	1	1	1		
	数据种类	筛选值	筛选值	筛选值		
F^{bry} (2)/ MPa (ksi)	平均值	237(34.4)	235(34.1)	214(31.0)		
	最小值	159(23.0)	205(29.7)	198(28.7)		
	最大值	270(39.2)	272(39.4)	232(33.7)		
	CV/%	17.9	11.2	7.20		
	B 基准值	③	③	③		
	分布	正态	正态	正态		
	C_1	237(34.4)	235(34.1)	214(31.0)		
	C_2	42.6(6.17)	26.3(3.81)	15.4(2.23)		
	试样数量	6	6	6		
	批数	1	1	1		
	数据种类	筛选值	筛选值	筛选值		

注：①放置于71℃(160℉)，85%RH 条件下；②4%孔径测量的偏移；③只对 A 类和 B 类数据给出基准值。

表 2.3.1.15(h)　x 轴开孔拉伸性能([0/±45/90]₃s)

材料	AS4 12k/997 单向带					
树脂含量	28.8%～29.0%(质量)			复合材料密度	1.59～1.60 g/cm³	
纤维体积含量	56.6%～59.5%			空隙含量	0.75%～1.11%	
单层厚度	0.145～0.147 mm(0.0057～0.0058 in)					
试验方法	SRM 5-94					
试样尺寸	$t=2.54$ mm(0.10 in)，$w=38.1$ mm(1.50 in)，$d=6.35$ mm(0.25 in)					
紧固件类型	无		孔公差			
拧紧力矩			沉头角度和深度			
正则化	试样厚度和批内纤维面积质量正则化到 60%(固化后单层厚度 0.142 mm(0.0056 in))					

温度/℃(℉)	23(73)		−54(−65)		82(180)	
吸湿量(%)					1.10	
吸湿平衡条件 (T/℃(℉)，RH/%)	大气环境		大气环境		①	
来源编码	85		85		85	

		正则化值	实测值	正则化值	实测值	正则化值	实测值
$F_x^{oht}/$ MPa (ksi)	平均值	373(54.1)	354(51.4)	339(49.2)	323(46.8)	379(54.9)	363(52.6)
	最小值	354(51.3)	337(48.9)	317(45.9)	306(44.3)	369(53.5)	355(51.5)
	最大值	403(58.4)	380(55.1)	361(52.4)	345(50.0)	386(56.0)	373(54.1)
	CV/%	4.76	4.48	5.51	4.74	1.67	1.77
	B 基准值	②	②	②	②	②	②
	分布	正态(合并)	正态(合并)	正态(合并)	正态(合并)	正态(合并)	正态(合并)
	C_1	373(54.1)	354(46.8)	339(49.2)	323(46.8)	379(54.9)	363(52.6)
	C_2	17.8(2.58)	15.3(2.22)	18.7(2.71)	15.3(2.22)	6.32(0.916)	6.41(0.929)
	试样数量	6		6		6	
	批数	1		1		1	
	数据种类	筛选值		筛选值		筛选值	

注:①放置于 71℃(160℉)，85%RH 条件下;②只对 A 类和 B 类数据给出基准值。

表 2.3.1.15(i)　*x* 轴开孔压缩性能([0/±45/90]$_{3S}$)

材料	AS4 12k/997 单向带			
树脂含量	28.8%～29.0%(质量)		复合材料密度	1.59～1.60 g/cm³
纤维体积含量	56.3%～56.9%		空隙含量	0.75%～1.11%
单层厚度	0.145～0.147 mm(0.0057～0.0058 in)			
试验方法	SRM 3-94			
试样尺寸	$t=2.54\,mm(0.10\,in)$, $w=38.1\,mm(1.50\,in)$, $d=6.35\,mm(0.25\,in)$			
紧固件类型	无		孔公差	
拧紧力矩			沉头角度和深度	
正则化	试样厚度和批内纤维面积质量正则化到 60%(固化后单层厚度 0.142 mm (0.0056 in))			

温度/℃(℉)	23(73)		−54(−65)		82(180)	
吸湿量(%)					1.10	
吸湿平衡条件 (T/℃(℉), RH/%)	大气环境		大气环境		①	
来源编码	85		85		85	

		正则化值	实测值	正则化值	实测值	正则化值	实测值
F_x^{ohc} / MPa (ksi)	平均值	366(53.0)	348(50.5)	412(59.8)	393(57.0)	312(45.3)	296(42.9)
	最小值	361(52.3)	345(50.0)	403(58.4)	384(55.7)	298(43.2)	283(41.0)
	最大值	374(54.2)	355(51.5)	421(61.0)	402(58.3)	321(46.5)	304(44.1)
	CV/%	1.33	1.15	1.77	1.96	2.76	2.60
	B 基准值	②	②	②	②	②	②
	分布	正态(合并)	正态(合并)	正态(合并)	正态(合并)	正态(合并)	正态(合并)
	C_1	366(53.0)	348(50.5)	412(59.8)	393(57.0)	312(45.4)	296(42.9)
	C_2	4.85(0.704)	4.01(0.582)	7.31(1.06)	7.72(1.12)	8.62(1.25)	7.72(1.12)
	试样数量	6		6		6	
	批数	1		1		1	
	数据种类	筛选值		筛选值		筛选值	

注:①放置于71℃(160℉),85%RH 条件下;②只对 A 类和 B 类数据给出基准值。

2.3.1.16　T650-35 12k/976 单向带

材料描述:

材料　　　　　T650-35 12k/976。

形式　　　　　单向带预浸料,纤维面积质量为 145 g/m²,典型的固化后树脂

含量为 39%～45%,典型的固化后单层厚度为 0.124～0.147 mm
(0.0049～0.0058 in)。

固化工艺 热压罐固化;177℃(350°F),0.655 MPa(95 psi),90 min。

供应商提供的数据:

纤维 T650-35 纤维是由 PAN 基原丝制造的不加捻的连续碳纤维,
纤维经表面处理以改善操作性和结构性能。每一丝束包含有
12000 根碳丝。典型的拉伸模量为 241 GPa(35×10⁶ psi),典型
的拉伸强度为 4483 MPa(650000 psi)。

基体 976 是满足 NASA 真空排气要求的高流动性改性环氧树脂,在
22℃(72°F)环境下存放 10 天。

最高短期使用温度 177℃(350°F)(干态),121℃(250°F)(湿态)。

典型应用 通常用途的商用和军用结构。

数据分析概述:

(1) 环氧具有高的玻璃化转变温度。

(2) 由于试验时出现了较小的试验数据和未解决的问题,因此没有列出较低的
纵向拉伸强度值。

(3) 对于 22℃(72°F)大气环境下的压缩模量值,高端异常数据没有舍弃,因为
两者之间不产生矛盾。

(4) -55℃(-67°F)大气环境和 121℃(250°F)湿态条件下的横向拉伸强度的
分散性太大,而没有给出基准值。

表 2.3.1.16 T650-35 12k/976 单向带

材料	T650-35 12k/976 单向带				
形式	ICI Fiberite T650-35 12k/976 单向预浸带				
纤维	Amoco T650-35 12k/976,UC 309 上浆剂,不加捻			基体	ICI Fiberite 976
T_g(干态)	252℃(480°F)	T_g(湿态)	210℃(410°F)	T_g测量方法	DMA E'
固化工艺	热压罐固化;171～182(180),0.621～0.690 MPa,80～100 min				

纤维制造日期:	3/93—1/94	试验日期:	7/93—1/96
树脂制造日期:	7/93—10/94	数据提交日期:	12/97
预浸料制造日期:	8/93—11/94	分析日期:	5/00
复合材料制造日期:	10/94—6/95		

单层性能汇总

	22℃ (72℉) /A		−55℃ (−65℉) /A	121℃ (250℉) /W				
1 轴拉伸	BM–		BM–	BM–				
2 轴拉伸	bS–		IS–	IS–				
3 轴拉伸								
1 轴压缩	IM–		bM–	bM–				
2 轴压缩	bS–		IS–	bS–				
3 轴压缩								
12 面剪切	BM–		BM–	BM–				

注:强度/模量/泊松比/破坏应变的数据种类为:A—A75,a—A55,B—B30,b—B18,M—平均值,I—临时值,S—筛选值,—无数据(见表 1.5.1.2(c))。

	名义值	提交值	试验方法
纤维密度/(g/cm³)	1.77	1.77~1.78	SRM15
树脂密度/(g/cm³)	1.28	1.28	ASTM D 792
复合材料密度/(g/cm³)		1.55~1.61	
纤维面积质量/(g/m²)	145	144~147	溶剂提取
纤维体积含量/%	61	55.3~65.3	
单层厚度/mm	0.132	0.124~0.147	

层压板性能汇总

[90/0]	22℃ (72℉) /A		−55℃ (−65℉) /A	121℃ (250℉) /W				
x 轴压缩	bM–		bM–	bM–				

注:强度/模量/泊松比/破坏应变的数据种类为:A—A75,a—A55,B—B30,b—B18,M—平均值,I—临时值,S—筛选值,—无数据(见表 1.5.1.2(c))。

表 2.3.1.16(a) 1 轴拉伸性能([0]$_9$)

材料	T650−35 12k/976		
树脂含量	39%~45%(质量)	复合材料密度	1.57~1.61 g/cm³
纤维体积含量	56.9%~64.5%	空隙含量	0.0~1.0%

（续表）

单层厚度	0. 127～0. 145 mm（0. 005 0～0. 005 7 in）					
试验方法	ASTM D 3039 - 89		模量计算	在 1 000～6 000 $\mu\varepsilon$ 之间的弦向模量		
正则化	试样厚度和批内纤维面积质量正则化到 60％纤维体积含量（固化后单层厚度 0. 132 mm（0. 005 2 in））					
温度/℃（℉）	22（72）		−55（−67）		121（250）	
吸湿量（％）					1. 11～1. 21	
吸湿平衡条件（T/℃（℉），RH/％）	大气环境		大气环境		71（160），85	
来源编码	80		80		80	
	正则化值	实测值	正则化值	实测值	正则化值	实测值
F_1^{tu}/ MPa（ksi） 平均值	1 593（231）	1 628（236）	1 172（170）	1 200（174）	1 779（258）	1 793（260）
最小值	1 207（175）	1 193（173）	828（120）	848（123）	1 538（223）	1 517（220）
最大值	1 765（256）	1 821（264）	1 448（210）	1 434（208）	1 972（286）	2 034（295）
CV/％	7. 37	8. 27	14. 5	13. 7	5. 89	7. 58
B 基准值	1 393（202）	1 379（200）	855（124）	910（132）	1 462（212）	1 359（197）
分布	Weibull	Weibull	Weibull	Weibull	ANOVA	ANOVA
C_1	1 641（238）	1 863（244）	1 241（180）	1 269（184）	761（16. 0）	999（21. 0）
C_2	19. 1	15. 8	8. 55	9. 56	137（2. 87）	143（3. 01）
试样数量	32		30		30	
批数	5		5		5	
数据种类	B30		B30		B30	
E_1^t/ GPa（Msi） 平均值	152（22. 0）	155（22. 5）	143（20. 7）	146（21. 2）	144（20. 9）	145（21. 0）
最小值	144（20. 9）	139（20. 2）	134（19. 4）	137（19. 9）	135（19. 6）	133（19. 3）
最大值	162（23. 5）	171（24. 8）	154（22. 4）	154（22. 4）	153（22. 2）	155（22. 5）
CV/％	3. 00	4. 64	2. 89	3. 60	2. 72	3. 66
试样数量	32		30		30	
批数	5		5		5	
数据种类	平均值		平均值		平均值	

表 2.3.1.16(b) 2 轴拉伸性能([90]₂₄)

材料	T650 - 35 12k/976 单向带		
树脂含量	39%～45%（质量）	复合材料密度	1.57～1.61 g/cm³
纤维体积含量	55.3%～62.4%	空隙含量	0.0～1.0%
单层厚度	0.132～0.147 mm（0.005 2～0.005 8 in）		
试验方法	ASTM D 3039 - 89	模量计算	在 1 000～6 000 $\mu\varepsilon$ 之间的弦向模量
正则化	未正则化		

温度/℃(℉)		22(72)	−55(−67)	121(250)
吸湿量(%)				0.97～1.03
吸湿平衡条件(T/℃(℉)，RH/%)		大气环境	大气环境	71(160)，85%
来源编码		80	80	80
F_2^{tu}/MPa(ksi)	平均值	39.4(5.71)	32.8(4.76)	16.6(2.40)
	最小值	32.1(4.66)	18.0(2.61)	9.10(1.32)
	最大值	46.5(6.74)	48.8(7.07)	23.9(3.46)
	CV/%	9.23	22.6	26.7
	B 基准值	30.5(4.42)	①	①
	分布	Weibull	ANOVA	ANOVA
	C_1	41.0(5.95)	54.2(1.14)	34.2(0.720)
	C_2	12.0	170(3.57)	228(4.80)
	试样数量	18	18	18
	批数	3	3	3
	数据种类	B18	B18	B18
E_2^t/GPa(Msi)	平均值	8.97(1.30)	9.45(1.37)	6.44(0.934)
	最小值	8.14(1.18)	8.55(1.24)	5.65(0.820)
	最大值	9.79(1.42)	11.1(1.61)	7.38(1.07)
	CV/%	4.97	8.38	10.2
	试样数量	9	9	9
	批数	3	3	3
	数据种类	筛选值	筛选值	筛选值

注：①没有列出用 ANOVA 方法从少于 5 组数据计算出来的 B 基准值。

表 2.3.1.16(c)　2 轴压缩性能($[\mathbf{90}]_{22}$)

材料	T650 - 35 12k/976 单向带			
树脂含量	39%～45%(质量)		复合材料密度	1.57～1.60 g/cm³
纤维体积含量	60.0%～62.2%		空隙含量	0.0～1.0%
单层厚度	0.127～0.137 mm(0.0050～0.0054 in)			
试验方法	ASTM D 3410 - 87		模量计算	在 1000～3000 $\mu\varepsilon$ 之间的弦向模量
正则化	未正则化			

	温度/℃(℉)	22(72)	−55(−67)	121(250)
	吸湿量(%)			①
	吸湿平衡条件 (T/℃(℉), RH/%)	大气环境	大气环境	71(160), 85
	来源编码	80	80	80
F_2^{cu} / MPa (ksi)	平均值	232(33.6)	272(39.5)	128(18.6)
	最小值	212(30.7)	234(33.9)	106(15.3)
	最大值	258(37.4)	308(44.6)	138(20.0)
	CV/%	6.40	6.84	5.68
	B 基准值	194(28.1)	②	114(16.4)
	分布	Weibull	Weibull	Weibull
	C_1	239(34.6)	281(40.7)	131(19.0)
	C_2	17.1	16.4	24.6
	试样数量	18	17	18
	批数	3	3	3
	数据种类	B18	B18	B18
E_2^c / GPa (Msi)	平均值	9.52(1.38)	10.7(1.55)	7.45(1.08)
	最小值	8.48(1.23)	10.0(1.45)	6.48(0.94)
	最大值	9.93(1.44)	11.4(1.66)	8.34(1.21)
	CV/%	5.48	4.11	8.38
	试样数量	9	8	10
	批数	3	3	3
	数据种类	筛选值	筛选值	筛选值

注:①吸湿量未知;②只对 A 类和 B 类数据给出基准值。

表 2.3.1.16(d)　12 面剪切性能([±45]$_{4S}$)

材料	T650-35 12k/976		
树脂含量	39%～45%(质量)	复合材料密度	1.58～1.59 g/cm³
纤维体积含量	58.6%～62.2%	空隙含量	0.0～1.0%
单层厚度	0.132～0.140 mm(0.005 2～0.005 5 in)		
试验方法	ASTM D 3518-82	模量计算	在 1 000～3 000 $\mu\varepsilon$ 之间的弦向模量
正则化	未正则化		

温度/℃(℉)		22(72)	−55(−67)	121(250)		
吸湿量(%)				1.16～1.22		
吸湿平衡条件 (T/℃(℉), RH/%)		大气环境	大气环境	71(160),85		
来源编码		80	80	80		
F_{12}^{su}/ MPa (ksi)	平均值	103(14.9)	120(17.4)	81.4(11.8)		
	最小值	90.3(13.1)	111(16.1)	75.2(10.9)		
	最大值	125(18.1)	132(19.2)	85.5(12.4)		
	CV/%	11.4	4.85	3.54		
	B 基准值	59.1(8.57)	101(14.7)	71.7(10.4)		
	分布	ANOVA	ANOVA	ANOVA		
	C_1	88.5(1.86)	42.5(0.893)	21.6(0.455)		
	C_2	161(3.39)	142(2.98)	155(3.25)		
	试样数量	30	30	30		
	批数	5	5	5		
	数据种类	B30	B30	B30		
G_{12}^{s}/ GPa (Msi)	平均值	5.14(0.745)	6.34(0.919)	3.74(0.542)		
	最小值	4.69(0.680)	4.83(0.700)	3.52(0.510)		
	最大值	5.72(0.830)	7.24(1.05)	4.00(0.580)		
	CV/%	4.82	10.4	3.91		
	试样数量	30	30	30		
	批数	5	5	5		
	数据种类	平均值	平均值	平均值		

表 2.3.1.16(e) **x 轴压缩性能**([90/0]₈ 写作 $[90/0]_8$)

材料	T650-35 12k/976 单向带			
树脂含量	39%~45%(质量)		复合材料密度	1.57~1.60 g/cm³
纤维体积含量	57.3%~65.3%		空隙含量	0.0~1.0%
单层厚度	0.124~0.142 mm(0.0049~0.0056 in)			
试验方法	ASTM D 3410-87		模量计算	在 1000~3000 $\mu\varepsilon$ 之间的弦向模量
正则化	试样厚度和批内纤维面积质量正则化到 60%纤维体积含量(固化后单层厚度 0.132 mm(0.0052 in))			

温度/℃(℉)	22(72)		−55(−67)		121(250)	
吸湿量(%)					1.21~1.33	
吸湿平衡条件 (T/℃(℉),RH/%)	大气环境		大气环境		71(160),85	
来源编码	80		80		80	

		正则化值	实测值	正则化值	实测值	正则化值	实测值
F_x^{cu}/ MPa (ksi)	平均值	903(131)	903(131)	1007(146)	1000(145)	661(95.9)	677(98.2)
	最小值	807(117)	793(115)	903(131)	890(129)	578(83.8)	606(87.9)
	最大值	993(144)	1021(148)	1110(161)	1124(163)	759(110)	765(111)
	CV/%	6.34	6.54	5.50	6.22	6.76	5.74
	B 基准值	①	①	876(127)	①	532(77.2)	575(83.4)
	分布	ANOVA	ANOVA	Weibull	ANOVA	ANOVA	ANOVA
	C_1	411(8.64)	433(9.11)	1034(150)	453(9.53)	323(6.79)	277(5.82)
	C_2	139(2.93)	155(3.25)	19.6	148(3.12)	132(2.77)	120(2.53)
	试样数量	23		24		29	
	批数	4		4		5	
	数据种类	B18		B18		B18	
E_x^c/ GPa (Msi)	平均值	67.0(9.72)	67.3(9.76)	70.3(10.2)	69.7(10.1)	69.0(10.0)	71.0(10.3)
	最小值	59.7(8.65)	61.1(8.86)	65.4(9.48)	64.6(9.37)	66.0(9.57)	63.1(9.15)
	最大值	74.5(10.8)	74.5(10.8)	75.9(11.0)	73.8(10.7)	75.2(10.9)	77.2(11.2)
	CV/%	4.41	4.58	3.99	4.28	3.71	5.08
	试样数量	23		24		29	
	批数	4		4		5	
	数据种类	平均值		平均值		平均值	

注:①没有列出用 ANOVA 方法从少于 5 组数据计算出来的 B 基准值。

2.3.1.17　IM7 12k/PR 381 单向带

材料描述：

材料　　　　IM-7 12k/3M PR 381。

形式　　　　单向预浸带,纤维面积质量为 $148\,g/m^2$,典型的固化后树脂含量为 $32\%\sim38\%$,典型的固化后单层厚度为 $0.140\,mm(0.0055\,in)$。

固化工艺　　热压罐固化;$127℃(260℉)$,$0.345\,MPa(50\,psi)$,$2\,h$。

供应商提供的数据：

纤维　　　　IM7 纤维是由 PAN 基原丝制造的具有中等模量的连续碳纤维,纤维经表面处理以改善操作性和结构性能。每一丝束包含有 12000 根碳丝。典型的拉伸模量为 $290\,GPa(42\times10^6\,psi)$,典型的拉伸强度为 $5309\,MPa(770000\,psi)$。

基体　　　　PR381 是一种 $121℃(250℉)$ 固化的环氧树脂,其性能类似于传统 $177℃(350℉)$ 固化体系。于 $24℃(75℉)$ 下保存 30 天。

最高短期使用温度　$104℃(220℉)$(干态),$71℃(160℉)$(湿态)。

典型应用　　用于对改善疲劳和优异的力学性能非常关键的主结构和次结构,例如直升机旋翼桨叶和通用航空。

表 2.3.1.17　IM7 12k/PR 381 单向带

材料	IM7 12k/PR 381 单向带				
形式	3M SP 381/Uni IM7 148BW 33RC 预浸料				
纤维	Hercules IM7,表面处理,不加捻			基体	3M PR 381
T_g(干态)	$145℃(293℉)$	T_g(湿态)	$111℃(231℉)$	T_g测量方法	SACMA SRM-18,DMA,E 拐点
固化工艺	热压罐固化;$127℃$,$0.345\,MPa(50\,psi)$,$100\,min$				

纤维制造日期：	4/92—9/95	试验日期：	6/93—10/95
树脂制造日期：	3/93—5/95	数据提交日期：	6/96
预浸料制造日期：	5/93—9/95	分析日期：	8/97
复合材料制造日期：	6/93—10/95		

单层性能汇总

	23℃ (73℉) /A		−54℃ (−65℉) /A	82℃ (180℉) /A		71℃ (160℉) /W		
1 轴拉伸	bM-b		SS-S	SS-S		SS-S		
2 轴拉伸								
3 轴拉伸								

（续表）

	23℃ (73℉) /A		−54℃ (−65℉) /A	82℃ (180℉) /A		71℃ (160℉) /W		
1 轴压缩	SS-S		SS-S	SS-S		SS-S		
2 轴压缩								
3 轴压缩								
12 面剪切	SS—		SS—	SS—		SS—		
23 面剪切								
31 面剪切								
31 面 SB 强度	S—		S—	S—		S—		

注：强度/模量/泊松比/破坏应变的数据种类为：A—A75，a—A55，B—B30，b—B18，M—平均值，I—临时值，
S—筛选值，——无数据（见表 1.5.1.2(c)）。

	名义值	提交值	试验方法
纤维密度/(g/cm³)	1.787		ASTM C693
树脂密度/(g/cm³)	1.216		ASTM D 792
复合材料密度/(g/cm³)	1.55	1.52～1.57	ASTM D 792
纤维面积质量/(g/m²)	148	147～150	SRM 23A
纤维体积含量/%	55	52.5～59.7	
单层厚度/mm	0.142	0.140～0.157	

层压板性能汇总

	23℃ (73℉) /A							
[±30] x 轴拉伸	SS-S							

注：强度/模量/泊松比/破坏应变的数据种类为：A—A75，a—A55，B—B30，b—B18，M—平均值，I—临时值，
S—筛选值，——无数据（见表 1.5.1.2(c)）。

表 2.3.1.17(a)　1 轴拉伸性能([0]₄)

材料	IM7 12k/PR 381 单向带		
树脂含量	31.8%～38.1%(质量)	复合材料密度	1.54～1.59 g/cm³
纤维体积含量	52.5%～59.7%	空隙含量	0.0

（续表）

单层厚度	$0.140\sim0.157\,\mathrm{mm}(0.0055\sim0.0062\,\mathrm{in})$			
试验方法	SACMA SRM 4 - 88②		模量计算	在 $1000\sim6000\,\mu\varepsilon$ 之间的弦向模量
正则化	试样厚度和批内纤维面积质量达到 60% 纤维体积含量（单层厚度 $0.137\,\mathrm{mm}$（$0.0054\,\mathrm{in}$））			

温度/℃(℉)	23(73)		−54(−65)		82(180)	
吸湿量(%)						
吸湿平衡条件 (T/℃(℉), RH/%)	大气环境		大气环境		大气环境	
来源编码	71		71		71	

		正则化值	实测值	正则化值	实测值	正则化值	实测值
$F_1^{tu}/$ MPa (ksi)	平均值	2503(363)	2358(342)	2641(383)	2496(362)	2420(352)	2220(322)
	最小值	2186(317)	2124(308)	2565(372)	2406(349)	2282(331)	2055(298)
	最大值	2689(390)	2627(381)	2785(404)	2634(382)	2668(387)	2413(350)
	CV/%	5.69	5.16	2.72	3.62	4.10	6.21
	B 基准值	307	299	①	①	①	①
	分布	ANOVA	Weibull	正态	正态	正态	ANOVA
	C_1	1017(21.4)	2420(351)	2641(383)	2496(362)	2434(352)	1179(24.8)
	C_2	124.5(2.62)	20.2	71.7(10.4)	90.3(13.1)	100(14.5)	827.2(17.4)
	试样数量	27		8		11	
	批数	5		2		2	
	数据种类	B18		筛选值		筛选值	
$E_1^t/$ GPa (Msi)	平均值	169.6(24.6)	160.0(23.2)	173.1(25.1)	163.4(23.7)	169.6(24.6)	155.1(22.5)
	最小值	161.3(23.4)	149.6(21.7)	166.9(24.2)	157.2(22.8)	154.4(22.4)	140.0(20.3)
	最大值	174.4(25.3)	172.3(25.0)	176.5(25.6)	168.2(24.4)	179.2(26.0)	169.6(24.6)
	CV/%	2.25	4.56	1.84	2.51	3.94	5.46
	试样数量	27		8		11	
	批数	5		2		2	
	数据种类	平均值		筛选值		筛选值	

（续表）

$\varepsilon_1^{tu}/\mu\varepsilon$	平均值	14 700		15 300		14 300
	最小值	13 200		14 700		13 400
	最大值	15 900		15 800		15 400
	CV/%	5.76		2.49		4.88
	B 基准值	12 300		①		①
	分布	ANOVA		正态		ANOVA
	C_1	886		15 300		808
	C_2	2.74		381		14.2
	试样数量	27		8		11
	批数	5		2		2
	数据种类	B18		筛选值		筛选值

注：①只对 A 类和 B 类数据提供基准值；②23℃（73℉）大气环境下的一批数据为使用 SRM 4R‑94 试验方法所得，计算的模量如上所述。

表 2.3.1.17(b)　1 轴拉伸性能（[0]₄）

材料	IM7 12k/PR 381 单向带		
树脂含量	36.4%～38.1%（质量）	复合材料密度	1.54～1.59 g/cm³
纤维体积含量	52.5%～54.3%	空隙含量	0.0
单层厚度	0.152～0.157 mm（0.006 0～0.006 2 in）		
试验方法	SACMA SRM 4‑88	模量计算	在 1 000～6 000 $\mu\varepsilon$ 之间的弦向模量
正则化	试样厚度和批内纤维面积质量达到 60% 纤维体积含量（单层厚度 0.137 mm（0.005 4 in））		

温度/℃(℉)	71(160)		
吸湿量(%)	湿态		
吸湿平衡条件 (T/℃(℉), RH/%)	②		
来源编码	71		

		正则化值	实测值	正则化值	实测值	正则化值	实测值
$F_1^{tu}/$ MPa (ksi)	平均值	2 372(344)	2 117(307)				
	最小值	2 158(313)	1 917(278)				
	最大值	2 586(375)	2 261(328)				

（续表）

		正则化值	实测值	正则化值	实测值	正则化值	实测值
	$CV/\%$	6.18	5.79				
	B 基准值	①	①				
	分布	Weibull	Weibull				
	C_1	2 434(353)	2 172(315)				
	C_2	18.8	22.3				
	试样数量	12					
	批数	2					
	数据种类	筛选值					
$E_1^t/$ GPa (Msi)	平均值	175.8(25.5)	157.2(22.8)				
	最小值	164.1(23.8)	151.0(21.9)				
	最大值	186.8(27.1)	163.4(23.7)				
	$CV/\%$	3.52	2.95				
	试样数量	12					
	批数	2					
	数据种类	筛选值					
$\varepsilon_1^{tu}/\mu\varepsilon$	平均值		13 500				
	最小值		12 000				
	最大值		14 600				
	$CV/\%$		5.45				
	B 基准值		①				
	分布		Weibull				
	C_1		13 800				
	C_2		22.7				
	试样数量	12					
	批数	2					
	数据种类	筛选值					

注：①只对 A 类和 B 类数据提供基准值；②在 71℃(160°F)水中放置 14 天。

2.3.1.17(c)　1 轴压缩性能（[0]₈）

材料	IM7 12k/PR 381 单向带		
树脂含量	33.0%～36.0%（质量）	复合材料密度	1.55～1.57 g/cm³
纤维体积含量	54.7%～58.0%	空隙含量	0.0
单层厚度	0.142～0.152 mm（0.005 6～0.006 0 in）		
试验方法	SACMA SRM 1-88	模量计算	在 1000～6000 $\mu\varepsilon$ 之间的弦向模量
正则化	试样厚度和批内纤维面积质量达到 60% 纤维体积含量（单层厚度 0.137 mm（0.005 4 in））		

温度/℃（℉）	23(73)		−54(−65)		82(180)	
吸湿量(%)						
吸湿平衡条件 (T/℃(℉)，RH/%)	大气环境		大气环境		大气环境	
来源编码	71		71		71	
	正则化值	实测值	正则化值	实测值	正则化值	实测值

		正则化值	实测值	正则化值	实测值	正则化值	实测值
F_1^{cu}/ MPa (ksi)	平均值	1627(236)	1482(215)	1454(211)	1393(202)	1551(225)	1427(207)
	最小值	1551(225)	13923(202)	1276(185)	1234(179)	1469(213)	1310(190)
	最大值	1751(254)	1586(230)	1586(230)	1558(226)	1662(241)	1538(223)
	CV/%	3.47	3.33	5.40	7.51	4.77	4.79
	B 基准值	①	①	①	①	①	①
	分布	Weibull	Weibull	Weibull	Weibull	Weibull	Weibull
	C_1	1655(240)	1503(218)	1489(216)	1441(209)	1586(230)	1462(212)
	C_2	27.6	29.5	21.1	15.2	23.2	22.5
	试样数量	13		16		10	
	批数	2		2		2	
	数据种类	筛选值		筛选值		筛选值	
E_1^{c}/ GPa (Msi)	平均值	154.4(22.4)	144.1(20.9)	153.1(22.2)	142.0(20.6)	155.1(22.5)	142.7(20.7)
	最小值	146.9(21.3)	138.6(20.1)	145.5(21.1)	137.2(19.9)	147.5(21.4)	139.3(20.2)
	最大值	161.3(23.4)	152.4(22.1)	157.2(22.8)	144.1(20.9)	160.6(23.3)	148.9(21.6)
	CV/%	3.14	3.55	2.51	1.69	2.89	2.07
	试样数量	10		10		10	
	批数	2		2		2	
	数据种类	筛选值		筛选值		筛选值	

注：①只对 A 类和 B 类数据提供基准值。

2.3.1.17(d)　1 轴压缩性能([0]₈)

材料	IM7 12k/PR 381 单向带		
树脂含量	34.2%～34.9%（质量）	复合材料密度	1.57 g/cm³
纤维体积含量	55.9%～56.7%	空隙含量	0.0
单层厚度	0.147～0.150 mm（0.0058～0.0059 in）		
试验方法	SACMA SRM 1-88	模量计算	在 1000～6000 $\mu\varepsilon$ 之间的弦向模量
正则化	试样厚度和批内纤维面积质量达到 60%纤维体积含量（单层厚度 0.137 mm（0.0054 in））		

温度/℃(℉)	71(160)		
吸湿量(%)	湿态		
吸湿平衡条件 (T/℃(℉), RH/%)	②		
来源编码	71		

		正则化值	实测值	正则化值	实测值	正则化值	实测值
F_1^{cu}/ MPa (ksi)	平均值	1407(204)	1296(188)				
	最小值	1213(176)	1145(166)				
	最大值	1558(226)	1441(209)				
	CV/%	7.45	6.86				
	B 基准值	①	①				
	分布	ANOVA	ANOVA				
	C_1	827(17.4)	685(14.4)				
	C_2	680(14.3)	580(12.2)				
	试样数量	13					
	批数	2					
	数据种类	筛选值					
E_1^c/ GPa (Msi)	平均值	155.1(22.5)	145.5(21.1)				
	最小值	151.7(22.0)	141.3(20.5)				
	最大值	158.6(23.0)	150.3(21.8)				
	CV/%	1.40	2.08				
	试样数量	10					
	批数	2					
	数据种类	筛选值					

注:①只对 A 类和 B 类数据给出基准值;②在 71℃(160℉)水中放置 14 天。

表 2.3.1.17(e)　12 面剪切性能([±45]₄ₛ)

材料	IM7 12k/PR 381 单向带		
树脂含量	36.6%～37.6%(质量)	复合材料密度	1.52～1.54 g/cm³
纤维体积含量	53.1%～54.1%	空隙含量	0.0
单层厚度	0.155～0.157 mm(0.0061～0.0062 in)		
试验方法	SACMA SRM 7-88	模量计算	在 1000～6000 $\mu\varepsilon$ 之间的弦向模量
正则化	未正则化		

	温度/℃(℉)	23(73)	−54(−65)	82(180)	71(160)		
	吸湿量(%)				湿态		
	吸湿平衡条件 (T/℃(℉), RH/%)	大气环境	大气环境	大气环境	②		
	来源编码	71	71	71	71		
F_{12}^{su}/ MPa (ksi)	平均值	128.2(18.6)	131.7(19.1)	106.9(15.5)	95.8(13.9)		
	最小值	124.1(18.0)	127.6(18.5)	104.1(15.1)	94.5(13.7)		
	最大值	132.4(19.2)	137.2(19.9)	111.0(16.1)	97.9(14.2)		
	CV/%	2.07	1.93	1.90	1.17		
	B 基准值	①	①	①	①		
	分布	Weibull	ANOVA	ANOVA	Weibull		
	C_1	129.6(18.8)	20.6(0.434)	16.7(0.351)	96.5(14.0)		
	C_2	55.3	717.8(15.1)	736.8(15.5)	97.2		
	试样数量	13	14	13	10		
	批数	2	2	2	2		
	数据种类	筛选值	筛选值	筛选值	筛选值		
G_{12}/ GPa (Msi)	平均值	4.34(0.629)	5.12(0.743)	3.79(0.549)	3.58(0.519)		
	最小值	3.87(0.561)	4.87(0.707)	3.61(0.524)	3.47(0.504)		
	最大值	4.90(0.711)	5.32(0.772)	3.94(0.571)	3.78(0.548)		
	CV/%	6.76	2.41	3.56	2.35		
	试样数量	12	14	4	10		
	批数	2	2	1	2		
	数据种类	筛选值	筛选值	筛选值	筛选值		

注:①只对 A 类和 B 类数据给出基准值;②在 71℃(160℉)水中放置 14 天。

表 2.3.1.17(f)　13 面短梁剪切性能($[\mathbf{0}]_{15}$)

材料	IM7 12k/PR 381 单向带					
树脂含量	33.0%～37.7%（质量）			复合材料密度	1.52～1.56 g/cm³	
纤维体积含量	52.9%～57.9%			空隙含量	0.0	
单层厚度	0.155～0.157 mm(0.006 1～0.006 2 in)					
试验方法	SACMA SRM 8-88②			模量计算		
正则化	未正则化					

		温度/℃(℉)	23(73)	−54(−65)	82(180)	71(160)		
		吸湿量(%)				湿态		
		吸湿平衡条件 (T/℃(℉),RH/%)	大气环境	大气环境	大气环境	③		
		来源编码	71	71	71	71		
F_{13}^{sbs} / MPa (ksi)	平均值		96.5(14.0)	105.5(15.3)	66.9(9.7)	53.8(7.8)		
	最小值		88.9(12.9)	100.7(14.6)	63.4(9.2)	49.6(7.2)		
	最大值		100.7(14.6)	109.6(15.9)	68.3(9.9)	57.9(8.4)		
	CV/%		3.94	2.52	2.0	5.1		
	B 基准值		①	①	①	①		
	分布		ANOVA	ANOVA	Weibull	Weibull		
	C_1		28.1(0.592)	20.3(0.427)	55.2(8.0)	55.2(8.0)		
	C_2		149.3(3.14)	565.7(11.9)	65	24		
	试样数量		29	14	14	14		
	批数		5	2	2	2		
	数据种类		筛选值	筛选值	筛选值	筛选值		

注：①短梁强度试验数据只批准用于筛选数据种类；②23℃(73℉)下的一批数据为使用 SRM 8R-94 试验方法所得；③在 71℃(160℉)水中放置 14 天。

表 2.3.1.17(g)　13 面短梁剪切性能($[\mathbf{0}]_{15}$)

材料	IM7 12k/PR 381 单向带		
树脂含量	35.8%～37.7%（质量）	复合材料密度	1.52～1.55 g/cm³
纤维体积含量	52.9%～55.0%	空隙含量	0.0
单层厚度	0.150～0.157 mm(0.005 9～0.006 2 in)		

（续表）

试验方法	SACMA SRM 8-88		模量计算			
正则化	未正则化					
温度/℃(℉)	23(73)	23(73)	23(73)	23(73)		
吸湿量(%)						
吸湿平衡条件(T/℃(℉),RH/%)	②	③	④	⑤		
来源编码	71	71	71	71		
F_{13}^{sbs}/MPa(ksi) 平均值	93.1(13.5)	91.0(13.2)	94.5(13.7)	88.9(12.9)		
最小值	87.6(12.7)	84.1(12.2)	88.9(12.9)	79.3(11.5)		
最大值	95.8(13.9)	95.8(13.9)	97.9(14.2)	92.4(13.4)		
CV/%	3.23	3.67	3.23	4.35		
B基准值	①	①	①	①		
分布	非参数	Weibull	Weibull	Weibull		
C_1	7	93.1(13.5)	95.8(13.9)	90.2(13.08)		
C_2	1.74	35.2	44.8	33.5		
试样数量	13	14	14	14		
批数	2	2	2	2		
数据种类	筛选值	筛选值	筛选值	筛选值		

注:①短梁强度试验数据只批准用于筛选数据种类;②在0℃(32℉)MIL-A-8243防冻液体中放置30天;③在71℃(160℉)MIL-H-83282液压油中放置90天;MIL-H-83282于1997年9月30日换成MIL-PRF-83282;④在71℃(160℉)MIL-H-5606液压油中放置90天;⑤在24℃(75℉)MIL-T-5624燃油中放置90天;MIL-T-5624于1996年11月22日换成MIL-PRF-5624。

表 2.3.1.17(h)　13 面短梁剪切性能($[0]_{15}$)

材料	IM7 12k/PR 381 单向带		
树脂含量	35.8%~37.7%(质量)	复合材料密度	1.52~1.55 g/cm³
纤维体积含量	52.9%~55.0%	空隙含量	0.0
单层厚度	0.150~0.157 mm(0.0059~0.0062 in)		
试验方法	SACMA SRM 8-88	模量计算	
正则化	未正则化		
温度/℃(℉)	23(73)　23(73)　23(73)　23(73)		

（续表）

吸湿量(%)		②	③	④	⑤		
吸湿平衡条件 (T/℃(℉)，RH/%)							
来源编码		71	71	71	71		
F_{13}^{sbs}/ MPa (ksi)	平均值	96.5(14.0)	93.8(13.6)	88.9(12.9)	89.6(13.0)		
	最小值	88.9(12.9)	86.9(12.6)	82.0(11.9)	82.7(12.0)		
	最大值	100.0(14.5)	98.6(14.3)	92.4(13.4)	94.5(13.7)		
	CV/%	3.75	4.65	3.62	4.28		
	B 基准值	①	①	①	①		
	分布	Weibull	Weibull	非参数	Weibull		
	C_1	97.9(14.2)	95.8(13.9)	7	91.7(13.3)		
	C_2	39.9	28.1	1.74	34.2		
	试样数量	14	14	14	14		
	批数	2	2	2	2		
	数据种类	筛选值	筛选值	筛选值	筛选值		

注:①短梁强度试验数据只批准用于筛选数据种类;②在71℃(160℉)MIL-L-23699润滑油中放置90天; MIL-L-23699于1997年5月21日换成MIL-PRF-23699;③在71℃(160℉)MIL-L-7808润滑油中放置 90天;MIL-L-7808于1997年5月2日换成MIL-PRF-7808;④在24℃(75℉)MIL-C-87936清洗液中 放置7天;MIL-C-87936于1995年3月1日取消,用MIL-C-87937代替;MIL-C-87937于1997年8月 14日换成MIL-PRF-87937;⑤按ASTM D740,在24℃(75℉)MEK中放置7天。

表 2.3.1.17(i)　x 轴拉伸性能([±30]₄ₛ)

材料	T650-35 12k/976 单向带		
树脂含量	35.3%～37.6%(质量)	复合材料密度	1.54 g/cm³
纤维体积含量	53.1%～55.5%	空隙含量	0.0
单层厚度	0.150～0.157 mm(0.0059～ 0.0062 in)		
试验方法	SACMA SRM 4-88	模量计算	在 1000～6000 $\mu\varepsilon$ 之间的弦 向模量
正则化	未正则化②		
温度/℃(℉)	23(73)		
吸湿量(%)	大气环境		
吸湿平衡条件 (T/℃(℉)，RH/%)			

（续表）

来源编码		71					
$F_X^{tu}/$ MPa (ksi)	平均值	655.7(95.1)					
	最小值	629.5(91.3)					
	最大值	670.9(97.3)					
	$CV/\%$	1.88					
	B 基准值	①					
	分布	ANOVA					
	C_1	108.4(2.28)					
	C_2	860.4(18.1)					
	试样数量	12					
	批数	2					
	数据种类	筛选值					
$E_X^t/$ GPa (Msi)	平均值	6.27					
	最小值	6.05					
	最大值	6.52					
	$CV/\%$	2.58					
	试样数量	12					
	批数	2					
	数据种类	筛选值					
$\varepsilon_X^{tu}/\mu\varepsilon$	平均值	15 200					
	最小值	14 800					
	最大值	15 600					
	$CV/\%$	1.89					
	B 基准值	①					
	分布	Weibull					
	C_1	15 300					
	C_2	58.5					
	试样数量	12					
	批数	2					
	数据种类	筛选值					

注:①只对 A 类和 B 类数据给出基准值;②测试试样太长,未出现纤维断裂模式。

2.3.1.18　T800HB 12k/3900 - 2 单向带

材料描述：

材料　　　　800HB 12k/3900 - 2。

形式　　　　单向预浸带,纤维面积质量为 $190\,g/m^2$,典型的固化后树脂含量为 $36\%\sim37\%$,典型的固化后单层厚度为 $0.191\sim0.208\,mm$ $(0.0075\sim0.0082\,in)$。

固化工艺　　热压罐固化;$177℃(350℉)$, $0.586\,MPa(85\,psi)$, $2\,h$,升温速率为 $1.7℃/min(3℉/min)$。

供应商提供的数据：

纤维　　　　800HB 纤维是由 PAN 基原丝制造的具有普通模量的不加捻的连续碳纤维,纤维经表面处理以改善操作性和结构性能。每一丝束包含有 $12\,000$ 根碳丝。典型的拉伸模量为 $234\,GPa$ $(34\times10^6\,psi)$,典型的拉伸强度为 $4\,827\,MPa(700\,000\,psi)$。

基体　　　　3900 - 2 是一种增韧环氧树脂。

最高短期使用温度　$149℃(300℉)$(干态),$82℃(180℉)$(湿态)。

典型应用　　应用于商用和军用空间结构。

数据分析概述：

无

表 2.3.1.18　T800HB 12k/3900 - 2 单向带

材料	800H 12k/3900 - 2 单向带				
形式	Toray P2302 - 19 单向预浸带				
纤维	Toray T800HB 12k, 3 束/in,上浆剂 H,不加捻			基体	Toray 3900 - 2
T_g(干态)	$166℃(330℉)$	T_g(湿态)	$110℃(230℉)$	T_g测量方法	ASTM E 1545 (TMA)
固化工艺	热压罐固化;$177℃$, $0.586\,MPa(85\,psi)$, $120\,min$,升温速率为 $1.7℃/min(3℉/min)$				

纤维制造日期:	7/97	试验日期:	1/99—7/99
树脂制造日期:	7/97	数据提交日期:	12/99
预浸料制造日期:	12/97	分析日期:	1/00
复合材料制造日期:	12/97		

单层性能汇总

	24℃ (75℉) /A		−55℃ (−67℉) /A	82℃ (180℉) /W		
23 面剪切	SS–		SS–	SS–		
31 面剪切	SS–		SS–	SS–		
31 面 SB 强度	S–––		S–––	S–––		

注:强度/模量/泊松比/破坏应变的数据种类为:A——A75,a——A55,B——B30,b——B18,M——平均值,I——临时值,S——筛选值,——无数据(见表 1.5.1.2(c))。

	名义值	提交值	试验方法
纤维密度/(g/cm³)	1.81	1.80	ASTM D 3800
树脂密度/(g/cm³)	1.22		ASTM D 891
复合材料密度/(g/cm³)	1.55	1.56	
纤维面积质量/(g/m²)	190	191.1	ASTM D 5300
纤维体积含量/%	55.5	54.0~55.5	ASTM D 3171
单层厚度/mm	0.191	0.191~0.208	

层压板性能汇总

注:强度/模量/泊松比/破坏应变的数据种类为:A——A75,a——A55,B——B30,b——B18,M——平均值,I——临时值,S——筛选值,——无数据(见表 1.5.1.2(c))。

表 2.3.1.18(a)　31 面短梁强度性能($[0]_{34}$)

材料	800H 12k/3900 - 2 单向带		
树脂含量	36.3%(质量)	复合材料密度	1.56 g/cm³
纤维体积含量	55.5%	空隙含量	0.0~1.10%
单层厚度	0.185~0.188 mm(0.0073~0.0074 in)		
试验方法	ASTM D 2344 - 84	模量计算	
正则化	未正则化		
温度/℃(℉)	24(75)	−55(−67)	82(180)			

（续表）

吸湿量(%)		大气环境	大气环境	1.0 ①			
吸湿平衡条件 (T/℃(℉)，RH/%)							
来源编码		90	90	90			
F_{31}^{sbs}/ MPa (ksi)	平均值	87.6(12.7)	115(16.7)	52.6(7.63)			
	最小值	86.9(12.6)	112(16.3)	52.1(7.55)			
	最大值	90.3(13.1)	117(17.0)	53.2(7.71)			
	CV/%	1.47	1.34	0.772			
	B基准值	②	②	②			
	分布	正态	正态	正态			
	C_1	87.6(12.8)	115(16.7)	52.6(7.63)			
	C_2	1.29(0.187)	1.54(0.223)	0.41(0.059)			
	试样数量	6	6	6			
	批数	1	1	1			
	数据种类	筛选值	筛选值	筛选值			

注：①放置在71℃(160℉)，95±2%RH环境下直到吸湿量达到1.0%；②短梁强度试验数据只批准用于筛选数据种类。

表 2.3.1.18(b) 13 面剪切性能($[0]_{100}$)

材料	800H 12k/3900 - 2 单向带		
树脂含量	37.3%(质量)	复合材料密度	1.56 g/cm³
纤维体积含量	54.0%	空隙含量	0.0～1.10%
单层厚度	0.191～0.201 mm(0.0075～0.0079 in)		
试验方法	ASTM D 5379 - 93	模量计算	在1000～3000 $\mu\varepsilon$ 之间的弦向模量
正则化	未正则化		
温度/℃(℉)	24(75)	−55(−67)	82(180)
吸湿量(%)	大气环境	大气环境	1.0
吸湿平衡条件 (T/℃(℉)，RH/%)			①
来源编码	90	90	90

（续表）

F_{13}^{su}/ MPa (ksi)	平均值	88.3(12.8)	128(18.6)	49.7(7.20)			
	最小值	86.2(12.5)	126(18.2)	47.6(6.90)			
	最大值	89.0(12.9)	133(19.3)	51.7(7.50)			
	$CV/\%$	1.21	2.24	3.11			
	B 基准值	②	②	②			
	分布	正态	正态	正态			
	C_1	88.3(12.8)	128(18.6)	49.7(7.20)			
	C_2	1.07(0.155)	2.88(0.417)	1.54(0.224)			
	试样数量	6	6	5			
	批数	1	1	1			
	数据种类	筛选值	筛选值	筛选值			
G_{13}^{s}/ GPa (Msi)	平均值	3.30(0.478)	4.12(0.598)	2.77(0.401)			
	最小值	3.20(0.464)	3.86(0.560)	2.73(0.396)			
	最大值	3.37(0.489)	4.34(0.630)	2.79(0.405)			
	$CV/\%$	2.34	3.87	0.872			
	试样数量	6	6	5			
	批数	1	1	1			
	数据种类	筛选值	筛选值	筛选值			

注：①放置在 71℃(160°F)，95±2%RH 环境下直到吸湿量达到 1.0%；②只对 A 类和 B 类数据给出基准值。

表 2.3.1.18(c)　23 面剪切性能（$[\mathbf{0}]_{100}$）

材料	800H 12k/3900-2 单向带		
树脂含量	37.3%(质量)	复合材料密度	1.56 g/cm³
纤维体积含量	54.0%	空隙含量	0.0～1.10%
单层厚度	0.198～0.208 mm(0.007 8～0.008 2 in)		
试验方法	ASTM D 5379-93	模量计算	在 1 000～3 000 $\mu\varepsilon$ 之间的弦向模量
正则化	未正则化		
温度/℃(°F)	24(75)	-55(-67)	82(180)			

（续表）

吸湿量(%)		大气环境	大气环境	1.0		
吸湿平衡条件 (T/℃(℉)，RH/%)				①		
来源编码		90	90	90		
F_{23}^{su}/ MPa (ksi)	平均值	42.1(6.10)	44.5(6.45)	29.1(4.22)		
	最小值	33.0(4.79)	32.3(4.68)	27.0(3.91)		
	最大值	46.3(6.72)	50.1(7.27)	30.0(4.35)		
	CV/%	13.1	13.7	4.24		
	B 基准值	②	②	②		
	分布	正态	正态	正态		
	C_1	42.1(6.10)	44.5(6.45)	29.1(4.22)		
	C_2	5.52(0.801)	6.11(0.886)	1.23(0.179)		
	试样数量	6	7	6		
	批数	1	1	1		
	数据种类	筛选值	筛选值	筛选值		
G_{23}^{s}/ GPa (Msi)	平均值	2.19(0.317)	2.60(0.377)	1.94(0.281)		
	最小值	2.11(0.306)	2.48(0.360)	1.78(0.258)		
	最大值	2.28(0.330)	2.75(0.399)	2.02(0.293)		
	CV/%	2.94	3.36	4.45		
	试样数量	6	7	6		
	批数	1	1	1		
	数据种类	筛选值	筛选值	筛选值		

注:①放置在 71℃(160℉)，95±2%RH 环境下直到吸湿量达到 1.0%;②只对 A 类和 B 类数据给出基准值。

2.3.2　碳纤维-环氧织物预浸料

2.3.2.1　T-300 3k/934 平纹机织物

材料描述:

材料　　　T-300 3k/934。

形式　　　平纹机织物,纤维面积质量为 196 g/m²,典型的固化后树脂含量为 34%,典型的固化后单层厚度为 0.198 mm(0.0078 in)。

固化工艺　热压罐固化;179℃(355℉),0.586～0.690 MPa(85～100 psi),2 h。

供应商提供的数据：

纤维	T-300 纤维是由 PAN 基原丝制造的不加捻的连续碳纤维,纤维经表面处理以改善操作性和结构性能。每一丝束包含有 3 000 根碳丝。典型的拉伸模量为 228 GPa(33×10⁶ psi),典型的拉伸强度为 3 655 MPa(530 000 psi)。
基体	934 是具有高流动性和良好湿热性能的环氧树脂,满足 NASA 真空排气要求。

最高短期使用温度   177℃(350℉)(干态),93℃(200℉)(湿态)。

典型应用   飞机主承力和次承力结构和关键的空间结构。

表 2.3.2.1 T-300 3k/934 平纹机织物

材料	T-300 3k/934 平纹机织物			
形式	Fiberite HMF-322/34 平纹机织物			
纤维	Toray T-300 3k		基体	Fiberite 934
T_g(干态)	210℃(410℉)	T_g(湿态)	T_g测量方法	DSC
固化工艺	热压罐固化;174~185℃(355±10℉),0.586~0.690 MPa(85~100 psi),120~135 min			

纤维制造日期:		试验日期:	
树脂制造日期:		数据提交日期:	6/88
预浸料制造日期:	2/84	分析日期:	1/93
复合材料制造日期:			

注:该数据是在数据文档要求建立(1989 年 6 月)以前提供的,对于该材料,目前所要求的文档均未提供。

单层性能汇总

	24℃ (75℉) /A		−54℃ (−65℉) /A	121℃ (250℉) /A		71℃ (160℉) /W	121℃ (250℉) /W	
1 轴拉伸	IS-I		IS-I	SS-S		II--	II--	
2 轴拉伸	II-I		II-I	SS-S		II--	II--	
3 轴拉伸								
1 轴压缩	II--		II--	SI--		I---	I---	
2 轴压缩	II--		II--	SI--		I---	I---	
31 面 SB 强度	S--		S---	S--				

注:强度/模量/泊松比/破坏应变的数据种为:A—A75,a—A55,B—B30,b—B18,M—平均值,I—临时值,S—筛选值,——无数据(见表 1.5.1.2(c))。

	名义值	提交值	试验方法
纤维密度/(g/cm³)		1.73~1.74	
树脂密度/(g/cm³)	1.30		
复合材料密度/(g/cm³)	1.55	1.54~1.57	
纤维面积质量/(g/m²)	194	1.92~2.00	
纤维体积含量/%		58~60	
单层厚度/mm		0.185~0.213	

注:该数据是在数据文档要求建立(1989年6月)以前提供的,对于该材料,目前所要求的文档均未提供。

层压板性能汇总

注:强度/模量/泊松比/破坏应变的数据种类为:A—A75,a—A55,B—B30,b—B18,M—平均值,I—临时值,S—筛选值,——无数据(见表1.5.1.2(c))。

表2.3.2.1(a)　1轴拉伸性能($[0_f]_{12}$)

材料	T-300 3k/934 平纹机织物		
树脂含量	33%~35%(质量)	复合材料密度	1.54~1.57 g/cm³
纤维体积含量	58%~60%	空隙含量	<0.5%~1.2%
单层厚度	0.188~0.208 mm(0.0074~0.0082 in)		
试验方法	ASTM D 3039-76②	模量计算	在20%~40%极限载荷之间的弦向模量
正则化	试样厚度和批内纤维体积含量正则化到57%(固化后单层厚度0.196 mm)		

温度/℃(℉)	24(75)		−54(−65)		121(250)	
吸湿量(%)						
吸湿平衡条件 (T/℃(℉),RH/%)	大气环境		大气环境		大气环境	
来源编码	12		12		12	
	正则化值	实测值	正则化值	实测值	正则化值	实测值
F_1^{tu}/MPa(ksi) 平均值	628(91)	648(94)	572(83)	586(85)	752(109)	779(113)
最小值	565(82)	586(85)	538(78)	545(79)	717(104)	752(109)
最大值	683(99)	690(100)	600(87)	621(90)	786(114)	814(118)
CV/%	4.1	4.0	3.2	3.3	3.54	3.42

（续表）

		正则化值	实测值	正则化值	实测值	正则化值	实测值
	B 基准值	①	①	①	①	①	①
	分布	Weibull	Weibull	Weibull	Weibull	正态（合并）	正态（合并）
	C_1	641(93.0)	662(96)	577(83.7)	593(86)	593(86)	779(113)
	C_2	28.2	31	35.8	36	19.7(2.86)	26.7(3.87)
	试样数量	20		20		5	
	批数	4		4		1	
	数据种类	临时值		临时值		筛选值	
$E_1^t/$ GPa (Msi)	平均值	62.8(9.1)	64.8(9.4)	69.0(10)	69.0(10)	64.1(9.3)	66.9(9.7)
	最小值	57.9(8.4)	60.0(8.7)	59.3(8.6)	62.1(9.0)	62.8(9.1)	64.8(9.4)
	最大值	65.5(9.5)	68.3(9.9)	82.8(12)	82.8(12)	69.0(10)	73.8(10.7)
	$CV/\%$	3.3	3.6	11	10	4.6	5.6
	试样数量	20		20		5	
	批数	4		4		1	
	数据种类	临时值		临时值		筛选值	
$\varepsilon_1^{tu}/\mu\varepsilon$	平均值		9 780		8 990		11 300
	最小值		8 880		7 990		10 900
	最大值		11 200		9 800		11 800
	$CV/\%$		5.61		6.07		3.11
	B 基准值		①		①		①
	分布		ANOVA		ANOVA		正态
	C_1		577		592		11 300
	C_2		3.12		3.61		351
	试样数量	20		20		5	
	批数	4		4		1	
	数据种类	临时值		临时值		筛选值	

注：①基准值仅适用于 A 类和 B 类数据；②宽度为 12.7 mm(0.5 in)，加载速度为 0.05 mm/mm/min(0.05 in/in/min)，工作段长度小于推荐值；③该数据是在数据文档要求建立(1989 年 6 月)以前提供的，对于该材料，目前所要求的文档均未提供。

表 2.3.2.1(b)　1 轴拉伸性能($[0_f]_{12}$)

材料	T-300 3k/934 平纹机织物		
树脂含量	33%～35%(质量)	复合材料密度	1.54～1.57 g/cm³
纤维体积含量	58%～60%	空隙含量	<0.5%～1.2%
单层厚度	0.188～0.208 mm(0.0074～0.0082 in)		
试验方法	ASTM D 3039-76②	模量计算	在 20%～40% 极限载荷之间的弦向模量
正则化	试样厚度和批内纤维体积含量正则化到 57%		

	温度/℃(℉)	71(160)		121(250)			
	吸湿量(%)	①		①			
	吸湿平衡条件 (T/℃(℉), RH/%)						
	来源编码	12		12			
		正则化值	实测值	正则化值	实测值	正则化值	实测值
F_1^{tu}/ MPa (ksi)	平均值	662(96)	676(98)	545(79)	565(82)		
	最小值	579(84)	607(88)	421(61)	455(66)		
	最大值	717(104)	731(106)	655(95)	669(97)		
	CV/%	5.7	5.11	14	11		
	B 基准值	②	②	②	②		
	分布	ANOVA	Weibull	ANOVA	Weibull		
	C_1	285(6.0)	697(101)	571(12)	593(86)		
	C_2	228(4.8)	24	252(5.3)	11		
	试样数量	15		15			
	批数	3		3			
	数据种类	临时值		临时值			
E_1^t/ GPa (Msi)	平均值	67.6(9.8)	69.0(10.0)	64.8(9.4)	66.9(9.7)		
	最小值	55.9(8.1)	59.3(8.6)	46.9(6.8)	49.0(7.1)		
	最大值	75.9(11.0)	80.7(11.7)	82.8(12.0)	89.7(13.0)		
	CV/%	8.7	8.7	17	18		
	试样数量	15		15			
	批数	3		3			
	数据种类	临时值		临时值			

注:①在 71℃(160℉)水中浸泡 14 天;②基准值仅适用于 A 类和 B 类数据;③宽度为 12.7 mm(0.5 in),加载速度为 0.05 mm/mm/min(0.05 in/in/min),工作段长度小于推荐值;④该数据是在数据文档要求建立(1989 年 6 月)以前提供的,对于该材料,目前所要求的文档均未提供。

表 2.3.2.1(c)　2 轴拉伸性能($[90_f]_{12}$)

材料	T-300 3k/934 平纹机织物					
树脂含量	33%～35%(质量)			复合材料密度	1.54～1.57 g/cm³	
纤维体积含量	58%～60%			空隙含量	<0.5%～1.2%	
单层厚度	0.188～0.208 mm(0.0074～0.0082 in)					
试验方法	ASTM D 3039-76			模量计算	在 20%～40% 极限载荷之间的弦向模量	
正则化	试样厚度和批内纤维体积含量正则化到 57%(固化后单层厚度 0.196 mm)					

温度/℃(℉)	24(75)		-54(-65)		121(250)	
吸湿量(%)						
吸湿平衡条件(T/℃(℉), RH/%)	大气环境		大气环境		大气环境	
来源编码	12		12		12	
	正则化值	实测值	正则化值	实测值	正则化值	实测值
F_2^{tu}/MPa(ksi) 平均值	607(88)	628(91)	552(80)	565(82)	648(94)	676(98)
最小值	552(80)	565(82)	483(70)	497(72)	621(90)	648(94)
最大值	669(97)	683(99)	628(91)	655(95)	669(97)	697(101)
CV/%	5.7	5.5	6.2	6.5	2.6	2.7
B 基准值	①	①	①	①	①	①
分布	ANOVA	ANOVA	ANOVA	ANOVA	正态	正态
C_1	257(5.4)	257(5.4)	247(5.2)	271(5.7)	646(93.7)	674(97.8)
C_2	166(3.5)	162(3.4)	157(3.3)	162(3.4)	17.0(2.47)	17.9(2.59)
试样数量	20		20		5	
批数	4		4		1	
数据种类	临时值		临时值		筛选值	
E_2^t/GPa(Msi) 平均值	62.1(9.0)	64.1(9.3)	62.8(9.1)	65.5(9.5)	55.9(8.1)	58.6(8.5)
最小值	57.2(8.3)	60.0(8.7)	55.9(8.1)	57.2(8.3)	55.2(8.0)	57.2(8.3)
最大值	68.3(9.9)	71.0(10.3)	74.5(10.8)	76.5(11.1)	56.5(8.2)	59.3(8.6)
CV/%	5.0	4.8	9.3	9.2	1.1	1.5
试样数量	20		20		5	
批数	4		4		1	
数据种类	临时值		临时值		筛选值	

（续表）

		正则化值	实测值	正则化值	实测值	正则化值	实测值
$\varepsilon_2^{tu}/\mu\varepsilon$	平均值		9 630		9 100		11 400
	最小值		8 680		7 750		10 400
	最大值		11 100		10 700		12 400
	CV/%		6.18		7.44		8.59
	B 基准值		①		①		①
	分布		ANOVA		ANOVA		正态
	C_1		616		710		11 400
	C_2		2.82		3.08		981
	试样数量	20		20		5	
	批数	4		4		1	
	数据种类	临时值		临时值		筛选值	

注:①只对 A 类和 B 类数据给出基准值;②该数据是在数据文档要求建立(1989 年 6 月)以前提供的,对于该材料,目前所要求的文档均未提供。

表 2.3.2.1(d)　2 轴拉伸性能($[90_r]_{12}$)

材料	T-300 3k/934 平纹机织物		
树脂含量	33%～35%(质量)	复合材料密度	1.54～1.57 g/cm³
纤维体积含量	58%～60%	空隙含量	<0.5%～1.2%
单层厚度	0.188～0.208 mm(0.007 4～0.008 2 in)		
试验方法	ASTM D 3039-76	模量计算	在 20%～40%极限载荷之间的弦向模量
正则化	试样厚度和批内纤维体积含量正则化到 57%(固化后单层厚度 0.196 mm)		

		温度/℃(℉)	71(160)		121(250)		
		吸湿量(%)	①		①		
		吸湿平衡条件(T/℃(℉), RH/%)					
		来源编码	12		12		

		正则化值	实测值	正则化值	实测值	正则化值	实测值
$F_2^{tu}/$ MPa (ksi)	平均值	669(97)	690(100)	559(81)	572(83)		
	最小值	621(90)	634(92)	503(73)	517(75)		
	最大值	765(111)	779(113)	614(89)	628(91)		

（续表）

		正则化值	实测值	正则化值	实测值	正则化值	实测值
	$CV/\%$	6.8	6.3	5.1	4.8		
	B 基准值	②	②	②	②		
	分布	ANOVA	ANOVA	ANOVA	ANOVA		
	C_1	347(7.3)	323(6.8)	209(4.4)	200(4.2)		
	C_2	228(4.8)	214(4.5)	214(4.5)	200(4.2)		
	试样数量	15		15			
	批数	3		3			
	数据种类	临时值		临时值			
$E_2^t/$ GPa (Msi)	平均值	69.0(10.0)	69.0(10.0)	68.3(9.9)	69.0(10.0)		
	最小值	55.2(8.0)	56.5(8.2)	56.5(8.2)	58.6(8.5)		
	最大值	81.4(11.8)	83.4(12.1)	82.1(11.9)	83.4(12.1)		
	$CV/\%$	11	11	11	11		
	试样数量	15		15			
	批数	3		3			
	数据种类	临时值		临时值			

注：①在 71℃(160℉)水中浸泡 14 天；②只对 A 类和 B 类数据给出基准值；③该数据是在数据文档要求建立（1989 年 6 月）以前提供的，对于该材料，目前所要求的文档均未提供。

表 2.3.2.1(e)　1 轴压缩性能（$[0_f]_{12}$）

材料	T-300 3k/934 平纹机织物		
树脂含量	33%～35%(质量)	复合材料密度	1.54～1.57 g/cm³
纤维体积含量	58%～60%	空隙含量	<0.5%～1.2%
单层厚度	0.188～0.208 mm(0.0074～0.0082 in)		
试验方法	SACMA SRM 1-88	模量计算	在 20%～40%极限载荷之间的弦向模量
正则化	试样厚度和批内纤维体积含量正则化到 57%(固化后单层厚度 0.196 mm(0.0077 in))		
温度/℃(℉)	24(75)	−54(−65)	121(250)
吸湿量(%)	大气环境	大气环境	大气环境
吸湿平衡条件 (T/℃(℉), RH/%)			

（续表）

		12		12		12	
		正则化值	实测值	正则化值	实测值	正则化值	实测值
F_1^{cu}/ MPa (ksi)	平均值	655(95)	676(98)	717(104)	745(108)	690(100)	724(105)
	最小值	572(83)	600(87)	600(87)	621(90)	648(94)	676(98)
	最大值	828(120)	862(125)	917(133)	959(139)	738(107)	765(111)
	CV/%	10	10	13	14	5.6	5.1
	B 基准值	①	①	①	①	①	①
	分布	ANOVA	ANOVA	ANOVA	ANOVA	正态(合并)	正态(合并)
	C_1	476(10)	523(11)	713(15)	761(16)	690(100)	724(105)
	C_2	185(3.9)	185(3.9)	176(3.7)	181(3.8)	38.9(5.64)	37.2(5.4)
	试样数量	20		20		5	
	批数	4		4		1	
	数据种类	临时值		临时值		筛选值	
E_1^c/ GPa (Msi)	平均值	57.9(8.4)	60.7(8.8)	56.5(8.2)	59.3(8.6)	57.9(8.4)	61.4(8.9)
	最小值	53.1(7.7)	55.2(8.0)	51.0(7.4)	53.8(7.8)	54.5(7.9)	55.9(8.1)
	最大值	62.1(9.0)	64.8(9.4)	61.4(8.9)	66.9(9.7)	69.0(10.0)	69.7(10.1)
	CV/%	5.1	5.3	5.1	5.7	6.3	6.4
	试样数量	20		20		19	
	批数	4		4		4	
	数据种类	临时值		临时值		临时值	

注：①只对 A 类和 B 类数据给出基准值；②该数据是在数据文档要求建立(1989 年 6 月)以前提供的，对于该材料，目前所要求的文档均未提供。

表 2.3.2.1(f) 1 轴压缩性能($[0_f]_{12}$)

材料	T-300 3k/934 平纹机织物		
树脂含量	33%～35%(质量)	复合材料密度	1.54～1.57 g/cm³
纤维体积含量	58%～60%	空隙含量	<0.5%～1.2%
单层厚度	0.188～0.208 mm(0.0074～0.0082 in)		
试验方法	SACMA SRM 1-88	模量计算	在 20%～40%极限载荷之间的弦向模量

（续表）

正则化	试样厚度和批内纤维体积含量正则化到 57%（固化后单层厚度 0.196 mm（0.0077 in））					
温度/℃(℉)	71(160)		121(250)			
吸湿量(%)	①		①			
吸湿平衡条件(T/℃(℉)，RH/%)						
来源编码	12		12			
	正则化值	实测值	正则化值	实测值	正则化值	实测值

		正则化值	实测值	正则化值	实测值	正则化值	实测值
F_1^{cu}/MPa(ksi)(3)	平均值	510(74)	524(76)	303(44)	317(46)		
	最小值	462(67)	469(68)	276(40)	283(41)		
	最大值	559(81)	579(84)	338(49)	352(51)		
	CV/%	6.9	5.6	6.2	6.2		
	B 基准值	②	②	②	②		
	分布	ANOVA	ANOVA	Weibull	Weibull		
	C_1	266(5.6)	294(6.2)	313(45.4)	323(46.8)		
	C_2	233(4.9)	238(5.0)	17.4	16.9		
	试样数量	15		15			
	批数	3		3			
	数据种类	临时值		临时值			

注：①在 71℃(160℉)水中浸泡 14 天；②只对 A 类和 B 类数据给出基准值；③加强片厚度为 2.85～3.05 mm(0.112～0.120 in)，大于试验方法规定的名义厚度值 1.78 mm(0.070 in)；④该数据是在数据文档要求建立(1989 年 6 月)以前提供的，对于该材料，目前所要求的文档均未提供。

表 2.3.2.1(g)　2 轴压缩性能（$[90_f]_{12}$）

材料	T-300 3k/934 平纹机织物		
树脂含量	33%～35%（质量）	复合材料密度	1.54～1.57 g/cm³
纤维体积含量	58%～60%	空隙含量	<0.5%～1.2%
单层厚度	0.188～0.208 mm(0.0074～0.0082 in)		
试验方法	SACMA SRM 1-88	模量计算	在 20%～40%极限载荷之间的弦向模量
正则化	试样厚度和批内纤维体积含量正则化到 57%（固化后单层厚度 0.196 mm（0.0077 in））		

（续表）

		24(75)		−54(−65)		121(250)	
温度/℃(℉)		24(75)		−54(−65)		121(250)	
吸湿量(%)		大气环境		大气环境		大气环境	
吸湿平衡条件 (T/℃(℉)，RH/%)							
来源编码		12		12		12	
		正则化值	实测值	正则化值	实测值	正则化值	实测值
F_2^{cu}/ MPa (ksi) ②	平均值	621(90)	641(93)	710(103)	731(106)	565(82)	586(85)
	最小值	559(81)	586(85)	648(94)	676(98)	531(77)	559(81)
	最大值	690(100)	717(104)	800(116)	834(121)	579(84)	607(88)
	CV/%	5.9	6.0	6.2	6.1	3.4	3.4
	B基准值	④	④	①	①	①	①
	分布	ANOVA	ANOVA	正态(合并)	正态(合并)	正态(合并)	正态(合并)
	C_1	266(5.6)	281(5.9)	710(103)	731(106)	563(81.7)	588(85.3)
	C_2	152(3.2)	152(3.2)	42.6(6.18)	44.1(6.4)	18.9(2.74)	19.7(2.86)
	试样数量	20		20		5	
	批数	4		4		1	
	数据种类	临时值		临时值		筛选值	
E_2^{t}/ GPa (Msi) ③	平均值	57.2(8.3)	59.3(8.6)	57.9(8.4)	60.7(8.8)	60.7(8.8)	62.1(9.0)
	最小值	51.0(7.4)	53.1(7.7)	51.7(7.5)	53.1(7.7)	54.5(7.9)	55.9(8.1)
	最大值	64.1(9.3)	65.5(9.5)	62.1(9.0)	64.8(9.4)	70.3(10.2)	73.1(10.6)
	CV/%	7.0	6.6	5.1	5.5	8.4	8.9
	试样数量	20		20		20	
	批数	4		4		4	
	数据种类	临时值		临时值		临时值	

注：①只对 A 类和 B 类数据给出基准值；②加强片厚度为 2.85～3.05 mm(0.112～0.120 in)，大于试验方法规定的名义厚度值 1.78 mm(0.070 in)；③试样厚度为 2.29～2.54 mm(0.09～0.10 in)，小于试验方法规定的名义厚度值 3.05 mm(0.120 in)；④没有给出由少于 5 批试验数据用 ANOVA 方法计算得到的 B 基准值；⑤该数据是在数据文档要求建立(1989 年 6 月)以前提供的，对于该材料，目前所要求的文档均未提供。

表 2.3.2.1(h)　2 轴压缩性能($[90_f]_{12}$)

材料	T-300 3k/934 平纹机织物			
树脂含量	33%~35%(质量)		复合材料密度	1.54~1.57 g/cm³
纤维体积含量	58%~60%		空隙含量	<0.5%~1.2%
单层厚度	0.188~0.208 mm(0.0074~0.0082 in)			
试验方法	SACMA SRM 1-88		模量计算	在 20%~40% 极限载荷之间的弦向模量
正则化	试样厚度和批内纤维体积含量正则化到 57%(固化后单层厚度 0.196 mm(0.0077 in))			

温度/℃(℉)		71(160)		121(250)			
吸湿量(%)		湿态		湿态			
吸湿平衡条件 (T/℃(℉), RH/%)		①		①			
来源编码		12		12			
		正则化值	实测值	正则化值	实测值	正则化值	实测值
F_2^{cu}/ MPa (ksi) (3)	平均值	517(75)	531(77)	317(46)	324(47)		
	最小值	434(63)	455(66)	262(38)	269(39)		
	最大值	559(81)	572(83)	407(59)	414(60)		
	CV/%	7.2	6.5	11	11		
	B 基准值	②	②	②	②		
	分布	ANOVA	ANOVA	ANOVA	ANOVA		
	C_1	285(6.0)	257(5.4)	281(5.9)	276(5.8)		
	C_2	238(5.0)	224(4.7)	243(5.1)	238(5.0)		
	试样数量	15		15			
	批数	3		3			
	数据种类	临时值		临时值			

注:①在 71℃(160℉)水中浸泡 14 天;②只对 A 类和 B 类数据给出基准值;③加强片厚度为 2.85~3.05 mm(0.112~0.120 in),大于试验方法规定的名义厚度值 1.78 mm(0.070 in);④该数据是在数据文档要求建立(1989 年 6 月)以前提供的,对于该材料,目前所要求的文档均未提供。

表 2.3.2.1(i)　31 面短梁强度性能（$[0_f]_{12}$）

材料	T-300 3k/934 平纹机织物		
树脂含量	33%～35%（质量）	复合材料密度	1.54～1.57 g/cm^3
纤维体积含量	58%～60%	空隙含量	<0.5%～1.2%
单层厚度	0.188～0.208 mm（0.0074～0.0082 in）		
试验方法	ASTM D-2344-68①	模量计算	在 20%～40% 极限载荷之间的弦向模量
正则化	未正则化		

温度/℃（℉）		24(75)	−54(−65)	121(250)	
吸湿量（%）					
吸湿平衡条件 (T/℃（℉），RH/%)		大气环境	大气环境	大气环境	
来源编码		12	12	12	
F_{31}^{sbs} / MPa (ksi)	平均值	82.8(12.0)	82.1(11.9)	63.4(9.2)	
	最小值	72.4(10.5)	69.0(10.0)	62.8(9.1)	
	最大值	92.4(13.4)	95.9(13.9)	65.5(9.5)	
	CV/%	6.89	8.38	2.1	
	B 基准值	②	②	②	
	分布	ANOVA	ANOVA	正态	
	C_1	50.9(1.07)	42.8(0.90)	63.4(9.2)	
	C_2	162(3.41)	176(3.71)	1.38(0.20)	
	试样数量	20	20	5	
	批数	4	4	1	
	数据种类	筛选值	筛选值	筛选值	

注：①长度/厚度比约为 11；②只批准了用于筛选数据种类的短梁强度试验数据；③该数据是在数据文档要求建立（1989 年 6 月）以前提供的，对于该材料，目前所要求的文档均未提供。

2.3.2.2　Celion 3000/E7K8 平纹机织物

材料描述：

材料　　　　Celion 3000/E7K8。

形式　　　　平纹机织物，纤维面积质量为 195 g/m^2，典型的固化后树脂含量为 37%～44%，典型的固化后单层厚度为 0.191～0.213 mm（0.0075～0.0084 in）。

| 固化工艺 | 热压罐固化；154℃（310℉），0.586 MPa（85 psi），2 h。对厚部件的固化采用低放热曲线。 |

供应商提供的数据：

| 纤维 | Celion 3000 纤维是由 PAN 基原丝制造的连续碳纤维，每一丝束包含有 3 000 根碳丝。典型的拉伸模量为 234 GPa（34×10⁶ psi），典型的拉伸强度为 3 552 MPa（515 000 psi）。好的铺覆性。 |

| 基体 | E7K8 是具有中等流动性、低放热的环氧树脂，有良好的黏性，在大气环境温度下存放 20 天。 |

| 最高短期使用温度 | 149℃（300℉）（干态），88℃（190℉）（湿态）。 |

| 典型应用 | 商业与军用飞机和喷气式发动机的主承力与次承力结构，如固定翼面和反推力装置的阻流门。 |

表 2.3.2.2　Celion 3000/E7K8 平纹机织物

材料	Celion 3000/E7K8 平纹机织物		
形式	U. S. Polymeric Celion 3000/E7K8 平纹机织物，195 级预浸带		
纤维	Celanese Celion 3000	基体	U. S. Polymeric E7K8
T_g（干态）		T_g（湿态）	T_g测量方法
固化工艺	热压罐固化；154℃（310℉），0.586 MPa（85 psi），2 小时		

注：该数据是在数据文档要求建立（1989 年 6 月）以前提供的，对于该材料，目前所要求的文档均未提供。

纤维制造日期：		试验日期：	
树脂制造日期：		数据提交日期：	1/88
预浸料制造日期：	2/86—3/86	分析日期：	1/93
复合材料制造日期：			

单层性能汇总

	24℃ （75℉） /A	−54℃ （−65℉） /A	82℃ （180℉） /A		24℃ （75℉） /W	82℃ （180℉） /W	
1 轴拉伸	SS-S		SS–		SSSS	SSS–	
2 轴拉伸	SS-S		SS-S		SS-S	SS-S	
3 轴拉伸							

（续表）

	24℃ (75℉) /A		-54℃ (-65℉) /A	82℃ (180℉) /A		24℃ (75℉) /W	82℃ (180℉) /W	
1 轴压缩	SS-S		SS-S	SS-S		SS-S	SS-S	
2 轴压缩	SS-S		SS—	SS—		SS-S	SS—	
31 面 SB 强度	S—		S—	S—		S—	S—	

注:强度/模量/泊松比/破坏应变的数据种类为:A—A75,a—A55,B—B30,b—B18,M—平均值,I—临时值,S—筛选值,——无数据(见表 1.5.1.2(c))。

	名义值	提交值	试验方法
纤维密度/(g/cm³)	1.80		
树脂密度/(g/cm³)	1.28		
复合材料密度/(g/cm³)	1.54	1.37~1.55	
纤维面积质量/(g/m²)	195		
纤维体积含量/%	50	51~56	
单层厚度/mm	0.191	0.198~0.279	

注:该数据是在数据文档要求建立(1989 年 6 月)以前提供的,对于该材料,目前所要求的文档均未提供。

层压板性能汇总

注:强度/模量/泊松比/破坏应变的数据种类为:A—A75,a—A55,B—B30,b—B18,M—平均值,I—临时值,S—筛选值,——无数据(见表 1.5.1.2(c))。

表 2.3.2.2(a)　1 轴拉伸性能($[0_f]_{10}$)

材料	Celion 3000/E7K8 平纹机织物			
树脂含量	37%~38%(质量)	复合材料密度	1.55 g/cm³	
纤维体积含量	55%~56%	空隙含量	0.0	
单层厚度	0.198~0.216 mm(0.0078~ 0.0085 in)			
试验方法	ASTM D 3039-76	模量计算		
正则化	试样厚度和批内纤维体积含量正则化到 57%(固化后单层厚度 0.191 mm (0.0075 in))			
温度/℃(℉)	24(75)	-54(-65)		

（续表）

		正则化值	实测值	正则化值	实测值	正则化值	实测值
吸湿量（%）		大气环境		大气环境			
吸湿平衡条件 (T/℃(℉)，RH/%)							
来源编码		20		20			
F_1^{tu}/ MPa (ksi)	平均值	910(132)	883(128)	759(110)	731(106)		
	最小值	828(120)	793(115)	697(101)	679(98.4)		
	最大值	986(143)	965(140)	814(118)	779(113)		
	$CV/\%$	4.7	5.8	6.2	5.4		
	B 基准值	①	①	①	①		
	分布	Weibull	Weibull	正态(合并)	正态(合并)		
	C_1	931(135)	910(132)	759(110)	731(106)		
	C_2	25.7	21.4	47.4(6.88)	39.6(5.74)		
	试样数量	20		5			
	批数	1		1			
	数据种类	筛选值		筛选值			
E_1^t/ GPa (Msi)	平均值	66.7(9.67)	64.7(9.38)	68.8(9.98)	66.6(9.66)		
	最小值	65.4(9.49)	61.0(8.85)	67.7(9.82)	65.2(9.46)		
	最大值	68.8(9.98)	67.2(9.74)	69.0(10.0)	68.3(9.90)		
	$CV/\%$	1.2	2.5	1.0	1.8		
	试样数量	20		5			
	批数	1		1			
	数据种类	筛选值		筛选值			
ν_{12}^t	平均值		0.0580				
	试样数量	5					
	批数	1					
	数据种类	筛选值					
$\varepsilon_1^{tu}/\mu\varepsilon$	平均值		13700		11000		
	最小值		12300		10200		
	最大值		14800		11600		

（续表）

		正则化值	实测值	正则化值	实测值	正则化值	实测值
$CV/\%$			4.5		5.4		
B 基准值			①		①		
分布			Weibull		正态		
C_1			14 000		11 000		
C_2			26.8		592		
试样数量			20		5		
批数			1		1		
数据种类			筛选值		筛选值		

注：①只对 A 类和 B 类数据给出基准值；②该数据是在数据文档要求建立（1989 年 6 月）以前提供的，对于该材料，目前所要求的文档均未提供。

表 2.3.2.2(b)　1 轴拉伸性能（$[0_r]_{10}$）

材料	Celion 3000/E7K8 平纹机织物		
树脂含量	37%（质量）	复合材料密度	1.55 g/cm³
纤维体积含量	55%	空隙含量	0.0
单层厚度	0.198～0.206 mm（0.007 8～0.008 1 in)		
试验方法	ASTM D 3039-76	模量计算	
正则化	试样厚度和批内纤维体积含量正则化到 57%（固化后单层厚度 0.191 mm（0.007 5 in))		

		温度/℃（℉）	24(75)		82(180)			
		吸湿量(%)	湿态		湿态			
		吸湿平衡条件 (T/℃(℉), RH/%)	①		①			
		来源编码	20		20			
			正则化值	实测值	正则化值	实测值	正则化值	实测值
$F_1^{tu}/$ MPa (ksi)	平均值		862(125)	841(122)	848(123)	828(120)		
	最小值		765(111)	724(105)	786(114)	772(112)		
	最大值		897(130)	890(129)	903(131)	876(127)		
	$CV/\%$		6.3	8.1	6.5	6.3		
	B 基准值		②	②	②	②		

(续表)

		正则化值	实测值	正则化值	实测值	正则化值	实测值
	分布	正态(合并)	正态(合并)	正态(合并)	正态(合并)		
	C_1	862(125)	841(122)	848(123)	828(120)		
	C_2	54.7(7.93)	68.5(9.93)	5.1(7.99)	51.9(7.52)		
	试样数量	5		5			
	批数	1		1			
	数据种类	筛选值		筛选值			
E_1^t / GPa (Msi)	平均值	63.7(9.23)	62.1(9.01)	65.9(9.55)	64.3(9.33)		
	最小值	61.6(8.93)	60.8(8.81)	64.6(9.37)	63.1(9.15)		
	最大值	65.7(9.53)	63.4(9.20)	67.9(9.84)	66.4(9.63)		
	$CV/\%$	2.5	1.7	1.9	2.0		
	试样数量	5		5			
	批数	1		1			
	数据种类	筛选值		筛选值			
ν_{12}^t	平均值		0.0620		0.0560		
	试样数量	5		5			
	批数	1		1			
	数据种类	筛选值		筛选值			
$\varepsilon_1^{tu}/\mu\varepsilon$	平均值		13 700		12 800		
	最小值		12 100		11 200		
	最大值		14 300		14 100		
	$CV/\%$		6.9		9.6		
	B 基准值		②		②		
	分布		正态		正态		
	C_1		13 700		12 800		
	C_2		939		1 230		
	试样数量	5		5			
	批数	1		1			
	数据种类	筛选值		筛选值			

注:①在 71℃(160℉),85%RH 环境中放置 7 天;②只对 A 类和 B 类数据给出基准值;③该数据是在数据文档要求建立(1989 年 6 月)以前提供的,对于该材料,目前所要求的文档均未提供。

表 2.3.2.2(c)　1 轴拉伸性能（$[0_f]_{12}$）

材料	Celion 3000/E7K8 平纹机织物			
树脂含量	39%～44%（质量）		复合材料密度	1.55 g/cm³
纤维体积含量	51%～54%		空隙含量	0.04%～0.5%
单层厚度	0.198～0.216 mm（0.007 9～0.0084 in）			
试验方法	ASTM D 3039 - 76		模量计算	
正则化	试样厚度和批内纤维体积含量正则化到 57%（固化后单层厚度 0.191 mm（0.0075 in））			

温度/℃(℉)		24(75)		−54(−65)			
吸湿量(%)							
吸湿平衡条件 (T/℃(℉), RH/%)		大气环境		大气环境			
来源编码		20		20			
		正则化值	实测值	正则化值	实测值	正则化值	实测值
F_1^{tu}/ MPa (ksi)	平均值	910(132)	841(122)	841(122)	793(115)		
	最小值	731(106)	690(100)	807(117)	765(111)		
	最大值	1014(147)	938(136)	869(126)	848(123)		
	CV/%	7.5	7.5	2.8	4.3		
	B 基准值	①	①	①	①		
	分布	Weibull	Weibull	正态(合并)	正态(合并)		
	C_1	938(136)	869(126)	841(122)	800(116)		
	C_2	16.4	17.3	23.7(3.44)	34.3(4.97)		
	试样数量	20		5			
	批数	1		1			
	数据种类	筛选值		筛选值			
E_1^t/ GPa (Msi)	平均值	68.7(9.96)	63.5(9.21)	64.1(9.29)	60.8(8.82)		
	最小值	64.1(9.30)	60.3(8.74)	61.7(8.95)	58.7(8.51)		
	最大值	68.8(9.98)	67.4(9.78)	66.6(9.66)	64.9(9.41)		
	CV/%	1.2	2.5	2.8	4.0		
	试样数量	20		5			
	批数	1		1			
	数据种类	筛选值		筛选值			

（续表）

		正则化值	实测值	正则化值	实测值	正则化值	实测值
$\varepsilon_1^{tu}/\mu\varepsilon$	平均值		14 100				
	最小值		13 600				
	最大值		14 600				
	$CV/\%$		2.6				
	B 基准值		①				
	分布		正态				
	C_1		14 100				
	C_2		371				
	试样数量		5				
	批数		1				
	数据种类		筛选值				

注:①只对 A 类和 B 类数据给出基准值;②该数据是在数据文档要求建立(1989 年 6 月)以前提供的,对于该材料,目前所要求的文档均未提供。

表 2.3.2.2(d)　1 轴拉伸性能($[0_f]_{12}$)

材料	Celion 3000/E7K8 平纹机织物		
树脂含量	42%(质量)	复合材料密度	1.55 g/cm³
纤维体积含量	51%	空隙含量	0.48%
单层厚度	0.206～0.211 mm(0.008 1～0.008 3 in)		
试验方法	ASTM D 3039 - 76	模量计算	
正则化	试样厚度和批内纤维体积含量正则化到 57%(固化后单层厚度 0.191 mm (0.007 5 in))		
温度/℃(℉)	24(75)	82(180)	
吸湿量(%)	湿态	湿态	
吸湿平衡条件 (T/℃(℉), RH/%)	①	①	
来源编码	20	20	

（续表）

		正则化值	实测值	正则化值	实测值	正则化值	实测值
F_1^{tu}/ MPa (ksi)	平均值	1 000(145)	890(129)	1 021(148)	917(133)		
	最小值	986(143)	862(125)	959(139)	855(124)		
	最大值	1 021(148)	903(131)	1 062(154)	979(142)		
	CV/%	1.6	1.8	4.0	5.6		
	B 基准值	②	②	②	②		
	分布	正态	正态	正态	正态		
	C_1	1 000(145)	890(129)	1 021(148)	917(133)		
	C_2	15.4(2.23)	16.3(2.37)	41.0(5.94)	51.7(7.50)		
	试样数量	5		5			
	批数	1		1			
	数据种类	筛选值		筛选值			
E_1^t/ GPa (Msi)	平均值	73.1(10.6)	65.0(9.42)	71.0(10.3)	63.5(9.21)		
	最小值	69.7(10.1)	60.6(8.79)	69.6(10.1)	61.4(8.91)		
	最大值	78.6(11.4)	69.0(10.0)	72.4(10.5)	65.7(9.53)		
	CV/%	4.9	5.0	1.3	2.7		
	试样数量	5		5			
	批数	1		1			
	数据种类	筛选值		筛选值			
ν_{12}^t	平均值		0.056 0		0.056 0		
	试样数量	5		5			
	批数	1		1			
	数据种类	筛选值		筛选值			
ε_1^{tu}/$\mu\varepsilon$	平均值		13 400				
	最小值		12 300				
	最大值		14 300				
	CV/%		5.30				
	B 基准值		②				
	分布		正态				
	C_1		13 400				

（续表）

		正则化值	实测值	正则化值	实测值	正则化值	实测值
C_2			713				
试样数量		5					
批数		1					
数据种类		筛选值					

注：①在 71℃（160℉），85%RH 环境中放置 7 天；②只对 A 类和 B 类数据给出基准值；③该数据是在数据文档要求建立（1989 年 6 月）以前提供的，对于该材料，目前所要求的文档均未提供。

表 2.3.2.2(e)　2 轴拉伸性能（[90_f]₁₀）

材料	Celion 3000/E7K8 平纹机织物		
树脂含量	36%（质量）	复合材料密度	1.55 g/cm³
纤维体积含量	56%	空隙含量	0.0
单层厚度	0.198～0.213 mm（0.0078～0.0084 in）		
试验方法	ASTM D 3039-76	模量计算	
正则化	试样厚度和批内纤维体积含量正则化到 57%（固化后单层厚度 0.191 mm（0.0075 in））		

温度/℃（℉）	24（75）		−54（−65）			
吸湿量（%）						
吸湿平衡条件 (T/℃（℉），RH/%)	大气环境		大气环境			
来源编码	20		20			

		正则化值	实测值	正则化值	实测值	正则化值	实测值
$F_2^{tu}/$ MPa (ksi)	平均值	883（128）	876（127）	779（113）	765（111）		
	最小值	828（120）	793（115）	697（101）	690（100）		
	最大值	945（137）	924（134）	862（125）	841（122）		
	$CV/\%$	3.6	3.7	9.1	8.9		
	B 基准值	①	①	①	①		
	分布	正态（合并）	正态（合并）	正态（合并）	正态（合并）		
	C_1	883（128）	876（127）	779（113）	765（111）		
	C_2	32.0（4.64）	32.3（4.69）	71.0（10.3）	68.2（9.89）		
	试样数量	20		5			

（续表）

		正则化值	实测值	正则化值	实测值	正则化值	实测值
	批数	1		1			
	数据种类	筛选值		筛选值			
$E_2^t/$ GPa (Msi)	平均值	65.5(9.50)	64.6(9.37)	65.6(9.51)	64.4(9.34)		
	最小值	64.5(9.36)	62.3(9.04)	64.1(9.29)	63.4(9.20)		
	最大值	66.8(9.69)	67.0(9.71)	66.5(9.65)	66.8(9.68)		
	CV/%	0.98	1.8	1.6	2.1		
	试样数量	20		5			
	批数	1		1			
	数据种类	筛选值		筛选值			
$\varepsilon_2^{tu}/\mu\varepsilon$	平均值		13 400		11 700		
	最小值		12 600		10 700		
	最大值		14 200		12 700		
	CV/%		3.5		7.7		
	B基准值		①		①		
	分布		Weibull		正态		
	C_1		13 600		11 700		
	C_2		32.5		902		
	试样数量	20		5			
	批数	1		1			
	数据种类	筛选值		筛选值			

注：①只对 A 类和 B 类数据给出基准值；②该数据是在数据文档要求建立（1989 年 6 月）以前提供的，对于该材料，目前所要求的文档均未提供。

表 2.3.2.2(f)　2 轴拉伸性能（$[90_f]_{10}$）

材料	Celion 3000/E7K8 平纹机织物		
树脂含量	36%（质量）	复合材料密度	1.55 g/cm³
纤维体积含量	56%	空隙含量	0.0
单层厚度	0.198～0.213 mm（0.007 8～0.008 4 in）		
试验方法	ASTM D 3039-76	模量计算	

（续表）

正则化	试样厚度和批内纤维体积含量正则化到 57%（固化后单层厚度 0.191 mm（0.0075 in））					
温度/℃（℉）		24(75)		82(180)		
吸湿量（%）		湿态		湿态		
吸湿平衡条件（T/℃（℉），RH/%）		①		①		
来源编码		20		20		
		正则化值	实测值	正则化值	实测值	正则化值	实测值

		正则化值	实测值	正则化值	实测值	正则化值	实测值
$F_2^{tu}/$ MPa (ksi)	平均值	820(119)	807(117)	897(130)	883(128)		
	最小值	724(105)	717(104)	889(129)	862(125)		
	最大值	896(130)	869(126)	910(132)	903(131)		
	CV/%	7.8	7.3	0.89	1.8		
	B 基准值	②	②	②	②		
	分布	正态（合并）	正态（合并）	正态（合并）	正态（合并）		
	C_1	820(119)	807(117)	896(130)	883(128)		
	C_2	64.5(9.35)	58.7(8.51)	8.00(1.16)	16.2(2.35)		
	试样数量	5		5			
	批数	1		1			
	数据种类	筛选值		筛选值			
$E_2^t/$ GPa (Msi)	平均值	62.6(9.08)	61.5(8.92)	64.5(9.35)	63.3(9.18)		
	最小值	61.9(8.98)	60.2(8.73)	63.9(9.26)	61.8(8.96)		
	最大值	63.5(9.21)	63.0(9.14)	65.4(9.48)	64.7(9.38)		
	CV/%	1.2	1.6	1.2	1.8		
	试样数量	5		5			
	批数	1		1			
	数据种类	筛选值		筛选值			
$\varepsilon_2^{tu}/\mu\varepsilon$	平均值		13 100		14 200		
	最小值		11 400		13 700		
	最大值		14 400		14 800		
	CV/%		8.7		3.5		

（续表）

		正则化值	实测值	正则化值	实测值	正则化值	实测值
$\varepsilon_2^{tu}/\mu\varepsilon$	B 基准值		②		②		
	分布		正态		正态		
	C_1		13 100		14 200		
	C_2		1 135		490		
	试样数量	5		5			
	批数	1		1			
	数据种类	筛选值		筛选值			

注：①在 71℃（160℉），85％RH 环境中放置 7 天；②只对 A 类和 B 类数据给出基准值；③该数据是在数据文档要求建立（1989 年 6 月）以前提供的，对于该材料，目前所要求的文档均未提供。

表 2.3.2.2（g）　1 轴压缩性能（[0_f]_10）

材料	Celion 3000/E7K8 平纹机织物		
树脂含量	36％～40％（质量）	复合材料密度	1.55 g/cm³
纤维体积含量	53％～55％	空隙含量	0.0～0.75％
单层厚度	0.201～0.213 mm（0.007 9～0.008 4 in）		
试验方法	SACMA SRM 1-88	模量计算	
正则化	试样厚度和批内纤维体积含量正则化到 57％（固化后单层厚度 0.191 mm（0.007 5 in））		

温度/℃（℉）	24（75）		−54（−65）		82（180）	
吸湿量/（％）						
吸湿平衡条件（T/℃（℉），RH/％）	大气环境		大气环境		大气环境	
来源编码	20		20		20	
	正则化值	实测值	正则化值	实测值	正则化值	实测值

		正则化值	实测值	正则化值	实测值	正则化值	实测值
$F_1^{cu}/$ MPa （ksi）	平均值	717（104）	697（101）	834（121）	814（118）	672（97.4）	652（94.5）
	最小值	624（90.5）	605（87.7）	779（113）	765（111）	603（87.5）	587（85.1）
	最大值	841（122）	828（120）	910（132）	869（126）	724（105）	690（100）
	CV/％	8.3	8.7	5.9	4.7	7.2	7.1
	B 基准值	①	①	①	①	①	①
	分布	Weibull	Weibull	正态（合并）	正态（合并）	正态（合并）	正态（合并）

（续表）

		正则化值	实测值	正则化值	实测值	正则化值	实测值
	C_1	745(108)	724(105)	834(121)	814(118)	672(97.4)	652(94.5)
	C_2	13.0	12.1	49.6(7.19)	38.5(5.58)	48.3(7.00)	46.3(6.72)
	试样数量	20		5		5	
	批数	1		1		1	
	数据种类	筛选值		筛选值		筛选值	
$E_1^t/$ GPa (Msi)	平均值	68.1(9.88)	62.2(9.02)	67.8(9.83)	64.3(9.33)	65.2(9.45)	63.2(9.16)
	最小值	65.9(9.56)	59.7(8.65)	67.2(9.75)	63.4(9.20)	63.0(9.14)	61.3(8.89)
	最大值	71.0(10.3)	64.1(9.29)	68.6(9.95)	65.4(9.48)	66.6(9.66)	64.6(9.37)
	$CV/\%$	2.3	2.0	1.0	1.1	2.3	2.0
	试样数量	20		5		5	
	批数	1		1		1	
	数据种类	筛选值		筛选值		筛选值	
$\varepsilon_1^{cu}/\mu\varepsilon$	平均值	10 900		12 200		10 400	
	最小值	10 500		12 000		10 200	
	最大值	11 200		12 300		10 800	
	$CV/\%$	2.2		1.0		2.3	
	B 基准值	①		①		①	
	分布	Weibull		正态		正态	
	C_1	11 000		12 200		10 400	
	C_2	54.2		122		239	
	试样数量	20		5		5	
	批数	1		1		1	
	数据种类	筛选值		筛选值		筛选值	

注：①只对 A 类和 B 类数据给出基准值；②该数据是在数据文档要求建立(1989 年 6 月)以前提供的，对于该材料，目前所要求的文档均未提供。

表 2.3.2.2(h)　1 轴压缩性能（[0_f]₁₀）

表 2.3.2.2(h)　1 轴压缩性能（$[0_f]_{10}$）

材料	Celion 3000/E7K8 平纹机织物		
树脂含量	36%～37%（质量）	复合材料密度	1.55 g/cm³
纤维体积含量	54%～56%	空隙含量	0.0～0.70%

(续表)

单层厚度	0.185～0.218 mm(0.0073～0.0086 in)		
试验方法	SACMA SRM 1-88	模量计算	
正则化	试样厚度和批内纤维体积含量正则化到57%(固化后单层厚度0.191 mm(0.0075 in))		

温度/℃(℉)	24(75)		82(180)			
吸湿量(%)	湿态		湿态			
吸湿平衡条件 (T/℃(℉), RH/%)	①		①			
来源编码	20		20			
		正则化值	实测值	正则化值	实测值	正则化值	实测值

		正则化值	实测值	正则化值	实测值	正则化值	实测值
F_1^{cu}/ MPa (ksi)	平均值	654(94.9)	638(92.6)	544(78.9)	535(77.6)		
	最小值	618(89.7)	608(88.2)	501(72.7)	486(70.5)		
	最大值	703(102)	681(98.8)	574(83.2)	567(82.3)		
	CV/%	5.5	4.9	5.7	6.0		
	B基准值	②	②	②	②		
	分布	正态(合并)	正态(合并)	正态(合并)	正态(合并)		
	C_1	654(94.9)	638(92.6)	544(78.9)	535(77.6)		
	C_2	37.7(5.47)	31.5(4.57)	31.2(4.53)	32.1(4.65)		
	试样数量	5		5			
	批数	1		1			
	数据种类	筛选值		筛选值			
E_1^{t}/ GPa (Msi)	平均值	64.8(9.39)	61.5(8.92)	61.9(8.97)	58.8(8.52)		
	最小值	60.7(8.80)	56.0(8.12)	58.3(8.45)	56.4(8.18)		
	最大值	70.3(10.2)	67.5(9.79)	65.8(9.54)	60.7(8.80)		
	CV/%	6.3	6.8	4.4	3.5		
	试样数量	5		5			
	批数	1		1			
	数据种类	筛选值		筛选值			

（续表）

		正则化值	实测值	正则化值	实测值	正则化值	实测值
	平均值		9 800		8 130		
	最小值		8 970		7 620		
	最大值		10 400		8 600		
	CV/%		6.0		4.4		
	B 基准值		②		②		
$\varepsilon_1^{cu}/\mu\varepsilon$	分布		正态		正态		
	C_1		9 800		8 130		
	C_2		590		356		
	试样数量		5		5		
	批数		1		1		
	数据种类		筛选值		筛选值		

注：①在 71℃(160℉)，85%RH 环境中放置 7 天；②只对 A 类和 B 类数据给出基准值；③该数据是在数据文档要求建立(1989 年 6 月)以前提供的，对于该材料，目前所要求的文档均未提供。

表 2.3.2.2(i)　1 轴压缩性能($[0_f]_{12}$)

材料	Celion 3000/E7K8 平纹机织物		
树脂含量	38%～40%(质量)	复合材料密度	1.55 g/cm³
纤维体积含量	52%～54%	空隙含量	0.0
单层厚度	0.198～0.213 mm(0.007 8～0.008 4 in)		
试验方法	SACMA SRM 1-88	模量计算	
正则化	试样厚度和批内纤维体积含量正则化到 57%(固化后单层厚度 0.191 mm (0.007 5 in))		
温度/℃(℉)	24(75)	−54(−65)	82(180)
吸湿量(%)			
吸湿平衡条件 (T/℃(℉)，RH/%)	大气环境	大气环境	大气环境
来源编码	20	20	20

（续表）

		正则化值	实测值	正则化值	实测值	正则化值	实测值
F_1^{cu} / MPa (ksi)	平均值	786(114)	738(107)	917(133)	841(122)	710(103)	673(97.6)
	最小值	596(86.4)	582(84.4)	876(127)	800(116)	662(96.0)	615(89.2)
	最大值	883(128)	834(121)	959(139)	890(129)	786(114)	738(107)
	$CV/\%$	9.5	9.1	3.9	4.6	6.8	7.2
	B基准值	①	①	①	①	①	①
	分布	Weibull	Weibull	正态(合并)	正态(合并)	正态(合并)	正态(合并)
	C_1	814(118)	765(111)	917(133)	841(122)	710(103)	673(97.6)
	C_2	13.8	14.0	36.0(5.22)	38.6(5.60)	48.2(6.99)	48.5(7.04)
	试样数量	20		5		5	
	批数	1		1		1	
	数据种类	筛选值		筛选值		筛选值	
E_1^t / GPa (Msi)	平均值	56.7(8.22)	53.8(7.80)	58.3(8.45)	53.2(7.71)	57.9(8.40)	52.9(7.67)
	最小值	55.7(8.07)	51.8(7.51)	57.0(8.27)	51.2(7.43)	56.5(8.20)	52.3(7.58)
	最大值	58.6(8.50)	55.5(8.05)	60.2(8.73)	55.8(8.09)	58.9(8.54)	54.1(7.84)
	$CV/\%$	1.6	2.2	2.3	3.4	1.5	1.4
	试样数量	20		5		5	
	批数	1		1		1	
	数据种类	筛选值		筛选值		筛选值	
$\varepsilon_1^{cu}/\mu\varepsilon$	平均值	13 500					
	最小值	13 000					
	最大值	13 700					
	$CV/\%$	1.6					
	B基准值	①					
	分布	非参数					
	C_1	10					
	C_2	1.25					
	试样数量	20					
	批数	1					
	数据种类	筛选值					

注：①只对A类和B类数据给出基准值；②该数据是在数据文档要求建立（1989年6月）以前提供的，对于该材料，目前所要求的文档均未提供。

表 2.3.2.2(j)　1 轴压缩性能($[0_f]_{12}$)

材料	Celion 3000/E7K8 平纹机织物		
树脂含量	38%～40%(质量)	复合材料密度	1.55 g/cm³
纤维体积含量	52%～54%	空隙含量	0.0～0.04%
单层厚度	0.203～0.213 mm(0.0080～0.0084 in)		
试验方法	SACMA SRM 1-88	模量计算	
正则化	试样厚度和批内纤维体积含量正则化到 57%(固化后单层厚度 0.191 mm (0.0075 in))		

温度/℃(℉)	24(75)		82(180)			
吸湿量(%)	湿态		湿态			
吸湿平衡条件 (T/℃(℉)，RH/%)	①		①			
来源编码	20		20			
		正则化值	实测值	正则化值	实测值	正则化值	实测值

		正则化值	实测值	正则化值	实测值	正则化值	实测值
F_1^{cu}/ MPa (ksi)	平均值	663(96.1)	625(90.7)	553(80.2)	522(75.7)		
	最小值	579(83.9)	541(78.4)	513(74.4)	498(72.2)		
	最大值	738(107)	697(101)	574(83.3)	551(79.9)		
	CV/%	9.3	9.4	4.7	4.4		
	B 基准值	②	②	②	②		
	分布	正态(合并)	正态(合并)	正态(合并)	正态(合并)		
	C_1	663(96.1)	625(90.7)	553(80.2)	522(75.7)		
	C_2	61.4(8.91)	59.0(8.55)	25.7(3.73)	22.8(3.31)		
	试样数量	5		5			
	批数	1		1			
	数据种类	筛选值		筛选值			
E_1^c/ GPa (Msi)	平均值	62.6(9.08)	57.2(8.30)	64.5(9.36)	58.9(8.54)		
	最小值	61.0(8.84)	54.5(7.91)	63.0(9.14)	56.5(8.20)		
	最大值	63.2(9.17)	59.4(8.62)	66.0(9.57)	61.0(8.84)		
	CV/%	1.5	3.2	2.0	2.9		
	试样数量	5		5			
	批数	1		1			
	数据种类	筛选值		筛选值			

（续表）

		正则化值	实测值	正则化值	实测值	正则化值	实测值
$\varepsilon_1^{cu}/\mu\varepsilon$	平均值		10 700				
	最小值		10 600				
	最大值		11 000				
	CV/%		1.5				
	B 基准值		②				
	分布		正态				
	C_1		10 700				
	C_2		164				
	试样数量		5				
	批数		1				
	数据种类		筛选值				

注：①在 71℃(160°F)，85%RH 环境中放置 7 天；②只对 A 类和 B 类数据给出基准值；③该数据是在数据文档要求建立(1989 年 6 月)以前提供的，对于该材料，目前所要求的文档均未提供。

表 2.3.2.2(k)　31 面剪切性能（$[0_f]_{14}$）

材料	Celion 3000/E7K8 平纹机织物			
树脂含量	36%～39%(质量)		复合材料密度	1.55 g/cm³
纤维体积含量	54%～56%		空隙含量	0.0～0.75%
单层厚度	0.201～0.206 mm(0.007 9～0.008 1 in)			
试验方法	ASTM D 2344‑68		模量计算	
正则化	未正则化			

		24(75)	−54(−65)	82(180)	24(75)	82(180)
温度/℃(°F)		24(75)	−54(−65)	82(180)	24(75)	82(180)
吸湿量(%)					湿态	湿态
吸湿平衡条件 (T/℃(°F)，RH/%)		大气环境	大气环境	大气环境	①	①
来源编码		20	20	20	20	20
F_{31}^{sbs}/ MPa (ksi)	平均值	71.0(10.3)	80.0(11.6)	66.9(9.70)	67.7(9.81)	47.7(6.92)
	最小值	65.0(9.43)	73.8(10.7)	64.4(9.34)	63.7(9.24)	45.5(6.60)
	最大值	78.6(11.4)	93.8(13.6)	68.5(9.94)	71.7(10.4)	49.8(7.22)
	CV/%	5.7	10.8	3.0	7.0	3.4

（续表）

F_{31}^{sbs} / MPa (ksi)	B基准值	②	②	②	②	②	
	分布	正态	正态	正态	正态	正态	
	C_1	71.0(10.3)	80.0(11.6)	66.9(9.70)	67.7(9.81)	47.7(6.92)	
	C_2	3.08(0.446)	8.62(1.25)	2.02(0.293)	3.48(0.505)	1.63(0.237)	
	试样数量	20	5	5	5	5	
	批数	1	1	1	1	1	
	数据种类	筛选值	筛选值	筛选值	筛选值	筛选值	

注:①在71℃(160℉),85%RH环境中放置7天;②只批准了用于筛选数据种类的短梁强度试验数据;③该数据是在数据文档要求建立(1989年6月)以前提供的,对于该材料,目前所要求的文档均未提供。

表 2.3.2.2(1)　31 面短梁强度性能（$[0_f]_{12}$）

材料	Celion 3000/E7K8 平纹机织物			
树脂含量	39%(质量)	复合材料密度	1.55 g/cm³	
纤维体积含量	54%	空隙含量	0.29%	
单层厚度	0.203 mm(0.0080 in)			
试验方法	ASTM D 2344-68	模量计算		
正则化	未正则化			

温度/℃(℉)		24(75)	−54(−65)	82(180)	24(75)	82(180)	
吸湿量(%)					湿态	湿态	
吸湿平衡条件 (T/℃(℉),RH/%)		大气环境	大气环境	大气环境	①	①	
来源编码		20	20	20	20	20	
F_{31}^{sbs} / MPa (ksi)	平均值	67.3(9.76)	70.3(10.2)	67.0(9.72)	67.0(9.72)	60.1(8.72)	
	最小值	62.1(9.00)	65.8(9.54)	60.4(8.76)	60.4(8.76)	57.6(8.35)	
	最大值	73.8(10.7)	72.4(10.5)	71.0(10.3)	71.0(10.3)	62.1(9.00)	
	CV/%	4.8	3.9	6.1	6.1	2.8	
	B基准值	②	②	②	②	②	
	分布	正态	正态	正态	正态	正态	
	C_1	67.3(9.76)	70.3(10.2)	67.0(9.72)	67.0(9.72)	60.1(8.72)	
	C_2	3.24(0.470)	2.72(0.395)	4.08(0.591)	4.08(0.591)	1.70(0.247)	
	试样数量	20	5	5	5	5	
	批数	1	1	1	1	1	
	数据种类	筛选值	筛选值	筛选值	筛选值	筛选值	

注:①在71℃(160℉),85%RH环境中放置7天;②只批准了用于筛选数据种类的短梁强度试验数据;③该数据是在数据文档要求建立(1989年6月)以前提供的,对于该材料,目前所要求的文档均未提供。

2.3.2.3 HITEX 336k/E7K8 平纹机织物

材料描述：

材料	HITEX 336k/E7K8。
形式	平纹机织物,纤维面积质量为 $195\,g/m^2$,典型的固化后树脂含量为 $37\%\sim41\%$,典型的固化后单层厚度为 $0.216\,mm$ $(0.0085\,in)$。
固化工艺	热压罐固化;$154℃(310℉)$, $0.586\,MPa(85\,psi)$, $2\,h$。对厚部件的固化采用低放热曲线。

供应商提供的数据：

纤维	HITEX 33 纤维是由 PAN 基原丝制造的连续碳丝,每一丝束包含有 $6\,000$ 根碳丝。典型的拉伸模量为 $234\,GPa(33\times10^6\,psi)$,典型的拉伸强度为 $3862\,MPa(560\,000\,psi)$。好的铺覆性。
基体	E7K8 是具有中等流动性、低放热的环氧树脂,有良好的黏性,在大气环境温度下存放 20 天。
最高短期使用温度	$149℃(300℉)$(干态),$88℃(190℉)$(湿态)。
典型应用	商业和军用飞机的主承力和次承力结构及喷气式发动机,如固定翼面和反推力装置的阻流门。

表 2.3.2.3　HITEX 336k/E7K8 平纹机织物

材料	HITEX 33 6k/E7K8 平纹机织物			
形式	U. S. Polymeric Hitex 336k/E7K8 平纹机织物预浸带			
纤维	Hitco HITEX 33 6k G'		基体	U. S. Polymeric E7K8
T_g(干态)		T_g(湿态)	T_g测量方法	
固化工艺	热压罐固化;$154℃(310℉)$, $0.586\,MPa(85\,psi)$, 2 小时			

注:该数据是在数据文档要求建立(1989 年 6 月)以前提供的,对于该材料,目前所要求的文档均未提供。

纤维制造日期:		试验日期:	
树脂制造日期:		数据提交日期:	1/88
预浸料制造日期:		分析日期:	1/93
复合材料制造日期:			

单层性能汇总

	24℃ (75℉) /A	−54℃ (−65℉) /A	82℃ (180℉) /A	24℃ (75℉) /W	82℃ (180℉) /W
1 轴拉伸					
2 轴拉伸	SSSS	SS-S		SSSS	SSSS
3 轴拉伸					
1 轴压缩	SS-S	SS--	SS--	SS-S	SS--
2 轴压缩	SS-S	SS--	SS--	SS-S	SS--
31 面 SB 强度	S---	S---		S---	S---

注:强度/模量/泊松比/破坏应变的数据种类为:A—A75,a—A55,B—B30,b—B18,M—平均值,I—临时值,
S—筛选值,——无数据(见表 1.5.1.2(c))。

	名义值	提交值	试验方法
纤维密度/(g/cm³)	1.77		
树脂密度/(g/cm³)	1.27		
复合材料密度/(g/cm³)	1.56		
纤维面积质量/(g/m²)	195		
纤维体积含量/%	58	47～55	
单层厚度/mm	0.216	0.196～0.251	

注:该数据是在数据文档要求建立(1989 年 6 月)以前提供的,对于该材料,目前所要求的文档均未提供。

层压板性能汇总

注:强度/模量/泊松比/破坏应变的数据种类为:A—A75,a—A55,B—B30,b—B18,M—平均值,I—临时值,
S—筛选值,——无数据(见表 1.5.1.2(c))。

表 2.3.2.3(a)　2 轴拉伸性能($[90_r]_{12}$)

材料	HITEX 33 6k/E7K8 平纹机织物		
树脂含量	37%～41%(质量)	复合材料密度	1.53～1.55 g/cm³
纤维体积含量	51%～55%	空隙含量	0.0
单层厚度	0.221～0.251 mm(0.008 7～ 0.009 8 in)		
试验方法	ASTM D 3039 - 76	模量计算	

（续表）

正则化	试样厚度和批内纤维体积含量正则化到 57%（固化后单层厚度 0.193 mm（0.0076 in））					
温度/℃(℉)	24(75)		−54(−65)		24(75)	
吸湿量(%)					湿态	
吸湿平衡条件 (T/℃(℉)，RH/%)	大气环境		大气环境		①	
来源编码	20		20		20	
	正则化值	实测值	正则化值	实测值	正则化值	实测值
F_2^{tu}/ MPa (ksi) 平均值	903(131)	855(124)	869(126)	841(122)	924(134)	821(119)
最小值	828(120)	710(103)	841(122)	765(111)	897(130)	786(114)
最大值	959(139)	938(136)	903(131)	903(131)	945(137)	862(125)
CV/%	4.3	6.8	3.1	6.7	2.8	3.8
B 基准值	②	②	②	②	②	②
分布	Weibull	Weibull	正态(合并)	正态(合并)	正态(合并)	正态(合并)
C_1	924(134)	883(128)	869(126)	841(122)	924(134)	828(120)
C_2	28.2	17.8	26.8(3.88)	56.3(8.16)	25.4(3.69)	31.4(4.55)
试样数量	20		5		5	
批数	1		1		1	
数据种类	筛选值		筛选值		筛选值	
E_2^t/ GPa (Msi) 平均值	59.7(8.65)	56.1(8.14)	55.9(8.10)	53.9(7.82)	66.3(9.61)	59.0(8.55)
最小值	55.2(8.01)	51.9(7.52)	53.3(7.73)	52.0(7.54)	63.9(9.26)	56.5(8.20)
最大值	66.5(9.65)	59.4(8.62)	57.2(8.29)	57.0(8.26)	68.5(9.94)	63.0(9.13)
CV/%	6.2	3.1	2.7	3.4	2.8	4.1
试样数量	20		5		5	
批数	1		1		1	
数据种类	筛选值		筛选值		筛选值	
ν_{21}^t 平均值		0.0460				0.0540
试样数量	5				5	
批数	1				1	
数据种类	筛选值				筛选值	

（续表）

		正则化值	实测值	正则化值	实测值	正则化值	实测值
$\varepsilon_2^{tu}/\mu\varepsilon$	平均值		14 300		15 600		10 500
	最小值		13 700		14 600		9 930
	最大值		14 900		16 500		10 800
	$CV/\%$		3.8		4.4		3.2
	B 基准值		②		②		②
	分布		正态		正态		正态
	C_1		14 300		15 600		10 500
	C_2		541		687		335
	试样数量	5		5		5	
	批数	1		1		1	
	数据种类	筛选值		筛选值		筛选值	

注：①在 71℃(160°F)，85%RH 环境中放置 14 天；②只对 A 类和 B 类数据给出基准值；③该数据是在数据文档要求建立(1989 年 6 月)以前提供的，对于该材料，目前所要求的文档均未提供。

表 2.3.2.3(b)　2 轴拉伸性能($[90_f]_{12}$)

材料	HITEX 33 6k/E7K8 平纹机织物		
树脂含量	41%(质量)	复合材料密度	1.53 g/cm³
纤维体积含量	51%	空隙含量	0.0
单层厚度	0.226～0.239 mm(0.008 9～0.009 4 in)		
试验方法	ASTM D 3039-76	模量计算	
正则化	试样厚度和批内纤维体积含量正则化到 57%(固化后单层厚度 0.193 mm (0.0076 in))		
温度/℃(°F)	82(180)		
吸湿量(%)	湿态		
吸湿平衡条件 (T/℃(°F)，RH/%)	①		
来源编码	20		

		正则化值	实测值	正则化值	实测值	正则化值	实测值
$F_2^{tu}/$ MPa (ksi)	平均值	952(138)	841(122)				
	最小值	828(120)	738(107)				
	最大值	1069(155)	931(135)				

（续表）

		正则化值	实测值	正则化值	实测值	正则化值	实测值
$F_2^{tu}/$ MPa (ksi)	CV/%	10.2	9.1				
	B基准值	②	②				
	分布	正态（合并）	正态（合并）				
	C_1	952(138)	848(123)				
	C_2	97.2(14.1)	76.5(11.1)				
	试样数量	5					
	批数	1					
	数据种类	筛选值					
$E_2^t/$ GPa (Msi)	平均值	68.3(9.91)	60.7(8.80)				
	最小值	62.8(9.11)	56.8(8.23)				
	最大值	73.8(10.7)	63.7(9.23)				
	CV/%	7.2	5.3				
	试样数量	5					
	批数	1					
	数据种类	筛选值					
ν_{21}^t	平均值		0.0700				
	试样数量	5					
	批数	1					
	数据种类	筛选值					
$\varepsilon_2^{tu}/\mu\varepsilon$	平均值		10400				
	最小值		9840				
	最大值		10800				
	CV/%		3.6				
	B基准值		②				
	分布		正态				
	C_1		10400				
	C_2		372				
	试样数量	5					
	批数	1					
	数据种类	筛选值					

注：①在71℃（160℉），85%RH环境中放置14天；②只对A类和B类数据给出基准值；③该数据是在数据文档要求建立（1989年6月）以前提供的，对于该材料，目前所要求的文档均未提供。

表 2.3.2.3(c)　1 轴压缩性能([0$_f$]$_{12}$)

材料	HITEX 33 6k/E7K8 平纹机织物			
树脂含量	45%(质量)		复合材料密度	1.51 g/cm^3
纤维体积含量	47%		空隙含量	0.0
单层厚度	0.201～0.251 mm(0.0079～0.0099 in)			
试验方法	SACMA SRM 1-88		模量计算	
正则化	试样厚度和批内纤维体积含量正则化到 57%(固化后单层厚度 0.193 mm(0.0076 in))			

温度/℃(℉)	24(75)		−54(−65)		82(180)	
吸湿量(%)						
吸湿平衡条件 (T/℃(℉),RH/%)	大气环境		大气环境		大气环境	
来源编码	20		20		20	
	正则化值	实测值	正则化值	实测值	正则化值	实测值

F_1^{cu}/ MPa (ksi)		正则化值	实测值	正则化值	实测值	正则化值	实测值
	平均值	938(136)	772(112)	1069(155)	883(128)	897(130)	738(107)
	最小值	765(111)	679(98.4)	1014(147)	814(118)	814(118)	654(94.9)
	最大值	1090(158)	883(128)	1131(164)	959(139)	959(139)	807(117)
	CV/%	8.4	7.5	5.5	7.5	6.3	7.8
	B 基准值	①	①	①	①	①	①
	分布	Weibull	Weibull	正态(合并)	正态(合并)	正态(合并)	正态(合并)
	C_1	972(141)	800(116)	1069(155)	883(128)	897(130)	738(107)
	C_2	13.3	14.5	58.7(8.51)	66.0(9.57)	56.6(8.21)	56.7(8.22)
	试样数量	20		5		5	
	批数	1		1		1	
	数据种类	筛选值		筛选值		筛选值	

E_1^c/ GPa (Msi)							
	平均值	62.8(9.11)	51.9(7.53)	69.7(10.1)	57.2(8.30)	64.6(9.37)	53.4(7.75)
	最小值	59.6(8.64)	47.1(6.83)	67.0(9.72)	53.4(7.74)	63.1(9.15)	50.9(7.38)
	最大值	66.4(9.63)	56.3(8.17)	74.5(10.8)	60.4(8.76)	66.6(9.66)	59.7(8.66)
	CV/%	3.0	5.2	4.0	5.1	2.4	7.1
	试样数量	20		5		5	
	批数	1		1		1	
	数据种类	筛选值		筛选值		筛选值	

（续表）

		正则化值	实测值	正则化值	实测值	正则化值	实测值
$\varepsilon_1^{cu}/\mu\varepsilon$	平均值		14 400				
	最小值		13 700				
	最大值		15 200				
	CV/%		3.1				
	B 基准值		①				
	分布		Weibull				
	C_1		14 600				
	C_2		34.7				
	试样数量	20					
	批数	1					
	数据种类	筛选值					

注：①只对 A 类和 B 类数据给出基准值；②该数据是在数据文档要求建立（1989 年 6 月）以前提供的，对于该材料，目前所要求的文档均未提供。

表 2.3.2.3(d)　1 轴压缩性能（$[0_f]_{12}$）

材料	HITEX 33 6k/E7K8 平纹机织物		
树脂含量	45%（质量）	复合材料密度	1.51 g/cm³
纤维体积含量	47%	空隙含量	0.0
单层厚度	0.206～0.249 mm（0.008 1～0.009 8 in）		
试验方法	SACMA SRM 1-88	模量计算	
正则化	试样厚度和批内纤维体积含量正则化到 57%（固化后单层厚度 0.193 mm（0.007 6 in））		

温度/℃（℉）	24(75)		82(180)			
吸湿量（%）	湿态		湿态			
吸湿平衡条件 (T/℃（℉），RH/%)	①		①			
来源编码	20		20			

		正则化值	实测值	正则化值	实测值	正则化值	实测值
$F_1^{cu}/$ MPa (ksi)	平均值	917(133)	759(110)	472(68.5)	389(56.4)		
	最小值	897(130)	690(100)	374(54.2)	322(46.7)		
	最大值	959(139)	800(116)	523(75.8)	429(62.2)		

（续表）

		正则化值	实测值	正则化值	实测值	正则化值	实测值
	$CV/\%$	2.8	5.8	13.6	12.0		
	B 基准值	②	②	②	②		
	分布	正态(合并)	正态(合并)	正态(合并)	正态(合并)		
	C_1	917(133)	759(110)	472(68.5)	389(56.4)		
	C_2	25.6(3.71)	43.9(6.36)	64.2(9.31)	46.8(6.79)		
	试样数量	5		5			
	批数	1		1			
	数据种类	筛选值		筛选值			
$E_1^{\mathrm{t}}/$ GPa (Msi)	平均值	60.5(8.78)	49.9(7.24)	65.0(9.43)	53.7(7.78)		
	最小值	58.0(8.41)	48.5(7.04)	64.3(9.32)	53.0(7.69)		
	最大值	62.5(9.07)	51.8(7.51)	66.5(9.64)	54.4(7.89)		
	$CV/\%$	3.2	2.5	1.4	9.5		
	试样数量	5		5			
	批数	1		1			
	数据种类	筛选值		筛选值			
$\varepsilon_1^{\mathrm{cu}}/\mu\varepsilon$	平均值	14 600					
	最小值	14 000					
	最大值	15 400					
	$CV/\%$	3.6					
	B 基准值	②					
	分布	正态					
	C_1	14 600					
	C_2	525					
	试样数量	5					
	批数	1					
	数据种类	筛选值					

注：①在 71℃(160°F)，85%RH 环境中放置 14 天；②只对 A 类和 B 类数据给出基准值；③该数据是在数据文档要求建立(1989 年 6 月)以前提供的，对于该材料，目前所要求的文档均未提供。

表 2.3.2.3(e)　2 轴压缩性能([90f]6)

材料	HITEX 33 6k/E7K8 平纹机织物			
树脂含量	39%～41%(质量)		复合材料密度	1.53 g/cm³
纤维体积含量	51%～52%		空隙含量	0.0
单层厚度	0.211～0.221 mm(0.0083～0.0087 in)			
试验方法	SACMA SRM 1-88		模量计算	
正则化	试样厚度和批内纤维体积含量正则化到 57%(固化后单层厚度 0.193 mm (0.0076 in))			

温度/℃(℉)	24(75)		-54(-65)		82(180)	
吸湿量(%)						
吸湿平衡条件 (T/℃(℉),RH/%)	大气环境		大气环境		大气环境	
来源编码	20		20		20	
	正则化值	实测值	正则化值	实测值	正则化值	实测值
F_2^{cu}/ MPa (ksi) 平均值	717(104)	637(92.4)	883(128)	786(114)	685(99.4)	611(88.6)
最小值	537(77.9)	485(70.4)	765(111)	681(98.8)	596(86.4)	531(77.0)
最大值	862(125)	752(109)	952(138)	848(123)	779(113)	697(101)
CV/%	13.1	12.6	8.0	8.1	12.0	12.0
B 基准值	①	①	①	①	①	①
分布	Weibull	Weibull	正态(合并)	正态(合并)	正态(合并)	正态(合并)
C_1	759(110)	672(97.4)	883(128)	786(114)	685(99.4)	611(88.6)
C_2	9.70	10.5	71.0(10.3)	63.3(9.18)	82.1(11.9)	73.1(10.6)
试样数量	20		5		5	
批数	1		1		1	
数据种类	筛选值		筛选值		筛选值	
E_2^c/ GPa (Msi) 平均值	61.5(8.92)	56.6(8.21)	65.4(9.49)	60.3(8.74)	62.5(9.07)	57.6(8.35)
最小值	58.6(8.50)	53.7(7.78)	64.5(9.36)	59.7(8.65)	61.7(8.95)	56.5(8.20)
最大值	64.8(9.40)	60.5(8.77)	66.1(9.58)	61.6(8.93)	63.3(9.18)	58.8(8.52)
CV/%	2.5	3.4	0.9	1.3	1.3	1.7
试样数量	20		5		5	
批数	1		1		1	
数据种类	筛选值		筛选值		筛选值	

（续表）

		正则化值	实测值	正则化值	实测值	正则化值	实测值
$\varepsilon_2^{cu}/\mu\varepsilon$	平均值		10 900				
	最小值		10 400				
	最大值		11 400				
	CV/%		2.4				
	B 基准值		①				
	分布		Weibull				
	C_1		11 100				
	C_2		46.5				
	试样数量	20					
	批数	1					
	数据种类	筛选值					

注：①只对 A 类和 B 类数据给出基准值；②该数据是在数据文档要求建立（1989 年 6 月）以前提供的，对于该材料，目前所要求的文档均未提供。

表 2.3.2.3（f）　2 轴压缩性能（$[90_f]_6$）

材料	HITEX 33 6k/E7K8 平纹机织物		
树脂含量	39%～41%（质量）	复合材料密度	1.53 g/cm³
纤维体积含量	51%～52%	空隙含量	0.0
单层厚度	0.203～0.211 mm（0.008 0～0.008 3 in）		
试验方法	SACMA SRM 1-88	模量计算	
正则化	试样厚度和批内纤维体积含量正则化到 57%（固化后单层厚度 0.193 mm（0.0076 in））		
温度/℃(℉)	24(75)	82(180)	
吸湿量(%)	湿态	湿态	
吸湿平衡条件 (T/℃(℉)，RH/%)	①	①	
来源编码	20	20	

（续表）

		正则化值	实测值	正则化值	实测值	正则化值	实测值
F_2^{cu} / MPa (ksi)	平均值	684(99.2)	610(88.5)	579(84.0)	517(74.9)		
	最小值	558(80.9)	498(72.2)	512(74.2)	456(66.1)		
	最大值	772(112)	690(100)	612(88.8)	546(79.2)		
	CV/%	12.1	12.1	7.0	6.9		
	B基准值	②	②	②	②		
	分布	正态(合并)	正态(合并)	正态(合并)	正态(合并)		
	C_1	684(99.2)	610(88.5)	579(84.0)	517(74.9)		
	C_2	82.8(12.0)	73.8(10.7)	40.0(5.80)	35.9(5.20)		
	试样数量	5		5			
	批数	1		1			
	数据种类	筛选值		筛选值			
E_2^t / GPa (Msi)	平均值	64.1(9.30)	59.0(8.56)	61.8(8.96)	56.9(8.25)		
	最小值	60.3(8.74)	55.0(7.98)	59.9(8.69)	55.4(8.03)		
	最大值	65.9(9.56)	60.5(8.78)	64.2(9.31)	58.1(8.43)		
	CV/%	3.5	3.9	2.9	2.0		
	试样数量	5		5			
	批数	1		1			
	数据种类	筛选值		筛选值			
ε_2^{cu} / $\mu\varepsilon$	平均值		10 200				
	最小值		9 910				
	最大值		10 900				
	CV/%		3.7				
	B基准值		②				
	分布		正态				
	C_1		10 200				
	C_2		381				
	试样数量	5					
	批数	1					
	数据种类	筛选值					

注：①在71℃(160℉)、85%RH环境中放置14天；②只对A类和B类数据给出基准值；③该数据是在数据文档要求建立(1989年6月)以前提供的，对于该材料，目前所要求的文档均未提供。

表 2.3.2.3(g) 2 轴压缩性能([90_f]_{12})

材料	HITEX 33 6k/E7K8 平纹机织物		
树脂含量	45%(质量)	复合材料密度	1.51 g/cm³
纤维体积含量	47%	空隙含量	0.0
单层厚度	0.203~0.246 mm(0.008 0~0.009 7 in)		
试验方法	SACMA SRM 1-88	模量计算	
正则化	试样厚度和批内纤维体积含量正则化到 57%(固化后单层厚度 0.193 mm (0.007 6 in))		

温度/℃(℉)	24(75)		−54(−65)		82(180)	
吸湿量(%)						
吸湿平衡条件 (T/℃(℉),RH/%)	大气环境		大气环境		大气环境	
来源编码	20		20		20	

		正则化值	实测值	正则化值	实测值	正则化值	实测值
F_2^{cu}/ MPa (ksi)	平均值	910(132)	759(110)	1014(147)	841(122)	910(132)	759(110)
	最小值	786(114)	675(97.9)	951(138)	793(115)	883(128)	731(106)
	最大值	1000(145)	814(118)	1110(161)	876(127)	1007(146)	807(117)
	CV/%	5.7	5.3	6.0	4.1	5.9	4.7
	B基准值	①	①	①	①	①	①
	分布	Weibull	Weibull	正态(合并)	正态(合并)	正态(合并)	正态(合并)
	C_1	938(136)	779(113)	1014(147)	841(122)	910(132)	759(110)
	C_2	21.6	23.4	60.5(8.78)	34.6(5.02)	53.3(7.73)	35.3(5.12)
	试样数量	20		5		5	
	批数	1		1		1	
	数据种类	筛选值		筛选值		筛选值	
E_2^c/ GPa (Msi)	平均值	60.3(8.74)	50.1(7.27)	62.7(9.09)	52.0(7.54)	62.8(9.11)	52.2(7.57)
	最小值	58.0(8.41)	46.2(6.70)	56.0(8.12)	48.8(7.07)	59.4(8.61)	51.1(7.41)
	最大值	63.4(9.20)	55.6(8.06)	69.7(10.1)	54.5(7.90)	65.4(9.49)	53.2(7.71)
	CV/%	2.6	4.7	9.1	5.6	3.8	1.5
	试样数量	20		5		5	
	批数	1		1		1	
	数据种类	筛选值		筛选值		筛选值	

（续表）

		正则化值	实测值	正则化值	实测值	正则化值	实测值
$\varepsilon_2^{cu}/\mu\varepsilon$	平均值		14 100				
	最小值		13 400				
	最大值		14 700				
	CV/%		2.6				
	B 基准值		①				
	分布		Weibull				
	C_1		14 300				
	C_2		46.4				
	试样数量	20					
	批数	1					
	数据种类	筛选值					

注：①只对 A 类和 B 类数据给出基准值；②该数据是在数据文档要求建立（1989 年 6 月）以前提供的，对于该材料，目前所要求的文档均未提供。

表 2.3.2.3（h）　2 轴压缩性能（$[90_f]_{12}$）

材料	HITEX 33 6k/E7K8 平纹机织物		
树脂含量	45%（质量）	复合材料密度	1.51 g/cm³
纤维体积含量	47%	空隙含量	0.0
单层厚度	0.203～0.246 mm（0.008 0～0.009 7 in）		
试验方法	SACMA SRM 1-88	模量计算	
正则化	试样厚度和批内纤维体积含量正则化到 57%（固化后单层厚度 0.193 mm（0.007 6 in））		

温度/℃（℉）		24（75）		82（180）			
吸湿量（%）		湿态		湿态			
吸湿平衡条件（T/℃（℉），RH/%）		①		①			
来源编码		20		20			
		正则化值	实测值	正则化值	实测值	正则化值	实测值
$F_2^{cu}/$ MPa （ksi）	平均值	807（117）	672（97.4）	421（61.1）	350（50.8）		
	最小值	738（107）	610（88.4）	360（52.2）	304（44.1）		
	最大值	910（132）	724（105）	458（66.4）	394（57.2）		

（续表）

		正则化值	实测值	正则化值	实测值	正则化值	实测值
$F_2^{cu}/$ MPa (ksi)	CV/%	9.1	6.9	9.9	9.9		
	B 基准值	②	②	②	②		
	分布	正态(合并)	正态(合并)	正态(合并)	正态(合并)		
	C_1	807(117)	672(97.4)	421(61.1)	350(50.8)		
	C_2	73.1(10.6)	46.5(6.74)	41.7(6.04)	34.6(5.01)		
	试样数量	5		5			
	批数	1		1			
	数据种类	筛选值		筛选值			
$E_2^c/$ GPa (Msi)	平均值	62.0(8.99)	51.6(7.48)	63.9(9.26)	53.2(7.71)		
	最小值	58.5(8.48)	48.8(7.08)	60.4(8.76)	50.5(7.32)		
	最大值	65.8(9.54)	53.8(7.80)	66.8(9.69)	57.9(8.39)		
	CV/%	4.5	4.0	4.0	6.2		
	试样数量	5		5			
	批数	1		1			
	数据种类	筛选值		筛选值			
$\varepsilon_2^{cu}/\mu\varepsilon$	平均值		13 500				
	最小值		12 700				
	最大值		14 200				
	CV/%		4.2				
	B 基准值		②				
	分布		正态				
	C_1		13 500				
	C_2		564				
	试样数量	5					
	批数	1					
	数据种类	筛选值					

注：①在 71℃(160°F)，85%RH 环境中放置 14 天；②只对 A 类和 B 类数据给出基准值；③该数据是在数据文档要求建立(1989 年 6 月)以前提供的，对于该材料，目前所要求的文档均未提供。

表 2.3.2.3(i)　31 面短梁强度性能($[90_f]_6$)

材料	HITEX 33 6k/E7K8 平纹机织物					
树脂含量	44%(质量)			复合材料密度	1.51 g/cm³	
纤维体积含量	48%			空隙含量	0.18%	
单层厚度	0.196～0.236 mm(0.0077～0.0093 in)					
试验方法	ASTM D 2344-76			模量计算		
正则化	未正则化					

温度/℃(℉)		24(75)	-54(-65)	24(75)	82(180)		
吸湿量(%)				湿态	湿态		
吸湿平衡条件(T/℃(℉),RH/%)		大气环境	大气环境	①	①		
来源编码		20	20	20	20		
F_{31}^{sbs}/MPa(ksi)	平均值	59.8(8.67)	60.9(8.83)	64.8(9.40)	57.6(8.35)		
	最小值	53.6(7.77)	56.1(8.14)	63.4(9.20)	54.0(7.83)		
	最大值	64.8(9.40)	64.6(9.37)	67.1(9.73)	60.7(8.80)		
	CV/%	5.0	6.3	2.1	4.5		
	B 基准值	②	②	②	②		
	分布	Weibull	正态	正态	正态		
	C_1	61.1(8.86)	60.9(8.83)	64.8(9.40)	57.6(8.35)		
	C_2	23.6	3.82(0.554)	1.39(0.202)	2.61(0.379)		
	试样数量	20	5	5	5		
	批数	1	1	1	1		
	数据种类	筛选值	筛选值	筛选值	筛选值		

注:①在 71℃(160℉),85%RH 环境中放置 14 天;②短梁强度试验数据只批准用于筛选数据种类;③该数据是在数据文档要求建立(1989 年 6 月)以前提供的,对于该材料,目前所要求的文档均未提供。

2.3.2.4　AS4 3k/E7K8 平纹机织物

材料描述:

材料　　AS4 3k/E7K8。

形式　　平纹机织物,纤维面积质量为 195 g/m²,典型的固化后树脂含量为 37%～48%,典型的固化后单层厚度为 0.221 mm(0.0087 in)。

固化工艺　热压罐固化;143℃(290℉),0.586 MPa(85 psi),2 h。对厚部件的固化采用低放热曲线。

供应商提供的数据:

纤维	AS4 纤维是由 PAN 基原丝制造的连续碳纤维,纤维经表面处理以改善操作性和结构性能。每个丝束包含有 3 000 根碳丝。典型的拉伸模量为 234 GPa(34×10^6 psi),典型的拉伸强度为 3 793 MPa(550 000 psi)。有好的铺覆性。
基体	E7K8 是具有中等流动性、低放热的环氧树脂,有良好的黏性,在大气环境温度下存放 20 天。
最高短期使用温度	>149℃(300℉)(干态),>88℃(190℉)(湿态)。
典型应用	商业和军用飞机与喷气式发动机的主承力和次承力结构,如固定翼面和反推力装置的阻流门。

表 2.3.2.4 AS4 3k/E7K8 平纹机织物

材料	AS4 3k/E7K8 平纹机织物			
形式	U. S. Polymeric AS4 3k/E7K8 平纹机织物预浸带			
纤维	Hercules AS4 3k		基体	U. S. Polymeric E7K8
T_g(干态)		T_g(湿态)	T_g测量方法	
固化工艺	热压罐固化;143℃(290℉), 0.586 MPa(85 psi), 2 h			

纤维制造日期:		试验日期:	
树脂制造日期:		数据提交日期:	1/88, 6/90
预浸料制造日期:	2/86—7/89	分析日期:	1/93
复合材料制造日期:			

注:该数据是在数据文档要求建立(1989 年 6 月)以前提供的,对于该材料,目前所要求的文档均未提供。

单层性能汇总

	24℃ (75℉) /A							
1 轴压缩	II-I							
31 面 SB 强度	S—							

注:强度/模量/泊松比/破坏应变的数据种类为:A—A75, a—A55, B—B30, b—B18, M—平均值,I—临时值,S—筛选值,——无数据(见表 1.5.1.2(c))。

	名义值	提交值	试验方法
纤维密度/(g/cm³)	1.77		
树脂密度/(g/cm³)	1.28		
复合材料密度/(g/cm³)	1.56		
纤维面积质量/(g/m²)	195		
纤维体积含量/%	58	48～55	
单层厚度/mm	0.221	0.188～0.224	

注:该数据是在数据文档要求建立(1989年6月)以前提供的,对于该材料,目前所要求的文档均未提供。

层压板性能汇总

注:强度/模量/泊松比/破坏应变的数据种类为:A—A75,a—A55,B—B30,b—B18,M—平均值,I—临时值,S—筛选值,——无数据(见表1.5.1.2(c))。

表2.3.2.4(a)　　1轴压缩性能($[0_f]_{12}$)

材料	AS4 3k/E7K8 平纹机织物		
树脂含量	37%～48%(质量)	复合材料密度	1.52～1.54 g/cm³
纤维体积含量	48%～55%	空隙含量	0.0～1.9%
单层厚度	0.188～0.216 mm(0.0074～0.0085 in)		
试验方法	SACMA SRM 1-88	模量计算	
正则化	试样厚度和批内纤维体积含量正则化到57%(固化后单层厚度0.193 mm(0.0076 in))		

温度/℃(℉)	24(75)				
吸湿量(%)					
吸湿平衡条件(T/℃(℉),RH/%)	大气环境				
来源编码	20,27				

		正则化值	实测值			
F_1^{cu}/ MPa (ksi)	平均值	765(111)	681(98.8)			
	最小值	444(64.4)	400(58.0)			
	最大值	952(138)	841(122)			
	CV/%	11.7	11.3			

（续表）

		正则化值	实测值				
	B 基准值	①	①				
	分布	ANOVA	ANOVA				
	C_1	633(13.3)	537(11.3)				
	C_2	86.1(1.81)	85.6(1.80)				
	试样数量	206					
	批数	18					
	数据种类	临时值					
E_1^t/ GPa (Msi)	平均值	62.2(9.02)	55.7(8.07)				
	最小值	54.3(7.87)	48.8(7.07)				
	最大值	72.4(10.5)	62.3(9.04)				
	$CV/\%$	5.24	4.28				
	试样数量	210					
	批数	18					
	数据种类	临时值					
$\varepsilon_1^{cu}/\mu\varepsilon$	平均值	11 600					
	最小值	8 820					
	最大值	15 000					
	$CV/\%$	14.5					
	B 基准值	①					
	分布	ANOVA					
	C_1	1730					
	C_2	1.97					
	试样数量	190					
	批数	17					
	数据种类	临时值					

注:①只对 A 类和 B 类数据给出基准值;②该数据是在数据文档要求建立(1989 年 6 月)以前提供的,对于该材料,目前所要求的文档均未提供。

表 2.3.2.4(b)　31 面短梁强度性能（$[0_f]_{12}$）

材料	AS4 3k/E7K8 平纹机织物			
树脂含量	38%～48%(质量)	复合材料密度	1.52～1.54 g/cm³	
纤维体积含量	48%～55%	空隙含量	0.0～1.9%	
单层厚度	0.188～0.216 mm(0.0074～0.0085 in)			
试验方法	ASTM D 2344 - 84	模量计算		
正则化	未正则化			
温度/℃(℉)	24(75)			
吸湿量(%)				
吸湿平衡条件 (T/℃(℉)，RH/%)	大气环境			
来源编码	20, 27			
F_{31}^{sbs}/ MPa (ksi) 平均值	66.8(9.68)			
最小值	51.9(7.53)			
最大值	97.9(14.2)			
CV/%	12.0			
B 基准值	①			
分布	ANOVA			
C_1	57.0(1.20)			
C_2	92.7(1.95)			
试样数量	170			
批数	16			
数据种类	筛选值			

注:①短梁强度试验数据只批准用于筛选数据种类;②该数据是在数据文档要求建立(1989 年 6 月)以前提供的,对于该材料,目前所要求的文档均未提供。

2.3.2.5　AS4 3k/3501 - 6 平纹机织物

材料描述:

材料　　　AS4 3k/3501 - 6。

形式　　　平纹机织物,纤维面积质量为 193 g/m²,典型的固化后树脂含量为 37%～41%,典型的固化后单层厚度为 0.188～0.218 mm (0.0074～0.0086 in)。

固化工艺　热压罐固化;116℃(240℉),0.586 MPa(85 psi),1 h;177℃ (350℉),0.690 MPa(100 psi),2 h,零吸胶。

供应商提供的数据：

纤维　　　　　AS4 纤维是由 PAN 基原丝制造的连续碳纤维，纤维经表面处理以改善操作性和结构性能。每一丝束包含有 3 000 根碳丝。典型的拉伸模量为 234 GPa（34×10^6 psi），典型的拉伸强度为 3 793 MPa（550 000 psi）。

基体　　　　　3501 - 6 是一种胺固化的环氧树脂，在大气环境温度下存放最少 10 天还能保持轻度的黏性。

最高短期使用温度　149℃（300℉）（干态），82℃（180℉）（湿态）。

典型应用　　　通用结构材料。

表 2.3.2.5　AS4 3k/3501 - 6 平纹机织物

材料	AS4 3k/3501 - 6 平纹机织物				
形式	Hercules AW 193P 平纹机织物预浸带				
纤维	Hercules AS4 3k W			基体	Hercules 3501 - 6
T_g（干态）		T_g（湿态）		T_g测量方法	
固化工艺	热压罐固化；110～121℃（240±10℉），0.586 MPa（85 psi），60 min；171～182℃（350±10℉），0.621～0.759 MPa（100±10 psi），110～130 min；零吸胶				

注：对于该材料，目前所要求的文档均未提供。

纤维制造日期：		试验日期：	
树脂制造日期：		数据提交日期：	6/88
预浸料制造日期：		分析日期：	1/93
复合材料制造日期：			

单层性能汇总

	24℃ （75℉） /A		−54℃ （−65℉） /A	93℃ （200℉） /A		24℃ （75℉） /W	93℃ （200℉） /W
1 轴拉伸	SS—		SS—	SS—			
1 轴压缩	II—			II—		II—	II—
31 面 SB 强度	S—			S—		S—	S—

注：强度/模量/泊松比/破坏应变的数据种为：A—A75，a—A55，B—B30，b—B18，M—平均值，I—临时值，S—筛选值，——无数据（见表 1.5.1.2(c)）。

	名义值	提交值	试验方法
纤维密度/(g/cm³)	1.80		
树脂密度/(g/cm³)	1.28		
复合材料密度/(g/cm³)	1.58	1.54～1.56	
纤维面积质量/(g/m²)	193	193	
纤维体积含量/%	58	51～54	
单层厚度/mm	0.178	0.188～0.218	

注:对于该材料,目前所要求的文档均未提供。

层压板性能汇总

	24℃ (75℉) /A					
[0f/90f/±45f] x 轴拉伸	SS—					
[±45f/0f/90f] x 轴开孔拉伸	S—					

注:强度/模量/泊松比/破坏应变的数据种类为:A—A75,a—A55,B—B30,b—B18,M—平均值,I—临时值, S—筛选值,—无数据(见表 1.5.1.2(c))。

表 2.3.2.5(a)　1 轴拉伸性能([0f]₈)

材料	AS4 3k/3501-6 平纹机织物		
树脂含量	38%(质量)	复合材料密度	1.56 g/cm³
纤维体积含量	53%～54%	空隙含量	
单层厚度	0.188～0.203 mm(0.007 4～0.008 0 in)		
试验方法	ASTM D 3039-76	模量计算	
正则化	纤维体积含量正则化到 57%(固化后单层厚度 0.188 mm(0.007 4 in))		

温度/℃(℉)	24(75)	-54(-65)	93(200)
吸湿量(%)			
吸湿平衡条件 (T/℃(℉),RH/%)	大气环境	大气环境	大气环境
来源编码	26	26	26

(续表)

		正则化值	实测值	正则化值	实测值	正则化值	实测值
F^{tu} / MPa (ksi)	平均值	855(124)	807(117)	772(112)	724(105)	869(126)	821(119)
	最小值	807(117)	765(111)	710(103)	677(98.1)	800(116)	745(108)
	最大值	917(133)	855(124)	828(120)	772(112)	917(133)	869(126)
	CV/%	4.18	3.56	4.63	4.00	4.79	5.88
	B 基准值	②	②	②	②	②	②
	分布	正态(合并)	正态(合并)	正态(合并)	正态(合并)	正态(合并)	正态(合并)
	C_1	855(124)	807(117)	772(112)	724(105)	869(126)	821(119)
	C_2	35.7(5.17)	28.6(4.15)	35.7(5.17)	29.0(4.21)	41.7(6.05)	48.3(7.00)
	试样数量	9		9		9	
	批数	3		3		3	
	数据种类	筛选值		筛选值		筛选值	
E^t_1 / GPa (Msi)	平均值	67.6(9.8)	63.4(9.2)	72.4(10.5)	68.3(9.9)	69.7(10.1)	65.5(9.5)
	最小值	64.8(9.4)	60.7(8.8)	66.9(9.7)	62.8(9.1)	49.0(7.1)	46.2(6.7)
	最大值	70.3(10.2)	65.5(9.5)	76.5(11.1)	71.7(10.4)	73.8(10.7)	69.7(10.1)
	CV/%	3.0	2.5	4.6	4.2	11	11
	试样数量	9		9		9	
	批数	3		3		3	
	数据种类	筛选值		筛选值		筛选值	

注: ①只对 A 类和 B 类数据给出基准值; ②对于该材料, 目前所要求的文档均未提供。

表 2.3.2.5(b)　1 轴压缩性能($[0_f]_{14}$)

材料	AS4 3k/3501‑6 平纹机织物		
树脂含量	39%～41%(质量)	复合材料密度	1.54～1.55 g/cm³
纤维体积含量	51%～52%	空隙含量	
单层厚度	0.206～0.218 mm(0.008 1～0.008 6 in)		
试验方法	SACMA SRM 1‑88	模量计算	
正则化	纤维体积含量正则化到 57%(固化后单层厚度 0.188 mm(0.007 4 in))		
温度/℃(℉)	24(75)	93(200)	24(75)

（续表）

吸湿量（%）					湿态	
吸湿平衡条件 （T/℃（℉），RH/%）	大气环境		大气环境		①	
来源编码	26		26		26	
	正则化值	实测值	正则化值	实测值	正则化值	实测值
F_1^{cu}/ MPa （ksi）	平均值					
	897（130）	807（117）	745（108）	671（97.3）	772（112）	697（101）
最小值	793（115）	717（104）	640（92.8）	572（83.0）	689（99.6）	607（88.0）
最大值	965（140）	876（127）	834（121）	752（109）	841（122）	752（109）
CV/%	6.45	6.49	7.44	7.71	5.56	5.65
B 基准值	②	②	②	②	②	②
分布	非参数	非参数	Weibull	正态	ANOVA	ANOVA
C_1	8	8	772（112）	671（97.3）	325（6.83）	301（6.32）
C_2	1.54	1.54	15.1	51.8（7.51）	231（4.85）	242（5.09）
试样数量	15		15		15	
批数	3		3		3	
数据种类	临时值		临时值		临时值	
E_1^c/ GPa （Msi）	平均值					
	63.4（9.2）	57.2（8.3）	67.6（9.8）	60.7（8.8）	64.8（9.4）	57.9（8.4）
最小值	58.6（8.5）	53.1（7.7）	63.4（9.2）	57.9（8.4）	60.7（8.8）	55.9（8.1）
最大值	67.6（9.8）	60.7（8.8）	70.3（10.2）	62.8（9.1）	68.3（9.9）	60.7（8.8）
CV/%	3.4	4.3	3.5	2.5	3.0	2.4
试样数量	15		15		15	
批数	3		3		3	
数据种类	临时值		临时值		临时值	

注：①在 60℃（140℉），95%RH 环境中放置 30 天；②只对 A 类和 B 类数据给出基准值；③对于该材料，目前所要求的文档均未提供。

表 2.3.2.5(c)　1 轴压缩性能（[0$_f$]$_{14}$）

材料	AS4 3k/3501-6 平纹机织物		
树脂含量	39%～41%（质量）	复合材料密度	1.54～1.55 g/cm³
纤维体积含量	51%～52%	空隙含量	
单层厚度	0.206～0.218 mm（0.008 1～0.008 6 in）		

（续表）

试验方法	SACMA SRM 1-88		模量计算			
正则化	纤维体积含量正则化到 57%（固化后单层厚度 0.188 mm（0.0074 in））					
温度/℃（℉）	93（200）					
吸湿量（%）	湿态					
吸湿平衡条件 （T/℃（℉），RH/%）	①					
来源编码	26					
		正则化值	实测值			
F_1^{cu}/ MPa (ksi)	平均值	405（58.7）	363（52.7）			
	最小值	357（51.7）	319（46.2）			
	最大值	451（65.4）	412（59.7）			
	CV/%	7.27	7.58			
	B 基准值	②	②			
	分布	Weibull	Weibull			
	C_1	418（60.6）	376（54.5）			
	C_2	15.6	15.2			
	试样数量	15				
	批数	3				
	数据种类	临时值				
E_1^t/ GPa (Msi)	平均值	62.8（9.1）	55.9（8.1）			
	最小值	60.0（8.7）	53.8（7.8）			
	最大值	64.8（9.4）	58.6（8.5）			
	CV/%	2.4	2.9			
	试样数量	15				
	批数	3				
	数据种类	临时值				

注：①在 60℃（140℉），95%RH 环境中放置 30 天；②只对 A 类和 B 类数据给出基准值；③对于该材料，目前所要求的文档均未提供。

表 2.3.2.5(d)　31 面短梁强度性能($[0_f]_{14}$)

材料	AS4 3k/3501-6 平纹机织物			
树脂含量	39%～41%(质量)		复合材料密度	1.54～1.55 g/cm³
纤维体积含量	51%～52%		空隙含量	
单层厚度	0.196～0.208 mm(0.0077～0.0082 in)			
试验方法	ASTM D 2344		模量计算	
正则化	未正则化			

温度/℃(℉)		24(75)	93(200)	24(75)	93(200)	
吸湿量(%)				湿态	湿态	
吸湿平衡条件 (T/℃(℉), RH/%)		大气环境	大气环境	①	①	
来源编码		26	26	26	26	
F_{31}^{sbs}/ MPa (ksi)	平均值	75.2(10.9)	57.9(8.4)	75.2(10.9)	36.6(5.3)	
	最小值	66.9(9.7)	55.9(8.1)	69.0(10.0)	35.9(5.2)	
	最大值	82.1(11.9)	60.7(8.8)	78.6(11.4)	37.9(5.5)	
	CV/%	6.09	2.5	3.47	2.3	
	B 基准值	②	②	②	②	
	分布	Weibull	正态	Weibull	非参数	
	C_1	77.2(11.2)	57.9(8.4)	75.9(11.0)	7	
	C_2	20.1	1.45(0.21)	35.4	1.81	
	试样数量	15	9	15	12	
	批数	3	3	3	3	
	数据种类	筛选值	筛选值	筛选值	筛选值	

注:①在 60℃(140℉),95%RH 环境中放置 30 天;②只对 A 类和 B 类数据给出基准值;③对于该材料,目前所要求的文档均未提供。

表 2.3.2.5(e)　x 轴拉伸性能($[0_f/90_f/\pm45_f]_{2s}$)

材料	AS4 3k/3501-6 平纹机织物		
树脂含量	37%～38%(质量)	复合材料密度	1.55 g/cm³
纤维体积含量	53%～54%	空隙含量	
单层厚度	0.203～0.216 mm(0.0080～0.0085 in)		

（续表）

试验方法	ASTM D 3039 - 76		模量计算		
正则化	纤维体积含量正则化到 60%（固化后单层厚度 0.211mm(0.0083in)）				
温度/℃(℉)	24(75)				
吸湿量(%)					
吸湿平衡条件 (T/℃(℉)，RH/%)	大气环境				
来源编码	26				
		正则化值	实测值		
F_x^{tu}/ MPa (ksi)	平均值	524(76.0)	472(68.5)		
	最小值	474(68.8)	428(62.0)		
	最大值	575(83.4)	518(75.1)		
	CV/%	7.6	7.60		
	B 基准值	①	①		
	分布	正态(合并)	正态(合并)		
	C_1	524(76.0)	472(68.5)		
	C_2	39.9(5.78)	35.9(5.21)		
	试样数量	9			
	批数	3			
	数据种类	筛选值			
E_x^{t}/ GPa (Msi)	平均值	46.2(6.7)	41.4(6.0)		
	最小值	42.8(6.2)	38.6(5.6)		
	最大值	47.6(6.9)	43.4(6.3)		
	CV/%	3.5	3.6		
	试样数量	9			
	批数	3			
	数据种类	筛选值			

注：①只对 A 类和 B 类数据给出基准值。

表 2.3.2.5(f) **x 轴开孔拉伸性能**（$[\pm 45_f/0_f/90_f]_{2s}$）

材料	AS4 3k/3501 - 6 平纹机织物		
树脂含量	37%～38%（质量）	复合材料密度	1.55g/cm³
纤维体积含量	53%～54%	空隙含量	

（续表）

单层厚度	0.203～0.216 mm（0.0080～0.0085 in）				
试验方法	SACMA SRM 5-88①		模量计算		
正则化	纤维体积含量正则化到60%（固化后单层厚度0.211 mm（0.0083 in））				
温度/℃（℉）	24（75）				
吸湿量（%）	大气环境				
吸湿平衡条件（T/℃（℉），RH/%）					
来源编码	20				
		正则化值	实测值		
F_x^{oht}/MPa（ksi）	平均值	393（57.0）	354（51.4）		
	最小值	372（54.0）	335（48.6）		
	最大值	412（59.7）	371（53.8）		
	CV/%	3.4	3.40		
	B基准值	②	②		
	分布	ANOVA	ANOVA		
	C_1	101（2.12）	117（2.46）		
	C_2	245（5.15）	57.1（1.20）		
	试样数量	9			
	批数	3			
	数据种类	筛选值			

注：①SACMA SRM 5-88采用的铺层形式为[45/0/-45/90]s；②只对A类和B类数据给出基准值。

2.3.2.6　AS4 3k/3501-6S 5综缎机织物

材料描述：

材料　　　AS4 3k/3501-6S。

形式　　　5综缎机织物，纤维面积质量为280 g/m²，典型的固化后树脂含量为33%～35%，典型的固化后单层厚度为0.269～0.272 mm（0.0106～0.0107 in）。

固化工艺　热压罐固化；116℃（240℉），0.586 MPa（85 psi），1 h；177℃（350℉），0.690 MPa（100 psi），2 h，零吸胶。

供应商提供的数据：

纤维　　　AS4纤维是由PAN基原丝制造的连续碳纤维，纤维经表面处理以改善操作性和结构性能。每一丝束包含有 3 000 根碳丝。典型的拉伸模量为 234 GPa（34×10⁶ psi），典型的拉伸强度为 3 793 MPa（550 000 psi）。

基体　　　3501‑6S 是一种胺固化的环氧树脂，该树脂是一种可溶解的材料，对于很复杂的部件，能提供更好铺覆性的预浸带，该树脂也适合于共固化工艺。其湿热强度比不可溶解的树脂略低，在大气环境温度下存放最少 10 天还能保持轻度的黏性。

最高短期使用温度　149℃（300°F）（干态），82℃（180°F）（湿态）。

典型应用　　　通用结构材料。

表 2.3.2.6　AS4 3k/3501‑6S 5 综缎机织物

材料	AS4 3k/3501‑6S 5 综缎机织物				
形式	Hercules AW280 5 综缎机织物预浸带				
纤维	Hercules AS4 3k W			基体	Hercules 3501‑6S	
T_g（干态）		T_g（湿态）		T_g测量方法		
固化工艺	热压罐固化；110～121℃（240±10°F），0.586 MPa（85 psi），60 min；171～182℃（350±10°F），0.621～0.759 MPa（100±10 psi），110～130 min；零吸胶				

注：对于该材料，目前所要求的文档均未提供。

纤维制造日期：		试验日期：	
树脂制造日期：		数据提交日期：	6/88
预浸料制造日期：		分析日期：	1/93
复合材料制造日期：			

单层性能汇总

	24℃ （75°F） /A	93℃ （200°F） /A				
1 轴拉伸	II‑‑					
1 轴压缩	I‑‑‑	I‑‑‑				
31 面 SB 强度	S‑‑‑	S‑‑‑				

注：强度/模量/泊松比/破坏应变的数据种类为：A—A75，a—A55，B—B30，b—B18，M—平均值，I—临时值，S—筛选值，——无数据（见表 1.5.1.2(c)）。

	名义值	提交值	试验方法
纤维密度/(g/cm³)	1.80		
树脂密度/(g/cm³)	1.28		
复合材料密度/(g/cm³)	1.58	1.58—1.59	
纤维面积质量/(g/m²)	280	279—284	
纤维体积含量/%	58	57—60	
单层厚度/mm		0.269—0.272	

注:对于该材料,目前所要求的文档均未提供。

层压板性能汇总

注:强度/模量/泊松比/破坏应变的数据种类为:A—A75,a—A55,B—B30,b—B18,M—平均值,I—临时值, S—筛选值,——无数据(见表1.5.1.2(c))。

表 2.3.2.6(a)　1 轴拉伸性能($[0_f]_6$)

材料	AS4 3k/3501-6S 5 综缎机织物		
树脂含量	33%～35%(质量)	复合材料密度	1.58～1.59 g/cm³
纤维体积含量	57%～60%	空隙含量	
单层厚度	0.269～0.272 mm(0.0106～0.0107 in)		
试验方法	ASTM D 3039-76	模量计算	
正则化	纤维体积含量正则化到57%(固化后单层厚度0.272 mm(0.0107 in))		

温度/℃(℉)	24(75)				
吸湿量(%)					
吸湿平衡条件 (T/℃(℉),RH/%)	大气环境				
来源编码	26				
		正则化值	实测值		
$F_1^{tu}/$ MPa (ksi)	平均值	772(112)	793(115)		
	最小值	673(97.6)	690(100)		
	最大值	848(123)	869(126)		
	CV/%	5.78	5.55		
	B基准值	①	①		

（续表）

		正则化值	实测值				
	分布	ANOVA	ANOVA				
	C_1	315(6.63)	312(6.55)				
	C_2	107(2.26)	107(2.25)				
	试样数量	30					
	批数	10					
	数据种类	临时值					
$E_1^t/$ GPa (Msi)	平均值	67.1(9.73)	69.0(10.0)				
	最小值	61.6(8.93)	63.4(9.20)				
	最大值	69.7(10.1)	71.0(10.3)				
	$CV/\%$	2.48	2.31				
	试样数量	30					
	批数	10					
	数据种类	临时值					

注：①只对 A 类和 B 类数据给出基准值；②对于该材料，目前所要求的文档均未提供。

表 2.3.2.6(b)　1 轴压缩性能（$[0_f]_6$）

材料	AS4 3k/3501-6S 5 综缎机织物		
树脂含量	33%～35%（质量）	复合材料密度	1.58～1.59 g/cm³
纤维体积含量	57%～60%	空隙含量	
单层厚度	0.269～0.272 mm(0.0106～0.0107 in)		
试验方法	SACMA SRM 1-88	模量计算	
正则化	纤维体积含量正则化到 57%（固化后单层厚度 0.272 mm(0.0107 in)）		
温度/℃(℉)	24(75)	93(200)	
吸湿量(%)			
吸湿平衡条件 (T/℃(℉)，RH/%)	大气环境	大气环境	
来源编码	26	26	

（续表）

		正则化值	实测值	正则化值	实测值		
$F_1^{cu}/$ MPa (ksi)	平均值	855(124)	883(128)	759(110)	779(113)		
	最小值	745(108)	765(111)	663(96.1)	683(99.0)		
	最大值	993(144)	1021(148)	841(122)	862(125)		
	CV/%	6.73	6.74	6.31	6.24		
	B基准值	①	①	①	①		
	分布	Weibull	Weibull	ANOVA	ANOVA		
	C_1	883(128)	910(132)	335(7.04)	340(7.15)		
	C_2	15.4	15.3	99.9(2.10)	99.4(2.09)		
	试样数量	30		30			
	批数	10		10			
	数据种类	临时值		临时值			

注：①只对 A 类和 B 类数据给出基准值；②对于该材料，目前所要求的文档均未提供。

表 2.3.2.6(c)　31 面短梁强度性能（$[0_f]_6$）

材料	AS4 3k/3501 - 6S 5 综缎机织物		
树脂含量	33%～35%（质量）	复合材料密度	1.58～1.59 g/cm³
纤维体积含量	57%～60%	空隙含量	
单层厚度	0.269～0.272 mm(0.0106～ 0.0107 in)		
试验方法	ASTM D 2344	模量计算	
正则化	未正则化		

温度/℃(℉)		24(75)	93(200)		
吸湿量(%)					
吸湿平衡条件 (T/℃(℉), RH/%)		大气环境	大气环境		
来源编码		26	26		
$F_{31}^{sbs}/$ MPa (ksi)	平均值	75.9(11.0)	65.7(9.53)		
	最小值	62.1(9.00)	57.9(8.40)		
	最大值	91.0(13.2)	74.5(10.8)		
	CV/%	10.8	6.70		

（续表）

B 基准值	①	①			
分布	ANOVA	ANOVA			
C_1	58.0(1.22)	31.4(0.66)			
C_2	104(2.18)	110(2.32)			
试样数量	30	30			
批数	10	10			
数据种类	筛选值	筛选值			

注:①短梁强度试验数据只允许用于筛选数据种类;②对于该材料,目前所要求的文档均未提供。

2.3.2.7 AS46k/3502‑6S 5 综缎机织物

材料描述:

材料　　　　AS46k/3502‑6S。

形式　　　　5 综缎机织物,纤维面积质量为 365 g/m²,典型的固化后树脂含量为 56%～57%,典型的固化后单层厚度为 0.361～0.399 mm(0.0142～0.0157 in)。

固化工艺　　热压罐固化;135℃(275℉),0.586 MPa(85 psi),45 min;177℃(350℉),0.586 MPa(85 psi),2 h;在 204℃(400℉)进行后处理得到 177℃(350℉)下的最佳性能。

供应商提供的数据:

纤维　　　　AS4 纤维是由 PAN 基原丝制造的高强度高应变标准模量连续碳纤维,纤维经表面处理以改善操作性和结构性能。每一丝束包含有 6 000 根碳丝。典型的拉伸模量为 234 GPa(34×10⁶ psi),典型的拉伸强度为 3 793 MPa(550 000 psi)。

基体　　　　3502‑6S 是一种环氧树脂,该树脂是一种可溶解的材料,可以改进对复杂构型部件的铺覆性。其湿热强度比不可溶解的树脂略低,在大气环境温度下存放最少 10 天还能保持良好的黏性。

最高短期使用温度　177℃(350℉)(干态),82℃(180℉)(湿态)。

典型应用　　商用和军用飞机的主承力和次承力结构。

数据分析概述:

只有正则化数据可以用于分析。

表 2.3.2.7 AS46k/3502‑6S 5 综缎机织物

材料	AS46k/3502‑6S 5 综缎机织物		
形式	Hercules A370‑5H/3502 5 综缎机织物,0.433×0.433 丝束/mm(11×11 丝束/in),预浸带		
纤维	Hercules AS46k,表面处理,W*,不加捻	基体	Hercules 3502
T_g(干态)	207℃(404℉)	T_g(湿态) 156℃(313℉)	T_g测量方法 TMA
固化工艺	热压罐固化;135～141℃(280±5℉),0.586～0.690 MPa(85～100 psi),90 min;177℃(350℉),120 min		

注:* 现在改为"G"。

纤维制造日期:	10/82—3/83	试验日期:	9/83—1/84
树脂制造日期:	5/83	数据提交日期:	12/93,5/94
预浸料制造日期:	5/83	分析日期:	8/94
复合材料制造日期:	8/83—9/83		

单层性能汇总

	24℃ (75℉) /A	−54℃ (−65℉) /A	82℃ (180℉) /W	121℃ (250℉) /W		
1 轴拉伸	BM--	BM--	BM--	BM--		
2 轴拉伸						
3 轴拉伸						
1 轴压缩	BM--	IS--	BM--	BM--		
2 轴压缩						
3 轴压缩						
12 面剪切	BM--	BM--	BS--	BS--		
23 面剪切						
31 面剪切						

注:强度/模量/泊松比/破坏应变的数据种类为:A—A75,a—A55,B—B30,b—B18,M—平均值,I—临时值,S—筛选值,——无数据(见表 1.5.1.2(c))。

	名义值	提交值	试验方法
纤维密度/(g/cm³)	1.79		
树脂密度/(g/cm³)	1.26		
复合材料密度/(g/cm³)	1.57	1.55～1.60	

（续表）

	名义值	提交值	试验方法
纤维面积质量/（g/m²）	365	361～372	
纤维体积含量/％	58	56～57	
单层厚度/mm	0.368	0.361～0.401	

注：对于该材料，目前所要求的文档均未提供。

层压板性能汇总

注：强度/模量/泊松比/破坏应变的数据种类为：A—A75，a—A55，B—B30，b—B18，M—平均值，I—临时值，S—筛选值，——无数据（见表 1.5.1.2(c)）。

表 2.3.2.7(a)　1 轴拉伸性能（$[0_f/90_f/0_f/90_f/90_f/0_f]$）

材料	AS46k/3502 5 综缎机织物			
树脂含量	36％～37％（质量）		复合材料密度	1.55～1.56 g/cm³
纤维体积含量	56％～57％		空隙含量	0.0～0.2％
单层厚度	0.371～0.399 mm（0.014 6～0.015 7 in）			
试验方法	BMS 8-168D		模量计算	曲线的线性段
正则化	纤维体积含量正则化到 57％（固化后单层厚度 0.368 mm（0.014 5 in））			

温度/℃（℉）	24(75)		−54(−65)		82(180)	
吸湿量（％）					1.1～1.3	
吸湿平衡条件（T/℃（℉），RH/％）	大气环境		大气环境		①	
来源编码	49		49		49	

		正则化值	实测值	正则化值	实测值	正则化值	实测值
F_1^{tu}/MPa(ksi)	平均值	786(114)		724(105)		807(117)	
	最小值	670(97.1)		606(87.9)		703(102)	
	最大值	869(126)		800(116)		883(128)	
	CV/％	6.87		5.33		5.29	
	B 基准值	634(91.9)	②	655(95.0)	②	703(102)	②
	分布	ANOVA		正态		ANOVA	
	C_1	388(8.15)		724(105)		300(6.31)	

（续表）

		正则化值	实测值	正则化值	实测值	正则化值	实测值
	C_2	128(2.70)		38.6(5.59)		111(2.33)	
	试样数量	30		30		30	
	批数	5		5		5	
	数据种类	B30		B30		B30	
E_1^t/ GPa (Msi)	平均值	66.3(9.61)		66.7(9.67)		72.4(10.5)	
	最小值	64.1(9.29)		62.7(9.09)		67.2(9.74)	
	最大值	71.7(10.4)	②	69.7(10.1)	②	75.2(10.9)	②
	$CV/\%$	3.08		2.35		2.75	
	试样数量	30		30		30	
	批数	5		5		5	
	数据种类	平均值		平均值		平均值	

注：①放置于71℃(160℉)，95％～100％RH直到吸湿量达到1.1％～1.3％；②只有正则化值数据可用于分析。

表 2.3.2.7（b）　1轴拉伸性能（$[0_f/90_f/0_f/90_f/90_f/0_f]$）

材料	AS46k/3502‑6S 5 综缎机织物		
树脂含量	36％～37％（质量）	复合材料密度	1.55～1.56 g/cm³
纤维体积含量	56％～57％	空隙含量	0.0～0.2％
单层厚度	0.381～0.399 mm(0.015 0～0.015 7 in)		
试验方法	BMS 8‑168D	模量计算	曲线的线性段
正则化	纤维体积含量正则化到57％（固化后单层厚度0.368 mm(0.0145 in)）		

	温度/℃(℉)	121(250)	
	吸湿量（％）	1.1～1.3	
	吸湿平衡条件 (T/℃(℉)，RH/％)	①	
	来源编码	49	

		正则化值	实测值
F_1^{tu}/ MPa (ksi)	平均值	745(108)	
	最小值	668(96.8)	
	最大值	821(119)	

（续表）

		正则化值	实测值				
	$CV/\%$	4.62					
	B 基准值	666(96.6)	②				
	分布	Weibull					
	C_1	765(111)					
	C_2	23.1					
	试样数量	30					
	批数	5					
	数据种类	B30					
$E_1^t/$ GPa (Msi)	平均值	69.7(10.1)					
	最小值	64.1(9.29)					
	最大值	73.8(10.7)	②				
	$CV/\%$	3.65					
	试样数量	30					
	批数	5					
	数据种类	平均值					

注：①放置于 71℃(160℉)，95％～100％RH 直到吸湿量达到 1.1％～1.3％；②只有正则化值数据可用于分析。

表 2.3.2.7(c)　1 轴压缩性能（$[0_f/90_f/0_f/90_f/90_f/0_f]$）

材料	AS46k/3502 5 综缎机织物		
树脂含量	36％～37％(质量)	复合材料密度	1.55～1.56 g/cm³
纤维体积含量	56％～57％	空隙含量	0.0～0.2％
单层厚度	0.361～0.399 mm(0.014 2～0.015 7 in)		
试验方法	ASTM D 695M(1)④	模量计算	曲线的线性段
正则化	纤维体积含量正则化到 57％(固化后单层厚度 0.368 mm(0.014 5 in))		
温度/℃(℉)	24(75)	−54(−65)	82(180)
吸湿量(%)			1.1～1.3
吸湿平衡条件 (T/℃(℉)，RH/%)	大气环境	大气环境	①
来源编码	49	49	49

（续表）

		正则化值	实测值	正则化值	实测值	正则化值	实测值
F_1^{cu}/ MPa (ksi)	平均值	717(104)		745(108)		454(65.9)	
	最小值	550(79.7)		586(85.0)		359(52.1)	
	最大值	841(122)		814(118)		529(76.7)	
	CV/%	10.1		8.62		9.81	
	B基准值	577(83.7)	⑤	③	⑤	361(52.4)	⑤
	分布	Weibull		Weibull		Weibull	
	C_1	752(109)		765(111)		474(68.7)	
	C_2	12.1		16.4		11.7	
	试样数量	30		15		30	
	批数	5		5		5	
	数据种类	B30		临时值		B30	
E_1^{c}/ GPa (Msi)	平均值	58.5(8.49)		61.4(8.90)		63.5(9.21)	
	最小值	56.2(8.15)		53.1(7.70)		43.1(6.25)	
	最大值	61.1(8.86)	⑤	75.9(11.0)	⑤	86.2(12.5)	⑤
	CV/%	2.13		10.3		18.2	
	试样数量	30		14		30	
	批数	5		5		5	
	数据种类	平均值		临时值		平均值	

注：①粘贴加强片的试样长度为79.2mm(3.12 in)，宽度为1.27mm(0.050 in)，工作段长度为12.7mm(0.50 in)；②放置于71℃(160°F)，95%～100%RH直到吸湿量达到1.1%～1.3%；③只对A类和B类数据给出基准值；④试验方法ASTM D 695M-96于1996年7月10日取消；⑤只有正则化数据可以用于分析。

表2.3.2.7(d)　1轴压缩性能（$[0_f/90_f/0_f/90_f/90_f/0_f]$）

材料	AS46k/3502 5 综缎机织物		
树脂含量	36%～37%(质量)	复合材料密度	1.55～1.56 g/cm³
纤维体积含量	56%～57%	空隙含量	0.0～0.2%
单层厚度	0.361～0.399 mm(0.014 2～ 0.015 7 in)		
试验方法	ASTM D 695M(1)③	模量计算	曲线的线性段
正则化	纤维体积含量正则化到57%(固化后单层厚度0.368mm(0.014 5 in))		
温度/℃(°F)	121(250)		

（续表）

		正则化值	实测值			
吸湿量(%)		1.1～1.3				
吸湿平衡条件 (T/℃(℉)，RH/%)		②				
来源编码		49				
F_1^{cu}/ MPa (ksi)	平均值	388(56.3)				
	最小值	314(45.5)				
	最大值	519(75.2)				
	$CV/\%$	16.0				
	B 基准值	210(30.5)	④			
	分布	ANOVA				
	C_1	448(9.41)				
	C_2	131(2.75)				
	试样数量	30				
	批数	5				
	数据种类	B30				
E_1^c/ GPa (Msi)	平均值	71.0(10.3)				
	最小值	61.2(8.88)				
	最大值	85.5(12.4)	④			
	$CV/\%$	6.60				
	试样数量	30				
	批数	5				
	数据种类	平均值				

注：①粘贴加强片的试样长度为 79.2 mm(3.12 in)，厚度为 1.27 mm(0.050 in)，工作段长度为 12.7 mm(0.50 in)；
②放置于 71℃(160℉)，95%～100%RH 直到吸湿量达到 1.1%～1.3%；③试验方法 ASTM D 695M-96 于
1996 年 7 月 10 日取消；④只有正则化数据可以用于分析。

表 2.3.2.7(e)　12 面剪切性能($[\pm45_f/\pm45_f/\pm45_f]$)

材料	AS46k/3502 5 综缎机织物		
树脂含量	36%～37%(质量)	复合材料密度	1.55～1.56 g/cm³
纤维体积含量	56%～57%	空隙含量	0.0～0.2%
单层厚度	0.368～0.401 mm(0.0145～ 0.0158 in)		

（续表）

试验方法	ASTM D 3518 - 76		模量计算	曲线的线性段		
正则化	未正则化					
温度/℃(℉)	24(75)	−54(−65)	82(180)	121(250)		
吸湿量(%)			1.1~1.3	1.1~1.3		
吸湿平衡条件 (T/℃(℉), RH/%)	大气环境	大气环境	①	①		
来源编码	49	49	49	49		

		24(75)	−54(−65)	82(180)	121(250)		
F_{12}^{su}/ MPa (ksi)	平均值	86.9(12.6)	96.5(14.0)	80.7(11.7)	64.1(9.30)		
	最小值	78.6(11.4)	83.4(12.1)	73.8(10.7)	57.0(8.27)		
	最大值	94.5(13.7)	106(15.4)	89.0(12.9)	72.4(10.5)		
	CV/%	5.61	7.47	5.24	6.76		
	B基准值	69.7(10.1)	69.7(10.1)	65.7(9.53)	47.9(6.95)		
	分布	ANOVA	ANOVA	ANOVA	ANOVA		
	C_1	36.9(0.775)	55.2(1.16)	31.8(0.669)	33.2(0.698)		
	C_2	153(3.21)	160(3.36)	152(3.20)	160(3.37)		
	试样数量	36	36	36	36		
	批数	5	5	5	5		
	数据种类	B30	B30	B30	B30		
G_{12}^{S}/ GPa (Msi)	平均值	3.54(0.514)	4.70(0.682)	1.41(0.204)	1.20(0.174)		
	最小值	3.34(0.485)	4.40(0.638)	1.35(0.196)	1.01(0.147)		
	最大值	3.81(0.553)	5.04(0.731)	1.46(0.212)	1.40(0.203)		
	CV/%	3.68	3.40	2.82	11.8		
	试样数量	36	36	6	6		
	批数	5	5	1	1		
	数据种类	平均值	平均值	筛选值	筛选值		
γ_{12}^{su}/με							

注：①放置于71℃(160℉)，95%~100%RH直到吸湿量达到1.1%~1.3%。

2.3.2.8 AS4 3k/3501 - 6 5 综缎机织物(吸胶)

材料描述:

材料 AS4 3k/3501 - 6。

形式 5 综缎机织物,纤维面积质量为 $280\,g/m^2$,典型的固化后树脂含量为 28% ～ 30%,典型的固化后单层厚度为 0.251 ～ 0.277 mm(0.0099～0.0109 in)。

固化工艺 热压罐固化;116℃(240°F),0.586 MPa(85 psi), 1 h;177℃(350°F),0.690 MPa(100 psi), 2 h;吸胶。

供应商提供的数据:

纤维 AS4 纤维是由 PAN 基原丝制造的连续碳纤维,纤维经表面处理以改善操作性和结构性能。每一丝束包含有 3 000 根碳丝。典型的拉伸模量为 234 GPa($34×10^6$ psi),典型的拉伸强度为 3 793 MPa(550 000 psi)。

基体 3501 - 6 是一种胺固化的环氧树脂,在室温下存放最少 10 天还能保持轻微的黏性。

最高短期使用温度 149℃(300°F)(干态),82℃(180°F)(湿态)。

典型应用 通用结构材料。

表 2.3.2.8 AS4 3k/3501 - 6 5 综缎机织物(吸胶)

材料	AS4 3k/3501 - 6 5 综缎机织物(吸胶)			
形式	Hercules AW280 - 5H/3501 - 6 5 综缎机织物预浸带			
纤维	Hercules AS4 3k,不加捻		基体	Hercules 3501 - 6
T_g(干态)		T_g(湿态)	T_g测量方法	
固化工艺	热压罐固化;110～121℃(240±10°F),0.586 MPa(85 psi), 60 min;171～182℃(350±10°F),0.655～0.724 MPa(100±5 psi), 110～130 min			

注:对于该材料,目前所要求的文档均未提供。

纤维制造日期:		试验日期:	
树脂制造日期:		数据提交日期:	6/90
预浸料制造日期:		分析日期:	2/95
复合材料制造日期:			

单层性能汇总

	24℃ (75℉) /A	93℃ (200℉) /A		24℃ (75℉) /W	93℃ (200℉) /W		
1 轴拉伸	SS—						
1 轴压缩	SS—	SS—		SS—	II—		
31 面 SB 强度	S—	S—		S—			

注:强度/模量/泊松比/破坏应变的数据种类为:A—A75,a—A55,B—B30,b—B18,M—平均值,I—临时值,S—筛选值,——无数据(见表 1.5.1.2(c))。

	名义值	提交值	试验方法
纤维密度/(g/cm³)	1.80		
树脂密度/(g/cm³)	1.26		
复合材料密度/(g/cm³)		1.59～1.60	
纤维面积质量/(g/m²)	280		
纤维体积含量/%		60～62	
单层厚度/mm		0.251～0.434	

注:对于该材料,目前所要求的文档均未提供。

层压板性能汇总

[0/±45/ 90]	24℃ (75℉) /A							
x 轴拉伸	SS—							
x 轴开孔 拉伸	S—							

注:强度/模量/泊松比/破坏应变的数据种类为:A—A75,a—A55,B—B30,b—B18,M—平均值,I—临时值,S—筛选值,——无数据(见表 1.5.1.2(c))。

表 2.3.2.8(a)　1 轴拉伸性能($[0_f]_s$,吸胶)

材料	AS4 3k/3501-6(吸胶)5 综缎机织物		
树脂含量	29%(质量)	复合材料密度	1.61 g/cm³
纤维体积含量	61%	空隙含量	
单层厚度	0.254～0.269 mm(0.0100～ 0.0106 in)		

（续表）

试验方法	ASTM D 3039 - 76	模量计算	
正则化	试样厚度和批内纤维体积含量正则化到 57%（固化后单层厚度 0.483 mm (0.019 in)）		

温度/℃（℉）	24(75)		
吸湿量（%）			
吸湿平衡条件 (T/℃（℉），RH/%)	大气环境		
来源编码	43		

		正则化值	实测值			
$F_1^{tu}/$ MPa (ksi)	平均值	745(108)	793(115)			
	最小值	643(93.3)	681(98.8)			
	最大值	883(128)	945(137)			
	CV/%	12.2	12.2			
	B 基准值	①	①			
	分布	ANOVA	ANOVA			
	C_1	709(14.9)	751(15.8)			
	C_2	273(5.74)	272(5.72)			
	试样数量	9				
	批数	3				
	数据种类	筛选值				
$E_1^t/$ GPa (Msi)	平均值	67.8(9.83)	71.7(10.4)			
	最小值	56.9(8.25)	60.7(8.80)			
	最大值	82.8(12.0)	90.3(13.1)			
	CV/%	9.88	10.8			
	试样数量	9				
	批数	3				
	数据种类	筛选值				

注：①只对 A 类和 B 类数据给出基准值；②对于该材料，目前所要求的文档均未提供。

表 2.3.2.8(b) 1 轴压缩性能([0$_f$]$_8$,吸胶)

材料	AS4 3k/3501-6(吸胶)5 综缎机织物			
树脂含量	29%(质量)		复合材料密度	1.61g/cm³
纤维体积含量	61%		空隙含量	
单层厚度	0.251～0.264 mm(0.0099～0.0104 in)			
试验方法	SACMA SRM 1-88		模量计算	
正则化	试样厚度和批内纤维体积含量正则化到 57%(固化后单层厚度 0.483 mm (0.019 in))			

温度/℃(℉)	24(75)		93(200)		24(75)	
吸湿量(%)					湿态	
吸湿平衡条件 (T/℃(℉), RH/%)	大气环境		大气环境		①	
来源编码	43		43		43	
	正则化值	实测值	正则化值	实测值	正则化值	实测值
F_1^{cu}/ MPa (ksi) 平均值	731(106)	779(113)	557(80.8)	594(86.1)	661(95.8)	703(102)
最小值	628(91.0)	674(97.7)	466(67.6)	508(73.7)	547(79.3)	584(84.7)
最大值	793(115)	848(123)	642(93.1)	689(99.9)	731(106)	779(113)
CV/%	6.52	6.65	8.84	8.69	9.43	9.42
B 基准值	②	②	②	②	②	②
分布	ANOVA	Weibull	Weibull	Weibull	正态(合并)	正态(合并)
C_1	343(7.21)	800(116)	579(83.9)	617(89.4)	661(95.8)	703(102)
C_2	177(3.73)	18.4	13.6	13.4	62.3(9.03)	66.5(9.64)
试样数量	13		13		9	
批数	3		3		2	
数据种类	筛选值		筛选值		筛选值	
E_1^c/ GPa (Msi) 平均值	60.0(8.7)	64.1(9.3)	58.5(8.48)	62.3(9.04)	63.4(9.23)	68.1(9.87)
最小值	52.4(7.6)	56.5(8.2)	44.3(6.42)	48.3(7.00)	62.5(9.07)	66.9(9.70)
最大值	64.8(9.4)	68.3(9.9)	65.0(9.43)	69.0(10.0)	65.1(9.44)	70.3(10.2)
CV/%	8.2	8.4	10.6	10.4	1.55	1.68
试样数量	13		13		9	
批数	3		3		2	
数据种类	筛选值		筛选值		筛选值	

注:①在 60℃(140℉),95%RH 环境下放置 30 天;②只对 A 类和 B 类数据给出基准值;③对于该材料,目前所要求的文档均未提供。

表 2.3.2.8(c)　1 轴压缩性能($[0_f]_8$)

材料	AS4 3k/3501-6(吸胶)5 综缎机织物		
树脂含量	29%(质量)	复合材料密度	1.59 g/cm³
纤维体积含量	61%	空隙含量	
单层厚度	0.282~0.434 mm(0.0111~0.0171 in)		
试验方法	SACMA SRM 1-88	模量计算	
正则化	试样厚度和批内纤维体积含量正则化到 57%(固化后单层厚度 0.483 mm(0.019 in))		

温度/℃(℉)	93(200)				
吸湿量(%)	湿态				
吸湿平衡条件(T/℃(℉), RH/%)	①				
来源编码	43				

		正则化值	实测值				
$F_1^{cu}/$ MPa (ksi)	平均值	393(57.0)	419(60.8)				
	最小值	343(49.8)	371(53.8)				
	最大值	468(67.8)	498(72.2)				
	CV/%	8.85	8.82				
	B 基准值	②	②				
	分布	ANOVA	ANOVA				
	C_1	260(5.46)	274(5.76)				
	C_2	217(4.57)	208(4.38)				
	试样数量	15					
	批数	3					
	数据种类	临时值					
$E_1^c/$ GPa (Msi)	平均值	55.9(8.1)	59.3(8.6)				
	最小值	44.8(6.5)	48.3(7.0)				
	最大值	62.1(9.0)	64.8(9.4)				
	CV/%	10	10				
	试样数量	15					
	批数	3					
	数据种类	临时值					

注:①在 60℃(140℉),95%RH 环境中放置 30 天;②只对 A 类和 B 类数据给出基准值;③对于该材料,目前所要求的文档均未提供。

表 2.3.2.8(d)　31 面短梁强度性能([0$_f$]$_8$)

材料	AS4 3k/3501-6(吸胶)5 综缎机织物				
树脂含量	28%～30%(质量)		复合材料密度	1.59～1.60 g/cm³	
纤维体积含量	60%～62%		空隙含量		
单层厚度	0.251～0.264 mm(0.0099～0.0104 in)				
试验方法	ASTM D 2344-84		模量计算		
正则化	未正则化				

	温度/℃(℉)	24(75)	93(200)	24(75)		
	吸湿量(%)			湿态		
	吸湿平衡条件 (T/℃(℉)，RH/%)	大气环境	大气环境	①		
	来源编码	43	43	43		
F_{31}^{sbs} / MPa (ksi)	平均值	68.5(9.93)	54.8(7.94)	64.5(9.35)		
	最小值	58.6(8.50)	52.4(7.60)	62.1(9.00)		
	最大值	73.8(10.7)	57.9(8.40)	66.2(9.60)		
	CV/%	7.38	3.89	2.22		
	B 基准值	②	②	②		
	分布	正态	ANOVA	正态		
	C_1	68.5(9.93)	16.8(0.353)	64.5(9.35)		
	C_2	5.05(0.733)	286(6.02)	1.43(0.207)		
	试样数量	9	9	6		
	批数	3	3	2		
	数据种类	筛选值	筛选值	筛选值		

注：①在 60℃(140℉)，95%RH 环境中放置 30 天；②只对 A 类和 B 类数据给出基准值；③对于该材料，目前所要求的文档均未提供。

表 2.3.2.8(e)　x 轴拉伸性能([(0/±45/90)$_f$]$_s$)

材料	AS4 3k/3501-6(吸胶)5 综缎机织物			
树脂含量	29%(质量)		复合材料密度	1.59 g/cm³
纤维体积含量	61%		空隙含量	
单层厚度	0.267～0.269 mm(0.0105～0.0106 in)			
试验方法	ASTM D 3039-76		模量计算	

（续表）

正则化	试样厚度和批内纤维体积含量正则化到 57%（固化后单层厚度 0.483 mm（0.019 in））				
温度/℃(℉)	24(75)				
吸湿量(%)	大气环境				
吸湿平衡条件(T/℃(℉), RH/%)					
来源编码	43				
		正则化值	实测值		
F_x^{tu}/MPa(ksi)	平均值	575(83.4)	611(88.6)		
	最小值	522(75.7)	561(81.3)		
	最大值	608(88.2)	650(94.2)		
	CV/%	5.28	4.86		
	B 基准值	①	①		
	分布	正态(合并)	正态(合并)		
	C_1	575(83.4)	611(88.6)		
	C_2	30.4(4.41)	29.7(4.30)		
	试样数量	6			
	批数	2			
	数据种类	筛选值			
E_x^t/GPa(Msi)	平均值	47.6(6.9)	50.3(7.3)		
	最小值	45.5(6.6)	48.3⑦		
	最大值	48.3(7.0)	51.7(7.5)		
	CV/%	2.8	2.9		
	试样数量	6			
	批数	2			
	数据种类	筛选值			

注：①只对 A 类和 B 类数据给出基准值；②对于该材料，目前所要求的文档均未提供。

表 2.3.2.8(f)　开孔拉伸性能（[(0/±45/90)$_r$]$_s$）

材料	AS4 3k/3501-6(吸胶)5 综缎机织物		
树脂含量	29%～30%(质量)	复合材料密度	1.59～1.60 g/cm³
纤维体积含量	61%～62%	空隙含量	
单层厚度	0.267～0.277 mm(0.010 5～0.010 9 in)		
试验方法	SACMA SRM 5-88	模量计算	
正则化	试样厚度和批内纤维体积含量正则化到 57%(固化后单层厚度 0.483 mm (0.019 in))		

温度/℃(℉)	24(75)			
吸湿量(%)				
吸湿平衡条件 (T/℃(℉)，RH/%)	大气环境			
来源编码	43			

		正则化值	实测值		
F_x^{oht}/ MPa (ksi)	平均值	403(58.4)	434(63.0)		
	最小值	393(57.0)	420(60.9)		
	最大值	421(61.0)	445(64.5)		
	CV/%	2.57	2.43		
	B 基准值	①	①		
	分布	正态(合并)	正态(合并)		
	C_1	403(58.4)	434(63.0)		
	C_2	10.3(1.50)	10.6(1.53)		
	试样数量	6			
	批数	2			
	数据种类	筛选值			

注：①只对 A 类和 B 类数据给出基准值；②对于该材料，目前所要求的文档均未提供。

2.3.2.9　AS4 3k/3501-6 5 综缎机织物(零吸胶)

材料描述：

材料　　　　AS4 3k/3501-6。

形式　　　　5 综缎机织物，纤维面积质量为 280 g/m²，典型的固化后树脂含量为 36%～39%，典型的固化后单层厚度为 0.279～0.307 mm(0.0110～0.0121 in)。

固化工艺　　　热压罐固化；116℃（240℉），0.586 MPa（85 psi），1 h；177℃（350℉），0.690 MPa（100 psi），2 h；零吸胶。

供应商提供的数据：

纤维　　　　　AS4 纤维是由 PAN 基原丝制造的连续碳纤维，纤维经表面处理以改善操作性和结构性能。每一丝束包含有 3 000 根碳丝。典型的拉伸模量为 234 GPa（34×10⁶ psi），典型的拉伸强度为 3 793 MPa（550 000 psi）。

基体　　　　　3501-6 是一种胺固化的环氧树脂，在室温下存放最少 10 天还能保持轻度的黏性。

最高短期使用温度　　149℃（300℉）（干态），82℃（180℉）（湿态）。

典型应用　　　应用于普通用途的结构。

表 2.3.2.9　AS4 3k/3501-6 5 综缎机织物（零吸胶）

材料	AS4 3k/3501-6(零吸胶)5 综缎机织物			
形式	Hercules AW280-5H/3501-6 5 综缎机织物预浸带			
纤维	Hercules AS4 3k，不加捻		基体	Hercules 3501-6
T_g（干态）		T_g（湿态）		T_g测量方法
固化工艺	热压罐固化；110～121℃（240±10℉），0.586 MPa（85 psi），60 min；171～182℃（350±10℉），0.621～0.759 MPa（100±5 psi），120±10 min			

纤维制造日期：		试验日期：	
树脂制造日期：		数据提交日期：	6/90
预浸料制造日期：		分析日期：	2/95—3/95
复合材料制造日期：			

注：对于该材料，目前所要求的文档均未提供。

单层性能汇总

	24℃（75℉）/A		−54℃（−65℉）/A	93℃（200℉）/A				
1 轴拉伸	SS—		SS—	SS—				
1 轴压缩	SS—							
31 面 SB 强度	S—							

注：强度/模量/泊松比/破坏应变的数据种类为：A—A75，a—A55，B—B30，b—B18，M—平均值，I—临时值，S—筛选值，——无数据（见表 1.5.1.2(c)）。

	名义值	提交值	试验方法
纤维密度/(g/cm³)	1.80		
树脂密度/(g/cm³)	1.27		
复合材料密度/(g/cm³)	1.55	1.55~1.56	
纤维面积质量/(g/m²)	280		
纤维体积含量/%	53	52~55	
单层厚度/mm	0.279	0.279~0.432	

注:对于该材料,目前所要求的文档均未提供。

层压板性能汇总

0/±45/90	24℃ (75°F) /A					
x 轴拉伸	SS—					
x 轴开孔 拉伸	S—					

注:强度/模量/泊松比/破坏应变的数据种类为:A—A75,a—A55,B—B30,b—B18,M—平均值,I—临时值,S—筛选值,—无数据(见表1.5.1.2(c))。

表 2.3.2.9(a)　1 轴拉伸性能([0$_f$]$_8$,零吸胶)

材料	AS4 3k/3501-6 5 综缎机织物(零吸胶)		
树脂含量	36%~39%(质量)	复合材料密度	1.55~1.56 g/cm³
纤维体积含量	52%~55%	空隙含量	
单层厚度	0.282~0.434 mm(0.011 1~0.017 1 in)		
试验方法	ASTM D 3039-76	模量计算	
正则化	试样厚度和批内纤维体积含量正则化到 57%(固化后单层厚度 0.279 mm (0.011 in))		

温度/℃(°F)	24(75)	−54(−65)	93(200)
吸湿量(%)			
吸湿平衡条件 (T/℃(°F),RH/%)	大气环境	大气环境	大气环境
来源编码	43	43	43

（续表）

		正则化值	实测值	正则化值	实测值	正则化值	实测值
F_1^{tu}/ MPa (ksi)	平均值	924(134)	862(125)	862(125)	807(117)	897(130)	834(121)
	最小值	890(129)	807(117)	828(120)	752(109)	855(124)	800(116)
	最大值	1 007(146)	938(136)	938(136)	876(127)	972(141)	938(136)
	CV/%	3.79	4.85	3.85	4.89	4.49	5.11
	B 基准值	①	①	①	①	①	①
	分布	正态	ANOVA	正态	ANOVA	对数正态	非参数
	C_1	924(134)	312(6.56)	862(125)	289(6.07)	6.79(4.86)	6
	C_2	35.0(5.07)	227(4.77)	33.2(4.81)	209(4.40)	1.97(0.044)	2.25
	试样数量	9		9		9	
	批数	3		3		3	
	数据种类	筛选值		筛选值		筛选值	
E_1^{tu}/ GPa (Msi)	平均值	66.7(9.67)	62.5(9.06)	70.3(10.2)	66.0(9.57)	74.5(10.8)	69.7(10.1)
	最小值	64.8(9.39)	59.3(8.60)	66.4(9.63)	60.7(8.80)	68.1(9.88)	62.1(9.00)
	最大值	68.1(9.88)	65.5(9.50)	75.9(11.0)	71.0(10.3)	81.4(11.8)	77.9(11.3)
	CV/%	1.65	3.63	4.26	5.68	6.74	8.23
	试样数量	9		9		9	
	批数	3		3		3	
	数据种类	筛选值		筛选值		筛选值	

注：①只对 A 类和 B 类数据给出基准值；②对于该材料，目前所要求的文档均未提供。

表 2.3.2.9(b)　1 轴压缩性能（$[0_f]_8$，零吸胶）

材料	AS4 3k/3501-6 5 综缎机织物（零吸胶）		
树脂含量	36%～39%（质量）	复合材料密度	1.55～1.56 g/cm³
纤维体积含量	52%～55%	空隙含量	
单层厚度	0.290～0.307 mm（0.011 4～ 0.012 1 in）		
试验方法	SACMA SRM 1-88	模量计算	
正则化	试样厚度和批内纤维体积含量正则化到 57%（固化后单层厚度 0.279 mm （0.011 in））		
温度/℃(℉)	24(75)		

（续表）

吸湿量(%)		大气环境			
吸湿平衡条件 (T/℃(℉)，RH/%)					
来源编码		43			
		正则化值	实测值		
F_1^{cu}/ MPa (ksi)	平均值	890(129)	834(121)		
	最小值	834(121)	765(111)		
	最大值	1000(145)	945(137)		
	CV/%	5.02	6.03		
	B基准值	①	①		
	分布	Weibull	ANOVA		
	C_1	917(133)	373(7.84)		
	C_2	18.9	209(4.39)		
	试样数量	15			
	批数	3			
	数据种类	临时值			
E_1^t/ GPa (Msi)	平均值	65.0(9.42)	60.8(8.81)		
	最小值	60.1(8.71)	57.2(8.30)		
	最大值	69.0(10.0)	65.5(9.50)		
	CV/%	4.25	5.35		
	试样数量	15			
	批数	3			
	数据种类	临时值			

注：①只对 A 类和 B 类数据给出基准值；②对于该材料，目前所要求的文档均未提供。

表 2.3.2.9(c) 31 面短梁强度性能($[0_f]_8$，零吸胶)

材料	AS4 3k/3501-6 5 综缎机织物(零吸胶)		
树脂含量	36%~39%(质量)	复合材料密度	1.55~1.56 g/cm³
纤维体积含量	52%~55%	空隙含量	
单层厚度	0.279~0.290 mm(0.0110~ 0.0114 in)		
试验方法	ASTM D 2344-84	模量计算	

（续表）

正则化	未正则化						
温度/℃(℉)	24(75)						
吸湿量(%)							
吸湿平衡条件 (T/℃(℉)，RH/%)	大气环境						
来源编码	43						
F_{31}^{sbs} / MPa (ksi)	平均值	77.9(11.3)					
	最小值	69.7(10.1)					
	最大值	83.4(12.1)					
	CV/%	5.05					
	B 基准值	①					
	分布	ANOVA					
	C_1	29.1(0.611)					
	C_2	207(4.35)					
	试样数量	15					
	批数	3					
	数据种类	筛选值					

注：①短梁强度试验数据只批准用于筛选数据种类；②对于该材料，目前所要求的文档均未提供。

表 2.3.2.9(d)　x 轴拉伸性能（[(0/45/90/−45)$_f$]$_s$，零吸胶）

材料	AS4 3k/3501 - 6 5 综缎机织物（零吸胶）		
树脂含量	36%～39%(质量)	复合材料密度	1.55～1.56 g/cm³
纤维体积含量	52%～55%	空隙含量	
单层厚度	0.287～0.295 mm(0.011 3～0.011 6 in)		
试验方法	ASTM D 3039 - 76	模量计算	
正则化	试样厚度和批内纤维体积含量正则化到 57%（固化后单层厚度 0.279 mm (0.011 in)）		
温度/℃(℉)	24(75)		
吸湿量(%)			
吸湿平衡条件 (T/℃(℉)，RH/%)	大气环境		

（续表）

来源编号		43			
		正则化值	实测值		
$F_x^{tu}/$ MPa (ksi)	平均值	554(80.4)	519(75.3)		
	最小值	532(77.1)	474(68.8)		
	最大值	596(86.4)	565(82.0)		
	CV/%	3.85	5.41		
	B 基准值	①	①		
	分布	正态	ANOVA		
	C_1	554(80.4)	212(4.45)		
	C_2	21.3(3.09)	241(5.07)		
	试样数量	9			
	批数	3			
	数据种类	筛选值			
$E_x^t/$ GPa (Msi)	平均值	47.9(6.94)	44.8(6.50)		
	最小值	46.4(6.73)	43.4(6.30)		
	最大值	49.2(7.13)	45.5(6.60)		
	CV/%	1.87	2.04		
	试样数量	9			
	批数	3			
	数据种类	筛选值			

注：①只对 A 类和 B 类数据给出基准值；②对于该材料，目前所要求的文档均未提供。

表 2.3.2.9(e)　开孔拉伸性能（$[(0/\pm45/90)_f]_s$，零吸胶）

材料	AS4 3k/3501 - 6 5 综缎机织物（零吸胶）		
树脂含量	36%～39%（质量）	复合材料密度	1.55～1.56 g/cm³
纤维体积含量	52%～55%	空隙含量	
单层厚度	0.287～0.295 mm(0.011 3～0.0116 in)		
试验方法	SACMA SRM 5 - 88	模量计算	
正则化	试样厚度和批内纤维体积含量正则化到 57%（固化后单层厚度 0.279 mm (0.011 in)）		
温度/℃(℉)	24(75)		

(续表)

吸湿量(%)		大气环境			
吸湿平衡条件 (T/℃(℉),RH/%)					
来源编码		43			
		正则化值	实测值		
F_x^{oht}/ MPa (ksi)	平均值	375(54.4)	383(55.5)		
	最小值	354(51.4)	365(52.9)		
	最大值	398(57.7)	405(58.7)		
	CV/%	4.58	3.72		
	B基准值	①	①		
	分布	ANOVA	正态		
	C_1	133(2.80)	383(55.5)		
	C_2	268(5.64)	14.2(2.06)		
	试样数量		9		
	批数		3		
	数据种类		筛选值		

注:①只对 A 类和 B 类数据给出基准值;②对于该材料,目前所要求的文档均未提供。

2.3.2.10　T300 3k/977 - 2 平纹机织物

材料描述:

材料　　　　T300 3k/977 - 2。

形式　　　　平纹机织物预浸料,纤维面积质量为 190 g/m²,典型的固化后树脂含量为 34%～39%,典型的固化后单层厚度为 0.188～0.206 mm(0.0074～0.0081 in)。

固化工艺　　热压罐固化;177℃(350℉),0.689 MPa(100 psi),180 min。

供应商提供的数据:

纤维　　　　T300 纤维是由 PAN 基原丝制造的不加捻的连续碳纤维,纤维经表面处理以改善操作性和结构性能。每一丝束包含有 3 000 根碳丝。典型的拉伸模量为 228 GPa(33×10⁶ psi),典型的拉伸强度为 3 654 MPa(530 000 psi)。

基体　　　　977 - 2 是一种可控流动性和增韧环氧树脂,湿热性能高于 977 - 1。这种树脂在低温下仍能保持韧性。

最高短期使用温度　149℃(300℉)(干态),93℃(200℉)(湿态)。

典型应用　　飞机的主承力和次承力结构,空间结构,低温容器或者其他需要抗冲击性、减重的应用。

数据分析概述：

表 2.3.2.10(c)中，E_1^t 的测量值的离散系数比正则化数据的高。其中一批原始数据明显高于其他批。无法解释。

表 2.3.2.10　T300 3k/977 - 2 平纹机织物

材料	T300 3k/977 - 2 平纹机织物			
形式	HMF 5 - 322D/77 - 2C 平纹机织物预浸带			
纤维	Amoco T300 3k，309 上浆剂，不加捻		基体	ICI Fiberite 977 - 2
T_g(干态)	181℃(358℉)	T_g(湿态) 129℃(264℉)	T_g测量方法	DMA
固化工艺	热压罐固化；177℃(350℉)，0.689 MPa(100 psi)，180 min			

纤维制造日期：	1/94，9/93	试验日期：	8/94—12/94
树脂制造日期：	5/94—6/95	数据提交日期：	7/95
预浸料制造日期：	5/94—6/94	分析日期：	7/95
复合材料制造日期：	6/94—7/94		

单层性能汇总

	23℃ (73℉) /A		−70℃ (−94℉) /A	82℃ (180℉) /W				
1 轴拉伸	BM-b							
2 轴拉伸	BM—B		BM—B	BM—B				
3 轴拉伸								
1 轴压缩	BM—							
2 轴压缩	BI—		BI—	BI—				
3 轴压缩								
12 面剪切	BM—I		BM—I	BM—				
23 面剪切								
31 面剪切	S—		S—	S—				

注：强度/模量/泊松比/破坏应变的数据种类为：A—A75，a—A55，B—B30，b—B18，M—平均值，I—临时值，S—筛选值，——无数据(见表 1.5.1.2(c))。

	名义值	提交值	试验方法
纤维密度/(g/cm³)	1.78	1.75—1.78	SACMA SRM5
树脂密度/(g/cm³)	1.30		ASTM D 792
复合材料密度/(g/cm³)		1.54—1.57	ASTM D 792
纤维面积质量/(g/m²)	190	190—194	ASTM D 3529
纤维体积含量/%		51—59	
单层厚度/mm		0.150—0.206	

层压板性能汇总

	23℃ (73℉) /A	−70℃ (−94℉) /A	82℃ (180℉) /W		
[45/0/−45/0/ 45/0]Family					
X 轴开孔拉伸	SS-S	SS-S	SS-S		
X 轴开孔压缩	SS-S	SS-S	SS-S		
[45/0/−45/0] Family					
X 轴冲击后压缩	SS-S	SS-S	SS-S		

注:强度/模量/泊松比/破坏应变的数据种类为:A—A75,a—A55,B—B30,b—B18,M—平均值,I—临时值,S—筛选值,—无数据(见表 1.5.1.2(c))。

表 2.3.2.10(a)　1 轴拉伸性能([0_f]_{10})

材料	T300 3k/977-2 平纹机织物		
树脂含量	34%～39%(质量)	复合材料密度	1.54～1.57 g/cm³
纤维体积含量	53%～59%	空隙含量	0.5%～2.3%
单层厚度	0.188～0.206 mm(0.0074～ 0.0081 in)		
试验方法	SACMA SRM 4-88	模量计算	在 1000～6000 $\mu\varepsilon$ 之间的弦向模量
正则化	试样厚度和批内纤维面积质量正则化到 57%纤维体积含量(固化后单层厚度 0.188 mm(0.0074 in))		

（续表）

		正则化值	实测值	正则化值	实测值	正则化值	实测值
温度/℃(℉)		23(73)					
吸湿量(%)		大气环境					
吸湿平衡条件 (T/℃(℉)，RH/%)							
来源编码		52					
$F_1^{tu}/$ MPa (ksi)	平均值	758(110)	710(103)				
	最小值	661(95.8)	6 102(885)				
	最大值	855(124)	793(115)				
	CV/%	7.42	7.39				
	B 基准值	610(88.4)	562(81.5)				
	分布	ANOVA	ANOVA				
	C_1	404(8.49)	379(7.98)				
	C_2	124(2.60)	130(2.74)				
	试样数量	30					
	批数	5					
	数据种类	B30					
$E_1^t/$ GPa (Msi)	平均值	68(9.93)	64(9.32)				
	最小值	67(9.73)	62(8.94)				
	最大值	70(10.2)	68(9.85)				
	CV/%	1.16	2.19				
	试样数量	27					
	批数	5					
	数据种类	平均值					
$\varepsilon_1^{tu}/\mu\varepsilon$	平均值		10 800				
	最小值		9 410				
	最大值		12 000				
	CV/%		7.15				
	B 基准值		8 870				
	分布		ANOVA				
	C_1		793.1				

（续表）

		正则化值	实测值	正则化值	实测值	正则化值	实测值
	C_2		251				
	试样数量		26				
	批数		5				
	数据种类		B18				

注：①只对 A 类和 B 类数据提供基准值。

表 2.3.2.10(b)　2 轴拉伸性能（$[90_f]_{10}$）

材料	T300 3k/977-2 平纹机织物		
树脂含量	34%～39%（质量）	复合材料密度	1.54～1.57 g/cm³
纤维体积含量	53%～59%	空隙含量	0.5%～2.3%
单层厚度	0.188～0.206 mm（0.0074～0.0081 in）		
试验方法	SACMA SRM 4-88	模量计算	在 1000～6000 $\mu\varepsilon$ 之间的弦向模量
正则化	试样厚度和批内纤维面积质量正则化到 57% 纤维体积含量（固化后单层厚度 0.188 mm（0.0074 in））		

温度/℃（℉）	23(73)		-70(-94)		82(180)	
吸湿量（%）					0.80	
吸湿平衡条件（T/℃（℉），RH/%）	大气环境		大气环境		①	
来源编码	52		52		52	

F_2^{tu}/MPa(ksi)	平均值	724(105)	674(97.8)	516(74.9)	481(69.8)	786(114)	731(106)
	最小值	576(83.5)	535(77.6)	415(60.2)	383(55.5)	717(104)	656(95.2)
	最大值	814(118)	758(110)	628(91.1)	593(86.0)	834(121)	786(114)
	CV/%	8.59	8.64	9.74	10.3	4.20	4.77
	B 基准值	608(88.2)	570(82.7)	377(54.7)	343(49.8)	724(105)	666(96.6)
	分布	Weibull		ANOVA		Weibull	
	C_1	745(108)	696(101)	360(7.58)	355(7.46)	800(116)	752(109)
	C_2	15.4	156	127(2.66)	128(2.69)	31.1	26.7
	试样数量	30		30		30	
	批数	5		5		5	
	数据种类	B30		B30		B30	

（续表）

E_2^t / GPa (Msi)	平均值	64.5(9.36)	60.4(8.76)	64.9(9.41)	60.5(8.77)	64.7(9.39)	60.4(8.76)
	最小值	61.9(8.97)	58.2(8.45)	62.5(9.06)	57.9(8.40)	60.9(8.82)	56.3(8.17)
	最大值	66.4(9.63)	63.0(9.14)	67.2(9.75)	63.8(9.25)	66.4(9.63)	64.0(9.28)
	CV/%	1.57	2.04	2.08	2.54	2.03	2.80
	试样数量	30		30		30	
	批数	5		5		5	
	数据种类	平均值		平均值		平均值	
ε_2^{tu} / $\mu\varepsilon$	平均值	10 900		7 910		11 900	
	最小值	8 690		6 240		10 800	
	最大值	1 210		9 540		12 800	
	CV/%	8.05		9.92		3.99	
	B基准值	9 310		5 630		10 700	
	分布	Weibull		ANOVA		ANOVA	
	C_1	11 210		822		485	
	C_2	17.0		2.78		2.37	
	试样数量	30		30		30	
	批数	5		5		5	
	数据种类	B30		B30		B30	

注：①置于 74±3℃(165±5℉)，87%RH 环境下直至平衡。

表 2.3.2.10(c)　　1 轴压缩性能（$[0_f]_{14}$）

材料	T300 3k/977-2 平纹机织物		
树脂含量	35%～38%(质量)	复合材料密度	1.55～1.56 g/cm³
纤维体积含量	52%～58%	空隙含量	0.72%～0.99%
单层厚度	0.188～0.208 mm(0.007 4～0.008 2 in)		
试验方法	SACMA SRM 1-88	模量计算	在 1 000～3 000 $\mu\varepsilon$ 之间的弦向模量
正则化	试样厚度和批内纤维面积质量正则化到 57%纤维体积含量(固化后单层厚度 0.188 mm(0.007 4 in))		
温度/℃(℉)	23(73)		

（续表）

		正则化值	实测值	正则化值	实测值	正则化值	实测值
吸湿量（%）		大气环境					
吸湿平衡条件 $(T/℃(℉)$, RH/%)							
来源编码		52					
$F_1^{cu}/$ MPa (ksi)	平均值	841(122)	820(119)				
	最小值	724(105)	696(101)				
	最大值	931(135)	917(133)				
	CV/%	6.00	6.49				
	B 基准值	710(103)	672(97.4)				
	分布	ANOVA	ANOVA				
	C_1	358(7.54)	384(8.08)				
	C_2	119(2.51)	129(2.71)				
	试样数量	30					
	批数	5					
	数据种类	B30					
$E_1^c/$ GPa (Msi)	平均值	60.1(8.71)	58.0(8.41)				
	最小值	53.8(7.80)	50.5(7.33)				
	最大值	63.0(9.14)	62.3(9.04)				
	CV/%	4.50	6.12				
	试样数量	30					
	批数	5					
	数据种类	平均值					

注：①离散系数高的原因是其中一批数据明显比其他 4 批数据低。无法解释。

表 2.3.2.10(d) 1 轴压缩性能（$[0_r]_{14}$）

材料	T300 3k/977-2 平纹机织物		
树脂含量	35%～38%（质量）	复合材料密度	1.55～1.56 g/cm³
纤维体积含量	52%～58%	空隙含量	0.72%～0.99%
单层厚度	0.188～0.208 mm（0.0074～0.0082 in)		

（续表）

试验方法	SACMA SRM 1 - 88		模量计算	在 $1000\sim3000\,\mu\varepsilon$ 之间的弦向模量	
正则化	试样厚度和批内纤维面积质量正则化到57%纤维体积含量（固化后单层厚度 0.188 mm(0.007 4 in)）				

温度/℃(℉)	23(73)		$-70(-94)$		82(180)	
吸湿量(%)					0.70	
吸湿平衡条件 (T/℃(℉)，RH/%)	大气环境		大气环境		74(165)，87	
来源编码	52		52		52	
	正则化值	实测值	正则化值	实测值	正则化值	实测值
F_2^{cu}/ MPa (ksi) 平均值	765(111)	724(105)	841(122)	807(117)	581(84.2)	552(80.1)
最小值	696(101)	670(97.2)	717(104)	667(96.7)	534(77.4)	487(70.7)
最大值	834(121)	800(116)	965(140)	945(137)	651(94.4)	616(89.4)
CV/%	3.78	4.84	7.06	7.90	5.14	5.07
B基准值	710(103)	629(91.3)	731(106)	642(93.1)	483(70.1)	461(66.8)
分布	正态	ANOVA	正态	ANOVA	ANOVA	ANOVA
C_1	765(111)	249(5.23)	841(122)	454(9.55)	219(4.61)	206(4.33)
C_2	28.8(4.18)	121(2.54)	5 923(859)	120(2.53)	145(3.05)	145(3.06)
试样数量	30		30		30	
批数	5		5		5	
数据种类	B30		B30		B30	
E_2^{t}/ GPa (Msi) 平均值	59.5(8.63)	55.2(8.00)	59.0(8.56)	54.4(7.89)	57.4(8.32)	55.1(7.99)
最小值	56.3(8.17)	52.1(7.55)	56.0(8.12)	51.3(7.44)	56.3(8.16)	51.2(7.43)
最大值	61.4(8.90)	59.4(8.62)	62.0(8.92)	57.0(8.27)	59.8(8.67)	57.2(8.30)
CV/%	2.18	4.19	2.70	2.83	1.73	3.12
试样数量	15		15		15	
批数	5		5		5	
数据种类	临时值		临时值		临时值	

表 2.3.2.10(e)　12 面剪切性能([45]₂ₛ)

材料	T300 3k/977-2 平纹机织物					
树脂含量	33%～38%(质量)		复合材料密度	1.55～1.57 g/cm³		
纤维体积含量	51%～58%		空隙含量	0.72%～1.04%		
单层厚度	0.191～0.213 mm(0.0075～0.0084 in)					
试验方法	SACMA SRM 7-88①		模量计算	在剪应力-应变曲线上 0～3000 $\mu\varepsilon$ 之间的弦向模量		
正则化	未正则化					

温度/℃(℉)		23(73)	−70(−94)	82(180)		
吸湿量(%)				0.70		
吸湿平衡条件 (T/℃(℉)，RH/%)		大气环境	大气环境	②		
来源编码		52	52	52		
F_{12}^{su}/ MPa (ksi)	平均值	124(18.0)	139(20.1)	92.4(13.4)		
	最小值	118(17.1)	125(18.1)	81.4(11.8)		
	最大值	135(19.6)	151(21.9)	97.2(14.1)		
	CV/%	3.35	3.27	3.88		
	B 基准值	114(16.5)	126(18.2)	81(11.7)		
	分布	ANOVA	ANOVA	ANOVA		
	C_1	4.27(0.620)	4.70(0.682)	3.81(0.553)		
	C_2	17.0(2.47)	18.4(2.67)	20.8(3.01)		
	试样数量	30	30	30		
	批数	5	5	5		
	数据种类	B30	B30	B30		
G_{12}^s/ GPa (Msi)	平均值	4.07(0.59)	5.03(0.73)	3.10(0.45)		
	最小值	3.86(0.56)	4.76(0.69)	2.90(0.42)		
	最大值	4.27(0.62)	5.31(0.77)	3.52(0.51)		
	CV/%	2.7	3.4	3.9		
	试样数量	30	30	30		
	批数	5	5	5		
	数据种类	平均值	平均值	平均值		

（续表）

	平均值	63 300	35 900				
	最小值	45 800	23 500				
	最大值	84 700	45 700				
	$CV/\%$	16.1	13.4				
	B 基准值	31 500	20 000				
$\gamma_{12}^{su}/\mu\varepsilon$	分布	ANOVA	ANOVA				
	C_1	10 810	5 160				
	C_2	2.94	3.09				
	试样数量	30	30				
	批数	5	5				
	数据种类	B30	B30				

注：①试验方法在 50 000 $\mu\varepsilon$ 时未终止；②在 74℃（165°F）和 87%RH 条件下浸润处理到平衡。

表 2.3.2.10（f）　31 面短梁强度性能（$[0_f]_{10}$）

材料	T300 3k/977-2 平纹机织物				
树脂含量	35%～39%（质量）		复合材料密度	1.54～1.56 g/cm³	
纤维体积含量	53%～57%		空隙含量	0.56%～2.28%	
单层厚度	0.191～0.206 mm（0.007 5～0.008 1 in）				
试验方法	SACMA SRM 8-88		模量计算		
正则化	未正则化				

	温度/℃（°F）	23（73）	−70（−94）	82（180）		
	吸湿量（%）			0.60		
	吸湿平衡条件（T/℃（°F），RH/%）	大气环境	大气环境	①		
	来源编码	52	52	52		
$F_{31}^{sbs}/$ MPa （ksi）	平均值	88.9（12.9）	97.2（14.1）	57.6（8.35）		
	最小值	85.5（12.4）	84.1（12.2）	54.3（7.87）		
	最大值	93.7（13.6）	107（15.5）	60.5（8.77）		
	$CV/\%$	2.93	5.76	2.17		
	B 基准值	②	②	②		
	分布	ANOVA	ANOVA	ANOVA		

（续表）

C_1	2.74(0.398)	5.76(0.835)	1.26(0.183)		
C_2	19.6(2.84)	17.1(2.48)	14.6(2.12)		
试样数量	30	30	30		
批数	5	5	5		
数据种类	筛选值	筛选值	筛选值		

注：①在74℃(165℉)和87%RH条件下浸润处理到平衡；②短梁强度试验数据只批准用作筛选类数据。

表 2.3.2.10(g)　x 轴开孔拉伸性能（$[+45_f/0_f/-45_f/0_f/+45_f/0_f]_s$）

材料	T300 3k/977 - 2 平纹机织物			
树脂含量	35%～37%(质量)		复合材料密度	1.55～1.56 g/cm³
纤维体积含量	51%～52%		空隙含量	0.79%～1.57%
单层厚度	0.208～0.213 mm(0.0082～0.0084 in)			
试验方法	SACMA SRM 5 - 88		模量计算	在 1000～3000 $\mu\varepsilon$ 之间的弦向模量
正则化	试样厚度和批内纤维面积质量正则化到 57% 纤维体积含量(固化后单层厚度 0.188 mm(0.0074 in))			

	温度/℃(℉)	23(73)		−70(−94)		82(180)	
	吸湿量(%)					1.07	
	吸湿平衡条件 (T/℃(℉)，RH/%)	大气环境		大气环境		①	
	来源编码	52		52		52	
		正则化值	实测值	正则化值	实测值	正则化值	实测值
F_X^{oht}/ MPa (ksi)	平均值	275(39.9)	249(36.1)	266(38.6)	239(34.7)	292(42.4)	266(38.6)
	最小值	259(37.6)	232(33.6)	258(37.4)	232(33.6)	272(39.5)	245(35.6)
	最大值	284(41.2)	265(38.4)	205(29.8)	250(36.3)	308(44.6)	289(41.9)
	CV/%	4.00	5.34	2.67	3.06	4.56	5.53
	B 基准值	②	②	②	②	②	②
	分布	正态	正态	正态	正态	正态	正态
	C_1	275(39.9)	249(36.1)	266(38.6)	239(34.7)	292(42.4)	266(38.6)
	C_2	11.0(1.59)	13.3(1.93)	7.10(1.03)	7.31(1.06)	13.3(1.93)	14.8(2.14)
	试样数量	6		6		6	
	批数	1		1		1	
	数据种类	筛选值		筛选值		筛选值	

(续表)

		正则化值	实测值	正则化值	实测值	正则化值	实测值
$E_X^{oht}/$ GPa (Msi)	平均值	48.5(7.03)	43.9(6.36)	51.1(7.41)	45.9(6.66)	50.5(7.32)	46.5(6.74)
	最小值	47.9(6.95)	42.8(6.21)	49.2(7.13)	44.8(6.50)	48.4(7.02)	44.1(6.40)
	最大值	49.2(7.14)	45.6(6.61)	53.9(7.81)	48.3(7.01)	54.0(7.83)	49.5(7.18)
	CV/%	1.05	2.35	3.21	2.87	6.10	5.91
	试样数量	6		6		6	
	批数	1		1		1	
	数据种类	筛选值		筛选值		筛选值	
$\varepsilon_X^{oht}/\mu\varepsilon$	平均值		5 650		5 150		5 720
	最小值		5 280		4 900		5 380
	最大值		5 860		5 450		6 250
	CV/%		4.71		435		8.10
	B基准值		②		②		③
	分布		正态		正态		③
	C_1		5 650		5 150		③
	C_2		266		224		③
	试样数量		6		6		6
	批数		1		1		1
	数据种类		筛选值		筛选值		筛选值

注：①在 74℃(165℉) 和 87%RH 下吸湿至平衡；②只对 A 类和 B 类数据提供基准值；③少于 4 个观察结果的不计算 B 基准值和分布信息。

表 2.3.2.10(h)　1 轴开孔压缩性能（$[+45_f/0_f/-45_f/0_f/+45_f/0_f]_s$）

材料	T300 3k/977-2 平纹机织物		
树脂含量	35%～37%(质量)	复合材料密度	1.55～1.56 g/cm³
纤维体积含量	51%～55%	空隙含量	0.79%～1.57%
单层厚度	0.208～0.213 mm(0.008 2～0.008 4 in)		
试验方法	SACMA SRM 3-88	模量计算	在 1000～3 000 $\mu\varepsilon$ 之间的弦向模量
正则化	试样厚度和批内纤维面积质量正则化到 57%纤维体积含量(固化后单层厚度 0.188 mm(0.007 4 in))		
温度/℃(℉)	23(73)	-70(-94)	82(180)

第 2 章　碳纤维复合材料　　　569

（续表）

		正则化值	实测值	正则化值	实测值	正则化值	实测值
吸湿量(%)						1.04	
吸湿平衡条件 (T/℃(°F)，RH/%)		大气环境		大气环境		①	
来源编码		52		52		52	
F_X^{ohc} / MPa (ksi)	平均值	299(43.3)	273(39.6)	362(52.5)	328(47.5)	270(39.1)	247(35.8)
	最小值	286(41.5)	269(39.0)	345(50.0)	308(44.7)	263(38.1)	241(35.0)
	最大值	307(44.5)	277(40.2)	379(54.9)	337(48.9)	275(39.9)	259(37.5)
	CV/%	2.84	1.26	3.32	3.40	1.69	2.68
	B 基准值	②	②	②	②	②	②
	分布	正态	正态	正态	正态	正态	正态
	C_1	299(43.3)	273(39.6)	362(52.5)	328(47.5)	270(39.1)	247(35.8)
	C_2	8.48(1.23)	3.45(0.500)	12.0(1.74)	11.2(1.62)	13.3(1.93)	6.61(0.958)
	试样数量	6		6		6	
	批数	1		1		1	
	数据种类	筛选值		筛选值		筛选值	
E_X^{ohc} / GPa (Msi)	平均值	42.4(6.15)	38.8(5.62)	46.5(6.74)	42.2(6.12)	44.0(6.38)	39.5(5.73)
	最小值	36.3(5.26)	34.7(5.03)	45.8(6.64)	41.0(5.94)	43.6(6.32)	39.1(5.67)
	最大值	45.9(6.66)	42.4(6.15)	47.5(6.89)	43.6(6.32)	44.7(6.48)	40.3(5.85)
	CV/%	9.16	8.30	1.65	2.88	1.33	1.76
	试样数量	6		5		3	
	批数	1		1		1	
	数据种类	筛选值		筛选值		筛选值	
ε_X^{ohc} / $\mu\varepsilon$	平均值		6 810		7 980		6 220
	最小值		6 610		7 750		6 110
	最大值		7 020		8 200		6 320
	CV/%		2.21		2.57		1.68
	B 基准值		②		②		③
	分布		正态		正态		③
	C_1		6 810		7 980		③
	C_2		150		205		③
	试样数量	6		5		3	
	批数	1		1		1	
	数据种类	筛选值		筛选值		筛选值	

注：①在74℃(165°F)和87%RH下吸湿至平衡；②只对 A 类和 B 类数据提供基准值；③少于 4 个观察结果的不计算 B 基准值和分布信息。

表 2.3.2.10(i)　1 轴冲击后压缩性能（$[+45_f/0_f/-45_f/0_f]_{3s}$）

材料	T300 3k/977-2 平纹机织物		
树脂含量	36%～39%（质量）	复合材料密度	1.55～1.56 g/cm³
纤维体积含量	52%～54%	空隙含量	0.91%～1.23%
单层厚度	0.201～0.208 mm（0.0079～0.0082 in）		
试验方法	SACMA SRM 2-88 冲击能量为 6.67 J/mm（1500 in·lbf/in）	模量计算	在 1000～3000 $\mu\varepsilon$ 之间的弦向模量
正则化	试样厚度和批内纤维面积质量正则化到 57% 纤维体积含量（固化后单层厚度 0.188 mm（0.0074 in））		

温度/℃（℉）	23(73)		-70(-94)		82(180)	
吸湿量（%）					1.07	
吸湿平衡条件 (T/℃（℉），RH/%)	大气环境		大气环境		①	
来源编码	52		52		52	

		正则化值	实测值	正则化值	实测值	正则化值	实测值
F_X^{cai}/ MPa (ksi)	平均值	284(41.2)	264(38.3)	325(47.2)	301(43.6)	239(34.7)	223(32.4)
	最小值	278(40.3)	259(37.5)	314(45.5)	288(41.8)	233(33.8)	217(31.5)
	最大值	292(42.3)	270(39.1)	336(48.8)	311(45.1)	249(36.1)	228(33.0)
	CV/%	1.59	1.63	2.79	2.70	2.22	1.92
	B 基准值	②	②	②	②	②	②
	分布	正态	正态	正态	正态	正态	正态
	C_1	284(41.2)	264(38.3)	325(47.2)	301(43.6)	239(34.73)	223(32.4)
	C_2	4.53(0.657)	4.31(0.625)	9.03(1.31)	8.07(1.17)	5.31(0.770)	4.29(0.622)
	试样数量	6		6		6	
	批数	1		1		1	
	数据种类	筛选值		筛选值		筛选值	
E_X^{cai}/ GPa (Msi)	平均值	46.8(6.79)	43.4(6.32)	44.4(6.44)	41.0(5.94)	43.1(6.25)	40.3(5.84)
	最小值	43.0(6.23)	38.9(5.64)	43.9(6.37)	39.8(5.77)	42.8(6.20)	39.2(5.69)
	最大值	64.5(9.36)	61.1(8.86)	45.4(6.59)	41.9(6.07)	43.4(6.3)	40.9(5.93)
	CV/%	18.5	19.8	1.24	2.31	0.668	1.55
	试样数量	6		6		6	
	批数	1		1		1	
	数据种类	筛选值		筛选值		筛选值	

（续表）

		正则化值	实测值	正则化值	实测值	正则化值	实测值
$\varepsilon_X^{cai}/\mu\varepsilon$	平均值		6 710		7 520		5 610
	最小值		6 550		7 060		5 460
	最大值		6 940		7 870		5 850
	CV/%		2.10		3.75		2.34
	B 基准值		②		②		②
	分布		正态		正态		正态
	C_1		6 710		7 520		5 610
	C_2		141		282		131
	试样数量	6		6		6	
	批数	1		1		1	
	数据种类	筛选值		筛选值		筛选值	

注：①在 74℃（165℉）和 87%RH 下吸湿至平衡；②只对 A 类和 B 类数据提供基准值。

2.3.2.11 T300 3k/977 - 2 8 综缎机织物

材料描述：

材料　　　T300 3k/977 - 2。

形式　　　8 综缎机织物，纤维面积质量为 360 g/m²，典型的固化后树脂含量为 34%～42%，典型的固化后单层厚度为 0.358～0.391 mm（0.0141～0.0154 in）。

固化工艺　热压罐固化；177℃（350℉），0.689 MPa（100 psi），3 h。

供应商提供的数据：

纤维　　　T300 纤维是由 PAN 基原丝体制造的不加捻的连续碳纤维，纤维经表面处理以改善操作性和结构性能。每一丝束包含有 3000 根碳丝。典型的拉伸模量为 228 GPa（33×10⁶ psi），典型的拉伸强度为 3654 MPa（530 000 psi）。

基体　　　977 - 2 是一种可控流动性和增韧环氧树脂，湿热性能优于 977 - 1。这种树脂在低温下仍能保持韧性。

最高短期使用温度　149℃（300℉）（干态），93℃（200℉）（湿态）。

典型应用　飞机的主承力和次承力结构，空间结构，低温储箱或者其他需要抗冲击性、减重的应用。

表 2.3.2.11　T300 3k/977 - 2 8 综缎机织物

材料	T300 3k/977 - 2 8 综缎机织物			
形式	HMF 5 - 133D/77 - 2 预浸带			
纤维	Amoco T300 3k, 309 上浆剂, 不加捻		基体	ICI Fiberite 977 - 2
T_g(干态)	172℃(342℉)	T_g(湿态)　122℃(252℉)	T_g测量方法	DMA
固化工艺	热压罐固化;177℃(350℉), 0.689 MPa(100 psi), 180 min			

纤维制造日期:	8/93—5/94	试验日期:	8/94—12/94
树脂制造日期:	7/954	数据提交日期:	7/95
预浸料制造日期:	7/94	分析日期:	7/95
复合材料制造日期:	8/94		

单层性能汇总

	23℃ (73℉) /A	−70℃ (−94℉) /A	82℃ (180℉) /W			
1 轴拉伸	BM-B					
2 轴拉伸	BM-B	BM-B	BM--B			
3 轴拉伸						
1 轴压缩	BM--					
2 轴压缩	BI--	BI--	BI--			
3 轴压缩						
12 面剪切	BM--B	BM--	BM-b			
23 面剪切						
31 面剪切	S---	S---	S---			

注:强度/模量/泊松比/破坏应变的数据种类为:A—A75, a—A55, B—B30, b—B18, M—平均值, I—临时值, S—筛选值, ——无数据(见表 1.5.1.2(c))。

	名义值	提交值	试验方法
纤维密度/(g/cm³)	1.78	1.75~1.76	SACMA SRM15
树脂密度/(g/cm³)	1.30		ASTM D 792
复合材料密度/(g/cm³)		1.52~1.57	ASTM D 792
纤维面积质量/(g/m²)	360	359~363	ASTM D 3529
纤维体积含量/%		52~58	
单层厚度/mm		0.358~0.399	

层压板性能汇总

	23℃ (73℉) /A		−70℃ (−94℉) /A		82℃ (180℉) /W			
[45/0/−45/0/45/0]系列								
x 轴开孔拉伸	SS-S		SS-S		SS-S			
x 轴开孔压缩	SS-S		SS-S		SS-S			
x 轴冲击后压缩	SS-S		SS-S		SS-S			

注:强度/模量/泊松比/破坏应变的数据种类为:A—A75,a—A55,B—B30,b—B18,M—平均值,I—临时值,S—筛选值,—无数据(见表1.5.1.2(c))。

表 2.3.2.11(a)　1 轴拉伸性能([0_f]$_6$)

材料	T300 3k/977-2 8 综缎机织物		
树脂含量	34%~42%(质量)	复合材料密度	1.53~1.56g/cm³
纤维体积含量	52%~58%	空隙含量	0.30%~2.52%
单层厚度	0.358~0.391mm(0.0141~0.0154in)		
试验方法	SACMA SRM 4-88	模量计算	在1000~6000$\mu\varepsilon$之间的弦向模量
正则化	试样厚度和批内纤维面积质量正则化到57%纤维体积含量(固化后单层厚度0.356mm(0.014in))		

温度/℃(℉)	23(73)					
吸湿量(%)						
吸湿平衡条件 (T/℃(℉),RH/%)	大气环境					
来源编码	52					
	正则化值	实测值	正则化值	实测值	正则化值	实测值
F_1^{tu}/MPa(ksi) 平均值	731(106)	663(96.2)				
最小值	669(97.1)	598(86.7)				
最大值	814(118)	745(108)				

（续表）

		正则化值	实测值	正则化值	实测值	正则化值	实测值
	$CV/\%$	5.14	5.55				
	B 基准值	663(96.2)	573(83.1)				
	分布	正态	Weibull				
	C_1	731(106)	681(98.7)				
	C_2	37.5(5.44)	18.4				
	试样数量	30					
	批数	5					
	数据种类	B30					
$E_1^t/$ GPa (Msi)	平均值	69.6(10.1)	63.2(9.16)				
	最小值	68.2(9.89)	59.8(8.67)				
	最大值	73.1(10.6)	66.1(9.58)				
	$CV/\%$	1.45	2.42				
	试样数量	30					
	批数	5					
	数据种类	平均值					
$\varepsilon_1^{tu}/\mu\varepsilon$	平均值	10 300					
	最小值	9 200					
	最大值	11 400					
	$CV/\%$	5.33					
	B 基准值	9 290					
	分布	正态					
	C_1	10 300					
	C_2	547					
	试样数量	30					
	批数	5					
	数据种类	B30					

表 2.3.2.11(b)　2 轴拉伸性能($[90_f]_6$)

材料	T300 3k/977 - 2 8 综缎机织物			
树脂含量	34%～42%(质量)		复合材料密度	1.53～1.56 g/cm³
纤维体积含量	52%～58%		空隙含量	0.30%～2.52%
单层厚度	0.358～0.391 mm(0.014 1～0.015 4 in)			
试验方法	SACMA SRM 4 - 88		模量计算	在 1000～6000 $\mu\varepsilon$ 之间的弦向模量
正则化	试样厚度和批内纤维面积质量正则化到 57%纤维体积含量(固化后单层厚度 0.356 mm(0.014 in))			

温度/℃(℉)		23(73)		−70(−94)		82(180)	
吸湿量(%)						0.83	
吸湿平衡条件 (T/℃(℉),RH/%)		大气环境		大气环境		①	
来源编码		53		53		53	
F_2^{tu}/ MPa (ksi)	平均值	670(97.2)	603(87.5)	590(85.6)	529(76.7)	758(110)	688(99.8)
	最小值	589(85.4)	534(77.5)	519(75.3)	452(65.6)	660(95.7)	582(84.4)
	最大值	786(114)	724(105)	649(94.2)	585(84.9)	827(120)	752(109)
	CV/%	7.48	7.64	5.73	6.91	5.84	6.28
	B 基准值	587(85.1)	521(75.6)	519(75.3)	429(62.2)	632(91.7)	567(82.3)
	分布	对数正态	正态	Weibull	ANOVA	ANOVA	ANOVA
	C_1	6.50(4.57)	603(87.5)	606(87.9)	262(5.51)	319(6.71)	310(6.52)
	C_2	2.00(0.0734)	46.1(6.68)	20.5	125(2.64)	130(2.74)	127(2.68)
	试样数量	30		30		30	
	批数	5		5		5	
	数据种类	B30		B30		B30	
E_2^t/ GPa (Msi)	平均值	65.8(9.55)	59.3(8.60)	66.8(9.69)	59.9(8.68)	65.5(9.50)	59.4(8.62)
	最小值	64.0(9.28)	56.5(8.19)	65.0(9.42)	57.3(8.31)	62.7(9.10)	55.6(8.07)
	最大值	70.3(10.2)	62.5(9.07)	69.0(10.0)	63.2(9.17)	68.8(9.98)	62.5(9.06)
	CV/%	1.76	2.90	1.15	2.61	2.18	2.99
	试样数量	30		30		30	
	批数	5		5		5	
	数据种类	平均值		平均值		平均值	

（续表）

	平均值	9 960	8 750	11 400
	最小值	8 830	7 700	9 480
	最大值	11 500	9 640	12 600
	$CV/\%$	7.46	5.65	6.65
	B 基准值	8 640	7 700	9 100
$\varepsilon_2^{tu}/\mu\varepsilon$	分布	正态	Weibull	ANOVA
	C_1	9 960	8 980	795
	C_2	743	20.72	2.86
	试样数量	30	30	30
	批数	5	5	5
	数据种类	B30	B30	B30

注：① 在 74℃（165℉）和 85%RH 环境下吸湿到平衡。

表 2.3.2.11（c） 1 轴压缩性能（$[0_f]_8$）

材料	T300 3k/977-2 8 综缎机织物		
树脂含量	35%～39%（质量）	复合材料密度	1.54～1.56 g/cm³
纤维体积含量	52%～56%	空隙含量	0.52%～0.73%
单层厚度	0.366～0.394 mm（0.014 4～0.015 5 in）		
试验方法	SACMA SRM 1-88	模量计算	在 1 000～3 000 $\mu\varepsilon$ 之间的弦向模量
正则化	试样厚度和批内纤维面积质量正则化到 57%纤维体积含量（固化后单层厚度 0.356 mm（0.014 in））		

温度/℃（℉）		23(73)				
吸湿量（%）						
吸湿平衡条件（T/℃（℉），RH/%）		大气环境				
来源编码		53				
		正则化值	实测值	正则化值	实测值	正则化值	实测值
$F_1^{cu}/$ MPa (ksi)	平均值	807(117)	772(112)				
	最小值	765(111)	738(107)				
	最大值	848(123)	814(118)				

（续表）

		正则化值	实测值	正则化值	实测值	正则化值	实测值
$F_1^{cu}/$ MPa (ksi)	$CV/\%$	2.35	2.52				
	B 基准值	772(112)	738(107)				
	分布	对数正态	正态				
	C_1	6.69(4.76)	772(112)				
	C_2	1.95(0.0233)	19.4(2.82)				
	试样数量	30					
	批数	5					
	数据种类	B30					
$E_1^c/$ GPa (Msi)	平均值	61.8(8.96)	56.3(8.17)				
	最小值	60.5(8.77)	55.0(7.97)				
	最大值	62.8(9.11)	58.3(8.45)				
	$CV/\%$	1.16	1.77				
	试样数量	30					
	批数	5					
	数据种类	平均值					

表 2.3.2.11(d)　2 轴压缩性能（$[0_f]_8$）

材料	T300 3k/977-2 8 综缎机织物		
树脂含量	35%～39%（质量）	复合材料密度	1.54～1.56 g/cm³
纤维体积含量	52%～56%	空隙含量	0.52%～0.73%
单层厚度	0.366～0.394 mm(0.0144～0.0155 in)		
试验方法	SACMA SRM 1-88	模量计算	在 1 000～3 000 $\mu\varepsilon$ 之间的弦向模量
正则化	试样厚度和批内纤维面积质量正则化到 57% 纤维体积含量（固化后单层厚度 0.356 mm(0.014 in)）		
温度/℃(℉)	23(73)	−70(−94)	82(180)
吸湿量(%)			0.78
吸湿平衡条件 (T/℃(℉)，RH/%)	大气环境	大气环境	①

（续表）

来源编码		53		53		53	
		正则化值	实测值	正则化值	实测值	正则化值	实测值
F_2^{cu} / MPa (ksi)	平均值	765(111)	703(102)	834(121)	772(112)	567(82.2)	529(76.7)
	最小值	667(96.7)	625(90.6)	752(109)	703(102)	498(72.3)	476(69.0)
	最大值	855(124)	765(111)	958(139)	876(127)	610(88.5)	573(83.1)
	CV/%	5.32	4.78	6.42	6.38	4.30	4.83
	B基准值	658(95.5)	617(89.5)	738(107)	689(99.9)	496(72.0)	450(65.3)
	分布	ANOVA	ANOVA	正态	对数正态	ANOVA	ANOVA
	C_1	291(6.12)	238(5.00)	834(121)	2.79(4.72)	176(3.70)	186(3.92)
	C_2	123(2.58)	116(2.44)	53.4(7.74)	1.87(0.0627)	131(2.76)	139(2.93)
	试样数量	30		30		30	
	批数	5		5		5	
	数据种类	B30		B30		B30	
E_2^c / GPa (Msi)	平均值	58.7(8.51)	51.0(7.40)	59.6(8.64)	53.3(7.73)	58.7(8.51)	51.1(7.41)
	最小值	57.5(8.34)	49.4(7.17)	57.2(8.30)	50.4(7.31)	57.6(8.36)	49.0(7.10)
	最大值	60.9(8.84)	52.4(7.60)	61.3(8.89)	54.8(7.95)	60.2(8.73)	52.7(7.65)
	CV/%	1.58	1.60	1.81	2.10	1.41	2.05
	试样数量	15		15		15	
	批数	5		5		5	
	数据种类	临时值		临时值		临时值	

注：① 在 74℃(165°F)和 85%RH 环境下吸湿至平衡。

表 2.3.2.11(e)　12 面内剪切性能（[45$_f$]$_{2s}$）

材料	T300 3k/977-28 综缎机织物		
树脂含量	33%～40%(质量)	复合材料密度	1.54～1.57 g/cm³
纤维体积含量	52%～56%	空隙含量	0.34%～1.82%
单层厚度	0.363～0.396 mm(0.0143～ 0.0156 in)		
试验方法	SACMA SRM 7-88①	模量计算	在 0～3000$\mu\varepsilon$ 之间的弦向模量
正则化	未正则化		

（续表）

温度/℃(℉)		23(73)	−70(−94)	82(180)		
吸湿量(%)				0.74		
吸湿平衡条件 (T/℃(℉)，RH/%)		大气环境	大气环境	②		
来源编码		53	53	53		
F_{12}^{su}/ MPa (ksi)	平均值	119(17.2)	137(19.8)	79.3(11.5)		
	最小值	114(16.6)	132(19.1)	76.5(11.1)		
	最大值	122(17.7)	145(21.0)	81.4(11.8)		
	CV/%	1.74	2.56	2.11		
	B 基准值	113(16.4)	124(18.0)	73.8(10.7)		
	分布	ANOVA	ANOVA	ΛNOVA		
	C_1	14.7(0.310)	26.1(0.550)	12.4(0.261)		
	C_2	122(2.56)	155(3.25)	151(3.17)		
	试样数量	30	30	30		
	批数	5	5	5		
	数据种类	B30	B30	B30		
G_{12}^{s}/ GPa (Msi)	平均值	3.93(0.57)	5.10(0.74)	2.90(0.42)		
	最小值	3.72(0.54)	4.90(0.71)	2.76(0.40)		
	最大值	4.27(0.62)	5.58(0.81)	3.10(0.45)		
	CV/%	3.3	3.7	2.5		
	试样数量	30	30	30		
	批数	5	5	5		
	数据种类	平均值	平均值	平均值		
$\gamma_{12}^{su}/\mu\varepsilon$	平均值	57100		80400		
	最小值	43400		69800		
	最大值	63200		109000		
	CV/%	7.78		9.14		
	B 基准值	46800		③		
	分布	ANOVA		ANOVA		
	C_1	4530		7960		

（续表）

F_{12}^{su} / MPa (ksi)	C_2	2.28		2.99			
	试样数量	30		24			
	批数	5		4			
	数据种类	B30		B18			

注：①试验方法在到达 50 000 $\mu\varepsilon$ 后没有停止；②在 74℃（165℉）和 85%RH 环境下吸湿到平衡；③没有提供数据少于 5 个批次，用 ANOVA 方法计算的 B 基准值。

表 2.3.2.11（f） 31 面短梁强度性能（$[0_f]_8$）

材料	T300 3k/977 - 2 8 综缎机织物				
树脂含量	35%～41%（质量）		复合材料密度	1.53～1.54 g/cm³	
纤维体积含量	52%～58%		空隙含量	0.33%～2.21%	
单层厚度	0.358～0.391 mm（0.014 1～0.015 4 in）				
试验方法	SACMA SRM 8 - 88		模量计算		
正则化	未正则化				

温度/℃（℉）		23（73）	−70（−94）	82（180）			
吸湿量（%）				0.63			
吸湿平衡条件（T/℃（℉），RH/%）		大气环境	大气环境	①			
来源编码		53	53	53			
F_{31}^{sbs} / MPa (ksi)	平均值	82.0（11.9）	107（15.5）	53.9（7.82）			
	最小值	77.2（11.2）	93.1（13.5）	50.4（7.31）			
	最大值	86.2（12.5）	118（17.1）	59.2（8.58）			
	CV/%	2.34	5.31	4.32			
	B基准值	②	②	②			
	分布	Weibull	ANOVA	ANOVA			
	C_1	82.7（12.0）	40.5（0.851）	17.4（0.365）			
	C_2	43.6	121（2.54）	153（3.21）			
	试样数量	30	30	30			
	批数	5	5	5			
	数据种类	筛选值	筛选值	筛选值			

注：①在 74℃（165℉）和 85%RH 环境下吸湿到平衡；②短梁强度数据仅被批准同于筛选类数据。

表 2.3.2.11(g)　x 轴开孔拉伸性能($[+45_f/0_f/-45_f/0_f]_s$)

材料	T300 3k/977-2 8 综缎机织物			
树脂含量	34%～41%（质量）		复合材料密度	1.54～1.55 g/cm³
纤维体积含量	51%～54%		空隙含量	0.39%～1.29%
单层厚度	0.384～0.399 mm(0.015 1～0.0157 in)			
试验方法	SACMA SRM 5-88		模量计算	在 1000～3000 $\mu\varepsilon$ 之间的弦向模量
正则化	试样厚度和批内纤维面积质量正则化到 57% 纤维体积含量（固化后单层厚度 0.356 mm(0.014 in)）			

温度/℃(℉)	23(73)		-70(-94)		82(180)	
吸湿量(%)					0.87	
吸湿平衡条件 (T/℃(℉)，RH/%)	大气环境		大气环境		①	
来源编码	53		53		53	

		正则化值	实测值	正则化值	实测值	正则化值	实测值
F_X^{oht} / MPa (ksi)	平均值	274(39.8)	234(34.0)	253(36.7)	217(31.5)	292(42.4)	250(36.3)
	最小值	267(38.7)	223(32.4)	243(35.3)	201(29.2)	286(41.5)	242(35.1)
	最大值	282(40.9)	245(35.6)	263(38.1)	232(33.6)	299(43.3)	264(38.3)
	CV/%	2.19	3.64	3.03	5.36	1.53	3.11
	B 基准值	②	②	②	②	②	②
	分布	正态(合并)	正态(合并)	正态(合并)	正态(合并)	正态(合并)	正态(合并)
	C_1	274(39.8)	234(34.0)	253(36.7)	217(31.5)	292(42.4)	250(36.3)
	C_2	6.01(0.871)	8.48(1.23)	7.65(1.11)	11.7(1.69)	4.47(0.649)	7.79(1.13)
	试样数量	6		6		6	
	批数	1		1		1	
	数据种类	筛选值		筛选值		筛选值	
E_X^{oht} / GPa (Msi)	平均值	49.9(7.23)	42.7(6.19)	52.5(7.61)	45.0(6.53)	48.7(7.06)	41.7(6.05)
	最小值	49.6(7.19)	41.0(5.95)	51.6(7.48)	43.2(6.27)	48.4(7.02)	40.7(5.90)
	最大值	50.5(7.32)	44.1(6.40)	53.2(7.72)	47.2(6.84)	49.0(7.11)	42.8(6.21)
	CV/%	0.704	2.66	1.16	3.59	0.550	2.10
	试样数量	6		6		6	
	批数	1		1		1	
	数据种类	筛选值		筛选值		筛选值	

（续表）

		正则化值	实测值	正则化值	实测值	正则化值	实测值
$\varepsilon_X^{\text{oht}}/\mu\varepsilon$	平均值		5 440		4 790		5 970
	最小值		5 270		4 600		5 720
	最大值		5 610		4 910		6 180
	CV/%		2.32		2.41		2.72
	B基准值		②		②		②
	分布		正态		正态		正态
	C_1		5 440		4 790		5 970
	C_2		127		115		162
	试样数量	6		6		6	
	批数	1		1		1	
	数据种类	筛选值		筛选值		筛选值	

注:①在74℃(165°F)和85%RH环境下吸湿至平衡;②只对A类和B类数据提供基准值

表 2.3.2.11(h)　*x* 轴开孔压缩性能($[+45_f/0_f/-45_f/0_f]_s$)

材料	T300 3k/977-2 8 综缎机织物			
树脂含量	34%～41%(质量)		复合材料密度	1.54～1.55 g/cm³
纤维体积含量	51%～54%		空隙含量	0.39%～1.29%
单层厚度	0.384～0.399 mm(0.015 1～0.0157 in)			
试验方法	SACMA SRM 3-88		模量计算	在1 000～3 000 $\mu\varepsilon$ 之间的弦向模量
正则化	试样厚度和批内纤维面积质量正则化到57%纤维体积含量(固化后单层厚度0.356 mm(0.014 in))			
温度/℃(°F)	23(73)		-70(-94)	82(180)
吸湿量(%)				0.87
吸湿平衡条件(T/℃(°F),RH/%)	大气环境		大气环境	①
来源编码	53		53	53

（续表）

		正则化值	实测值	正则化值	实测值	正则化值	实测值
F_X^{ohc} / MPa (ksi)	平均值	317(46.0)	270(39.2)	380(55.1)	320(46.4)	245(35.6)	214(31.0)
	最小值	302(43.8)	263(38.2)	374(54.2)	312(45.2)	237(34.4)	208(30.1)
	最大值	324(47.0)	283(41.0)	390(56.6)	326(47.3)	261(37.9)	221(32.1)
	$CV/\%$	2.73	2.52	1.62	1.80	3.53	2.66
	B 基准值	②	②	②	②	②	②
	分布	正态(合并)	正态(合并)	正态(合并)	正态(合并)	正态(合并)	正态(合并)
	C_1	317(46.0)	270(39.2)	380(55.1)	320(46.4)	245(35.6)	214(31.0)
	C_2	8.69(1.26)	6.81(0.987)	6.16(0.893)	5.78(0.838)	8.69(1.26)	5.67(0.823)
	试样数量	6		6		6	
	批数	1		1		1	
	数据种类	筛选值		筛选值		筛选值	
E_X^{ohc} / GPa (Msi)	平均值	46.1(6.68)	39.3(5.70)	46.3(6.71)	39.0(5.66)	45.0(6.53)	39.2(5.69)
	最小值	45.6(6.62)	37.9(5.49)	45.2(6.55)	37.7(5.46)	44.5(6.46)	37.7(5.46)
	最大值	47.2(6.84)	41.1(5.97)	47.0(6.81)	40.9(5.93)	45.9(6.66)	41.6(6.03)
	$CV/\%$	1.29	(3.39)	1.56	2.94	1.13	3.75
	试样数量	6		5		3	
	批数	1		1		1	
	数据种类	筛选值		筛选值		筛选值	
$\varepsilon_X^{ohc}/\mu\varepsilon$	平均值		7 090		8 590		5 450
	最小值		6 730		8 170		5 260
	最大值		7 650		8 820		5 880
	$CV/\%$		4.79		3.06		4.32
	B 基准值		②		②		③
	分布		正态		正态		正态
	C_1		7 090		8 590		5 450
	C_2		339		263		236
	试样数量	6		6		6	
	批数	1		1		1	
	数据种类	筛选值		筛选值		筛选值	

注：①在 74℃(165℉)和 85%RH 环境下吸湿到平衡；②只对 A 类和 B 类数据提供基准值。

表 2.3.2.11(i) x 轴冲击后压缩性能($[+45_f/0_f/-45_f/0_f/+45_f/0_f]_s$)

材料	T300 3k/977 - 2 8 综缎机织物		
树脂含量	38%～42%(质量)	复合材料密度	1.52～1.53g/cm³
纤维体积含量	53%～54%	空隙含量	0.66%～0.83%
单层厚度	0.378～0.386mm(0.0149～0.0152in)		
试验方法	SACMA SRM 2 - 88 冲击能量为 6.67J/mm(1500in·lbf/in)	模量计算	在 1000～3000$\mu\varepsilon$ 之间的弦向模量
正则化	试样厚度和批内纤维面积质量正则化到 57%纤维体积含量(固化后单层厚度 0.356mm(0.014in))		

温度/℃(℉)	23(73)		−70(−94)		82(180)	
吸湿量(%)					0.95	
吸湿平衡条件 (T/℃(℉), RH/%)	大气环境		大气环境		①	
来源编码	53		53		53	
	正则化值	实测值	正则化值	实测值	正则化值	实测值

		正则化值	实测值	正则化值	实测值	正则化值	实测值
F_X^{cai}/ MPa (ksi)	平均值	285(41.3)	258(37.4)	342(49.6)	309(44.8)	232(33.6)	212(30.7)
	最小值	278(40.3)	248(35.9)	321(46.5)	293(42.5)	219(31.7)	203(29.4)
	最大值	298(43.2)	266(38.6)	358(51.9)	317(46.0)	242(35.1)	217(31.4)
	CV/%	2.61	2.52	3.61	3.38	3.76	2.28
	B基准值	②	②	②	②	②	②
	分布	正态(合并)	正态(合并)	正态(合并)	正态(合并)	正态(合并)	正态(合并)
	C_1	285(41.3)	258(37.4)	342(49.6)	309(44.8)	232(33.6)	212(30.7)
	C_2	7.45(1.08)	6.48(0.940)	12.3(1.78)	10.4(1.51)	8.69(1.26)	4.81(0.698)
	试样数量	6		6		6	
	批数	1		1		1	
	数据种类	筛选值		筛选值		筛选值	
E_X^{cai}/ GPa (Msi)	平均值	44.3(6.43)	40.2(5.83)	45.7(6.63)	41.3(5.99)	44.5(6.46)	40.7(5.90)
	最小值	44.1(6.39)	38.8(5.62)	45.3(6.57)	40.3(5.84)	44.0(6.38)	39.3(5.70)
	最大值	44.5(6.46)	41.2(5.98)	46.2(6.70)	41.9(6.07)	45.2(6.55)	41.3(5.99)
	CV/%	0.376	2.70	0.692	1.51	0.886	1.84

（续表）

		正则化值	实测值	正则化值	实测值	正则化值	实测值
	试样数量	6		6		6	
	批数	1		1		1	
	数据种类	筛选值		筛选值		筛选值	
$\varepsilon_X^{cai}/\mu\varepsilon$	平均值		6 590		7 780		5 360
	最小值		6 410		7 240		5 090
	最大值		6 940		8 090		5 600
	CV/%		2.91		3.72		3.69
	B 基准值		②		②		②
	分布		正态		正态		正态
	C_1		6 590		7 780		5 360
	C_2		192		289		198
	试样数量	6		6		6	
	批数	1		1		1	
	数据种类	筛选值		筛选值		筛选值	

注：①在 74℃（165℉）和 87%RH 环境下吸湿至平衡；②只对 A 类和 B 类数据提供基准值

2.3.2.12　T650‑35 3k/976 平纹机织物

材料描述：

材料　　　　　T650‑35 3k/976。

形式　　　　　平纹机织物预浸料，纤维面积质量为 194 g/m²，典型的固化后树脂含量为 40%，典型的固化后单层厚度为 0.170～0.175 mm（0.006 7～0.006 9 in）。

固化工艺　　　热压罐固化；177℃（350℉），0.621 MPa（95 psi），90 min。

供应商提供的数据：

纤维　　　　　T650‑35 纤维是由 PAN 基原丝体制造的不加捻的连续碳纤维，纤维经表面处理以改善操作性和结构性能。每一丝束包含有 3000 根碳丝。典型的拉伸模量为 241 GPa（35×10⁶ psi），典型的拉伸强度为 4483 MPa（650 000 psi）。

基体　　　　　976 是满足 NASA 真空排气要求的高流动性改性环氧树脂，在 22℃（72℉）环境下存放 10 天。

最高短期使用温度　177℃（350℉）（干态），121℃（250℉）（湿态）。

典型应用　　　应用于商用和军用结构。

数据分析概述：

对于横向拉伸，bowtie 试样是该试验方法的一个例外。

表 2.3.2.12 T650‑35 3k/976 平纹机织物

材料	T650‑35 3k/976 平纹机织物				
形式	Cytec Fiberite 976/T650‑35 平纹机织物预浸带				
纤维	Amoco T650‑35 3k，UC 309，不加捻			基体	ICI Fiberite 976
T_g（干态）	238℃（461°F）	T_g（湿态）	201℃（393°F）	T_g测量方法	DMA E'
固化工艺	热压罐固化；171～182℃（350±10°F），0.620～0.690 MPa（95±5 psi），90±10 min				

纤维制造日期：	9/90—5/95	试验日期：	7/93—10/96
树脂制造日期：	9/90—7/94	数据提交日期：	12/97
预浸料制造日期：	6/92—8/94	分析日期：	1/01
复合材料制造日期：	7/93—10/96		

单层性能汇总

	22℃ （72°F）/A	−55℃ （−65°F）/A	121℃ （250°F）/W			
1 轴拉伸	bS--	bS--	BM--			
2 轴拉伸	BM--	BM--	BM--			
3 轴拉伸						
1 轴压缩	BM--	BM--	BM--			
2 轴压缩						
3 轴压缩	bS--	bS--	BM--			
12 面剪切	BM--	bM--	BM--			

注：强度/模量/泊松比/破坏应变的数据种类为：A—A75，a—A55，B—B30，b—B18，M—平均值，I—临时值，S—筛选值，——无数据（见表 1.5.1.2(c)）。

物理性能汇总

	名义值	提交值	试验方法
纤维密度/（g/cm³）	1.77	1.76～1.78	SRM 15
树脂密度/（g/cm³）	1.28	1.28	ASTM D 792
复合材料密度/（g/cm³）	1.57	1.55～1.58	
纤维面积质量/（g/m²）	194		
纤维体积含量/%	59	58～61	
单层厚度/mm	0.175	0.168～0.201	

层压板性能汇总

注:强度/模量/泊松比/破坏应变的数据种类为:A—A75,a—A55,B—B30,b—B18,M—平均值,I—临时值,S—筛选值,——无数据(见表 1.5.1.2(c))。

表 2.3.2.12(a)　1 轴拉伸性能([0$_f$]$_{12}$)

材料	T650 - 35 3k/976 平纹机织物		
树脂含量	28%~34%(质量)	复合材料密度	1.56~1.58 g/cm³
纤维体积含量	59%~64%	空隙含量	0.0~1.0%
单层厚度	0.157~0.201 mm(0.006 2~0.007 9 in)		
试验方法	Bowtie 试样 ASTM D 3039 - 76	模量计算	在 1000~6000 $\mu\varepsilon$ 之间的弦向模量
正则化	试样厚度和批内纤维面积质量正则化到 57%纤维体积含量(固化后单层厚度 0.193 mm(0.007 6 in))		

温度/℃(℉)	22(72)		−55(−67)		121(250)	
吸湿量(%)					1.09~1.20	
吸湿平衡条件 (T/℃(℉),RH/%)	大气环境		大气环境		71(160),85	
来源编码	80		80		80	
	正则化值	实测值	正则化值	实测值	正则化值	实测值

		正则化值	实测值	正则化值	实测值	正则化值	实测值
F_1^{tu}/ MPa (ksi)	平均值	651(94.4)	710(103)	520(75.4)	570(82.6)	731(106)	779(113)
	最小值	574(83.3)	619(89.7)	454(65.9)	505(73.3)	645(93.6)	703(102)
	最大值	710(103)	800(116)	558(80.9)	612(88.7)	800(116)	862(125)
	CV/%	7.05	7.10	6.03	5.70	6.38	5.75
	B 基准值	551(79.9)	①	①	503(72.9)	613(88.9)	677(98.1)
	分布	Weibull	ANOVA	ANOVA	Weibull	ANOVA	Weibull
	C_1	672(97.4)	374(7.87)	225(4.74)	581(84.2)	332(6.99)	800(116)
	C_2	18.1	194(4.08)	156(3.27)	6.35	119(2.50)	18.9
	试样数量	18		18		30	
	批数	3		3		5	
	数据种类	B18		B18		B30	

（续表）

		正则化值	实测值	正则化值	实测值	正则化值	实测值
$E_1^t/$ GPa (Msi)	平均值	71.7(10.4)	77.2(11.2)	72.4(10.5)	79.3(11.5)	73.8(10.7)	77.2(11.2)
	最小值	68.3(9.91)	72.4(10.5)	69.0(10.0)	73.8(10.7)	67.7(9.81)	69.0(10.0)
	最大值	78.6(11.4)	81.4(11.8)	73.8(10.7)	82.1(11.9)	77.9(11.3)	85.5(12.4)
	CV/%	4.54	4.32	2.43	3.40	2.82	5.48
	试样数量	9		9		21	
	批数	3		3		5	
	数据种类	筛选值		筛选值		平均值	

注：①没有列出用 ANOVA 方法从少于 5 组数据计算出来的 B 基准值。

表 2.3.2.12(b)　　2 轴拉伸性能（$[90_f]_{12}$）

材料	T650-35 3k/976 平纹机织物		
树脂含量	28%～34%（质量）	复合材料密度	1.56～1.58 g/cm³
纤维体积含量	59%～64%	空隙含量	0.0～1.0%
单层厚度	0.157～0.201 mm(0.0062～0.0079 in)		
试验方法	Bowtie 试样 ASTM D 3039-76	模量计算	在 1000～6000 $\mu\varepsilon$ 之间的弦向模量
正则化	试样厚度和批内纤维面积质量正则化到 57%纤维体积含量（固化后单层厚度 0.193 mm(0.0076 in)）		

温度/℃(℉)	22(72)	−55(−67)	121(250)
吸湿量(%)		·	1.14～1.22
吸湿平衡条件 (T/℃(℉)，RH/%)	大气环境	大气环境	71(160)，85
来源编码	80	80	80

$F_2^{tu}/$ MPa (ksi)	平均值	646(93.7)	697(101)	510(74.0)	557(80.8)	678(98.3)	724(105)
	最小值	541(78.5)	575(83.4)	428(62.1)	442(64.1)	610(88.5)	650(94.3)
	最大值	731(106)	814(118)	603(87.4)	745(108)	765(111)	841(122)
	CV/%	7.07	8.48	8.22	11.7	6.02	6.98
	B基准值	527(76.4)	517(74.9)	396(57.4)	354(51.4)	563(81.6)	569(8.25)
	分布	ANOVA	ANOVA	ANOVA	ANOVA	ANOVA	ANOVA
	C_1	329(6.91)	427(8.98)	300(6.31)	476(10.0)	293(6.17)	369(7.75)

（续表）

	C_2	119(2.51)	136(2.87)	126(2.64)	139(2.93)	128(2.70)	138(2.90)
	试样数量	30		30		30	
	批数	5		5		5	
	数据种类	B30		B30		B30	
$E_2^c/$ GPa (Msi)	平均值	69.0(10.0)	73.1(10.6)	68.3(9.91)	73.1(10.6)	68.5(9.93)	72.4(10.5)
	最小值	66.1(9.59)	66.3(9.61)	65.2(9.46)	68.5(9.93)	63.2(9.16)	66.0(9.57)
	最大值	75.2(10.9)	82.1(11.9)	72.4(10.5)	79.3(11.5)	75.9(11.0)	84.1(12.2)
	CV/%	3.40	5.17	3.28	5.32	4.87	7.31
	试样数量	21		21		21	
	批数	5		5		5	
	数据种类	平均值		平均值		平均值	

表 2.3.2.12(c)　1 轴压缩性能（$[0_f]_{12}$）

材料	T650 - 35 3k/976 平纹机织物		
树脂含量	28%～34%（质量）	复合材料密度	1.56～1.58 g/cm³
纤维体积含量	59%～64%	空隙含量	0.0～1.0%
单层厚度	0.157～0.201 mm(0.0062～0.0079 in)		
试验方法	ASTM D 3410 - 87 方法 B	模量计算	在 1000～3000 $\mu\varepsilon$ 之间的弦向模量
正则化	试样厚度和批内纤维面积质量正则化到 57% 纤维体积含量（固化后单层厚度 0.193 mm(0.0076 in)）		

温度/℃（℉）	22(72)		−55(−67)		121(250)	
吸湿量（%）					1.02～1.33	
吸湿平衡条件 (T/℃（℉），RH/%)	大气环境		大气环境		71(160)，85	
来源编码	80		80		80	
	正则化值	实测值	正则化值	实测值	正则化值	实测值
$F_1^{cu}/$ MPa (ksi) 平均值	667(96.7)	690(100)	647(93.8)	687(99.6)	386(55.9)	408(59.1)
最小值	512(74.3)	492(71.3)	432(62.6)	452(65.5)	297(43.0)	314(45.5)
最大值	745(108)	786(114)	800(116)	834(121)	518(75.1)	534(77.5)

（续表）

		正则化值	实测值	正则化值	实测值	正则化值	实测值
$F_1^{cu}/$ MPa (ksi)	$CV/\%$	8.41	10.6	14.3	14.0	14.5	13.4
	B基准值	539(78.1)	516(74.8)	385(55.8)	415(60.2)	206(29.8)	236(34.2)
	分布	ANOVA	ANOVA	ANOVA	ANOVA	ANOVA	ANOVA
	C_1	395(8.30)	518(10.9)	671(14.1)	699(14.7)	412(8.66)	399(8.38)
	C_2	106(2.23)	110(2.31)	128(2.69)	128(2.69)	144(3.02)	141(2.97)
	试样数量	36		36		30	
	批数	6		6		5	
	数据种类	B30		B30		B30	
$E_1^c/$ GPa (Msi)	平均值	60.9(8.83)	65.7(9.53)	64.5(9.36)	68.2(9.89)	63.1(9.15)	66.7(9.67)
	最小值	55.7(8.07)	59.5(8.63)	53.7(7.78)	59.0(8.55)	59.5(8.63)	62.6(9.08)
	最大值	65.7(9.52)	69.7(10.1)	70.3(10.2)	73.1(10.6)	66.3(9.62)	70.3(10.2)
	$CV/\%$	4.52	4.11	4.98	4.45	2.77	2.67
	试样数量	30		27		21	
	批数	6		6		5	
	数据种类	平均值		平均值		平均值	

表 2.3.2.12（d）　2 轴压缩性能（$[90_f]_{12}$）

材料	T650-35 3k/976 平纹机织物		
树脂含量	28%～34%（质量）	复合材料密度	1.56～1.58 g/cm³
纤维体积含量	59%～64%	空隙含量	0.0～1.0%
单层厚度	0.157～0.201 mm（0.006 2～0.007 9 in）		
试验方法	ASTM D 3410-87 方法 B	模量计算	在 1 000～3 000 $\mu\varepsilon$ 之间的弦向模量
正则化	试样厚度和批内纤维面积质量正则化到 57% 纤维体积含量（固化后单层厚度 0.193 mm（0.007 6 in））		
温度/℃（℉）	22(72)	-55(-67)	121(250)
吸湿量（%）			1.03～1.33
吸湿平衡条件 (T/℃（℉），RH/%)	大气环境	大气环境	71(160)，85

(续表)

来源编码		80		80		80	
		正则化值	实测值	正则化值	实测值	正则化值	实测值
$F_2^{cu}/$ MPa (ksi)	平均值	639(92.6)	683(99.1)	607(88.0)	650(94.2)	362(52.5)	387(56.1)
	最小值	550(79.7)	611(88.6)	486(70.5)	541(78.4)	263(38.1)	278(40.3)
	最大值	724(105)	765(111)	682(98.9)	745(108)	421(61.0)	443(64.3)
	CV/%	9.23	8.28	10.3	9.77	10.9	10.5
	B 基准值	①	550(79.7)	477(69.2)	508(73.6)	259(37.5)	288(41.8)
	分布	ANOVA	Weibull	Weibull	Weibull	ANOVA	ANOVA
	C_1	425(8.93)	710(103)	634(91.9)	677(98.2)	282(5.92)	288(6.05)
	C_2	594(12.5)	14.0	12.6	12.3	120(2.53)	113(2.37)
	试样数量	18		18		30	
	批数	3		3		5	
	数据种类	B18		B18		B30	
$E_2^c/$ GPa (Msi)	平均值	60.8(8.82)	64.8(9.39)	61.7(8.95)	66.3(9.62)	61.3(8.89)	65.7(9.52)
	最小值	57.0(8.26)	60.9(8.83)	56.1(8.13)	61.6(8.93)	58.2(8.44)	60.8(8.81)
	最大值	63.3(9.19)	67.9(9.84)	64.4(9.34)	68.7(9.96)	64.8(9.40)	68.7(9.96)
	CV/%	3.25	3.87	4.11	3.40	2.68	2.78
	试样数量	9		9		21	
	批数	3		3		5	
	数据种类	筛选值		筛选值		平均值	

注:①没有列出用 ANOVA 方法从少于 5 组数据计算出来的 B 基准值。

表 2.3.2.12(e)　12 面剪切性能($[\pm 45_f]_{3s}$)

材料	T650 - 35 3k/976 平纹机织物		
树脂含量	28%~34%(质量)	复合材料密度	1.56~1.58 g/cm³
纤维体积含量	59%~64%	空隙含量	0.0~1.0%
单层厚度	0.157~0.201 mm(0.0062~0.0079 in)		
试验方法	ASTM D 3518 - 82①	模量计算	在 0~3000 $\mu\varepsilon$ 之间的弦向模量
正则化	未正则化		
温度/℃(℉)	22(72)	-55(-67)	121(250)			

(续表)

				1.15~1.25		
吸湿量(%)		大气环境	大气环境			
吸湿平衡条件 (T/℃(℉)，RH/%)				71(160)，85		
来源编码		80	80	80		
$F_{12}^{su}/$ MPa (ksi)	平均值	103(15.0)	119(17.2)	74.5(10.8)		
	最小值	93.8(13.6)	106(15.3)	68.6(9.95)		
	最大值	112(16.3)	122(17.7)	78.6(11.4)		
	CV/%	4.93	3.04	3.56		
	B基准值	89.7(13.0)	112(16.3)	67.0(9.72)		
	分布	ANOVA	Weibull	ANOVA		
	C_1	36.6(0.77)	119(17.3)	19.0(0.40)		
	C_2	123(2.58)	58.2	128(2.69)		
	试样数量	34	18	30		
	批数	5	3	5		
	数据种类	B30	B18	B30		
$G_{12}^{s}/$ GPa (Msi)	平均值	5.52(0.80)	6.97(1.01)	3.52(0.51)		
	最小值	5.03(0.73)	6.55(0.95)	3.24(0.47)		
	最大值	6.07(0.88)	7.45(1.08)	3.72(0.54)		
	CV/%	4.90	3.82	3.73		
	试样数量	24	18	22		
	批数	5	3	5		
	数据种类	平均值	平均值	平均值		

注：①试验方法采用破坏时的极限强度。

2.3.2.13　T650‑35 3k/976 8综缎机织物

材料描述：

材料　　　　T650‑35 3k/976。

形式　　　　8综缎机织物预浸料，纤维面积质量为374g/m²，典型的固化后树脂含量为40%，典型的固化后单层厚度为0.279~0.356mm(0.011~0.014in)。

固化工艺　　热压罐固化；177℃(350℉)，0.621MPa(95psi)，90min。

供应商提供的数据：

纤维　　　　T650‑35纤维是由PAN基原丝体制造的不加捻的连续

碳纤维,纤维经表面处理以改善操作性和结构性能。每一丝束包含有 3000 根碳丝。典型的拉伸模量为 241 GPa(35×10^6 psi),典型的拉伸强度为 4483 MPa(650 000 psi)。

基体	976 是满足 NASA 真空排气要求的高流动性改性环氧树脂,在 22℃(72℉)环境下存放 10 天。
最高短期使用温度	177℃(350℉)(干态),121℃(250℉)(湿态)
典型应用	应用于商用和军用结构。

数据分析概述:

(1) 对于横向拉伸,bowtie 试样与使用的试验方法不一致。

(2) 对于 −55℃(−67℉)大气环境下的横向压缩模量值,两低端异常数据没有舍弃,因为两者之间不产生矛盾。

表 2.3.2.13　T650‑35 3k/976 8 综缎机织物

材料	T650‑35 3k/976 8 综缎机织物				
形式	Cytec Fiberite 8 综缎机织物预浸带				
纤维	Amoco T650‑35 3k,UC 309,不加捻			基体	Cytec Fiberite 976
T_g(干态)	221℃(443℉)	T_g(湿态)	193℃(380℉)	T_g测量方法	DMA E'
固化工艺	热压罐固化;177℃(350℉),0.655 MPa(95 psi),90 min				

纤维制造日期:	9/90—9/95	试验日期:	6/93—1/96
树脂制造日期:	6/92—6/94	数据提交日期:	12/97
预浸料制造日期:	6/92—10/94	分析日期:	1/01
复合材料制造日期:	1/93—4/95		

单层性能汇总

	22℃ (72℉)/A		−55℃ (−67℉)/A	121℃ (250℉)/A				
1 轴拉伸	BM–		BM–	bSS–				
2 轴拉伸	bS–		BI–	bSS–				
3 轴拉伸								
1 轴压缩	bS–		BM–	bM–				
2 轴压缩	bS–		BM–	bS–				
3 轴压缩								
12 面剪切	BM–		bM–	BM–				

（续表）

	22℃ (72℉)/A		−55℃ (−67℉)/A	121℃ (250℉)/A				
23 面剪切								
31 面剪切								

注:强度/模量/泊松比/破坏应变的数据种类为:A—A75,a—A55,B—B30,b—B18,M—平均值,I—临时值, S—筛选值,——无数据(见表1.5.1.2(c))。

物理性能汇总

	名义值	提交值	试验方法
纤维密度/(g/cm³)	1.77	1.76～1.78	SRM15
树脂密度/(g/cm³)	1.28		ASTM D 792
复合材料密度/(g/cm³)	1.57	1.56～1.59	
纤维面积质量/(g/m²)	374		
纤维体积含量/%	59	58～61	
单层厚度/mm	0.330	0.287～0.371	

层压板性能汇总

注:强度/模量/泊松比/破坏应变的数据种类为:A—A75,a—A55,B—B30,b—B18,M—平均值,I—临时值, S—筛选值,——无数据(见表1.5.1.2(c))。

表 2.3.2.13(a) 1 轴拉伸性能($[0_f]_7$)

材料	T650‐35 3k/976 8 综缎机织物		
树脂含量	28%～34%(质量)	复合材料密度	1.56～1.59 g/cm³
纤维体积含量	59%～64%	空隙含量	0.0
单层厚度	0.330～0.356 mm(0.013～0.014 in)		
试验方法	Bowtie 试样 ASTM D 3039‐76	模量计算	在 1000～6000 $\mu\varepsilon$ 之间的弦向模量
正则化	试样厚度和批内纤维面积质量正则化到57%纤维体积含量(固化后单层厚度 0.371mm(0.0146 in))		
温度/℃(℉)	22(72)	−55(−67)	121(250)

（续表）

		正则化值	实测值	正则化值	实测值	正则化值	实测值
吸湿量(%)		大气环境		大气环境		1.12～1.21	
吸湿平衡条件 (T/℃(℉)，RH/%)						71(160)，85	
来源编码		80		80		80	
		正则化值	实测值	正则化值	实测值	正则化值	实测值
F_1^{tu} / MPa (ksi)	平均值	684(99.2)	738(107)	565(82.0)	599(86.8)	717(104)	793(115)
	最小值	546(79.2)	589(85.4)	472(68.4)	488(70.8)	622(90.2)	685(99.3)
	最大值	765(111)	855(124)	638(92.5)	686(99.5)	814(118)	897(130)
	CV/%	7.03	7.16	8.24	8.65	7.85	7.62
	B 基准值	569(82.5)	615(89.2)	448(64.9)	465(67.5)	612(88.8)	657(95.2)
	分布	ANOVA	ANOVA	ANOVA	ANOVA	Weibull	Weibull
	C_1	376(7.91)	376(7.91)	332(6.98)	370(7.78)	745(108)	821(119)
	C_2	111(2.33)	109(2.29)	116(2.44)	118(2.48)	16.0	16.2
	试样数量	36		36		18	
	批数	6		6		3	
	数据种类	B30		B30		B18	
E_1^t / GPa (Msi)	平均值	71.0(10.3)	76.5(11.1)	71.0(10.3)	78.6(11.4)	75.9(11.0)	83.4(12.1)
	最小值	63.7(9.23)	71.7(10.4)	69.7(10.1)	73.1(10.6)	71.0(10.3)	78.6(11.4)
	最大值	74.5(10.8)	79.3(11.5)	73.8(10.7)	89.7(13.0)	82.1(11.9)	90.3(13.1)
	CV/%	3.62	2.81	2.28	4.71	5.38	5.4
	试样数量	27		18		9	
	批数	6		6		3	
	数据种类	平均值		平均值		筛选值	
ν_{12}^t	平均值					0.033	
	试样数量					9	
	批数					3	
	数据种类					筛选值	

注：①只对 A 类和 B 类数据给出基准值。

表 2.3.2.13(b)　　2 轴拉伸性能($[90_f]_7$)

材料	T650-35 3k/976 8 综缎机织物			
树脂含量	28%～34%(质量)		复合材料密度	1.56～1.59 g/cm³
纤维体积含量	59%～64%		空隙含量	0.0
单层厚度	0.330～0.356 mm(0.013～0.014 in)			
试验方法	Bowtie 试样 ASTM D 3039-76②		模量计算	在 1000～6000 $\mu\varepsilon$ 之间的弦向模量
正则化	试样厚度和批内纤维面积质量正则化到 57%纤维体积含量(固化后单层厚度 0.371 mm(0.0146 in))			

温度/℃(℉)		22(72)		-55(-67)		121(250)	
吸湿量(%)						1.11～1.21	
吸湿平衡条件 (T/℃(℉),RH/%)		大气环境		大气环境		71(160),85	
来源编码		80		80		80	
F_2^{tu}/ MPa (ksi)	平均值	731(106)	800(116)	567(82.2)	615(89.2)	765(111)	841(122)
	最小值	657(95.2)	724(105)	426(61.7)	440(63.8)	643(93.3)	710(103)
	最大值	793(115)	869(126)	672(97.4)	745(108)	862(125)	945(137)
	CV/%	4.62	4.59	10.6	11.4	6.15	6.22
	B基准值	648(94.0)	703(102)	428(62.0)	433(62.8)	674(97.8)	717(104)
	分布	Weibull	Weibull	ANOVA	ANOVA	正态(合并)	Weibull
	C_1	745(108)	814(118)	424(8.91)	499(10.5)	765(111)	869(126)
	C_2	26.0	23.9	107(2.26)	120(2.52)	47.2(6.85)	18.4
	试样数量	18		30		18	
	批数	3		5		3	
	数据种类	B18		B30		B18	
E_2^t/ GPa (Msi)	平均值	73.8(10.7)	80.7(11.7)	71.7(10.4)	76.5(11.1)	74.5(10.8)	81.4(11.8)
	最小值	67.8(9.83)	75.2(10.9)	67.2(9.74)	70.3(10.2)	66.7(9.67)	75.2(10.9)
	最大值	80.0(11.6)	86.9(12.6)	76.5(11.1)	82.8(12.0)	77.2(11.2)	84.8(12.3)
	CV/%	5.81	4.55	3.01	4.07	5.29	4.15
	试样数量	9		15		9	
	批数	3		5		3	
	数据种类	筛选值		临时值		筛选值	

（续表）

ν_{21}^t	平均值			0.030
	试样数量			3
	批数			1
	数据种类			筛选值

注：①基准值仅适用于 A 类和 B 类数据；②采用该方法的 Bowtie 试样是非标准试样。

表 2.3.2.13（c）　1 轴压缩性能（$[0_f]_7$）

材料	T650-35 3k/976 8 综缎机织物		
树脂含量	28%～34%（质量）	复合材料密度	1.56～1.59 g/cm³
纤维体积含量	59%～64%	空隙含量	0.0
单层厚度	0.330～0.356 mm（0.013～0.014 in）		
试验方法	ASTM D 3410-87 方法 B	模量计算	在 1000～3000 $\mu\varepsilon$ 之间的弦向模量
正则化	试样厚度和批内纤维面积质量正则化到 57% 纤维体积含量（固化后单层厚度 0.371 mm（0.0146 in））		

温度/℃（℉）	22(72)		—55(—67)		121(250)	
吸湿量（%）					1.00～1.30	
吸湿平衡条件（T/℃（℉），RH/%）	大气环境		大气环境		71(160)，85	
来源编码	80		80		80	
	正则化值	实测值	正则化值	实测值	正则化值	实测值
平均值	594(86.2)	659(95.5)	639(92.6)	703(102)	380(55.1)	394(57.1)
最小值	438(62.9)	494(71.6)	503(72.9)	543(78.7)	292(42.4)	317(46.0)
最大值	690(100)	745(108)	793(115)	903(131)	473(68.6)	472(68.4)
$CV/\%$	10.3	9.82	12.7	13.7	15.1	11.9
B 基准值	485(70.3)	531(77.0)	379(55.0)	392(56.8)	177(25.6)	236(34.2)
分布	Weibull	Weibull	ANOVA	ANOVA	ANOVA	ANOVA
C_1	619(89.8)	685(99.4)	594(12.5)	732(15.4)	430(9.05)	348(7.32)
C_2	13.2	14.0	143(3.00)	148(3.12)	155(3.25)	148(3.12)
试样数量	18		30		21	
批数	3		5		5	
数据种类	B18		B30		B18	

（表格左侧纵向标注：F_1^{cu}/MPa（ksi））

（续表）

		正则化值	实测值	正则化值	实测值	正则化值	实测值
$E_1^t/$ GPa (Msi)	平均值	60.8(8.81)	67.7(9.81)	64.7(9.38)	69.0(10.0)	64.5(9.35)	67.3(9.76)
	最小值	58.3(8.45)	63.9(9.26)	60.8(8.82)	65.6(9.51)	58.8(8.53)	64.0(9.28)
	最大值	62.9(9.12)	71.0(10.3)	68.9(9.99)	71.7(10.4)	68.8(9.98)	71.7(10.4)
	CV/%	2.19	4.03	4.21	2.40	5.22	4.03
	试样数量	9		20		21	
	批数	3		5		5	
	数据种类	筛选值		B18		B18	

表 2.3.2.13(d)　2 轴压缩性能($[90_f]_7$)

材料	T650－35 3k/976 8 综缎机织物		
树脂含量	28%～34%(质量)	复合材料密度	1.56～1.59 g/cm³
纤维体积含量	59%～64%	空隙含量	0.0
单层厚度	0.330～0.356 mm(0.013～0.014 in)		
试验方法	ASTM D 3410－87 方法 B	模量计算	在 1000～3000 $\mu\varepsilon$ 之间的弦向模量
正则化	试样厚度和批内纤维面积质量正则化到 57%纤维体积含量(固化后单层厚度 0.371 mm(0.0146 in))		
温度/℃(℉)	22(72)	－55(－67)	121(250)
吸湿量(%)			1.00～1.30
吸湿平衡条件 (T/℃(℉)，RH/%)	大气环境	大气环境	71(160)，85
来源编码	80	80	80

		正则化值	实测值	正则化值	实测值	正则化值	实测值
$F_2^{cu}/$ MPa (ksi)	平均值	621(90.1)	672(97.5)	672(97.4)	731(106)	377(54.7)	413(59.9)
	最小值	566(82.1)	610(88.5)	514(74.5)	559(81.0)	347(50.3)	370(53.6)
	最大值	687(99.6)	772(112)	779(113)	876(127)	434(63.0)	489(70.9)
	CV/%	6.75	6.62	9.90	9.95	6.74	8.21
	B 基准值	①	①	499(72.3)	493(71.5)	327(47.4)	①
	分布	ANOVA	ANOVA	ANOVA	ANOVA	正态	ANOVA

（续表）

		正则化值	实测值	正则化值	实测值	正则化值	实测值
	C_1	305(6.41)	319(6.70)	480(10.1)	533(11.2)	377(54.7)	248(5.22)
	C_2	168(3.54)	152(3.20)	118(2.49)	145(3.05)	25.4(3.69)	177(3.72)
	试样数量	18		30		18	
	批数	3		6		3	
	数据种类	B18		B30		B18	
$E_2^c/$ GPa (Msi)	平均值	61.9(8.98)	67.1(9.73)	63.5(9.21)	67.7(9.82)	65.0(9.43)	71.0(10.3)
	最小值	55.4(8.04)	59.2(8.58)	56.5(8.20)	62.3(9.03)	61.9(8.98)	68.9(9.99)
	最大值	65.6(9.51)	73.1(10.6)	69.0(10.0)	73.8(10.7)	67.2(9.75)	73.1(10.6)
	CV/%	6.01	6.54	4.05	4.22	3.32	2.46
	试样数量	9		26		9	
	批数	3		6		3	
	数据种类	筛选值		平均值		筛选值	

注：①没有列出用 ANOVA 方法从少于 5 组数据计算出来的 B 基准值。

表 2.3.2.13(e)　12 面剪切性能（$[\pm 45_f]_s$）

材料	T650-35 3k/976 8综缎机织物		
树脂含量	28%～34%（质量）	复合材料密度	1.56～1.59 g/cm³
纤维体积含量	59%～64%	空隙含量	0.0
单层厚度	0.330～0.356 mm（0.013～0.014 in)		
试验方法	ASTM D 3518-82①	模量计算	0～3 000$\mu\varepsilon$ 之间的弦向模量
正则化	未正则化		

	温度/℃(℉)	22(72)	−55(−67)	121(250)			
	吸湿量(%)			1.22			
	吸湿平衡条件 (T/℃(℉),RH/%)	大气环境	大气环境	71(160),85			
	来源编码	80	80	80			
$F_{12}^{su}/$ MPa (ksi)	平均值	88.3(12.8)	100(14.5)	62.0(8.99)			
	最小值	82.8(12.0)	93.8(13.6)	58.0(8.41)			
	最大值	95.9(13.9)	105(15.2)	71.7(10.4)			

（续表）

	CV/%	3.81	2.58	5.6		
	B基准值	75.9(11.0)	91.7(13.3)	58.0(8.41)		
	分布	ANOVA	ANOVA	非参数		
	C_1	25.2(0.53)	18.5(0.39)	1.00		
	C_2	166(3.49)	122(2.57)	1.22		
	试样数量	30	29	30		
	批数	5	5	5		
	数据种类	B30	B18	B30		
G_{12}^s/ GPa (Msi)	平均值	5.86(0.85)	7.24(1.05)	3.24(0.47)		
	最小值	5.03(0.73)	6.41(0.93)	2.55(0.37)		
	最大值	6.76(0.98)	7.79(1.13)	3.59(0.52)		
	CV/%	7.10	5.07	9.63		
	试样数量	26	30	21		
	批数	5	5	5		
	数据种类	平均值	平均值	平均值		

注：①试验方法采用破坏时的极限强度。

2.3.2.14　T700S 12k/3900‐2平纹机织物

材料描述：

材料　　　　　　T700S 12k/3900‐2。

形式　　　　　　平纹机织物预浸料，3根丝束/in，纤维面积质量为193g/m²，典型的固化后树脂含量为35%～36%，典型的固化后单层厚度为0.185～0.201mm(0.0073～0.0079in)。

固化工艺　　　　热压罐固化；177℃(350℉)，0.586MPa(85psi)，120min，升温速率为1.7℃/min(3℉/min)。

供应商提供的数据：

纤维　　　　　　T700纤维是由PAN基原丝体制造的具有普通模量的不加捻的连续碳纤维，纤维经表面处理以改善操作性和结构性能。每一丝束包含有12 000根碳丝。典型的拉伸模量为234GPa(34×10⁶psi)，典型的拉伸强度为4 827MPa(700 000psi)。

基体　　　　　　3900‐2是一种增韧环氧树脂。

最高短期使用温度　149℃(300℉)(干态)，82℃(180℉)(湿态)。

典型应用　　　　商用和军用空间结构。

数据分析概述：

无

表 2.3.2.14　T700S 12k/3900‑2 平纹机织物

材料	T700S 12k/3900‑2　平纹机织物			
形式	Toray F6273C‑30H 平纹机织物预浸带			
纤维	Toray T700SC‑12000‑50C，3 tows/in，UD 309 上浆剂，不加捻		基体	Toray 3900‑2
T_g（干态）	166℃（330℉）	T_g（湿态）　110℃（230℉）	T_g测量方法	ASTM E 1545(TMA)
固化工艺	热压罐固化；177℃（350℉），0.586 MPa（85 psi），120 min，升温速率为 1.7℃/min（3℉/min）			

纤维制造日期：	1/98	试验日期：	1/99—3/99
树脂制造日期：	1/98	数据提交日期：	12/99
预浸料制造日期：	1/98	分析日期：	1/00
复合材料制造日期：	3/99		

单层性能汇总

	24℃ （75℉）/A	−55℃ （−67℉）/A	82℃ （180℉）/W
23 面剪切	SS—	SS—	SS—
31 面剪切	SS—	SS—	SS—
31 面 SB 强度	S—	S—	S—

注：强度/模量/泊松比/破坏应变的数据种类为：A—A75，a—A55，B—B30，b—B18，M—平均值，I—临时值，S—筛选值，——无数据（见表 1.5.1.2(c)）。

	名义值	提交值	试验方法
纤维密度/（g/cm³）	1.80	1.80	ASTM D 3800
树脂密度/（g/cm³）	1.22		ASTM D 791
复合材料密度/（g/cm³）	1.53	1.54	
纤维面积质量/（g/m²）	193	192.1	ASTM D 5300
纤维体积含量/%	54	54.6~55.4	ASTM D 3171
单层厚度/mm	0.201	0.198~0.201	

层压板性能汇总

注:强度/模量/泊松比/破坏应变的数据种类为:A—A75,a—A55,B—B30,b—B18,M—平均值,I—临时值,S—筛选值,——无数据(见表 1.5.1.2(c))。

表 2.3.2.14(a) 31 面短梁强度性能($[0_f]_{34}$)

材料	T700S 12k/3900 - 2 平纹机织物		
树脂含量	35.3%(质量)	复合材料密度	1.54 g/cm³
纤维体积含量	55%	空隙含量	0.0
单层厚度	0.185～0.188 mm(0.007 3～0.007 4 in)		
试验方法	ASTM D 2344 - 84	模量计算	
正则化	未正则化		

温度/℃(℉)		24(75)	−55(−67)	82(180)		
吸湿量(%)				1.0		
吸湿平衡条件 (T/℃(℉), RH/%)		大气环境	大气环境	①		
来源编码		90	90	90		
F_{31}^{sbs}/ MPa (ksi)	平均值	71.0(10.3)	85.5(12.4)	52.9(7.67)		
	最小值	70.3(10.2)	80.7(11.7)	51.4(7.45)		
	最大值	73.8(10.7)	89.0(12.9)	54.5(7.91)		
	CV/%	1.94	4.41	2.13		
	B 基准值	②	②	②		
	分布	非参数	正态	正态		
	C_1		85.5(12.4)	52.9(7.67)		
	C_2		3.77(0.546)	1.13(0.164)		
	试样数量	6	6	6		
	批数	1	1	1		
	数据种类	筛选值	筛选值	筛选值		

注:①放置在 71℃(160℉),95±2%RH 环境中直到吸湿量达到 1.0%;②短梁强度试验数据只批准用于筛选数据种类。

表 2.3.2.14(b) 13 面剪切性能($[0_f]_{95}$)

材料	T700S 12k/3900-2 平纹机织物				
树脂含量	36.1%(质量)		复合材料密度	1.54 g/cm³	
纤维体积含量	54.6%		空隙含量	0.0	
单层厚度	0.198~0.201 mm(0.0078~0.0079 in)				
试验方法	ASTM D 5379-93		模量计算	在 1000~3000 $\mu\varepsilon$ 之间的弦向模量	
正则化	未正则化				

温度/℃(℉)		24(75)	−55(−67)	82(180)			
吸湿量(%)				1.0			
吸湿平衡条件 (T/℃(℉)，RH/%)		大气环境	大气环境	①			
来源编码		90	90	90			
F_{13}^{su}/ MPa (ksi)	平均值	71.7(10.4)	91.7(13.3)	48.1(6.97)			
	最小值	70.3(10.2)	86.9(12.6)	46.9(6.80)			
	最大值	73.1(10.6)	93.8(13.6)	49.0(7.10)			
	CV/%	1.28	3.08	1.48			
	B 基准值	②	②	②			
	分布	正态	正态	正态			
	C_1	71.7(10.4)	91.7(13.3)	48.1(6.97)			
	C_2	0.92(0.133)	2.83(0.410)	0.71(0.103)			
	试样数量	6	6	6			
	批数	1	1	1			
	数据种类	筛选值	筛选值	筛选值			
G_{13}^{s}/ GPa (Msi)	平均值	2.88(0.418)	3.43(0.498)	2.58(0.374)			
	最小值	2.72(0.394)	3.22(0.467)	2.52(0.366)			
	最大值	3.01(0.436)	3.59(0.520)	2.63(0.381)			
	CV/%	3.58	3.72	1.58			
	试样数量	6	6	6			
	批数	1	1	1			
	数据种类	筛选值	筛选值	筛选值			

注:①放置在 71℃(160℉)，95±2%RH 环境下直到吸湿量达到 1.0%;②只对 A 类和 B 类数据给出基准值。

表 2.3.2.14(c) 23 面剪切性能($[0_f]_{95}$)

材料	T700S 12k/3900-2 平纹机织物				
树脂含量	36.1%(质量)		复合材料密度		1.54 g/cm³
纤维体积含量	54.6%		空隙含量		0.0
单层厚度	0.198～0.201 mm(0.0078～0.0079 in)				
试验方法	ASTM D 5379-93		模量计算		在 1000～3000 $\mu\varepsilon$ 之间的弦向模量
正则化	未正则化				

温度/℃(℉)		24(75)	−55(−67)	82(180)		
吸湿量(%)				1.0		
吸湿平衡条件 (T/℃(℉)，RH/%)		大气环境	大气环境	①		
来源编码		90	90	90		
F_{23}^{su}/ MPa (ksi)	平均值	71.0(10.3)	91.0(13.2)	48.8(7.08)		
	最小值	69.0(10.0)	87.6(12.7)	48.2(6.99)		
	最大值	75.2(10.9)	94.5(13.7)	49.2(7.14)		
	CV/%	3.29	2.56	0.870		
	B 基准值	②	②	②		
	分布	正态	正态	正态		
	C_1	71.0(10.3)	91.0(13.2)	48.8(7.08)		
	C_2	2.34(0.339)	2.32(0.337)	0.43(0.062)		
	试样数量	5	6	6		
	批数	1	1	1·		
	数据种类	筛选值	筛选值	筛选值		
G_{23}^{s}/ GPa (Msi)	平均值	2.77(0.401)	3.45(0.500)	2.41(0.349)		
	最小值	2.59(0.375)	3.30(0.478)	2.30(0.333)		
	最大值	3.07(0.445)	3.62(0.525)	2.59(0.376)		
	CV/%	6.60	3.76	4.15		
	试样数量	6	6	6		
	批数	1	1	1		
	数据种类	筛选值	筛选值	筛选值		

注：①放置在 71℃(160℉)，95±2%RH 环境下直到吸湿量达到 1.0%；②只对 A 类和 B 类数据给出基准值。

2.3.3　碳-环氧湿法铺贴织物

2.3.3.1　T300 3k/EA9396 8 综缎机织物

材料描述：

材料	T300 3k/EA9396
形式	Hexcel　8 综缎机织物 W133 采用 3k 纤维，每英寸纤维分布为 24×23 束，纤维面密度为 366 g/m²，湿法铺贴，典型的固化后树脂含量为 31.9%～37.1%，典型的固化后单层厚度为 0.381 mm（0.015 in）
固化工艺	真空袋固化：91℃（195℉），126 mm 汞柱；45 min。

供应商提供的数据：

纤维	T300 3k 纤维是由 PAN 基原丝制造的连续碳纤维，纤维经表面处理以改善操作性和结构性能。每一个丝束包含有 3000 根碳丝。典型的拉伸模量为 228 GPa（33×10⁶ psi），典型的拉伸强度为 3654 MPa（530 000 psi）。
基体	EA9396 是一种高湿热性能，在 93℃（200℉）固化的增韧环氧树脂。4.54 kg（1 lb.）批次储存寿命是 75 分钟。这种树脂是双组分，未充填的 EA9394。
最高短期使用温度	149℃（300℉）（干态），82℃（180℉）（湿态）。
典型应用	飞机维修。

数据分析概述：

（1）这种材料测试的纤维体积含量高于典型的维修用材料。若使用的是低纤维含量材料，则数据应予验证。

（2）材料高温湿态的压缩和剪切性能比较低，变异性不断增加，是因为材料测试温度接近玻璃化转变温度。

（3）纤维体积含量和树脂含量与通过测量单层厚度得到的数据不一致。

（4）数据来自于公开发表的报告，见参考文献 2.3.3.1。

表 2.3.3.1　T300 3k/EA9396 8 综缎纹机织物

材料	T300 3k/EA9396 8 综缎纹机织物			
形式	在湿法铺叠浸润过程中将干的碳纤维织物用环氧树脂浸润			
纤维	Toray T300 3k，UC309 上浆剂		基体	Dexter-Hysol EA9396
T_g（干态）	176℃（349℉）	T_g（湿态）	107℃（225℉）	T_g 测量方法	DMA
固化工艺	真空袋固化：91～93℃（195～200℉），45 min，真空度 635 mm（25 in）汞柱			

注：对这批材料无法提供目前所需的所有文件。

纤维制造日期:		试验日期:	11/88—5/91
树脂制造日期:	8/88—10/88	数据提交日期:	3/98
预浸料制造日期:	N/A	分析日期:	8/98
复合材料制造日期:	11/88—5/91	重分析:	8/08

单层性能汇总

	22℃ (72℉)/A		−54℃ (−65℉)/ A	93℃ (200℉)/ A		−54℃ (−65℉)/ W	22℃ (72℉)/ W	93℃ (200℉)/ W
1 轴拉伸	IISI						IISI	
2 轴拉伸	SSSS		IISI	IISI		IISI	IISI	IISI
3 轴拉伸								
1 轴压缩	SS-S						II-I	
2 轴压缩	SS-S		IS-S	II-I		II-I	II-I	SS-S
3 轴压缩								
12 面剪切	II--		II--	II--		II--	IS--	II--

注:强度/模量/泊松比/破坏应变的数据种类为:A—A75,a—A55,B—B30,b—B18,M—平均值,I—临时值,S—筛选值,——无数据(见表 1.5.1.2(c))。

	名义值	提交值	测试方法
纤维密度/(g/cm³)	1.78	1.78	D792
树脂密度/(g/cm³)	1.14		
复合材料密度/(g/cm³)	1.45	1.46~1.48	D792
纤维面密度/(g/m²)	366	366	
纤维体积含量/%	54	53.7~57.3	D3171A
单层厚度/mm	0.361	0.213~0.218	

层压板性能汇总

注:强度/模量/泊松比/破坏应变的数据种类为:A—A75,a—A55,B—B30,b—B18,M—平均值,I—临时值,S—筛选值,——无数据(见表 1.5.1.2(c))。

表 2.3.3.1(a)　1 轴拉伸性能($[0_f]_8$)

材料	T300 3k/EA9396 8 综缎纹机织物					
树脂含量	32.7%～34.2%(质量)		复合材料密度	1.48 g/cm³		
纤维体积含量	56.3%～57.3%		空隙含量	4.0%～4.8%		
单层厚度	0.376～0.389 mm(0.0148～0.0153 in)					
试验方法	ASTM D3039		模量计算	1000～3000 $\mu\varepsilon$ 之间的弦向模量		
正则化	试样厚度和批内纤维体积含量正则化到 57%(固化后单层厚度 0.361 mm (0.0142 in))					

	温度/℃(℉)	22(72)		22(72)			
	吸湿量(%)	大气环境		①			
	吸湿平衡条件 (T/℃(℉), RH/%)			60(140), 95～100			
	来源编码	31		31			
		正则化值	实测值	正则化值	实测值	正则化值	实测值
F_1^{tu}/ MPa (ksi)	平均值	609(88.3)	556(80.6)	640(92.8)	585(84.9)		
	最小值	553(80.2)	504(73.1)	580(84.1)	512(74.3)		
	最大值	651(94.4)	593(86.0)	703(102)	630(91.4)		
	CV/%	5.79	6.39	5.49	6.00		
	B 基准值	②	②	②	②		
	分布	Weibull	非参数	Weibull	Weibull		
	C_1	625(90.6)	8	656(95.1)	601(87.2)		
	C_2	22.5	1.54	20.7	21.1		
	试样数量	15		15			
	批数	3		3			
	数据种类	临时值		临时值			
E_1^t/ GPa (Msi)	平均值	63.2(9.17)	57.8(8.38)	66.7(9.68)	61.0(8.85)		
	最小值	59.8(8.68)	53.0(7.69)	64.7(9.38)	58.2(8.44)		
	最大值	69.6(10.1)	63.6(9.22)	71.0(10.3)	64.4(9.34)		
	CV/%	3.96	4.60	2.43	2.71		
	试样数量	15		15			
	批数	3		3			
	数据种类	临时值		临时值			

（续表）

		正则化值	实测值	正则化值	实测值	正则化值	实测值
ν_{12}^t	平均值	0.0587		0.0372			
	试样数量	7		6			
	批数	3		3			
	数据种类	筛选值		筛选值			
$\varepsilon_1^{tu}/\mu\varepsilon$	平均值		7830		9570		
	最小值		5500		8800		
	最大值		9480		10400		
	CV/%		14.3		5.34		
	B基准值		②		②		
	分布		ANOVA		Weibull		
	C_1		4.64		9800		
	C_2		1220		22.7		
	试样数量		15		15		
	批数		3		3		
	数据种类		临时值		临时值		

注：①质量增加未知；②只对 A 类和 B 类数据给出基准值。

表 2.3.3.1(b)　2 轴拉伸性能（$[90_f]_8$）

材料	T300 3k/EA9396 8 综缎纹机织物		
树脂含量	32.7%～34.2%（质量）	复合材料密度	1.48g/cm³
纤维体积含量	56.3%～57.3%	空隙含量	4.0%～4.8%
单层厚度	0.376～0.389 mm(0.0148～0.0153 in)		
试验方法	ASTM D3039	模量计算	1000～3000 $\mu\varepsilon$ 之间的弦向模量
正则化	试样厚度和批内纤维体积含量正则化到 57%（固化后单层厚度 0.361 mm (0.0142 in)）		
温度/℃(℉)	22(72)	−54(−65)	93(200)
吸湿量(%)			
吸湿平衡条件 (T/℃(℉), RH/%)	大气环境	大气环境	大气环境
来源编码	31	31	31

（续表）

		正则化值	实测值	正则化值	实测值	正则化值	实测值
$F_2^{tu}/$ MPa (ksi)	平均值	689(100)	641(93.0)	645(93.6)	625(90.6)	544(78.9)	521(75.5)
	最小值	554(80.4)	518(75.1)	600(87.0)	572(82.9)	412(59.7)	395(57.3)
	最大值	758(110)	696(101)	710(103)	738(107)	652(94.6)	632(91.7)
	$CV/\%$	9.39	9.11	5.19	6.89	12.4	13.1
	B 基准值	①	①	①	①	①	①
	分布	Weibull	Weibull	Weibull	对数正态	ANOVA	ANOVA
	C_1	717(104)	665(96.4)	661(95.9)	6.43(4.50)	219(4.61)	219(4.61)
	C_2	15.2	16.0	19.7	2.00 (0.0663)	504(10.6)	509(10.7)
	试样数量	14		15		15	
	批数	3		3		3	
	数据种类	筛选值		临时值		临时值	
$E_2^t/$ GPa (Msi)	平均值	62.7(9.10)	58.7(8.51)	66.2(9.60)	64.1(9.29)	62.4(9.05)	59.6(8.64)
	最小值	55.9(8.11)	50.4(7.31)	61.8(8.97)	57.4(8.33)	57.7(8.37)	53.4(7.75)
	最大值	66.7(9.68)	65.1(9.44)	69.6(10.1)	70.3(10.2)	66.7(9.67)	63.6(9.23)
	$CV/\%$	5.12	6.58	3.27	4.66	4.92	5.14
	试样数量	14		15		15	
	批数	3		3		3	
	数据种类	筛选值		临时值		临时值	
ν_{21}^t	平均值	0.0509		0.0543		0.0575	
	试样数量	9		7		6	
	批数	3		3		3	
	数据种类	筛选值		筛选值		筛选值	
$\varepsilon_2^{tu}/\mu\varepsilon$	平均值		10 500		9 580		8 590
	最小值		8 520		8 850		6 460
	最大值		11 700		10 600		10 000
	$CV/\%$		10.3		6.71		10.7
	B 基准值		①		①		①
	分布		Weibull		ANOVA		Weibull

（续表）

		正则化值	实测值	正则化值	实测值	正则化值	实测值
	C_1		10 900		4.81		8 980
	C_2		13.0		704		11.3
试样数量		14		15		15	
批数		3		3		3	
数据种类		筛选值		临时值		临时值	

注:①只对 A 类和 B 类数据给出基准值。

表 2.3.3.1(c)　2 轴拉伸性能（$[90_f]_8$）

材料	T300 3k/EA9396 8 综缎纹机织物		
树脂含量	32.7%～34.2%（质量）	复合材料密度	1.48 g/cm³
纤维体积含量	56.3%～57.3%	空隙含量	4.0%～4.8%
单层厚度	0.376～0.389 mm（0.0148～0.0153 in）		
试验方法	ASTM D3039	模量计算	1000～3 000 $\mu\varepsilon$ 之间的弦向模量
正则化	试样厚度和批内纤维体积含量正则化到 57%（固化后单层厚度 0.361 mm（0.0142 in））		

温度/℃（℉）		-54（-65）		22（72）		93（200）	
吸湿量（%）		①		①		①	
吸湿平衡条件（T/℃（℉），RH/%）		60（140），95～100		60（140），95～100		60（140），95～100	
来源编码		31		31		31	
		正则化值	实测值	正则化值	实测值	正则化值	实测值
$F_2^{tu}/$ MPa（ksi）	平均值	689（100）	667（96.7）	643（93.3）	603（87.5）	460（66.7）	443（64.3）
	最小值	547（79.4）	556（80.6）	554（80.4）	496（72.0）	415（60.2）	391（56.7）
	最大值	758（110）	724（105）	696（101）	696（101）	496（71.9）	497（72.1）
	CV/%	7.40	6.88	5.94	9.29	5.51	6.51
	B 基准值	②	②	②	②	②	②
	分布	Weibull	Weibull	Weibull	Weibull	Weibull	Weibull
	C_1	710（103）	685（99.4）	660（95.7）	629（91.2）	472（68.4）	443（64.3）
	C_2	19.1	20.2	21.2	12.1	22.0	4.18
	试样数量	15		15		16	

（续表）

		正则化值	实测值	正则化值	实测值	正则化值	实测值
	批数	3		3		3	
	数据种类	临时值		临时值		临时值	
E_2^t/ GPa (Msi)	平均值	67.8(9.84)	65.6(9.52)	64.3(9.32)	60.2(8.73)	57.2(8.29)	55.0(7.98)
	最小值	65.6(9.51)	61.4(8.91)	61.3(8.89)	56.7(8.22)	50.3(7.29)	48.3(7.01)
	最大值	69.6(10.1)	71.7(10.4)	67.6(9.81)	66.4(9.63)	64.0(9.28)	63.4(9.20)
	CV/%	1.95	3.69	2.83	4.21	7.49	7.73
	试样数量	15		15		16	
	批数	3		3		3	
	数据种类	临时值		临时值		临时值	
ν_{21}^t	平均值	0.0535		0.0460		0.0497	
	试样数量	6		6		10	
	批数	3		3		3	
	数据种类	筛选值		筛选值		筛选值	
ε_2^{tu}/$\mu\varepsilon$	平均值		9830		10000		7370
	最小值		7210		8390		3070
	最大值		11000		11700		9520
	CV/%		10.5		8.61		23.5
	B 基准值		②		②		①
	分布		Weibull		Weibull		Weibull
	C_1		10200		10400		8000
	C_2		14.4		12.5		5.72
	试样数量	15		15		16	
	批数	3		3		3	
	数据种类	临时值		临时值		临时值	

注：①质量增加未知；②只对 A 类和 B 类数据给出基准值。

表 2.3.3.1(d)　1 轴压缩性能（$[0_f]_{12}$）

材料	T300 3k/EA9396 8 综缎纹机织物		
树脂含量	34.7%～37.1%（质量）	复合材料密度	1.48 g/cm³
纤维体积含量	53.7%～55.5%	空隙含量	2.8%～4.8%
单层厚度	0.373～0.386 mm(0.0147～0.0152 in)		

（续表）

试验方法	ASTM D3410 方法 B	模量计算	$1000\sim3\,000\,\mu\varepsilon$ 之间的弦向模量
正则化	试样厚度和批内纤维体积含量正则化到 57%（固化后单层厚度 0.361 mm（0.0142 in））		

温度/℃（℉）	22(72)		22(72)		
吸湿量(%)			$2.18\sim2.43$		
吸湿平衡条件 (T/℃（℉），RH/%)	大气环境		①		
来源编码	31		31		

		正则化值	实测值	正则化值	实测值	
F_1^{cu}/ MPa (ksi)	平均值	517(75.0)	482(69.9)	400(58.0)	372(53.9)	
	最小值	414(60.1)	389(56.4)	327(47.4)	292(42.3)	
	最大值	580(84.1)	541(78.5)	503(72.9)	451(65.4)	
	CV/%	8.48	8.22	11.9	11.1	
	B 基准值	②	②	②	②	
	分布	Weibull	Weibull	Weibull	Weibull	
	C_1	535(77.6)	499(72.3)	421(61.1)	21.1(3.06)	
	C_2	15.1	15.7	8.65	6.12	
	试样数量	12		15		
	批数	3		3		
	数据种类	筛选值		临时值		
E_1^t/ GPa (Msi)	平均值	61.5(8.92)	57.7(8.37)	57.2(8.29)	53.1(7.70)	
	最小值	45.2(6.56)	42.4(6.15)	44.7(6.49)	41.7(6.05)	
	最大值	76.5(11.1)	71.0(10.3)	68.1(9.88)	63.5(9.21)	
	CV/%	15.0	15.8	13.0	13.5	
	试样数量	12		15		
	批数	3		3		
	数据种类	筛选值		临时值		
ε_1^{cu}/$\mu\varepsilon$	平均值		8940		7840	
	最小值		6670		5410	

（续表）

		正则化值	实测值	正则化值	实测值	
	最大值		14 300		12 300	
	CV/%		27.3		26.4	
	B 基准值		②		②	
	分布		对数正态		Weibull	
	C_1		9.07		8 630	
	C_2		0.248		4.10	
	试样数量	12		15		
	批数	3		3		
	数据种类	筛选值		临时值		

注：①试样置于 60℃(140℉)，95%～100%湿度环境中 99 天；②只对 A 类和 B 类数据给出基准值。

表 2.3.3.1(e)　2 轴压缩性能（[90_f]_{12}）

材料	T300 3k/EA9396 8 综缎纹机织物		
树脂含量	34.7%～37.1%(质量)	复合材料密度	1.48 g/cm³
纤维体积含量	53.7%～55.5%	空隙含量	2.8%～4.8%
单层厚度	0.373～0.389 mm(0.014 7～0.015 3 in)		
试验方法	ASTM D3410 方法 B	模量计算	1000～3 000 με 之间的弦向模量
正则化	试样厚度和批内纤维体积含量正则化到 57%(固化后单层厚度 0.361 mm (0.014 2 in))		

温度/℃(℉)	22(72)		−54(−65)		93(200)	
吸湿量(%)						
吸湿平衡条件 (T/℃(℉), RH/%)	大气环境		大气环境		大气环境	
来源编码	31		31		31	
	正则化值	实测值	正则化值	实测值	正则化值	实测值
F_2^{cu}/ MPa (ksi) —平均值	439(63.7)	420(60.9)	596(86.4)	574(83.2)	290(42.1)	279(40.4)
最小值	362(52.5)	361(52.3)	498(72.3)	487(70.6)	241(35.0)	243(35.2)
最大值	476(69.1)	452(65.6)	667(96.8)	629(91.2)	341(49.4)	316(45.8)
CV/%	7.50	7.03	10.2	8.38	9.61	7.86

（续表）

		正则化值	实测值	正则化值	实测值	正则化值	实测值
	B 基准值	①	①	①	①	①	①
	分布	Weibull	Weibull	Weibull	Weibull	ANOVA	ANOVA
	C_1	453(65.7)	432(62.7)	622(90.2)	594(86.1)	213(4.48)	251(5.27)
	C_2	18.7	19.1	12.7	15.8	240(5.05)	169(3.56)
	试样数量	14		15		15	
	批数	3		3		3	
	数据种类	筛选值		临时值		临时值	
E_2^c/ GPa (Msi)	平均值	56.6(8.21)	54.2(7.86)	60.6(8.79)	58.3(8.46)	57.0(8.26)	54.8(7.95)
	最小值	44.2(6.41)	41.0(5.94)	53.5(7.77)	50.9(7.38)	46.5(6.75)	44.5(6.46)
	最大值	65.4(9.48)	63.5(9.21)	82.7(12.0)	77.2(11.2)	68.5(9.93)	65.9(9.56)
	$CV/\%$	9.69	10.6	12.5	11.6	11.1	11.0
	试样数量	14		13		15	
	批数	3		3		3	
	数据种类	筛选值		筛选值		临时值	
$\varepsilon_2^{cu}/\mu\varepsilon$	平均值		8 260		11 700		5 360
	最小值		5 580		8 230		3 590
	最大值		13 900		14 000		7 610
	$CV/\%$		26.1		17.1		21.4
	B 基准值		①		①		①
	分布		正态		Weibull		ANOVA
	C_1		8 260		12 400		3.97
	C_2		2 150		8.15		1 210
	试样数量	14		13		15	
	批数	3		3		3	
	数据种类	筛选值		筛选值		临时值	

注：①只对 A 类和 B 类数据给出基准值。

表 2.3.3.1(f)　2 轴压缩性能($[90_f]_{12}$)

材料	T300 3k/EA9396 8 综缎纹机织物		
树脂含量	34.7%～37.1%(质量)	复合材料密度	1.48 g/cm³
纤维体积含量	53.7%～55.5%	空隙含量	2.8%～4.8%
单层厚度	0.373～0.386 mm(0.0147～0.0152 in)		
试验方法	ASTM D3410 方法 B	模量计算	1000～3000 $\mu\varepsilon$ 之间的弦向模量
正则化	试样厚度和批内纤维体积含量正则化到 57%(固化后单层厚度 0.361 mm (0.0142 in))		

温度/℃(℉)	22(72)		−54(−65)		93(200)	
吸湿量(%)	1.91～2.30		1.91～2.30		1.91～2.30	
吸湿平衡条件 (T/℃(℉), RH/%)	①		①		①	
来源编码	31		31		31	
	正则化值	实测值	正则化值	实测值	正则化值	实测值

		正则化值	实测值	正则化值	实测值	正则化值	实测值
$F_2^{cu}/$ MPa (ksi)	平均值	364(52.8)	350(50.7)	548(79.5)	527(76.4)	202(29.3)	193(28.0)
	最小值	316(45.8)	306(44.4)	476(69.0)	466(67.6)	142(20.6)	137(19.8)
	最大值	450(65.3)	413(59.9)	640(92.8)	593(86.0)	271(39.3)	256(37.1)
	CV/%	9.49	8.02	8.94	7.54	17.8	17.4
	B 基准值	②	②	②	②	②	②
	分布	Weibull	Weibull	Weibull	Weibull	Weibull	Weibull
	C_1	380(55.1)	363(52.6)	570(82.7)	545(79.1)	217(31.4)	207(30.0)
	C_2	10.2	12.7	12.2	14.7	6.42	6.58
	试样数量	15		15		15	
	批数	3		3		3	
	数据种类	临时值		临时值		筛选值	
$E_2^c/$ GPa (Msi)	平均值	59.1(8.57)	56.8(8.24)	63.0(9.14)	60.7(8.80)	62.9(9.12)	60.2(8.73)
	最小值	47.6(6.91)	45.2(6.56)	58.5(8.48)	56.5(8.19)	51.8(7.51)	50.7(7.36)
	最大值	66.2(9.60)	64.4(9.34)	72.4(10.5)	70.3(10.2)	77.2(11.2)	73.8(10.7)
	CV/%	10.1	10.3	6.29	6.01	11.9	11.5
	试样数量	15		15		13	
	批数	3		3		3	
	数据种类	临时值		临时值		筛选值	

（续表）

		正则化值	实测值	正则化值	实测值	正则化值	实测值
$\varepsilon_2^{cu}/\mu\varepsilon$	平均值		6 490		9 850		3 440
	最小值		3 690		7 460		1 930
	最大值		12 900		14 100		5 130
	$CV/\%$		32.6		19.6		28.9
	B 基准值		②		②		②
	分布		对数正态		Weibull		Weibull
	C_1		8.74		10 600		38 000
	C_2		0.283		5.42		4.07
	试样数量	15		15		13	
	批数	3		3		3	
	数据种类	临时值		临时值		筛选值	

注：①试样置于60℃(140℉)，95%～100%湿度环境中62～99天；②只对A类和B类数据给出基准值。

表 2.3.3.1(g)　12 面剪切性能($[\pm45_r]_8$)

材料	T300 3k/EA9396 8 综缎纹机织物		
树脂含量	31.9%～35.4%(质量)	复合材料密度	1.49 g/cm³
纤维体积含量	53.9%～57.0%	空隙含量	4.6%～5.6%
单层厚度	0.381～0.406 mm(0.015 0～0.016 0 in)		
试验方法	ASTM D3518	模量计算	
正则化	未正则化		

温度/℃(℉)		22(72)	−54(−65)	93(200)	22(72)	−54(−65)	93(200)
吸湿量(%)					2.08～2.34	2.08～2.34	2.08～2.34
吸湿平衡条件 (T/℃(℉)，RH/%)		大气环境	大气环境	大气环境	①	①	①
来源编码		31	31	31	31	31	31
$F_{12}^{su}/$ MPa (ksi)	平均值	88.3(12.8)	127(18.4)	53.9(7.82)	72.4(10.5)	116(16.8)	31.0(4.49)
	最小值	78.6(11.4)	108(15.7)	47.8(6.94)	60.6(8.79)	94.5(13.7)	26.3(3.82)
	最大值	106(15.4)	150(21.8)	64.1(9.30)	86.9(12.6)	143(20.8)	37.6(5.46)
	$CV/\%$	9.95	9.53	9.51	12.2	11.9	11.2
	B 基准值	②	②	②	②	②	②
	分布	正态	Weibull	Weibull	正态	Weibull	正态

（续表）

	C_1	88.3(12.8)	132(19.2)	56.3(8.16)	72.4(10.5)	122(17.7)	31.0(4.49)
	C_2	8.83(1.28)	11.7	11.1	8.76(1.27)	8.95	3.46(0.502)
	试样数量	15	15	15	15	15	15
	批数	3	3	3	3	3	3
	数据种类	临时值	临时值	临时值	临时值	临时值	临时值
$G_{12}^S/$ GPa (Msi)	平均值	4.37 (0.634)	5.72 (0.829)	2.85 (0.413)	3.74 (0.542)	5.68 (0.824)	1.72 (0.249)
	最小值	3.52 (0.510)	4.96 (0.719)	2.39 (0.347)	3.12 (0.452)	4.30 (0.623)	1.05 (0.153)
	最大值	5.87 (0.851)	6.67 (0.967)	3.87 (0.561)	5.22 (0.757)	7.45 (1.08)	3.23 (0.468)
	$CV/\%$	13.9	9.07	16.5	17.5	15.3	32.5
	试样数量	15	15	15	15	13	14
	批数	3	3	3	3	3	3
	数据种类	临时值	临时值	临时值	临时值	筛选值	筛选值

注：①试样置于 60℃(140℉)，95%～100% 湿度环境中 91 天；②只对 A 类和 B 类数据给出基准值。

2.3.4　碳-环氧树脂 RTM 织物

2.3.4.1　AS4 6k/PR500 5-枚缎编织物

材料描述：

材料　　　　AS4 6k/PR500。

形式　　　　5 枚缎编织物，含 4% 的 PT500 增黏剂树脂，纤维面积质量为 370 g/m²，通过 RTM 注入 PR500 树脂；典型的固化后树脂含量为 28%～34%，典型的固化后单层厚度为 0.330 2～0.355 25 mm(0.013～0.014 5 in)。

固化工艺　　RTM 注入树脂温度需高于 160℃（320℉），在 177℃（350℉）固化 2 h。

供应商提供的数据：

纤维　　　　Hercules/Hexcel AS4 纤维是由 PAN 基原丝制造的连续碳纤维编织的 5 枚缎织物。典型的拉伸模量为 234 GPa（34×10⁶ psi），典型的拉伸强度为 3 792 MPa(550 000 psi)。

基体　　　　3M PR 500 是单组分，177℃（350℉）固化环氧树脂体系，尤其适合 RTM 工艺。特征包括：优良的韧性（149℃（300℉）下优良的湿态力学性能），室温稳定性可保持数周,在推荐的注射温度下低黏度。

最高短期使用温度　177℃(350℉)(干态),149℃(300℉)(湿态)。

典型应用　商业和军用飞机的主承力和次承力结构以及其他有特殊湿热性能和耐冲击方面需要的应用,RTM 具有精确的尺寸公差,零件压实,铺贴复杂,表面光洁度可重现等优势。

表 2.3.4.1　AS46k/PR500 5 -枚缎编织物

材料	AS46k/PR500 5 -枚缎编织物		
形式	Fiberite 5 -枚缎编织物 12 丝束/in, 4％的 PT - 500		
纤维	Hercules AS4 6k, GP 上浆剂,无捻	基体	3M PR 500 RTM
T_g(干态)	192℃(378℉)　T_g(湿态)　171℃(340℉)	T_g测量方法	SRM 18 - 94, RDA G' 拐点
固化工艺	RTM:182±5.6℃(360±10℉), 120 min,压力 1.2 MPa(175 psi),内部固化压力 0.55 MPa(80 psi),注射温度为 160℃(320℉),泵板温度为 60～2.8℃(140～5℉),泵管温度为 71～2.8℃(160～5℉)		

纤维制造日期:	12/93—5/94	试验日期:	5/95—11/95
树脂制造日期:	8/94—9/94	数据提交日期:	6/96
预浸料制造期:	11/94—12/94	分析日期:	8/96
复合材料制造日期:	1/95—10/95		

单层性能汇总

	22℃ (72℉)/ A	−59℃ (−75℉)/ A	82℃ (180℉)/ A	149℃ (300℉)/ A	177℃ (350℉)/ A	82℃ (180℉)/ W	116℃ (240℉)/ W	149℃ (300℉)/ W
1 轴拉伸	II-I		II-I	SS-S	IS-S	II-S	II-S	II-I
2 轴拉伸								
3 轴拉伸								
1 轴压缩	II—	I—	II—	I---	S—	I—	S—	S—
2 轴压缩								
3 轴压缩								
12 面剪切	II—	II—	SS—	II—	SS—	II—	SS—	SS—
23 面剪切								
31 面剪切	I---		I---	I---		I---		I---
31 面 SB 强度	S—		S—	S—		S---		S---

注:强度/模量/泊松比/破坏应变的数据种类为:A—A75, a—A55, B—B30, b—B18, M—平均值,I—临时值,S—筛选值,——无数据(见表 1.5.1.2(c))。

该数据也包括除水之外的 4 种液体的 12 面剪切。

	名义值	提交值	试验方法
纤维密度/(g/cm³)	1.787		ASTM C693
树脂密度/(g/cm³)	1.25		ASTM D792
复合材料密度/(g/cm³)		1.55～1.60*	
纤维面积质量/(g/m²)	370	375	SRM 23-94
纤维体积含量/%		55.5～64.8	
单层厚度/mm	0.014	0.0128～0.0149	

注:这个章节,假定空隙率为零,计算得到树脂含量和复合材料密度。

层压板性能汇总

	22℃ (72℉) /A	−59℃ (−75℉) /A	82℃ (180℉) /A	149℃ (300℉) /A	177℃ (350℉) /A	82℃ (180℉) /W	116℃ (240℉) /W	149℃ (300℉) /W
[0/45/90/−45]								
OHT, x 轴	IS-S	IS-S	IS-S	IS-S	IS-S	IS-S	IS-S	BI-b
OHC, x 轴	BS-S		IS-S	II-I		IS-S	II-I	BI-I
CAI, x 轴	I—							
G_{IC}	S—							
G_{IIC}	b—							

注:强度/模量/泊松比/破坏应变的数据种类为:A—A75,a—A55,B—B30,b—B18,M—平均值,I—临时值,
S—筛选值,—无数据(见表1.5.1.2(c))。
该数据还包括116℃(240℉)/W和5种冲击能量的CAI。

表 2.3.4.1(a)　1 轴拉伸性能([0f]₃s)

材料	AS46k/PR 500 RTM 5 枚缎编织物		
树脂含量	30%～34%(质量)	复合材料密度	1.56～1.58 g/cm³
纤维体积含量	57.6%～62.0%	空隙含量	
单层厚度	0.338～0.361 mm(0.0133～0.0142 in)		
试验方法	SRM 4R-94	模量计算	在 1000～3000 $\mu\varepsilon$ 之间的弦向模量
正则化	试样厚度和批内纤维体积含量正则化到 57%(固化后单层厚度 0.368 mm (0.0145 in))		
温度/℃(℉)	22(72)	82(180)	116(240)

吸湿量（%）		大气环境		大气环境		大气环境	
吸湿平衡条件 (T/℃(℉)，RH/%)							
来源编码		61		61		61	
		正则化值	实测值	正则化值	实测值	正则化值	实测值
$F_1^{tu}/$ MPa (ksi)	平均值	793(115)	827(120)	793(115)	814(118)	807(117)	841(122)
	最小值	724(105)	765(111)	703(102)	724(105)	710(103)	731(106)
	最大值	856(124)	130(129)	869(126)	883(128)	862(125)	917(133)
	CV/%	4.50	4.74	5.48	4.94	4.79	5.15
	B 基准值	①	①	①	①	①	①
	分布	ANOVA	ANOVA	ANOVA	Weibull	ANOVA	ANOVA
	C_1	271(5.71)	306(6.44)	333(7.01)	834(121)	287(6.03)	317(6.67)
	C_2	211(4.43)	230(4.83)	221(4.65)	23.5	210(4.42)	193(4.06)
	试样数量	17		16		15	
	批数	3		3		3	
	数据种类	临时值		临时值		临时值	
$E_1^t/$ GPa (Msi)	平均值	65.8(9.54)	68.7(9.97)	65.1(9.44)	67.1(9.73)	65.7(9.53)	68.5(9.94)
	最小值	63.1(9.15)	65.2(9.46)	62.1(9.01)	72.7(9.09)	63.8(9.26)	65.2(9.46)
	最大值	68.0(9.86)	72.4(10.5)	67.6(9.8)	70.3(10.2)	68.1(9.88)	70.3(10.2)
	CV/%	1.78	3.64	2.62	3.35	2.13	2.43
	试样数量	15		16		15	
	批数	3		3		3	
	数据种类	临时值		临时值		临时值	
$\varepsilon_1^{tu}/\mu\varepsilon$	平均值		11 900		11 800		11 600
	最小值		10 800		10 200		10 000
	最大值		13 700		16 400		13 100
	CV/%		6.17		12.4		7.68
	B 基准值		①		①		①
	分布		非参数		ANOVA		Weibull
	C_1		8		1 510		12 000

（续表）

		正则化值	实测值	正则化值	实测值	正则化值	实测值
C_2			1.54		3.294		16.2
试样数量		15		15		13	
批数		3		3		3	
数据种类		临时值		临时值		筛选值	

注：①只对 A 类和 B 类数据给出基准值。

表 2.3.4.1(b)　1 轴拉伸性能（$[0_r]_8$）

材料	AS4 6k/PR 500 RTM 5 枚缎编织物		
树脂含量	30%～34%（质量）	复合材料密度	1.56～1.58 g/cm³
纤维体积含量	57.6%～62.0%	空隙含量	
单层厚度	0.338～0.361 mm（0.013 3～0.014 2 in）		
试验方法	SRM 4R-94	模量计算	在 1 000～3 000 $\mu\varepsilon$ 之间的弦向模量
正则化	试样厚度和批内纤维体积含量正则化到 57%（固化后单层厚度 0.368 mm（0.014 5 in））		

温度/℃(℉)		149(300)		177(350)		82(180)	
吸湿量(%)							
吸湿平衡条件(T/℃(℉), RH/%)		大气环境		大气环境		大气环境	
来源编码		61		61		61	
		正则化值	实测值	正则化值	实测值	正则化值	实测值
F_1^{tu}/MPa (ksi)	平均值	765(111)	807(117)	724(105)	786(114)	772(112)	786(114)
	最小值	717(104)	765(111)	652(94.6)	710(103)	710(103)	752(109)
	最大值	814(118)	841(122)	772(112)	848(123)	820(119)	820(119)
	CV/%	3.97	2.82	4.39	4.75	4.66	2.57
	B 基准值	①	①	①	①	①	①
	分布	ANOVA	Weibull	ANOVA	Weibull	ANOVA	ANOVA
	C_1	233(4.91)	820(119)	247(5.19)	807(117)	280(5.89)	154(3.25)
	C_2	244(5.14)	49.5	254(5.34)	25.9	261(5.48)	239((5.03)
	试样数量	14		15		15	
	批数	3		3		3	
	数据种类	筛选值		筛选值		筛选值	

（续表）

		正则化值	实测值	正则化值	实测值	正则化值	实测值
$E_1^t/$ GPa (Msi)	平均值	65.6(9.51)	68.9(10.0)	62.5(9.07)	68.1(9.88)	66.9(9.70)	68.4(9.92)
	最小值	63.0(9.14)	67.5(9.79)	58.3(8.46)	64.0(9.28)	64.8(9.40)	65.3(9.47)
	最大值	67.5(9.79)	72.4(10.5)	67.3(9.76)	72.4(10.5)	70.3(10.2)	71.7(10.4)
	CV/%	2.16	2.21	4.50	3.76	2.25	2.78
	试样数量	14		15		15	
	批数	3		3		3	
	数据种类	筛选值		筛选值		临时值	
$\varepsilon_1^{tu}/\mu\varepsilon$	平均值		11 500		11 800		11 000
	最小值		10 900		10 900		9 700
	最大值		12 800		12 400		11 900
	CV/%		4.78		3.88		5.88
	B 基准值		①		①		①
	分布		正态		Weibull		ANOVA
	C_1		11 500		12 000		691
	C_2		550		34.4		4.32
	试样数量		13		12		14
	批数		3		3		3
	数据种类		筛选值		筛选值		筛选值

注：①只对 A 类和 B 类数据给出基准值；②置于 71℃（160℉）热水浴中直至全饱和或一旦建立全饱和时的95%湿度平衡。

表 2.3.4.1(c)　1 轴拉伸性能（$[0_f]_8$）

材料	AS4 6k/PR 500 RTM 5 枚缎编织物		
树脂含量	30%～34%（质量）	复合材料密度	1.56～1.58 g/cm³
纤维体积含量	57.6%～62.0%	空隙含量	
单层厚度	0.338～0.361 mm(0.013 3～0.014 2 in)		
试验方法	SRM 4R-94	模量计算	在 1 000～3 000 $\mu\varepsilon$ 之间的弦向模量
正则化	试样厚度和批内纤维体积含量正则化到 57%（固化后单层厚度 0.368 mm(0.014 5 in)）		

（续表）

温度/℃(℉)		116(240)		149(300)			
吸湿量(%)		②		②			
吸湿平衡条件 (T/℃(℉)，RH/%)		71(160)水中		71(160)水中			
来源编码		61		61			
		正则化值	实测值	正则化值	实测值		
$F_1^{tu}/$ MPa (ksi)	平均值	752(109)	786(114)	703(102)	758(110)		
	最小值	676(98.0)	717(104)	676(98.1)	703(102)		
	最大值	814(118)	827(120)	758(110)	814(116)		
	CV/%	5.65	4.13	2.81	3.46		
	B基准值	①	①	①	①		
	分布	ANOVA	ANOVA	非参数	Weibull		
	C_1	324(6.82)	240(5.05)	8	772(112)		
	C_2	237(4.98)	205((4.32)	1.43	35.4		
	试样数量	15		17			
	批数	3		3			
	数据种类	临时值		临时值			
$E_1^t/$ GPa (Msi)	平均值	64.9(9.42)	67.8(9.84)	63.7(9.24)	68.7(9.96)		
	最小值	62.3(9.04)	65.2(9.45)	59.9(8.69)	63.4(9.20)		
	最大值	67.7(9.82)	72.4(10.5)	66.2(9.60)	72.4(10.5)		
	CV/%	2.47	3.11	2.60	3.62		
	试样数量	15		15			
	批数	3		3			
	数据种类	临时值		临时值			
$\varepsilon_1^{tu}/\mu\varepsilon$	平均值		11200		11000		
	最小值		10400		10100		
	最大值		13500		12000		
	CV/%		7.43		4.38		
	B基准值		①		①		
	分布		非参数		Weibull		
	C_1		7		11300		

（续表）

		正则化值	实测值	正则化值	实测值		
$\varepsilon_1^{tu}/\mu\varepsilon$	C_2		1.81		23.7		
	试样数量	12		15			
	批数	3		3			
	数据种类	筛选值		筛选值			

注：①只对 A 类和 B 类数据给出基准值；②置于 71℃（160°F）热水浴中直至全饱和或一旦建立全饱和时的 95%湿度平衡。

表 2.3.4.1(d)　1 轴压缩性能（$[0_f]_{3S}$）

材料	AS4 6k/PR 500 RTM 5 枚缎编织物		
树脂含量	30%～35%（质量）	复合材料密度	1.55～1.58 g/cm³
纤维体积含量	56.5%～61.8%	空隙含量	
单层厚度	0.340～0.371 mm（0.013 4～0.014 6 in）		
试验方法	SRM 1R-94	模量计算	在 1 000～3 000 $\mu\varepsilon$ 之间的弦向模量
正则化	试样厚度和批内纤维体积含量正则化到 57%（固化后单层厚度 0.368 mm（0.014 5 in））		

温度/℃（°F）	22(72)		−59(−75)		82(180)	
吸湿量（%）						
吸湿平衡条件（T/℃（°F），RH/%）	大气环境		大气环境		大气环境	
来源编码	61		61		61	

		正则化值	实测值	正则化值	实测值	正则化值	实测值
$F_1^{cu}/$ MPa (ksi)	平均值	814(118)	876(127)			724(105)	758(110)
	最小值	710(103)	758(110)			635(92.1)	651(94.4)
	最大值	938(136)	972(141)			800(116)	869(126)
	CV/%	7.91	7.41			5.86	7.02
	B 基准值	①	①			①	①
	分布	ANOVA	Weibull			Weibull	Weibull
	C_1	475(9.99)	903(131)			745(108)	786(114)
	C_2	181(3.81)	16.1			19.8	15.8

（续表）

		正则化值	实测值	正则化值	实测值	正则化值	实测值
	试样数量	17				15	
	批数	3				3	
	数据种类	临时值				临时值	
E_1^t/ GPa (Msi)	平均值	61.2(8.88)	61.7(8.95)	61.0(8.85)	61.4(8.90)	62.0(8.99)	62.1(9.00)
	最小值	57.2(8.30)	57.1(8.28)	56.5(8.19)	55.8(8.10)	59.9(8.69)	55.1(7.99)
	最大值	64.9(9.41)	68.0(9.86)	64.1(9.30)	67.0(9.72)	64.1(9.30)	65.4(9.48)
	CV/%	3.16	5.41	3.09	4.71	2.16	5.08
	试样数量	17		15		15	
	批数	3		3		3	
	数据种类	临时值		临时值		临时值	

注：①只对 A 类和 B 类数据给出基准值。

表 2.3.4.1(e)　1 轴压缩性能（$[0_r]_{3s}$）

材料	AS4 6k/PR 500 RTM 5 枚缎编织物		
树脂含量	30%～35%（质量）	复合材料密度	1.55～1.58g/cm³
纤维体积含量	56.5%～61.8%	空隙含量	
单层厚度	0.340～0.371 mm(0.013 4～0.014 6 in)		
试验方法	SRM 1R-94	模量计算	在 1000～3000 $\mu\varepsilon$ 之间的弦向模量
正则化	试样厚度和批内纤维体积含量正则化到 57%（固化后单层厚度 0.368 mm (0.0145 in)）		

温度/℃(℉)	116(240)	149(300)	177(350)
吸湿量(%)			
吸湿平衡条件 (T/℃(℉)，RH/%)	大气环境	大气环境	大气环境
来源编码	61	61	61

		正则化值	实测值	正则化值	实测值	正则化值	实测值
F_1^{cu}/ MPa (ksi) ③	平均值	710(103)	731(106)	552(80.1)	581(84.2)	352(51.0)	369(53.5)
	最小值	677(98.2)	686(99.5)	479(69.5)	491(71.2)	291(42.2)	306(44.4)
	最大值	758(110)	786(114)	603(87.5)	641(93.0)	425(61.6)	447(64.8)
	CV/%	3.36	4.37	6.69	7.31	9.72	10.6

（续表）

		正则化值	实测值	正则化值	实测值	正则化值	实测值
F_1^{cu} / MPa (ksi) ③	B基准值	①	①	①	①	①	①
	分布	Weibull	ANOVA	Weibull	ANOVA	Weibull	ANOVA
	C_1	717(104)	235(4.94)	569(82.5)	318(6.68)	367(53.3)	290(6.10)
	C_2	29.3	197(4.14)	18.0	199(4.18)	10.7	204(4.30)
	试样数量	15		16		12	
	批数	3		3		3	
	数据种类	临时值		临时值		时选	

注：①只对 A 类和 B 类数据给出基准值。

表 2.3.4.1(f)　1 轴压缩性能（$[0_f]_{3s}$）

材料	AS4 6k/PR 500 RTM 5 枚缎编织物		
树脂含量	30%～35%（质量）	复合材料密度	1.55～1.58 g/cm³
纤维体积含量	56.5%～61.8%	空隙含量	
单层厚度	0.340～0.371 mm（0.0134～0.0146 in)		
试验方法	SRM 1R-94	模量计算	在 1000～3000 $\mu\varepsilon$ 之间的弦向模量
正则化	试样厚度和批内纤维体积含量正则化到 57%（固化后单层厚度 0.368 mm (0.0145 in))		

温度/℃(℉)	82(180)		116(240)		149(300)	
吸湿量(%)	②		②		②	
吸湿平衡条件 (T/℃(℉), RH/%)	71(160)水中		71(160)水中		71(160)水中	
来源编码	61		61		61	
		正则化值	实测值	正则化值	实测值	正则化值	实测值
F_1^{cu} / MPa (ksi)	平均值	689(100)	731(106)	534(77.5)	547(79.3)	462(67.0)	494(71.7)
	最小值	606(87.9)	605(87.7)	465(67.4)	456(66.1)	429(62.2)	452(65.5)
	最大值	786(114)	869(126)	601(87.1)	644(93.4)	495(71.6)	539(78.2)
	$CV/\%$	7.08	10.2	8.97	12.3	4.43	6.05
	B基准值	①	①	①	①	①	①
	分布	ANOVA	ANOVA	正态	ANOVA	ANOVA	ANOVA

（续表）

		正则化值	实测值	正则化值	实测值	正则化值	实测值
	C_1	358(7.53)	585(12.3)	534(77.5)	566(11.9)	158(3.33)	253(5.33)
	C_2	174(3.67)	232(4.89)	47.9(6.95)	799(16.8)	556(11.7)	770(16.2)
	试样数量	17		9		11	
	批数	3		2		2	
	数据种类	临时值		筛选值		筛选值	

注：①只对 A 类和 B 类数据给出基准值；②置于 71℃(160°F) 热水浴中直至全饱和或一旦建立全饱和时的 95% 湿度平衡。

表 2.3.4.1(g)　12 面剪切性能($[45_f]_{2s}$)

材料	AS4 6k/PR 500 RTM 5 枚缎编织物		
树脂含量	29%～35%(质量)	复合材料密度	1.55～1.59 g/cm³
纤维体积含量	56.0%～63.6%	空隙含量	
单层厚度	0.330～0.376 mm(0.0130～0.0148 in)		
试验方法	SRM 7R-94	模量计算	在 1000～4000 $\mu\varepsilon$ 之间的弦向模量
正则化	未正则化		

温度/℃(°F)	22(72)	−59(−75)	82(180)	116(240)	149(300)
吸湿量(%)					
吸湿平衡条件 (T/℃(°F)，RH/%)	大气环境	大气环境	大气环境	大气环境	大气环境
来源编码	61	61	61	61	61

$F_{12}^s/$ MPa (ksi)	平均值	102(14.8)	106(15.4)	93.1(13.5)	79.3(11.5)	63.8(9.25)
	最小值	89.6(13.0)	100(14.5)	86.9(12.6)	73.8(10.7)	55.0(7.97)
	最大值	125(18.2)	124(18.0)	99.3(14.4)	90.3(13.1)	71.0(10.3)
	CV/%	8.63	5.50	4.15	5.37	7.28
	B 基准值	①	①	①	①	①
	分布	正态	非参数	ANOVA	正态	Weibull
	C_1	102(14.8)	8	30.0(0.632)	79.3(11.5)	65.8(9.55)
	C_2	8.83(1.28)	1.54	255(5.37)	4.26(0.618)	15.6
	试样数量	16	15	14	15	16
	批数	3	3	3	3	3
	数据种类	临时值	临时值	筛选值	临时值	临时值

（续表）

G_{12}^s / GPa (Msi)						
	平均值	4.41(0.639)	5.78(0.838)	3.54(0.513)	2.98(0.432)	2.49(0.361)
	最小值	4.03(0.585)	5.48(0.795)	3.11(0.451)	2.68(0.388)	2.28(0.331)
	最大值	4.85(0.703)	6.16(0.893)	4.09(0.593)	3.48(0.505)	2.63(0.381)
	CV/%	6.56	4.28	7.17	7.56	3.92
	试样数量	16	15	14	15	16
	批数	3	3	3	3	3
	数据种类	临时值	临时值	筛选值	临时值	临时值

注：①只对 A 类和 B 类数据给出基准值。

表 2.3.4.1(h)　12 面剪切性能（$[45_f]_{2s}$）

材料	AS4 6k/PR 500 RTM 5 枚缎编织物			
树脂含量	29%～35%（质量）	复合材料密度	1.55～1.59 g/cm³	
纤维体积含量	56.0%～63.6%	空隙含量		
单层厚度	0.330～0.376 mm（0.013 0～0.014 8 in）			
试验方法	SRM 7R‑94	模量计算	在 1 000～4 000 $\mu\varepsilon$ 之间的弦向模量	
正则化	未正则化			
温度/℃(℉)	177(350)	82(180)	116(240)	149(300)
吸湿量(%)		②	②	②
吸湿平衡条件 (T/℃(℉)，RH/%)	大气环境	71(160)水中	71(160)水中	71(160)水中
来源编码	61	61	61	61
F_{12}^s / MPa (ksi) ③	平均值	53(7.75)	84(12.2)	70(10.2)	54(7.82)
	最小值	51(7.37)	78(11.3)	66(9.61)	48(7.03)
	最大值	56(8.15)	90(13.0)	79(11.4)	58(8.45)
	CV/%	4.36	4.76	4.78	6.35
	B 基准值	①	①	①	①
	分布	正态	ANOVA	ANOVA	Weibull
	C_1	53.4(7.75)	31.2(0.656)	25.14(0.529)	55.4(8.04)
	C_2	2.33(0.338)	255(5.36)	220(4.62)	19.6

（续表）

	试样数量	8		15	14	11
	批数	2		3	3	3
	数据种类	筛选值		临时值	筛选值	筛选值
$G^s_{12}/$ GPa (Msi)	平均值	1.74(0.252)		3.49(0.506)	2.76(0.400)	1.62(0.235)
	最小值	1.49(0.216)		3.10(0.450)	2.43(0.352)	1.31(0.190)
	最大值	1.82(0.264)		3.98(0.577)	3.10(0.450)	1.89(0.274)
	CV/%	6.02		5.80	6.95	12.0
	试样数量	8		15	14	11
	批数	2		3	3	3
	数据种类	筛选值		临时值	筛选值	筛选值

注：①只对 A 类和 B 类数据给出基准值；②置于 71℃(160℉)热水浴中直至全饱或一旦建立全饱和时的 95%湿度平衡。

表 2.3.4.1(i)　12 面剪切性能([45$_f$]$_{2s}$)

材料	AS4 6k/PR 500 RTM 5 枚缎编织物		
树脂含量	29%～35%(质量)	复合材料密度	1.55～1.59 g/cm³
纤维体积含量	56.0%～63.6%	空隙含量	
单层厚度	0.330～0.376 mm(0.0130～0.0148 in)		
试验方法	SRM 7R-94	模量计算	在 1000～3000 $\mu\varepsilon$ 之间的弦向模量
正则化	未正则化		

温度/℃(℉)		22(72)	22(72)	22(72)	22(72)
吸湿量(%)		②	③	④	⑤
吸湿平衡条件 (T/℃(℉)，RH/%)					
来源编码		61	61	61	61
$F^s_{12}/$ MPa (ksi) ③	平均值	93.1(13.5)	101(14.6)	103(15.0)	102(14.8)
	最小值	85.5(12.4)	92.4(13.4)	93.1(13.5)	94.5(13.7)
	最大值	103(14.9)	115(16.7)	115(16.7)	109(15.8)
	CV/%	6.46	8.44	8.41	6.88
	B 基准值	①	①	①	①

（续表）

分布	正态	正态	正态	正态	
C_1	93.1(13.5)	101(14.6)	103(15.0)	102(14.8)	
C_2	6.01(0.872)	8.48(1.23)	8.69(1.26)	7.03(1.02)	
试样数量	7	7	6	6	
批数	1	1	1	1	
数据种类	筛选值	筛选值	筛选值	筛选值	
G_{12}^s/ GPa (Msi) 平均值	4.14(0.601)	4.67(0.678)	4.49(0.651)	4.59(0.666)	
最小值	3.86(0.560)	4.41(0.639)	4.36(0.633)	4.48(0.650)	
最大值	4.40(0.638)	4.94(0.716)	4.67(0.677)	4.83(0.701)	
CV/%	5.65	4.45	2.64	2.77	
试样数量	7	7	6	6	
批数	1	1	1	1	
数据种类	筛选值	筛选值	筛选值	筛选值	

注：①只对 A 类和 B 类数据给出基准值；②室温下在 MEK 纯净溶液中放置 6 天；③在 71℃(160°F)的特种液压工作油液压中放置 6 天；④室温下在 JP-4 喷气燃料中放置 6 天；⑤室温下在防冻液中放置 6 天。

表 2.3.4.1(j)　31 面短梁强度性能([0_f]$_{3s}$)

材料	AS4 6k/PR 500 RTM 5 枚缎编织物				
树脂含量	30%～34%(质量)		复合材料密度	1.56～1.58 g/cm³	
纤维体积含量	57.6%～62.0%		空隙含量		
单层厚度	0.338～0.361 mm(0.013 3～0.014 2 in)				
试验方法	SRM 8R-94		模量计算	在 1000～3000 $\mu\varepsilon$ 之间的弦向模量	
正则化	未正则化				
温度/℃(°F)	22(72)	82(180)	149(300)	82(180)	149(300)
吸湿量(%)				②	②
吸湿平衡条件 (T/℃(°F)，RH/%)	大气环境	大气环境	大气环境	71(160)水中	71(160)水中
来源编码	61	61	61	61	61
F_{31}^{sbs}/ MPa (ksi) 平均值	80.0(11.6)	66.2(9.6)	46.9(6.8)	55.2(8.0)	37.7(5.47)
最小值	71.7(10.4)	62.1(9.0)	44.8(6.5)	49.6(7.2)	35.9(5.2)
最大值	87.6(12.7)	70.3(10.2)	50.3(7.3)	57.9(8.4)	39.3(5.7)

（续表）

CV/%	5.36	3.4	3.2	4.6	3.3
B 基准值	①	①	①	①	①
分布	Weibull	ANOVA	正态	Weibull	正态
C_1	82.0(11.9)	16.6(0.35)	46.9(6.8)	55.8(8.1)	37.9(5.5)
C_2	22.2	166(3.5)	1.52(0.22)	30	1.24(0.18)
试样数量	19	19	19	12	7
批数	3	3	3	2	1
数据种类	筛选值	筛选值	筛选值	筛选值	筛选值

注:①只对 A 类和 B 类数据给出基准值;②置于 71℃(160℉)热水浴中直至全饱和或一旦建立全饱和时的 95%湿度平衡。

表 2.3.4.1(k) x 轴开孔拉伸性能([$0_f/45_f/90_f/-45_f$]s)

材料	AS46k/PR 500 RTM 5 枚缎编织物			
树脂含量	28%~36%(质量)		复合材料密度	1.55~1.60 g/cm³
纤维体积含量	55.5%~64.8%		空隙含量	
单层厚度	0.325 1~0.378 5 mm(0.0128~0.014 9 in)			
试验方法	SRM 5R-94		模量计算	在 1 000~3 000 $\mu\varepsilon$ 之间的弦向模量
正则化	试样厚度和批内纤维体积含量正则化到 57%(固化后单层厚度 0.368 mm(0.014 5 in))			

温度/℃(℉)	22(72)		-59(-75)		82(180)	
吸湿量(%)						
吸湿平衡条件 (T/℃(℉),RH/%)	大气环境		大气环境		大气环境	
来源编码	61		61		61	
	正则化值	实测值	正则化值	实测值	正则化值	实测值
平均值	328(47.5)	341(49.4)	329(47.7)	344(49.9)	323(46.9)	333(48.3)
最小值	293(42.5)	288(41.7)	288(41.7)	280(40.6)	302(43.8)	310(44.9)
最大值	355(51.5)	372(54.0)	356(51.6)	378(54.8)	336(48.8)	355(51.5)
CV/%	5.49	7.03	5.73	7.82	3.46	4.66
B 基准值	①	①	①	①	①	①

（左侧纵栏标注：F_x^{ohtu}/MPa(ksi)）

（续表）

分布	Weibull	Weibull	Weibull	Weibull	ANOVA	ANOVA
C_1	336(48.7)	352(51.0)	337(48.8)	355(51.5)	80.33(1.69)	105(2.20)
C_2	21.8	17.6	22.6	17.6	172(3.61)	181(3.81)
试样数量	15		15		15	
批数	3		3		3	
数据种类	临时值		临时值		临时值	
E_x^{oht}/ GPa (Msi) 平均值	47.3(6.86)	49.9(7.24)	50.0(7.25)	53.6(7.77)	46.5(6.75)	48.5(7.04)
最小值	46.3(6.72)	48.9(7.09)	48.8(7.08)	52.6(7.63)	45.2(6.55)	46.3(6.71)
最大值	48.7(7.07)	51.1(7.41)	50.6(7.34)	54.7(7.94)	49.2(7.14)	51.4(7.45)
CV/%	1.94	1.59	1.42	1.90	3.26	3.48
试样数量	5		5		6	
批数	1		1		1	
数据种类	筛选值		筛选值		筛选值	
ε_x^{ohtu}/ $\mu\varepsilon$ 平均值		7100		6700		7100
最小值		6500		6600		6800
最大值		7500		7000		7400
CV/%		5.7		2.5		3.8
B基准值		①		①		①
分布		正态		正态		正态
C_1		7100		6700		7100
C_2		400		170		270
试样数量		5		5		5
批数		1		1		1
数据种类		筛选值		筛选值		筛选值

注：①只对 A 类和 B 类数据给出基准值。

表 2.3.4.1(1)　x 轴开孔拉伸性能（$[0_f/45_f/90_f/-45_f]_s$）

材料	AS4 6k/PR 500 RTM 5 枚缎编织物		
树脂含量	28%～36%（质量）	复合材料密度	1.55～1.60 g/cm³
纤维体积含量	55.5%～64.8%	空隙含量	
单层厚度	0.3251～0.3785 mm（0.0128～0.0149 in）		

（续表）

试验方法	SRM 5R - 94		模量计算	在 $1000\sim3000\,\mu\varepsilon$ 之间的弦向模量	
正则化	试样厚度和批内纤维体积含量正则化到 57%（固化后单层厚度 $0.368\,\mathrm{mm}$（$0.0145\,\mathrm{in}$））				
温度/℃（℉）	116(240)		149(300)		177(350)
吸湿量(%)					
吸湿平衡条件 (T/℃(℉)，RH/%)	大气环境		大气环境		大气环境
来源编码	61		61		61

		正则化值	实测值	正则化值	实测值	正则化值	实测值
F_x^{ohtu} / MPa (ksi)	平均值	335(48.6)	353(51.2)	328(47.5)	342(49.7)	304(44.1)	313(45.4)
	最小值	313(45.4)	330(47.8)	316(45.9)	321(46.6)	287(41.6)	285(41.4)
	最大值	364(52.8)	387(56.1)	353(51.2)	367(53.3)	321(46.7)	334(48.4)
	CV/%	3.89	4.96	3.20	4.11	3.61	3.86
	B 基准值	①	①	①	①	①	①
	分布	Weibull	正态	非参数	Weibull	ANOVA	Weibull
	C_1	341(49.5)	353(51.2)	8	350(50.7)	80.8(1.70)	319(46.3)
	C_2	25.6	17.5(2.54)	1.49	26.1	183(3.84)	29.3
	试样数量	16		16		16	
	批数	3		3		3	
	数据种类	临时值		临时值		临时值	
E_x^{oht} / GPa (Msi)	平均值	45.4(6.58)	48.0(6.96)	45.8(6.64)	48.4(7.02)	41.4(6.01)	43.3(6.28)
	最小值	44.3(6.42)	46.2(6.70)	45.0(6.52)	46.5(6.74)	40.3(5.85)	41.9(6.08)
	最大值	46.7(6.78)	49.6(7.20)	47.4(6.87)	49.1(7.12)	43.6(6.33)	45.0(6.52)
	CV/%	2.10	2.82	1.84	2.03	3.14	2.56
	试样数量	6		6		6	
	批数	1		1		1	
	数据种类	筛选值		筛选值		筛选值	
	CV/%		3.7		1.8		3.6
	B 基准值		①		①		①
	分布		正态		正态		正态

（续表）

		正则化值	实测值	正则化值	实测值	正则化值	实测值
$\varepsilon_x^{\text{ohtu}}/$ $\mu\varepsilon$	C_1		7 500		7 200		7 300
	C_2		270		130		260
	试样数量		6		6		6
	批数		1		1		1
	数据种类		筛选值		筛选值		筛选值

注:①只对 A 类和 B 类数据给出基准值。

表 2.3.4.1(m)　x 轴开孔拉伸性能($[0_f/45_f/90_f/-45_f]_s$)

材料	AS4 6k/PR 500 RTM 5 枚缎编织物		
树脂含量	28%～36%(质量)	复合材料密度	1.55～1.60 g/cm³
纤维体积含量	55.5%～64.8%	空隙含量	
单层厚度	0.325 1～0.378 5 mm(0.012 8～0.014 9 in)		
试验方法	SRM 5R-94	模量计算	在 1 000～3 000 $\mu\varepsilon$ 之间的弦向模量
正则化	试样厚度和批内纤维体积含量正则化到 57%(固化后单层厚度 0.368 mm(0.014 5 in))		

温度/℃(℉)	82(180)		116(240)		149(300)	
吸湿量(%)	②		②		②	
吸湿平衡条件 (T/℃(℉),RH/%)	71(160)水中		71(160)水中		71(160)水中	
来源编码	61		61		61	

		正则化值	实测值	正则化值	实测值	正则化值	实测值
$F_x^{\text{ohtu}}/$ MPa (ksi)	平均值	325(47.1)	340(49.3)	320(46.4)	335(48.6)	321(46.5)	335(48.6)
	最小值	297(43.1)	305(44.2)	301(43.7)	317(46.0)	306(44.4)	315(45.7)
	最大值	345(50.0)	370(53.6)	341(49.4)	368(53.4)	345(50.1)	361(52.3)
	CV/%	3.81	5.13	3.57	4.44	3.57	6.05
	B 基准值	①	①	①	①	41.9	43.6
	分布	Weibull	Weibull	Weibull	非参数	Weibull	Weibull
	C_1	330(47.9)	348(50.4)	325(47.2)	8	194(28.1)	185(26.8)
	C_2	29.6	22.0	31.0	1.49	47.3	49.6

（续表）

		正则化值	实测值	正则化值	实测值	正则化值	实测值
	试样数量	16		16		21	
	批数	3		3		3	
	数据种类	临时值		临时值		B18	
$E_x^{\text{oht}}/$ GPa (Msi)	平均值	46.1(6.69)	48.8(7.08)	48.3(7.00)	51.4(7.46)	45.8(6.64)	48.0(6.96)
	最小值	45.4(6.58)	46.7(6.77)	46.7(6.78)	48.7(7.07)	41.0(5.95)	42.4(6.15)
	最大值	46.9(6.80)	51.2(7.43)	49.9(7.24)	53.1(7.70)	48.3(7.01)	52.0(7.54)
	CV/%	1.63	3.44	2.96	3.74	4.92	5.93
	试样数量	6		6		16	
	批数	1		1		3	
	数据种类	筛选值		筛选值		临时值	
$\varepsilon_X^{\text{ohtu}}/$ $\mu\varepsilon$	平均值	7100		6600		6900	
	最小值	6800		6100		6000	
	最大值	7200		7100		7800	
	CV/%	2.2		6.5		6.1	
	B基准值	①		①		5800	
	分布	正态		正态			
	C_1	7100		6600		7100	
	C_2	150		430		17	
	试样数量	6		6		18	
	批数	1		1		3	
	数据种类	筛选值		筛选值		B18	

注：①只对 A 类和 B 类数据给出基准值；②置于 71℃（160℉）热水浴中直至全饱和或一旦建立全饱和时的 95% 湿度平衡。

表 2.3.4.1(n)　x 轴开孔压缩性能（[$0_f/45_f/90_f/-45_f$]$_s$）

材料	AS46k/PR 500 RTM 5 枚缎编织物		
树脂含量	28%～36%(质量)	复合材料密度	1.55～1.60 g/cm³
纤维体积含量	55.5%～64.8%	空隙含量	
单层厚度	0.3251～0.3785 mm(0.0128～0.0149 in)		

（续表）

试验方法	SRM 5R-94		模量计算	在 $1000\sim3000\,\mu\varepsilon$ 之间的弦向模量	
正则化	试样厚度和批内纤维体积含量正则化到 57%（固化后单层厚度 0.368 mm（0.0145 in））				

温度/℃（℉）		22（72）		82（180）		116（240）	
吸湿量（%）							
吸湿平衡条件 (T/℃（℉），RH/%)		大气环境		大气环境		大气环境	
来源编码		61		61		61	
		正则化值	实测值	正则化值	实测值	正则化值	实测值
F_x^{ohcu} / MPa (ksi)	平均值	312（45.3）	325（47.2）	263（38.2）	279（40.4）	245（35.6）	261（37.9）
	最小值	294（42.7）	308（44.7）	240（34.8）	255（37.0）	222（32.2）	234（33.9）
	最大值	332（48.2）	354（51.4）	304（44.1）	326（47.3）	261（37.9）	283（41.0）
	CV/%	3.57	4.17	6.32	6.93	4.22	4.38
	B 基准值	41.0	41.5	①	①	①	①
	分布	Weibull	Weibull	Weibull	正态	Weibull	Weibull
	C_1	318（46.1）	332（48.1）	272（39.4）	279（40.4）	250（36.2）	266（38.6）
	C_2	30.7	24.0	15.1	19.3（2.80）	29.6	26.7
	试样数量	18		16		16	
	批数	3		3		3	
	数据种类	B18		临时值		临时值	
E_x^{ohc} / GPa (Msi)	平均值	46.0（6.67）	49.0（7.10）	44.7（6.48）	47.8（6.94）	44.3（6.43）	47.2（6.85）
	最小值	43.3（6.28）	46.0（6.67）	44.4（6.44）	46.7（6.78）	43.0（6.24）	43.7（6.34）
	最大值	48.8（7.08）	52.3（7.59）	45.0（6.52）	48.6（7.05）	46.2（6.70）	50.5（7.32）
	CV/%	4.47	5.02	0.549	1.44	1.87	4.35
	试样数量	8		5		15	
	批数	1		1		3	
	数据种类	筛选值		筛选值		筛选值	
ε_X^{ohcu} / $\mu\varepsilon$	平均值		6900		6100		5500
	最小值		6500		5400		5100
	最大值		7500		6800		6000

（续表）

		正则化值	实测值	正则化值	实测值	正则化值	实测值
	$CV/\%$		5.7		9.7		4.6
	B 基准值		①		①		①
	分布		正态		正态		
	C_1		6 900		6 100		5 700
	C_2		390		590		24
	试样数量		5		5		15
	批数		1		1		3
	数据种类		筛选值		筛选值		筛选值

注:①只对 A 类和 B 类数据给出基准值。

表 2.3.4.1(o)　x 轴开孔压缩性能（$[0_f/45_f/90_f/-45_f]_s$）

材料	AS4 6k/PR 500 RTM 5 枚缎编织物		
树脂含量	28%～36%(质量)	复合材料密度	1.55～1.60 g/cm³
纤维体积含量	55.5%～64.8%	空隙含量	
单层厚度	0.325 1～0.378 5 mm(0.012 8～0.014 9 in)		
试验方法	SRM 5R - 94	模量计算	在 1 000～3 000 $\mu\varepsilon$ 之间的弦向模量
正则化	试样厚度和批内纤维体积含量正则化到 57%（固化后单层厚度 0.368 mm(0.014 5 in)）		
温度/℃(℉)	149(300)		
吸湿量(%)			
吸湿平衡条件(T/℃(℉), RH/%)	大气环境		
来源编码	61		

		正则化值	实测值	正则化值	实测值	正则化值	实测值
F_x^{ohcu} / MPa (ksi)	平均值	221(32.1)	234(34.0)				
	最小值	181(26.2)	199(28.9)				
	最大值	252(36.6)	266(38.6)				
	$CV/\%$	7.92	7.41				
	B 基准值	①	①				

（续表）

		正则化值	实测值	正则化值	实测值	正则化值	实测值
	分布	Weibull	Weibull				
	C_1	229(33.2)	242(35.1)				
	C_2	15.7	14.9				
	试样数量	17					
	批数	3					
	数据种类	临时值					
E_x^{ohc} / GPa (Msi)	平均值	43.0(6.24)	45.5(6.60)				
	最小值	41.5(6.02)	42.7(6.19)				
	最大值	44.0(6.38)	49.9(7.24)				
	CV/%	1.73	4.13				
	试样数量	17					
	批数	3					
	数据种类	临时值					
ε_X^{ohcu} / $\mu\varepsilon$	平均值		5 100				
	最小值		4 300				
	最大值		5 700				
	CV/%		7.6				
	B 基准值		①				
	分布		Weibull				
	C_1		5 300				
	C_2		17				
	试样数量	17					
	批数	3					
	数据种类	临时值					

注:①只对 A 类和 B 类数据给出基准值。

表 2.3.4.1(p)　x 轴开孔压缩性能（$[0_f/45_f/90_f/-45_f]_s$）

材料	AS4 6k/PR 500 RTM 5 枚缎编织物			
树脂含量	28%～36%（质量）		复合材料密度	1.55～1.60 g/cm³
纤维体积含量	55.5%～64.8%		空隙含量	
单层厚度	0.3251～0.3785 mm（0.0128～0.0149 in）			
试验方法	SRM 5R-94		模量计算	在 1000～3000 $\mu\varepsilon$ 之间的弦向模量
正则化	试样厚度和批内纤维体积含量正则化到 57%（固化后单层厚度 0.368 mm（0.0145 in））			

温度/℃（℉）	82(180)		116(240)		149(300)	
吸湿量（%）	②		②		②	
吸湿平衡条件 (T/℃（℉），RH/%)	71(160)水中		71(160)水中		71(160)水中	
来源编码	61		61		61	

		正则化值	实测值	正则化值	实测值	正则化值	实测值
F_x^{ohcu}/ MPa (ksi)	平均值	250(36.3)	265(38.5)	226(32.8)	239(34.6)	187(27.1)	196(28.4)
	最小值	222(32.2)	238(34.5)	209(30.3)	219(31.8)	172(25.0)	180(26.1)
	最大值	282(40.9)	305(44.2)	252(36.5)	265(38.4)	208(30.2)	221(32.1)
	CV/%	7.01	7.02	5.76	6.39	6.35	6.52
	B 基准值	①	①	①	①	175(25.4)	162(23.5)
	分布	Weibull	ANOVA	Weibull	Weibull	非参数	Weibull
	C_1	259(37.5)	138(2.90)	232(33.7)	246(35.7)	9	202(29.3)
	C_2	16.1	189(3.97)	18.2	17.2	1.35	16.4
	试样数量	16		17		18	
	批数	3		3		3	
	数据种类	临时值		临时值		B18	
E_x^{ohc}/ GPa (Msi)	平均值	44.1(6.39)	47.6(6.90)	44.5(6.45)	47.1(6.83)	42.1(6.10)	44.1(6.40)
	最小值	43.4(6.29)	45.2(6.56)	42.9(6.22)	44.7(6.49)	40.3(5.84)	39.9(5.78)
	最大值	45.0(6.53)	49.2(7.13)	48.6(7.05)	51.4(7.46)	44.5(6.45)	47.4(6.87)
	CV/%	1.69	2.89	3.54	4.03	2.64	4.57
	试样数量	6		15		15	
	批数	1		3		3	
	数据种类	筛选值		临时值		临时值	

（续表）

		正则化值	实测值	正则化值	实测值	正则化值	实测值
$\varepsilon_X^{ohcu}/$ $\mu\varepsilon$	平均值		5 800		5 100		4 500
	最小值		5 400		4 500		4 100
	最大值		6 500		5 800		4 900
	CV/%		7.0		7.2		5.4
	B基准值		①		①		①
	分布						
	C_1		5 800		5 300		4 600
	C_2		410		15		20
	试样数量	6		15		15	
	批数	1		3		3	
	数据种类	筛选值		临时值		临时值	

注：①只对 A 类和 B 类数据给出基准值；②置于 71℃（160℉）热水浴中直至全饱或一旦建立全饱和时的 95%湿度平衡。

表 2.3.4.1(q)　　x 轴冲击后压缩性能（$[0_f/45_f/90_f/-45_f]_{2s}$）

材料	AS4 6k/PR 500 RTM 5 枚缎编织物		
树脂含量	30%～33%（质量）	复合材料密度	1.56～1.59 g/cm³
纤维体积含量	58.5%～62.4%	空隙含量	
单层厚度	0.337 8～0.258 1 mm（0.013 3～0.014 1 in）		
试验方法	SRM 2-94，冲击能量（见注释）	模量计算	
正则化	试样厚度和批内纤维体积含量正则化到 57%（固化后单层厚度 0.368 mm（0.014 5 in））		
温度/℃（℉）	22（72）	22（72）	22（72）
吸湿量（%）	大气环境	大气环境	大气环境
吸湿平衡条件 (T/℃（℉），RH/%)	②	③	④
来源编码	61	61	61

（续表）

		正则化值	实测值	正则化值	实测值	正则化值	实测值
F_X^{cai} / MPa (ksi)	平均值	417(60.5)	443(64.3)	297(43.1)	316(45.8)	272(39.5)	289(41.9)
	最小值	383(55.6)	407(59.1)	280(40.6)	292(42.4)	245(35.5)	269(39.0)
	最大值	463(67.2)	494(71.7)	312(45.3)	335(48.6)	315(45.7)	328(47.6)
	CV/%	5.33	5.42	3.31	4.23	6.32	5.47
	B 基准值	①	①	①	①	①	①
	分布	Weibull	Weibull	ANOVA	ANOVA	ANOVA	ANOVA
	C_1	427(62.0)	455(66.0)	75(1.58)	103(2.17)	125(2.64)	116(2.45)
	C_2	19.6	18.9	237(4.98)	250(5.26)	190(3.99)	199(4.18)
	试样数量	15		15		15	
	批数	3		3		3	
	数据种类	临时值		临时值		B18	

注：①只对 A 类和 B 类数据给出基准值；②冲击能量：15.3J(135 in·lb)；③冲击能量：30.5J(270 in·lb)；④冲击能量：40.7J(360 in·lb)。

表 2.3.4.1(r)　x 轴冲击后压缩性能（$[0_f/45_f/90_f/-45_f]_{2s}$）

材料	AS4 6k/PR 500 RTM 5 枚缎编织物			
树脂含量	30%～33%（质量）		复合材料密度	1.56～1.59 g/cm³
纤维体积含量	58.5%～62.4%		空隙含量	N/A
单层厚度	0.3378～0.2581 mm(0.0133～0.0141 in)			
试验方法	SRM 2-94，冲击能量（见注释）		模量计算	
正则化	试样厚度和批内纤维体积含量正则化到 57%（固化后单层厚度 0.368 mm (0.0145 in)）			
温度/℃(℉)	22(72)	22(72)		
吸湿量(%)	大气环境	大气环境		
吸湿平衡条件 (T/℃(℉)，RH/%)	②	③		
来源编码	61	61		

(续表)

		正则化值	实测值	正则化值	实测值		
F_X^{cai}/ MPa (ksi)	平均值	256(37.2)	272(39.4)	242(35.1)	258(37.4)		
	最小值	240(34.8)	249(36.1)	228(33.0)	238(34.5)		
	最大值	282(40.9)	301(43.7)	259(37.5)	274(39.8)		
	CV/%	4.61	4.91	4.15	4.26		
	B 基准值	①	①	①	①		
	分布	ANOVA	ANOVA	ANOVA	ANOVA		
	C_1	90.8(1.91)	100(2.11)	76(1.59)	83(1.74)		
	C_2	243(5.12)	225(4.73)	221(4.65)	226(4.75)		
	试样数量	15		15			
	批数	3		3			
	数据种类	临时值		临时值			

注:①只对 A 类和 B 类数据给出基准值;②冲击能量:50.8J(450 in·lb);③冲击能量:61.6J(545 in·lb)。

表 2.3.4.1(s) x 轴 I 型断裂韧性性能($[0_f]_{6s}$)

材料	AS4 6k/PR 500 RTM 5 枚缎编织物		
树脂含量	33%~34%(质量)	复合材料密度	1.56 g/cm³
纤维体积含量	57.3%~58.3%	空隙含量	
单层厚度	0.3607~0.3658 mm(0.0142~0.0144 in)		
试验方法	BMS 8-276,8.5.7 节,双悬臂梁②	模量计算	
正则化	未正则化		

温度/℃(℉)	22(72)			
吸湿量(%)	大气环境			
吸湿平衡条件 (T/℃(℉),RH/%)				
来源编码	61			
G_{Ic}/J/ m²(in· lbf/in²)	平均值	461(2.63)		
	最小值	287(1.64)		
	最大值	679(3.88)		
	CV/%	20.1		

（续表）

G_{Ic}/J/m²(in·lbf/in²)	B 基准值	①				
	分布	ANOVA				
	C_1	19 690 (0.642)				
	C_2	254 556 (8.30)				
	试样数量	56				
	批数	2				
	数据种类	筛选值				

注：①只对 A 类和 B 类数据给出基准值；②12.7 mm(0.5 in)试样宽度符合 ASTM D 5528-94。

表 2.3.4.1(t) x 轴 Ⅱ 型断裂韧性性能（$\lfloor 0_r \rfloor_{6s}$）

材料	AS4 6k/PR 500 RTM 5 枚缎编织物		
树脂含量	33%～34%(质量)	复合材料密度	1.56 g/cm³
纤维体积含量	57.3%～58.3%	空隙含量	
单层厚度	0.360 7～0.365 8 mm(0.014 2～0.014 4 in)		
试验方法	BMS 8-276，8.5.9 节	模量计算	
正则化	未正则化		

	温度/℃(℉)	22(72)			
	吸湿量(%)				
	吸湿平衡条件 (T/℃(℉)，RH/%)	大气环境			
	来源编码	61			
G_{IIc}/J/m²(in·lbf/in²)	平均值	1 380(7.88)			
	最小值	1 088(6.21)			
	最大值	1 891(10.8)			
	CV/%	13.1			
	B 基准值	①			
	分布	ANOVA			
	C_1	36 803 (1.20)			

（续表）

C_2	153 960 (5.02)				
试样数量	47				
批数	3				
数据种类	B18				

注:①没有列出用 ANOVA 方法从少于 5 组数据计算出来的 B 基准值。

2.3.4.2　IM7 6k/PR 500 4 枚缎编织物

材料描述:

材料　　　　IM7 6k 4HS/PR 500。

形式　　　　通过 RTM 工艺将 PR 500 环氧树脂注入到热的、封闭的模具中,其中也包括 Hercules/Hexcel 附有 GP 上浆剂的 IM7 6k 4HS(8 mil)。4%质量分数的 PT 500 增粘树脂有利于固化/预成型。

　　　　　　典型固化后特征:纤维体积含量为 57%~62%。

　　　　　　树脂含量为 28%~34%(质量)。

　　　　　　单层厚度为 0.191~0.216 mm(0.0075~0.0085 in)。

固化工艺　　RTM注入树脂温度需高于 160℃(320℉),在 177℃(350℉)固化 2 h。不需要后固化。

供应商提供的数据:

纤维　　　　Hercules/Hexcel 附有 GP 上浆剂的 IM7 6k 碳纤维是由 PAN 基原丝制造的中等模量碳纤维,表面处理以适于织造。典型的纤维拉伸模量为 290 GPa(42×10⁶),典型的拉伸强度为 5309 MPa (770 000 psi)和 1.8%的应变。

基体　　　　3M PR 500 是单组分,特别适合 RTM 工艺的 177℃(350℉)固化环氧树脂体系。特征包括:优良的韧性(149℃(300℉)湿态力学性能),稳定性好,在推荐的注射温度下黏度低。

典型使用温度　177℃/350℉(干态),149℃/300℉(湿态)。

典型应用　　商业和军用飞机的主承力和次承力结构以及其他需要特殊湿热性能和抗冲击的应用。RTM 工艺的优点为:精确的尺寸公差,零件压实,复杂的铺层,可复制的理想表面光滑度。

表 2.3.4.2　**IM7 6k/PR500 4 枚缎编织物**

材料	IM7 6k/PR500 4 枚缎编织物				
形式	IM7 6k 4HS，4% 的 PT500 增黏剂树脂				
纤维	IM7，表面处理，GP 上浆剂，无捻			基体	3M PR 500
T_g(干态)	192℃	T_g(湿态)	171℃	T_g 测量方法	SRM 18-94, RDA G′ 拐点
固化工艺	RTM，预成形：88～99℃（190～210℉），20～30 min，抽真空；成型：149℃（300℉），60 min，最大注射压力为 2.07～2.76 MPa(300～400 psi)；固化：177～188℃(350～370℉)，110～130 min，2.76 MPa(400 psi)压力				

纤维制造日期：	9/91—5/92	试验日期：	9/92—4/94
树脂制造日期：	1/92—8/92	数据提交日期：	11/97
预浸料制造期：	1/92—8/92	分析日期：	3/98
复合材料制造日期：	1/92—8/92		

单层性能汇总

	24℃(75℉)/ A		−54℃(−65℉)/ A		104℃(220℉)/ W	135℃(275℉)/ W	163℃(325℉)/ W	
1 轴拉伸	bM-b							
2 轴拉伸	bM-b							
3 轴拉伸								
1 轴压缩	b––							
2 轴压缩	b––							
3 轴压缩								
12 面剪切	II--I		SS–S		SS–S	SS–S	SS–S	
23 面剪切								
13 面剪切								

注:强度/模量/泊松比/破坏应变的数据种类为:A—A75, a—A55, B—B30, b—B18, M—平均值, I—临时值, S—筛选值,——无数据(见表 1.5.1.2(c))。

	名义值	提交值	试验方法
纤维密度/(g/cm³)	1.79		ASTM D 3800-79 方法 C
树脂密度/(g/cm³)	1.25		ASTM D 792-86
复合材料密度/(g/cm³)	1.56	1.52～1.57	
纤维面积质量/(g/m²)	203	201～209	ASTM D 3776 选项 C
纤维体积含量/%	57	50～59	
单层厚度/mm	0.2032	0.1854～0.2286	

注:假设空隙含量为0%时计算树脂含量和复合材料密度。

层压板性能汇总

	24℃ (75℉) /A		−54℃ (−65℉) /A		104℃ (220℉) /W	135℃ (275℉) /W	
[45/0/−45/ ±45/90/±45]							
挤压	S—						
OHT	S—						
OHC	S—		S—		S—	S—	
FTH	b—		S—		S—		
[45/0/−45/90]							
挤压	S—						
OHT	S—						
OHC	S—		S—		S—	S—	
FTH	b—		S—		S—		
[0/−45/90/0/ 90/45/0/90]							
挤压	S—						
OHT	S—						
OHC	S—		S—		S—	S—	
FTH	b—		S—		S—		

注:强度/模量/泊松比/破坏应变的数据种类为:A—A75,a—A55,B—B30,b—B18,M—平均值,I—临时值,S—筛选值,—无数据(见表1.5.1.2(c))。

表 2.3.4.2(a)　1 轴拉伸性能($[0_f]_{12}$)

材料	IM7 6k/PR500 4 枚缎编织物		
树脂含量	23.9%～40.2%(质量)	复合材料密度	1.53～1.57 g/cm³
纤维体积含量	50.8%～57.3%	空隙含量	
单层厚度	0.1981～0.2235 mm(0.0078～0.0088 in)		
试验方法	ASTM D 3039/D 3039M-95a	模量计算	在 100～2300 $\mu\varepsilon$ 之间的弦向模量
正则化	试样厚度和批内纤维体积含量正则化到 57%(固化后单层厚度 0.2007 mm (0.0079 in))		

温度/℃(℉)	24(75)					
吸湿量(%)						
吸湿平衡条件 (T/℃(℉)，RH/%)	大气环境					
来源编码	70					
		正则化值	实测值	正则化值	实测值	正则化值	实测值

		正则化值	实测值				
F_1^{tu}/ MPa (ksi)	平均值	986(143)	951(138)				
	最小值	883(128)	869(126)				
	最大值	1089(158)	1048(152)				
	CV/%	6.17	4.75				
	B 基准值	①	122				
	分布	ANOVA	Weibull				
	C_1	469(9.86)	972(141)				
	C_2	219(4.60)	21.7				
	试样数量	30					
	批数	3					
	数据种类	B18					
E_1^t/ GPa (Msi)	平均值	80.0(11.6)	77.2(11.2)				
	最小值	74.5(10.8)	73.8(10.7)				
	最大值	89.6(13.0)	82.7(12.0)				
	CV/%	4.37	2.65				
	试样数量	30					
	批数	3					
	数据种类	平均值					

（续表）

		正则化值	实测值	正则化值	实测值	正则化值	实测值
$\varepsilon_1^{tu}/\mu\varepsilon$	平均值		11 600				
	最小值		10 000				
	最大值		12 800				
	$CV/\%$		5.42				
	B 基准值		10 500				
	分布		正态				
	C_1		11 600				
	C_2		628				
	试样数量	30					
	批数	3					
	数据种类	B18					

注:①没有列出用 ANOVA 方法从少于 5 组数据计算出来的 B 基准值。

表 2.3.4.2(b)　2 轴拉伸性能（$[0_f]_{12}$）

材料	IM7 6k/PR500 4 枚缎编织物		
树脂含量	23.9%～40.2%（质量）	复合材料密度	1.53～1.57 g/cm³
纤维体积含量	50.1%～57.2%	空隙含量	
单层厚度	0.198 1～0.226 1 mm（0.007 8～0.008 9 in）		
试验方法	ASTM D 3039/D 3039M - 95a	模量计算	在 100～2 300 $\mu\varepsilon$ 之间的弦向模量
正则化	试样厚度和批内纤维体积含量正则化到 57%（固化后单层厚度 0.200 7 mm（0.007 9 in））		
温度/℃(℉)	24(75)		
吸湿量(%)			
吸湿平衡条件 (T/℃(℉)，RH/%)	大气环境		
来源编码	70		

（续表）

		正则化值	实测值	正则化值	实测值	正则化值	实测值
F_2^{tu} / MPa (ksi)	平均值	903(131)	924(134)				
	最小值	814(118)	814(118)				
	最大值	986(143)	1034(150)				
	$CV/\%$	4.87	5.90				
	B 基准值	①	①				
	分布	ANOVA	ANOVA				
	C_1	359(7.56)	455(9.57)				
	C_2	232(4.89)	241(5.08)				
	试样数量	18					
	批数	3					
	数据种类	B18					
E_2^t / GPa (Msi)	平均值	76.5(11.1)	78.6(11.4)				
	最小值	71.0(10.3)	71.7(10.4)				
	最大值	81.4(11.8)	85.5(12.4)				
	$CV/\%$	4.07	3.68				
	试样数量	18					
	批数	3					
	数据种类	平均值					
ν_{12}^t	平均值						
	试样数量						
	批数						
	数据种类						
ε_2^{tu} / $\mu\varepsilon$	平均值		11 200				
	最小值		10 500				
	最大值		11 800				
	$CV/\%$		3.73				
	B 基准值		①				
	分布		ANOVA				
	C_1		469				

（续表）

		正则化值	实测值	正则化值	实测值	正则化值	实测值
	C_2		4.27				
	试样数量		18				
	批数		3				
	数据种类		B18				

注：①没有列出用 ANOVA 方法从少于 5 组数据计算出来的 B 基准值。

表 2.3.4.2(c)   1 轴压缩性能（$[0_f]_{12}$）

材料	IM7 6k/PR500 4 枚缎编织物		
树脂含量	23.9%～40.2%（质量）	复合材料密度	1.53～1.57 g/cm³
纤维体积含量	49.9%～56.7%	空隙含量	
单层厚度	0.2007～0.2286 mm（0.0079～0.0090 in）		
试验方法	SACMA SRM 1①	模量计算	在 100～2300 $\mu\varepsilon$ 之间的弦向模量
正则化	试样厚度和批内纤维体积含量正则化到 57%（固化后单层厚度 0.2007 mm（0.0079 in））		

	温度/℃（℉）	24(75)		
	吸湿量（%）			
	吸湿平衡条件 （T/℃（℉），RH/%）	大气环境		
	来源编码	70		

		正则化值	实测值	正则化值	实测值	正则化值	实测值
F_1^{cu}/ MPa (ksi)	平均值	793(115)	758(110)				
	最小值	703(102)	647(93.8)				
	最大值	903(131)	876(127)				
	CV/%	7.39	7.42				
	B 基准值	②	②				
	分布	ANOVA	ANOVA				
	C_1	434(9.13)	415(8.72)				
	C_2	160(3.36)	156(3.29)				

(续表)

		正则化值	实测值	正则化值	实测值	正则化值	实测值
	试样数量	39					
	批数	4					
	数据种类	B18					

注:①拧紧力矩 $1.13\,\text{N}\cdot\text{m} \sim 1.36\,\text{N}\cdot\text{m}(10 \sim 12\,\text{in}\cdot\text{lbf})$;②没有列出用 ANOVA 方法从少于 5 组数据计算出来的 B 基准值。

表 2.3.4.2(d)　2 轴压缩性能($[0_f]_{12}$)

材料	IM7 6k/PR500 4 枚缎编织物			
树脂含量	23.9%~40.2%(质量)		复合材料密度	1.53~1.57 g/cm³
纤维体积含量	49.6%~56.4%		空隙含量	
单层厚度	0.2007~0.2286 mm(0.0079~0.0090 in)			
试验方法	SACMA SRM 1①		模量计算	在 100~2300 $\mu\varepsilon$ 之间的弦向模量
正则化	试样厚度和批内纤维体积含量正则化到 57%(固化后单层厚度 0.2007 mm (0.0079 in))			
温度/℃(℉)	24(75)			
吸湿量(%)				
吸湿平衡条件 (T/℃(℉), RH/%)	大气环境			
来源编码	70			

		正则化值	实测值	正则化值	实测值	正则化值	实测值
F_2^{cu} / MPa (ksi)	平均值	772(112)	752(109)				
	最小值	710(103)	626(90.8)				
	最大值	903(131)	889(129)				
	CV/%	7.00	8.29				
	B 基准值	②	②				
	分布	ANOVA	ANOVA				
	C_1	409(8.60)	475(10.0)				
	C_2	200(4.20)	213(4.49)				
	试样数量	29					
	批数	3					
	数据种类	B18					

注:①拧紧力矩 $1.13\,\text{N}\cdot\text{m} \sim 1.36\,\text{N}\cdot\text{m}(10 \sim 12\,\text{in}\cdot\text{lbf})$;②没有列出用 ANOVA 方法从少于 5 组数据计算出来的 B 基准值。

表 2.3.4.2(e)　12 面剪切性能（$[45_f/-45_f/45_f]_{fs}$）

材料	IM7 6k/PR500 4 枚缎编织物				
树脂含量	37.0%～40.2%（质量）		复合材料密度	1.52～1.56 g/cm³	
纤维体积含量	51.8%～59.9%		空隙含量		
单层厚度	0.1905～0.2210 mm（0.0075～0.0087 in）				
试验方法	ASTM D 3518/D 3518M - 94		模量计算	在 100～2300 $\mu\varepsilon$ 之间的弦向模量	
正则化	未正则化				

温度/℃(℉)		24(75)	-54(-65)	104(220)	135(275)	163(325)	
吸湿量(%)				湿态	湿态	湿态	
吸湿平衡条件 (T/℃(℉), RH/%)		大气环境	大气环境	①	①	①	
来源编码		70	70	70	70	70	
$F_{12}^{su}/$ MPa (ksi)	平均值	141(20.4)	132(19.1)	77.9(11.3)	66.1(9.58)	56.1(8.13)	
	最小值	116(16.8)	125(18.1)	73.8(10.7)	61.2(8.88)	52.7(7.64)	
	最大值	157(22.7)	138(20.0)	82.0(11.9)	68.0(9.86)	58.0(8.41)	
	CV/%	9.45	4.41	4.92	4.27	4.19	
	B 基准值	②	②	②	②	②	
	分布	ANOVA	正态	正态	正态	正态	
	C_1	106(2.24)	132(19.1)	77.9(11.3)	66.1(9.58)	56.1(8.13)	
	C_2	280(5.89)	5.8(0.843)	3.8(0.554)	2.8(0.409)	2.30(0.340)	
	试样数量	15	5	5	5	5	
	批数	3	1	1	1	1	
	数据种类	临时值	筛选值	筛选值	筛选值	筛选值	
$\gamma_{12}^{su}/\mu\varepsilon$	平均值	28100	22100	23800	22400	28600	
	最小值	22100	20800	21300	21700	26600	
	最大值	32600	24100	25900	23500	31700	
	CV/%	11.0	6.53	8.65	3.06	7.11	
	B 基准值	②	②	②	②	②	
	分布	ANOVA	正态	正态	正态	正态	
	C_1	3580	22100	23800	22400	28600	

（续表）

C_2	5.78	1450	2060	685	2030	
试样数量	15	5	5	5	5	
批数	3	1	1	1	1	
数据种类	临时值	筛选值	筛选值	筛选值	筛选值	
G_{12}^s/GPa (Msi)	平均值	5.10 (0.739)	6.23 (0.903)	3.49 (0.506)	3.15 (0.457)	2.12 (0.307)
	最小值	4.66 (0.676)	5.97 (0.866)	3.17 (0.46)	3.01 (0.437)	1.97 (0.285)
	最大值	5.50 (0.797)	6.33 (0.918)	3.79 (0.549)	3.28 (0.475)	2.32 (0.336)
	CV/%	5.08	2.34	6.59	3.77	6.10
	试样数量	15	5	5	5	5
	批数	3	1	1	1	1
	数据种类	临时值	筛选值	筛选值	筛选值	筛选值

注：①置于 71℃（160°F）和 85% 湿度环境中 13～17 天；②只对 A 类和 B 类数据给出基准值。

表 2.3.4.2（f）　x 轴挤压性能（$[45_f/0_f/-45_f/\pm45_f/90_f/\pm45_f]$）

材料	IM7 6k/PR500 4 枚缎编织物		
树脂含量	23.9%～40.2%（质量）	复合材料密度	1.52～1.57 g/cm³
纤维体积含量	53.3%～59.5%	空隙含量	
单层厚度	0.191～0.213 mm（0.0075～0.0084 in）		
试验方法	ASTM D 5961/D 5961M Procedure A-96①		
挤压试验类型	双搭接剪切		
连接构型	元件 1(t, w, d, e)：3.251 mm(0.128 in)，31.75 mm(1.25 in)，6.35 mm(0.25 in)，19.05 mm(0.75 in)		
	元件 2(t, w, d, e)：		
紧固件类型	直径 6.35 mm(0.25 in)钢凸头	孔公差	0.0127～0.0889 mm (0.0005～0.0035 in)
拧紧力矩	3.39 N·m(30 in·lbf)	沉头角度和深度	
正则化	未正则化		

（续表）

温度/℃(℉)		24(75)			
吸湿量(%)		大气环境			
吸湿平衡条件 (T/℃(℉), RH/%)					
来源编码					
F^{bru}/MPa (ksi)	平均值	1 124(163)			
	最小值	1 055(153)			
	最大值	1 207(175)			
	CV/%	4.81			
	B 基准值	②			
	分布	ANOVA			
	C_1	414(8.70)			
	C_2	189(3.97)			
	试样数量	14			
	批数	4			
	数据种类	筛选值			

注：①请注意变化：间距比＝5.0；②只对 A 类和 B 类数据给出基准值。

表 2.3.4.2(g) *x* 轴开孔拉伸性能（[45ₑ/0ₑ/−45ₑ/±45ₑ/90ₑ/±45ₑ]）

材料	IM7 6k/PR500 4 枚缎编织物		
树脂含量	23.9%～40.2%(质量)	复合材料密度	1.52～1.57 g/cm³
纤维体积含量	55.4%～58.8%	空隙含量	
单层厚度	0.193～0.206 mm(0.007 6～0.008 1 in)		
试验方法	ASTM D 5766/D 5766M-95①		
试件尺寸	$t = 3.251$ mm(0.128 in), $w = 31.75$ mm(1.25 in), $d = 6.35$ mm(0.25 in)		
紧固件类型		孔公差	
拧紧力矩		沉头角度和深度	
正则化	未正则化		
温度/℃(℉)	24(75)		

（续表）

		正则化值	实测值	正则化值	实测值	正则化值	实测值
吸湿量(%)		大气环境					
吸湿平衡条件 (T/℃(℉)，RH/%)							
来源编码		70					
	平均值	332(48.2)	336(48.8)				
	最小值	316(45.8)	324(47.0)				
	最大值	355(51.5)	361(52.3)				
	CV/%	3.35	3.39				
F_X^{oht}/ MPa (ksi)	B 基准值	②	②				
	分布	ANOVA	ANOVA				
	C_1	86.5(1.82)	90.3(1.90)				
	C_2	243(5.12)	259(5.44)				
	试样数量	14					
	批数	3					
	数据种类	筛选值					

注：①注意修改：试样宽度＝31.75mm(1.25in)；②只对 A 类和 B 类数据给出基准值。

表 2.3.4.2(h)　x 轴开孔压缩性能($[45_f/0_f/-45_f/\pm45_f/90_f/\pm45_f]$)

材料	IM7 6k/PR500 4 枚缎编织物		
树脂含量	23.9%～40.2%(质量)	复合材料密度	1.52～1.57 g/cm³
纤维体积含量	55.4%～60.8%	空隙含量	
单层厚度	0.188～0.206 mm(0.0074～0.0081 in)		
试验方法	SACMA SRM 3R-94(1)		
试件尺寸	$t=3.251$mm(0.128 in)，$w=31.75$mm(1.25 in)，$d=6.35$mm(0.25 in)		
紧固件类型		孔公差	
拧紧力矩		沉头角度和深度	
正则化	未正则化		
温度/℃(℉)	24(75)	−54(−65)	104(220)

（续表）

吸湿量(%)					湿态	
吸湿平衡条件 $(T/℃(℉), RH/%)$	大气环境		大气环境		②	
来源编码	70		70		70	
	正则化值	实测值	正则化值	实测值	正则化值	实测值
平均值	280(40.6)	286(41.5)	305(44.3)	319(46.3)	214(31.1)	227(32.9)
最小值	260(37.7)	270(39.2)	292(42.3)	306(44.4)	203(29.5)	216(31.4)
最大值	305(44.3)	304(44.1)	312(45.3)	328(47.5)	225(32.6)	239(34.7)
$CV/%$	3.97	2.82	2.65	2.75	4	3.96
B 基准值	③	③	③	③	③	③
分布	Weibull	Weibull	正态	正态	正态	正态
C_1	285(41.4)	290(42.0)	305(44.3)	319(46.3)	214(31.1)	227(32.9)
C_2	24.5	34.7	8.07(1.17)	8.76(1.27)	8.62(1.25)	8.96(1.30)
试样数量	14		5		5	
批数	3		1		1	
数据种类	筛选值		筛选值		筛选值	

(表格最左列标注：$F_X^{ohc}/$ MPa (ksi))

注：①注意修改：试样宽度＝31.75 mm(1.25 in)；②在 71℃(160℉)，湿度 85% 环境下放置 13～17 天；③只对 A 类和 B 类数据给出基准值。

表 2.3.4.2(i) x 轴开孔压缩性能($[45_f/0_f/-45_f/\pm45_f/90_f/\pm45_f]$)

材料	IM7 6k/PR500 4 枚缎编织物		
树脂含量	23.9%～40.2%(质量)	复合材料密度	1.52～1.57 g/cm³
纤维体积含量	55.4%～60.8%	空隙含量	
单层厚度	0.188～0.206 mm(0.0074～0.0081 in)		
试验方法	SACMA SRM 3R-94①		
试件尺寸	$t=3.251$ mm(0.128 in)，$w=31.75$ mm(1.25 in)，$d=6.35$ mm(0.25 in)		
紧固件类型		孔公差	
拧紧力矩		沉头角度和深度	
正则化	未正则化		
温度/℃(℉)	135(275)		

（续表）

		湿态					
吸湿量(%)		湿态					
吸湿平衡条件 (T/℃(℉), RH/%)		②					
来源编码		70					
		正则化值	实测值	正则化值	实测值	正则化值	实测值
F_X^{ohc} / MPa (ksi)	平均值	179(25.9)	186(27.0)				
	最小值	170(24.6)	176(25.5)				
	最大值	190(27.5)	195(28.3)				
	CV/%	4.76	4.03				
	B 基准值	③	③				
	分布	正态	正态				
	C_1	179(25.9)	186(27.0)				
	C_2	8.48(1.23)	7.52(1.09)				
	试样数量	5					
	批数	1					
	数据种类	筛选值					

注:①注意修改:试样宽度=31.75mm;②在71℃(160℉),85%湿度环境中吸湿13~17天;③只对 A 类和 B 类数据给出基准值。

表 2.3.4.2(j)　x 轴充填孔拉伸性能（$[45_{\text{f}}/0_{\text{f}}/-45_{\text{f}}/\pm45_{\text{f}}/90_{\text{f}}/\pm45_{\text{f}}]$）

材料	IM7 6k/PR500 4 枚缎编织物		
树脂含量	23.9%~40.2%(质量)	复合材料密度	1.52~1.57 g/cm³
纤维体积含量	51.9%~60.6%	空隙含量	
单层厚度	0.188~0.211 mm(0.007 4~0.008 3 in)		
试验方法	ASTM D 5766/D 5766M‑95 试件(1)连接紧固件		
试件尺寸	$t=3.251$ mm(0.128 in), $w=31.75$ mm(1.25 in), $d=6.35$ mm(0.25 in)		
紧固件类型	Titanium Hi-lok	孔公差	0.0381~0.102 mm(0.0015~0.004 0 in)
拧紧力矩	2.82~3.39 N·m(25~30 in·lbf)	沉头角度和深度	
孔制造	硬质合金或金刚石钻头,于干态或用水钻孔		

（续表）

正则化	未正则化					
温度/℃(℉)	24(75)		−54(−65)		104(220)	
吸湿量(%)					湿态	
吸湿平衡条件 (T/℃(℉)，RH/%)	大气环境		大气环境		②	
来源编码	70		70		70	
	正则化值	实测值	正则化值	实测值	正则化值	实测值
平均值	363(52.6)	357(51.8)	377(54.7)	391(56.7)	303(43.9)	316(45.9)
最小值	341(49.4)	324(47.0)	372(54.0)	387(56.1)	282(40.9)	300(43.5)
最大值	387(56.1)	393(57.0)	385(55.8)	403(58.4)	326(47.3)	323(46.8)
CV/%	3.32	5.53	1.59	1.65	5.23	2.96
B基准值	49.4	43.3	③	③	③	③
分布	正态	ANOVA	正态	正态	正态	正态
C_1	363(52.6)	145(3.04)	377(54.7)	391(56.7)	303(43.9)	316(45.9)
C_2	12.0(1.74)	134(2.81)	5.99(0.869)	6.45(0.935)	15.8(2.29)	9.38(1.36)
试样数量	25		5		5	
批数	6		1		1	
数据种类	B18		筛选值		筛选值	

（第一列跨行标注：F_X^{fht}/MPa(ksi)）

注：①注意修改：试样宽度＝31.75mm(1.25in)；②在71℃(160℉)，85%湿度环境中吸湿13～17天；③只对A类和B类数据给出基准值。

表 2.3.4.2(k)　x 轴挤压性能（$[45_f/0_f/−45_f/90_f]_2$）

材料	IM7 6k/PR500 4 枚缎编织物		
树脂含量	23.9%～40.2%(质量)	复合材料密度	1.52～1.57g/cm³
纤维体积含量	51.6%～61.2%	空隙含量	
单层厚度	0.185～0.221mm(0.0073～0.0087in)		
试验方法	ASTM D 5961/D 5961M Procedure A−96①		
挤压试验类型	双搭接剪切		
连接配置	元件1(t, w, d, e)：3.251mm(0.128in)，31.75mm(1.25in)，6.35mm(0.25in)，19.05mm(0.75in)；元件2(t, w, d, e)：无		
紧固件类型	直径6.35mm(0.25in)钢凸头	孔公差	0.000～0.102mm(0.000～0.004in)

（续表）

拧紧力矩	$3.39\,\mathrm{N \cdot m}(30\,\mathrm{in \cdot lbf})$	沉头角度和深度			
正则化	未正则化				
温度/℃(℉)	24(75)				
吸湿量(%)					
吸湿平衡条件 (T/℃(℉)，RH/%)	大气环境				
来源编码					
$F^{bu}/$ MPa (ksi)	平均值	1110(161)			
	最小值	1041(151)			
	最大值	1514(166)			
	$CV/\%$	2.83			
	B 基准值	②			
	分布	ANOVA			
	C_1	228(4.79)			
	C_2	148(3.11)			
	试样数量	17			
	批数	4			
	数据种类	临时值			

注：①注意变化:间距比＝5.0;②只对 A 类和 B 类数据给出基准值。

表 2.3.4.2(1)　x 轴开孔拉伸性能（$[45_f/0_f/-45_f/90_f]_2$）

材料	IM7 6k/PR500 4 枚缎编织物		
树脂含量	23.9%～40.2%(质量)	复合材料密度	1.52～1.57 g/cm³
纤维体积含量	52.3%～61.9%	空隙含量	
单层厚度	0.185～0.221 mm(0.007 3～0.008 6 in)		
试验方法	ASTM D 5766/D 5766M - 95①		
试件尺寸	$t = 3.251\,\mathrm{mm}(0.128\,\mathrm{in})$，$w = 31.75\,\mathrm{mm}(1.25\,\mathrm{in})$，$d = 6.35\,\mathrm{mm}(0.25\,\mathrm{in})$		
紧固件类型		孔公差	
拧紧力矩		沉头角度和深度	
正则化	未正则化		

（续表）

		正则化值	实测值	正则化值	实测值	正则化值	实测值
	温度/℃(℉)	24(75)					
	吸湿量(%)						
	吸湿平衡条件 (T/℃(℉)，RH/%)	大气环境					
	来源编码	70					
F_X^{oht}/ MPa (ksi)	平均值	406(58.9)	412(59.8)				
	最小值	381(55.3)	369(53.5)				
	最大值	430(62.4)	458(66.4)				
	CV/%	3.61	6.90				
	B基准值	②	②				
	分布	Weibull	ANOVA				
	C_1	413(59.83)	209(4.398)				
	C_2	31.85	164(3.446)				
	试样数量	14					
	批数	4					
	数据种类	筛选值					

注：①注意修改：试样宽度＝31.75 mm(1.25 in)；②只对A类和B类数据给出基准值。

表 2.3.4.2(m)　x 轴开孔压缩性能（$[45_f/0_f/-45_f/90_f]_2$）

材料	IM7 6k/PR500 4 枚缎编织物		
树脂含量	23.9%～40.2%(质量)	复合材料密度	1.52～1.57 g/cm³
纤维体积含量	52.4%～60.9%	空隙含量	
单层厚度	0.188～0.221 mm(0.0074～0.0086 in)		
试验方法	SACMA SRM 3R - 94①		
试件尺寸	$t = 3.251$ mm(0.128 in)，$w = 31.75$ mm(1.25 in)，$d = 6.35$ mm(0.25 in)		
紧固件类型		孔公差	
拧紧力矩		沉头角度和深度	
正则化	未正则化		
温度/℃(℉)	24(75)	−54(−65)	104(220)

（续表）

吸湿量(%)	大气环境		大气环境		湿态	
吸湿平衡条件 (T/℃(℉)，RH/%)					②	
来源编码	70		70		70	
	正则化值	实测值	正则化值	实测值	正则化值	实测值
平均值	308(44.7)	312(45.2)	346(50.2)	359(52.0)	243(35.2)	243(35.2)
最小值	284(41.2)	298(43.2)	332(48.2)	349(50.6)	229(33.2)	228(33.0)
最大值	339(49.1)	331(48.0)	364(52.8)	370(53.7)	262(38.0)	271(39.3)
CV/%	5.74	3.13	3.90	2.61	3.77	5.68
B 基准值	③	③	③	③	③	③
分布	ANOVA	ANOVA	正态	正态	ANOVA	ANOVA
C_1	135(2.85)	71.8(1.51)	346(50.2)	359(52.0)	71(1.50)	116(2.44)
C_2	191(4.01)	162(3.41)	13.5(1.96)	9.38(1.36)	618(13.0)	808(17.0)
试样数量	14		5		10	
批数	4		1		2	
数据种类	筛选值		筛选值		筛选值	

（上表左侧纵栏标注：F_x^{ohc}/MPa(ksi)）

注：①注意修改：试样宽度＝31.75 mm(1.25 in)；②在 71℃(160℉)，85%湿度环境中吸湿 13～17 天；③只对 A 类和 B 类数据给出基准值。

表 2.3.4.2(n)　x 轴开孔压缩性能($[45_f/0_f/-45_f/90_f]_2$)

材料	IM7 6k/PR500 4 枚缎编织物		
树脂含量	23.9%～40.2%(质量)	复合材料密度	1.52～1.57 g/cm³
纤维体积含量	52.4%～60.9%	空隙含量	
单层厚度	0.188～0.221 mm(0.0074～0.0086 in)		
试验方法	SACMA SRM 3R-94①		
试件尺寸	$t = 3.251$ mm(0.128 in)，$w = 31.75$ mm(1.25 in)，$d = 6.35$ mm(0.25 in)		
紧固件类型		孔公差	
拧紧力矩		沉头角度和深度	

（续表）

正则化	未正则化					
温度/℃(℉)	135(275)					
吸湿量(%)	湿态					
吸湿平衡条件 (T/℃(℉), RH/%)	②					
来源编码	70					

		正则化值	实测值	正则化值	实测值	正则化值	实测值
$F_x^{ohc}/$ MPa (ksi)	平均值	222(32.2)	228(33.1)				
	最小值	210(30.5)	218(31.6)				
	最大值	230(33.3)	235(34.1)				
	$CV/\%$	3.68	2.67				
	B基准值	③	③				
	分布	正态	正态				
	C_1	222(32.2)	228(33.1)				
	C_2	8.20(1.19)	6.09(0.884)				
	试样数量	6					
	批数	1					
	数据种类	筛选值					

注：①注意修改：试样宽度＝31.75 mm(1.25 in)；②在71℃(160℉)，85%湿度环境中吸湿13～17天；③只对A类和B类数据给出基准值。

表 2.3.4.2(o) x 轴充填孔拉伸性能（$[45_f/0_f/-45_f/90_f]_2$）

材料	IM7 6k/PR500 4 枚缎编织物		
树脂含量	23.9%～40.2%(质量)	复合材料密度	1.52～1.57 g/cm³
纤维体积含量	52.6%～61.9%	空隙含量	
单层厚度	0.185～0.216 mm(0.007 3～0.008 5 in)		
试验方法	ASTM D 5766/D 5766M-95 试件(1)带紧固件		
试件尺寸	$t = 3.251$ mm(0.128 in)，$w = 31.75$ mm(1.25 in)，$d = 6.35$ mm(0.25 in)		
紧固件类型	Titanium Hi-lok	孔公差	0.012 7～0.127 mm(0.000 5～0.005 0 in)
拧紧力矩	2.82～3.39 N·m(25～30 in·lbf)	沉头角度和深度	

（续表）

孔制造	硬质合金或金刚石钻头，于干态或用水钻孔					
正则化	未正则化					
温度/℃(℉)	24(75)		−54(−65)		104(220)	
吸湿量(%)					湿态	
吸湿平衡条件 (T/℃(℉)，RH/%)	大气环境		大气环境		②	
来源编码	70		70		70	
	正则化值	实测值	正则化值	实测值	正则化值	实测值
F_X^{fbt}/ MPa (ksi) — 平均值	425(61.7)	423(61.3)	403(58.4)	414(60.0)	403(58.4)	416(60.4)
最小值	393(57.0)	384(55.7)	392(56.8)	399(57.8)	392(56.8)	394(57.2)
最大值	443(64.2)	476(69.0)	408(59.2)	431(62.5)	414(60.1)	441(64.0)
CV/%	2.68	6.84	1.66	2.8	2.74	4.99
B基准值	58.5	48.8	③	③	③	③
分布	Weibull	ANOVA	正态	正态	正态	正态
C_1	430(62.4)	211(4.44)	403(58.4)	414(60.0)	403(58.4)	416(60.4)
C_2	53.0	135(2.83)	6.67(0.968)	11.6(1.68)	11.0(1.60)	20.8(3.02)
试样数量	22		5		5	
批数	6		1		1	
数据种类	B18		筛选值		筛选值	

注：①注意修改：试样宽度＝31.75 mm(1.25 in)；②在 71℃(160℉)，85% 湿度环境中吸湿 13～17 天；③只对 A 类和 B 类数据提供 B 基准值。

表 2.3.4.2(p)　x 轴挤压性能（[0_f/−45_f/90_f/0_f/90_f/45_f/0_f/90_f]）

材料	IM7 6k/PR500 4 枚缎编织物		
树脂含量	23.9%～40.2%(质量)	复合材料密度	1.52～1.57 g/cm³
纤维体积含量	51.9%～59.5%	空隙含量	
单层厚度	0.191～0.221 mm(0.0075～0.0087 in)		
试验方法	ASTM D 5961/D 5961M Procedure A-96①		
挤压试验类型	双搭接剪切		
连接构型	元件 1(t, w, d, e)：3.251 mm(0.128 in)，31.75 mm(1.25 in)，6.35 mm(0.25 in)，19.05 mm(0.75 in)；元件 2(t, w, d, e)：无		

（续表）

紧固件类型	直径 6.35 mm(0.25 in)钢凸头	孔公差	0.038 1~0.102 mm(0.001 5 ~0.004 0 in)
拧紧力矩	3.39 N·m(30 in·lbf)	沉头角度和深度	
正则化	未正则化		

	温度/℃(℉)	24(75)			
	吸湿量(%)	大气环境			
	吸湿平衡条件 (T/℃(℉), RH/%)				
	来源编码				
F^{bru} / MPa (ksi)	平均值	945(137)			
	最小值	903(131)			
	最大值	1 007(146)			
	CV/%	3.39			
	B 基准值	②			
	分布	Weibull			
	C_1	965(140)			
	C_2	30.6			
	试样数量	14			
	批数	4			
	数据种类	筛选值			

注：①注意变化：间距比＝5.0；②只对 A 类和 B 类数据给出基准值。

表 2.3.4.2(q)　*x* 轴开孔拉伸性能（[0_f/-45_f/90_f/0_f/90_f/45_f/0_f/90_f]）

材料	IM7 6k/PR500 4 枚缎编织物		
树脂含量	23.9%~40.2%(质量)	复合材料密度	1.52~1.57 g/cm³
纤维体积含量	56.3%~59.6%	空隙含量	
单层厚度	0.191~0.203 mm(0.007 5~0.008 0 in)		
试验方法	ASTM D 5766/D 5766M-95①		
试件尺寸	$t = 3.251$ mm(0.128 in)，$w = 31.75$ mm(1.25 in)，$d = 6.35$ mm(0.25 in)		
紧固件类型		孔公差	

（续表）

拧紧力矩			沉头角度和深度			
正则化	未正则化					
温度/℃(℉)		24(75)				
吸湿量(%)						
吸湿平衡条件 (T/℃(℉), RH/%)		大气环境				
来源编码		70				
		正则化值	实测值	正则化值	实测值	正则化值	实测值
F_X^{oht} / MPa (ksi)	平均值	472(68.5)	483(70.1)			
	最小值	438(63.5)	445(64.5)			
	最大值	498(72.3)	521(75.6)			
	CV/%	3.86	5.03			
	B 基准值	②	②			
	分布	Weibull	ANOVA			
	C_1	480(69.6)	184(3.87)			
	C_2	33.9	228(4.80)			
	试样数量	11				
	批数	3				
	数据种类	筛选值				

注：①注意修改：试样宽度＝31.75mm(1.25in)；②只对 A 类和 B 类数据给出基准值。

表 2.3.4.2(r) x 轴开孔压缩性能$[0_f/-45_f/90_f/0_f/90_f/45_f/0_f/90_f]$

材料	IM7 6k/PR500 4 枚缎编织物		
树脂含量	23.9%～40.2%(质量)	复合材料密度	1.52～1.57g/cm³
纤维体积含量	56.2%～60.8%	空隙含量	
单层厚度	0.188～0.203mm(0.0074～0.0080in)		
试验方法	SRM 3R-94①		
试件尺寸	$t = 3.251$mm(0.128in)，$w = 31.75$mm(1.25in)，$d = 6.35$mm(0.25in)		
紧固件类型		孔公差	
拧紧力矩		沉头角度和深度	
正则化	试样厚度和批内纤维体积含量正则化到 57%(固化后单层厚度 0.368mm (0.0145in))		

（续表）

温度/℃(℉)	24(75)		-54(-65)		104(220)	
吸湿量(%)					湿态	
吸湿平衡条件 (T/℃(℉)，RH/%)	大气环境		大气环境		①	
来源编码	70		70		70	
	正则化值	实测值	正则化值	实测值	正则化值	实测值
F_x^{ohc}/MPa(ksi) 平均值	312(45.2)	321(46.5)	370(53.6)	381(55.3)	247(35.8)	259(37.6)
最小值	303(43.9)	308(44.6)	339(49.2)	352(51.0)	223(32.4)	238(34.5)
最大值	330(47.9)	338(49.0)	387(56.2)	404(58.6)	263(38.1)	276(40.1)
CV/%	2.75	3.01	5.01	5.64	6.61	5.90
B基准值	③	③	③	③	③	③
分布	ANOVA	Weibull	正态	正态	正态	正态
C_1	65.6(1.38)	325(47.2)	370(53.6)	381(55.3)	247(35.8)	259(37.6)
C_2	237(4.99)	35.3	17.8(2.68)	21.5(3.12)	16.3(2.37)	15.3(2.22)
试样数量	11		5		5	
批数	3		1		1	
数据种类	筛选值		筛选值		筛选值	

注：①注意修改：试样宽度＝31.75mm(1.25in)；②在71℃(160℉)，85%湿度环境中吸湿13～17天；③只对A类和B类数据给出基准值。

表 2.3.4.2(s)　x 轴开孔压缩性能$[0_f/-45_f/90_f/0_f/90_f/45_f/0_f/90_f]$

材料	IM7 6k/PR500 4 枚缎编织物		
树脂含量	23.9%～40.2%(质量)	复合材料密度	1.52～1.57g/cm³
纤维体积含量	56.2%～60.8%	空隙含量	
单层厚度	0.188～0.203mm(0.0074～0.0080in)		
试验方法	SACMA SRM 3R-94(1)		
试件尺寸	$t=3.251$mm(0.128in)，$w=31.75$mm(1.25in)，$d=6.35$mm(0.25in)		
紧固件类型		孔公差	
拧紧力矩		沉头角度和深度	
正则化	未正则化		

（续表）

		正则化值	实测值	正则化值	实测值	正则化值	实测值
温度/℃(℉)		135(275)					
吸湿量(%)		湿态					
吸湿平衡条件 (T/℃(℉)，RH/%)		②					
来源编码		70					
		正则化值	实测值	正则化值	实测值	正则化值	实测值
F_X^{ohc}/ MPa (ksi)	平均值	216(31.3)	224(32.5)				
	最小值	203(29.4)	205(29.8)				
	最大值	245(35.5)	250(36.3)				
	CV/%	8.05	7.19				
	B 基准值	③	③				
	分布	正态	正态				
	C_1	216(31.3)	224(32.5)				
	C_2	17.4(2.52)	16.1(2.34)				
	试样数量	5					
	批数	1					
	数据种类	筛选值					

注：①注意修改：试样宽度＝31.75 mm(1.25 in)；②在 71℃(160℉)，85%湿度环境中吸湿 13～17 天；③只对 A 类和 B 类数据给出基准值。

表 2.3.4.2(t) x 轴充填孔拉伸性能 $[0_f/-45_f/90_f/0_f/90_f/45_f/0_f/90_f]$

材料	IM7 6k/PR500 4 枚缎编织物		
树脂含量	23.9%～40.2%(质量)	复合材料密度	1.52～1.57 g/cm³
纤维体积含量	52.5%～60.8%	空隙含量	
单层厚度	0.188～0.218 mm(0.0074～ 0.0086 in)		
试验方法	ASTM D 5766/D 5766M-95 试件(1)连接紧固件		
试件尺寸	$t=3.251$ mm，$w=31.75$ mm，$d=6.35$ mm		
紧固件类型	Titanium Hi-lok	孔公差	0.0381～0.102 mm(0.0010 ～0.0050 in)
拧紧力矩	2.82～3.39 N·m(25～30 in·lbf)	沉头角度和深度	

（续表）

孔制造	硬质合金或金刚石钻头,于干态或用水钻孔					
正则化	未正则化					
温度/℃(℉)	24(75)		−54(−65)		104(220)	
吸湿量(%)					湿态	
吸湿平衡条件 (T/℃(℉),RH/%)	大气环境		大气环境		②	
来源编码	70		70		70	
	正则化值	实测值	正则化值	实测值	正则化值	实测值

F_X^{tht}/ MPa (ksi)	平均值	474(68.8)	465(67.5)	439(63.6)	450(65.2)	481(69.7)	497(72.1)
	最小值	436(63.2)	403(58.5)	415(60.2)	416(60.3)	458(66.4)	481(69.8)
	最大值	521(75.5)	552(80.0)	461(66.8)	474(68.8)	497(72.1)	512(74.3)
	CV/%	4.75	9.23	4.07	4.99	3.49	2.49
	B基准值	③	③	③	③	③	③
	分布	ANOVA	ANOVA	正态	正态	正态	正态
	C_1	165(3.48)	317(6.66)	439(63.6)	450(65.2)	481(69.7)	497(72.1)
	C_2	137(2.88)	139(2.93)	17.9(2.59)	22.4(3.25)	16.8(2.44)	12.3(1.79)
	试样数量	22		5		6	
	批数	6		1		1	
	数据种类	B18		筛选值		筛选值	

注:①注意修改:试样宽度=31.75mm(1.25in);②在 71℃(160℉),85%湿度环境中吸湿 13～17 天;③只对 A 类和 B 类数据给出基准值。

2.3.5　碳-双马单向带和织物预浸料

2.3.5.1　T300 3k/F650 单向带

材料描述:

材料　　　　　T300 3k/F650 单向带。

形式　　　　　单向带,纤维面积质量为 $189\,g/m^2$,典型的固化后树脂含量为 32%,典型的固化后单层厚度为 0.178mm(0.0070in)。

固化工艺　　　热压罐固化;191℃(375℉), 0.586MPa(85psi), 4h;后固化:246℃(475℉), 4h。

供应商提供的数据:

纤维　　　　　T300 纤维是由 PAN 基原丝制造的不加捻的连续碳纤维,纤维经表面处理以改善操作性和结构性能。每一丝束包含有 3 000 根碳丝。典型的拉伸模量为 228 GPa（33×10^6 psi），拉伸强度为 3 655 MPa（530 000 psi）。

基体	F650 是一种 177℃（350℉）固化的双马树脂，在 21℃（70℉）下存放数周仍可维持一定的黏性。
最高短期使用温度	260℃（500℉）（干态），177℃（350℉）（湿态）。
典型应用	主承力和次承力结构。

表 2.3.5.1　T300 3k/F650 单向带

材料	T300 3k/F650 单向带			
形式	Hexcel T3T190/F652 单向预浸带			
纤维	Toray T-300，3k		基体	Hexcel F650
T_g（干态）	316℃（600℉）	T_g（湿态）	T_g 测量方法	
固化工艺	热压罐固化：191℃（375℉），0.586 MPa（85 psi），4 h；后固化：246℃（475℉），4 h，在烘箱内自由状态垂直放置			

注：该数据是在数据文档要求建立（1989 年 6 月）以前提供的，对于该材料，目前所要求的文档均未提供。

纤维制造日期：		试验日期：	
树脂制造日期：		数据提交日期：	4/89
预浸料制造日期：		分析日期：	1/93
复合材料制造日期：			

单层性能汇总

	24℃ (75℉)/A		−55℃ (−65℉)/A	204℃ (400℉)/A				
1 轴拉伸	SS—		S—	SS—				
31 面 SB 强度	S—			S—				

注：强度/模量/泊松比/破坏应变的数据种类为：A—A75，a—A55，B—B30，b—B18，M—平均值，I—临时值，S—筛选值，——无数据（见表 1.5.1.2(c)）。

	名义值	提交值	试验方法
纤维密度/（g/cm³）	1.76		
树脂密度/（g/cm³）	1.27		
复合材料密度/（g/cm³）	1.56	1.57	

（续表）

	名义值	提交值	试验方法
纤维面积质量/(g/m²)	189		
纤维体积含量/%	59	61	
单层厚度/mm	0.178		

注:该数据是在数据文档要求建立(1989年6月)以前提供的,对于该材料,目前所要求的文档均未提供。

层压板性能汇总

注:强度/模量/泊松比/破坏应变的数据种类为:A—A75,a—A55,B—B30,b—B18,M—平均值,I—临时值,S—筛选值,——无数据(见表1.5.1.2(c))。

表 2.3.5.1(a)   1 轴拉伸性能([0]₆)

材料	T300 3k/F650 单向带		
树脂含量	32%(质量)	复合材料密度	1.57 g/cm³
纤维体积含量	61%	空隙含量	
单层厚度	0.178 mm(0.0070 in)		
试验方法	ASTM D 3039 - 76	模量计算	
正则化	纤维体积含量到 60%(固化后单层厚度 0.178 mm(0.0070 in))		

温度/℃(℉)	24(75)		−55(−67)		204(400)	
吸湿量(%)						
吸湿平衡条件(T/℃(℉),RH/%)	大气环境		大气环境		大气环境	
来源编码	21		21		21	
	正则化值	实测值	正则化值	实测值	正则化值	实测值
F_1^{tu}/ MPa (ksi)						
平均值	1710(248)	1737(252)	1338(194)	1358(197)	1579(229)	1606(233)
最小值	1489(216)	1517(220)	1151(167)	1172(170)	1489(216)	1517(220)
最大值	2020(293)	2055(298)	1462(212)	1489(216)	1675(243)	1703(247)
CV/%	7.14	7.15	8.68	8.68	3.97	3.97
B基准值	①	①	①	①	①	①
分布	正态(合并)	正态(合并)	正态(合并)	正态(合并)	正态(合并)	正态(合并)
C_1	1710(248)	1737(252)	1338(194)	1358(197)	1579(229)	1606(233)
C_2	122(17.7)	124(18.0)	116(16.8)	118(17.1)	76.5(11.1)	63.7(9.24)

（续表）

		正则化值	实测值	正则化值	实测值	正则化值	实测值
	试样数量	15		15		7	
	批数	1		1		1	
	数据种类	筛选值		筛选值		筛选值	
E_1^t/ GPa (Msi)	平均值	130(18.9)	132(19.2)			132(19.1)	134(19.4)
	最小值	114(16.5)	116(16.8)			116(16.8)	118(17.1)
	最大值	140(20.3)	142(20.6)			145(21.0)	148(21.4)
	CV/%	5.58	5.49			7.26	7.23
	试样数量	15				9	
	批数	1				1	
	数据种类	筛选值				筛选值	

注：①只对 A 类和 B 类数据给出基准值；②该数据是在数据文档要求建立(1989 年 6 月)以前提供的，对于该材料，目前所要求的文档均未提供。

表 2.3.5.1(b)　31 面短梁强度性能([0]₃₄)

材料	T300 3k/F650　单向带		
树脂含量	32%(质量)	复合材料密度	1.57 g/cm³
纤维体积含量	61%	空隙含量	
单层厚度	0.178 mm(0.0070 in)		
试验方法	ASTM D 2344	模量计算	
正则化	未正则化		

温度/℃(℉)	24(75)	204(400)			
吸湿量(%)					
吸湿平衡条件 (T/℃(℉)，RH/%)	大气环境	大气环境			
来源编码	21	21			
F_{31}^{sbs}/ MPa (ksi)	平均值	97.2(14.1)	64.8(9.39)		
	最小值	93.1(13.5)	60.5(8.77)		
	最大值	103(15.0)	69.7(10.1)		
	CV/%	3.04	4.25		
	B 基准值	①	①		
	分布	Weibull	Weibull		

（续表）

C_1	98.6(14.3)	66.1(9.59)			
C_2	32.3	24.6			
试样数量	15	15			
批数	1	1			
数据种类	筛选值	筛选值			

注：① 只对 A 类和 B 类数据给出基准值。

2.3.5.2 T300 3k/F650 8 综缎机织物

材料描述：

材料   T300 3k/F650。

形式   8 综缎机织物，纤维面积质量为 $370\,g/m^2$，典型的固化后树脂含量为 40%，典型的固化后单层厚度为 0.381 mm(0.015 in)

固化工艺   热压罐固化：191℃(375°F)，0.586 MPa(85 psi)，4 h；后固化：246℃(475°F)，4 h。

供应商提供的数据：

纤维   T300 纤维是由 PAN 基原丝制造的不加捻的连续碳纤维，纤维经表面处理以改善操作性和结构性能。每一丝束包含有 3 000 根碳丝。典型的拉伸模量为 228 GPa($33×10^6$ psi)，典型的拉伸强度为 3 655 MPa(530 000 psi)。

基体   F650 是一种 177℃(350°F) 固化的双马树脂，在 21℃(70°F) 下存放数周仍可维持一定的黏性

最高短期使用温度   260℃(500°F)(干态)，177℃(350°F)(湿态)

典型应用   主承力和次承力结构。

表 2.3.5.2 T300 3k/F650 8 综缎机织物

材料	T300 3k/F650 8 综缎机织物				
形式	Hexcel F3T584/F650 8 综缎机织物预浸带				
纤维	Toray T300，3k			基体	Hexcel F650
T_g(干态)	316℃(600°F)	T_g(湿态)		T_g测量方法	
固化工艺	热压罐固化：191℃(375°F)，0.586 MPa(85 psi)，4 h；后固化：246℃(475°F)，4 h，在烘箱内自由状态垂直放置				

注：该数据是在数据文档要求建立(1989 年 6 月)以前提供的，对于该材料，目前所要求的文档均未提供。

纤维制造日期:		试验日期:	
树脂制造日期:		数据提交日期:	4/89
预浸料制造日期:		分析日期:	1/93
复合材料制造日期:			

单层性能汇总

	24℃ (75℉)/A	177℃ (350℉)/A	232℃ (450℉)/A			
12 面剪切	SS—					
31 面短梁 强度	S—	S—	S—			

注:强度/模量/泊松比/破坏应变的数据种类为:A—A75,a—A55,B—B30,b—B18,M—平均值,I—临时值,
S—筛选值,——无数据(见表 1.5.1.2(c))。

	名义值	提交值	试验方法
纤维密度/(g/cm³)	1.75		
树脂密度/(g/cm³)	1.27		
复合材料密度/(g/cm³)	1.54		
纤维面积质量/(g/m²)	370		
纤维体积含量/%	56	52	
单层厚度/mm	0.381		

注:该数据是在数据文档要求建立(1989 年 6 月)以前提供的,对于该材料,目前所要求的文档均未提供。

层压板性能汇总

注:强度/模量/泊松比/破坏应变的数据种类为:A—A75,a—A55,B—B30,b—B18,M—平均值,I—临时值,
S—筛选值,——无数据(见表 1.5.1.2(c))。

表 2.3.5.2(a)　12 面剪切性能($[\pm 45_f]_{4s}$)

材料	T300 3k/F650　8 综缎机织物		
树脂含量	40%(质量)	复合材料密度	1.51 g/cm³
纤维体积含量	52%	空隙含量	
单层厚度	0.381 mm(0.015 in)		
试验方法	ASTM D 3518 - 76	模量计算	

（续表）

正则化	未正则化				
温度/℃(℉)	24(75)				
吸湿量(%)					
吸湿平衡条件 (T/℃(℉)，RH/%)	大气环境				
来源编码	21				
F_{12}^{su} / MPa (ksi)	平均值	67.4(9.77)			
	最小值	59.1(8.57)			
	最大值	76.5(11.1)			
	CV/%	8.78			
	B 基准值	①			
	分布	Weibull			
	C_1	70.3(10.2)			
	C_2	12.9			
	试样数量	15			
	批数	1			
	数据种类	筛选值			
G_{12}^{s} / GPa (Msi)	平均值	4.76(0.69)			
	最小值	4.07(0.59)			
	最大值	5.59(0.81)			
	CV/%	10			
	试样数量	14			
	批数	1			
	数据种类	筛选值			

注：①只对 A 类和 B 类数据给出基准值；②该数据是在数据文档要求建立（1989 年 6 月）以前提供的，对于该材料，目前所要求的文档均未提供。

表 2.3.5.2(b)　31 面短梁强度性能（$[0_f]_8$）

材料	T-300 3k/F650　8 综缎机织物		
树脂含量	40%(质量)	复合材料密度	1.51 g/cm³
纤维体积含量	52%	空隙含量	
单层厚度	0.381 mm(0.015 in)		

（续表）

试验方法	ASTM D 2344		模量计算				
正则化	未正则化						
温度/℃(℉)	24(75)	177(350)	232(450)				
吸湿量(%)							
吸湿平衡条件 (T/℃(℉)，RH/%)	大气环境	大气环境	大气环境				
来源编码	21	21	21				
F_{31}^{sbs} / MPa (ksi)	平均值	40.2(5.83)	38.6(5.59)	40.0(5.80)			
	最小值	32.8(4.75)	34.0(4.93)	36.1(5.23)			
	最大值	55.6(8.06)	44.4(6.44)	45.3(6.57)			
	CV/%	15.0	10.9	6.81			
	B 基准值	①	①	①			
	分布	非参数	Weibull	Weibull			
	C_1	8	40.4(5.86)	41.2(5.98)			
	C_2	1.54	11.0	15.5			
	试样数量	15	10	10			
	批数	1	1	1			
	数据种类	筛选值	筛选值	筛选值			

注：①短梁强度试验数据只批准用于筛选数据种类；②该数据是在数据文档要求建立(1989 年 6 月)以前提供的，对于该材料，目前所要求的文档均未提供。

2.3.5.3　T300 3k/F652 8 综缎机织物

材料描述：

材料　　　　T300 3k/F652。

形式　　　　8 综缎机织物，纤维面积质量为 367 g/m²，典型的固化后树脂含量为 27%，典型的固化后单层厚度为 0.315 mm (0.0124 in)。

固化工艺　　压机固化；204℃(400℉)，0.862 MPa(125 psi)，2.5 h；后处理：288℃(550℉)，4 h。

供应商提供的数据：

纤维　　　　T300 纤维是由 PAN 基原丝制造的不加捻的连续碳纤维，纤维经表面处理以改善操作性和结构性能。每一丝束包含有 3 000 根碳丝。典型的拉伸模量为 228 GPa(33×

10⁶ psi），拉伸强度为 3 655 MPa(530 000 psi)。

基体	F652 是一款通过降低 F650 树脂流动性的改性双马树脂，低流动性可以用于压机成形及高温蜂窝结构，其性能与 F650 相当。
最高短期使用温度	260℃(500°F)(干态)，177℃(350°F)(湿态)
典型应用	主承力和次承力结构。

表 2.3.5.3　T300 3k/F652 8 综缎机织物

材料	T300 3k/F652　8 综缎机织物		
形式	Hexcel F3G584/F652 8 综缎机织物预浸带		
纤维	Amoco Thornel T300	基体	Hexcel F652
T_g(干态)	316℃(600°F)	T_g(湿态)	T_g 测量方法
固化工艺	压机固化：204℃(400°F)，0.862 MPa(125 psi)，2.5 h；后固化：288℃(550°F)，4 h		

注：该数据是在数据文档要求建立(1989 年 6 月)以前提供的，对于该材料，目前所要求的文档均未提供。

纤维制造日期：		试验日期：	
树脂制造日期：		数据提交日期：	4/89
预浸料制造日期：		分析日期：	1/93
复合材料制造日期：			

单层性能汇总

	21℃(70°F)/A	316℃(600°F)/A				
1 轴拉伸	SS—					
31 面 SB 强度	S—	S—				

注：强度/模量/泊松比/破坏应变的数据种类为：A—A75，a—A55，B—B30，b—B18，M—平均值，I—临时值，S—筛选值，—无数据(见表 1.5.1.2(c))。

	名义值	提交值	试验方法
纤维密度/(g/cm³)	1.76		
树脂密度/(g/cm³)	1.26		
复合材料密度/(g/cm³)	1.55	1.57	
纤维面积质量/(g/m²)	367		
纤维体积含量/%	58	64.8	
单层厚度/mm	0.315		

注：该数据是在数据文档要求建立(1989 年 6 月)以前提供的，对于该材料，目前所要求的文档均未提供。

层压板性能汇总

注:强度/模量/泊松比/破坏应变的数据种类为:A—A75,a—A55,B—B30,b—B18,M—平均值,I—临时值,S—筛选值,——无数据(见表 1.5.1.2(c))。

表 2.3.5.3(a)　1 轴拉伸性能($[0_f]_{10}$)

材料	T-300 3k/F652　8 综缎机织物			
树脂含量	27.2%(质量)		复合材料密度	1.57 g/cm^3
纤维体积含量	64.8%		空隙含量	
单层厚度	0.305 mm(0.012 in)			
试验方法	ASTM D 3039-76		模量计算	
正则化	批内纤维体积含量到 57%(固化后单层厚度 0.305 mm(0.012 in))			

温度/℃(℉)	21(70)				
吸湿量(%)					
吸湿平衡条件 (T/℃(℉),RH/%)	大气环境				
来源编码	21				
		正则化值	实测值		
F_1^{tu}/ MPa (ksi)	平均值	508(73.6)	579(84.0)		
	最小值	406(58.8)	463(67.1)		
	最大值	581(84.3)	663(96.1)		
	CV/%	10.1	10.0		
	B 基准值	①	①		
	分布	Weibull	Weibull		
	C_1	530(76.8)	604(87.6)		
	C_2	12.3	12.4		
	试样数量	15			
	批数	1			
	数据种类	筛选值			
E_1^t/ GPa (Msi)	平均值	67.0(9.71)	76.5(11.1)		
	最小值	61.7(8.94)	70.3(10.2)		
	最大值	70.3(10.2)	80.0(11.6)		

（续表）

	正则化值	实测值				
$CV/\%$	4.36	4.28				
试样数量	15					
批数	1					
数据种类	筛选值					

注：①只对 A 类和 B 类数据给出基准值；②该数据是在数据文档要求建立（1989 年 6 月）以前提供的，对于该材料，目前所要求的文档均未提供。

表 2.3.5.3（b） 31 面短梁强度性能（$[0_f]_{10}$）

材料	T300 3k/F652 8 综缎机织物			
树脂含量	27.2%（质量）	复合材料密度	1.57 g/cm³	
纤维体积含量	64.8%	空隙含量		
单层厚度	0.305 mm(0.012 in)			
试验方法	ASTM D 2344	模量计算		
正则化	未正则化			

		温度/℃(℉)	24(75)	316(600)				
		吸湿量(%)						
		吸湿平衡条件 (T/℃(℉)，RH/%)	大气环境	大气环境				
		来源编码	21	21				
$F_{31}^{sbs}/$ MPa (ksi)		平均值	41.2(5.97)	31.7(4.59)				
		最小值	35.4(5.13)	29.6(4.29)				
		最大值	45.8(6.64)	33.2(4.82)				
		$CV/\%$	8.17	3.60				
		B 基准值	①	①				
		分布	Weibull	Weibull				
		C_1	42.6(6.18)	32.1(4.66)				
		C_2	14.8	36.8				
		试样数量	15	15				
		批数	1	1				
		数据种类	筛选值	筛选值				

注：①只对 A 类和 B 类数据给出基准值；②该数据是在数据文档要求建立（1989 年 6 月）以前提供的，对于该材料，目前所要求的文档均未提供。

2.3.5.4 AS4/5250-3 单向带

材料描述:

材料   AS4/5250-3

形式   单向带,纤维面积质量为 147 g/m²,典型的固化后树脂含量为 26%~38%,典型的固化后单层厚度为 0.140 mm (0.005 5 in)

固化工艺   热压罐固化;121℃(250℉),0.586 MPa(85 psi),1 h; 177℃(350℉),0.586 MPa(85 psi),6 h;后固化 246℃ (475℉),6 h;

供应商提供的数据:

纤维   AS4 纤维是由 PAN 基原丝制造的连续碳纤维,纤维经表面处理以改善操作性和结构性能。典型的拉伸模量为 234 GPa(34×10⁶ psi),拉伸强度为 3 793 MPa(550 000 psi)。

基体   5250-3 是一种改性双马树脂,有良好的湿热强度,相对于普通双马树脂具有较好的韧性和良好的高温性能。

最高短期使用温度   232℃(450℉)(干态),177℃(350℉)(湿态)

典型应用   商用和军用飞机的主承力和次承力结构。

数据分析概述:

(1) 数据来源于公开出版的报告,见参考文献 2.3.5.4。

表 2.3.5.4 AS4/5250-3 单向带

材料	AS4/5250-3 单向带				
形式	Narmco AS4/5250-3 单向带,147 级预浸带				
纤维	Hercules AS4			基体	Narmco 5250-3
T_g(干态)	339℃(642℉)	T_g(湿态)	294℃(561℉)	T_g测量方法	DMA
固化工艺	热压罐固化:121℃(250℉),0.586 MPa(85 psi),1 h;177℃(350℉),0.586 MPa(85 psi),6 h;后固化:246℃(475℉),6 h				

纤维制造日期:		试验日期:	
树脂制造日期:		数据提交日期:	12/88
预浸料制造日期:		分析日期:	1/93
复合材料制造日期:			

注:该数据是在数据文档要求建立(1989 年 6 月)以前提供的,对于该材料,目前所要求的文档均未提供。

单层性能汇总

	22℃ (72℉) /A		−55℃ (−67℉) /A	177℃ (350℉) /A	232℃ (450℉) /A		23℃ (73℉) /W	177℃ (350℉) /W
1 轴拉伸	SSSS		SSSS	SSSS	SSSS		SSSS	SSSS
2 轴拉伸	SS-S		SS-S	SS-S	SS-S			
3 轴拉伸								
1 轴压缩	SS-S		SS-S	SS-S	SS-S		SS-S	SS-S
12 面剪切	SS—		SS—	SS—	SS—		SS—	SS—

注:强度/模量/泊松比/破坏应变的数据种类为:A—A75,a—A55,B—B30,b—B18,M—平均值,I—临时值,
S—筛选值,——无数据(见表 1.5.2.2(c))。

	名义值	提交值	试验方法
纤维密度/(g/cm³)	1.80		
树脂密度/(g/cm³)	1.25		
复合材料密度/(g/cm³)	1.58	1.52~1.63	
纤维面积质量/(g/m²)	147	132~165	ASTM D 3529
纤维体积含量/%	60	51~66	
单层厚度/mm	0.130~0.150	0.127~0.157	

注:该数据是在数据文档要求建立(1989 年 6 月)以前提供的,对于该材料,目前所要求的文档均未提供。

层压板性能汇总

注:强度/模量/泊松比/破坏应变的数据种类为:A—A75,a—A55,B—B30,b—B18,M—平均值,I—临时值,
S—筛选值,——无数据(见表 1.5.1.2(c))。

表 2.3.5.4(a)　1 轴拉伸性能($[0]_8$)

材料	AS4/5250-3 单向带		
树脂含量	26%~28%(质量)	复合材料密度	1.58~1.61g/cm³
纤维体积含量	63%~66%	空隙含量	0.1%~0.9%
单层厚度	0.127~0.135 mm(0.005 0~0.005 3 in)		
试验方法	ASTM D 3039-76	模量计算	
正则化	试样厚度和批内纤维体积含量正则化到 60%(固化后单层厚度 0.140 mm (0.005 5 in))		

(续表)

		22(72)		−55(−67)		177(350)	
温度/℃(℉)		22(72)		−55(−67)		177(350)	
吸湿量(%)							
吸湿平衡条件 (T/℃(℉), RH/%)		大气环境		大气环境		大气环境	
来源编码		①		①		①	
		正则化值	实测值	正则化值	实测值	正则化值	实测值
F_1^{tu}/ MPa (ksi)	平均值	1738(252)	2007(291)	1862(270)	2145(311)	1834(266)	2124(308)
	最小值	1538(223)	1759(255)	1717(249)	1965(285)	1662(241)	1903(276)
	最大值	1896(275)	2220(322)	1986(288)	2290(332)	1952(283)	2241(325)
	CV/%	7.63	8.48	6.12	6.48	6.87	7.54
	B 基准值	②	②	②	②	②	②
	分布	正态(合并)	正态(合并)	正态(合并)	正态(合并)	正态	非参数
	C_1	1738(252)	2007(291)	1862(270)	2145(312)	1834(266)	5
	C_2	132(19.2)	170(24.7)	114(16.5)	139(20.2)	126(18.3)	3.06
	试样数量	6		6		6	
	批数	1		1		1	
	数据种类	筛选值		筛选值		筛选值	
E_1^t/ GPa (Msi)	平均值	110(15.9)	126(18.3)	113(16.4)	130(18.9)	113(16.4)	131(19.0)
	最小值	106(15.3)	122(17.7)	110(15.9)	128(18.5)	109(15.8)	126(18.2)
	最大值	113(16.4)	130(18.9)	116(16.8)	134(19.4)	115(16.7)	134(19.5)
	CV/%	3.04	2.51	2.23	1.91	2.07	2.85
	试样数量	6		6		6	
	批数	1		1		1	
	数据种类	筛选值		筛选值		筛选值	
ν_{12}^t	平均值		0.300		0.295		0.302
	试样数量	6		6		6	
	批数	1		1		1	
	数据种类	筛选值		筛选值		筛选值	
$\varepsilon_1^{tu}/\mu\varepsilon$	平均值		17100		15800		15900
	最小值		14900		14100		14800

（续表）

		正则化值	实测值	正则化值	实测值	正则化值	实测值
	最大值		20 000		18 000		17 100
	$CV/\%$		13.3		9.6		4.98
	B 基准值		②		②		②
	分布		正态		正态		正态
	C_1		17 100		15 800		15 900
	C_2		2 270		1 520		789
	试样数量	6		6		6	
	批数	1		1		1	
	数据种类	筛选值		筛选值		筛选值	

注：①参考文献 2.3.5.4；②只对 A 类和 B 类数据给出基准值；③该数据是在数据文档要求建立（1989 年 6 月）以前提供的，对于该材料，目前所要求的文档均未提供。

表 2.3.5.4(b)　1 轴拉伸性能（$[0]_8$）

材料	AS4/5250‑3 单向带		
树脂含量	26%～28%（质量）	复合材料密度	1.61～1.63 g/cm³
纤维体积含量	63%～67%	空隙含量	0.0～0.9%
单层厚度	0.127～0.135 mm（0.005 0～0.005 3 in）		
试验方法	ASTM D 3039‑76	模量计算	
正则化	试样厚度和批内纤维体积含量正则化到 60%（固化后单层厚度 0.140 mm（0.005 5 in））		

温度/℃(℉)	232(450)		23(74)		178(350)	
吸湿量(%)			0.70		0.73	
吸湿平衡条件 (T/℃(℉)，RH/%)	大气环境		71(160)，95		①	
来源编码	②		②		②	

		正则化值	实测值	正则化值	实测值	正则化值	实测值
$F_1^{tu}/$ MPa (ksi)	平均值	1745(253)	2014(292)	1848(268)	2152(312)	1717(249)	1979(287)
	最小值	1434(208)	1634(237)	1621(235)	1848(268)	1600(232)	1821(264)
	最大值	1855(269)	2165(314)	2021(293)	2393(347)	1800(261)	2103(305)
	$CV/\%$	8.87	9.64	7.74	8.99	4.50	5.42

(续表)

		正则化值	实测值	正则化值	实测值	正则化值	实测值
	B 基准值	③	③	③	③	③	③
	分布	非参数	正态	正态(合并)	正态(合并)	正态(合并)	正态(合并)
	C_1	5	2014(292)	1848(268)	2152(312)	1717(249)	1986(288)
	C_2	3.06	194(28.1)	143(20.7)	194(28.1)	77.2(11.2)	108(15.6)
	试样数量	6		6		5	
	批数	1		1		1	
	数据种类	筛选值		筛选值		筛选值	
E_1^t/ GPa (Msi)	平均值	114(16.5)	131(19.0)	114(16.6)	133(19.3)	110(15.9)	127(18.4)
	最小值	108(15.7)	125(18.1)	112(16.2)	130(18.9)	106(15.4)	123(17.8)
	最大值	117(16.9)	136(19.7)	119(17.3)	137(19.9)	113(16.4)	132(19.1)
	CV/%	3.43	3.56	2.36	1.82	2.41	2.71
	试样数量	6		6		5	
	批数	1		1		1	
	数据种类	筛选值		筛选值		筛选值	
ν_{12}^t	平均值		0.295		0.335		0.368
	试样数量	6		6		5	
	批数	1		1		1	
	数据种类	筛选值		筛选值		筛选值	
ε_1^{tu}/$\mu\varepsilon$	平均值		13 900		15 200		14 900
	最小值		11 700		13 500		13 200
	最大值		15 000		16 600		15 500
	CV/%		8.14		7.14		6.46
	B 基准值		③		③		③
	分布		正态		正态		正态
	C_1		13 900		15 200		14 900
	C_2		1130		1080		961
	试样数量	6		6		6	
	批数	1		1		1	
	数据种类	筛选值		筛选值		筛选值	

注:①在 71℃(160°F),95%RH 环境中放置 29 天(饱和的 75%);②参考文献 2.3.5.4;③只对 A 类和 B 类数据给出基准值;④该数据是在数据文档要求建立(1989 年 6 月)以前提供的,对于该材料,目前所要求的文档均未提供。

表 2.3.5.4(c)　1 轴拉伸性能($[0]_8$)

材料	AS4/5250-3 单向带			
树脂含量	26%～28%(质量)		复合材料密度	1.61 g/cm³
纤维体积含量	63%～66%		空隙含量	0.1%～0.9%
单层厚度	0.127～0.135 mm(0.0050～0.0053 in)			
试验方法	ASTM D 3039-76		模量计算	
正则化	试样厚度和批内纤维体积含量正则化到 60%(固化后单层厚度 0.140 mm (0.0055 in))			

温度/℃(℉)	177(350)			
吸湿量(%)	1.0			
吸湿平衡条件 (T/℃(℉), RH/%)	71(160), 95			
来源编码	①			

		正则化值	实测值		
F_1^{tu}/ MPa (ksi)	平均值	1621(235)	1862(270)		
	最小值	1214(176)	1393(202)		
	最大值	1786(259)	2041(296)		
	CV/%	12.8	13.0		
	B 基准值	②	②		
	分布	正态	正态		
	C_1	1621(235)	1862(270)		
	C_2	206(29.9)	242(35.1)		
	试样数量	6			
	批数	1			
	数据种类	筛选值			
E_1^t/ GPa (Msi)	平均值	115(16.7)	132(19.2)		
	最小值	107(15.5)	122(17.7)		
	最大值	127(18.4)	146(21.2)		
	CV/%	6.43	6.26		
	试样数量	6			
	批数	1			
	数据种类	筛选值			

（续表）

		正则化值	实测值			
ν_{12}^t	平均值		0.363			
	试样数量	4				
	批数	1				
	数据种类	筛选值				
$\varepsilon_1^{tu}/\mu\varepsilon$	平均值		14 400			
	最小值		9 950			
	最大值		16 200			
	$CV/\%$		16.0			
	B 基准值		②			
	分布		正态			
	C_1		14 400			
	C_2		2 300			
	试样数量	6				
	批数	1				
	数据种类	筛选值				

注：①参考文献 2.3.5.4；②只对 A 类和 B 类数据给出基准值；③该数据是在数据文档要求建立（1989 年 6 月）以前提供的，对于该材料，目前所要求的文档均未提供。

表 2.3.5.4(d)　2 轴拉伸性能（$[90]_8$）

材料	AS4/5250‐3 单向带		
树脂含量	27%～40%（质量）	复合材料密度	1.52～1.61 g/cm³
纤维体积含量	51%～65%	空隙含量	0.1%～0.8%
单层厚度	0.130～0.150 mm（0.005 1～0.005 9 in）		
试验方法	ASTM D 3039‐76	模量计算	
正则化	未正则化		
温度/℃(℉)	22(72)	−55(−67)	177(350)	232(450)	
吸湿量(%)					
吸湿平衡条件 (T/℃(℉)，RH/%)	大气环境	大气环境	大气环境	大气环境	
来源编码	②	②	②	②	

（续表）

$F_2^{tu}/$ MPa (ksi)	平均值	31.8(4.61)	34.3(4.98)	31.9(4.63)	31.3(4.54)		
	最小值	24.3(3.52)	32.3(4.68)	23.7(3.43)	28.5(4.13)		
	最大值	39.0(5.65)	41.0(5.94)	36.8(5.33)	35.8(5.19)		
	$CV/\%$	18.4	9.69	13.7	9.20		
	B 基准值	①	①	①	①		
	分布	正态	非参数	正态	正态		
	C_1	31.8(4.61)	5	31.9(4.63)	31.3(4.54)		
	C_2	5.84(0.847)	3.06	4.39(0.637)	2.88(0.417)		
	试样数量	6	6	6	6		
	批数	1	1	1	1		
	数据种类	筛选值	筛选值	筛选值	筛选值		
$E_2^t/$ GPa (Msi)	平均值	8.55(1.24)	9.65(1.40)	7.17(1.04)	7.45(1.08)		
	最小值	8.07(1.17)	8.69(1.26)	6.48(0.94)	6.41(0.93)		
	最大值	9.31(1.35)	10.1(1.47)	8.00(1.16)	8.69(1.26)		
	$CV/\%$	5.90	5.50	8.50	10.3		
	试样数量	6	6	5	6		
	批数	1	1	1	1		
	数据种类	筛选值	筛选值	筛选值	筛选值		
$\varepsilon_2^{tu}/\mu\varepsilon$	平均值	3540	3580	4680	4330		
	最小值	2000	3180	3300	3600		
	最大值	4900	4740	6000	5600		
	$CV/\%$	26.9	16.5	19.0	18.0		
	B 基准值	①	①	①	①		
	分布	正态	对数正态	正态	正态		
	C_1	3540	8.17	4680	4330		
	C_2	955	0.149	889	782		
	试样数量	6	6	6	6		
	批数	1	1	1	1		
	数据种类	筛选值	筛选值	筛选值	筛选值		

注:①参考文献 2.3.5.4;②只对 A 类和 B 类数据给出基准值;③该数据是在数据文档要求建立(1989 年 6 月)以前提供的,对于该材料,目前所要求的文档均未提供。

表 2.3.5.4(e)　1 轴压缩性能($[0]_8$)

材料	AS4/5250-3 单向带			
树脂含量	36%～38%(质量)		复合材料密度	1.55 g/cm³
纤维体积含量	53%～56%		空隙含量	0.1%～0.9%
单层厚度	0.145～0.157 mm(0.005 7～0.006 2 in)			
试验方法	ASTM D 3410A-87		模量计算	
正则化	试样厚度和批内纤维体积含量正则化到 60%(固化后单层厚度 0.140 mm (0.005 5 in))			

温度/℃(℉)	22(72)		−55(−67)		177(350)	
吸湿量(%)						
吸湿平衡条件 (T/℃(℉), RH/%)	大气环境		大气环境		大气环境	
来源编码	①		①		①	
	正则化值	实测值	正则化值	实测值	正则化值	实测值
F_1^{cu}/ MPa (ksi)						
平均值	1207(175)	1090(158)	1365(198)	1234(179)	1200(174)	1021(148)
最小值	841(122)	759(110)	1213(176)	1103(160)	972(141)	876(127)
最大值	1400(203)	1269(184)	1531(222)	1386(201)	1621(235)	1276(185)
CV/%	15.9	15.9	8.0	8.0	23.6	15.9
B 基准值	②	②	②	②	②	②
分布	正态(合并)	正态(合并)	正态(合并)	正态(合并)	正态(合并)	正态(合并)
C_1	1207(175)	1090(158)	1365(198)	1234(179)	1200(174)	1021(148)
C_2	191(27.7)	173(25.1)	109(15.8)	98.6(14.3)	283(41.1)	163(23.6)
试样数量	6		6		6	
批数	1		1		1	
数据种类	筛选值		筛选值		筛选值	
E_1^c/ GPa (Msi)						
平均值	117(17.0)	106(15.4)	107(15.5)	96.5(14.0)	120(17.4)	103(14.9)
最小值	97.2(14.1)	88.3(12.8)	95.9(13.9)	86.9(12.6)	105(15.2)	95.2(13.8)
最大值	157(22.7)	141(20.5)	128(18.5)	115(16.7)	151(21.9)	119(17.2)
CV/%	20.1	20.0	10.7	10.6	14.7	8.55
试样数量	6		6		6	
批数	1		1		1	
数据种类	筛选值		筛选值		筛选值	

（续表）

		正则化值	实测值	正则化值	实测值	正则化值	实测值
$\varepsilon_1^{cu}/\mu\varepsilon$	平均值		12 100		19 800		15 300
	最小值		8 000		8 360		10 200
	最大值		22 700		26 700		18 400
	CV/%		46.2		43.9		18.1
	B 基准值		②		②		②
	分布		正态		正态		正态
	C_1		12 100		19 800		15 300
	C_2		5 570		8 710		2 770
	试样数量	6		6		6	
	批数	1		1		1	
	数据种类	筛选值		筛选值		筛选值	

注：①参考文献 2.3.5.4；②只对 A 类和 B 类数据给出基准值；③该数据是在数据文档要求建立（1989 年 6 月）以前提供的，对于该材料，目前所要求的文档均未提供。

表 2.3.5.4（f） 1 轴压缩性能（[0]₈）

材料	AS4/5250-3 单向带		
树脂含量	36%～38%（质量）	复合材料密度	1.55 g/cm³
纤维体积含量	53%～56%	空隙含量	0.1%～0.9%
单层厚度	0.145～0.157 mm(0.005 7～0.006 2 in)		
试验方法	ASTM D 3410A-87	模量计算	
正则化	试样厚度和批内纤维体积含量正则化到 60%（固化后单层厚度 0.140 mm (0.005 5 in))		

温度/℃（℉）	232(450)		23(74)		177(350)	
吸湿量(%)			0.82		0.79	
吸湿平衡条件 (T/℃(℉)，RH/%)	大气环境		71(160)，95		①	
来源编码	②		②		②	

		正则化值	实测值	正则化值	实测值	正则化值	实测值
$F_1^{cu}/$ MPa (ksi)	平均值	1 055(153)	903(131)	1 338(194)	1 214(176)	1 055(153)	959(139)
	最小值	821(119)	745(108)	1 207(175)	1 097(159)	779(113)	703(102)
	最大值	1 428(207)	1 124(163)	1 490(216)	1 345(195)	1 193(173)	1 083(157)

（续表）

		正则化值	实测值	正则化值	实测值	正则化值	实测值
	$CV/\%$	21.2	15.1	8.6	8.63	15.5	15.5
	B 基准值	③	③	③	③	③	③
	分布	正态(合并)	正态(合并)	正态(合并)	正态(合并)	正态(合并)	正态(合并)
	C_1	1055(153)	903(131)	1338(194)	1214(176)	1055(153)	959(139)
	C_2	223(32.4)	136(19.7)	115(16.7)	105(15.2)	164(23.8)	148(21.5)
	试样数量	6		6		5	
	批数	1		1		1	
	数据种类	筛选值		筛选值		筛选值	
$E_1^t/$ GPa (Msi)	平均值	126(18.2)	108(15.6)	128(18.5)	116(16.8)	111(16.1)	101(14.6)
	最小值	96.5(14.0)	86.9(12.6)	113(16.4)	103(14.9)	98.6(14.3)	89.0(12.9)
	最大值	150(21.7)	118(17.1)	148(21.5)	134(19.5)	126(18.2)	114(16.5)
	$CV/\%$	16.0	10.4	9.42	9.39	9.78	9.75
	试样数量	6		6		5	
	批数	1		1		1	
	数据种类	筛选值		筛选值		筛选值	
$\varepsilon_1^{cu}/\mu\varepsilon$	平均值		8480		15900		12600
	最小值		2900		10600		6400
	最大值		14600		22900		16000
	$CV/\%$		44.7		32.5		30.2
	B 基准值		③		③		③
	分布		正态		正态		正态
	C_1		8480		15900		12600
	C_2		3790		5170		3810
	试样数量		6		6		5
	批数		1		1		1
	数据种类		筛选值		筛选值		筛选值

注：①在 71℃(160°F)，95%RH 环境中放置 7 天(饱和的 75%)；②参考文献 2.3.5.4；③只对 A 类和 B 类数据给出基准值；④该数据是在数据文档要求建立(1989 年 6 月)以前提供的，对于该材料，目前所要求的文档均未提供。

表 2.3.5.4(g)　1 轴压缩性能([0]₈)

材料	AS4/5250-3 单向带		
树脂含量	36%(质量)	复合材料密度	1.55 g/cm³
纤维体积含量	56%	空隙含量	0.0

(续表)

单层厚度	0.127～0.135 mm（0.005 0～0.005 3 in）		
试验方法	ASTM D 3410A - 87	模量计算	
正则化	试样厚度和批内纤维体积含量正则化到 60%（固化后单层厚度 0.140 mm（0.005 5 in））		

	温度/℃(℉)	177(350)		
	吸湿量(%)	1.0		
	吸湿平衡条件 (T/℃(℉), RH/%)	71(160)，95		
	来源编码	①		

		正则化值	实测值		
F_1^{cu} / MPa (ksi)	平均值	876(127)	793(115)		
	最小值	745(108)	675(97.9)		
	最大值	105(152)	952(138)		
	CV/%	11.4	11.4		
	B 基准值	②	②		
	分布	正态(合并)	正态(合并)		
	C_1	876(127)	793(115)		
	C_2	99.3(14.4)	89.7(13.0)		
	试样数量	6			
	批数	1			
	数据种类	筛选值			
E_1^t / GPa (Msi)	平均值	125(18.1)	113(16.4)		
	最小值	114(16.6)	103(15.0)		
	最大值	143(20.7)	129(18.7)		
	CV/%	7.93	7.89		
	试样数量	6			
	批数	1			
	数据种类	筛选值			
ε_1^{cu} / $\mu\varepsilon$	平均值		8 120		
	最小值		6 600		
	最大值		9 180		

（续表）

		正则化值	实测值				
	$CV/\%$		11.5				
	B 基准值		②				
	分布		正态				
	C_1		8 120				
	C_2		934				
	试样数量	6					
	批数	1					
	数据种类	筛选值					

注：①参考文献 2.3.5.4；②只对 A 类和 B 类数据给出基准值；③该数据是在数据文档要求建立（1989 年 6 月）以前提供的，对于该材料，目前所要求的文档均未提供。

表 2.3.5.4(h)　12 面剪切性能（$[\pm 45]_{4S}$）

材料	AS4/5250-3 单向带		
树脂含量	28%～32%(质量)	复合材料密度	1.58～1.61 g/cm³
纤维体积含量	59%～63%	空隙含量	0.0～1.2%
单层厚度	0.140～0.147 mm(0.005 5～0.005 8 in)		
试验方法	ASTM D 3518-76	模量计算	
正则化	未正则化		

	温度/℃(℉)	22(72)	-55(-67)	177(350)	232(450)		
	吸湿量(%)						
	吸湿平衡条件 (T/℃(℉)，RH/%)	大气环境	大气环境	大气环境	大气环境		
	来源编码	①	①	①	①		
$F_{12}^{su}/$ MPa (ksi)	平均值	66.3(9.61)	69.7(10.1)	71.7(10.4)	62.9(9.01)		
	最小值	58.5(8.49)	66.7(9.67)	65.9(9.55)	58.2(8.44)		
	最大值	71.7(10.4)	72.4(10.5)	75.9(11.0)	65.3(9.47)		
	$CV/\%$	6.95	3.50	5.31	4.87		
	B 基准值	②	②	②	②		
	分布	正态	正态	正态	正态		
	C_1	66.3(9.61)	69.7(10.1)	71.7(10.4)	62.9(9.01)		
	C_2	4.61(0.668)	2.43(0.352)	3.81(0.553)	3.03(0.439)		
	试样数量	6	6	6	6		

（续表）

	批数	1	1	1	1		
	数据种类	筛选值	筛选值	筛选值	筛选值		
$G_{12}^s/$ GPa (Msi)	平均值	5.31(0.77)	5.79(0.84)	4.55(0.66)	4.28(0.62)		
	最小值	4.90(0.71)	5.38(0.78)	4.28(0.62)	3.45(0.50)		
	最大值	5.72(0.83)	5.93(0.86)	4.97(0.72)	4.76(0.69)		
	CV/%	5.6	3.6	5.3	12		
	试样数量	6	6	6	6		
	批数	1	1	1	1		
	数据种类	筛选值	筛选值	筛选值	筛选值		

注:①参考文献 2.3.5.4;②只对 A 类和 B 类数据给出基准值;③该数据是在数据文档要求建立(1989 年 6 月)以前提供的,对于该材料,目前所要求的文档均未提供。

表 2.3.5.4(i)　12 面剪切性能([±45]₄ₛ)

材料	AS4/5250-3 单向带			
树脂含量	28%～32%(质量)		复合材料密度	1.58～1.61 g/cm³
纤维体积含量	59%～63%		空隙含量	0.0～1.2%
单层厚度	0.140～0.147 mm(0.005 5～0.005 8 in)			
试验方法	ASTM D 3518-76		模量计算	
正则化	未正则化			
温度/℃(℉)		23(74)	177(350)	177(350)
吸湿量(%)		0.55	0.55	1.1
吸湿平衡条件 (T/℃(℉)，RH/%)		71(160), 95	①	71(160), 95
来源编码		②	②	②
$F_{12}^{su}/$ MPa (ksi)	平均值	86.2(12.5)	60.0(8.70)	67.6(9.81)
	最小值	77.9(11.3)	56.8(8.24)	56.1(8.13)
	最大值	91.0(13.2)	61.7(8.95)	73.1(10.6)
	CV/%	5.26	3.42	9.27
	B 基准值	③	③	③
	分布	正态	正态	正态
	C_1	86.2(12.5)	60.0(8.70)	67.6(9.81)
	C_2	4.52(0.656)	2.06(0.298)	6.27(0.909)
	试样数量	6	5	6

（续表）

	批数	1	1	1			
	数据种类	筛选值	筛选值	筛选值			
G_{12}^s/ GPa (Msi)	平均值	5.45(0.79)	3.17(0.46)	3.38(0.49)			
	最小值	5.31(0.77)	2.97(0.43)	2.76(0.40)			
	最大值	5.59(0.81)	3.31(0.48)	3.86(0.56)			
	$CV/\%$	1.9	4.0	14			
	试样数量	6	6	4			
	批数	1	1	1			
	数据种类	筛选值	筛选值	筛选值			

注：①在 71℃(160°F),95％RH 环境中放置 3 天(饱和的 75％)；②参考文献 2.3.5.4；③只对 A 类和 B 类数据给出基准值；④该数据是在数据文档要求建立(1989 年 6 月)以前提供的,对于该材料,目前所要求的文档均未提供。

2.3.5.5 T650‑35 3k/5250‑4 8 综缎机织物

材料描述：

材料	T650‑35 3k/5250‑4
形式	8 综缎机织物,纤维面积质量为 $357\sim372\,g/m^2$,典型的固化后树脂含量为 $36\%\sim38\%$,典型的固化后单层厚度为 $0.381\,mm(0.015\,in)$
固化工艺	热压罐固化；177℃(350°F), 0.586 MPa(85 psi), 6 h; 227℃(440°F)下独立后固化 6 h。

供应商提供的数据：

纤维	T650‑35 纤维是由 PAN 基原丝制造的连续碳纤维,每一丝束含有 3000 根碳丝。典型的拉伸模量为 $241\,GPa(35\times10^6\,psi)$,典型的拉伸强度为 $4482\,MPa(650\,000\,psi)$
基体	5250‑4 是一种 177℃(350°F)固化的双马树脂。
最高短期使用温度	232℃(450°F)(干态),177℃(350°F)(湿态)
典型应用	飞机的主承力和次承力结构,或者别的有需要耐湿热环境和抗冲击性能的应用。

表 2.3.5.5 T650‑35 3k/5250‑4 8 综缎机织物

材料	T650‑35 3k/5250‑4 8 综缎机织物				
形式	Cytec T650‑35 3k 8HS 24 tows/in 预浸带				
纤维	Amoco T650‑35, UC 309 上浆剂,无捻			基体	Cytec 5250‑4
T_g(干态)	274℃(526°F)	T_g(湿态)	206℃(403°F)	T_g测量方法	DMA E'
固化工艺	热压罐固化:177+51−3℃(350+10/−5°F), 0.586±0.034 MPa(85±5 psi), 360±10 min; 独立后固化:227+5/−6℃(440±10°F), 360±10 min,自由放置。				

纤维制造日期：	12/91—6/94	试验日期：	6/93—1/96
树脂制造日期：	10/92—8/94	数据提交日期：	7/97
预浸料制造日期：	12/92—3/94	分析日期：	3/99
复合材料制造日期：	4/93—6/95		

单层性能汇总

	22℃ (72°F) /A	−55℃ (−67°F) /A	177℃ (350°F) /W				
1 轴拉伸	BM--	BM--	BMM-				
2 轴拉伸	IS--	bI--	BMM-				
3 轴拉伸							
1 轴压缩	bM--	SS--	BM--				
2 轴压缩	bI--	bI--	bM--				
3 轴压缩							
12 面剪切	BI--	BM--	bM--				
23 面剪切							
31 面剪切							

注:强度/模量/泊松比/破坏应变的数据种类为:A—A75,a—A55,B—B30,b—B18,M—平均值,I—临时值,S—筛选值,——无数据(见表 1.5.1.2(c))。

	名义值	提交值	试验方法
纤维密度/(g/cm³)	1.77	1.77~1.78	SRM 15
树脂密度/(g/cm³)	1.26		ASTM D792
复合材料密度/(g/cm³)	1.54	1.53~1.55	
纤维面积质量/(g/m²)	366	357~372	溶剂洗出
纤维体积含量/%	55	53~62	
单层厚度/mm	0.368	0.330~0.399	

层压板性能汇总

注:强度/模量/泊松比/破坏应变的数据种类为:A—A75,a—A55,B—B30,b—B18,M—平均值,I—临时值,S—筛选值,——无数据(见表 1.5.1.2(c))。

表 2.3.5.5(a)　1 轴拉伸性能($[0_f]_7$)

材料	T650-35 3k/5250-4 8 综缎机织物			
树脂含量	36%～38%(质量)		复合材料密度	1.53～1.55 g/cm³
纤维体积含量	54%～62%		空隙含量	0.0～1.0%
单层厚度	0.33～0.391 mm(0.0130～0.0154 in)			
试验方法	Bowtie 试样/ASTM D 3039-76		模量计算	1000～6000 $\mu\varepsilon$ 之间的弦向模量
正则化	试样厚度和批内纤维体积含量正则化到 57%(固化后单层厚度 0.368 mm (0.0145 in))			

温度/℃(℉)	22(72)		−55(−67)		177(350)	
吸湿量(%)					0.963～1.28	
吸湿平衡条件 (T/℃(℉), RH/%)	大气环境		大气环境		71(160),85	
来源编码	80		80		80	

		正则化值	实测值	正则化值	实测值	正则化值	实测值
F_1^{tu}/ MPa (ksi)	平均值	951(138)	910(132)	889(129)	855(124)	793(115)	758(110)
	最小值	827(120)	800(116)	731(106)	710(103)	738(107)	696(101)
	最大值	1076(156)	1020(148)	1082(157)	1014(147)	876(127)	820(119)
	CV/%	5.92	5.02	9.19	7.78	4.55	4.84
	B基准值	793(115)	779(113)	64.9(94.1)	667(96.7)	717(104)	683(99.0)
	分布	ANOVA	ANOVA	ANOVA	ANOVA	Weibull	Weibull
	C_1	411(8.65)	328(6.90)	599(12.6)	485(10.2)	779(113)	779(113)
	C_2	130(2.74)	122(2.57)	133(2.80)	128(2.70)	23.6	23.6
	试样数量	35		36		36	
	批数	6		6		6	
	数据种类	B30		B30		B30	
E_1^t/ GPa (Msi)	平均值	75.2(10.9)	71.7(10.4)	72.4(10.5)	69.6(10.1)	74.5(10.8)	71.0(10.3)
	最小值	71.7(10.4)	68.9(10.0)	67.4(9.77)	66.1(9.58)	68.1(9.88)	65.5(9.50)
	最大值	80.7(11.7)	75.2(10.9)	78.6(11.4)	74.5(10.8)	81.4(11.8)	77.2(11.2)
	CV/%	3.15	2.40	3.97	2.79	4.96	4.75
	试样数量	26		26		34	
	批数	6		6		6	
	数据种类	平均值		平均值		平均值	

（续表）

		正则化值	实测值	正则化值	实测值	正则化值	实测值
ν_{12}^{t}	平均值					\multicolumn{2}{c} 0.0487
	试样数量					\multicolumn{2}{c} 26
	批数					\multicolumn{2}{c} 5
	数据种类					\multicolumn{2}{c} 平均值

表 2.3.5.5（b）　2 轴拉伸性能（$[90_{\mathrm{f}}]_7$）

材料	\multicolumn{5}{l} T650 - 35 3k/5250 - 4 8 综缎机织物
树脂含量	36%～38%（质量）		复合材料密度		1.53～1.55 g/cm³
纤维体积含量	52%～57%		空隙含量		0.0～1.0%
单层厚度	\multicolumn{5}{l} 0.366～0.399 mm（0.0144～0.0157 in）
试验方法	Bowtie 试样/ASTM D 3039 - 76		模量计算		1000～6000 $\mu\varepsilon$ 之间的弦向模量
正则化	\multicolumn{5}{l} 试样厚度和批内纤维体积含量正则化到 57%（固化后单层厚度 0.368 mm（0.0145 in））

温度/℃（℉）	\multicolumn{2}{c} 22(72)	\multicolumn{2}{c} −55(−67)	\multicolumn{2}{c} 177(350)
吸湿量（%）					\multicolumn{2}{c} 1.03～1.26
吸湿平衡条件（T/℃（℉），RH/%）	\multicolumn{2}{c} 大气环境	\multicolumn{2}{c} 大气环境	\multicolumn{2}{c} 71(160)，85
来源编码	\multicolumn{2}{c} 80	\multicolumn{2}{c} 80	\multicolumn{2}{c} 80

		正则化值	实测值	正则化值	实测值	正则化值	实测值
F_2^{tu}/MPa（ksi）	平均值	889(129)	848(123)	869(126)	8341(121)	779(113)	738(107)
	最小值	800(116)	765(111)	758(110)	737(107)	667(96.7)	639(92.7)
	最大值	993(144)	945(137)	938(136)	917(133)	848(123)	800(116)
	CV/%	7.12	7.29	6.68	6.44	5.74	5.62
	B 基准值	①	①	②	②	660(95.7)	634(92.0)
	分布	Weibull	Weibull	ANOVA	ANOVA	ANOVA	ANOVA
	C_1	91.7(13.3)	876.0(127)	445(9.37)	408(8.58)	320(6.73)	297(6.25)
	C_2	16.9	16.3	185(3.90)	181(3.81)	119(2.50)	115(2.42)
	试样数量	\multicolumn{2}{c} 17	\multicolumn{2}{c} 24	\multicolumn{2}{c} 42
	批数	\multicolumn{2}{c} 3	\multicolumn{2}{c} 4	\multicolumn{2}{c} 7
	数据种类	\multicolumn{2}{c} 临时值	\multicolumn{2}{c} B18	\multicolumn{2}{c} B30

（续表）

$E_2^t/$ GPa (Msi)	平均值	73.8(10.7)	70.3(10.2)	72.4(10.5)	69.6(10.1)	73.1(10.6)	69.6(10.1)
	最小值	71.0(10.3)	67.9(9.85)	68.9(10.0)	66.5(9.64)	66.2(9.60)	63.0(9.14)
	最大值	77.9(11.3)	71.7(10.4)	77.2(11.2)	71.7(10.4)	83.4(12.1)	77.2(11.2)
	CV/%	2.64	2.04	3.16	1.96	6.41	5.35
	试样数量	9		15		37	
	批数	3		4		7	
	数据种类	筛选值		临时值		平均值	
ν_{21}^t	平均值					0.0373	
	试样数量					26	
	批数					5	
	数据种类					平均值	

注：①只对 A 类和 B 类数据给出基准值；②没有列出用 ANOVA 方法从少于 5 组数据计算出来的 B 基准值。

表 2.3.5.5(c)　1 轴压缩性能（$[0_f]_7$）

材料	T650-35 3k/5250-4 8 综缎机织物		
树脂含量	36%～38%（质量）	复合材料密度	1.53～1.55 g/cm³
纤维体积含量	53%～57%	空隙含量	0.0～1.0%
单层厚度	0.363～0.391 mm（0.0143～0.0154 in）		
试验方法	ASTM D 3410B-87	模量计算	1000～3000 $\mu\varepsilon$ 之间的弦向模量
正则化	试样厚度和批内纤维体积含量正则化到 57%（固化后单层厚度 0.368 mm（0.0145 in））		

温度/℃（℉）	22(72)		−55(−67)		177(350)	
吸湿量(%)					1.24～1.31	
吸湿平衡条件 (T/℃(℉)，RH/%)	大气环境		大气环境		71(160)，85	
来源编码	80		80		80	
	正则化值	实测值	正则化值	实测值	正则化值	实测值
$F_1^{cu}/$ MPa (ksi)						
平均值	779(113)	745(108)	814(118)	765(111)	433(62.8)	421(61.0)
最小值	703(102)	696(101)	724(105)	680(98.6)	363(52.7)	363(52.7)
最大值	848(123)	807(117)	869(126)	827(120)	482(69.9)	466(67.6)

（续表）

	CV/%	4.47	3.70	5.49	5.23	6.40	5.89
	B 基准值	②	676(98.1)	①	①	363(52.6)	363(52.6)
	分布	ANOVA	Weibull	Weibull	Weibull	ANOVA	ANOVA
	C_1	253(5.32)	758(110)	827(120)	780(113.1)	198(4.16)	175(3.68)
	C_2	149(3.14)	28.6	22.3	22.8	117(2.45)	109(2.30)
	试样数量	24		12		32	
	批数	4		2		6	
	数据种类	B18		筛选值		B30	
E_1^t / GPa (Msi)	平均值	64.1(9.30)	61.8(8.96)	64.6(9.37)	61.1(8.86)	64.5(9.35)	62.9(9.13)
	最小值	61.9(8.98)	59.4(8.62)	61.0(8.85)	58.3(8.46)	61.5(8.92)	59.4(8.62)
	最大值	67.2(9.74)	64.8(9.40)	67.4(9.78)	62.9(9.12)	68.2(9.89)	68.2(9.89)
	CV/%	2.18	2.81	3.23	2.19	3.22	2.88
	试样数量	21		9		32	
	批数	4		2		6	
	数据种类	平均值		筛选值		平均值	

注：①只对 A 类和 B 类数据给出基准值；②没有列出用 ANOVA 方法从少于 5 组数据计算出来的 B 基准值。

表 2.3.5.5(d)　2 轴压缩性能($[90_f]_7$)

材料	T650-35 3k/5250-4 8 综缎机织物		
树脂含量	36%～38%(质量)	复合材料密度	1.53～1.55 g/cm³
纤维体积含量	53%～57%	空隙含量	0.0～1.0%
单层厚度	0.348～0.396 mm(0.0137～0.0156 in)		
试验方法	ASTM D 3410B-87	模量计算	1000～3000 $\mu\varepsilon$ 之间的弦向模量
正则化	试样厚度和批内纤维体积含量正则化到 57%(固化后单层厚度 0.368 mm (0.0145 in))		
温度/℃(℉)	22(72)	−55(−67)	177(350)
吸湿量(%)	大气环境	大气环境	1.23～1.29
吸湿平衡条件 (T/℃(℉), RH/%)			71(160), 85
来源编码	80	80	80

(续表)

		正则化值	实测值	正则化值	实测值	正则化值	实测值
F_2^{cu} / MPa (ksi)	平均值	758(110)	724(105)	827(120)	800(116)	462(67.0)	442(64.1)
	最小值	689(100)	661(95.8)	738(107)	731(106)	437(63.4)	415(60.2)
	最大值	883(128)	848(123)	903(131)	876(127)	505(73.2)	477(69.2)
	CV/%	7.80	8.54	5.82	4.76	3.79	4.21
	B 基准值	①	①	703(102)	696(101)	①	①
	分布	ANOVA	ANOVA	Weibull	Weibull	ANOVA	ANOVA
	C_1	443(9.32)	474(9.97)	848(123)	814(118)	121(2.55)	133(2.79)
	C_2	197(4.15)	215(4.53)	19.2	22.2	97.0(2.04)	132(2.78)
	试样数量	18		18		20	
	批数	3		3		4	
	数据种类	B18		B18		B18	
E_2^c / GPa (Msi)	平均值	62.7(9.10)	60.2(8.73)	62.2(9.02)	60.7(8.80)	66.7(9.67)	63.8(9.25)
	最小值	57.4(8.32)	56.1(8.13)	58.8(8.53)	57.4(8.33)	60.2(8.73)	58.8(8.53)
	最大值	66.3(9.62)	62.5(9.06)	68.7(9.96)	63.2(9.17)	71.7(10.4)	67.8(9.83)
	CV/%	4.31	2.82	5.37	3.26	5.45	4.49
	试样数量	15		15		20	
	批数	3		3		4	
	数据种类	临时值		临时值		平均值	

注:① 没有列出用 ANOVA 方法从少于 5 组数据计算出来的 B 基准值。

表 2.3.5.5(e)　12 面剪切性能([＋45$_f$/－45$_f$/＋45$_f$]$_s$)

材料	T650-35 3k/5250-4 8 综缎机织物		
树脂含量	36%～38%(质量)	复合材料密度	1.53～1.55 g/cm^3
纤维体积含量	52%～57%	空隙含量	0.0～1.0%
单层厚度	0.361～0.399 mm(0.0142～0.0157 in)		
试验方法	ASTM D 3518-82	模量计算	0～3000 $\mu\varepsilon$ 之间的弦向模量
正则化	未正则化		

温度/℃(℉)	22(72)	－55(－67)	177(350)		
吸湿量(%)			1.04～1.30		
吸湿平衡条件 (T/℃(℉), RH/%)	大气环境	大气环境	71(160),85		

	来源编码	80	80	80		
$F_{12}^{su}/$ MPa (ksi)	平均值	99.3(14.4)	103(15.0)	68.9(10.0)		
	最小值	76.5(11.1)	96.5(14.0)	65.5(9.50)		
	最大值	113(16.4)	113(16.4)	75.2(10.9)		
	CV/%	8.06	4.46	3.81		
	B基准值	80.7(11.7)	86.9(12.6)	60.0(8.70)		
	分布	ANOVA	ANOVA	ANOVA		
	C_1	57.5 (1.21)	34.5 (0.726)	19.6 (0.413)		
	C_2	106(2.23)	157(3.31)	152(3.21)		
	试样数量	48	30	28		
	批数	10	5	5		
	数据种类	B30	B30	B18		
$G_{12}^{s}/$ GPa (Msi)	平均值	5.38(0.78)	6.07(0.88)	2.28(0.33)		
	最小值	4.27(0.62)	5.65(0.82)	1.38(0.20)		
	最大值	6.21(0.90)	6.83(0.99)	2.90(0.42)		
	CV/%	7.04	4.60	21.0		
	试样数量	39	21	25		
	批数	10	5	5		
	数据种类	临时值	平均值	平均值		

2.3.5.6 T650‐35 3k/5250‐4平纹机织物

材料描述：

材料   T650‐35 3k/5250‐4

形式   平纹机织物使用 3k 丝束，在经向和纬向丝束分布均为12.5 丝束/in，纤维面积质量为 $194\,g/m^2$，典型的固化后树脂含量为37%，典型的固化后单层厚度为 0.201 mm(0.0079 in)。

固化工艺   热压罐固化；177℃(350℉)，0.586 MPa(85 psi)，6 h；独立后固化 227℃(440℉)，6 h。

供应商提供的数据：

纤维   T650‐35 纤维是由 PAN 基原丝制造的连续碳纤维，纤维经表面处理以改善使用和结构性能，无捻。每一丝束含有

3 000 根碳丝。典型的拉伸模量为 241 GPa(35×10^6 psi)，典型的拉伸强度为 4 482 MPa(650 000 psi)。

基体　　　　　　　　5250 - 4 是一种 177℃(350℉)固化的双马树脂。

最高短期使用温度　232℃(450℉)(干态)，177℃(350℉)(湿态)。

典型应用　　　　　飞机的主承力和次承力结构，或者别的有需要高湿热环境和抗冲击性能的应用。

数据分析概述：

(1) 拉伸测试使用 Bowtie 试样，该测试不是 ASTM 方法，也不被测试工作组推荐。

(2) －55℃大气环境纵向拉伸模量和 22℃干态大气环境下的横向拉伸模量的高端异常值被舍去，因为它们的值高于材料的能力。

(3) 单层板压缩的变异系数高于历史数据。

表 2.3.5.6　T650 - 35 3k/5250 - 4 平纹机织物

材料	T650 - 35 3k/5250 - 4 平纹机织物				
形式	Cytec T650 - 35/5250 - 4 PW 12.5 tows/in.(经向和纬向)预浸带				
纤维	Amoco T650 - 35, UC 309 上浆剂，无捻		基体		Cytec 5250 - 4
T_g(干态)	273℃(524℉)	T_g(湿态)	203℃(398℉)	T_g测量方法	DMA E'
固化工艺	热压罐固化：177＋5/－3℃(350＋10/－5℉)，0.586±0.034 MPa(85±5psi)，360±10 min；后固化：227＋5/－6℃(440±10℉)，360±10 min，压力不受限制。				

纤维制造日期：	12/91—7/93	试验日期：	6/93—1/96
树脂制造日期：	10/92—1/94	数据提交日期：	7/97
预浸料制造日期：	11/92—1/94	分析日期：	9/99
复合材料制造日期：	4/93—12/94		

单层性能汇总

	22℃(72℉)/A	－55℃(－67℉)/A	177℃(350℉)/W			
1 轴拉伸	BM–	BM–	BMI-			
2 轴拉伸	BM–	BM–	BMM-			
1 轴压缩	BM–	BM–	BM–			

（续表）

	22℃ （72℉） /A	−55℃ （−67℉） /A	177℃ （350℉） /W				
2 轴压缩	bI--	BM--	BM--				
12 面剪切	BM--	BM--	bI--				

注：强度/模量/泊松比/破坏应变的数据种类为：A—A75，a—A55，B—B30，b—B18，M—平均值，I—临时值，S—筛选值，—无数据（见表 1.5.2.2(c)）。

	名义值	提交值	试验方法
纤维密度/(g/cm³)	1.77	1.77～1.78	SRM 15
树脂密度/(g/cm³)	1.25		ASTM D792
复合材料密度/(g/cm³)	1.54	1.53～1.55	
纤维面积质量/(g/m²)	194	186～197	溶剂洗出
纤维体积含量/%	54	53～57	
单层厚度/mm	0.201	0.178～0.221	

层压板性能汇总

注：强度/模量/泊松比/破坏应变的数据种类为：A—A75，a—A55，B—B30，b—B18，M—平均值，I—临时值，S—筛选值，—无数据（见表 1.5.1.2(c)）。

表 2.3.5.6（a） 1 轴拉伸性能（$[0_f]_{12}$）

材料	T650-35 3k/5250-4 平纹机织物		
树脂含量	35%～38%（质量）	复合材料密度	1.53～1.55 g/cm³
纤维体积含量	54%～56%	空隙含量	0.0～1.0%
单层厚度	0.185～0.208 mm（0.0073～0.0082 in)		
试验方法	Bowtie 试样/ ASTM D 3039-76	模量计算	1000～6000 $\mu\varepsilon$ 之间的弦向模量
正则化	试样厚度和批内纤维体积含量正则化到 57%（固化后单层厚度 0.201 mm（0.0079 in))		
温度/℃(℉)	22(72)	−55(−67)	177(350)

（续表）

		正则化值	实测值	正则化值	实测值	正则化值	实测值
吸湿量(%)		大气环境		大气环境		1.07～1.27	
吸湿平衡条件 $(T/℃(℉)$, RH/%)						71(160), 85	
来源编码		80		80		80	
$F_1^{tu}/$ MPa (ksi)	平均值	910(132)	889(129)	883(128)	862(125)	758(110)	731(106)
	最小值	758(110)	758(110)	752(109)	738(107)	641(92.9)	636(92.3)
	最大值	1034(150)	986(143)	1027(149)	979(142)	869(126)	821(119)
	CV/%	7.43	6.31	8.41	7.41	8.24	7.07
	B基准值	717(104)	745(108)	630(91.3)	651(94.4)	549(79.6)	570(82.7)
	分布	ANOVA	ANOVA	ANOVA	ANOVA	ANOVA	ANOVA
	C_1	490(10.3)	396(8.33)	551(11.6)	469(9.87)	463(9.73)	378(7.96)
	C_2	133(2.79)	116(2.44)	151(3.17)	146(3.07)	149(3.13)	141(2.96)
	试样数量	30		30		36	
	批数	5		5		6	
	数据种类	B30		B30		B30	
$E_1^t/$ GPa (Msi)	平均值	72.4(10.5)	70.3(10.2)	73.8(10.7)	72.4(10.5)	71.7(10.4)	69.0(10.0)
	最小值	67.9(9.85)	66.0(9.57)	68.7(9.97)	66.7(9.68)	65.6(9.51)	63.0(9.14)
	最大值	77.2(11.2)	74.5(10.8)	94.5(13.7)	91.7(13.3)	81.4(11.8)	76.5(11.1)
	CV/%	3.94	2.88	7.76	7.39	6.59	5.41
	试样数量	24		23		29	
	批数	5		5		5	
	数据种类	平均值		平均值		平均值	
ν_{12}^t	平均值						0.049
	试样数量						15
	批数						3
	数据种类						临时值

表 2.3.5.6(b)　2 轴拉伸性能($[90_f]_{12}$)

材料	T650-35 3k/5250-4 平纹机织物		
树脂含量	35%～38%(质量)	复合材料密度	1.53～1.55 g/cm³
纤维体积含量	53%～56%	空隙含量	0.0～1.0%

（续表）

单层厚度	$0.188\sim0.221\,mm(0.0074\sim$ $0.0087\,in)$					
试验方法	Bowtie 试样/ ASTM D 3039 - 76		模量计算	$1000\sim6000\,\mu\varepsilon$ 之间的弦向模量		
正则化	试样厚度和批内纤维体积含量正则化到 57%（固化后单层厚度 0.201 mm（0.0079 in））					

温度/℃(℉)	22(72)		$-55(-67)$		177(350)	
吸湿量(%)	大气环境		大气环境		$1.16\sim1.30$	
吸湿平衡条件 (T/℃(℉)，RH/%)					71(160)，85	
来源编码	80		80		80	

		正则化值	实测值	正则化值	实测值	正则化值	实测值
F_2^{tu}/ MPa (ksi)	平均值	883(128)	834(121)	876(127)	848(123)	724(105)	696(101)
	最小值	724(105)	710(103)	765(111)	731(106)	590(85.6)	567(82.3)
	最大值	1014(147)	938(136)	1007(146)	979(142)	807(117)	793(115)
	CV/%	7.76	7.21	7.51	7.96	8.28	9.05
	B基准值	682(98.9)	670(97.2)	644(93.4)	611(88.6)	566(82.1)	528(76.6)
	分布	ANOVA	ANOVA	ANOVA	ANOVA	ANOVA	ANOVA
	C_1	494(10.4)	430(9.04)	61.8(1.3)	504(10.6)	431(9.07)	455(9.58)
	C_2	133(2.79)	125(2.62)	154(3.23)	154(3.25)	120(2.52)	122(2.56)
	试样数量	30		30		42	
	批数	5		5		7	
	数据种类	B30		B30		B30	
E_2^t/ GPa (Msi)	平均值	73.8(10.7)	69.6(10.1)	71.0(10.3)	69.6(10.1)	71.0(10.3)	68.5(9.93)
	最小值	68.9(10.0)	65.9(9.56)	66.8(9.69)	65.5(9.50)	66.0(9.57)	64.1(9.30)
	最大值	80.0(11.6)	75.2(10.9)	74.5(10.8)	75.8(11.0)	76.5(11.1)	77.9(11.3)
	CV/%	5.19	3.70	3.11	4.04	4.25	3.93
	试样数量	20		21		41	
	批数	5		5		7	
	数据种类	平均值		平均值		平均值	

（续表）

		正则化值	实测值	正则化值	实测值	正则化值	实测值
ν_{21}^{t}	平均值						0.059
	试样数量						29
	批数						5
	数据种类						平均值
	C_1						
	C_2						
	试样数量						
	批数						
	数据种类						

表 2.3.5.6(c)　1 轴压缩性能（$[0_f]_{12}$）

材料	T650 - 35 3k/5250 - 4 平纹机织物		
树脂含量	54%～56%（质量）	复合材料密度	1.53～1.55 g/cm³
纤维体积含量	51.2%～60%	空隙含量	0.0～1.0%
单层厚度	0.185～0.206 mm（0.007 3～0.008 1 in）		
试验方法	ASTM D 3410B - 87	模量计算	1000～3 000 $\mu\varepsilon$ 之间的弦向模量
正则化	试样厚度和批内纤维体积含量正则化到 57%（固化后单层厚度 0.201 mm（0.007 9 in））		

温度/℃(℉)	22(72)		−55(−67)		177(350)	
吸湿量(%)					1.28～1.38	
吸湿平衡条件 (T/℃(℉), RH/%)	大气环境		大气环境		71(160), 85	
来源编码	80		80		80	

		正则化值	实测值	正则化值	实测值	正则化值	实测值
F_1^{cu}/ MPa (ksi)	平均值	800(116)	758(110)	834(121)	820(119)	436(63.3)	422(61.2)
	最小值	680(98.6)	653(94.7)	724(105)	752(109)	370(53.6)	346(50.2)
	最大值	951(138)	862(125)	917(133)	938(136)	545(79.1)	519(75.3)
	CV/%	9.44	8.12	5.94	5.20	10.4	9.81
	B 基准值	578(83.9)	592(85.8)	679(98.5)	703(102)	305(44.2)	303(44.0)

（续表）

		正则化值	实测值	正则化值	实测值	正则化值	实测值
	分布	ANOVA	ANOVA	ANOVA	ANOVA	ANOVA	ANOVA
	C_1	547(11.5)	444(9.35)	363(7.63)	307(6.45)	329(6.93)	301(6.33)
	C_2	131(2.76)	124(2.61)	141(2.96)	127(2.68)	131(2.75)	129(2.72)
	试样数量	36	30	36			
	批数	6	5	6			
	数据种类	B30	B30	B30			
E_1^c/ GPa (Msi)	平均值	64.1(9.29)	60.9(8.83)	63.8(9.25)	62.9(9.12)	62.7(9.10)	60.7(8.80)
	最小值	60.6(8.79)	57.0(8.27)	58.5(8.49)	56.3(8.16)	55.6(8.07)	55.8(8.09)
	最大值	67.4(9.78)	65.3(9.47)	69.6(10.1)	70.3(10.2)	68.7(9.96)	64.0(9.28)
	CV/%	3.17	3.33	4.35	6.07	4.60	2.92
	试样数量	33		29		36	
	批数	6		5		6	
	数据种类	平均值		平均值		平均值	

表 2.3.5.6(d)　2 轴压缩性能（$[90_f]_{12}$）

材料	T650-35 3k/5250-4 平纹机织物		
树脂含量	35%～38%（质量）	复合材料密度	1.53～1.55 g/cm³
纤维体积含量	54%～57%	空隙含量	0.0～1.0%
单层厚度	0.178～0.208 mm（0.0070～0.0082 in）		
试验方法	ASTM D 3410B-87	模量计算	1000～3000 $\mu\varepsilon$ 之间的弦向模量
正则化	试样厚度和批内纤维体积含量正则化到 57%（固化后单层厚度 0.201 mm（0.0079 in））		
温度/℃（℉）	22(72)	−55(−67)	177(350)
吸湿量（%）			1.21～1.33
吸湿平衡条件 (T/℃(℉), RH/%)	大气环境	大气环境	71(160), 85
来源编码	80	80	80

（续表）

		正则化值	实测值	正则化值	实测值	正则化值	实测值
F_2^{cu}/MPa (ksi)	平均值	745(108)	710(103)	827(120)	800(116)	453(65.7)	449(65.1)
	最小值	676(98.0)	649(94.2)	683(99.0)	643(93.2)	363(52.6)	356(51.6)
	最大值	841(122)	807(117)	924(134)	889(129)	516(74.9)	512(74.3)
	CV/%	5.71	5.77	6.87	7.22	8.50	9.20
	B基准值	658(95.5)	632(91.6)	654(94.8)	623(90.3)	353(51.2)	337(48.9)
	分布	正态(合并)	正态(合并)	ANOVA	ANOVA	ANOVA	ANOVA
	C_1	743(107.7)	710(103)	415(8.74)	420(8.83)	276(5.80)	297(6.25)
	C_2	42.4(6.15)	41.2(5.97)	139(2.92)	138(2.90)	119(2.51)	124(2.60)
	试样数量	18		30		36	
	批数	3		5		6	
	数据种类	B18		B30		B30	
E_2^{c}/GPa (Msi)	平均值	62.3(9.03)	59.8(8.67)	63.9(9.27)	61.6(8.93)	62.9(9.12)	62.3(9.03)
	最小值	60.2(8.73)	57.2(8.30)	60.9(8.83)	57.3(8.31)	60.1(8.72)	59.2(8.58)
	最大值	64.3(9.33)	62.5(9.06)	68.9(10.0)	66.6(9.66)	66.5(9.65)	66.3(9.61)
	CV/%	2.29	2.49	3.24	4.44	2.88	3.18
	试样数量	15		30		36	
	批数	3		5		6	
	数据种类	临时值		平均值		平均值	

表 2.3.5.6(e)　12 面剪切性能（$[+45/-45_f]_{3s}$）

材料	T650-35 3k/5250-4 平纹机织物		
树脂含量	35%～38%(质量)	复合材料密度	1.53～1.55 g/cm³
纤维体积含量	55%～57%	空隙含量	0.0～1.0%
单层厚度	0.188～0.208 mm(0.0074～0.0082 in)		
试验方法	ASTM D 3518-82①	模量计算	0～3000 $\mu\varepsilon$ 之间的弦向模量
正则化	未正则化		
温度/℃(℉)	22(72)	−55(67)	177(350)			

（续表）

吸湿量(%)		大气环境	大气环境	1.17～1.31		
吸湿平衡条件 (T/℃(℉)，RH/%)				71(160)，85		
来源编码		80	80	80		
F_{12}^{su}/ MPa (ksi)	平均值	131(19.0)	124(18.0)	81.4(11.8)		
	最小值	118(17.1)	106(15.4)	78.6(11.4)		
	最大值	149(21.6)	147(21.3)	84.1(12.2)		
	CV/%	6.79	7.42	2.00		
	B基准值	105(15.3)	97.9(14.2)	②		
	分布	ANOVA	ANOVA	ANOVA		
	C_1	64.7(1.36)	67.0(1.41)	12.7(0.268)		
	C_2	128(2.69)	126(2.66)	233(4.91)		
	试样数量	42	42	18		
	批数	7	7	3		
	数据种类	B30	B30	B18		
G_{12}^{s}/ GPa (Msi)	平均值	5.45(0.79)	6.07(0.88)	2.28(0.33)		
	最小值	4.48(0.65)	5.17(0.75)	1.59(0.23)		
	最大值	6.07(0.88)	6.89(1.0)	2.76(0.40)		
	CV/%	5.8	7.4	18		
	试样数量	33	33	17		
	批数	7	7	3		
	数据种类	平均值	平均值	临时值		

注：①没有采用 ASTM D3518‑82 的截取方法；②没有列出用 ANOVA 方法从少于 5 组数据计算出来的 B 基准值。

2.3.6　碳‑双马 RTM 织物

2.3.6.1　IM7 6k/5250‑4 RTM 4 综缎机织物

材料描述：

材料　　　　　IM7 6k 4HS/5250‑4 RTM。

形式　　　　　5250‑4 双马树脂通过 RTM 工艺注射到一个包含 Hercules/Hexcel IM7 6k 4HS 加热的封闭模具中，织物含 GP 上浆剂并使用定型剂 XU‑19019.00L 以辅助预压 成型。

典型的固化后特征	纤维体积含量 54%～61%。
	树脂含量 30%～38%(质量)。
	单层厚度 0.185～0.216 mm(0.0073～0.0085 in)。
固化工艺	RTM 在 149℃(300°F)注射,191℃(375°F)固化 2 h,227℃(440°F)独立后固化。

供应商提供的数据:

纤维	Hercules/Hexcel IM7 6k 使用 GP 上浆剂,是由 PAN 基原丝制造的中模碳纤维,纤维经表面处理以改善编织性能。典型的拉伸模量为 290 GPa(42×10^6 psi),典型的拉伸强度为 5 309 MPa(770 000 psi),应变 1.8%。
基体	Cytec Fiberite 5250-4 是一种 RTM 工艺双马树脂。与普通双马树脂相比,具有更好的湿热性能和更高的韧性。
最大短期使用温度	232℃(450°F)(干态),177℃(350°F)(湿态)。
典型应用	飞机(商用和军用)的主承力和次承力结构,或者别的有需要高湿热环境和抗冲击性能的应用。

表 2.3.6.1　IM7 6k/5250-4 RTM 4 综缎机织物

材料	IM7 6k/5250-4 RTM 4 综缎机织物				
形式	Hercules/Hexcel IM7 6k 4HS, XU-19019.00L 定型剂				
纤维	Hercules IM7,表面处理,无			基体	Cytec 5250-4-RTM
T_g(干态)	288℃(550°F)	T_g(湿态)	204℃(400°F)	T_g测量方法	DMA
固化工艺	RTM,预定型:88～99℃(190～210°F), 20～30 min,真空,成型;注胶:149℃(300°F),在 2.068～2.758 MPa(300～400 psi)注射压力下最少 120 min;固化:185～196 ℃(365～385°F),在 2.758 MPa(400 psi)压力下最少 130 min;独立后固化:218～235℃(425～455°F),340～380 min。				

纤维制造日期:	5/92—3/93	试验日期:	6/93—10/94
树脂制造日期:	9/92—6/94	数据提交日期:	11/97
预浸料制造日期:	10/92—7/94	分析日期:	2/98
复合材料制造日期:	10/92—7/94		

单层性能汇总

	24℃ (75℉) /A		−54℃ (−65℉) /A		104℃ (220℉) /W	135℃ (275℉) /W	163℃ (325℉) /W	
1 轴拉伸	bM–							
2 轴拉伸	bM–							
3 轴拉伸								
1 轴压缩	b––							
2 轴压缩	I––							
3 轴压缩								
12 面剪切	II–		SS–		SS–	SS–	SS–	

注:强度/模量/泊松比/破坏应变的数据种类为:A—A75,a—A55,B—B30,b—B18,M—平均值,I—临时值,S—筛选值,——无数据(见表 1.5.1.2(c))。

	名义值	提交值	试验方法
纤维密度/(g/cm³)	1.79	1.78~1.79	ASTM D3800 - 79 步骤 C
树脂密度/(g/cm³)	1.25	1.25	ASTM D792 方法 A
复合材料密度/(g/cm³)	1.55	1.53~1.58	
纤维面积质量/(g/m²)	203	203~206	ASTM D3776 选项 C
纤维体积含量/%	55	52~62	
单层厚度/mm	0.203	0.185~0.221	

注:树脂含量和复合材料密度是假定空隙含量为 0 前提下进行计算。

层压板性能汇总

	24℃ (75℉) /A		−54℃ (−65℉) /A		104℃ (220℉) /W	135℃ (275℉) /W		
[45/0/−45/ ±45/90/±45] 系列								
挤压	I––							
开孔拉伸	S––							
开孔压缩	S––		S––		S––	S––		
充填孔拉伸	b––		S––		S––			

（续表）

	24℃ (75℉) /A		−54℃ (−65℉) /A		104℃ (220℉) /W	135℃ (275℉) /W	
[45/0/−45/90] 系列							
挤压	I---						
开孔拉伸	b---						
开孔压缩	b---		S---		S---	S---	
充填孔拉伸	b---		S---		S---		
[0/−45/90/0/90/ 45/0/90] 系列							
挤压	I---						
开孔拉伸	I---						
开孔压缩	I---		S---		S---	S---	
充填孔拉伸	b---		S---		S---		

注:强度/模量/泊松比/破坏应变的数据种类为:A—A75,a—A55,B—B30,b—B18,M—平均值,I—临时值,S—筛选值,——无数据(见表 1.5.1.2(c))。

表 2.3.6.1(a)　1 轴拉伸性能($[0_f]_{12}$)

材料	IM7 6k/5250-4 RTM 4 综缎机织物		
树脂含量	32.5%～36.6%(质量)	复合材料密度	1.55～1.57 g/cm³
纤维体积含量	54.7%～59.1%	空隙含量	
单层厚度	0.193～0.208 mm(0.0076～ 0.0082 in)		
试验方法	ASTM D3039/D3039-95a	模量计算	100～2 300 $\mu\varepsilon$ 之间的弦向模量
正则化	试样厚度和批内纤维体积含量正则化到 57%(固化后单层厚度 0.201 mm (0.0079 in))		
温度/℃(℉)	24(75)		
吸湿量(%)			
吸湿平衡条件 (T/℃(℉),RH/%)	大气环境		
来源编码	70		

（续表）

		正则化值	实测值			
F_1^{tu} / MPa (ksi)	平均值	972(141)	993(144)			
	最小值	883(128)	910(132)			
	最大值	1117(162)	1131(164)			
	$CV/\%$	7.78	6.76			
	B 基准值	①	①			
	分布	ANOVA	ANOVA			
	C_1	504(10.6)	532(11.2)			
	C_2	236(4.97)	238(5.00)			
	试样数量	31				
	批数	3				
	数据种类	B18				
E_1^t / GPa (Msi)	平均值	80.7(11.7)	82.7(12)			
	最小值	75.8(11.0)	77.9(11.3)			
	最大值	84.8(12.3)	86.9(12.6)			
	$CV/\%$	2.78	2.68			
	试样数量	31				
	批数	3				
	数据种类	平均值				

注:① 没有列出用 ANOVA 方法从少于 5 组数据计算出来的 B 基准值。

表 2.3.6.1(b)　2 轴拉伸性能($[90_f]_{12}$)

材料	IM7 6k/5250-4 RTM 4 综缎机织物		
树脂含量	32.6%～34.8%(质量)	复合材料密度	1.56～1.57 g/cm³
纤维体积含量	56.7%～59.1%	空隙含量	
单层厚度	0.191～0.201 mm(0.007 5～0.007 9 in)		
试验方法	ASTM D3039/D3039-95a	模量计算	100～2 300 $\mu\varepsilon$ 之间的弦向模量
正则化	试样厚度和批内纤维体积含量正则化到 57%(固化后单层厚度 0.201 mm (0.007 9 in))		
温度/℃(℉)	24(75)		

(续表)

吸湿量(%)		大气环境				
吸湿平衡条件 $(T/℃(℉),RH/\%)$						
来源编码		70				
		正则化值	实测值			
$F_2^{tu}/$ MPa (ksi)	平均值	841(122)	876(127)			
	最小值	731(106)	758(110)			
	最大值	1014(147)	1062(154)			
	$CV/\%$	10.3	11.1			
	B基准值	①	①			
	分布	ANOVA	ANOVA			
	C_1	699(14.7)	780(16.4)			
	C_2	242(5.10)	246(5.17)			
	试样数量	31				
	批数	3				
	数据种类	B18				
$E_2^t/$ GPa (Msi)	平均值	74.5(10.8)	76.5(11.1)			
	最小值	70.3(10.2)	71.0(10.3)			
	最大值	77.9(11.3)	80.7(11.7)			
	$CV/\%$	2.49	3.79			
	试样数量	31				
	批数	3				
	数据种类	平均值				

注:① 没有列出用 ANOVA 方法从少于 5 组数据计算出来的 B 基准值。

表 2.3.6.1(c)　1 轴压缩性能($[0_f]_{12}$)

材料	IM7 6k/5250-4 RTM 4 综缎机织物		
树脂含量	32.8%~35.1%(质量)	复合材料密度	1.55~1.57 g/cm³
纤维体积含量	56.4%~58.8%	空隙含量	
单层厚度	0.193~0.203 mm(0.0076~ 0.0080 in)		

（续表）

试验方法	SACMA SRM 1①		模量计算	$100\sim2\,300\,\mu\varepsilon$ 之间的弦向模量
正则化	试样厚度和批内纤维体积含量正则化到 57%（固化后单层厚度 0.201 mm (0.007 9 in))			
温度/℃(℉)	24(75)			
吸湿量(%)	大气环境			
吸湿平衡条件 (T/℃(℉)，RH/%)				
来源编码	70			

		正则化值	实测值		
F_1^{cu} / MPa (ksi)	平均值	758(110)	779(113)		
	最小值	570(82.7)	591(85.7)		
	最大值	903(131)	903(131)		
	CV/%	11.2	10.8		
	B 基准值	②	②		
	分布	ANOVA	ANOVA		
	C_1	628(13.2)	604(12.7)		
	C_2	173(3.64)	150(3.15)		
	试样数量	34			
	批数	3			
	数据种类	B18			

注：①拧紧力矩＝1.13~1.36 N·m(10~12 in·lbf)；②没有列出用 ANOVA 方法从少于 5 组数据计算出来的 B 基准值。

表 2.3.6.1(d)　2 轴压缩性能($[90_f]_{12}$)

材料	IM7 6k/5250-4 RTM 4 综缎机织物		
树脂含量	32.8%~34.7%(质量)	复合材料密度	1.56~1.57 g/cm³
纤维体积含量	56.8%~58.9%	空隙含量	
单层厚度	0.193~0.201 mm(0.007 6~0.007 9 in)		
试验方法	SACMA SRM 1①	模量计算	$100\sim2\,300\,\mu\varepsilon$ 之间的弦向模量

（续表）

正则化	试样厚度和批内纤维体积含量正则化到 57%（固化后单层厚度 0.201 mm（0.0079 in））					
温度/℃（℉）	24(75)					
吸湿量(%)	大气环境					
吸湿平衡条件(T/℃（℉），RH/%)						
来源编码	70					
	正则化值	实测值				
平均值	814(118)	834(121)				
最小值	686(99.5)	696(101)				
最大值	917(133)	938(136)				
CV/%	7.54	7.50				
B 基准值	②	②				
分布	ANOVA	ANOVA				
C_1	471(9.90)	475(10.0)				
C_2	212(4.46)	204(4.29)				
试样数量	36					
批数	3					
数据种类	B18					

注：①拧紧力矩＝1.13～1.36 N·m(10～12 in·lbf)；②没有列出用 ANOVA 方法从少于 5 组数据计算出来的 B 基准值。

（左侧竖排标注：F_2^{cu}/MPa(ksi)）

表 2.3.6.1(e)　12 面剪切性能（[45ᵣ/-45ᵣ/45ᵣ]ₛ）

材料	IM7 6k/5250-4 RTM 4 综缎机织物			
树脂含量	34.5%～37.6%（质量）	复合材料密度	1.54～1.56 g/cm³	
纤维体积含量	53.7%～57.0%	空隙含量		
单层厚度	0.188～0.208 mm(0.0078～0.0084 in)			
试验方法	ASTM D3518/ D 3518M-94	模量计算	100～2 300 $\mu\varepsilon$ 之间的弦向模量	
正则化	未正则化			
温度/℃（℉）	24(75)	-54(-65)	104(220)	135(275)	163(325)	

（续表）

吸湿量（%）		大气环境	大气环境	湿态	湿态	湿态	
吸湿平衡条件 （T/℃（℉），RH/%）				①	①	①	
来源编码		70	70	70	70	70	
F_{12}^{su}/ MPa （ksi）	平均值	115（16.6）	99.3（14.4）	82.7（12.0）	74.5（10.8）	66.7（9.67）	
	最小值	90.3（13.1）	95.8（13.9）	79.3（11.5）	71.0（10.3）	65.2（9.45）	
	最大值	131（19）	102（14.8）	88.3（12.8）	76.5（11.1）	69.6（10.1）	
	CV/%	14.3	2.19	4.42	2.92	2.79	
	B 基准值	②	②	②	②	②	
	分布	ANOVA	正态	正态	正态	正态	
	C_1	130（2.73）	99.3（14.4）	82.7（12.0）	74.5（10.8）	66.7（9.67）	
	C_2	276（5.81）	2.18（0.316）	3.65（0.530）	2.16（0.314）	1.86（0.27）	
	试样数量	15	5	5	5	5	
	批数	3	1	1	1	1	
	数据种类	临时值	筛选值	筛选值	筛选值	筛选值	
G_{12}^{s}/ GPa （Msi）	平均值	5.78（0.839）	6.66（0.966）	4.90（0.711）	4.03（0.584）	3.41（0.495）	
	最小值	5.36（0.777）	6.29（0.912）	4.65（0.674）	3.81（0.552）	3.30（0.478）	
	最大值	6.41（0.930）	6.87（0.996）	5.30（0.769）	4.25（0.616）	3.51（0.509）	
	CV/%	4.79	3.29	5.39	4.66	2.62	
	试样数量	15	5	5	5	5	
	批数	3	1	1	1	1	
	数据种类	临时值	筛选值	筛选值	筛选值	筛选值	

注：①置于71℃（160℉）85%RH 环境下（13～17 天）；②只对 A 类和 B 类数据给出基准值。

表 2.3.6.1（f）　x 轴挤压性能（$[45_f/0_f/-45_f/\pm45_f/90_f/\pm45_f]$）

材料	IM7 6k/5250-4 RTM 4 综缎机织物		
树脂含量	32.2%～38.0%（质量）	复合材料密度	1.54～1.57 g/cm³
纤维体积含量	53.3%～59.5%	空隙含量	
单层厚度	0.191～0.213 mm（0.0075～0.0084 in）		
试验方法	ASTM D 5961/D5961M Procedure A-96①		
挤压试验类型	双搭接剪切		

（续表）

连接构型	元件 1(t,w,d,e)：3.251 mm(0.128 in)，31.75 mm(1.25 in)，6.35 mm(0.25 in)，19.05 mm(0.75 in)； 元件 2(t,w,d,e)：无					
紧固件类型	直径 6.35 mm(0.25 in)钢凸头		孔公差	0.000 0～0.088 9 mm (0.000 0～0.003 5 in)		
拧紧力矩	3.39 N·m(30 in·lbf)		沉头角度和深度			
正则化	未正则化					
温度/℃(℉)	24(75)					
吸湿量(%)	大气环境					
吸湿平衡条件 (T/℃(℉)，RH/%)						
来源编码						
F^{bru}/ MPa (ksi)	平均值	1158(168)				
	最小值	1096(159)				
	最大值	1220(177)				
	CV/%	2.86				
	B 基准值	②				
	分布	Weibull				
	C_1	1172(170)				
	C_2	39.5				
	试样数量	17				
	批数	5				
	数据种类	临时值				

注：①注意变化：间距比＝5.0；②只对 A 类和 B 类数据给出基准值。

表 2.3.6.1(g)　x 轴开孔拉伸性能（[**45$_f$/0$_f$/－45$_f$/±45$_f$/90$_f$/±45$_f$**]）

材料	IM7 6k/5250-4 RTM 4 综缎机织物		
树脂含量	32.6%～34.6%(质量)	复合材料密度	1.56～1.57 g/cm³
纤维体积含量	56.9%～59.0%	空隙含量	
单层厚度	0.193～0.206 mm(0.007 6～0.008 1 in)		
试验方法	ASTM D 5766/D5766M-95①		

（续表）

试件尺寸	$t = 3.251\,\text{mm}(0.128\,\text{in})$, $w = 31.75\,\text{mm}(1.25\,\text{in})$, $d = 6.35\,\text{mm}(0.25\,\text{in})$					
紧固件类型			孔公差			
拧紧力矩			沉头角度和深度			
正则化	未正则化					

温度/℃(℉)		24(75)					
吸湿量(%)							
吸湿平衡条件 (T/℃(℉), RH/%)		大气环境					
来源编码		70					

		正则化值	实测值	正则化值	实测值	正则化值	实测值
F_X^{oht} / MPa (ksi)	平均值	337(49.0)	348(50.5)				
	最小值	319(46.3)	323(46.8)				
	最大值	357(51.8)	374(54.2)				
	$CV/\%$	3.56	4.17				
	B基准值	②	②				
	分布	正态	正态				
	C_1	338(49.0)	348(50.5)				
	C_2	12.1(1.75)	14.6(2.11)				
	试样数量	12					
	批数	3					
	数据种类	筛选值					

注：①注意修改：试样宽度＝31.75mm(1.25in)；②只对A类和B类数据给出基准值。

表 2.3.6.1(h) x 轴开孔压缩性能（$[45_f/0_f/-45_f/\pm45_f/90_f/\pm45_f]$）

材料	IM7 6k/5250-4 RTM 4 综缎机织物		
树脂含量	32.3%～35.4%(质量)	复合材料密度	1.55～1.57 g/cm³
纤维体积含量	56.1%～59.5%	空隙含量	
单层厚度	0.191～0.203 mm(0.0075～0.0080 in)		
试验方法	SACMA SRM 3R-94①		
试件尺寸	$t = 3.251\,\text{mm}(0.128\,\text{in})$, $w = 31.75\,\text{mm}(1.25\,\text{in})$, $d = 6.35\,\text{mm}(0.25\,\text{in})$		
紧固件类型		孔公差	

（续表）

拧紧力矩		沉头角度和深度			
正则化	未正则化				
温度/℃(℉)	24(75)		−54(−65)		104(220)
吸湿量(%)	大气环境		大气环境		湿态
吸湿平衡条件 (T/℃(℉)，RH/%)					②
来源编码	70		70		70

		正则化值	实测值	正则化值	实测值	正则化值	实测值
F_x^{ohc} / MPa (ksi)	平均值	288(41.8)	297(43.0)	299(43.3)	306(44.4)	241(34.9)	246(35.7)
	最小值	277(40.2)	288(41.7)	278(40.3)	293(42.5)	230(33.3)	238(34.5)
	最大值	306(44.4)	310(45.0)	308(44.6)	316(45.8)	256(37.2)	256(37.1)
	CV/%	3.02	2.48	3.97	2.74	4.07	2.65
	B基准值	③	③	③	③	③	③
	分布	Weibull	Weibull	正态	正态	正态	正态
	C_1	292(42.4)	301(43.6)	299(43.3)	306(44.4)	241(34.9)	246(35.7)
	C_2	32.4	42.7	1.72	1.21	1.42	0.947
	试样数量	11		5		5	
	批数	3		1		1	
	数据种类	筛选值		筛选值		筛选值	

注：①注意修改：试样宽度＝31.75mm(1.25in)；②在71℃(160℉)，湿度85%环境下放置13～17天；③只对A类和B类数据给出基准值。

表 2.3.6.1(i)　x 轴开孔压缩性能（[45ₜ/0ₜ/−45ₜ/±45ₜ/90ₜ/±45ₜ]）

材料	IM7 6k/5250-4 RTM 4 综缎机织物		
树脂含量	32.3%～35.4%(质量)	复合材料密度	1.55～1.57 g/cm³
纤维体积含量	56.1%～59.5%	空隙含量	
单层厚度	0.188～0.206 mm(0.007 4～0.008 1 in)		
试验方法	SACMA SRM 3R-94①		
试件尺寸	$t=3.251$mm(0.128in)，$w=31.75$mm(1.25in)，$d=6.35$mm(0.25in)		
紧固件类型		孔公差	
拧紧力矩		沉头角度和深度	
正则化	未正则化		

（续表）

		正则化值	实测值	正则化值	实测值	正则化值	实测值
温度/℃(℉)		135(275)					
吸湿量(%)		湿态					
吸湿平衡条件 (T/℃(℉)，RH/%)		②					
来源编码		70					
		正则化值	实测值	正则化值	实测值	正则化值	实测值
F_X^{ohc}/ MPa (ksi)	平均值	211(30.6)	217(31.5)				
	最小值	199(28.8)	206(29.9)				
	最大值	217(31.5)	225(32.7)				
	CV/%	3.48	3.26				
	B基准值	③	③				
	分布	正态	正态				
	C_1	211(30.6)	217(31.5)				
	C_2	7.38(1.07)	7.10(1.03)				
F_X^{ohc}/ MPa (ksi)	试样数量	5					
	批数	1					
	数据种类	筛选值					

注：①注意修改：试样宽度＝31.75 mm(1.25 in)；②在71℃(160℉)，85%湿度环境中吸湿13～17天；③只对 A 类和 B 类数据给出基准值。

表 2.3.6.1(j)　　x 轴无缺口拉伸性能（$[45_f/0_f/-45_f/\pm45_f/90_f/\pm45_f]$）

材料	IM7 6k/5250-4 RTM 4 综缎机织物		
树脂含量	32.4%～38.6%(质量)	复合材料密度	1.53～1.57 g/cm³
纤维体积含量	52.7%～59.3%	空隙含量	
单层厚度	0.193～0.216 mm(0.0076～ 0.0085 in)		
试验方法	ASTM D5766/D5766M-95 试件(1)连接紧固件		
试件尺寸	$t = 3.251$ mm(0.128 in)，$w = 31.75$ mm(1.25 in)，$d = 6.35$ mm(0.25 in)		
紧固件类型	Titanium Hi-lok	孔公差	0.013 ～ 0.089 mm (0.0005～0.0035 in)
拧紧力矩	2.82～3.39 N·m(25～30 in· lbf)	沉头角度和深度	
孔制造	硬质合金或金刚石钻头，于干态或用水钻孔		
正则化	未正则化		

（续表）

温度/℃(℉)		24(75)		-54(-65)		104(220)	
吸湿量(%)		大气环境		大气环境		湿态	
吸湿平衡条件 (T/℃(℉), RH/%)						②	
来源编码		70		70		70	
		正则化值	实测值	正则化值	实测值	正则化值	实测值
$F_X^{bt}/$ MPa (ksi)	平均值	372(53.9)	368(53.3)	372(53.9)	383(55.6)	339(49.1)	348(50.4)
	最小值	343(49.7)	340(49.3)	359(52.0)	376(54.6)	318(46.1)	334(48.4)
	最大值	402(58.3)	416(60.3)	387(56.1)	391(56.7)	351(50.9)	354(51.4)
	CV/%	3.34	5.34	3.01	1.37	4.28	2.52
	B 基准值	337(48.9)	313(45.4)	③	③	③	③
	分布	Weibull	ANOVA	正态	正态	正态	正态
	C_1	378(54.8)	142(2.98)	372(53.9)	383(55.6)	339(49.1)	348(50.4)
	C_2	30.1	126(2.66)	11.1(1.62)	5.26(0.763)	14.5(2.10)	8.76(1.27)
	试样数量	22		5		5	
	批数	6		1		1	
	数据种类	B18		筛选值		筛选值	

注:①注意修改:试样宽度=31.75mm(1.25in);②在 71℃(160℉),85%湿度环境中吸湿 13～17 天;③只对 A 类和 B 类数据给出基准值。

表 2.3.6.1(k)　*x* 轴挤压性能([45$_f$/0$_f$/-45$_f$/90$_f$]$_2$)

材料	IM7 6k/5250-4 RTM 4 综缎机织物		
树脂含量	31.3%～38.7%(质量)	复合材料密度	1.53～1.58g/cm³
纤维体积含量	52.6%～60.6%	空隙含量	
单层厚度	0.188～0.216 mm(0.007 4～ 0.008 5 in)		
试验方法	ASTM D5961/D5961M Procedure A-96①		
挤压试验类型	双搭接剪切		
连接构型	元件 1(t,w,d,e): 3.251mm(0.128in), 31.75mm(1.25in), 6.35mm(0.25in), 19.05mm(0.75in); 元件 2(t,w,d,e):无		
紧固件类型	直径 6.35mm(0.25in)钢凸头	孔公差	0.038~0.089mm 0.0015～0.0035in

（续表）

拧紧力矩	3.39 N·m(30 in·lbf)		沉头角度和深度	
正则化	未正则化			
温度/℃(℉)	24(75)			
吸湿量(%)				
吸湿平衡条件 (T/℃(℉)，RH/%)	大气环境			
来源编码				
F^{bru}/ MPa (ksi)	平均值	1 200(174)		
	最小值	1 096(159)		
	最大值	1 344(195)		
	CV/%	6.33		
	B基准值	②		
	分布	ANOVA		
	C_1	566(11.9)		
	C_2	153(3.21)		
	试样数量	17		
	批数	5		
	数据种类	临时值		

注：①注意变化：间距比＝5.0；②只对 A 类和 B 类数据给出基准值。

表 2.3.6.1(1)　x 轴开孔拉伸性能（$[45_f/0_f/-45_f/90_f]_2$）

材料	IM7 6k/5250 - 4 RTM 4 综缎机织物		
树脂含量	31.8%～38.7%(质量)	复合材料密度	1.53～1.57 g/cm³
纤维体积含量	52.6%～59.9%	空隙含量	
单层厚度	0.191～0.216 mm(0.007 5～0.008 5 in)		
试验方法	ASTM D5766/D5766M - 95①		
试件尺寸	$t = 3.251\,\text{mm}(0.128\,\text{in})$，$w = 31.75\,\text{mm}(1.25\,\text{in})$，$d = 6.35\,\text{mm}(0.25\,\text{in})$		
紧固件类型		孔公差	
拧紧力矩		沉头角度和深度	
正则化	未正则化		
温度/℃(℉)	24(75)		

（续表）

吸湿量(%)		大气环境					
吸湿平衡条件 (T/℃(℉)，RH/%)							
来源编码		70					
		正则化值	实测值	正则化值	实测值	正则化值	实测值
F_X^{oht} / MPa (ksi)	平均值	420(60.9)	420(60.9)				
	最小值	399(57.8)	380(55.1)				
	最大值	450(65.2)	461(66.8)				
	CV/%	4.08	6.43				
	B 基准值	②	②				
	分布	ANOVA	ANOVA				
	C_1	123(2.59)	203(4.27)				
	C_2	124(2.60)	149(3.13)				
	试样数量	23					
	批数	5					
	数据种类	临时值					

注：①注意修改：试样宽度＝31.75 mm(1.25 in)；②只对 A 类和 B 类数据给出基准值。

表 2.3.6.1(m)　x 轴开孔压缩性能（[45$_f$/0$_f$/－45$_f$/90$_f$]$_2$

材料	IM7 6k/5250-4 RTM 4 综缎机织物		
树脂含量	31.1%～39.1%(质量)	复合材料密度	1.53～1.58 g/cm³
纤维体积含量	52.1%～60.8%	空隙含量	
单层厚度	0.188～0.221 mm(0.0074～0.0086 in)		
试验方法	SACMA SRM 3R-94①		
试件尺寸	t＝3.251 mm(0.128 in)，w＝31.75 mm(1.25 in)，d＝6.35 mm(0.25 in)		
紧固件类型		孔公差	
拧紧力矩		沉头角度和深度	
正则化	未正则化		
温度/℃(℉)	24(75)	－54(－65)	104(220)
吸湿量(%)			湿态
吸湿平衡条件 (T/℃(℉)，RH/%)	大气环境	大气环境	②

（续表）

来源编码		70		70		70	
		正则化值	实测值	正则化值	实测值	正则化值	实测值
$F_X^{ohc}/$ MPa (ksi)	平均值	327(47.4)	332(48.1)	339(49.1)	361(52.4)	279(40.4)	287(41.6)
	最小值	276(40.0)	292(42.3)	332(48.2)	357(51.7)	267(38.7)	268(38.9)
	最大值	361(52.4)	354(51.4)	345(50.0)	367(53.2)	303(44.0)	309(44.8)
	CV/%	6.58	5.27	1.33	1.07	5.52	5.31
	B基准值	④	④	③	③	③	③
	分布	ANOVA	Weibull	正态	正态	正态	正态
	C_1	160(3.37)	339(49.2)	339(49.1)	361(52.4)	279(40.4)	287(41.6)
	C_2	156(3.29)	25.8	4.51(0.654)	3.86(0.560)	15.4(2.23)	15.2(2.21)
	试样数量	21		5		5	
	批数	4		1		1	
	数据种类	B18		筛选值		筛选值	

注:①注意修改:试样宽度＝31.75 mm(1.25 in);②在71℃(160°F),85%湿度环境中吸湿13～17天;③只对A类和B类数据给出准值;④没有列出用ANOVA方法从少于5组数据计算出来的B基准值。

表 2.3.6.1(n)　x 轴开孔压缩性能（$[45_f/0_f/-45_f/90_f]_2$）

材料	IM7 6k/5250-4 RTM 4 综缎机织物		
树脂含量	31.1%～39.1%(质量)	复合材料密度	1.53～1.58 g/cm³
纤维体积含量	52.1%～60.8%	空隙含量	
单层厚度	0.188～0.221 mm(0.0074～0.0086 in)		
试验方法	SACMA SRM 3R-94①		
试件尺寸	$t=3.251$ mm(0.128 in), $w=31.75$ mm(1.25 in), $d=6.35$ mm(0.25 in)		
紧固件类型		孔公差	
拧紧力矩		沉头角度和深度	
正则化	未正则化		
温度/℃(°F)	135(275)		
吸湿量(%)	湿态		
吸湿平衡条件 (T/℃(°F), RH/%)	②		
来源编码	70		

（续表）

		正则化值	实测值	正则化值	实测值	正则化值	实测值
F_X^{ohc} / MPa (ksi)	平均值	257(37.2)	268(38.8)				
	最小值	239(34.6)	253(36.7)				
	最大值	278(40.3)	281(40.8)				
	$CV/\%$	5.49	4.03				
	B 基准值	③	③				
	分布	正态	正态				
	C_1	257(37.2)	268(38.8)				
	C_2	14.1(2.04)	10.8(1.56)				
	试样数量	5					
	批数	1					
	数据种类	筛选值					

注：①注意修改：试样宽度＝31.75 mm(1.25 in)；②在 71℃(160℉)，85％湿度环境中吸湿 13～17 天；③只对 A 类和 B 类数据给出基准值。

表 2.3.6.1(o)　x 轴充填孔拉伸性能（$[45_f/0_f/-45_f/90_f]_2$）

材料	IM7 6k/5250-4 RTM 4 枚缎编织物		
树脂含量	30.3％～38.0％(质量)	复合材料密度	1.54～1.58 g/cm³
纤维体积含量	53.3％～61.7％	空隙含量	
单层厚度	0.185～0.213 mm(0.0073～0.0084 in)		
试验方法	ASTM D5766/D5766M-95 试件(1)连接紧固件		
试件尺寸	$t=3.251$ mm(0.128 in)，$w=31.75$ mm(1.25 in)，$d=6.35$ mm(0.25 in)		
紧固件类型	Titanium Hi-lok	孔公差	0.0000～0.114 mm (0.0000～0.0045 in)
拧紧力矩	2.82～3.39 N·m(25～30 in·lbf)	沉头角度和深度	
制孔	硬质合金或金刚石钻头，于干态或用水钻孔		
正则化	未正则化		
温度/℃(℉)	24(75)	-54(-65)	104(220)
吸湿量(％)			湿态
吸湿平衡条件 (T/℃(℉)，RH/％)	大气环境	大气环境	②

（续表）

来源编码		70		70		70	
		正则化值	实测值	正则化值	实测值	正则化值	实测值
F_X^{fbt} /MPa (ksi)	平均值	441(63.9)	439(63.6)	453(65.7)	486(70.5)	442(64.1)	458(66.4)
	最小值	411(59.6)	392(56.8)	432(62.7)	456(66.1)	432(62.6)	445(64.6)
	最大值	484(70.2)	496(72.0)	467(67.7)	503(72.9)	447(64.9)	466(67.6)
	CV/%	3.88	6.45	2.91	3.88	1.46	1.80
	B基准值	397(57.6)	352(51.1)	③	③	③	③
	分布	ANOVA	ANOVA	正态	正态	正态	正态
	C_1	123(2.58)	210(4.41)	453(65.7)	486(70.5)	442(64.1)	458(66.4)
	C_2	117(2.46)	135(2.85)	13.1(1.91)	2.74(2.74)	6.45(0.935)	8.27(1.20)
	试样数量	28		5		5	
	批数	6		1		1	
	数据种类	B18		筛选值		筛选值	

注：①注意修改：试样宽度＝31.75mm(1.25in)；②在71℃(160°F)，85%湿度环境中吸湿13～17天；③只对A类和B类数据给出基准值。

表 2.3.6.1(p)　x 轴挤压性能（$[0_f/-45_f/90_f/0_f/90_f/45_f/0_f/90_f]$）

材料	IM7 6k/5250-4 RTM 4 综缎机织物		
树脂含量	32.6%～37.7%(质量)	复合材料密度	1.54～1.57 g/cm³
纤维体积含量	53.6%～59.1%	空隙含量	
单层厚度	0.193～0.213 mm(0.0076～0.0084 in)		
试验方法	ASTM D 5961/D5961M Procedure A-96①		
挤压试验类型	双搭接剪切		
连接构型	元件1(t,w,d,e)：3.251mm(0.128in)，31.75mm(1.25in)，6.35mm(0.25in)，19.05mm(0.75in)；元件2(t,w,d,e)：		
紧固件类型	直径6.35mm(0.25in)钢凸头	孔公差	0.025～0.114mm
拧紧力矩	3.39 N·m(30 in·lbf)	沉头角度和深度	
正则化	未正则化		
温度/℃(°F)	24(75)		

（续表）

吸湿量(%)		大气环境			
吸湿平衡条件 (T/℃(℉)，RH/%)					
来源编码					
F^{bu} / MPa (ksi)	平均值	1027(149)			
	最小值	958(139)			
	最大值	1131(164)			
	$CV/\%$	4.44			
	B 基准值	②			
	分布	ANOVA			
	C_1	339(7.12)			
	C_2	150(3.16)			
	试样数量	19			
	批数	5			
	数据种类	临时值			

注：①注意变化：间距比=5.0；②只对 A 类和 B 类数据给出基准值。

表 2.3.6.1(q)　x 轴开孔拉伸性能（$[0_f/-45_f/90_f/0_f/90_f/45_f/0_f/90_f]$）

材料	IM7 6k/5250-4 RTM 4 综缎机织物		
树脂含量	31.3%～35.9%(质量)	复合材料密度	1.55～1.58 g/cm³
纤维体积含量	55.5%～60.5%	空隙含量	
单层厚度	0.191～0.203 mm(0.0075～0.0080 in)		
试验方法	ASTM D 5766/D5766M-95①		
试件尺寸	$t=3.251$ mm(0.128 in)，$w=31.75$ mm(1.25 in)，$d=6.35$ mm(0.25 in)		
紧固件类型		孔公差	
拧紧力矩		沉头角度和深度	
正则化	未正则化		
温度/℃(℉)	24(75)		
吸湿量(%)			
吸湿平衡条件 (T/℃(℉)，RH/%)	大气环境		

（续表）

		正则化值	实测值	正则化值	实测值	正则化值	实测值
来源编码		70					
F_X^{oht}/ MPa (ksi)	平均值	507(73.5)	523(75.9)				
	最小值	466(67.6)	482(69.9)				
	最大值	551(79.9)	577(83.7)				
	$CV/\%$	4.73	6.15				
	B 基准值	②	②				
	分布	ANOVA	ANOVA				
	C_1	181(3.80)	250(5.26)				
	C_2	193(4.06)	215(4.52)				
	试样数量	17					
	批数	3					
	数据种类	临时值					

注:①注意修改:试样宽度=31.75mm(1.25 in);②只对 A 类和 B 类数据给出基准值。

表 2.3.6.1(r)　x 轴开孔压缩性能($[0_f/-45_f/90_f/0_f/90_f/45_f/0_f/90_f]$)

材料	IM7 6k/5250-4 RTM 4 综缎机织物		
树脂含量	31.5%～35.0%(质量)	复合材料密度	1.55～1.58 g/cm³
纤维体积含量	56.5%～60.3%	空隙含量	
单层厚度	0.191～0.201 mm(0.0075～0.0079 in)		
试验方法	SRM 3R-94①		
试件尺寸	$t = 3.251$ mm(0.128 in)，$w = 31.75$ mm(1.25 in)，$d = 6.35$ mm(0.25 in)		
紧固件类型		孔公差	
拧紧力矩		沉头角度和深度	
正则化	试样厚度和批内纤维体积含量正则化到 57%（固化后单层厚度 0.368 mm (0.0145 in)）		
温度/℃(℉)	24(75)	−54(−65)	104(220)
吸湿量(%)			湿态
吸湿平衡条件 (T/℃(℉)，RH/%)	大气环境	大气环境	②
来源编码	70	70	70

（续表）

		正则化值	实测值	正则化值	实测值	正则化值	实测值
F_X^{ohc} / MPa (ksi)	平均值	341(49.4)	354(51.3)	375(54.4)	385(55.9)	305(44.3)	315(45.7)
	最小值	266(38.6)	285(41.3)	341(49.5)	350(50.8)	278(40.3)	295(42.8)
	最大值	392(56.9)	402(58.3)	395(57.3)	404(58.6)	340(49.3)	347(50.3)
	CV/%	8.69	7.87	5.31	5.69	8.47	6.78
	B 基准值	277(40.1)	292(42.3)	③	③	③	③
	分布	Weibull	Weibull	正态	正态	正态	正态
	C_1	353(51.2)	365(53.0)	375(54.4)	385(55.9)	305(44.3)	315(45.7)
	C_2	14.4	15.6	20.0(2.90)	21.9(3.18)	25.9(3.75)	21.3(3.09)
	试样数量	19		5		5	
	批数	3		1		1	
	数据种类	B18		筛选值		筛选值	

注：①注意修改：试样宽度＝31.75mm(1.25in)；②在71℃(160°F)，85%湿度环境中吸湿 13～17 天；③只对 A 类和 B 类数据给出基准值。

表 2.3.6.1(s)　x 轴开孔压缩性能（$[0_f/-45_f/90_f/0_f/90_f/45_f/0_f/90_f]$）

材料	IM7 6k/5250-4 RTM 4 综缎机织物		
树脂含量	31.5%～35.0%(质量)	复合材料密度	1.55～1.58g/cm³
纤维体积含量	56.5%～60.3%	空隙含量	
单层厚度	0.191～0.201 mm(0.0075～0.0079 in)		
试验方法	SACMA SRM 3R-94①		
试件尺寸	$t = 3.251$ mm(0.128 in)，$w = 31.75$ mm(1.25 in)，$d = 6.35$ mm(0.25 in)		
紧固件类型		孔公差	
拧紧力矩		沉头角度和深度	
正则化	未正则化		
温度/℃(°F)	135(275)		
吸湿量(%)	湿态		
吸湿平衡条件 (T/℃(°F)，RH/%)	②		
来源编码	70		

（续表）

		正则化值	实测值	正则化值	实测值	正则化值	实测值
$F_X^{ohc}/$ MPa (ksi)	平均值	281(40.7)	297(43.1)				
	最小值	258(37.4)	272(39.4)				
	最大值	293(42.5)	313(45.4)				
	$CV/\%$	5.15	5.44				
	B 基准值	③	③				
	分布	正态	正态				
	C_1	281(40.7)	297(43.1)				
	C_2	14.5(2.10)	16.1(2.34)				
	试样数量	5					
	批数	1					
	数据种类	筛选值					

注:①注意修改:试样宽度＝31.75 mm(1.25 in);②在71℃(160°F),85%湿度环境中吸湿 13～17 天;③只对 A 类和 B 类数据给出基准值。

表 2.3.6.1(t)　x 轴充填孔拉伸性能([$0_f/-45_f/90_f/0_f/90_f/45_f/0_f/90_f$])

材料	IM7 6k/5250-4 RTM 4 综缎机织物		
树脂含量	31.8%～38.6%(质量)	复合材料密度	1.53～1.58 g/cm³
纤维体积含量	52.8%～60.4%	空隙含量	
单层厚度	0.188～0.216 mm(0.0074～0.0085 in)		
试验方法	ASTM D5766/D5766M-95 试件(1)连接紧固件		
试件尺寸	$t=3.251$ mm(0.128 in)，$w=31.75$ mm(1.25 in)，$d=6.35$ mm(0.25 in)		
紧固件类型	Titanium Hi-lok	孔公差	0.0～0.089 mm(0.0～0.0035 in)
拧紧力矩	2.82～3.39 N·m(25～30 in·lbf)	沉头角度和深度	
孔制造	硬质合金或金刚石钻头,于干态或用水钻孔		
正则化	未正则化		
温度/℃(°F)	24(75)	-54(-65)	104(220)
吸湿量(%)	大气环境	大气环境	湿态
吸湿平衡条件 (T/℃(°F)，RH/%)			②

（续表）

		70		70		70	
		正则化值	实测值	正则化值	实测值	正则化值	实测值
$F_X^{\text{fht}}/$ MPa (ksi)	平均值	500(72.5)	501(72.7)	480(69.6)	498(72.2)	503(72.9)	531(77.0)
	最小值	458(66.4)	434(63.0)	450(65.3)	476(69.0)	486(70.5)	515(74.7)
	最大值	541(78.5)	577(83.7)	503(72.9)	530(76.8)	523(75.8)	552(80.1)
	$CV/\%$	4.74	8.42	4.42	5.11	2.96	3.09
	B 基准值	434(63.0)	370(53.7)	③	③	③	③
	分布	ANOVA	ANOVA	正态	正态	正态	正态
	C_1	172(3.62)	314(6.60)	480(69.6)	498(72.2)	503(72.9)	531(77.0)
	C_2	125(2.63)	137(2.89)	21.2(3.08)	25.4(3.69)	14.9(2.16)	16.4(2.38)
	试样数量	28		5		5	
	批数	6		1		1	
	数据种类	B18		筛选值		筛选值	

注：①注意修改：试样宽度＝31.75 mm(1.25 in)；②在 71℃(160℉)，85％湿度环境中吸湿 13～17 天；③只对 A 类和 B 类数据给出基准值。

2.3.7　碳-聚酰亚胺织物预浸料

2.3.7.1　Celion 3000/F670 8 综缎机织物

材料描述：

材料	Celion 3000/F670。
形式	8 综缎机织物，纤维面积质量为 384 g/m²，典型的固化后树脂含量为 30％～34％，典型的固化后单层厚度为 0.335～0.366 mm(0.0132～0.0144 in)。
固化工艺	热压罐固化；227℃(440℉)，2 h；316℃(600℉)，1.38 MPa (200 psi)，3 h；后固化处理以达到高温使用要求。

供应商提供的数据：

纤维	Celion 3000 纤维是由 PAN 基原丝制造的连续碳纤维，每一丝束包含有 3000 根碳丝。典型的拉伸模量为 234 GPa (34×10⁶ psi)，典型的拉伸强度为 3552 MPa(515000 psi)。
基体	F670 是一种具有良好高温性能的聚酰亚胺树脂(PMR 15)。
最大短期使用温度	302℃(575℉)(干态)。
典型应用	有高温要求的商业和军用飞机结构。

表 2.3.7.1　Celion 3000/F670 8 综缎机织物

材料	Celion 3000/F670　8 综缎机织物			
形式	Hexcel F3L584/F670 8 综缎机织物预浸带			
纤维	Celanese Celion 3000		基体	Hexcel F670(PMR-15)
T_g(干态)	335℃(635℉)	T_g(湿态)		T_g测量方法
固化工艺	热压罐固化;227℃(440℉),2h;316℃(600℉),1.38MPa(200psi),3h;后固化处理			

纤维制造日期:		试验日期:	8/87
树脂制造日期:		数据提交日期:	4/89
预浸料制造日期:	2/87—5/87	分析日期:	1/93
复合材料制造日期:			

注:该数据是在数据文档要求建立(1989 年 6 月)以前提供的,对于该材料,目前所要求的文档均未提供。

单层性能汇总

	24℃ (75℉) /A	288℃ (550℉) /A				
1 轴拉伸	SS--	SS--				
2 轴拉伸	SS--	SS--				
3 轴拉伸						
1 轴压缩	SS--	SS--				
2 轴压缩	SS--	SS--				
23 面 短梁强度	S---					
31 面 短梁强度	S---					

注:强度/模量/泊松比/破坏应变的数据种类为:A—A75,a—A55,B—B30,b—B18,M—平均值,I—临时值,S—筛选值,——无数据(见表 1.5.1.2(c))。

	名义值	提交值	试验方法
纤维密度/(g/cm³)	1.80		
树脂密度/(g/cm³)	1.32		
复合材料密度/(g/cm³)	1.59	1.59~1.63	

（续表）

	名义值	提交值	试验方法
纤维面积质量/(g/m²)	384		
纤维体积含量/%	56	57～64	
单层厚度/mm		0.335～0.366	

注:该数据是在数据文档要求建立(1989 年 6 月)以前提供的,对于该材料,目前所要求的文档均未提供。

层压板性能汇总

注:强度/模量/泊松比/破坏应变的数据种类为:A—A75,a—A55,B—B30,b—B18,M—平均值,I—临时值,S—筛选值,——无数据(见表 1.5.1.2(c))。

表 2.3.7.1(a)   1 轴拉伸性能($[0_f]_8$)

材料	Celion 3000/F670 8 综缎机织物			
树脂含量	30%～34%(质量)		复合材料密度	1.59～1.63 g/cm³
纤维体积含量	57%～64%		空隙含量	0.0～0.62%
单层厚度	0.335～0.366 mm(0.0132～0.0144 in)			
试验方法	ASTM D 3039-76		模量计算	
正则化	纤维体积含量正则化到 57%(固化后单层厚度 0.373 mm(0.0147 in))			

温度/℃(℉)	24(75)		288(550)			
吸湿量(%)						
吸湿平衡条件 (T/℃(℉),RH/%)	大气环境		大气环境			
来源编码	22		22			

		正则化值	实测值	正则化值	实测值	正则化值	实测值
F_1^{tu}/ MPa (ksi)	平均值	910(132)	938(136)	800(116)	828(120)		
	最小值	876(127)	903(131)	658(95.4)	681(98.7)		
	最大值	965(140)	993(144)	890(129)	924(134)		
	CV/%	2.75	2.76	7.94	7.95		
	B 基准值	①	①	①	①		
	分布	正态(合并)	正态(合并)	正态(合并)	正态(合并)		

（续表）

		正则化值	实测值	正则化值	实测值	正则化值	实测值
	C_1	910(132)	938(136)	800(116)	828(120)		
	C_2	25.0(3.63)	25.9(3.76)	63.3(9.18)	65.7(9.52)		
	试样数量	9		9			
	批数	3		3			
	数据种类	筛选值		筛选值			
$E_1^t/$ GPa (Msi)	平均值	62.3(9.03)	64.5(9.35)	59.8(8.67)	61.9(8.98)		
	最小值	59.7(8.66)	61.8(8.96)	58.6(8.50)	60.7(8.80)		
	最大值	64.5(9.35)	66.8(9.68)	62.5(9.07)	64.8(9.39)		
	$CV/\%$	3.22	3.23	2.54	2.55		
	试样数量	9		9			
	批数	3		3			
	数据种类	筛选值		筛选值			

注：①只对 A 类和 B 类数据给出基准值；②该数据是在数据文档要求建立（1989 年 6 月）以前提供的，对于该材料，目前所要求的文档均未提供。

表 2.3.7.1(b)　2 轴拉伸性能（$[90_f]_8$）

材料	Celion 3000/F670　8 综缎机织物		
树脂含量	30%～34%（质量）	复合材料密度	1.59～1.63 g/cm³
纤维体积含量	57%～64%	空隙含量	0.0～0.62%
单层厚度	0.335～0.366 mm(0.0132～0.0144 in)		
试验方法	ASTM D 3039-76	模量计算	
正则化	纤维体积含量正则化到 57%（固化后单层厚度 0.373 mm(0.0147 in)）		

温度/℃(℉)	24(75)	288(550)	
吸湿量(%)	大气环境	大气环境	
吸湿平衡条件 (T/℃(℉)，RH/%)			
来源编码	22	22	

		正则化值	实测值	正则化值	实测值	正则化值	实测值
$F_2^{tu}/$ MPa (ksi)	平均值	738(107)	765(111)	623(90.4)	645(93.5)		
	最小值	590(85.6)	611(88.6)	427(61.9)	442(64.1)		
	最大值	890(129)	917(133)	848(123)	876(127)		

（续表）

		正则化值	实测值	正则化值	实测值	正则化值	实测值
	$CV/\%$	15.7	15.7	23.8	23.8		
	B 基准值	①	①	①	①		
	分布	ANOVA	ANOVA	ANOVA	ANOVA		
	C_1	918(19.3)	951(20.0)	1175(24.7)	1212(25.5)		
	C_2	200(6.09)	290(6.09)	286(6.02)	286(6.02)		
	试样数量	9		9			
	批数	3		3			
	数据种类	筛选值		筛选值			
$E_2^t/$ GPa (Msi)	平均值	58.1(8.43)	60.2(8.73)	56.8(8.23)	58.8(8.52)		
	最小值	51.2(7.43)	53.0(7.69)	52.3(7.58)	54.1(7.85)		
	最大值	64.3(9.33)	66.6(9.66)	61.0(8.84)	63.1(9.15)		
	$CV/\%$	7.45	7.46	5.49	5.48		
	试样数量	9		9			
	批数	3		3			
	数据种类	筛选值		筛选值			

注：①只对 A 类和 B 类数据给出基准值；②该数据是在数据文档要求建立（1989 年 6 月）以前提供的,对于该材料,目前所要求的文档均未提供。

表 2.3.7.1(c)　1 轴压缩性能（$[0_f]_8$）

材料	Celion 3000/F670　8 综缎机织物		
树脂含量	30%～34%（质量）	复合材料密度	1.59～1.63 g/cm³
纤维体积含量	57%～64%	空隙含量	0.0～0.62%
单层厚度	0.335～0.366 mm（0.013 2～0.014 4 in）		
试验方法	SACMA SRM 1-88	模量计算	
正则化	纤维体积含量正则化到 57%（固化后单层厚度 0.373 mm（0.0147 in））		
温度/℃(℉)	24(75)	288(550)	
吸湿量（%）	大气环境	大气环境	
吸湿平衡条件 (T/℃(℉)，RH/%)			

（续表）

来源编码		22		22			
		正则化值	实测值	正则化值	实测值	正则化值	实测值
$F_1^{cu}/$ MPa (ksi)	平均值	685(99.4)	710(103)	455(66.0)	471(68.3)		
	最小值	606(87.9)	630(91.3)	407(59.0)	421(61.1)		
	最大值	814(118)	841(122)	494(71.7)	512(74.2)		
	CV/%	9.33	9.33	6.60	6.59		
	B 基准值	①	①	①	①		
	分布	ANOVA	ANOVA	正态(合并)	正态(合并)		
	C_1	485(10.2)	504(10.6)	455(66.0)	471(68.3)		
	C_2	251(5.28)	251(5.28)	30.1(4.36)	31.1(4.51)		
	试样数量	9		9			
	批数	3		3			
	数据种类	筛选值		筛选值			
$E_1^{c}/$ GPa (Msi)	平均值	59.4(8.61)	61.5(8.92)	55.8(8.09)	57.8(8.38)		
	最小值	57.9(8.40)	59.9(8.69)	50.1(7.26)	51.8(7.51)		
	最大值	62.7(9.09)	64.9(9.41)	60.5(8.78)	62.7(9.09)		
	CV/%	2.54	2.54	5.19	5.21		
	试样数量	9		9			
	批数	3		3			
	数据种类	筛选值		筛选值			

注:①只对 A 类和 B 类数据给出基准值;②该数据是在数据文档要求建立(1989 年 6 月)以前提供的,对于该材料,目前所要求的文档均未提供。

表 2.3.7.1(d)　2 轴压缩性能([90_f]$_s$)

材料	Celion 3000/F670　8 综缎机织物		
树脂含量	30%～34%(质量)	复合材料密度	1.59～1.63 g/cm³
纤维体积含量	57%～64%	空隙含量	0.0～0.62%
单层厚度	0.335～0.366 mm(0.013 2～ 0.014 4 in)		
试验方法	SACMA SRM 1-88	模量计算	
正则化	纤维体积含量正则化到 57%(固化后单层厚度 0.373 mm(0.014 7 in))		
温度/℃(℉)	24(75)	288(550)	

(续表)

		正则化值	实测值	正则化值	实测值	正则化值	实测值
吸湿量(%)							
吸湿平衡条件 (T/℃(℉)，RH/%)		大气环境		大气环境			
来源编码		22		22			
$F_2^{cu}/$ MPa (ksi)	平均值	544(78.9)	563(81.7)	374(54.2)	387(56.1)		
	最小值	525(76.1)	543(78.8)	361(52.4)	374(54.2)		
	最大值	557(80.7)	576(83.5)	390(56.6)	404(58.6)		
	CV/%	3.10	3.10	4.02	4.03		
	B 基准值	①					
	分布						
	C_1						
	C_2						
	试样数量	3		3			
	批数	1		1			
	数据种类	筛选值		筛选值			
$E_2^c/$ GPa (Msi)	平均值	55.7(8.08)	57.7(8.37)	52.9(7.67)	54.8(7.94)		
	最小值	55.4(8.03)	57.3(8.31)	52.3(7.59)	54.2(7.86)		
	最大值	56.1(8.14)	58.1(8.43)	53.6(7.77)	55.4(8.04)		
	CV/%	0.681	0.720	1.19	1.15		
	试样数量	3		3			
	批数	1		1			
	数据种类	筛选值		筛选值			

注：①没有足够的数据进行统计处理；②该数据是在数据文档要求建立(1989 年 6 月)以前提供的,对于该材料,目前所要求的文档均未提供。

表 2.3.7.1(e)　23 面短梁强度性能($[0_f]_8$)

材料	Celion 3000/F670　8 综缎机织物		
树脂含量	30%～34%(质量)	复合材料密度	1.59～1.63 g/cm³
纤维体积含量	57%～64%	空隙含量	0.0～0.62%
单层厚度	0.335～0.366 mm(0.013 2～0.014 4 in)		

（续表）

试验方法	ASTM D 2344 - 84		模量计算		
正则化	未正则化				
温度/℃（℉）	24(75)				
吸湿量（%）					
吸湿平衡条件 (T/℃（℉），RH/%)	大气环境				
来源编码	22				
F_{23}^{sbs} / MPa (ksi)	平均值	76.5(11.1)				
	最小值	71.7(10.4)				
	最大值	80.7(11.7)				
	$CV/\%$	5.88				
	B 基准值	①				
	分布					
	C_1					
	C_2					
	试样数量	3				
	批数	1				
	数据种类	筛选值				

注:①没有足够的数据进行统计处理;②该数据是在数据文档要求建立(1989 年 6 月)以前提供的,对于该材料,目前所要求的文档均未提供。

表 2.3.7.1（f） 31 面短梁强度性能（$[0_f]_8$）

材料	Celion 3000/F670 8 综缎机织物		
树脂含量	30%～34%（质量）	复合材料密度	1.59～1.63 g/cm³
纤维体积含量	57%～64%	空隙含量	0.0～0.62%
单层厚度	0.335～0.366 mm(0.013 2～ 0.014 4 in)		
试验方法	ASTM D 2344 - 84	模量计算	
正则化	未正则化		
温度/℃（℉）	24(75)		
吸湿量（%）			
吸湿平衡条件 (T/℃（℉），RH/%)	大气环境		

(续表)

	来源编码	22						
F_{31}^{sbs} / MPa (ksi)	平均值	75.2(10.9)						
	最小值	66.9(9.70)						
	最大值	82.8(12.0)						
	$CV/\%$	6.15						
	B 基准值	①						
	分布	ANOVA						
	C_1	34.3(0.722)						
	C_2	227(4.78)						
	试样数量	9						
	批数	3						
	数据种类	筛选值						

注:①短梁强度试验数据只批准用于筛选数据种类;②该数据是在数据文档要求建立(1989 年 6 月)以前提供的,对于该材料,目前所要求的文档均未提供。

2.3.8 碳-热塑性预浸带

2.3.8.1 IM6 12k/APC‒2 单向带

材料描述:

材料　　　　　IM6 12k/APC‒2

形式　　　　　单向带,纤维面积质量为 150 g/m²,典型的固化后树脂含量为 32%,典型的固化后单层厚度为 0.135 mm(0.0053 in)

固化工艺　　　热压罐固化;382℃(720°F),30~45 min,0.414 MPa (60 psi)。

供应商提供的数据:

纤维　　　　　IM6 纤维是由 PAN 基原丝制造的连续碳纤维,每一丝束包含有 12 000 根碳丝。典型的拉伸模量为 276 GPa(40×10⁶ psi),典型的拉伸强度为 4 378 MPa(635 000 psi)。

树　　脂　　　APC‒2 是具有中等流动热塑性聚醚醚酮树脂,高韧性和损伤容限,在大气环境温度下无限期存放。

最大短期使用温度　121℃(250°F)(干态),121℃(250°F)(湿态)。

典型应用　　　商业和军用飞机及空间部件的主承力和次承力结构。

数据分析概述:

数据来源于公开出版的报告,参考文献 2.3.8.1。

表 2.3.8.1 IM6 12k/APC-2 单向带

材料	IM6 12k/APC-2 单向带				
形式	Fiberite 公司 IM6 12k/APC-2 单向带预浸料				
纤维	Hercules IM6 12k			树脂	Fiberite APC-2
T_g(干态)	144℃(291°F)	T_g(湿态)	154℃(309°F)	T_g测量方法	DMA
固化工艺	热压罐固化;382℃(720°F),30~45 min,0.414 MPa(60 psi)				

纤维制造日期:		试验日期:	
树脂制造日期:		数据提交日期:	12/88
预浸料制造日期:		分析日期:	1/93
复合材料制造日期:			

注:该数据是在数据文档要求建立(1989 年 6 月)以前提供的,对于该材料,目前所要求的文档均未提供。

单层性能汇总

	23℃ (74°F) /A		−55℃ (−67°F) /A	82℃ (180°F) /A	121℃ (250°F) /A	82℃ (180°F) /O	23℃ (74°F) /W	82℃ (180°F) /W
1 轴拉伸	SSSS		SSSS	SSSS	SSSS	SSSS	SSSS	SSSS
2 轴拉伸	SS-S		SS-S	SS-S	SS-S			
3 轴拉伸								
1 轴压缩	SS-S		SS-S	SS-S	SS-S	SS-S	SS-S	SS-S
12 面剪切	SS—		SS—	SS—	SS—	SS—	SS—	SS—

注:强度/模量/泊松比/破坏应变的数据种类为:A—A75,a—A55,B—B30,b—B18,M—平均值,I—临时值,S—筛选值,——无数据(见表 1.5.1.2(c))。

	名义值	提交值	试验方法
纤维密度/(g/cm³)	1.73		
树脂密度/(g/cm³)	1.28		
复合材料密度/(g/cm³)	1.55	1.54~1.58	ASTM D792
纤维面积质量/(g/m²)			
纤维体积含量/%	60	60~62	
单层厚度/mm	0.137	0.132~0.147	

注:该数据是在数据文档要求建立(1989 年 6 月)以前提供的,对于该材料,目前所要求的文档均未提供。

层压板性能汇总

注:强度/模量/泊松比/破坏应变的数据种类为:A—A75,a—A55,B—B30,b—B18,M—平均值,I—临时值,S—筛选值,——无数据(见表1.5.1.2(c))。

表 2.3.8.1(a) 1轴拉伸性能($[0]_8$)

材料	IM6 12k/APC-2 单向带			
树脂含量	32%(质量)		复合材料密度	1.55 g/cm³
纤维体积含量	61%~62%		孔隙率	0.0~0.2%
单层厚度	0.135~0.137 mm(0.0053~0.0054 in)			
试验方法	ASTM D 3039-76		模量计算	
正则化	纤维体积含量正则化到60%(固化后单层厚度0.140 mm(0.0055 in))			

温度/℃(℉)		23(74)		−55(−67)		82(180)	
吸湿量(%)							
吸湿平衡条件 (T/℃(℉),RH/%)		大气环境		大气环境		大气环境	
来源编码		①		①		①	
		正则化值	实测值	正则化值	实测值	正则化值	实测值
F_1^{tu}/ MPa (ksi)	平均值	2413(350)	2551(370)	2592(376)	2744(398)	2255(327)	2372(344)
	最小值	1834(266)	1944(282)	2248(326)	2379(345)	1613(234)	1710(248)
	最大值	2937(426)	3137(455)	2841(412)	3027(439)	2772(402)	2903(421)
	CV/%	15.9	16.0	8.69	8.93	17.3	16.8
	B基准值	②	②	②	②	②	②
	分布	正态	正态	正态	正态	正态	正态
	C_1	2413(350)	2551(370)	2592(376)	2744(398)	2255(327)	2372(344)
	C_2	383(55.5)	409(59.3)	225(32.7)	246(35.6)	389(56.4)	400(58.0)
	试样数量	6		6		6	
	批数	1		1		1	
	数据种类	筛选值		筛选值		筛选值	
E_1^t/ GPa (Msi)	平均值	149(21.6)	158(22.9)	152(22)	161(23.3)	160(23.2)	168(24.4)
	最小值	147(21.3)	154(22.4)	144(20.9)	153(22.2)	154(22.3)	163(23.6)
	最大值	152(22)	161(23.3)	160(23.3)	169(24.5)	163(23.7)	172(25)

（续表）

		正则化值	实测值	正则化值	实测值	正则化值	实测值
	$CV/\%$	1.41	1.58	3.35	3.26	2.24	2.17
	试样数量	6		6		6	
	批数	1		1		1	
	数据种类	筛选值		筛选值		筛选值	
ν_{12}^{t}	平均值		0.342		0.357		0.355
	试样数量	6		6		6	
	批数	1		1		1	
	数据种类	筛选值		筛选值		筛选值	
$\varepsilon_1^{tu}/\mu\varepsilon$	平均值		13 600		15 900		14 100
	最小值		8 100		13 500		10 400
	最大值		17 500		17 200		16 800
	$CV/\%$		24.6		9.23		14.9
	B 基准值		②		②		②
	分布		正态		正态		正态
	C_1		13 600		15 900		14 100
	C_2		3 350		1 470		2 100
	试样数量	6		6		6	
	批数	1		1		1	
	数据种类	筛选值		筛选值		筛选值	

注:①见参考文献 2.3.8.1;②只对 A 类和 B 类数据给出基准值;③该数据是在数据文档要求建立(1989 年 6 月)以前提供的,对于该材料,目前所要求的文档均未提供。

表 2.3.8.1(b)　1 轴拉伸性能([0]₈)

材料	IM6 12k/APC - 2 单向带		
树脂含量	32%(质量)	复合材料密度	1.55 g/cm³
纤维体积含量	61%～62%	孔隙率	0.0～0.2%
单层厚度	0.135～0.137 mm(0.005 3～0.005 4 in)		
试验方法	ASTM D 3039 - 76	模量计算	
正则化	纤维体积含量正则化到 60%(固化后单层厚度 0.140 mm(0.005 5 in))		
温度/℃(℉)	121(250)	82(180)	23(74)

（续表）

		正则化值	实测值	正则化值	实测值	正则化值	实测值
吸湿量(%)		大气环境		0.11		0.13	
吸湿平衡条件 (T/℃(℉)，RH/%)				①		71(160)，95	
来源编码		②		②		②	
		正则化值	实测值	正则化值	实测值	正则化值	实测值
$F_1^{tu}/$ MPa (ksi)	平均值	2096(304)	2220(322)	2544(369)	2689(390)	2427(352)	2558(371)
	最小值	1744(253)	1854(269)	2089(303)	2206(320)	1869(271)	1972(286)
	最大值	2351(341)	2503(363)	2779(403)	2930(425)	2861(415)	2992(434)
	CV/%	11.4	11.4	12.3	12.2	14.6	14.2
	B基准值	③	③	③	③	③	③
	分布	正态	正态	正态	正态	正态	正态
	C_1	2096(304)	2220(322)	2544(369)	2689(390)	2427(352)	2558(371)
	C_2	239(34.7)	252(36.6)	312(45.3)	328(47.6)	354(51.4)	363(52.6)
	试样数量	6		5		6	
	批数	1		1		1	
	数据种类	筛选值		筛选值		筛选值	
$E_1^t/$ GPa (Msi)	平均值	148(21.4)	157(22.7)	150(21.8)	159(23)	146(21.2)	154(22.3)
	最小值	141(20.5)	151(21.9)	144(20.9)	152(22.1)	140(20.4)	149(21.6)
	最大值	152(22.1)	161(23.4)	153(22.2)	162(23.5)	152(22)	159(23)
	CV/%	2.70	2.42	2.42	2.42	3.15	3.04
	试样数量	6		5		6	
	批数	1		1		1	
	数据种类	筛选值		筛选值		筛选值	
ν_{12}^t	平均值		0.338		0.366		0.372
	试样数量	6		5		6	
	批数	1		1		1	
	数据种类	筛选值		筛选值		筛选值	
$\varepsilon_1^{tu}/\mu\varepsilon$	平均值		14800		16300		18100
	最小值		12500		14400		15700
	最大值		16400		17200		20800
	CV/%		11.8		6.70		10.8

（续表）

	正则化值	实测值	正则化值	实测值	正则化值	实测值
B 基准值		③		③		③
分布		正态		正态		正态
C_1		14 800		16 300		18 100
C_2		1 760		1 090		1 960
试样数量	6		5		6	
批数	1		1		1	
数据种类	筛选值		筛选值		筛选值	

注：①在 71℃(160°F)，96%RH 环境中放置 3 天(饱和的 75%)；②见参考文献 2.3.8.1；③只对 A 类和 B 类数据给出基准值；④该数据是在数据文档要求建立(1989 年 6 月)以前提供的，对于该材料，目前所要求的文档均未提供。

表 2.3.8.1(c)　1 轴拉伸性能($[0]_8$)

材料	IM6 12k/APC-2 单向带		
树脂含量	32%(质量)	复合材料密度	1.55 g/cm³
纤维体积含量	61%～62%	孔隙率	0.0～0.2%
单层厚度	0.135～0.137 mm(0.005 3～0.005 4 in)		
试验方法	ASTM D 3039-76	模量计算	
正则化	纤维体积含量正则化到 60%(固化后单层厚度 0.140 mm(0.005 5 in))		

温度/℃(°F)	82(180)
吸湿量(%)	0.14
吸湿平衡条件 (T/℃(°F)，RH/%)	71(160)，95
来源编码	①

		正则化值	实测值	正则化值	实测值	正则化值	实测值
$F_1^{tu}/$ MPa (ksi)	平均值	2 510(364)	2 655(385)				
	最小值	2 241(325)	2 372(344)				
	最大值	2 834(411)	3 006(436)				
	$CV/\%$	10.2	10.1				
	B 基准值	②	②				
	分布	正态	正态				

（续表）

		正则化值	实测值	正则化值	实测值	正则化值	实测值
F_1^{tu} / MPa (ksi)	C_1	2 509(364)	2 654(385)				
	C_2	256(37.2)	268(38.8)				
	试样数量	6					
	批数	1					
	数据种类	筛选值					
E_1^t / GPa (Msi)	平均值	146(21.2)	154(22.4)				
	最小值	141(20.5)	150(21.8)				
	最大值	153(22.2)	160(23.2)				
	$CV/\%$	3.14	2.77				
	试样数量	6					
	批数	1					
	数据种类	筛选值					
ν_{12}^t	平均值		0.332				
	试样数量	6					
	批数	1					
	数据种类	筛选值					
$\varepsilon_1^{tu}/\mu\varepsilon$	平均值		15 400				
	最小值		13 600				
	最大值		17 200				
	$CV/\%$		9.24				
	B 基准值		②				
	分布		正态				
	C_1		15 400				
	C_2		1 420				
	试样数量	6					
	批数	1					
	数据种类	筛选值					

注：①参考文献 2.3.8.1；②只对 A 类和 B 类数据给出基准值；③该数据是在数据文档要求建立（1989 年 6 月）以前提供的，对于该材料，目前所要求的文档均未提供。

表 2.3.8.1(d)　2 轴拉伸性能（$[90]_{16}$）

材料	IM6 12k/APC‑2 单向带				
树脂含量	31%～34%（质量）		复合材料密度	1.55 g/cm³	
纤维体积含量	60%～62%		孔隙率	0.0%	
单层厚度	0.137～0.147 mm（0.0054～0.0058 in)				
试验方法	ASTM D 3039‑76		模量计算		
正则化	未正则化				

温度/℃(℉)		23(74)	−55(−67)	82(180)	121(250)		
吸湿量(%)							
吸湿平衡条件 (T/℃(℉)，RH/%)		大气环境	大气环境	大气环境	大气环境		
来源编码		①	①	①	①		
F_2^{tu}/ MPa (ksi)	平均值	64.9(9.41)	66.7(9.67)	76.5(11.1)	62.5(9.07)		
	最小值	58.8(8.53)	60.1(8.72)	69.0(10)	50.3(7.3)		
	最大值	73.1(10.6)	73.8(10.7)	84.1(12.2)	67.0(9.72)		
	CV/%	9.35	6.52	8.87	10.1		
	B 基准值	②	②	②	②		
	分布	正态	正态	正态	正态		
	C_1	64.9(9.41)	66.7(9.67)	76.5(11.1)	62.5(9.07)		
	C_2	6.07(0.880)	4.35(0.631)	6.79(0.985)	6.32(0.916)		
	试样数量	6	6	6	6		
	批数	1	1	1	1		
	数据种类	筛选值	筛选值	筛选值	筛选值		
E_2^t/ GPa (Msi)	平均值	8.83(1.28)	9.72(1.41)	8.41(1.22)	9.10(1.32)		
	最小值	8.55(1.24)	9.31(1.35)	8.07(1.17)	8.76(1.27)		
	最大值	9.38(1.36)	10.07(1.46)	8.62(1.25)	9.52(1.38)		
	CV/%	3.33	3.32	2.13	3.44		
	试样数量	6	6	6	6		
	批数	1	1	1	1		
	数据种类	筛选值	筛选值	筛选值	筛选值		

（续表）

$\varepsilon_2^{tu}/\mu\varepsilon$	平均值	7 610	7 120	10 900	12 300		
	最小值	6 650	6 450	8 850	8 510		
	最大值	8 830	8 180	14 900	23 600		
	CV/%	11.2	8.15	20.0	45.5		
	B 基准值	②	②	②	②		
	分布	正态	正态	正态	正态		
	C1	7 610	7 120	10 900	5		
	C2	850	581	2 180	3.06		
	试样数量	6	6	6	6		
	批数	1	1	1	1		
	数据种类	筛选值	筛选值	筛选值	筛选值		

注：①见参考文献 2.3.8.1；②只对 A 类和 B 类数据给出基准值；③该数据是在数据文档要求建立（1989 年 6 月）以前提供的，对于该材料，目前所要求的文档均未提供。

表 2.3.8.1(e)　　1 轴压缩性能（$[0]_{16}$）

材料	IM6 12k/APC-2 单向带		
树脂含量	32%（质量）	复合材料密度	1.55 g/cm³
纤维体积含量	60%～62%	孔隙率	0.0
单层厚度	0.137～0.147 mm（0.005 4～0.005 8 in）		
试验方法	ASTM D3410A-87	模量计算	
正则化	纤维体积含量正则化到 60%（固化后单层厚度 0.140 mm（0.005 5 in））		

温度/℃（℉）		23(74)		-55(-67)		82(180)	
吸湿量(%)							
吸湿平衡条件 (T/℃(℉)，RH/%)		大气环境		大气环境		大气环境	
来源编码		①		①		①	
		正则化值	实测值	正则化值	实测值	正则化值	实测值
$F_1^{cu}/$ MPa (ksi)	平均值	1151(167)	1165(169)	1076(156)	1103(160)	1076(156)	1069(155)
	最小值	958(139)	993(144)	793(115)	814(118)	710(103)	667(96.7)
	最大值	1358(197)	1379(200)	1234(179)	1248(181)	1345(195)	1310(190)
	CV/%	13.3	13.3	16.0	15.6	20.2	20.4

（续表）

		正则化值	实测值	正则化值	实测值	正则化值	实测值
	B基准值	③	③	③	③	③	③
	分布	正态	正态	正态	正态	正态	正态
	C_1	1151(167)	1165(169)	1075(156)	1103(160)	1075(156)	1068(155)
	C_2	152(22.1)	154(22.4)	172(25.0)	172(24.9)	217(31.5)	217(31.6)
	试样数量	6		6		6	
	批数	1		1		1	
	数据种类	筛选值		筛选值		筛选值	
$E_1^t/$ GPa (Msi)	平均值	134(19.4)	136(19.7)	141(20.4)	144(20.9)	148(21.4)	146(21.2)
	最小值	121(17.6)	125(18.1)	117(16.9)	119(17.3)	117(17)	110(16)
	最大值	144(20.9)	146(21.2)	165(24)	171(24.8)	190(27.5)	184(26.7)
	$CV/\%$	6.54	7.17	12.2	12.6	16.1	16.1
	试样数量	6		6		6	
	批数	1		1		1	
	数据种类	筛选值		筛选值		筛选值	
$\varepsilon_1^{cu}/\mu\varepsilon$	平均值		8790		7910		8010
	最小值		7780		4510		5950
	最大值		10500		9630		9350
	$CV/\%$		11.8		24.7		14.9
	B基准值		②		②		②
	分布		正态		正态		正态
	C_1		8790		7910		8010
	C_2		1040		1950		1200
	试样数量	6		6		6	
	批数	1		1		1	
	数据种类	筛选值		筛选值		筛选值	

注:①见参考文献 2.3.8.1;②只对 A 类和 B 类数据给出基准值;③该数据是在数据文档要求建立(1989 年 6 月)以前提供的,对于该材料,目前所要求的文档均未提供。

表 2.3.8.1(f)　1 轴压缩性能（$[0]_{16}$）

材料	IM6 12k/APC-2 单向带		
树脂含量	32%（质量）	复合材料密度	1.55 g/cm³
纤维体积含量	60%～62%	孔隙率	0.0
单层厚度	0.137～0.147 mm（0.0054～0.0058 in）		
试验方法	ASTM D3410A-87	模量计算	
正则化	纤维体积含量正则化到 60%（固化后单层厚度 0.140 mm（0.0055 in））		

温度/℃（℉）	121(250)		82(180)		23(74)	
吸湿量（%）			0.097		0.12	
吸湿平衡条件 (T/℃(℉), RH/%)	大气环境		①		71(160), 95	
来源编码	②		②		(2)	
	正则化值	实测值	正则化值	实测值	正则化值	实测值
F_1^{cu}/MPa (ksi) 平均值	889(129)	869(126)	1117(162)	1103(160)	1200(174)	1214(176)
最小值	483(70)	493(71.5)	1076(156)	1007(146)	972(141)	993(144)
最大值	1062(154)	1000(145)	1158(168)	1165(169)	1282(186)	1324(192)
CV/%	23.6	21.8	3.25	5.36	9.6	9.7
B 基准值	③	③	③	③	③	③
分布	正态	非参数	正态	正态	正态	正态
C_1	889(129)	34.5⑤	1075(162)	1103(160)	1200(174)	1213(176)
C_2	210(30.5)	21.1(3.06)	36.3(5.26)	59.2(8.59)	115(16.7)	118(17.1)
试样数量	6		5		6	
批数	1		1		1	
数据种类	筛选值		筛选值		筛选值	
E_1^c/GPa (Msi) 平均值	146(21.2)	143(20.7)	134(19.5)	133(19.3)	148(21.4)	149(21.6)
最小值	135(19.6)	131(19)	129(18.7)	128(18.6)	130(18.8)	133(19.3)
最大值	170(24.7)	160(23.2)	138(20)	143(20.7)	165(23.9)	165(23.9)
CV/%	8.47	7.37	2.91	4.42	8.60	7.38
试样数量	6		5		6	
批数	1		1		1	
数据种类	筛选值		筛选值		筛选值	

（续表）

		正则化值	实测值	正则化值	实测值	正则化值	实测值
$\varepsilon_1^{cu}/\mu\varepsilon$	平均值		6 860		8 310		8 690
	最小值		3 380		7 500		6 950
	最大值		8 990		9 390		12 100
	$CV/\%$		28.7		8.94		23.5
	B 基准值		③		③		③
	分布		正态		正态		正态
	C_1		6 860		8 310		8 690
	C_2		1 970		743		2 050
	试样数量		6		5		6
	批数		1		1		1
	数据种类		筛选值		筛选值		筛选值

注：①在 71℃(160°F)，95%RH 环境中放置 10 天(饱和的 75%)；②见参考文献 2.3.8.1；③只对 A 类和 B 类数据给出基准值；④该数据是在数据文档要求建立(1989 年 6 月)以前提供的，对于该材料，目前所要求的文档均未提供。

表 2.3.8.1(g)　1 轴压缩性能([0]₁₆)

材料	IM6 12k/APC-2 单向带		
树脂含量	32%(质量)	复合材料密度	1.55 g/cm³
纤维体积含量	60%~62%	孔隙率	0.0
单层厚度	0.137~0.147 mm(0.005 4~0.005 8 in)		
试验方法	ASTM D3410A-87	模量计算	
正则化	纤维体积含量正则化到 60%(固化后单层厚度 0.140 mm(0.005 5 in))		
温度/℃(°F)	82(180)		
吸湿量(%)	0.11		
吸湿平衡条件 (T/℃(°F), RH/%)	71(160), 95		
来源编码	①		

		正则化值	实测值	正则化值	实测值	正则化值	实测值
$F_1^{cu}/$ MPa (ksi)	平均值	1 062(154)	1 041(151)				
	最小值	724(105)	679(98.5)				
	最大值	1 303(189)	1 262(183)				
	$CV/\%$	18.2	19.3				

（续表）

		正则化值	实测值	正则化值	实测值	正则化值	实测值
	B 基准值	②	②				
	分布	正态	正态				
	C_1	1062(154)	1041(151)				
	C_2	193(28.0)	202(29.3)				
	试样数量	6					
	批数	1					
	数据种类	筛选值					
$E_1^c /$ GPa (Msi)	平均值	140(20.3)	137(19.8)				
	最小值	108(15.6)	108(15.7)				
	最大值	174(25.3)	170(24.6)				
	$CV/\%$	18.4	17.6				
	试样数量	6					
	批数	1					
	数据种类	筛选值					
$\varepsilon_1^{cu} / \mu\varepsilon$	平均值		8180				
	最小值		6580				
	最大值		9500				
	$CV/\%$		13.0				
	B 基准值		②				
	分布		正态				
	C_1		8180				
	C_2		1070				
	试样数量	6					
	批数	1					
	数据种类	筛选值					

注:①见参考文献 2.3.8.1;②只对 A 类和 B 类数据给出基准值;③该数据是在数据文档要求建立(1989 年 6 月)以前提供的,对于该材料,目前所要求的文档均未提供。

表 2.3.8.1(h)　12 面剪切性能($[\pm 45]_{4S}$)

材料	IM6 12k/APC - 2 单向带			
树脂含量	31%～32%(质量)		复合材料密度	1.55 g/cm³
纤维体积含量	61%		孔隙率	0.0～0.2%
单层厚度	0.132～0.142 mm(0.005 2～0.005 6 in)			
试验方法	ASTM D 3518 - 76		模量计算	
正则化	未正则化			

温度/℃(℉)		23(74)	−55(−67)	82(180)	121(250)
吸湿量(%)					
吸湿平衡条件 (T/℃(℉), RH/%)		大气环境	大气环境	大气环境	大气环境
来源编码		①	①	①	①
F_{12}^{su}/ MPa (ksi)	平均值	165(23.9)	175(25.4)	154(22.4)	137(19.8)
	最小值	130(18.9)	125(18.1)	119(17.2)	97.9(14.2)
	最大值	192(27.8)	200(29)	174(25.3)	159(23.1)
	CV/%	14.8	14.8	15.6	15.1
	B 基准值	②	②	②	②
	分布	正态	正态	正态	正态
	C_1	165(23.9)	175(25.4)	154(22.4)	137(19.8)
	C_2	24.3(3.53)	26.0(3.77)	24.1(3.49)	20.5(2.98)
	试样数量	6	6	6	6
	批数	1	1	1	1
	数据种类	筛选值	筛选值	筛选值	筛选值
G_{12}^{s}/ GPa (Msi)	平均值	5.38(0.78)	6.27(0.91)	5.38(0.78)	4.90(0.71)
	最小值	5.03(0.73)	5.72(0.83)	4.96(0.72)	4.34(0.63)
	最大值	5.72(0.83)	6.62(0.96)	5.93(0.86)	5.45(0.79)
	CV/%	5.5	5.5	6.2	9.3
	试样数量	6	6	6	6
	批数	1	1	1	1
	数据种类	筛选值	筛选值	筛选值	筛选值

注:①见参考文献 2.3.8.1;②只对 A 类和 B 类数据给出基准值;③该数据是在数据文档要求建立(1989 年 6 月)以前提供的,对于该材料,目前所要求的文档均未提供。

表 2.3.8.1(i)　12 面剪切性能([±45]₄ₛ)

材料	IM6 12k/APC-2 单向带				
树脂含量	31%～32%（质量）		复合材料密度	1.55 g/cm³	
纤维体积含量	61%		孔隙率	0.0～0.2%	
单层厚度	0.132～0.142 mm(0.005 2～0.005 6 in)				
试验方法	ASTM D 3518-76		模量计算		
正则化	未正则化				

		温度/℃(℉)	82(180)	23(74)	82(180)		
		吸湿量(%)	0.17	0.21	0.20		
		吸湿平衡条件 (T/℃(℉),RH/%)	①	71(160),95	71(160),95		
		来源编码	②	②	②		
$F_{12}^{su}/$ MPa (ksi)	平均值	161(23.3)	159(23)	138(20)		
	最小值	150(21.8)	112(16.2)	100(14.5)		
	最大值	165(24)	184(26.7)	180(26.1)		
	CV/%	3.85	15.4	22.4		
	B 基准值	②	②	②		
	分布	正态	正态	正态		
	C_1	161(23.3)	159(23.0)	138(20.0)		
	C_2	6.18(0.897)	24.5(3.55)	30.9(4.48)		
	试样数量	6	6	6		
	批数	1	1	1		
	数据种类	筛选值	筛选值	筛选值		
$G_{12}^{s}/$ GPa (Msi)	平均值	5.24(0.76)	5.45(0.79)	4.9(0.71)		
	最小值	5.1(0.74)	4.48(0.65)	4.41(0.64)		
	最大值	5.38(0.78)	6.14(0.89)	5.38(0.78)		
	CV/%	2.7	10	9.0		
	试样数量	6	6	6		
	批数	1	1	1		
	数据种类	筛选值	筛选值	筛选值		

注：①在 71℃(160℉)，95%RH 环境中放置 27 天(饱和的 75%)；②见参考文献 2.3.8.1；③只对 A 类和 B 类数据给出基准值；④该数据是在数据文档要求建立(1989 年 6 月)以前提供的，对于该材料，目前所要求的文档均未提供。

2.3.9 碳-氰酸酯复合材料

2.3.9.1 M55J 6k/954-3 单向带

材料描述：

材料	M55J 6k/954
形式	单向带，名义纤维面积质量为 72.9 g/m²，名义典型的固化后树脂含量为 27%，典型的固化后单层厚度为 0.061 mm (0.0024 in)。
固化工艺	热压罐固化；177℃(350°F)，0.690 MPa(100 psi)，2 h。

供应商提供的数据：

纤维	M55J 6k 纤维是由 PAN 基原丝制造的不加捻连续碳纤维，每一丝束包含有 6 000 根碳丝。典型的拉伸模量为 538 GPa (78×10⁶ psi)，典型的拉伸强度为 4 021 MPa(583 000 psi)
基体	954 是一种 177℃(350°F)固化的氰酸酯树脂。
最大短期使用温度	177℃(350°F)(干态)，121℃(250°F)(湿态)。
典型应用	要求尺寸稳定的光学设备。

表 2.3.9.1　M55J 6k/954-3 单向带

材料	M55J 6k/954-3 单向带				
形式	M55J 6k/954-3 单向预浸带				
纤维	Toray M55J 6k，表面处理 5，不加捻			基体	Hexcel 954-3
T_g(干态)	199℃(390°F)	T_g(湿态)	171℃(340°F)	T_g测量方法	TMA，升温速率 39℃ (70°F)/min
固化工艺	热压罐固化；177℃(350°F)，0.690 MPa(100 psi)，2 h				

纤维制造日期：	1/96—2/97	试验日期：	1/96—7/97
树脂制造日期：	1/96—7/97	数据提交日期：	10/1/97
预浸料制造日期：	1/96—7/97	分析日期：	9/98
复合材料制造日期：	1/96—7/97		

单层性能汇总

	22℃ （72℉） /A							
1 轴拉伸	aM–							
1 轴压缩	aM–							
31 面 SB 强度	S–							

注:强度/模量/泊松比/破坏应变的数据种类为:A—A75,a—A55,B—B30,b—B18,M—平均值,I—临时值,S—筛选值,——无数据(见表 1.5.1.2(c))。

	名义值	提交值	试验方法
纤维密度/(g/cm³)	1.91	1.91	
树脂密度/(g/cm³)	1.19	1.19	ASTM D 792 - 86
复合材料密度/(g/cm³)	1.65	1.62～1.66	ASTM D 792 - 86
纤维面积质量/(g/m²)	72.9	71.2～75.1	ASTM D 3529 - 90
纤维体积含量/%	64	53～67	
单层厚度/mm	0.061	0.058～0.066	

层压板性能汇总

注:强度/模量/泊松比/破坏应变的数据种类为:A—A75,a—A55,B—B30,b—B18,M—平均值,I—临时值,S—筛选值,——无数据(见表 1.5.1.2(c))。

表 2.3.9.1(a) 1 轴拉伸性能（$[0]_{16}$）

材料	M55J 6k/954 - 3 单向带		
树脂含量	22.3%～24.1%（质量）	复合材料密度	1.66～1.67 g/cm³
纤维体积含量	53.1%～65.4%	空隙含量	0.30%～0.49%
单层厚度	0.061～0.064 mm(0.0024～0.0025 in)		
试验方法	ASTM D 3039 - 95	模量计算	1000～3000 $\mu\varepsilon$ 之间的弦向模量
正则化	试样厚度和批内纤维面积质量正则化到 60%（固化后单层厚度 0.061 mm(0.0024 in)）		

（续表）

		正则化值	实测值		
温度/℃(℉)		22(72)			
吸湿量(%)		大气环境			
吸湿平衡条件 (T/℃(℉)，RH/%)					
来源编码		72			
F_1^{tu}/ MPa (ksi)	平均值	2234(324)	2207(320)		
	最小值	1890(274)	1910(277)		
	最大值	2531(367)	2669(387)		
	CV/%	5.37	7.52		
	B基准值	1724/1972 (250/286)	1489/1793 (216/260)		
	分布	ANOVA	ANOVA		
	C_1	846(17.8)	1188(25.0)		
	C_2	102(2.15)	115(2.41)		
	试样数量	109			
	批数	6			
	数据种类	A55			
E_1^t/ GPa (Msi)	平均值	329(47.7)	324(47.0)		
	最小值	301(43.6)	297(43.1)		
	最大值	359(52.0)	359(52.1)		
	CV/%	3.66	4.21		
	试样数量	109			
	批数	6			
	数据种类	平均值			

表 2.3.9.1(b)　1 轴压缩性能($[0]_{32}$)

材料	M55J 6k/954-3 单向带		
树脂含量	23.5%～27.4%(质量)	复合材料密度	1.63～1.67 g/cm³
纤维体积含量	54.9%～66.1%	空隙含量	0.17%～0.27%
单层厚度	0.058～0.061 mm(0.0023～ 0.0024 in)		

（续表）

试验方法	SACMA SRM1‑94①		模量计算	$1000\sim 3\,000\,\mu\varepsilon$ 之间的弦向模量
正则化	试样厚度和批内纤维面积质量正则化到 60%（固化后单层厚度 0.061 mm（0.0024 in））			

	温度/℃(℉)	22(72)		
	吸湿量(%)			
	吸湿平衡条件 (T/℃(℉), RH/%)	大气环境		
	来源编码	72		

		正则化值	实测值		
$F_1^{cu}/$ MPa (ksi)	平均值	938(136)	952(138)		
	最小值	752(109)	765(111)		
	最大值	1124(163)	1124(163)		
	$CV/\%$	7.22	6.73		
	B 基准值	662/752 (96/109)	710/814 (103/118)		
	分布	ANOVA	ANOVA		
	C_1	494(10.4)	452(9.50)		
	C_2	125(2.62)	102(2.14)		
	试样数量	102			
	批数	6			
	数据种类	A55			
$E_1^c/$ GPa (Msi)	平均值	309(44.8)	314(45.6)		
	最小值	274(39.8)	292(42.3)		
	最大值	340(49.3)	345(50.0)		
	$CV/\%$	4.70	3.78		
	试样数量	102			
	批数	6			
	数据种类	平均值			

注:①螺栓用手指拧紧,没有特定的拧紧力矩 0.57~1.13 N·m(5~10 in·lbf)。

表 2.3.9.1(c) 31 面短梁强度性能($[0]_{32}$)

材料	M55J 6k/954-3 单向带							
树脂含量	23.5%～27.4%（质量）			复合材料密度	1.63～1.67 g/cm³			
纤维体积含量	57.3%～66.7%			空隙含量	0.17%～0.27%			
单层厚度	0.058～0.061 mm(0.0023～0.0024 in)							
试验方法	ASTM D 2344-95			模量计算				
正则化	未正则化							

	温度/℃(℉)	22(72)						
	吸湿量(%)	大气环境						
	吸湿平衡条件 (T/℃(℉), RH/%)							
	来源编码	72						
F_{31}^{sbs} / MPa (ksi)	平均值	76.5(11.1)						
	最小值	68.3(9.90)						
	最大值	84.1(12.2)						
	CV/%	5.31						
	B 基准值	①						
	分布	ANOVA						
	C_1	29.6(0.623)						
	C_2	127(2.68)						
	试样数量	113						
	批数	6						
	数据种类	筛选值						

注：①短梁强度试验数据只批准用于筛选数据种类。

参 考 文 献

2.2.3.1(a) Adams D. A Comparison of CEN and ASTM Test Methods for Composite Materials [R]. FAA Technical Report, DOT/FAA/AR-04/24, June 2004.

2.2.3.1(b) Commercial Aircraft Composite Repair Committee (CACRC) Carbon Composites Wet Repair Programme. TeN/Ax HTA 5131 200tex f3000 t0 - Vantico Epocast 52 A/B Resin [R]. Vantico report number 2192-JRL-140901/Q077-1.

2.2.3.1(c) Comparative Testing to Assess the Equivalence of CEN and ASTM Test Methods for

Composite Materials [R]. DOT/FAA/AR - 04/50, February 2005.

2.3.3.1　　Askins R. Characterization of EA9396 Epoxy Resin for Composite Repair Applications [R]. University of Dayton Research Center, UDR - TR - 91 - 77, WL - TR - 92 - 4060, October 1991.

2.3.5.4　　Rondeau R A, Askins D R, Sjoblom P. Development of Engineering Data on New Aerospace Materials [R]. University of Dayton Research Institute, UDR - TR - 88 - 88, AFWAL - TR - 88 - 4217, December 1988, Distribution authorized to DoD and DoD contractors only; critical technology; September 1988. Other requests for this document should be referred to AFWAL/MLSE, OH 45433 - 6533.

2.3.8.1　　Rondeau R A, Askins D R, Sjoblom P. Development of Engineering Data on New Aerospace Materials [R]. University of Dayton Research Institute, UDR - TR - 88 - 88, AFWAL - TR - 88 - 4217, December 1988, Distribution authorized to DoD and DoD contractors only; critical technology; September 1988. Other requests for this document should be referred to AFWAL/MLSE, OH 45433 - 6533.

第3章　硼纤维复合材料

3.1　引言

本章中所包含的硼纤维复合材料数据分为文档齐全的数据和继承自 MIL－HDBK－17 F 版数据(见 1.5 节)。本章提供了硼-环氧预浸带的数据。

3.2　文档齐全的数据

此节留待以后补充。

3.3　继承 MIL－HDBK－17 F 版的旧数据

此节留待以后补充。

3.3.1　硼-环氧预浸带

3.3.1.1　B4.0/5521 单向带

材料描述：

材料　　　　B4.0 208/5521。

形式　　　　单向带预浸料采用硼纤维,纤维面积质量为 $175\,g/m^2$,名义的固化后树脂含量为 32%,典型的固化后单层厚度为 0.132～0.142 mm(0.005 2～0.005 6 in)。

固化工艺　　热压罐固化:以 $2.8℃/min(5℉/min)$ 的速度升温至 $121\pm5.6℃(250\pm10℉)$,施加 0.586 MPa(85 psi)的压力并于 60℃(145℉)时泄压,在 121℃(250℉)下保持 $90\pm15\,min$,缓慢降至室温。

供应商提供的数据：

纤维　　　　硼纤维是通过化学气相沉淀法在钨基质上制得的单丝纤维。其较大的直径使其有极强的压缩性能,尽管它同样有着较高的拉伸强度和模量。

基体　　　　用于制造 B/5521F 预浸料的 5521 树脂是标准的 121℃

（250℉）固化的环氧树脂。

最高短期使用温度　71℃（160℉）。

典型应用　　　　该硼-环氧粘接到金属飞机结构上作为加强片，提供增强体以降低金属结构中的应力水平并防止或延缓损伤累积。

数据分析概述：

（1）物理性能，例如纤维体积或面积质量，不是通过试验确定的。复合材料密度值是按照混合定律得出的。

（2）不包括单层拉伸数据，因为试样产生不可接受的失效模式。

（3）层压板拉伸测试采用领结形（bowtie）试样，该试样不是试验方法所推荐的。

（4）压缩测试方法（ASTM D695）不是通常手册材料所推荐的方法，但由于该纤维的不同特性，所以对该材料使用这种方法。

（5）−59℃（−75℉）干态条件下层压板拉伸模量的两个数据点、82℃（180℉）湿态条件下层压板拉伸强度（和极限应变）的一个数据点和−54℃（−65℉）单层纵向压缩强度的一个数据点被剔除。测试异常可能导致应变以及随后的模量测量错误。低的破坏应力和应变可能是因为破坏发生在夹持处，或其他异常。

（6）手册推荐的方法不能用于纤维控制性能的正则化。对于单层压缩数据未报告实际的厚度值，且强度是基于所提供的名义厚度得出的。对于层压板拉伸，正则化的性能同样基于名义厚度（性能＝实测值×实测厚度/名义厚度）。

表 3.3.1.1　B4.0/5521 单向带

材料	B4.0 208/5521（150 mm）单向带			
形式	Textron B4.0/5521 F 单向带预浸料			
纤维	Boron 4.0 mil		基体	5521 环氧
T_g（干态）	92℃（198℉）	T_g（湿态）　未给出	T_g 测量方法	DSC
固化工艺	热压罐固化：以 2.8℃/min（5℉/min）的速度升温至 121±5.6℃（250±10℉），施加 0.586 MPa（0.85 psi）的压力并于 60℃（145℉）时泄压，在 121℃（250℉）下保持 90±15 min，缓慢降温至室温。			

目前还不能提供这种材料的所有证明文件。

纤维制造日期：	5/92—7/92	试验日期：	3/96
树脂制造日期：	3/92，5/92	数据提交日期：	11/00
预浸料制造日期：	5/92，7/92	分析日期：	2/04
复合材料制造日期：			

单层性能汇总

	25℃(77℉)/A	−54℃(−65℉)/A	80℃(180℉)/W
1 轴压缩	I—	S—	I—
31 面短梁强渡	S—		S—

注:强度/模量/泊松比/破坏应变的数据种类为:A—A75,a—A55,B—B30,b—B18,M—平均值,I—临时值,S—筛选值,——无数据(见表 1.5.1.2(c))。

目前还不能提供这种材料的所有证明文件。

	名义值	提交值	测试方法
纤维密度/(g/cm³)	2.57		
树脂密度/(g/cm³)	1.2		
复合材料密度/(g/cm³)	1.91		
纤维面积质量/(g/m²)	175		
纤维体积含量/%	52		
单层厚度/mm	0.132 08	0.132 08～0.142 24	

层压板性能汇总

	25℃(77℉)/A	−54℃(−65℉)/A	80℃(180℉)/W
[0,−45,0,45,0]s			
1 轴拉伸	II-I	IS-I	SI-S

注:强度/模量/泊松比/破坏应变的数据种类为:A—A75,a—A55,B—B30,b—B18,M—平均值,I—临时值,S—筛选值,——无数据(见表 1.5.1.2(c))。

表 3.3.1.1(a)　1 轴压缩性能([0]₈)

材料	B4.0 208/5521 单向带		
树脂含量	32%(质量)	复合材料密度	1.91 g/cm³
纤维体积含量	52%	空隙含量	
单层厚度	0.132 08～0.142 24 mm(0.005 2～0.005 6 in)		
试验方法	ASTM D695①	模量计算	
正则化	正则化基于名义单层厚度③		
温度/℃(℉)	25(77)	−54(−65)	82(180)

（续表）

		大气环境		大气环境		⑥	
吸湿量(%)							
吸湿平衡条件 (T/℃(℉), RH/%)						⑦	
来源编码		100		100		100	
		正则化值(3)	实测值④	正则化值③	实测值④	正则化值③	实测值④
F_1^{cu}/ MPa (ksi)	平均值	3 089(448)		3 110(451)		1 793(260)	
	最小值	2 806(407)		2 799(406)		1 351(196)	
	最大值	3 303(479)		3 503(508)		2 234(324)	
	CV/%	5.33		5.63		15.0	
	B 基准值	②		②		②	
	分布	ANOVA		Weibull		ANOVA	
	C_1	202.5(4.26)		3 192(463)		195(4.10)	
	C_2	1 217(25.6)		17.7(17.7)		1 973(41.5)	
	试样数量	15		14⑤		15	
	批数	3		3		3	
	数据种类	临时值		筛选值		临时值	

注:①ASTM D695 通常不被接受。将其保留的原因是因为数据仅为临时;②只对 A 类和 B 类数据给出基准值;③如报告给出的、基于 0.132 mm(0.005 2 in)名义厚度的正则化值＝破坏载荷/名义面积;④未给出实测厚度;⑤剔除一个较低的异常值(344);⑥不详;⑦在 71℃(160℉),95%RH 下放置 14 天后,不确定是否达到吸湿平衡。

表 3.3.1.1(b)　31 面短梁强度性能($[0]_{20}$)

材料	B4.0 208/5521 单向带			
树脂含量	32%(质量)		复合材料密度	1.91 g/cm³
纤维体积含量	52%		空隙含量	
单层厚度	0.132 08～0.142 24 mm(0.005 2～0.005 6 in)			
试验方法	ASTM D2344		模量计算	
正则化	未正则化			
温度/℃(℉)	25(77)		82(180)	
吸湿量(%)			②	
吸湿平衡条件 (T/℃(℉), RH/%)	大气环境		③	
来源编码	100		100	

（续表）

		正则化值	实测值	正则化值	实测值		
F_{13}^{sbs} / MPa (ksi)	平均值	100.6(14.6)		59.2(8.59)			
	最小值	93.8(13.6)		52.4(7.60)			
	最大值	105.5(15.3)		64.8(9.40)			
	CV/%	3.67		6.63			
	B基准值	①		①			
	分布	ANOVA		ANOVA			
	C_1	261.9(5.51)		276.7(5.82)			
	C_2	29.0(0.610)		31.32(0.659)			
	试样数量	15		15			
	批数	3		3			
	数据种类	筛选值		临时值			

注：①短梁强度试验数据只批准用于筛选数据种类；②不详；③在 71℃(160℉)，95%RH 下放置 14 天后，不确定是否达到吸湿平衡。

表 3.3.1.1(c)　x 轴拉伸性能（[0/−45/0/45/0]s）

材料	B4.0 208/5521 单向带		
树脂含量	32%（质量）	复合材料密度	1.91 g/cm³
纤维体积含量	52%	空隙含量	
单层厚度	0.13208～0.14224 mm(0.0052～0.0056 in)		
试验方法	ASTM D3039①	模量计算	1000～6000 $\mu\varepsilon$ 之间的弦向模量
正则化	正则化基于名义单层厚度③		

		温度/℃(℉)		25(77)		−59(−75)		82(180)	
		吸湿量(%)						⑦	
		吸湿平衡条件 (T/℃(℉), RH/%)		大气环境		大气环境		⑧	
		来源编码		100		100		100	
		正则化值③	实测值	正则化值③	实测值	正则化值③	实测值		
F_x^{tu} / MPa (ksi)	平均值	930.8(135)	855.0(124)	972.2(141)	896.3(130)	868.7(126)	799.8(116)		
	最小值	882.5(128)	737.7(107)	882.5(128)	730.8(106)	799.8(116)	651.6(94.5)		
	最大值	986.0(143)	930.8(135)	1027.3(149)	1027.3(149)	937.7(136)	896.3(130)		
	CV/%	2.97	9.17	4.63	11.4	5.08	10.9		
	B基准值	②	②	②	②	②	②		

（续表）

		正则化值③	实测值	正则化值③	实测值	正则化值③	实测值
	分布	ANOVA	ANOVA	ANOVA	ANOVA	ANOVA	ANOVA
	C_1	228.2(4.80)	289.5(6.09)	203.9(4.29)	280.9(5.91)	262.9(5.53)	288.1(6.06)
	C_2	209.6(4.41)	632.3(13.3)	331.8(6.98)	817.6(17.2)	345.1(7.26)	698.8(14.7)
	试样数量	15		15		14⑥	
	批数	3		3		3	
	数据种类	临时值		临时值		筛选值	
$E_x^t/$ GPa (Msi)	平均值	123.4(17.9)	113.1(16.4)	127.6(18.5)	115.8(16.8)	114.5(16.6)	104.8(15.2)
	最小值	116.5(16.9)④	95.1(13.8)	120.0(17.4)	99.3(14.4)	108.2(15.7)	84.1(12.2)
	最大值	128.2(18.6)	122.0(17.7)	131.7(19.1)	127.6(18.5)	123.4(17.9)	122.0(17.7)
	CV/%	2.2	8.30	2.62	9.37	3.87	11.2
	试样数量	15		15		16	
	批数	3		3		3	
	数据种类	临时值		临时值		临时值	
$\varepsilon_x^{tu}/\mu\varepsilon$	平均值	7820		7740		8240	
	最小值	7160		6680		7190	
	最大值	8430		8380		9220	
	CV/%	3.98		5.89		7.14	
	B 基准值	②		②		②	
	分布	ANOVA		Weibull		Weibull	
	C_1	4.08		7941		8500	
	C_2	330		21.86		17.3	
	试样数量	15		15		14⑥	
	批数	3		3		3	
	数据种类	临时值		临时值		筛选值	

注：①测试标准被修改，使用领节型（bowtie）试样；②只对 A 类和 B 类数据给出基准值；③如报告给出的、基于 0.132 mm(0.0052 in)名义厚度的正则化值＝破坏载荷/名义面积。由于没有给出纤维体积或面积质量的测量值，因此不能使用手册推荐的程序。相比于另外两批，一批中出现显著的厚度差异（≈30%）；④保留异常值；⑤两个极低的、不能被接受的异常值，可能是因为移除了应变测量；⑥剔除一个破坏发生在夹持处的数据点；⑦不详；⑧在 71℃(160℉),95%RH 下放置 14 天后，不确定是否达到吸湿平衡；⑨目前还不能提供这种材料的所有证明文件。

第4章 玻璃纤维复合材料

4.1 引言

本章中所包含的玻璃纤维复合材料数据分为完整文件数据和 MIL - HDBK - 17 F 版数据(见 1.5 节)。包含了玻璃-环氧预浸料带和织物以及湿法铺层织物材料的数据。本章同时提供了 S-玻璃和 E-玻璃材料的数据。

4.2 文档齐全的数据

此节留待以后补充。

4.2.1 玻璃-环氧预浸织物

此节留待以后补充。

4.2.1.1 E-玻璃 7781 558 上浆剂/2510 8 综缎机织物

材料描述:

材料   7781/2510 8 综缎机织物。

         按 Toray 复合材料规范 TCSPF - T - FG04。

形式   8 综缎纤维玻璃织物预浸料,纤维面积质量为 $295\,g/m^2$,典型的固化后树脂含量为 $35\% \sim 41\%$,典型的固化后单层厚度为 $0.254 \sim 0.279\,mm(0.010 \sim 0.011\,in)$。

固化工艺   烘箱固化,$132℃(270℉)$,$0.075\,MPa(559\,mm(22\,in)$ 汞柱压力),120 min,按 Toray 复合材料工艺规范 TCSPF - T - FG03。

供应商提供的数据:

纤维   由硅原丝制造的连续、无捻玻璃纤维,经表面处理(上浆剂 558)以改善操作和结构性能。典型的拉伸模量为 $82.7\,GPa$ $(12\,Msi)$,典型的拉伸强度为 $3448\,MPa(500\,000\,psi)$。

基体   ♯2510 是由 Toray 复合材料(美国)公司制造的一款环氧树脂。

最高使用温度 $82℃(180℉)$。

典型应用   一般结构件。

数据分析概述：

取样要求　　　用于第一批与第二批预浸料的织物批次不像本手册要求的那样明确。

试验　　　　　面内剪切强度是所达到的最大应力，剪切模量是应变在 $2\,500\sim6\,500\,\mu\varepsilon$ 之间的弦向模量——不同于现行的 ASTM D5379。吸湿处理按 ASTM D5229 指南，不同的是 7 天内连续两次称重的吸湿量变化小于 0.05%。

异常值　　　　下列情况均有一个较低的异常值：①24℃大气环境（75℉/A）下的 0°拉伸强度实测值；②24℃大气环境（75℉/A）下的 0°拉伸强度正则化值；③82℃大气环境（180℉/A）下的 0°压缩强度正则化值。①和②被剔除（377.1 MPa（54.7 ksi）和 390.9 MPa（56.7 ksi）太低，导致不可接受的分布）；③被保留。下列情况均有一个较高的异常值：①82℃大气环境（180℉/A）下的 0°拉伸模量正则化值；②－54℃大气环境（－65℉/A）下的 0°压缩强度实测值；③24℃大气环境（75℉/A）下的面内剪切模量；④82℃湿态环境（180℉/W）下的面内剪切模量。最后一个被剔除（超出材料性能）。

批间变异性，正态性，方差等同性和数据集合并　　0°拉伸强度在 82℃大气环境（180℉/A）下的实测值和 82℃湿态环境（180℉/W）下的正则化值、90°拉伸强度在 82℃湿态环境（180℉/W）下的实测值和正则化值、0°压缩强度在 82℃湿态环境（180℉/W）下的实测值和正则化值，以及 90°压缩强度在 82℃湿态环境（180℉/W）下的实测值和正则化值显示了显著性水平为 0.025 的批间变异性。

在剔除较低的异常值之后，24℃大气环境（75℉/A）下的拉伸强度（实测值和正则化值）通过了 Anderson-Darling 的正态性检验。82℃大气环境（180℉/A）下的实测值和 82℃湿态环境（180℉/W）下的正则化值未通过批间变异性检验，且合并的 24℃大气环境（75℉/A）、82℃大气环境（180℉/A）和 82℃湿态环境（180℉/W）正则化数据未通过 CV 等同性检验。合并 24℃大气环境（75℉/A）、82℃大气环境（180℉/A）和 82℃湿态环境（180℉/W）数据是因为 CV 非常低。

82℃湿态环境（180℉/W）下 90°拉伸强度没有通过 Anderson-Darling 正态性检验，但是通过图解法可以接受。因为 90°拉伸数据满足方差等同性，用 AGATE 程序将其合并。基于工程判定（低 CV），不考虑 82℃湿态环境（180℉/W）批间变异性。

      0°压缩数据满足 Anderson-Darling 正态性和方差等同性检验，但因为 CV 正则化值较高，且不能执行 AGATE 合并，所以不能忽略 82℃湿态环境(180℉/W)的批间变异性。

      90°压缩数据满足正态性和方差等同性检验。但是，不能忽略 82℃湿态环境(180℉/W)下批间变异性而合并各个环境间的数据。

      0°/90°面内剪切强度数据不能通过方差等同性检验。但由于 CV 很低，因此忽略该检验结果，并对 24℃大气环境(75℉/A)、82℃大气环境(180℉/A)和 82℃湿态环境(180℉/W)执行 AGATE 合并。但真实的基准值可能会更低。

工艺路线： (1) 对真空袋组装件施加 0.075 MPa(559 mm(22 in)汞柱)压力。

(2) 以 1.7℃/min(3℉/min)的升温速率从室温升至 132℃(270℉)。

(3) 在 132℃(270℉)固化 120～130 min。

(4) 以 2.5℃/min(4.5℉/min)速度降温至 94℃(170℉)，移除真空。

(5) 取出袋装层压板。

铺层示意： 均压板，固态 FEP 膜(可选用脱模剂)，层压板，玻璃纤维纱线，固态 FEP 膜(可选)，加压板，表面透气材料，真空袋。

表 4.2.1.1   7781/2510 8 综缎机织物

材料	7781/2510 8 综缎机织物				
形式	Toray 复合材料(美国)公司 7781 上浆剂 558,0.1%，无捻，8 综缎机织物预浸料，3.0×3.0 tows/in				
纤维	7781 型，上浆剂 558			基体	Toray 复合材料(美国)公司♯2510
T_g(干态)	143℃(290℉)	T_g(湿态)	127℃(261℉)	T_g测量方法	DMA E, SACMA 18R-94
固化工艺	烘箱固化，120 min, 132±1.7℃(270±3℉)，至少 0.075 MPa(559 mm(22 in)汞柱) 压力。				

纤维制造日期：	未知	试验日期：	2/00—7/00
树脂制造日期：	11/99	数据提交日期：	1/04
预浸料制造日期：	11/99	分析日期：	4/04
复合材料制造日期：	12/99—7/00		

单层性能汇总

	21℃ (70℉)/A	82℃ (180℉)/A	82℃ (180℉)/W	−54℃ (−65℉)/A		
1 轴拉伸	bSS−	bSS−	bSS−	S−		
2 轴拉伸	bS−	bS−	bS−	S−		
3 轴拉伸						
1 轴压缩	bS−	bS−	bS−	S−		
2 轴压缩	bS−	bS−	bS−	S−		
3 轴压缩						
12 面剪切	bS−	bS−	bS−	S−		
23 面剪切						
31 面剪切						
31 面短梁强度	S−−					

注:强度/模量/泊松比/破坏应变的数据种类为:A—A75,a—A55,B—B30,b—B18,M—平均值,I—临时值,
S—筛选值,——无数据(见表 1.5.1.2(c)),A—AP10,a—AP5,B—BP5,b—BP3。
数据还包括除水之外的三种液体条件下的 12 面内剪切。

	名义值	提交值	试验方法
纤维密度/(g/cm³)	2.565	2.565	Toray TY 030B-02①
树脂密度/(g/cm³)	1.263	1.260~1.265	ASTM D 792-91
复合材料密度/(g/cm³)	1.83	1.720~1.900	ASTM D 792-91
纤维面积质量/(g/m²)	295	291~296	SACMA SRM 23R94
纤维体积含量/%	43.5	41.0~49.0	ASTM D3171
单层厚度/mm	0.264	0.249~0.0284	——

层压板性能汇总

注:强度/模量/泊松比/破坏应变的数据种类为:A—A75,a—A55,B—B30,b—B18,M—平均值,I—临时值,
S—筛选值,——无数据(见表 1.5.1.2(c)),A—AP10,a—AP5,B—BP5,b—BP3。
①与 SACMA SRM 15 类似,未去除纤维上浆剂。

表 4.2.1.1(a)　1 轴拉伸性能($[0_f]_{10}$)

材料	7781/2510 8 综缎机织物		
树脂含量	35%~41%(质量)	复合材料密度	1.78~1.84 g/cm³

（续表）

纤维体积含量	43%～47%		空隙率	2.2%～4.1%
单层厚度	0.254～0.279 mm(0.010～0.011 in)			
试验方法	ASTM D3039-95		模量计算	$1000～3000\ \mu\varepsilon$ 之间的弦向模量
正则化	将试样厚度和批内纤维面积质量正则化至43.5%纤维体积(单层厚度0.264 mm (0.0104 in))			

温度/℃(℉)		24(75)		82(180)		82(180)	
吸湿量(%)							
吸湿平衡条件 (T/℃(℉), RH/%)		大气环境		大气环境		63(145)，85③	
来源编码							
		正则化值	实测值	正则化值	实测值	正则化值	实测值
F_1^{tu}/ MPa (ksi)	平均值	448.2(65.0)	448.8(65.1)	450.2(65.3)	446.1(64.7)	342.0(49.6)	338.5(49.1)
	最小值	437.8(63.5)	429.5(62.3)	442.6(64.2)	430.2(62.4)	320.0(46.4)	319.2(46.3)
	最大值	463.3(67.2)	461.9(67.0)	457.1(66.3)	461.9(67.0)	360.0(52.2)	360.0(52.2)
	CV/%	1.45②	2.28②	1.04②	2.13②	3.65②	3.14②
	B基准值	430.0 (62.3)②	428.9 (62.2)②	431.6 (62.6)②	426.1 (61.8)②	328.2 (47.6)②	323.4 (46.9)②
	分布	正态①	正态①	正态①	正态①	正态①	正态①
	C_1	15.93(2.31) ②	17.31(2.51) ②	15.93(2.31) ②	17.31(2.51) ②	15.93(2.31) ②	17.31(2.51) ②
	C_2	12.27(1.78)	12.27(1.78)	12.20(1.77)	12.20(1.77)	12.20(1.77)	12.20(1.77)
	试样数量	17		18		18	
	批数	3		3		3	
	数据种类	BP3		BP3		BP3	
E_1^t/ GPa (Msi)	平均值	23.7(3.44)	23.8(3.45)	23.0(3.34)	22.8(3.31)	21.8(3.17)	21.6(3.13)
	最小值	23.2(3.37)	22.8(3.30)	22.7(3.29)	21.7(3.15)	21.3(3.09)	21.0(3.04)
	最大值	24.1(3.50)	24.8(3.59)	23.6(3.42)	23.4(3.40)	22.3(3.24)	21.9(3.18)
	CV/%	1.15	2.24	1.25	2.14	1.35	1.63
	试样数量	12		12		12	
	批数	3		3		3	
	数据种类	筛选值		筛选值		筛选值	
	平均值	0.140		0.128		0.115	

（续表）

		正则化值	实测值	正则化值	实测值	正则化值	实测值
ν_{12}	试样数量	12		12		12	
	批数	3		3		3	
	数据种类	筛选值		筛选值		筛选值	

注：①通过各自的方法合并 75℉/A，180℉/A 和 180℉/W 三种环境进行数据正则化（见第 1 卷 8.3 节）；正则化值不能通过 CV 等同性检验，但依然进行合并（非常低的 CV）；②CV 不能代表整个母体，真实的基准值可能会更低；③ASTM D5229 指南；例外：7 天内两次连续的水分质量百分比读数变化小于 0.05%；④第一批和第二批预浸料中的织物批次不显著。

表 4.2.1.1(b)　1 轴拉伸性能（$[0_f]_{10}$）

材料	7781/2510 8 综缎机织物		
树脂含量	35%～41%（质量）	复合材料密度	1.78～1.84 g/cm³
纤维体积含量	43%～47%	空隙率	2.2%～4.1%
单层厚度	0.254～0.277 mm（0.010～0.011 in）		
试验方法	ASTM D3039 - 95	模量计算	1000～3 000 $\mu\varepsilon$ 之间的弦向模量
正则化	将试样厚度和批内纤维面积质量正则化至 43.5% 纤维体积（单层厚度 0.264 mm（0.0104 in））		

	温度/℃（℉）	—54（—65）	
	吸湿量（%）	大气环境	
	吸湿平衡条件（T/℃（℉），RH/%）		
	来源编码	69	

		正则化值	实测值
F_1^{tu}/ MPa （ksi）	平均值	564.1(81.8)	565.5(82.0)
	最小值	531.7(77.1)	537.9(78.0)
	最大值	585.5(84.9)	602.8(87.4)
	CV/%	3.78	4.50
	B 基准值	①	①
	分布	正态	正态
	C_1	564.0(81.8)	565.4(82.0)
	C_2	21.37(3.10)	25.44(3.69)
	试样数量	6	
	批数	1	
	数据种类	筛选值	

注：①只对 A 类和 B 类数据给出基准值。

表 4.2.1.1(c)   2 轴拉伸性能（$[90_f]_{10}$）

材料	7781/2510 8 综缎机织物					
树脂含量	35%～41%（质量）			复合材料密度	1.78～1.90 g/cm³	
纤维体积含量	43%～49%			空隙率	0.0～4.2%	
单层厚度	0.257～0.269 mm(0.0101～0.0106 in)					
试验方法	ASTM D3039-95			模量计算	$1000～3000 \mu\varepsilon$ 之间的弦向模量	
正则化	将试样厚度和批内纤维面积质量正则化至 43.5% 纤维体积（单层厚度 0.264 mm(0.0104 in)）					

温度/℃(℉)	24(75)		82(180)		82(180)	
吸湿量(%)						
吸湿平衡条件 (T/℃(℉), RH/%)	大气环境		大气环境		63(145),85②	
来源编码						

		正则化值	实测值	正则化值	实测值	正则化值	实测值
$F_2^{tu}/$ MPa (ksi)	平均值	349.6(50.7)	350.3(50.8)	378.5(54.9)	376.5(54.6)	293.7(42.6)	292.3(42.4)
	最小值	320.6(46.5)	318.5(46.2)	364.7(52.9)	365.4(53.0)	273.7(39.7)	275.8(40.0)
	最大值	377.8(54.8)	379.9(55.1)	390.9(56.7)	389.6(56.5)	308.2(44.7)	302.7(43.9)
	CV/%	4.38	4.04	1.78③	1.61③	3.30③	3.31③
	B基准值	329.6 (47.8)③	331.6 (48.1)③	356.5 (51.7)③	355.8 (51.6)③	277.2 (40.2)③	276.5 (40.1)③
	分布	正态①	正态①	正态①	正态①	正态①	正态①
	C_1	22.55(3.27) ③	21.30(3.09) ③	22.55(3.27) ③	21.30(3.09) ③	22.55(3.27) ③	21.30(3.09) (3)
	C_2	12.20(1.77)	12.20(1.77)	12.20(1.77)	12.20(1.77)	12.20(1.77)	12.20(1.77)
	试样数量	18		18		18	
	批数	3		3		3	
	数据种类	BP3		BP3		BP3	
$E_2^t/$ GPa (Msi)	平均值	22.9(3.32)	23.0(3.33)	21.8(3.16)	21.7(3.15)	20.3(2.94)	20.1(2.92)
	最小值	22.4(3.25)	22.3(3.23)	21.4(3.10)	21.1(3.06)	20.0(2.90)	19.8(2.87)
	最大值	23.2(3.37)	23.6(3.43)	22.8(3.30)	22.6(3.28)	20.6(2.99)	20.6(2.99)
	CV/%	0.97	1.87	1.64	1.78	1.09	1.42

（续表）

		正则化值	实测值	正则化值	实测值	正则化值	实测值
试样数量		12		12		12	
批数		3		3		3	
数据种类		筛选值		筛选值		筛选值	

注：①通过各自的方法合并 75℉/A，180℉/A 和 180℉/W 三种环境进行数据正则化（见第 1 卷 8.3 节）；②ASTMD5229 指南；例外；7 天内两次连续的水分质量百分比读书变化小于 0.05％；③CV 不能代表整个母体，真实的基准值可能会更低；④第一批和第二批预浸料中的织物批次不显著。

表 4.2.1.1(d)　2 轴拉伸性能（$[90_f]_{10}$）

材料	7781/2510 8 综缎机织物		
树脂含量	35％～41％（质量）	复合材料密度	1.78～1.90 g/cm³
纤维体积含量	43％～49％	空隙率	0.0～4.2％
单层厚度	0.257～0.269 mm(0.0101～0.0106 in)		
试验方法	ASTM D3039 - 95	模量计算	1 000～3 000 $\mu\varepsilon$ 之间的弦向模量
正则化	将试样厚度和批内纤维面积质量正则化至 43.5％纤维体积（单层厚度 0.264 mm(0.0104 in)）		

温度/℃(℉)	-54(-65)	
吸湿量(％)		
吸湿平衡条件 (T/℃(℉)，RH/％)	大气环境	
来源编码		

		正则化值	实测值
$F_2^{tu}/$ MPa (ksi)	平均值	437.2(63.4)	431.7(62.6)
	最小值	406.2(58.9)	397.2(57.6)
	最大值	463.5(67.2)	460.7(66.8)
	CV/％	5.28	5.63
	B 基准值	①	①
	分布	正态	正态
	C_1	437.1(63.4)	431.6(62.6)
	C_2	23.10(3.53)	23.10(3.53)
	试样数量	6	
	批数	1	
	数据种类	筛选值	

注：①只对 A 类和 B 类数据给出基准值。

表 4.2.1.1(e)　1 轴压缩性能($[0_f]_{12}$)

材料	7781/2510 8 综缎机织物		
树脂含量	35%～41%(质量)	复合材料密度	1.74～1.85 g/cm³
纤维体积含量	41%～48%	空隙率	1.9%～7.5%
单层厚度	0.251～0.284mm(0.0099～0.0112in)		
试验方法	SACMA SRM 1-94	模量计算	$1\,000～3\,000\,\mu\varepsilon$ 之间的弦向模量
正则化	将试样厚度和批内纤维面积质量正则化至 43.5%纤维体积(单层厚度 0.264mm (0.0104in))		

温度/℃(℉)	24(75)		82(180)		82(180)	
吸湿量(%)	大气环境		大气环境			
吸湿平衡条件 (T/℃(℉), RH/%)					63(145), 85③	
来源编码						
	正则化值	实测值	正则化值	实测值	正则化值	实测值

		正则化值	实测值	正则化值	实测值	正则化值	实测值
F_1^{cu}/ MPa (ksi) ④	平均值	528.8(76.7)	527.4(76.5)	437.1(63.4)	434.4(63.0)	353.0(51.2)	348.2(50.5)
	最小值	468.2(67.9)	442.6(64.2)	393.7(57.1)	397.8(57.7)	308.9(44.8)	317.2(46.0)
	最大值	581.9(84.4)	581.2(84.3)	466.8(67.7)	469.5(68.1)	390.2(56.6)	380.6(55.2)
	CV/%	5.68	6.19	3.71②	4.72	7.37	5.83
	B 基准值	469.5 (68.1)	463.3 (67.2)	403.3 (58.5)②	394.4 (57.2)	⑤	⑤
	分布	正态①	正态①	正态①	正态①	ANOVA①	ANOVA①
	C_1	528.8(76.7)	527.4(76.5)	437.1(63.4)	434.4(63.0)	227.2(4.78)	193.5(4.07)
	C_2	30.1(4.36)	32.6(4.73)	16.2(2.35)	20.5(2.97)	203.0(4.27)	151.2(3.18)
	试样数量	18		18		18	
	批数	3		3		3	
	数据种类	B18		B18		B18	
E_1^c/ GPa (Msi)	平均值	26.5(3.85)	26.5(3.84)	26.5(3.84)	26.4(3.83)	24.4(3.54)	24.3(3.52)
	最小值	25.9(3.75)	24.3(3.53)	25.3(3.67)	24.2(3.51)	23.8(3.45)	23.2(3.37)
	最大值	27.1(3.93)	27.9(4.04)	28.5(4.14)	29.0(4.20)	24.8(3.60)	25.1(3.64)
	CV/%	1.80	4.71	4.38	6.85	1.59	2.63
	试样数量	6				6	
	批数	3				3	
	数据种类	筛选值				筛选值	

注:①采用单点法分析数据(见第 1 卷 8.3 节);②CV 不能代表整个母体,真实的基准值可能会更低;③ASTM D5229 指南;例外:7 天内两次连续的水分质量百分比读数变化小于 0.05%;④第一批和第二批预浸料中的织物批次不显著;⑤不能计算并提供小于 5 批次的基准值。

表 4.2.1.1(f)　1 轴压缩性能([0$_f$]$_{12}$)

材料	7781/2510 8 综缎机织物		
树脂含量	35%～41%(质量)	复合材料密度	1.74～1.84 g/cm³
纤维体积含量	41%～48%	空隙率	1.9%～7.5%
单层厚度	0.251～0.284 mm(0.0099～0.0112 in)		
试验方法	SACMA SRM 1-94	模量计算	1 000～3 000 $\mu\varepsilon$ 之间的弦向模量
正则化	将试样厚度和批内纤维面积质量正则化至 43.5% 纤维体积(单层厚度 0.264 mm (0.0104 in))		

温度/℃(℉)		-54(-65)						
吸湿量(%)								
吸湿平衡条件 (T/℃(℉)，RH/%)		大气环境						
来源编码								
		正则化值	实测值	正则化值	实测值	正则化值	实测值	
F_1^{cu}/ MPa (ksi) ④	平均值	606.9(88.0)	624.1(90.5)					
	最小值	575.2(83.4)	597.2(86.6)					
	最大值	674.5(97.8)	677.9(98.3)					
	CV/%	6.10	4.56					
	B 基准值	①	①					
	分布	正态	正态					
	C_1	606.7(88.0)	624.0(90.5)					
	C_2	37.0(5.37)	28.4(4.12)					
	试样数量	6						
	批数	1						
	数据种类	筛选值						

注:①只对 A 类和 B 类数据给出基准值。

表 4.2.1.1(g)　2 轴压缩性能([90$_f$]$_{12}$)

材料	7781/2510 8 综缎机织物		
树脂含量	35%～41%(质量)	复合材料密度	1.79～1.82 g/cm³
纤维体积含量	43%～48%	空隙率	1.6%～4.8%
单层厚度	0.257～0.274 mm(0.0101～0.0108 in)		

（续表）

试验方法	SACMA SRM 1-94			模量计算		$1000\sim3000\,\mu\varepsilon$ 之间的弦向模量	
正则化	将试样厚度和批内纤维面积质量正则化至43.5%纤维体积（单层厚度0.264 mm（0.0104 in））						
温度/℃(℉)	24(75)			82(180)		82(180)	
吸湿量(%)	大气环境			大气环境			
吸湿平衡条件(T/℃(℉), RH/%)						63(145), 85③	
来源编码							

		正则化值	实测值	正则化值	实测值	正则化值	实测值
F_2^{cu}/MPa (ksi)	平均值	453.7(65.8)	450.9(65.4)	371.6(53.9)	369.6(53.6)	298.5(43.3)	293.7(42.6)
	最小值	408.9(59.3)	403.3(58.5)	340.0(49.3)	335.1(48.6)	263.4(38.2)	255.8(37.1)
	最大值	479.2(69.5)	478.5(69.4)	394.4(57.2)	402.7(58.4)	322.0(46.7)	316.5(45.9)
	CV/%	4.53	4.70	4.33	5.11	5.75	5.23
	B基准值	413.0(59.9)	409.5(59.4)	339.9(49.3)	332.3(48.2)	②	②
	分布	正态①	正态①	正态①	正态①	ANOVA①	ANOVA①
	C_1	453.7(65.8)	450.9(65.4)	371.6(53.9)	369.6(53.6)	234.8(4.94)	206.3(4.34)
	C_2	20.5(2.98)	21.2(3.07)	16.1(2.33)	18.9(2.74)	136.0(2.86)	117.0(2.46)
	试样数量	18		18		21	
	批数	3		3		3	
	数据种类	B18		B18		B18	
E_2^c/GPa (Msi)	平均值	25.0(3.63)	25.0(3.62)	24.8(3.59)	24.9(3.58)	23.4(3.39)	23.2(3.37)
	最小值	24.1(3.49)	24.0(3.48)	23.6(3.43)	23.2(3.37)	22.9(3.32)	22.5(3.27)
	最大值	26.5(3.84)	26.1(3.32)	26.6(3.86)	26.5(3.85)	24.1(3.50)	23.8(3.45)
	CV/%	3.20	3.32	4.19	4.71	1.95	2.02
	试样数量	6		6		6	
	批数	3		3		3	
	数据种类	筛选值		筛选值		筛选值	

注：①采用单点法分析数据（见第1卷8.3节）；②不能计算并提供小于5批次的基准值；③ASTM D5229指南；例外：7天内两次连续的水分质量百分比读数变化小于0.05%。

表 4.2.1.1(h)　2 轴压缩性能($[90_f]_{12}$)

材料	7781/2510 8 综缎机织物		
树脂含量	35%～41%(质量)	复合材料密度	1.79～1.82 g/cm³
纤维体积含量	43%～48%	空隙率	1.6%～4.8%
单层厚度	0.257～0.274 mm(0.010 1～0.0108 in)		
试验方法	SACMA SRM 1-94	模量计算	1000～3 000 $\mu\varepsilon$ 之间的弦向模量
正则化	将试样厚度和批内纤维面积质量正则化至 43.5% 纤维体积(单层厚度 0.264 mm(0.0104 in))		

温度/℃(℉)		−54(−65)			
吸湿量(%)					
吸湿平衡条件 (T/℃(℉)，RH/%)		大气环境			
来源编码					
		正则化值	实测值		
F_2^{cu}/ MPa (ksi)	平均值	541.4(78.5)	544.8(79.0)		
	最小值	528.3(76.7)	535.9(77.7)		
	最大值	550.3(79.8)	553.1(80.2)		
	CV/%	1.33②	1.17②		
	B 基准值	①	①		
	分布	正态①	正态①		
	C_1	541.2(78.5)	544.7(79.0)		
	C_2	7.17(1.04)	6.34(0.92)		
	试样数量	6			
	批数	1			
	数据种类	筛选值			

注：①只对 A 类和 B 类数据给出基准值；②CV 不能代表整个母体。

表 4.2.1.1(i)　12 面剪切性能($[0_f/90_f]_{3s}$)

材料	7781/2510 8 综缎机织物		
树脂含量	35%～41%(质量)	复合材料密度	1.76～1.84 g/cm³
纤维体积含量	43%～47%	空隙率	2.2%～5.5%

（续表）

单层厚度	0.249～0.269 mm(0.0098～0.0106 in)				
试验方法	ASTM D5379‑93		模量计算	2500～6500 $\mu\varepsilon$ 之间的弦向模量③	
正则化	未正则化				
温度/℃(℉)	24(75)	82(180)	82(180)	−54(−65)	
吸湿量(%)					
吸湿平衡条件 (T/℃(℉), RH/%)	大气环境	大气环境	63(145), 85④	大气环境	
来源编码					
F_{12}^{su}/ MPa (ksi) ⑥	平均值	126.9(18.4)	105.5(15.3)	80.7(11.7)	163.4(23.7)	
	最小值	122.7(17.8)	102.0(14.8)	79.3(11.5)	157.2(22.8)	
	最大值	132.4(19.2)	108.2(15.7)	82.0(11.9)	171.7(24.9)	
	CV/%	2.08②	2.12②	1.00②	3.82⑦	
	B 基准值	123.4 (17.9)②	102.7 (14.9)②	77.9 (11.3)②	⑤	
	分布	正态①	正态①	正态①	正态	
	C_1	12.3(1.78) ②	12.3(1.78) ②	12.3(1.78) ②	163.4(23.7)	
	C_2	12.2(1.77)	12.2(1.77)	12.2(1.77)	6.27(0.91)	
	试样数量	18	18	18	6	
	批数	3	3	3	1	
	数据种类	BP3	BP3	BP3	筛选值	
G_{12}^{s}/ GPa (Msi)	平均值	4.37(0.634)	3.71(0.538)	3.07(0.445)		
	最小值	4.02(0.583)	3.47(0.504)	2.90(0.420)		
	最大值	5.15(0.747)	3.96(0.574)	3.28(0.476)		
	CV/%	7.12	4.83	3.47		
	试样数量	12	12	11		
	批数	3	3	3		
	数据种类	筛选值	筛选值	筛选值		

注：①通过各自的方法合并 75℉/A,180℉/A 和 180℉/W 三种环境进行数据正则化（见第 1 卷 8.3 节）；②CV 低于一般观测值，因此，忽略 CV 等同性检验的结果。真实的基准值可能会更低；③不同于现行的 ASTM D5379；④ASTM D5229 指南；例外：7 天内两次连续的水分质量百分比读数变化小于 0.05%；⑤只对 A 类和 B 类数据给出基准值；⑥强度为所能达到的最大应力,不同于现行的 ASTM D5379‑98（在 4/99 之前按 D5379‑93 计划的试验）；⑦CV 不能代表整个母体。

表 4.2.1.1(j)　12 面剪切性能($[0_f/90_f]_{3s}$)

材料	7781/2510 8 综缎机织物					
树脂含量	35%～41%(质量)			复合材料密度	1.76～1.84 g/cm³	
纤维体积含量	⑥			空隙率	2.2%～5.5%	
单层厚度	0.264～0.274 mm(0.0104～0.0108 in)					
试验方法	ASTM D5379-93			模量计算		
正则化	未正则化					

温度/℃(℉)		24(75)	82(180)	82(180)		
吸湿量(%)						
吸湿平衡条件 (T/℃(℉), RH/%)		①	②	③		
来源编码						
F_{12}^{su}/ MPa (ksi) ⑤	平均值	124.1(18.0)	102.0(14.8)	101.3(14.7)		
	最小值	120.6(17.5)	97.9(14.2)	98.6(14.3)		
	最大值	127.5(18.5)	106.2(15.4)	104.8(15.2)		
	CV/%	2.24②	2.98②	2.24②		
	B 基准值	④	④	④		
	分布	正态	正态	正态		
	C_1	124.8(18.1)	102.0(14.8)	101.4(14.7)		
	C_2	2.83(0.41)	3.03(0.44)	2.28(0.33)		
	试样数量	5	5	5		
	批数	1	1	1		
	数据种类	筛选值	筛选值	筛选值		

注:①在室温下浸泡于 MEK(实验室级甲基乙基酮)中 60～90 min;②在室温下浸泡于航空煤油(JP-A)中 500 h;③在室温下浸泡于液压油(Tri-N 磷酸丁酯)中 60～90 min;④只对 A 类和 B 类数据给出基准值;⑤强度为所能达到的最大应力,不同于现行的 ASTM D5379;⑥CV 不能代表整个母体。

表 4.2.1.1(k)　31 面剪切性能($[0_f]_{10}$)

材料	7781/2510 8 综缎机织物		
树脂含量	35%～41%(质量)	复合材料密度	1.72～1.81 g/cm³
纤维体积含量	41%～45%	空隙率	2.1%～8.5%
单层厚度	0.249～0.274 mm(0.0098～ 0.0108 in)		
试验方法	ASTM D2344-89	模量计算	

（续表）

正则化	未正则化				
温度/℃(℉)	24(75)				
吸湿量(%)	大气环境				
吸湿平衡条件 (T/℃(℉)，RH/%)					
来源编码					
F_{31}^{sbs}/ MPa (ksi) 平均值	60.1(8.71)				
最小值	52.0(7.54)				
最大值	65.6(9.51)				
CV/%	6.62				
B 基准值	①				
分布	正态				
C_1	60.05(8.71)				
C_2	3.97(0.576)				
试样数量	18				
批数	3				
数据种类	筛选值				

注:①只对 A 类和 B 类数据给出基准值。

4.3　继承 MIL‑HDBK‑17 F 版的旧数据

此节留待以后补充。

4.3.1　玻璃‑环氧预浸带和织物

此节留待以后补充。

4.3.1.1　S2‑449 43k/SP381 单向带

材料描述：

材料　　　　　S2‑449 17k/PR381。

形式　　　　　单向带,纤维面积质量为 111 g/m²,典型的固化后树脂含量为 28%～33%,典型的固化后单层厚度为 0.084～0.094 mm(0.0033～0.0037 in)。

固化工艺　　　热压罐固化;127℃(260℉)，0.345 MPa(50 psi)，2 h。

供应商提供的数据：

纤维　　　　　S2 玻纤与常用的 E 玻璃粗纱相比,其强度、模量、冲击阻抗和疲劳性能得到了增强,纤维所用上浆剂为与环氧相容的 449 油剂。每一粗纱包含有 17 000 根丝。典型的拉伸模量为 $86.2 \sim 89.7\,GPa(12.5 \sim 13.0\,Msi)$,典型的拉伸强度为 $4\,586\,MPa(665\,000\,psi)$。

基体　　　　　　PR381 是一种 $121\,℃(250\,℉)$ 固化环氧树脂,其性能与常用的 $177\,℃(350\,℉)$ 固化树脂体系相近,在 $24\,℃(75\,℉)$ 条件下放置 30 天仍能保持轻微的黏性。

最高短期使用温度　$104\,℃(220\,℉)$(干态),$71\,℃(160\,℉)$(湿态)。

典型应用　　　　应用于有较高疲劳和强度要求的主承力和次承力结构,如直升机和通用航空结构。

表 4.3.1.1　S2-449 43k/SP381 单向带

材料	S2-449 43.5k/SP381 单向带			
形式	3M Scotchply SP 381 Uni S29 284 BW 33RC 预浸带			
纤维	Owens Corning S2-449,不加捻,表面未处理,通常用 449 玻璃纤维上浆剂		基体	3M PR 381
T_g(干态)	$138\,℃(280\,℉)$	T_g(湿态)　$112\,℃(234\,℉)$	T_g测量方法	SRM 18-94 RDA G' 起始
固化工艺	热压罐固化;$144 \pm 6\,℃(260 \pm 10\,℉)$,$120 \pm 20\,min$,$0.345\,MPa(50\,psi)$,			

纤维制造日期:	5/92—12/94	试验日期:	5/93—4/95
树脂制造日期:	1/93—12/94	数据提交日期:	6/96
预浸料制造日期:	4/93—3/95	分析日期:	2/97
复合材料制造日期:	12/91—3/96		

单层性能汇总

	24℃ (75℉) /A		−54℃ (−65℉) /A	82℃ (180℉) /A		71℃ (160℉) /A		
1 轴拉伸	BM-B		SS-S	SS-S		SS-S		
2 轴拉伸	SS-S		SS-S	SS-S		SS-S		
3 轴拉伸								
1 轴压缩	SS-S		SS-S	SS-S		SS-S		
2 轴压缩								

（续表）

	24℃ （75°F） /A		−54℃ （−65°F） /A	82℃ （180°F） /A		71℃ （160°F） /A	
3 轴压缩							
12 面剪切	SS–		SS–	SS–		SS–	
23 面剪切							
31 面剪切							
31 面 SB 强度	S–		S–	S–		S–	

注:强度/模量/泊松比/破坏应变的数据种类为:A—A75,a—A55,B—B30,b—B18,M—平均值,I—临时值, S—筛选值,——无数据(见表 1.5.1.2(c))。
包括 8 种液体浸泡处理的 F^{sbs} 数据。

	名义值	提交值	试验方法
纤维密度/(g/cm³)	2.49		ASTM C 693
树脂密度/(g/cm³)	1.216		ASTM D 792
复合材料密度/(g/cm³)	1.85	1.84～1.97	
纤维面积质量/(g/m²)	284	283～291	SRM 23B
纤维体积含量/%	50	47.3～56.1	
单层厚度/(mm(in))	0.229(0.009)	0.178～0.246(0.0070～0.0097)	

层压板性能汇总

	23℃(73°F)					
[±45/0/−45/45]						
x 轴拉伸	SS-S					
y 轴拉伸	SS-S					

注:强度/模量/泊松比/破坏应变的数据种类为:A—A75,a—A55,B—B30,b—B18,M—平均值,I—临时值, S—筛选值,——无数据(见表 1.5.1.2(c))。

表 4.3.1.1(a)　1 轴拉伸性能（[0]ₛ）

材料	S2-449 43.5k/SP381 单向带		
树脂含量	29%～34%(质量)	复合材料密度	1.84～1.97 g/cm³
纤维体积含量	47.3%～54.7%	空隙率	0.0～0.07%
单层厚度	0.203～0.244 mm(0.0080～ 0.0096 in)		

（续表）

试验方法	SRM 4-88			模量计算		1000~6000 $\mu\varepsilon$ 之间的弦向模量	
正则化	将试样厚度和批内纤维面积质量正则化至 50%纤维体积（单层厚度 0.229 mm（0.0090 in））						
温度/℃(℉)	23(73)		-54(-65)			82(180)	
吸湿量(%)	大气环境		大气环境			大气环境	
吸湿平衡条件（T/℃(℉)，RH/%)							
来源编码	69		69			69	

		正则化值	实测值	正则化值	实测值	正则化值	实测值
F_1^{tu}/MPa(ksi)	平均值	1696(246)	1676(243)	1628(236)	1696(246)	1434(208)	1455(211)
	最小值	1496(217)	1572(228)	1407(204)	1503(218)	1379(200)	1379(200)
	最大值	1979(287)	1841(267)	1772(257)	1800(261)	1517(220)	1572(228)
	CV/%	6.45	3.89	7.44	5.19	3.62	4.79
	B基准值	1365(198)	1510(219)	①	①	①	①
	分布	ANOVA	ANOVA	ANOVA	Weibull	ANOVA	ANOVA
	C_1	799(16.8)	465(9.78)	1018(21.4)	1738(252)	388(8.15)	556(11.7)
	C_2	134(2.82)	117(2.45)	789(16.6)	28.3	461(9.69)	671(14.1)
	试样数量	32		11			11	
	批数	6		2			2	
	数据种类	B30		筛选值			筛选值	
E_1^t/GPa(Msi)	平均值	47.7(6.91)	47.1(6.83)	47.8(6.93)	49.9(7.24)	45.7(6.62)	46.2(6.70)
	最小值	43.6(6.32)	44.6(6.47)	44.2(6.41)	47.7(6.91)	44.3(6.42)	45.2(6.55)
	最大值	52.0(7.54)	49.8(7.22)	49.9(7.24)	51.9(7.53)	46.8(6.78)	48.9(7.09)
	CV/%	4.34	2.68	3.03	3.26	1.62	2.48
	试样数量	32		11			11	
	批数	6		2			2	
	数据种类	平均值		筛选值			筛选值	
ε_1^{tu}/$\mu\varepsilon$	平均值		35600		34100		31500
	最小值		33400		29500		30000
	最大值		38300		36700		33800
	CV/%		3.83		6.23		4.21

（续表）

		正则化值	实测值	正则化值	实测值	正则化值	实测值
	B 基准值		32 400		①		①
	分布		ANOVA		ANOVA		ANOVA
	C_1		1400		2 440		1 390
	C_2		2.28		13.9		7.11
	试样数量		32		11		11
	批数		6		2		2
	数据种类		B30		筛选值		筛选值

注：①只对 A 类和 B 类数据给出基准值。

表 4.3.1.1(b)　1 轴拉伸性能($[0]_5$)

材料	S2 - 449 43.5k/SP381 单向带		
树脂含量	32%～33%（质量）	复合材料密度	1.89~1.97 g/cm³
纤维体积含量	49.3%～51.1%	空隙率	0.0～0.07%
单层厚度	0.203～0.234 mm（0.008 8～0.009 2 in）		
试验方法	SRM 4 - 88	模量计算	1000～6 000 $\mu\varepsilon$ 之间的弦向模量
正则化	将试样厚度和批内纤维面积质量正则化至 50%纤维体积（单层厚度 0.229 mm（0.009 0 in））		

	温度/℃(℉)	71(160)		
	吸湿量(%)	湿态		
	吸湿平衡条件 (T/℃(℉)，RH/%)	②		
	来源编码	69		
		正则化值	实测值	
	平均值	779(113)	793(115)	
	最小值	724(105)	731(106)	
F_1^{tu}/ MPa (ksi)	最大值	821(119)	828(120)	
	CV/%	3.90	3.22	
	B 基准值	①	①	
	分布	Weibull	Weibull	

（续表）

		正则化值	实测值				
	C_1	793(115)	800(116)				
	C_2	32.6	40.5				
	试样数量	13					
	批数	2					
	数据种类	筛选值					
$E_1^t/$ GPa (Msi)	平均值	47.3(6.86)	47.9(6.95)				
	最小值	45.0(6.52)	46.3(6.71)				
	最大值	50.0(7.25)	49.4(7.16)				
	$CV/\%$	3.19	2.06				
	试样数量	13					
	批数	2					
	数据种类	筛选值					
$\varepsilon_1^{tu}/\mu\varepsilon$	平均值	16 500					
	最小值	15 600					
	最大值	17 100					
	$CV/\%$	2.76					
	B 基准值	①					
	分布	Weibull					
	C_1	16 700					
	C_2	45.9					
	试样数量	13					
	批数	2					
	数据种类	筛选值					

注:①只对 A 类和 B 类数据给出基准值;②浸泡于 71℃(160°F)水中 14 天。

表 4.3.1.1(c)　2 轴拉伸性能($[90]_{10}$)

材料	S2 - 449 43.5k/SP381 单向带		
树脂含量	31%～32%(质量)	复合材料密度	1.84～1.86 g/cm³
纤维体积含量	51.0%～53.2%	空隙率	0.0～0.99%
单层厚度	0.206～0.234 mm(0.008 1～0.009 2 in)		

（续表）

试验方法	SRM 4 - 88			模量计算	$1000\sim3\,000\,\mu\varepsilon$ 之间的弦向模量②	
正则化	未正则化					
温度/℃(℉)	23(73)	−54(−65)	82(180)	71(160)		
吸湿量(%)	大气环境	大气环境	大气环境	湿态		
吸湿平衡条件 (T/℃(℉)，RH/%)				③		
来源编码	69	69	69	69		
$F_2^{tu}/$ MPa (ksi) 平均值	62.1(9.0)	62.8(9.1)	51.7(7.5)	29.0(4.2)		
最小值	60.0(8.7)	57.2(8.3)	49.0(7.1)	26.2(3.8)		
最大值	64.1(9.3)	67.6(9.8)	52.4(7.6)	32.4(4.7)		
CV/%	2.3	4.7	2.7	7.5		
B 基准值	①	①	①	①		
分布	Weibull	Weibull	正态	Weibull		
C_1	62.8(9.1)	64.1(9.3)	51.7(7.5)	29.7(4.3)		
C_2	49	24	1.38(0.20)	14		
试样数量	10	11	6	10		
批数	2	2	1	2		
数据种类	筛选值	筛选值	筛选值	筛选值		
$E_2^{t}/$ GPa (Msi) 平均值	13.3(1.93)	14.5(2.10)	10.6(1.53)	7.38(1.07)		
最小值	12.8(1.85)	13.0(1.88)	10.1(1.47)	6.90(1.00)		
最大值	14.3(2.07)	15.9(2.31)	11.0(1.59)	7.72(1.12)		
CV/%	3.31	5.57	2.58	3.23		
试样数量	10	11	6	10		
批数	2	2	1	2		
数据种类	筛选值	筛选值	筛选值	筛选值		
$\varepsilon_2^{tu}/\mu\varepsilon$ 平均值	4 700	4 300	4 900	3 900		
最小值	4 200	3 800	4 600	3 400		
最大值	5 100	4 800	5 100	4 300		
CV/%	4.6	7.2	4.6	6.7		
B 基准值	①	①	①	①		

（续表）

分布	非参数	Weibull	正态	Weibull
C_1	6	4 500	4 900	4 000
C_2	2.1	16	220	17
试样数量	10	11	6	10
批数	2	2	1	2
数据种类	筛选值	筛选值	筛选值	筛选值

注：①只对 A 类和 B 类数据给出基准值；②SRM 4-88 的例外；③浸泡于 71℃（160℉）水中 14 天。

表 4.3.1.1(d)　1 轴压缩性能（$[0]_s$）

材料	S2-449 43.5k/SP381 单向带		
树脂含量	28%～33%（质量）	复合材料密度	1.90～1.94 g/cm³
纤维体积含量	49.3%～56.1%	空隙率	0.12%～0.50%
单层厚度	0.203～0.239 mm（0.008 0～0.009 4 in）		
试验方法	SRM 1-88	模量计算	1 000～3 000 $\mu\varepsilon$ 之间的弦向模量
正则化	将试样厚度和批内纤维面积质量正则化至 50% 纤维体积（单层厚度 0.229 mm（0.009 0 in））		

温度/℃（℉）	23(73)		-54(-65)		82(180)	
吸湿量（%）						
吸湿平衡条件（T/℃（℉），RH/%）	大气环境		大气环境		大气环境	
来源编号	69		69		69	
	正则化值	实测值	正则化值	实测值	正则化值	实测值
平均值	1159(168)	1255(182)	1172(170)	1221(177)	1034(150)	1145(166)
最小值	972(141)	1028(149)	1055(153)	1117(162)	945(137)	1062(154)
最大值	1372(199)	1483(215)	1269(184)	1352(196)	1145(166)	1234(179)
CV/%	10.4	10.8	5.20	5.59	6.70	4.93
B 基准值	①	①	①	①	①	①
分布	Weibull	Weibull	Weibull	ANOVA	ANOVA	Weibull
C_1	1214(176)	1317(191)	1200(174)	518(10.9)	585(12.3)	1172(170)
C_2	10.6	10.5	22.0	537(11.3)	789(16.6)	22.2

（表左侧纵向标注：F_1^{cu}/MPa(ksi)）

（续表）

		正则化值	实测值	正则化值	实测值	正则化值	实测值
	试样数量	20		14		12	
	批数	2		2		2	
	数据种类	筛选值		筛选值		筛选值	
E_1^c / GPa (Msi)	平均值	48.0(6.96)	48.7(7.06)	47.4(6.87)	49.7(7.20)	46.6(6.76)	47.9(6.95)
	最小值	46.3(6.71)	46.0(6.67)	46.5(6.75)	46.5(6.75)	45.1(6.54)	46.5(6.75)
	最大值	49.7(7.20)	50.6(7.34)	48.3(7.01)	53.0(7.68)	47.9(6.94)	49.4(7.16)
	CV/%	2.43	2.68	1.40	4.16	1.74	2.22
	试样数量	10		10		10	
	批数	2		2		2	
	数据种类	筛选值		筛选值		筛选值	

注：①只对 A 类和 B 类数据给出基准值。

表 4.3.1.1(e)　1 轴压缩性能（[0]ₛ）

材料	S2‐449 43.5k/SP381 单向带		
树脂含量	28%～33%（质量）	复合材料密度	1.90～1.94 g/cm³
纤维体积含量	49.3%～56.1%	空隙率	0.12%～0.50%
单层厚度	0.208～0.229 mm（0.008 2～0.009 0 in）		
试验方法	SRM 1‐88	模量计算	1000～3 000 $\mu\varepsilon$ 之间的弦向模量
正则化	将试样厚度和批内纤维面积质量正则化至 50%纤维体积（单层厚度 0.229 mm（0.009 0 in））		

温度/℃(℉)	71(160)		
吸湿量(%)	湿态		
吸湿平衡条件 (T/℃(℉), RH/%)	②		
来源编码	69		

		正则化值	实测值		
F_1^{cu} / MPa (ksi)	平均值	959(139)	1007(146)		
	最小值	897(130)	903(131)		
	最大值	1007(146)	1083(157)		
	CV/%	3.48	5.27		

（续表）

		正则化值	实测值			
	B 基准值	①	①			
	分布	Weibull	Weibull			
	C_1	972(141)	1028(149)			
	C_2	37.4	22.6			
	试样数量	10				
	批数	2				
	数据种类	筛选值				
$E_1^c/$ GPa (Msi)	平均值	47.7(6.92)	49.4(7.16)			
	最小值	46.1(6.69)	47.2(6.85)			
	最大值	48.8(7.08)	51.2(7.43)			
	$CV/\%$	2.11	2.83			
	试样数量	10				
	批数	2				
	数据种类	筛选值				

注:①只对 A 类和 B 类数据给出基准值;②浸泡于 71℃(160℉)水中 14 天。

表 4.3.1.1(f)　12 面剪切性能($[\pm 45]_{2S}$)

材料	S2－449 43.5k/SP381 单向带			
树脂含量	29%～32%(质量)		复合材料密度	1.88～1.94 g/cm³
纤维体积含量	51.1%～54.5%		空隙率	0.21%～0.60%
单层厚度	0.206～0.229 mm(0.0081～0.0090 in)			
试验方法	SRM 7－88		模量计算	500～3 000 $\mu\varepsilon$ 之间的弦向模量
正则化	未正则化			
温度/℃(℉)	23(73)	−54(−65)	82(180)	71(160)
吸湿量(%)				湿态
吸湿平衡条件 (T/℃(℉)，RH/%)	大气环境	大气环境	大气环境	②
来源编码	69	69	69	69

（续表）

F_{12}^{su}/ MPa (ksi)	平均值	98.6(14.3)	93.8(13.6)	81.4(11.8)	65.5(9.5)	
	最小值	91.0(13.2)	89.0(12.9)	74.5(10.8)	62.1(9.0)	
	最大值	101(14.7)	100(14.5)	84.8(12.3)	67.6(9.8)	
	CV/%	3.52	3.77	3.66	2.9	
	B基准值	①	①	①	①	
	分布	非参数	正态	Weibull	Weibull	
	C_1	6	93.8(13.6)	82.8(12.0)	66.2(9.6)	
	C_2	2.14	3.55(0.515)	38.4	44	
	试样数量	10	9	10	12	
	批数	2	2	2	2	
	数据种类	筛选值	筛选值	筛选值	筛选值	
G_{12}/ GPa (Msi)	平均值	4.75(0.689)	6.08(0.881)	3.83(0.555)	3.24(0.470)	
	最小值	4.47(0.648)	5.77(0.837)	3.73(0.541)	3.14(0.455)	
	最大值	5.03(0.729)	6.57(0.952)	3.99(0.578)	3.31(0.480)	
	CV/%	3.62	5.06	2.26	1.76	
	试样数量	9	6	10	10	
	批数	2	2	2	2	
	数据种类	筛选值	筛选值	筛选值	筛选值	

注：①只对 A 类和 B 类数据给出基准值；②浸泡于 71℃(160°F)水中 14 天。

表 4.3.1.1(g)　31 面短梁强度性能($[0]_{12}$)

材料	S2-449 43.5k/SP381 单向带		
树脂含量	30%～34%(质量)	复合材料密度	1.84～1.94 g/cm³
纤维体积含量	47.6%～53.1%	空隙率	0.0～0.64%
单层厚度	0.178～0.234 mm(0.007 0～0.009 2 in)		
试验方法	SRM 8-88	模量计算	
正则化	未正则化		
温度/℃(°F)	23(73)	-54(-65)	82(180)	71(160)	
吸湿量(%)				湿态	
吸湿平衡条件 (T/℃(°F),RH/%)	大气环境	大气环境	大气环境	②	

	来源编码	69	69	69	69		
F_{31}^{sbs} / MPa (ksi)	平均值	85.5(12.4)	101(14.6)	60.0(8.7)	49.7(7.2)		
	最小值	80.0(11.6)	95.9(13.9)	56.5(8.2)	48.3(7.0)		
	最大值	91.0(13.2)	108(15.6)	62.1(9.0)	51.0(7.4)		
	CV/%	4.16	3.32	2.9	1.7		
	B 基准值	①	①	①	①		
	分布	ANOVA	正态	ANOVA	Weibull		
	C_1	27.3(0.573)	101(14.6)	14.7(0.310)	50.3(7.3)		
	C_2	183(3.85)	3.34(0.485)	856(18)	67		
	试样数量	25	14	14	13		
	批数	4	2	2	2		
	数据种类	筛选值	筛选值	筛选值	筛选值		

注:①短梁强度试验数据只批准用于筛选数据种类;②浸泡于 71℃(160°F)水中 14 天。

表 4.3.1.1(h) 31 面短梁强度性能($[0]_{12}$)

材料	S2-449 43.5k/SP381 单向带		
树脂含量	30%(质量)	复合材料密度	1.93~1.94 g/cm³
纤维体积含量	52.9%~53.1%	空隙率	0.0~0.64%
单层厚度	0.201~0.235 mm(0.007 92~0.009 25 in)		
试验方法	SRM 8-88	模量计算	
正则化	未正则化		

	温度/℃(°F)	23(73)	23(73)	23(73)	23(73)		
	吸湿量(%)						
	吸湿平衡条件 (T/℃(°F),RH/%)	②	③	④	⑤		
	来源编码	69	69	69	69		
F_{31}^{sbs} / MPa (ksi)	平均值	81.4(11.8)	84.8(12.3)	80.0(11.6)	82.1(11.9)		
	最小值	75.9(11.0)	81.4(11.8)	64.8(9.40)	78.6(11.4)		
	最大值	84.8(12.3)	89.7(13.0)	88.3(12.8)	86.9(12.6)		
	CV/%	3.49	2.87	8.23	3.17		
	B 基准值	①	①	①	①		

（续表）

分布	Weibull	正态	ANOVA	正态		
C_1	82.1(11.9)	85.5(12.4)	50.9(1.07)	82.1(11.9)		
C_2	34.7	2.45(0.355)	580(12.2)	2.59(0.376)		
试样数量	14	14	14	14		
批数	2	2	2	2		
数据种类	筛选值	筛选值	筛选值	筛选值		

注：①短梁强度试验数据只批准用于筛选数据种类；②浸泡于 0℃(32℉)MIL－A－8243 防冻液中 30 天；③浸泡于 71℃(160℉)MIL－H－83282 液压油中 90 天，MIL－H－83282 于 1997 年 9 月 30 日更改为 MIL－PRF－83282；④浸泡于 71℃(160℉)MIL－H－5606 液压油中 90 天；⑤浸泡于 24℃(75℉)MIL－T－5624 燃油中 90 天，MIL－T－5624 于 1996 年 11 月 22 日更改为 MIL－PRF－5624。

表 4.3.1.1(i)　31 面短梁强度性能([0]12)

材料	S2－449 43.5k/SP381 单向带		
树脂含量	30%(质量)	复合材料密度	1.93～1.94 g/cm³
纤维体积含量	52.9%～53.1%	空隙率	0.0～0.64%
单层厚度	0.193～0.237 mm(0.007 58～0.009 33 in)		
试验方法	SRM 8－88	模量计算	
正则化	未正则化		

温度/℃(℉)		23(73)	23(73)	23(73)	23(73)
吸湿量(%)					
吸湿平衡条件 (T/℃(℉), RH/%)		②	③	④	⑤
来源编码		69	69	69	69
F_{31}^{sbs}/MPa (ksi)	平均值	81.4(11.8)	83.4(12.1)	80.7(11.7)	81.4(11.8)
	最小值	76.5(11.1)	75.2(10.9)	73.1(10.6)	77.9(11.3)
	最大值	86.9(12.6)	86.9(12.6)	84.8(12.3)	84.8(12.3)
	CV/%	3.47	3.84	4.02	2.91
	B 基准值	①	①	①	①
	分布	Weibull	Weibull	Weibull	ANOVA
	C_1	82.8(12.0)	84.8(12.3)	82.1(11.9)	18.4(0.386)
	C_2	30.7	39.5	37.2	599(12.6)
	试样数量	14	14	13	14
	批数	2	2	2	2
	数据种类	筛选值	筛选值	筛选值	筛选值

注：①短梁强度试验数据只批准用于筛选数据种类；②浸泡于 71℃(160℉) MIL－L－23699 润滑油中 90 天，MIL－L－23699 于 1997 年 5 月 21 日更改为 MIL－PRF－23699；③浸泡于 71℃(160℉)MIL－L－7808 润滑油中 90 天，MIL－L－7808 于 1997 年 5 月 2 日更改为 MIL－PRF－7808；④浸泡于 24℃(75℉)MIL－C－87936 清洗液中 7 天，MIL－C－87936 于 1995 年 3 月 1 日取消被 MIL－C－87937 替代。MIL－C－87937 于 1997 年 8 月 14 日更改为 MIL－PRF－87937；⑤浸泡于 24℃(75℉)ASTM D 740 丁酮(MEK)中 7 天。

表 4.3.1.1(j)　x 轴拉伸性能($[\pm 45/0/\pm 45]s$)

材料	S2－449 43.5k/SP381 单向带			
树脂含量	30%～31%(质量)		复合材料密度	1.92～1.94 g/cm³
纤维体积含量	51.6%～53.5%		空隙率	0.0～0.50%
单层厚度	0.218～0.226 mm(0.0086～0.0089 in)			
试验方法	SRM 4-88		模量计算	1000～3000 $\mu\varepsilon$ 之间的弦向模量
正则化	将试样厚度和批内纤维面积质量正则化至50%纤维体积(单层厚度 0.229 mm(0.0090 in))			

温度/℃(℉)		23(73)				
吸湿量(%)						
吸湿平衡条件 (T/℃(℉), RH/%)		大气环境				
来源编码		69				
		正则化值	实测值			
F_x^{tu}/ MPa (ksi)	平均值	479(69.5)	503(72.9)			
	最小值	460(66.7)	492(71.4)			
	最大值	492(71.3)	521(75.6)			
	CV/%	2.18	1.67			
	B 基准值	①	①			
	分布	ANOVA	正态			
	C_1	82.8(1.74)	503(72.9)			
	C_2	652(13.7)	8.41(1.22)			
	试样数量	10				
	批数	2				
	数据种类	筛选值				
E_x^t/ GPa (Msi)	平均值	19.8(2.87)	20.8(3.01)			
	最小值	19.2(2.78)	20.3(2.94)			
	最大值	20.4(2.96)	21.4(3.11)			
	CV/%	2.21	1.58			
	试样数量	10				

（续表）

		正则化值	实测值				
	批数	2					
	数据种类	筛选值					
$\varepsilon_x^{tu}/\mu\varepsilon$	平均值		24 200				
	最小值		23 600				
	最大值		24 900				
	$CV/\%$		1.69				
	B 基准值		①				
	分布		Weibull				
	C_1		24 400				
	C_2		65.4				
	试样数量	10					
	批数	2					
	数据种类	筛选值					

注:①只对 A 类和 B 类数据给出基准值。

表 4.3.1.1(k)　y 轴拉伸性能（[±45/90/±45]s）

材料	S2 - 449 43.5k/SP381 单向带		
树脂含量	30%～31%(质量)	复合材料密度	1.92～1.94 g/cm³
纤维体积含量	51.6%～53.5%	空隙率	0.0～0.50%
单层厚度	0.211～0.229 mm(0.008 3～ 0.009 0 in)		
试验方法	SRM 4 - 88	模量计算	1000～3 000 $\mu\varepsilon$ 之间的弦向 模量
正则化	将试样厚度和批内纤维面积质量正则化至 50% 纤维体积(单层厚度 0.229 mm (0.009 0 in))		
温度/℃(℉)	23(73)		
吸湿量(%)			
吸湿平衡条件 (T/℃(℉), RH/%)	大气环境		
来源编码	69		

(续表)

		正则化值	实测值				
F_y^{tu}/ MPa (ksi)	平均值	172(24.9)	181(26.2)				
	最小值	165(23.9)	170(24.7)				
	最大值	179(25.9)	188(27.3)				
	CV/%	2.29	2.94				
	B 基准值	①	①				
	分布	Weibull	Weibull				
	C_1	173(25.1)	183(26.5)				
	C_2	47.1	42.2				
	试样数量	10					
	批数	2					
	数据种类	筛选值					
E_y^{tu}/ GPa (Msi)	平均值	14.8(2.15)	15.6(2.26)				
	最小值	14.5(2.10)	15.0(2.18)				
	最大值	15.2(2.20)	16.5(2.39)				
	CV/%	1.33	3.50				
	试样数量	10					
	批数	2					
	数据种类	筛选值					
ε_y^{tu}/$\mu\varepsilon$	平均值		11 600				
	最小值		10 900				
	最大值		12 000				
	CV/%		2.65				
	B 基准值		①				
	分布		Weibull				
	C_1		11 700				
	C_2		49.8				
	试样数量	10					
	批数	2					
	数据种类	筛选值					

注:①只对 A 类和 B 类数据给出基准值。

4.3.1.2　S2‑449 17k/SP381 单向带

材料描述：

材料	S2‑449 43.5k/3M PR381。
形式	单向带，纤维面积质量为 284 g/m² ，典型的固化后树脂含量为 28%～33%，典型的固化后单层厚度为 0.206～0.229 mm(0.0081～0.009 in)。
固化工艺	热压罐固化；127℃(260℉)，0.345 MPa(50 psi)，2 h。

供应商提供的数据：

纤维	S2 玻纤与常用的 E 玻璃粗纱相比，其强度、模量、冲击阻抗和疲劳性能得到了增强，纤维所用上浆剂为与环氧相容的 449 油剂。每一粗纱包含有 43 500 根丝。典型的拉伸模量为 82.8～90.0 GPa(12.5～13.0 Msi)，典型的拉伸强度为 4 586 MPa(665 000 psi)。
基体	PR381 是一种 121℃(250℉)固化环氧树脂，其性能与常用的 177℃(350℉)固化树脂体系相近，在 24℃(75℉)条件下放置 30 天仍能保持轻度的黏性。
最高短期使用温度	104℃(220℉)(干态)，71℃(160℉)(湿态)。
典型应用	应用于有较高疲劳和强度要求的主承力和次承力结构，如直升机和通用航空结构。

表 4.3.1.2　S2‑449 17k/SP381 单向带

材料	S2‑449 17k/SP381 单向带			
形式	3M Scotchply SP 381 Uni S29 111 BW 33RC			
纤维	Owens Corning S2‑449，不加捻，表面未处理，通常用 449 玻璃纤维上浆剂		基体	3M PR 381
T_g(干态)	144℃(291℉)	T_g(湿态) 112℃(234℉)	T_g测量方法	SRM 18 RDA G″峰值
固化工艺	热压罐固化：126±6℃(260±10℉)，120±20 min，0.345 MPa(50 psi)			

纤维制造日期：	8/91—12/94	试验日期：	6/93—4/96
树脂制造日期：	11/91—5/95	数据提交日期：	6/96
预浸料制造日期：	11/91—2/96	分析日期：	2/97
复合材料制造日期：	12/91—3/96		

单层性能汇总

	24℃ (75℉) /A		−54℃ (−65℉) /A	82℃ (180℉) /A		71℃ (160℉) /A		
1 轴拉伸	bM-b		SS-S	SS-S		SS-S		
2 轴拉伸	SS-S		SS-S	SS-S		SS-S		
3 轴拉伸								
1 轴压缩	SS-S		SS-S	SS-S		SS-S		
2 轴压缩								
3 轴压缩								
12 面剪切	IS—		IS—	IS—		SS—		
23 面剪切								
31 面剪切								
31 面 SB 强度	S—		S—	S—		S—		

注:强度/模量/泊松比/破坏应变的数据种类为:A—A75,a—A55,B—B30,b—B18,M—平均值,I—临时值,S—筛选值,——无数据(见表 1.5.1.2(c))。

包括 8 种液体浸泡处理的 F^{sbs} 数据。

	名义值	提交值	试验方法
纤维密度/(g/cm³)	2.49		ASTM C 693
树脂密度/(g/cm³)	1.216		ASTM D 792
复合材料密度/(g/cm³)	1.85	1.82~1.94	
纤维面积质量/(g/m²)	111	111~113	SRM 23B
纤维体积含量/%	50	47.6~55.2	
单层厚度/mm	0.0889	0.077~0.095	

层压板性能汇总

	23℃(73℉)/A							
[±45/0/−45/45]								
x 轴拉伸	SS-S							
y 轴拉伸	SS-S							

注:强度/模量/泊松比/破坏应变的数据种类为:A—A75,a—A55,B—B30,b—B18,M—平均值,I—临时值,S—筛选值,——无数据(见表 1.5.1.2(c))。

表 4.3.1.2(a)　1 轴拉伸性能($[0]_{12}$)

材料	S2-449 17k/SP381 单向带			
树脂含量	29%～36%(质量)		复合材料密度	1.85～1.93 g/cm³
纤维体积含量	47.6%～54.0%		空隙率	0.0～0.17%
单层厚度	0.081～0.097 mm(0.0032～0.0038 in)			
试验方法	SRM 4-88		模量计算	1000～6000 $\mu\varepsilon$ 之间的弦向模量
正则化	将试样厚度和批内纤维面积质量正则化至 50% 纤维体积(单层厚度 0.089 mm(0.0035 in))			

温度/℃(℉)	23(73)		−54(−65)		82(180)	
吸湿量(%)						
吸湿平衡条件(T/℃(℉), RH/%)	大气环境		大气环境		大气环境	
来源编码	70		70		70	

		正则化值	实测值	正则化值	实测值	正则化值	实测值
F_1^{tu}/MPa(ksi)	平均值	1759(255)	1710(248)	1841(267)	1890(274)	1552(225)	1552(225)
	最小值	1676(243)	1572(228)	1607(233)	1731(251)	1503(218)	1490(216)
	最大值	1910(277)	1890(274)	1979(287)	2083(302)	1634(237)	1614(234)
	CV/%	3.40	5.07	6.52	5.96	3.13	2.59
	B 基准值	1641(238)	②	①	①	①	①
	分布	正态	ANOVA	Weibull	Weibull	Weibull	Weibull
	C_1	1759(255)	647(13.6)	1890(274)	1938(281)	1572(228)	1572(228)
	C_2	59.7(8.65)	168(3.53)	21.3	18.1	32.9	43.2
	试样数量	21		11		11	
	批数	4		2		2	
	数据种类	B18		筛选值		筛选值	
E_1^t/GPa(Msi)	平均值	47.8(6.93)	46.5(6.75)	48.3(7.01)	49.6(7.19)	46.4(6.73)	46.4(6.73)
	最小值	45.6(6.61)	43.2(6.26)	46.2(6.70)	48.1(6.98)	44.8(6.50)	44.8(6.50)
	最大值	49.5(7.18)	49.4(7.16)	50.4(7.31)	51.7(7.49)	48.9(7.09)	48.9(7.09)
	CV/%	2.29	4.37	2.98	2.19	2.80	2.95
	试样数量	21		11		11	
	批数	4		2		2	
	数据种类	平均值		筛选值		筛选值	

（续表）

		正则化值	实测值	正则化值	实测值	正则化值	实测值
$\varepsilon_1^{tu}/\mu\varepsilon$	平均值		36 800		38 000		33 400
	最小值		34 600		33 500		31 000
	最大值		38 600		40 900		35 100
	$CV/\%$		3.09		5.85		3.84
	B 基准值		34 100		①		①
	分布		Weibull		Weibull		Weibull
	C_1		37 300		39 000		34 000
	C_2		37.9		22.5		34.9
	试样数量	21		11		11	
	批数	4		2		2	
	数据种类	B18		筛选值		筛选值	

注：①只对 A 类和 B 类数据给出基准值；②没有列出用 ANOVA 方法从少于 5 组数据计算出来的 B 基准值。

表 4.3.1.2(b)　1 轴拉伸性能（$[0]_{12}$）

材料	S2 - 449 17k/SP381 单向带		
树脂含量	29%～31%（质量）	复合材料密度	1.90～1.93 g/cm³
纤维体积含量	49.0%～50.1%	空隙率	0.0
单层厚度	0.086～0.097 mm（0.003 4～0.003 8 in）		
试验方法	SRM 4 - 88	模量计算	1000～6 000 $\mu\varepsilon$ 之间的弦向模量
正则化	将试样厚度和批内纤维面积质量正则化至 50%纤维体积（单层厚度 0.089 mm（0.003 5 in））		
温度/℃（℉）	71(160)		
吸湿量(%)	湿态		
吸湿平衡条件 (T/℃（℉），RH/%)	②		
来源编码	70		

		正则化值	实测值
$F_1^{tu}/$ MPa (ksi)	平均值	800(116)	779(113)
	最小值	738(107)	745(108)
	最大值	848(123)	848(123)

（续表）

		正则化值	实测值				
	$CV/\%$	4.34	3.54				
	B 基准值	①	①				
	分布	Weibull	正态				
	C_1	814(118)	779(113)				
	C_2	26.8	27.7(4.01)				
	试样数量	13					
	批数	2					
	数据种类	筛选值					
$E_1^t/$ GPa (Msi)	平均值	47.2(6.84)	46.3(6.71)				
	最小值	44.8(6.50)	44.8(6.49)				
	最大值	49.1(7.12)	48.1(6.97)				
	$CV/\%$	2.57	1.99				
	试样数量	13					
	批数	2					
	数据种类	筛选值					
$\varepsilon_1^{tu}/\mu\varepsilon$	平均值		16 900				
	最小值		15 800				
	最大值		18 100				
	$CV/\%$		3.90				
	B 基准值		①				
	分布		Weibull				
	C_1		17 200				
	C_2		28.7				
	试样数量	13					
	批数	2					
	数据种类	筛选值					

注：①只对 A 类和 B 类数据给出基准值；②浸泡于 71℃(160℉)水中 14 天。

表 4.3.1.2(c)　2 轴拉伸性能（$[90]_{20}$）

材料	S2-449 17k/SP381 单向带				
树脂含量	29%～31%（质量）		复合材料密度	1.88～1.92 g/cm³	
纤维体积含量	48.8%～50.1%		空隙率	0.0	
单层厚度	0.084～0.091 mm（0.003 3～0.003 6 in）				
试验方法	SRM 4-88		模量计算	1000～3000 $\mu\varepsilon$ 之间的弦向模量的弦线②	
正则化	未正则化				

温度/℃(℉)		23(73)	−54(−65)	82(180)	71(160)	
吸湿量(%)					湿态	
吸湿平衡条件 (T/℃(℉), RH/%)		大气环境	大气环境	大气环境	③	
来源编码		70	70	70	70	
F_2^{tu}/ MPa (ksi)	平均值	60.0(8.7)	69.0(10.0)	44.1(6.4)	24.8(3.6)	
	最小值	55.9(8.1)	66.2(9.6)	40.7(5.9)	21.4(3.1)	
	最大值	62.1(9.0)	71.0(10.3)	46.2(6.7)	26.9(3.9)	
	CV/%	3.9	3.6	4.0	9.0	
	B 基准值	①	④	①	①	
	分布	正态		正态	正态	
	C_1	60.0(8.7)		44.1(6.4)	24.8(3.6)	
	C_2	2.34(0.34)		1.79(0.26)	2.21(0.32)	
	试样数量	5	3	8	5	
	批数	1	1	2	1	
	数据种类	筛选值	筛选值	筛选值	筛选值	
E_2^t/ GPa (Msi)	平均值	12.7(1.84)	14.6(2.11)	9.79(1.42)	7.59(1.10)	
	最小值	12.6(1.82)	14.2(2.06)	9.24(1.34)	7.24(1.05)	
	最大值	13.2(1.91)	14.8(2.15)	10.7(1.55)	8.00(1.16)	
	CV/%	2.05	2.14	6.43	4.59	
	试样数量	5	3	4	5	
	批数	1	1	1	1	
	数据种类	筛选值	筛选值	筛选值	筛选值	

（续表）

$\varepsilon_2^{tu}/\mu\varepsilon$	平均值	4700	4730	4450	3280	
	最小值	4400	4500	4200	3000	
	最大值	4900	5000	4800	3600	
	CV/%	4.26	5.32	5.95	8.18	
	B基准值	①	④	①	①	
	分布	正态		正态	正态	
	C_1	4700		4450	3280	
	C_2	200		265	268	
	试样数量	5	3	4	5	
	批数	1	1	1	1	
	数据种类	筛选值	筛选值	筛选值	筛选值	

注：①只对 A 类和 B 类数据给出基准值；②SRM4 - 88 的例外；③浸泡于 71℃(160℉)水中 14 天；④少于 4 个试样无法进行统计分析。

表 4.3.1.2(d)　1 轴压缩性能（$[0]_{12}$）

材料	S2 - 449 17k/SP381 单向带		
树脂含量	28%～29%(质量)	复合材料密度	1.85～1.92 g/cm³
纤维体积含量	50.1%～54.0%	空隙率	0.22%～1.53%
单层厚度	0.081～0.089 mm(0.0032～0.0035 in)		
试验方法	SRM 1 - 88	模量计算	1000～3000 $\mu\varepsilon$ 之间的弦向模量
正则化	将试样厚度和批内纤维面积质量正则化至 50%纤维体积(单层厚度 0.089 mm(0.0035 in))		

温度/℃(℉)	23(73)		−54(−65)		82(180)	
吸湿量(%)						
吸湿平衡条件 (T/℃(℉), RH/%)	大气环境		大气环境		大气环境	
来源编码	70		70		70	
	正则化值	实测值	正则化值	实测值	正则化值	实测值
$F_1^{cu}/$ MPa (ksi) 平均值	1186(172)	1228(178)	1145(166)	1221(177)	1138(165)	1207(175)
最小值	1000(145)	979(142)	1014(147)	1048(152)	1007(146)	1069(155)
最大值	1331(193)	1365(198)	1269(184)	1365(198)	1276(185)	1352(196)

(续表)

		正则化值	实测值	正则化值	实测值	正则化值	实测值
	$CV/\%$	8.09	9.35	6.62	7.46	6.81	7.28
	B 基准值	①		①	①	①	①
	分布	Weibull		Weibull	Weibull	Weibull	Weibull
	C_1	1 228(178)	1 276(185)	1 179(171)	1 262(183)	1 172(170)	1 248(181)
	C_2	15.2	14.7	17.7	16.0	16.6	16.4
	试样数量	13		13		12	
	批数	2		2		2	
	数据种类	筛选值		筛选值		筛选值	
$E_1^c/$ GPa (Msi)	平均值	47.3(6.86)	49.2(7.14)	47.7(6.91)	49.6(7.19)	48.1(6.97)	51.5(7.47)
	最小值	44.3(6.43)	47.0(6.81)	45.7(6.63)	48.0(6.96)	45.7(6.63)	49.6(7.19)
	最大值	49.9(7.24)	51.9(7.52)	49.0(7.10)	51.7(7.49)	49.9(7.24)	52.3(7.59)
	$CV/\%$	3.79	3.39	2.35	2.2	3.18	1.85
	试样数量	10		10		10	
	批数	2		2		2	
	数据种类	筛选值		筛选值		筛选值	

注:①只对 A 类和 B 类数据给出基准值。

表 4.3.1.2(e)　1 轴压缩性能($[\mathbf{0}]_{12}$)

材料	S2 - 449 17k/SP381 单向带		
树脂含量	28%～29%(质量)	复合材料密度	1.85～1.92 g/cm³
纤维体积含量	50.1%～54.0%	空隙率	0.0～1.15%
单层厚度	0.084～0.094 mm(0.003 3～ 0.003 7 in)		
试验方法	SRM 1 - 88	模量计算	1 000～3 000 $\mu\varepsilon$ 之间的弦向模量
正则化	将试样厚度和批内纤维面积质量正则化至 50% 纤维体积(单层厚度 0.089 mm (0.003 5 in))		
温度/℃(℉)	71(160)		
吸湿量(%)	湿态		
吸湿平衡条件 (T/℃(℉), RH/%)	②		

（续表）

来源编码		70			
		正则化值	实测值		
F_1^{cu}/ MPa (ksi)	平均值	931(135)	945(137)		
	最小值	855(124)	848(123)		
	最大值	986(143)	1007(146)		
	CV/%	3.51	4.83		
	B基准值	①	①		
	分布	非参数	ANOVA		
	C_1	6	381(8.02)		
	C_2	2.14	794(16.7)		
	试样数量	10			
	批数	2			
	数据种类	筛选值			
E_1^c/ GPa (Msi)	平均值	48.0(6.96)	48.1(6.97)		
	最小值	46.1(6.69)	46.5(6.75)		
	最大值	49.9(7.24)	49.9(7.23)		
	CV/%	2.44	2.16		
	试样数量	10			
	批数	2			
	数据种类	筛选值			

注：①只对 A 类和 B 类数据给出基准值；②浸泡于 71℃(160℉)水中 14 天。

表 4.3.1.2(f)　12 面剪切性能(［±45］_{ss})

材料	S2-449 17k/SP381 单向带		
树脂含量	29%～32%(质量)	复合材料密度	1.85～1.89 g/cm³
纤维体积含量	48.8%～51.6%	空隙率	0.0～0.74%
单层厚度	0.081～0.094 mm(0.0032～0.0037 in)		
试验方法	SRM 7-88	模量计算	1000～3000 $\mu\varepsilon$ 之间的弦向模量
正则化	未正则化		
温度/℃(℉)	23(73)	-54(-65)	82(180)	71(160)		

（续表）

吸湿量(%)		大气环境	大气环境	大气环境	湿态 ②		
吸湿平衡条件 (T/℃(℉)，RH/%)							
来源编码		70	70	70	70		
$F_{12}^{su}/$ MPa (ksi)	平均值	136(19.7)	177(25.7)	103(15.0)	76.5(11.1)		
	最小值	130(18.9)	170(24.7)	96.5(14.0)	73.8(10.7)		
	最大值	140(20.3)	181(26.2)	107(15.5)	82.1(11.9)		
	CV/%	2.18	1.85	2.67	3.43		
	B 基准值	①	①	①	①		
	分布	Weibull	Weibull	ANOVA	ANOVA		
	C_1	138(20.0)	179(25.9)	21.5(0.452)	21.0(0.442)		
	C_2	61.1	73.2	232(4.88)	277(5.83)		
	试样数量	16	16	16	14		
	批数	3	3	3	3		
	数据种类	临时值	临时值	临时值	筛选值		
$G_{12}/$ GPa (Msi)	平均值	4.70(0.681)	5.57(0.808)	3.72(0.539)	3.22(0.467)		
	最小值	4.32(0.627)	5.32(0.772)	3.54(0.513)	3.03(0.440)		
	最大值	5.14(0.745)	5.86(0.850)	4.02(0.583)	3.38(0.490)		
	CV/%	5.29	3.32	4.06	2.96		
	试样数量	9	9	10	10		
	批数	2	2	2	2		
	数据种类	筛选值	筛选值	筛选值	筛选值		

注:①只对 A 类和 B 类数据给出基准值;②浸泡于 71℃(160℉)水中 14 天。

表 4.3.1.2(g)　31 面短梁强度性能([0]₃₀)

材料	S2 - 449 17k/SP381 单向带		
树脂含量	27%～35%(质量)	复合材料密度	1.85～1.94 g/cm³
纤维体积含量	48.3%～55.2%	空隙率	0.0～0.12%
单层厚度	0.074～0.089 mm(0.002 9～ 0.003 5 in)		
试验方法	SRM 8 - 88	模量计算	
正则化	未正则化		

（续表）

	温度/℃(℉)	23(73)	−54(−65)	82(180)	71(160)		
	吸湿量(%)				湿态		
	吸湿平衡条件 (T/℃(℉), RH/%)	大气环境	大气环境	大气环境	②		
	来源编码	70	70	70	70		
F_{31}^{sbs}/ MPa (ksi)	平均值	86.9(12.6)	103(14.9)	65.5(9.5)	52.4(7.6)		
	最小值	80.0(11.6)	90.3(13.1)	62.8(9.1)	48.3(7.0)		
	最大值	94.5(13.7)	116(16.8)	67.6(9.8)	60.0(8.7)		
	CV/%	4.64	6.89	2.2	7.1		
	B基准值	①	①	①	①		
	分布	ANOVA	Weibull	正态	ANOVA		
	C_1	29.2(0.613)	106(15.4)	65.5(9.5)	30.0(0.63)		
	C_2	132(2.77)	17.1	1.45(0.21)	247(5.2)		
	试样数量	32	14	17	18		
	批数	5	2	3	3		
	数据种类	筛选值	筛选值	筛选值	筛选值		

注：①短梁强度试验数据只批准用于筛选数据种类；②浸泡于71℃(160℉)水中14天。

表 4.3.1.2(h) 31面短梁强度性能([0]₃₀)

材料	S2-449 17k/SP381 单向带		
树脂含量	27%～30%(质量)	复合材料密度	1.92～1.94 g/cm³
纤维体积含量	50.1%～51.6%	空隙率	0.0～0.12%
单层厚度	0.084～0.094 mm(0.003 3～0.003 7 in)		
试验方法	SRM 8-88	模量计算	
正则化	未正则化		
温度/℃(℉)	23(73)	23(73)	23(73)	23(73)
吸湿量(%)				
吸湿平衡条件 (T/℃(℉), RH/%)	②	③	④	⑤
来源编码	70	70	70	70

（续表）

$F_{31}^{sbs}/$ MPa (ksi)	平均值	82.8(12.0)	85.5(12.4)	86.9(12.6)	83.4(12.1)		
	最小值	73.8(10.7)	75.2(10.9)	77.9(11.3)	72.4(10.5)		
	最大值	89.7(13.0)	92.4(13.4)	93.1(13.5)	88.3(12.8)		
	CV/%	5.20	5.81	4.44	5.22		
	B 基准值	①	①	①	①		
	分布	Weibull	Weibull	Weibull	ANOVA		
	C_1	84.8(12.3)	87.6(12.7)	89.0(12.9)	32.5(0.683)		
	C_2	24.0	21.9	27.8	465(9.78)		
	试样数量	12	14	14	14		
	批数	2	2	2	2		
	数据种类	筛选值	筛选值	筛选值	筛选值		

注：①短梁强度试验数据只批准用于筛选数据种类；②浸泡于 0℃ MIL‐A‐8243 防冻液中 30 天；③浸泡于71℃(160℉)MIL‐H‐83282 液压油中 90 天,MIL‐H‐83282 于 1997 年 9 月 30 日更改为 MIL‐PRF‐83282；④浸泡于 71℃(160℉)MIL‐H‐5606 液压油中 90 天；⑤浸泡于 24℃(75℉)MIL‐T‐5624 燃油中 90天,MIL‐T‐5624 于 1996 年 11 月 22 日更改为 MIL‐PRF‐5624。

表 4.3.1.2(i)　31 面短梁强度性能($[0]_{30}$)

材料	S2‐449 17k/SP381 单向带		
树脂含量	27%～30%(质量)	复合材料密度	1.92～1.94 g/cm³
纤维体积含量	50.1%～51.6%	空隙率	0.0～0.12%
单层厚度	0.084～0.094 mm(0.0033～0.0037 in)		
试验方法	SRM 8‐88	模量计算	
正则化	未正则化		

	温度/℃(℉)	23(73)	23(73)	23(73)	23(73)		
	吸湿量(%)	②	③	④	⑤		
	吸湿平衡条件 (T/℃(℉),RH/%)						
	来源编码	70	70	70	70		
$F_{31}^{sbs}/$ MPa (ksi)	平均值	86.9(12.6)	86.9(12.6)	81.4(11.8)	82.1(11.9)		
	最小值	71.0(10.3)	80.0(11.6)	76.5(11.1)	70.3(10.2)		
	最大值	93.1(13.5)	93.8(13.6)	85.5(12.4)	89.0(12.9)		
	CV/%	6.49	3.86	3.79	6.19		

（续表）

B基准值	①	①	①	①		
分布	Weibull	Weibull	Weibull	Weibull		
C_1	89.0(12.9)	88.3(12.8)	82.8(12.0)	84.1(12.2)		
C_2	23.1	26.6	32.8	21.5		
试样数量	14	14	13	13		
批数	2	2	2	2		
数据种类	筛选值	筛选值	筛选值	筛选值		

注：①短梁强度试验数据只批准用于筛选数据种类；②浸泡于 71℃(160℉)MIL-L-23699 润滑油中 90 天，MIL-L-23699 于 1997 年 5 月 21 日更改为 MIL-PRF-23699；③浸泡于 71℃(160℉)MIL-L-7808 润滑油中 90 天，MIL-L-7808 于 1997 年 5 月 2 日更改为 MIL-PRF-7808；④浸泡于 24℃(75℉)MIL-C-87936 清洗液中 7 天，MIL-C-87936 于 1995 年 3 月 1 日取消被 MIL-C-87937 替代。MIL-C-87937 于 1997 年 8 月 14 日更改为 MIL-PRF-87937；⑤浸泡于 24℃(75℉)ASTM D 740 丁酮(MEK)中 7 天。

表 4.3.1.2(j)　x 轴拉伸性能($[\pm45/0/\pm45]_{2S}$)

材料	S2-449 17k/SP381 单向带		
树脂含量	29%~32%(质量)	复合材料密度	1.88~1.89 g/cm³
纤维体积含量	50.1%~51.6%	空隙率	0.0~0.74%
单层厚度	0.086~0.091 mm(0.0034~0.0036 in)		
试验方法	SRM 4-88	模量计算	1000~3000 $\mu\varepsilon$ 之间的弦向模量
正则化	将试样厚度和批内纤维面积质量正则化至 50%纤维体积(单层厚度 0.089 mm (0.0035 in))		

温度/℃(℉)	23(73)				
吸湿量(%)	大气环境				
吸湿平衡条件 (T/℃(℉), RH/%)					
来源编码	70				
		正则化值	实测值		
	平均值	481(69.7)	492(71.4)		
F_x^{tu}/ MPa (ksi)	最小值	470(68.1)	481(69.8)		
	最大值	500(72.5)	510(73.9)		
	CV/%	1.78	1.92		

（续表）

		正则化值	实测值				
	B 基准值	①	①				
	分布	正态	Weibull				
	C_1	481(69.7)	497(72.1)				
	C_2	8.55(1.24)	55.0				
	试样数量	10					
	批数	2					
	数据种类	筛选值					
$E_x^t/$ GPa (Msi)	平均值	20.0(2.90)	20.5(2.97)				
	最小值	19.3(2.80)	19.7(2.85)				
	最大值	20.4(2.96)	21.2(3.08)				
	CV/%	1.86	2.30				
	试样数量	10					
	批数	2					
	数据种类	筛选值					
$\varepsilon_x^{tu}/\mu\varepsilon$	平均值	24 100					
	最小值	23 300					
	最大值	25 200					
	CV/%	2.49					
	B 基准值	①					
	分布	Weibull					
	C_1	24 400					
	C_2	40.9					
	试样数量	10					
	批数	2					
	数据种类	筛选值					

注：①只对 A 类和 B 类数据给出基准值。

表 4.3.1.2(k)　y 轴拉伸性能（[±45/90/±45]_{2S}）

材料	S2－449 17k/SP381 单向带		
树脂含量	30%～32%（质量）	复合材料密度	1.87～1.88 g/cm³
纤维体积含量	50.1%	空隙率	0.0～0.60%

（续表）

单层厚度	0.089～0.091 mm (0.003 5～0.003 6 in)		
试验方法	SRM 4 - 88	模量计算	$1\,000～3\,000\ \mu\varepsilon$ 之间的弦向模量
正则化	将试样厚度和批内纤维面积质量正则化至 50% 纤维体积（单层厚度 0.089 mm (0.003 5 in)）		

温度/℃(℉)	23(73)		
吸湿量(%)	大气环境		
吸湿平衡条件 (T/℃(℉)，RH/%)			
来源编码	70		

		正则化值	实测值		
F_y^{tu} / MPa (ksi)	平均值	250(36.2)	252(36.6)		
	最小值	243(35.3)	247(35.8)		
	最大值	256(37.1)	259(37.6)		
	CV/%	1.77	1.77		
	B 基准值	①	①		
	分布	ANOVA	ANOVA		
	C_1	38.7(0.813)	35.9(0.755)		
	C_2	885(18.6)	704(14.8)		
	试样数量	10			
	批数	2			
	数据种类	筛选值			
E_y^{t} / GPa (Msi)	平均值	15.2(2.21)	15.4(2.24)		
	最小值	14.8(2.14)	15.0(2.17)		
	最大值	15.7(2.28)	15.9(2.31)		
	CV/%	1.88	2.01		
	试样数量	10			
	批数	2			
	数据种类	筛选值			

(续表)

		正则化值	实测值				
$\varepsilon_y^{tu}/\mu\varepsilon$	平均值		16 400				
	最小值		15 600				
	最大值		16 800				
	CV/%		2.40				
	B 基准值		①				
	分布		Weibull				
	C_1		16 500				
	C_2		58.7				
	试样数量	10					
	批数	2					
	数据种类	筛选值					

注:①只对 A 类和 B 类数据给出基准值。

4.3.1.3　7781G 816/PR381 平纹机织物

材料描述：

材料	7781 E -玻璃纤维/3M PR381。
形式	纤维面积质量为 300 g/m²,典型的固化后树脂含量为 32%～38%,典型的固化后单层厚度为 0.229～0.267 mm (0.009～0.0105)。
固化工艺	热压罐固化;127℃(260℉), 0.345 MPa(50 psi), 2 h。

供应商提供的数据：

纤维	连续 E 玻璃纤维,典型的拉伸模量为 69.0 GPa(1×10⁶ psi),典型的拉伸强度为 3448 MPa(500 000 psi)。
基体	PR381 是一种 121℃(250℉)固化环氧树脂,其性能与常用的 177℃(350℉)固化树脂体系相近,在 24℃(75℉)条件下放置 30 天仍能保持轻度的黏性。
最高短期使用温度	104℃(220℉)(干态),71℃(160℉)(湿态)。
典型应用	飞机次承力结构,机身蒙皮和有较高疲劳和强度要求的工业应用。

表 4.3.1.3 7781G 816/PR381 平纹机织物

材料	7781G 816/PR381 平纹机织物			
形式	3M SP 381/7781 E-玻璃纤维织物预浸带,2.24 tows/mm(57 tows/in)(经向),2.13 tows/mm(54 tows/in)(纬向)			
纤维	Clark-Schwebel 7781 E 玻璃纤维织物,按 MIL-C-9084 Ⅷ B 类,DE-75 纱 1/0.0 加捻,无表面处理,558 表面处理剂	基体		3M PR 381
T_g(干态)	139℃(282℉)	T_g(湿态) 107℃(225℉)	T_g测量方法	SRM 18 DMA E'拐点
固化工艺	热压罐固化:127℃(260℉),100 min,0.345 MPa(50 psi)			

纤维制造日期:	11/92—7/95	试验日期:	3/93—4/96
树脂制造日期:	12/92—3/96	数据提交日期:	6/96
预浸料制造日期:	12/92—3/96	分析日期:	8/97
复合材料制造日期:	3/93—4/96		

单层性能汇总

	23℃ (73℉)/A	104℃ (220℉)/A						
1 轴拉伸	II-I	SS-S						
31 面 短梁强度	S—							
弯曲	I—	S—						

注:强度/模量/泊松比/破坏应变的数据种类为:A—A75,a—A55,B—B30,b—B18,M—平均值,I—临时值,S—筛选值,—无数据(见表 1.5.1.2(c))。

	名义值	提交值	试验方法
纤维密度/(g/cm³)	2.60		ASTM C 693
树脂密度/(g/cm³)			ASTM D 792
复合材料密度/(g/cm³)	1.85	1.75~2.04	ASTM D 792
纤维面积质量/(g/m²)	300	288~297	SRM 23B
纤维体积含量/%	48	43.0~50.9	SRM 10
单层厚度/mm	0.251	0.221~0.264	

层压板性能汇总

注:强度/模量/泊松比/破坏应变的数据种类为:A—A75,a—A55,B—B30,b—B18,M—平均值,I—临时值, S—筛选值,—无数据(见表 1.5.1.2(c))。

表 4.3.1.3(a)　1 轴拉伸性能([0]$_s$,临时,筛选)

材料	7781G 816/PR381 平纹机织物		
树脂含量	34%～36%(质量)	复合材料密度	1.75～1.97 g/cm³
纤维体积含量	43.0%～48.4%	空隙含量	
单层厚度	0.231～0.264 mm(0.009 1～0.0104 in)		
试验方法	SRM 4-88①	模量计算	1000～6 000 $\mu\varepsilon$ 之间的弦向模量
正则化	将试样厚度和批内纤维面积质量正则化至 50%纤维体积(单层厚度 0.231 mm (0.009 1 in))		

温度/℃(℉)	23(73)		104(220)		
吸湿量(%)					
吸湿平衡条件 (T/℃(℉),RH/%)	大气环境		大气环境		
来源编码	72		72		
		正则化值	实测值	正则化值	实测值	
F_1^{tu}/ MPa (ksi)	平均值	517(74.9)	489(70.9)	492(71.3)	465(67.5)	
	最小值	485(70.4)	434(62.9)	462(67.0)	417(60.5)	
	最大值	549(79.6)	537(77.8)	534(77.4)	513(74.4)	
	CV/%	3.66	7.07	4.02	5.89	
	B 基准值	②	②	②	②	
	分布	ANOVA	ANOVA	Weibull	ANOVA	
	C_1	138(2.90)	255(5.37)	501(72.7)	201(4.22)	
	C_2	147(3.10)	155(3.26)	24.9	164(3.45)	
	试样数量	16		13		
	批数	5		4		
	数据种类	临时值		筛选值		

（续表）

		正则化值	实测值	正则化值	实测值		
$E_1^t/$ GPa (Msi)	平均值	26.4(3.83)	25.1(3.64)	25.1(3.64)	23.7(3.44)		
	最小值	25.5(3.70)	23.2(3.37)	23.8(3.45)	22.3(3.24)		
	最大值	27.4(3.97)	27.3(3.96)	25.9(3.75)	26.0(3.77)		
	CV/%	2.63	4.51	2.78	5.40		
	试样数量	15		13			
	批数	5		4			
	数据种类	临时值		筛选值			
$\varepsilon_1^{tu}/\mu\varepsilon$	平均值		17 800		19 600		
	最小值		15 200		18 400		
	最大值		19 600		21 100		
	CV/%		6.23		4.01		
	B基准值		②		②		
	分布		ANOVA		Weibull		
	C_1		1310		20 000		
	C_2		3.32		25.7		
	试样数量		15		13		
	批数		5		4		
	数据种类		临时值		筛选值		

注：①按 SRM 4R-94 进行 3 批试验，按上述方法计算模量；②只对 A 类和 B 类数据给出基准值。

表 4.3.1.3(b)　13 面短梁强度性能（[0]_{ss}）

材料	7781G 816/PR381 平纹机织物		
树脂含量	34%～36%（质量）	复合材料密度	1.76～2.04 g/cm³
纤维体积含量	43.0%～50.9%	空隙含量	
单层厚度	0.224～0.262 mm（0.008 8～0.010 3 in)		
试验方法	SRM 8-88①	模量计算	
正则化	未正则化		
温度/℃（℉）	23(73)		

（续表）

吸湿量(%)		大气环境					
吸湿平衡条件 (T/℃(℉), RH/%)							
来源编码		72					
F_{13}^{sbs} /MPa (ksi)	平均值	71.7(10.4)					
	最小值	66.2(9.6)					
	最大值	79.3(11.5)					
	CV/%	4.8					
	B 基准值	②					
	分布	ANOVA					
	C_1	25.2(0.53)					
	C_2	152(3.2)					
	试样数量	22					
	批数	5					
	数据种类	筛选值					

注:①根据 SRM 8R-94 进行了 3 批试验;②短梁强度试验数据只批准用于筛选数据种类。

表 4.3.1.3(c)　弯曲性能([0]ₛₛ)

材料	7781G 816/PR381 平纹机织物		
树脂含量	34%～36%(质量)	复合材料密度	1.76～1.97 g/cm³
纤维体积含量	43.4%～48.7%	空隙含量	
单层厚度	0.231～0.262 mm(0.009 1～ 0.010 3 in)		
试验方法	ASTM D 790 方法 1	模量计算	
正则化	未正则化		
温度/℃(℉)	23(73)	104(220)	
吸湿量(%)			
吸湿平衡条件 (T/℃(℉), RH/%)	大气环境	大气环境	
来源编码	72	72	

（续表）

$F^{\text{flex}}/$ MPa (ksi)	平均值	752(109)	643(93.2)			
	最小值	650(94.2)	575(83.4)			
	最大值	834(121)	717(104)			
	$CV/\%$	7.52	8.15			
	B 基准值	①	①			
	分布	ANOVA	ANOVA			
	C_1	424(8.92)	402(8.45)			
	C_2	158(3.33)	196(4.13)			
	试样数量	21	14			
	批数	5	4			
	数据种类	临时值	筛选值			

注:①只对 A 类和 B 类数据给出基准值。

4.3.2　玻璃-环氧湿铺放

4.3.2.1　E-玻璃 7781/EA9396 8 综缎机织物

材料描述:

材料　　　　　　E7781/EA9396。

形式　　　　　　7781 类 8 综缎机织物,纤维面积质量为 295 g/m²,干织物在湿铺贴过程中浸渍,典型的固化后树脂含量为 25.9%～30.4%,典型的固化后单层厚度为 0.203 mm(0.008 in)。

固化工艺　　　　真空袋固化;93℃(200℉),0.085 MPa(635 mm(25 in)汞柱压力),45 min。

供应商提供的数据:

纤维　　　　　　由 Hexcel 机织的连续 E-玻璃纤维采用 F-16(Volan-A)上浆剂,典型的拉伸模量为 69.0 GPa($10×10^6$ psi),典型的拉伸强度为 3 448 MPa(500 000 psi)。

基体　　　　　　EA9396 是一种高湿热性能,93℃(200℉)固化的增韧环氧树脂,对 0.454 kg(1 lb)重批料,其使用寿命为 75 min。该树脂是双组分的未充填 EA9394。

最高短期使用温度　从现有的数据无法确定,但至少 66℃(150℉)。

典型应用　　　　飞机修理。

数据分析概要:

(1) 材料试验时,纤维体积含量高于通常修理时所采用的纤维含量。若用于较低纤维体积含量时,数据应予以证实。

（2）没有给出玻璃化转变温度（T_g）值，因为它们是用非标准方法对纯树脂测定的。

（3）玻璃纤维和上浆剂的组合使得湿态性能很低。

（4）与预期的相反，经向拉伸强度和刚度均大于纬向性能。

（5）大多数的拉伸破坏发生于加强片处，但是，由于强度值与正确破坏模式相一致，因此，强度值也包含在本节中。

（6）批间变异性较大，但文件中没有说明原因。

（7）下列性能的较高异常值被剔除：

a. 22℃（72℉）大气环境下的横向拉伸应变。

b. −54℃（−65℉）大气环境和 22℃（72℉）湿态下的横向拉伸模量。

c. 22℃（72℉）湿态环境下的横向压缩模量。

（8）数据来源于公开出版的报告，见参考文献 2.3.3.1。

（9）试验方法日期的假设来源于试验日期，而不是从数据源得到的。

表 4.3.2.1　E−玻璃 7781/EA9396 8 综缎机织物*

材料	E−玻璃 7781/EA9396 8 综缎机织物		
形式	湿铺贴浸渍过程中用环氧树脂浸渍的干态 E−玻璃织物		
纤维	Hexcel/Burlington 7781，F−16 Volan A 类/538 硅上浆剂	基体	Dexter-Hysol EA 9396
T_g（干态）	①	T_g（湿态）　①	T_g测量方法	①
固化工艺	真空袋固化；93℃（200℉），0.085 MPa（635 mm（25 in）汞柱），45 min		

注：①见数据组描述中的数据分析注 2。
* 目前还不能提供这种材料的所有证明文件。

纤维制造日期：		试验日期：	11/88—5/91
树脂制造日期：	8/88—10/88	数据提交日期：	3/98
预浸料制造日期：		分析日期：	8/98
复合材料制造日期：	11/88—5/91		

单层性能汇总

	22℃ （72℉） /A		−54℃ （−65℉） /A	93℃ （200℉） /A		−54℃ （−65℉） /W	22℃ （72℉） /W	93℃ （200℉） /W
1 轴拉伸	IISI						IISI	
2 轴拉伸	IISS		IISS	IISI		IISI	ISSI	IISI
3 轴拉伸								

（续表）

	22℃ (72℉) /A		−54℃ (−65℉) /A	93℃ (200℉) /A		−54℃ (−65℉) /W	22℃ (72℉) /W	93℃ (200℉) /W
1 轴压缩	II-I						II-I	
2 轴压缩	II-I		II-I	SS-S		II-I	SS-S	II-I
3 轴压缩								
12 面剪切	II—		II—	II—		II—	II—	II—
23 面剪切								
31 面剪切								

注:强度/模量/泊松比/破坏应变的数据种类为:A—A75,a—A55,B—B30,b—B18,M—平均值,I—临时值,
S—筛选值,—无数据(见表 1.5.1.2(c))。

	名义值	提交值	试验方法
纤维密度/(g/cm³)	2.54		ASTM D 792
树脂密度/(g/cm³)	1.14		
复合材料密度/(g/cm³)	1.91	1.88～1.96	ASTM D 792
纤维面积质量/(g/m²)	295		
纤维体积含量/%	54	51.2～56.9	ASTM D 2584
单层厚度/mm	0.216	0.211～0.221	

注:复合材料名义密度假设空隙含量为0%。

层压板性能汇总

注:强度/模量/泊松比/破坏应变的数据种类为:A—A75,a—A55,B—B30,b—B18,M—平均值,I—临时值,
S—筛选值,—无数据(见表 1.5.1.2(c))。

表 4.3.2.1(a)　1 轴拉伸性能($[0_f]_8$)

材料	E-玻璃 7781/EA9396 8 综缎机织物		
树脂含量	25.9%～27.7%(质量)	复合材料密度	1.89～1.93 g/cm³
纤维体积含量	54.1%～55.8%	空隙含量	3.7%～5.4%
单层厚度	0.216～0.218 mm(0.0085～0.0086 in)		
试验方法	ASTM D 3039-76	模量计算	1000～3000 $\mu\varepsilon$ 之间的弦向模量

（续表）

正则化	将试样厚度和批内纤维面积质量正则化至 50％纤维体积含量（单层厚度 0.216 mm(0.0085 in)）					
温度/℃(℉)		22(72)		22(72)		
吸湿量(%)				①		
吸湿平衡条件 (T/℃(℉)，RH/%)		大气环境		60(140)，95~100		
来源编码		30		30		
		正则化值	实测值	正则化值	实测值	
F_1^{tu}/ MPa (ksi)	平均值	333(48.3)	357(51.8)	108(15.7)	113(16.4)	
	最小值	314(45.5)	331(48.0)	92.4(13.4)	93.8(13.6)	
	最大值	373(54.1)	399(57.9)	117(17.0)	126(18.3)	
	CV/%	4.77	5.17	6.44	7.74	
	B 基准值	②	②	②	②	
	分布	非参数	正态	Weibull	Weibull	
	C_1	8	357(51.8)	111(16.1)	117(16.9)	
	C_2	1.54	18.5(2.68)	17.8	15.8	
	试样数量	15		15		
	批数	3		3		
	数据种类	临时值		临时值		
E_1^t/ GPa (Msi)	平均值	23.4(3.39)	25.0(3.62)	21.8(3.16)	22.8(3.30)	
	最小值	22.4(3.25)	23.8(3.45)	20.5(2.97)	21.2(3.07)	
	最大值	24.0(3.48)	26.0(3.77)	22.8(3.30)	24.3(3.52)	
	CV/%	2.18	2.51	2.64	3.93	
	试样数量	15		15		
	批数	3		3		
	数据种类	临时值		临时值		
ν_{12}^t	平均值	0.115		0.084		
	试样数量	6		7		
	批数	3		3		
	数据种类	筛选值		筛选值		

（续表）

		正则化值	实测值	正则化值	实测值	
$\varepsilon_1^{tu}/\mu\varepsilon$	平均值		17 700		5 100	
	最小值		16 400		4 260	
	最大值		21 800		5 850	
	CV/%		7.72		8.83	
	B 基准值		②		②	
	分布		非参数		Weibull	
	C_1		8		5 290	
	C_2		1.54		13.8	
	试样数量	15		15		
	批数	3		3		
	数据种类	临时值		临时值		

注：①增重未知；②只对 A 类和 B 类数据给出基准值；③大部分破坏发生加强片处，但是因为其强度与破坏模式正确时是一致的，因此数据列入表中；④目前还不能提供这种材料的所有证明文件。

表 4.3.2.1(b)　2 轴拉伸性能（$[0_f]_8$）

材料	E-玻璃 7781/EA9396 8 综缎机织物		
树脂含量	25.9%～27.7%（质量）	复合材料密度	1.89～1.94 g/cm³
纤维体积含量	54.0%～56.5%	空隙含量	3.7%～5.4%
单层厚度	0.216～0.218 mm（0.008 5～0.008 6 in）		
试验方法	ASTM D 3039 - 76	模量计算	1 000～3 000 $\mu\varepsilon$ 之间的弦向模量
正则化	将试样厚度和批内纤维面积质量正则化至 50% 纤维体积含量（单层厚度 0.216 mm（0.008 5 in））		

温度/℃(℉)	22(72)		−54(−65)		93(200)	
吸湿量（%）						
吸湿平衡条件 (T/℃(℉)，RH/%)	大气环境		大气环境		大气环境	
来源编码	30		30		30	
	正则化值	实测值	正则化值	实测值	正则化值	实测值
F_2^{tu}/MPa (ksi) 平均值	348(50.5)	374(54.3)	463(67.2)	496(71.9)	292(42.4)	312(45.2)
最小值	311(45.1)	334(48.5)	391(56.7)	408(59.2)	244(35.4)	255(37.0)
最大值	373(54.1)	407(59.0)	543(78.7)	574(83.2)	330(47.9)	348(50.5)

（续表）

		正则化值	实测值	正则化值	实测值	正则化值	实测值
	$CV/\%$	5.96	6.14	8.62	9.03	6.42	6.80
	B 基准值	①	①	①	①	①	①
	分布	Weibull	Weibull	Weibull	ANOVA	Weibull	Weibull
	C_1	357(51.8)	384(55.7)	481(69.7)	3553(74.7)	301(43.6)	321(46.5)
	C_2	19.5	20.5	11.2	1750(36.8)	15.4	18.3
	试样数量	15		15		15	
	批数	3		3		3	
	数据种类	临时值		临时值		临时值	
$E_2^t/$ GPa (Msi)	平均值	23.5(3.41)	25.3(3.67)	26.8(3.89)	28.6(4.15)	22.8(3.31)	24.3(3.53)
	最小值	22.4(3.25)	23.3(3.38)	25.8(3.74)	27.4(3.97)	22.0(3.19)	23.2(3.36)
	最大值	26.3(3.82)	28.6(4.15)	27.3(3.96)	29.7(4.30)	24.0(3.48)	25.4(3.68)
	$CV/\%$	5.39	6.11	1.63	2.68	2.50	2.79
	试样数量	15		14		15	
	批数	3		3		3	
	数据种类	临时值		临时值		临时值	
ν_{21}^t	平均值	0.127		0.157		0.101	
	试样数量	6		7		6	
	批数	3		3		3	
	数据种类	筛选值		筛选值		筛选值	
$\varepsilon_2^{tu}/\mu\varepsilon$	平均值		18 200		24 000		14 400
	最小值		15 400		20 500		9 750
	最大值		20 300		26 200		16 500
	$CV/\%$		8.37		7.76		11.6
	B 基准值		①		①		①
	分布		Weibull		正态		Weibull
	C_1		18 900		24 000		15 000
	C_2		15.7		1870		13.0
	试样数量	14		7		15	
	批数	3		3		3	
	数据种类	筛选值		筛选值		筛选值	

注：①只对 A 类和 B 类数据给出基准值；②目前还不能提供这种材料的所有证明文件。

表 4.3.2.1(c)　2 轴拉伸性能($[0_r]_8$)

材料	E-玻璃 7781/EA9396 8 综缎机织物		
树脂含量	25.9%～27.7%（质量）	复合材料密度	1.89～1.94 g/cm³
纤维体积含量	54.0%～56.5%	空隙含量	3.7%～5.4%
单层厚度	0.216～0.218 mm（0.0085～0.0086 in）		
试验方法	ASTM D 3039-76	模量计算	1000～3000 $\mu\varepsilon$ 之间的弦向模量
正则化	将试样厚度和批内纤维面积质量正则化至 50% 纤维体积含量（单层厚度 0.216 mm（0.0085 in））		

温度/℃(℉)	-54(-65)		22(72)		93(200)	
吸湿量(%)	①		①		①	
吸湿平衡条件 (T/℃(℉), RH/%)	60(140), 95～100		60(140), 95～100		60(140), 95～100	
来源编码	30		30		30	
	正则化值	实测值	正则化值	实测值	正则化值	实测值

		正则化值	实测值	正则化值	实测值	正则化值	实测值
F_2^{tu}/ MPa (ksi)	平均值	136(19.7)	146(21.2)	112(16.3)	121(17.5)	86.9(12.6)	93.1(13.5)
	最小值	993(14.4)	107(15.5)	101(14.6)	108(15.7)	77.2(11.2)	82.1(11.9)
	最大值	159(23.0)	174(25.2)	130(18.8)	141(20.4)	98.6(14.3)	110(15.9)
	CV/%	10.9	12.3	8.11	8.42	6.17	7.04
	B 基准值	②	②	②	②	②	②
	分布	Weibull	Weibull	ANOVA	ANOVA	Weibull	Weibull
	C_1	141(20.5)	154(22.3)	68.5(1.44)	75.6(1.59)	89.7(13.0)	93.1(13.5)
	C_2	10.5	10.1	193(4.06)	208(4.37)	14.3	0.953
	试样数量	15		15		15	
	批数	3		3		3	
	数据种类	临时值		临时值		临时值	
E_2^t/ GPa (Msi)	平均值	24.4(3.54)	26.3(3.81)	20.8(3.01)	22.2(3.22)	19.4(2.81)	20.8(3.01)
	最小值	22.9(3.32)	23.9(3.47)	19.9(2.89)	21.3(3.09)	16.8(2.44)	17.8(2.58)
	最大值	25.8(3.74)	27.8(4.03)	21.4(3.11)	23.2(3.36)	24.3(3.52)	25.3(3.67)
	CV/%	2.97	3.65	1.96	2.47	11.7	11.5
	试样数量	15		13		15	
	批数	3		3		3	
	数据种类	临时值		临时值		临时值	

（续表）

		正则化值	实测值	正则化值	实测值	正则化值	实测值
ν_{21}^t	平均值	0.135		0.066		0.079	
	试样数量	6		6		6	
	批数	3		3		3	
	数据种类	筛选值		筛选值		筛选值	
$\varepsilon_2^{tu}/\mu\varepsilon$	平均值		6 240		5 420		4 470
	最小值		4 000		3 040		3 360
	最大值		7 300		6 510		4 900
	CV/%		14.2		19.2		10.6
	B 基准值		②		②		②
	分布		ANOVA		ANOVA		非参数
	C_1		936		1 120		8
	C_2		3.88		4.58		1.54
	试样数量		15		15		15
	批数		3		3		3
	数据种类		临时值		临时值		临时值

注:①增重未知;②只对 A 类和 B 类数据给出基准值;③目前还不能提供这种材料的所有证明文件。

表 4.3.2.1(d)　1 轴压缩性能($[0_f]_{16}$)

材料	E-玻璃 7781/EA9396 8 综缎机织物		
树脂含量	27.6%～30.4%(质量)	复合材料密度	1.89～1.93 g/cm³
纤维体积含量	54.1%～55.8%	空隙含量	3.7%～5.4%
单层厚度	0.216～0.218 mm(0.008 5～0.008 6 in)		
试验方法	ASTM D 3410B-87	模量计算	1000～3 000 $\mu\varepsilon$ 之间的弦向模量
正则化	将试样厚度和批内纤维面积质量正则化至 50%纤维体积含量(单层厚度 0.216 mm(0.008 5 in))		
温度/℃(℉)	22(72)	22(72)	
吸湿量(%)		1.68～2.33	
吸湿平衡条件 (T/℃(℉),RH/%)	大气环境	①	

（续表）

来源编码		30		30			
		正则化值	实测值	正则化值	实测值		
F_1^{cu}/ MPa (ksi)	平均值	320(46.4)	342(49.6)	140(20.3)	145(21.0)		
	最小值	283(41.1)	303(43.9)	77.2(11.2)	75.9(11.0)		
	最大值	353(51.2)	383(55.5)	181(26.3)	186(27.0)		
	CV/%	5.96	5.84	27.6	27.8		
	B基准值	②		②	②		
	分布	Weibull		Weibull	ANOVA		
	C_1	328(47.6)	352(51.0)	44.1(6.40)	2202(6.71)		
	C_2	17.5	18.5	4.91	270(5.67)		
	试样数量	15		15			
	批数	3		3			
	数据种类	临时值		临时值			
E_1^c/ GPa (Msi)	平均值	23.8(3.45)	25.4(3.68)	21.1(3.06)	21.9(3.18)		
	最小值	20.4(2.96)	21.9(3.17)	17.7(2.56)	17.7(2.56)		
	最大值	26.6(3.86)	28.3(4.11)	26.0(3.77)	26.6(3.85)		
	CV/%	6.24	5.98	10.1	10.1		
	试样数量	15		15			
	批数	3		3			
	数据种类	临时值		临时值			
ε_1^{cu}/$\mu\varepsilon$	平均值		14700		7160		
	最小值		11700		4160		
	最大值		19600		10600		
	CV/%		12.8		27.3		
	B基准值		②		②		
	分布		ANOVA		ANOVA		
	C_1		3.25		4.72		
	C_2		1940		2130		
	试样数量	15		15			

（续表）

		正则化值	实测值	正则化值	实测值		
	批数	3		3			
	数据种类	临时值		临时值			

注：①放置于 6℃(140°F)，95%～100% RH 环境下 68～180 天；②只对 A 类和 B 类数据给出基准值；③目前还不能提供这种材料的所有证明文件。

表 4.3.2.1(e)　2 轴压缩性能（[90_f]_{16}）

材料	E-玻璃 7781/EA9396 8 综缎机织物			
树脂含量	27.6%～30.4%(质量)		复合材料密度	1.89～1.93 g/cm³
纤维体积含量	51.2%～53.8%		空隙含量	4.0%～5.0%
单层厚度	0.211～0.216 mm(0.0083～0.0085 in)			
试验方法	ASTM D 3410B-87		模量计算	1000～3000 $\mu\varepsilon$ 之间的弦向模量
正则化	将试样厚度和批内纤维面积质量正则化至 50% 纤维体积含量(单层厚度 0.216 mm(0.0085 in))			

温度/℃(°F)	22(72)		−54(−65)		93(200)	
吸湿量(%)						
吸湿平衡条件 (T/℃(°F), RH/%)	大气环境		大气环境		大气环境	
来源编码	30		30		30	

		正则化值	实测值	正则化值	实测值	正则化值	实测值
F_2^{cu} / MPa (ksi)	平均值	260(37.7)	281(40.8)	408(59.2)	440(63.8)	186(26.9)	200(29.0)
	最小值	223(32.4)	243(35.3)	350(50.8)	385(55.8)	141(20.4)	161(23.4)
	最大值	296(42.9)	317(46.0)	475(68.9)	507(73.5)	237(34.4)	257(37.2)
	CV/%	8.72	7.60	9.72	9.58	16.1	15.1
	B 基准值	①	①	①	①	①	①
	分布	Weibull	Weibull	ANOVA	ANOVA	ANOVA	ANOVA
	C_1	270(39.2)	292(42.3)	311(6.54)	1750(5.33)	241(5.07)	273(5.75)
	C_2	11.6	15.1	229(4.81)	327(6.87)	238(5.00)	245(5.16)
	试样数量	15		15		12	
	批数	3		3		3	

（续表）

		正则化值	实测值	正则化值	实测值	正则化值	实测值
	数据种类	临时值		临时值		筛选值	
E_2^c/ GPa (Msi)	平均值	23.2(3.37)	25.2(3.66)	26.8(3.89)	28.8(4.18)	22.3(3.23)	24.1(3.49)
	最小值	20.3(2.94)	21.6(3.13)	23.3(3.38)	25.0(3.63)	19.4(2.82)	20.6(2.98)
	最大值	24.9(3.61)	27.1(3.93)	28.8(4.17)	31.4(4.55)	24.4(3.54)	26.4(3.83)
	CV/%	6.04	6.70	5.79	5.84	7.64	7.23
	试样数量	15		15		12	
	批数	3		3		3	
	数据种类	临时值		临时值		筛选值	
ε_2^{cu}/$\mu\varepsilon$	平均值		11 900		16 800		8 650
	最小值		9 020		13 400		6 550
	最大值		17 800		20 800		12 400
	CV/%		20.1		11.8		19.5
	B 基准值		①		①		①
	分布		Weibull		ANOVA		Weibull
	C_1		12 900		5.06		9 340
	C_2		5.04		2 200		5.42
	试样数量	15		15		12	
	批数	3		3		3	
	数据种类	临时值		临时值		筛选值	

注：①只对 A 类和 B 类数据给出基准值；②目前还不能提供这种材料的所有证明文件。

表 4.3.2.1(f)　2 轴压缩性能（[90$_f$]$_{16}$）

材料	E-玻璃 7781/EA9396 8 综缎机织物		
树脂含量	27.6%～30.4%(质量)	复合材料密度	1.89～1.93 g/cm³
纤维体积含量	51.2%～53.8%	空隙含量	4.0%～5.0%
单层厚度	0.211～0.216 mm(0.008 3～0.008 5 in)		
试验方法	ASTM D 3410B-87	模量计算	1000～3 000 $\mu\varepsilon$ 之间的弦向模量

(续表)

正则化		将试样厚度和批内纤维面积质量正则化至 50% 纤维体积含量（单层厚度 0.216mm(0.0085in)）					
温度/℃(℉)		−54(−65)		22(72)		93(200)	
吸湿量(%)		1.48～2.33		1.48～2.33		1.48～2.33	
吸湿平衡条件 (T/℃(℉)，RH/%)		①		①		①	
来源编码		30		30		30	
		正则化值	实测值	正则化值	实测值	正则化值	实测值
F_2^{cu}/ MPa (ksi)	平均值	300(43.5)	321(46.5)	152(22.0)	163(23.6)	92.4(13.4)	97.9(14.2)
	最小值	251(36.4)	266(38.6)	116(16.8)	130(18.9)	77.9(11.3)	81.4(11.8)
	最大值	362(52.5)	387(56.1)	182(26.4)	191(27.7)	119(17.2)	126(18.3)
	CV/%	9.58	10.0	13.3	12.8	14.8	14.8
	B基准值	②	②	②	②	13.0(1.88)	12.7(1.84)
	分布	Weibull	Weibull	ANOVA	ANOVA	ANOVA	ANOVA
	C_1	313(45.4)	335(48.6)	166(3.50)	728(15.3)	112(2.36)	235(4.95)
	C_2	9.65	10.9	66.1(1.39)	169(3.56)	205(4.31)	118(2.49)
	试样数量	15		10		18	
	批数	3		2		3	
	数据种类	临时值		筛选值		筛选值	
E_2^c/ GPa (Msi)	平均值	26.3(3.81)	28.1(4.07)	21.4(3.11)	23.0(3.34)	20.1(2.91)	21.2(3.08)
	最小值	22.9(3.32)	23.5(3.41)	20.4(2.96)	22.3(3.23)	15.5(2.25)	16.0(2.32)
	最大值	28.7(4.16)	30.8(4.46)	22.4(3.25)	24.1(3.49)	25.7(3.73)	27.0(3.92)
	CV/%	6.22	6.76	3.40	2.40	13.6	13.8
	试样数量	15		9		18	
	批数	3		2		3	
	数据种类	临时值		筛选值		筛选值	
ε_2^{cu}/με	平均值		12400		7800		4540
	最小值		9890		4570		2880
	最大值		15700		9310		6890
	CV/%		13.3		18.8		22.9
	B基准值		②		②		②
	分布		Weibull		Weibull		Weibull

（续表）

		正则化值	实测值	正则化值	实测值	正则化值	实测值
	C_1		13 100		8 330		4 950
	C_2		8.42		7.91		4.68
	试样数量	15		10		18	
	批数	3		2		3	
	数据种类	临时值		筛选值		筛选值	

注：①放置于 60℃(140℉)，95%～100% RH 环境下 68～180 天；②只对 A 类和 B 类数据给出基准值；③目前还不能提供这种材料的所有证明文件。

表 4.3.2.1(g)　12 面剪切性能($[(\pm45)_f]_s$)

材料	E-玻璃 7781/EA9396 8 综缎机织物			
树脂含量	25.0%～27.7%(质量)		复合材料密度	1.92 g/cm³
纤维体积含量	54.2%～56.9%		空隙含量	3.6%～5.7%
单层厚度	0.211～0.216 mm(0.008 3～0.008 5 in)			
试验方法	ASTM D 3518-76		模量计算	
正则化	未正则化			

温度/℃(℉)		22(72)	−54(−65)	93(200)	−54(−65)	22(72)	93(200)
吸湿量(%)					1.52～2.32	1.52～2.32	1.52～2.32
吸湿平衡条件 (T/℃(℉), RH/%)		大气环境	大气环境	大气环境	①	①	①
来源编码		30	30	30	30	30	30
F_{12}^{su} / MPa (ksi)	平均值	79.3(11.5)	117(16.9)	49.0(7.11)	58.8(8.52)	37.9(5.49)	18.8(2.73)
	最小值	65.2(9.45)	90.3(13.1)	31.7(4.59)	46.5(6.74)	28.7(4.16)	15.0(2.17)
	最大值	93.1(13.5)	140(20.3)	65.9(9.56)	73.8(10.7)	44.4(6.44)	23.6(3.42)
	CV/%	9.20	14.1	15.8	13.3	11.9	12.9
	B 基准值	②	②	②	②	②	②
	分布	Weibull	Weibull	Weibull	Weibull	Weibull	Weibull
	C_1	82.8(12.0)	123(17.9)	52.3(7.59)	62.1(9.01)	39.7(5.76)	19.9(2.89)
	C_2	11.8	8.15	6.77	8.08	11.0	8.60
	试样数量	23	18	19	18	18	17
	批数	3	3	3	3	3	3
	数据种类	临时值	临时值	临时值	临时值	临时值	临时值

（续表）

$G_{12}/$ GPa (Msi)	平均值	5.23(0.758)	7.10(1.03)	3.16(0.458)	5.93(0.860)	3.38(0.490)	1.67(0.242)
	最小值	4.31(0.625)	6.21(0.901)	1.99(0.289)	4.30(0.624)	2.32(0.336)	1.01(0.146)
	最大值	6.40(0.928)	8.90(1.29)	3.79(0.549)	6.73(0.976)	4.59(0.666)	3.01(0.436)
	CV/%	11.3	10.5	12.9	11.6	16.7	33.0
	试样数量	22	18	19	16	18	17
	批数	3	3	3	3	3	3
	数据种类	临时值	临时值	临时值	临时值	临时值	临时值

注:①放置于 60℃(140℉),95%~100% RH 环境下 111~117 天;②只对 A 类和 B 类数据给出基准值;③目前还不能提供这种材料的所有证明文件。

参 考 文 献

4.3.2.1　Askins R. Characterization of EA9396 Epoxy Resin for Composite Repair Applications [R]. University of Dayton Research Center, UDR‐TR‐91‐77, WL‐TR‐92‐4060, October 1991.

第5章　石英纤维复合材料

5.1　引言

本章中所包含的石英纤维复合材料数据分为文档齐全的数据和继承自 MIL-HDBK-17 F 版的数据(见 1.5 节)。本章提供了石英-双马预浸织物材料的数据。

5.2　文档齐全的数据

此节留待以后补充。

5.3　继承 MIL-HDBK-17 F 版的旧数据

此节留待以后补充。

5.3.1　石英-双马预浸织物

5.3.1.1　Astroquartz II/F650 8 综缎机织物

材料描述：

材料　　　　　Astroquartz II/F650。

形式　　　　　8 综缎机织物,纤维面积质量为 285 g/m²,典型的固化后树脂含量为 37%,典型的固化后单层厚度为 0.254 mm (0.010 in)。

固化工艺　　　热压罐固化:在 191℃(375℉)、0.586 MPa(85 psi)的压力下固化 4 h。在 246℃(475℉)下后固化 4 h。

供应商提供的数据：

纤维　　　　　Astroquartz II 是由纯的熔融石英制造的连续高强度低模量的陶瓷纤维。典型的拉伸模量为 68.95 GPa(10×10⁶ psi),典型的拉伸强度为 3 448 MPa(5×10⁵ psi)。

基体　　　　　F650 是一个在 180℃(350℉)固化的双马树脂。它在 21℃(70℉)下放置几周仍保持轻微的黏性。

最高短期使用温度　260℃(500℉)(干态),180℃(350℉)(湿态)。

典型应用	主承力及次承力结构,阻燃结构,雷达罩或其他要求高强度和/或电性能的结构。

表 5.3.1.1 Astroquartz II/F650 8 综缎机织物

材料	Astroquartz II/F650 8 综缎机织物			
形式	Hexcel AQII581/F650 8 综缎机织预浸料			
纤维	J. P. Stevens Astroquartz II		基体	Hexcel F650
T_g(干态)	316℃(600℉)	T_g(湿态)	T_g测量方法	
固化工艺	热压罐固化:191℃(375℉), 0.586 MPa(85 psi), 4 h。后固化:246℃(475℉), 4 h			

注:建立数据文件要求(1989 年 6 月)前提交的数据,目前还不能提供这种材料的所有证明文件。

纤维制造日期:		试验日期:	
树脂制造日期:		数据提交日期:	4/89
预浸料制造日期:		分析日期:	1/93
复合材料制造日期:			

单层性能汇总

	24℃(75℉)/A	232℃(450℉)/A	
31 面 SB 强渡	S—	S—	

注:强度/模量/泊松比/破坏应变的数据种类为:A—A75, a—A55, B—B30, b—B18, M—平均值,I—临时值,S—筛选值,—无数据(见表 1.5.1.2(c))。

	名义值	提交值	测试方法
纤维密度/(g/cm³)	2.17		
树脂密度/(g/cm³)	1.27		
复合材料密度/(g/cm³)	1.78	1.73	
纤维面积质量/(g/m²)	285		
纤维体积含量/%	57	51	
单层厚度/mm	0.254	0.254	

注:建立数据文件要求(1989 年 6 月)前提交的数据,目前还不能提供这种材料的所有证明文件。

层压板性能汇总

注:强度/模量/泊松比/破坏应变的数据种类为:A—A75, a—A55, B—B30, b—B18, M—平均值,I—临时值,S—筛选值,—无数据(见表 1.5.1.2(c))。

表 5.3.1.1(a) **31 面短梁强度性能**($[\mathbf{0}_f]_{12}$)

材料	Astroquartz II/F650 8 综缎机织物		
树脂含量	37%(质量)	复合材料密度	1.73 g/cm³
纤维体积含量	51%	空隙含量	
单层厚度	0.254 mm(0.010 in)		
试验方法	ASTM D2344	模量计算	
正则化	未正则化		

温度/℃(℉)		24(75)	232(450)				
吸湿量(%)							
吸湿平衡条件 (T/℃(℉), RH/%)		大气环境	大气环境				
来源编码		21	21				
F_{31}^{sbs}/ MPa (ksi)	平均值	44.2(6.41)	45.2(6.56)				
	最小值	43.5(6.31)	44.3(6.43)				
	最大值	44.8(6.50)	46.3(6.72)				
	CV/%	1.06	1.69				
	B 基准值	①	①				
	分布	正态	正态				
	C_1	44.2(6.41)	45.2(6.56)				
	C_2	0.47(0.068)	0.77(0.111)				
	试样数量	5	5				
	批数	1	1				
	数据种类	筛选值	筛选值				

注:①短梁强度试验数据只批准用于筛选数据种类;②建立数据文件要求(1989 年 6 月)前提交的数据,目前还不能提供这种材料的所有证明文件。

附录 A1　CMH - 17A 数据

A1.1　概述

本附录列出了 1971 年 1 月的 MIL - HDBK - 17A 中树脂基复合材料的数据。MIL - HDBK - 17A 已经被取代,因此,本节列出的数据可供当前版本作参考,但是,这些数据不满足第 1 卷所规定的数据要求。表 A1 给出了 MIL - HDBK - 17A 中包含的材料体系,共有 16 种材料,其中 6 种材料还在继续使用,有 5 种材料不再使用,而其他 5 种材料的可用性尚不能确定。本附录列出了 6 种可用材料的试验数据,而当确定其他材料的数据有用时,也可以增加进来。值得注意的是,Narmco 5505 已经得到了 AVCO 的许可证,因此,附录中用 AVCO 5505 来给出其数据。

表 A1　取自 MIL - HDBK - 17A 的材料

有用的材料	U. S. Polymeric E - 720E/7781(ECDE - 1/0 - 550)	玻璃纤维/环氧树脂
	Hexcel F - 161/7743(550)	玻璃纤维/环氧树脂
	Hexcel F - 161/7781(ECDE - 1/0 - 550)	玻璃纤维/环氧树脂
	Narmco N588/7781(ECDE - 1/0 - 550)	玻璃纤维/环氧树脂
	Narmco 506/7781(ECDE - 1/0 - A1100)	玻璃纤维/环氧树脂
	AVCO 5505	硼纤维/环氧树脂
不再使用的材料	U. S. Polymeric E - 779/7743(Volan)	玻璃纤维/环氧树脂
	3M XP251S	玻璃纤维/环氧树脂
	U. S. Polymeric S - 860/1581(ECG - 1/2 - 112)	中性 PH 的玻璃纤维/硅烷
	U. S. Polymeric P670A/7781(ECDE - 1/0)	玻璃纤维/改性的 DAP 聚酯
	SP272	硼纤维/环氧树脂
使用性不确定的材料	Bloomingdale BP915/7781(ECDE - 1/0 - 550)	玻璃纤维/环氧树脂
	Bloomingdale BP911/7781(ECDE - 1/0 Volan)	玻璃纤维/环氧树脂
	Cordo E293/7781(ECDE - 1/0 - 550)	玻璃纤维/环氧树脂
	苯乙烯醇酸树脂聚酯/7781 玻璃纤维	
	Cordo IFRR/7781(ECDE - 1/0)	玻璃纤维/改性的 DAP 聚酯

本附录所用的表号和图号与 MIL－HDBK－17A 类似,章的编号由第 4 章变为 A1,但其余的图号和表号没有改变,例如,表 A1.40 与 MIL－HDBK－17A 中的表 4.40 相同。A1.2 到 A1.4 节描述了 MIL－HDBK－17A 中所采用的试验计划和试验方法。

A1.2　引言

本章给出的层压板性能是在 U. S. Forest Products Laboratory 和其他实验室(参考文献 A1.2)* 通过试验得到的,列出性能值的材料包括玻璃/环氧树脂、玻璃/酚醛、玻璃/硅烷、玻璃/聚酯及硼/环氧树脂。这些材料或其他材料组合的附加信息将被补充或在手册的新版本中给出。

A1.3　手册试验计划

A1.3.1　目的

手册试验计划的目的是为了获得目前在用材料的统计上有意义的数据,并确定制造时的可重复性。必须满足的最低要求是试验结果应包含 3 组板件,分别代表来自 3 个不同制造商的制造工艺。对于每一种材料,本章在图和表中列出的性能值仅仅来自 1 组板件的试验结果,因此,没有给出最小值,而被认为是每种材料的"典型值"。当一种材料完成了最低数量的试验要求时,可以给出其 B 基准值,B 基准值是指在 95% 置信水平下,母体中 90% 的数值大于其值的力学性能值。

A1.3.2　预浸料

所有的试验板件均由预浸料制成,特别强调用于夹层结构的面板材料。用于面板的预浸料的成形工艺通常应与夹层结构的两种制造方法相一致,它们是用于两步法夹层结构制备的层压板类和用于一步法夹层结构制备的受控流动胶黏剂类。本章只列出了用于模拟预固化面板的层压板(适用于两步法夹层结构)的窄试样的试验结果。受控流动胶黏剂的预浸带最适合于夹层板试验,但目前手册的计划未包含该类试验。

预浸料按照每个制造商确定的规范制造。层压板通常采用热压罐成形,通过控制树脂的流动以使得胶的渗出量最小和层间胶接最佳。如果可能,应规定(预浸料的)操作特性与层压板中铺层方向的校准及铺贴和固化过程中保持纤维方向的目的相一致。

预浸料树脂质量含量的容差依赖于增强材料类型。对双向机织宽幅织物,如 7781 型织物,规定树脂含量与指定的除去挥发成分后树脂含量的变化不超过 2%;对单向机织宽幅织物,如 7743 型织物,以及非机织的平行纤维单向带,如 XP251S,

---

* 较早得到的玻璃/聚酯层压板数据以及通过专门的合同和分别公布(见参考文献 A1.2)的硼/环氧树脂层压板数据是例外。

树脂含量与指定的除去挥发成分后树脂含量的偏差不超过 3%。

A1.3.3　试验板件

对于机织物,试验板件的最小尺寸为:平行于经纱方向为 610mm(2ft),平行其宽度方向为 914mm(3ft)。对于非机织物层压板,包括单向铺层、正交铺层和准各向同性铺层结构,平行于最外层纤维方向的尺寸为 914mm(3ft)。

希望层压板的制作能维持纤维准直性和正交各向异性,而且是对称均衡的。试验板件通常能满足这些条件,在后面的表格罗列的数据中将这类层压板标识为均衡和平行。有一组板件(见表 A1.1)是非均衡的,对这种情况,将层压板规定为平行铺层。

A1.3.4　试验方法

以固定的加载速率进行常规单向试验。对于机织物,平行于经纱的方向用 0°或 1-向表示,而垂直于 0°的方向用 90°或 2-向表示;对于非机织的单向层压板,0°代表纤维方向;对于正交铺设或准各向同性层压板,用 0°表示外层的纤维方向。

A1.3.4.1　拉伸试验

对于机织物层压板,拉伸试验最早采用 ASTM D 638 试验标准和 I 类试样(见文献 A1.3.4.1(a))进行,后来则采用改进的试样(见文献 A1.2),这种方法被指定为 CMH-17 拉伸试验方法。对于非机织单向板的 0°拉伸性能,要用在两端粘贴加强片的试件(见文献 A1.3.4.1(b))进行试验。

A1.3.4.2　压缩试验

压缩试验采用的两种试样和夹具,即端部夹持和用夹具防失稳的 ASTM D 695 试样(见文献 A1.3.4.2)及对试样和夹具经过改进的 CMH-17 压缩试样(见文献 A1.2)。

A1.3.4.3　剪切试验

已经采用对角拉伸剪切方法(见文献 A1.2)测量了一种材料体系在 3 个不同树脂含量下的 0°~90°剪切性能(见图 A1.6.3)。试验时假设试样承担了 88% 的载荷,其余的载荷则由夹具上的销钉承担。其他材料则采用改进的轨道剪切试验方法(见文献 A1.3.4.3)进行试验。

A1.3.4.4　层间剪切试验

层间剪切性能采用短梁试验方法(见文献 A1.3.4.1(b))或指明用 ASTM D 2733-68T 方法(见文献 A1.3.4.4)来确定。

A1.3.4.5　弯曲试验

弯曲性能采用 ASTM D 790 方法(见文献 A1.3.4.5)来确定。

A1.3.4.6　挤压强度

挤压强度采用 ASTM D 953 方法(见文献 A1.3.4.6)来确定。

A1.3.5　干态处理

试样的干态处理是将试样放置在 21℃~24℃(70℉~75℉)及 45%~55% RH

条件下至少 10 天以达到平衡。如果试验温度与室温不同,在加载前应将干态试样在试验温度环境下放置至少半小时。

A1.3.6 浸润处理

试样的浸润处理是将试样放置在 52℃(125℉)及 95%~100% RH 条件下 1000 小时(42 天)。如果试验温度低于 0℃,则应将吸湿处理后试样从 52℃(125℉)湿态到低于 0℃的试验温度循环 4 次,在每一种温度环境下放置半小时。当试验温度为 71℃(160℉)时,在加载前应将吸湿后试样在试验温度环境下放置半小时。有些材料在浸润处理后再在 104℃(220℉)下进行试验,这样的试验不再进行,因为看来试验结果没有说服力。

A1.3.7 试验程序

在 3 种参照温度条件(−54℃(−65℉),21℃~24℃(70℉~75℉)和 71℃(160℉))下测量 0°和 90°干态和湿态的拉伸与压缩性能。对有可能在高温下使用的材料,还要在最高使用温度下进行干态试样试验。对每种试验条件的应力-应变关系曲线,要得到 10 个试验结果。在中等温度下进行 5 个试样的试验是为了证实性能的变化。对−54℃(−65℉)、21℃~24℃(70℉~75℉)和 71℃(160℉)下干态的 0°~90°剪切,也需要得到 10 个试验结果。为了测量 21℃~24℃(70℉~75℉)下的泊松比,要进行 5 个试验来得到应力-应变关系曲线。在−54℃(−65℉),21℃~24℃(70℉~75℉)和 71℃(160℉)干态环境下进行 0°方向的弯曲、挤压和层间剪切试验,每种温度条件各进行 5 个试样的试验。

A1.4 数据表达

在每一种温度条件下的单轴拉伸、压缩和剪切试验结果以应力-应变关系来表示,各项性能值以表格形式给出。弯曲、挤压和层间剪切性能在综述表中列出。泊松比以所加拉伸应力时 0°方向伸长量与 90°方向收缩量的响应关系表示。

当某种试验条件所获得的试验结果大于或等于 10 个时,在表中给出平均值和标准差。应力-应变关系以平均值的曲线和平均值减去 3 倍标准差的图示形式给出。当某种试验条件所获得的试验结果介于 5 个到 9 个之间时,给出性能的平均值、最大值、最小值和曲线。

A1.4.1 玻璃纤维-环氧树脂层压板

玻璃纤维-环氧树脂体系的所有试验数据均由手册试验计划获得,性能值在表 A1.1~表 A1.8 中给出,图 A1.1.1(a)~图 A1.8.5 给出了详细的试验数据(9 种材料中有 4 种材料是有用的)。

A1.4.2 玻璃纤维-酚醛层压板

表 A1.40 和图 A1.40.1(a)~图 A1.40.5 给出了一种玻璃纤维-酚醛体系的手册试验性能数据(这种材料仍在使用)。

A1.4.3　玻璃纤维-硅烷层压板

MIL-HDBK-17A 给出了一种玻璃纤维-硅烷体系的部分手册试验性能结果（这种材料不再使用）。

A1.4.4　玻璃纤维-聚酯层压板

MIL-HDBK-17A 给出了玻璃纤维-聚酯层压板以前的数据（这些材料中没有一种仍在使用）。

A1.4.5　硼-环氧树脂层压板

从文献 A1.4.5 中收集了两种硼-环氧树脂体系的数据，并在表 A1.110 和表 A1.111 及图 A1.111.1(a)～图 A1.111.3 中给出（这些材料中有一种材料仍在使用）。

层压板的厚度由结构中的层数和期望的树脂含量控制。机织织物层压板的厚度通常以 8 层考虑，但对于树脂含量较低的层压板，则以 10 层考虑。对于非机织单向层压板，采用 6 层以降低试验过程中明显的剪切滞后现象，而对于正交铺设和准各向同性层压板，则采用 8 层。

表 A1.1　U.S. Polymetric E-720E/7781(ECDE-1/0-550)玻璃纤维/环氧树脂力学性能

制造	铺层:平行	真空:无	压力:0.379~0.448MPa(55~65psi)	排胶:边缘和垂直	固化:177℃(350°F)/2h	后固化:204℃(400°F)/4h	层数:8
物理性能	树脂含量(质量):34.9%	平均比重:1.78		平均空隙率:2.0%		平均厚度:2.08mm(0.082in)	
试验方法	拉伸:ASTM D 638 TYPE-1	压缩:CMH-17	剪切:轨道剪切	弯曲:ASTM D 790	挤压:ASTM D 953	层间剪切:短梁	

温度条件/℃(°F)		-54(-65)				24(75)				71(160)				204(400)	
		干态		湿态		干态		湿态		干态		湿态		干态	
		平均值	标准差	平均值	标准差	平均值	标准差	平均值	标准差	平均值	标准差	平均值	标准差	平均值	标准差
拉伸															
极限强度 MPa(ksi)	0°	477 (69.2)	11.0 (1.6)	477 (69.1)	11.7 (1.7)	417 (60.4)	11.7 (1.7)	384 (55.7)	10.3 (1.5)	362 (52.5)	6.90 (1.0)	296 (42.9)	5.52 (0.8)	309 (44.8)	13.8 (2.0)
	90°	386 (56.0)	13.8 (2.0)	390 (56.5)	13.8 (2.0)	338 (49.0)	12.4 (1.8)	317 (45.9)	9.65 (1.4)	292 (42.3)	8.28 (1.2)	254 (36.9)	7.59 (1.1)	241 (34.9)	11.0 (1.6)
破坏应变/%	0°	2.93	0.08	2.70	0.11	2.43	0.14	2.12	0.08	2.05	0.08	1.61	0.06	1.80	0.20
	90°	2.92	0.22	2.54	0.19	2.33	0.09	2.04	0.09	1.98	0.08	1.70	0.13	1.72	0.22
比例极限 MPa(ksi)	0°														
	90°														
初始模量 GPa(Msi)	0°	22.8 (3.30)		23.3 (3.38)		21.5 (3.12)		21.5 (3.12)		20.3 (2.95)		19.0 (2.76)		17.9 (2.60)	
	90°	20.0 (2.90)		20.8 (3.02)		19.4 (2.82)		19.2 (2.78)		17.2 (2.50)		18.3 (2.65)		15.9 (2.30)	

（续表）

温度条件/°C(°F)	−54(−65) 干态 平均值	干态 标准差	−54(−65) 湿态 平均值	湿态 标准差	24(75) 干态 平均值	干态 标准差	24(75) 湿态 平均值	湿态 标准差	71(160) 干态 平均值	干态 标准差	71(160) 湿态 平均值	湿态 标准差	204(400) 干态 平均值	干态 标准差
压缩														
第二模量 GPa(Msi) 0°	15.9 (2.30)		19.7 (2.85)		16.9 (2.45)		17.2 (2.50)		17.0 (2.46)		16.3 (2.37)			
第二模量 GPa(Msi) 90°	13.1 (1.90)		12.0 (1.74)		14.1 (2.05)		15.1 (2.19)		13.9 (2.01)		13.6 (1.97)			
极限强度 MPa(ksi) 0°	532 (77.1)	27.6 (4.0)	517 (75.0)	25.5 (3.7)	447 (64.8)	20.0 (2.9)	395 (57.3)	26.2 (3.8)	372 (54.0)	9.65 (1.4)	319 (46.2)	9.65 (1.4)	164 (23.8)	15.2 (2.2)
极限强度 MPa(ksi) 90°	394 (57.2)	18.6 (2.7)	372 (53.9)	18.6 (2.7)	346 (50.2)	20.0 (2.9)	312 (45.2)	16.6 (2.4)	281 (40.8)	20.0 (2.9)	250 (36.2)	21.4 (3.1)	101 (14.7)	11.0 (1.6)
破坏应变/% 0°	2.48	0.16	2.44	0.15	2.14	0.11	1.99	0.09	1.86	0.08	1.62	0.06	1.12	0.22
破坏应变/% 90°	1.93	0.16	1.81	0.19	1.70	0.14	1.58	0.14	1.46	0.17	1.37	0.15	0.91	0.08
比例极限 MPa(ksi) 0°														
比例极限 MPa(ksi) 90°														
初始模量 GPa(Msi) 0°	24.1 (3.50)		23.8 (3.45)		22.4 (3.25)		21.4 (3.10)		21.7 (3.15)		20.9 (3.03)		16.9 (2.45)	
初始模量 GPa(Msi) 90°	22.0 (3.20)		22.5 (3.26)		22.1 (3.21)		20.9 (3.03)		20.6 (2.99)		19.7 (2.85)		12.8 (1.85)	
剪切														
极限强度 MPa(ksi) 0°/90°	121 (17.5)				98.6 (14.3)	4.14 (0.6)			77.2 (11.2)					
极限强度 MPa(ksi) ±45°														

（续表）

温度条件/℃(℉)		−54(−65)干态			24(75)干态			71(160)干态		
		平均值	最大值	最小值	平均值	最大值	最小值	平均值	最大值	最小值
弯曲										
极限强度 MPa(ksi)	0°	797(115.6)	823(119.4)	769(111.5)	632(91.7)	644(93.4)	623(90.3)	479(69.4)	490(71.1)	463(67.2)
比例极限 MPa(ksi)	0°	608(88.1)	694(100.7)	534(77.5)	224(32.5)	250(36.2)	212(30.8)	388(56.2)	433(62.8)	341(49.4)
初始模量 GPa(Msi)	0°	19.8(2.87)	20.1(2.91)	18.9(2.74)	22.1(3.21)	23.2(3.36)	20.9(3.03)	19.4(2.81)	19.8(2.87)	19.0(2.76)
挤压										
极限强度 MPa(ksi)	0°	511(74.1)	541(78.4)	488(70.7)	419(60.8)	444(64.4)	401(58.2)	345(50.0)	366(53.0)	330(47.9)
对应 4%伸长率强度 MPa(ksi)	0°	221(32.1)	240(34.8)	201(29.1)	165(23.9)	236(34.2)	139(20.1)	125(18.1)	148(21.5)	110(15.9)
层间剪切										
极限强度 MPa(ksi)	0°	48.9(7.09)	50.8(7.36)	46.9(6.80)	40.7(5.90)	41.9(6.07)	39.4(5.72)	41.7(6.05)	42.5(6.16)	40.8(5.91)

译者注：①70年代数据采集时用"比重"，为当时密度物理量的标准单位。数值上比重＝密度/100(对固体和液体)。

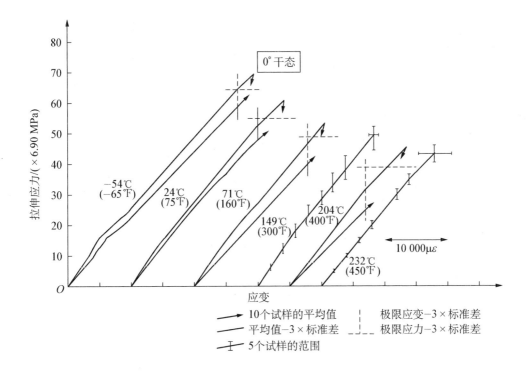

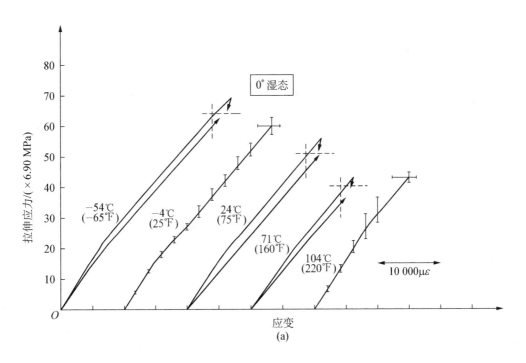

(a)

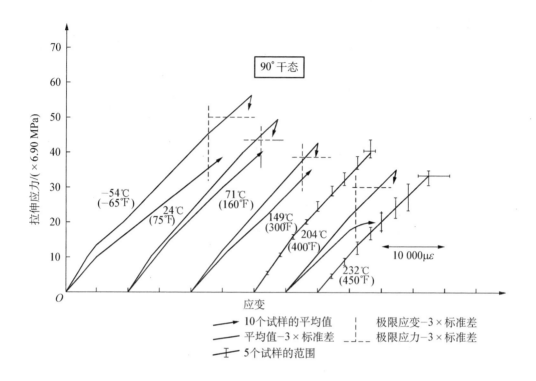

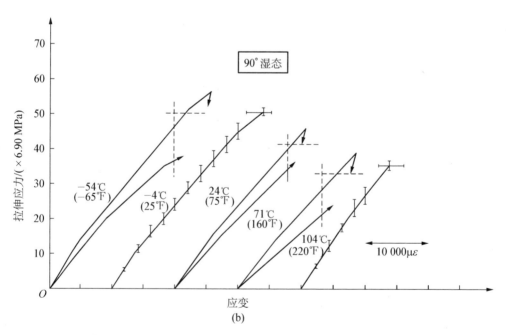

图 A1.1.1　E-720E/7781 玻璃纤维-环氧树脂拉伸应力-应变曲线

(a) 0°方向　(b) 90°方向

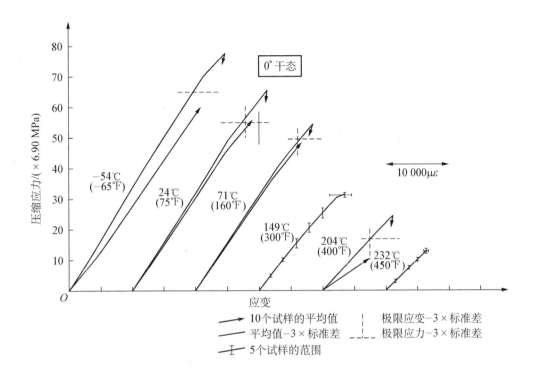

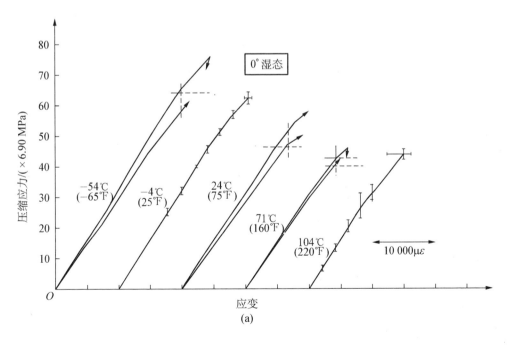

(a)

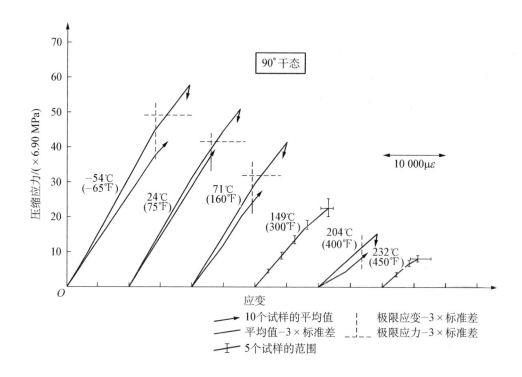

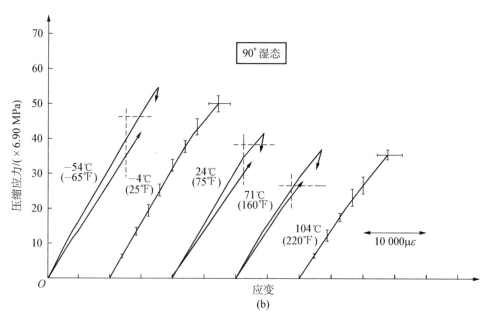

图 A1.1.2 E-720E/7781 玻璃纤维-环氧树脂压缩应力-应变曲线

(a) 0°方向 (b) 90°方向

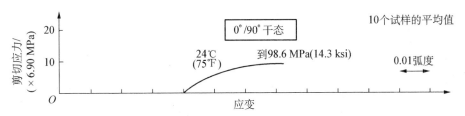

图 A1.1.3　E-720E/7781 玻璃纤维-环氧树脂 0°/90°轨道剪切应力-应变曲线

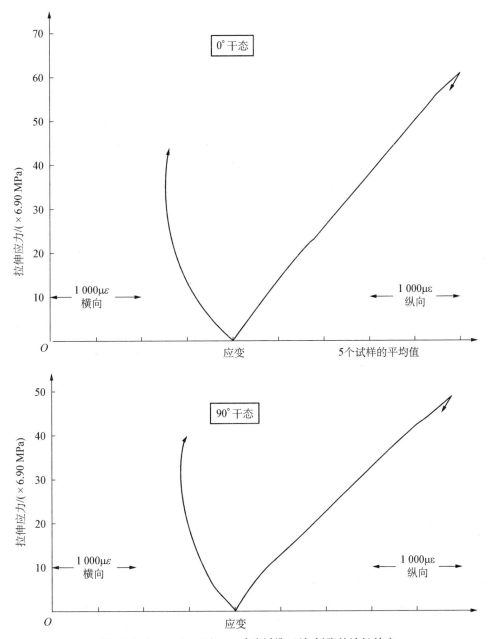

图 A1.1.4　E-720E/7781 玻璃纤维-环氧树脂的泊松效应

表 A1.3　Hexcel F-161/7743(550)玻璃纤维/环氧树脂力学性能

制造	铺层:均衡	真空:0.096 5 MPa(14 psi)	压力:0.241 MPa(35 psi)	排胶:边缘	固化:177℃(350°F)/2h	后固化:177℃(350°F)/2h	层数:8
物理性能	树脂含量(质量):32.4%, V_f=0.496	平均比重:1.85	平均空隙率:3.0%			平均厚度:2.18mm(0.086 in)	
试验方法	拉伸:ASTM D 638 TYPE-1	压缩:CMH-17	剪切:轨道剪切	弯曲:ASTM D 790	挤压:ASTM D 953	层间剪切:短梁	

温度条件/℃(°F)		-54(-65) 干态		-54(-65) 湿态		24(75) 干态		24(75) 湿态		71(160) 干态		71(160) 湿态		204(400) 干态	
拉伸		平均值	标准差	平均值	标准差	平均值	标准差	平均值	标准差	平均值	标准差	平均值	标准差	平均值	标准差
极限强度 MPa(ksi)	0°	768 (111.3)	7.72 (1.12)	740 (107.3)	24.8 (3.60)	659 (95.5)	52.2 (7.57)	602 (87.3)	35.9 (5.2)	556 (80.9)	27.9 (4.05)	494 (71.7)	18.8 (2.73)	514 (74.5)	40.7 (5.90)
	90°	67.9 (9.84)	5.38 (0.78)	65.0 (9.42)	4.07 (0.59)	56.2 (8.15)	2.76 (0.40)	50.1 (7.27)	1.93 (0.28)	46.8 (6.78)	1.24 (0.18)	42.5 (6.16)	1.45 (0.21)	45.4 (6.59)	2.83 (0.41)
破坏应变 /%	0°	2.10	0.31	2.11	0.10	1.88	0.10	1.72	0.17	1.56	0.15	1.35	0.12	1.64	0.09
	90°	2.43	0.25	2.03	0.21	1.82	0.23	1.20	0.28	1.26	0.19	0.61	0.13	1.44	0.19
比例极限 MPa(ksi)	0°	594 (86.2)		605 (87.8)		515 (74.7)		562 (81.5)		441 (64.0)		451 (65.4)		421 (61.0)	
	90°	38.6 (5.6)		34.5 (5.0)		35.9 (5.2)		33.1 (4.8)		34.5 (5.0)		34.5 (5.0)		20.7 (3.0)	
初始模量 GPa(Msi)	0°	37.4 (5.42)		36.9 (5.35)		36.6 (5.30)		38.3 (5.55)		37.0 (5.36)		37.7 (5.47)		31.2 (4.52)	
	90°	11.1 (1.61)		11.9 (1.73)		11.9 (1.73)		9.72 (1.41)		7.65 (1.11)		8.97 (1.30)		5.10 (0.74)	

（续表）

温度条件/℃(℉)		-54(-65) 干态 平均值	标准差	-54(-65) 湿态 平均值	标准差	24(75) 干态 平均值	标准差	24(75) 湿态 平均值	标准差	71(160) 干态 平均值	标准差	71(160) 湿态 平均值	标准差	204(400) 干态 平均值	标准差
第二模量 GPa(Msi)	0°					35.5 (5.15)									
	90°					0.62 (0.09)									
压　缩															
极限强度 MPa(ksi)	0°	655 (95.0)	51.2 (7.42)	619 (89.7)	48.3 (7.0)	523 (75.9)	37.4 (5.43)	465 (67.4)	30.6 (4.43)	457 (66.3)	38.1 (5.53)	379 (55.0)	19.3 (2.80)	184 (26.7)	13.3 (1.93)
	90°	278 (40.3)	13.3 (1.93)	259 (37.6)	20.2 (2.93)	221 (32.1)	19.8 (2.87)	210 (30.4)	8.76 (1.27)	189 (27.4)	13.3 (1.93)	159 (23.0)	8.97 (1.30)	57.2 (8.3)	6.21 (0.90)
破坏应变 /%	0	1.90	0.11	1.83	0.14	1.58	0.11	1.36	0.11	1.47	0.08	1.22	0.06	0.68	0.08
	90°	2.57	0.16	2.46	0.25	2.51	0.19	2.38	1.90	2.58	0.22	2.53	0.30	1.62	0.12
比例极限 MPa(ksi)	0°	572 (83.0)		483 (70.0)		360 (52.2)		343 (49.8)		383 (55.6)		281 (40.8)		138 (20.0)	
	90°	125 (18.1)		103 (15.0)		82.1 (11.9)		73.1 (10.6)		63.4 (9.2)		56.5 (8.2)			
初始模量 GPa(Msi)	0°	34.6 (5.02)		34.3 (4.98)		34.2 (4.96)		35.1 (5.09)		31.7 (4.59)		32.1 (4.66)		28.4 (4.12)	
	90°	13.2 (1.91)		13.0 (1.88)		11.4 (1.65)		12.2 (1.77)		10.1 (1.46)		9.45 (1.37)			
剪　切															
极限强度 MPa(ksi)	0°/90°	86.2 (12.5)				63.4 (9.2)	1.38 (0.2)			53.1 (7.7)					
	±45°														

（续表）

温度条件/℃（℉）		-54（-65）干　态			24（75）干　态			71（160）干　态		
		平均值	最大值	最小值	平均值	最大值	最小值	平均值	最大值	最小值
弯　曲										
极限强度 MPa（ksi）	0°	1400（203.0）	1448（210.0）	1352（196.0）	1103（160.0）	1124（163.0）	1069（155.0）	952（138.0）	979（142.0）	931（135.0）
比例极限 MPa（ksi）	0°	1055（153.0）	1090（158.0）	1014（147.0）	876（127.0）	959（139.0）	800（116.0）	800（116.0）	814（118.0）	772（112.0）
初始模量 GPa（Msi）	0°	39.4（5.71）	40.0（5.80）	38.8（5.63）	35.7（5.18）	36.3（5.27）	35.2（5.10）	37.4（5.43）	37.7（5.46）	36.7（5.32）
挤　压										
极限强度 MPa（ksi）	0°	548（79.4）	622（90.2）	447（64.8）	406（58.8）	436（63.2）	363（52.7）	370（53.7）	397（57.5）	349（50.6）
对应 4%伸长率强度 MPa（ksi）	0°	261（37.9）	314（45.6）	217（31.5）	159（23.0）	187（27.1）	134（19.5）	151（21.9）	163（23.6）	141（20.5）
层间剪切										
极限强度 MPa（ksi）	0°	65.9（9.55）	70.0（10.15）	60.0（8.72）	64.5（9.35）	65.9（9.55）	63.2（9.17）	57.3（8.31）	59.7（8.65）	55.3（8.02）

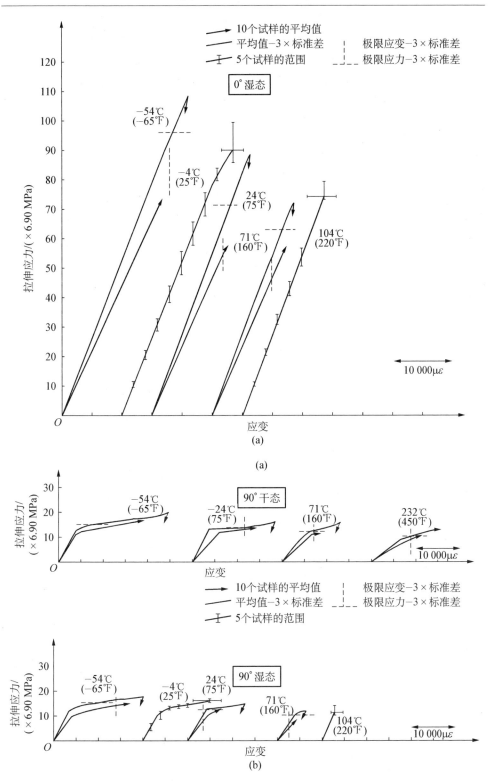

图 A1.3.1　F–161/7743 玻璃纤维-环氧树脂向拉伸应力-应变曲线

(a) 0°方向(原文缺 0°干态数据)　(b) 90°方向

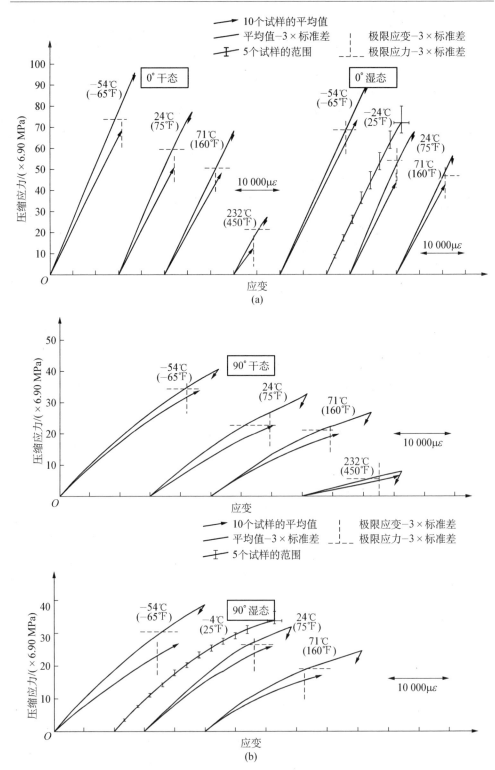

图 A1.3.2 F-161/7743 玻璃纤维-环氧树脂压缩应力-应变曲线

(a) 0°方向 (b) 90°方向

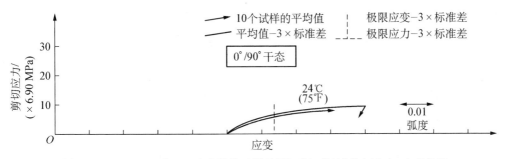

图 A1.3.3　F-161/7743 玻璃纤维-环氧树脂 0°/90°轨道剪切应力-应变曲线

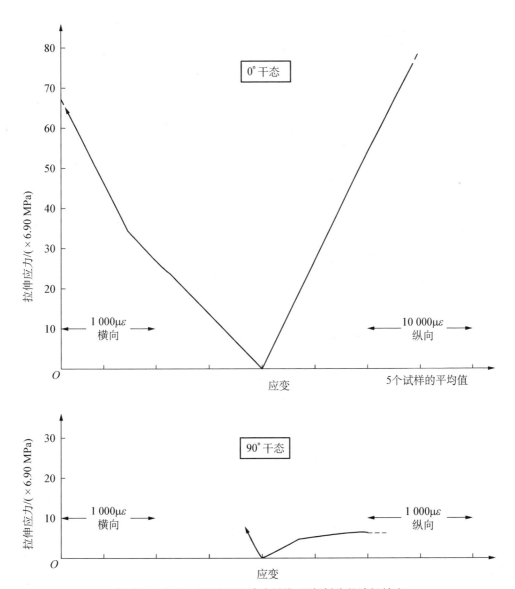

图 A1.3.4　F-161/7743 玻璃纤维-环氧树脂的泊松效应

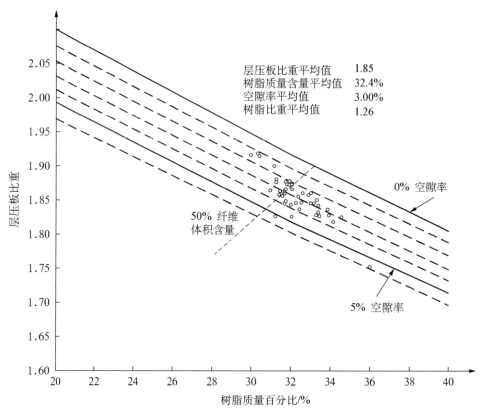

图 A1.3.5 F-161/7743 玻璃纤维-环氧树脂的空隙百分数与树脂含量和比重的关系曲线

表 A1.4　Hexcel F-161/7781(ECDE-1/0-550)玻璃纤维/环氧树脂(26%树脂)力学性能

制造

| 铺层:均衡 | 真空:无 | 压力:0.379~0.448 MPa (55~65 psi) | 排胶:垂直和边缘 | 固化:177℃(350℉)/1h | 后固化:149℃(300℉)/2h, 204℃(400℉)/2.5h | 层数:8和10 |

物理性能

| 树脂含量(质量):26.0%, V_f=0.59 | 平均比重:2.01 | 平均空隙率:0.5% | 平均单层厚度:0.203 mm(0.008 in) |

试验方法

| 拉伸:CMH-17 | 压缩:CMH-17 | 剪切:对角拉 | 弯曲:ASTM D790 | 挤压: | 层间剪切:ASTM D2345 |

拉伸

温度条件/℃(℉)	-54(-65)				24(75)				71(160)				204(400)			
	干态		湿态		干态		湿态		干态		湿态		干态		湿态	
	平均值	标准差	平均值	标准差	平均值	标准差	平均值	标准差	平均值	标准差	平均值	标准差	平均值	标准差	平均值	标准差
极限强度 MPa(ksi) 0°	637 (92.4)	35.6 (5.16)	555 (80.5)	75.0 (10.87)			423 (61.4)	22.1 (3.20)	453 (65.7)	20.9 (3.03)	350 (50.7)	39.4 (5.72)	412 (59.8)	26.3 (3.81)		
90°	468 (67.8)	73.4 (10.65)	430 (62.3)	34.6 (5.01)			347 (50.3)	18.0 (2.61)	370 (53.6)	35.8 (5.19)	319 (46.2)	18.6 (2.69)	243 (35.2)	35.6 (5.16)		
破坏应变/% 0°	2.86		2.37				1.78		1.97		1.58		1.96			
90°	2.42		1.97				1.65		1.88		1.55		1.38			
比例极限 MPa(ksi) 0°																
90°																
初始模量 GPa(Msi) 0°	30.5 (4.42)		31.0 (4.49)				28.3 (4.10)		27.0 (3.92)		25.7 (3.72)		22.6 (3.27)			
90°	29.1 (4.22)		29.0 (4.21)				25.9 (3.76)		21.9 (3.17)		23.3 (3.38)		19.7 (2.86)			

（续表）

温度条件/℃(℉)		-54(-65) 干态 平均值	-54(-65) 干态 标准差	-54(-65) 湿态 平均值	-54(-65) 湿态 标准差	24(75) 干态 平均值	24(75) 干态 标准差	24(75) 湿态 平均值	24(75) 湿态 标准差	71(160) 干态 平均值	71(160) 干态 标准差	71(160) 湿态 平均值	71(160) 湿态 标准差	204(400) 干态 平均值	204(400) 干态 标准差
压缩															
第二模量 GPa(Msi)	0°	22.9 (3.32)		21.7 (3.14)				21.1 (3.06)		22.3 (3.24)		21.2 (3.07)		20.3 (2.94)	
	90°	18.6 (2.70)		18.9 (2.74)				18.1 (2.62)		18.8 (2.72)		17.6 (2.55)		17.0 (2.46)	
极限强度 MPa(ksi)	0°	505 (73.2)	47.1 (6.83)	510 (74.0)	34.6 (5.02)			395 (57.3)	27.6 (4.0)	337 (48.9)	24.1 (3.50)	308 (44.7)	22.4 (3.25)	199 (28.8)	20.9 (3.03)
	90°	443 (64.2)	22.0 (3.19)	385 (55.8)	30.3 (4.40)			259 (37.5)	15.7 (2.28)	290 (42.0)	18.2 (2.64)	277 (40.1)	13.1 (1.90)	130 (18.9)	4.76 (0.69)
破坏应变/%	0°	1.70	0.42	1.65	0.28			1.09	0.17	1.12	0.15	0.84	0.14	0.79	0.03
	90°	1.40	0.14	1.42	0.27			1.26	0.41	1.14	0.23	1.22	0.18	0.71	0.27
比例极限 MPa(ksi)	0°	269 (39.0)		317 (46.0)				290 (42.0)		283 (41.0)		166 (24.0)		103 (15.0)	
	90°	193 (28.0)		283 (41.0)				166 (24.0)		248 (36.0)		145 (21.0)		75.9 (11.0)	
初始模量 GPa(Msi)	0°	30.5 (4.42)		30.8 (4.47)				29.4 (4.27)		27.9 (4.05)		27.2 (3.94)		25.7 (3.73)	
	90°	27.7 (4.02)		28.9 (4.19)				28.4 (4.12)		25.4 (3.68)		23.4 (3.40)		21.2 (3.07)	
剪切															
极限强度 MPa(ksi)	0°/90°	139 (20.1)	15.9 (2.3)					110 (16.0)	11.3 (1.64)	92.4 (13.4)	8.83 (1.28)				
	±45°														

（续表）

温度条件/℃(℉)	−54(−65)干 态			24(75)干 态			71(160)干 态		
	平均值	最大值	最小值	平均值	最大值	最小值	平均值	最大值	最小值
弯 曲									
极限强度 MPa(ksi) 0°				649(94.10)	668(96.86)	618(89.64)			
比例极限 MPa(ksi) 0°									
初始模量 GPa(Msi) 0°									
挤 压									
极限强度 MPa(ksi) 0°									
对应 4%伸长率强度 MPa(ksi) 0°									
层间剪切									
极限强度 MPa(ksi) 0°				38.3(5.56)	39.0(5.65)	37.9(5.50)			

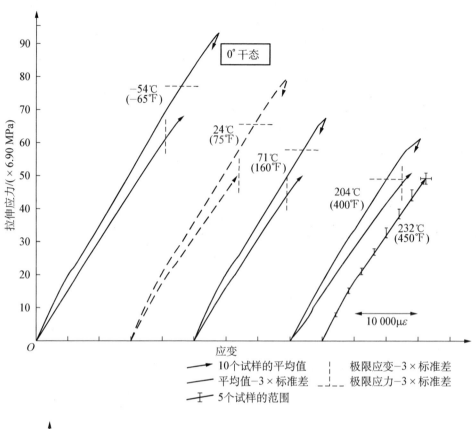

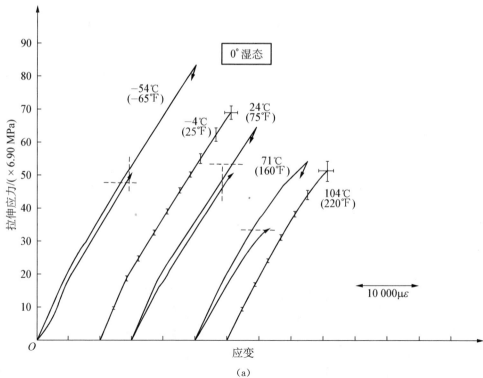

(a)

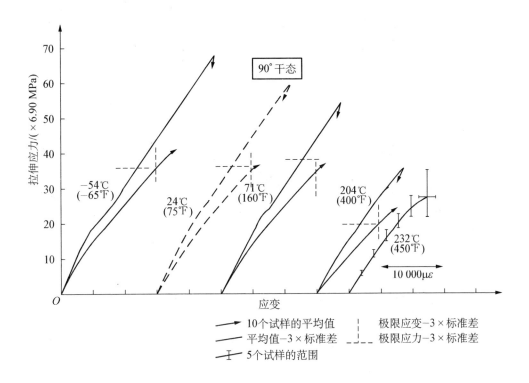

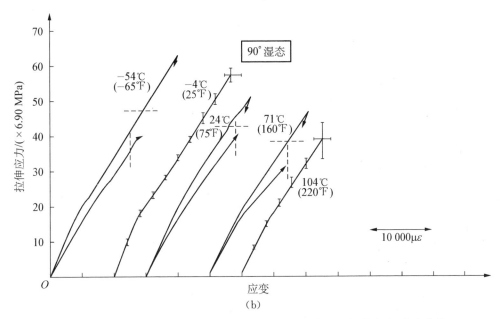

图 A1.4.1　F－161/7781 玻璃纤维-环氧树脂(26％树脂)拉伸应力-应变曲线

(a) 0°方向　(b) 90°方向

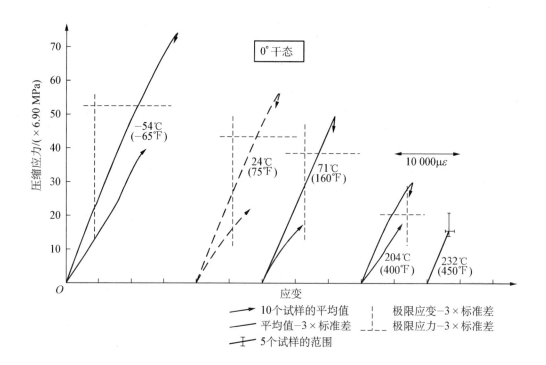

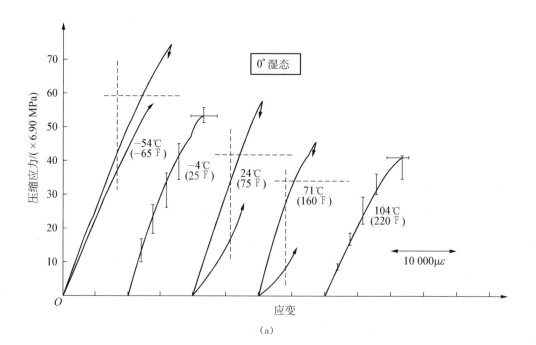

(a)

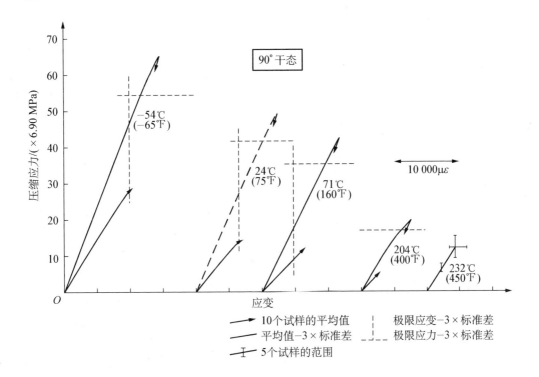

10个试样的平均值　┊　极限应变-3×标准差
平均值-3×标准差　　┇　极限应力-3×标准差
5个试样的范围

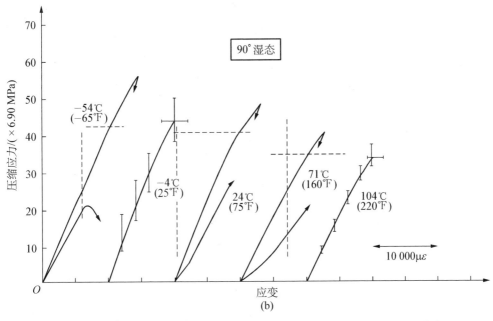

(b)

图 A1.4.2　F-161/7781 玻璃纤维-环氧树脂(26%树脂)压缩应力-应变曲线

(a) 0°方向　(b) 90°方向

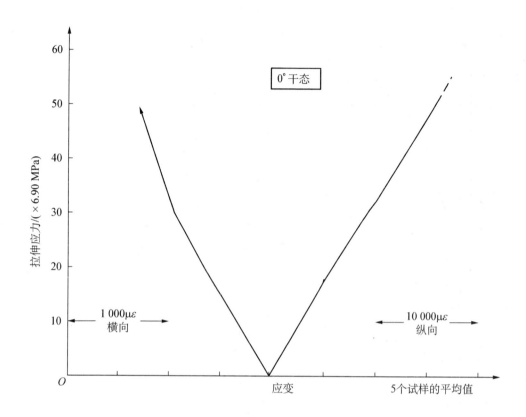

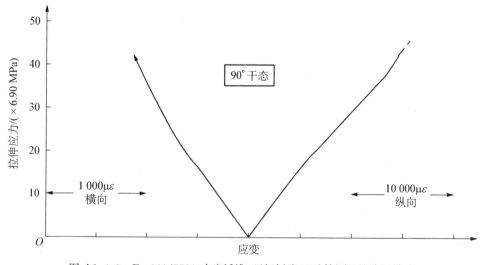

图 A1.4.3 F‐161/7781 玻璃纤维‐环氧树脂(26%树脂)的泊松效应

表 A1.5　F-161/7781(ECDE-1/0-550)玻璃纤维/环氧树脂(31%树脂)力学性能

制造

| 铺层:均衡 | 真空:无 | 压力:0.379~0.448MPa(55~65psi) | 排胶:垂直和边缘 | 固化:177℃(350℉)/1h | 后固化:149℃(300℉)/2h 204℃(400℉)/2.5h | 层数:8和10 |

物理性能

| 树脂含量(质量):31.0% | 平均比重:1.92 | 平均空隙率:0.6% | 平均单层厚度:0.229mm(0.009in) |

试验方法

| 拉伸:CMH-17 | 压缩:CMH-17 | 剪切:对角拉 | 弯曲:ASTM D790 | 层间剪切: 挤压: |

温度条件/℃(℉)	-54(-65) 干态 平均值	-54(-65) 干态 标准差	-54(-65) 湿态 平均值	-54(-65) 湿态 标准差	24(75) 干态 平均值	24(75) 干态 标准差	24(75) 湿态 平均值	24(75) 湿态 标准差	71(160) 干态 平均值	71(160) 干态 标准差	71(160) 湿态 平均值	71(160) 湿态 标准差	204(400) 干态 平均值	204(400) 干态 标准差
拉伸 极限强度/MPa(ksi) 0°	588 (85.2)	32.3 (4.68)	568 (82.3)	34.3 (4.97)			441 (64.0)	14.1 (2.04)	414 (60.1)	25.9 (3.75)	354 (51.4)	29.2 (4.23)	326 (47.3)	33.6 (4.87)
极限强度/MPa(ksi) 90°	483 (70.0)	36.1 (5.24)	468 (67.9)	20.6 (2.98)			369 (53.5)	20.1 (2.91)	340 (49.3)	6.55 (0.95)	274 (39.8)	24.1 (3.50)	214 (31.0)	13.4 (1.95)
破坏应变/% 0°	2.93	0.14	2.53	0.18			2.10	0.06	2.02	0.10	1.66	0.17	1.66	0.18
破坏应变/% 90°	2.50	0.21	2.41	0.22			1.90	0.11	1.86	0.06	1.47	0.09	1.25	0.09
比例极限/MPa(ksi) 0°														
比例极限/MPa(ksi) 90°														
初始模量/GPa(Msi) 0°	29.1 (4.22)		29.7 (4.30)				26.5 (3.84)		25.7 (3.72)		25.2 (3.65)		21.3 (3.09)	
初始模量/GPa(Msi) 90°	27.4 (3.97)		28.6 (4.15)				25.4 (3.68)		23.0 (3.34)		22.8 (3.30)		19.0 (2.75)	

（续表）

温度条件/°C(°F)		−54(−65) 干态 平均值	−54(−65) 干态 标准差	−54(−65) 湿态 平均值	−54(−65) 湿态 标准差	24(75) 干态 平均值	24(75) 干态 标准差	24(75) 湿态 平均值	24(75) 湿态 标准差	71(160) 干态 平均值	71(160) 干态 标准差	71(160) 湿态 平均值	71(160) 湿态 标准差	204(400) 干态 平均值	204(400) 干态 标准差
第二模量 /GPa(Msi)	0°	21.6 (3.13)		20.8 (3.01)				20.9 (3.03)		20.5 (2.97)	0.28 (0.04)	19.9 (2.88)		20.3 (2.94)	
	90°	18.1 (2.62)		20.4 (2.96)				18.1 (2.62)		17.6 (2.55)	0.72 (0.25)	17.0 (2.46)		17.0 (2.47)	
压缩 极限强度 /MPa(ksi)	0°	504 (73.1)	35.7 (5.18)	455 (66.0)	74.1 (10.75)			375 (54.4)	48.5 (7.04)	349 (50.6)		317 (45.9)	37.2 (5.39)	226 (32.8)	41.7 (6.04)
	90°	403 (58.4)	21.9 (3.17)	397 (57.5)	79.7 (11.56)			326 (47.3)	32.6 (4.73)	291 (42.2)		267 (38.7)	28.9 (4.19)	178 (25.8)	57.0 (8.27)
破坏应变 /%	0°	1.86	0.21	1.72	0.32			1.33	0.28	1.52		1.04	0.23	0.95	0.24
	90°	1.61	0.29	1.44	0.36			1.10	0.21	1.30		0.99	0.22	0.87	0.28
比例极限 /MPa(ksi)	0°	303 (44.0)		262 (38.0)				228 (33.0)		221 (32.0)		172 (25.0)		110 (16.0)	
	90°	228 (33.0)		228 (33.0)				207 (30.0)		—		145 (21.0)		103 (15.0)	
初始模量 /GPa(Msi)	0°	26.9 (3.90)		27.9 (4.04)				27.8 (4.03)		23.6 (3.42)		28.0 (4.06)		24.1 (3.50)	
	90°	24.6 (3.56)		26.5 (3.84)				27.3 (3.96)		22.3		27.7 (4.10)		21.2 (3.07)	
剪切 极限强度 /MPa(ksi)	0°/90° ±45°	141 (20.5)	15.4 (2.23)					110 (15.9)	4.97 (0.72)	94.5 (13.7)	5.65 (0.82)				

（续表）

温度条件/℃(℉)	−54(−65) 干态			24(75) 干态			71(160) 干态		
	平均值	最大值	最小值	平均值	最大值	最小值	平均值	最大值	最小值
弯曲									
极限强度/MPa　0°				622(90.23)	646(93.74)	602(87.29)			
比例极限/MPa　0°									
初始模量/GPa　0°									
挤压									
极限强度/MPa　0°									
对应 4% 伸长率强度/MPa　0°									
层间剪切									
极限强度/MPa　0°				38.3(5.56)	39.0(5.65)	37.9(5.50)			

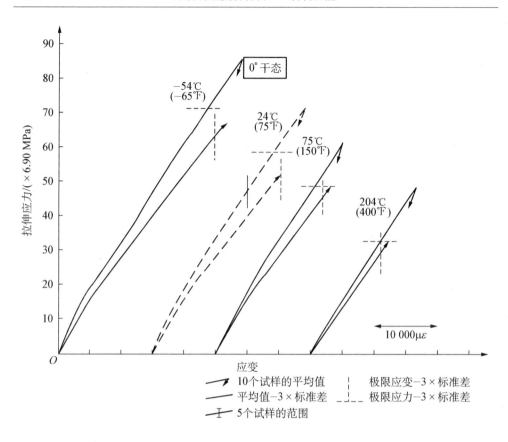

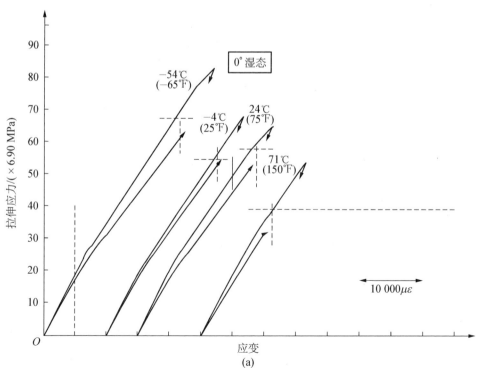

(a)

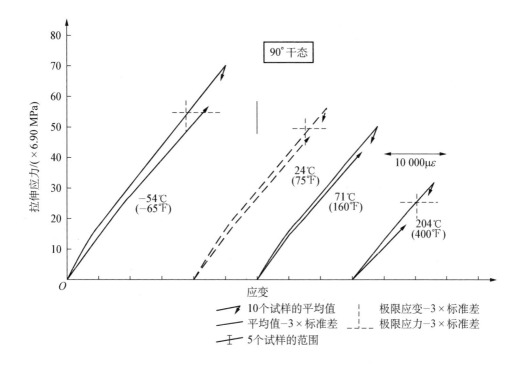

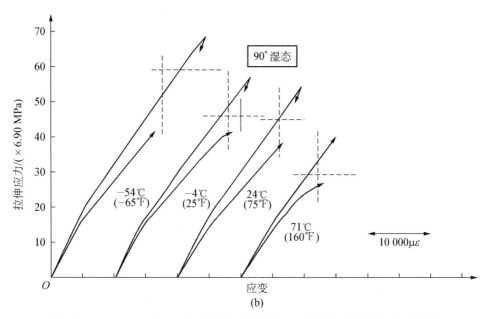

图 A1.5.1　F-161/7781 玻璃纤维-环氧树脂(31%树脂)拉伸应力-应变曲线

(a) 0°方向　(b) 90°方向

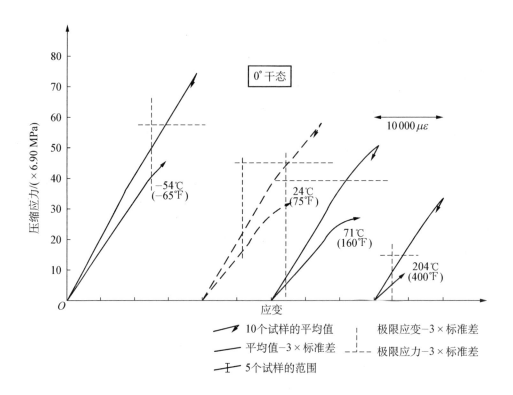

图例：
10个试样的平均值
平均值-3×标准差
5个试样的范围
极限应变-3×标准差
极限应力-3×标准差

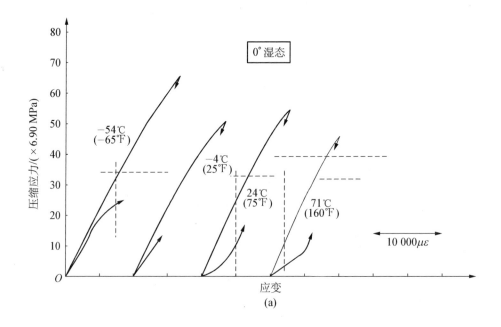

(a)

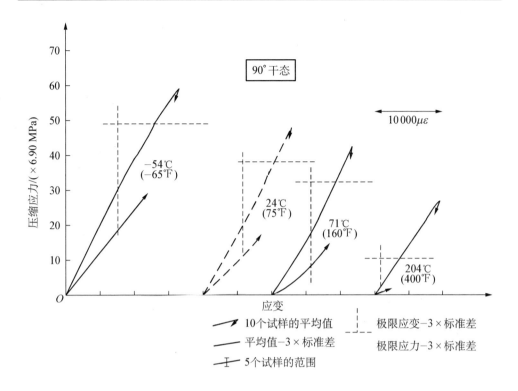

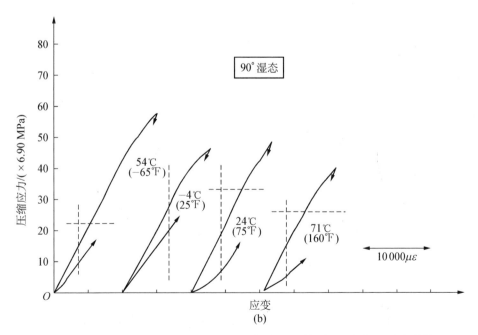

图 A1.5.2　F-161/7781 玻璃纤维-环氧树脂(31%树脂)压缩应力-应变曲线

(a) 0°方向　(b) 90°方向

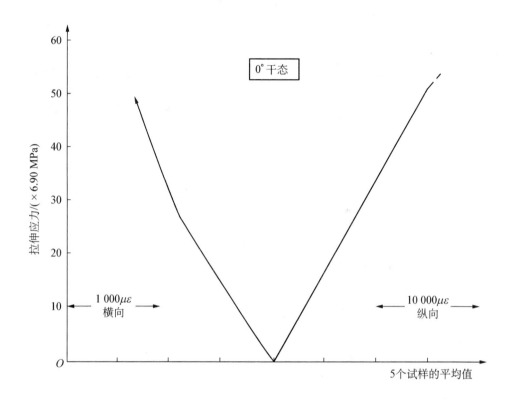

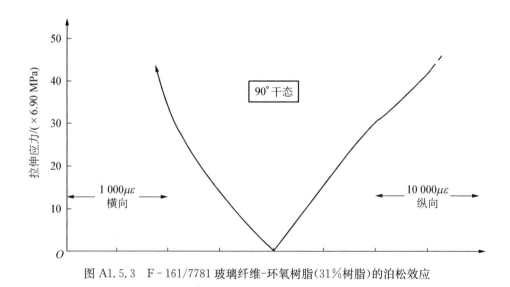

图 A1.5.3　F-161/7781 玻璃纤维-环氧树脂(31%树脂)的泊松效应

表 A1.6　Hexcel F-161/7781(ECDE-1/0-550)玻璃纤维/环氧树脂(36%树脂)力学性能

| 制　造 | 铺层:均衡 | 真空:无 | 压力:0.379~0.448MPa(55~65psi) | 排胶:垂直和边缘 | 固化:177℃(350℉)/1h | 后固化:149℃(300℉)/2h 204℃(400℉)/2.5h | 层数:8 |

| 物理性能 | 树脂含量(质量):35.6% | 平均比重:1.86 | 平均空隙率:0.9% | 平均单层厚度:0.254mm(0.010in) |

| 试验方法 | 拉伸:CMH-17 | 压缩:CMH-17 | 剪切:对角拉 | 弯曲:ASTM D 790 | 挤压: | 层间剪切: |

性能	方向	-54(-65) 干态 平均值	-54(-65) 干态 标准差	-54(-65) 湿态 平均值	-54(-65) 湿态 标准差	24(75) 干态 平均值	24(75) 干态 标准差	24(75) 湿态 平均值	24(75) 湿态 标准差	71(160) 干态 平均值	71(160) 干态 标准差	71(160) 湿态 平均值	71(160) 湿态 标准差	204(400) 干态 平均值	204(400) 干态 标准差
极限强度 /MPa	0°	579(83.9)	19.7(2.85)	503(73.0)	19.9(2.89)			383(55.5)	17.7(2.57)	427(61.9)	15.4(2.24)	310(45.0)	12.8(1.85)	270(39.2)	23.4(3.40)
	90°	474(68.7)	28.9(4.19)	441(63.9)	11.1(1.61)			337(48.9)	18.4(2.67)	358(51.9)	22.4(3.25)	259(37.6)	6.83(0.99)	221(32.0)	9.93(1.44)
破坏应变 /%	0°	3.30	0.18	2.79	0.02			2.12	0.14	2.61	0.08	1.59	0.07	1.45	0.13
	90°	2.80	0.18	2.41	0.05			1.95	0.09	2.18	0.19	1.50	0.05	1.35	0.08
比例极限 /MPa	0°														
	90°														
初始模量 /GPa	0°	26.5(3.84)		26.3(3.81)				24.7(3.58)		22.4(3.25)		23.1(3.35)		20.4(2.96)	
	90°	25.3(3.67)		26.3(3.81)				22.8(3.30)		21.6(3.13)		21.9(3.18)		17.3(2.51)	

拉 伸

（续表）

温度条件/℃(℉)		-54(-65)				24(75)				71(160)				204(400)	
		干态		湿态		干态		湿态		干态		湿态		干态	
		平均值	标准差	平均值	标准差	平均值	标准差	平均值	标准差	平均值	标准差	平均值	标准差	平均值	标准差
压缩															
第二模量/GPa	0°	19.4(2.81)		19.0(2.75)				21.0(3.04)		17.2(2.49)		21.0(3.04)		18.9(2.74)	
	90°	18.3(2.65)		18.4(2.67)				18.8(2.72)		16.5(2.39)		18.6(2.70)		15.3(2.22)	
极限强度/MPa	0°	525(76.2)	40.6(5.88)	474(68.8)	30.1(4.36)			380(55.1)	18.1(2.63)	377(54.7)	37.9(5.49)	317(46.0)	39.0(5.66)	214(31.0)	55.7(8.08)
	90°	386(56.0)	31.4(4.56)	365(52.9)	43.6(6.32)			324(47.0)	46.8(6.78)	254(36.9)	10.1(1.47)	243(35.3)	22.8(3.30)	160(23.2)	22.5(3.26)
破坏应变/%	0°	2.13	0.28	1.64	0.23			1.36	0.32	1.90	0.56	1.32		1.02	0.23
	90°	1.75	0.48	1.58	0.57			2.00	0.89	1.29	0.09	1.27		0.91	0.14
比例极限/MPa	0°	193(28.0)		166(24.0)				166(24.0)		221(32.0)		152(22.0)		117(17.0)	
	90°	124(18.0)		117(17.0)				110(16.0)		193(28.0)		117(17.0)			
初始模量/GPa	0°	28.3(4.10)		31.0(4.50)				26.7(3.87)		23.8(3.45)		23.2(3.36)		19.8(2.87)	
	90°	27.6(4.00)		28.3(4.10)				25.1(3.64)		19.8(2.87)		19.9(2.88)		18.1(2.63)	
剪切															
极限强度/MPa	0°/90°	135(19.6)	7.17(1.04)					103(15.0)	4.83(0.70)	87.6(12.7)	4.28(0.62)				
	±45°														

（续表）

温度条件/℃（℉）	-54(-65) 干 态		24(75) 干 态			71(160) 干 态		
	平均值	最大值	最小值	平均值	最大值	最小值	平均值	最大值	最小值
弯 曲									
极限强度 0° /MPa				595(86.31)	636(92.16)	545(79.07)			
比例极限 0° /MPa									
初始模量 0° /GPa									
挤 压									
极限强度 0° /MPa									
对应 4% 伸长 0° 率强度/MPa									
层间剪切									
极限强度 0° /MPa				38.3(5.56)	39.0(5.65)	37.9(5.50)			

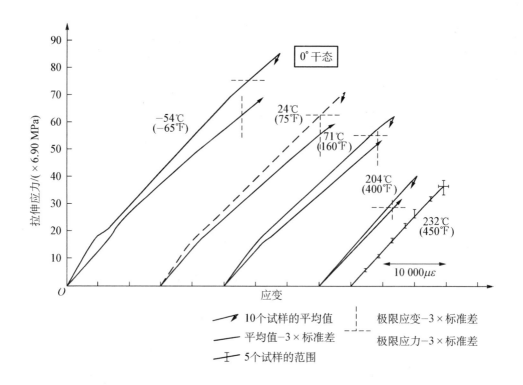

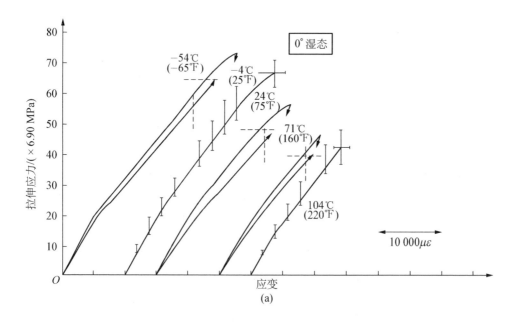

(a)

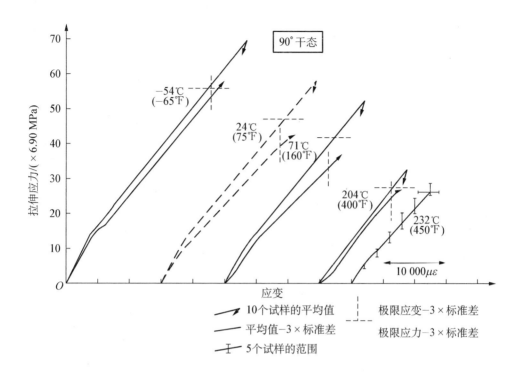

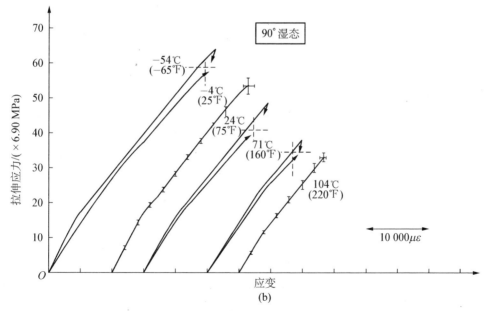

图 A1.6.1　F-161/7781 玻璃纤维-环氧树脂(36%树脂)拉伸应力-应变曲线

(a) 0°方向　　(b) 90°方向

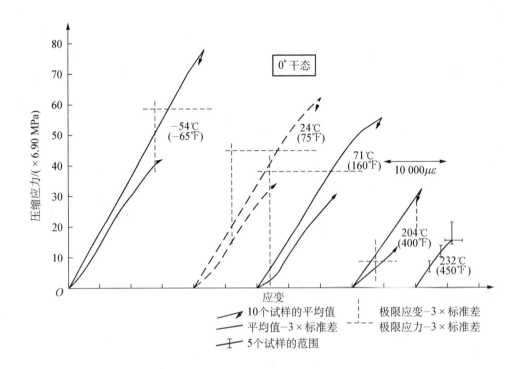

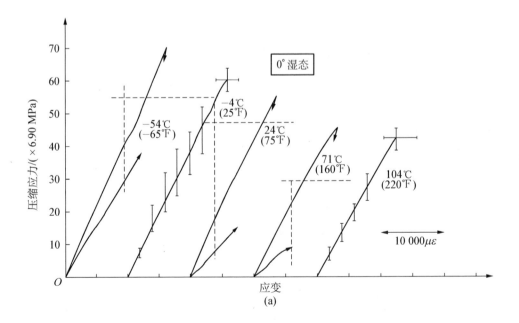

(a)

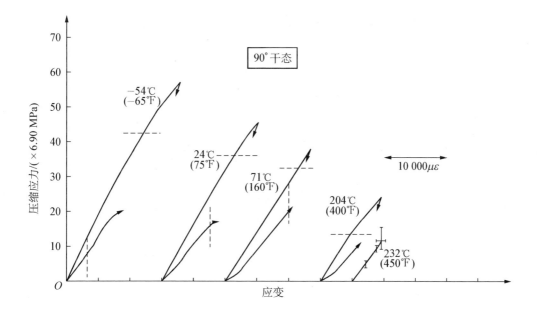

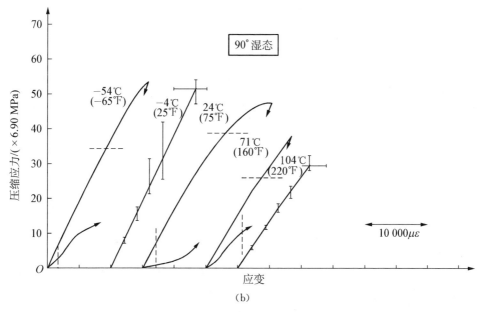

(b)

图 A1.6.2　F-161/7781 玻璃纤维-环氧树脂(36%树脂)压缩应力-应变曲线

(a) 0°方向　(b) 90°方向

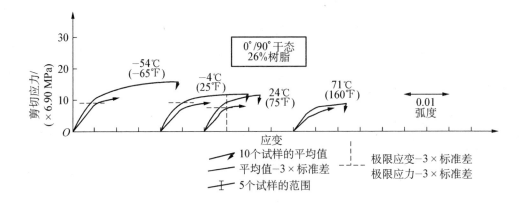

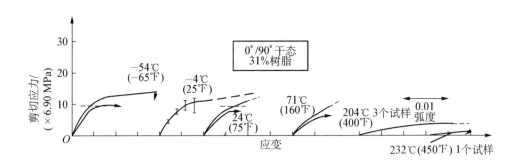

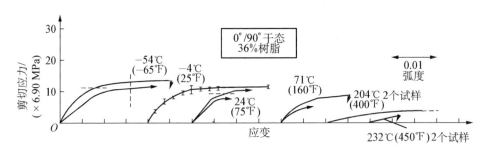

图 A1.6.3 F-161/7781 玻璃纤维-环氧树脂(26%,31%,36%树脂)对角拉伸剪切应力-应变曲线

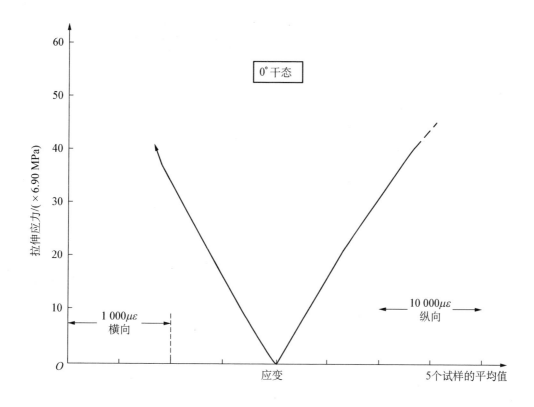

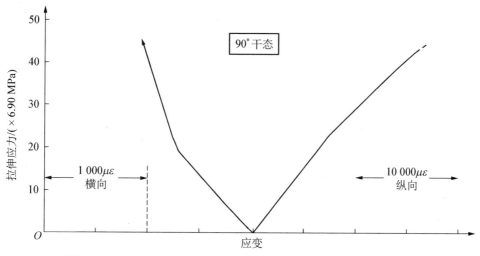

图 A1.6.4　F-161/7781 玻璃纤维-环氧树脂(36%树脂)的泊松效应

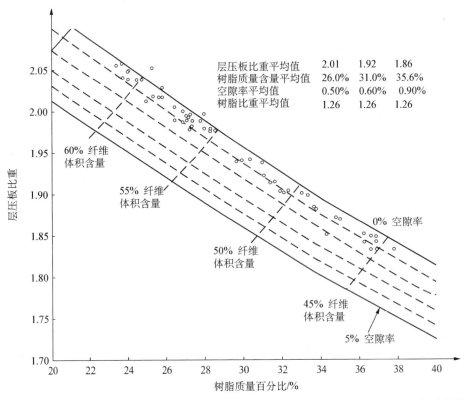

図 A1.6.5　F-161/7781 玻璃纤维-环氧树脂的空隙百分数与树脂含量和比重的关系曲线
（26%，31%和36%树脂）

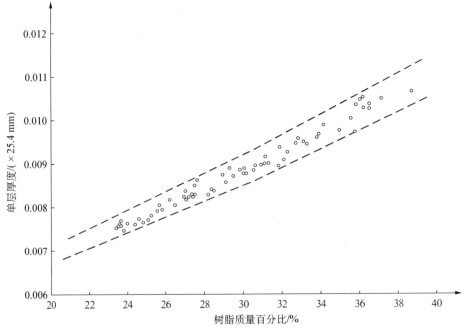

図 A1.6.6　F-161/7781 玻璃纤维-环氧树脂的厚度与树脂含量的关系曲线

表 A1.8　Namco N588/7781(ECDE-1/0-550)玻璃纤维/环氧树脂力学性能

制造：铺层:均衡　|　真空:无　|　压力:0.310~0.379 MPa (45~55 psi)　|　排胶:垂直　|　固化:逐步加温到 177℃ (350°F);177℃(350°F)/1 h　|　后固化:无　|　层数:8

物理性能：树脂含量(质量):32.8%　|　平均比重:1.91　|　平均空隙率:1.0%　|　平均厚度:1.91 mm(0.075 in)

试验方法：拉伸:ASTM D 638 TYPE-1　|　压缩:CMH-17　|　剪切:轨道剪切 CMH-17　|　弯曲:ASTM D 790　|　挤压:ASTM D 953　|　层间剪切:短梁

温度条件/℃(°F)		-54(-65) 干态		24(75) 干态		24(75) 湿态		71(160) 干态		71(160) 湿态		204(400) 干态		204(400) 湿态	
		平均值	标准差	平均值	标准差	平均值	标准差	平均值	标准差	平均值	标准差	平均值	标准差	平均值	标准差
拉伸															
极限强度 /MPa(ksi)	0°	492 (71.4)	16.6 (2.4)	403 (58.4)	14.5 (2.1)	440 (63.8)	22.8 (3.3)	337 (48.8)	20.7 (3.0)	345 (50.0)	15.9 (2.3)	279 (40.4)	23.4 (3.4)	241 (35.0)	13.8 (2.0)
	90°	409 (59.3)	22.8 (3.3)	326 (47.2)	26.2 (3.8)	349 (50.6)	16.6 (2.4)	286 (41.4)	13.8 (2.0)	283 (41.1)	18.6 (2.7)	230 (33.3)	26.2 (3.8)	199 (28.9)	19.3 (2.8)
破坏应变 /%	0°	2.41	0.09	2.05	0.18	2.06	0.15	1.59	0.15	1.61	0.12	1.26	0.07	1.13	0.07
	90°	2.35	0.17	1.81	0.16	1.96	0.12	1.67	0.10	1.55	0.16	1.25	0.12	1.17	0.14
比例极限 /MPa(ksi)	0°	183 (26.6)	11.7 (1.7)	161 (23.3)	7.59 (1.1)	198 (28.7)	17.2 (2.5)	145 (21.0)	11.7 (1.7)	175 (25.4)	19.3 (2.8)	168 (24.3)	13.8 (2.0)	206 (29.9)	13.8 (2.0)
	90°	133 (19.3)	5.52 (0.8)	121 (17.6)	5.52 (0.8)	132 (19.2)	11.0 (1.6)	119 (17.3)	17.2 (2.5)	125 (18.1)	9.65 (1.4)	98.6 (14.3)	8.97 (1.3)	144 (20.9)	8.97 (1.3)
初始模量 /GPa(Msi)	0°	25.1 (3.64)		25.6 (3.71)		26.6 (3.85)		24.7 (3.58)		24.6 (3.57)		21.6 (3.13)	1.17 (0.17)	21.4 (3.10)	
	90°	23.5 (3.41)		24.6 (3.56)		23.2 (3.37)		20.1 (2.92)		22.3 (3.23)		19.3 (2.80)	1.59 (0.23)	18.1 (2.63)	

（续表）

温度条件/℃(℉)	-54(-65) 干态 平均值	干态 标准差	-54(-65) 湿态 平均值	湿态 标准差	24(75) 干态 平均值	干态 标准差	24(75) 湿态 平均值	湿态 标准差	71(160) 干态 平均值	干态 标准差	71(160) 湿态 平均值	湿态 标准差	204(400) 干态 平均值	204(400) 湿态 标准差
压缩														
第二模量/GPa(Msi) 0°														
90°														
极限强度/MPa(ksi) 0°	684 (99.2)	40.7 (5.9)	603 (87.4)	40.0 (5.8)	510 (74.0)	24.8 (3.6)	438 (63.5)	22.1 (3.2)	407 (59.0)	16.6 (2.4)	341 (49.5)	13.1 (1.9)		
90°	575 (83.4)	24.1 (3.5)	495 (71.8)	28.3 (4.1)	434 (62.9)	20.0 (2.9)	370 (53.7)	11.7 (1.7)	351 (50.9)	10.3 (1.5)	281 (40.7)	12.4 (1.8)		
破坏应变/% 0°	2.52	0.26	2.30	0.25	1.89	0.15	1.65	0.19	1.60	0.12	1.38	0.06		
90°	2.30	0.27	2.06	0.20	1.87	0.14	1.58	0.15	1.63	0.16	1.29	0.08		
比例极限/MPa(ksi) 0°	294 (42.7)	17.9 (2.6)	319 (46.2)	17.2 (2.5)	307 (44.5)	22.1 (3.2)	274 (39.8)	24.8 (3.6)	259 (37.6)	18.6 (2.7)	212 (30.7)	18.6 (2.7)		
90°	281 (40.8)	26.2 (3.8)	292 (42.4)	18.6 (2.7)	243 (35.3)	25.5 (3.7)	237 (34.4)	15.9 (2.3)	215 (31.2)	16.6 (2.4)	168 (24.4)	11.0 (1.6)		
初始模量/GPa(Msi) 0°	29.8 (4.32)		28.6 (4.15)		28.8 (4.18)		28.3 (4.11)		26.8 (3.88)		25.5 (3.70)			
90°	28.1 (4.08)		26.4 (3.83)		25.4 (3.68)		25.7 (3.72)		23.5 (3.41)		23.5 (3.41)			
剪切														
极限强度/MPa(ksi) 0°/90°	156 (22.6)													
±45°					110 (16.0)	7.24 (1.05)			95.2 (13.8)					

（续表）

温度条件/℃(℉)		-54(-65) 干态			24(75) 干态			71(160) 干态		
		平均值	最大值	最小值	平均值	最大值	最小值	平均值	最大值	最小值
弯曲										
极限强度/MPa(ksi)	0°	724(105.0)	797(115.6)	659(95.6)	623(90.4)	708(102.6)	583(84.5)	547(79.3)	605(87.8)	510(74.0)
比例极限/MPa(ksi)	0°	480(69.6)	523(75.9)	407(59.0)	475(68.9)	499(72.4)	445(64.6)	447(64.8)	498(72.2)	394(57.2)
初始模量/GPa(Msi)	0°	24.0(3.48)	25.0(3.62)	23.6(3.42)	23.2(3.36)	24.8(3.60)	22.1(3.20)	22.0(3.19)	22.6(3.27)	21.3(3.09)
挤压										
极限强度/MPa(ksi)	0°	583(84.6)	638(92.5)	537(77.9)	472(68.4)	492(71.3)	455(66.0)	334(48.4)	370(53.6)	305(44.2)
对应4%伸长率强度/MPa(ksi)	0°	202(29.3)	213(30.9)	183(26.5)	181(26.2)	189(27.4)	174(25.3)	150(21.8)	157(22.8)	142(20.6)
层间剪切										
极限强度/MPa(ksi)	0°	61.0(8.84)	63.2(9.16)	59.0(8.56)	57.6(8.35)	59.0(8.56)	55.5(8.05)	51.0(7.39)	53.2(7.72)	44.6(6.47)

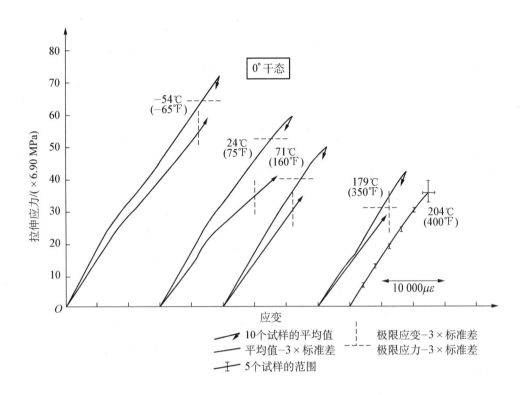

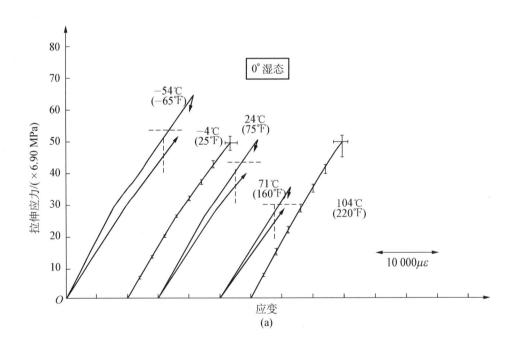

(a)

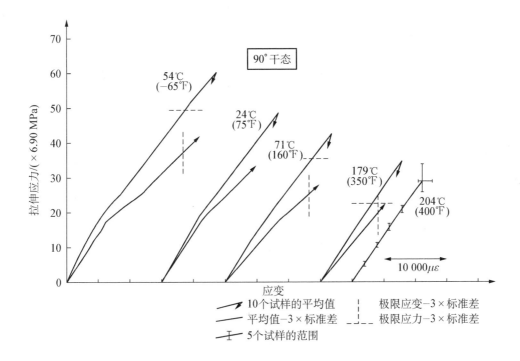

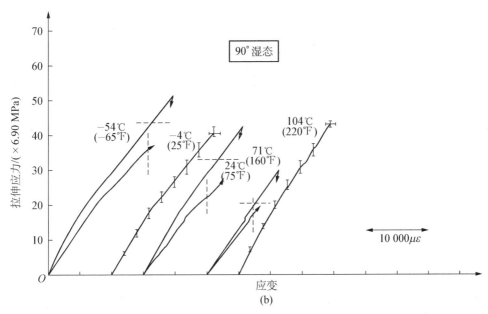

(b)

图 A1.8.1　N588/7781 玻璃纤维-环氧树脂拉伸应力-应变曲线

(a) 0°方向　(b) 90°方向

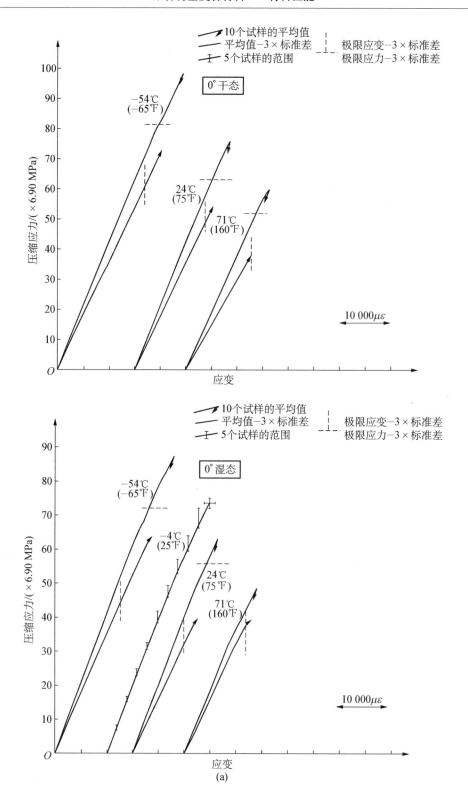

(a)

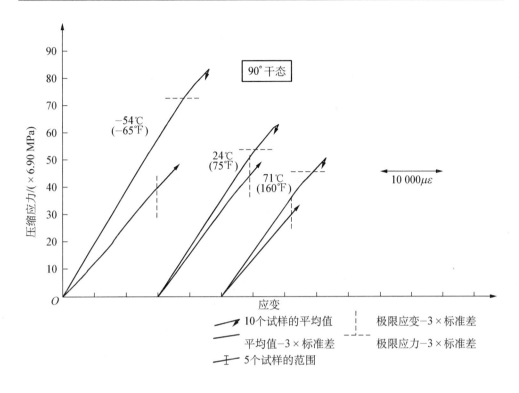

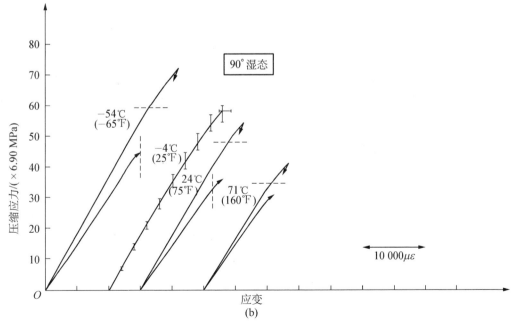

图 A1.8.2　N588/7781 玻璃纤维‑环氧树脂压缩应力‑应变曲线

(a) 0°方向　(b) 90°方向

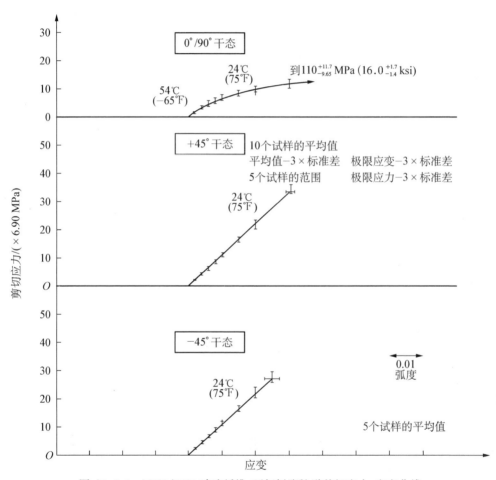

图 A1.8.3 N588/7781 玻璃纤维-环氧树脂轨道剪切应力-应变曲线

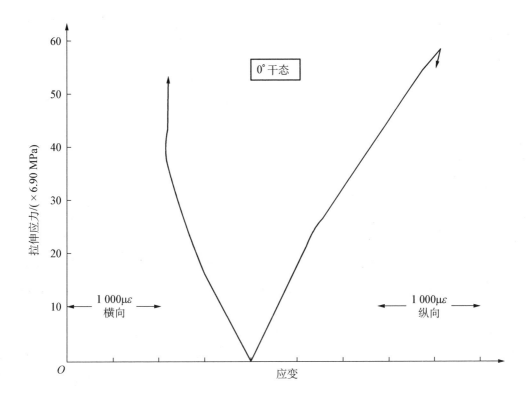

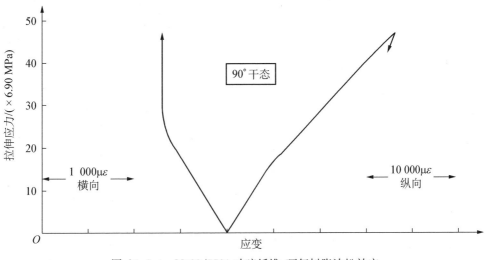

图 A1.8.4　N588/7781 玻璃纤维-环氧树脂泊松效应

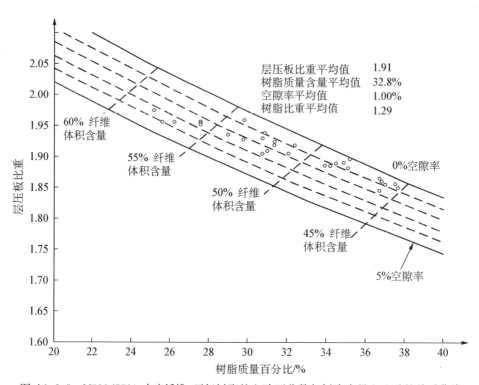

图 A1.8.5　N588/7781 玻璃纤维-环氧树脂的空隙百分数与树脂含量和比重的关系曲线

表 A1.40　Namco N506/7781(ECDE-1/0-A1100)玻璃纤维/酚醛力学性能

制造	铺层:均衡	真空:无	压力:	排胶:垂直	固化:	后固化:	层数:8
物理性能	树脂含量(质量):25.3%~32.3%	平均比重:1.72~1.85	平均空隙率:见图4.40.5	平均厚度:1.80~2.41mm(0.071~0.095in)			
试验方法	拉伸:ASTM D 638 TYPE-1	压缩:CMH-17	剪切:轨道剪切	弯曲:ASTM D 790	挤压:ASTM D 953	层间剪切:短梁	

温度条件/℃(℉)	-54(-65)				24(75)				71(160)				204(400)	
	干态		湿态		干态		湿态		干态		湿态		干态	
	平均值	标准差	平均值	标准差	平均值	标准差	平均值	标准差	平均值	标准差	平均值	标准差	平均值	标准差
拉伸　极限强度 MPa(ksi)　0°	332 (48.1)	16.6 (2.4)	343 (49.8)	22.8 (3.3)	268 (38.9)	10.3 (1.5)	257 (37.2)	12.4 (1.8)	243 (35.3)	9.65 (1.4)	211 (30.6)	20.7 (3.0)	149 (21.6)	11.0 (1.6)
90°	261 (37.9)	12.4 (1.8)	276 (40.0)	18.6 (2.7)	217 (31.5)	10.3 (1.5)	221 (32.1)	9.65 (1.4)	192 (27.9)	11.7 (1.7)	181 (26.2)	15.2 (2.2)	149 (21.6)	11.7 (1.7)
破坏应变/%　0°	1.76	0.07	1.76	0.13	1.33	0.14	1.34	0.13	1.19	0.10	1.15	0.14	0.69	0.05
90°	1.63	0.08	1.65	0.13	1.26	0.15	1.32	0.07	1.11	0.07	1.11	0.14	0.78	0.06
比例极限 MPa(ksi)　0°	93.8 (13.6)	6.21 (0.9)	125 (18.1)	8.28 (1.2)	93.1 (13.5)	4.14 (0.6)	117 (17.0)	6.90 (1.0)	95.9 (13.9)	6.90 (1.0)	103 (14.9)	4.83 (0.70)	66.9 (9.7)	7.59 (1.1)
90°	68.3 (9.9)	2.76 (0.4)	86.2 (12.5)	6.21 (0.9)	63.4 (9.2)	5.52 (0.8)	88.3 (12.8)	4.83 (0.7)	71.0 (10.3)	5.52 (0.8)	80.0 (11.6)	4.83 (0.70)	59.3 (8.6)	3.45 (0.5)
初始模量 GPa(Msi)　0°	23.4 (3.40)	1.45 (0.21)	23.1 (3.35)	1.38 (0.20)	27.2 (3.94)	4.76 (0.69)	21.7 (3.14)	1.79 (0.26)	25.8 (3.74)	2.83 (0.41)	20.8 (3.01)	1.31 (0.19)	24.6 (3.57)	1.66 (0.24)
90°	21.2 (3.08)	2.00 (0.29)	21.0 (3.04)	1.52 (0.22)	24.4 (3.54)	2.83 (0.41)	19.4 (2.81)	1.66 (0.24)	23.0 (3.33)	2.55 (0.37)	19.2 (2.78)	1.45 (0.21)	21.9 (3.18)	2.07 (0.30)
第二模量 GPa(Msi)　0°														
90°														

（续表）

温度条件/℃(℉)		-54(-65) 干态 平均值	标准差	湿态 平均值	标准差	24(75) 干态 平均值	标准差	湿态 平均值	标准差	71(160) 干态 平均值	标准差	湿态 平均值	标准差	204(400) 干态 平均值	标准差	湿态 平均值	标准差
压缩																	
极限强度 MPa(ksi)	0°	460 (66.7)	42.8 (6.2)	454 (65.9)	34.5 (5.0)	412 (59.7)	32.4 (4.7)	376 (54.5)	49.0 (7.1)	349 (50.6)	15.9 (2.3)	339 (49.2)	29.0 (4.2)				
	90°	398 (57.7)	40.0 (5.8)	388 (56.2)	40.0 (5.8)	338 (49.0)	31.7 (4.6)	336 (48.7)	27.6 (4.0)	297 (43.0)	29.7 (4.3)	296 (42.9)	25.5 (3.7)				
破坏应变/%	0°	1.85	0.09	1.69	0.18	1.58	0.14	1.49	0.12	1.45	0.06	1.40	0.12				
	90°	1.70	0.21	1.63	0.13	1.40	0.09	1.43	0.07	1.37	0.12	1.31	0.15				
比例极限 MPa(ksi)	0°	316 (45.8)	26.2 (3.8)	266 (38.5)	54.5 (7.9)	269 (39.0)	16.6 (2.4)	284 (41.2)	31.7 (4.6)	275 (39.9)	16.6 (2.4)	241 (35.0)	11.7 (1.7)				
	90°	243 (35.2)	26.2 (3.8)	237 (34.4)	34.5 (5.0)	225 (32.6)	30.3 (4.4)	245 (35.5)	20.7 (3.0)	223 (32.4)	21.4 (3.1)	214 (31.1)	22.8 (3.3)				
初始模量 GPa(Msi)	0°	26.9 (3.90)	1.31 (0.19)	28.8 (4.17)	2.00 (0.29)	27.2 (3.95)	1.93 (0.28)	26.8 (3.89)	1.79 (0.26)	25.4 (3.68)	1.45 (0.21)	25.3 (3.67)	0.83 (0.12)				
	90°	25.4 (3.69)	1.72 (0.25)	25.4 (3.68)	1.17 (0.17)	25.5 (3.70)	1.38 (0.20)	24.6 (3.57)	1.38 (0.20)	22.8 (3.30)	1.59 (0.23)	23.8 (3.45)	1.45 (0.21)				
剪切																	
极限强度 MPa(ksi)	0°/90° ±45°	95.2 (13.8)				84.8 (12.3)	6.69 (0.97)			78.6 (11.4)							

（续表）

温度条件/℃(℉)	-54(-65) 干态			24(75) 干态			71(160) 干态		
	平均值	最大值	最小值	平均值	最大值	最小值	平均值	最大值	最小值
弯曲									
极限强度/MPa(ksi) 0°	470(68.2)	502(72.8)	450(65.2)	403(58.4)	441(64.0)	359(52.1)	363(52.7)	388(56.3)	327(47.4)
比例极限/MPa(ksi) 0°	409(59.3)	456(66.1)	377(54.6)	337(48.9)	392(56.8)	293(42.5)	292(42.4)	319(46.2)	268(38.8)
初始模量/GPa(Msi) 0°	20.5(2.97)	21.0(3.04)	19.9(2.88)	19.9(2.89)	20.6(2.99)	19.2(2.78)	20.5(2.97)	21.1(3.06)	19.4(2.82)
挤压									
极限强度/MPa(ksi) 0°	453(65.7)	505(73.2)	393(57.0)	406(58.9)	441(64.0)	323(46.8)	341(49.5)	385(55.8)	307(44.5)
对应4%伸长率强度/MPa(ksi) 0°	173(25.1)	179(26.0)	163(23.7)	169(24.5)	172(24.9)	164(23.8)	149(21.6)	156(22.6)	143(20.7)
层间剪切									
极限强度/MPa(ksi) 0°	33.3(4.83)	35.2(5.10)	29.6(4.29)	32.0(4.64)	33.9(4.92)	27.2(3.94)	31.9(4.62)	33.7(4.88)	28.1(4.08)

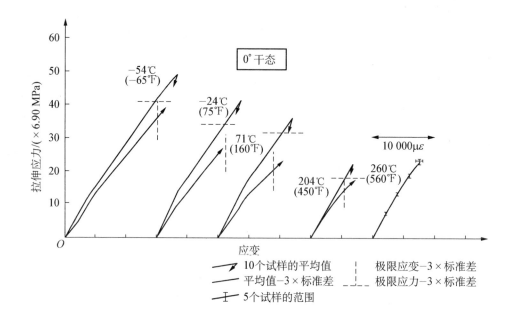

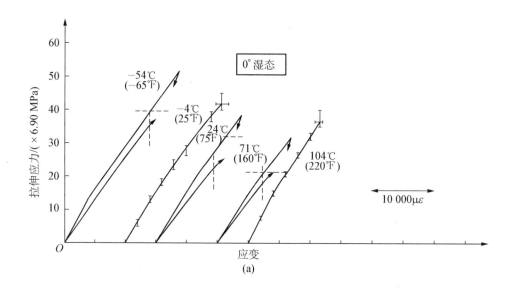

(a)

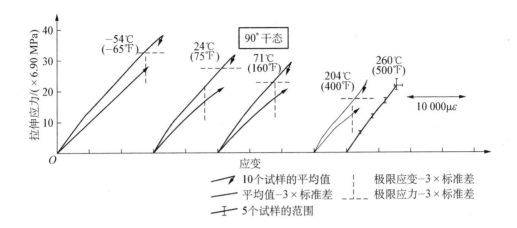

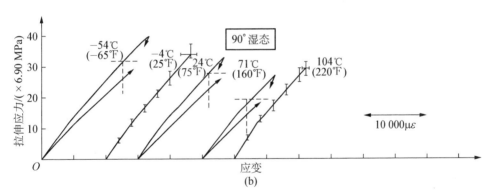

图 A1.40.1　N506/7781 玻璃/酚醛 90°方向拉伸应力-应变曲线

(a) 0°方向　(b) 90°方向

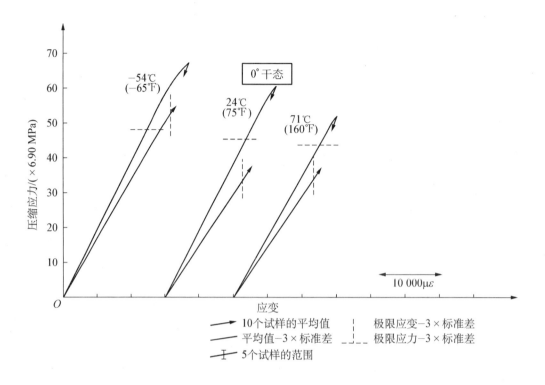

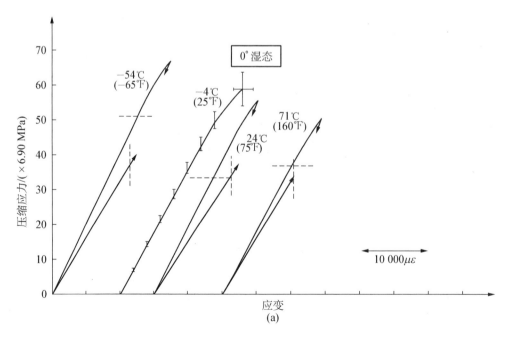

(a)

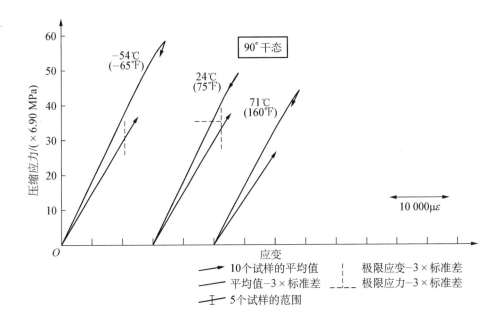

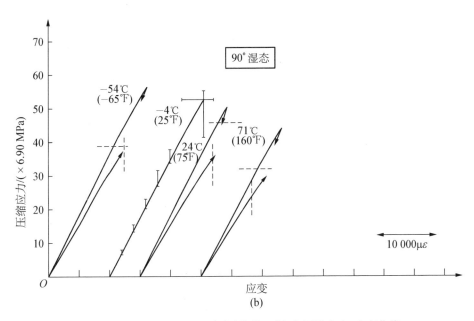

图 A1.40.2　N506/7781 玻璃/酚醛 90°方向压缩应力-应变曲线

(a) 0°方向　(b) 90°方向

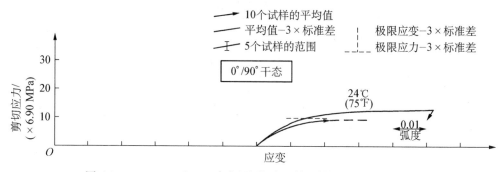

图 A1.40.3　N506/7781 玻璃/酚醛 0°/90°轨道剪切应力-应变曲线

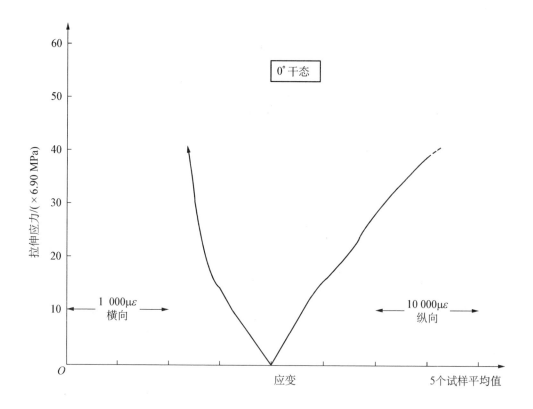

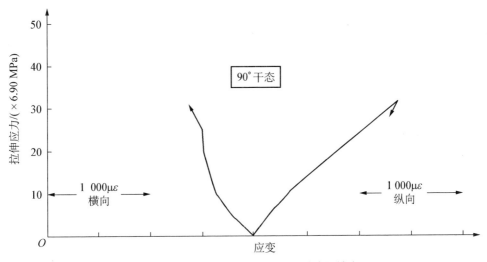

图 A1.40.4　N506/7781 玻璃/酚醛泊松效应

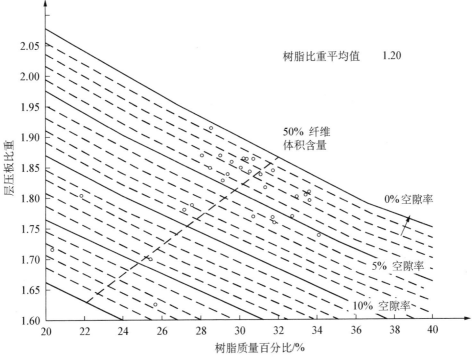

图 A1.40.5　N506/7781 玻璃纤维‐环氧树脂的空隙百分数与树脂含量和比重的关系曲线

表 A1.110　Narmco 5505 硼纤维/环氧树脂力学性能（100% 0°方向）（暂定）

制造	铺层：平行	真空：508mm(2 in)Hg	压力：0.310~0.379 MPa (50±5 psi)		固化：171~182℃ (350℉±10℉)/1.5 h	后固化：177℃ (350℉)/2h	层数：8
物理性能	树脂含量（质量）：	平均比重：	平均空隙率：	排胶：	平均单层厚度：0.127mm(0.005 in)		
试验方法	拉伸：端部加强	压缩：夹层梁	剪切：	弯曲：四点弯曲	挤压：	层间剪切：短梁	

温度条件/℃(℉)		-55(-67) 干态 平均值	干态 标准差	湿态 平均值	湿态 标准差	24(75) 干态 平均值	干态 标准差	湿态 平均值	湿态 标准差	127(260) 干态 平均值	干态 标准差	湿态 平均值	湿态 标准差	191(375) 干态 平均值	干态 标准差	湿态 平均值	湿态 标准差
拉伸 极限强度/MPa(ksi)	0°	1387 (201.1)				1436 (208.3)				1321 (191.6)				1154 (167.3)			
	90°	72.4 (10.5)				60.0 (8.7)				44.8 (6.5)				22.8 (3.3)			
破坏应变/%	0°	6390				6930				6660				6150			
	90°	3250				3710				4970				6920			
比例极限/MPa(ksi)	0°	978 (141.8)				1210 (175.5)				965 (140.0)				548 (79.5)			
	90°																
初始模量/GPa(Msi)	0°	221 (32.0)				213 (30.9)				204 (29.6)				197 (28.6)			
	90°																
第二模量/GPa(Msi)	0°																
	90°																

（续表）

温度条件/°C（°F）		-55（-67）				24（75）				127（260）				191（375）			
		干 态		湿 态		干 态		湿 态		干 态		湿 态		干 态		湿 态	
		平均值	标准差	平均值	标准差	平均值	标准差	平均值	标准差	平均值	标准差	平均值	标准差	平均值	标准差	平均值	标准差
压　缩																	
极限强度/MPa(ksi)	0°	3326（482.3）				2607（378.0）				2092（303.0）				992（143.9）			
	90°																
破坏应变/%	0°	13670（13670）				10830（10830）				8920（8920）				4466（4466）			
	90°																
比例极限/MPa(ksi)	0°	2300（333.5）															
	90°																
初始模量/GPa(Msi)	0°	246（35.7）				240（34.8）				239（34.6）				247（35.8）			
	90°																
剪　切																	
极限强度/MPa(ksi)	0°/90° ±45°																

（续表）

温度条件/℃(℉)	-54(-65) 干态			24(75) 干态			71(160) 干态		
	平均值	最大值	最小值	平均值	最大值	最小值	平均值	最大值	最小值
弯曲									
极限强度/MPa(ksi) 0°									
比例极限/MPa(ksi) 0°									
初始模量/GPa(Msi) 0°									
挤压									
极限强度/MPa(ksi) 0°									
对应4%伸长率强度/MPa(ksi) 0°									
层间剪切									
极限强度/MPa(ksi) 0°									

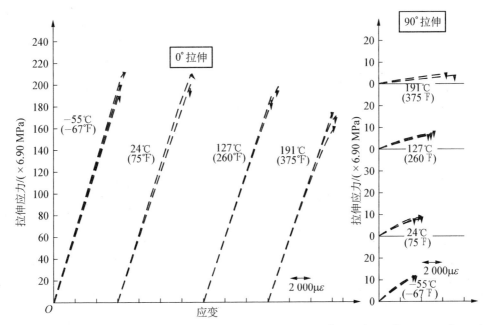

图 A1.110.1　AVCO 5505 硼/环氧树脂(100%-0°方向/50.3%~55%纤维体积含量)0°和90°
方向拉伸应力-应变曲线

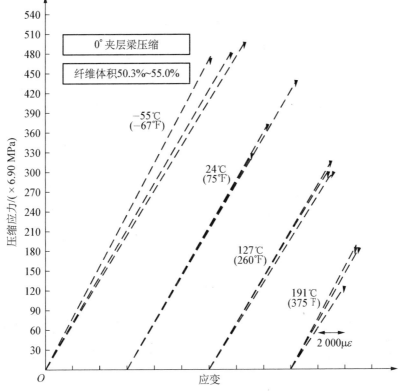

图 A1.110.2　AVCO 5505 硼/环氧树脂(100%-0°)0°方向压缩应力-应变曲线

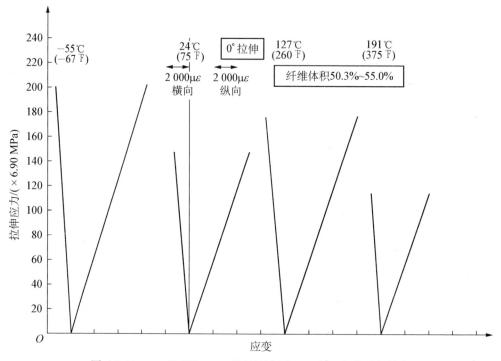

图 A1.110.3　AVCO 5505 硼/环氧树脂(100%-0°)的泊松效应

表 A1.111　Narmco 5505 硼纤维/环氧树脂力学性能（0°/90°）（暂定）

制造	铺层:[(0/90)₂]ₛ	真空:508mm(2in)Hg	压力:0.310~0.379MPa(50±5psi)	固化:171~182℃(350°F±10°F)/1.5h	后固化:193℃(380°F)/2h	层数:6
物理性能	树脂含量(质量):	平均比重:	平均空隙率:	平均单层厚度:0.127mm(0.005in)		
试验方法	拉伸:端部加强	压缩:	剪切:对角拉	弯曲:	挤压:	层间剪切:

温度条件/℃(°F)		-55(-67)				24(75)				127(260)				191(375)			
		干态		湿态		干态		湿态		干态		湿态		干态		湿态	
性能	方向	平均值	标准差	平均值	标准差	平均值	标准差	平均值	标准差	平均值	标准差	平均值	标准差	平均值	标准差	平均值	标准差
拉伸 极限强度 /MPa(ksi)	0°	689 (99.9)				717 (103.9)				679 (98.5)				634 (91.9)			
	90°	163 (23.6)				123 (17.8)				78.6 (11.4)				55.9 (8.1)			
破坏应变/%	0°	5400				5710				5830				5780			
	90°	15850				24470											
比例极限 /MPa(ksi)	0°	366 (53.0)				536 (77.7)				335 (48.6)				335 (48.6)			
	90°																
初始模量 /GPa(Msi)	0°	130 (18.9)				124 (18.0)				121 (17.5)				114 (16.5)			
	90°																
第二模量 /GPa(Msi)	0°																
	90°																

（续表）

温度条件/℃(℉)	−55(−67) 干态 平均值	标准差	−55(−67) 湿态 平均值	标准差	24(75) 干态 平均值	标准差	24(75) 湿态 平均值	标准差	127(260) 干态 平均值	标准差	127(260) 湿态 平均值	标准差	191(375) 干态 平均值	标准差
压 缩														
极限强度/MPa(ksi) 0°														
极限强度/MPa(ksi) 90°														
破坏应变/% 0°														
破坏应变/% 90°														
比例极限/MPa(ksi) 0°														
比例极限/MPa(ksi) 90°														
初始模量/GPa(Msi) 0°														
初始模量/GPa(Msi) 90°														
剪 切														
极限强度/MPa(ksi) 0°/90°	134 (19.5)				119 (17.3)								37.2 (5.4)	
极限强度/MPa(ksi) ±45°	453 (65.7)				439 (63.7)								230 (33.3)	

（续表）

温度条件/℃(℉)	−54(−65) 干 态			24(75) 干 态			71(160) 干 态		
	平均值	最大值	最小值	平均值	最大值	最小值	平均值	最大值	最小值
弯 曲									
极限强度/MPa(ksi)　0°									
比例极限/MPa(ksi)　0°									
初始模量/GPa(Msi)　0°									
挤 压									
极限强度/MPa(ksi)　0°									
对应4%伸长率强度/MPa(ksi)　0°									
层间剪切									
极限强度/MPa(ksi)　0°									

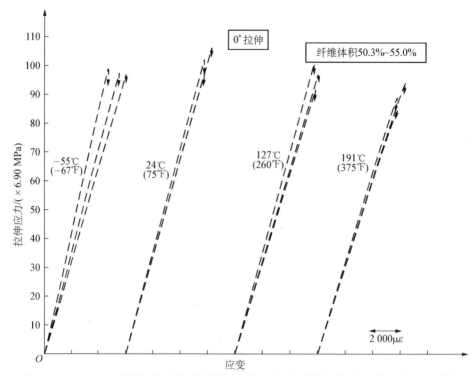

图 A1.111.1(a)　AVCO 5505 硼/环氧树脂(0°/90°正交铺层)0°方向拉伸应力-应变曲线

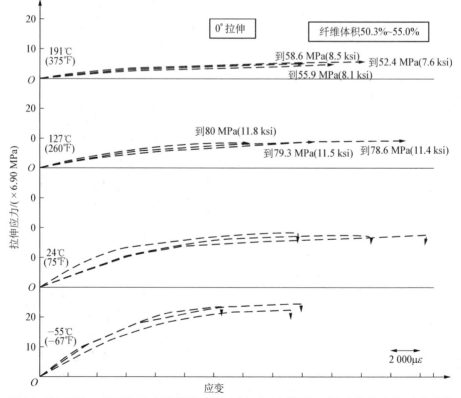

图 A1.111.1(b)　AVCO 5505 硼/环氧树脂(0°/90°正交铺层)45°方向拉伸应力-应变曲线

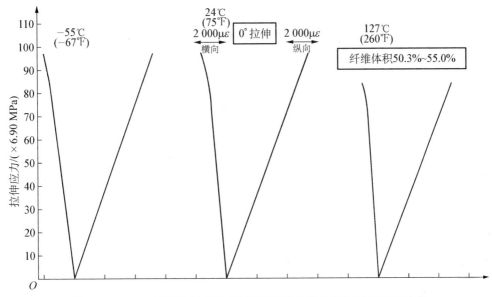

图 A1.111.3　AVCO 5505 硼/环氧树脂(0°/90°正交铺层)的泊松效应

参 考 文 献

A1.2　　　　　Dastin, S J, et al. Determination of Principal Properties of "E" Fiberglass High Temperature Epoxy Laminates for Aircraft [R]. Grumman Aircraft Engineering Corporation, DAA21 - 68 - C - 0404, August 1969.

A1.3.4.1(a)　ASTM Test Method D 638. Standard Tset Method for Tensile Properties of Plastics [S]. Annual Book of ASTM Standards, Vol. 8.01, American Society for Testing and Materials, West Conshohochen, PA.

A1.3.4.1(b)　Shockey, P D, et al. Structural Airframe Application of Advanced Composite Materials, General Dynamics [R]. IIT Research Institute, Texaco Experiment, AFML - TR - 69 - 01, IV, AF33(615)- 5257, October 1969.

A1.3.4.2　　ASTM Test Method D 695-02a. Standard Tset Method for Compressive Properties of Rigid Plastics [S]. Annual Book of ASTM Standards, Vol. 8.01, American Society for Testing and Materials, West Conshohochen, PA.

A1.3.4.3　　Boller, K H. A Method to Measure Intralaminar Shear Properties of Composite Laminates [R]. Forest Products Laboratory, AFML - TR - 69 - 311, March 1970.

A1.3.4.4　　ASTM D 2733 - 68T. Method of Test for Interlaminar Shear Strength of Structural Reinforced Plastics at Elevated Temperatures [S]. Annual Book of ASTM Standards, Vol. 8.01, American Society for Testing and Materials, West Conshohochen, PA(canceled January 15, 1986 and replaced by ASTM D 3846).

A1.3.4.5　　ASTM Test Method D 790-70. Flexural Properties of Unreinforced and Reinforced Plastics and Electrical Insulating Materials [S]. Annual Book of ASTM Standards,

　　　　　　　　Vol. 8.01, American Society for Testing and Materials, West Conshohochen, PA.

A1.3.4.6　　　ASTM Test Method D 953. Standard Tset Method for Bearing Strength of Plastics
　　　　　　　　[S]. Annual Book of ASTM Standards, Vol. 8.01, American Society for Testing
　　　　　　　　and Materials, West Conshohochen, PA.

A1.4.5　　　　Grimes, G C, Overby, G J. Boron Fiber Reinforced/Polymer Matrix Composites-
　　　　　　　　Material Properties [R]. Southwest Research Institute, January 1970.